AutoCAD 2018 实用教程

CAD辅助设计教育研究室　编著

人民邮电出版社
北京

图书在版编目（CIP）数据

AutoCAD 2018实用教程 / CAD辅助设计教育研究室编著. -- 北京 : 人民邮电出版社, 2021.4（2024.2重印）
ISBN 978-7-115-55367-6

Ⅰ. ①A… Ⅱ. ①C… Ⅲ. ①AutoCAD软件—教材
Ⅳ. ①TP391.72

中国版本图书馆CIP数据核字(2021)第038051号

内容提要

本书是一本全面介绍 AutoCAD 2018 基本功能及实际应用的书。全书共 16 章，循序渐进地介绍了 AutoCAD 2018 入门知识、基本操作、简单二维图形的绘制、复杂二维图形的绘制、编辑二维图形、精准绘制图形、块与设计中心的使用、文字和表格的使用、尺寸标注的应用、图层的应用与管理、AutoCAD 图形的输出和打印、绘制轴测图、三维绘图的基础操作、三维模型的绘制等内容。最后两章通过介绍建筑设计和机械设计的经典案例，对前面所学的知识进行实战演练。

本书提供书中所有课堂实例、课后习题的素材文件和在线教学视频，并赠送 AutoCAD 相关学习文件。同时还为教师提供 PPT 教学课件、配套教案等资源。

本书针对性和实用性强，且内容丰富、结构严谨、叙述清晰、通俗易懂，既可作为大中专院校相关专业及 CAD 培训机构的教材，也可作为使用 CAD 工作的工程技术人员的自学指南。

◆ 编　　著　CAD 辅助设计教育研究室
责任编辑　张丹阳
责任印制　马振武
◆ 人民邮电出版社出版发行　　北京市丰台区成寿寺路 11 号
邮编　100164　　电子邮件　315@ptpress.com.cn
网址　https://www.ptpress.com.cn
北京天宇星印刷厂印刷
◆ 开本：787×1092　1/16
印张：21.75　　2021 年 4 月第 1 版
字数：525 千字　　2024 年 2 月北京第 5 次印刷

定价：59.80 元

读者服务热线：(010)81055410　印装质量热线：(010)81055316
反盗版热线：(010)81055315
广告经营许可证：京东市监广登字 20170147 号

前言

本书以“功能讲解+课堂实例+课后习题”的形式，全面讲解了AutoCAD 2018的各项功能和使用方法。

课时安排

本书的参考课时为112课时，其中教师讲授环节为80课时，学生实训环节为32课时，各章的参考学时如下表所示。

章	课程内容	课时分配	
		讲授课时	实训课时
第1章	AutoCAD 2018快速入门	5	2
第2章	AutoCAD 2018的基本操作	5	2
第3章	简单二维图形的绘制	4	2
第4章	复杂二维图形的绘制	5	2
第5章	编辑二维图形	7	2
第6章	精准绘制图形	4	2
第7章	块与设计中心的使用	5	2
第8章	文字和表格的使用	2	1
第9章	尺寸标注的应用	5	2
第10章	图层的应用与管理	5	2
第11章	AutoCAD图形的输出和打印	6	1
第12章	绘制轴测图	3	2
第13章	三维绘图的基础操作	6	2
第14章	三维模型的绘制	9	2
第15章	建筑设计及绘图	4	4
第16章	机械设计及绘图	5	2
课时总计		80	32

本书特色

此外，本书提供五大配套资源，包括全书素材、教学视频、PPT教学课件、配套教案、附赠电子书等，具体介绍如下。

为了给读者提供一本好的AutoCAD 2018教材，本书对讲解体系进行了大量优化，按照“功能讲解+课堂实例+课后习题”的形式进行编排，力求通过功能讲解使读者快速掌握软件操作技能，通过课堂实例使读者具备一定的动手操作能力，通过课后习题帮助读者达到巩固和提升的目的。

●全书素材：包含书中所有课堂实例、课后习题用到的AutoCAD源文件。这些源文件均由AutoCAD 2018版本绘制而成，即使是低于AutoCAD 2018版本的软件也能无损打开。

●教学视频：包含书中所有课堂实例、课后习题的在线教学视频。

● PPT 教学课件：结合本书内容精制教学 PPT，内容及插图全部和书中一致，方便教师教学。

●配套教案：根据本书内容制作配套教案，详解每章的教学目标、教学重点、教学难点和教学设计，为教师教学提供全方位的服务。

●赠送资源：《AutoCAD 常用快捷键大全》《AutoCAD 绘图常见疑难解答》《AutoCAD 使用技巧精华》等 3 本电子书；55 个二维和三维练习题；机械标准件图块合集、室内设计常用图块合集、电气设计常用图块合集。

版面设计

为了使读者可以轻松自学并深入地了解 AutoCAD 2018 软件的功能，本书在版面结构设计上尽量做到清晰明了，具体说明如下图所示。

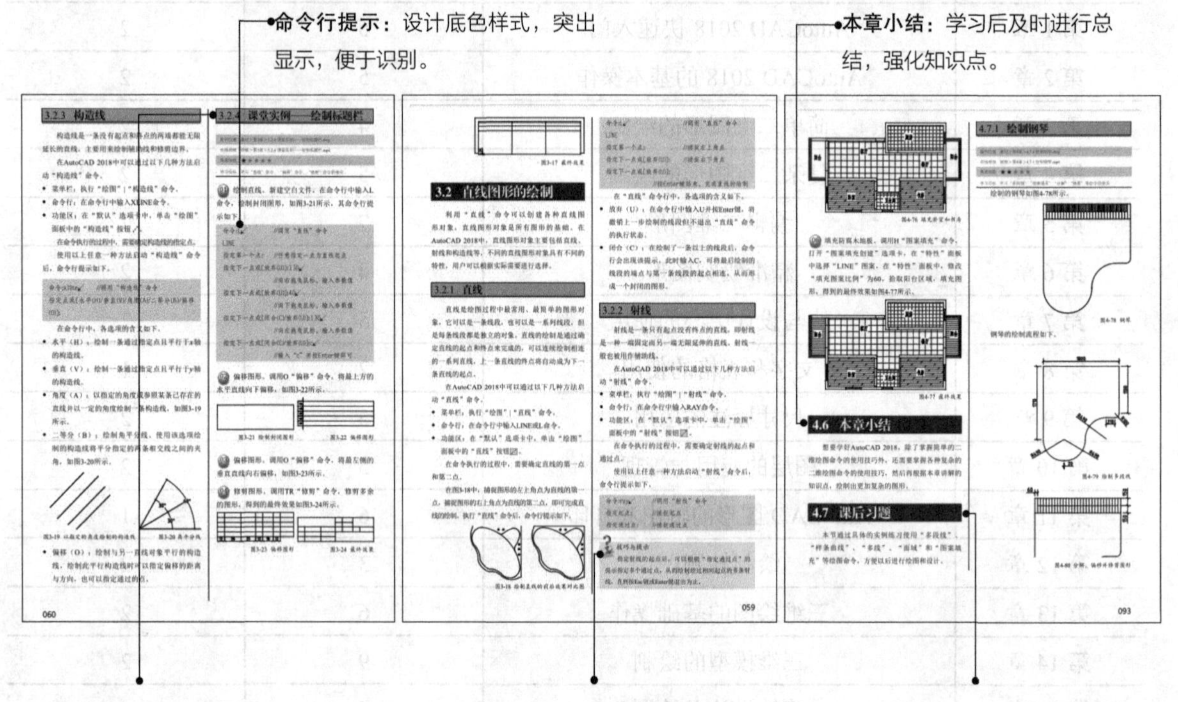

由于编者水平有限，书中疏漏之处在所难免。感谢您选择本书，同时也希望您能够把对本书的意见和建议告诉我们。

麓山文化

2020 年 12 月

资源与支持

本书由“数艺设”出品，“数艺设”社区平台（www.shuyishe.com）为您提供后续服务。

配套资源

- 书中所有课堂实例、课后习题的素材文件和在线教学视频。

赠送资源

- 《AutoCAD 常用快捷键大全》《AutoCAD 绘图常见疑难解答》《AutoCAD 使用技巧精华》等 3 本电子书
- 55 个二维和三维练习题
- 机械标准件图块合集、室内设计常用图块合集、电气设计常用图块合集

教师专享资源

- PPT 教学课件和配套教案

资源获取请扫码

“数艺设”社区平台，为艺术设计从业者提供专业的教育产品

与我们联系

我们的联系邮箱是 szys@ptpress.com.cn。如果您对本书有任何疑问或建议，请您发邮件给我们，并请在邮件标题中注明本书书名及 ISBN，以便我们更高效地做出反馈。

如果您有兴趣出版图书、录制教学课程，或者参与技术审校等工作，可以发邮件给我们；有意出版图书的作者也可以到“数艺设”社区平台在线投稿（直接访问 www.shuyishe.com 即可）。如果学校、培训机构或企业想批量购买本书或“数艺设”出版的其他图书，也可以发邮件联系我们。

如果您在网上发现针对“数艺设”出品图书的各种形式的盗版行为，包括对图书全部或部分内容的非授权传播，请您将怀疑有侵权行为的链接通过邮件发给我们。您的这一举动是对作者权益的保护，也是我们持续为您提供有价值的内容的动力之源。

关于“数艺设”

人民邮电出版社有限公司旗下品牌“数艺设”，专注于专业艺术设计类图书出版，为艺术设计从业者提供专业的图书、U 书、课程等教育产品。出版领域涉及平面、三维、影视、摄影与后期等数字艺术门类，字体设计、品牌设计、色彩设计等设计理论与应用门类，UI 设计、电商设计、新媒体设计、游戏设计、交互设计、原型设计等互联网设计门类，环艺设计手绘、插画设计手绘、工业设计手绘等设计手绘门类。更多服务请访问“数艺设”社区平台 www.shuyishe.com。我们将提供及时、准确、专业的学习服务。

目录

目录

目录

目录

目录

第1章

AutoCAD 2018快速入门

内容摘要

AutoCAD 是目前市场上最流行的计算机辅助设计软件之一。随着Autodesk公司对AutoCAD软件不断地改进和完善，其功能日渐强大，并且具有易于掌握、使用方便和结构体系开放等优点，这使其不仅在建筑、机械、石油化工、土木工程和产品造型等领域得到了大规模的应用，还在广告、气象、地理和航海等特殊领域开辟了广阔的市场。

课堂学习目标

- 了解AutoCAD的基础知识
- 掌握AutoCAD 2018的操作方法
- 熟悉AutoCAD 2018的工作空间
- 熟悉AutoCAD 2018的工作界面
- 掌握绘图环境的设置方法

1.1 AutoCAD概述

作为一款广受欢迎的计算机辅助设计软件，AutoCAD可以帮助用户在统一的环境下灵活完成概念和细节的设计，并在统一的环境下创作、管理和分享设计作品。

1.1.1 AutoCAD的基本功能

AutoCAD具有功能强大、易于掌握、使用方便和结构体系开放等特点，除了可以用来绘制平面图形与三维模型外，还可以用来标注图形尺寸、渲染图形和打印输出图纸，深受广大工程技术人员的喜爱。AutoCAD所包含的基本功能有图形的绘制与编辑功能、尺寸标注功能、图形显示控制功能、三维模型渲染功能、图形的输出与打印功能和二次开发功能6种。

1. 图形的绘制与编辑功能

AutoCAD的“绘图”和“修改”菜单、工具栏及功能区中包含了丰富的绘图和修改命令，使用这些命令可以绘制直线、圆、椭圆、圆弧、曲线、矩形、正多边形等基本的二维图形，也可以进行拉伸、旋转、放样等操作，使二维图形转换为三维实体。AutoCAD 2018既可以绘制二维平面图，也可以绘制轴测图和三维图。图1-1所示为使用AutoCAD 2018绘制的二维图形和三维模型。

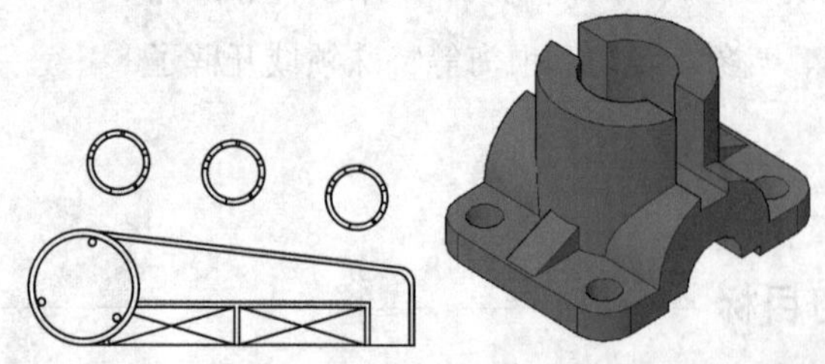

图1-1 使用AutoCAD 2018绘制的二维图形和三维模型

2. 尺寸标注功能

尺寸标注是指向图形中添加测量注释，它是整个绘图过程中不可缺少的一步。AutoCAD 2018提供了标注功能，使用该功能可以在图形的各个方向上创建各种类型的标注，也可以方便、快速地以一定格式创建符合行业或项目标准的标注。

AutoCAD 2018提供了线性、半径和角度3种基本标注类型，可以对二维图形或三维模型进行水平、垂直、对齐、旋转、坐标、基线或连续等标注。图1-2所示为添加了标注的二维图形和三维模型。

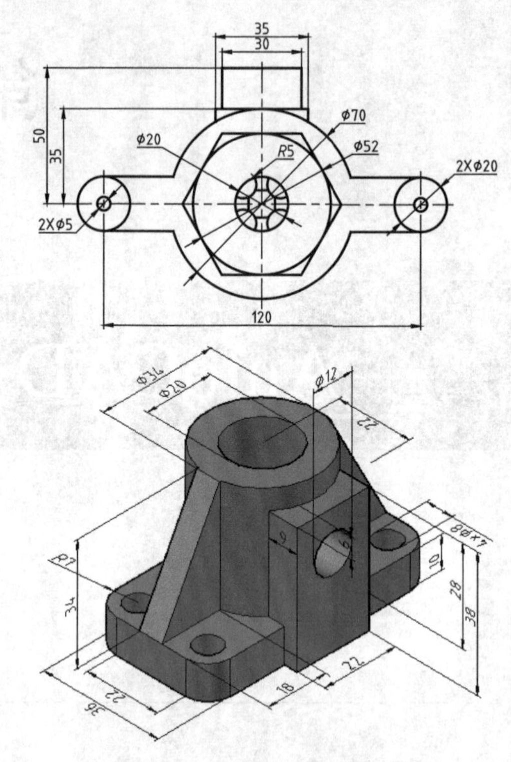

图1-2 添加了标注的二维图形和三维模型

3. 图形显示控制功能

图形显示控制功能可以以多种方式放大或缩小绘制的图形。对于三维模型来说，可以通过改变观察视点，从不同的视角来显示模型；也可以将绘图窗口分为多个视口，从而在各个视口中以不同的文件方位显示同一模型。此外，AutoCAD 2018还提供了三维动态观察器，利用该观察器可以动态地观察三维模型。

4. 三维模型渲染功能

AutoCAD拥有非常强大的三维模型渲染功能，可以根据不同的需要提供多种显示设置、完整的材质贴图和灯光设备，进而渲染出真实的产品效果。图1-3所示为渲染的三维模型。

图1-3　渲染的三维模型

5. 图形的输出与打印功能

AutoCAD不仅允许将绘制的图形以不同样式通过绘图仪或打印机输出，还能够将不同格式的图形导入AutoCAD或将所绘制的图形以其他格式输出。因此，图形绘制完成之后可以使用多种方法将其输出。例如，可以将图形打印在图纸上，或创建成文件以供其他应用程序使用。

6. 二次开发功能

用户使用AutoCAD自带的AutoLISP语言，可以自行定义新命令和开发新功能。通过DXF、IGES等图形数据接口，可以实现AutoCAD和其他系统的协同。此外，AutoCAD还提供了与其他高级编辑语言的接口，这使其具有很强的可开发性。

1.1.2 AutoCAD的行业应用

随着计算机技术的快速发展，CAD软件在工程领域的应用范围也在不断地扩大。作为具有代表性的CAD软件，AutoCAD是能够实现设计创意的设计工具，已经被广泛应用于机械、建筑、园林、测绘、电气、电子、造船、汽车、服装、纺织、地质、气象、轻工、石油化工和娱乐等行业。

1. AutoCAD在机械制造行业中的应用

AutoCAD最早应用在机械制造行业，应用也最为广泛。采用AutoCAD技术进行产品设计，不但能够减轻设计人员繁重的图形绘制工作，创新设计思路，实现设计自动化，降低生产成本，提高企业的市场竞争力；还能使企业转变传统的作业模式，由串行式作业转变为并行式作业，从而建立一种全新的设计和生产管理体制，提高劳动生产效率。

2. AutoCAD在建筑行业中的应用

随着时代的发展和社会的进步，人们的生活水平越来越高，其中表现最明显的是住房环境的不断改善，家装和建筑市场也随之日益繁盛，建筑装潢和绘图人员日趋“紧俏”。AutoCAD是建筑装潢中最常用的计算机绘图软件之一，设计人员在AutoCAD中可以边设计边修改，直到满意为止；设计好后再利用打印设备输出，从而不再需要绘制不必要的草图，大大提高了设计的质量和工作效率。

3. AutoCAD在园林行业中的应用

园林行业的设计工作主要包括园林景观规划设计、园林绿化规划建设、室外空间环境创造、景观资源保护设计等。园林设计还涉及环境营造、户外活动等，具体包括有公共性或私密性的人类聚居环境、景观、园林等的设计。

4. AutoCAD在电气行业中的应用

目前，电气行业已经成为高新技术产业的重要组成部分，涉及工业、农业、国防等领域，在国民经济中发挥着越来越重要的作用。

在家庭装潢的电气施工图中，需要绘制的内容包括住宅内的所有电气设施及电气线路，一般分为两部分，即强电和弱电。其中，弱电比较简单，主要是电话、有线电视和网络；而强电则包括照明灯具、电气开关、电气线路及插座线路等。

5. AutoCAD在服装行业中的应用

AutoCAD作为一款计算机辅助设计软件，以方便、快捷、精确的优点，在服装行业也备受青睐。

由于人们对服装的质量和合身性、个性化的要求越来越高，设计师可以通过AutoCAD以二维、三维的方式进行服装设计、制版、放码和排料等操作，特别是在设计常见的服装款式时，AutoCAD有着手绘图纸无法比拟的方便与精准等优点。

6. AutoCAD在娱乐行业中的应用

如今，AutoCAD技术已进入人们的日常生活，不管是电影、动画、广告，还是其他娱乐行业，AutoCAD技术都被运用得淋漓尽致。例如，娱乐广告公司利用AutoCAD技术布景，以虚拟现实的手法布置出人工难以布置的场景，这不仅节省了大量的人力、物力，还能营造出不一般的视觉冲击效果。

1.1.3 AutoCAD 2018的新增功能

AutoCAD 2018除了继承以前版本的优点以外，还增加了一些新的功能，使绘图更加方便、快捷。

1. 可输入PDF文件

在之前的版本中，AutoCAD已经实现了输出包括PDF在内的多种格式的图形文件的功能。但是，将PDF、JPEG等格式的图形文件转换为可编辑的DWG文件的功能却始终没能实现。

AutoCAD 2018终于实现了将PDF格式的图形文件无损转换为DWG文件的功能，如图1-4所示。尤其是通过AutoCAD生成的PDF文件（包含 SHX文字），甚至可以将文字存储为几何图形。用户可以在软件中使用 PDFSHXTEXT 命令将 SHX 几何图形重新转换为文字。此外，TXT2MTXT 命令已通过多项改进得到了增强，可用于强制执行文字以均匀行距排列。

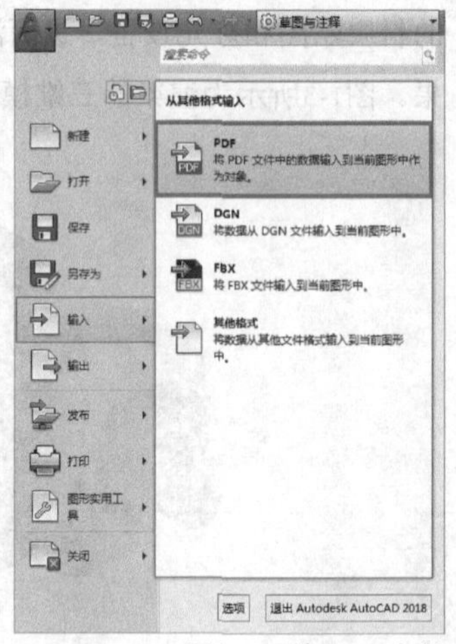

图1-4 输入PDF文件

2. 加强文档的稳定性

AutoCAD默认的DWG文件格式在2018版本中已更新，提高了打开和保存操作的效率，尤其是对于包含多个注释性对象和视口的图形。此外，三维实体和曲面创建现在使用最新的 Geometric Modeler（ASM），它保证了改进的安全性和稳定性。

1.1.4 AutoCAD的学习方法

随着计算机应用技术的飞速发展，计算机辅助设计已经成为现代工业设计的重要组成部分。AutoCAD具有操作简单、功能强大等特点，它已被广泛应用于机械设计、建筑设计、电子设计等图形设计领域，那么怎样才能学好AutoCAD呢？我们在此提出一些建议。

1. 学习AutoCAD要掌握正确的方法

有些初学者在刚开始学习AutoCAD时成绩不佳，往往是因为较低的学习兴趣造成的学习效率不高。兴趣是最好的老师，初学者在开始学习AutoCAD的时候，要把学习与操作当成一种兴趣使然的活动。

整个学习过程应采用循序渐进的方式。要学习和掌握好AutoCAD，首先要知道手工作图过程中用到的几何知识，只有这样才能进一步去考虑如何用AutoCAD来作图。实践证明，有较强识图能力和作图能力，学起AutoCAD来也容易些，学习效果也较好。然后要了解计算机绘图的基本知识，如相对直角坐标和相对极坐标等，使自己能由浅入深地掌握AutoCAD的使用方法。

用AutoCAD绘图的一大优点是能够精确绘图。精确绘图就是指尺寸准确、细节到位。平行线一定要平行；由两条直线构成的角，端点一定要重合。如果没有按照标准绘图，在标注尺寸的时候就需要修改数据，这样不仅会影响图的美观，还会直接影响图的真实性，所以在画图过程中一定要细心，做到精确、无误差。

使用计算机绘图是为了提高绘图速度和效率，最便捷的操作方式就是使用快捷键。因而在用AutoCAD绘制图形时要尽量记住并使用快捷键，左右手都要工作，从而提高绘制图形的速度。在绘图过程中要执行某命令时，可用左手直接按该命令对应的快捷键（不需要把光标移到命令行），然后用右手单击鼠标右键即可，这样和单击该命令按钮所得到的效果是一致的。如要执行移动命令，可用左手按M键（在命令行输入命令时，均不区分字母的大小写），然后用右手单击鼠标右键，即可执行移动命令。常用命令的快捷键包括偏移O，填充H，剪切TR，延伸EX，写块（在不同的图形文件中使用的块）W，多行文本T，放弃（撤销上一步的操作）U，实时平移P，创建圆弧A，创建直线L，窗口缩放Z，分解X，创建圆C，创建块B，插入块I等。常用的开关键包括捕捉F3，正交F8，极轴F10，对象跟踪F11等。给初学者一个简单的建议：在学习AutoCAD的初期就尝试着使用快捷键来练习绘制图形。

在学习AutoCAD中的命令时始终要与实际应用相结合，不要把主要精力花费在孤立地学习各个命令上；要把学以致用的原则贯穿整个学习过程，以对绘图命令有深刻且形象的理解，这样有利于培养独立运用AutoCAD完成绘图的能力。要坚持做几个综合实例，详细地进行图形的绘制，使自己可以从全局的角度掌握整个绘图过程，力争学习完AutoCAD课程之后就可以投身到实际的工作中。

2. 使用AutoCAD提高绘图效率的技巧

若要提高用AutoCAD绘图的效率，首先要遵循一定的作图原则，然后要选择合适的绘图命令。

- 遵循一定的作图原则。
- 作图步骤：设置图形界限→设置单位及精度→建立若干图层→设置对象样式→开始绘图。
- 绘图时始终使用1：1的比例。若要改变图样的大小，可以在打印时于图纸空间内设置不同的打印比例。
- 为不同类型的图元对象设置不同的图层、颜色及线宽，而图元对象的颜色、线型及线宽都应由图层（LAYER）控制。
- 需精确绘图时，可使用栅格捕捉功能，并将栅格捕捉间距设为适当的数值。
- 不要将图框和图形绘在同一幅图中，应在布局（LAYOUT）中将图框按块插入，然后打印出图。
- 对于需要命名的对象，如视图、图层、块、线型、文字样式、打印样式等，命名时不仅要简明，而且要遵循一定的规律，以便于查找和使用。
- 将一些常用设置，如图层、标注样式、文字样式、栅格捕捉等方面的设置保存在一个图形模板文件中（即另存为*.dwt格式的文件）。新建图形文件时，可以在“选择样板”对话框中选择该样板。
- 选择合适的命令 。

在AutoCAD具体操作的过程中，尽管有多种方式能够达到同样的目的，但如果命令选用得当，则会明显减少操作步骤，提高绘图效率。例如，使用LINE、XLINE、RAY、PLINE、MLINE等命令均可生成直线或线段，但唯有LINE命令使用的频率最高，使用起来也最为灵活。为保证物体三视图之间“长对正、宽相等、高平齐”的对应关系，应选用XLINE和RAY命令绘制出若干条辅助线，然后用TRIM命令剪掉多余的部分。若想快速生成一条封闭的填充边界，或构造一个面域，则应选用

PLINE命令。用PLINE命令生成的线段可用PEDIT命令进行编辑。若想一次生成多条平行的线段，且各线段可使用不同的颜色和线型，可选择MLINE命令。

以上两点是对初学者学好AutoCAD的建议，但学好AutoCAD的关键是要多上机练习、多总结，多查看有关书籍，正所谓百学不如一练，只有通过不断练习，才能熟能生巧，提高绘图质量和效率。

1.2 AutoCAD 2018的工作空间

AutoCAD 2018为用户提供了4种工作空间，分别是“AutoCAD经典”“草图与注释”“三维基础”“三维建模”工作空间。选择不同的工作空间可以进行不同的操作，如在“三维基础”工作空间中，可以方便地建立简单的三维模型。

1.2.1 切换工作空间

AutoCAD 2018默认的工作空间为“草图与注释”工作空间，用户可以根据需要，通过以下几种方法对工作空间进行切换操作。

- 菜单栏：选择“工具”|“工作空间”命令，在子菜单中选择相应的工作空间，如图1-5所示。

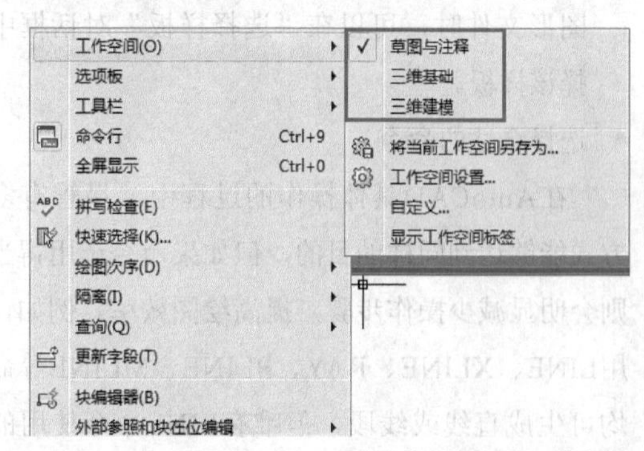

图1-5　通过菜单栏切换工作空间

- 状态栏：直接单击状态栏中的“切换工作空间”下拉按钮，在弹出的菜单中选择相应的工作空间，如图1-6所示。
- 快速访问工具栏：单击快速访问工具栏中的“草图与注释”按钮，在弹出的下拉列表中选择所需的工作空间，如图1-7所示。

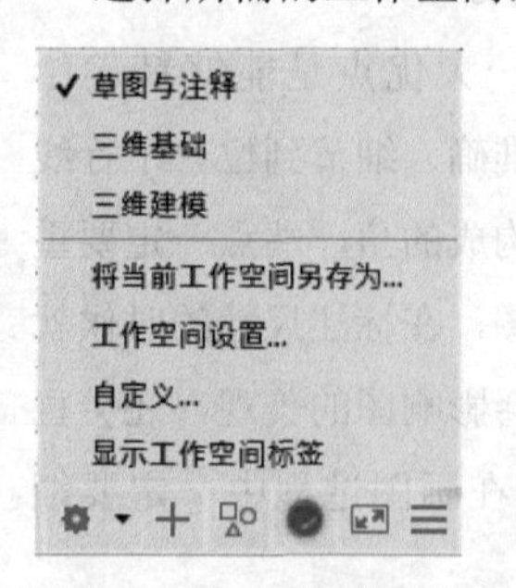

图1-6　通过“切换工作空间”按钮切换工作空间

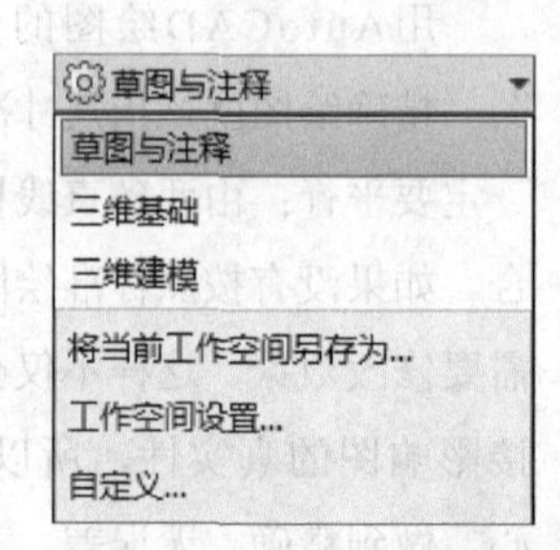

图1-7　通过快速访问工具栏切换工作空间

1.2.2 “草图与注释”工作空间

AutoCAD 2018默认的工作空间为“草图与注释”。其界面主要由“菜单浏览器”按钮、功能区、快速访问工具栏、绘图区、命令行窗口和状态栏等元素组成。在该工作空间中，可以方便地使用“默认”选项卡中的“绘图”“修改”“图层”“注释”“块”“特性”等面板绘制和编辑二维图形，如图1-8所示。

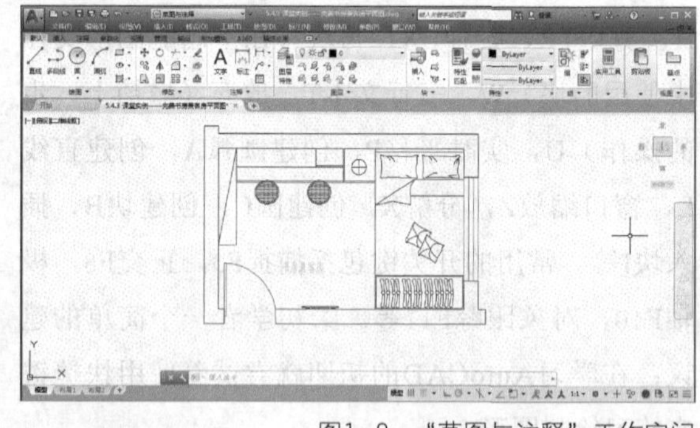

图1-8　“草图与注释”工作空间

1.2.3 “三维基础”工作空间

在“三维基础”工作空间中能够非常简单、方便地创建基本的三维模型，其功能区中提供了各种常用的三维建模、布尔运算及三维编辑工具按钮，如图1-9所示。

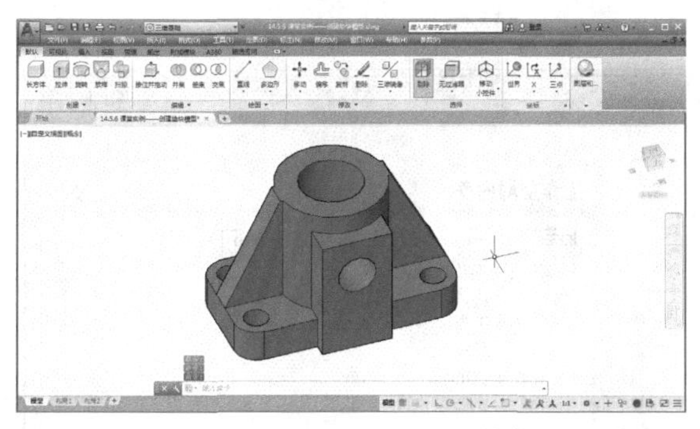

图1-9　“三维基础”工作空间

1.2.4　“三维建模”工作空间

“三维建模”工作空间的界面与“草图与注释”工作空间的界面相似。其功能区中集中了三维建模、视觉样式、光源、材质、渲染等面板，为绘制和观察三维模型、附加材质、创建动画、设置光源等操作提供了非常便利的环境，如图1-10所示。

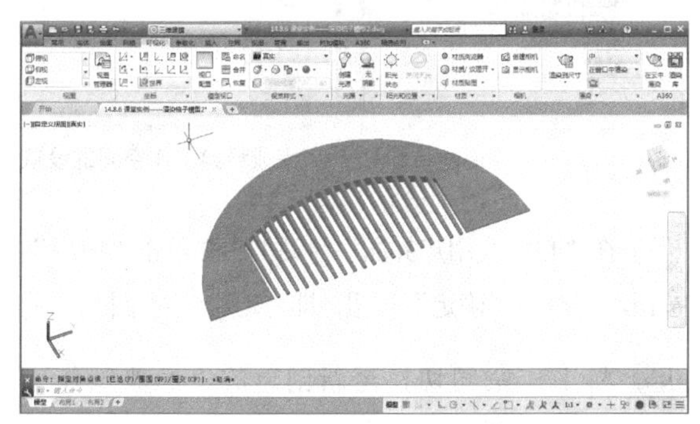

图1-10　“三维建模”工作空间

1.2.5　“AutoCAD经典”工作空间

从AutoCAD 2015开始，AutoCAD取消了经典工作空间的界面设置，结束了长达十余年的工具栏命令操作方式。但对于一些老用户来说，相较于AutoCAD 2018，他们更习惯于2005、2008、2012等经典版本的工作界面，如图1-11所示，也更习惯于通过工具栏来调用命令。

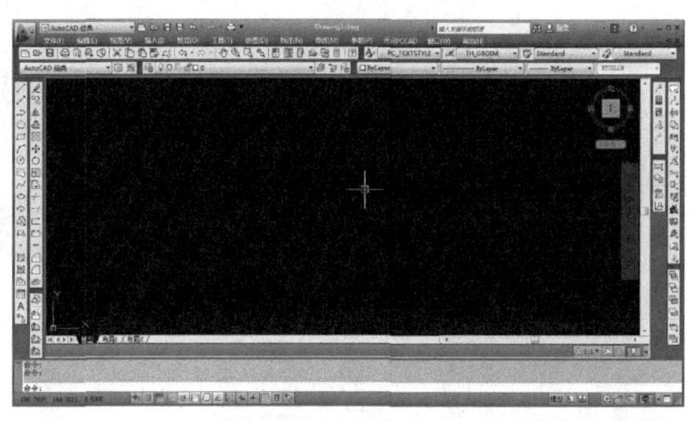

图1-11　“AutoCAD经典”工作空间

1.2.6　课堂实例——自定义工作空间

案例位置	无
在线视频	视频>第1章>1.2.6 课堂实例——自定义工作空间.mp4
难易指数	★★★★★
学习目标	学习“工作空间”列表框、“功能区”菜单命令以及工具栏的使用

在AutoCAD 2018中，仍然可以通过设置工作空间的方式，创建符合自己操作习惯的经典工作界面，方法如下。

01 单击快速访问工具栏中的“切换工作空间”下拉按钮，在弹出的下拉列表中选择“自定义”选项，如图1-12所示。

02 系统自动打开“自定义用户界面”对话框，然后选择“工作空间”选项，单击鼠标右键，在弹出的快捷菜单中选择“新建工作空间”选项，如图1-13所示。

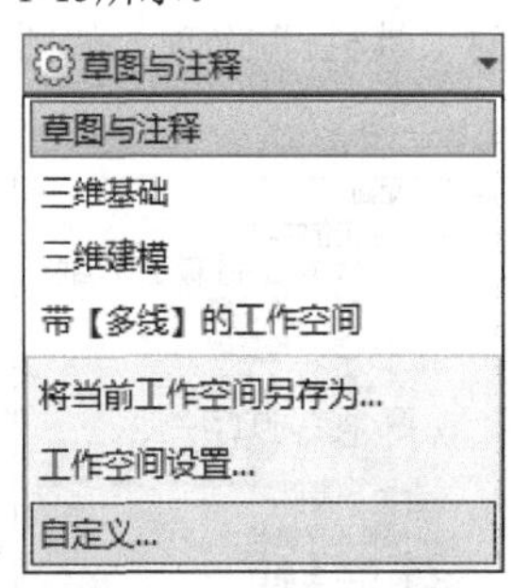

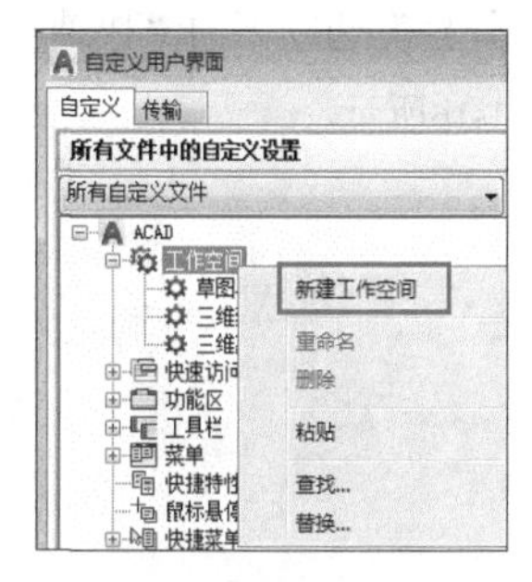

图1-12　选择“自定义”选项　　图1-13　新建工作空间

03 此时“工作空间”选项下添加了一个新的工作空间，将其命名为“经典工作空间”，然后单击对话框右侧“工作空间内容”区域中的“自定义工作空间”按钮，如图1-14所示。

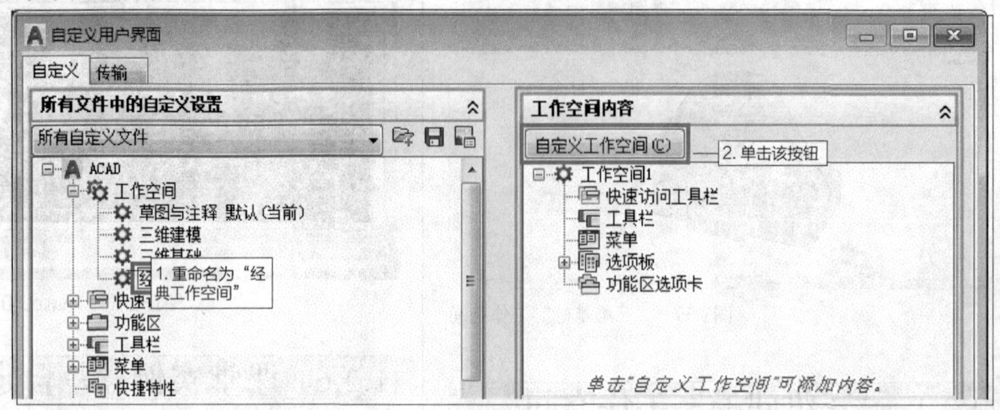

图1-14 命名经典工作空间

04 返回对话框左侧的“所有文件中的自定义设置”区域，单击⊞按钮展开“工具栏”选项，依次勾选其中的“标注”“绘图”“修改”“特性”“图层”“样式”“标准”7个工具栏，即AutoCAD旧版本中的经典工具栏，如图1-15所示。

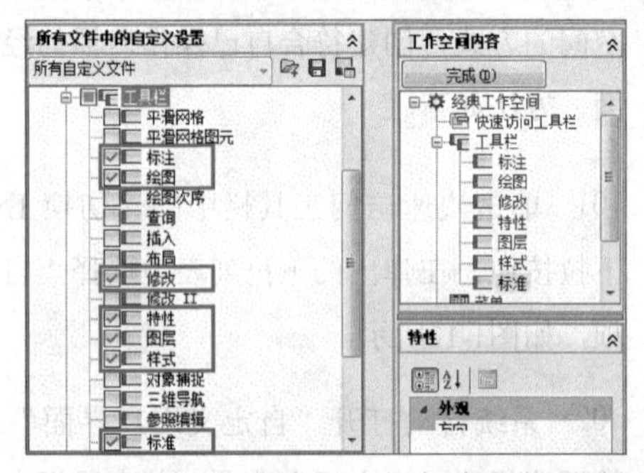
图1-15 勾选7个经典工具栏

05 勾选上一级的整个“菜单”与“快速访问工具栏”选项下的“快速访问工具栏1”选项，如图1-16所示。

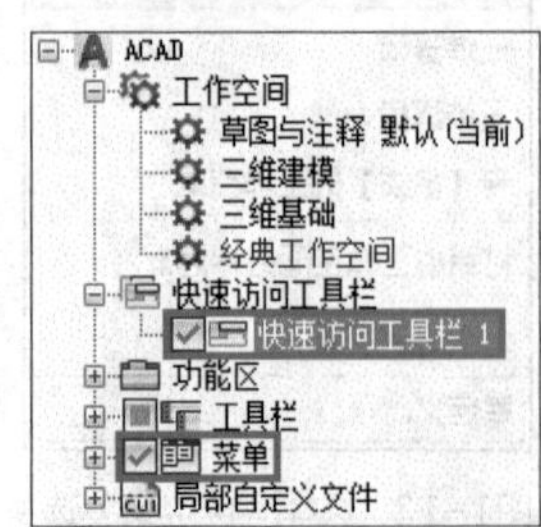

图1-16 勾选“菜单”与“快速访问工具栏1”

06 在对话框右侧的“工作空间内容”区域中已经可以预览该工作空间的结构，确定无误后单击上方的“完成”按钮，如图1-17所示。

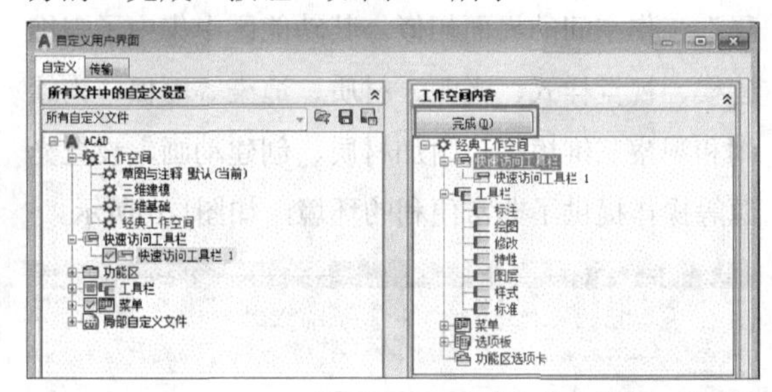
图1-17 完成经典工作空间的设置

07 在“自定义用户界面”对话框中先单击“应用”按钮，再单击“确定”按钮，即可退出该对话框。

08 将工作空间切换至新创建的“经典工作空间”，效果如图1-18所示。

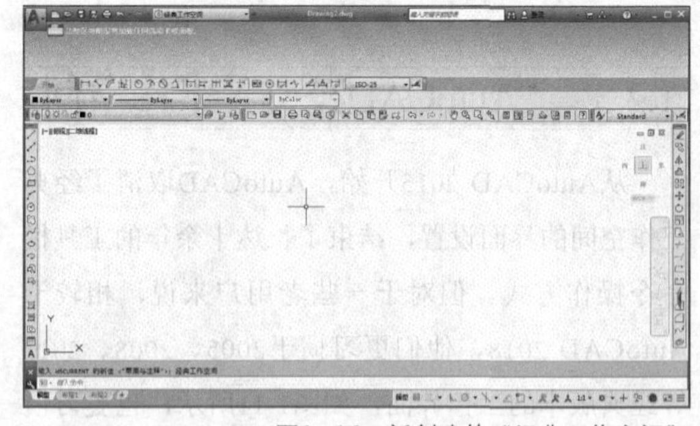
图1-18 新创建的“经典工作空间”

09 可见原来的功能区已经消失，但仍留出了一大块空白，影响界面效果。可以在该处单击鼠标右键，在弹出的快捷菜单中选择“关闭”选项，即可关闭功能区，如图1-19所示。

图1-19 关闭“功能区”

10 将各工具栏拖动到合适的位置，最终效果如图1-20所示。保存该工作空间后即可随时启用。

图1-20 “经典工作空间”的最终效果

1.3 AutoCAD 2018的工作界面

AutoCAD 2018的工作界面如图1-21所示。该工作界面的区域划分较为明确，主要包括应用程序按钮、快速访问工具栏、菜单栏、标题栏、交互信息工具栏、功能区、标签栏、绘图区、命令窗口、状态栏等区域。

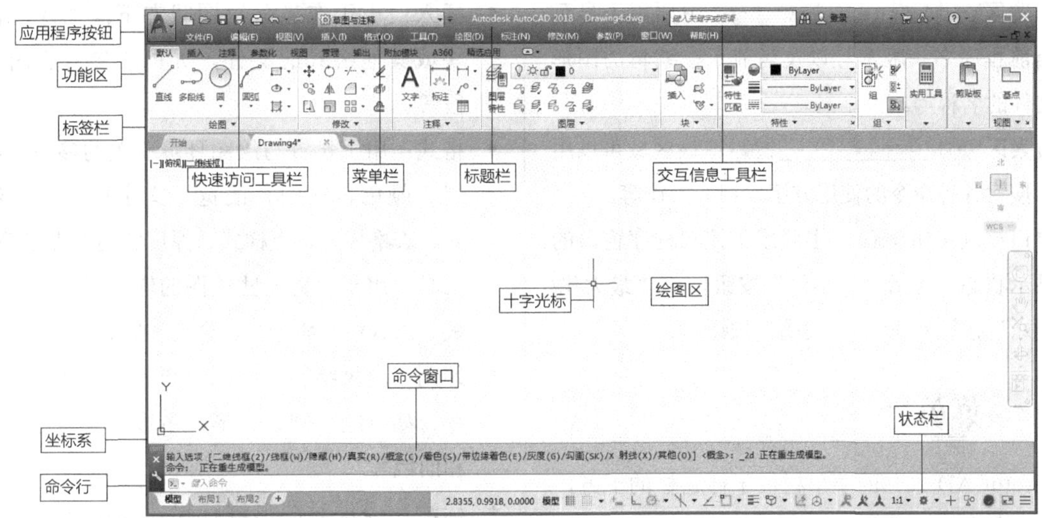

图1-21 AutoCAD 2018默认的工作界面

1.3.1 应用程序按钮

应用程序按钮A位于AutoCAD 2018程序窗口的左上角。在程序窗口中，单击应用程序按钮A，将打开应用程序菜单。在该菜单中可以快速进行创建图形文件、打开现有图形文件、保存图形文件、输出图形文件、输出带有密码和数字签名的图形、打印图形文件、发布图形文件及退出AutoCAD 2018等操作。图1-22所示为“应用程序”菜单。

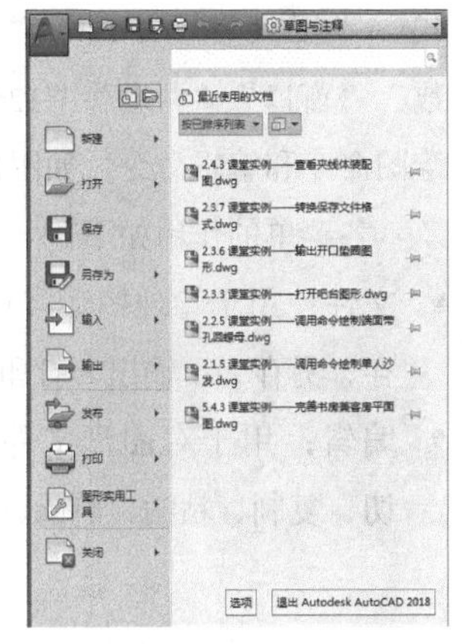
图1-22 应用程序菜单

1.3.2 快速访问工具栏

AutoCAD 2018的快速访问工具栏中包含常用操作的快捷按钮，方便用户使用。在默认状态下，快速访问工具栏中包含7个快捷按钮，分别为“新建”按钮、“打开”按钮、“保存”按钮、“另存为”按钮、“打印”按钮、“放弃”按钮和“重做”按钮，单击右端的展开按钮，弹出“工作空间”下拉列表 草图与注释，如图1-23所示。

草图与注释

图1-23 快速访问工具栏

1.3.3 标题栏

标题栏位于程序窗口的上方，主要由标题区、搜索区及窗口控制按钮组成，如图1-24所示。

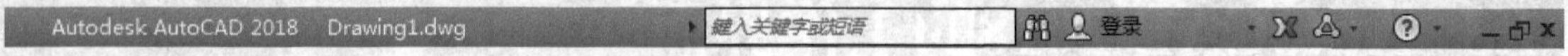

Autodesk AutoCAD 2018 Drawing1.dwg 键入关键字或短语 登录

图1-24 标题栏

在标题栏中，可以快速对图形文件进行常规操作，也可以通过标题栏了解当前图形文件的相关信息，各组成部分的常用功能如下。

- 标题区 Autodesk AutoCAD 2018 Drawing1.dwg：主要用于显示当前程序名、版本号以及当前正在编辑的图形文件的名称等。
- 搜索区 键入关键字或短语：该区域可以用于搜索各种命令的使用方法、相关操作等。
- 窗口控制按钮：主要用于控制程序窗口的显示状态，包括“最小化”按钮、“最大化/还原”按钮/和“关闭”按钮。

1.3.4 菜单栏

AutoCAD 2018的菜单栏位于标题栏的下方，为下拉式菜单，其中包含了相应的子菜单。菜单栏中有“文件”“编辑”“视图”“插入”“格式”“工具”“绘图”“标注”“修改”“参数”“窗口”“帮助”共12个菜单，涵盖了所有的绘图命令和编辑命令，如图1-25所示。

各菜单的作用如下。

- 文件：用于管理图形文件，如新建、打开、保存、另存为、输出、打印和发布等。
- 编辑：用于对图形文件进行常规编辑，如剪切、复制、粘贴、删除、查找等。
- 视图：用于管理AutoCAD 2018的操作界面，如缩放、平移、动态观察、相机、视口、三维视图、消隐和渲染等。
- 插入：用于在当前绘图状态下，插入所需的块或其他格式的文件，如PDF参考底图、字段等。
- 格式：用于设置与绘图环境有关的参数，如图层、颜色、线型、线宽、文字样式、标注样式、表格样式、点样式、厚度和图形界限等。
- 工具：用于设置一些绘图的辅助工具，如选项板、工具栏、命令行、查询和向导等。
- 绘图：提供绘制二维图形和三维模型的所有命令，如直线、圆、矩形、多边形、圆环、边界和面域等。
- 标注：提供对图形进行尺寸标注时所需的命令，如线性、半径、直径、角度等。
- 修改：提供修改图形时所需的命令，如删除、复制、镜像、偏移、阵列、修剪、倒角和圆角等。
- 参数：提供对图形进行约束时所需的命令，如几何约束、动态约束、标注约束和删除约束等。
- 窗口：用于在多文档状态下设置各个文档的屏幕，如层叠、水平平铺和垂直平铺等。
- 帮助：提供AutoCAD 2018的帮助信息。

文件(F)　编辑(E)　视图(V)　插入(I)　格式(O)　工具(T)　绘图(D)　标注(N)　修改(M)　参数(P)　窗口(W)　帮助(H)

图1-25　菜单栏

技巧与提示

除“AutoCAD经典”工作空间外，其他3种工作空间都默认不显示菜单栏，以避免给一些操作带来不便。如果需要在这些工作空间中显示菜单栏，可以单击快速访问工具栏右端的下拉按钮，在弹出的菜单中选择“显示菜单栏”命令。

1.3.5　标签栏

标签栏位于绘图区上方，每打开一个图形文件都会在标签栏内显示一个标签，单击文件标签即可快速切换至相应图形文件的窗口，如图1-26所示。

将AutoCAD 2018的标签栏中的“新建选项卡”图形文件选项卡重命名为“开始”，并使其在创建和打开其他图形时保持显示。单击标签上的![]按钮，可以快速关闭文件；单击标签栏右侧的![]按钮，可以快速新建文件；在标签栏的空白处单击鼠标右键，会弹出快捷菜单，如图1-27所示，在该快捷菜单中可以选择“新建”“打开”“全部保存”“全部关闭”命令。

开始　Drawing1　Drawing2　+

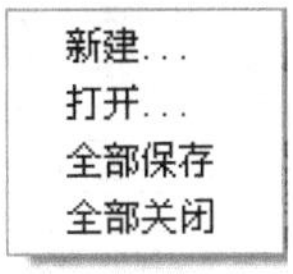

新建...
打开...
全部保存
全部关闭

图1-26　标签栏　图1-27　快捷菜单

此外，在光标经过图形文件选项卡时，绘图区将显示模型的预览图像和布局。当光标经过某个预览图像时，相应的模型或布局将临时显示在绘图区中，并且在预览图像中可以访问“打印”和“发布”工具，如图1-28所示。

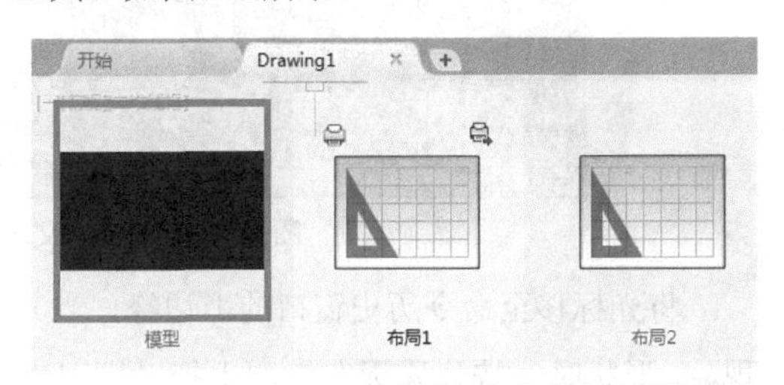

图1-28　图形文件选项卡的预览功能

1.3.6　功能区

功能区是一种特殊的选项板，位于绘图区的上方，是菜单栏和工具栏的主要替代工具，用于显示与工作空间关联的按钮和空间。在默认状态下，在“草图与注释”工作空间中，功能区中包含“默认”“插入”“注释”“参数化”“视图”“管理”“输出”“附加模块”“A360”“精选应用”10个选项卡，每个选项卡中包含若干个面板，每个面板中又包含许多命令按钮，如图1-29所示。

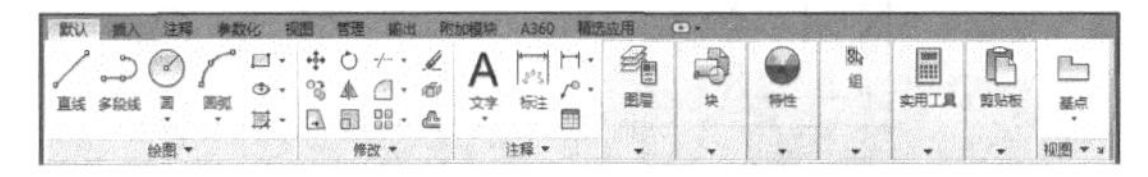

图1-29　功能区

在功能区中，有些按钮的下方或右侧有箭头，表示有扩展菜单，单击箭头，扩展菜单中会列出更多的命令。

如果需要扩大绘图区域，则可以单击选项卡右侧的三角形按钮![]，将各面板最小化为面板按钮；再次单击该按钮，可将各面板最小化为面板标题；第三次单击该按钮，可将各面板最小化为选项卡；第四次单击该按钮，可以显示完整的功能区选项板。

1.3.7　绘图区

工作界面中央的空白区域称为绘图窗口，也称为绘图区，是用户进行绘制工作的区域，所有的绘图结果都会反映在这个窗口中。如果图纸较大，需要查看未显示的部分，可以通过单击绘图区右侧与下侧滚动条上的箭头，或者拖曳滚动条上的滑块来移动图纸。

在绘图区中除了显示当前的绘图结果外，还会显示当前使用的坐标系类型，导航栏，坐标原点，以及x轴、y轴、z轴的方向等，如图1-30所示。其中导航栏是一种用户界面元素，用户可以从中访问通用导航工具和特定产品的导航工具。

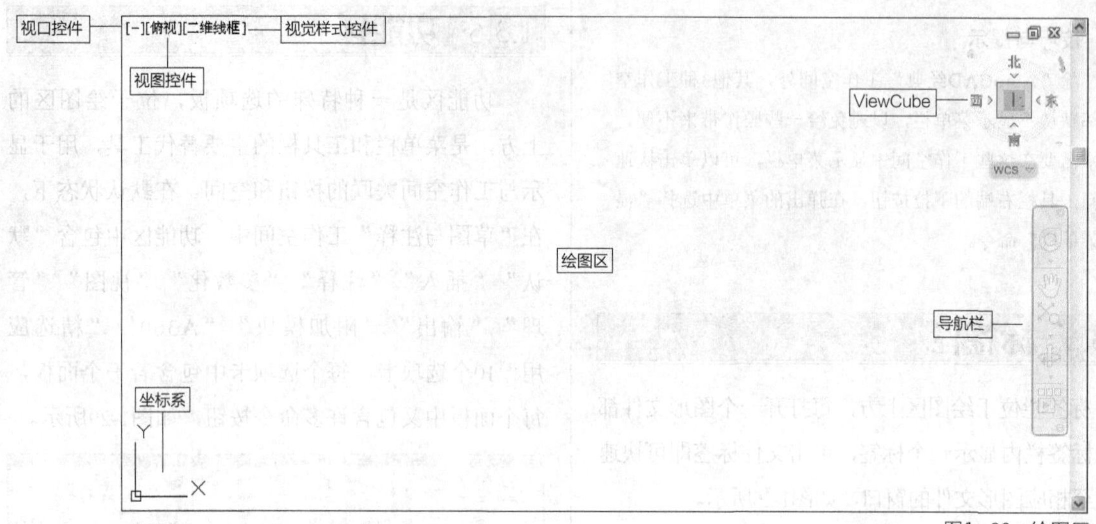

图1-30 绘图区

1.3.8 命令窗口

命令窗口是输入命令和显示命令的区域，命令窗口默认在绘图区下方，由若干文本行组成，如图1-31所示。命令窗口中间有一条水平分界线，它将命令窗口分成两个部分：命令行和命令历史窗口。位于水平线下方的为命令行，它用于接收用户输入的命令，并显示AutoCAD 2018的提示信息；位于水平线上方的为命令历史窗口，它含有AutoCAD 2018启动后所用过的全部命令及提示信息，该窗口有垂直滚动条，可以上下拖曳滚动条来查看以前用过的命令。

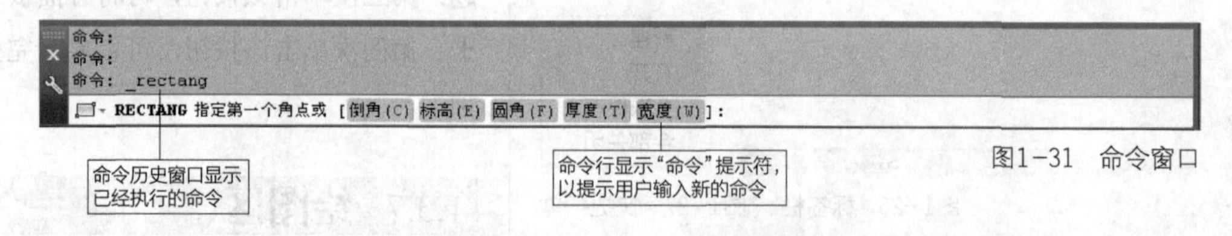

图1-31 命令窗口

文本窗口在默认工作界面中没有直接显示，需要通过命令调取。调用文本窗口的方法有以下几种。

- 菜单栏：选择“视图”|“显示”|“文本窗口”命令。
- 快捷键：Ctrl+F2。
- 命令行：TEXTSCR。

执行上述命令后，系统弹出图1-32所示的文本窗口。文本窗口中记录了进行过的所有编辑操作。

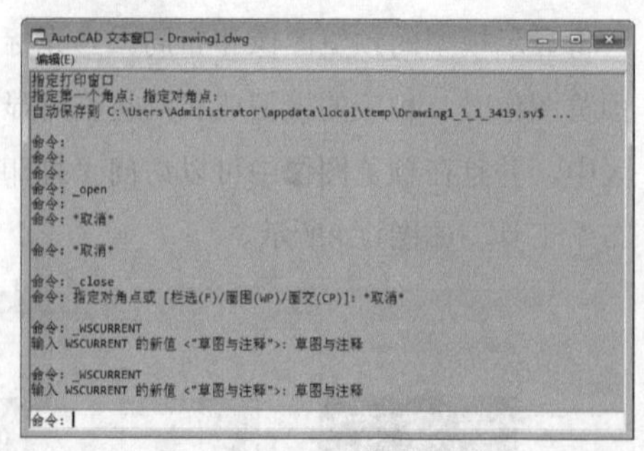

图1-32 AutoCAD文本窗口

将光标移至命令历史窗口的上边缘，当光标呈现 形状时，按住鼠标左键向上拖动即可增加命令窗口的高度。在工作中除了可以调整命令行的大小与位置外，在其窗口内单击鼠标右键，选择“选项”命令，单击弹出的“选项”对话框中的“字体”按钮，还可以调整“命令行”内文字的字体、字形和字号，如图1-33所示。

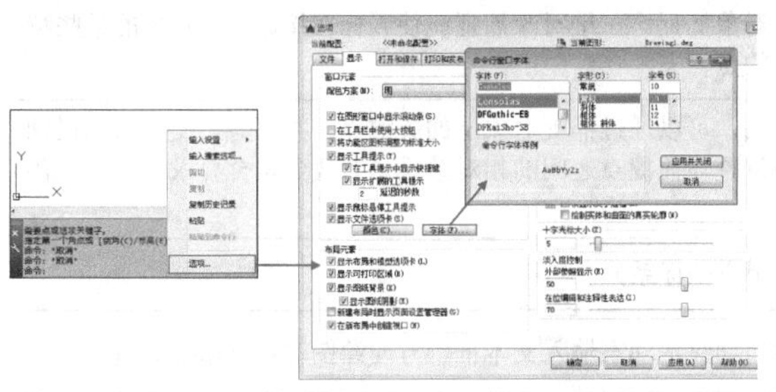

图1－33　调整命令行内文字的字体

1.3.9　状态栏

状态栏位于工作界面的底部，用来显示AutoCAD 2018当前的状态，如对象捕捉追踪、极轴追踪等命令的工作状态。状态栏主要由5部分组成，如图1-34所示。同时AutoCAD 2018将之前的模型布局标签栏和状态栏合并在一起，并且取消显示当前光标位置。

图1－34　状态栏

1．快速查看工具

使用快速查看工具可以快速预览打开的图形，打开图形的模型与布局，以及在其中切换图形，使之以缩略图的形式显示在应用程序窗口的底部。

2．坐标值

坐标值一栏会以直角坐标系的形式（x，y，z）实时显示十字光标所处位置的坐标。在二维制图模式下，只会显示x、y轴的坐标，只有在三维建模模式下才会显示z轴的坐标。

3．绘图辅助工具

绘图辅助工具主要用于控制绘图的性能，其中包括“推断约束”“捕捉模式”“栅格”“正交模式”“极轴追踪”“对象捕捉”“三维对象捕捉”“对象捕捉追踪”“动态UCS”“动态输入”“线宽”“透明度”“快捷特性”“选择循环”等工具。各工具按钮的功能说明如表1-1所示。

表1–1　绘图辅助工具按钮一览

名 称	按 钮	功 能 说 明
推断约束		单击该按钮，打开推断约束功能，可设置约束的限制效果，比如限制两条直线垂直、相交、共线，圆与直线相切等
捕捉模式		该按钮用于开启或者关闭捕捉模式。捕捉模式可以使光标很容易地抓取到每一个栅格上的点
栅格		单击该按钮，打开栅格，此时屏幕上将布满栅格。其中，栅格的x轴和y轴的间距也可以通过“草图设置”对话框中的“捕捉和栅格”选项卡进行设置
正交模式		该按钮用于开启或者关闭正交模式。正交即光标只能沿x轴或者y轴方向进行绘制，不能画斜线

（续表）

名 称	按 钮	功 能 说 明
极轴追踪		该按钮用于开启或关闭极轴追踪模式。如果开启极轴追踪模式，那么在绘制图形时，系统将根据设置显示一条追踪线，可以在追踪线上根据提示精确移动光标，从而进行精确绘图
二维对象捕捉		该按钮用于开启或者关闭对象捕捉。对象捕捉能使光标在接近二维对象的某些特殊点的时候被自动指引到特殊的点，如端点、圆心、象限点
三维对象捕捉		该按钮用于开启或者关闭三维对象捕捉。三维对象捕捉能使光标在接近三维对象的某些特殊点的时候被自动指引到特殊的点
对象捕捉追踪		单击该按钮，开启对象捕捉模式，可以通过捕捉对象上的关键点，并沿着正交方向或极轴方向拖曳鼠标，显示光标当前位置与捕捉点之间的相对关系。若找到符合要求的点，直接单击即可
动态UCS		该按钮用于允许或禁止UCS（用户坐标系）
动态输入		单击该按钮，将在绘制图形时自动显示动态输入文本框，方便绘图时设置精确数值
线宽		单击该按钮，开启线宽显示。在绘图时如果为图层或所绘图形设置了不同的线宽（至少大于0.3mm），那么单击该按钮就可以显示线宽，以标识各种具有不同线宽的对象
透明度		单击该按钮，开启透明度显示。在绘图时如果为图层和所绘图形设置了不同的透明度，那么单击该按钮就可以显示透明度，以区别透明度不同的对象
快捷特性		单击该按钮，启用对象的快捷特性选项板，能帮助用户快捷地编辑对象的一般特性。在“草图设置”对话框的“快捷特性”选项卡中可以设置快捷特性选项板的位置等属性
选择循环		单击该按钮，可以在重叠对象上显示选择对象
注释监视器		单击该按钮后，一旦发生模型文档编辑或更新事件，注释监视器就会自动显示
模型空间	模型	用于模型空间与图纸空间之间的转换

4. 注释工具

注释工具是用于显示缩放注释的若干工具，对于不同的模型空间和图纸空间，将显示相应的工具。当图形状态栏打开时，注释工具将显示在绘图区的底部；当图形状态栏关闭时，注释工具将移至应用程序状态栏。

- 注释比例 1:1▾：可通过此按钮调整注释对象的缩放比例。
- 注释可见性：单击该按钮，可选择仅显示当前比例的注释或显示所有比例的注释。

5. 工作空间工具

工作空间工具用于切换AutoCAD 2018的工作空间，以及进行自定义工作空间等操作。

- 切换工作空间：可通过单击此按钮切换AutoCAD 2018的工作空间。
- 硬件加速：单击此按钮后，可在绘制图形时通过硬件的支持提高绘图性能，如刷新频率。
- 隔离对象：当需要对大型图形的个别区域进行重点操作，以及临时隐藏或显示选定的对象时，可以单击此按钮。
- 全屏显示：用于使AutoCAD 2018全屏显示或者取消全屏显示。
- 自定义：单击该按钮后，可以在当前状态栏中添加或删除按钮，方便管理。

1.4 绘图环境的设置

为了保证所绘图形的规范性、准确性和绘图的高效性，在绘图之前应对绘图环境进行设置。

1.4.1 设置绘图单位

在开始绘制图形前，需要确定图形单位与实际单位之间的尺寸关系，即绘图比例。另外，还要指定程序中测量角度的方向。还要设置所有的线性和角度单位显示精度的等级，如以小数显示时小数点后的位数或者以分数显示时的最小分母，精度的设置会影响距离、角度和坐标的显示。

AutoCAD 2018可以通过以下几种方法启动“单位”命令。

- 菜单栏：执行“格式”|“单位”命令。
- 命令行：在命令行中输入UNITS或UN命令。

执行以上任一命令，均可以打开“图形单位”对话框，如图1-35所示，通过该对话框可以设置长度和角度的类型与精度。

图1-35　“图形单位”对话框

在“图形单位”对话框中，各选项的含义如下。

- “长度”选项组：在该选项组中，可以指定测量单位的格式及当前的精度。
- “角度”选项组：在该选项组中，可以指定当前角度格式和当前角度显示的精度。
- “输出样例”选项组：在该选项组中，可以显示用当前单位和角度设置的例子。
- “光源”选项组：在该选项组中，可以控制当前图形中光源强度的单位。
- “方向”按钮：单击该按钮，将弹出“方向控制”对话框，如图1-36所示。在该对话框中，可以定义图形区域中的零角度并指定测量角度的方向。

图1-36　“方向控制”对话框

技巧与提示

用户在开始绘图前，必须根据要绘制的图形确定一个绘图比例。AutoCAD 2018的绘图区域是无限的，用户可以绘制任意大小的图形。

1.4.2 设置图形界限

图形界限是在绘图空间中一个想象的矩形绘图区域，用来标明用户的工作区域和图纸的边界。设置图形界限可以避免所绘制的图形超出该边界。在绘图之前一般都要对图形界限进行设置，从而确保绘图的正确性，设置了图形界限的显示效果如图1-37所示。AutoCAD 2018的绘图区域是无限大的，用户可以绘制任意大小的图形。

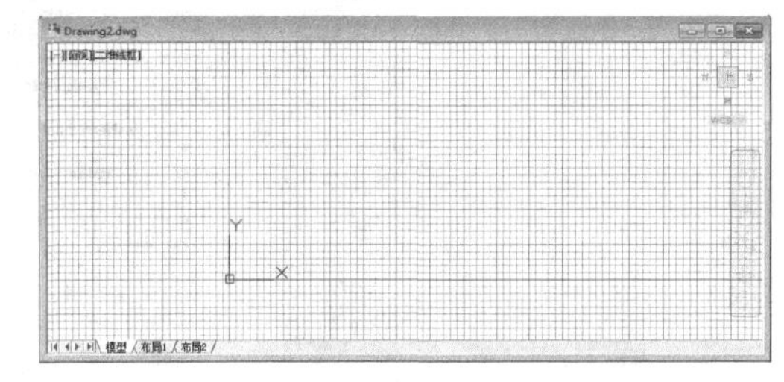

图1-37　设置了图形界限的显示效果

在AutoCAD 2018中可以通过以下几种方法启动“图形界限”命令。

- 菜单栏：执行“格式”|“图形界限”命令。
- 命令行：在命令行中输入LIMITS命令。

在命令行执行过程中，需要指定图形界限的左上角点和右下角点。

使用以上任意一种方法启动“图形界限”命令后，命令行提示如下。

```
命令:limits↙              //调用“图形界限”命令
重新设置模型空间界限:
指定左下角点或[开(ON)/关(OFF)]<0.0000,0.0000>:0,0↙
//输入左下角点参数
指定右上角点<420.0000,297.0000>:190,260↙
//输入右上角点参数，按Enter键结束
```

1.4.3 设置系统环境

AutoCAD 2018作为一款开放的绘图软件，用户可以很方便地在该软件中设置其系统环境的参数。通过“选项”对话框可以设置绘图区的背景、命令行字体、文件数量等属性。

在AutoCAD 2018中可以通过以下几种方法启动“选项”命令。

- 菜单栏：执行“工具”|“选项”命令。
- 命令行：在命令行中输入OPTIONS或OP命令。
- 应用程序按钮：单击应用程序按钮，打开“应用程序”菜单，单击“选项”按钮，如图1-38所示。

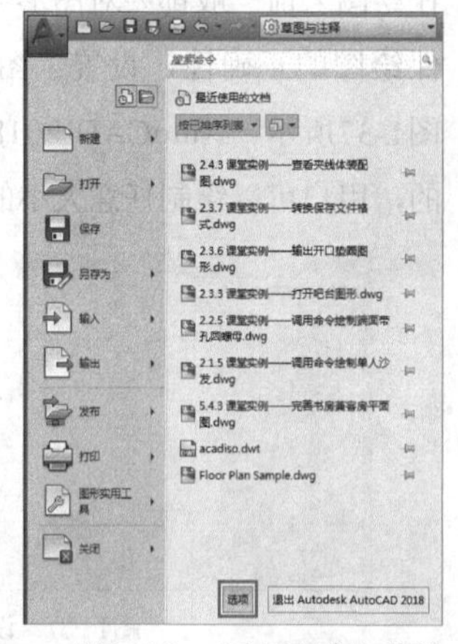

图1-38 “应用程序”菜单

- 快捷菜单：在没有执行命令，也没有选择任何对象的情况下，在绘图区中单击鼠标右键，弹出快捷菜单，然后选择“选项”命令，如图1-39所示。

图1-39 快捷菜单

- 功能区：在“视图”选项卡中单击“界面”面板右下角的按钮↘。

执行以上任一命令，均可以打开“选项”对话框，如图1-40所示。“选项”对话框中包含多个选项卡，每个选项卡中又包含多个选项，下面将介绍各个选项卡的含义。

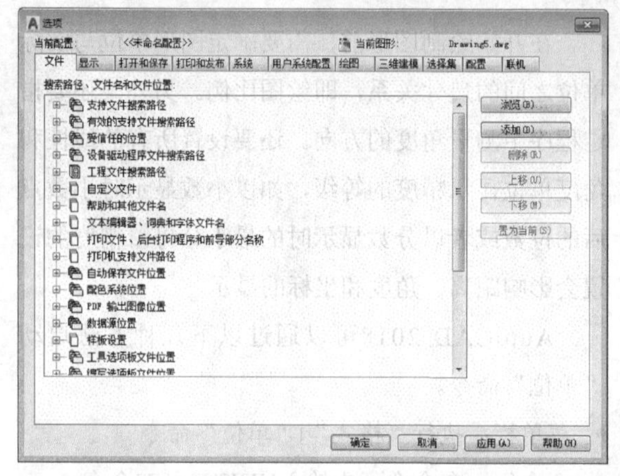

图1-40 “选项”对话框

1. “文件”选项卡

“文件”选项卡主要用于指定AutoCAD 2018搜索支持文件、驱动程序、菜单文件和其他文件的目录等。该选项卡左侧的列表以树状结构显示了AutoCAD 2018所使用的文件目录，其各主要选项的含义如下。

- 支持文件搜索路径：指定文件夹，当AutoCAD 2018在当前文件夹中找不到文字字体、自定义文件、插件、要插入的图形、线型以及填充图案时，可在该文件夹中进行查找。
- 有效的支持文件搜索路径：显示AutoCAD 2018在其中搜索特定于系统的支持文件的活动目录。该列表是只读的，显示“支持文件搜索路径”中的有效路径，这些路径存在于当前目录结构和网络映射中。
- 设备驱动程序文件搜索路径：指定定点设备、打印机和绘图仪的设备驱动程序的搜索路径。
- 工程文件搜索路径：指定文件夹，以供AutoCAD 2018在其中搜索外部参照文件。工程名与该工程相关的外部参照文件的搜索路径相符。可以按关联文件夹创建任意数目的工程名，但每个图形只能有一个工程名。

- 自定义文件：指定主自定义文件和企业（共享）自动义文件的位置。
- 帮助和其他文件名：指定帮助和配置文件，以及默认Internet网址的位置。
- 文本编辑器、词典和字体文件名：指定用于创建、检查和显示文字对象的文件。
- 打印文件、后台打印程序和前导部分名称：指定打印图形时使用的文件。
- 打印机支持文件路径：指定打印机支持文件的搜索路径设置。指定后，将以指定的顺序搜索具有多个路径的设置。
- 自动保存文件位置：指定选择“打开和保存”选项卡中的“自动保存”选项时文件的保存路径。
- 配色系统位置：指定在“选择颜色”对话框中指定颜色时使用的配色系统文件的路径，可以为每个指定的路径定义多个文件夹。该选项与用户配置文件一起保存。
- 数据源位置：指定数据库源文件的路径，对此设置所做的修改将在退出并重新启动AutoCAD 2018之后生效。
- 样板设置：指定要为新图形使用的图形样板文件夹和默认样板文件。
- 工具选项板文件位置：指定用于定位工具选项板定义的位置。
- 编写选项板文件位置：指定块编写选项板支持文件的路径。块编写选项板用于块编辑器，并提供创建动态块的工具。
- 日志文件位置：指定选择“打开和保存”选项卡中的“维护日志文件”选项时所创建的日志文件的路径。
- 动作录制器设置：指定用于存储所录制的动作宏的位置或用于回放的其他动作宏的位置。
- 打印和发布日志文件位置：指定选择“打印和发布”选项卡中的“自动保存打印和发布日志”选项时所创建的日志文件的路径。
- 临时图形文件位置：指定用于存储临时文件的位置。AutoCAD 2018首先创建临时文件，然后在退出程序后将其删除。
- 临时外部参照文件位置：指定存储按需加载的外部参照文件临时副本的路径。
- 纹理贴图搜索路径：指定从中搜索渲染纹理贴图的文件夹。
- 光域网文件搜索路径：指定从中搜索光域网文件的文件夹。
- DGN映射设置位置：指定存储DGN映射设置的“DGNSetups.ini”文件的位置。此位置必须存在且只有具有对DGN命令的读/写权限才能正常使用。

2. “显示”选项卡

“显示”选项卡用于设置AutoCAD 2018窗口元素的显示情况、显示精度、显示性能、元素布局和十字光标大小等，如图1-41所示，其各主要选项的含义如下。

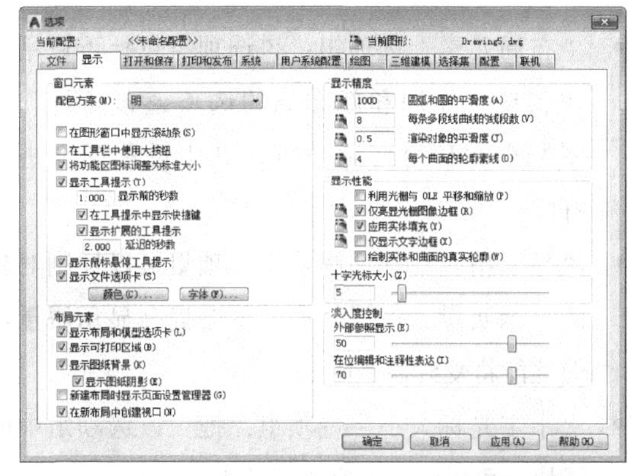

图1-41 “显示”选项卡

- “配色方案”下拉列表框：以深色或亮色控制状态栏、标题栏、功能区栏和应用程序菜单边框的显示设置。
- “颜色”按钮：单击该按钮，弹出“图形窗口颜色”对话框，如图1-42所示，在该对话框中，可以指定主应用程序窗口中元素的颜色。

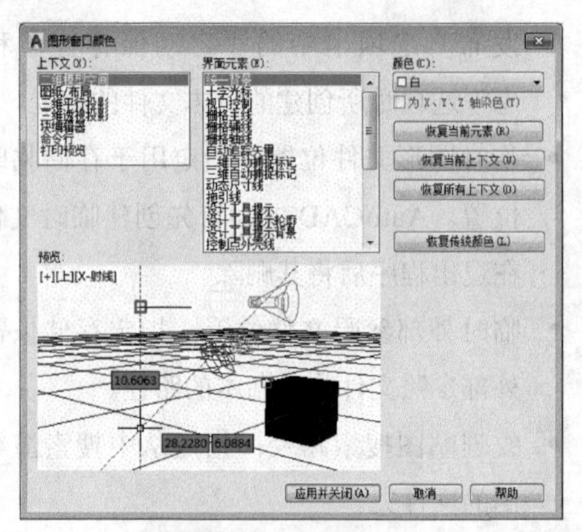
图1-42 “图形窗口颜色”对话框

- “字体”按钮：单击该按钮，弹出“命令行窗口字体”对话框，如图1-43所示，在该对话框中，可以调整命令行窗口内文字字体、字形和字号。

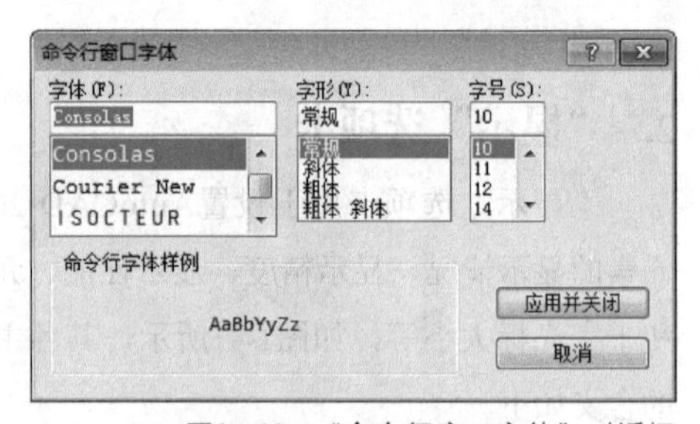
图1-43 “命令行窗口字体”对话框

- “布局元素”选项组：该选项组包括可以用来控制现有布局和新布局的选项。布局是一个图纸空间环境，用户可在其中设置图形进行打印。
- “显示精度”选项组：该选项组可以控制对象的显示质量。设置较高的值会提高显示质量，但性能将受到显著影响。
- “十字光标大小”选项组：拖曳该选项组中的滑块，可以调整十字光标的大小。

3. “打开和保存”选项卡

“打开和保存”选项卡用于设置是否自动保存以及自动保存的时间间隔，是否维护日志，以及是否加载外部参照文件等，如图1-44所示，其各主要选项的含义如下。

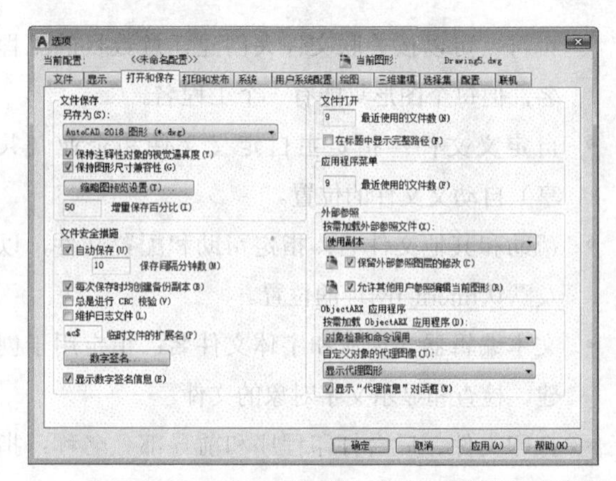
图1-44 “打开和保存”选项卡

- “另存为”下拉列表框：该列表框显示使用SAVE、SAVEAS、QSAVE、SHAREWITHSEEK和WBLOCK等命令保存文件时所用到的有效文件格式。
- “缩略图预览设置”按钮：单击该按钮，弹出“缩略图预览设置”对话框，在该对话框中可设置保存图形时是否更新缩略图预览。
- “自动保存”复选框：勾选该复选框，可以按照指定的时间间隔自动保存图形。
- “文件打开”选项组：在该选项组中，可以进行与最近使用过的文件及打开的文件相关的设置。

4. “打印和发布”选项卡

“打印和发布”选项卡主要用于设置与打印和发布相关的选项。在该选项卡中，用户可以对默认的输出设备和打印质量等进行设置，如图1-45所示，其各主要选项的含义如下。

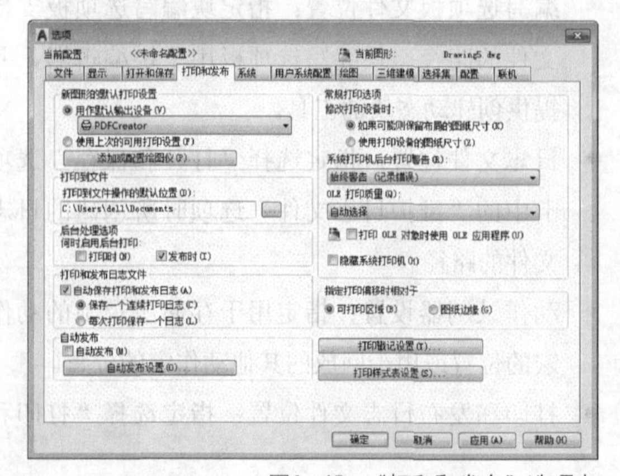
图1-45 “打印和发布”选项卡

- “新图形的默认打印设置”选项组：可以对新图形和在AutoCAD R14或更早的版本中创建的，没有用AutoCAD 2000或更高版本格式保存的图形进行默认打印设置。
- “打印到文件”选项组：可以为打印到文件操作指定默认位置。
- “后台处理选项”选项组：在该选项组中，可以选择何时启用后台打印。
- “打印和发布日志文件”选项组：在该选项组中，可以控制用于将日志文件另存为逗号分隔值（CSV）文件（可以在电子表格程序中查看）的选项。
- “自动发布”选项组：在该选项组中，可以指定图形是自动发布为DWF、DWFx文件，还是PDF文件；还可以控制用于自动发布图形的选项。

5. “系统”选项卡

“系统”选项卡主要用于设置AutoCAD系统。在该选项卡中，可以对当前图形的显示效果、“模型”选项卡和“布局”选项卡中的显示列表如何更新等进行设置，如图1-46所示，其各主要选项的含义如下。

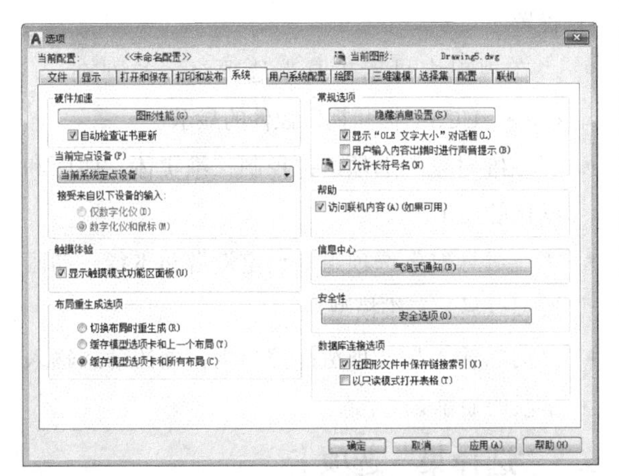

图1-46　“系统”选项卡

- “当前定点设备”选项组：可以进行与定点设备相关的设置。
- “布局重生成选项”选项组：指定“模型”选项卡和“布局”选项卡中的显示列表的更新方式。
- “数据库连接选项”选项组：可以进行与数据库连接信息相关的设置。
- “常规选项”选项组：在其中的“隐藏消息设置”对话框中可以控制是否显示先前隐藏的消息。
- “信息中心”选项组：用于控制应用程序窗口右上角的气泡式通知的内容、频率以及持续时间。

6. “用户系统配置”选项卡

“用户系统配置”选项卡主要包括用于优化AutoCAD 2018性能的选项。在该选项卡中，用户可以对鼠标右键的操作模式、插入单位等进行设置，如图1-47所示，其各主要选项的含义如下。

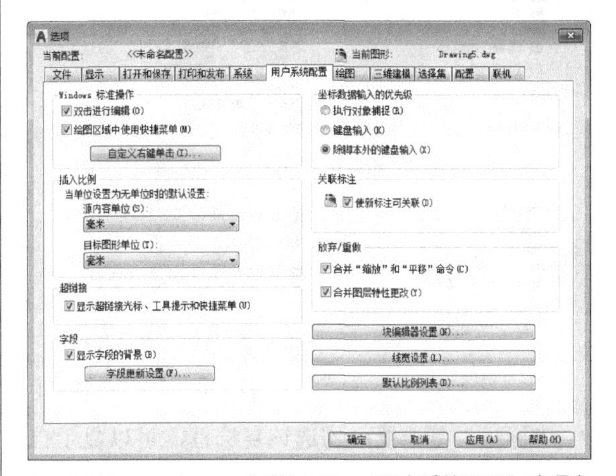

图1-47　“用户系统配置”选项卡

- “双击进行编辑”复选框：勾选该复选框，则允许在绘图区中启用双击编辑功能。
- “绘图区域中使用快捷菜单”复选框：勾选该复选框，则允许在绘图区中使用“默认”“编辑”“命令”模式的快捷菜单。
- “插入比例”选项组：在该选项组中，可以设置在图形对象中插入块和图形时使用的默认比例。
- “超链接”选项组：在该选项组中，可以进行与超链接的显示特性相关的设置。

- “显示字段的背景”复选框：勾选该复选框，则字段显示时会带有灰色背景；取消勾选该复选框，则字段将以与文字相同的背景显示。
- “坐标数据输入的优先级”选项组：在该选项组中，可以控制在命令行中输入的坐标是否替代运行的对象捕捉。
- “关联标注”选项组：在该选项组中，可以控制是创建关联标注对象还是创建传统的非关联标注对象。

7. “绘图”选项卡

“绘图”选项卡用于设置AutoCAD 2018中的一些基本编辑选项。在该选项卡中，用户可以进行是否打开自动捕捉标记、改变自动捕捉标记大小等设置，如图1-48所示，其各主要选项的含义如下。

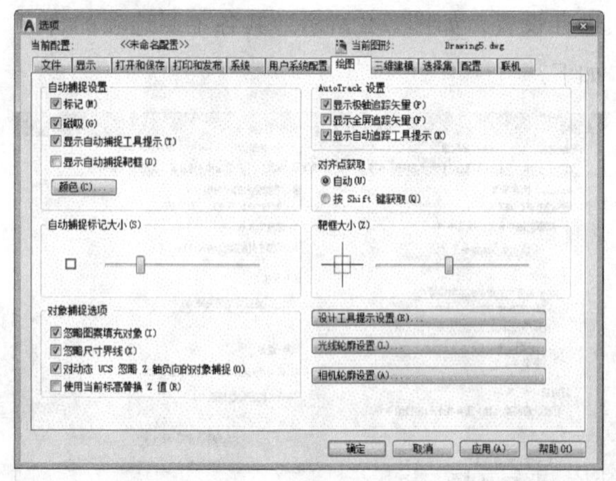

图1-48　“绘图”选项卡

- “标记”复选框：勾选该复选框，可以显示自动捕捉标记。该标记是当十字光标移到捕捉点上时显示的几何符号。
- “磁吸”复选框：勾选该复选框，可以打开自动捕捉磁吸。磁吸是指十字光标自动移动并锁定到最近的捕捉点上。
- “自动捕捉标记大小”选项组：在该选项组中，可以设定自动捕捉标记的显示尺寸。
- “对象捕捉选项”选项组：在该选项组中，可以设置执行对象的捕捉模式。
- “自动”单选按钮：勾选该单选按钮后，当移动靶框至对象捕捉上时，会自动显示追踪矢量。
- “靶框大小”选项组：可以以像素为单位设置对象捕捉靶框的显示尺寸。

8. “三维建模”选项卡

“三维建模”选项卡用于对三维绘图模式下的三维十字光标、UCS图标、动态输入、三维对象和三维导航等选项进行设置，如图1-49所示，其各主要选项的含义如下。

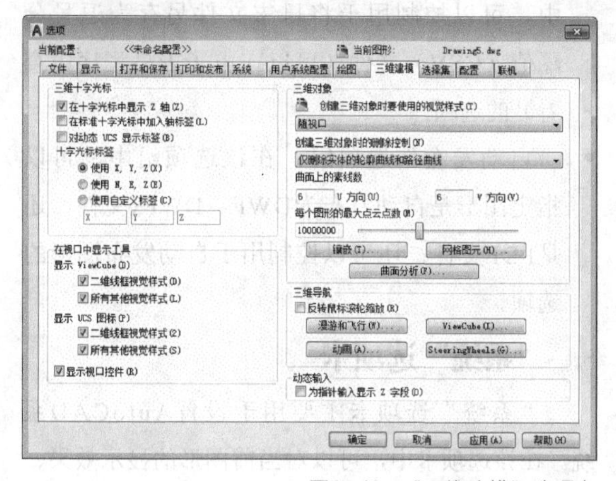

图1-49　“三维建模”选项卡

- “三维十字光标”选项组：在该选项组中，可以对三维操作中十字光标的显示样式进行设置。
- “在视口中显示工具”选项组：控制View-Cube、UCS图标和视口控件的显示。
- “三维对象”选项组：控制三维实体、曲面和网格的显示。
- “三维导航”选项组：设定漫游和飞行、动画选项以显示三维模型。
- “动态输入”选项组：控制坐标项的动态输入字段的显示。

9. “选择集”选项卡

“选择集”选项卡用于设置对象选择的方法。用户可以在该选项卡中对拾取框大小、夹点尺寸等进行设置，如图1-50所示，其各主要选项的含义如下。

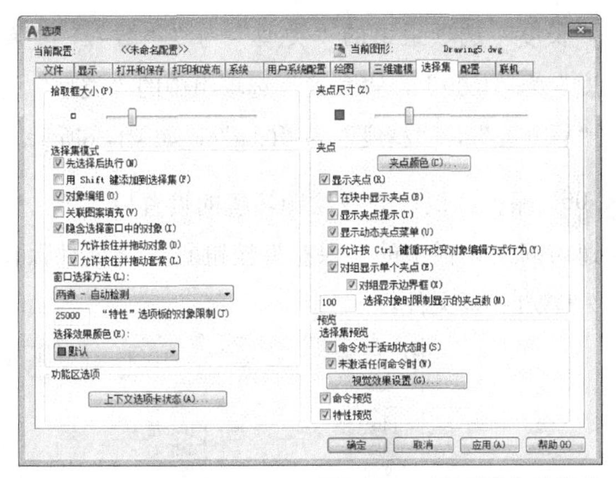

图1-50　“选择集”选项卡

- “拾取框大小”选项组：在该选项组中，可以以像素为单位设置对象选择目标的高度。
- “预览”选项组：在该选项组中，当拾取框光标经过对象时，亮显对象。
- “选择集模式”选项组：在该选项组中，可以进行与对象选择方法相关的设置。
- “夹点尺寸”选项组：在该选项组中，拖曳右侧的滑块，可以调整绘图区中的夹点大小。
- “显示夹点”复选框：勾选该复选框，可以在选定对象上显示夹点。

10. “配置”选项卡

“配置”选项卡主要用于控制配置的使用，配置是由用户定义的。用户可以将配置以文件的形式保存起来，以便随时调用，如图1-51所示。

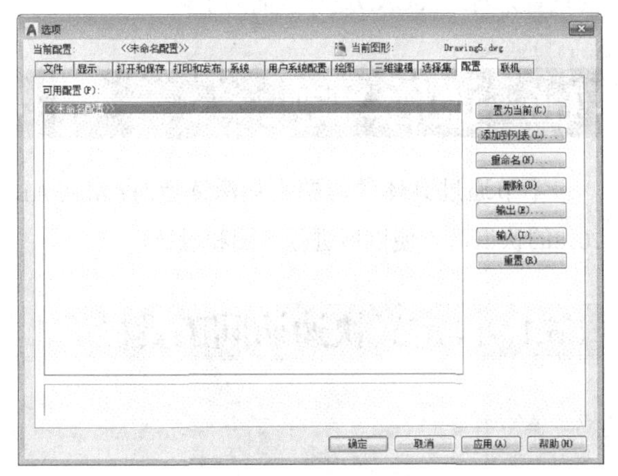

图1-51　“配置”选项卡

11. “联机”选项卡

“联机”选项卡用于设置使用Autodesk 360账户进行联机工作时的选项，并提供对存储在云账户中的设计文档的访问权限，如图1-52所示。

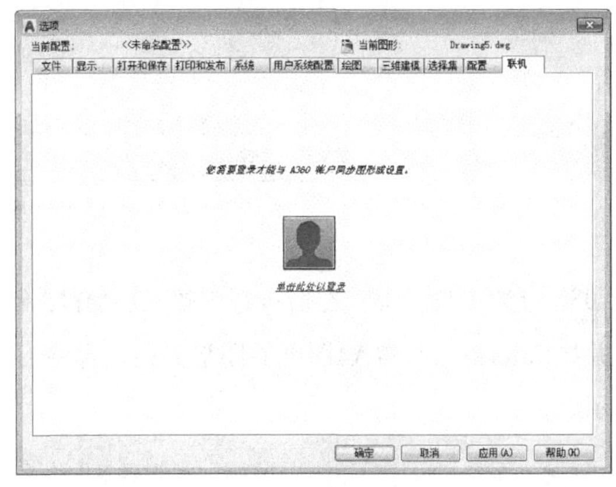

图1-52　“联机”选项卡

1.4.4 课堂实例——自定义绘图环境

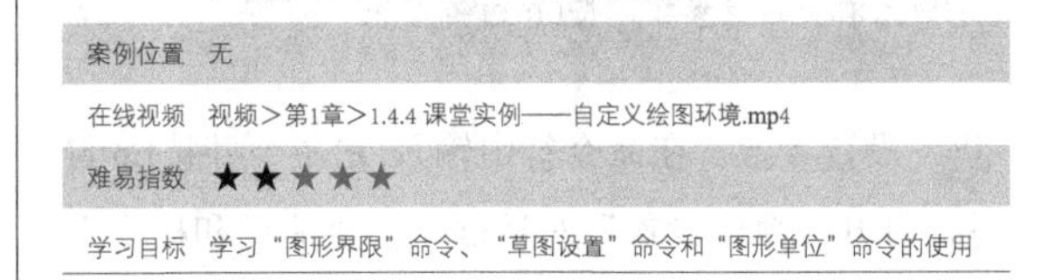

案例位置　无

在线视频　视频>第1章>1.4.4 课堂实例——自定义绘图环境.mp4

难易指数　★★★★★

学习目标　学习“图形界限”命令、“草图设置”命令和“图形单位”命令的使用

01 选择样板。单击快速访问工具栏中的“新建”按钮，打开“选择样板”对话框，选择所需的样板文件，如图1-53所示。

图1-53　“选择样板”对话框

02 进入界面。单击“打开”按钮，进入绘图界面，如图1-54所示。

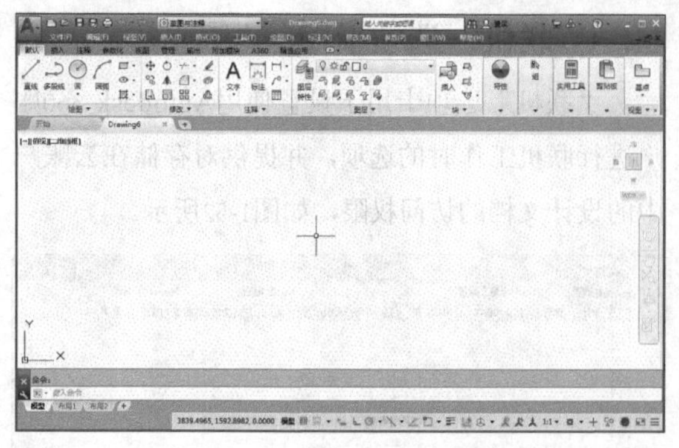

图1-54　绘图界面

03 设置图形界限。在命令行中输入LIMITS命令并按Enter键，设置A4图纸的图形界限，命令行提示如下。

```
命令:limits↙                //调用“图形界限”命令
重新设置模型空间界限:
指定左下角点或[开(ON)/关(OFF)]<0.0000,0.0000>:0,0↙
//输入左下角点参数
指定右上角点<420.0000,297.0000>:297,420↙
//输入右上角点参数，按Enter键结束
```

04 设置参数。在命令行中输入DS命令并按Enter键，打开“草图设置”对话框，在“捕捉和栅格”选项卡中，取消“显示超出界限的栅格”复选框的勾选，如图1-55所示。

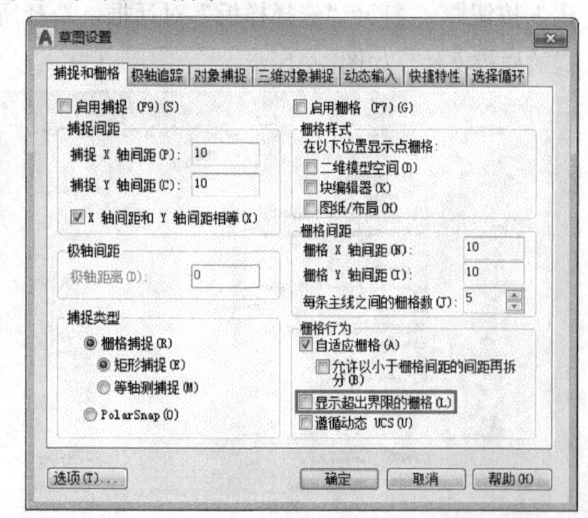

图1-55　“草图设置”对话框

05 设置参数。在命令行中输入UN命令并按Enter键，打开“图形单位”对话框进行相应的设置，“长度”选项组中的“类型”为“小数”，“精度”为“0.00”，“角度”选项组中的“类型”为“百分度”，“精度”为“0.0g”，如图1-56所示。

06 保存样板。完成绘图环境的设置后，单击快速访问工具栏中的“保存”按钮，将文件保存为DWT样板文件。

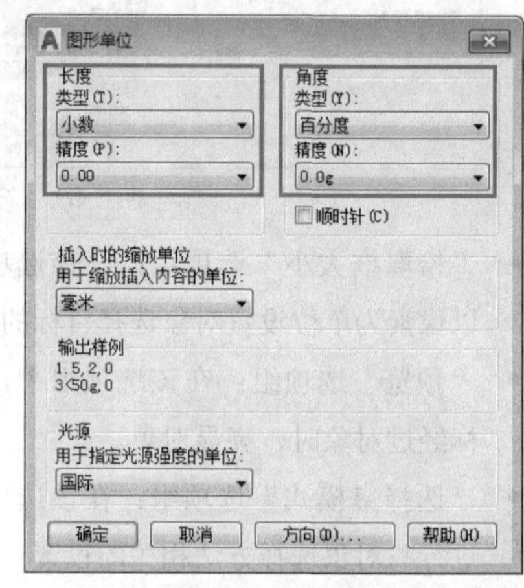

图1-56　“图形单位”对话框

1.5 本章小结

室内、机械、建筑以及电气设计等所用到的图形都可以在AutoCAD中绘制出来。在进行图纸绘制前，首先应该了解AutoCAD的正确操作方法，然后通过工作空间、工作界面的认识以及绘图环境的设置来对AutoCAD进行全面的了解。

1.6 课后习题

本节通过具体的习题来加深读者对AutoCAD 2018的认识，方便以后进行绘图和设计。

1.6.1 自定义快速访问工具栏

案例位置　无

在线视频　视频>第1章>1.6.1 自定义快速访问工具栏.mp4

难易指数　★★★★★

学习目标　学习“自定义用户界面”命令的使用

自定义快速访问工具栏的操作流程如图1-57~图1-60所示。

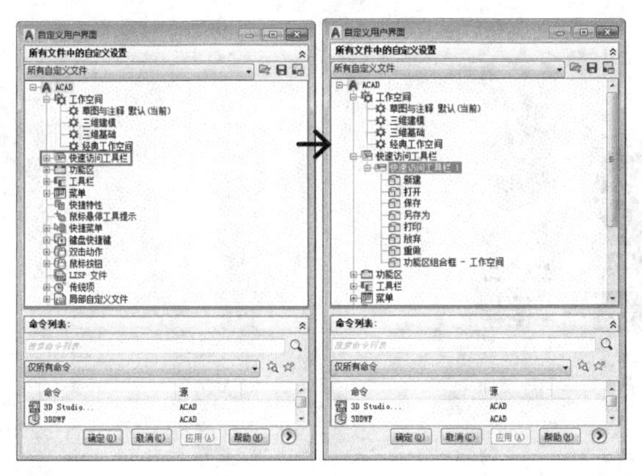

图1-57　打开“自定义用户界面”对话框　图1-58　展开“快速访问工具栏1”

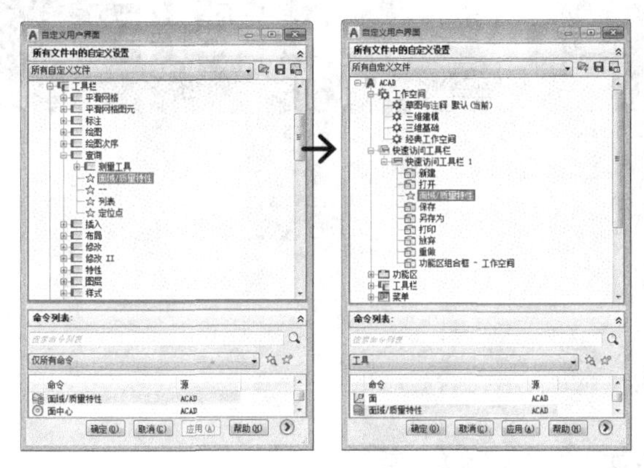

图1-59　选择“面域/质量特性”选项　图1-60　添加命令按钮

1.6.2 绘制第一个AutoCAD图形

案例位置	素材>第1章>1.6.2 绘制第一个AutoCAD图形.dwg
在线视频	视频>第1章>1.6.2 绘制第一个AutoCAD图形.mp4
难易指数	★★★★★
学习目标	学习“直线”命令的使用

绘制图1-61所示的AutoCAD图形，主要练习“直线”命令。

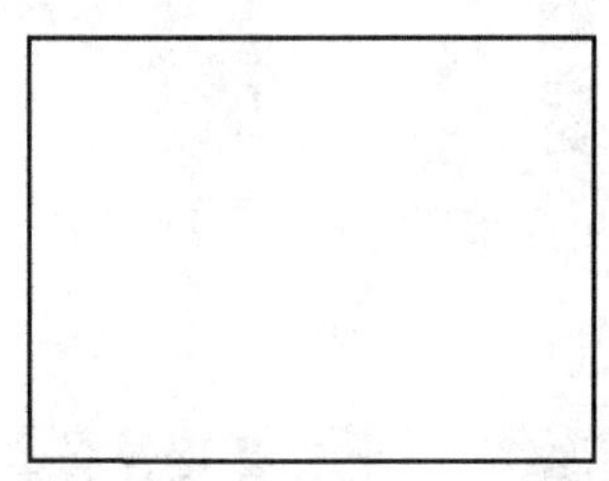

图1-61　AutoCAD图形

绘制图形的命令行提示如下。

```
命令:line↙                          //调用“直线”命令
指定第一个点:<正交开>               //任意指定一点，开启“正交”模式
指定下一点或[放弃(U)]:500↙          //输入第二点参数值
指定下一点或[放弃(U)]:700↙          //输入第三点参数值
指定下一点或[闭合(C)/放弃(U)]:500↙
                                    //输入第四点参数值
指定下一点或[闭合(C)/放弃(U)]:700↙
//输入第五点参数值，按Enter键结束
```

第2章

AutoCAD 2018的基本操作

内容摘要

使用AutoCAD 2018绘制图形时，熟练地掌握AutoCAD命令、图形文件、视图以及坐标系的基本操作方法，不仅可以大幅度地提高用户的绘图效率，还有助于用户提高AutoCAD 2018的应用水平。

课堂学习目标

- 了解AutoCAD命令的调用方法
- 掌握AutoCAD命令的基本操作方法
- 掌握AutoCAD 2018文件的操作方法
- 掌握AutoCAD 2018视图的操作方法
- 掌握坐标系的使用方法

2.1 AutoCAD命令的调用方法

命令是AutoCAD绘制和编辑图形的核心。在AutoCAD 2018中，菜单命令、工具按钮、命令指令和系统变量大多是相互对应的。用户可以通过在命令行中输入相应命令，单击相应的工具按钮，或者选择某一相应的菜单命令等操作来执行该命令。

2.1.1 功能区调用

“草图与注释”“三维基础”“三维建模”工作空间都以功能区调用作为调用命令的主要方法。相比其他调用命令的方法，在功能区调用命令更加直观。例如，在功能区中，单击“绘图”面板中的“圆心”按钮，如图2-1所示，即可通过功能区调用“椭圆”命令绘制椭圆，如图2-2所示。

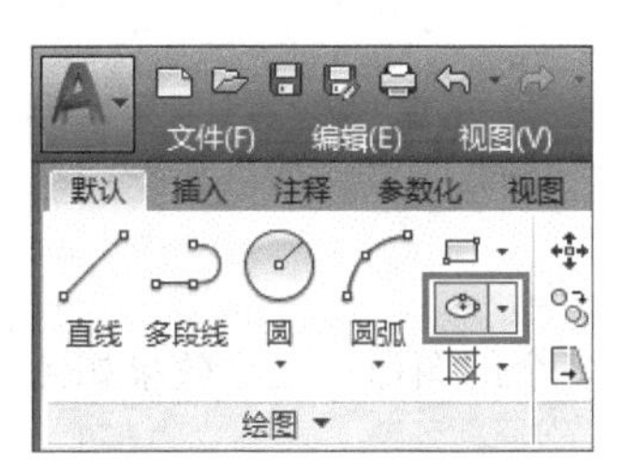

图2-1　单击“圆心”按钮

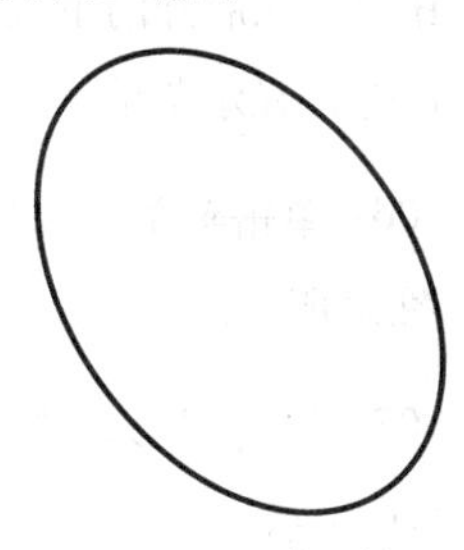

图2-2　绘制椭圆

2.1.2 菜单栏调用

通过菜单栏调用是AutoCAD 2018提供的功能最全、最强大的命令调用方法。AutoCAD中的绝大多数常用命令都分门别类地放置在菜单栏所对应的各个菜单中。3个工作空间在默认情况下不显示菜单栏，需要用户单击快速访问工具栏中的下拉按钮，在展开的下拉列表框中，选择“显示菜单栏”命令，如图2-3所示，即可调出菜单栏。

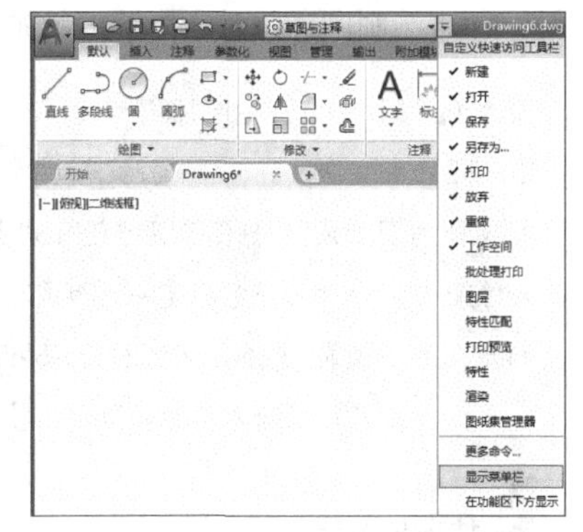

图2-3　下拉菜单

调出菜单栏后，用户可以通过选择所需的菜单中的命令来进行命令的调用。例如，选择“绘图”|“矩形”命令，如图2-4所示，即可通过菜单栏调用“矩形”命令绘制矩形，如图2-5所示。

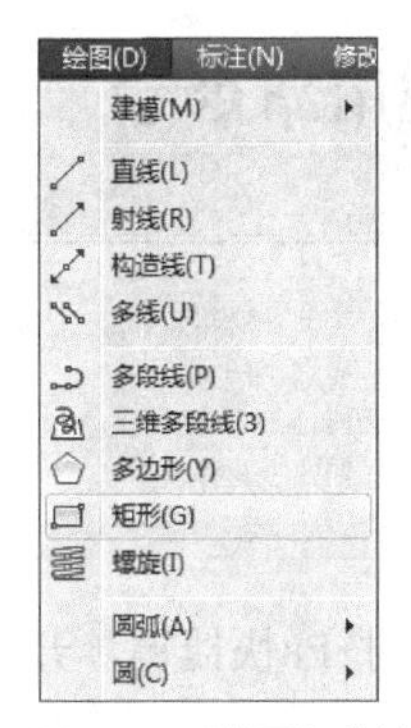

图2-4　“绘图”菜单　图2-5　通过菜单栏调用命令绘制矩形

2.1.3 命令行调用

通过命令行调用命令是AutoCAD的一大特色功能，同时也是最快捷的调用方法。这就要求用户熟记各种命令，一般对AutoCAD比较熟悉的用户都用此方法来绘制图形，因为这样可以大大提高绘图的速度和效率。

AutoCAD的绝大多数命令都有其相应的简写方式。如“直线”命令LINE的简写方式是L，“矩形”命令RECTANGLE的简写方式是REC。对于常用的命令，用简写方式输入将大大减少键盘输入的工作量，从而提高工作效率。另外，AutoCAD在命令或参数输入时不区分大小写，因此用户不必考虑输入时字母的大小写。

例如，在命令行中输入C“圆”命令并按Enter

键，即可绘制圆，此时命令行提示如下。

```
命令:C↙          //调用“圆”命令
CIRCLE
指定圆的圆心或[三点(3P)/两点(2P)/切点、切点、半
径(T)]:          //任意指定一点为圆心
指定圆的半径或[直径(D)]<1521.0095>:500↙
                 //输入半径参数值，按Enter键即可
```

技巧与提示

在AutoCAD 2018中，增强了命令行输入的功能。除了可以使用键盘输入命令外，也可以直接选择命令选项，而不再需要使用键盘输入，避免了鼠标和键盘反复切换，从而提高了绘图的效率。

2.1.4 课堂实例——调用命令绘制单人沙发

案例位置	素材>第2章>2.1.4 课堂实例——调用命令绘制单人沙发.dwg
在线视频	视频>第2章>2.1.4 课堂实例——调用命令绘制单人沙发.mp4
难易指数	★★★★★
学习目标	学习命令行、功能区、菜单栏调用命令的方式

01 开启正交。新建空白文件，按F8快捷键，开启“正交”模式。

02 绘制直线。在命令行中输入L命令并按Enter键，绘制直线，如图2-6所示。命令行提示如下。

```
命令:L↙          //调用“直线”命令
LINE
指定第一个点：   //任意指定一点为直线起点
指定下一点或[放弃(U)]:762↙
        //向上移动鼠标，输入参数值
指定下一点或[放弃(U)]:737↙
        //向右移动鼠标，输入参数值
指定下一点或[闭合(C)/放弃(U)]:↙
        //按Enter键结束
```

03 单击按钮。在功能区的“默认”选项卡中，单击“修改”面板中的“偏移”按钮，如图2-7所示。

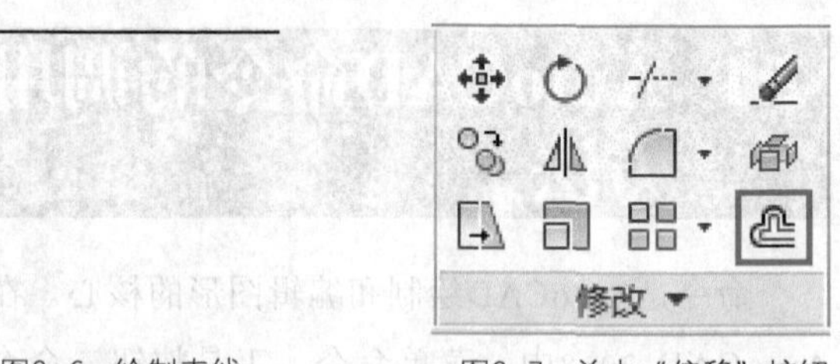

图2-6 绘制直线　　图2-7 单击“偏移”按钮

04 偏移图形。对新绘制的水平直线和垂直直线依次进行偏移操作，如图2-8所示。

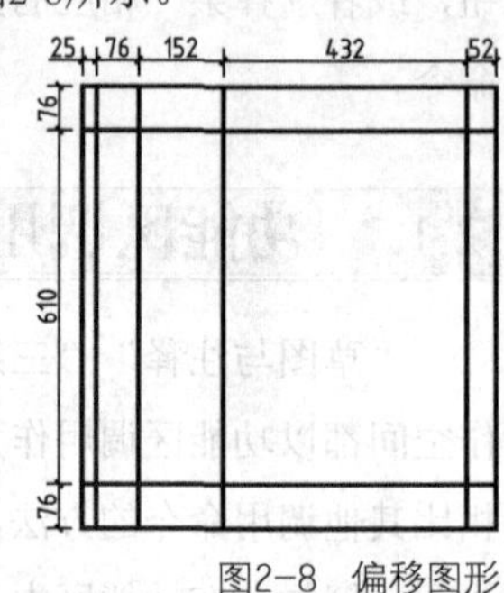

图2-8 偏移图形

05 选择命令。单击快速访问工具栏中的下拉按钮，在展开的下拉菜单中，选择“显示菜单栏”命令，显示菜单栏。

06 单击菜单。选择“修改”|“修剪”命令，如图2-9所示。

07 修剪图形。修剪多余的图形，最终效果如图2-10所示。

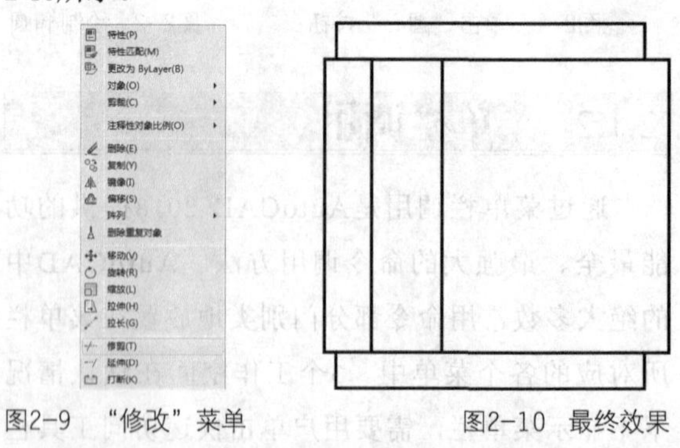

图2-9 “修改”菜单　　图2-10 最终效果

2.2 AutoCAD命令的基本操作

在绘图过程中灵活运用一些技巧，可以提高工

作效率，下面我们就介绍一下AutoCAD 2018执行命令的一些基本操作技巧。

2.2.1 命令行输入方法

AutoCAD的每一个命令行都存在一个命令提示符“：”。提示符前面是提示信息，提示用户下面将要进行什么操作；提示符后面是用户根据提示输入的命令或者参数。

提示符前面的“命令”表示当前计算机处于等待命令输入状态，用户可以输入任何一条AutoCAD命令。提示符后面是用户输入的绘制命令。用户输入完毕后，必须按Enter键进行确认，命令历史窗口中的“↙”符号即表示按Enter键。

在执行命令的过程中，系统经常会提示用户进行下一步的操作，其命令行提示中的各种特殊符号的含义如下。

- 在命令行“[ ]”符号中有以“/”符号隔开的内容：表示该命令中可执行的各个选项。若要选择某个选项，则只需输入圆括号中的字母即可，该字母既可以是大写形式，也可以是小写形式。例如，在执行“圆”命令的过程中输入“3P”，就可以“3点方式”绘制圆。
- 某些命令提示的后面有一对尖括号“< >”：尖括号中的值是当前系统默认值或是上次操作时使用的值。在这类提示下，若直接按Enter键，则采用系统默认值或者上次操作使用的值来执行命令。
- 动态输入：使用该功能可以在光标附近看到相关的操作信息，而无须再看命令提示行中的提示信息了。

技巧与提示

AutoCAD通常以上一次执行该命令时输入的参数值作为本次操作的默认值。所以对于一些重复操作的命令，合理地利用默认值，可以大大减少输入的工作量。

2.2.2 放弃当前命令

如果用户在绘制图形的过程中，执行某个命令后，需要取消执行该命令，可以使用“放弃”命令来取消已执行的命令。

在AutoCAD 2018中可以通过以下几种方法启动“放弃”命令。

- 菜单栏：执行“编辑”|“放弃”命令，如图2-11所示。
- 命令行：在命令行中输入UNDO或U命令。
- 快捷键：按Ctrl+Z组合键。
- 快速访问工具栏：单击快速访问工具栏中的“放弃”按钮，如图2-12所示。

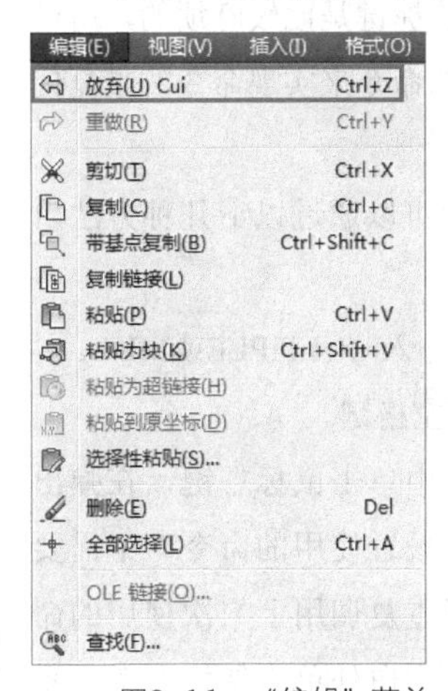

图2-11　“编辑”菜单

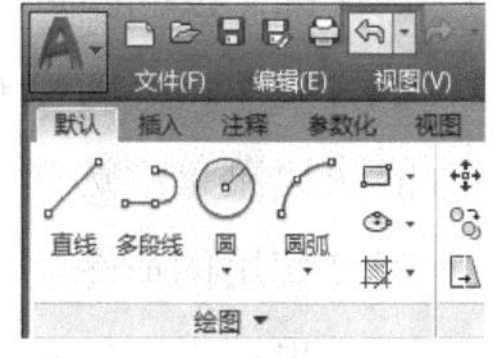

图2-12　快速访问工具栏

2.2.3 退出命令

在绘图的过程中，通常执行完一个命令后，不需要继续执行该命令时，可以退出正在执行的命令。

在AutoCAD 2018中可以通过以下几种方法启动“退出”命令。

- 快捷键：按Esc键。
- 单击鼠标右键：在绘图区空白处单击鼠标右键，在弹出的快捷菜单中选择“确认”命令，如图2-13所示。

图2-13 快捷菜单

2.2.4 重复执行命令

重复执行命令是AutoCAD中一种人性化设计。因为在绘图过程中，有时需要重复执行命令，每次都输入命令或者按快捷键是比较麻烦的，所以通过重复执行上次使用的命令来实现命令的重复使用比较方便、快捷。

在AutoCAD 2018中可以通过以下几种方法启动“重复”命令。

- 命令行：在命令行中输入MULTIPLE或MUL。
- 快捷键：按Enter键或空格键。
- 快捷菜单：在命令行中单击鼠标右键，在弹出的快捷菜单中选择“最近使用的命令”下需要重复使用的命令，可重复调用上一次使用的命令。也可以在绘图区空白处单击鼠标右键，系统弹出快捷菜单，快捷菜单中的第一个选项就是上一次调用的命令，如图2-14所示。

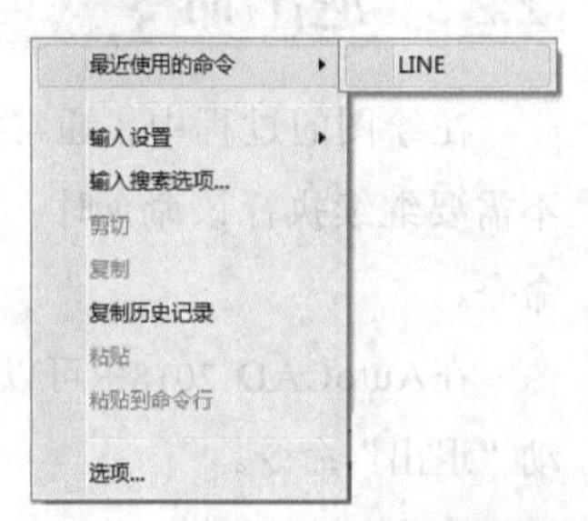

图2-14 快捷菜单

2.3 AutoCAD 2018文件的操作

使用AutoCAD 2018创建图形时，图形文件管理是软件使用过程中需要掌握的基本操作。本节主要讲解新建、打开、保存、输出图形文件的操作方法。

2.3.1 新建文件

在启动AutoCAD 2018后，系统会自动新建一个名为Drawing1.dwg的图形文件，该图形文件默认以“acadiso.dwt”为模板。用户也可以根据需要新建图形文件。

在AutoCAD 2018中可以通过以下几种方法启动“新建”命令。

- 菜单栏：执行“文件”|“新建”命令，如图2-15所示。
- 标签栏：单击标签栏中的按钮。
- 命令行：在命令行中输入NEW或QNEW命令。
- 快捷键：按Ctrl+N组合键。
- 快速访问工具栏：单击快速访问工具栏中的“新建”按钮。
- 应用程序按钮：单击应用程序按钮，在下拉菜单中选择“新建”|“图形”命令，如图2-16所示。

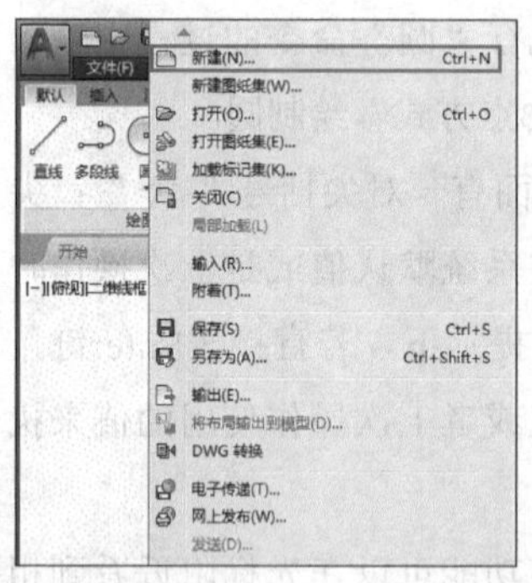

图2-15 “文件”菜单 图2-16 “应用程序”菜单

执行以上任一操作后，系统均会弹出“选择样板”对话框，如图2-17所示，用户可以根据绘图需要，在该对话框中选择不同的绘图样板。选中某绘图样板后，对话框右上角会出现选中样板的内容预览。确定选择后单击“打开”按钮，即可以样板文件为模板创建一个新的图形文件。在“选择样板”对话框中，单击“打开”右侧的下拉按钮，在弹出的下拉列表框中可以选择图形文件的新建方式，如图2-18所示。

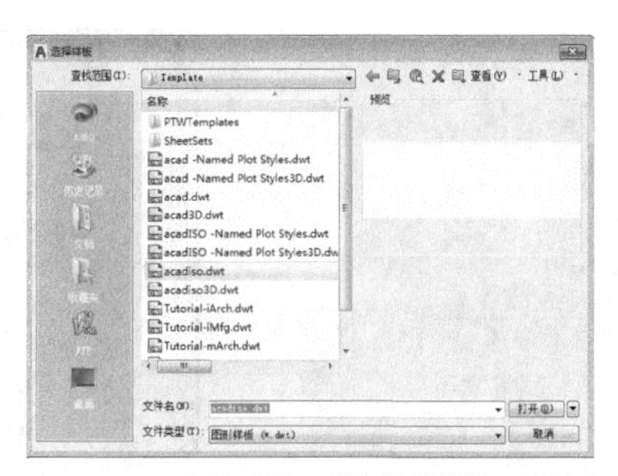

图2-17　“选择样板”对话框

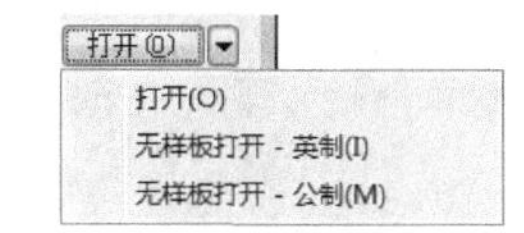

图2-18　“打开”下拉列表框

在“打开”下拉列表框中，各选项的含义如下。

- 打开：选择默认的图形样板，对其进行新建操作。
- 无样板打开-英制：不选择图形样板，直接新建文件，单位为英制。
- 无样板打开-公制：不选择图形样板，直接新建文件，单位为公制。

2.3.2　打开文件

使用AutoCAD 2018进行图形编辑时，常需要对图形文件进行改动或再设计，这就需要打开原来已有的图形文件。

在AutoCAD 2018中可以通过以下几种方法启动“打开”命令。

- 菜单栏：执行“文件”|“打开”命令，如图2-19所示。

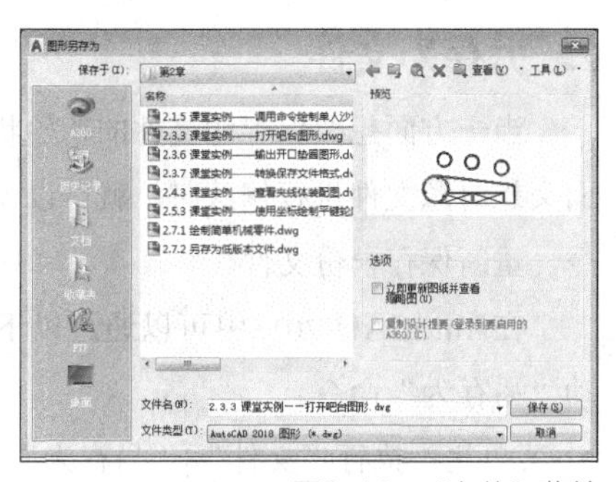

图2-19　“文件”菜单

- 命令行：在命令行中输入OPEN命令。
- 快捷键：按Ctrl+O组合键。
- 快速访问工具栏：单击快速访问工具栏中的“打开”按钮。
- 应用程序按钮：单击应用程序按钮，在下拉菜单中选择“打开”|“图形”命令，如图2-20所示。

执行以上任一操作后，系统均会弹出“选择文件”对话框，用户可以选择所需文件，再单击“打开”按钮即可打开文件。

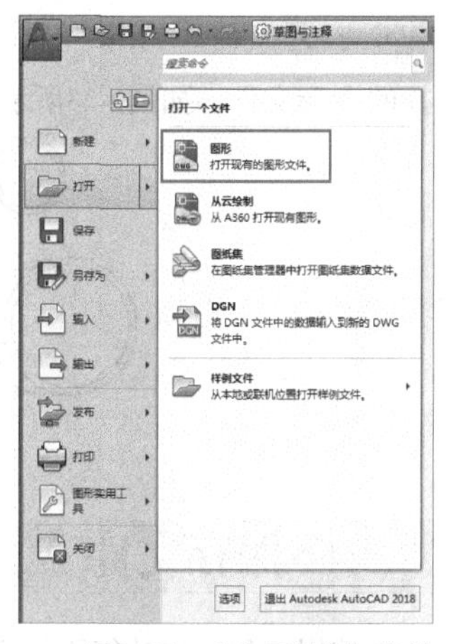

图2-20　“应用程序”菜单

2.3.3　课堂实例——打开吧台图形

案例位置　素材>第2章>2.3.3 课堂实例——打开吧台图形.dwg

在线视频　视频>第2章>2.3.3 课堂实例——打开吧台图形.mp4

难易指数　★★★★★

学习目标　学习“打开”命令的使用

01 单击按钮。单击快速访问工具栏中的“打开”按钮，如图2-21所示。

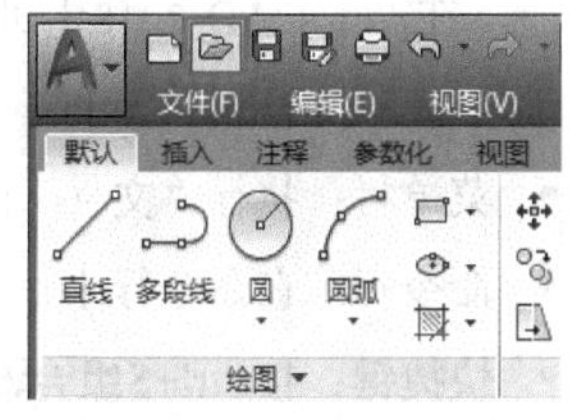

图2-21　快速访问工具栏

02 选择文件。打开“选择文件”对话框，选择“2.3.3 课堂实例——打开吧台图形.dwg”素材文件，如图2-22所示。

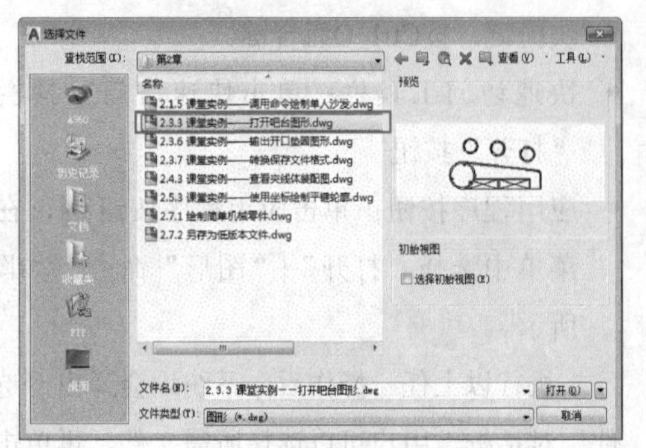

图2-22 “选择文件”对话框

03 打开文件。单击“打开”按钮，即可打开选择的图形文件，如图2-23所示。

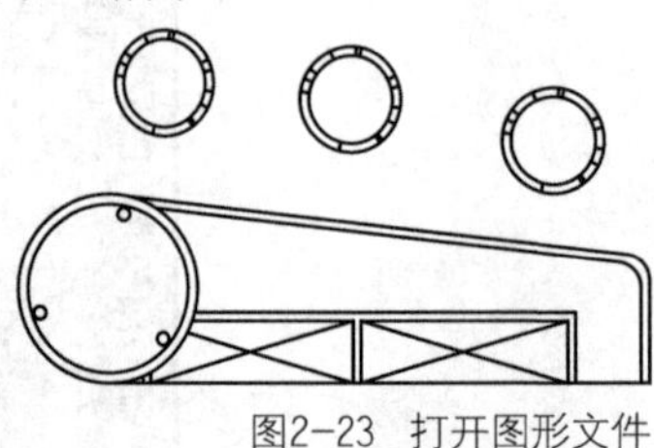

图2-23 打开图形文件

2.3.4 保存文件

使用“保存”功能不仅可以将新绘制的或修改好的图形文件保存到电脑中，以便再次使用，还可以在绘制图形的过程中随时对图形进行保存，以避免意外情况发生而导致文件丢失或不完整。

1. 保存新文件

用户在新建图形文件并对其进行了编辑后，可以使用“保存”功能以当前的文件名或新的文件名保存该图形文件。

在AutoCAD 2018中可以通过以下几种方法启动“保存”命令。

- 菜单栏：执行“文件”|“保存”命令。
- 命令行：在命令行中输入SAVE命令。
- 快捷键：按Ctrl+S组合键。
- 快速访问工具栏：单击快速访问工具栏中的“保存”按钮。
- 应用程序按钮：单击应用程序按钮，在下拉菜单中选择“保存”命令，如图2-24所示。

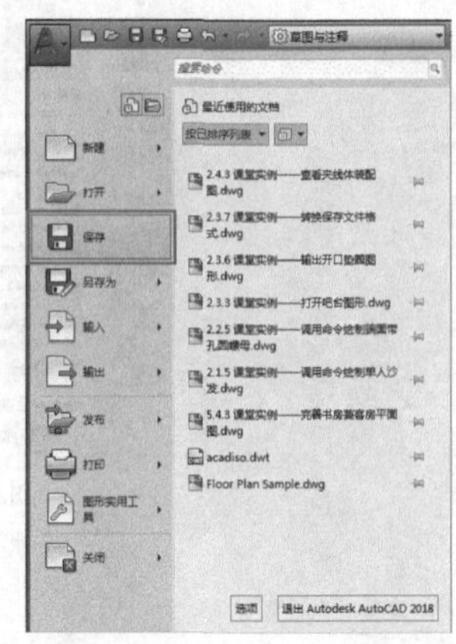

图2-24 “应用程序”菜单

在第一次保存新创建的图形文件时，系统将打开“图形另存为”对话框，如图2-25所示。在默认情况下，文件将以“AutoCAD 2018图形（*.dwg）”格式保存，但用户也可以在“文件类型”下拉列表框中选择其他格式。

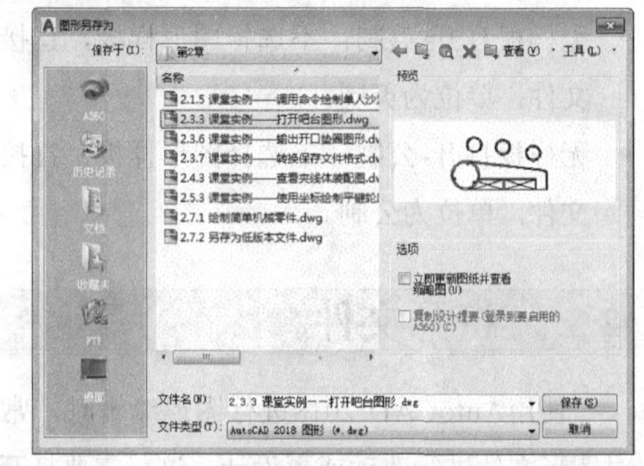

图2-25 “图形另存为”对话框

技巧与提示

对于已保存的文件，再次执行“保存”命令时，将不再弹出“图形另存为”对话框，而是直接将所做的编辑操作保存到已经保存过的文件中。

2. 另存为文件

当一方面想要保存源文件的初始状态，另一方面又想对源文件进行修改时，就可以调用另存为命令，重新保存一份文件。

在AutoCAD 2018中可以通过以下几种方法启动“另存为”命令。

- 菜单栏：执行“文件”|“另存为”命令。
- 命令行：在命令行中输入SAVEAS命令。

- 快捷键：按Ctrl+Shift+S组合键。
- 快速访问工具栏：单击快速访问工具栏中的"另存为"按钮。
- 应用程序按钮：单击应用程序按钮，在下拉菜单中选择"另存为"|"图形"命令，如图2-26所示。

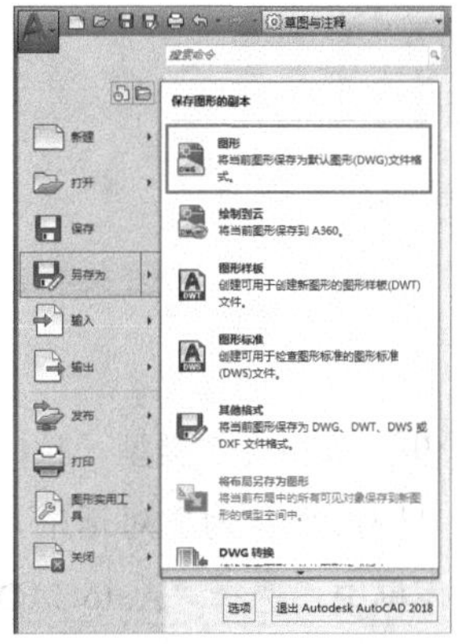

图2-26　"应用程序"菜单

> **技巧与提示**
>
> 如果另存为的文件与原文件保存在同一文件夹中，则不能使用相同的文件名称。

3. 定时保存文件

定时保存图形文件可以避免随时手动保存的麻烦。设置了定时保存后，系统会在指定的时间内自动保存当前编辑的文件内容。在"选项"对话框中，单击"打开和保存"选项卡，勾选"自动保存"复选框，并在"保存间隔分钟数"数值框中设置自动保存文件的间隔时间，如图2-27所示；单击"确定"按钮，这样系统就会在指定的时间内自动保存图形文件。

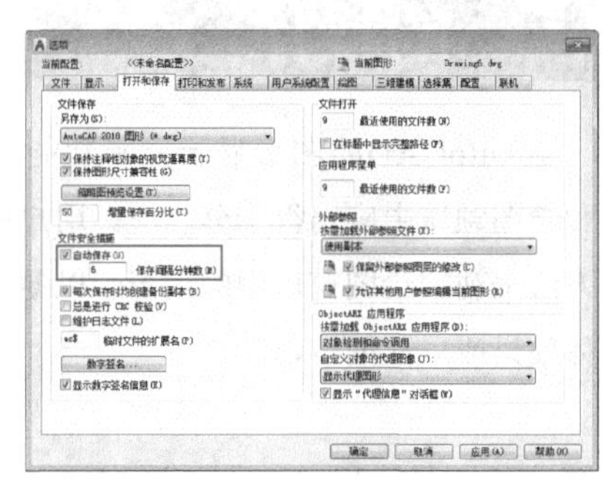

图2-27　"打开和保存"选项卡

2.3.5　输出文件

使用"输出"命令可以将AutoCAD文件输出为其他格式的文件，以满足在其他程序软件中编辑文件的需要。

在AutoCAD 2018中可以通过以下几种方法启动"输出"命令。

- 菜单栏：执行"文件"|"输出"命令。
- 命令行：在命令行中输入EXPORT命令。
- 功能区：在"输出"选项卡中，单击"输出"面板中的"输出"按钮，选择需要的输出格式，如图2-28所示。

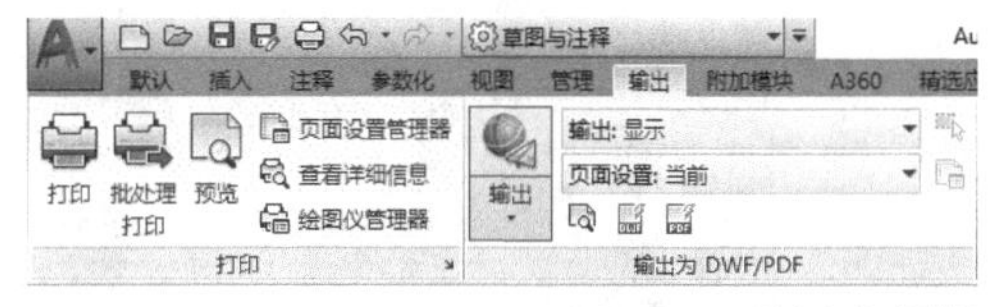

图2-28　"输出"面板

- 应用程序按钮：单击应用程序按钮，在下拉菜单中选择"输出"命令，如图2-29所示。

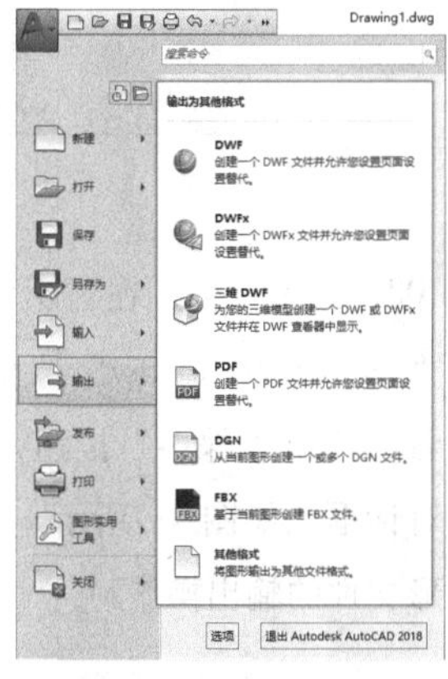

图2-29　"应用程序"菜单

2.3.6　课堂实例——输出开口垫圈图形

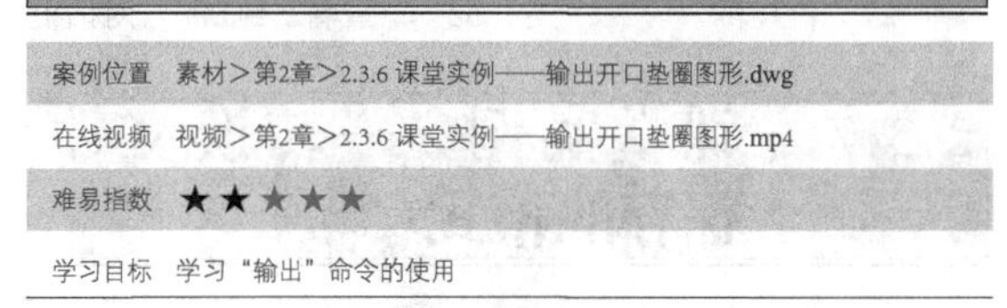

案例位置	素材>第2章>2.3.6 课堂实例——输出开口垫圈图形.dwg
在线视频	视频>第2章>2.3.6 课堂实例——输出开口垫圈图形.mp4
难易指数	★★★★★
学习目标	学习"输出"命令的使用

01 打开文件。单击快速访问工具栏中的"打开"按钮，打开本书素材中的"第2章\2.3.6 课

堂实例——输出开口垫圈图形.dwg”素材文件，如图2-30所示。

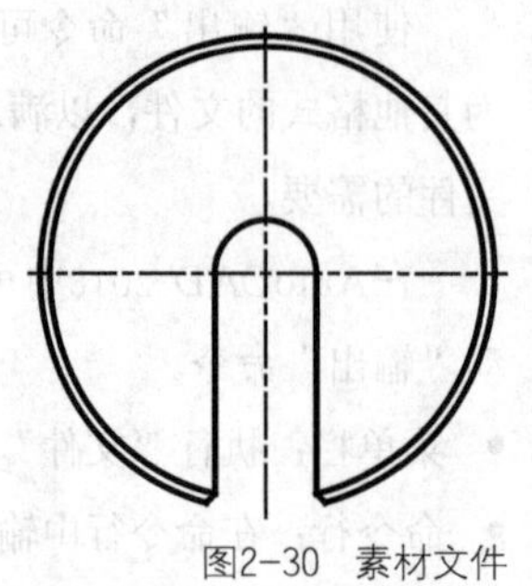

图2-30 素材文件

02 打开对话框。在命令行输入EXPORT命令，并按Enter键，打开“输出数据”对话框，如图2-31所示。

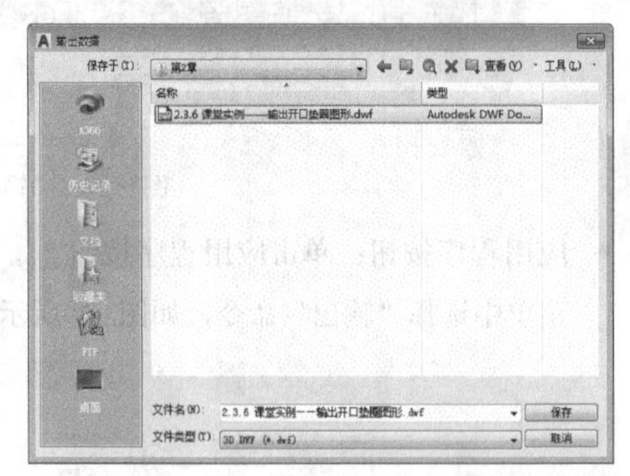

图2-31 “输出数据”对话框

03 输出文件。在对话框中设置“文件类型”为“三维DWF（*.dwf）”，并设置输出路径和文件名，单击“保存”按钮，打开“查看三维DWF”对话框，如图2-32所示，单击“否”按钮，完成图形文件的输出操作。

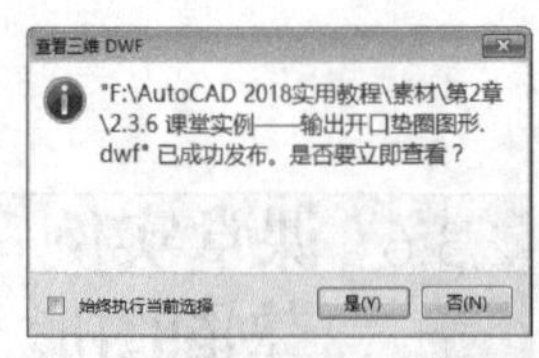

图2-32 “查看三维DWF”对话框

2.3.7 课堂实例——转换文件保存的格式

案例位置 素材>第2章>2.3.7 课堂实例——转换保存文件格式.dwg

在线视频 视频>第2章>2.3.7 课堂实例——转换保存文件格式.mp4

难易指数 ★★★★★

学习目标 学习另存为图形、修改文件类型等方法的应用

01 打开文件。单击快速访问工具栏中的“打开”按钮，打开本书素材中的“第2章\2.3.7 课堂实例——转换保存文件格式”素材文件，如图2-33所示。

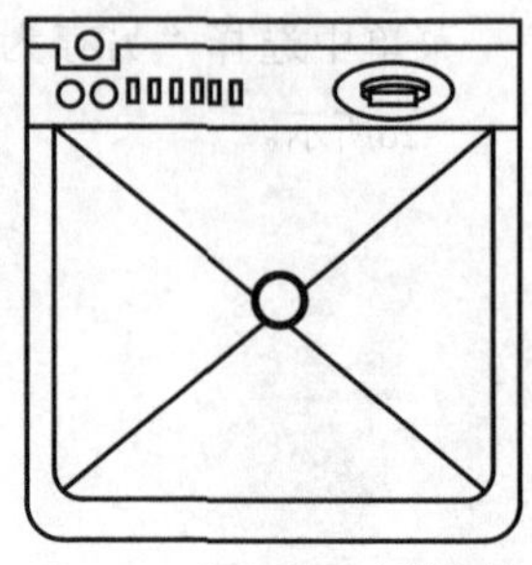

图2-33 素材文件

02 选择文件类型。按Ctrl+Shift+S快捷键，打开“图形另存为”对话框，在“文件类型”下拉列表框中，选择“AutoCAD 2018DXF（*.dxf）”选项，如图2-34所示。

图2-34 “文件类型”下拉列表框

03 保存文件。修改文件名称和保存路径，单击“保存”按钮，即可转换文件保存的格式。

2.4 AutoCAD 2018视图的操作

AutoCAD的图形显示控制功能，在工程设计和绘图领域中应用得十分广泛。用户可以使用多种方法来观察绘图窗口中的图形，以便了解图形的整体效果或局部细节。

2.4.1 缩放视图

通过“缩放”功能可以放大或缩小图形的显示尺寸，而图形的真实尺寸保持不变。

在AutoCAD 2018中可以通过以下几种方法启动“缩放”命令。

- 菜单栏：执行“视图”|“缩放”命令，如图2-35所示。

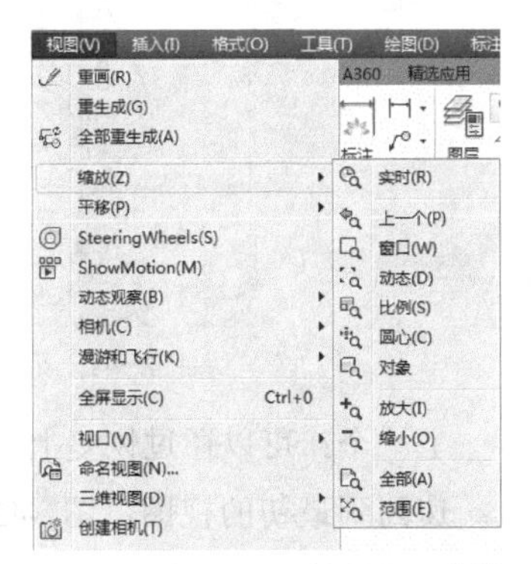

图2-35　“视图”菜单

- 命令行：在命令行中输入ZOOM或Z命令。
- 功能区：在“视图”选项卡中，单击“导航”面板中的视图缩放工具按钮，如图2-36所示。

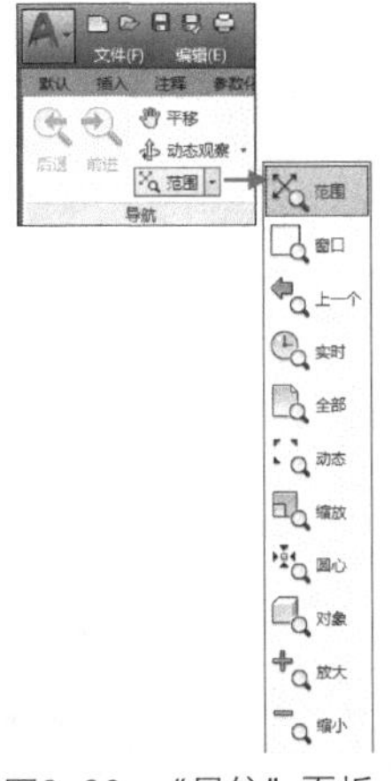

图2-36　“导航”面板

- 导航栏：单击导航栏中的“范围缩放”工具按钮，如图2-37所示。

在命令行中输入Z命令并按Enter键，即可调用“缩放”命令，命令行的提示如下。

```
命令:Z↙ZOOM    //调用“缩放”命令
指定窗口的角点，输入比例因子(nX或nXP)，或者
[全部(A)/中心(C)/动态(D)/范围(E)/上一个(P)/比例(S)/
窗口(W)/对象(O)]<实时>:
```

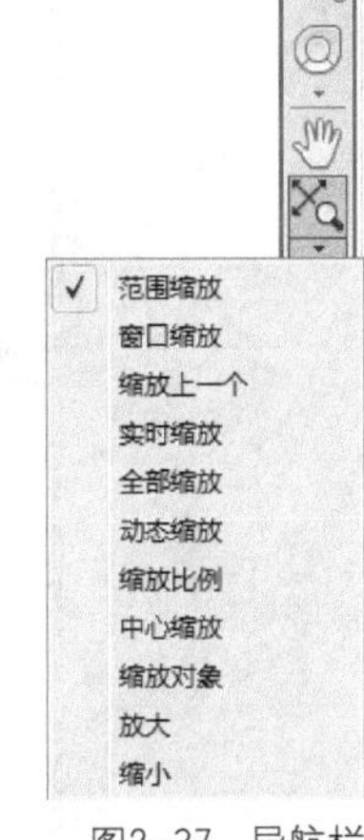

图2-37　导航栏

在“缩放”命令行中各选项的含义如下。

- 全部：可以显示整个图形中的所有图像。在平面视图中，它以图形界限或当前图形范围为显示边界，图2-38所示为全部缩放的前后效果对比图。

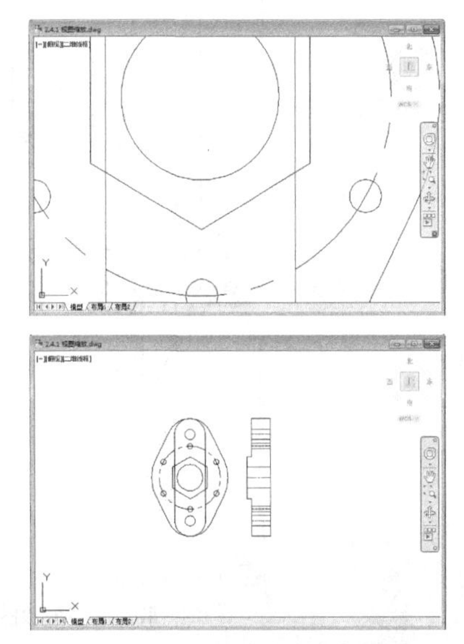

图2-38　全部缩放的前后效果对比图

- 中心：可以使图形以某一位置为中心按照指定的缩放比例进行缩放。例如，在图2-39中，以左侧中间圆的圆心位置为缩放中心，设置“比

例或高度”参数为250，对图形进行中心缩放操作。

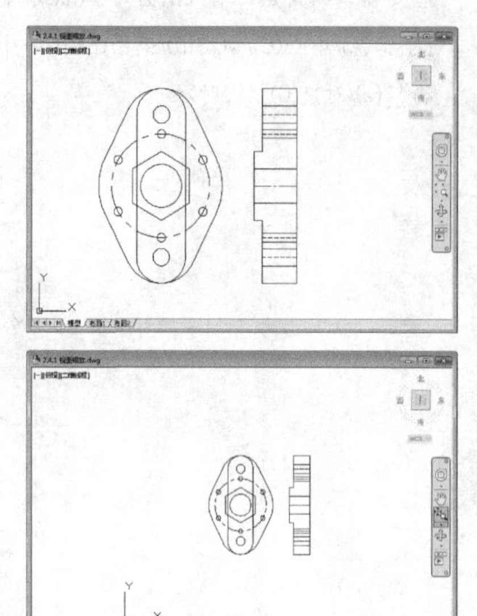

图2-39 中心缩放的前后效果对比图

- 动态：当进入动态缩放模式时，在绘图区中将会显示一个中间有×标记的矩形方框，图2-40所示为动态缩放的前后效果对比图。

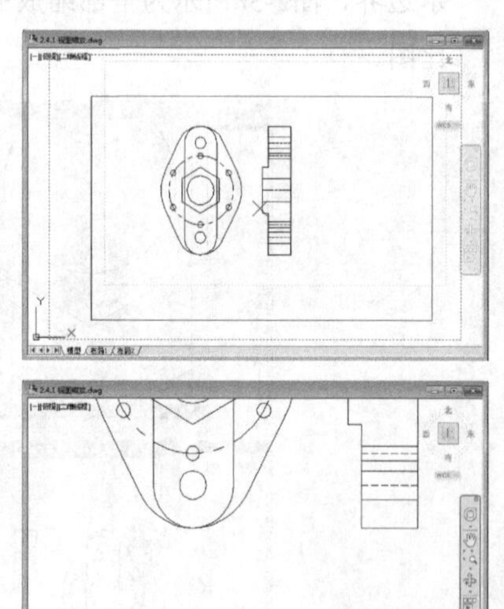

图2-40 动态缩放的前后效果对比图

- 范围：可以在绘图区最大化显示图形对象。它与全部缩放不同，范围缩放使用的显示边界只是图形范围而不是图形界限，图2-41所示为范围缩放的前后效果对比图。

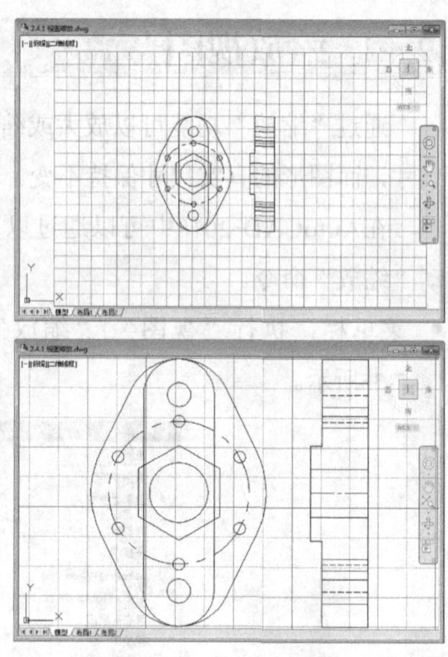

图2-41 范围缩放的前后效果对比图

- 上一个：可以通过恢复上一步视图的功能，快速回到最初的视图，图2-42所示为上一个缩放的前后效果对比图。

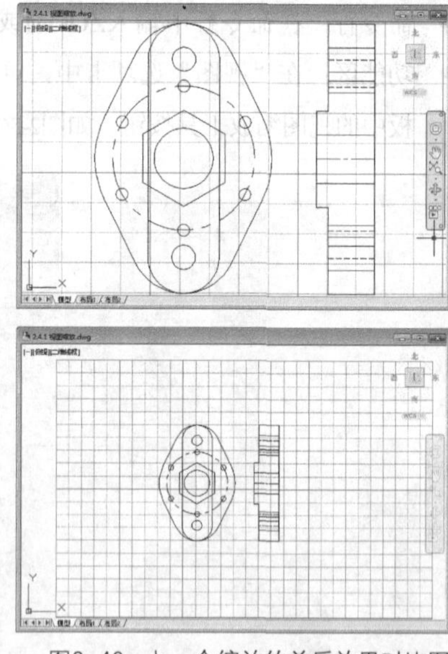

图2-42 上一个缩放的前后效果对比图

- 比例：可以按照指定的缩放比例缩放视图。比例缩放有3种输入方法：直接输入数值，表示相对于图形界限进行缩放；在数值后加X，表示相对于当前视图进行缩放；在数值后加XP，表示相对于图纸空间单位进行缩放。图2-43所示为缩放比例为3的前后效果对比图。

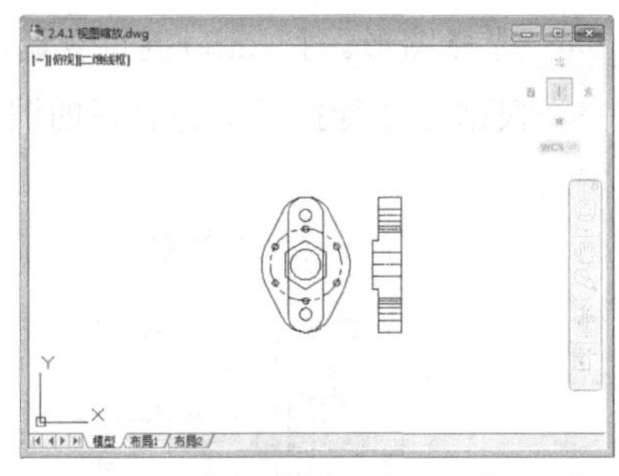

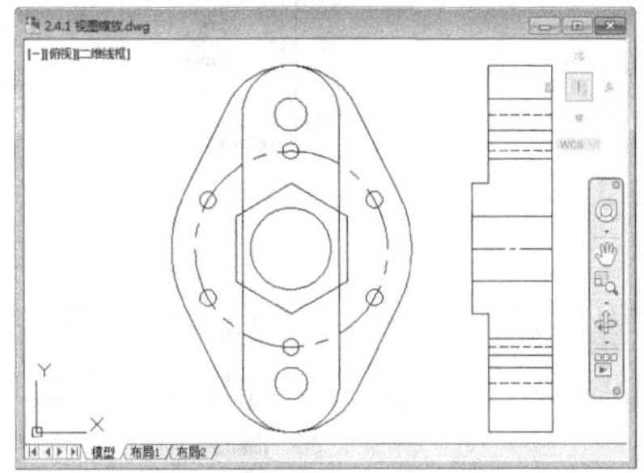

图2-43 比例缩放的前后效果对比图

- 窗口：可以放大某一指定区域。图2-44所示为窗口缩放的前后效果对比图。

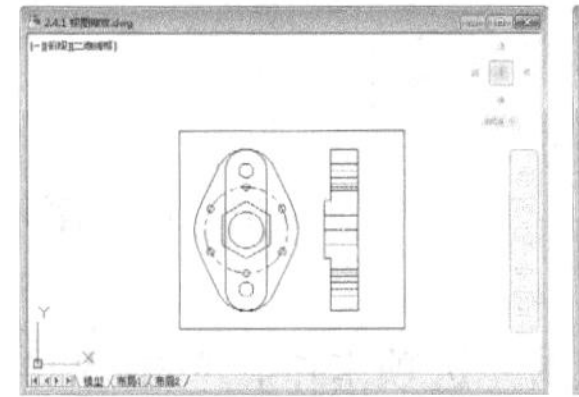

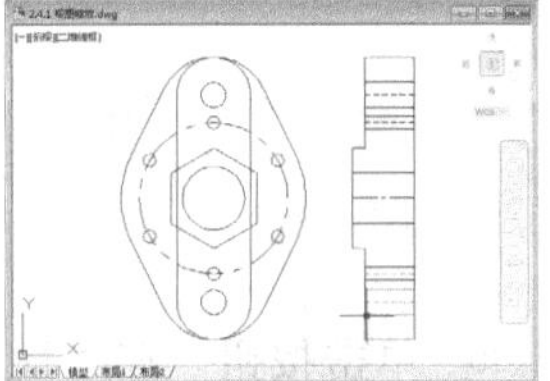

图2-44 窗口缩放的前后效果对比图

- 对象：可以将选择的图形对象最大限度地显示在屏幕上。图2-45所示为将左侧的中间小圆和多边形进行对象缩放的前后效果对比图。

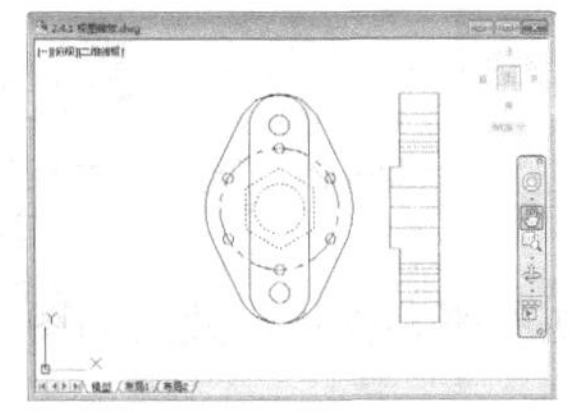

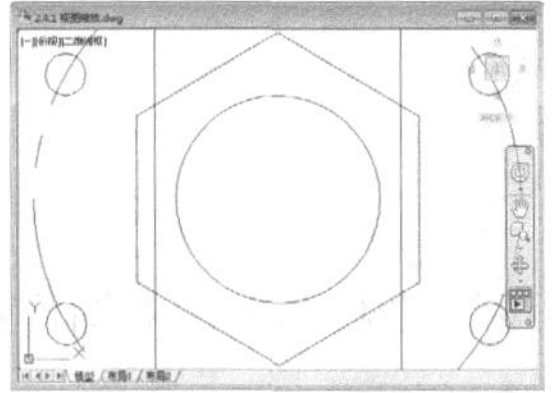

图2-45 对象缩放的前后效果对比图

- 实时：可以使用实时缩放功能来对图形进行缩放操作，执行“缩放”命令后直接按Enter键即可使用该功能。此时在屏幕上会出现形状的鼠标指针，按住鼠标左键向上或向下移动，即可实现图形的实时放大或缩小。图2-46所示为实时缩放的前后效果对比图。

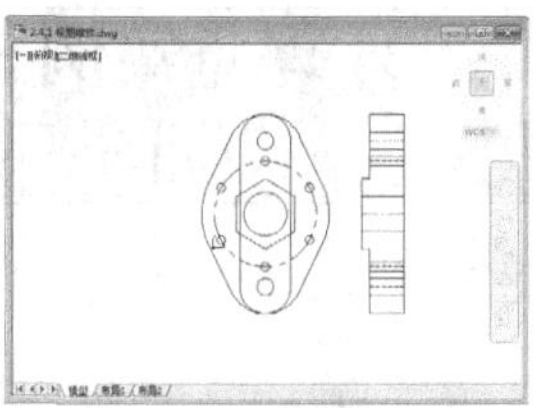

图2-46 实时缩放的前后效果对比图

2.4.2 平移视图

平移功能通常又称为“摇镜”。使用“平移”命令，可以移动视图显示的区域，以便更好地查看其他部分的图形，并不会改变图形中对象的位置和显示比例。图2-47所示为平移图形的前后效果对比图。

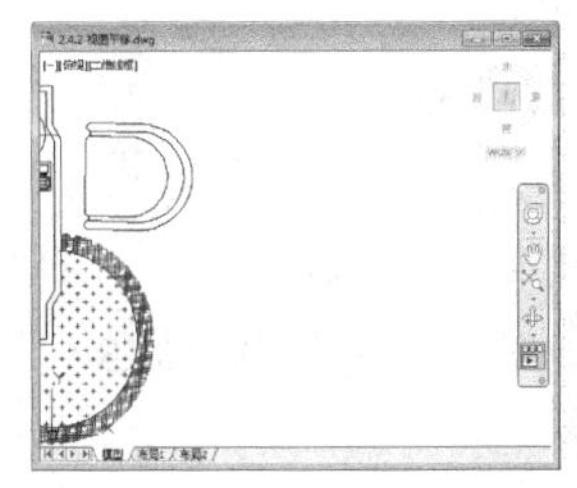

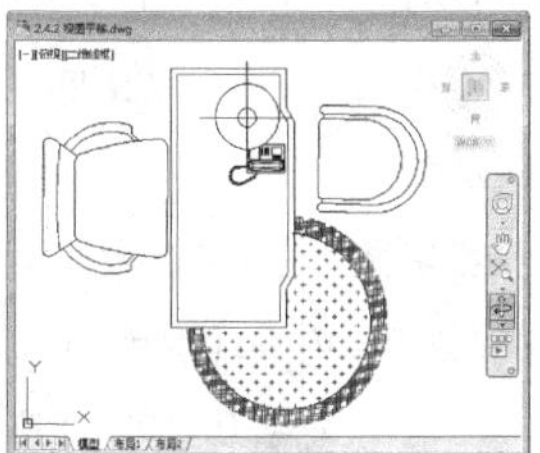

图2-47 平移图形的前后效果对比图

在AutoCAD 2018中可以通过以下几种方法启动“平移”命令。

- 菜单栏：执行“视图”|“平移”命令。
- 命令行：在命令行中输入PAN或P命令。
- 功能区：在“视图”选项卡中，单击“导航”面板中的“平移”按钮。
- 导航栏：单击导航栏中的“平移”按钮。
- 鼠标滚轮方式：按住鼠标滚轮并拖动鼠标，可以快速平移视图。

在AutoCAD 2018中，“平移”方式主要有实时平移和定点平移两种，下面将分别进行介绍。

- 实时平移：相当于用一个镜头对准视图，当移动镜头时，视图也跟着移动。在实际操作中，按住鼠标左键并拖动鼠标，也可以平移视图。按Esc键可退出平移状态。
- 定点平移：通过指定基点和位移值来平移视图。视图的移动方向和十字光标的偏移方向一致。

2.4.3 课堂实例——查看夹线体装配图

案例位置	素材>第2章>2.4.3 课堂实例——查看夹线体装配图.dwg
在线视频	视频>第2章>2.4.3 课堂实例——查看夹线体装配图.mp4
难易指数	★★★★★
学习目标	学习“缩放”命令、“平移”命令的使用

01 打开文件。单击快速访问工具栏中的“打开”按钮，打开本书素材中的“第2章\2.4.3 课堂实例——查看夹线体装配图”素材文件，效果如图2-48所示。

02 缩放图形。在命令行中输入Z命令并按Enter键，将对整个图形进行窗口缩放操作，效果如图2-49所示，其命令行提示如下。

```
命令:Z↙          //调用“缩放”命令
ZOOM
指定窗口的角点，输入比例因子(nX或nXP)，或者
[全部(A)/中心(C)/动态(D)/范围(E)/上一个(P)/比例(S)/
窗口(W)/对象(O)]<实时>:W↙
        //输入“窗口（W）”选项
指定第一个角点://捕捉图框左上角点
指定对角点:↙
        //捕捉图框右下角点，按Enter键结束
```

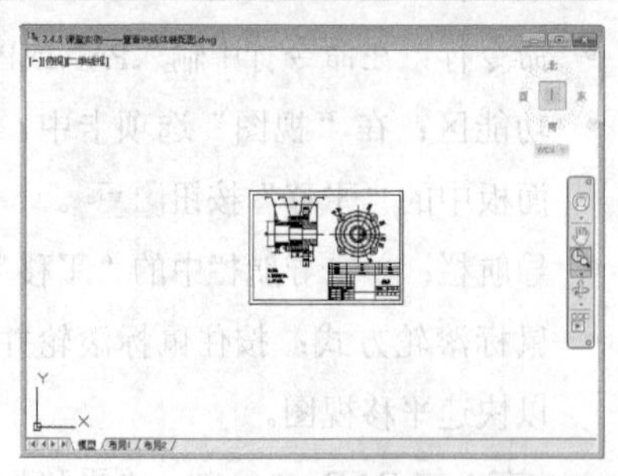

图2-48 素材文件

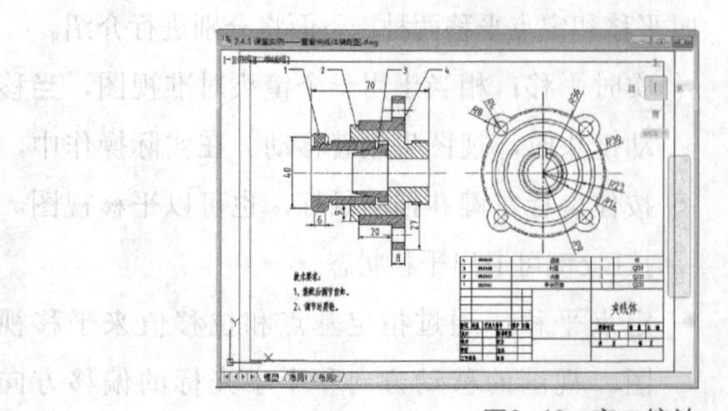

图2-49 窗口缩放

03 选择图形。按Enter键重复调用“缩放”命令，根据命令行提示选择合适的图形，如图2-50所示。

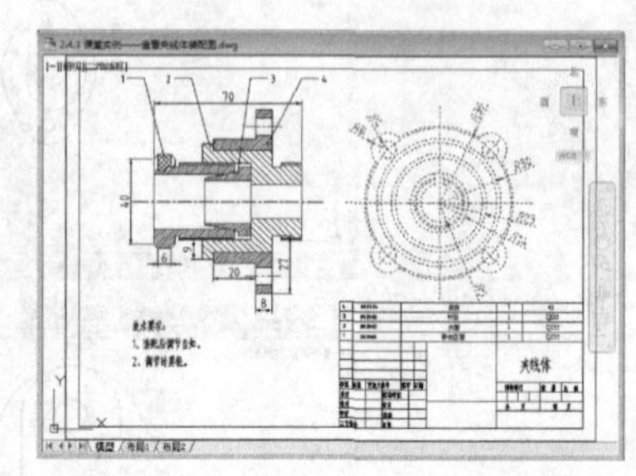

图2-50 选择图形

04 对象缩放。按Enter键结束选择，即可对图形进行对象缩放操作，如图2-51所示。

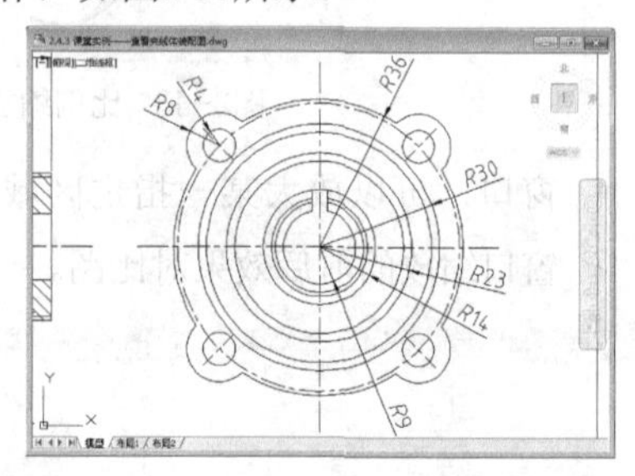

图2-51 对象缩放

05 单击按钮。在“视图”选项卡中，单击“导航”面板中的“平移”按钮，如图2-52所示。

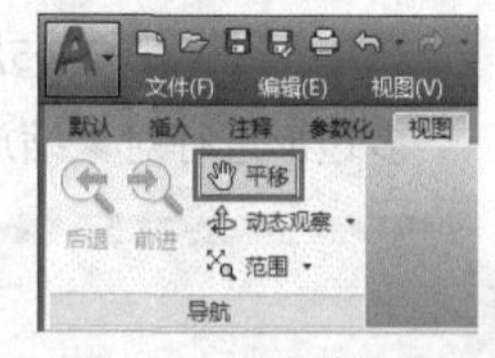

图2-52 “导航”面板

06 平移图形。对图形进行平移操作，效果如图2-53所示。

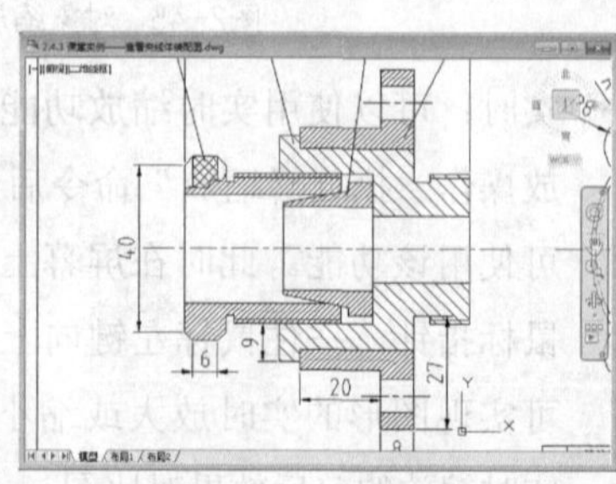

图2-53 平移图形后的效果

2.4.4 命名视图

使用“命名视图”命令可以为绘图区中的任意视图指定名称，并且在以后的操作过程中还可以将其恢复。用户在创建命名视图时，可以设置视图的中点、位置、缩放比例、透视设置等。

在AutoCAD 2018中可以通过以下几种方法启动“命名”命令。

- 菜单栏：执行“视图”|“命名视图”命令。
- 命令行：在命令行中输入VIEW或V命令。
- 功能区：在“视图”选项卡中，单击“视图”面板中的“视图管理器”按钮。

执行以上任一命令，均可以打开“视图管理器”对话框，如图2-54所示，在该对话框中可以为视图命名并保存视图。

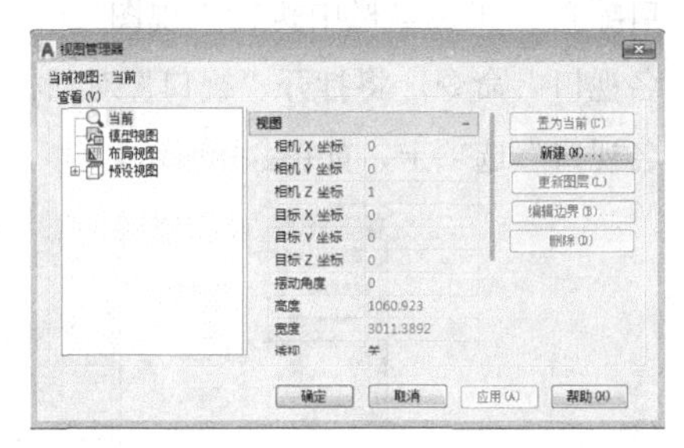

图2-54　“视图管理器”对话框

2.4.5 重画视图

使用“重画”命令，系统将在显示内存中更新屏幕显示，不仅可以清除临时标记，还可以更新用户当前的视口。

在AutoCAD 2018中可以通过以下几种方法启动“重画”命令。

- 菜单栏：执行“视图”|“重画”命令。
- 命令行：在命令行中输入REDRAWALL、RADRAW或RA命令。

2.4.6 重生成视图

使用“重生成”命令，可以重生成屏幕，系统将自动从磁盘中调用当前图形的数据。它比“重画”命令的执行速度慢，因为其更新屏幕所用的时间比执行“重画”命令所用的时间长。如果一直使用某个命令修改、编辑图形，并且该图形还没有发生什么变化，就可以使用“重生成”命令来更新屏幕显示。

在AutoCAD 2018中可以通过以下几种方法启动“重生成”命令。

- 菜单栏：执行“视图”|“重生成”命令。
- 命令行：在命令行中输入REGEN或RE命令。

在命令行中输入RE命令并按Enter键，即可重生成图形，效果如图2-55所示。

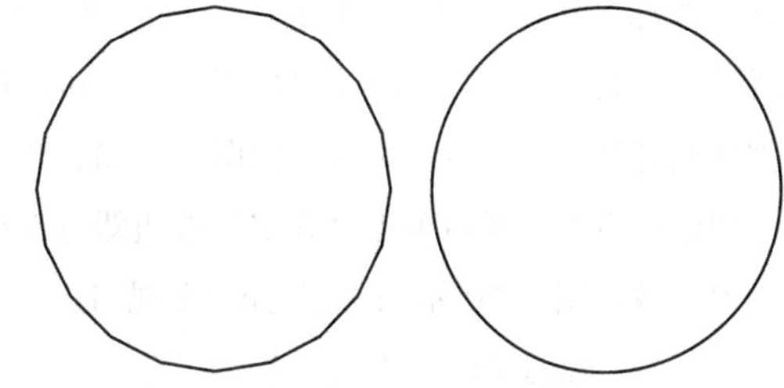

图2-55　重生成图形的前后效果对比图

2.4.7 新建视口

在编辑图形的过程中，常常需要对图形的局部进行放大，以显示其细节。当需要观察图形的整体效果，且仅使用单一的绘图视口已无法满足需要时，可使用AutoCAD 2018的视口功能，将绘图窗口划分为若干视口。新建视口是指把绘图窗口分为多个矩形区域，从而创建多个不同的绘图区域，每一个区域都可用来查看图形的不同部分。视口具有以下5个特点。

- 每个视口都可以平移和缩放，设置捕捉、栅格和用户坐标系等，且每个视口都可以设置独立的坐标系。
- 在命令执行期间，可以切换视口以便在不同的视口中绘图。
- 可以对视口中的配置进行命名，以便在模型空间中恢复视口或者将其应用于布局。
- 只有在当前视口中指针才会显示为“+”字形状，指针移出当前视口后会变成箭头形状。

● 当在视口中工作时，可全局控制所有视口图层的可见性，如果在某一个视口中关闭了某一个图层，系统将关闭所有视口中的相应图层。

在AutoCAD 2018中可以通过以下几种方法启动“新建视口”命令。

● 菜单栏：执行“视图”|“视口”|“新建视口”命令。

● 命令行：在命令行输入VPORTS命令。

● 功能区：在“视图”选项卡中，单击“模型视口”面板中的“命名”按钮。

执行以上任一命令，均可以打开“视口”对话框，选择“新建视口”选项卡，如图2-56所示。该对话框中列出了一个标准视口配置列表，可以用来创建层叠视口，还可以用来对视图的布局、数量和类型进行设置，最后单击“确定”按钮即可使视口设置生效。图2-57所示为所创建的4个视口。

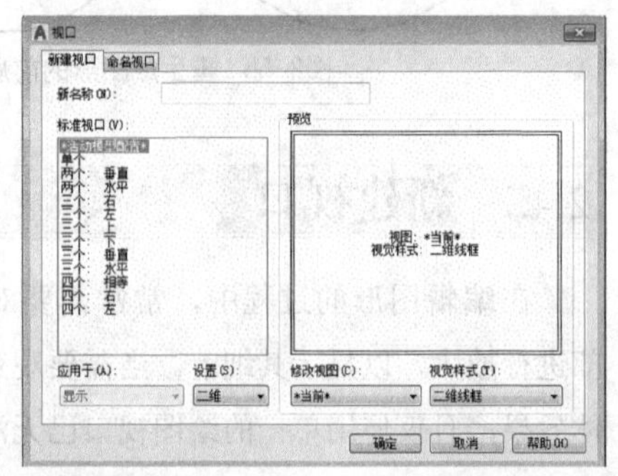

图2-56 “新建视口”选项卡

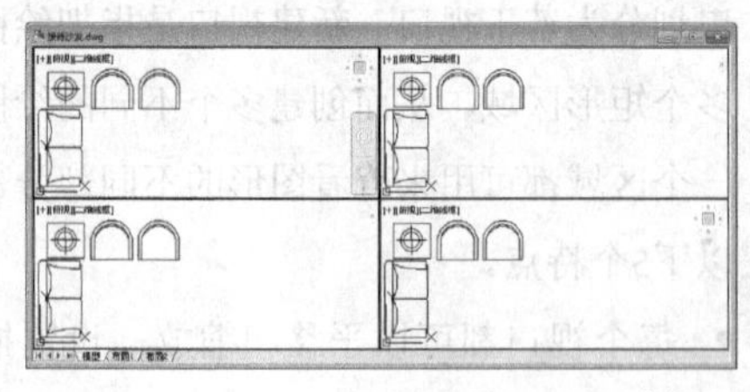

图2-57 4个视口

在“新建视口”选项卡中，各选项的含义如下。

● “新名称”文本框：可以为新模型空间视口配置指定名称。

● “标准视口”列表框：列出并设定标准视口配置。

● “预览”选项组：显示选定视口配置的预览图像，以及在配置中被分配到每个单独视口的默认视图。

● “应用于”下拉列表框：可以将模型空间视口配置应用到整个显示窗口或当前视口。

● “设置”下拉列表框：可以用来指定二维或三维设置。

● “修改视图”下拉列表框：可以用从列表中选择的视图替换选定视口中的视图。

● “视觉样式”下拉列表框：可以将视觉样式应用到视口。

2.4.8 命名视口

命名视口主要用来显示保存在图形文件中的视口配置。在菜单栏中执行“视图”|“视口”|“命名视口”命令，将打开“视口”对话框，选择“命名视口”选项卡，如图2-58所示。

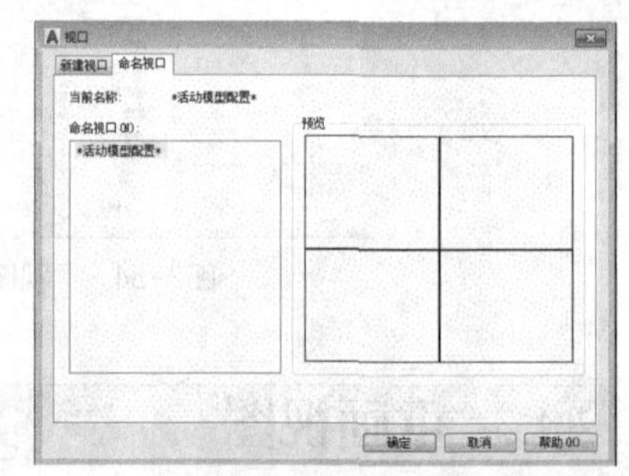

图2-58 “命名视口”选项卡

在“命名视口”选项卡中，各选项的含义如下。

● “当前名称”选项组：用于显示当前视口配置的名称。

● “命名视口”列表框：用来显示保存的所有模型视口配置。

● “预览”选项组：用来预览选定的视口配置。

2.5 坐标系的使用

在绘图过程中，常常需要将某个坐标系作为参照来拾取点的位置，以精确定位某个对象，

AutoCAD提供的坐标系可以用来准确设置并绘制图形。

2.5.1　认识坐标系

坐标系对于精确绘图起着至关重要的作用。只要熟练地掌握了坐标系，用户便可以准确地设计并绘制图形。在AutoCAD 2018中，坐标系包括世界坐标系和用户坐标系，下面将分别进行介绍。

1．世界坐标系

默认的坐标系是世界坐标系，即WCS，是固定不变的坐标系。运行AutoCAD 2018时，世界坐标系由系统自动建立，它是原点位置和坐标轴方向固定的一种整体坐标系。WCS包括*x*轴和*y*轴（在三维空间中，还有*z*轴），其坐标轴的交汇处有一个“口”字形标记，如图2-59所示。

2．用户坐标系

在AutoCAD 2018中，用户坐标系是一种可以移动的自定义坐标系，用户不仅可以更改该坐标系的位置，还可以改变其方向。在绘制图形对象时该坐标系非常有用。

为了更好地进行绘图，经常需要修改坐标系的原点位置和坐标轴方向，这时，世界坐标系将变为用户坐标系，即UCS。UCS的原点位置以及*x*轴、*y*轴、*z*轴的方向都可以改变，甚至可以依赖于图形中某个特定的对象。尽管用户坐标系中的3个坐标轴之间仍然相互垂直，但是在方向及位置上却都变得更灵活。另外，UCS没有“口”字形标记，如图2-60所示。

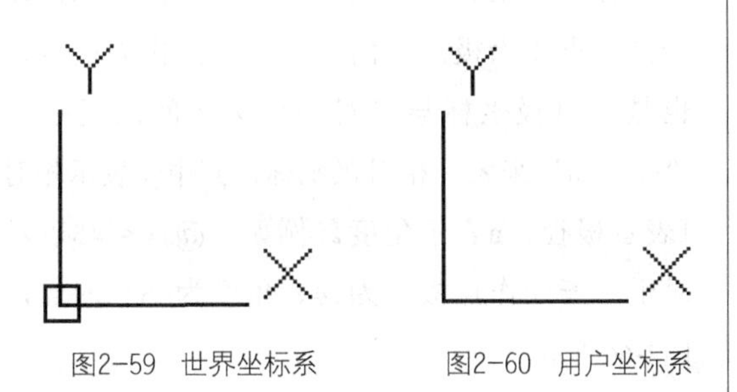

图2-59　世界坐标系　　图2-60　用户坐标系

在AutoCAD 2018中可以通过以下几种方法启动“坐标系”命令。

- 菜单栏：执行“工具”|“新建UCS”命令，如图2-61所示。

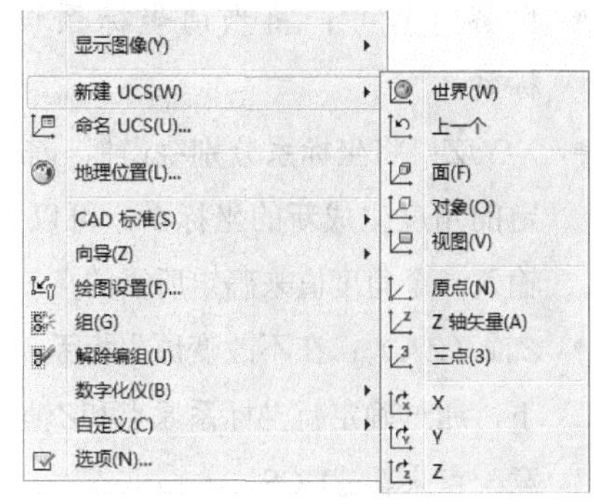

图2-61　“新建UCS”菜单

- 命令行：在命令行输入UCS命令。
- 功能区：在“视图”选项卡中，单击“坐标”面板中的“UCS”按钮，如图2-62所示。

图2-62　“坐标”面板

在命令行中输入UCS命令并按Enter键，即可调用“坐标系”命令，命令行提示如下。

```
命令:ucs↙          //调用“坐标系”命令
当前UCS名称:*没有名称*
指定UCS的原点或[面(F)/命名(NA)/对象(OB)/上一个(P)/
视图(V)/世界(W)/X/Y/Z/Z轴(ZA)]<世界>:
```

在“坐标系”命令行中，各选项的含义如下。

- 原点：通过移动当前UCS的原点，同时保持其*x*轴、*y*轴和*z*轴的方向不变，从而定义新的坐标系原点。使用该选项可以在任何位置建立坐标系。
- 面（F）：将UCS与实体对象选定面对齐。
- 对象（OB）：根据选择的对象创建UCS。
- 上一个（P）：退回到上一个坐标系，最多可以返回至10个坐标系之前。

- 视图（V）：使新坐标系的*XY*平面与当前视图方向垂直，*Z*轴与*XY*平面垂直，而原点保持不变。
- 世界（W）：将当前坐标系设置为世界坐标系。
- X/Y/Z：将坐标系分别绕*x*轴、*y*轴、*z*轴旋转一定的角度生成新的坐标系。可以指定两个点或输入一个角度值来确定所需的角度。
- *Z*轴（ZA）：在不改变原坐标系*Z*轴方向的前提下，通过确定新坐标系原点和*Z*轴正方向上的任意一点来新建UCS。

2.5.2 坐标的表示方法

在指定坐标点时，既可以使用直角坐标，也可以使用极坐标。在AutoCAD中，一个点的坐标有绝对直角坐标、相对直角坐标、绝对极坐标和相对极坐标4种表示方法。

1. 绝对直角坐标

绝对直角坐标以原点（0,0）或（0,0,0）为基点定位所有的点。AutoCAD默认的坐标原点位于绘图窗口左下角。在绝对直角坐标系中，*x*轴、*y*轴和*z*轴在原点（0,0,0）处相交。绘图窗口中的任意一点都可以使用（X、Y、Z）来表示，也可以通过输入坐标值（中间用逗号隔开）来定位某个点，如图2-63所示。

2. 相对直角坐标

相对直角坐标是指相对于当前点的坐标，是其在*x*轴、*y*轴上的位移，它与坐标系的原点无关。相对直角坐标的输入格式与绝对直角坐标相同，但要在坐标值前加上“@”符号。一般情况下，在绘图过程中常常把上一操作点看作是特定点，后续绘图操作都是相对于上一操作点而进行的。如果上一操作点的坐标是（40,45），并且通过键盘输入下一操作点的相对直角坐标为（@10,20），则该点的绝对直角坐标为（50,65），如图2-64所示。

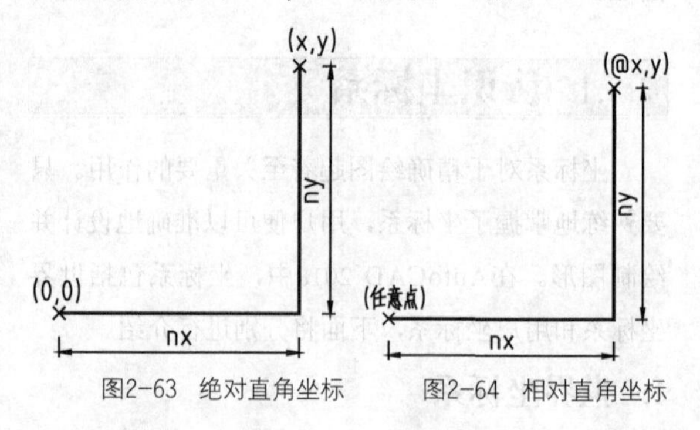

图2-63 绝对直角坐标　　图2-64 相对直角坐标

3. 绝对极坐标

绝对直角坐标和相对直角坐标实际上都是二维线性坐标，一个点在二维平面上可以用（X, Y）来表示其位置。极坐标则是通过相对于极点的距离和角度来对点进行定位的。在默认情况下，AutoCAD 2018以逆时针方向来测量角度。水平向右为0°（或360°），垂直向上为90°，水平向左为180°，垂直向下为270°。当然，用户也可以自行设置角度的方向。

绝对极坐标以原点作为极点。用户可以输入一个长度距离，后面加上一个“<”符号，再加上一个角度来表示绝对极坐标，绝对极坐标规定*x*轴正方向为0°，*y*轴正方向为90°。例如，12<30表示该点相对于原点的极径为12，而该点与极点的连线与0°方向（通常为*x*轴正方向）之间的夹角为30°，如图2-65所示。

4. 相对极坐标

相对极坐标通过用相对于某一特定点的极径和偏移角度来表示点的位置。相对极坐标是以上一操作点作为极点，而不是以原点作为极点，这也是相对极坐标与绝对极坐标之间的区别。用“@l<a”来表示相对极坐标，其中@表示相对，l表示极径，a表示角度。例如，@14<45表示相对于上一操作点极径为14、角度为45°的点，如图2-66所示。

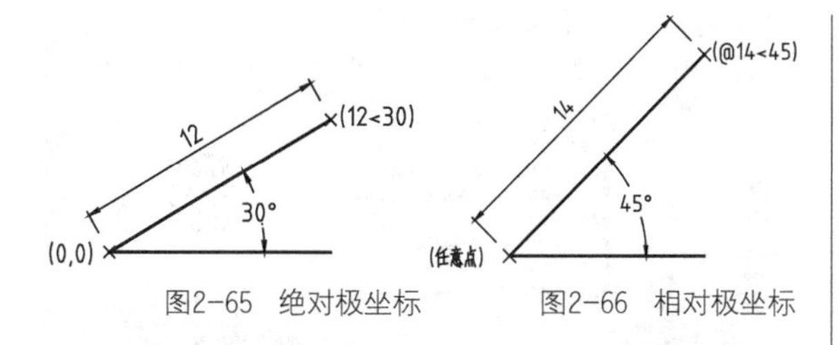

图2-65　绝对极坐标　　图2-66　相对极坐标

2.5.3 课堂实例——使用坐标绘制平键轮廓

案例位置	素材>第2章>2.5.3 课堂实例——使用坐标绘制平键轮廓.dwg
在线视频	视频>第2章>2.5.3 课堂实例——使用坐标绘制平键轮廓.mp4
难易指数	★★★★★
学习目标	学习绝对直角坐标、相对直角坐标的使用

01 绘制直线。新建空白文件。在命令行中输入L命令并按Enter键，绘制水平直线，其命令行提示如下。

```
命令:L↙　　　　//调用“直线”命令
LINE
指定第一个点:0,0↙　　　　//输入绝对直角坐标值
指定下一点或[放弃(U)]:@54,0↙　　　//输入相对直角坐标值，按Enter键结束
```

02 偏移图形。在命令行中输入O命令，将新绘制的直线向上依次偏移2、12、2，如图2-67所示。

03 绘制圆。输入C命令，以“两点”方式绘制圆，如图2-68所示。

图2-67　偏移图形　　图2-68　绘制圆

04 修剪图形。输入TR命令，修剪多余的图形，得到的最终效果如图2-69所示。

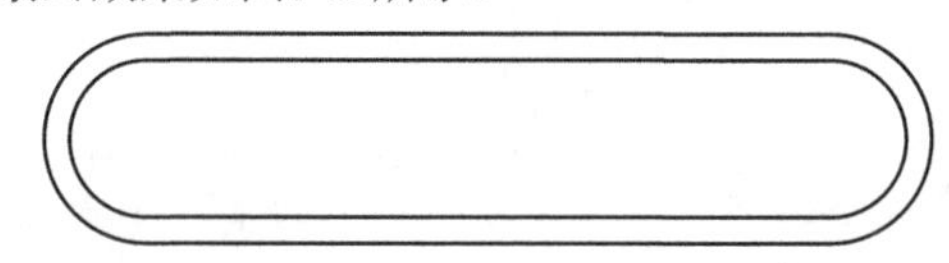

图2-69　最终效果

2.6 本章小结

通过学习本章讲解的与AutoCAD命令、文件、视图以及坐标系相关的内容，可以更深入地了解AutoCAD 2018，更快地掌握AutoCAD 2018的基本操作方法。

2.7 课后习题

本节通过具体的实例来练习使用AutoCAD 2018的命令、文件、视图以及坐标系，从而方便以后进行绘图和设计。

2.7.1 绘制简单的机械零件

案例位置	素材>第2章>2.7.1 绘制简单机械零件.dwg
在线视频	视频>第2章>2.7.1 绘制简单机械零件.mp4
难易指数	★★★★★
学习目标	学习“直线”“偏移”“修剪”“删除”等命令的使用

绘制的简单机械零件如图2-70所示。

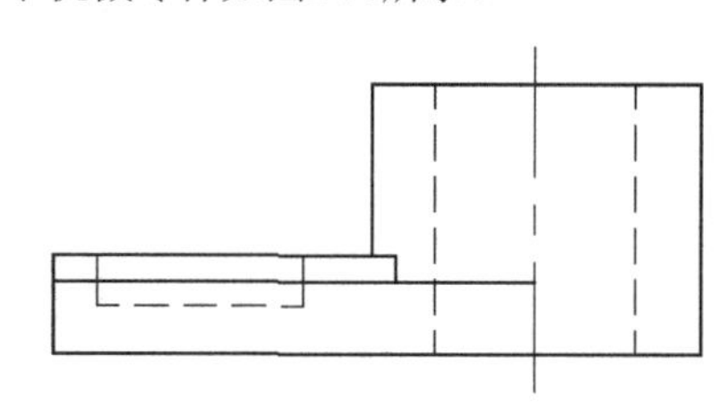

图2-70　简单机械零件

简单机械零件的绘制流程如图2-71~图2-74所示。

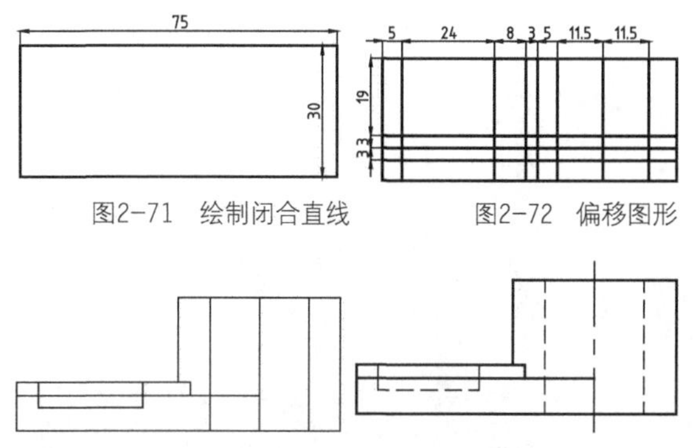

图2-71　绘制闭合直线　　图2-72　偏移图形

图2-73　修剪并删除图形　　图2-74　修改图形的线型、颜色和长度

2.7.2 另存为低版本文件

案例位置	素材>第2章>2.7.2另存为低版本文件.dwg
在线视频	视频>第2章>2.7.2另存为低版本文件.mp4
难易指数	★★★★★
学习目标	学习将高版本文件另存为低版本文件的方法

另存为低版本文件的操作流程如图2-75和图2-76所示。

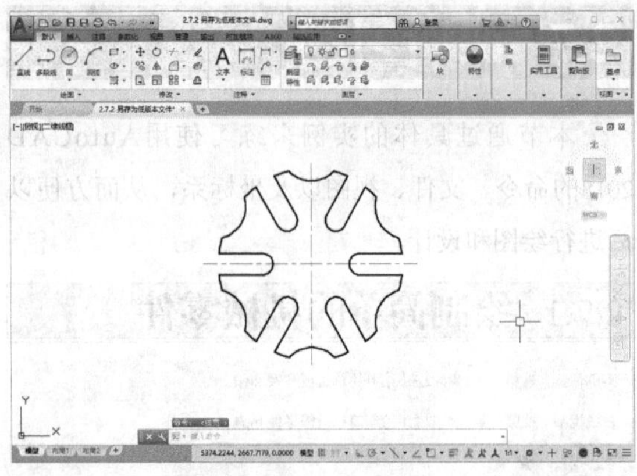
图2-75 打开图形文件

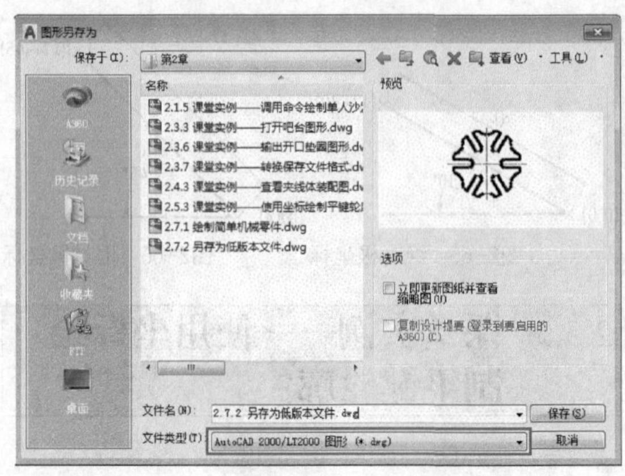

图2-76 打开“图形另存为”对话框并选择文件类型

第3章

简单二维图形的绘制

内容摘要

二维平面绘图是使用最多、用途最广的AutoCAD 2018的基础操作之一。其中基本的图层元素包括点、直线、圆、圆弧、多边形、矩形等，应用相应的命令即可绘制这些图形，再对其进行相应的编辑和修改操作即可得到需要的图形。本章将主要介绍简单二维图形的基本绘制方法。

课堂学习目标

- 掌握点图形的绘制方法
- 掌握直线图形的绘制方法
- 掌握圆图形的绘制方法
- 掌握多边形图形的绘制方法

3.1 点图形的绘制

点不仅是组成图形最基本的元素，还经常用来标识某些特殊的部分，如绘制直线时需要确定的端点、绘制圆或圆弧时需要确定的圆心等。

3.1.1 点样式

在默认情况下，点是没有长度和大小的，在绘图区仅显示为一个小圆点，因此很难被看见。在AutoCAD中，可以为点设置相应的点样式，即点显示的模式，以便在图中准确找到点所在的位置。

在AutoCAD 2018中可以通过以下几种方法启动“点样式”命令。

- 菜单栏：执行“格式”|“点样式”命令。
- 命令行：在命令行中输入DDPTYPE命令。
- 功能区：在“默认”选项卡中，单击“实用工具”面板中的“点样式”按钮。

执行以上任一命令，均可以打开“点样式”对话框，如图3-1所示。在该对话框中，可以选择点的显示样式并更改点的大小，图3-2所示为第2行第4列的点样式效果。

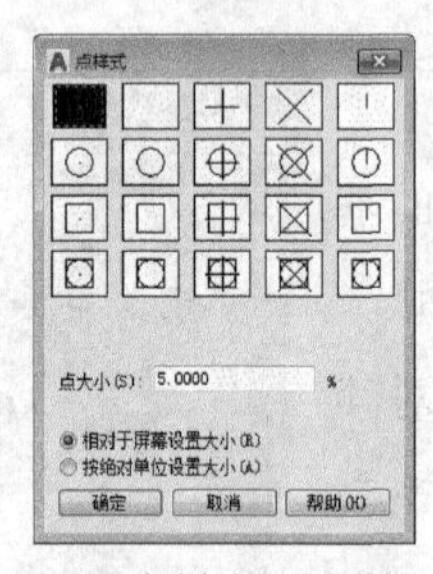

图3-1 “点样式”对话框

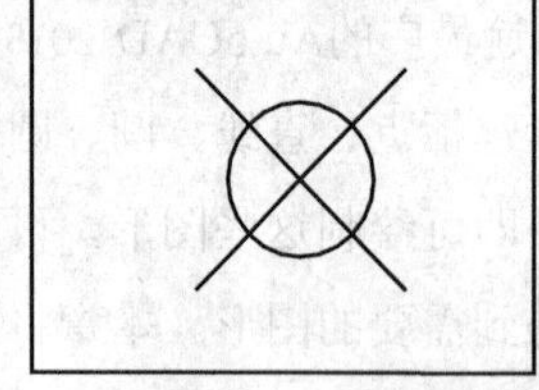

图3-2 点样式效果

在“点样式”对话框中，各选项的含义如下。

- “点大小”文本框：输入相应参数用于设置点的显示大小。
- “相对于屏幕设置大小”单选按钮：主要用于按屏幕尺寸百分比设置点的显示大小。当显示比例发生改变时，点的显示大小不会随之改变。
- “按绝对单位设置大小”单选按钮：使用实际单位设置点的显示大小。当显示比例发生改变时，点的显示大小也会随之改变。

3.1.2 单点

使用“单点”命令可以绘制单点图形，绘制单点就是指输入“单点”命令后一次只能指定一个点。

在AutoCAD 2018中可以通过以下几种方法启动“单点”命令。

- 菜单栏：执行“绘图”|“点”|“单点”命令。
- 命令行：在命令行中输入POINT或PO命令。

在命令执行的过程中，需要确定点的位置。

使用以上任意一种方法启动“单点”命令后，命令行提示如下。

```
命令:POINT↙         //调用“单点”命令
当前点模式:PDMODE=PDSIZE=0.0000
指定点:              //指定点位置即可
```

3.1.3 多点

绘制多点就是指输入“多点”命令后一次可以指定多个点，而不需要再输入命令，直到按Esc键退出，即可结束多点的输入状态。

在AutoCAD 2018中可以通过以下几种方法启动“多点”命令。

- 菜单栏：执行“绘图”|“点”|“多点”命令。
- 功能区：在“默认”选项卡中，单击“绘图”面板中的“多点”按钮。

使用以上任意一种方法均可以启动“多点”命令，图3-3所示为绘制的多点效果。

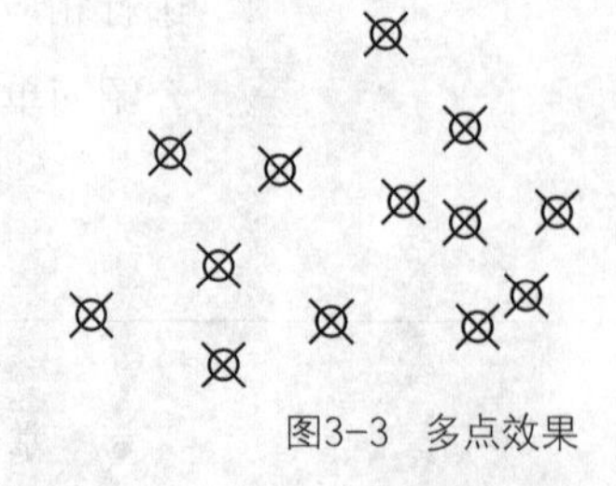

图3-3 多点效果

3.1.4 定数等分点

“定数等分”命令就是在指定的图形对象上绘制指定数目的点。其使用的对象可以是直线、圆、圆弧、多段线和样条曲线等。

在AutoCAD 2018中可以通过以下几种方法启动“定数等分”命令。

- 菜单栏：执行“绘图”|“点”|“定数等分”命令。
- 命令行：在命令行中输入DIVIDE或DIV命令。
- 功能区：在“默认”选项卡中，单击“绘图”面板中的“定数等分”按钮。

在命令执行的过程中，需要确定定数等分对象和定数等分数目。

使用以上任意一种方法启动“定数等分”命令后，命令行提示如下。

```
命令:divide↙        //调用“定数等分”命令
选择要定数等分的对象：  //选择定数等分对象
输入线段数目或[块(B)]: //输入定数等分数目
```

在命令行中，各选项的含义如下。

- 线段数目：以线段方式定数等分对象。
- 块（B）：以块（B）方式定数等分对象。

技巧与提示

在使用“定数等分”命令时应注意输入的是等分数，不是点的个数，如果将对象分成*N*份，实际只生成*N*-1个点。而且每次只能对一个对象进行等分操作，而不能对一组对象进行操作。

3.1.5 课堂实例——完善床头柜

案例位置 素材>第3章>3.1.5 课堂实例——完善床头柜.dwg

在线视频 视频>第3章>3.1.5 课堂实例——完善床头柜.mp4

难易指数 ★★★★★

学习目标 学习“点样式”命令、“定数等分”命令的使用

01 打开文件。单击快速访问工具栏中的“打开”按钮，打开本书素材中的“第3章\3.1.5 课堂实例——完善床头柜.dwg”素材文件，如图3-4所示。

02 设置点样式。在命令行中输入DDPTYPE命令并按Enter键，打开“点样式”对话框，选择合适的点样式，如图3-5所示。

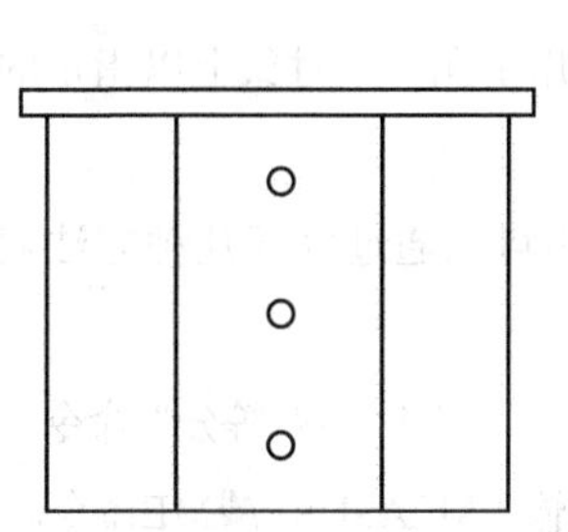

图3-4 素材文件

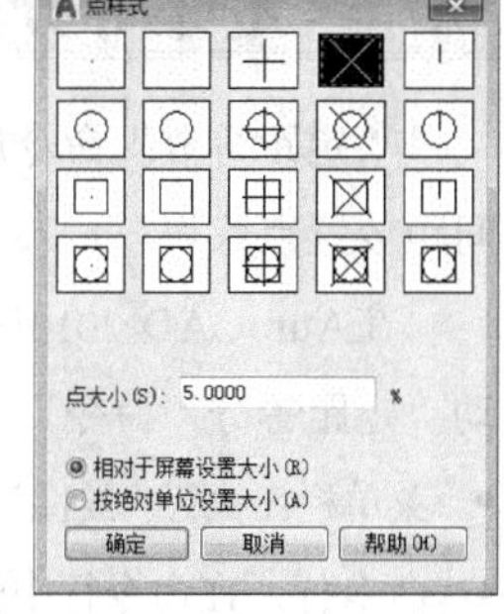

图3-5 “点样式”对话框

03 绘制等分点1。在命令行中输入DIV命令并按Enter键，绘制定数等分点，如图3-6所示，其命令行提示如下。

```
命令:divide↙        //调用“定数等分”命令
选择要定数等分的对象：
                //选择从左往右数第二条垂直直线
输入线段数目或[块(B)]:3↙ //输入定数等分数目
```

04 绘制等分点2。按Enter键重复调用DIV“定数等分”命令，将“线段数目”修改为3，绘制另一侧垂直直线的定数等分点，如图3-7所示。

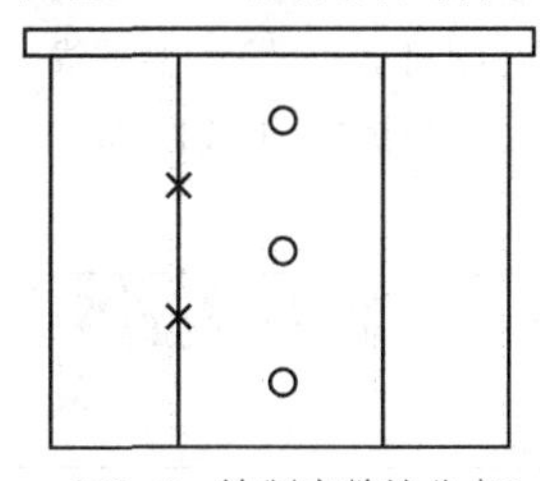

图3-6 绘制定数等分点1

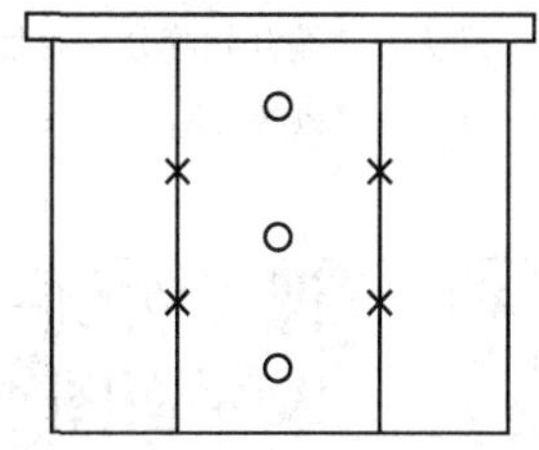

图3-7 绘制定数等分点2

05 绘制直线。在命令行中输入L命令并按Enter键，结合“节点捕捉”功能，绘制直线，如图3-8所示。

06 删除图形。调用E“删除”命令，删除定数等分点，得到的最终效果如图3-9所示。

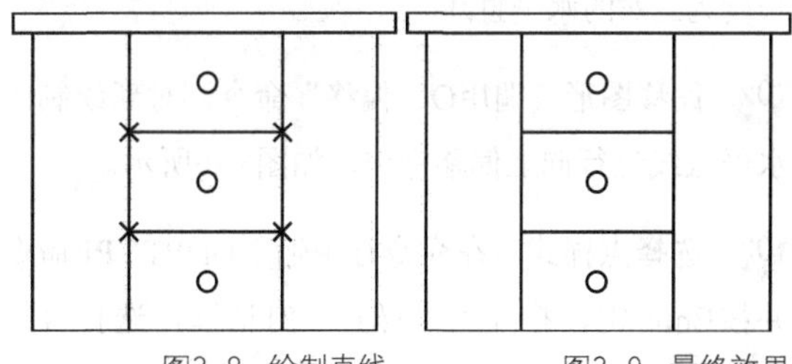

图3-8 绘制直线　　图3-9 最终效果

3.1.6 定距等分点

“定距等分”命令用于在一个对象上以指定的间距放置点或块。

在AutoCAD 2018中可以通过以下几种方法启动“定距等分”命令。

- 菜单栏：执行“绘图”|“点”|“定距等分”命令。
- 命令行：在命令行中输入MEASURE或ME命令。
- 功能区：在“默认”选项卡中，单击“绘图”面板中的“定距等分”按钮。

在命令执行的过程中，需要确定定距等分对象和定距等分的线段长度。

使用以上任意一种方法启动“定距等分”命令后，命令行提示如下。

```
命令:measure↙              //调用“定距等分”命令
选择要定距等分的对象:      //选择定距等分对象
指定线段长度或[块(B)]:     //输入线段长度参数
```

技巧与提示

定距等分拾取的对象时，光标靠近对象哪一端，就从哪一端开始等分。而且等分点不仅可以等分普通线段，还可以等分圆、矩形、多边形等复杂的封闭图形。

3.1.7 课堂实例——绘制三人沙发平面图

案例位置　素材>第3章>3.1.7 课堂实例——绘制三人沙发平面图.dwg

在线视频　视频>第3章>3.1.7 课堂实例——绘制三人沙发平面图.mp4

难易指数　★★★★★

学习目标　学习“点样式”命令、“定数等分”命令、“定距等分”命令的使用

01 绘制直线。新建空白文件，按F8快捷键，开启“正交”模式；调用L“直线”命令，绘制一条长度为2286的水平直线。

02 偏移图形。调用O“偏移”命令，对新绘制的水平直线进行向上偏移操作，如图3-10所示。

03 选择点样式。在命令行中输入DDPTYPE命令并按Enter键，打开“点样式”对话框，选择合适的点样式，如图3-11所示。

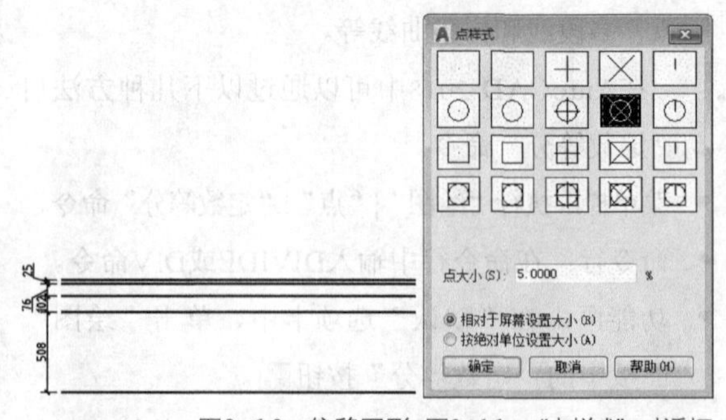

图3-10 偏移图形 图3-11 “点样式”对话框

04 定数等分图形。调用DIV“定数等分”命令，对最上方的水平直线进行3等分操作，如图3-12所示。

05 定距等分图形。调用ME“定距等分”命令，修改“线段长度”为762，对最下方的水平直线进行定距等分操作，如图3-13所示。

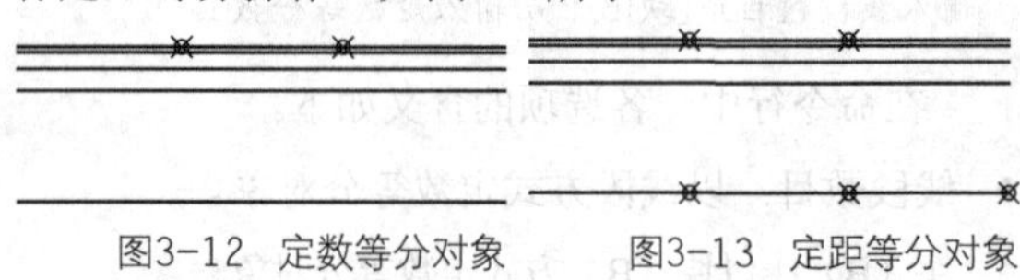

图3-12 定数等分对象　　图3-13 定距等分对象

06 绘制直线。调用L“直线”命令，结合“节点捕捉”和“端点捕捉”功能，绘制直线，如图3-14所示。

07 删除图形。调用E“删除”命令，删除定距等分点和定数等分点，如图3-15所示。

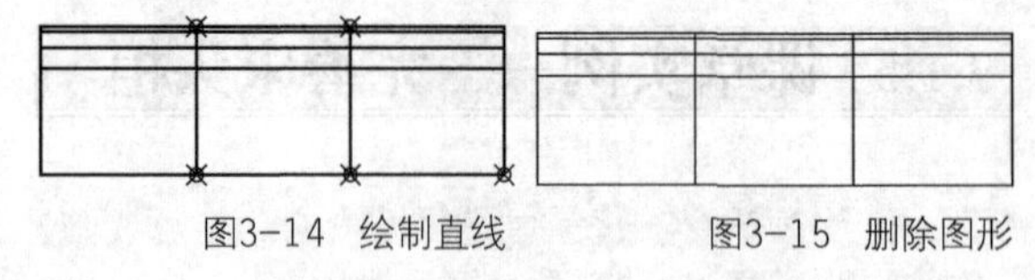

图3-14 绘制直线　　图3-15 删除图形

08 绘制图形。调用L“直线”命令，结合“端点捕捉”和“正交”功能，绘制直线，如图3-16所示。

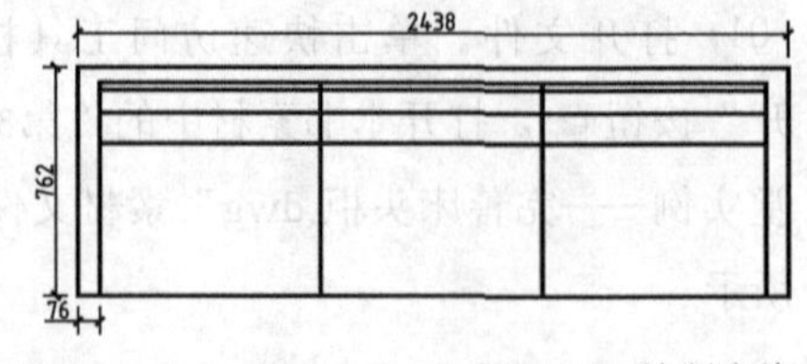

图3-16 绘制直线

09 调整位置。调用M“移动”命令，调整新绘制的直线的位置，得到的最终效果如图3-17所示。

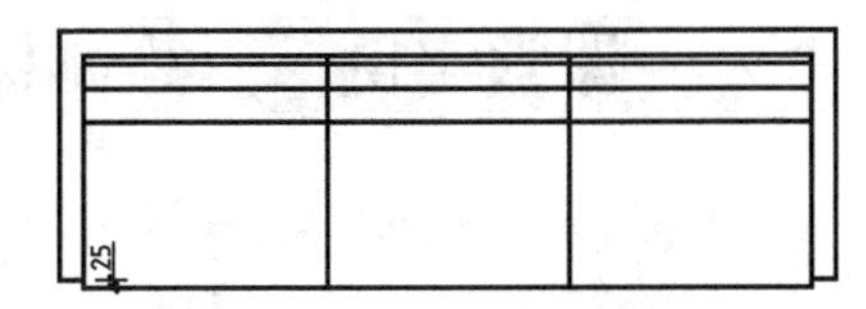

图3-17 最终效果

3.2 直线图形的绘制

利用“直线”命令可以创建各种直线图形对象，直线图形对象是所有图形的基础。在AutoCAD 2018中，直线图形对象主要包括直线、射线和构造线等，不同的直线图形对象具有不同的特性，用户可以根据实际需要进行选择。

3.2.1 直线

直线是绘图过程中最常用、最简单的图形对象，它可以是一条线段，也可以是一系列线段，但是每条线段都是独立的对象。直线的绘制是通过确定直线的起点和终点来完成的，可以连续绘制相连的一系列直线，上一条直线的终点将自动成为下一条直线的起点。

在AutoCAD 2018中可以通过以下几种方法启动“直线”命令。

- 菜单栏：执行“绘图”|“直线”命令。
- 命令行：在命令行中输入LINE或L命令。
- 功能区：在“默认”选项卡中，单击“绘图”面板中的“直线”按钮。

在命令执行的过程中，需要确定直线的第一点和第二点。

在图3-18中，捕捉图形的左上角点为直线的第一点，捕捉图形的右上角点为直线的第二点，即可完成直线的绘制。执行“直线”命令后，命令行提示如下。

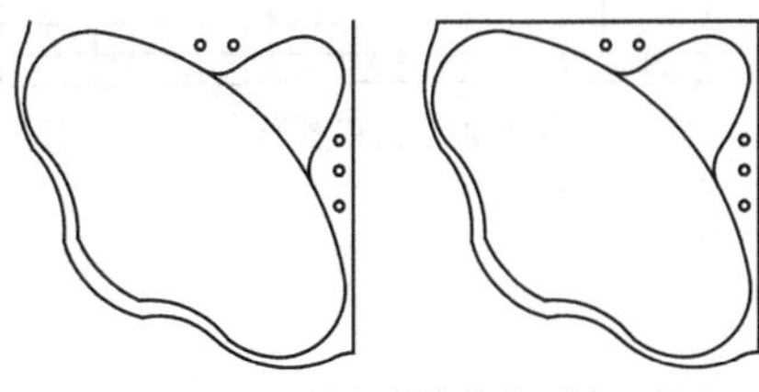

图3-18 绘制直线的前后效果对比图

```
命令:L↙                      //调用“直线”命令
LINE
指定第一个点:                 //捕捉左上角点
指定下一点或[放弃(U)]:        //捕捉右下角点
指定下一点或[放弃(U)]:
                  //按Enter键结束，完成直线的绘制
```

在“直线”命令行中，各选项的含义如下。

- 放弃（U）：在命令行中输入U并按Enter键，将撤销上一步绘制的线段但不退出“直线”命令的执行状态。
- 闭合（C）：在绘制了一条以上的线段后，命令行会出现该提示。此时输入C，可将最后绘制的线段的端点与第一条线段的起点相连，从而形成一个封闭的图形。

3.2.2 射线

射线是一条只有起点没有终点的直线，即射线是一种一端固定而另一端无限延伸的直线。射线一般也被用作辅助线。

在AutoCAD 2018中可以通过以下几种方法启动“射线”命令。

- 菜单栏：执行“绘图”|“射线”命令。
- 命令行：在命令行中输入RAY命令。
- 功能区：在“默认”选项卡中，单击“绘图”面板中的“射线”按钮。

在命令执行的过程中，需要确定射线的起点和通过点。

使用以上任意一种方法启动“射线”命令后，命令行提示如下。

```
命令:ray↙        //调用“射线”命令
指定起点:        //捕捉起点
指定通过点:      //捕捉通过点
```

技巧与提示

指定射线的起点后，可以根据“指定通过点”的提示指定多个通过点，从而绘制经过相同起点的多条射线，直到按Esc键或Enter键退出为止。

3.2.3 构造线

构造线是一条没有起点和终点的两端都能无限延长的直线，主要用来绘制辅助线和修剪边界。

在AutoCAD 2018中可以通过以下几种方法启动“构造线”命令。

- 菜单栏：执行“绘图”|“构造线”命令。
- 命令行：在命令行中输入XLINE命令。
- 功能区：在“默认”选项卡中，单击“绘图”面板中的“构造线”按钮⤢。

在命令执行的过程中，需要确定构造线的指定点。

使用以上任意一种方法启动“构造线”命令后，命令行提示如下。

```
命令:xline↙    //调用“构造线”命令
指定点或[水平(H)/垂直(V)/角度(A)/二等分(B)/偏移(O)]:
```

在命令行中，各选项的含义如下。

- 水平（H）：绘制一条通过指定点且平行于x轴的构造线。
- 垂直（V）：绘制一条通过指定点且平行于y轴的构造线。
- 角度（A）：以指定的角度或参照某条已存在的直线并以一定的角度绘制一条构造线，如图3-19所示。
- 二等分（B）：绘制角平分线。使用该选项绘制的构造线将平分指定的两条相交线之间的夹角，如图3-20所示。

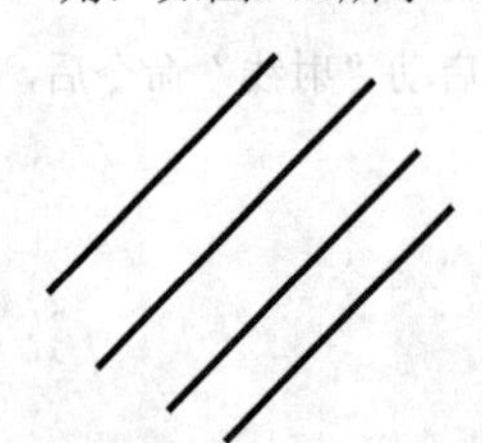

图3-19　以指定的角度绘制的构造线

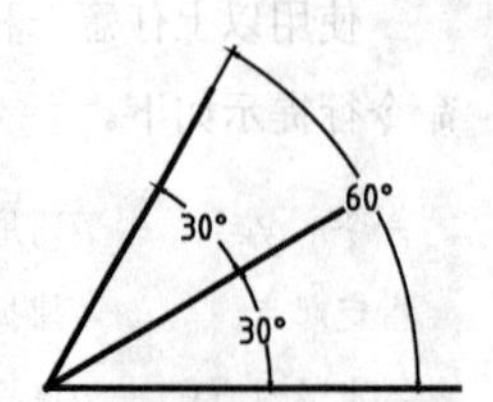

图3-20 角平分线

- 偏移（O）：绘制与另一直线对象平行的构造线，绘制此平行构造线时可以指定偏移的距离与方向，也可以指定通过的点。

3.2.4 课堂实例——绘制标题栏

案例位置　素材>第3章>3.2.4 课堂实例——绘制标题栏.dwg

在线视频　视频>第3章>3.2.4 课堂实例——绘制标题栏.mp4

难易指数　★★★★★

学习目标　学习“直线”命令、“偏移”命令、“修剪”命令的使用

01 绘制直线。新建空白文件。在命令行中输入L命令，绘制封闭图形，如图3-21所示，其命令行提示如下。

```
命令:L↙           //调用“直线”命令
LINE
指定第一个点：    //任意指定一点为直线起点
指定下一点或[放弃(U)]:130↙
                  //向右拖曳鼠标，输入参数值
指定下一点或[放弃(U)]:40↙
                  //向下拖曳鼠标，输入参数值
指定下一点或[闭合(C)/放弃(U)]:130↙
                  //向左拖曳鼠标，输入参数值
指定下一点或[闭合(C)/放弃(U)]:c↙
                  //输入“c”并按Enter键即可
```

02 偏移图形。调用O“偏移”命令，将最上方的水平直线向下偏移，如图3-22所示。

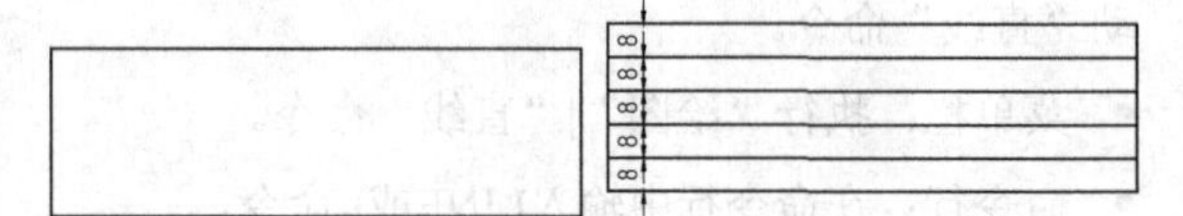

图3-21　绘制封闭图形　　图3-22　偏移图形

03 偏移图形。调用O“偏移”命令，将最左侧的垂直直线向右偏移，如图3-23所示。

04 修剪图形。调用TR“修剪”命令，修剪多余的图形，得到的最终效果如图3-24所示。

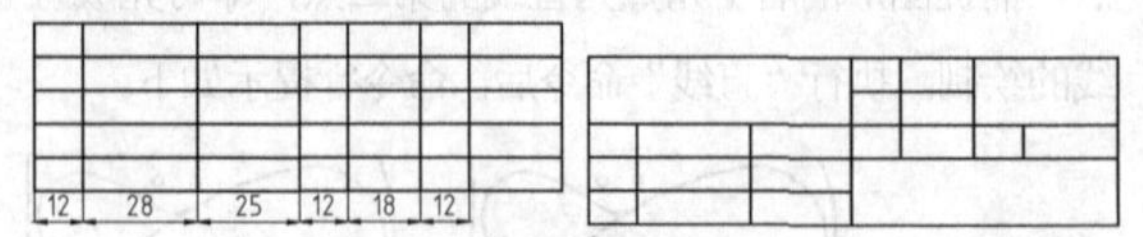

图3-23　偏移图形　　图3-24　最终效果

3.3 圆图形的绘制

在AutoCAD 2018中，圆、圆弧、椭圆和圆环都属于曲线对象，其相对于直线对象要复杂一些，但绘制方法也比较多。

3.3.1 圆

使用“圆”命令可以绘制圆，圆是最简单的二维图形之一，用户经常在AutoCAD中绘制圆，并用其来表示柱、孔等。

在AutoCAD 2018中可以通过以下几种方法启动“圆”命令。

- 菜单栏：执行“绘图”|“圆”命令，如图3-25所示。
- 命令行：在命令行中输入CIRCLE或C命令。
- 功能区：在“默认”选项卡中，单击“绘图”面板中的“圆”按钮，如图3-26所示。

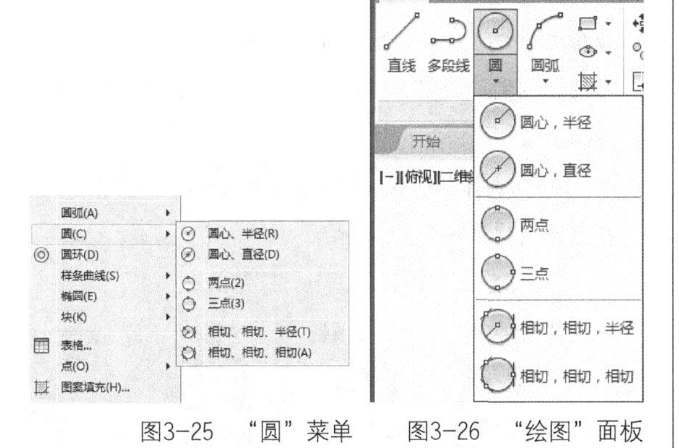

图3-25　“圆”菜单　　图3-26　“绘图”面板

AutoCAD 2018在“圆”命令的子菜单中提供了6种绘制圆的子命令，各子命令的具体含义如下。

- 圆心，半径：通过指定圆心位置和半径来绘制圆，如图3-27所示。
- 圆心，直径：通过指定圆心位置和直径来绘制圆，如图3-28所示。

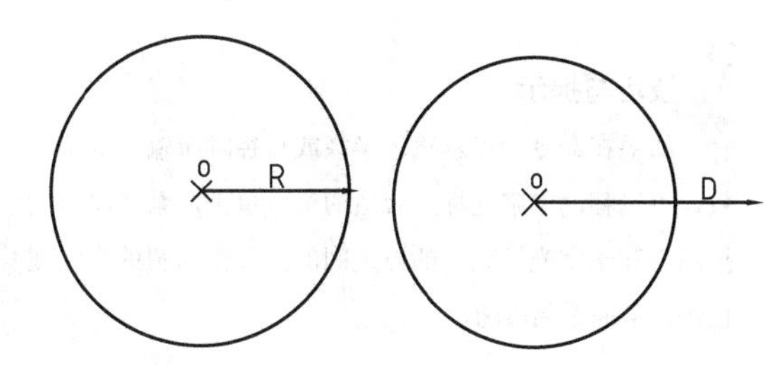

图3-27　采用“圆心，半径”方式绘制的圆　　图3-28　采用“圆心，直径”方式绘制的圆

- 两点：指定两个点的位置，并以两点间的距离为直径来绘制圆，如图3-29所示。
- 三点：通过指定3个点来绘制圆，系统会提示指定第一个点、第二个点和第三个点，如图3-30所示。

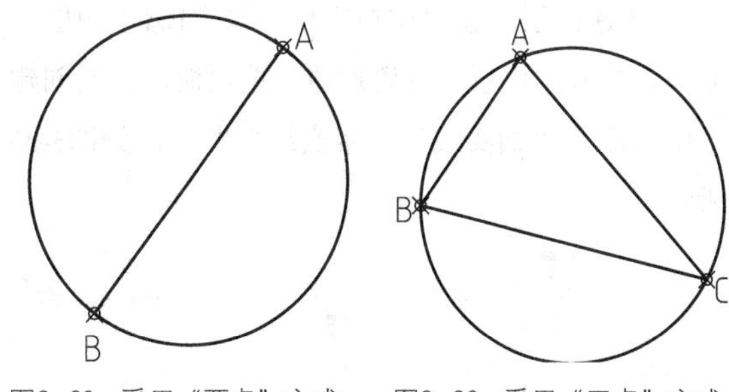

图3-29　采用“两点”方式绘制的圆　　图3-30　采用“三点”方式绘制的圆

- 相切，相切，半径：以指定的值为半径，绘制一个与两个对象相切的圆。在绘制时，需先指定与圆相切的两个对象，然后指定圆的半径，如图3-31所示。
- 相切，相切，相切：依次指定与圆相切的3个对象来绘制圆，如图3-32所示。

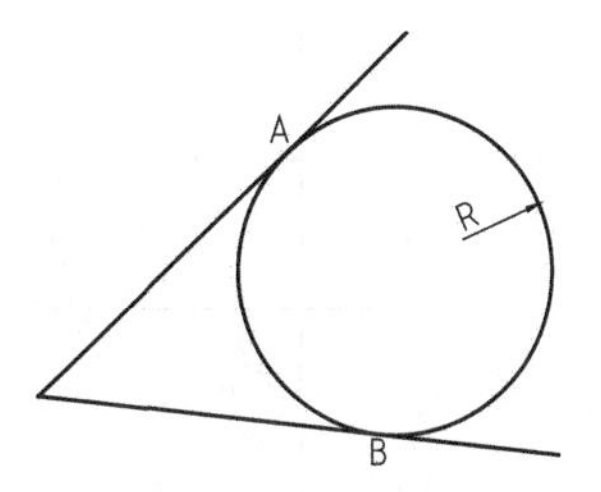

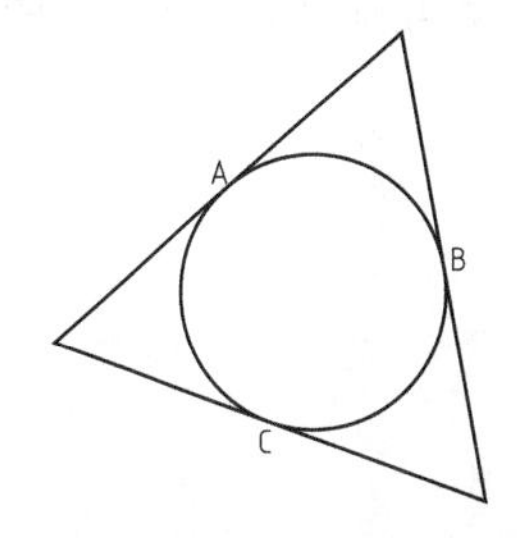

图3-31　采用“相切，相切，半径”方式绘制的圆　　图3-32　采用“相切，相切，相切”方式绘制的圆

技巧与提示

如果在命令行提示输入半径或直径时所输入的值无效，可以移动十字光标至合适的位置单击，系统将自动把圆心和十字光标确定的点之间的距离作为圆的半径或直径，从而绘制出圆。

3.3.2 课堂实例——绘制六角螺母

案例位置　素材>第3章>3.3.2 课堂实例——绘制六角螺母.dwg

在线视频　视频>第3章>3.3.2 课堂实例——绘制六角螺母.mp4

难易指数　★★★★★

学习目标　学习"图层"命令、"直线"命令、"多边形"命令、"圆"命令、"修剪"命令的使用

01 新建图层。新建空白文件，调用LA"图层"命令，打开"图层特性管理器"选项板，依次创建"中心线""细实线""粗实线"图层，如图3-33所示。

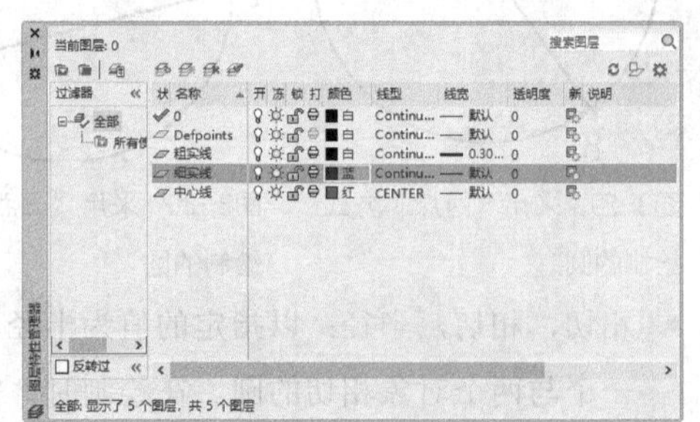

图3-33 "图层特性管理器"选项板

02 绘制直线。将"中心线"图层设为当前图层，调用L"直线"命令，绘制两条长度均为44、相互垂直的直线，如图3-34所示。

图3-34　绘制直线

03 绘制多边形。将"粗实线"图层设为当前图层，调用POL"多边形"命令，结合"中点捕捉"功能，在半径为18的圆中绘制一个内接六边形，如图3-35所示。

04 绘制圆。在"默认"选项卡中，单击"绘图"面板中的"相切，相切，相切"按钮，如图3-36所示。

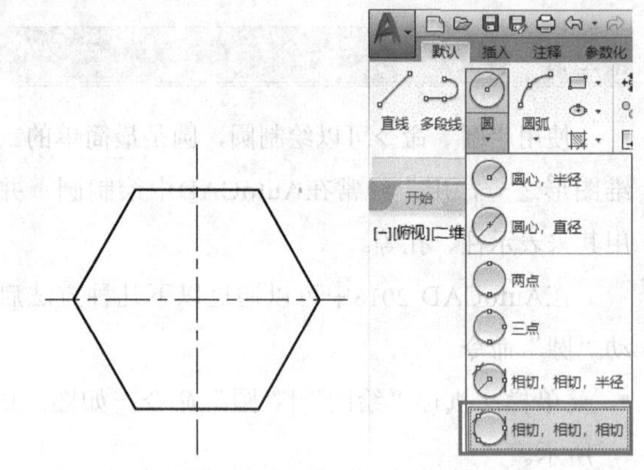

图3-35　绘制六边形　图3-36　"绘图"面板

结合"切点捕捉"功能，依次捕捉相应的切点，并绘制圆，如图3-37所示，其命令行提示如下。

```
命令:circle↙    //调用"圆"命令
指定圆的圆心或[三点(3P)/两点(2P)/切点、切点、半径(T)]:t↙
        //选择"切点、切点、切点（T）"选项
指定圆上的第一个点:_tan到
        //指定第一个切点
指定圆上的第二个点:_tan到
        //指定第二个切点
指定圆上的第三个点:_tan到
        //指定第三个切点，完成圆的绘制
```

05 绘制圆。单击"绘图"面板中的"圆心，半径"按钮，绘制一个半径为9的圆，如图3-38所示，其命令行提示如下。

```
命令:circle↙    //调用"圆"命令
指定圆的圆心或[三点(3P)/两点(2P)/切点、切点、半径(T)]:        //捕捉圆心点
指定圆的半径或[直径(D)]:9↙
        //输入圆半径参数，完成圆的绘制
```

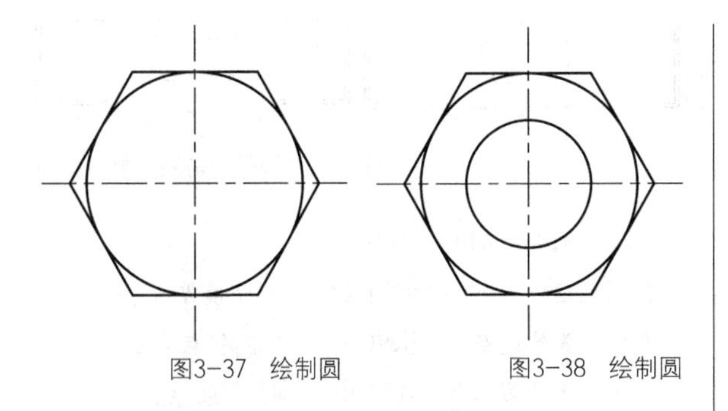

图3-37　绘制圆　　　　图3-38　绘制圆

06 绘制圆。将“细实线”图层设为当前图层，在“默认”选项卡中，单击“绘图”面板中的“圆心，直径”按钮，绘制一个直径为22的圆，如图3-39所示，其命令行提示如下。

```
命令:_circle↙ //调用“圆”命令
指定圆的圆心或[三点(3P)/两点(2P)/切点、切点、半径(T)]:        //捕捉圆心点
指定圆的半径或[直径(D)]<9.0000>:d↙
                //选择“直径（D）”选项
指定圆的直径<18.0000>:22↙
                //输入圆直径参数，完成圆的绘制
```

07 修剪图形。调用TR“修剪”命令，修剪多余的图形，得到的最终效果如图3-40所示。

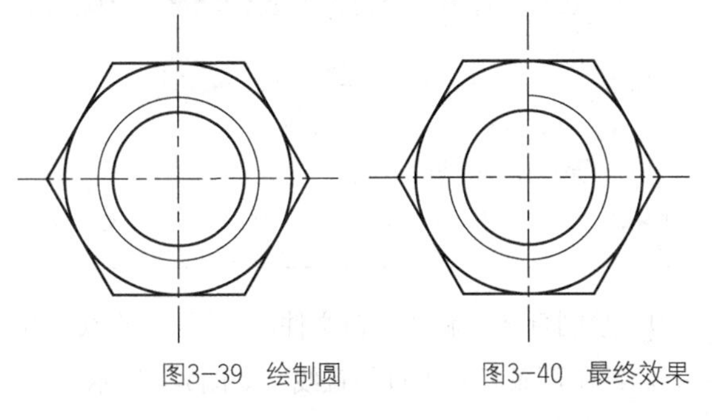

图3-39　绘制圆　　　　图3-40　最终效果

3.3.3 圆弧

弧是圆的一部分，也是一种简单图形。和绘制圆相比，绘制圆弧要困难一些。除了设定圆心和半径之外，绘制圆弧时还需要设定起始角和终止角。

在AutoCAD 2018中可以通过以下几种方法启动“圆弧”命令。

- 菜单栏：执行“绘图”|“圆弧”命令，如图3-41所示。
- 命令行：在命令行中输入ARC或A命令。
- 功能区：在“默认”选项卡中，单击“绘图”面板中的“圆弧”按钮，如图3-42所示。

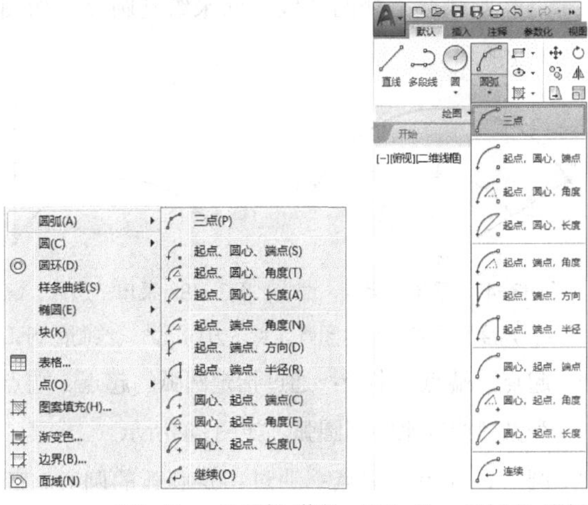

图3-41　“圆弧”菜单　图3-42　“绘图”面板

AutoCAD 2018菜单栏在“圆弧”命令的子菜单中提供了11种绘制圆弧的子命令，各子命令的具体含义如下。

- 三点：通过指定圆弧的起点、通过的第二个点和端点来绘制圆弧，如图3-43所示。
- 起点，圆心，端点：通过指定圆弧的起点、圆心、端点来绘制圆弧，如图3-44所示。

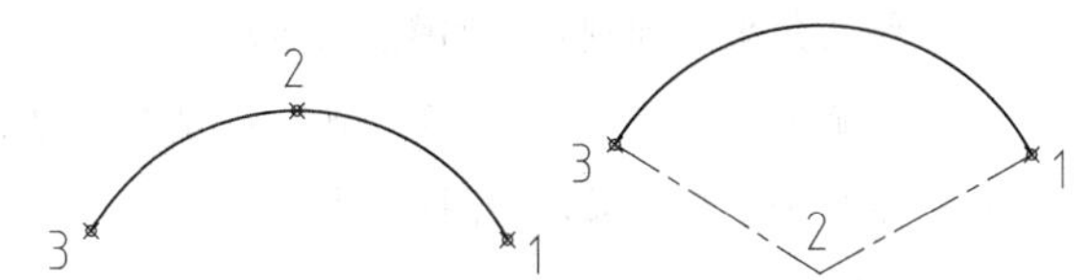

图3-43　采用“三点”方式绘制的圆弧　图3-44　采用“起点，圆心，端点”方式绘制的圆弧

- 起点，圆心，角度：通过指定圆弧的起点、圆心、包含角来绘制圆弧，如图3-45所示。
- 起点，圆心，长度：通过指定圆弧的起点、圆心和弦长来绘制圆弧，如图3-46所示。

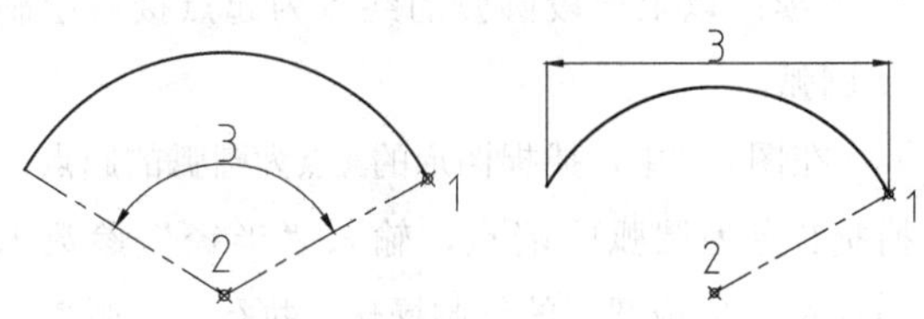

图3-45　采用“起点，圆心，角度”方式绘制的圆弧　图3-46　采用“起点，圆心，长度”方式绘制的圆弧

- 起点，端点，角度：通过指定圆弧的起点、端点、包含角来绘制圆弧，如图3-47所示。
- 起点，端点，方向：通过指定圆弧的起点、端点和圆弧起点处的切线方向来绘制圆弧，如图3-48所示。

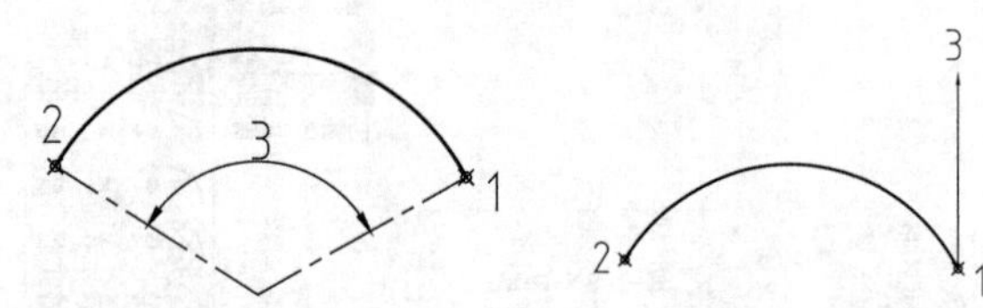

图3-47　采用“起点，端点，角度”方式绘制的圆弧　图3-48　采用“起点，端点，方向”方式绘制的圆弧

- 起点，端点，半径：通过指定圆弧的起点、端点和圆弧半径来绘制圆弧，如图3-49所示。
- 圆心，起点，端点：通过指定圆弧的圆心、起点和用于确定端点的第三个点绘制圆弧，如图3-50所示。

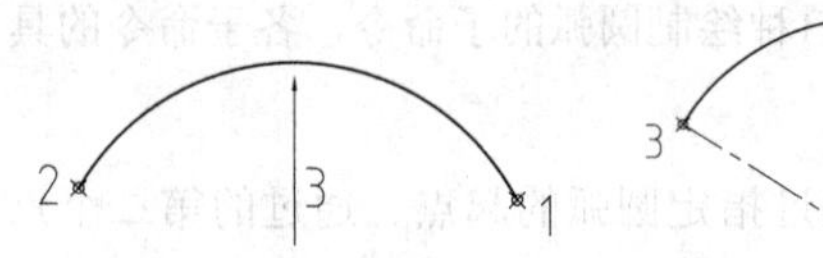

图3-49　采用“起点，端点，半径”方式绘制的圆弧　图3-50　采用“圆心，起点，端点”方式绘制的圆弧

- 圆心，起点，角度：通过指定圆弧的圆心、起点、圆心角来绘制圆弧，如图3-51所示。
- 圆心，起点，长度：通过指定圆弧的圆心、起点、弦长来绘制圆弧，如图3-52所示。

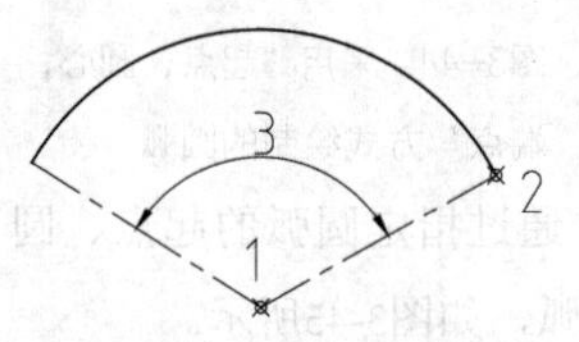

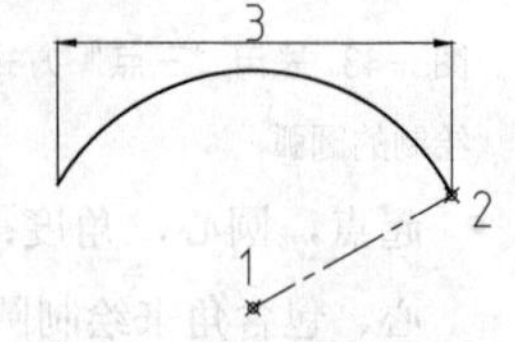

图3-51　采用“圆心，起点，角度”方式绘制的圆弧　图3-52　采用“圆心，起点，长度”方式绘制的圆弧

- 连续：以上一段圆弧的终点为起点接着绘制圆弧。

在图3-53中，捕捉图形的A点为圆弧的起点，捕捉B点为圆弧的端点，输入“半径”参数为1031.69，完成圆弧的绘制操作。执行“圆弧”命令后，命令行提示如下。

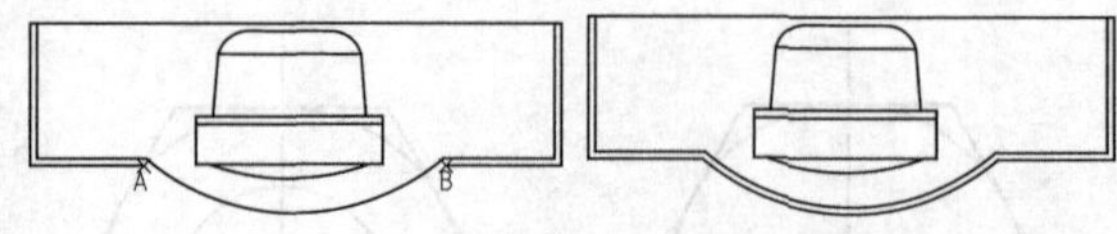

图3-53　绘制圆弧的前后效果对比图

```
命令:arc↙    //调用“圆弧”命令
圆弧创建方向:逆时针(按住Ctrl键可切换方向)。
指定圆弧的起点或[圆心(C)]:    //捕捉A点为起点
指定圆弧的第二个点或[圆心(C)/端点(E)]:_e↙
//选择“端点(E)”选项
指定圆弧的端点:    //捕捉B点为端点
指定圆弧的圆心或[角度(A)/方向(D)/半径(R)]:_r↙
                //选择“半径(R)”选项
指定圆弧的半径:1031.69↙
                //输入圆弧半径参数，完成圆弧的绘制
```

在命令行中各选项的含义如下。

- 圆心（C）：用于指定圆弧所在圆的圆心。
- 端点（E）：用于指定圆弧端点。
- 角度（A）：用于指定圆弧所对应的圆心角的角度。
- 方向（D）：用于指定圆弧的方向。
- 半径（R）：用于指定圆弧的半径。

3.3.4　课堂实例——绘制单扇门

案例位置	素材>第3章>3.3.4 课堂实例——绘制单扇门.dwg
在线视频	视频>第3章>3.3.4 课堂实例——绘制单扇门.mp4
难易指数	★★★★★
学习目标	学习“直线”命令、“偏移”命令、“圆弧”命令、“修剪”命令的使用

01 绘制直线。新建空白文件，调用L“直线”命令，绘制两条相互垂直的直线，如图3-54所示。

02 偏移图形。调用O“偏移”命令，对新绘制的直线分别进行偏移操作，如图3-55所示。

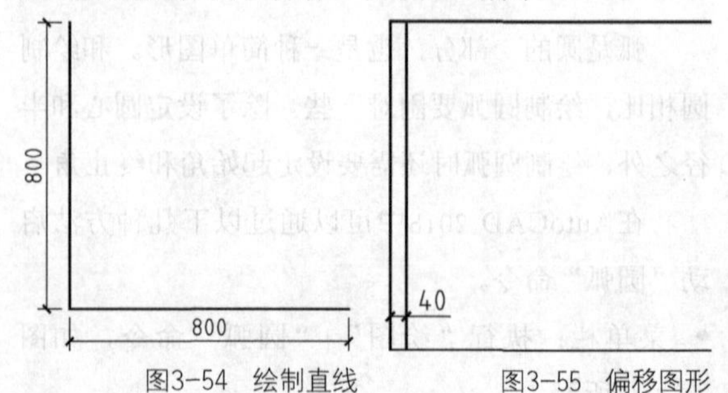

图3-54　绘制直线　图3-55　偏移图形

03 修剪图形。调用TR“修剪”命令，修剪多余的图形，如图3-56所示。

04 绘制圆弧。在命令行中输入A命令并按Enter键，即可绘制圆弧，得到的最终效果如图3-57所示，其命令行提示如下。

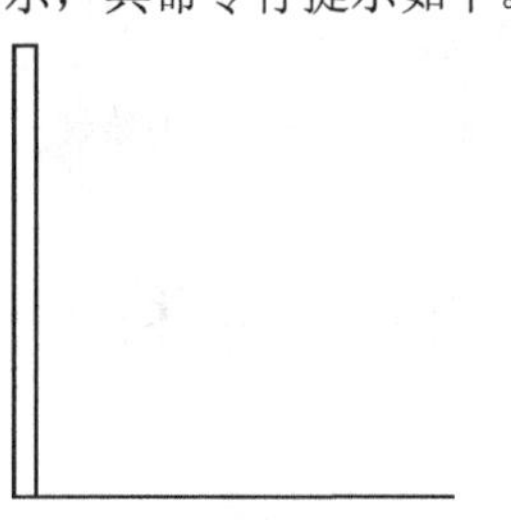

图3-56　修剪图形

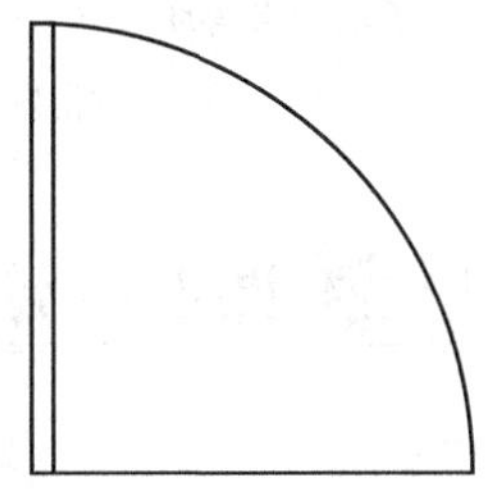

图3-57　最终效果

```
命令:ARC↙        //调用“圆弧”命令
圆弧创建方向:逆时针(按住Ctrl键可切换方向)。
指定圆弧的起点或[圆心(C)]:c↙
            //选择“圆弧（C）”选项
指定圆弧的圆心://捕捉左下角点为圆心
指定圆弧的起点://捕捉右下角点为起点
指定圆弧的端点或[角度(A)/弦长(L)]:
            //捕捉左上角点为起点，完成圆弧的绘制
```

3.3.5 圆环

圆环是由半径或直径不同的两个同心圆组成的组合图形，默认情况下，圆环有内外径之分，如图3-58所示。

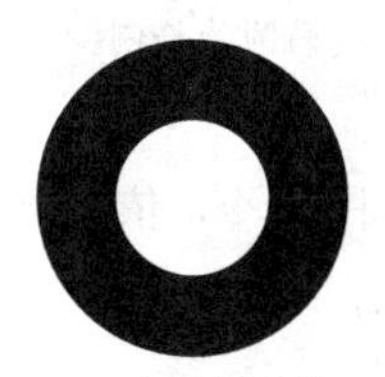

(a)内外径不等

(b)内径为0

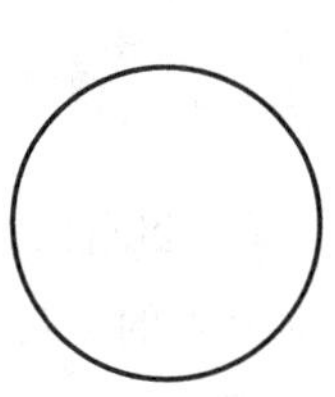

(c)内外径相等

图3-58　圆环

在AutoCAD 2018中可以通过以下几种方法启动“圆环”命令。

- 菜单栏：执行“绘图”|“圆环”命令。
- 命令行：在命令行中输入DONUT或DO命令。
- 功能区：在“默认”选项卡中，单击“绘图”面板中的“圆环”按钮◎。

在命令执行过程中，需要确定两个同心圆的直径，然后再确定圆环的中心点。

使用以上任意一种方法启动“圆环”命令后，命令行提示如下。

```
命令:donut↙                    //调用“圆环”命令
指定圆环的内径<0.5000>:         //输入圆环内径参数
指定圆环的外径<1.0000>:         //输入圆环外径参数
指定圆环的中心点或<退出>:
                    //指定圆环的中心点，完成圆环的绘制
```

3.3.6 椭圆与椭圆弧

椭圆也是工程制图中一种常见的平面图形，它是由距离两个定点的长度之和为定值的点组成的。椭圆弧是椭圆的一部分，它类似于椭圆，但不同的是它的起点和终点没有重合。下面将对椭圆和椭圆弧分别进行介绍。

1. 绘制椭圆

在AutoCAD 2018中可以通过以下几种方法启动“椭圆”命令。

- 菜单栏：执行“绘图”|“椭圆”命令。
- 命令行：在命令行中输入ELLIPSE或EL命令。
- 功能区：在“默认”选项卡中，单击“绘图”面板中的“圆心”按钮⊙。

在命令执行过程中，需要确定椭圆圆心、长轴和短轴的参数值。

如图3-59所示，捕捉图形中间的位置为圆心点，指定“长轴”为518、“短轴”为381，完成椭圆的绘制操作。执行“椭圆”命令后，命令行提示如下。

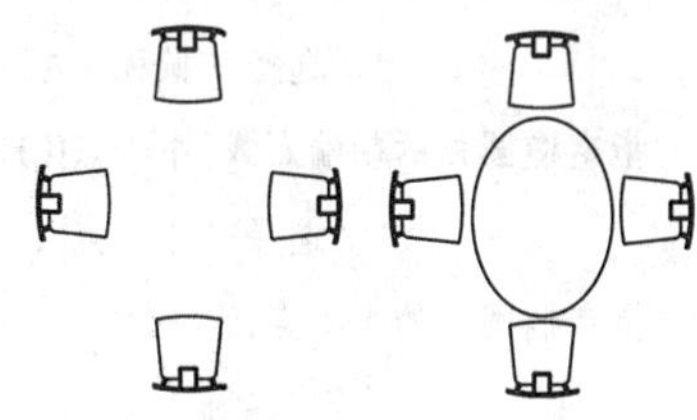

图3-59　绘制椭圆的前后效果对比图

```
命令:ELLIPSE↙ //调用“椭圆”命令
指定椭圆的轴端点或[圆弧(A)/中心点(C)]:c↙
//选择“中心点（C）”选项
指定椭圆的中心点:
//指定图形中间的位置为圆心点
指定轴的端点:518↙        //输入第一个轴端点位置
指定另一条半轴长度或[旋转(R)]:381↙
        //输入第二个轴端点位置，完成椭圆的绘制
```

在命令行中各选项的含义如下。

- 圆弧（A）：绘制一段椭圆弧，第一条轴的角度决定了椭圆弧的角度，第一条轴既可定义椭圆弧的长轴，也可以定义椭圆弧的短轴。
- 中心点（C）：通过指定椭圆的中心点来绘制椭圆。
- 旋转（R）：通过绕第一条轴旋转，来定义椭圆的长轴和短轴之间的比例。

技巧与提示

在几何学中，一个椭圆由两个轴定义，其中较长的轴称为长轴，较短的轴称为短轴。用户在绘制椭圆时，系统会根据它们的相对长度自动确定椭圆的长轴和短轴。

2. 绘制椭圆弧

在AutoCAD 2018中可以通过以下几种方法启动“椭圆弧”命令。

- 菜单栏：执行“绘图”|“椭圆”命令。
- 功能区：在“默认”选项卡中，单击“绘图”面板中的“椭圆弧”按钮。

在命令执行过程中，需要确定椭圆弧所在椭圆的两条轴及椭圆弧的起点和终点的角度。

使用以上任意一种方法启动“椭圆弧”命令后，命令行提示如下。

```
命令:ellipse↙ //调用“椭圆”命令
指定椭圆的轴端点或[圆弧(A)/中心点(C)]:_a↙
            //选择“圆弧（A）”选项
指定椭圆弧的轴端点或[中心点(C)]:c↙
            //选择“中心点（C）”选项
指定椭圆弧的中心点:
            //捕捉圆心点
指定轴的端点:
            //指定轴端点
指定另一条半轴长度或[旋转(R)]:
            //输入另一条半轴的参数
指定起点角度或[参数(P)]:        //指定起点角度
指定端点角度或[参数(P)/包含角度(I)]:
            //指定端点角度，完成椭圆弧的绘制
```

3.3.7 课堂实例——绘制地面拼花

案例位置	素材>第3章>3.3.7 课堂实例——绘制地面拼花.dwg
在线视频	视频>第3章>3.3.7 课堂实例——绘制地面拼花.mp4
难易指数	★★★★★
学习目标	学习“椭圆”等命令的使用

01 绘制椭圆。新建空白文件，在命令行中输入EL命令并按Enter键，即可绘制椭圆，如图3-60所示，其命令行提示如下。

```
命令:EL↙
            //调用“椭圆”命令
指定椭圆的轴端点或[圆弧(A)/中心点(C)]:c↙
            //选择“中心点（C）”选项
指定椭圆的中心点:
            //捕捉圆心点
指定轴的端点:133↙
            //输入第一个轴端点位置
指定另一条半轴长度或[旋转(R)]:66↙
        //输入第二个轴端点位置，完成椭圆的绘制
```

02 绘制椭圆。重新调用EL“椭圆”命令，依次绘制其他的椭圆对象，如图3-61所示，其命令行提示如下。

```
命令:EL↙
        //调用“椭圆”命令
指定椭圆的轴端点或[圆弧(A)/中心点(C)]:c↙
        //选择“中心点（C）”选项
指定椭圆的中心点:
        //捕捉圆心点
```

指定轴的端点:330↙
　　//输入第一个轴端点位置
指定另一条半轴长度或[旋转(R)]:165↙
　　//输入第二个轴端点位置，完成椭圆2的绘制
命令:ELLIPSE↙
　　//重复调用“椭圆”命令
指定椭圆的轴端点或[圆弧(A)/中心点(C)]:c↙
　　//选择“中心点（C）”选项
指定椭圆的中心点:
　　//捕捉圆心点
指定轴的端点:803↙
　　//输入第一个轴端点位置
指定另一条半轴长度或[旋转(R)]:401↙
　　//输入第二个轴端点位置，完成椭圆3的绘制
命令:ELLIPSE↙
　　//重复调用“椭圆”命令
指定椭圆的轴端点或[圆弧(A)/中心点(C)]:c↙
　　//选择“中心点（C）”选项
指定椭圆的中心点:
　　//捕捉圆心点
指定轴的端点:903↙
　　//输入第一个轴端点位置
指定另一条半轴长度或[旋转(R)]:451↙
　　//输入第二个轴端点位置，完成椭圆4的绘制
命令:ELLIPSE↙
　　//重复调用“椭圆”命令
指定椭圆的轴端点或[圆弧(A)/中心点(C)]:c↙
　　//选择“中心点（C）”选项
指定椭圆的中心点:
　　//捕捉圆心点
指定轴的端点:1001↙
　　//输入第一个轴端点位置
指定另一条半轴长度或[旋转(R)]:501↙
　　//输入第二个轴端点位置，完成椭圆5的绘制

03 绘制直线。调用L“直线”命令，结合“对象捕捉”和“63°极轴追踪”功能，绘制直线，如图3-62所示。

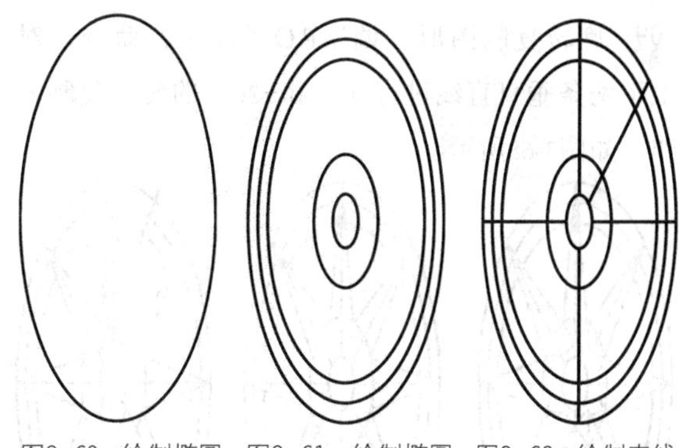

图3-60　绘制椭圆　图3-61　绘制椭圆　图3-62　绘制直线

04 旋转复制图形。调用RO“旋转”命令，对上下两条垂直直线进行5°和-5°的旋转复制操作，如图3-63所示。

05 旋转复制图形。调用RO“旋转”命令，对左右两条水平直线进行20°和-20°的旋转复制操作，如图3-64所示。

06 旋转复制图形。调用RO“旋转”命令，对右上方的倾斜直线进行7°和-9°的旋转复制操作，如图3-65所示。

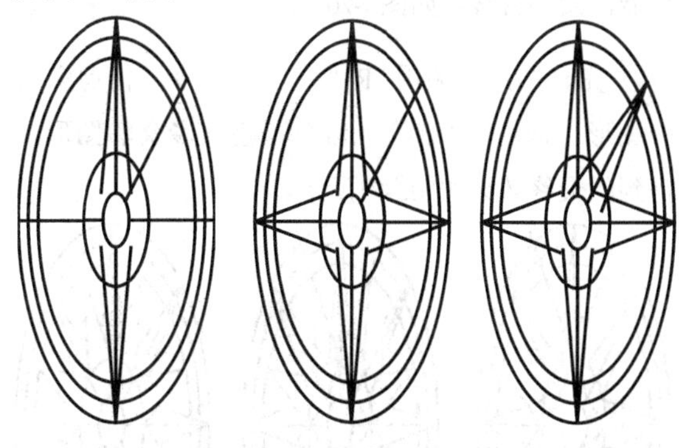

图3-63　旋转复制图形　图3-64　旋转复制图形　图3-65　旋转复制图形

07 镜像图形。调用MI“镜像”命令，选择合适的图形，对其进行镜像操作，如图3-66所示。

08 修改图形。调用TR“修剪”命令，修剪多余的图形；调用E“删除”命令，删除多余的图形，如图3-67所示。

09 旋转复制图形。调用RO“旋转”命令，对上下两条垂直直线进行20°和-20°的旋转复制操作，如图3-68所示。

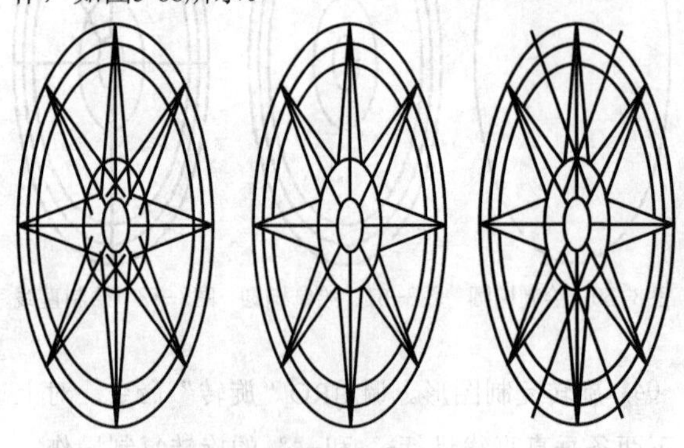

图3-66 镜像图形 图3-67 修剪图形 图3-68 旋转复制图形

10 旋转复制图形。调用RO“旋转”命令，对左右两条水平直线进行53°和-53°的旋转复制操作，如图3-69所示。

11 绘制直线。调用EX“延伸”命令，延伸相应的图形；调用L“直线”命令，结合“对象捕捉”功能，绘制直线，如图3-70所示。

12 完善图形。调用TR“修剪”命令，修剪多余的图形；调用E“删除”命令，删除多余的图形，得到的最终效果如图3-71所示。

图3-69 旋转复制图形 图3-70 绘制直线 图3-71 最终效果

3.4 多边形的绘制

多边形包括矩形和正多边形，这是在绘图过程中使用较多的一类图形。

3.4.1 矩形

使用“矩形”命令，不仅可以绘制一般的二维矩形，还能够绘制具有一定的宽度、高度和厚度等特性的矩形，并且能够直接生成圆角矩形或倒角矩形。

在AutoCAD 2018中可以通过以下几种方法启动“矩形”命令。

- 菜单栏：执行“绘图”|“矩形”命令。
- 命令行：在命令行中输入RECTANG或REC命令。
- 功能区：在“默认”选项卡中，单击“绘图”面板中的“矩形”按钮□。

在命令执行过程中，需要确定矩形的角点和对角点。

在图3-72中，捕捉左上方合适的点为矩形第一个角点，捕捉右下方合适的点为矩形的对角点，完成矩形的绘制操作。执行“矩形”命令后，命令行提示如下。

```
命令:REC↙                    //调用“矩形”命令
RECTANG
指定第一个角点或[倒角(C)/标高(E)/圆角(F)/厚度(T)/
宽度(W)]:4227.4,1200.5↙  //输入第一个角点坐标值
指定另一个角点或[面积(A)/尺寸(D)/旋转(R)]:@322.6,
-326.8↙     //输入对角点坐标值，完成矩形的绘制
```

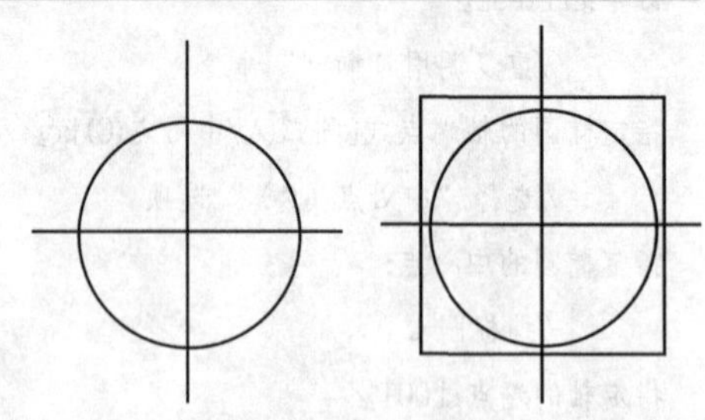

图3-72 绘制矩形的前后效果对比图

在命令行中各选项的含义如下。

- 倒角（C）：设置矩形的倒角距离，以后执行“矩形”命令时，此值将成为当前的倒角距离，如图3-73所示。
- 标高（E）：用来指定矩形的高度。
- 圆角（F）：设置圆角矩形时需要选择该选项，可以用来指定矩形的圆角半径，如图3-74所示。

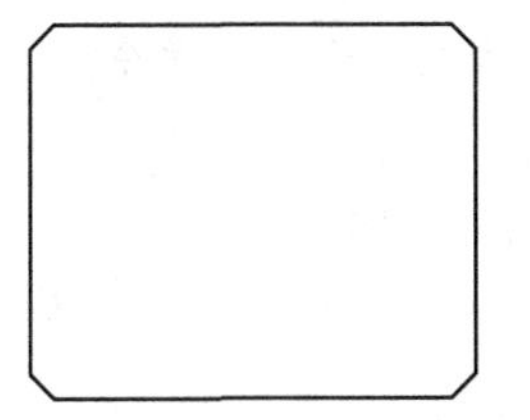

图3-73　倒角矩形　　图3-74　圆角矩形

- 厚度（T）：用来设置矩形的厚度，如图3-75所示。
- 宽度（W）：为要绘制的矩形指定段线的宽度，如图3-76所示。
- 面积（A）：通过确定矩形面积大小的方式来绘制矩形。
- 尺寸（D）：通过输入矩形的长和宽来确定矩形的大小。
- 旋转（R）：通过指定旋转角度来绘制矩形。

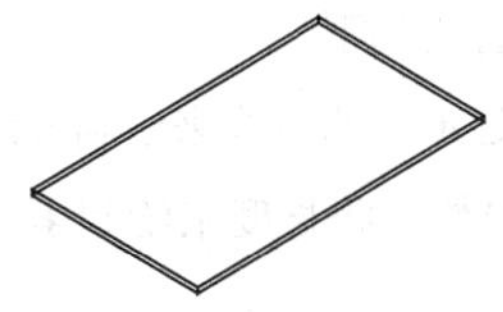

图3-75　有厚度的矩形

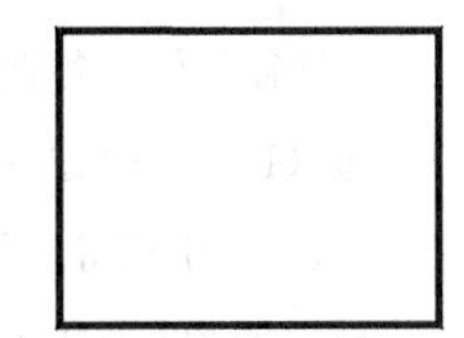

图3-76　有宽度的矩形

3.4.2 课堂实例——绘制单扇门立面图

案例位置　素材>第3章>3.4.2 课堂实例——绘制单扇门立面图.dwg

在线视频　视频>第3章>3.4.2 课堂实例——绘制单扇门立面图.mp4

难易指数　★★★★★

学习目标　学习“矩形”等命令的使用

01 绘制矩形。新建空白文件，在命令行中输入REC命令并按Enter键，即可绘制矩形，如图3-77所示，其命令行提示如下。

```
命令:REC↙  //调用“矩形”命令
RECTANG
指定第一个角点或[倒角(C)/标高(E)/圆角(F)/厚度(T)/宽度(W)]:  //任意指定一点为矩形的第一个角点
指定另一个角点或[面积(A)/尺寸(D)/旋转(R)]:@1000,-2100↙
    //输入对角点坐标值，完成矩形的绘制
```

02 修改图形。调用X“分解”命令，分解矩形；调用O“偏移”命令，选择合适的直线对其进行偏移操作，如图3-78所示。

03 修剪图形。调用TR“修剪”命令，修剪多余的图形，如图3-79所示。

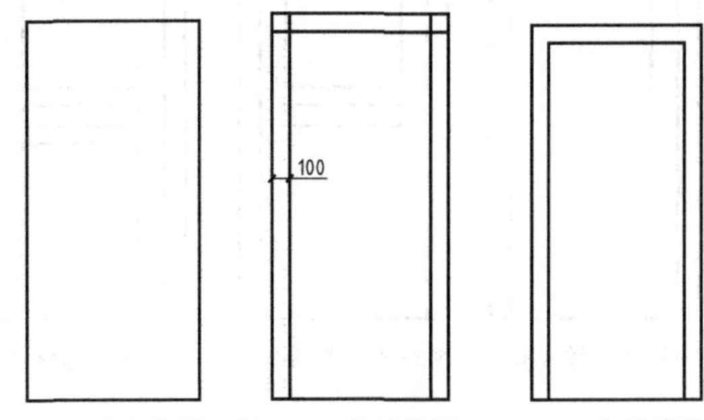

图3-77　绘制矩形　图3-78　偏移图形　图3-79　修剪图形

04 绘制矩形。在命令行中输入REC命令并按Enter键，即可绘制矩形，如图3-80所示，其命令行提示如下。

```
命令:REC↙  //调用“矩形”命令
RECTANG
指定第一个角点或[倒角(C)/标高(E)/圆角(F)/厚度(T)/宽度(W)]:from↙  //输入“捕捉自”命令
基点:  //捕捉图形的左上角点
<偏移>:@225,-254↙  //输入偏移参数值
指定另一个角点或[面积(A)/尺寸(D)/旋转(R)]:@550,-770↙  //输入对角点坐标值，完成矩形的绘制
```

05 绘制矩形。重新调用REC“矩形”命令，绘制矩形，如图3-81所示。

```
命令:REC↙  //调用“矩形”命令
RECTANG
指定第一个角点或[倒角(C)/标高(E)/圆角(F)/厚度(T)/宽度(W)]:from↙  //输入“捕捉自”命令
基点:  //捕捉新绘制矩形的左下角点
<偏移>:@0,-80↙  //输入偏移参数值
指定另一个角点或[面积(A)/尺寸(D)/旋转(R)]:@550,-100↙  //输入对角点坐标值，完成矩形的绘制
```

06 镜像图形。调用MI“镜像”命令，对步骤04中绘制的矩形进行镜像操作，得到的最终效果如图3-82所示。

图3-80　绘制矩形　图3-81　绘制矩形　图3-82　最终效果

技巧与提示

在绘制圆角矩形或倒角矩形时，如果矩形的长度和宽度太小而无法使用当前设置创建矩形，那么绘制出来的矩形将不会出现圆角或倒角。

3.4.3 多边形

多边形是具有3～1024条边，且边长相等的闭合多段线，在默认情况下，多边形的边长数是4。

在AutoCAD 2018中可以通过以下几种方法启动“多边形”命令。

- 菜单栏：执行“绘图”|“多边形”命令。
- 命令行：在命令行中输入POLYGON或POL命令。
- 功能区：在“默认”选项卡中，单击“绘图”面板中的“多边形”按钮。

在命令执行过程中，需要确定多边形的边数、位置和大小。

修改“边数”为6，指定中点为直线的交点，绘制一个外切于圆的多边形，如图3-83所示。执行“多边形”命令后，命令行提示如下。

```
命令:POL↙            //调用“多边形”命令
POLYGON
输入侧面数<4>:6↙   //输入边数
指定正多边形的中心点或[边(E)]:
        //捕捉直线的交点
输入选项[内接于圆(I)/外切于圆(C)]<I>:c↙
        //选择“外切于圆（C）”选项
指定圆的半径:
        //指定多边形的半径，完成多边形的绘制
```

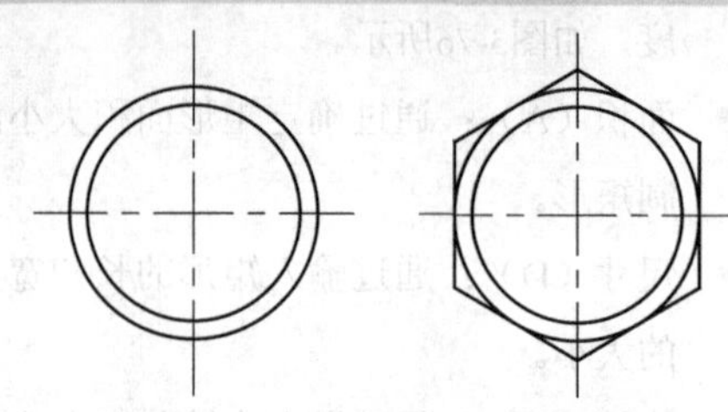

图3-83　绘制多边形的前后效果对比图

在命令行中各选项的含义如下。

- 边（E）：通过指定多边形边的方式来绘制多边形。该方式将通过边的数量和长度来绘制多边形，如图3-84所示。
- 内接于圆（I）：主要通过输入多边形的边数、外接圆的圆心位置和半径来绘制多边形，如图3-85所示。

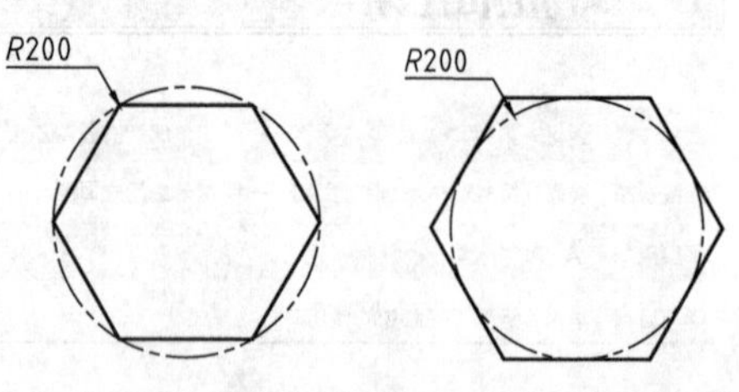

图3-84　采用“边长”方式绘制图形　图3-85　采用“内接于圆”方式绘制图形

- 外切于圆（C）：主要通过输入多边形的边数、内切圆的圆心位置和半径来绘制多边形，如图3-86所示。

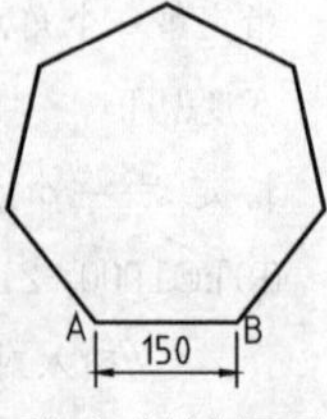

图3-86　采用“外切于圆”方式绘制图形

3.4.4 课堂实例——绘制螺母

案例位置	素材>第3章>3.4.4 课堂实例——绘制螺母.dwg
在线视频	视频>第3章>3.4.4 课堂实例——绘制螺母.mp4
难易指数	★★★★★
学习目标	学习“圆”“多边形”等命令的使用

01 绘制圆。新建空白文件，在命令行中输入C以调用“圆”命令，分别绘制半径为61和36的圆，如图3-87所示。

02 绘制多边形。在命令行中输入POL命令并按Enter键，即可绘制一个多边形，如图3-88所示，其命令行提示如下。

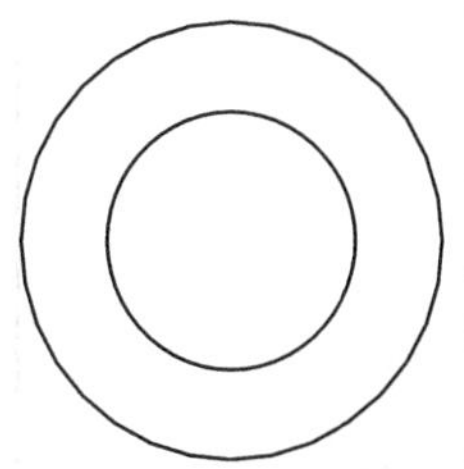

图3-87　绘制圆

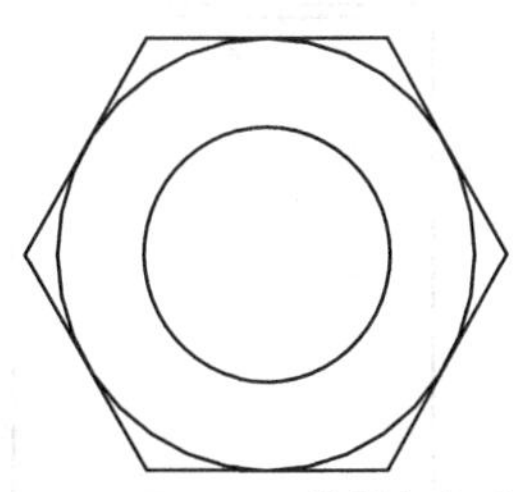

图3-88　绘制多边形

```
命令:POL↙    //调用“多边形”命令
POLYGON
输入侧面数<4>:6↙ //输入边数
指定正多边形的中心点或[边(E)]:    //捕捉圆心点
输入选项[内接于圆(I)/外切于圆(C)]<I>:c↙
//选择“外切于圆（C）”选项
指定圆的半径:
                //指定多边形的半径，完成多边形的绘制
```

03 绘制直线。调用L“直线”命令，结合“对象捕捉”功能，绘制直线，如图3-89所示。

04 偏移图形。调用O“偏移”命令，将新绘制的直线分别向两侧偏移，如图3-90所示。

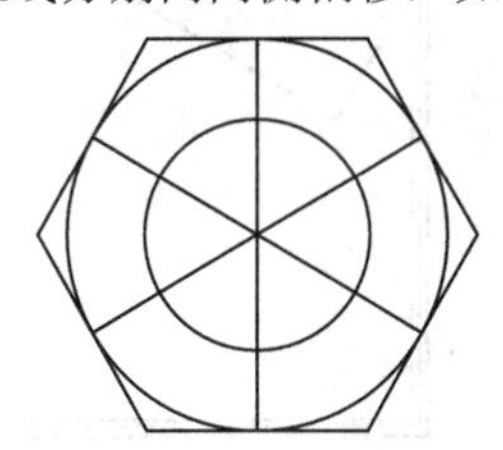

图3-89　绘制直线

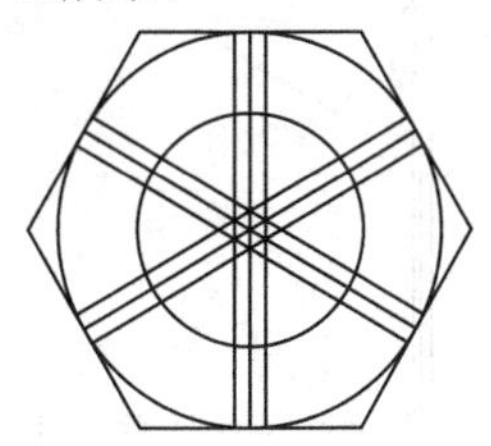

图3-90　偏移图形

05 删除图形。调用E“删除”命令，删除多余的图形，如图3-91所示。

06 修剪图形。调用TR“修剪”命令，修剪多余的图形，如图3-92所示。

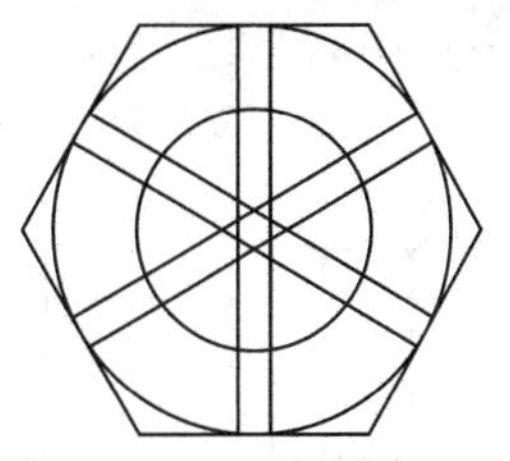

图3-91　删除图形

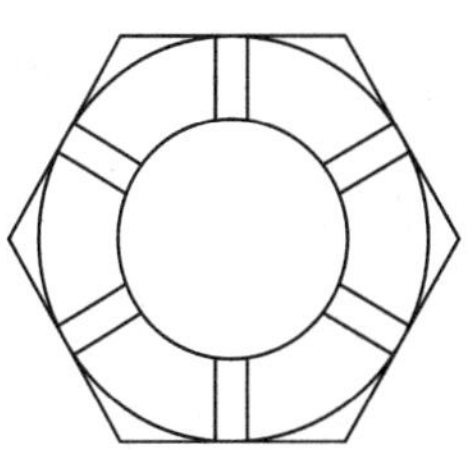

图3-92　修剪图形

3.5 本章小结

任何简单的二维图形都是由点、直线、圆和多边形组成的。在绘制简单的图形时，首先应采用正确的方法绘制点对象，然后根据点对象绘制出直线、圆和多边形等图形对象。

3.6 课后习题

本节通过具体的实例练习使用点、直线、圆、圆弧、椭圆、矩形以及多边形等绘图命令，方便以后进行绘图和设计。

3.6.1 绘制推力球轴承

绘制的推力球轴承如图3-93所示。

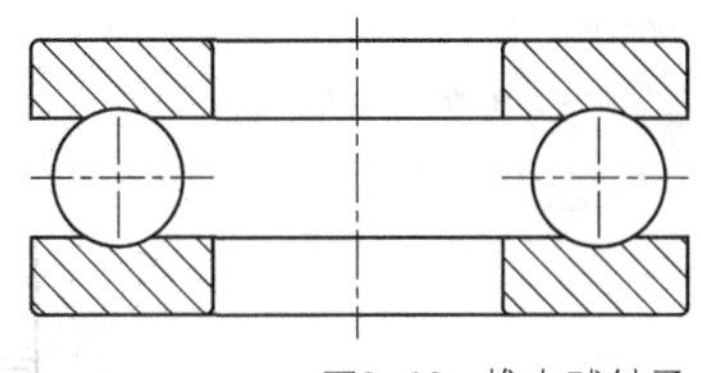

图3-93　推力球轴承

案例位置	素材>第3章>3.6.1绘制推力球轴承.dwg
在线视频	视频>第3章>3.6.1绘制推力球轴承.mp4
难易指数	★★★★★
学习目标	学习“矩形”“圆”“复制”等命令的使用

推力球轴承的绘制流程如图3-94~图3-101所示。

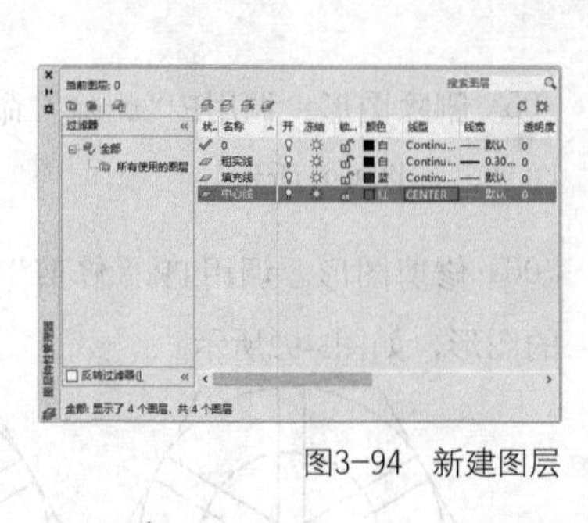

图3-94 新建图层

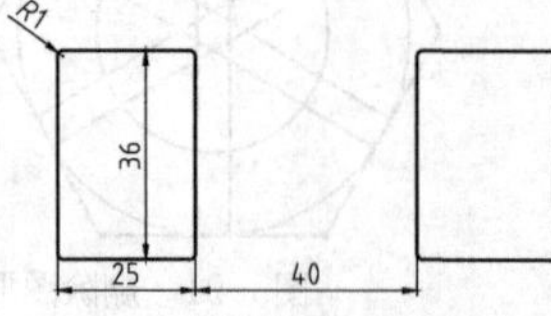

图3-95 绘制并复制圆角矩形

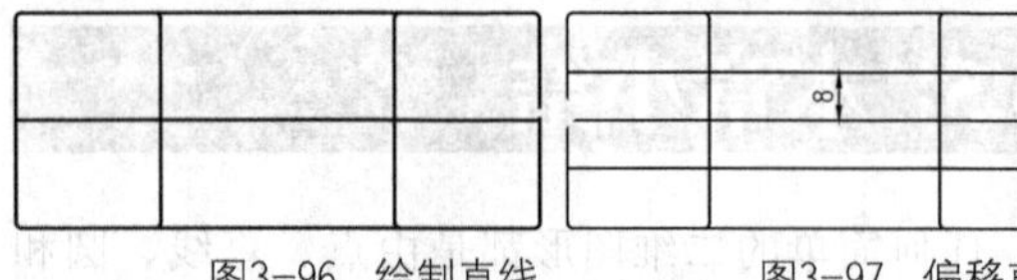

图3-96 绘制直线　图3-97 偏移直线

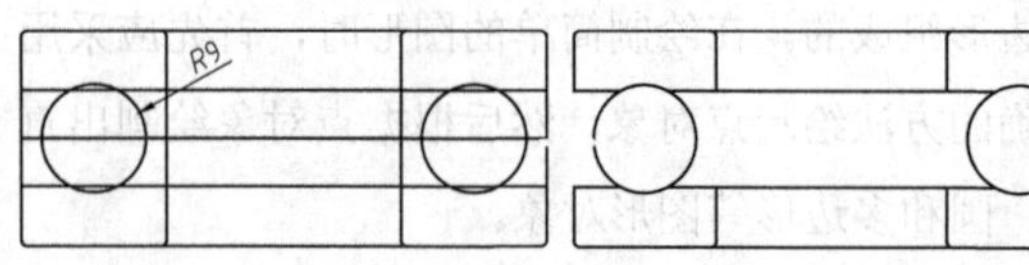

图3-98 绘制两个圆　图3-99 修剪并删除图形

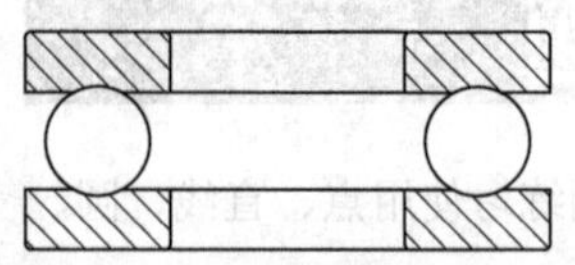

图3-100 填充　图3-101 绘制中心线对象

3.6.2 绘制双人床

绘制的双人床如图3-102所示。

案例位置　素材>第3章>3.6.2 绘制双人床.dwg

在线视频　视频>第3章>3.6.2 绘制双人床.mp4

难易指数　★★★★★

学习目标　学习"矩形""移动""复制""镜像"等命令的使用

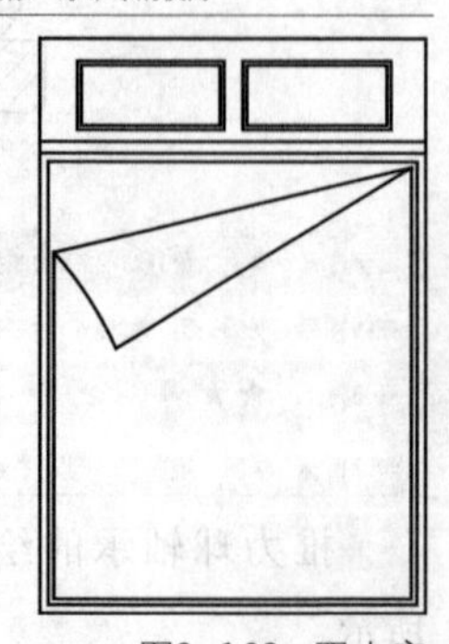

图3-102 双人床

双人床的绘制流程如图3-103~图3-110所示。

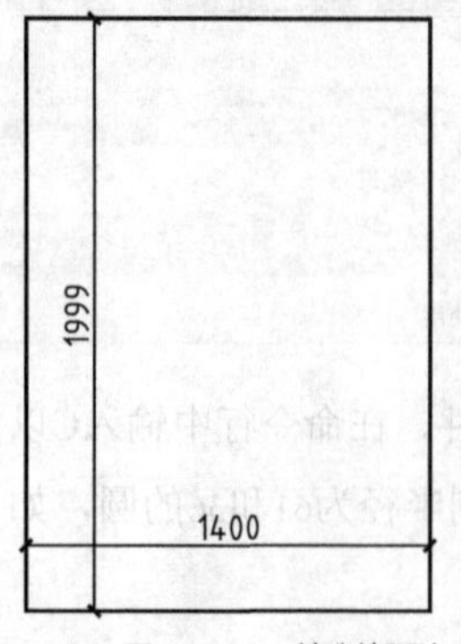

图3-103 绘制矩形

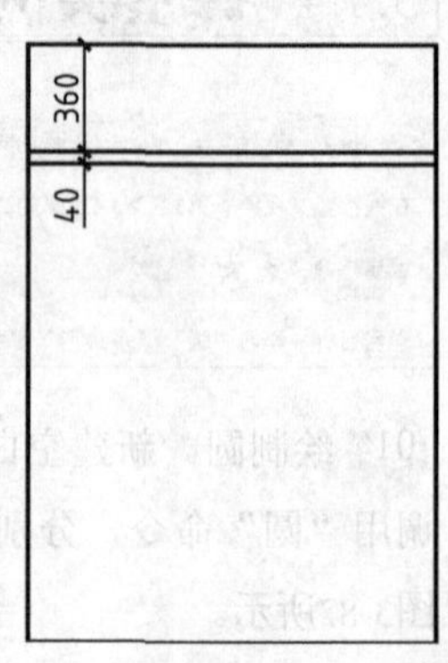

图3-104 分解矩形

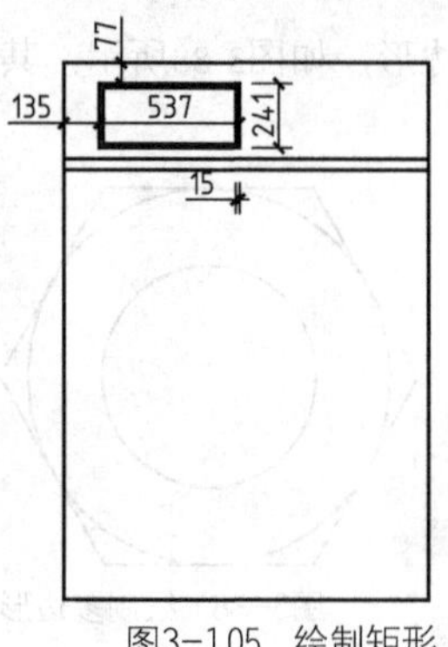

图3-105 绘制矩形

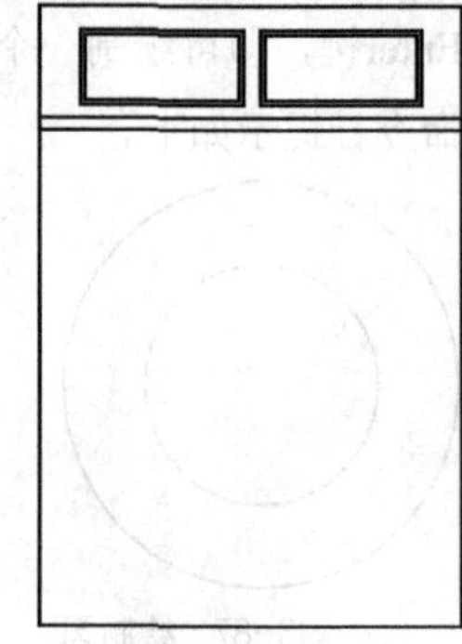

图3-106 镜像矩形

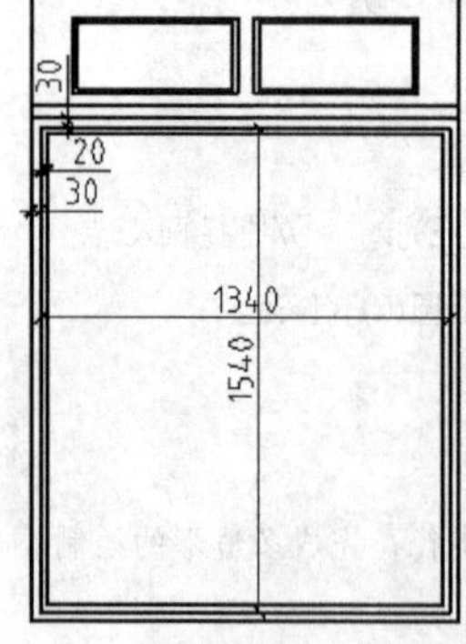

图3-107 绘制矩形

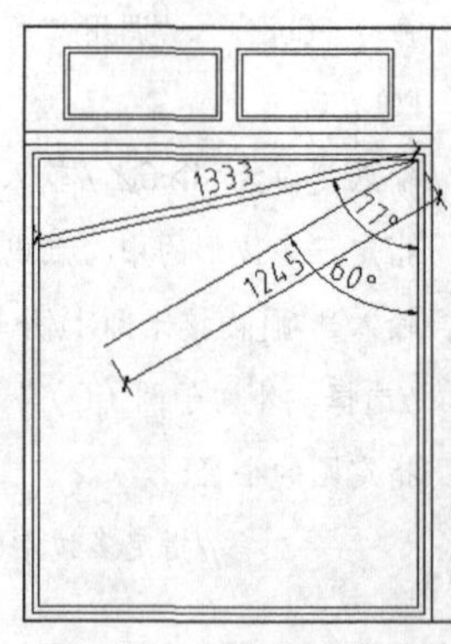

图3-108 绘制并旋转直线

图3-109 绘制圆弧

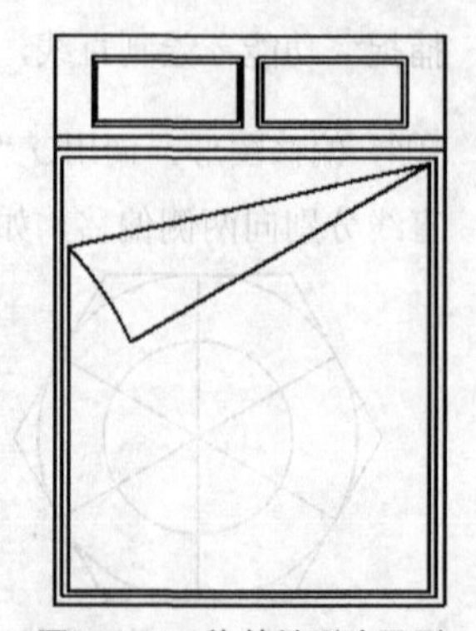

图3-110 修剪并删除图形

第4章

复杂二维图形的绘制

内容摘要

在AutoCAD 2018中，除了可以绘制点、直线、圆和多边形等简单的二维图形外，还可以绘制多段线、样条曲线、多线、面域以及图案填充等复杂的二维图形，更可以基于这些复杂的图形，帮助用户构建专业、精准的其他图形。

课堂学习目标

- 掌握多段线的绘制方法
- 掌握样条曲线的绘制方法
- 掌握多线的绘制方法
- 掌握面域的绘制方法
- 熟悉图案填充的绘制方法

4.1 多段线的绘制

多段线是由直线或圆弧等多条线段构成的特殊线段，这些线段所构成的图形是一个整体，可以对其进行统一编辑。

4.1.1 多段线

与单一的直线相比，多段线是有一定的优势，它提供了单一直线所不具备的编辑功能。用户可根据需要分别编辑每条线段，设置各线段的宽度，使线段的始末端点具有不同的线宽等。

在AutoCAD 2018中可以通过以下几种方法启动“多段线”命令。

- 菜单栏：执行“绘图”|“多段线”命令。
- 命令行：在命令行中输入PLINE或PL命令。
- 功能区：在“默认”选项卡中，单击“绘图”面板中的“多段线”按钮。

在命令执行过程中，需要确定多段线的起点、通过点和终点等。

捕捉图形的左上角点为多段线起点，依次输入长度参数、圆弧参数等，完成多段线的绘制操作，如图4-1所示。执行“多段线”命令后，命令行提示如下。

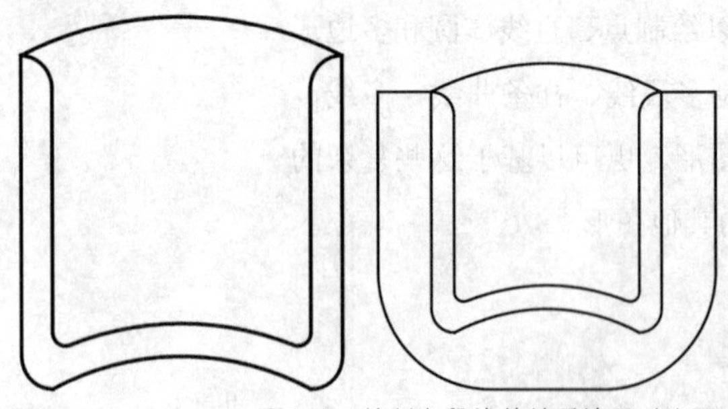

图4-1 绘制多段线的前后效果对比图

```
命令:PL↙
            //调用“多段线”命令
PLINE
指定起点:
            //捕捉左上角点为起点
当前线宽为0.0000
指定下一个点或[圆弧(A)/半宽(H)/长度(L)/放弃(U)/宽度(W)]:115↙
            //向左拖曳鼠标，输入长度参数
指定下一点或[圆弧(A)/闭合(C)/半宽(H)/长度(L)/放弃(U)/宽度(W)]:365↙
            //向下拖曳鼠标，输入长度参数
指定下一点或[圆弧(A)/闭合(C)/半宽(H)/长度(L)/放弃(U)/宽度(W)]:a↙
            //选择“圆弧（A）”选项
指定圆弧的端点（按住Ctrl键切换方向）或
[角度(A)/圆心(CE)/闭合(CL)/方向(D)/半宽(H)/直线(L)/半径(R)/第二个点(S)/放弃(U)/宽度(W)]:s↙
            //选择“第二个点（S）”选项
指定圆弧上的第二个点:@70.3,-169.7↙
            //输入第二个点坐标值
指定圆弧的端点:@169.7,-70.3↙
            //输入端点坐标值
指定圆弧的端点（按住Ctrl键切换方向）或
[角度(A)/圆心(CE)/闭合(CL)/方向(D)/半宽(H)/直线(L)/半径(R)/第二个点(S)/放弃(U)/宽度(W)]:l↙
            //选择“直线（L）”选项
指定下一点或[圆弧(A)/闭合(C)/半宽(H)/长度(L)/放弃(U)/宽度(W)]:240↙
            //向右拖曳鼠标，输入长度参数
指定下一点或[圆弧(A)/闭合(C)/半宽(H)/长度(L)/放弃(U)/宽度(W)]:a↙
            //选择“圆弧（A）”选项
指定圆弧的端点（按住Ctrl键切换方向）或
[角度(A)/圆心(CE)/闭合(CL)/方向(D)/半宽(H)/直线(L)/半径(R)/第二个点(S)/放弃(U)/宽度(W)]:s↙
            //选择“第二个点（S）”选项
指定圆弧上的第二个点:@169.7,70.3↙
            //输入第二个点坐标值
指定圆弧的端点:@70.3,169.7↙
            //输入端点坐标值
指定圆弧的端点（按住Ctrl键切换方向）或
[角度(A)/圆心(CE)/闭合(CL)/方向(D)/半宽(H)/直线(L)/半径(R)/第二个点(S)/放弃(U)/宽度(W)]:l↙
            //选择“直线（L）”选项
```

```
指定下一点或[圆弧(A)/闭合(C)/半宽(H)/长度(L)/放弃(U)/宽度(W)]:365↙
                //向上拖曳鼠标，输入长度参数
指定下一点或[圆弧(A)/闭合(C)/半宽(H)/长度(L)/放弃(U)/宽度(W)]:115↙
    //向上拖曳鼠标，输入长度参数，完成多段线的绘制
```

在命令行中各选项的含义如下。

- 圆弧（A）：选择该选项之后，将由绘制直线变为绘制圆弧。
- 半宽（H）：选择该选项之后，将确定圆弧的起始半宽或终止半宽。
- 长度（L）：选择该选项之后，将指定线段的长度。
- 放弃（U）：选择该选项之后，将取消最后绘制的直线或圆弧，完成多段线的绘制。
- 宽度（W）：选择该选项之后，将指定所绘制的多段线宽度。
- 闭合（C）：选择该选项之后，将完成多段线的绘制，使已绘制的多段线成为闭合的多段线。
- 角度（A）：用于指定圆弧段从起点开始的包含角。
- 圆心（CE）：用于指定多段线中圆弧段的圆心。
- 方向（D）：用于指定圆弧段的切线方向。
- 半径（R）：用于指定圆弧段的半径。
- 第二个点（S）：用于指定圆弧上的第二个点。

4.1.2 课堂实例——绘制悬臂支座

案例位置	素材>第4章>4.1.2 课堂实例——绘制悬臂支座.dwg
在线视频	视频>第4章>4.1.2 课堂实例——绘制悬臂支座.mp4
难易指数	★★★★★
学习目标	学习“多段线”等命令的使用

01 新建图层。新建空白文件，调用LA“图层”命令，打开“图层特性管理器”选项板，依次创建“中心线”“细实线”“粗实线”图层，如图4-2所示。

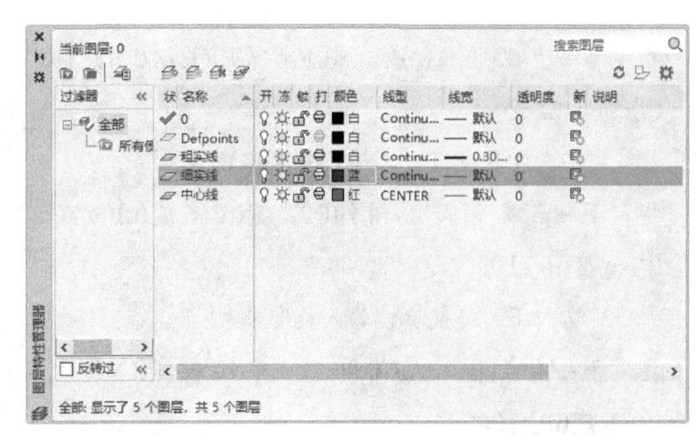

图4-2　“图层特性管理器”选项板

02 绘制多段线。将“粗实线”图层设为当前图层。开启“正交”模式。在命令行中输入PL命令并按Enter键，即可绘制多段线，如图4-3所示，其命令行提示如下。

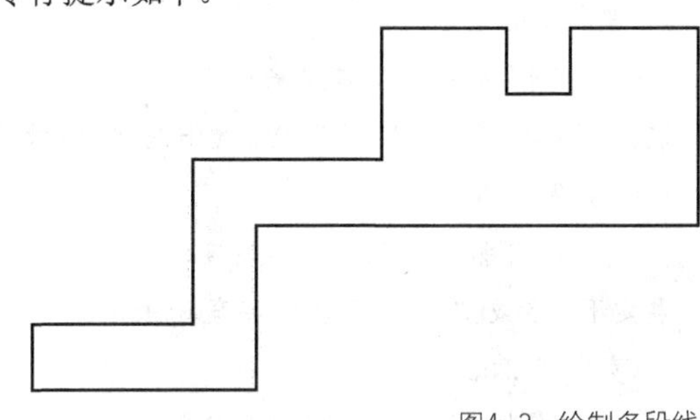

图4-3　绘制多段线

```
命令:PL↙
            //调用“多段线”命令
PLINE
指定起点:
            //指定任意一点为起点
当前线宽为0.0000
指定下一个点或[圆弧(A)/半宽(H)/长度(L)/放弃(U)/宽度(W)]:35↙
            //向右拖曳鼠标，输入长度参数
指定下一点或[圆弧(A)/闭合(C)/半宽(H)/长度(L)/放弃(U)/宽度(W)]:25↙
        //向上拖曳鼠标，输入长度参数
指定下一点或[圆弧(A)/闭合(C)/半宽(H)/长度(L)/放弃(U)/宽度(W)]:70↙
        //向右拖曳鼠标，输入长度参数
指定下一点或[圆弧(A)/闭合(C)/半宽(H)/长度(L)/放弃(U)/宽度(W)]:30↙
        //向上拖曳鼠标，输入长度参数
```

```
指定下一点或[圆弧(A)/闭合(C)/半宽(H)/长度(L)/放弃(U)/宽度(W)]:20↙
        //向左拖曳鼠标，输入长度参数
指定下一点或[圆弧(A)/闭合(C)/半宽(H)/长度(L)/放弃(U)/宽度(W)]:10↙
        //向下拖曳鼠标，输入长度参数
指定下一点或[圆弧(A)/闭合(C)/半宽(H)/长度(L)/放弃(U)/宽度(W)]:10↙
        //向左拖曳鼠标，输入长度参数
指定下一点或[圆弧(A)/闭合(C)/半宽(H)/长度(L)/放弃(U)/宽度(W)]:10↙
        //向上拖曳鼠标，输入长度参数
指定下一点或[圆弧(A)/闭合(C)/半宽(H)/长度(L)/放弃(U)/宽度(W)]:20↙
        //向左拖曳鼠标，输入长度参数
指定下一点或[圆弧(A)/闭合(C)/半宽(H)/长度(L)/放弃(U)/宽度(W)]:20↙
        //向下拖曳鼠标，输入长度参数
指定下一点或[圆弧(A)/闭合(C)/半宽(H)/长度(L)/放弃(U)/宽度(W)]:30↙
        //向左拖曳鼠标，输入长度参数
指定下一点或[圆弧(A)/闭合(C)/半宽(H)/长度(L)/放弃(U)/宽度(W)]:25↙
        //向下拖曳鼠标，输入长度参数
指定下一点或[圆弧(A)/闭合(C)/半宽(H)/长度(L)/放弃(U)/宽度(W)]:25↙
        //向左拖曳鼠标，输入长度参数
指定下一点或[圆弧(A)/闭合(C)/半宽(H)/长度(L)/放弃(U)/宽度(W)]:c↙
        //选择“闭合（C）”选项，完成多段线的绘制
```

03 修改图形。调用X“分解”命令，分解新绘制的多段线；调用O“偏移”命令，将分解后的右上方的垂直直线向左偏移，如图4-4所示。

04 调整图形图层。选择合适的图形分别将其修改至“细实线”和“中心线”图层，并调整中心线的长度，如图4-5所示。

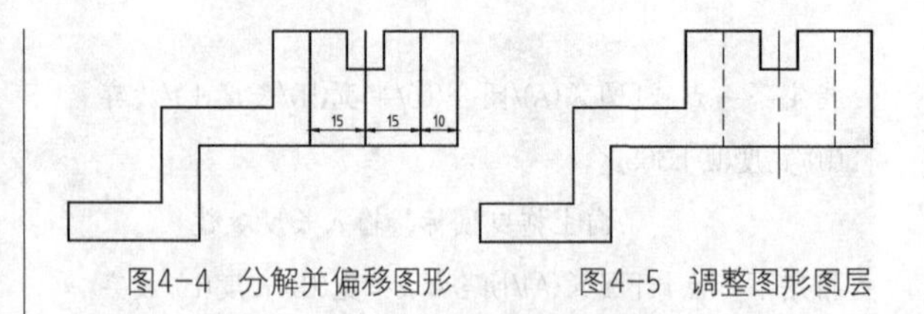

图4-4 分解并偏移图形　　图4-5 调整图形图层

05 绘制直线。调用L“直线”命令，结合“对象捕捉”功能，绘制直线，如图4-6所示。

06 绘制直线。调用L“直线”和M“移动”命令，结合“对象捕捉”和“45° 极轴追踪”功能，绘制倾斜直线，得到最终效果，如图4-7所示。

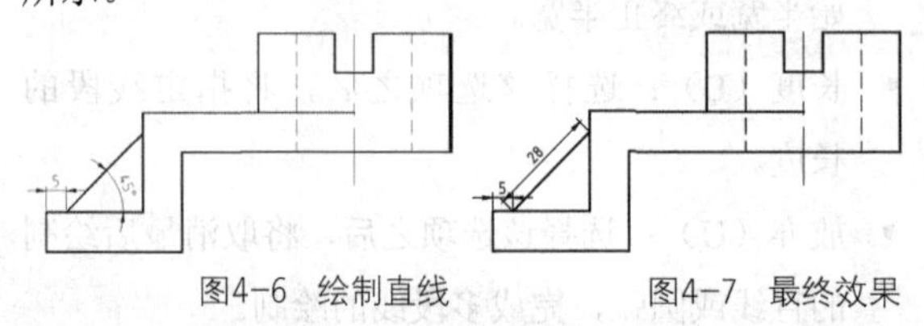

图4-6 绘制直线　　图4-7 最终效果

4.2 样条曲线的绘制

在AutoCAD 2018中，可以通过编辑多段线生成平滑多段线，样条曲线与平滑多段线相类似，但样条曲线具有以下3方面的优点。

- 平滑拟合：在对曲线路径上的一系列点进行平滑拟合后，可以创建样条曲线。在绘制二维图形或三维模型时，使用该方法创建的曲线边界要比多段线精确。
- 编辑样条曲线：使用SPLINEDIT命令或夹点可以便捷地编辑样条曲线，并保留样条曲线的定义。如果使用PEDIT命令编辑就会丢失这些定义，从而成为平滑多段线。
- 占用的内存小：带有样条曲线的图形占用的内存比带有平滑多段线的图形占用的内存小。

4.2.1 样条曲线

样条曲线是一种能够自由编辑的曲线，在其周围将显示控制点，可以通过调整曲线上的起点、控制点、终点以及偏差变量来控制样条曲线。

在AutoCAD 2018中可以通过以下几种方法启动“样条曲线”命令。

- 菜单栏：执行“绘图”|“样条曲线”|“拟合点”或“控制点”命令。
- 命令行：在命令行中输入SPLINE或SPL命令。
- 功能区：在“默认”选项卡中，单击“绘图”面板中的“样条曲线拟合”按钮或“样条曲线控制点”按钮。

在命令执行过程中，需要确定样条曲线的起点、通过点和终点等。

依次捕捉样条曲线的各个端点，完成样条曲线的绘制操作，如图4-8所示。执行“样条曲线”命令后，命令行提示如下。

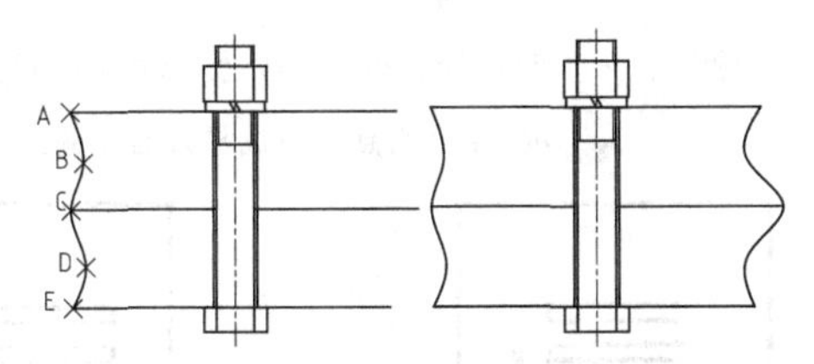

图4-8 绘制样条曲线的前后效果对比图

```
命令:SPLINE↙
          //调用“样条曲线”命令
当前设置:方式=拟合  节点=弦
指定第一个点或[方式(M)/节点(K)/对象(O)]:
          //指定A点为第一点
输入下一个点或[起点切向(T)/公差(L)]:
          //指定B点为第二点
输入下一个点或[端点相切(T)/公差(L)/放弃(U)]:
          //指定C点为第三点
输入下一个点或[端点相切(T)/公差(L)/放弃(U)/闭合(C)]:
          //指定D点为第四点
输入下一个点或[端点相切(T)/公差(L)/放弃(U)/闭合(C)]:
          //指定E点为第五点，完成样条曲线的绘制
```

在“样条曲线”命令行中各选项的含义如下。

- 方式（M）：选择样条曲线的创建方式，是使用拟合点的方式还是控制点的方式来绘制样条曲线。
- 节点（K）：指定样条曲线节点参数化的运算方式，以确定样条曲线中连续拟合点之间的曲线如何过渡。
- 对象（O）：用于将多段线转换为等价的样条曲线。
- 起点切向（T）：指定样条曲线起始点处切线的方向。
- 公差（L）：指定样条曲线可以偏离指定拟合点的距离。
- 端点相切（T）：指定在样条曲线终点相切的条件。

4.2.2 课堂实例——绘制计算机主机

案例位置　素材>第4章>4.2.2 课堂实例——绘制计算机主机.dwg

在线视频　视频>第4章>4.2.2 课堂实例——绘制计算机主机.mp4

难易指数　★★★★★

学习目标　学习“样条曲线”等命令的使用

01 绘制矩形。新建空白文件，调用REC“矩形”命令，绘制一个矩形，如图4-9所示。

02 绘制矩形。调用REC“矩形”和M“移动”命令，结合“对象捕捉”功能，绘制矩形，如图4-10所示。

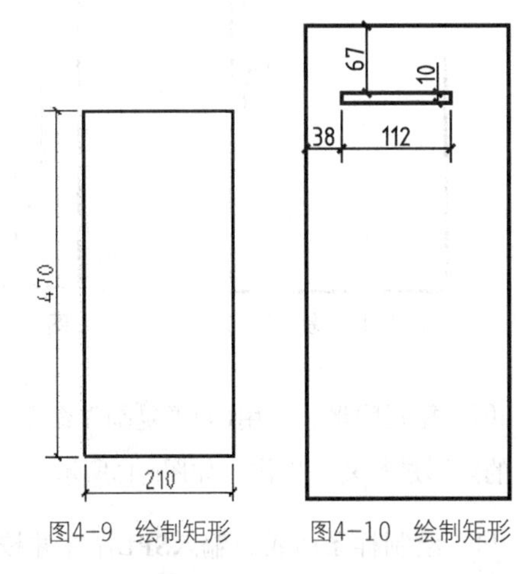

图4-9 绘制矩形　　图4-10 绘制矩形

03 复制图形。调用CO“复制”命令，对新绘制的矩形进行复制操作，如图4-11所示。

04 绘制矩形。调用REC“矩形”和M“移动”命令，结合“对象捕捉”功能，绘制矩形，如图4-12所示。

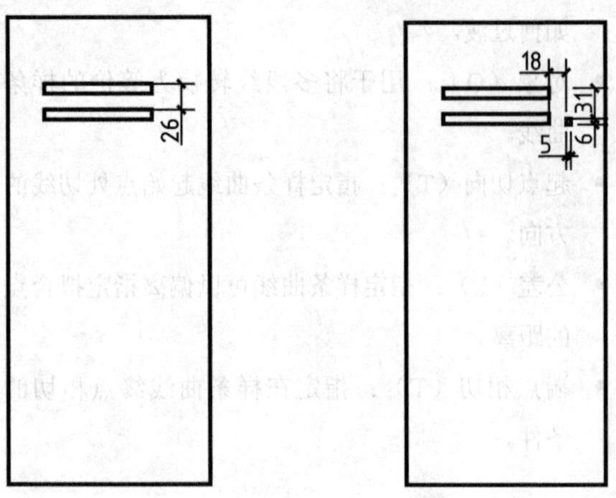

图4-11 复制矩形　　图4-12 绘制矩形

05 复制矩形。调用CO“复制”命令，对新绘制的矩形进行复制操作，如图4-13所示。

06 绘制矩形。调用REC“矩形”和M“移动”命令，结合“对象捕捉”功能，绘制矩形，如图4-14所示。

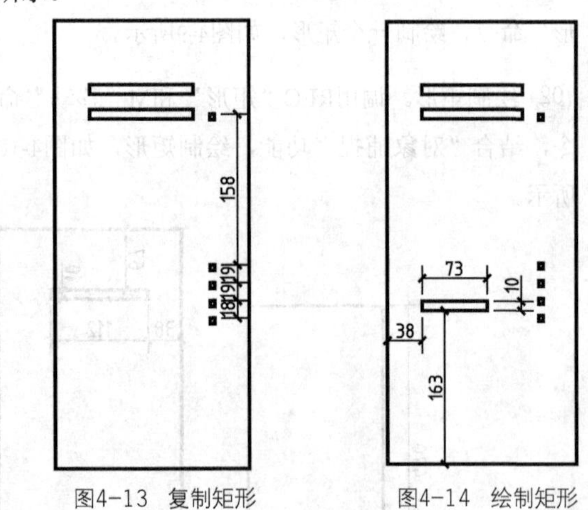

图4-13 复制矩形　　图4-14 绘制矩形

07 复制图形。调用CO“复制”命令，对新绘制的矩形进行复制操作，如图4-15所示。

08 绘制样条曲线。输入SPL命令并按Enter键，绘制样条曲线，得到的最终效果如图4-16所示，其命令行提示如下。

```
命令:SPL↙
        //调用“样条曲线”命令
SPLINE
当前设置:方式=拟合  节点=弦
指定第一个点或[方式(M)/节点(K)/对象(O)]:
        //指定第一点
输入下一个点或[起点切向(T)/公差(L)]:
        //指定第二点
输入下一个点或[端点相切(T)/公差(L)/放弃(U)]:
        //指定第三点
输入下一个点或[端点相切(T)/公差(L)/放弃(U)/闭合(C)]:
        //指定第四点
输入下一个点或[端点相切(T)/公差(L)/放弃(U)/闭合(C)]:
        //指定第五点
输入下一个点或[端点相切(T)/公差(L)/放弃(U)/闭合(C)]:
        //指定第六点，完成样条曲线的绘制
```

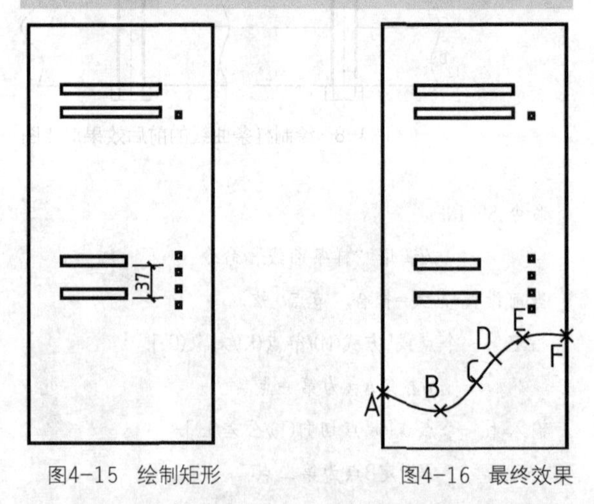

图4-15 绘制矩形　　图4-16 最终效果

4.3 多线的绘制

在AutoCAD 2018中，多线是一种由多条平行线组成的对象，平行线的间距和数目是可以设置的。

4.3.1 绘制多线

多线包含1～16条被称为元素的平行线，多线中的平行线可以具有不同的颜色和线型。多线可作为一个整体来进行编辑。

在AutoCAD 2018中可以通过以下几种方法启动“多线”命令。

- 菜单栏：执行“绘图”|“多线”命令。
- 命令行：在命令行中输入MLINE或ML命令。

在命令执行过程中，需要确定多线的起点、中点、比例以及对正方式等。

运用“中点捕捉”功能，分别捕捉最内侧矩形的各个中点，绘制“比例”为39.50、“对正方式”为“无”的多线，如图4-17所示。执行“多线”命令后，命令行提示如下。

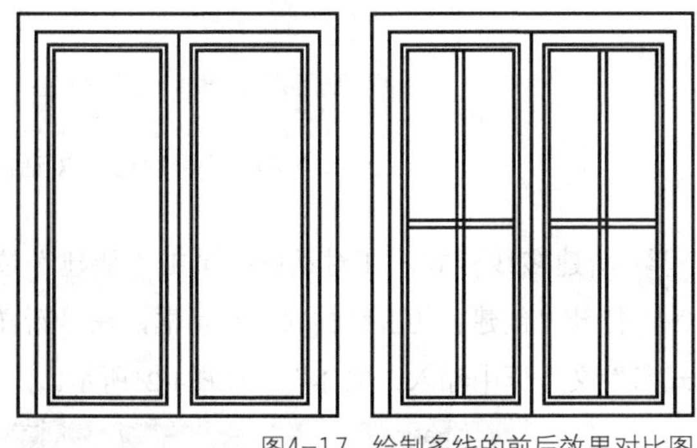

图4-17　绘制多线的前后效果对比图

```
命令:ML↙
        //调用“多线”命令
MLINE
当前设置:对正=无，比例=29.50，样式=STANDARD
指定起点或[对正(J)/比例(S)/样式(ST)]:s↙
        //选择“比例（S）”选项
输入多线比例<29.50>:39.5↙
        //输入比例参数
当前设置:对正=无，比例=39.50，样式=STANDARD
指定起点或[对正(J)/比例(S)/样式(ST)]:j↙
        //选择“对正（J）”选项
输入对正类型[上(T)/无(Z)/下(B)]<无>:z↙
        //选择“无（Z）”选项
当前设置:对正=无，比例=39.50，样式=STANDARD
指定起点或[对正(J)/比例(S)/样式(ST)]:
        //捕捉左侧内部矩形的上中点
指定下一点:
    //捕捉左侧内部矩形的下中点，完成多线的绘制
```

在“多线”命令行中，各选项的含义如下。

- 对正（J）：指定多线对正的方式，包括“上（T）”“无（Z）”和“下（B）”3种类型，如图4-18所示。
- 比例（S）：指定多线宽度相对于多线定义宽度的比例，该比例不影响多线的线型比例。
- 样式（ST）：确定绘制多线时采用的样式，默认样式为STANDARD。

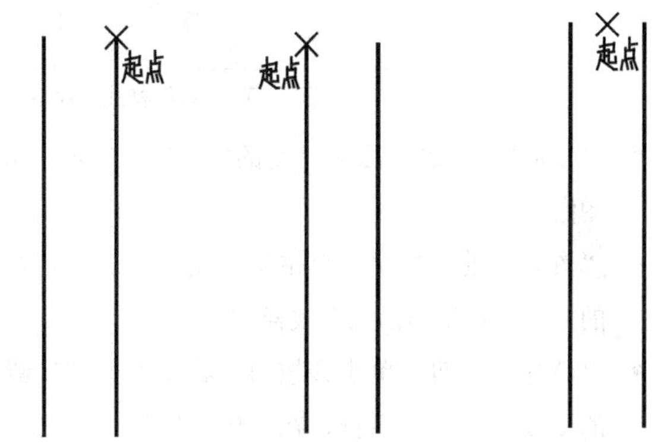

图4-18　各类对正方式

4.3.2 多线样式

多线样式包括多线元素的特性、背景颜色和多段线的封口。用户可以将创建的多线样式保存在当前图形中，也可以将创建的多线样式保存到独立的多线样式库文件中。

在AutoCAD 2018中可以通过以下几种方法启动“多线样式”命令。

- 菜单栏：执行“格式”|“多线样式”命令。
- 命令行：在命令行中输入MLSTYLE命令。

执行以上任一命令，均可以打开“多线样式”对话框，如图4-19所示。在该对话框中，可以对多线样式进行创建和编辑操作，其各选项的含义如下。

- “当前多线样式”：显示当前多线样式的名称，该样式在后续创建的多线中会被用到。
- “样式”列表框：显示已加载到图形中的多线样式列表。
- “说明”：用于显示关于选定的多线样式的说明。

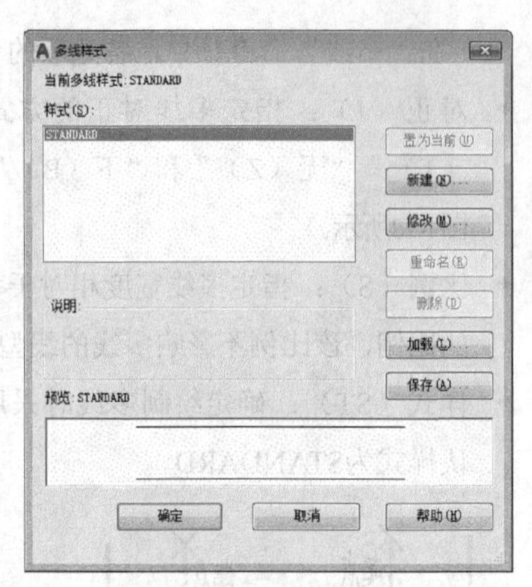

图4-19 “多线样式”对话框

- “预览”选项组：显示选定的多线样式的名称和图像。
- “置为当前”按钮：单击该按钮后，后续创建的多线将运用当前的多线样式。
- “新建”按钮：单击该按钮，将弹出“创建新的多线样式”对话框，在其中可以创建新的多线样式。
- “修改”按钮：单击该按钮，将弹出“修改多线样式”对话框，在其中可以修改选定的多线样式。
- “重命名”按钮：单击该按钮，可重命名当前选定的多线样式，但不能重命名STANDARD多线样式。
- “删除”按钮：单击该按钮，可以从“样式”列表框中删除当前选定的多线样式。
- “加载”按钮：单击该按钮，将弹出“加载多线样式”对话框，在其中可以从指定的mln格式的文件中加载多线样式。
- “保存”按钮：单击该按钮，可以将多线样式保存或复制到多线样式库文件中。

4.3.3 课堂实例——创建“墙体”多线样式

案例位置	无
在线视频	视频>第4章>4.3.3 课堂实例——创建“墙体”多线样式.mp4
难易指数	★★★★★
学习目标	学习“多线样式”命令的使用

01 打开对话框。新建文件，在命令行中输入MLSTYLE命令并按Enter键，打开“多线样式”对话框，如图4-20所示。

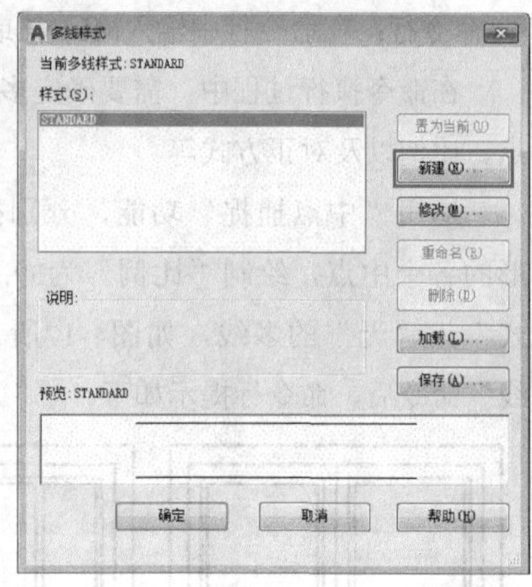

图4-20 “多线样式”对话框

02 新建多线样式。在对话框中单击“新建”按钮，打开“创建新的多线样式”对话框，在“新样式名”文本框中输入“墙体”，如图4-21所示。

图4-21 “创建新的多线样式”对话框

03 设置封口。单击“继续”按钮，打开“新建多线样式：墙体”对话框。在“直线”选项组中，勾选“起点”和“端点”复选框，如图4-22所示。

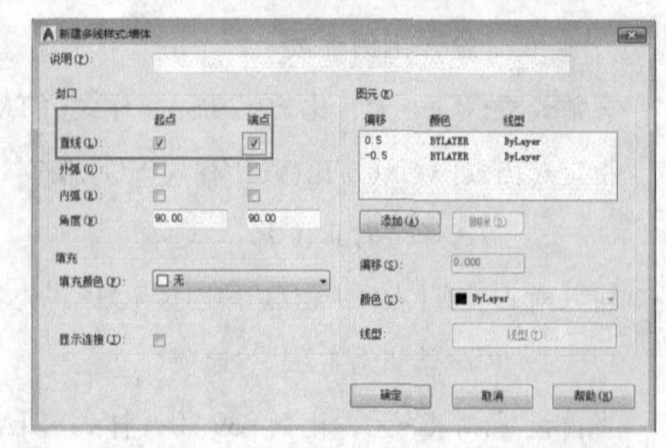

图4-22 “新建多线样式：墙体”对话框

04 修改线型样式1。在“图元”列表框中选择0.5的线型样式，在“偏移”数值框中输入“120”，如图4-23所示。

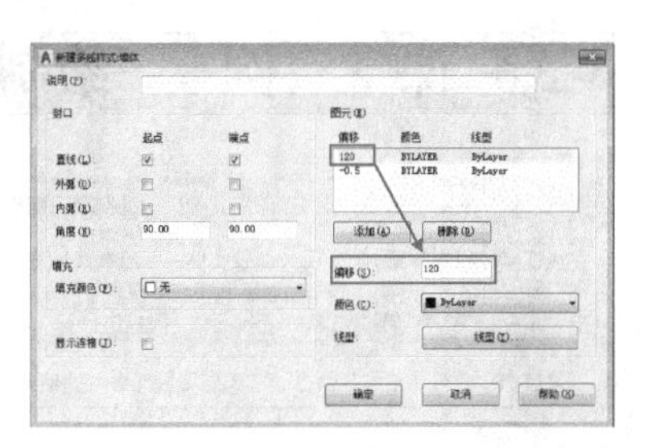

图4-23　修改参数

05 修改线型样式2。在“图元”列表框中选择-0.5的线型样式，在“偏移”数值框中输入“-120”，如图4-24所示。

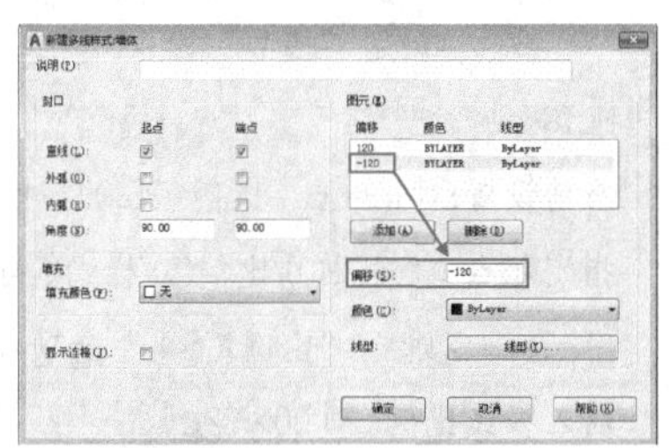

图4-24　修改参数

06 设为当前多线样式。单击“确定”按钮，返回“多线样式”对话框，选择新建的“墙体”样式，再单击“置为当前”按钮，将其设为当前多线样式，如图4-25所示。

07 单击“确定”按钮，完成“墙体”多线样式的设置。

在“新建多线样式”对话框中，各选项的含义如下。

- 封口：设置多线中的平行线之间两端封口的样式，如图4-26所示。

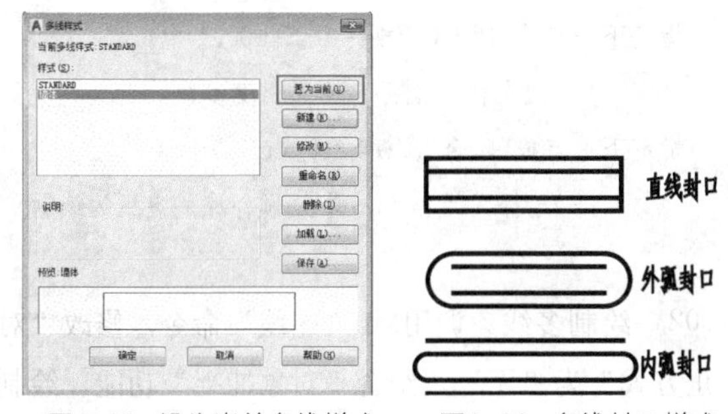

图4-25　设为当前多线样式　　图4-26　多线封口样式

- 填充：设置封闭多线内的填充颜色，选择“无”，即为透明。
- 显示连接：显示或隐藏每条多线线段顶点处的连接。
- 图元：构成多线元素的各要素。
- 偏移：设置多线元素距离中线的偏移值，值为正表示向上偏移，值为负表示向下偏移。
- 颜色：设置多线元素的直线线条颜色。
- 线型：设置多线元素的直线线条线型。

4.3.4 编辑多线

使用“编辑多线”命令，可以对多线进行编辑。

在AutoCAD 2018中可以通过以下几种方法启动“编辑多线”命令。

- 菜单栏：执行“修改”|“对象”|“多线”命令。
- 命令行：在命令行中输入MLEDIT命令。
- 绘图区：双击要编辑的多线对象。

执行以上任一命令，均可以打开“多线编辑工具”对话框，如图4-28所示，其各选项的含义如下。

- 十字闭合：在两个多线对象之间创建闭合的十字交点。
- 十字打开：在两个多线对象之间创建打开的十字交点。
- 十字合并：在两个多线对象之间创建合并的十字交点。
- T形闭合：在两个多线对象之间创建闭合的T形交点。
- T形打开：在两个多线对象之间创建打开的T形交点。
- T形合并：在两个多线对象之间创建合并的T形交点。
- 角点结合：在多线之间创建角点。
- 添加顶点：向多线上添加一个顶点。
- 删除顶点：从多线上删除一个顶点。
- 单个剪切：在选定的多线元素上创建可见打断。
- 全部剪切：创建穿过整个多线对象的可见打断。
- 全部接合：将正被剪切的多线对象重新接合起来。

4.3.5 课堂实例——编辑窗格的多线

案例位置 素材>第4章>4.3.5 课堂实例——编辑窗格的多线.dwg

在线视频 视频>第4章>4.3.5 课堂实例——编辑窗格的多线.mp4

难易指数 ★★★★★

学习目标 学习“编辑多线”等命令的使用

01 打开文件。单击快速访问工具栏中的“打开”按钮，打开本书素材中的“第4章\4.3.5 课堂实例——编辑窗格的多线.dwg”素材文件，如图4-27所示。

02 打开对话框。在命令行中输入MLEDIT命令并按Enter键，打开“多线编辑工具”对话框，如图4-28所示。

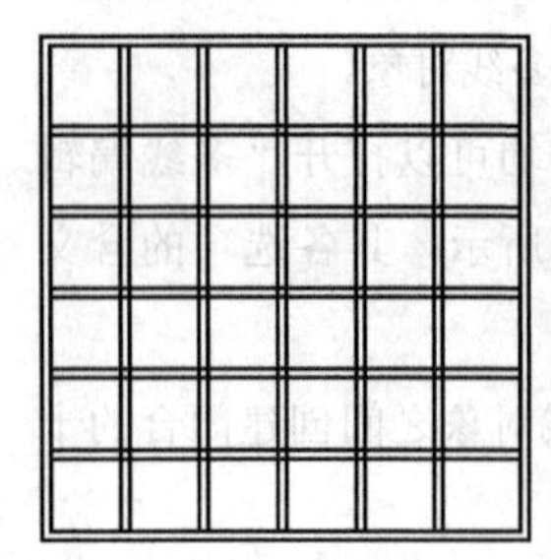

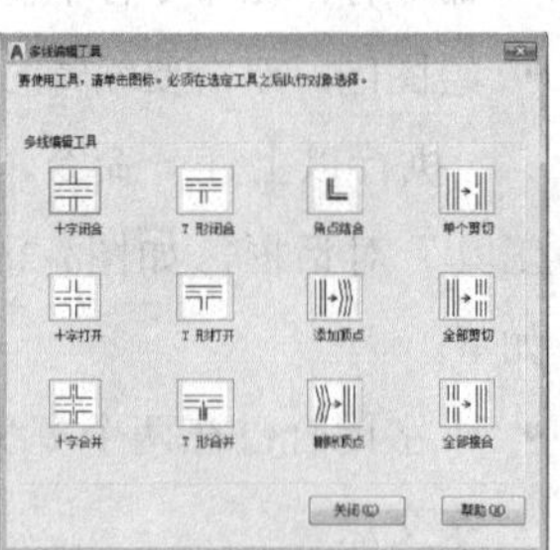

图4-27 素材文件 图4-28 “多线编辑工具”对话框

03 编辑多线1。单击对话框中的“十字打开”按钮，对绘图区十字连接的多线进行编辑操作，效果如图4-29所示。

04 编辑多线2。单击对话框中的“T形打开”按钮，对绘图区相应的多线进行编辑操作，得到的最终效果如图4-30所示。

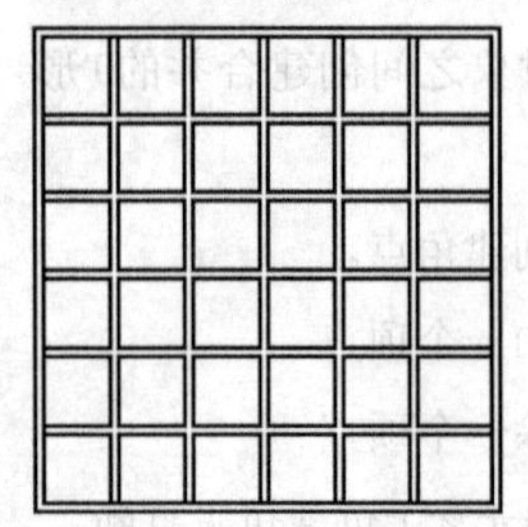

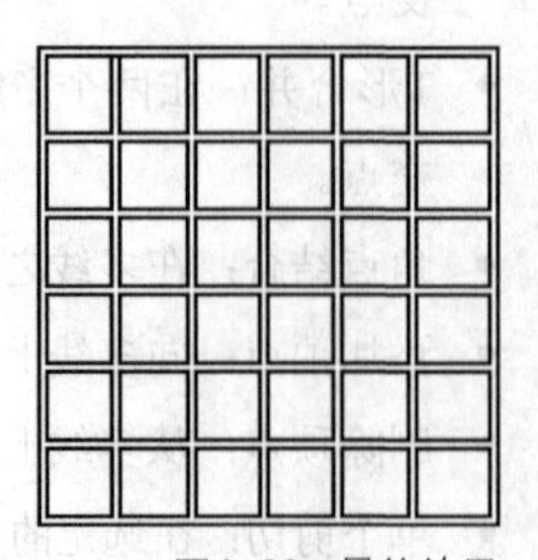

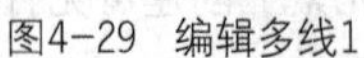

图4-29 编辑多线1 图4-30 最终效果

4.3.6 课堂实例——绘制装饰窗格

案例位置 素材>第4章>4.3.6 课堂实例——绘制装饰窗格.dwg

在线视频 视频>第4章>4.3.6 课堂实例——绘制装饰窗格.mp4

难易指数 ★★★★★

学习目标 学习“多线”命令、“编辑多线”命令的使用

01 绘制多线。新建空白文件。在命令行中输入ML命令并按Enter键，绘制闭合多线，如图4-31所示，其命令行提示如下。

```
令:ML↙
        //调用“多线”命令
MLINE
当前设置:对正=上，比例=20.00，样式=STANDARD
指定起点或[对正(J)/比例(S)/样式(ST)]:s↙
        //选择“比例（S）”选项
输入多线比例<20.00>:22↙
        //输入比例参数
当前设置:对正=上，比例=22.00，样式=STANDARD
指定起点或[对正(J)/比例(S)/样式(ST)]:j↙
        //选择“对正（J）”选项
输入对正类型[上(T)/无(Z)/下(B)]<上>:b↙
        //选择“下（B）”选项
当前设置:对正=下，比例=22.00，样式=STANDARD
指定起点或[对正(J)/比例(S)/样式(ST)]:↙
        //捕捉任意一点为起点
指定下一点:1000↙
        //向下拖曳鼠标，输入长度参数
指定下一点或[放弃(U)]:1000↙
        //向右拖曳鼠标，输入长度参数
指定下一点或[闭合(C)/放弃(U)]:1000↙
        //向上拖曳鼠标，输入长度参数
指定下一点或[闭合(C)/放弃(U)]:c↙
        //选择“闭合（C）”选项，完成多线的绘制
```

02 绘制多线。调用ML“多线”命令，修改“对正方式”为“无”，结合“对象捕捉”功能，绘制多线，如图4-32所示。

图4-31 绘制闭合多线

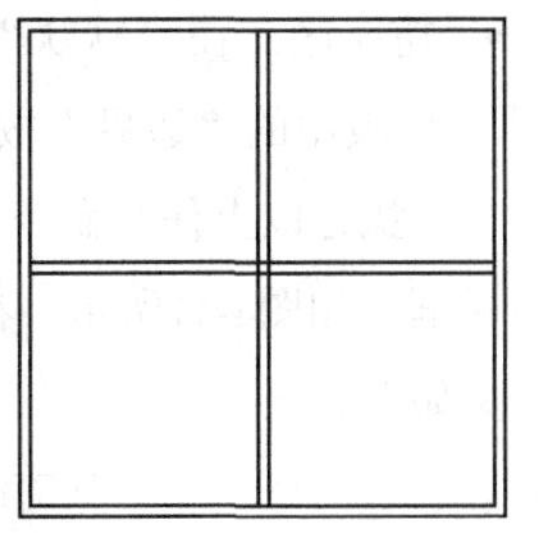

图4-32 绘制多线

03 复制多线。调用CO“复制”命令，依次对新绘制的多线进行复制操作，如图4-33所示。

04 编辑多线1。在命令行中输入MLEDIT命令并按Enter键，打开“多线编辑工具”对话框，单击“角点结合”按钮，编辑多线对象，如图4-34所示。

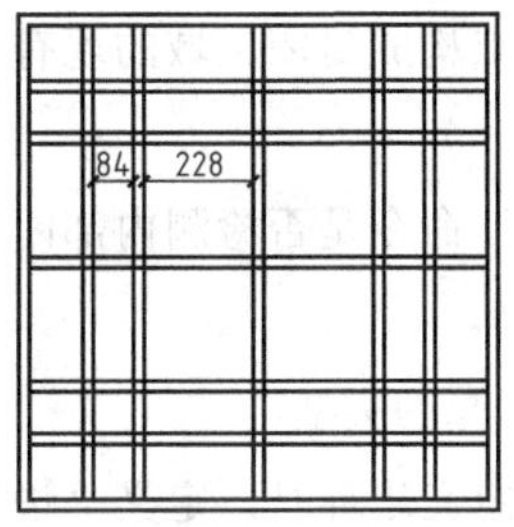

图4-33 复制多线

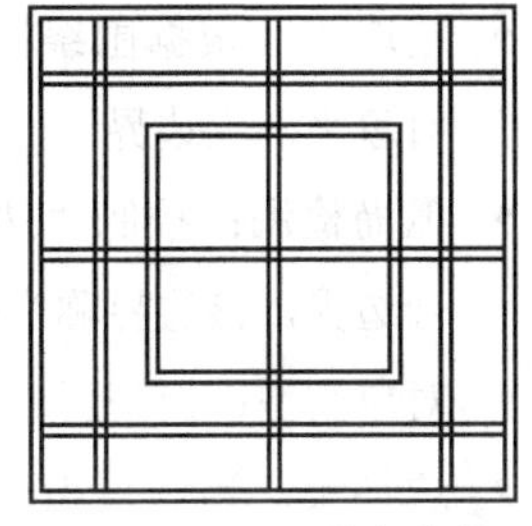

图4-34 编辑多线1

05 编辑多线2。重新调用MLEDIT“编辑多线”命令，打开“多线编辑工具”对话框，单击“十字打开”按钮，编辑多线对象，如图4-35所示。

06 编辑多线3。重新调用MLEDIT“编辑多线”命令，打开“多线编辑工具”对话框，单击“T形打开”按钮，编辑多线对象，如图4-36所示。

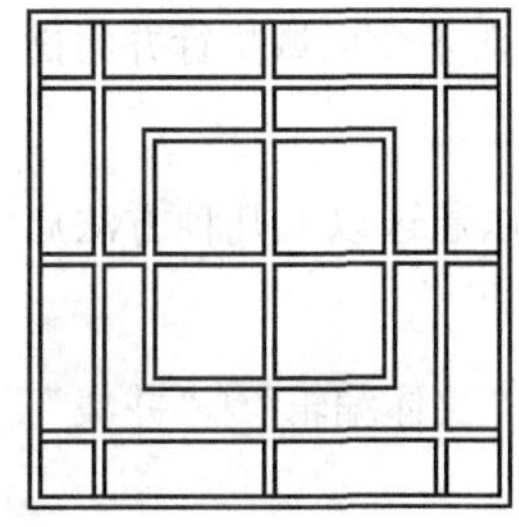

图4-35 编辑多线2

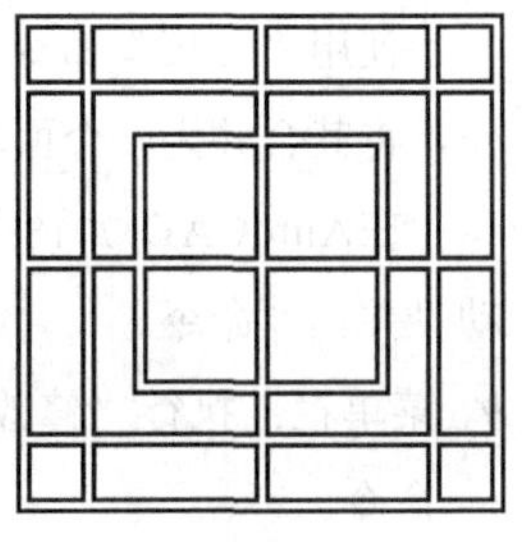

图4-36 编辑多线3

07 绘制直线。调用L“直线”命令，结合“中点捕捉”功能，绘制直线，如图4-37所示。

08 绘制多线。调用ML“多线”命令，修改“比例”为22、“对正方式”为“无”，结合“中点捕捉”功能，绘制多线，如图4-38所示。

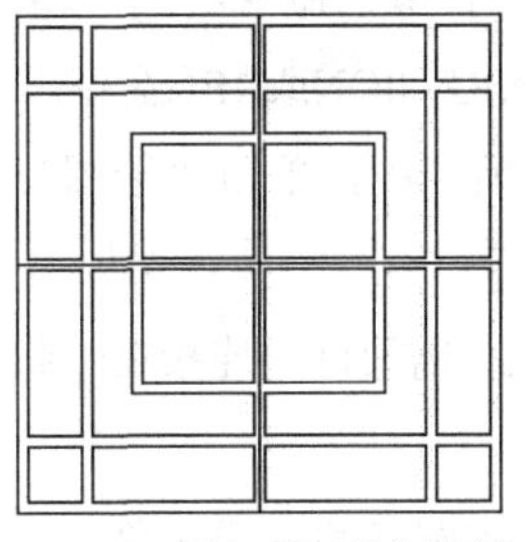

图4-37 绘制直线

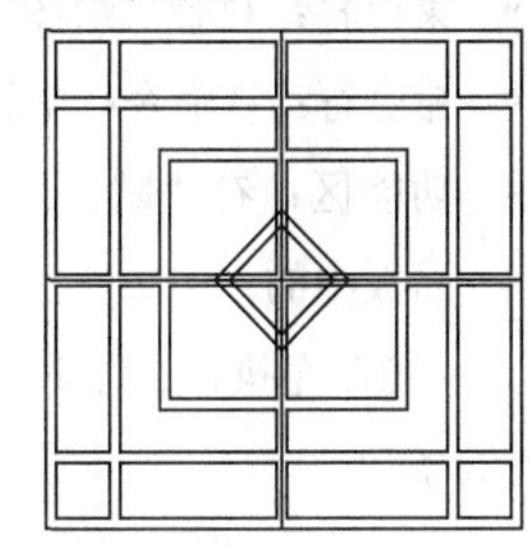

图4-38 绘制多线

09 完善图形。调用X“分解”命令，对内部的多线进行分解；调用TR“修剪”命令，修剪多余的图形；调用E“删除”命令，删除多余的图形，得到的最终效果如图4-39所示。

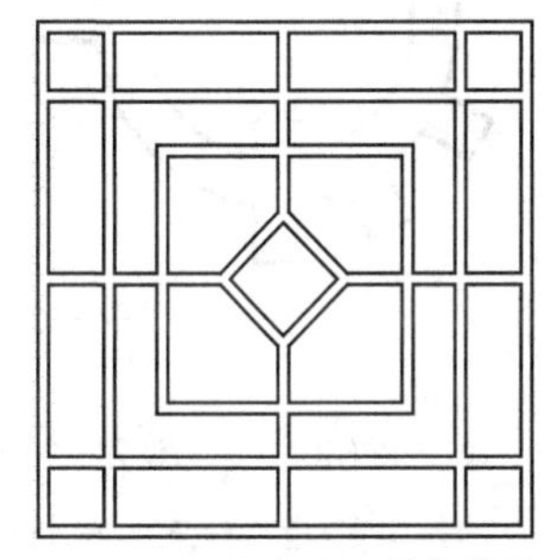

图4-39 最终效果

4.4 面域的绘制

面域是用闭合的形状或环来创建的二维平面，它可以是直线、多段线、圆、椭圆和样条曲线等的组合。组成面域的对象必须闭合或通过与其他对象首尾相接而形成闭合的区域。

4.4.1 创建面域

面域有两种创建方式：面域工具和边界工具，下面将分别进行介绍。

1. 面域工具创建

面域的边界是由端点相连的曲线组成的，在默认状态下进行面域转换时，可以使用通过面域创建的对象取代原来的对象，并删除原来的对象。

在AutoCAD 2018中可以通过以下几种方法启动“面域”命令。

- 菜单栏：执行“绘图”|“面域”命令。
- 命令行：在命令行中输入REGION或REG命令。
- 功能区：在“默认”选项卡中，单击“绘图”面板中的“面域”按钮。

在命令执行过程中，至少需要确定连接在一起的4条边。

在图4-40中，选择内部的圆弧和直线对象，按Enter键结束选择，即可完成面域的创建操作。执行“面域”命令后，命令行提示如下。

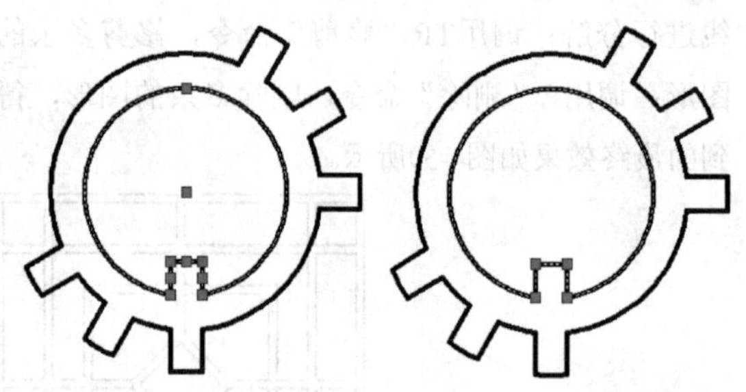

图4-40　创建面域的前后效果对比图

```
命令:REGION↙   //调用“面域”命令
选择对象:指定对角点:找到4个
        //选择内部圆弧和矩形
选择对象:
        //按Enter键结束选择，即可创建面域
已提取1个环。
已创建1个面域。
```

2. 边界工具创建

使用“边界”命令创建面域时，不需要考虑对象是共用一个断点，还是出现了自相交。

在AutoCAD 2018中可以通过以下几种方法启动“边界”命令。

- 菜单栏：执行“绘图”|“边界”命令。
- 命令行：在命令行中输入BOUNDARY或BO命令。
- 功能区：在“默认”选项卡中，单击“绘图”面板中的“边界”按钮。

执行以上任一命令，均可打开“边界创建”对话框，如图4-41所示，在该对话框中，各选项的含义如下。

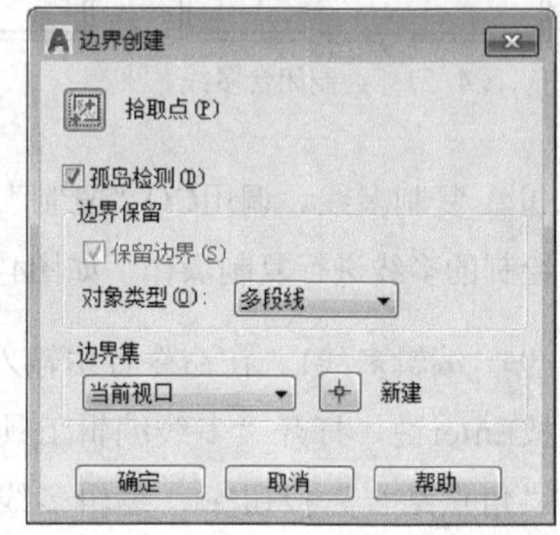

图4-41　“边界创建”对话框

- 拾取点：根据围绕指定点构成封闭区域的现有对象来确定边界。
- 孤岛检测：控制“边界”命令是否检测内部闭合边界，该边界称为孤岛。
- 对象类型：控制新边界对象的类型。
- 边界集：当通过指定点定义边界时，定义“边界”命令要分析的对象集。

4.4.2 布尔运算

创建面域后，可以对面域进行布尔运算，从而生成新的面域。在AutoCAD 2018中绘制图形时，尤其在绘制比较复杂的图形时，使用布尔运算可以提高绘图效率。

1. 并集运算面域

使用“并集”命令可以对多个面域执行并集操作，将其合并为一个面域。

在AutoCAD 2018中可以通过以下几种方法启动“并集”命令。

- 菜单栏：执行“修改”|“实体编辑”|“并集”命令。
- 命令行：在命令行中输入UNION或UNI命令。

在命令执行过程中，需要选择两个或两个以上的面域。

选择多段线和圆对象，按Enter键结束选择，即可完成面域的并集运算操作，如图4-42所示。执行“并集”命令后，命令行提示如下。

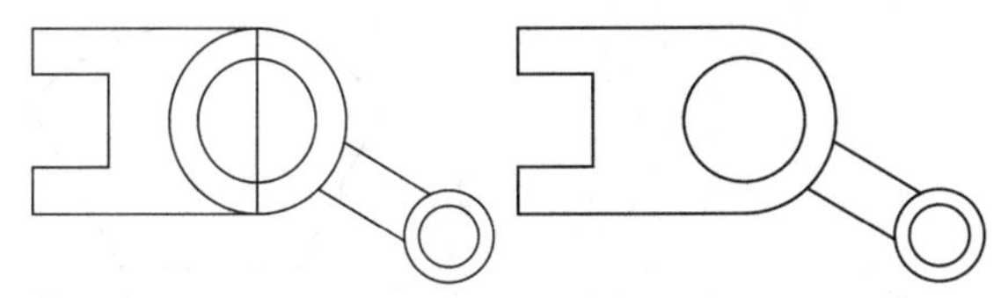

图4-42 并集运算面域前后效果对比图

```
命令:UNI↙          //调用“并集”命令
UNION
选择对象:指定对角点:找到1个    //选择两个面域对象
选择对象:找到1个，总计2个
              //按Enter键结束选择，完成并集运算操作
```

技巧与提示

对面域求并集时，如果所选面域并未相交，则可以通过并集运算操作将所选面域合并为一个单独的面域。

2. 差集运算面域

使用“差集”命令可以对两个面域进行差集运算，以得到两个面域相减后的区域。

在AutoCAD 2018中可以通过以下几种方法启动“并集”命令。

- 菜单栏：执行“修改”|“实体编辑”|“差集”命令。
- 命令行：在命令行中输入SUBTRACT或SU命令。

在命令执行过程中，需要先选择大的面域，然后选择需要减去的面域。

在图4-43中，首先选择扳手面域对象，然后选择多边形面域对象，按Enter键结束选择，即可完成差集运算操作。执行“差集”命令后，命令行提示如下。

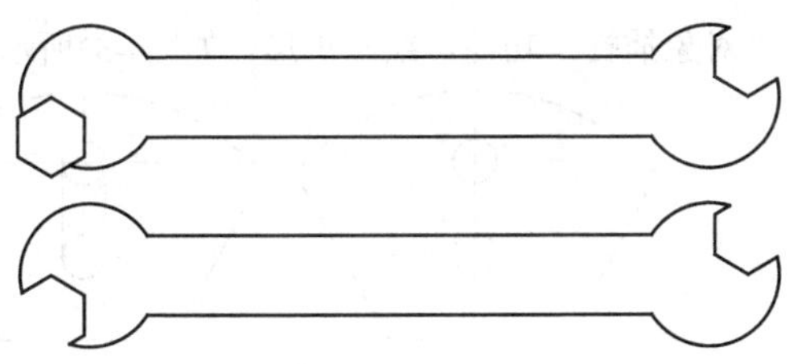

图4-43 差集运算面域的前后效果对比图

```
命令:SUBTRACT↙          //调用“差集”命令
选择要从中减去的实体、曲面和面域...
选择对象:找到1个↙        //选择扳手面域
选择对象:选择要减去的实体、曲面和面域...
选择对象:找到1个↙
//选择多边形面域，按Enter键结束
```

3. 交集运算面域

使用“交集运算”命令，可以通过保留各面域对象的公共部分，创建出新的面域对象。用户在对面域进行交集运算时，需要选择相交的面域对象，若面域不相交，将删除选择的所有面域。

在AutoCAD 2018中可以通过以下几种方法启动“交集”命令。

- 菜单栏：执行“修改”|“实体编辑”|“交集”命令。
- 命令行：在命令行中输入INTERSECT或IN命令。

在命令执行过程中，需要选择两个相交的面域。

在图4-44中，选择多段线和圆对象，按Enter键结束选择，即可完成面域的交集运算操作。执行“交集”命令后，命令行提示如下。

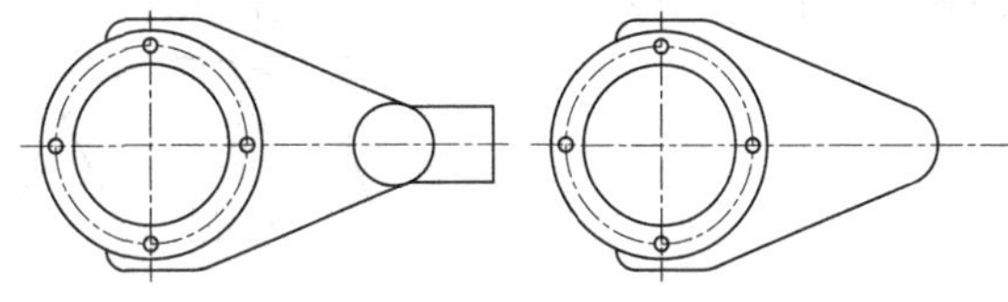

图4-44 交集运算面域的前后效果对比图

```
命令:INTERSECT↙          //调用“交集”命令
选择对象:指定对角点:找到1个  //选择两个面域对象
选择对象:指定对角点:找到1个，总计2个
//按Enter键结束选择，完成交集运算操作
```

4.4.3 课堂实例——绘制扇形零件

案例位置	素材>第4章>4.4.3 课堂实例——绘制扇形零件.dwg
在线视频	视频>第4章>4.4.3 课堂实例——绘制扇形零件.mp4
难易指数	★★★★★
学习目标	学习“交集”命令、“并集”命令等的使用

01 新建图层。新建空白文件，调用LA“图层”命令，打开“图层特性管理器”选项板，依次创建“粗实线”和“中心线”图层，如图4-45所示。

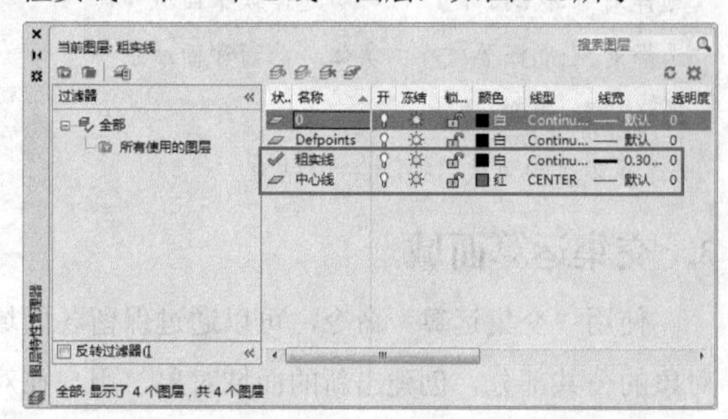

图4-45 “图层特性管理器”选项板

02 绘制多段线。将“粗实线”图层设为当前图层，调用PL“多段线”命令，结合“60°极轴追踪”功能，绘制封闭多段线，如图4-46所示。

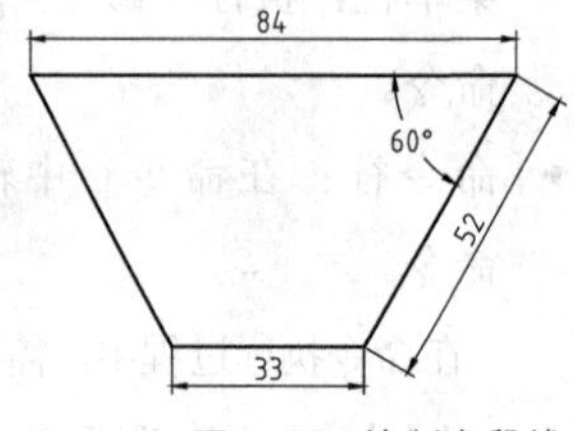

图4-46 绘制多段线

03 绘制圆。调用C“圆”命令，结合“对象捕捉”功能，绘制一个半径为45的圆，如图4-47所示。

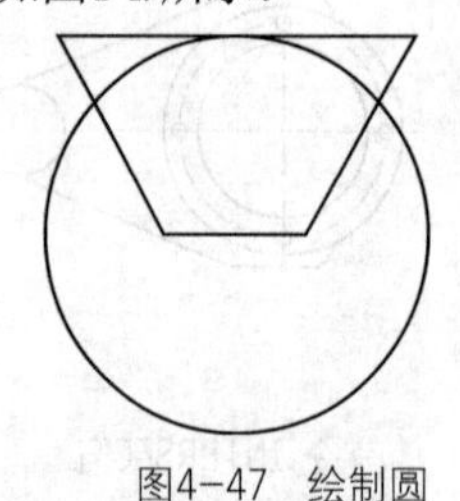

图4-47 绘制圆

04 绘制面域。在命令行中输入REG命令并按Enter键，创建两个面域，其命令行提示如下。

```
命令:REG↙          //调用“面域”命令
REGION
选择对象:指定对角点:找到2个    //选择多段线和圆
选择对象:          //按Enter键结束选择，即可创建面域
已提取2个环。
已创建2个面域。
```

05 交集运算。在命令行中输入IN命令并按Enter键，对面域进行交集运算，如图4-48所示，其命令行提示如下。

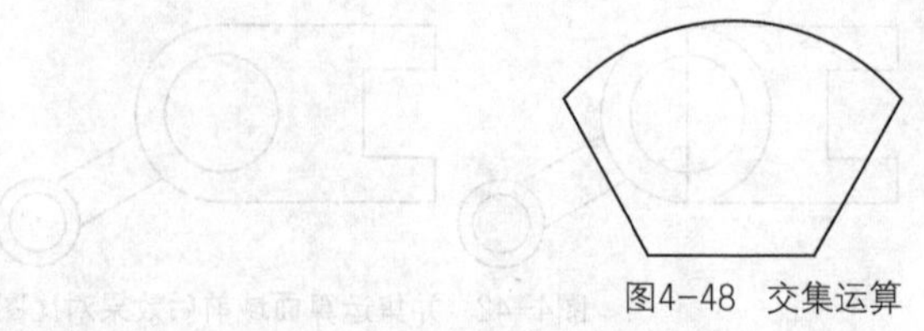

图4-48 交集运算

```
命令:IN              //调用“交集”命令
INTERSECT↙
选择对象:指定对角点:找到2个
                     //选择两个面域对象
选择对象:
        //按Enter键结束选择，完成交集运算操作
```

06 绘制直线。将“中心线”图层设为当前图层。调用L“直线”命令，结合“对象捕捉”功能，绘制直线，如图4-49所示。

07 偏移图形。调用O“偏移”命令，对新绘制的水平直线进行偏移操作，如图4-50所示。

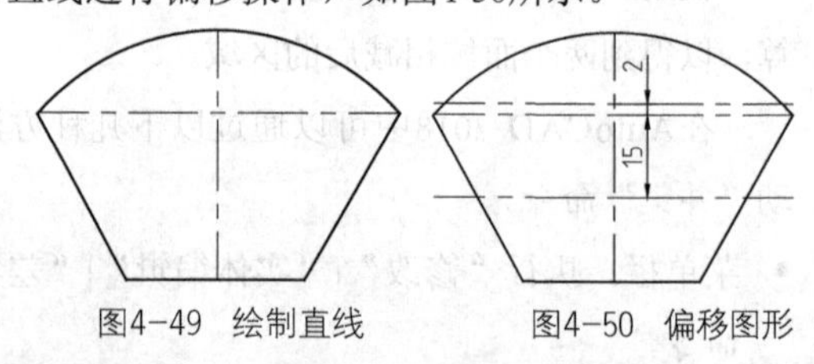

图4-49 绘制直线　　图4-50 偏移图形

08 删除图形。调用E“删除”命令，删除中间的水平直线。

09 绘制圆。将“粗实线”图层设为当前图层。调用C“圆”命令，结合“交点捕捉”功能，绘制半径为4的圆，如图4-51所示。

10 绘制矩形。调用REC“矩形”命令，结合“对象捕捉”功能，绘制矩形，如图4-52所示。

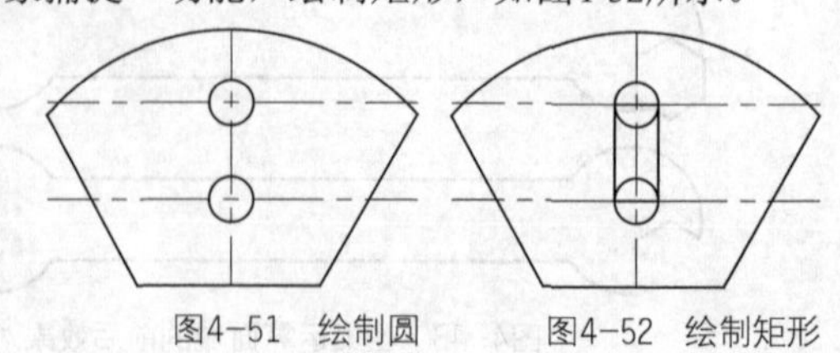

图4-51 绘制圆　　图4-52 绘制矩形

⑪ 创建面域。调用REG“面域”命令，将新绘制的圆和矩形创建为面域对象。

⑫ 并集运算。在命令行中输入UNI命令并按Enter键，对面域对象进行并集运算，如图4-53所示，其命令行提示如下。

```
命令:UNI↙        //调用“并集”命令
UNION
选择对象:指定对角点:找到3个
//选择3个面域对象，按Enter键结束选择
```

⑬ 绘制圆。调用C“圆”和M“移动”命令，结合“对象捕捉”功能，绘制半径分别为3和5的圆，如图4-54所示。

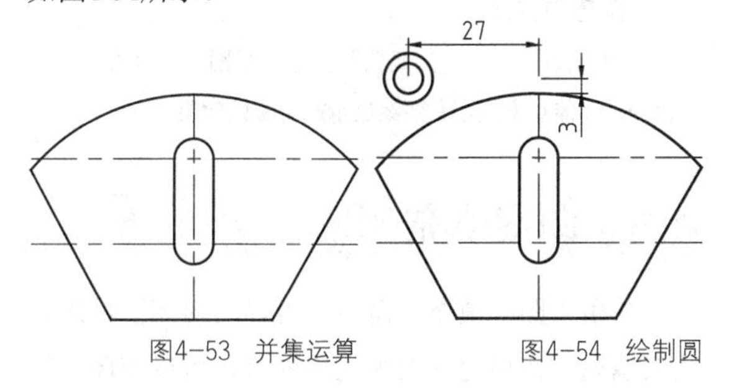

图4-53　并集运算　　图4-54　绘制圆

⑭ 复制图形。调用CO“复制”命令，对新绘制的小圆对象进行复制操作，如图4-55所示。

⑮ 绘制直线。调用L“直线”和RO“旋转”命令，绘制一条经过圆心偏移30°的直线，如图4-56所示。

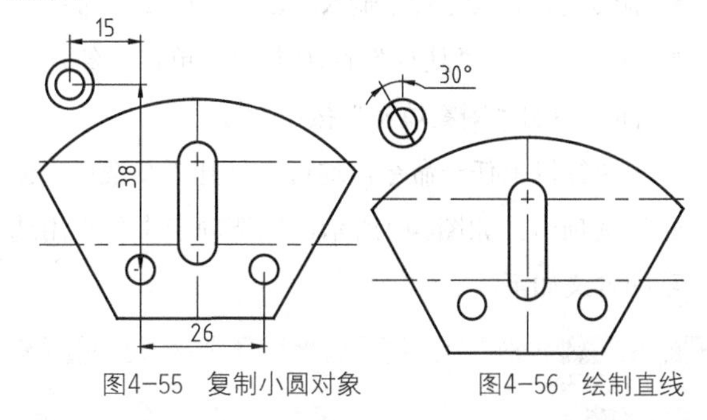

图4-55　复制小圆对象　　图4-56　绘制直线

⑯ 偏移图形。调用O“偏移”命令，对新绘制的直线进行偏移操作，如图4-57所示。

⑰ 修改图形。调用EX“延伸”命令，延伸偏移后的图形；调用TR“修剪”命令，修剪多余的图形，如图4-58所示。

⑱ 完善图形。将“中心线”图层设为当前图层。将合适的图形的修改保存至“中心线”图层，调用L“直线”命令，绘制相应的中心线，并通过夹点调整已有的中心线的长度，得到的最终效果如图4-59所示。

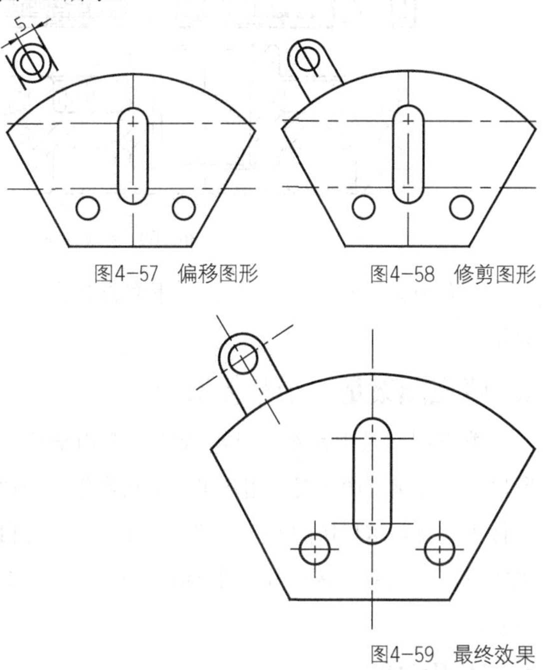

图4-57　偏移图形　　图4-58　修剪图形

图4-59　最终效果

4.5　图案填充的绘制

在绘制图形时，常常需要标识某一区域的意义或用途，如表现建筑表面的装饰纹理、颜色及地板的材质等；在地图中也常用不同的颜色与图案来区分不同的行政区域等。

4.5.1　图案填充的概念

重复绘制某些图案以填充图形中的一个区域，从而表现该区域的特征，这种填充操作称为图案填充。图案填充的应用非常广泛，例如，在机械工程图中，可以用图案填充来表现一个剖面，也可以使用不同的图案填充来表现不同的零件或者材料，如图4-60所示。

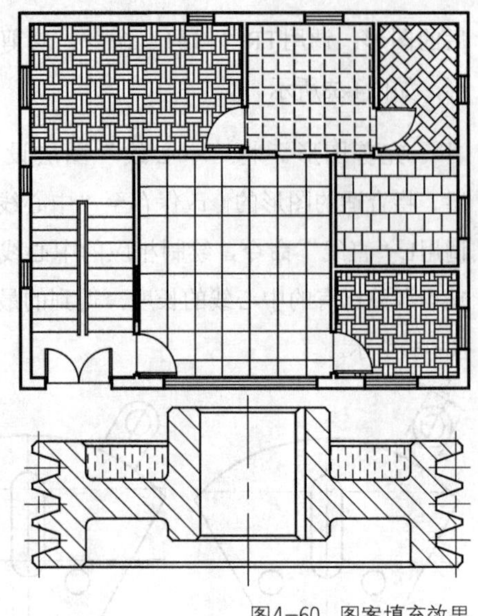

图4-60　图案填充效果

图案填充具有以下4个特点，下面将分别进行介绍。

1. 填充图案是一个整体对象

填充图案是由系统自动组成的一个内部块，所以在处理填充图案时，用户可以把它当作一个块实体来对待。这种块的定义和调用会在系统内部自动完成，因此用户感觉与绘制一般的图形没有什么差别。

2. 边界定义

在绘制填充图案的时候，首先要确定待填充区域的边界，边界只能由直线、圆弧、圆和二维多段线等组成，并且必须在当前屏幕上全部可见。

3. 填充图案和边界的关系

填充图案和边界的关系可分为相关和无关两种。相关填充图案是指这种图案与边界相关，边界修改后，填充图案也会自动更新，即重新填满新的边界；无关填充图案是指这种图案与边界无关，边界修改后，填充图案不会自动更新，依然保持原状态。

4. 填充图案的可见性控制

用户可以使用“控制填充”命令来控制填充图案的可见性，即填充后的图案可以显示出来，也可以不显示出来。在命令行中输入fill命令并按Enter键，即可启动命令，其命令行提示如下。

```
命令：fill↙      //调用命令
输入模式[开(ON)/关(OFF)]<开>:
//选择选项，ON表示显示填充图案，OFF表示不显示填充图案
```

技巧与提示

执行fill命令后，需要立即执行“视图”|“重生成”命令，才能观察到填充图案显示或隐藏的效果。

4.5.2 图案填充

使用“图案填充”命令，可以对封闭区域进行图案填充。在指定图案填充边界时，可以在闭合区域中任选一点，然后由系统自动搜索闭合边界，或通过选择对象来定义边界。

在AutoCAD 2018中可以通过以下几种方法启动“图案填充”命令。

- 菜单栏：执行“绘图”|“图案填充”命令。
- 命令行：在命令行中输入HATCH、CH或H命令。
- 功能区：在“默认”选项卡中，单击“绘图”面板中的“图案填充”按钮。

执行以上任一命令，均可以打开“图案填充创建”选项卡，如图4-61所示，该选项卡中各常用选项的含义如下。

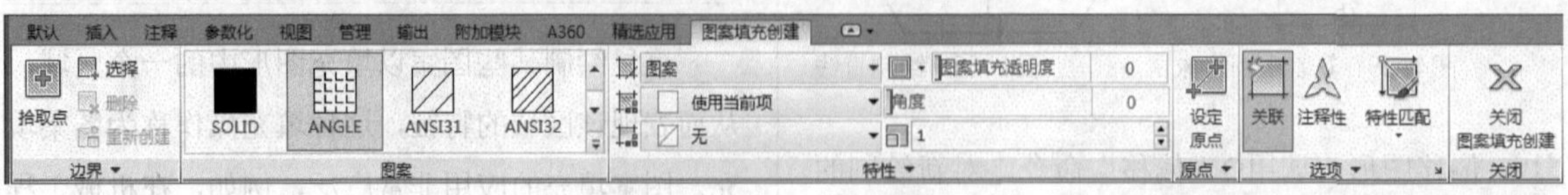

图4-61　“图案填充创建”选项卡

- “拾取点”按钮：单击该按钮，可以根据围绕指定点构成封闭区域的现有对象来确定图案填充边界。指定内部点时，可以随时在绘图区域中单击鼠标右键，以显示包含多个命令的快捷菜单。

- “选择边界对象”按钮：单击该按钮，可以根据构成封闭区域的选定对象确定图案填充边界。
- “删除边界对象”按钮：可以从边界定义中删除任何之前添加的对象。
- “重新创建边界”按钮：可以围绕选定的图案填充创建多段线或面域，并使其与图案填充对象相关联。
- “图案”面板：显示所有预定义和自定义图案的预览图像。
- “图案填充类型”下拉列表框：指定是创建实体填充、渐变色填充、图案填充，还是创建用户定义的图案填充。
- “图案填充颜色”下拉列表框：使用为实体填充和填充图案指定的颜色替代当前颜色。
- “背景色”下拉列表框：指定填充图案背景的颜色。
- “图案填充透明度”选项组：用于设定图案填充或填充的透明度，并替代当前对象的透明度。
- “图案填充角度”选项组：指定填充图案的角度。
- “填充图案比例”数值框：放大或缩小预定义或自定义的填充图案。
- “指定新原点”按钮：单击该按钮，可以直接指定新的图案填充原点。
- “注释性比例”按钮：单击该按钮，可以指定根据视口比例自动调整填充图案比例。此特性会自动完成缩放注释过程，从而使注释能够以正确的大小在图纸上打印或显示。

执行“图案填充”命令后，命令行提示如下。

```
命令:H↙            //调用“图案填充”命令
HATCH  拾取内部点或[选择对象(S)/放弃(U)/设置(T)]:
```

在“图案填充”命令行中，各选项的含义如下。

- 选择对象（S）：选择该选项，可以选择构成封闭区域的对象。
- 放弃（U）：选择该选项，可以放弃对已经选择的对象的操作。
- 设置（T）：选择该选项，可以打开“图案填充和渐变色”对话框，如图4-62所示。

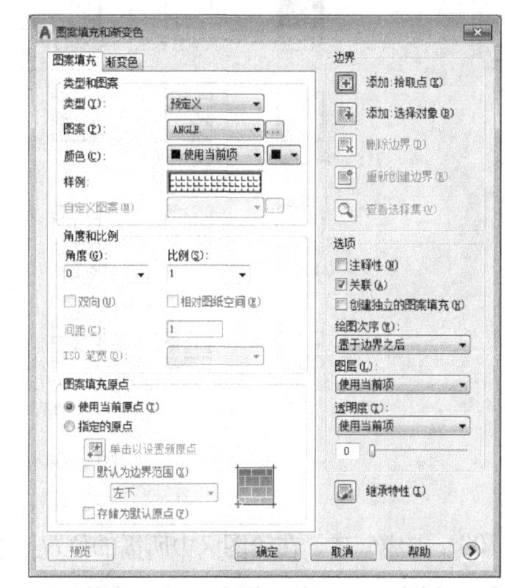

图4-62　“图案填充和渐变色”对话框

4.5.3 课堂实例——为定位套添加图案

案例位置	素材>第4章>4.5.3 课堂实例——为定位套添加图案.dwg
在线视频	视频>第4章>4.5.3 课堂实例——为定位套添加图案.mp4
难易指数	★★★★★
学习目标	学习“图案填充”等命令的使用

01 打开文件。单击快速访问工具栏中的“打开”按钮，打开本书素材中的“第4章\4.5.3 课堂实例——为定位套添加图案.dwg”素材文件，如图4-63所示。

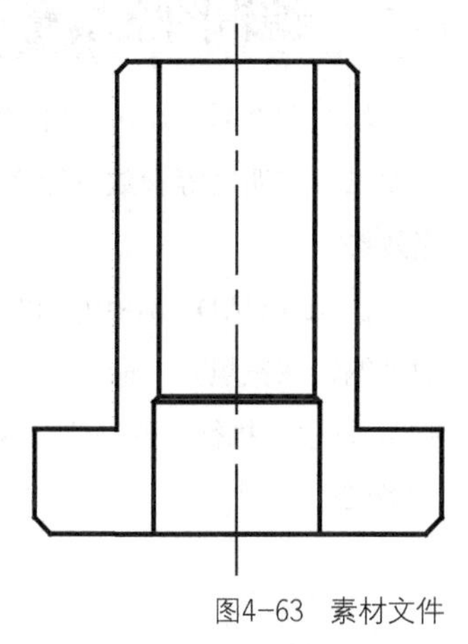

图4-63　素材文件

02 选择图案。在命令行中输入H命令并按Enter键，打开“图案填充创建”选项卡，在“图案”面板中，选择“ANSI31”图案，如图4-64所示。

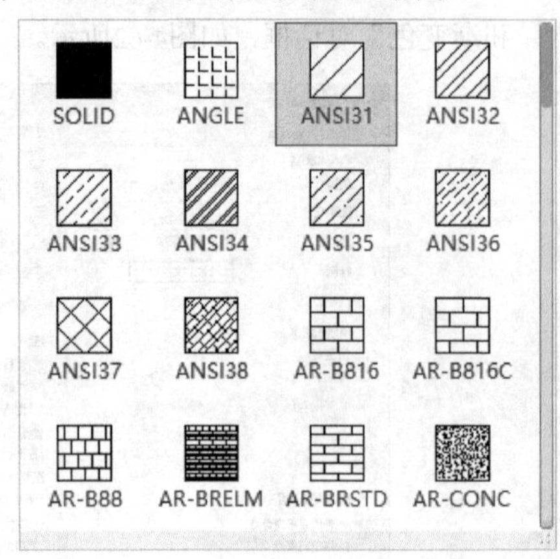

图4-64 “图案”面板

03 完成创建。在绘图区中所需的位置拾取填充点，即可创建图案填充，得到的最终效果如图4-65所示。

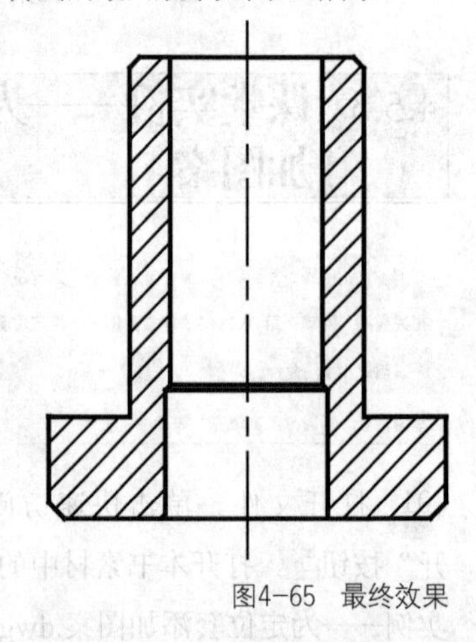

图4-65 最终效果

4.5.4 编辑图案填充

填充图案后，还可以对图案中的样例、比例、角度以及透明度等参数进行修改，得到新的图案填充效果。

在AutoCAD 2018中可以通过以下几种方法启动“编辑图案填充”命令。

- 菜单栏：执行“修改”|“对象”|“图案填充”命令。
- 命令行：在命令行中输入HATCHEDIT命令。
- 功能区：在“默认”选项卡中，单击“修改”面板中的“编辑图案填充”按钮。
- 快捷菜单：选中要编辑的对象，单击鼠标右键，在弹出的快捷菜单中选择“图案填充编辑”命令。

执行以上任一命令，在选择了图案填充对象后，均可以打开“图案填充编辑”对话框，如图4-67所示，在该对话框中可以对图案的各个参数进行编辑。

4.5.5 课堂实例——编辑餐桌椅中的图案

案例位置	素材>第4章>4.5.5 课堂实例——编辑餐桌椅中的图案.dwg
在线视频	视频>第4章>4.5.5 课堂实例——编辑餐桌椅中的图案.mp4
难易指数	★★★★★
学习目标	学习“编辑图案填充”等命令的使用

01 打开文件。单击快速访问工具栏中的“打开”按钮，打开本书素材中的“第4章\4.5.5 课堂实例——编辑餐桌椅中的图案.dwg”素材文件，如图4-66所示。

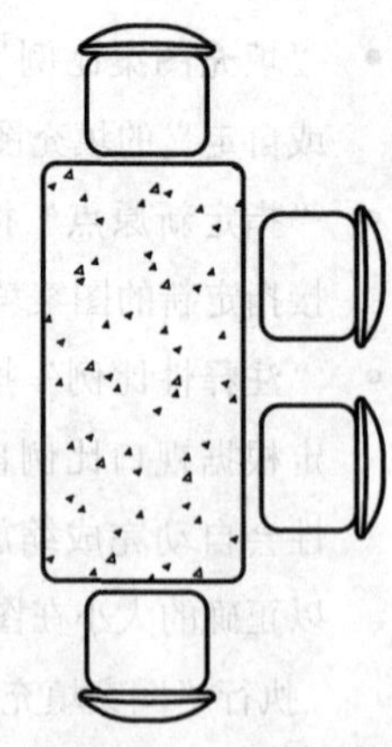

图4-66 素材文件

02 修改参数。选择素材中的图案填充对象，然后单击鼠标右键，在弹出的快捷菜单中选择“图案填充编辑”命令，打开“图案填充编辑”对话框，在“角度和比例”选项组中修改参数，如图4-67所示。

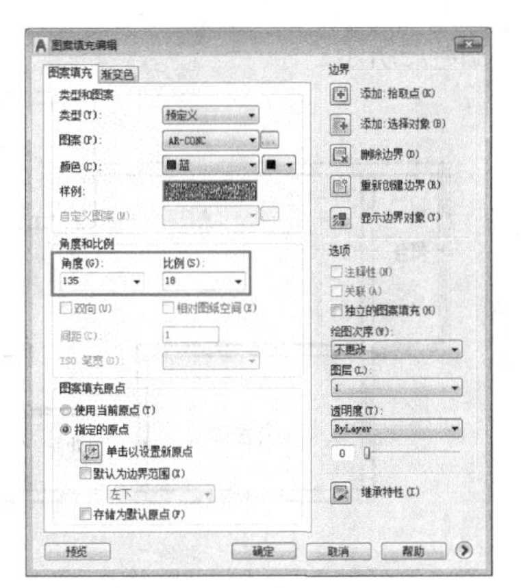

图4-67　“图案填充编辑”对话框

03 选择图案。在“图案”下拉列表框中，选择“AR-RROOF”图案，如图4-68所示。

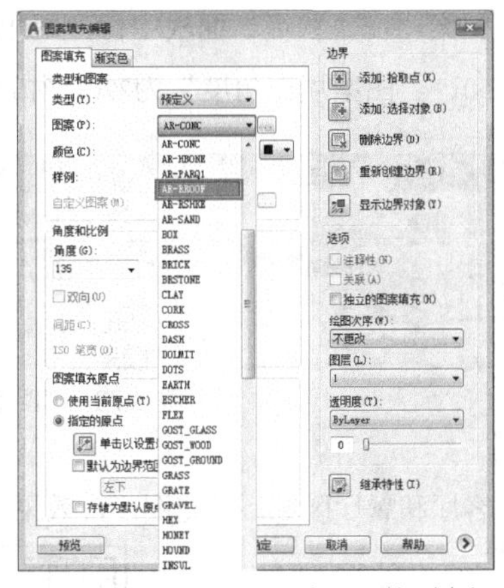

图4-68　“图案”下拉列表框

04 完成编辑。单击“确定”按钮，完成图案填充的编辑，得到的最终效果如图4-69所示。

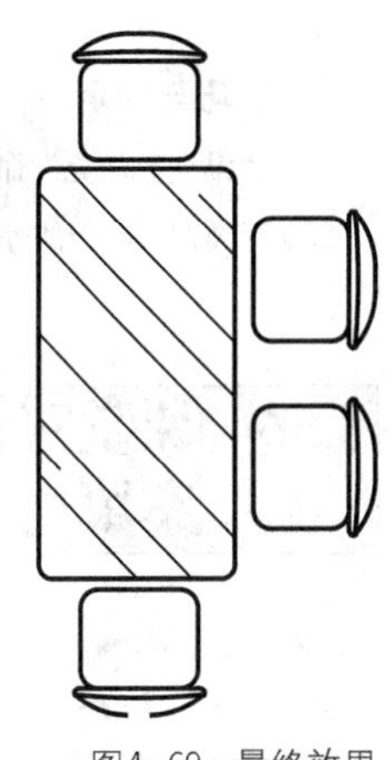

图4-69　最终效果

4.5.6 创建渐变色填充

使用“渐变色”命令，可以通过渐变色填充创建一种或两种颜色之间的平滑转场。

在AutoCAD 2018中可以通过以下几种方法启动“渐变色”命令。

- 菜单栏：执行“绘图”|“渐变色”命令。
- 命令行：在命令行中输入GRADIENT或GD命令。
- 功能区：在“默认”选项卡中，单击“绘图”面板中的“渐变色”按钮▦。

执行以上任一命令，均可以打开“图案填充创建”选项卡，如图4-70所示，在该选项卡中可设置颜色、填充样式以及角度，以获得绚丽多彩的渐变色填充效果。

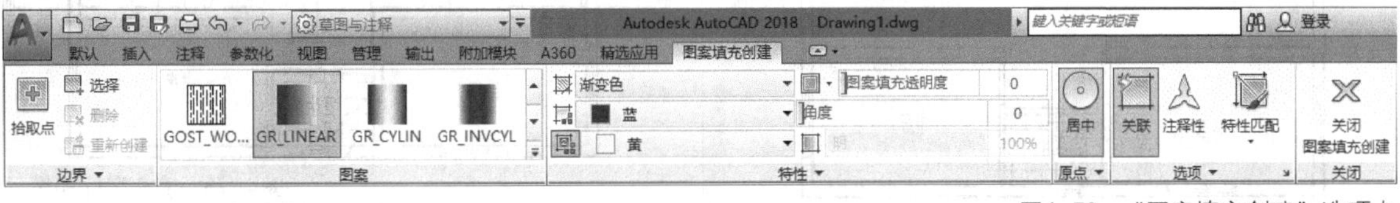

图4-70　“图案填充创建”选项卡

在命令行中输入GD命令并按Enter键，打开“图案填充创建”选项卡，修改“渐变色1”为“青”、“渐变色2”为“120”，拾取填充点，即可完成渐变色填充操作，效果如图4-71所示。

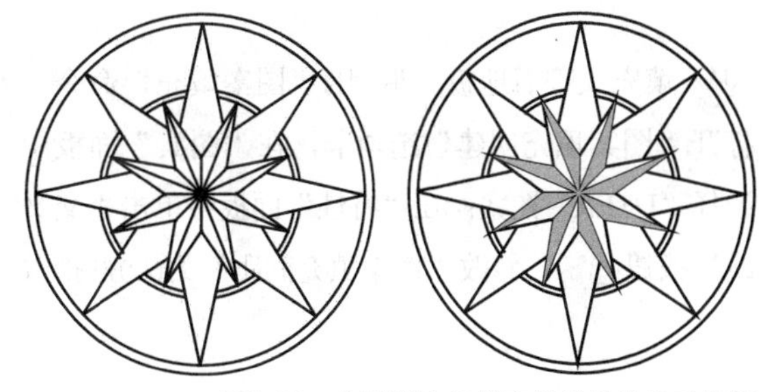

图4-71　创建渐变色填充的前后效果对比图

技巧与提示

"渐变色填充"命令的命令行和"图案填充"命令的命令行类似，唯一的差别在于命令不一样。

4.5.7 课堂实例——室内装饰图案填充

案例位置 素材>第4章>4.5.7 课堂实例——室内装饰图案填充.dwg

在线视频 视频>第4章>4.5.7 课堂实例——室内装饰图案填充.mp4

难易指数 ★★★★★

学习目标 学习"多段线"等命令的使用

01 打开文件。单击快速访问工具栏中的"打开"按钮，打开本书素材中的"第4章\4.5.7 课堂实例——室内装饰图案填充.dwg"素材文件，如图4-72所示。

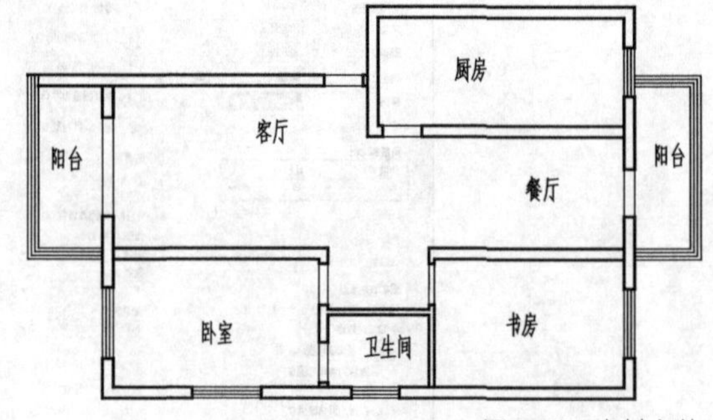

图4-72 素材文件

02 修改参数。将"地面层"图层设为当前图层。调用H"图案填充"命令，打开"图案填充创建"选项卡，在"图案"面板中选择"ANGLE"图案，在"特征"面板中修改"填充图案比例"为50、"图案填充角度"为270，如图4-73所示。

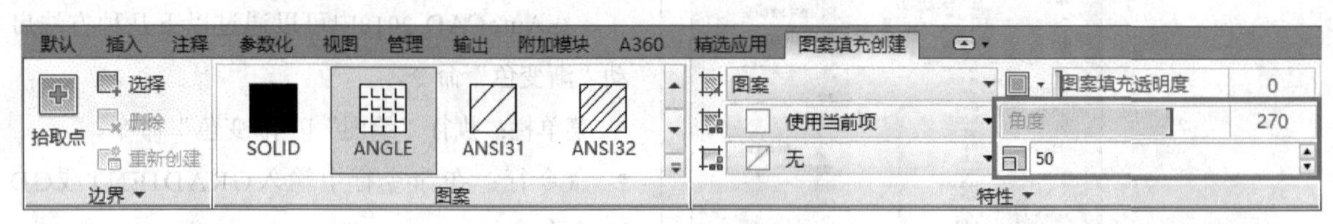

图4-73 "图案填充创建"选项卡

03 填充防滑地砖。拾取厨房和卫生间区域，填充图形，效果如图4-74所示。

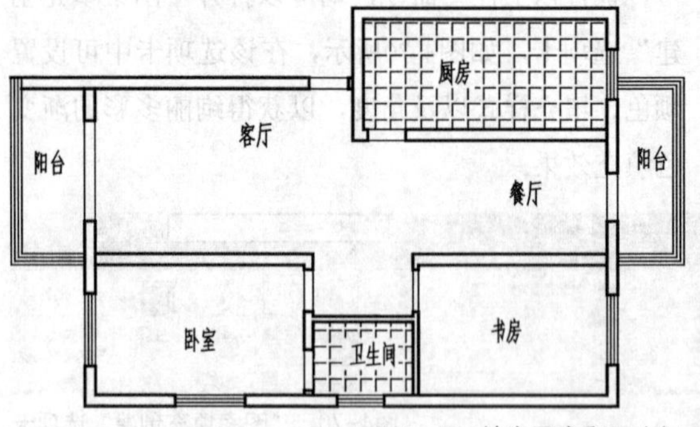

图4-74 填充厨房和卫生间

04 填充大理石地板。调用H"图案填充"命令，打开"图案填充创建"选项卡，在"图案"面板中选择"USER"图案；在"特性"面板中单击"交叉线"按钮，修改"图案填充间距"为600，拾取客厅和餐厅区域，填充图形，效果如图4-75所示。

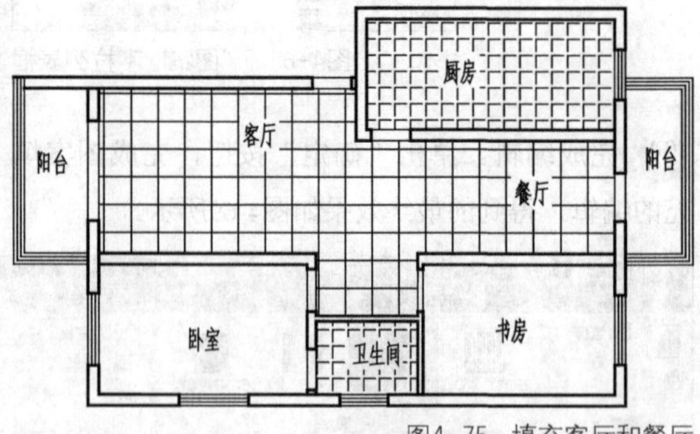

图4-75 填充客厅和餐厅

05 填充实木地板。调用H"图案填充"命令，打开"图案填充创建"选项卡，在"图案"面板中选择"DOLMIT"图案，在"特性"面板中，修改"填充图案比例"为30，拾取卧室和书房区域，填充图形，如图4-76所示。

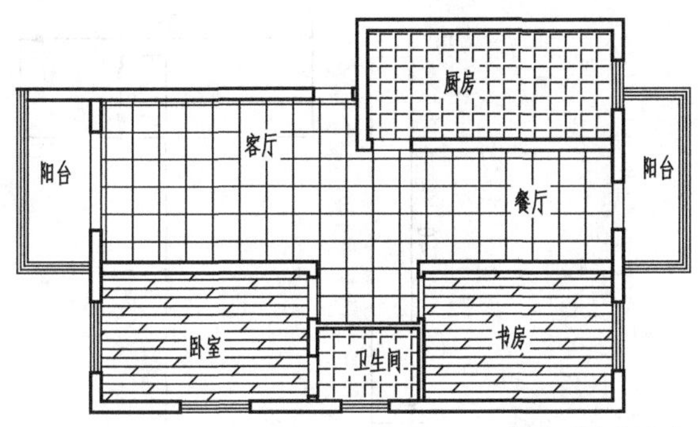

图4-76　填充卧室和书房

06 填充防腐木地板。调用H“图案填充”命令，打开“图案填充创建”选项卡，在“特性”面板中选择“LINE”图案，在“特性”面板中，修改“填充图案比例”为60，拾取阳台区域，填充图形，得到的最终效果如图4-77所示。

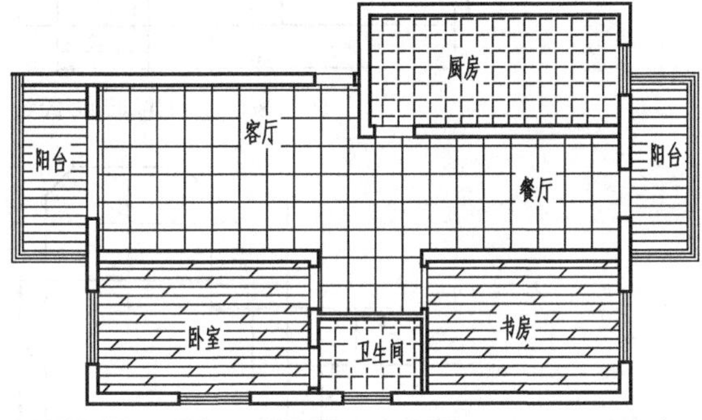

图4-77　最终效果

4.6 本章小结

想要学好AutoCAD 2018，除了掌握简单的二维绘图命令的使用技巧外，还需要掌握各种复杂的二维绘图命令的使用技巧，然后再根据本章讲解的知识点，绘制出更加复杂的图形。

4.7 课后习题

本节通过具体的实例练习使用“多段线”“样条曲线”“多线”“面域”“图案填充”等绘图命令，方便以后进行绘图和设计。

4.7.1 绘制钢琴

案例位置	素材>第4章>4.7.1 绘制钢琴.dwg
在线视频	视频>第4章>4.7.1 绘制钢琴.mp4
难易指数	★★★★★
学习目标	学习“多段线”“图案填充”“分解”“修剪”等命令的使用

绘制的钢琴如图4-78所示。

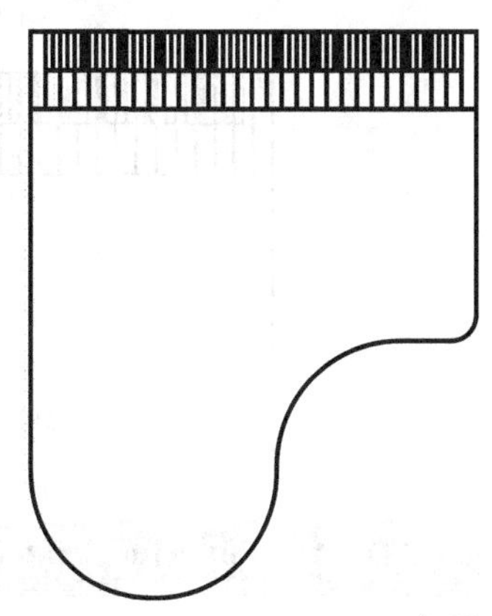
图4-78　钢琴

钢琴的绘制流程如图4-79~图4-82所示。

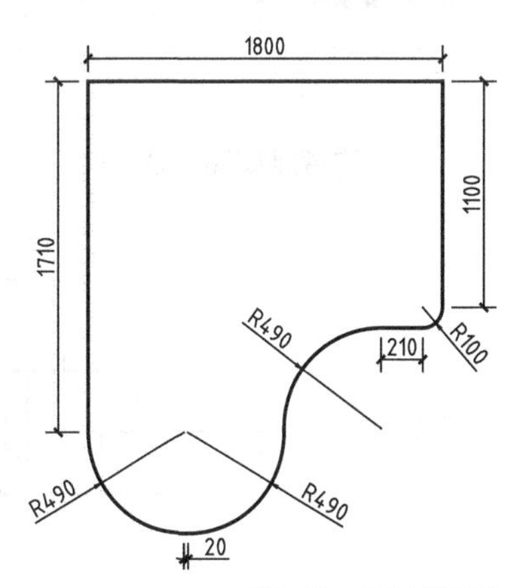

图4-79　绘制多段线

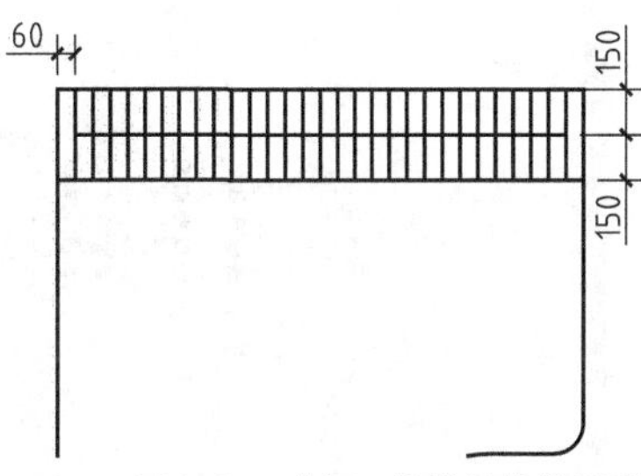

图4-80　分解、偏移并修剪图形

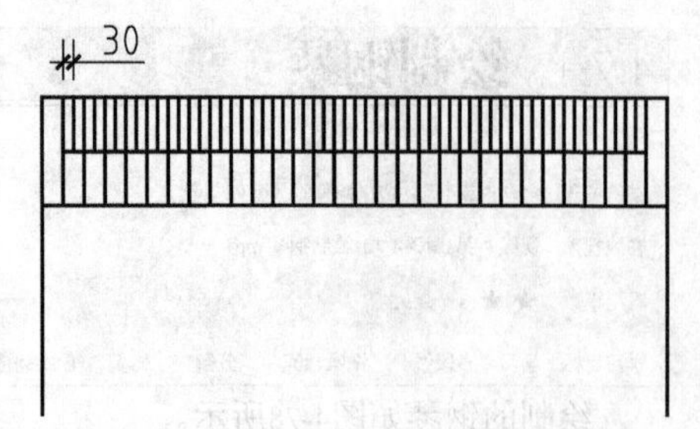

图4-81　偏移并修剪图形

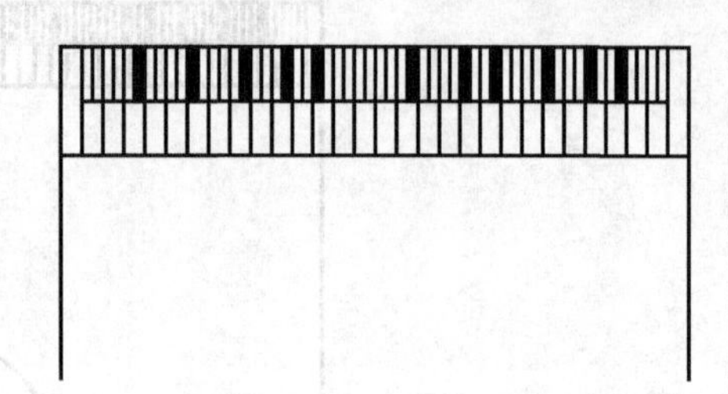

图4-82　填充"SOLID"图案

4.7.2 绘制蹲座

案例位置	素材>第4章>4.7.2 绘制蹲座.dwg
在线视频	视频>第4章>4.7.2 绘制蹲座.mp4
难易指数	★★★★★
学习目标	学习"多段线""图案填充""分解""修剪"等命令的使用

绘制的蹲座如图4-83所示。

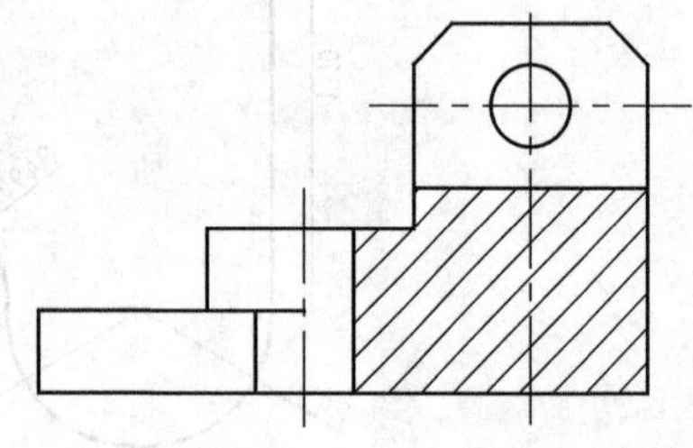

图4-83　蹲座

蹲座的绘制流程如图4-84~图4-89所示。

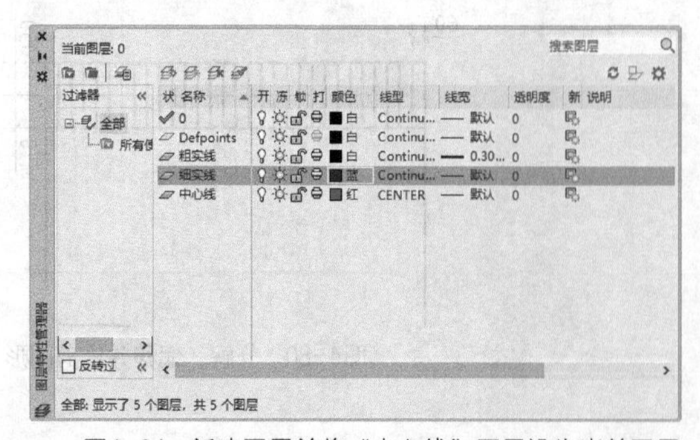

图4-84　新建图层并将"中心线"图层设为当前图层

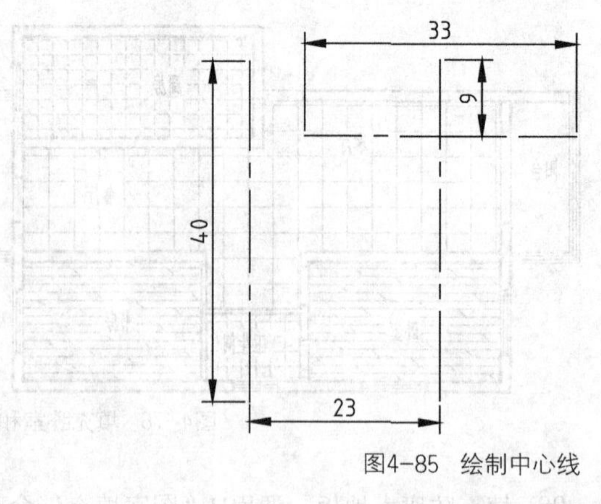

图4-85　绘制中心线

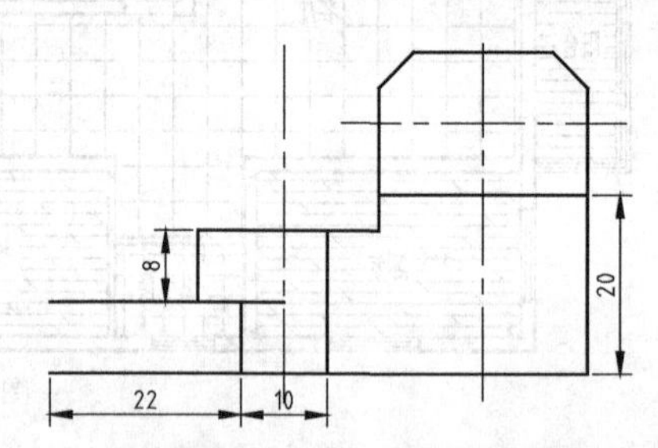

图4-86　绘制并移动多段线

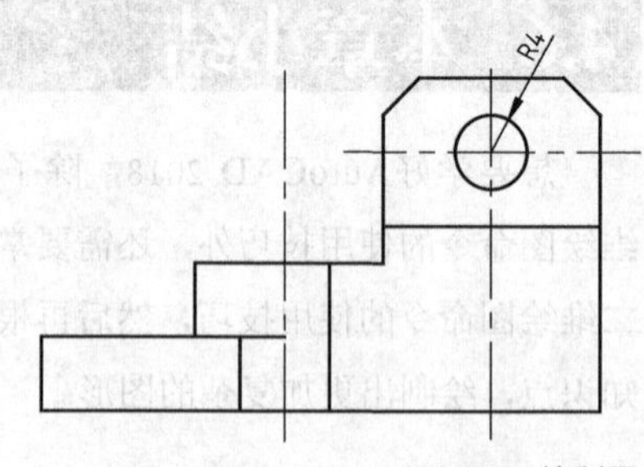

图4-87　分解、偏移并修剪图形

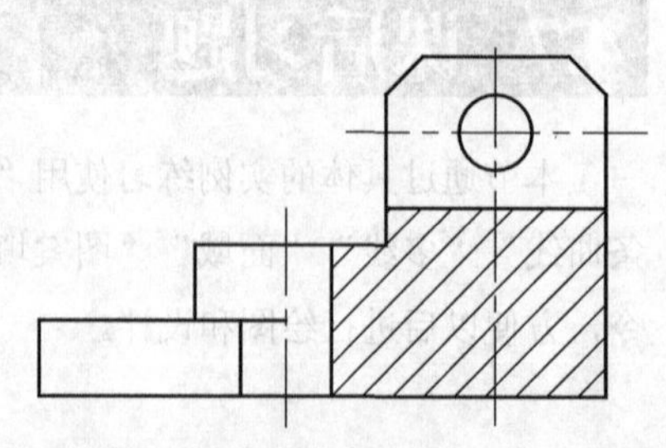

图4-88　绘制圆

图4-89　填充图形、通过夹点调整中心线的长度

第5章

编辑二维图形

内容摘要

AutoCAD 2018提供了丰富的图形编辑命令，如选择、复制、移动、变形、修整、倒角与圆角、夹点编辑等，使用这些命令可以修改已有图形或通过已有图形创建新的复杂图形。

课堂学习目标

- 了解图形的选择操作方法
- 掌握图形的复制操作方法
- 掌握图形的移动操作方法
- 掌握图形的变形操作方法
- 掌握图形的修整操作方法
- 掌握图形的倒角与圆角操作方法
- 熟悉图形的夹点编辑方法

5.1 图形的选择操作

如果准备对图形对象进行编辑，首先需要选择图形对象。选择图形对象的方式包括单个选择、多个选择以及快速选择等。

5.1.1 单个选择

单个对象的选择一般使用的是点选方式，这是最简单、最常用的图形选择方式之一。例如，在绘图区中直接单击左上方的小圆对象，即可选择单个对象，如图5-1所示。在需要选择的圆形对象上一直单击，则可以通过“点选”方式选择多个对象，如图5-2所示。

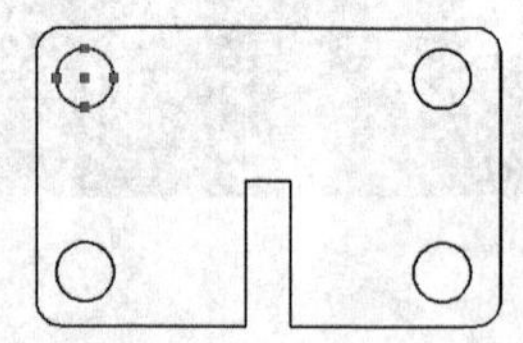

图5-1 选择单个对象

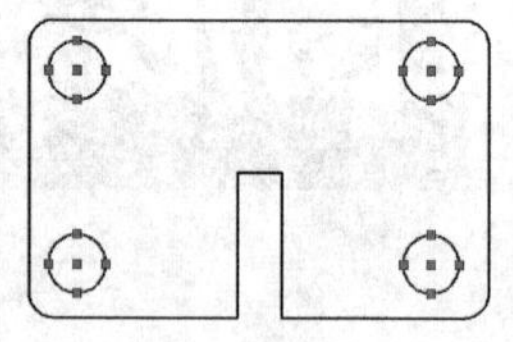

图5-2 同时选择多个对象

技巧与提示

按下Shift键并单击已经选中的对象，可以将这些对象从当前的选择集中删除。按Esc键，可以取消对当前全部选定对象的选择。

5.1.2 多个选择

在AutoCAD 2018中，有时需要选择多个对象并对其进行编辑操作，而如果通过一个一个地单击来完成对多个对象的选择操作，那么这将是一项很麻烦的编辑操作，不仅会浪费操作者的时间和精力，而且还会影响工作效率，此时，同时选择多个对象就显得非常有必要了。多个选择的方式包括窗口选择、窗交选择、栏选选择、圈交选择和圈围选择5种，下面将分别进行介绍。

1. 窗口选择

使用窗口选择方式可以绘制一个矩形窗口来选择对象。当指定了矩形窗口的两个对角点时，所有位于这个矩形窗口内的对象均会被选中，不在该窗口内或只有部分在该窗口内的对象则不被选中。这种选择方式是从左上角往右下角拖曳矩形框。图5-3所示为窗口选择图形效果。

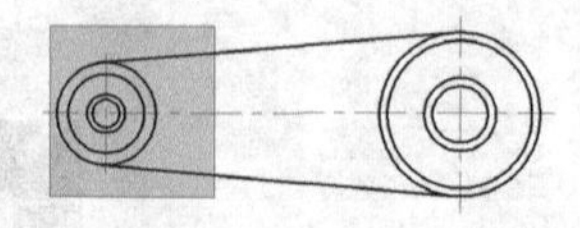

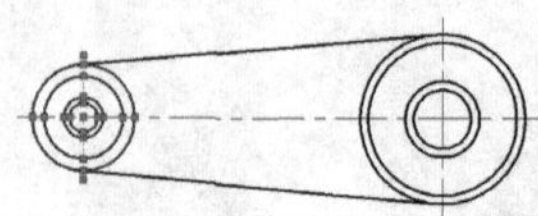

图5-3 窗口选择图形效果

2. 窗交选择

若使用窗交选择方式来选择对象，则全部位于窗口之内或与窗口边界相交的对象都将被选中。这种选择方式是从右下角往左上角拖曳矩形框，并以虚线来显示矩形，以区别于窗口选择方式。图5-4所示为窗交选择图形效果。

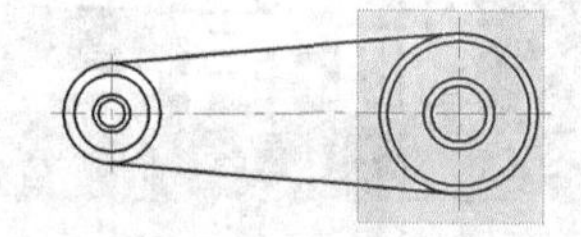

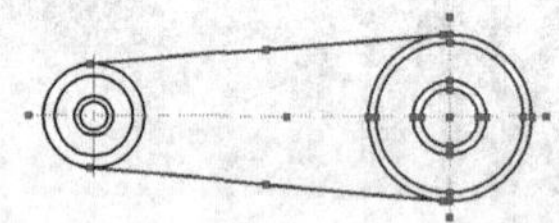

图5-4 窗交选择图形效果

3. 栏选选择

使用栏选选择方式可以选择与栏选线相交的所有对象。栏选选择方式与圈交选择方式相似，只是栏选线不闭合，并且栏选线可以自交。在绘图区中单击后拖曳鼠标，在命令行中将显示命令行提示，选择“栏选（F）”选项，即可执行“栏选”命令。在需要选取的对象处绘制出栏选线，选取对象后按Enter键结束，即可完成对象的选取操作，效果如图5-5所示，其命令行提示如下。

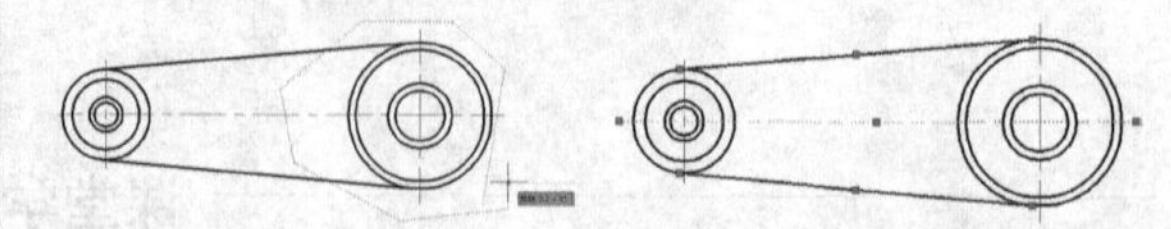

图5-5 栏选选择图形效果

```
命令:指定对角点或[栏选(F)/圈围(WP)/圈交(CP)]:f↙
        //选择“栏选（F）”选项
指定下一个栏选点或[放弃(U)]:      //指定栏选点
…………
指定下一个栏选点或[放弃(U)]:
        //指定栏选点，按Enter键结束
```

4. 圈交选择

使用圈交选择方式可以选择多边形（通过在待选对象周围指定点来定义）内部或与之相交的所有对象。该多边形可以为任意形状，但不能与自身相交或相切，并且该多边形在任何时候都是闭合的。在绘图区中单击后拖曳鼠标，在命令行中将显示命令行提示，选择“圈交（CP）”选项，即可执行“圈交”命令。在需要选取的对象处绘制出多边形，选取对象后按Enter键结束，即可完成对象的选取操作，效果如图5-6所示。

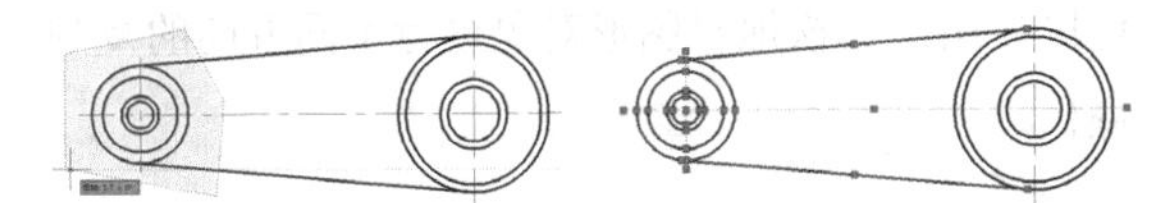

图5-6　圈交选择图形效果

5. 圈围选择

使用圈围选择方式可以选择多边形（通过待选对象周围的点定义）中的所有对象，该方式与窗口选择方式类似。不同的是，圈围选择方式可以构造任意形状的多边形，只有完全被包含在多边形区域内的对象才能被选中。在绘图区中单击后拖曳鼠标，在命令行中将显示命令行提示，选择“圈围（WP）”选项，即可执行“圈交”命令。在需要选取的对象处绘制出多边形，选取对象后按Enter键结束，即可完成对象的选取操作，效果如图5-7所示。

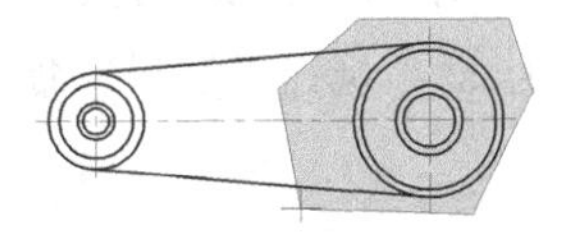

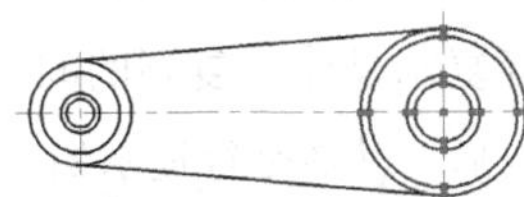

图5-7　圈围选择图形效果

5.1.3 快速选择

快速选择是AutoCAD中唯一一种以窗口作为对象来选择界面的选择方式。通过该选择方式，用户可以更直观地选择并编辑对象。

在AutoCAD 2018中可以通过以下几种方法启动“快速选择”命令。

- 菜单栏：执行“工具”|“快速选择”命令。
- 命令行：在命令行中输入QSELECT命令。
- 功能区：在“默认”选项卡中，单击“实用工具”面板中的“快速选择”按钮。

执行以上任一命令，均可以打开“快速选择”对话框，如图5-8所示，在该对话框中可以设置相应的参数，其中各选项的含义如下。

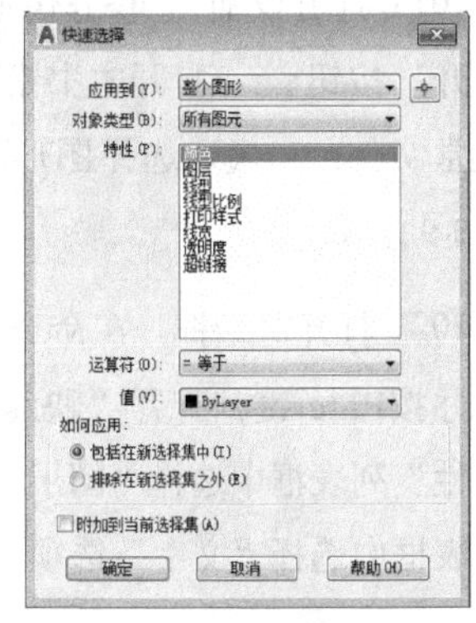

图5-8　“快速选择”对话框

- “应用到”下拉列表框：选择过滤条件的应用范围，可应用于整个图形，也可以应用于当前选择集，前提是当前选择集是存在的。
- “选择对象”按钮：单击该按钮将切换到绘图区域，可以根据当前指定的过滤条件来选择对象，选择完毕后，按Enter键结束选择，并返回到“快速选择”对话框中，同时“应用到”下拉列表框中的选项会切换为“当前选择”。
- “对象类型”下拉列表框：指定需要过滤的对象类型。
- “特性”列表框：指定作为过滤条件的对象特性。
- “运算符”下拉列表框：控制过滤范围。
- “值”下拉列表框：设置过滤器的特性值。
- “包括在新选择集中”单选按钮：由所有符合过滤条件的图形对象创建新的选择集。
- “排除在新选择集之外”单选按钮：创建包含不符合过滤条件的图形对象的新选择集。
- “附加到当前选择集”复选框：仅在需要连续进行筛选时才勾选该复选框，勾选该复选框后，筛选出的对象将被添加到当前的选择集中；否则，筛选出的对象将不会被添加到当前选择集中。

5.1.4 课堂实例——快速选择图形

案例位置 素材>第5章>5.1.4 课堂实例——快速选择图形.dwg

在线视频 视频>第5章>5.1.4 课堂实例——快速选择图形.mp4

难易指数 ★★★★★

学习目标 学习“快速选择”命令的使用

01 打开文件。单击快速访问工具栏中的“打开”按钮，打开本书素材中的“第5章\5.1.4 课堂实例——快速选择图形.dwg”素材文件，如图5-9所示。

02 打开对话框。在命令行中输入QSELECT命令并按Enter键，打开“快速选择”对话框，在“特性”列表框中选择“图层”选项，在“值”下拉列表框中选择“文字”选项，如图5-10所示。

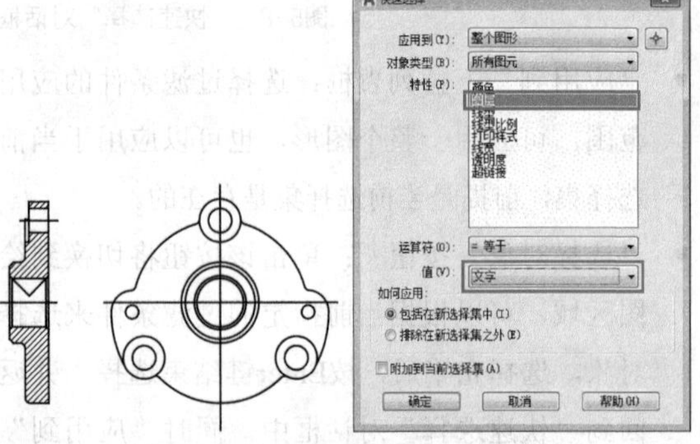

图5-9 素材文件 图5-10 “快速选择”对话框

03 快速选择。单击“确定”按钮，即可快速选择图形，如图5-11所示。

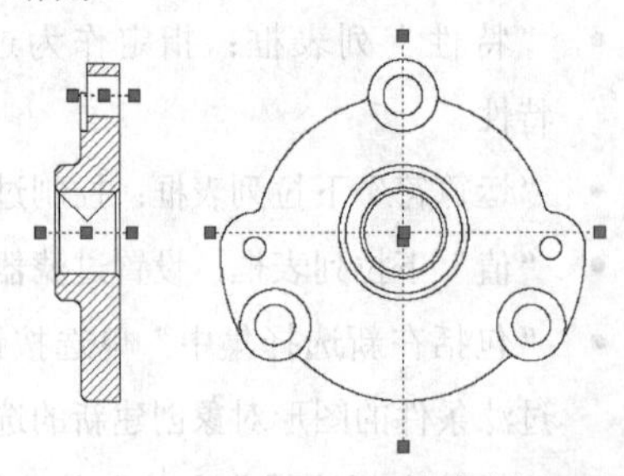

图5-11 快速选择图形

04 修改图形。在“图层”面板的“图层”下拉列表框中，选择“轴线”图层，如图5-12所示，即可修改选定图形的图层，得到的最终效果如图5-13所示。

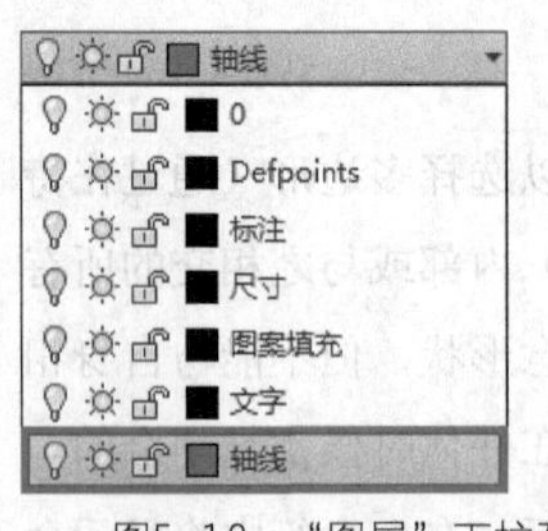

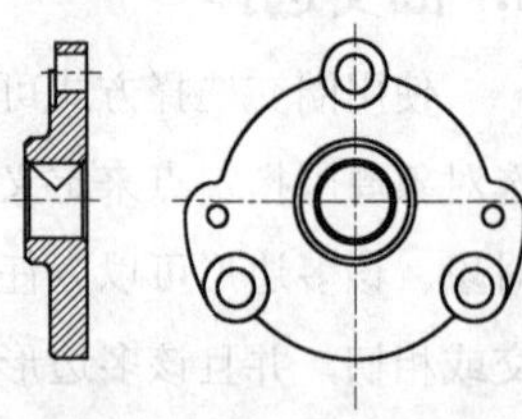

图5-12 “图层”下拉列表框 图5-13 最终效果

5.2 图形的复制操作

AutoCAD 2018提供了复制图形对象的命令，可以让用户轻松地对图形对象进行不同方向的复制操作。

5.2.1 复制

使用“复制”命令，可以一次复制出一个或多个相同的对象。

在AutoCAD 2018中可以通过以下几种方法启动“复制”命令。

- 菜单栏：执行“修改”|“复制”命令。
- 命令行：在命令行中输入COPY或CO命令。
- 功能区：在“默认”选项卡中，单击“修改”面板中的“复制”按钮。

在命令执行过程中，需要确定复制对象、复制基点和目标点。

在图5-14中，选择左上方的壁画对象，对其进行复制操作，复制的间距为783。执行“复制”命令后，其命令行提示如下。

```
命令：COPY↙                    //调用“复制”命令
选择对象：                      //选择左上方的壁画对象
指定基点或[位移(D)/模式(O)]<位移>:
                               //指定复制基点
指定第二个点或[阵列(A)]<使用第一个点作为位移
>:783↙                         //指定目标点
指定第二个点或[阵列(A)/退出(E)/放弃(U)]<退出
>:1566↙                        //指定目标点
指定第二个点或[阵列(A)/退出(E)/放弃(U)]<退出>:
                               //按Enter键结束操作
```

图5-14 复制图形的前后效果对比图

在“复制”命令行中各选项的含义如下。

- 位移（D）：使用坐标指定移动的相对距离和方向。指定的两点将定义一个矢量，指示复制对象的位置离原位置有多远以及将其放置在哪个方向。
- 模式（O）：控制命令是否自动重复。
- 阵列（A）：快速复制对象以呈现出指定数目和角度的效果。

5.2.2 镜像

使用“镜像”命令可以生成与所选对象镜像对称的图形。在对对象进行镜像操作时需要指出镜像线，镜像线的方向是任意的，所选对象将根据镜像线进行镜像对称，并且可以选择删除或保留源对象。

在AutoCAD 2018中可以通过以下几种方法启动“镜像”命令。

- 菜单栏：执行“修改”|“镜像”命令。
- 命令行：在命令行中输入MIRROR或MI命令。
- 功能区：在“默认”选项卡中，单击“修改”面板中的“镜像”按钮。

在命令执行过程中，需要确定镜像复制的对象和对称轴。对称轴的方向可以是任意的，所选对象将根据该轴线进行镜像对称复制，并且可以选择删除或保留源对象。在实际工程中许多物体都被设计成对称形式，如果绘制了这些物体的一半，就可以通过“镜像”命令迅速得到另一半。

如图5-15所示，通过框选选择垂直中心线左侧的图形，并指定垂直中心线为镜像线，对其进行镜像操作。执行“镜像”命令后，其命令行提示如下。

```
命令:MIRROR↙ //调用“镜像”命令
选择对象:指定对角点:找到8个    //选择左侧的图形
选择对象:指定镜像线的第一点:指定镜像线的第二点:             //指定垂直中心线的上下端点
要删除源对象吗？[是(Y)/否(N)]<N>:
                    //按Enter键结束
```

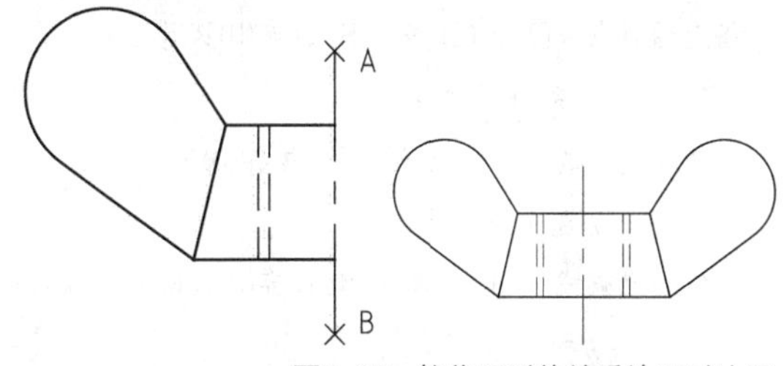

图5-15 镜像图形的前后效果对比图

5.2.3 偏移

使用“偏移”命令可以对指定的线进行平行偏移复制，对指定的圆或圆弧等对象进行同心偏移复制。

在AutoCAD 2018中可以通过以下几种方法启动“偏移”命令。

- 菜单栏：执行“修改”|“偏移”命令。
- 命令行：在命令行中输入OFFSET或O命令。
- 功能区：在“默认”选项卡中，单击“修改”面板中的“偏移”按钮。

在命令执行过程中，需要确定偏移源对象、偏移距离和偏移方向。

在图5-16中，选择从左往右数的第二条垂直直线为偏移对象，分别指定从上往下数的第二条短直线的左右端点为通过点，对其进行偏移操作。执行“偏移”命令后，命令行提示如下。

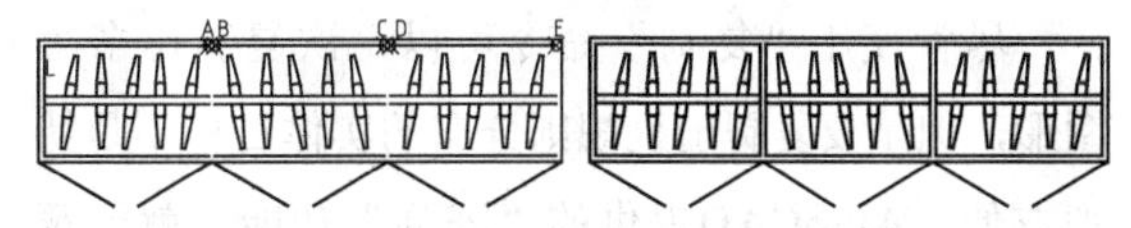

图5-16 偏移图形的前后效果对比图

```
命令:OFFSET↙
        //调用“偏移”命令
当前设置:删除源=否  图层=源  OFFSETGAPTYPE=0
指定偏移距离或[通过(T)/删除(E)/图层(L)]<通过>:t↙
        //选择“通过（T）”选项
选择要偏移的对象，或[退出(E)/放弃(U)]<退出>:
        //选择L垂直直线
指定通过点或[退出(E)/多个(M)/放弃(U)]<退出>:
        //指定A通过点
选择要偏移的对象，或[退出(E)/放弃(U)]<退出>:
        //选择偏移对象
指定通过点或[退出(E)/多个(M)/放弃(U)]<退出>:
        //指定B通过点
选择要偏移的对象，或[退出(E)/放弃(U)]<退出>:
        //选择偏移对象
指定通过点或[退出(E)/多个(M)/放弃(U)]<退出>:
        //指定C通过点
选择要偏移的对象，或[退出(E)/放弃(U)]<退出>:
        //选择偏移对象
指定通过点或[退出(E)/多个(M)/放弃(U)]<退出>:
        //指定D通过点
选择要偏移的对象，或[退出(E)/放弃(U)]<退出>:
        //选择偏移对象
指定通过点或[退出(E)/多个(M)/放弃(U)]<退出>:
        //指定E通过点，按Enter键结束
```

在“偏移”命令行中，各选项的含义如下。

- 偏移距离：指定偏移距离的具体数值。
- 通过（T）：指定通过点。
- 删除（E）：进行偏移操作后删除源对象。
- 图层（L）：确定将偏移对象创建在当前图层上还是源对象所在的图层上。
- 多个（M）：选择该选项，可以使用当前的偏移距离重复进行偏移操作。

5.2.4 阵列

尽管使用“复制”命令可以一次复制出多个图形，但是要复制出呈规则分布的实体目标不是特别方便。AutoCAD提供的“阵列”功能，就能帮助用户快速、准确地复制出呈规则分布的图形。阵列图形是指以指定的点为阵列中心，在周围或指定的方向上复制指定数量的图形对象。阵列分为矩形阵列、环形阵列和路径阵列3种，下面将分别进行介绍。

1. 矩形阵列

矩形阵列图形常用于指定在水平方向和垂直方向上阵列图形对象，即对图形对象进行阵列复制后，图形对象呈矩形分布。

在AutoCAD 2018中可以通过以下几种方法启动“矩形阵列”命令。

- 菜单栏：执行“修改”|“阵列”|“矩形阵列”命令。
- 命令行：在命令行中输入ARRAY、AR或ARRAYRECT命令。
- 功能区：在“默认”选项卡中，单击“修改”面板中的“矩形阵列”按钮。

在命令执行过程中，需要设置的参数有阵列的源对象、行和列的数目、行距和列距。行和列的数目决定了需要复制的图形对象的数量。

在图5-17中，选择左上方的同心圆为矩形阵列对象，分别修改列数、行数、列间距以及行间距等参数，对图形进行矩形阵列操作。执行“矩形阵列”命令后，系统将打开“阵列创建”选项卡，如图5-18所示，其命令行提示如下。

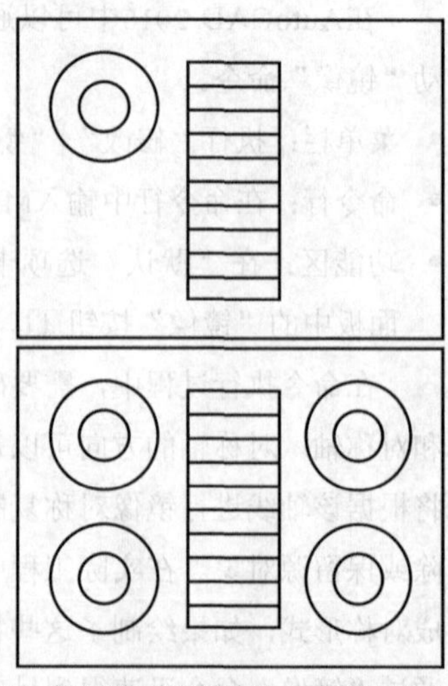

图5-17 矩形阵列图形的前后效果对比图

图5-18 “阵列创建”选项卡

```
命令:arrayrect↙
            //调用“矩形阵列”命令
选择对象:指定对角点:找到2个
            //选择同心圆对象
选择对象:
类型=矩形    关联=是
选择夹点以编辑阵列或[关联(AS)/基点(B)/计数(COU)/
间距(S)/列数(COL)/行数(R)/层数(L)/退出(X)]<退出
>:col↙
            //选择“列数(COL)”选项
输入列数数或[表达式(E)]<4>:2↙
            //输入列数参数值
指定列数之间的距离或[总计(T)/表达式
(E)]<205.3743>:329↙
            //输入列间距参数值
选择夹点以编辑阵列或[关联(AS)/基点(B)/计数(COU)/
间距(S)/列数(COL)/行数(R)/层数(L)/退出(X)]<退出
>:r↙
            //选择“行数(R)”选项
输入行数数或[表达式(E)]<3>:2↙
            //输入行数参数值
指定行数之间的距离或[总计(T)/表达式
(E)]<205.3743>:-180↙
            //输入行间距参数值
指定行数之间的标高增量或[表达式(E)]<0>:↙
            //输入行数标高参数值，按Enter键结束
```

在“矩形阵列”命令行中，各选项的含义如下。

- 关联（AS）：指定阵列中的对象是关联的还是各自独立的。
- 基点（B）：定义阵列基点和基点夹点的位置。
- 计数（COU）：指定行数和列数，并使用户在移动光标时可以动态观察结果（一种比“行和列”选项更快捷的方法）。
- 间距（S）：指定行间距和列间距并使用户在移动光标时可以动态观察结果。
- 列数（COL）：编辑列数和列间距。
- 行数（R）：指定阵列中的行数、行之间的距离以及行数之间的标高增量。
- 层数（L）：指定三维阵列的层数和层间距。
- 表达式（E）：基于数学公式或方程式导出值。

2. 环形阵列

环形阵列可以某一点为中心点对图形进行环形复制，结果是图形将围绕指定的中心点或旋转轴均匀分布。

在AutoCAD 2018中可以通过以下几种方法启动“环形阵列”命令。

- 菜单栏：执行“修改”|“阵列”|“环形阵列”命令。
- 命令行：在命令行中输入ARRAYPOLAR命令。
- 功能区：在“默认”选项卡中，单击“修改”面板中的“环形阵列”按钮。

在命令执行过程中，需要确定阵列的源对象、项目总数、中心点位置和填充角度。

在图5-19中，选择左上方的灯具为环形阵列对象，捕捉圆心点为中心点，修改项目数，对图形进行环形阵列操作。执行“环形阵列”命令后，系统将打开“阵列创建”选项卡，如图5-20所示，其命令行提示如下。

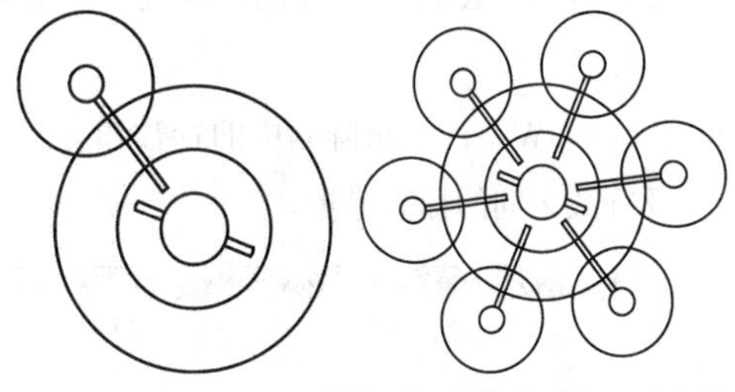

图5-19 环形阵列图形的前后效果对比图

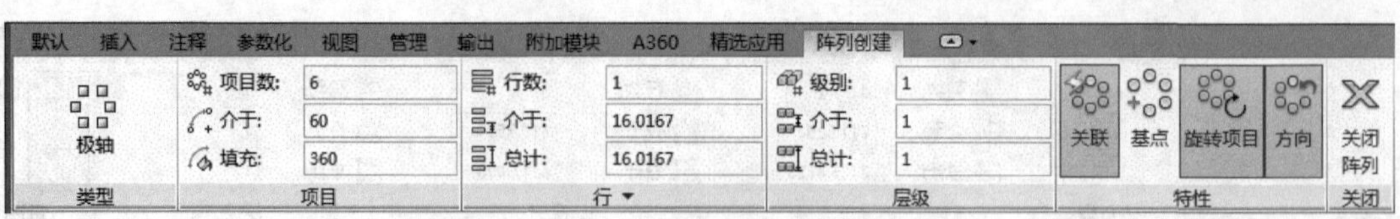

图5-20 “阵列创建”选项卡

```
命令:arraypolar↙
            //调用“环形阵列”命令
选择对象:指定对角点:找到8个，总计8↙
            //选择左上方的灯具图形
选择对象:
类型=极轴  关联=是
指定阵列的中心点或[基点(B)/旋转轴(A)]:
            //指定圆心点
选择夹点以编辑阵列或[关联(AS)/基点(B)/项目(I)/
项目间角度(A)/填充角度(F)/行(ROW)/层(L)/旋转项目
(ROT)/退出(X)]<退出>:i↙
            //选择“项目（I）”选项
输入阵列中的项目数或[表达式(E)]<4>:6↙
            //输入项目参数值
选择夹点以编辑阵列或[关联(AS)/基点(B)/项目(I)/
项目间角度(A)/填充角度(F)/行(ROW)/层(L)/旋转项目
(ROT)/退出(X)]<退出>:
        //按Enter键结束，完成图形的环形阵列操作
```

在“环形阵列”命令行中，各选项的含义如下。

- 基点（B）：指定阵列的基点。基点与中心点不能相同。
- 旋转轴（A）：指定阵列的旋转轴。该选项在三维模型中应用。
- 项目间角度（A）：指定项目之间的角度。
- 填充角度（F）：指定图形的填充角度。
- 项目（I）：指定阵列的项目数。
- 旋转项目（ROT）：控制在排列项目时是否旋转项目。
- 行（ROW）：编辑阵列中的行数和行间距，以及行数之间的标高增量。

3. 路径阵列

在路径阵列中，项目将均匀地沿所有路径或部分路径分布。其中，路径可以是直线、多段线、三维多段线、样条曲线、螺旋、圆弧、圆或椭圆等。

在AutoCAD 2018中可以通过以下几种方法启动“路径阵列”命令。

- 菜单栏：执行“修改”|“阵列”|“路径阵列”命令。
- 命令行：在命令行中输入ARRAYPATH命令。
- 功能区：在“默认”选项卡中，单击“修改”面板中的“路径阵列”按钮。

在命令执行过程中，需要确定阵列路径、阵列对象及其数量、阵列方向等。

在图5-21中，选择右上方的椅子为路径阵列对象，拾取右侧圆弧为阵列路径，修改项目数，对图形进行路径阵列操作。执行“路径阵列”命令后，系统将打开“阵列创建”选项卡，如图5-22所示，其命令行提示如下。

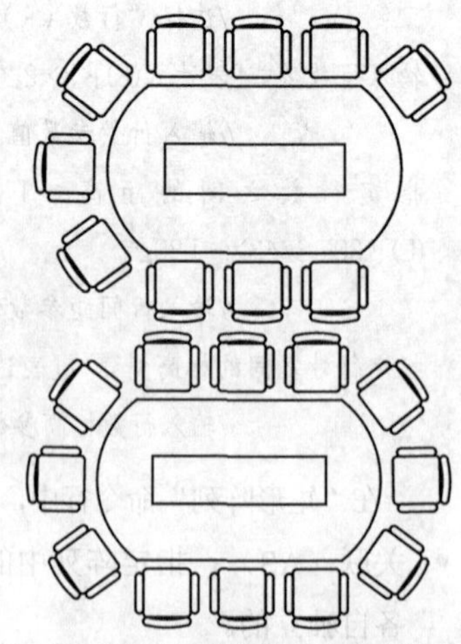

图5-21 路径阵列图形的前后效果对比图

默认 插入 注释 参数化 视图 管理 输出 附加模块 A360 精选应用 阵列创建
路径 | 项目数: 8 | 介于: 8.3971 | 总计: 58.7798 | 行数: 1 | 介于: 6.75 | 总计: 6.75 | 级别: 1 | 介于: 1 | 总计: 1 | 关联 基点 切线方向 定距等分 对齐项目 Z方向 | 关闭阵列
类型 | 项目 | 行 | 层级 | 特性 | 关闭

图5-22 “阵列创建”选项卡

```
命令:arraypath↙
        //调用"路径阵列"命令
选择对象:指定对角点:找到1个
        //选择右上方的椅子图形
类型=路径　关联=是
选择路径曲线:
选择夹点以编辑阵列或[关联(AS)/方法(M)/基点(B)/切向(T)/项目(I)/行(R)/层(L)/对齐项目(A)/Z方向(Z)/退出(X)]<退出>:i↙
        //选择"项目(I)"选项
指定沿路径的项目之间的距离或[表达式(E)]<1354.7264>:800↙
最大项目数=3
指定项目数或[填写完整路径(F)/表达式(E)]<3>:
选择夹点以编辑阵列或[关联(AS)/方法(M)/基点(B)/切向(T)/项目(I)/行(R)/层(L)/对齐项目(A)/Z方向(Z)/退出(X)]<退出>:
```

在"路径阵列"命令行中，各选项的含义如下。

- 方法（M）：控制如何沿路径分布项目。
- 切向（T）：指定阵列中的项目如何相对于路径的起始方向对齐。
- 项目（I）：根据"方法"设置，指定项目数或项目之间的距离。
- 行（R）：指定阵列中的行数、行之间的距离以及行数之间的标高增量。
- 对齐项目（A）：指定是否对齐每个项目以与路径的方向相切。对齐是相对于第一个项目的方向而言的。
- Z方向（Z）：控制是否保持项目的原始z轴方向或沿三维路径自然倾斜项目。

5.2.5 课堂实例——绘制法兰盘零件图

案例位置　素材>第5章>5.2.5 课堂实例——绘制法兰盘零件图.dwg

在线视频　视频>第5章>5.2.5 课堂实例——绘制法兰盘零件图.mp4

难易指数　★★★★★

学习目标　学习"旋转""复制""圆角""环形阵列""偏移""镜像"等命令的使用

01 新建图层。新建空白文件，调用LA"图层"命令，打开"图层特性管理器"选项板，依次创建"中心线""剖面线""粗实线"图层，如图5-23所示。

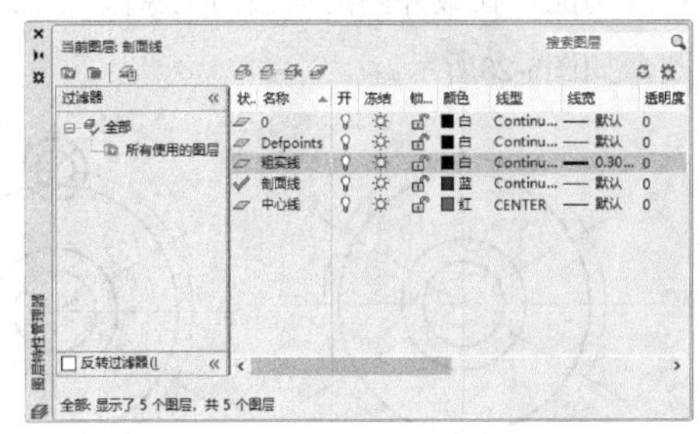

图5-23　"图层特性管理器"选项板

02 绘制直线。将"中心线"图层设为当前图层，调用L"直线"命令，绘制两条长度均为120、相互垂直的直线，如图5-24所示。

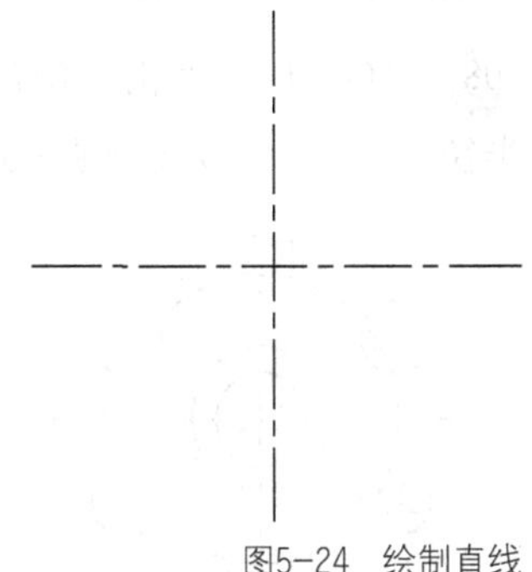

图5-24　绘制直线

03 旋转复制图形。调用RO"旋转"命令，对新绘制的水平中心线进行30°和-30°的旋转复制操作，如图5-25所示。

04 绘制圆。将"粗实线"图层设为当前图层。调用C"圆"命令，结合"中点捕捉"功能，绘制多个圆，如图5-26所示。

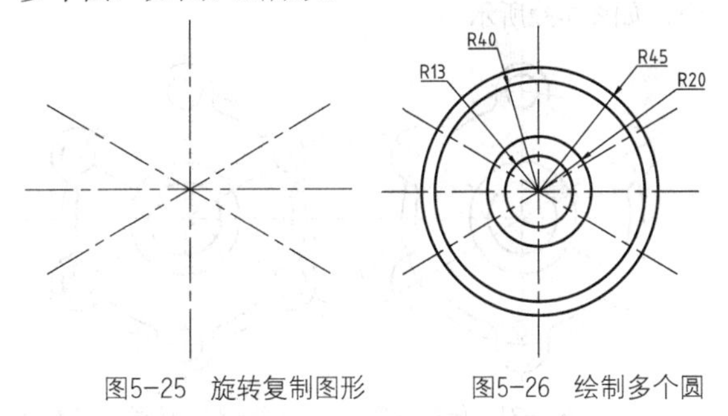

图5-25　旋转复制图形　　图5-26　绘制多个圆

05 修改图层。将外侧的圆修改至“中心线”图层，如图5-27所示。

06 绘制圆。调用C“圆”命令，结合“象限点捕捉”功能，在最外侧的大圆的上象限点上绘制多个圆，如图5-28所示。

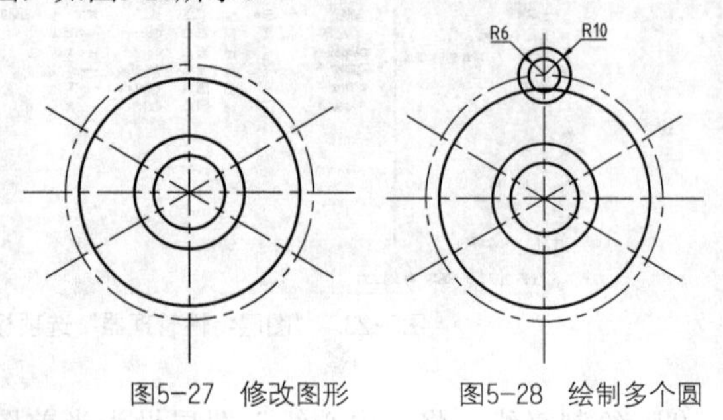

图5-27 修改图形　　图5-28 绘制多个圆

07 复制图形。调用CO“复制”命令，对新绘制的小圆对象进行复制操作，如图5-29所示。

08 圆角操作。调用F“圆角”命令，修改“圆角半径”为“5”，效果如图5-30所示。

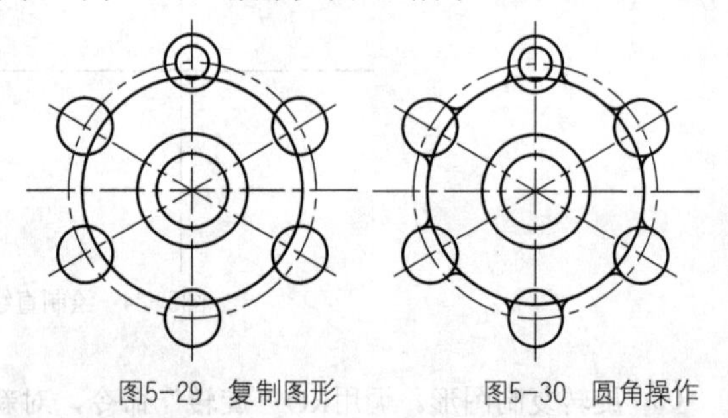

图5-29 复制图形　　图5-30 圆角操作

09 修剪图形。调用TR“修剪”命令，修剪多余的图形，如图5-31所示。

10 环形阵列图形。调用ARRAYPOLAR“环形阵列”命令，对新绘制的小圆对象进行环形阵列操作，如图5-32所示。

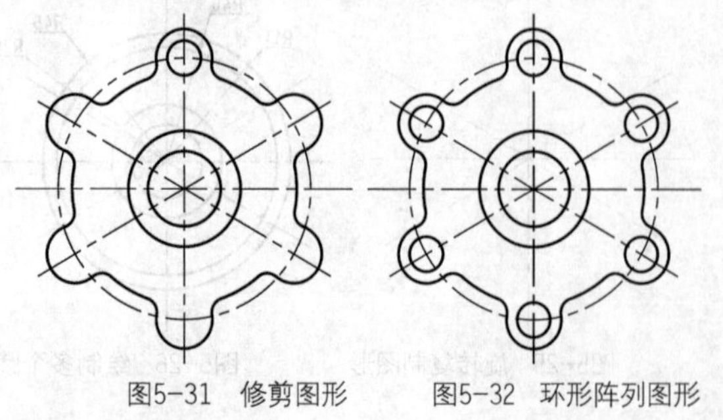

图5-31 修剪图形　　图5-32 环形阵列图形

11 偏移图形。调用O“偏移”命令，对水平和垂直中心线进行偏移操作，如图5-33所示。

12 修剪图形。调用TR“修剪”命令，修剪多余的图形，并将修剪后的图形修改至“粗实线”图层，效果如图5-34所示。

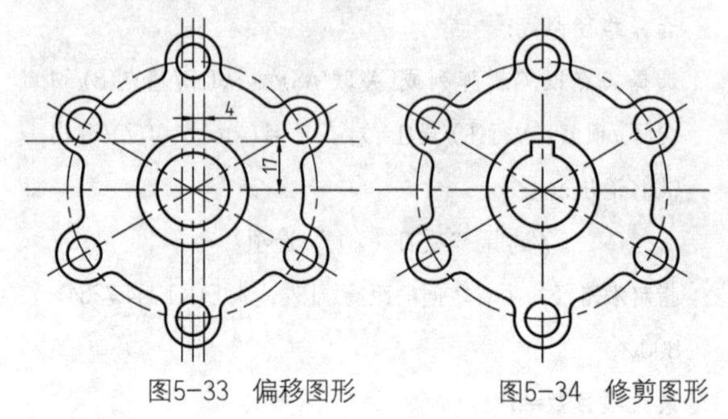

图5-33 偏移图形　　图5-34 修剪图形

13 复制图形。调用CO“复制”命令，对水平中心线进行复制操作，并将复制后的图形向右移动，如图5-35所示。

14 绘制多段线。调用PL“多段线”和M“移动”命令，绘制多段线，如图5-36所示。

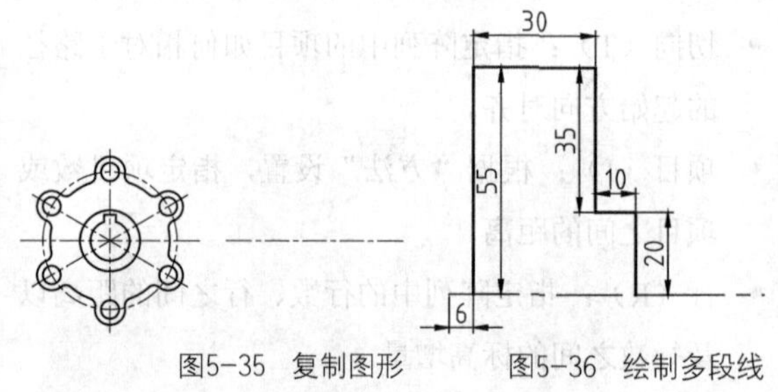

图5-35 复制图形　　图5-36 绘制多段线

15 偏移图形。调用O“偏移”命令，将水平中心线向上偏移，如图5-37所示。

16 修改图形。调用TR“修剪”命令，修剪多余的图形；将相应的水平直线修改至“粗实线”图层，并调整中心线的长度，如图5-38所示。

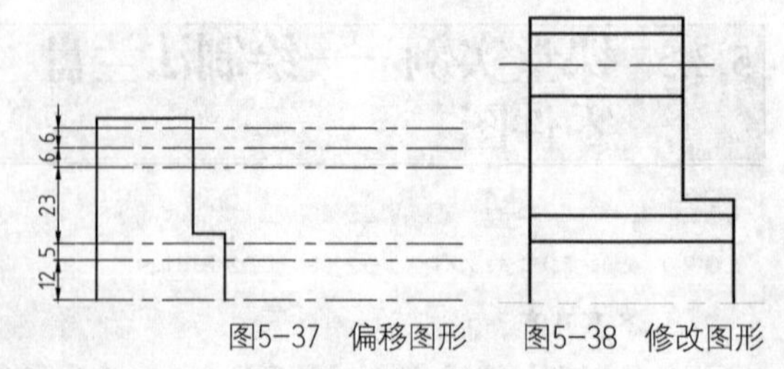

图5-37 偏移图形　　图5-38 修改图形

17 镜像图形。调用MI“镜像”命令，选择合适的图形，对其进行镜像操作，如图5-39所示。

18 填充图形。将“剖面线”图层设为当前图层。调用H“图案填充”命令，选择“ANSI31”图案，填充图形，得到的最终效果，如图5-40所示。

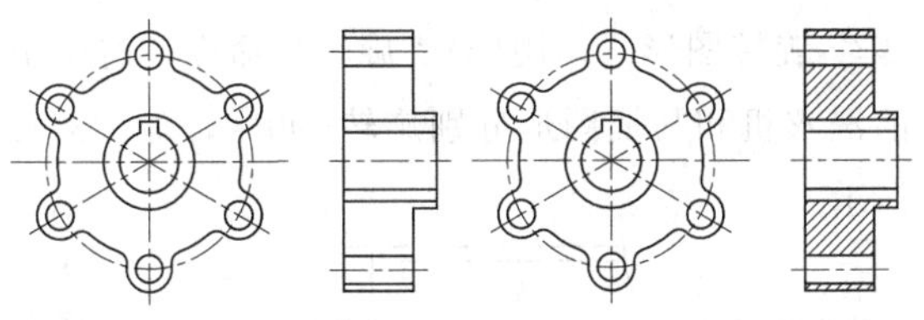

图5-39　镜像图形　　　　图5-40　最终效果

5.3 图形的移动操作

在AutoCAD 2018中，使用“移动”和“旋转”命令可以改变图形的位置，并且在移动图形时，对象的位置会发生改变，但大小不变。

5.3.1 移动

“移动”命令仅仅改变图形的位置，用于将单个或多个对象从当前位置移至新位置，而不改变图形的大小、方向等属性。

在AutoCAD 2018中可以通过以下几种方法启动“移动”命令。

- 菜单栏：执行“修改”|“移动”命令。
- 命令行：在命令行中输入MOVE或M命令。
- 功能区：在“默认”选项卡中，单击“修改”面板中的“移动”按钮。

在命令执行过程中，需要确定移动的对象和移动基点，并将对象移动至相应的位置。

在图5-41中，选择右侧的多段线为移动对象，先捕捉该图形的中心点A为基点，再捕捉左侧的圆心点B，对图形进行移动操作。执行“移动”命令后，命令行提示如下。

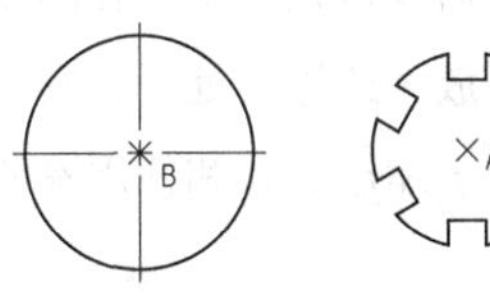

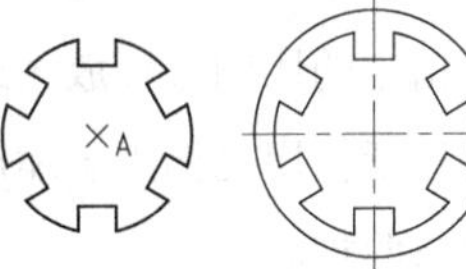

图5-41　移动图形的前后效果对比图

```
命令:MOVE↙                        //调用“移动”命令
选择对象:指定对角点:找到1个      //选择多段线对象
选择对象:
指定基点或[位移(D)]<位移>:   //捕捉A点为基点
指定第二个点或<使用第一个点作为位移>:
                                  //捕捉B点即可移动图形
```

执行“移动”命令时，命令行中只有一个子选项：“位移（D）”。选择该选项后可以输入坐标值，输入的坐标值将指定相对移动的距离和方向。图5-42为输入坐标（500，100）后的位移移动效果。

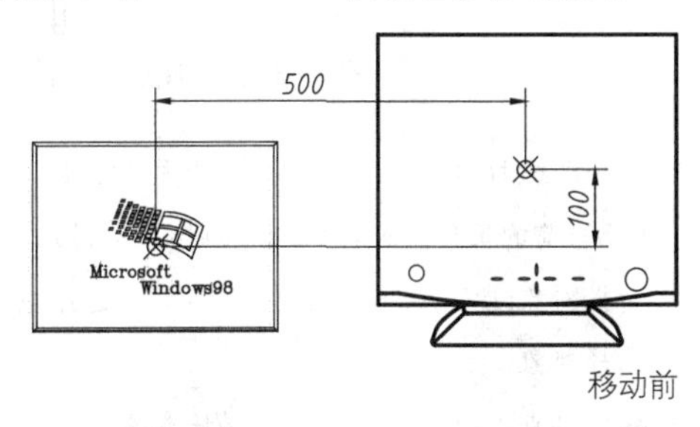

移动前

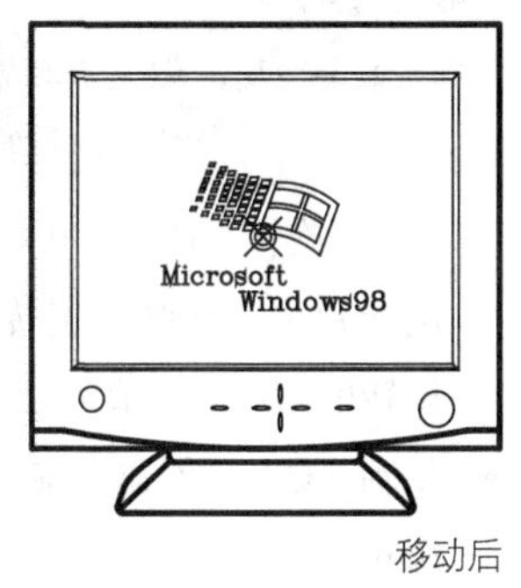

移动后

图5-42　位移移动效果图

5.3.2 旋转

“旋转”命令可以使图形对象绕基点进行旋转，还可以进行多次旋转。

在AutoCAD 2018中可以通过以下几种方法启动“旋转”命令。

- 菜单栏：执行“修改”|“旋转”命令。
- 命令行：在命令行中输入ROTATE或RO命令。
- 功能区：在“默认”选项卡中，单击“修改”面板中的“旋转”按钮。

在命令执行过程中，需要确定旋转对象、旋转基点和旋转角度。

在图5-43中，选择整个图形作为旋转对象，任意捕捉一点为旋转基点，修改“旋转角度”为-30，对图形进行旋转操作。执行“旋转”命令后，命令行提示如下。

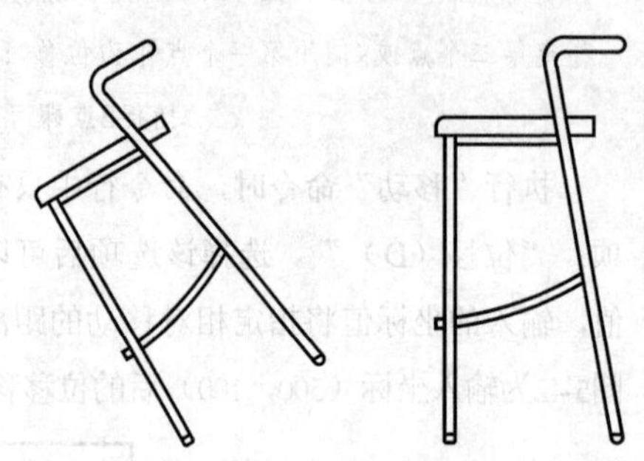

图5-43 旋转图形的前后效果对比图

```
命令:rotate↙                    //调用“旋转”命令
UCS当前的正角方向:ANGDIR=逆时针  ANGBASE=0
选择对象:指定对角点:找到5个        //选择整个图形
选择对象:
指定基点:                        //任意捕捉一点为基点
指定旋转角度，或[复制(C)/参照(R)]<0>:-30↙
                //输入旋转角度，按Enter键结束
```

在“旋转”命令行中，各选项的含义如下。

- 旋转角度：逆时针旋转的角度为正值，顺时针旋转的角度为负值。
- 复制（C）：创建要旋转的对象的副本，即保留源对象。
- 参照（R）：按参照角度和指定的新角度旋转对象。

5.3.3 课堂实例——布置卫生间平面图

案例位置 素材>第5章>5.3.3 课堂实例——布置卫生间平面图.dwg

在线视频 视频>第5章>5.3.3 课堂实例——布置卫生间平面图.mp4

难易指数 ★★★★★

学习目标 学习“旋转”“移动”命令的使用

01 打开文件。单击快速访问工具栏中的“打开”按钮，打开本书素材中的“第5章\5.3.3 课堂实例——布置卫生间平面图.dwg”素材文件，如图5-44所示。

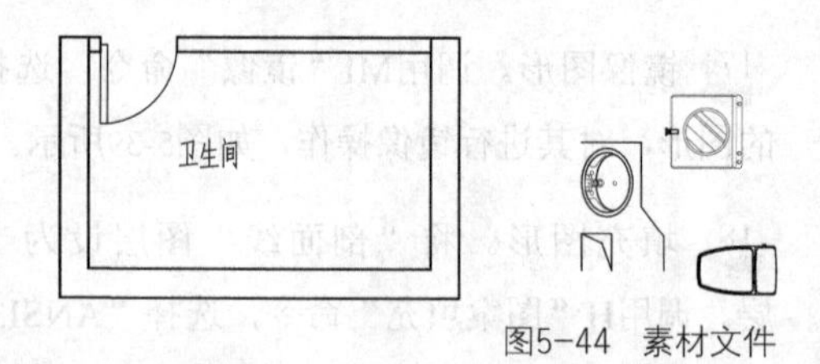

图5-44 素材文件

02 旋转图形。调用RO“旋转”命令，将图中的洗衣机和马桶图形分别旋转-90°，如图5-45所示。

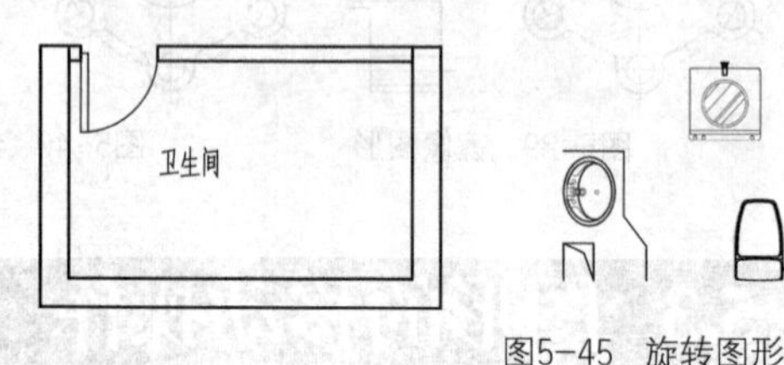

图5-45 旋转图形

03 移动图形。调用M“移动”命令，选择洗手台图形为移动对象，捕捉该图形的左下方端点为移动点，选择卫生间内部墙体的左下角点为基点，移动图形，如图5-46所示。

04 移动图形。重新调用M“移动”命令，对洗衣机和马桶图形进行移动操作，得到的最终效果如图5-47所示。

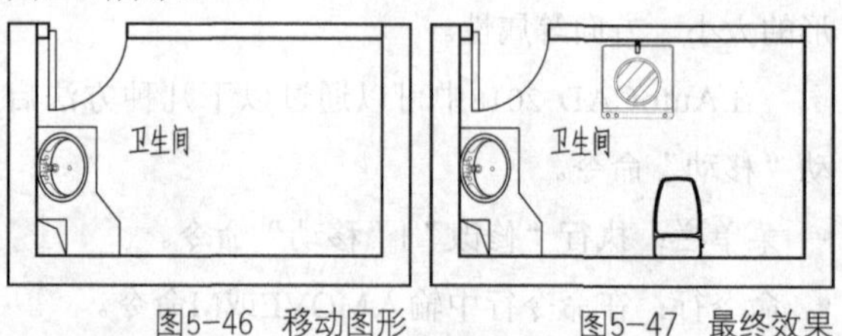

图5-46 移动图形　　图5-47 最终效果

5.4 图形的变形操作

图形的变形操作主要是对选择的图形对象进行缩放或拉伸，从而改变图形对象的大小和长度。

5.4.1 缩放

使用“缩放”命令可以对所选择的图形对象按照指定的比例进行放大或缩小处理。其缩放方式主要包括使用比例因子缩放对象和使用参照距离缩放对象两种。

在AutoCAD 2018中可以通过以下几种方法启动“缩放”命令。

- 菜单栏：执行“修改”|“缩放”命令。
- 命令行：在命令行中输入SCALE或SC命令。
- 功能区：在“默认”选项卡中，单击“修改”面板中的“缩放”按钮。

在命令执行过程中，需要确定缩放对象、缩放基点和比例因子。

在图5-48中，选择同心圆为缩放对象，捕捉其圆心点为基点，修改“比例因子”为0.5，对图形进行缩放操作。执行“缩放”命令后，命令行提示如下。

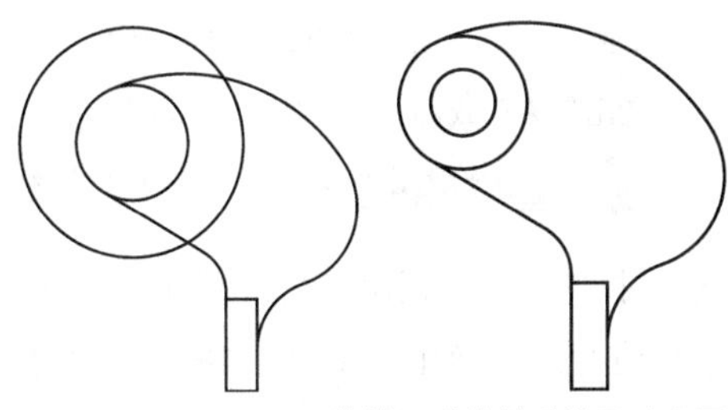

图5-48　缩放图形的前后效果对比图

```
命令:scale↙        //调用“缩放”命令
选择对象:指定对角点:找到2个        //选择同心圆
选择对象:
指定基点:        //指定圆心点
指定比例因子或[复制(C)/参照(R)]:0.5↙
//输入比例参数值，按Enter键结束
```

在“缩放”命令行中，各选项的含义如下。

- 复制（C）：创建被缩放的对象的副本，即保留源对象。
- 参照（R）：如果选择该选项，则命令行会提示用户需要输入“参照长度”和“新长度”数值，由系统自动计算出两长度之间的比例，从而定义出图形的缩放因子，对图形进行缩放。

技巧与提示

如果直接设置比例因子，将根据该比例因子相对于基点缩放对象，当比例因子大于0而小于1时缩小对象，当比例因子大于1时放大对象。

5.4.2 拉伸

“拉伸”命令用于拉伸或压缩图形。在拉伸图形的过程中，选定的部分会被移动，如果选定的部分与原图形相连，那么拉伸后的图形仍然保持与原图形相连。拉伸被定义为块的对象时首先需要将其打散。

在AutoCAD 2018中可以通过以下几种方法启动“拉伸”命令。

- 菜单栏：执行“修改”|“拉伸”命令。
- 命令行：在命令行中输入STRETCH或S命令。
- 功能区：在“默认”选项卡中，单击“修改”面板中的“拉伸”按钮。

在命令执行过程中，需要确定拉伸对象、拉伸基点和位移。

在图5-49中，选择右侧的桌腿和桌子部分，捕捉中点为基点，向右拖曳鼠标，输入第二点参数为300，对图形进行拉伸操作。执行“拉伸”命令后，命令行提示如下。

图5-49　拉伸图形的前后效果对比图

```
命令:stretch↙        //调用“拉伸”命令
以交叉窗口或交叉多边形选择要拉伸的对象...
选择对象:指定对角点:找到22个
                //选择右侧合适的对象
选择对象:
指定基点或[位移(D)]<位移>:        //指定中点为基点
指定第二个点或<使用第一个点作为位移>:300↙
        //输入第二点参数，按Enter键结束
```

在拉伸图形时需要遵循以下原则。

- 通过单击选择和窗口选择获得的拉伸对象只会被平移，不会被拉伸。
- 通过交叉选择获得的拉伸对象，如果所有夹点都落入选择框内，图形将发生平移；如果只有部分夹点落入选择框内，图形将按拉伸位移拉伸；如果没有夹点落入选择框内，图形将保持不变。

技巧与提示

执行“拉伸”命令可以拉伸与选择框相交的圆弧、椭圆形、直线、多段线、二维实体射线、宽线和样条曲线，但不能拉伸三维实体、多段线线宽、切线或曲线拟合的图形。

5.4.3 课堂实例——完善书房兼客房平面图

案例位置	素材>第5章>5.4.3 课堂实例——完善书房兼客房平面图.dwg
在线视频	视频>第5章>5.4.3 课堂实例——完善书房兼客房平面图.mp4
难易指数	★★★★★
学习目标	学习“缩放”“拉伸”等命令的使用

01 打开文件。单击快速访问工具栏中的“打开”按钮，打开本书素材中的“第5章\5.4.3 课堂实例——完善书房兼客房平面图.dwg”素材文件，如图5-50所示。

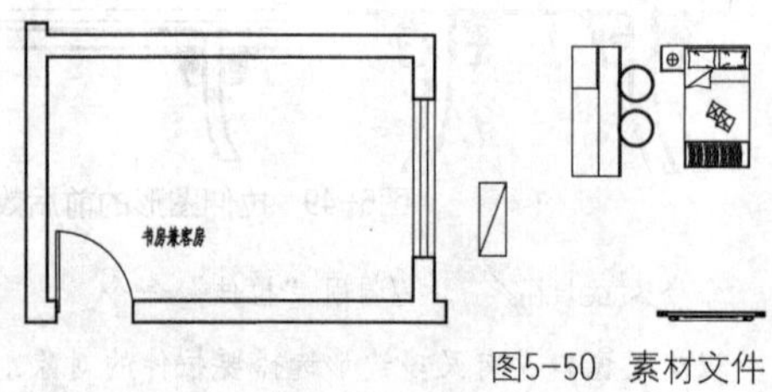

图5-50 素材文件

02 移动图形。调用M“移动”命令，将书柜和单人床图形移至平面图中对应的位置，如图5-51所示。

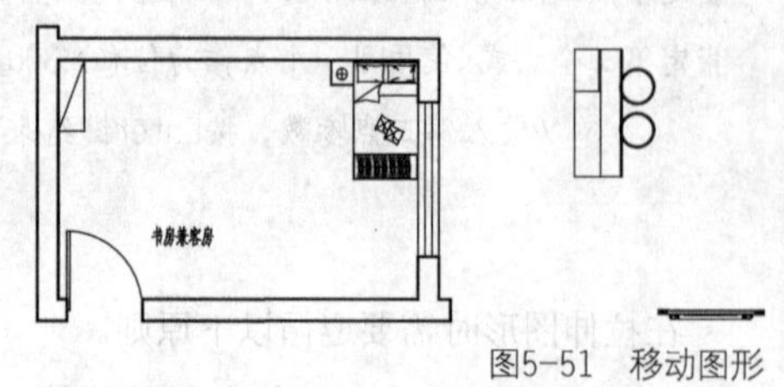

图5-51 移动图形

03 缩放图形。调用SC“缩放”命令，对移动后的单人床进行缩放操作，如图5-52所示，其命令行提示如下。

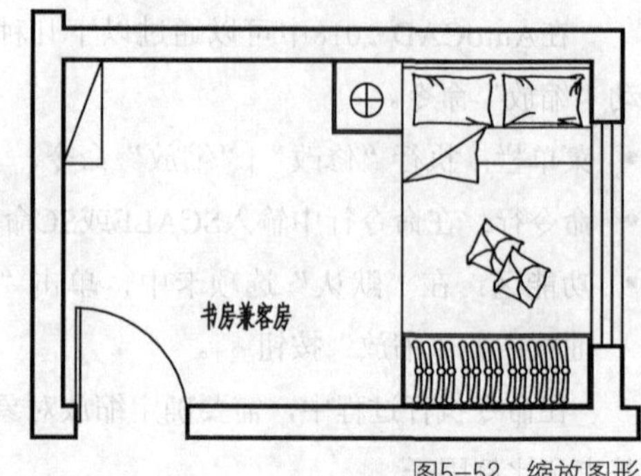

图5-52 缩放图形

```
命令:SC↙          //调用“缩放”命令
SCALE
选择对象:指定对角点:找到3个      //选择双人床
选择对象:
指定基点:          //捕捉内侧墙体的右上角点
指定比例因子或[复制(C)/参照(R)]:2↙
              //输入比例参数值，按Enter键结束
```

04 拉伸图形。调用S“拉伸”命令，对移动后的书柜进行拉伸操作，如图5-53所示，其命令行提示如下。

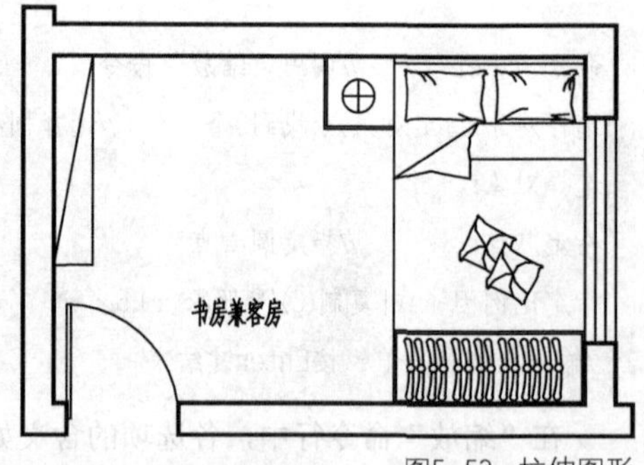

图5-53 拉伸图形

```
命令:S↙          //调用“拉伸”命令
STRETCH
以交叉窗口或交叉多边形选择要拉伸的对象...
选择对象:指定对角点:找到4个
              //选择书柜对象
选择对象:
指定基点或[位移(D)]<位移>:
              //指定中点为基点
指定第二个点或<使用第一个点作为位移>:800↙
//向下拖曳鼠标，输入第二点参数，按Enter键结束
```

05 缩放图形。调用SC“缩放”命令，选择电视机图形，修改“比例因子”为0.5，缩放图形。

06 移动图形。调用M“移动”命令，将缩放后的电视机图形移至平面图中，如图5-54所示。

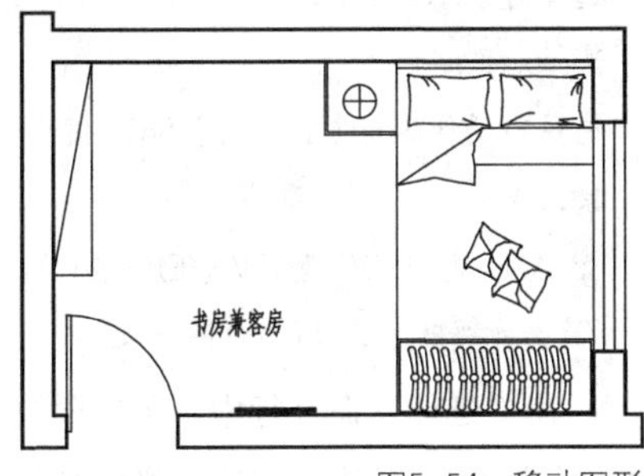

图5-54 移动图形

07 旋转图形。调用RO“旋转”命令，将书桌图形旋转－90°，如图5-55所示。

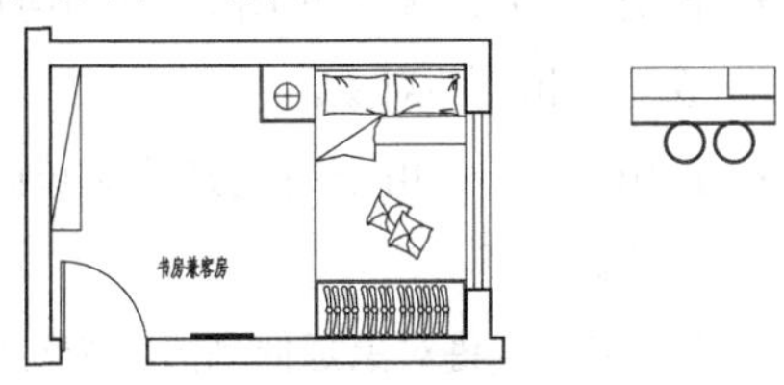

图5-55 旋转图形

08 拉伸图形。调用SC“拉伸”命令，对书桌进行拉伸操作，其拉伸位移为400，如图5-56所示。

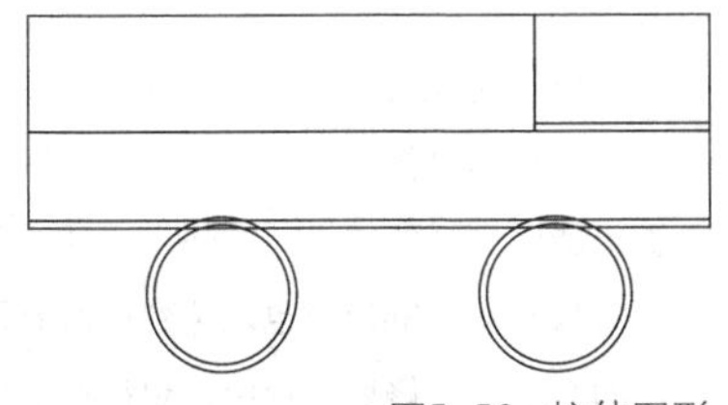

图5-56 拉伸图形

09 移动图形。调用M“移动”命令，将书桌图形移至平面图中，得到的最终效果如图5-57所示。

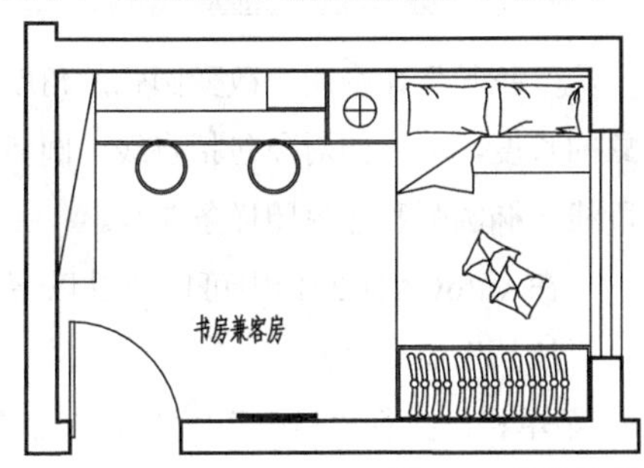

图5-57 最终效果

5.5 图形的修整操作

图形的修整操作包括修剪、延伸、拉长、合并、打断、光顺曲线、删除和分解等，通过调用这些命令，可以使图形对象的几何特性发生改变以符合要求。

5.5.1 修剪

在AutoCAD中，“修剪”命令用于修剪直线、圆弧、圆、多段线、椭圆、椭圆弧、构造线和样条曲线等图形对象超过修剪边界的部分。

在AutoCAD 2018中可以通过以下几种方法启动“修剪”命令。

- 菜单栏：执行“修改”|“修剪”命令。
- 命令行：在命令行中输入TRIM或TR命令。
- 功能区：在“默认”选项卡中，单击“修改”面板中的“修剪”按钮。

在命令执行过程中，首先需要确定修剪边界，然后需要确定修剪的对象。

在图5-58中，选择整个中间的多段线为修剪边界，然后在内部多余的图形上单击，即可对图形进行修剪操作。执行“修剪”命令后，命令行提示如下。

图5-58 修剪图形的前后效果对比图

```
命令:trim↙    //调用“修剪”命令
当前设置:投影=UCS，边=无
选择剪切边...
选择对象或<全部选择>:找到1个    //选择中间的多段线
选择对象:
选择要修剪的对象，或按住Shift键选择要延伸的对象，或
[栏选(F)/窗交(C)/投影(P)/边(E)/删除(R)/放弃(U)]:指定对角点: //选择内部多余的直线，按Enter键结束
```

在“修剪”命令行中，各选项的含义如下。

- 栏选（F）：选择与选择栏相交的所有对象。选择栏是一系列临时线段，它们是用两个或多个栏选点指定的。选择栏不构成闭合环。
- 窗交（C）：选择矩形区域（由两点确定）内部或与之相交的对象。
- 投影（P）：指定修剪对象时使用的投影方式。
- 边（E）：确定是在另一对象的延长边处进行修剪，还是仅在三维空间中与该对象相交的对象处进行修剪。
- 删除（R）：删除选定的对象。此选项提供了一种删除不需要的对象的简便方式，而无须退出“修剪”命令。

技巧与提示

在修剪图形时，可以一次选择多个修剪边界或修剪对象，从而实现快速修剪。

5.5.2 延伸

“延伸”命令用于将所选择的对象延伸至指定的边界上，指定的边界可以是直线、圆、圆弧、多段线、样条曲线等。

在AutoCAD 2018中可以通过以下几种方法启动“延伸”命令。

- 菜单栏：执行“修改”|“延伸”命令。
- 命令行：在命令行中输入EXTEND或EX命令。
- 功能区：在“默认”选项卡中，单击“修改”面板中的“延伸”按钮。

在命令执行过程中，需要确定延伸边界和延伸对象。

如图5-59所示，选择右侧合适的垂直直线为延伸边界，然后在需要延伸的水平直线上单击，即可对图形进行延伸操作。执行“延伸”命令后，命令行提示如下。

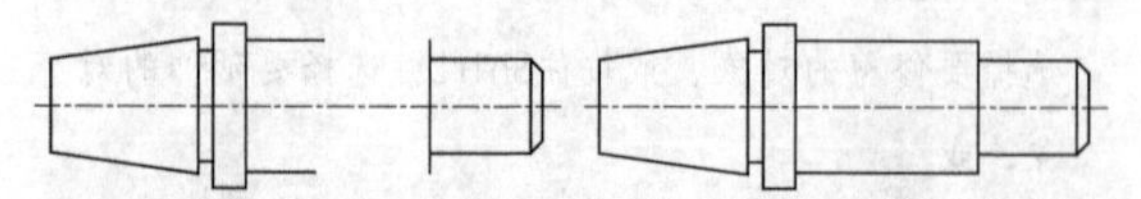

图5-59　延伸图形的前后效果对比图

```
命令:extend↙            //调用“延伸”命令
当前设置:投影=UCS，边=无
选择边界的边...
选择对象或<全部选择>:找到1个
选择对象:找到1个，总计2个          //选择垂直直线
选择对象:
选择要延伸的对象，或按住Shift键选择要修剪的对象，或
[栏选(F)/窗交(C)/投影(P)/边(E)/放弃(U)]:
//选择水平直线，按Enter键结束
```

在“延伸”命令行中，各选项的含义如下。

- 栏选（F）：选择与选择栏相交的所有对象。选择栏是一系列临时线段，它们是用两个或多个栏选点指定的。
- 窗交（C）：选择矩形区域（由两点确定）内部或与之相交的对象。
- 投影（P）：用于指定延伸对象时使用的投影方法。
- 边（E）：将对象延伸到另一个对象的隐含边，或仅延伸到三维空间中与其实际相交的边。
- 放弃（U）：放弃最近由“延伸”命令所做的更改。

技巧与提示

在使用“修剪”命令时，选择修剪对象时按住Shift键也能达到延伸效果；在使用“延伸”命令时，选择延伸对象时按住Shift键也能达到修剪效果，它们是一组相对的命令。在修剪过程中，想往哪边延伸，就在靠近边界的那端单击。

5.5.3 拉长

“拉长”命令用于改变圆弧的角度或非封闭对象的长度，非封闭对象包括直线、圆弧、非闭合多段线、椭圆弧和非封闭样条曲线。

在AutoCAD 2018中可以通过以下几种方法启动“拉长”命令。

- 菜单栏：执行“修改”|“拉长”命令。
- 命令行：在命令行中输入LENGTHEN或LEN

命令。

- 功能区：在“默认”选项卡中，单击“修改”面板中的“拉长”按钮。

在命令执行过程中，需要确定增量、拉长对象等。

在图5-60中，修改“增量”参数为6，然后对所选的中心线的两端进行拉长操作。执行“拉长”命令后，命令行提示如下。

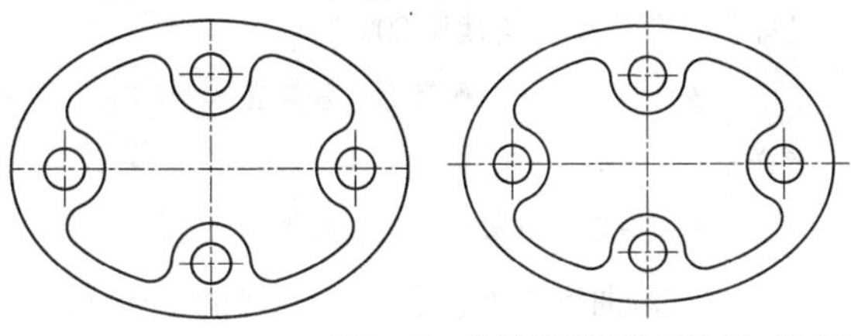

图5-60　拉长图形的前后效果对比图

```
命令:lengthen↙        //调用“拉长”命令
选择要测量的对象或[增量(DE)/百分比(P)/总计(T)/动
态(DY)]:de↙           //选择“增量（DE）”选项
输入长度增量或[角度(A)]<0.0>:6↙
//设置增量参数
选择要修改的对象或[放弃(U)]:
                      //选择需要拉长的对象
```

在“拉长”命令行中，各选项的含义如下。

- 增量（DE）：以增量的方式修改直线或圆弧的长度，可以直接输入长度增量，长度增量为正值时拉长，长度增量为负值时缩短。
- 百分比（P）：选择该选项，可以使用相对于原长度的百分比来修改直线或圆弧的长度。
- 总计（T）：给定直线的总长度或圆弧的包含角来改变图形对象的长度。
- 动态（DY）：用动态模式拖动对象的一个端点来改变对象的长度或角度。

5.5.4 合并

“合并”命令用于将独立的图形对象合并为一个整体，它可以将多个图形对象进行合并，包括圆弧、椭圆弧、直线、多段线和样条曲线等。在AutoCAD 2018中可以通过以下几种方法启动“合并”命令。

- 菜单栏：执行“修改”|“合并”命令。
- 命令行：在命令行中输入JOIN或J命令。
- 功能区：在“默认”选项卡中，单击“修改”面板中的“合并”按钮。

在命令执行过程中，需要确定源对象和合并对象。

在图5-61中，选择右侧的上下两条倾斜直线，对其进行合并操作。执行“合并”命令后，命令行提示如下。

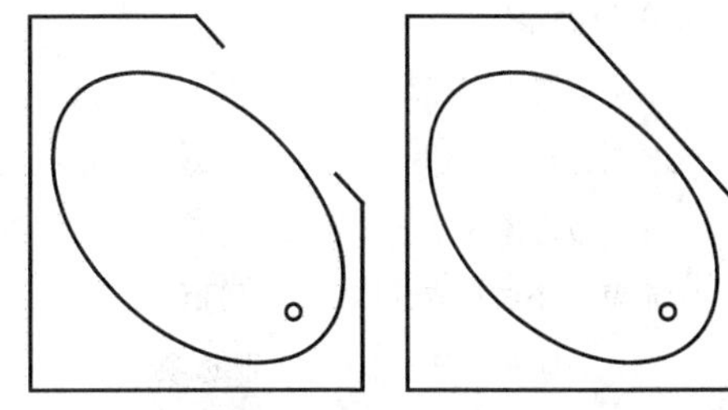

图5-61　合并图形的前后效果对比图

```
命令:join↙                //调用“合并”命令
选择源对象或要一次合并的多个对象:找到1个
                  //选择右上方倾斜直线
选择要合并的对象:找到1个，总计2个
        //选择右下方倾斜直线，按Enter键结束
选择要合并的对象:
2条直线已合并为1条直线
```

5.5.5 打断

打断图形对象是指用两个打断点或一个打断点打断图形对象。在绘图过程中，有时需要将圆、直线等从某一点打断，甚至需要删除其中的某一部分，为此，AutoCAD提供了“打断”命令。

在AutoCAD 2018中可以通过以下几种方法启动“打断”命令。

- 菜单栏：执行“修改”|“打断”命令。
- 命令行：在命令行中输入BREAK或BR命令。
- 功能区：在“默认”选项卡中，单击“修改”面板中的“打断”按钮或“打断于点”按钮。

在图5-62中，选择最上方的水平直线为打断对象，捕捉最外侧大圆的左右象限点为打断点，对图形进行打断操作。执行“打断”命令后，命令行提示如下。

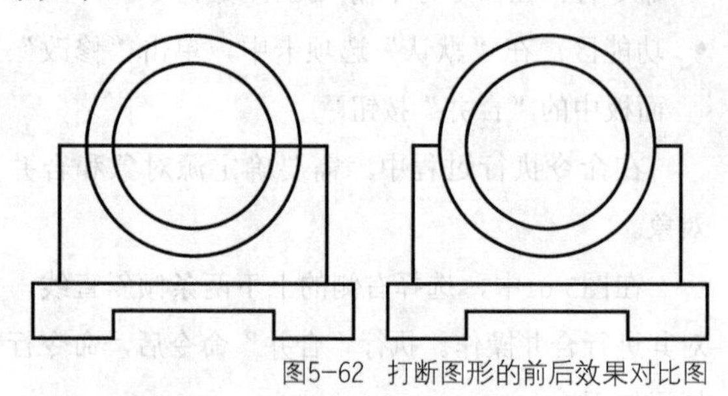
图5-62　打断图形的前后效果对比图

```
命令:break↙
        //调用“打断”命令
选择对象:
        //选择最上方水平直线
指定第二个打断点或[第一点(F)]:f↙
        //选择“第一点（F）”选项
指定第一个打断点:
        //选择大圆的左象限点
指定第二个打断点:
        //选择大圆的右象限点，完成图形的打断操作
```

5.5.6 光顺曲线

使用“光顺曲线”命令可以在两条选定的直线或曲线之间的间隙中创建样条曲线。

在AutoCAD 2018中可以通过以下几种方法启动“光顺曲线”命令。

- 菜单栏：执行“修改”|“光顺曲线”命令。
- 命令行：在命令行中输入BLEND命令。
- 功能区：在“默认”选项卡中，单击“修改”面板中的“光顺曲线”按钮[光顺曲线]。

在命令执行过程中，需要确定需要创建光顺曲线的图形。

在图5-63中，依次选择从左往右数第三条垂直直线和左上方第一条倾斜直线，对图形进行光顺曲线操作。执行“光顺曲线”命令后，命令行提示如下。

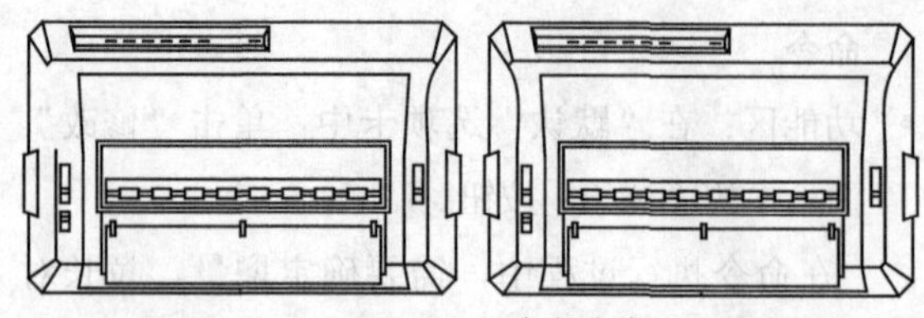
图5-63　光顺曲线的前后效果对比图

```
命令:BLEND↙
        //调用“光顺曲线”命令
连续性=相切
选择第一个对象或[连续性(CON)]:
        //选择从左往右数第三条垂直直线
选择第二个点:
        //选择左上方第一条倾斜直线
```

在“光顺曲线”命令行中，各选项的含义如下。

- 连续性（CON）：设置连接曲线的过渡类型。
- 相切（T）：创建一条3阶样条曲线，在选定对象的端点处具有相切连续性。
- 平滑（S）：创建一条5阶样条曲线，在选定对象的端点处具有曲率连续性。

5.5.7 删除

使用“删除”命令，可以将已绘制的不符合要求的或绘制错误的图形对象删除。

在AutoCAD 2018中可以通过以下几种方法启动“删除”命令。

- 菜单栏：执行“修改”|“删除”命令。
- 命令行：在命令行中输入ERASE或E命令。
- 功能区：在“默认”选项卡中，单击“修改”面板中的“删除”按钮。
- 快捷键：按Delete键。

在命令执行过程中，需要确定需要删除的图形。

在图5-64中，依次选择多余的圆形对象，对图形进行删除操作。执行“删除”命令后，命令行提示如下。

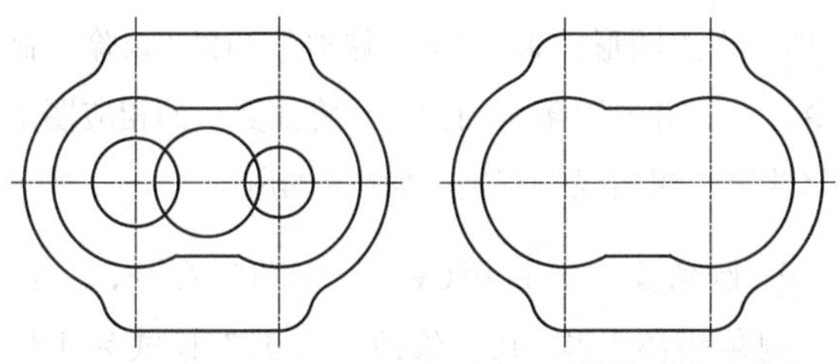

图5-64 删除图形的前后效果对比图

```
命令:ERASE↙    //调用“删除”命令
选择对象:指定对角点:找到3个  //选择3个圆形对象
选择对象:      //按Enter键结束
```

5.5.8 分解

“分解”是指将某些特殊的对象分解成多个独立的部分，以便对其进行更具体的编辑。该命令主要用于将复合对象（如矩形、多段线、块等）还原为一般对象。分解后的对象，其颜色、线型和线宽都可能发生改变。

在AutoCAD 2018中可以通过以下几种方法启动“分解”命令。

- 菜单栏：执行“修改”|“分解”命令。
- 命令行：在命令行中输入EXPLODE或X命令。
- 功能区：在“默认”选项卡中，单击“修改”面板中的“分解”按钮。

在命令执行过程中，需要确定需要分解的图形。

在图5-65中，选择马桶图形，对图形进行分解操作。执行“分解”命令后，命令行提示如下。

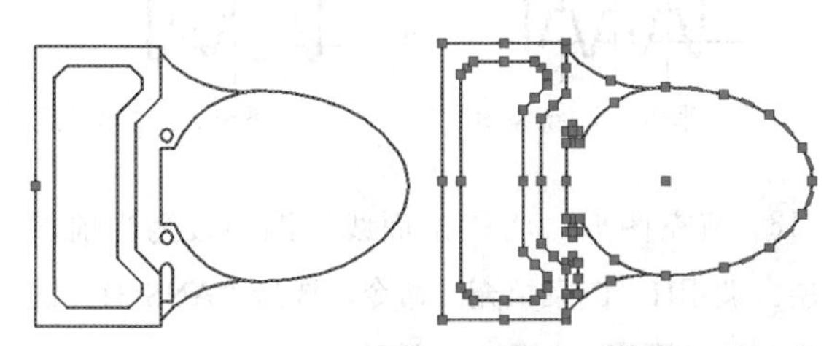

图5-65 分解图形的前后效果对比图

```
命令:EXPLODE↙  //调用“分解”命令
选择对象:找到1个↙
//选择马桶图形，按Enter键结束
```

5.5.9 课堂实例——绘制皮带轮零件图

案例位置	素材>第5章>5.5.9 课堂实例——绘制皮带轮零件图.dwg
在线视频	视频>第5章>5.5.9 课堂实例——绘制皮带轮零件图.mp4
难易指数	★★★★★
学习目标	学习“修剪”“删除”等命令的使用

01 新建图层。新建空白文件，调用LA“图层”命令，打开“图层特性管理器”选项板，依次创建“中心线”“剖面线”“粗实线”图层，如图5-66所示。

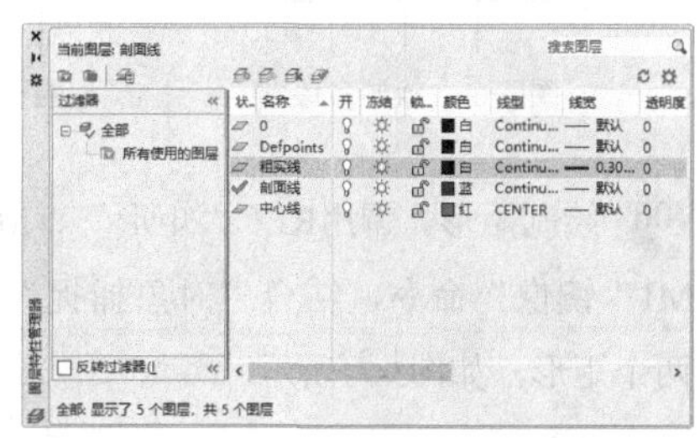

图5-66 “图层特性管理器”选项板

02 绘制直线。将“中心线”图层设为当前图层，调用L“直线”命令，绘制两条直线，如图5-67所示。

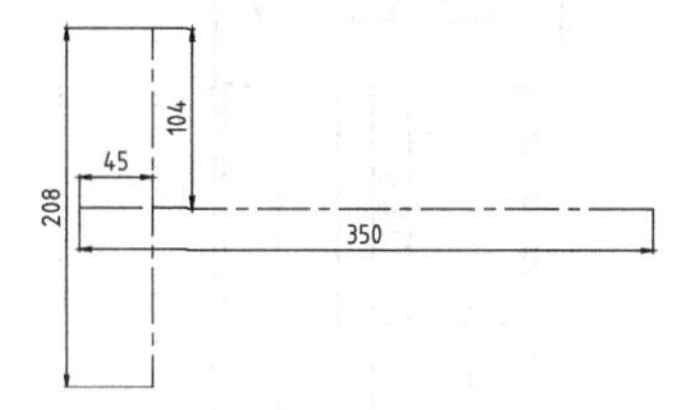

图5-67 绘制直线

03 偏移图形。调用O“偏移”命令，对新绘制的水平直线和垂直直线分别进行偏移操作，如图5-68所示。

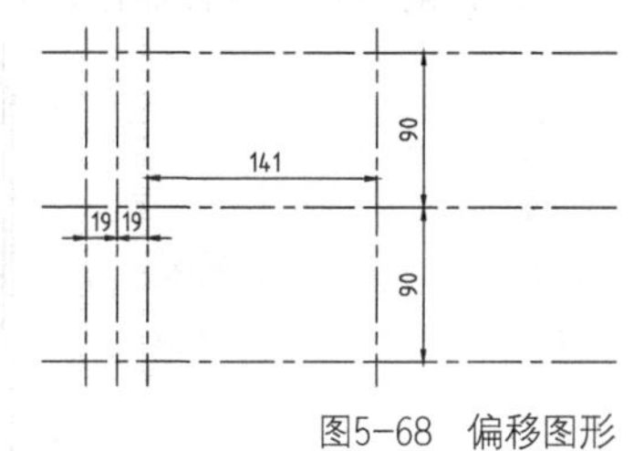

图5-68 偏移图形

04 绘制多段线。将“粗实线”图层设为当前图层层，调用PL“多段线”和M“移动”命令，绘制多段线，尺寸如图5-69所示。

05 镜像图形。调用MI“镜像”命令，对新绘制的多段线进行镜像操作，如图5-70所示。

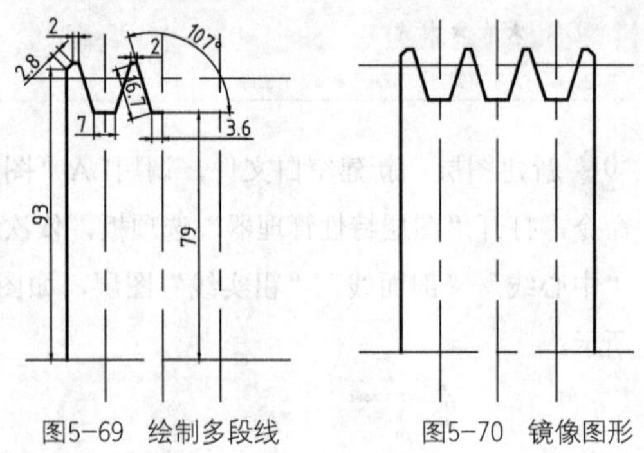

图5-69 绘制多段线　　图5-70 镜像图形

06 绘制矩形。调用REC“矩形”、M“移动”和MI“镜像”命令，结合“对象捕捉”功能，绘制两个矩形，如图5-71所示。

07 圆角操作。调用F“圆角”命令，修改圆角半径为2，对新绘制的矩形进行圆角操作，如图5-72所示。

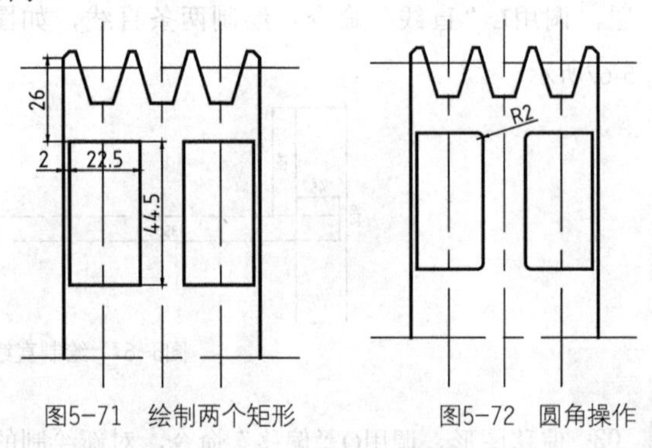

图5-71 绘制两个矩形　　图5-72 圆角操作

08 偏移图形。调用O“偏移”命令，选择合适的中心线，对其进行偏移操作，如图5-73所示。

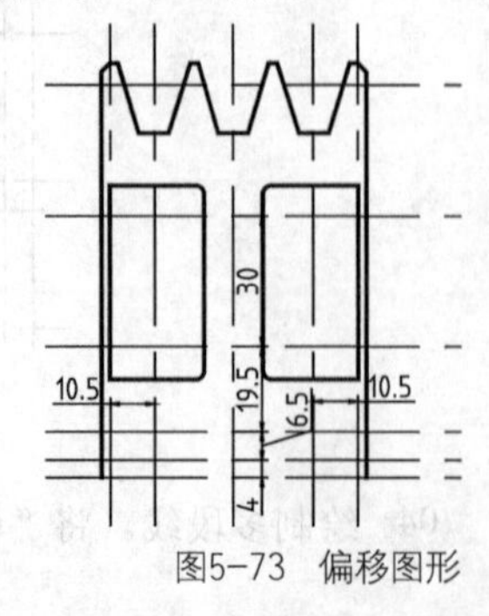

图5-73 偏移图形

09 修改图形。调用TR“修剪”和E“删除”命令，修剪并删除多余的图形，将修剪后的相应图形修改至“粗实线”图层，如图5-74所示。

10 倒角操作。调用CHA“倒角”命令，修改“倒角距离”均为2，修改“修剪”模式为不修剪，效果如图5-75所示。

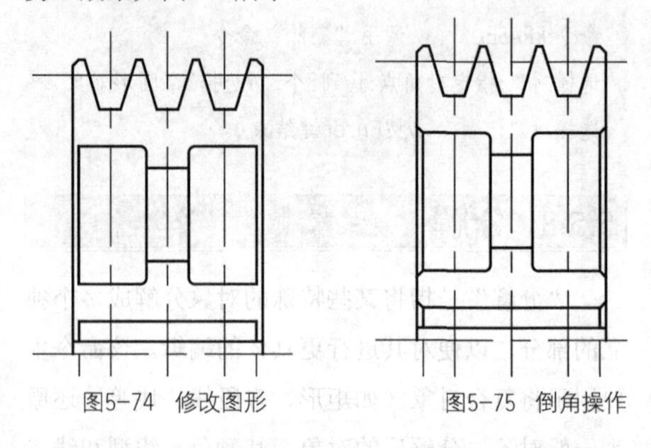

图5-74 修改图形　　图5-75 倒角操作

11 镜像图形。调用MI“镜像”命令，选择合适的图形对其进行镜像操作，如图5-76所示。

12 修剪图形。调用TR“修剪”命令，修剪多余的中心线图形，并调整中心线长度，如图5-77所示。

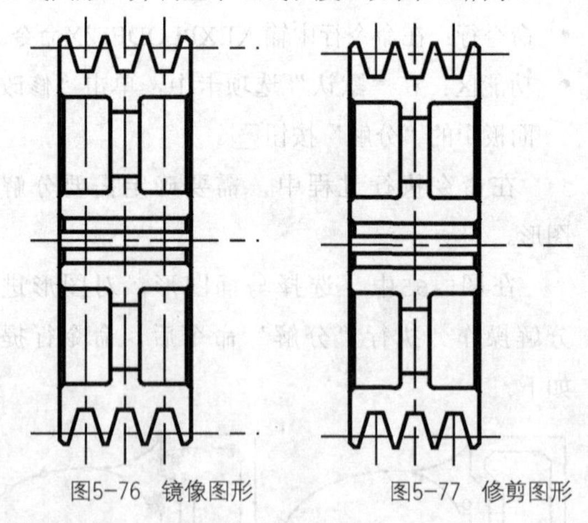

图5-76 镜像图形　　图5-77 修剪图形

13 填充图形。将“剖面线”图层设为当前图层。调用H“图案填充”命令，选择“ANSI31”图案，填充图形，如图5-78所示。

14 绘制圆。将“中心线”图层设为当前图层。调用C“圆”命令，结合“对象捕捉”功能，在右侧交点处绘制圆，如图5-79所示。

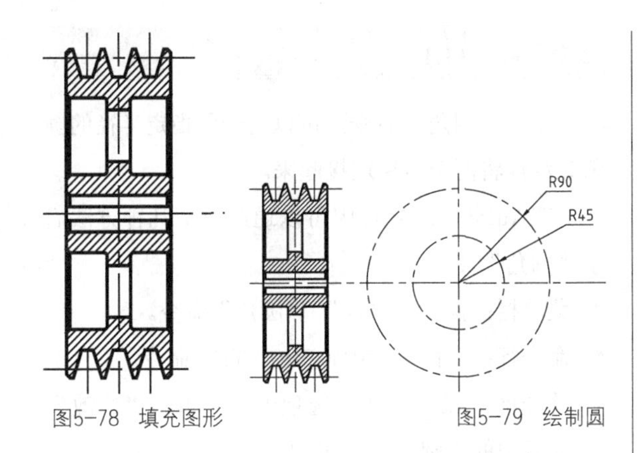

图5-78 填充图形　　图5-79 绘制圆

15 绘制圆。将“粗实线”图层设为当前图层。调用C“圆”命令，结合“圆心捕捉”功能，绘制圆，如图5-80所示。

16 绘制圆。调用C“圆”和CO“复制”命令，在半径为45的圆的各个象限点上，绘制半径为15的圆，如图5-81所示。

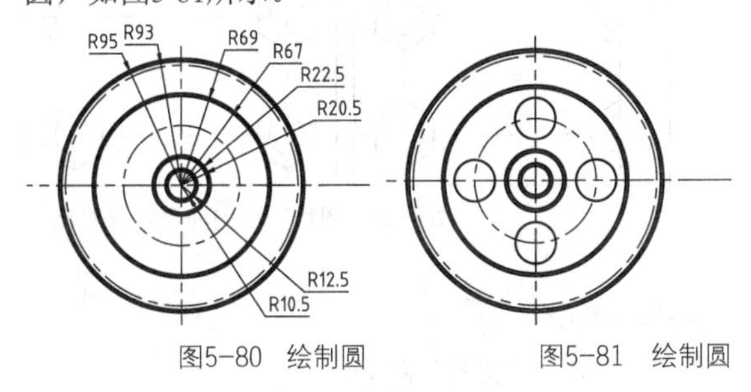

图5-80 绘制圆　　图5-81 绘制圆

17 偏移图形。调用O“偏移”命令，选择合适的水平直线对其进行偏移操作：选择合适的垂直直线对其进行偏移操作，如图5-82所示。

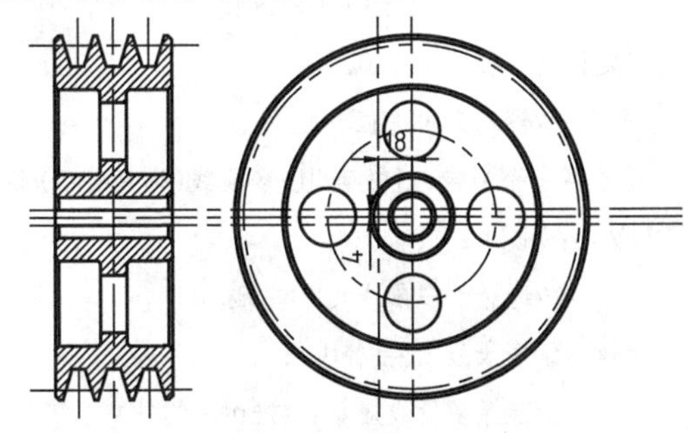

图5-82 偏移图形

18 修改图形。调用TR“修剪”和E“删除”命令，修剪并删除多余的图形，将修剪后的图形修改至“粗实线”图层，得到的最终效果如图5-83所示。

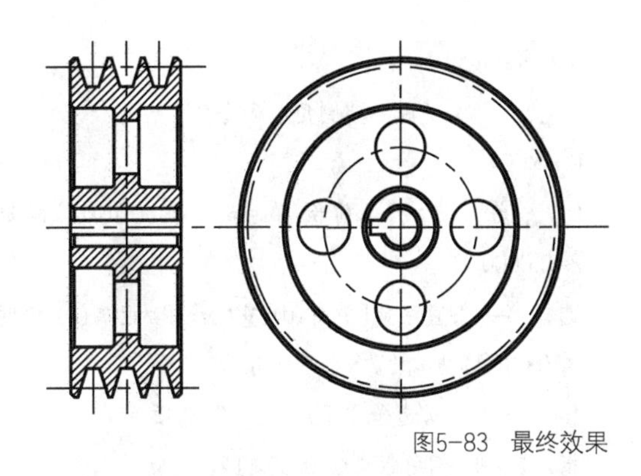

图5-83 最终效果

5.6 图形的倒角与圆角操作

倒角与圆角是图形设计中经常用到的绘图手法，可使工件相邻两表面的相交处以斜面或圆弧面过渡。本节将详细介绍图形的倒角与圆角的操作方法。

5.6.1 倒角

使用“倒角”命令，可以将对象的某些尖锐的角变成倾斜的面。

在AutoCAD 2018中可以通过以下几种方法启动“倒角”命令。

- 菜单栏：执行“修改”|“倒角”命令。
- 命令行：在命令行中输入CHAMFER或CHA命令。
- 功能区：在“默认”选项卡中，单击“修改”面板中的“倒角”按钮。

在命令执行过程中，需要确定倒角的大小和倒角边。

在图5-84中，修改“距离”均为12，并依次拾取左上方垂直直线和上方水平直线、右上方垂直直线和上方水平直线为倒角边，对图形进行倒角操作。执行“倒角”命令后，命令行提示如下。

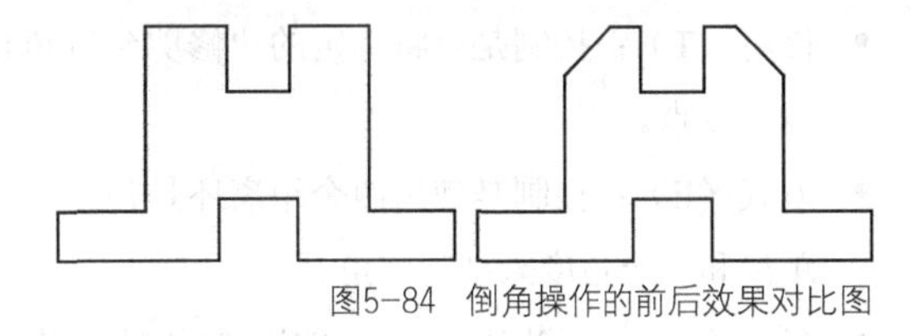

图5-84 倒角操作的前后效果对比图

```
命令:CHA↙
        //调用“倒角”命令
CHAMFER
(“修剪”模式)当前倒角距离1=0.0000，距离2=0.0000
选择第一条直线或[放弃(U)/多段线(P)/距离(D)/角度(A)/修剪(T)/方式(E)/多个(M)]:d↙
        //选择“距离(D)”选项
指定第一个倒角距离<0.0000>:12↙
        //输入第一个倒角距离参数
指定第二个倒角距离<12.0000>:12↙
        //输入第二个倒角距离参数
选择第一条直线或[放弃(U)/多段线(P)/距离(D)/角度(A)/修剪(T)/方式(E)/多个(M)]:m↙
        //选择“多个(M)”选项
选择第一条直线或[放弃(U)/多段线(P)/距离(D)/角度(A)/修剪(T)/方式(E)/多个(M)]:
        //拾取左上方垂直直线
选择第二条直线，或按住Shift键选择直线以应用角点或[距离(D)/角度(A)/方法(M)]:
        //拾取左上方水平直线
选择第一条直线或[放弃(U)/多段线(P)/距离(D)/角度(A)/修剪(T)/方式(E)/多个(M)]:
        //拾取右上方垂直直线
选择第二条直线，或按住Shift键选择直线以应用角点或[距离(D)/角度(A)/方法(M)]:
        //拾取右上方水平直线，按Enter键结束
```

在“倒角”命令行中，各选项的含义如下。

- 放弃（U）：放弃执行的上一个操作。
- 多段线（P）：可以对整个二维多段线进行倒角操作。
- 距离（D）：设定倒角至选定边的端点的距离。
- 角度（A）：设定第一条直线的倒角长度和倒角角度。
- 修剪（T）：控制是否将选定的边修剪到倒角直线的端点。
- 方式（E）：控制是使用两个距离还是使用一个距离和一个角度来创建倒角。
- 多个（M）：可以对多组对象的边进行倒角操作。

5.6.2 圆角

使用“圆角”命令，可以用一段指定半径的圆弧光滑地将两个对象连接起来。

在AutoCAD 2018中可以通过以下几种方法启动“圆角”命令。

- 菜单栏：执行“修改”|“圆角”命令。
- 命令行：在命令行中输FILLET或F命令。
- 功能区：在“默认”选项卡中，单击“修改”面板中的“圆角”按钮。

在命令执行过程中，需要确定圆角半径和圆角边。

在图5-85中，修改“圆角半径”参数为10，依次选择多段线为圆角对象，对图形进行圆角操作。执行“圆角”命令后，命令行提示如下。

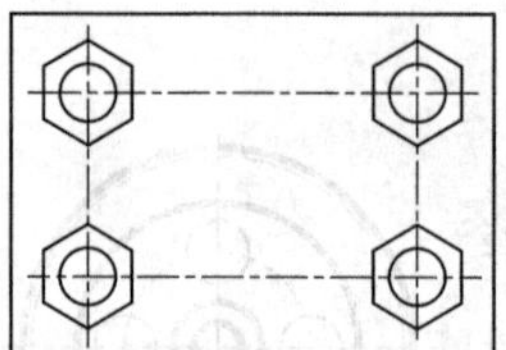
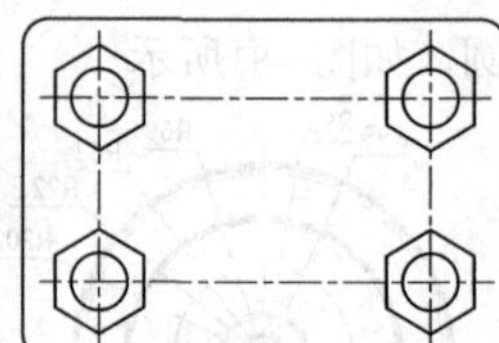

图5-85　圆角操作的前后效果对比图

```
命令:fillet↙
        //调用“圆角”命令
当前设置:模式=修剪，半径=0.0000
选择第一个对象或[放弃(U)/多段线(P)/半径(R)/修剪(T)/多个(M)]:r↙
        //选择“半径(R)”选项
指定圆角半径<0.0>:10↙
        //输入圆角半径参数
选择第一个对象或[放弃(U)/多段线(P)/半径(R)/修剪(T)/多个(M)]:p↙
        //选择“多段线(P)”选项
选择二维多段线或[半径(R)]:
        //选择多段线对象，按Enter键结束
4条直线已被圆角
```

在“圆角”命令行中，各选项的含义如下。

- 第一个对象：选择定义二维圆角所需的两个对象中的第一个对象，或选择三维实体的边以便

给其加圆角。

- 多段线（P）：在二维多段线中两条直线段相交的顶点处插入圆角圆弧。
- 半径（R）：选择该选项，可以定义圆角圆弧的半径。
- 修剪（T）：控制是否将选定的边修剪到圆角圆弧的端点。
- 多个（M）：选择该选项，可以对多个对象进行圆角操作。

5.6.3 课堂实例——绘制衬盖

案例位置 素材>第5章>5.6.3 课堂实例——绘制衬盖.dwg

在线视频 视频>第5章>5.6.3 课堂实例——绘制衬盖.mp4

难易指数 ★★★★★

学习目标 学习“倒角”命令和“圆角”命令的使用

01 新建图层。新建空白文件，调用LA“图层”命令，打开“图层特性管理器”选项板，依次创建“中心线”“剖面线”“粗实线”图层，如图5-86所示。

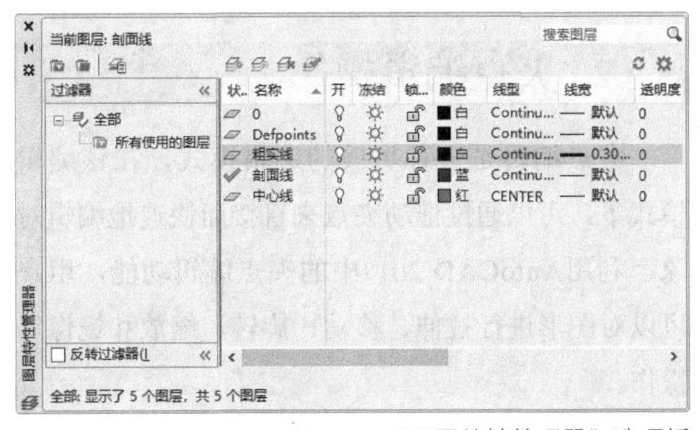

图5-86 “图层特性管理器”选项板

02 绘制直线。将“粗实线”图层设为当前图层，调用L“直线”命令，绘制两条直线，如图5-87所示。

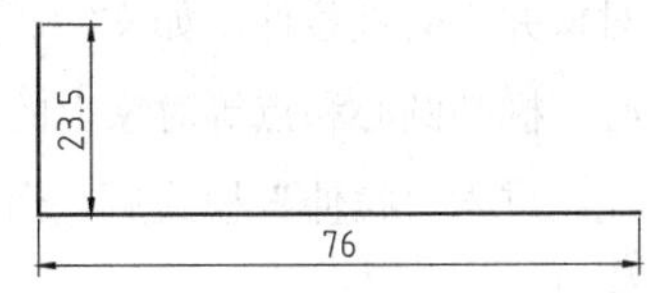

图5-87 绘制直线

03 偏移图形。调用O“偏移”命令，将下方的水平直线向上偏移，如图5-88所示。

图5-88 偏移图形

04 偏移图形。再次调用O“偏移”命令，将左侧的垂直直线向右偏移，如图5-89所示。

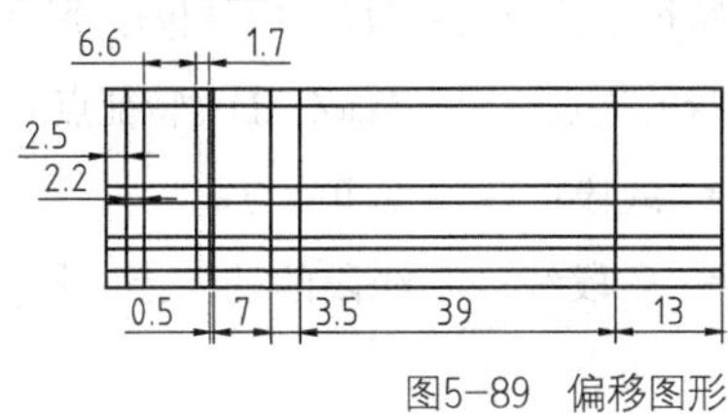

图5-89 偏移图形

05 绘制中心线。将“中心线”图层设为当前图层，调用L“直线”、M“移动”命令和夹点功能，绘制直线，如图5-90所示。

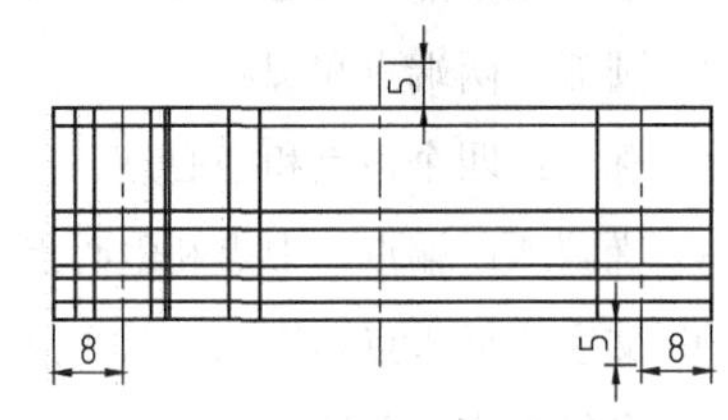

图5-90 绘制中心线

06 修剪图形。调用TR“修剪”和E“删除”命令，修剪并删除多余的图形，如图5-91所示。

07 圆角操作。调用F“圆角”命令，修改“圆角半径”为3，效果如图5-92所示。

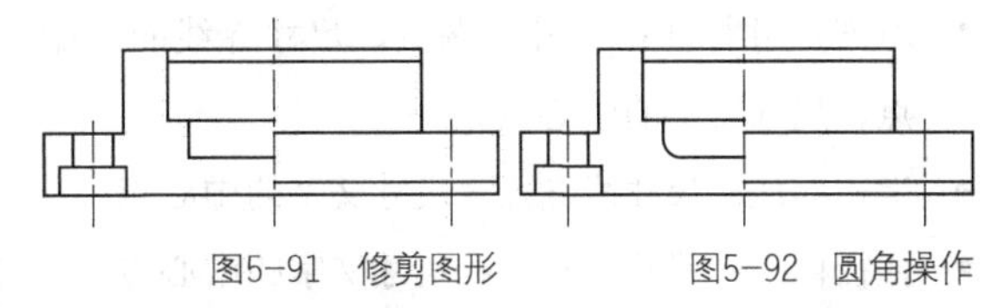

图5-91 修剪图形 图5-92 圆角操作

08 倒角操作。调用CHA“倒角”和TR“修剪”命令，修改倒角“距离”均为2，依次拾取合适的直线，进行倒角和修剪操作，效果如图5-93所示。

09 填充图形。将“剖面线”图层设为当前图层。调用H“图案填充”命令，选择“ANSI31”图案，填充图形，最终效果如图5-94所示。

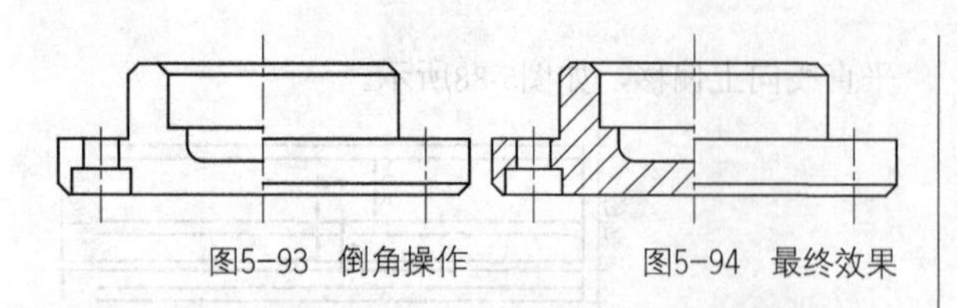

图5-93 倒角操作　　　图5-94 最终效果

5.7 图形的夹点编辑

对不同的图形对象进行夹点操作时，图形对象上特征点的位置和数量也不相同。每个图形对象都有自身的夹点标记。AutoCAD对特征点的规定如下。

- 线段：两端点和中点。
- 多段线：直线段的两端点、圆弧段的中点和两端点。
- 射线：起始点和构造线上的一个点。
- 构造线：控制点和构造线上邻近的两个点。
- 多线：控制线上的两个端点。
- 圆：象限点和圆心。
- 圆弧：两端点和圆心。
- 椭圆：四个顶点和中心点。
- 椭圆弧：端点、中点和中心点。
- 文字：插入点和第二个对齐点。
- 多行文字：各顶点。
- 图块：插入点。
- 三维网格：网格上的各顶点。
- 三维面：周边顶点。
- 线性尺寸标注：尺寸线端点、尺寸界线的起始点、尺寸文字的中心点。
- 对齐尺寸标注：尺寸线端点、尺寸界线的起始点、尺寸文字的中心点。
- 半径标注：尺寸线端点、尺寸文字的中心点。
- 直径标注：尺寸线端点、尺寸文字的中心点。
- 坐标标注：被标注点、引出线的端点和尺寸文字的中心点。

5.7.1 夹点显示模式

夹点实际上就是图形对象上的控制点。在AutoCAD 2018中，夹点是一些实心的小方块，默认显示为蓝色，如图5-95所示。

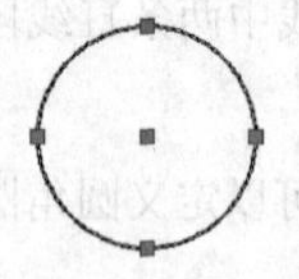

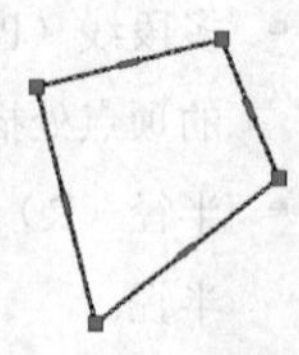

图5-95 夹点显示模式

夹点有激活和未激活两种状态，下面将分别进行介绍。

- 激活状态：单击某个未激活的夹点，该夹点以红色小方块显示，表示其处于激活状态，如图5-96所示。
- 未激活状态：以蓝色小方块显示的夹点处于未激活状态，如图5-97所示。

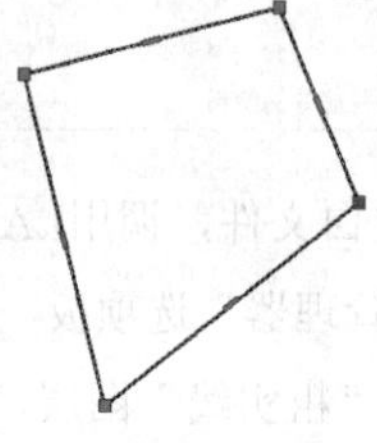

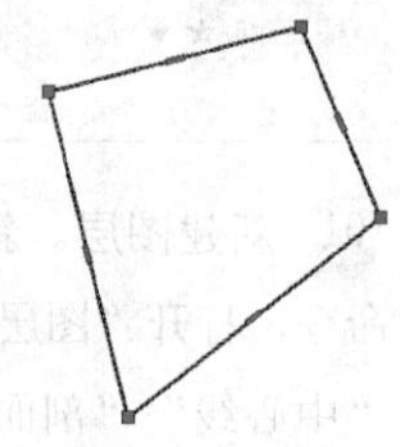

图5-96 激活状态　　　图5-97 未激活状态

5.7.2 夹点编辑操作

夹点编辑是一种集成的编辑模式，在该编辑模式下，可以通过拖动夹点来直接而快速地编辑对象。利用AutoCAD 2018中的夹点编辑功能，用户可以对图形进行拉伸、移动、旋转、缩放和镜像等操作。

1. 夹点拉伸

激活夹点后，在默认情况下，夹点的操作模式为拉伸。因此通过移动夹点，可对图形对象进行拉伸。不过，对于某些特殊的夹点，移动夹点时图形对象并不会被拉伸，如文字、图块、直线中点、圆心、椭圆圆心和点等对象上的夹点。

进入“拉伸”模式后，命令行将显示如下提示信息。

```
**拉伸**
指定拉伸点或[基点(B)/复制(C)/放弃(U)/退出(X)]:
```

命令行中各选项的含义如下。

- 基点（B）：重新确定拉伸基点。
- 复制（C）：允许确定一系列拉伸基点，以实现多次拉伸。
- 放弃（U）：取消上一次操作。
- 退出（X）：退出当前操作。

2. 夹点移动

移动对象仅仅是位置上的移动，对象的方向和大小并不会发生改变。要精确地移动对象，可使用捕捉模式、坐标、夹点和对象捕捉模式。

在夹点编辑模式下确定基点后，在命令行输入MO命令即可进入“移动”模式，此时命令行提示如下。

```
**MOVE**
指定移动点或[基点(B)/复制(C)/放弃(U)/退出(X)]:
```

通过输入点的坐标或拾取点的方式来确定平移对象的终点位置，从而将所选对象平移至新位置。

3. 夹点旋转

在夹点编辑模式下确定基点后，在命令行输入RO命令即可进入“旋转”模式，此时命令行提示如下。

```
**旋转**
指定旋转角度或[基点(B)/复制(C)/放弃(U)/参照(R)/退出(X)]:
```

默认情况下，输入旋转角度值或通过拖动的方式确定旋转角度之后，便可将所选对象绕基点旋转指定的角度。也可以选择“参照”选项，以参照方式旋转对象。

4. 夹点缩放

可以将图形对象相对于基点进行缩放，同时也可以进行多次复制。

在夹点编辑模式下确定基点后，在命令行输入SC命令即可进入“缩放”模式，此时命令行提示如下。

```
**比例缩放**
指定比例因子或[基点(B)/复制(C)/放弃(U)/参照(R)/退出(X)]:
```

默认情况下，确定了缩放的比例因子后，系统会自动将对象相对于基点进行缩放。当比例因子大于1时放大对象；当比例因子大于0而小于1时缩小对象。

5. 夹点镜像

在夹点编辑模式下确定基点后，在命令行输入MI命令即可进入“镜像”模式，此时命令行提示如下。

```
**镜像**
指定第二点或[基点(B)/复制(C)/放弃(U)/退出(X)]:
```

指定镜像线上的第二点后，系统将自动以基点作为镜像线上的第一点，并对图形对象进行镜像操作并删除源对象。

5.8 本章小结

任何复杂的二维图形都是由基本几何图形编辑修改得到的。在编辑图形时，首先应使用正确的方法选择相应的图形，然后根据目标图形的特点，选择相应的编辑修改命令。

5.9 课后习题

本节通过具体的实例练习使用各种图形编辑命令，方便以后进行绘图和设计。

5.9.1 绘制燃气灶

案例位置	素材>第5章>5.9.1 绘制燃气灶.dwg
在线视频	视频>第5章>5.9.1 绘制燃气灶.mp4
难易指数	★★★★★
学习目标	学习“倒角”“偏移”“移动”“环形阵列”“镜像”等命令的使用

绘制的燃气灶图形如图5-98所示。

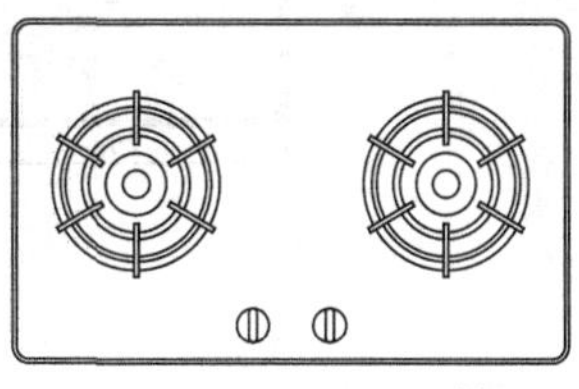

图5-98 燃气灶

燃气灶的绘制流程如图5-99~图5-104所示。

图5-99 绘制并偏移圆角矩形

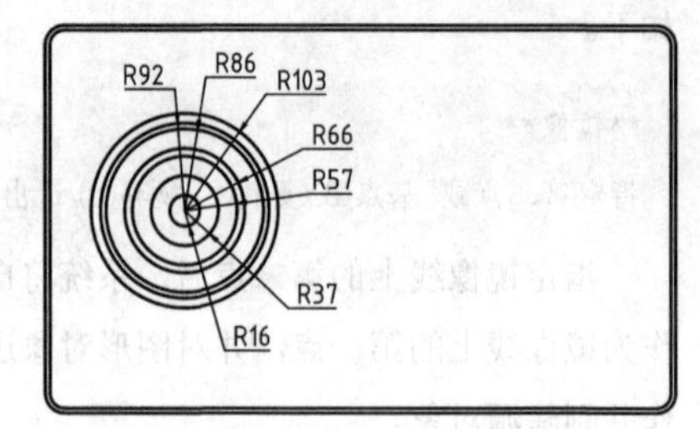

图5-100 绘制多个圆对象

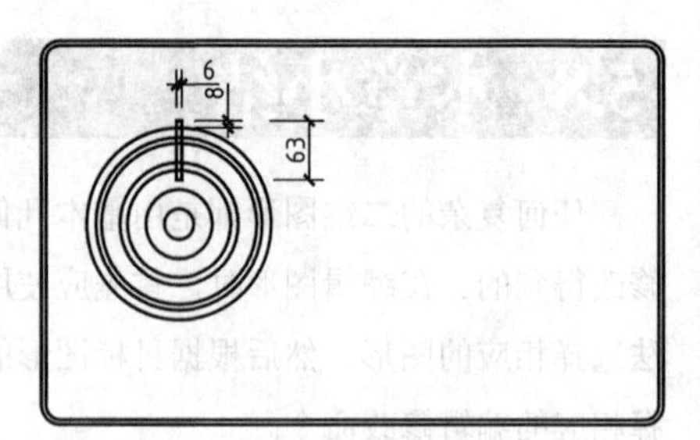

图5-101 绘制并移动矩形

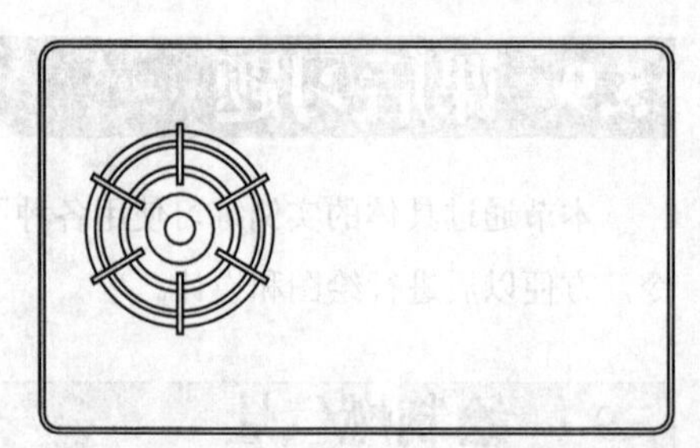

图5-102 环形阵列并修剪图形

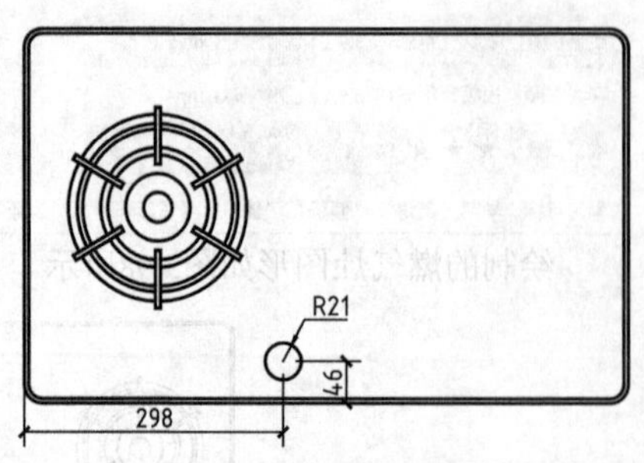

图5-103 绘制并移动圆

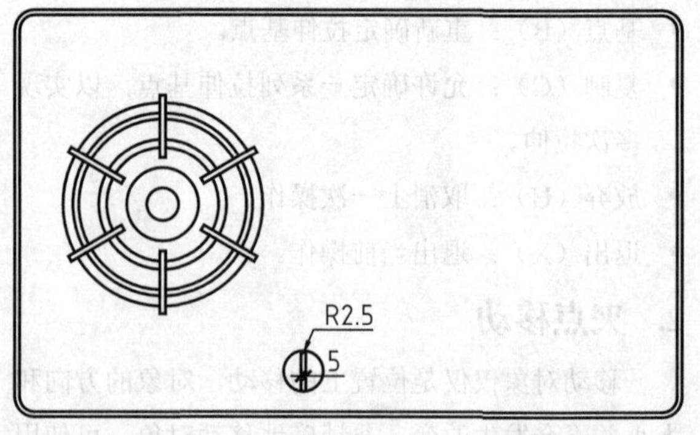

图5-104 绘制并移动圆角矩形

5.9.2 绘制椭圆压盖

案例位置	素材>第5章>5.9.2 绘制椭圆压盖.dwg
在线视频	视频>第5章>5.9.2 绘制椭圆压盖.mp4
难易指数	★★★★★
学习目标	学习"修剪""镜像""删除"等命令的使用

绘制的椭圆压盖图形如图5-105所示。

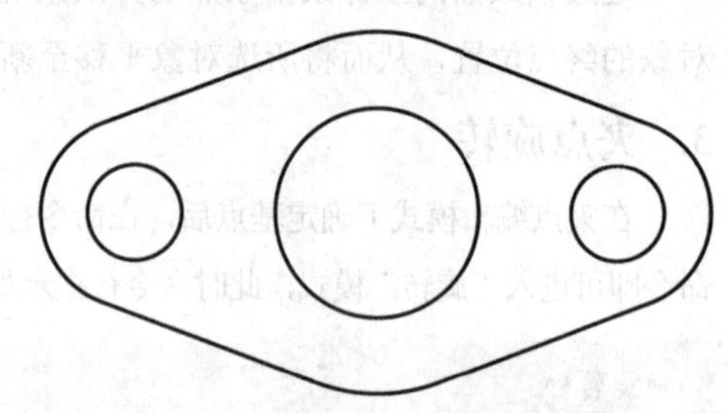

图5-105 椭圆压盖

椭圆压盖的绘制流程如图5-106~图5-109所示。

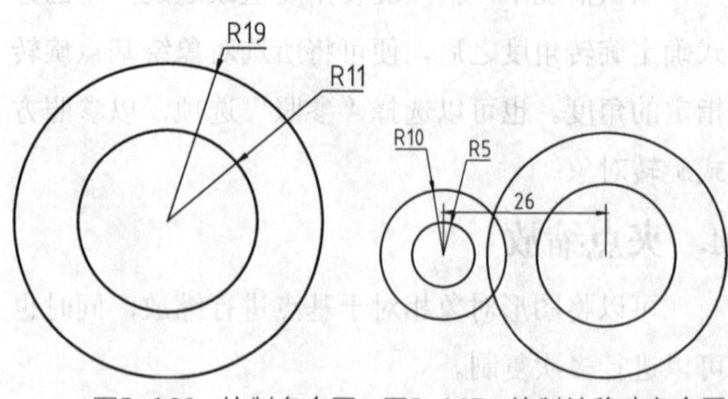

图5-106 绘制多个圆 图5-107 绘制并移动多个圆

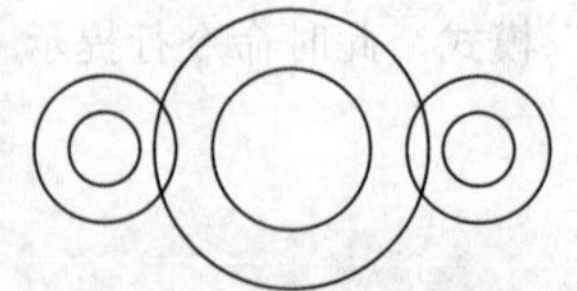

图5-108 镜像图形

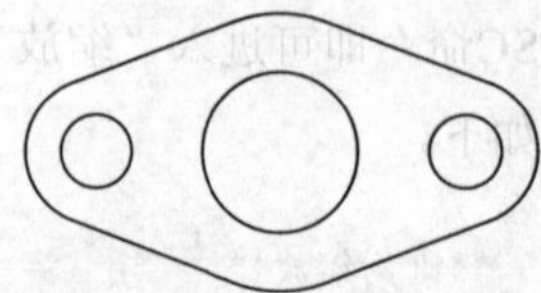

图5-109 绘制切线并修剪图形

第6章

精准绘制图形

内容摘要

在建筑制图和机械制图中，都要求高精度。一个大型项目很可能会由于一点小误差而失败。因此，在AutoCAD中绘制图形时，一般都需要使用辅助定位工具来保证图形的高精度。AutoCAD 2018有着众多辅助定位工具，如捕捉、栅格、对象捕捉、自动追踪等，本章将对这些辅助定位工具进行详细的介绍。

课堂学习目标

- 掌握图形的精确定位方法
- 熟悉对象捕捉的应用方法
- 熟悉对象追踪的应用方法
- 熟悉对象约束的应用方法

6.1 图形的精确定位

在绘制图形时，用鼠标指针进行定位虽然方便快捷，但精度并不高，绘制的图形也不够精确，不能满足工程制图的要求。为了解决这些问题，AutoCAD提供了一些辅助定位工具，用于帮助用户精确绘图，提高工作效率。

6.1.1 正交模式

正交模式取决于当前的捕捉角度、UCS坐标或栅格显示和捕捉模式，可以帮助用户绘制平行于x轴或y轴的直线。启用正交模式后，只能在水平方向或垂直方向上移动十字光标，而且只有通过输入点坐标值的方式，才能在非水平或非垂直方向上绘制图形。

在AutoCAD 2018中可以通过以下几种方法启动正交模式。

- 命令行：在命令行中输入ORTHO命令。
- 快捷键：按F8键（切换开、关状态）。
- 状态栏：单击状态栏中的“正交限制光标”按钮。

执行以上任一命令，均可以开启正交模式。

6.1.2 课堂实例——使用正交模式完善洗衣机

案例位置　素材>第6章>6.1.2 课堂实例——使用正交模式完善洗衣机.dwg

在线视频　视频>第6章>6.1.2 课堂实例——使用正交模式完善洗衣机.mp4

难易指数　★★★★★

学习目标　学习“正交”功能的使用

01 打开文件。单击快速访问工具栏中的“打开”按钮，打开本书素材中的“第6章\6.1.2 课堂实例——使用正交模式完善洗衣机.dwg”素材文件，如图6-1所示。

02 捕捉端点。单击状态栏中的“正交限制光标”按钮，开启正交模式；调用L“直线”命令，根据命令行提示，捕捉左上方端点，如图6-2所示。

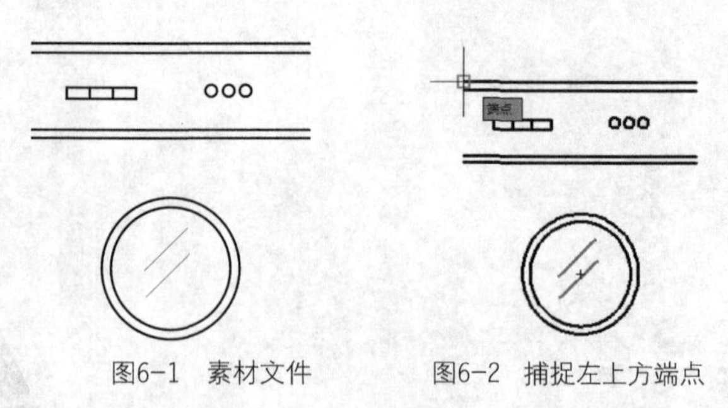

图6-1　素材文件　　图6-2　捕捉左上方端点

03 显示正交线。向下移动光标，显示出正交线，如图6-3所示。

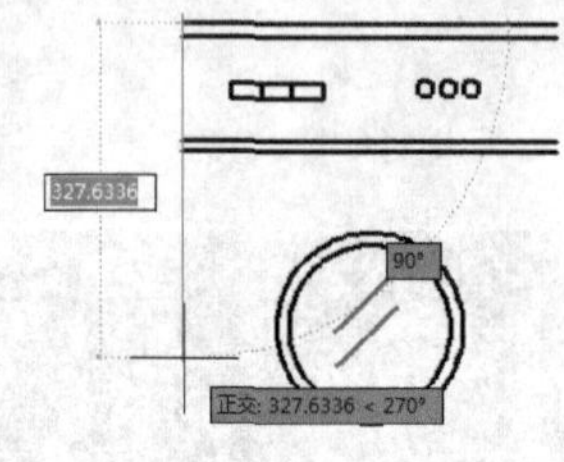

图6-3　显示正交线

04 绘制直线。输入长度参数值为531，按Enter键结束，即可使用正交功能绘制直线，如图6-4所示。

05 完善图形。重复调用“直线”命令，结合正交模式，继续绘制水平直线和垂直直线，得到的最终效果如图6-5所示。

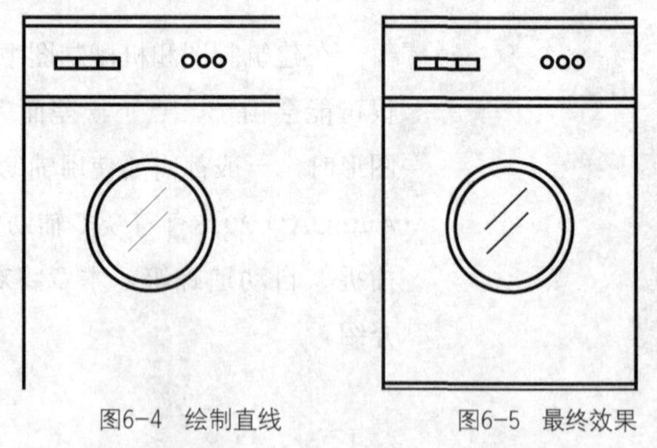

图6-4　绘制直线　　图6-5　最终效果

6.1.3 栅格显示

“栅格”是一些用来标定位置的小点，可以提供直观的距离和位置参照。

在AutoCAD 2018中可以通过以下几种方法启动栅格功能。

- 快捷键：按F7键（切换开、关状态）。

- 状态栏：单击状态栏中的“显示图形栅格”按钮▦（切换开、关状态）。
- 菜单栏：执行“工具”|“绘图设置”命令，在系统弹出的“草图设置”对话框中选择“捕捉和栅格”选项卡，勾选“启用栅格”复选框。
- 命令行：在命令行中输入DDOSNAP命令。

在命令行中输入DS并按Enter键，系统弹出“草图设置”对话框，选择“捕捉和栅格”选项卡，勾选“启用栅格”复选框，如图6-6所示，即可启用栅格功能，效果如图6-7所示。在“捕捉和栅格”选项卡中，与栅格有关的各选项含义如下。

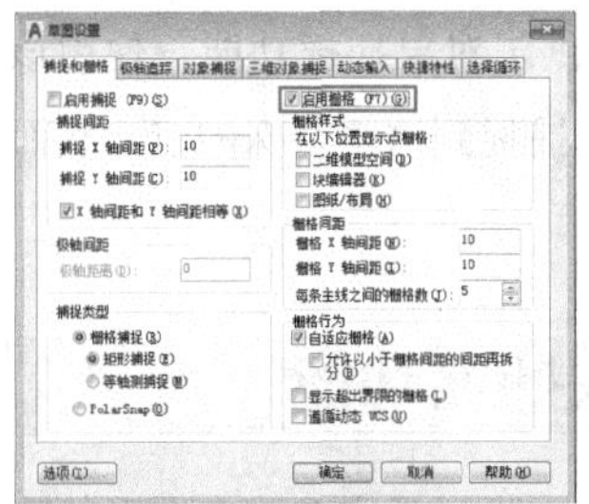

图6-6　启用栅格功能

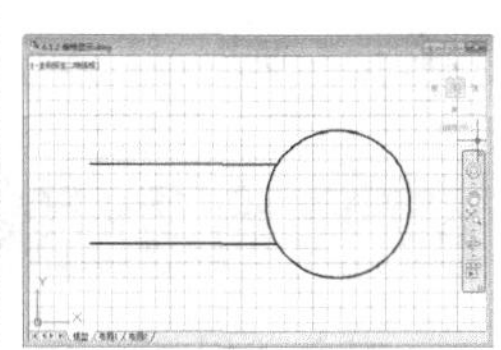

图6-7　栅格显示效果

- “启用栅格”复选框：用于控制是否显示栅格。
- “栅格样式”选项组：选择在哪个位置显示点栅格。也可以使用GRIDSTYLE系统变量设定栅格样式。
- “栅格*X*轴间距”数值框：用于设置栅格在水平方向上的间距。
- “栅格*Y*轴间距”数值框：用于设置栅格在垂直方向上的间距。
- “每条主线之间的栅格数”数值框：用于指定主栅格线相对于次栅格线的频率。
- “自适应栅格”复选框：用于限制缩小时栅格的密度。
- “允许以小于栅格间距的间距再拆分”复选框：用于控制在放大时，是否生成更多间距更小的栅格线。
- “显示超出界限的栅格”复选框：用于确定是否显示界限之外的栅格。
- “遵循动态UCS”复选框：为跟随动态UCS的*XY*平面而改变栅格平面。

6.1.4　捕捉模式

捕捉模式可以在绘图区生成一个隐含的捕捉栅格，这个栅格能够捕捉光标，让它只能落在栅格的某一节点上，此时只能绘制与捕捉间距成倍数的距离，从而实现精确绘图。在AutoCAD 2018中可以通过以下几种方法启动捕捉功能。

- 快捷键：按F9键（切换开、关状态）。
- 状态栏：单击状态栏中的“捕捉模式”按钮▦（切换开、关状态）。
- 菜单栏：执行“工具”|“绘图设置”命令，在系统弹出的“草图设置”对话框中选择“捕捉和栅格”选项卡，勾选“启用捕捉”复选框。
- 命令行：在命令行中输入DDOSNAP命令。

在命令行中输入DS并按Enter键，系统弹出“草图设置”对话框，选择“捕捉和栅格”选项卡，勾选“启用捕捉”复选框，如图6-8所示，即可启用捕捉功能。

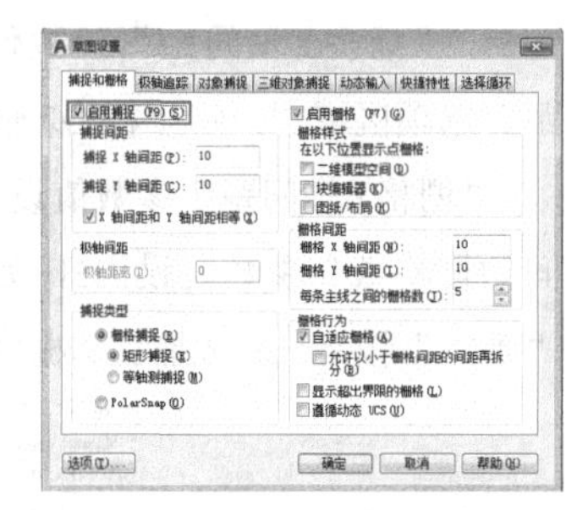

图6-8　启用捕捉功能

在“捕捉和栅格”选项卡中，与捕捉有关的各选项含义如下。

- “启用捕捉”复选框：用于控制捕捉功能的开关。
- “捕捉*X*轴间距”数值框：用于指定*X*方向的捕捉间距，间距值必须为正实数。
- “捕捉*Y*轴间距”数值框：用于指定*Y*方向的捕捉间距，间距值必须为正实数。
- “极轴间距”选项组：该选项只有在选择“极轴捕捉”类型时才可用。设置捕捉的有关参数时，既可在“极轴距离”数值框中输入距离值，也可在命令行中输入SNAP。
- “栅格捕捉”单选按钮：用于设定栅格捕捉类型。

- “矩形捕捉”单选按钮：将捕捉样式设定为标准“矩形”捕捉模式。
- “等轴测捕捉”单选按钮：将捕捉样式设定为“等轴测”捕捉模式。
- “PolarSnap”单选按钮：将捕捉类型设定为“PolarSnap”。

6.1.5 课堂实例——绘制机械零件

案例位置　素材>第6章>6.1.5 课堂实例——绘制机械零件.dwg

在线视频　视频>第6章>6.1.5 课堂实例——绘制机械零件.mp4

难易指数　★★★★★

学习目标　学习“捕捉和栅格设置”“捕捉”“栅格”功能的使用

01 设置栅格。鼠标右键单击状态栏中的“捕捉模式”按钮，选择“捕捉设置”选项，如图6-9所示。

02 打开“草图设置”对话框，在对话框中勾选“启用捕捉”和“启用栅格”复选框，在“捕捉间距”选项区域中，将“捕捉X轴间距”参数值设为5，“捕捉Y轴间距”参数值为5；在“栅格间距”选项区域中，将“栅格X轴间距”参数值设为5，“栅格Y轴间距”参数值设为5，“每条主线之间的栅格数”参数值设为5，如图6-10所示，单击“确定”按钮，完成捕捉和栅格的设置。

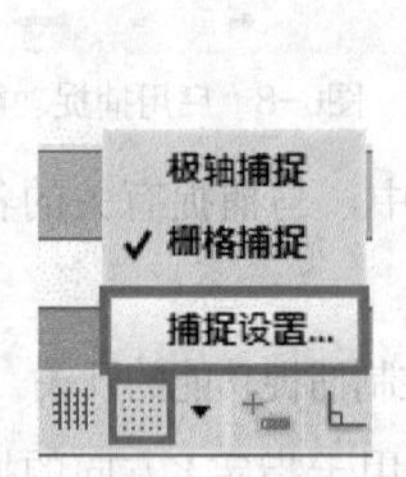

图6-9　选择“捕捉设置”选项

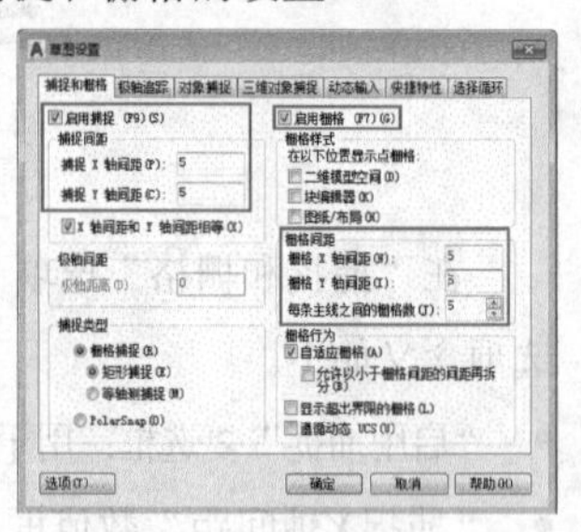

图6-10　“草图设置”对话框

03 绘制图形。调用“直线”命令，结合捕捉和栅格等绘图辅助工具，在绘图区空白处随意捕捉第一个点，按照每个方格边长为5，捕捉各点绘制零件图，如图6-11所示。

04 关闭栅格。按F7键关闭栅格，最终效果如图6-12所示。

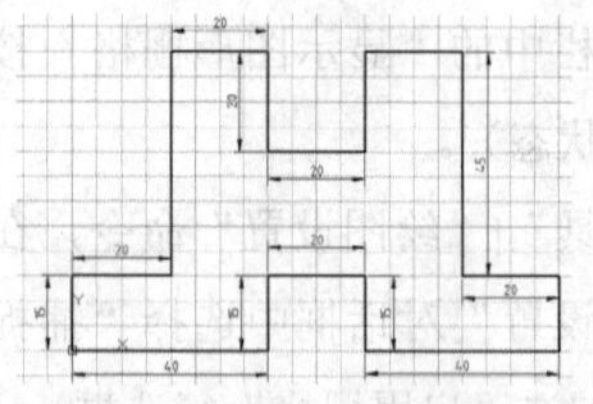

图6-11　绘制零件图

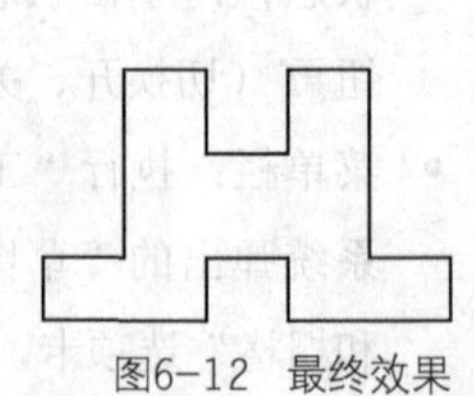

图6-12　最终效果

6.2 对象捕捉的应用

在绘图的过程中，经常要指定一些已有对象上的点，如端点、圆心和两个对象的交点等。如果仅凭观察来拾取，则不能非常准确地找到这些点。为此，AutoCAD 2018提供了对象捕捉功能，使用该功能可以迅速、准确地捕捉到这些特殊的点，从而精确地绘制图形。

6.2.1 启动对象捕捉功能

对象捕捉是指将十字光标锁定在已有图形的特殊点上，它不是独立的命令，而是在执行命令的过程中结合使用的模式。

在AutoCAD 2018中可以通过以下几种方法启动对象捕捉功能。

- 快捷键：按F3键（切换开、关状态）。
- 状态栏：单击状态栏上的“对象捕捉”按钮（切换开、关状态）。
- 菜单栏：执行“工具”|“绘图设置”命令，在系统弹出的“草图设置”对话框中选择“对象捕捉”选项卡，勾选“启用对象捕捉”复选框，如图6-13所示。
- 命令行：在命令行中输入DDOSNAP命令。

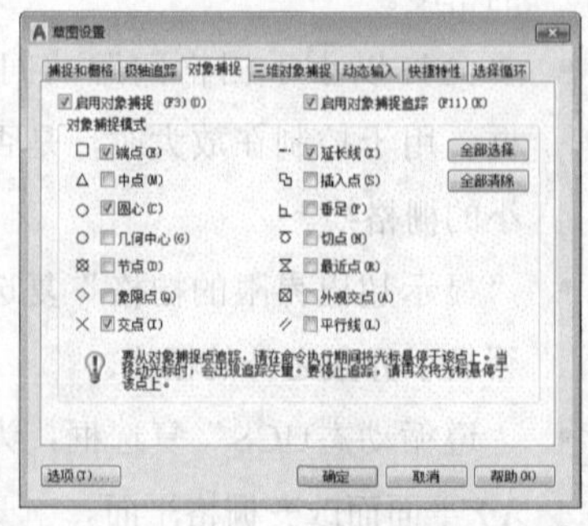

图6-13　“对象捕捉”选项卡

使用以上任意方法，均可以启动对象捕捉功能。在“草图设置”对话框中的“对象捕捉”选项卡中，各选项的含义如下。

- 端点：捕捉对象的最近端点或角。
- 中点：捕捉对象的中点。
- 圆心：捕捉圆弧、圆、椭圆或椭圆弧的中心点。
- 几何中心：捕捉到多段线、二维多段线和二维样条曲线的几何中心点。
- 节点：捕捉点对象、标注定义点或标注文字原点。
- 象限点：捕捉位于圆弧、圆、椭圆或椭圆弧段上的象限点。
- 交点：捕捉对象的交点。
- 延长线：捕捉对象延长线上的点。
- 插入点：捕捉块、标注对象或外部参照的插入点。
- 垂足：捕捉对象的垂足。
- 切点：捕捉圆、弧段及其他曲线的切点。
- 最近点：捕捉位于直线、弧段、椭圆或样条曲线上、而且距离光标最近的点。
- 外观交点：捕捉两个对象在视图平面上的交点。若两个对象没有直接相交，则系统自动计算其延长后的交点；若两个对象在空间中为异面直线，则系统自动计算其投影方向上的交点。
- 平行线：选定路径上的一点，使通过该点的直线与已知直线平行。

6.2.2 对象捕捉设置

对象捕捉功能就是当把光标放在一个对象上时，系统将自动捕捉到对象上所有符合条件的几何特征点，并进行相应的显示。但在运用对象捕捉功能时，需要在“对象捕捉”选项卡中对对象捕捉模式进行设置。

在AutoCAD 2018中可以通过以下几种方法启动“对象捕捉设置”命令。

- 菜单栏：执行“工具”|“绘图设置”命令。
- 快捷菜单1：鼠标右键单击状态栏中的“对象捕捉”按钮，打开快捷菜单，选择“对象捕捉设置”命令，如图6-14所示。
- 快捷菜单2：按住Shift键的同时，鼠标右键单击绘图区，打开快捷菜单，选择“对象捕捉设置”命令，如图6-15所示。

使用以上任意方法，均可以打开“草图设置”对话框的“对象捕捉”选项卡，在该选项卡中，可以开启或关闭对象捕捉和对象捕捉追踪功能，也可以在“对象捕捉模式”选项组中，勾选所需的捕捉模式的复选框。

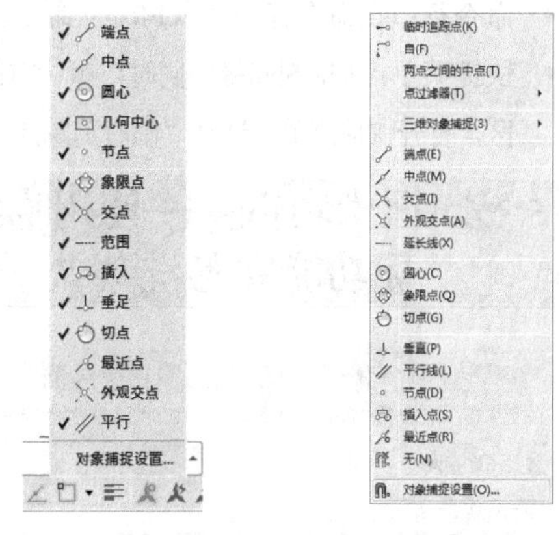

图6-14　通过状态栏打开快捷菜单　图6-15　通过绘图区打开快捷菜单

在“选项”对话框的“绘图”选项卡中，可以对对象捕捉的自动捕捉标记的大小和颜色等参数进行设置，如图6-16所示。

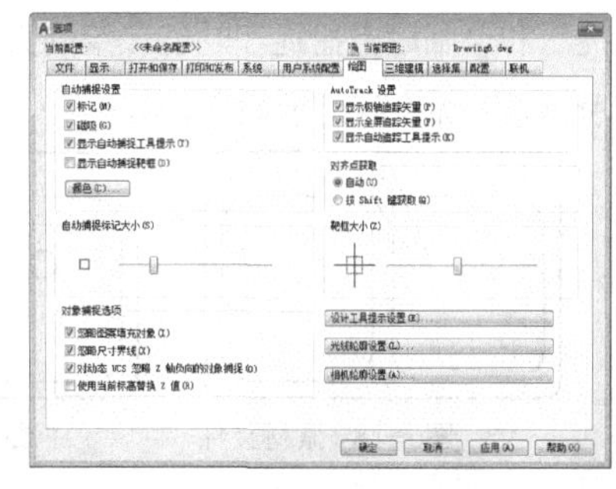

图6-16　“绘图”选项卡

图6-17所示为修改自动捕捉标记颜色后的前后效果对比图。

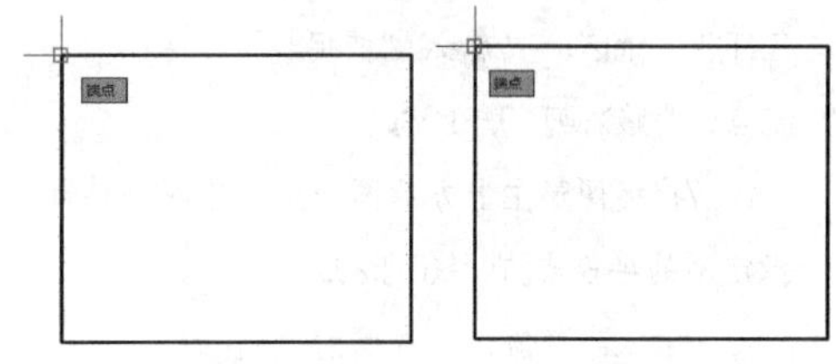

图6-17　修改自动捕捉标记颜色后的前后效果对比

6.2.3 临时捕捉

临时捕捉是一种一次性的捕捉模式，而且它不是自动的。在下一次遇到相同的特征点时，需要再次进行设置。当用户需要临时捕捉某个特征点时，应先手动设置需要捕捉的特征点，然后进行对象捕捉。

在AutoCAD 2018中可以通过以下几种方法启动“临时捕捉”命令。

- 命令行：在命令行中输入FROM命令。
- 快捷菜单：按住Shift键的同时，鼠标右键单击绘图区，打开快捷菜单，选择“临时追踪点”命令。

6.2.4 课堂实例——使用临时捕捉功能完善洗菜盆

案例位置 素材>第6章>6.2.4 课堂实例——使用临时捕捉功能完善洗菜盆.dwg

在线视频 视频>第6章>6.2.4 课堂实例——使用临时捕捉功能完善洗菜盆.mp4

难易指数 ★★★★★

学习目标 学习“临时捕捉”功能的使用

01 打开文件。单击快速访问工具栏中的“打开”按钮，打开“第6章\6.2.4 使用临时捕捉功能完善洗菜盆.dwg”素材文件，如图6-18所示。

02 绘制圆。调用“圆”命令，结合“对象捕捉”和“临时点捕捉”功能，绘制大圆，如图6-19所示。其命令行提示如下。

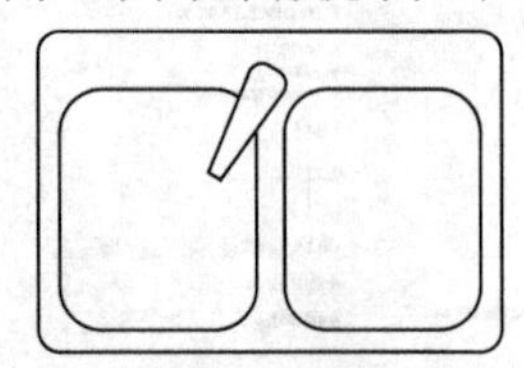

图6-18 素材文件

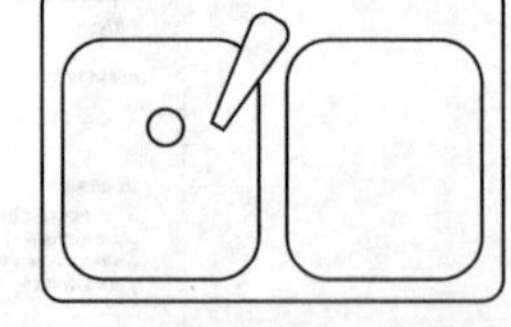

图6-19 绘制大圆

```
命令:C↙          //调用“圆”命令
CIRCLE
指定圆的圆心或[三点(3P)/两点(2P)/切点、切点、半
径(T)]:from↙    //输入“捕捉自”命令
基点:<偏移>:@169,-198↙
        //捕捉图形左上方的圆心点，输入偏移参数值
指定圆的半径或[直径(D)]:29↙
        //输入半径值，完成圆的绘制
```

03 绘制圆。调用C“圆”命令，结合“对象捕捉”和“临时点捕捉”功能，绘制小圆，如图6-20所示。其命令行提示如下。

```
命令:C↙          //调用“圆”命令
CIRCLE
指定圆的圆心或[三点(3P)/两点(2P)/切点、切点、半
径(T)]:from↙    //输入“捕捉自”命令
基点:<偏移>:@279,-23↙
        //捕捉图形左上方的圆心点，输入偏移参数值
指定圆的半径或[直径(D)]:23↙
        //输入半径值，完成圆的绘制
```

04 镜像图形。调用MI“镜像”命令，选择新绘制的大圆和小圆对象，对其进行镜像操作，得到的最终效果如图6-21所示。

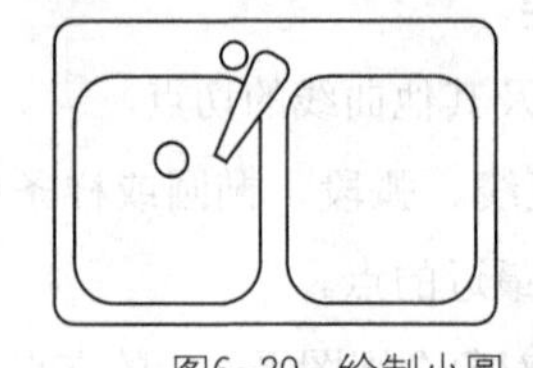

图6-20 绘制小圆

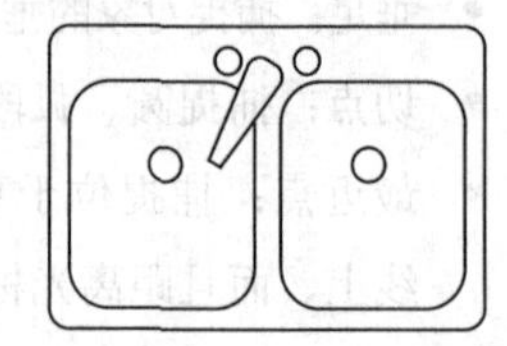

图6-21 最终效果

6.2.5 三维对象捕捉

三维空间中的对象捕捉与二维的对象捕捉类似，不同之处在于在三维空间中使用三维对象捕捉，默认情况下，对象捕捉位置的Z值由对象在三维空间中的位置确定。但是，在处理三维模型的平面视图或在俯视图上进行对象捕捉的，恒定的Z值更有用。

在AutoCAD 2018中可以通过以下几种方法启动“三维对象捕捉”功能。

- 快捷键：按F4键（切换开、关状态）。
- 状态栏：单击状态栏中的“三维对象捕捉”按钮（切换开、关状态）。
- 命令行：在命令行中输入DDOSNAP命令。
- 快捷菜单：右键单击状态栏中的“三维对象捕捉”按钮，选择“对象捕捉设置”选项，如图6-22所示。

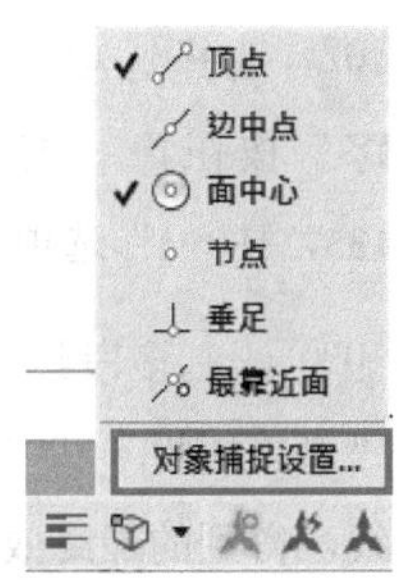

图6-22 快捷菜单

在命令行中输入DS并按Enter键，系统将弹出“草图设置”对话框，选择“三维对象捕捉”选项卡，勾选“启用三维对象捕捉”复选框，如图6-23所示，即可启动“三维对象捕捉”功能。

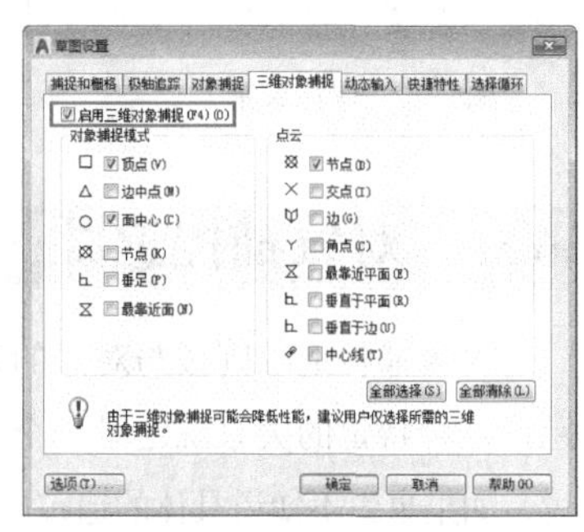

图6-23 “三维对象捕捉”选项卡

在“三维对象捕捉”选项卡中，各选项的含义如下。

- 顶点：勾选该复选框，可以捕捉到三维对象的最近顶点。
- 边中点：勾选该复选框，可以捕捉到面边的中点。
- 面中心：勾选该复选框，可以捕捉到面的中心。
- 节点：勾选该复选框，可以捕捉到样条曲线上的节点。
- 垂足：勾选该复选框，可以捕捉到垂直于面的点。
- 最靠近面：勾选该复选框，可以捕捉到最靠近三维对象面的点。

6.3 对象追踪的应用

对象追踪实质上也是一种精确定位的方法，当要求输入的点在一定的角度线上，或者输入的点与其他的对象有一定的关系时，可以利用对象追踪功能来快速地确定位置。

6.3.1 极轴追踪

极轴追踪是按给定的角度增量来追踪特征点。也就是说，如果事先知道要追踪的方向或角度，则可以使用极轴追踪。

在AutoCAD 2018中可以通过以下几种方法启动“极轴追踪”功能。

- 快捷键：按F10键（切换开、关状态）。
- 状态栏：单击状态栏中的“极轴追踪”按钮（切换开、关状态）。
- 菜单栏：执行“工具”|“绘图设置”命令，在系统弹出的“草图设置”对话框中选择“极轴追踪”选项卡，勾选“启用极轴追踪”复选框，如图6-24所示。

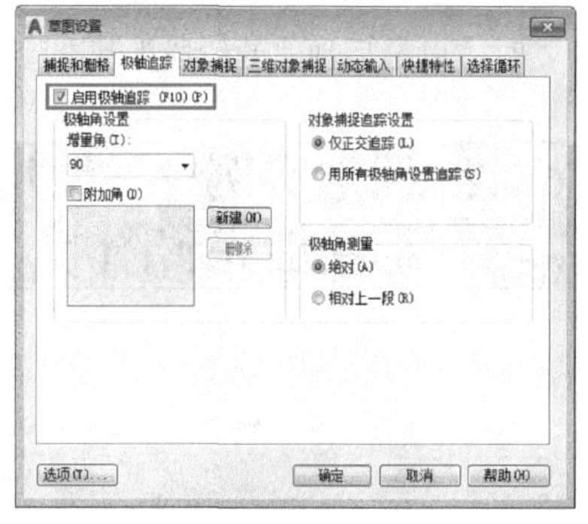

图6-24 “极轴追踪”选项卡

- 命令行：在命令行中输入DDOSNAP命令。

“极轴追踪”功能可以在系统要求指定一个点时，按预先设置的角度增量来显示一条无限延伸的辅助线，并沿辅助线追踪到光标所在位置，图6-25中的虚线即为极轴追踪线。

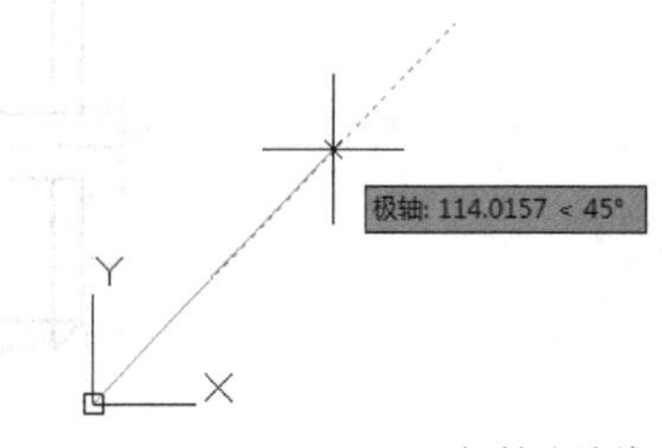

图6-25 极轴追踪线

在“极轴追踪”选项卡中，各选项的含义如下。

- “启用极轴追踪”复选框：勾选该复选项，即可启用“极轴追踪”功能。
- “极轴角设置”选项组：用于设置极轴角的值。默认的增量角的值是90，用户可以在“增量角”下拉列表框中选择角度增加量，若该下拉列表框中的角度不能满足需求，则可以勾选下方的“附加角”复选框，再单击“新建”按钮，并输入一个新的角度值，按Enter键将其添加到“附加角”列表框中。
- “对象捕捉追踪设置”选项组：用于选择对象追踪模式。用户选中“仅正交追踪”单选按钮时，仅沿栅格水平或垂直方向的直线追踪；用户选中“用所有极轴角设置追踪”单选按钮时，将根据极轴角设置进行追踪。
- “极轴角测量”选项组：用于计算极轴角。选中“绝对”单选按钮时，以当前坐标系为基准计算极轴角；选中“相对上一段”单选按钮时，以最后创建的线段为基准计算极轴角。

6.3.2 课堂实例——使用极轴追踪功能完善图形

案例位置	素材>第6章>6.3.2 课堂实例——使用极轴追踪功能完善图形.dwg
在线视频	视频>第6章>6.3.2 课堂实例——使用极轴追踪功能完善图形.mp4
难易指数	★★★★★
学习目标	学习“极轴追踪”功能的使用

01 打开文件。单击快速访问工具栏中的“打开”按钮，打开本书素材中的“第6章\6.3.2 课堂实例——使用极轴追踪功能完善图形.dwg”素材文件，如图6-26所示。

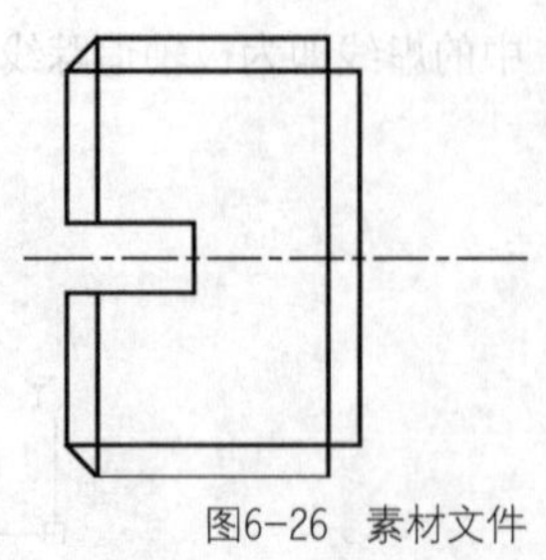

图6-26 素材文件

02 选择选项。右键单击状态栏中的“极轴追踪”按钮，打开快捷菜单，选择“45，90，135，180…”选项，如图6-27所示。

03 绘制多段线。调用PL“多段线”命令，结合“对象捕捉”和“45° 极轴追踪”功能，绘制多段线，得到的最终效果如图6-28所示。

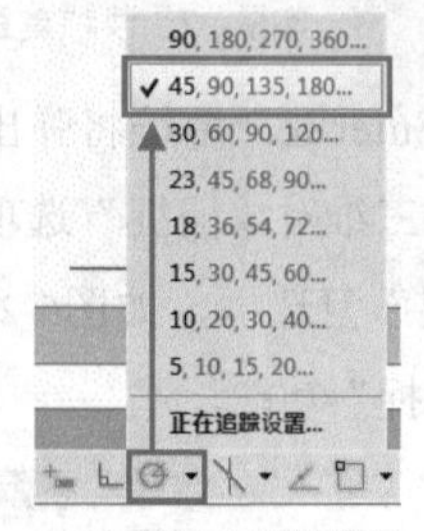

图6-27 快捷菜单

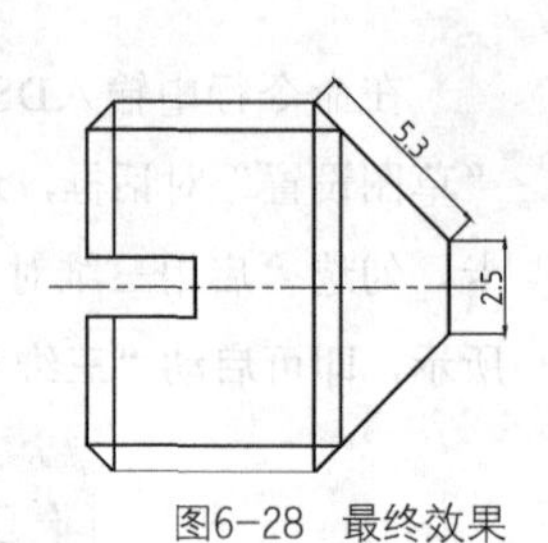

图6-28 最终效果

6.3.3 对象捕捉追踪

对象捕捉追踪则按与对象的某种特定关系来追踪，这种特定的关系确定了一个未知角度。也就是说，如果事先不知道具体的追踪方向或角度，但知道对象与其他对象的某种关系，则可以通过对象捕捉追踪进行追踪。

在AutoCAD 2018中可以通过以下几种方法启动“对象捕捉追踪”功能。

- 快捷键：按F11键（切换开、关状态）。
- 状态栏：单击状态栏中的“对象捕捉追踪”按钮（切换开、关状态）。
- 命令行：在命令行中输入DDOSNAP命令。
- 菜单栏：执行“工具”|“绘图设置”命令，在弹出的“草图设置”对话框中选择“对象捕捉”选项卡，勾选“启用对象捕捉追踪”复选框。

6.3.4 课堂实例——使用对象捕捉追踪功能完善图形

案例位置	素材>第6章>6.3.4 课堂实例——使用对象捕捉追踪功能完善图形.dwg
在线视频	视频>第6章>6.3.4 课堂实例——使用对象捕捉追踪功能完善图形.mp4
难易指数	★★★★★
学习目标	学习“对象捕捉追踪”功能的使用

01 打开文件。单击快速访问工具栏中的“打开”按钮，打开的“第6章\6.3.4 课堂实例——使用对象捕捉追踪功能完善图形.dwg”素材文件，如图6-29所示。

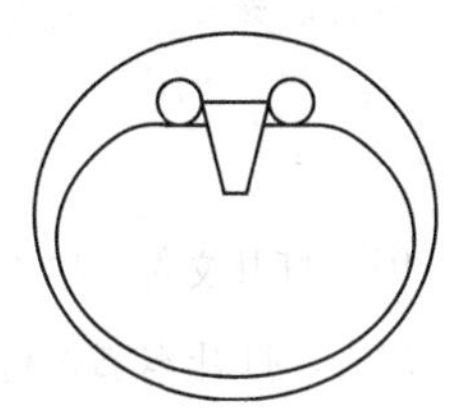
图6-29 素材文件

02 确定圆心点。按F11键开启“对象捕捉追踪”功能。调用“圆”命令，结合“中心捕捉追踪”和“象限点捕捉追踪”功能，确定圆心点，如图6-30所示。

03 绘制圆。输入圆半径参数为25，按Enter键结束，完成圆的绘制，得到的最终效果如图6-31所示。

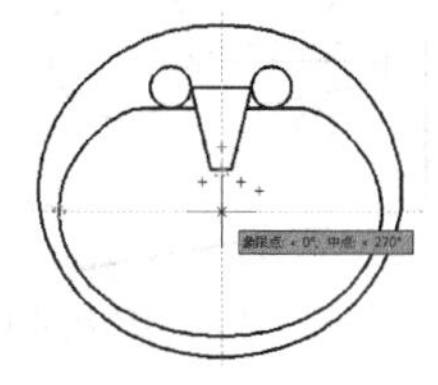

图6-30 确定圆心点

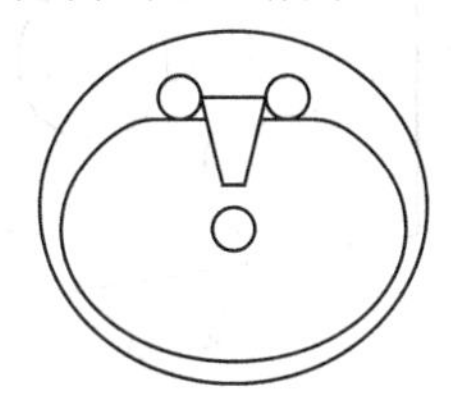
图6-31 最终效果

6.4 对象约束的应用

在AutoCAD 2018中，约束包括标注约束和几何约束两种。通过图形参数化，用户可以为二维几何图形添加约束。约束是一种规则，它可以决定对象彼此间的放置位置及其标注。

6.4.1 建立几何约束

几何约束可以确定对象之间或对象上的点之间的关系。确定建立几何约束后，它们可以限制可能会违反约束的所有更改。

在AutoCAD 2018中可以通过以下几种方法启动“建立几何约束”的命令。

- 菜单栏：执行“参数”|“几何约束”命令，如图6-32所示。
- 功能区：在“参数化”选项卡中，可以看到“几何”面板，如图6-33所示。

图6-32 “几何约束”菜单

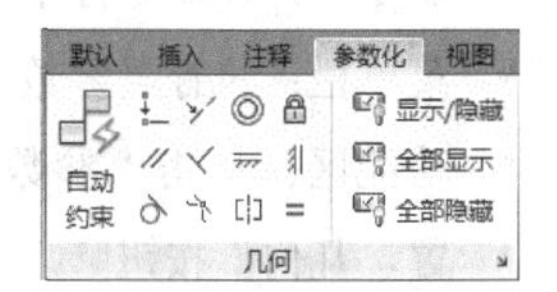

图6-33 “几何”面板

在“几何约束”菜单中，其子命令的含义如下。

- 重合：约束两个点使其重合，或者约束一个点使其位于对象或对象延长线上的任意位置。
- 垂直：约束两条直线或多段线线段，使其夹角始终为90°。
- 平行：约束两条直线，使其具有相同的角度。
- 相切：约束两条曲线，使其彼此相切或延长线彼此相切。
- 水平：约束一条直线或一对点，使其与当前的UCS的x轴平行。
- 竖直：约束一条直线或一对点，使其与当前的UCS的y轴平行。
- 共线：约束两条直线，使其位于同一条无限长的线上。
- 同心：约束选定的圆、圆弧或椭圆，使其有相同的圆心点。
- 平滑：约束一条样条曲线，使其与其他样条曲线、直线、圆弧或多段线彼此相连并保持连续性。
- 对称：约束对象上的两条曲线或两个点，使其以选定直线为对称轴彼此对称。
- 相等：约束两条直线或多段线线段，使其具有相同的长度，或约束圆弧或圆具有相同的半径值。
- 固定：约束一个点或一条曲线，使其固定在相对于世界坐标系特定的位置和方向上。

6.4.2 设置几何约束

在用AutoCAD绘图时，利用“约束设置”对话框可控制约束栏中显示或隐藏的几何约束类型。

根据需要单独或全局显示几何约束和约束栏，可使图形精确、参数化。

在AutoCAD 2018中可以通过以下几种方法启动“设置几何约束”命令。

- 命令行：在命令行中输入CSETTINGS命令。
- 菜单栏：执行“参数”|“约束设置”命令。
- 功能区：单击“参数化”选项卡中的“约束设置，几何”按钮。

执行以上任意一种操作后，系统将弹出“约束设置”对话框，选择“几何”选项卡，如图6-34所示，在此对话框中可控制约束栏中几何约束类型的显示，其各选项的含义如下。

图6-34　“约束设置”对话框

- “推断几何约束”复选框：用于创建和编辑几何图形时推断几何约束类型。
- “约束栏显示设置”选项组：用于控制图形编辑器中是否为对象显示约束栏或约束点标记。
- “全部选择”按钮：单击该按钮，可以选择全部几何约束类型。
- “全部清除”按钮：单击该按钮，可以清除所有选中的几何约束类型。
- “仅为处于当前平面中的对象显示约束栏”复选框：勾选该复选框，可以只为当前平面中受几何约束的对象显示约束栏。
- “约束栏透明度”选项组：用于设置约束栏的透明度。
- “将约束应用于选定对象后显示约束栏”复选框：手动应用约束或使用AUTOCONSTRAIN命令时，显示相关约束栏。
- “选定对象时显示约束栏”复选框：勾选该复选框，可以临时显示选定对象的约束栏。

6.4.3 课堂实例——添加几何约束

案例位置	素材>第6章>6.4.3 课堂实例——添加几何约束.dwg
在线视频	视频>第6章>6.4.3 课堂实例——添加几何约束.mp4
难易指数	★★★★★
学习目标	学习使用“对称”“同心”“垂直”“水平”“竖直”“重合”等几何约束

01 打开文件。单击快速访问工具栏中的“打开”按钮，打开本书素材中的“第6章\6.4.3 课堂实例——添加几何约束.dwg”素材文件，如图6-35所示。

02 添加对称约束。在“参数化”选项卡中单击“几何”面板中的“对称”按钮，根据命令行的提示，以中间的水平直线为对称中心线，对图形中的两个小圆进行对称约束，如图6-36所示，其命令行提示如下。

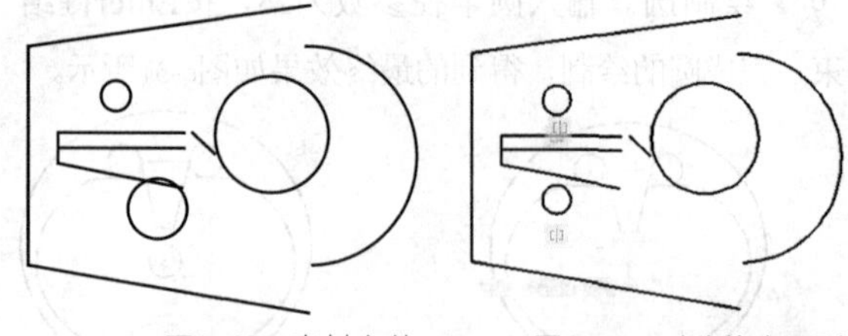

图6-35　素材文件　　图6-36　对称约束图形

```
命令:GCSYMMETRIC↙          //调用“对称”命令
选择第一个对象或[两点(2P)]<两点>:
                           //选择左上方的小圆对象
选择第二个对象:             //选择右下方的小圆对象
选择对称直线:               //选择中间的水平直线
```

03 添加同心约束。单击“几何”面板中的“同心”按钮，选择大圆弧和大圆对象，对其进行同心约束，效果如图6-37所示。

04 添加垂直约束。单击“几何”面板中的“垂直”按钮，依次选择外侧的垂直直线和倾斜直线，对其进行垂直约束操作，效果如图6-38所示。

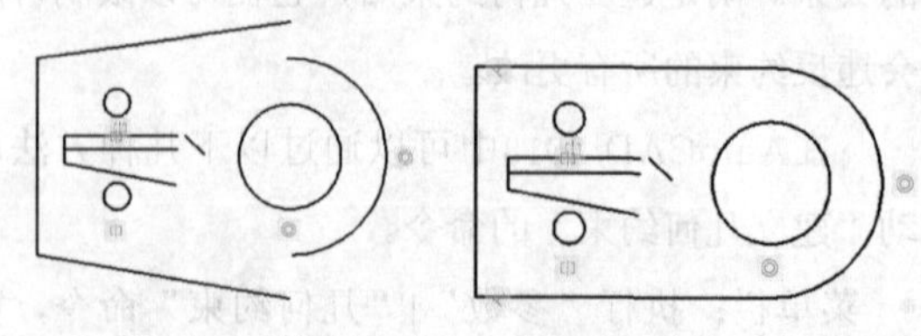

图6-37　同心约束图形　　图6-38　垂直约束图形

05 添加水平约束。单击“几何”面板中的“水平”按钮，拾取合适的倾斜直线，对其进行水平约束操作，效果如图6-39所示。

06 添加竖直约束。单击“几何”面板中的“竖直”按钮，拾取合适的倾斜直线，对其进行竖直约束操作，效果如图6-40所示。

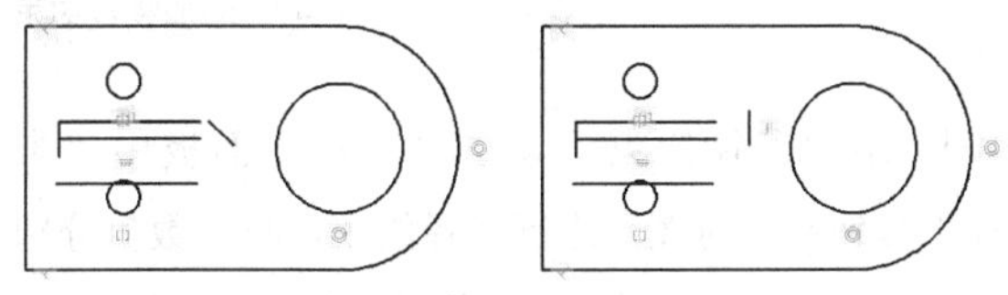

图6-39 水平约束图形　　图6-40 竖直约束图形

07 添加重合约束。单击“几何”面板中的“重合”按钮，拾取合适的直线，对其进行重合约束，得到的最终效果如图6-41所示。

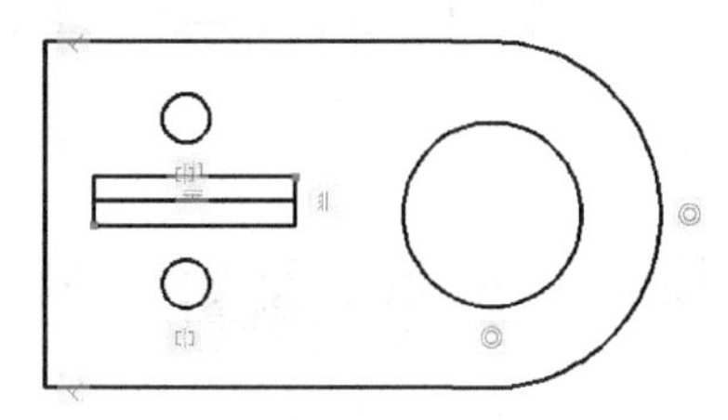

图6-41 最终效果

6.4.4 建立标注约束

标注约束可以确定对象、对象上的点之间的距离或角度，也可以确定对象的大小。

在AutoCAD 2018中可以通过以下几种方法启动“建立标注约束”的命令。

- 菜单栏：执行“参数”|“标注约束”命令，如图6-42所示。
- 功能区：在“参数化”选项卡中，可以看到“标注”面板，如图6-43所示。

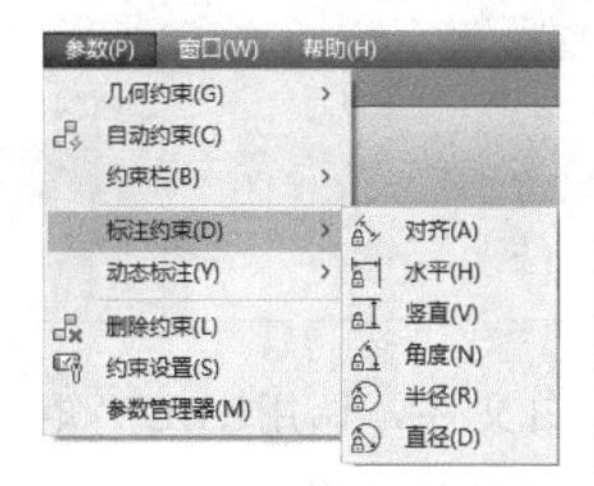

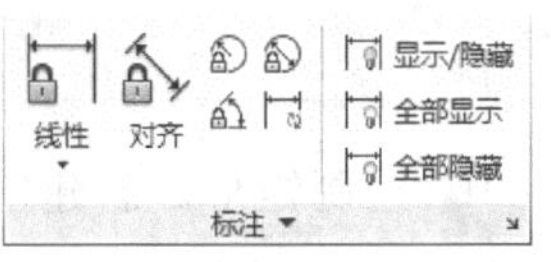

图6-42 “标注约束”菜单　　图6-43 “标注”面板

在“标注约束”菜单中，各子命令的含义如下。

- 水平：约束对象上的点或者不同对象上两个点之间的水平距离。
- 竖直：约束对象上的点或者不同对象上两个点之间的竖直距离。
- 对齐：约束两点、点与直线、直线与直线间的距离。
- 半径：约束圆或者圆弧的半径。
- 直径：约束圆或者圆弧的直径。
- 角度：约束直线间的角、圆弧的圆心角或由3个点构成的角。

6.4.5 设置标注约束

在绘制图形时，可以通过对标注约束的设置，来控制对象之间或对象上的点之间的距离和角度，以确保设计符合特定的要求。

在AutoCAD 2018中可以通过以下几种方法启动“设置标注约束”命令。

- 命令行：在命令行中输入CSETTINGS命令。
- 菜单栏：执行菜单栏中的“参数”|“约束设置”命令。
- 功能区：单击“参数化”选项卡中的“约束设置，标注”命令。

执行以上任意一种操作后，系统将弹出“约束设置”对话框，选择“标注”选项卡，如图6-44所示。

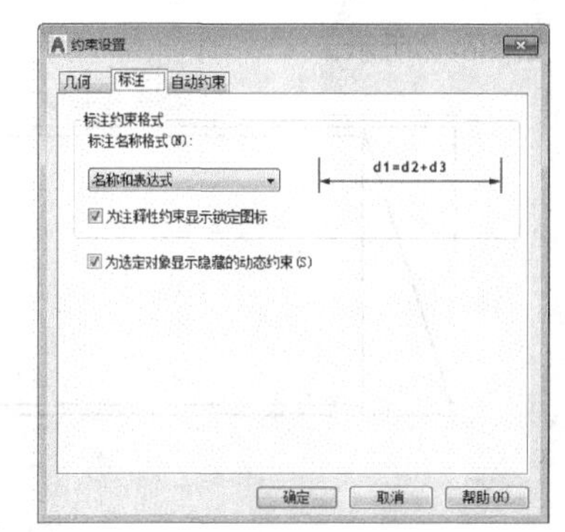

图6-44 “标注”选项卡

在“标注”选项卡中，各选项的含义如下。

- “标注名称格式”下拉列表框：为应用标注约

束时显示的文字指定格式。

- “为注释性约束显示锁定图标”复选框：勾选该复选框，可以针对已应用注释性约束的对象显示锁定图标。
- “为选定对象显示隐藏的动态约束”复选框：勾选该复选框，可以显示选定时已设置为隐藏的动态约束。

6.4.6 课堂实例——添加标注约束

案例位置　素材>第6章>6.4.6 课堂实例——添加标注约束.dwg

在线视频　视频>第6章>6.4.6 课堂实例——添加标注约束.mp4

难易指数　★★★★★

学习目标　学习“水平”“竖直”和“半径”等标注约束的使用

01 打开文件。单击快速访问工具栏中的“打开”按钮，打开本书素材中的“第6章\6.4.6 课堂实例——添加标注约束.dwg”素材文件，如图6-45所示。

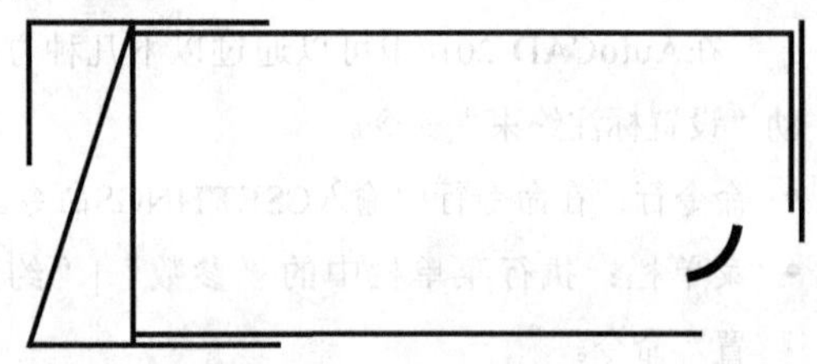

图6-45　素材文件

02 添加水平约束。在“参数化”选项卡中单击“标注”面板中的“水平”按钮，对图形进行水平标注约束，将参数值分别修改为1500和1301，如图6-46所示。

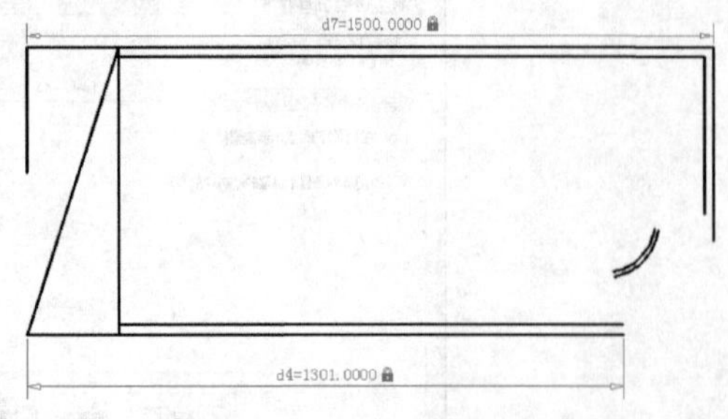

图6-46　添加水平约束

03 添加竖直约束。单击“标注”面板中的“竖直”按钮，对图形进行竖直约束，将参数值分别修改为600、404和382，如图6-47所示。

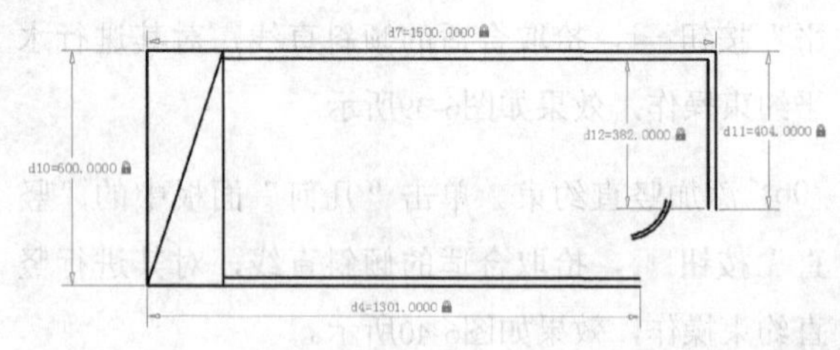

图6-47　添加竖直约束

04 添加半径约束。单击“标注”面板中“半径”按钮，对图形进行半径约束，将参数值分别修改为223和243，得到的最终效果如图6-48所示。

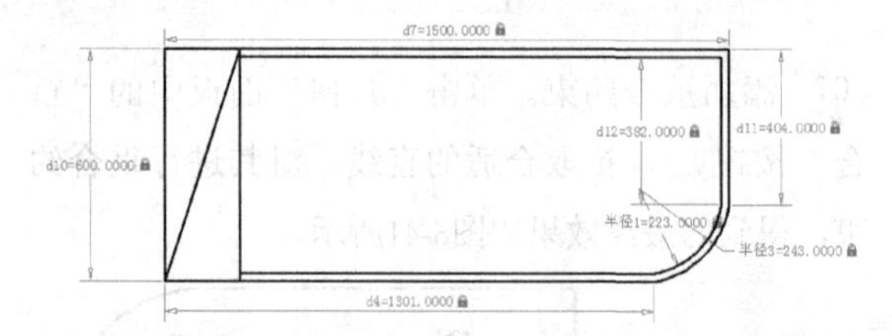

图6-48　添加半径约束

6.4.7 约束的编辑

几何图形元素被约束之后，若用户想要修改被约束的几何图形元素，首先需要删除几何约束或者修改图形元素的函数关系式，然后才能对图形元素进行修改，或者重新添加新的几何约束。

在AutoCAD 2018中可以通过以下几种方法启动“删除约束”的命令。

- 菜单栏：执行“参数”|“删除约束”命令。
- 功能区：在“参数化”选项卡中，单击“管理”面板中的“删除约束”按钮。

6.4.8 课堂实例——参数化绘图

案例位置　素材>第6章>6.4.8 课堂实例——参数化绘图.dwg

在线视频　视频>第6章>6.4.8 课堂实例——参数化绘图.mp4

难易指数　★★★★★

学习目标　学习“矩形”“圆”“修剪”“创建块”“水平约束”“竖直约束”命令的使用

01 绘制矩形。新建空白文件，调用REC“矩形”命令，绘制一个矩形，如图6-49所示。

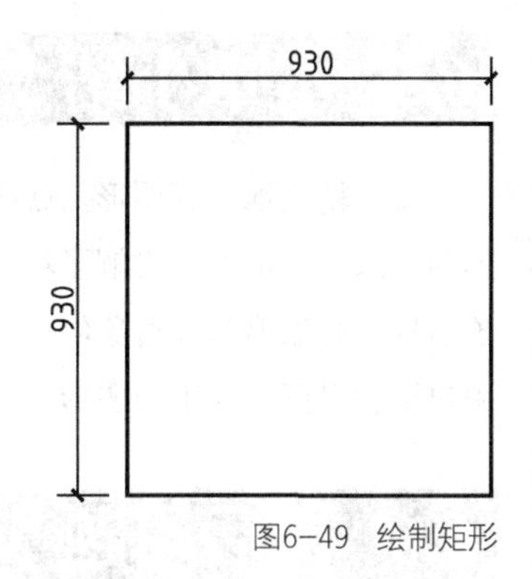

图6-49 绘制矩形

02 修改图形。调用X“分解”命令，分解新绘制的矩形；调用O“偏移”命令，对分解后的矩形进行偏移操作，如图6-50所示。

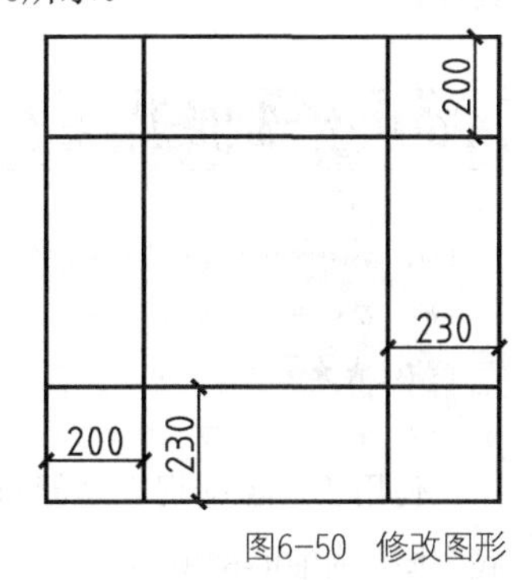

图6-50 修改图形

03 绘制圆。调用C“圆”命令，结合“对象捕捉”功能，分别绘制半径为500和700的圆，如图6-51所示。

04 修改图形。调用TR“修剪”和E“删除”命令，修剪并删除多余的图形，如图6-52所示。

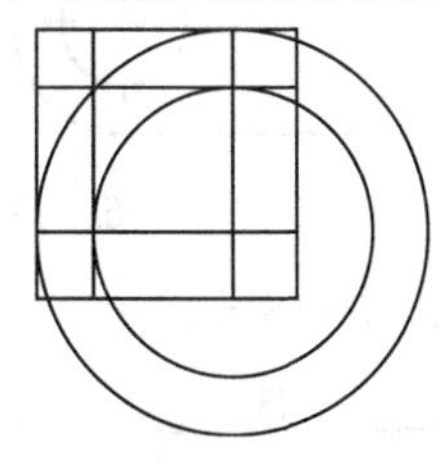

图6-51 绘制圆

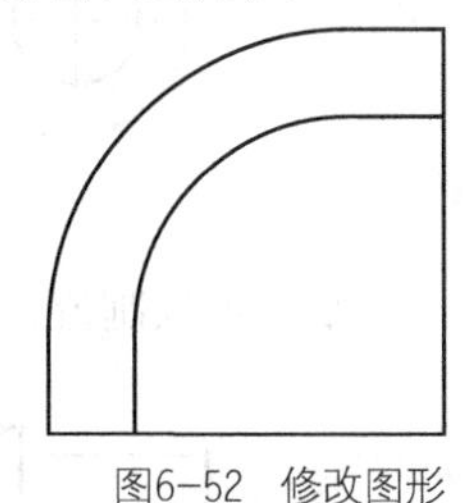

图6-52 修改图形

05 倒角操作。调用CHA“倒角”命令，将第一条直线的倒角长度修改为180、倒角角度修改为45、“修剪”模式修改为“修剪”，依次拾取合适的直线，效果如图6-53所示。

06 修改图形。调用F“圆角”命令，将圆角半径修改为30、“修剪”模式分别修改为“修剪”和“不修剪”；调用TR“修剪”命令，修剪多余的图形，效果如图6-54所示。

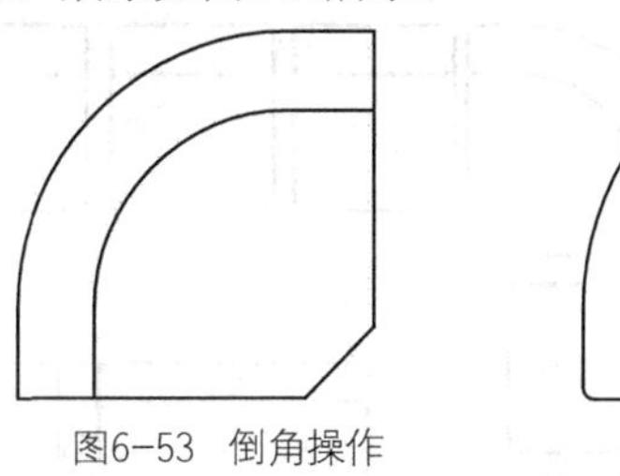

图6-53 倒角操作

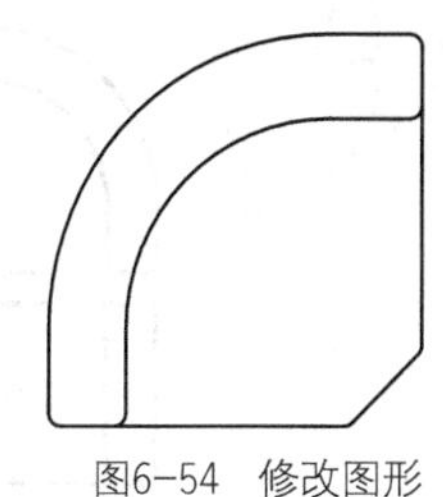

图6-54 修改图形

07 绘制矩形。调用REC“矩形”命令，绘制一个矩形，如图6-55所示。

08 修改图形。调用X“分解”命令，对新绘制的矩形进行分解操作；调用O“偏移”命令，对分解后的矩形进行偏移操作，如图6-56所示。

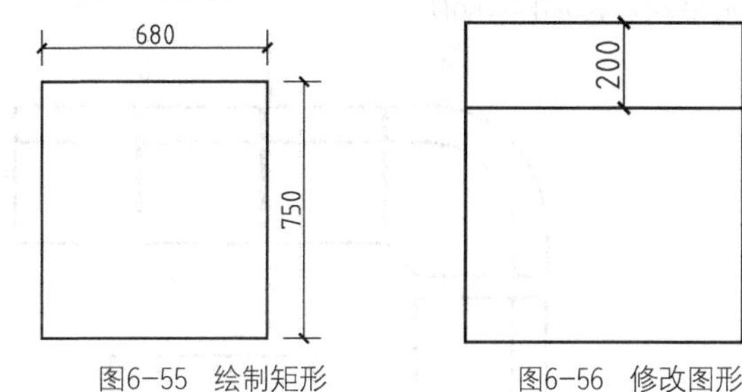

图6-55 绘制矩形　　图6-56 修改图形

09 修改图形。调用F“圆角”命令，将圆角半径修改为30、“修剪”模式分别修改为“修剪”和“不修剪”；调用TR“修剪”命令，修剪多余的图形，效果如图6-57所示。

10 调整图形。调用RO“旋转”和CO“复制”命令，调整图形，效果如图6-58所示。

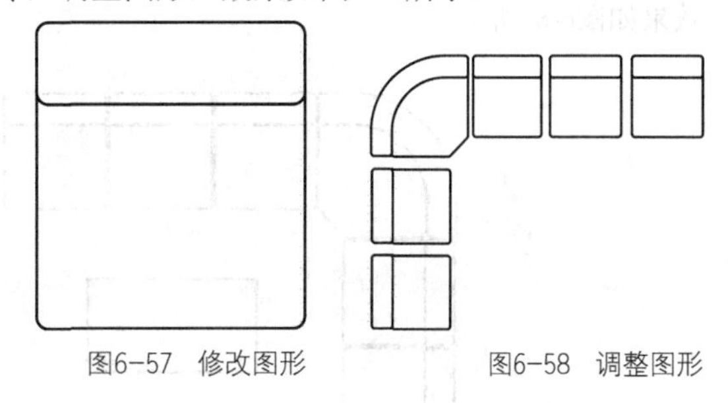

图6-57 修改图形　　图6-58 调整图形

11 创建块。调用B“创建块”命令，将复制后的沙发图形分别创建为块对象。

12 绘制矩形。调用REC“矩形”命令，在绘图区中的合适位置绘制矩形，并将其创建为块，如图6-59所示。

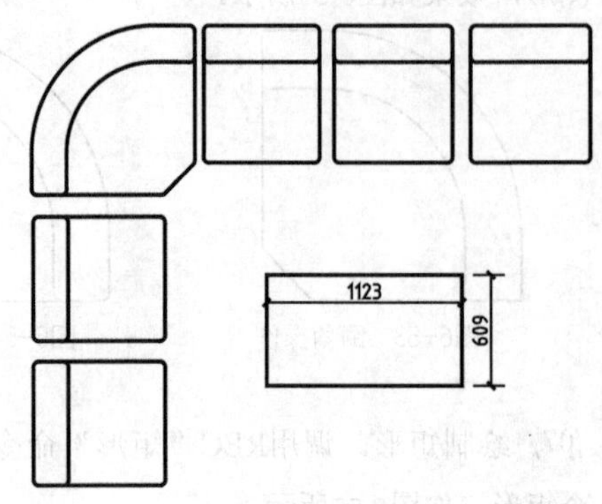

图6-59 绘制矩形

13 添加水平约束。在“参数化”选项卡中单击“标注”面板中的“水平”按钮，对图形进行水平约束，如图6-60所示。

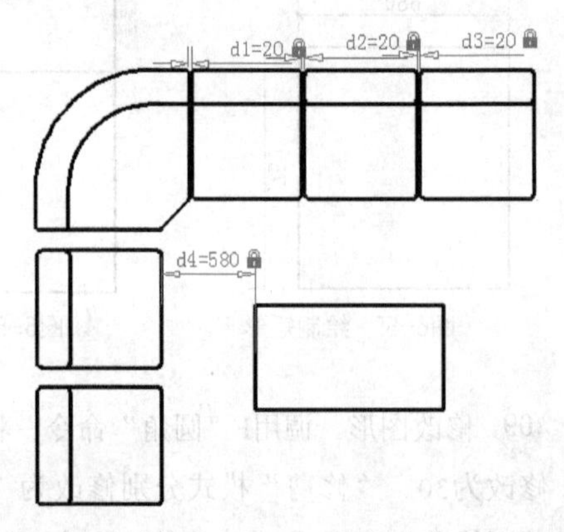

图6-60 添加约束

14 添加竖直约束。单击“标注”面板中的“竖直”按钮，对图形进行竖直约束，得到的最终效果如图6-61所示。

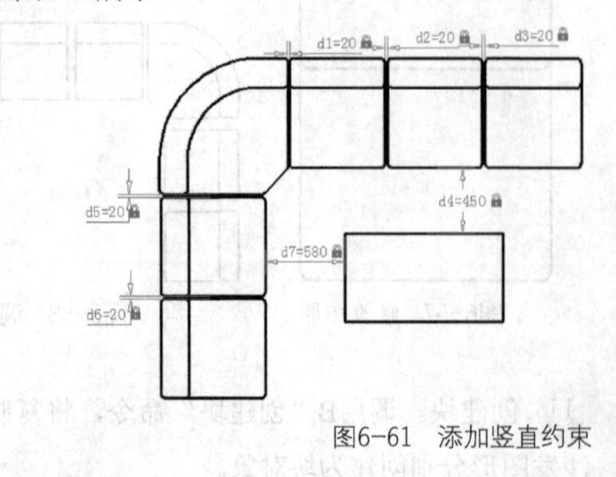

图6-61 添加竖直约束

6.5 本章小结

要想精确地绘制图形，就必须掌握精确定位图形的方法。本章详细讲解了精确定位图形，应用对象捕捉、对象追踪和对象约束的操作方法，以方便用户绘制出更加准确的图形。

6.6 课后习题

本节通过练习调用具体的精确定位、对象捕捉、对象追踪以及对象约束等命令，方便以后进行绘图和设计。

6.6.1 绘制底座

案例位置	素材>第6章>6.6.1 绘制底座.dwg
在线视频	视频>第6章>6.6.1 绘制底座.mp4
难易指数	★★★★★
学习目标	学习“矩形”“圆”“对象捕捉”“正交”等命令的使用

使用“对象捕捉”功能和“正交”功能绘制的底座图形如图6-62所示。

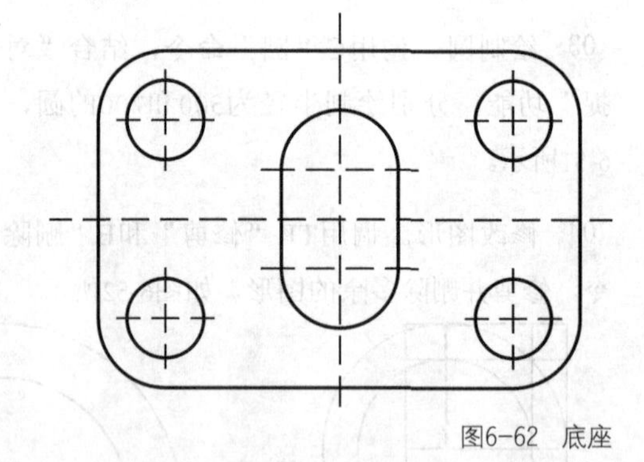

图6-62 底座

底座的绘制流程如图6-63~图6-66所示。

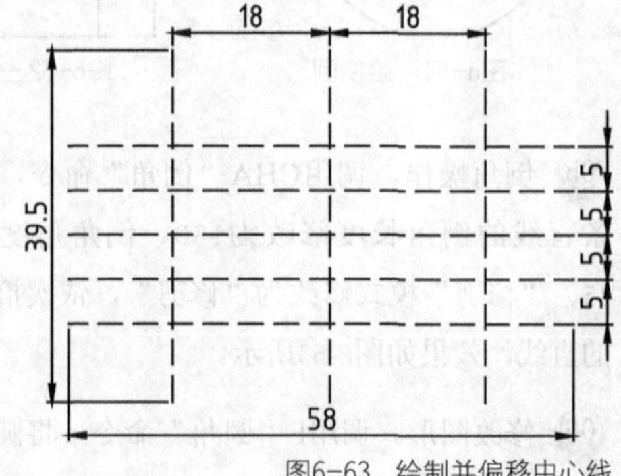

图6-63 绘制并偏移中心线

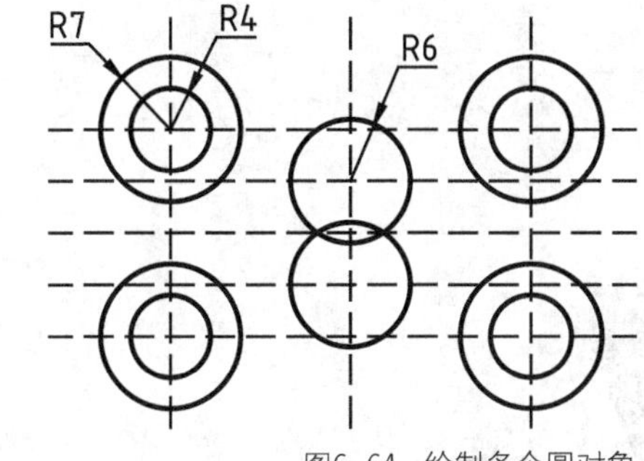

图6-64　绘制多个圆对象

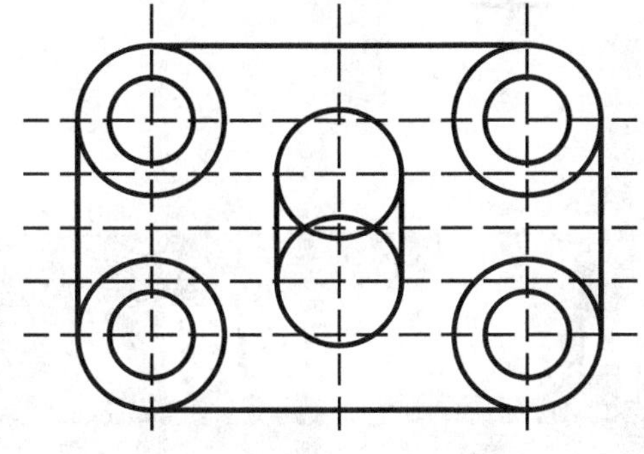
图6-65　绘制多条直线

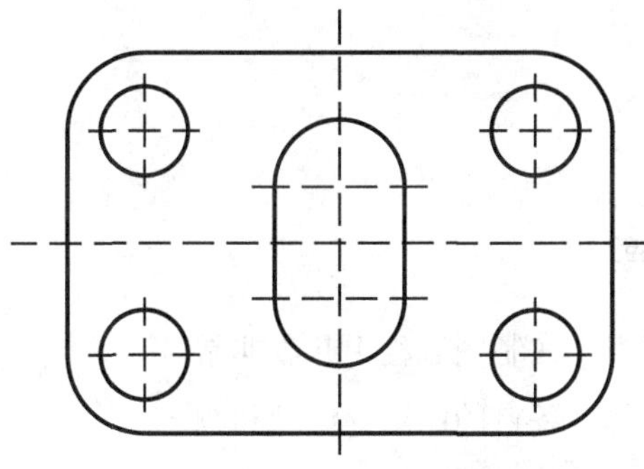
图6-66　修剪并完善图形

6.6.2　绘制餐桌

案例位置	素材>第6章>6.6.2 绘制餐桌.dwg
在线视频	视频>第6章>6.6.2 绘制餐桌.mp4
难易指数	★★★★★
学习目标	学习“矩形”“圆”“对象捕捉”“正交”等命令的使用

使用“对象捕捉”功能、“正交”功能和“对象捕捉追踪”功能绘制的餐桌图形如图6-67所示。

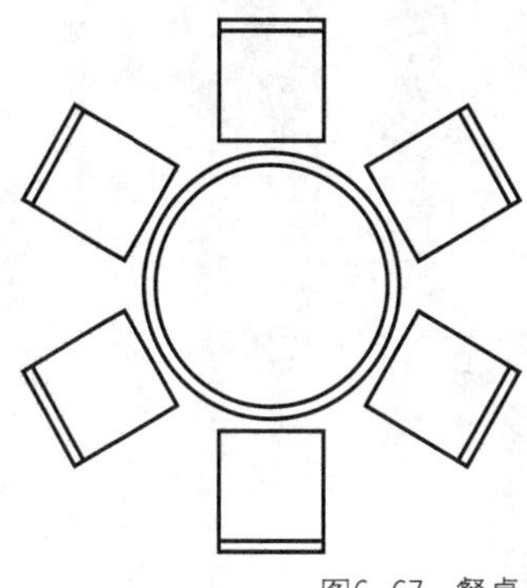
图6-67　餐桌

餐桌的绘制流程如图6-68~图6-71所示。

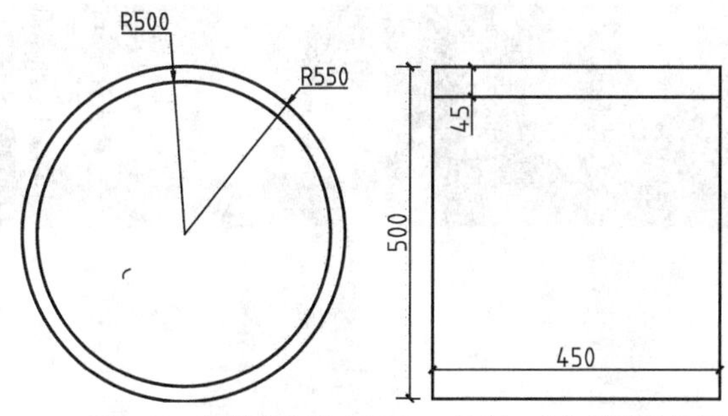

图6-68　绘制多个圆　图6-69　绘制、分解并偏移矩形

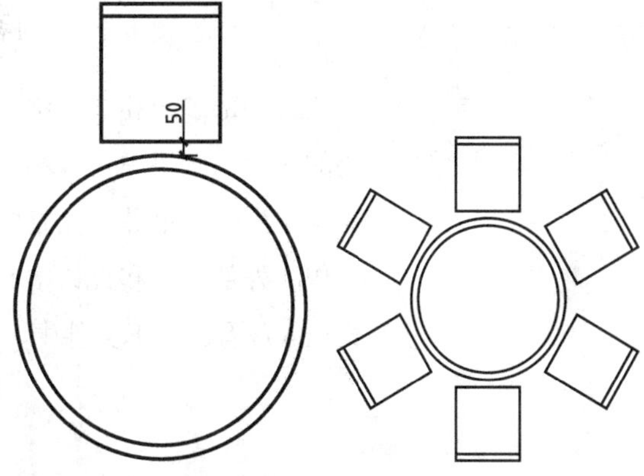

图6-70　移动新绘制的椅子　图6-71　环形阵列椅子图形

第7章

块与设计中心的使用

内容摘要

块、外部参照和设计中心的应用，在制图过程中起着非常重要的作用。在块中，各图形对象都有各自的图层、线型和颜色。块作为一个单独、完整的对象，可以对其进行复制、移动等操作。外部参照和设计中心则可以将已有的图形文件以块的形式插入现有的图形文件中，从而提高绘图效率。

课堂学习目标

- 掌握块的创建与插入方法
- 熟悉属性块的应用方法
- 了解外部参照的附着方法
- 了解外部参照的编辑方法
- 掌握AutoCAD设计中心的应用方法
- 掌握工具选项板的应用方法
- 了解清理命令的应用方法

7.1 块的创建与插入

创建块就是将已有的图形对象定义为块的过程，可将一个或多个图形对象定义为一个块。在定义好块对象后，可以对块进行插入操作。

块是由一个或多个对象组成的对象集合，常用于绘制复杂、重复的图形。创建块后，可以将块作为单一的对象插入到零件图或装配图中。块是系统提供的重要工具之一，可帮助用户提高绘图速度、节省存储空间，并方便其修改图形和管理数据。

7.1.1 创建内部块

内部块被存储在图形文件的内部，因此，内部块只能在当前图形文件中被调用，而不能在其他图形文件中被调用。

在AutoCAD 2018中可以通过以下几种方法启动“创建块”命令。

- 菜单栏：执行“绘图”|“块”|“创建”命令。
- 命令行：在命令行中输入BLOCK或B命令。
- 功能区1：在“插入”选项卡中，单击“块定义”面板中的“创建块”按钮。
- 功能区2：在“默认”选项卡中，单击“块”面板中的“创建”按钮。

执行以上任一命令，均可以打开“块定义”对话框，如图7-1所示，在该对话框中可以对块的名称、基点等参数进行设置。

图7-1　“块定义”对话框

在“块定义”对话框中，各选项的含义如下。

- “名称”文本框：用于输入新建块的名称，还可以在下拉列表框中选择已有的块。
- “基点”选项组：设置块的插入基点的位置。用户可以直接在X、Y、Z文本框中输入数值，也可以单击“拾取点”按钮，然后在绘图区中直接指定基点。一般基点会选在块的对称中心、左下角或其他有特征的位置。
- “对象”选项组：设置组成块的对象。单击“选择对象”按钮，可切换到绘图区以选择组成块的各对象；单击“快速选择”按钮，可以在“快速选择”对话框中设置所选择对象的过滤条件；选中“保留”单选按钮，创建块后仍在绘图区中保留组成块的各对象；选中“转换为块”单选按钮，创建块后将保留组成块的各对象并把它们转换成块；选中“删除”单选按钮，创建块后将删除绘图区中组成块的源对象。
- “方式”选项组：设置组成块的对象的显示方式。勾选“注释性”复选框，可以将对象设置成注释性对象；勾选“按统一比例缩放”复选框，可设置对象按统一的比例进行缩放；勾选“允许分解”复选框，可设置对象允许被分解。
- “设置”选项组：设置块的基本属性值。单击“超链接”按钮，将打开“插入超链接”对话框，如图7-2所示，在该对话框中可以插入超链接文档。

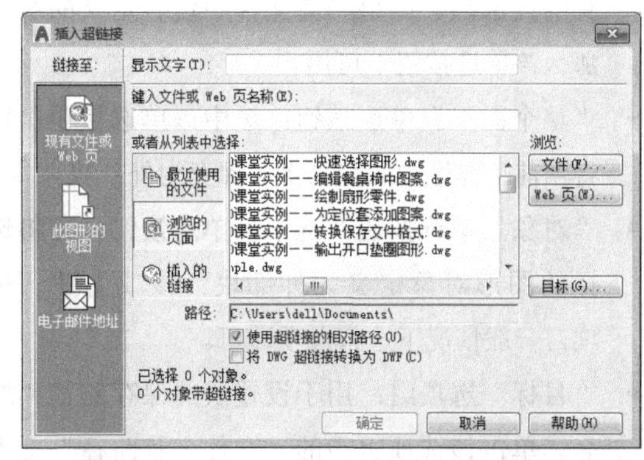

图7-2　“插入超链接”对话框

- “说明”文本框：用来输入当前块的说明内容。
- “在块编辑器中打开”复选框：勾选该复选框，可以在“块编辑器”中打开当前的块。

7.1.2 创建外部块

外部块也称为外部块文件，它以文件的形式保存在本地磁盘中，用户可根据需要随时将外部块调用到其他图形文件中。

在AutoCAD 2018中可以通过以下几种方法启动“外部块”命令。

- 命令行：在命令行中输入WBLOCK命令。
- 功能区：在“插入”选项卡中，单击“块定义”面板中的“写块”按钮。

执行以上任一命令，均可以打开“写块”对话框，如图7-3所示，在该对话框中，可以根据提示创建外部块，其各常用选项的含义如下。

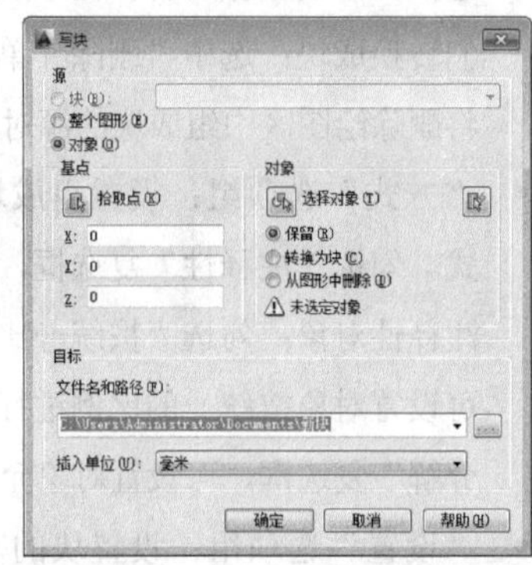

图7-3 “写块”对话框

- “块”单选按钮：选中该单选按钮，可将已定义好的块保存，也可以在下拉列表框中选择已有的内部块。如果当前文件中没有定义的块，那么该单选按钮不可用。
- “整个图形”单选按钮：选中该单选按钮，可将当前工作区中的全部图形保存为外部块。
- “对象”单选按钮：选中该单选按钮，可将选择的图形对象定义为外部块。该项为默认选项，一般情况下选择此项即可。
- “目标”选项组：用于设置块的保存路径和块名。单击该选项组中的“文件名和路径”文本框右边的按钮，可以打开“浏览图形文件”对话框，如图7-4所示，在该对话框中可以选择保存路径。

图7-4 “浏览图形文件”对话框

- “插入单位”下拉列表框：指定从DesignCenter（设计中心）拖动新文件，或将其作为块插入到使用不同单位的图形中时，用于自动缩放的单位值。如果希望插入时不自动缩放图形，可以选择“无单位”选项。

7.1.3 课堂实例——创建电视机为内部块

案例位置	素材>第7章>7.1.3 课堂实例——创建电视机为内部块.dwg
在线视频	视频>第7章>7.1.3 课堂实例——创建电视机为内部块.mp4
难易指数	★★★★★
学习目标	学习“创建块”命令的使用

01 打开文件。单击快速访问工具栏中的“打开”按钮，打开本书素材中的“第7章\7.1.3 课堂实例——创建电视机为内部块.dwg”素材文件，如图7-5所示。

02 单击按钮。在“插入”选项卡中，单击“块”面板中的“创建块”按钮，如图7-6所示。

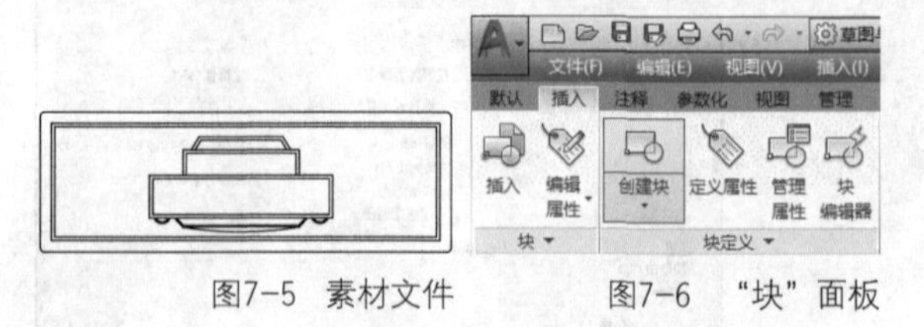

图7-5 素材文件　图7-6 “块”面板

03 打开对话框。打开“块定义”对话框，在“名称”文本框中输入“电视机”，如图7-7所示。

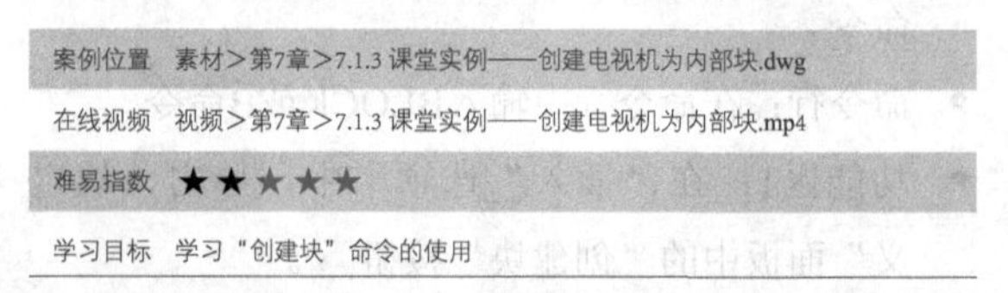

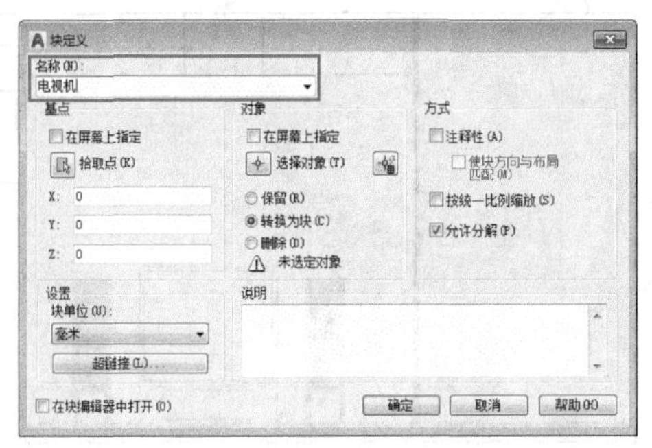

图7-7　“块定义”对话框

04 选择图形。单击“对象”选项组中的“选择对象”按钮，选择所有图形，按空格键返回对话框。

05 指定基点。单击“基点”选项组中的“拾取点”按钮，返回绘图区并指定图形最上方的中点作为块的基点，如图7-8所示。

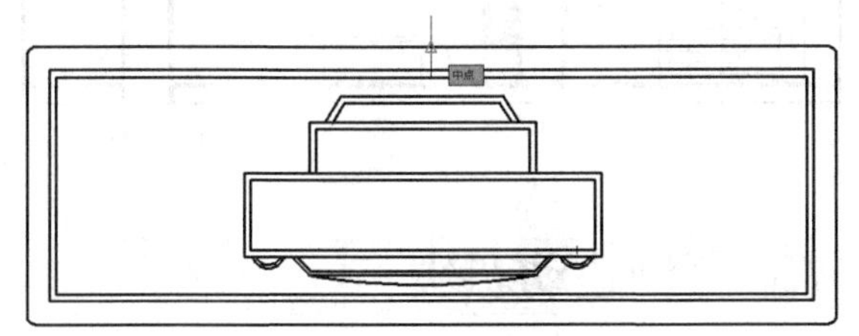

图7-8　指定基点

06 创建块。单击“确定”按钮，即可完成普通块的创建，此时图形成为一个整体，其夹点显示如图7-9所示。

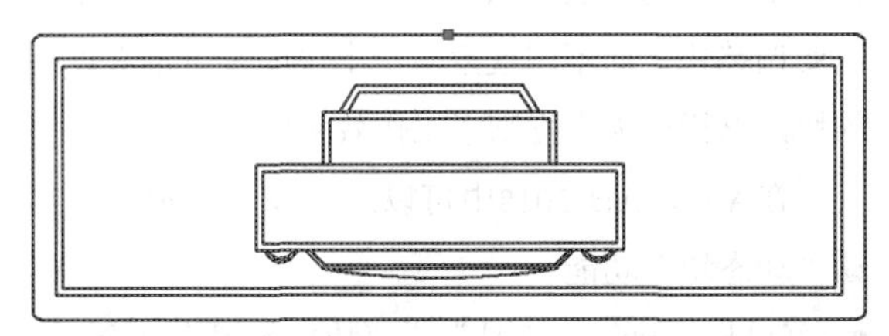

图7-9　夹点显示

7.1.4　插入块

创建成功的块，可以在实际绘图时根据需要插入到图形中，在AutoCAD中不仅可插入单个块，还可连续插入多个相同的块。在AutoCAD 2018中可以通过以下几种方法启动“插入块”命令。

- 菜单栏：执行“插入”|“块”命令。
- 命令行：在命令行中输入INSERT或I命令。
- 功能区1：在“插入”选项卡中，单击“块”面板中的“插入”按钮。
- 功能区2：在“默认”选项卡中，单击“块”面板中的“插入”按钮。

执行以上任一命令，均可以打开“插入”对话框，如图7-10所示。

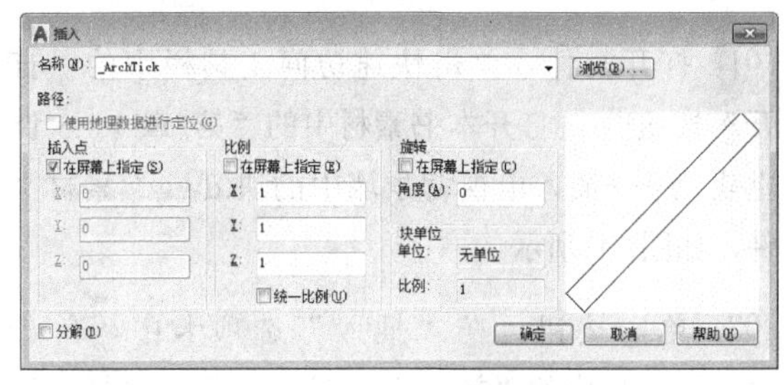

图7-10　“插入”对话框

在“插入”对话框中，各选项的含义如下。

- “名称”下拉列表框：选择需要插入的块的名称。当需要插入的块是外部块时，则需要单击其右侧的“浏览”按钮，在弹出的对话框中选择外部块。
- “插入点”选项组：设置插入点的坐标。可以直接在*X*、*Y*、*Z*3个文本框中输入插入点的绝对坐标值；更简单的方式是勾选“在屏幕上指定”复选框，用对象捕捉的方法在绘图区内直接捕捉插入点。
- “比例”选项组：设置块实例相对于块定义的缩放比例。可以直接在*X*、*Y*、*Z*3个文本框中输入3个方向上的缩放比例；也可以通过勾选“在屏幕上指定”复选框，在绘图区内动态确定缩放比例。如果勾选“统一比例”复选框，则在*X*、*Y*、*Z*3个方向上的缩放比例相同。
- “旋转”选项组：设置块实例相对于块定义的旋转角度。可以直接在“角度”文本框中输入旋转角度值；也可以通过勾选“在屏幕上指定”复选框，在绘图区内动态确定旋转角度。
- “分解”复选框：设置是否在插入块的同时分解插入的块。

7.1.5 课堂实例——插入电视背景墙中的块

案例位置 素材>第7章>7.1.5 课堂实例——插入电视背景墙中的块.dwg

在线视频 视频>第7章>7.1.5 课堂实例——插入电视背景墙中的块.mp4

难易指数 ★★★★★

学习目标 学习“插入”命令的使用

01 打开文件。单击快速访问工具栏中的“打开”按钮，打开本书素材中的“第7章\7.1.5 课堂实例——插入电视背景墙中的块.dwg”素材文件，如图7-11所示。

02 单击按钮。在“插入”选项卡中，单击“块”面板中的“插入”按钮，打开“插入”对话框，单击“浏览”按钮，如图7-12所示。

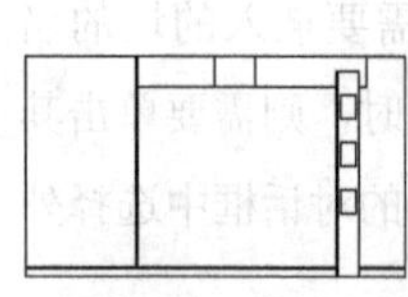

图7-11 素材文件

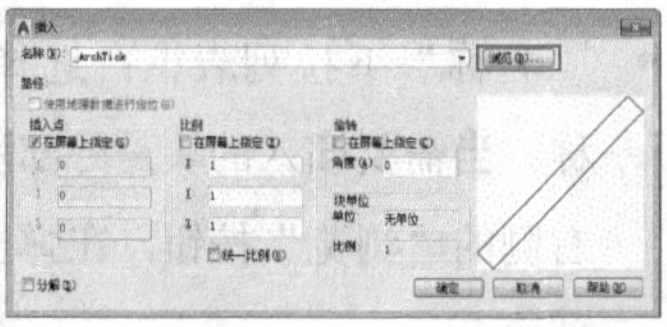

图7-12 “插入”对话框

03 选择块。打开“选择图形文件”对话框，选择“电视组合”选择，如图7-13所示。

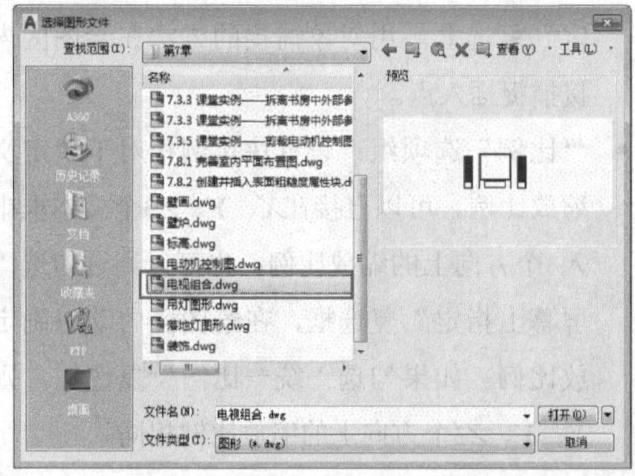

图7-13 “选择图形文件”对话框

04 插入块。单击“打开”按钮，返回“插入”对话框，单击“确定”按钮，返回绘图区，指定插入位置，即可插入块，如图7-14所示。

05 插入块。调用I“插入”命令，在绘图区中依次插入“壁画”“壁炉”“吊灯图形”“落地灯图形”块，得到的最终效果如图7-15所示。

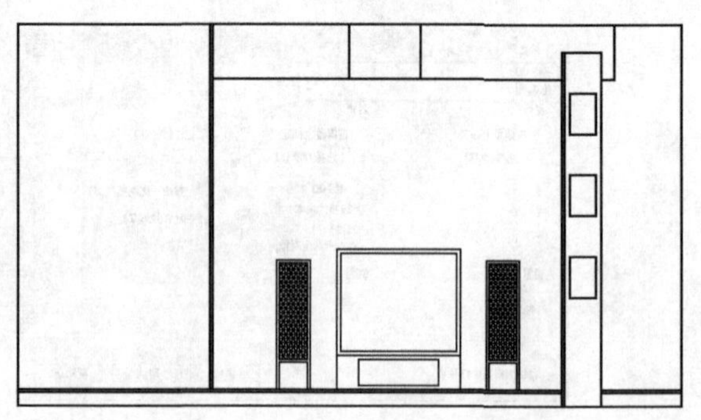

图7-14 插入“电视组合”块

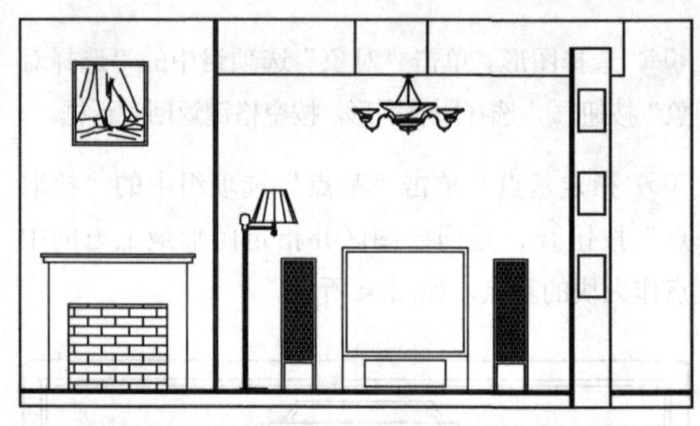

图7-15 最终效果

7.1.6 创建动态块

在AutoCAD 2018中创建了块之后，还可以为块添加参数和动作使其成为动态块。动态块具有灵活性和智能性，用户在操作过程中可以轻松地更改图形中的动态块参照，并通过自定义夹点或自定义特性来操作动态块参照中的图形。用户还可以根据需要调整块，而不用搜索另一个块或重新定义现有的块，这样就大大提高了工作效率。

在AutoCAD 2018中可以通过以下几种方法启动“动态块”功能。

- 菜单栏：执行“工具”|“块编辑器”命令。
- 命令行：在命令行中输入BEDIT或BE命令。
- 功能区1：在“默认”选项卡中，单击“块”面板中的“编辑”按钮。
- 功能区2：在“插入”选项卡中，单击“块定义”面板中的“块编辑器”按钮。

执行以上任一命令，均可以打开“编辑块定义”对话框，如图7-16所示。

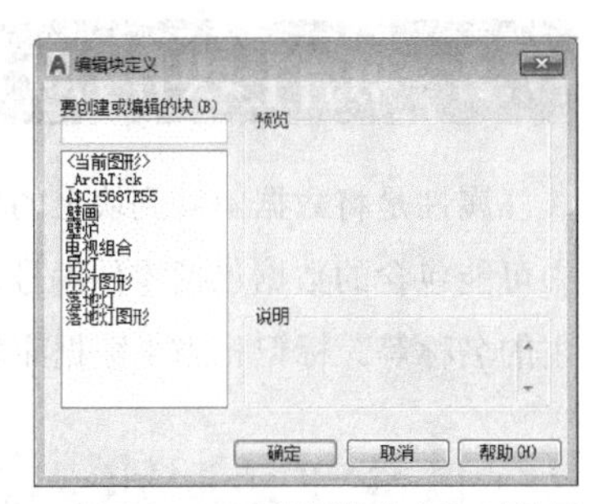

图7-16　“编辑块定义”对话框

在“编辑块定义”对话框中，各选项的含义如下。

- “要创建或编辑的块”文本框：用于指定要在块编辑器中编辑或创建的块的名称。
- 名称列表：用于显示保存在当前图形中的块的名称。
- “预览”选项组：显示选定的块的预览。如果显示闪电图标，则表示该块是动态块。
- “说明”选项组：显示关于选定的块的说明。

7.1.7 课堂实例——创建单扇门动态块

案例位置	素材>第7章>7.1.7 课堂实例——创建单扇门动态块.dwg
在线视频	视频>第7章>7.1.7 课堂实例——创建单扇门动态块.mp4
难易指数	★★★★★
学习目标	学习“块编辑器”命令的使用

01 打开文件。单击快速访问工具栏中的“打开”按钮，打开本书素材中的“第7章\7.1.7 课堂实例——创建单扇门动态块.dwg”素材文件，如图7-17所示。

02 选择块。单击“块编辑器”按钮，打开“编辑块定义”对话框，选择“单扇门”块，如图7-18所示。

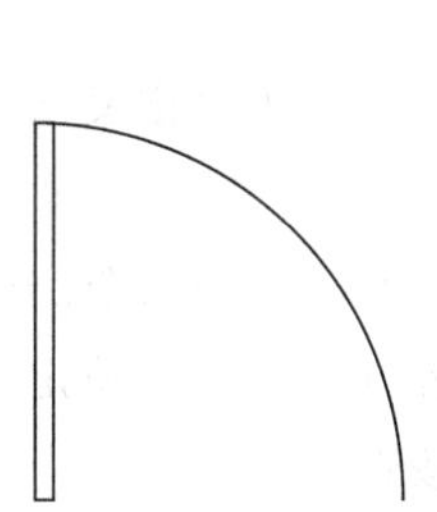

图7-17　素材文件

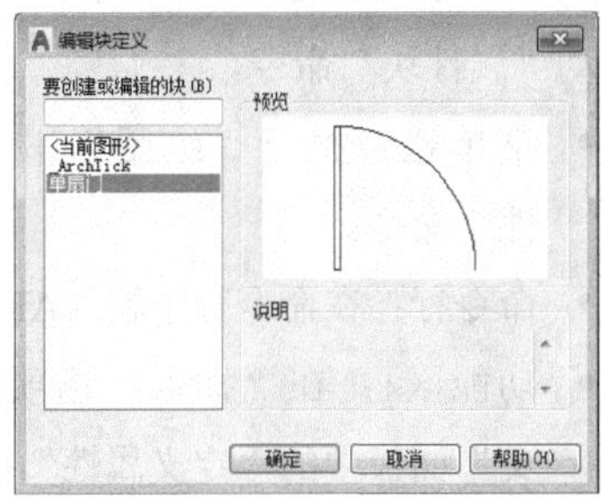

图7-18　“编辑块定义”对话框

03 改变颜色。单击“确定”按钮，打开“块编辑器”选项卡，此时绘图窗口变为浅灰色，如图7-19所示。

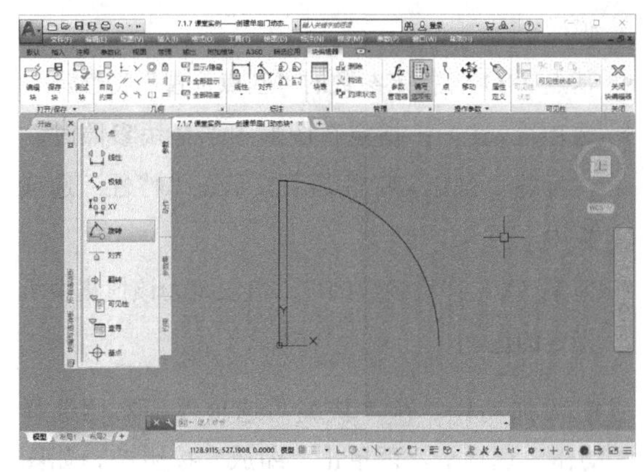

图7-19　绘图窗口

04 添加参数。在“块编写选项板”右侧选择“参数”选项卡，再单击“线性”按钮，如图7-20所示，根据提示完成线性参数的添加，如图7-21所示，其命令行提示如下。

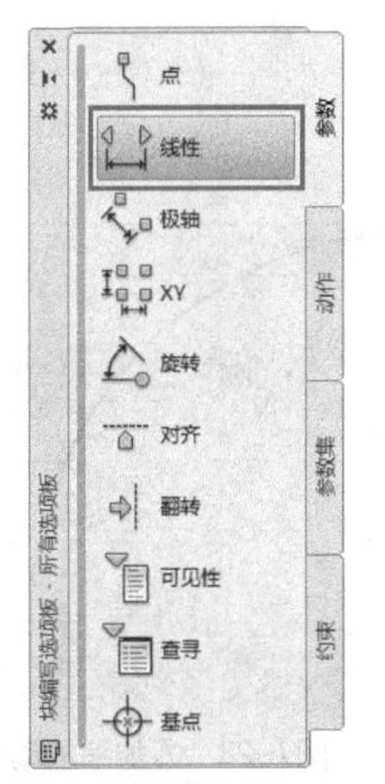

图7-20　“块编写选项板”

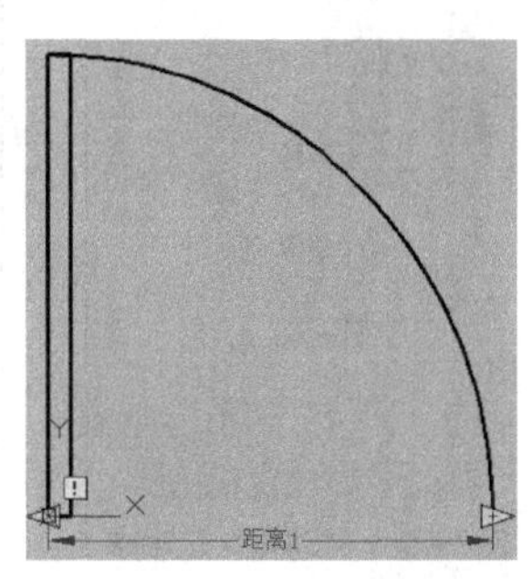

图7-21　添加线性参数

```
命令:_BParameter线性          //调用“线性参数”命令
指定起点或[名称(N)/标签(L)/链(C)/说明(D)/基点(B)/选
项板(P)/值集(V)]:            //指定左下角点为起点
指定端点:                    //指定右下角点为端点
指定标签位置:                //任意指定一点为标签位置
```

在“线性参数”命令行中，各选项的含义如下。

- 名称（N）：设定此参数的“名称”自定义特性。
- 标签（L）：定义参数位置的自定义说明标签。

- 链（C）：确定参数是否包含在与其他参数相关联的动作的选择集中。
- 说明（D）：定义“标签”自定义特性的扩展说明。
- 基点（B）：指定参数的“基点位置”特性。
- 选项板（P）：指定在图形中选择块参照时，“标签”自定义特性是否显示在“特性”选项板中。
- 值集（V）：将参数的可用值限定为该值集中所指定的值。

05 添加动作。在“块编写选项板”右侧选择“动作”选项卡，再单击“缩放”按钮，如图7-22所示，根据提示为线性参数添加缩放动作，如图7-23所示，其命令行提示如下。

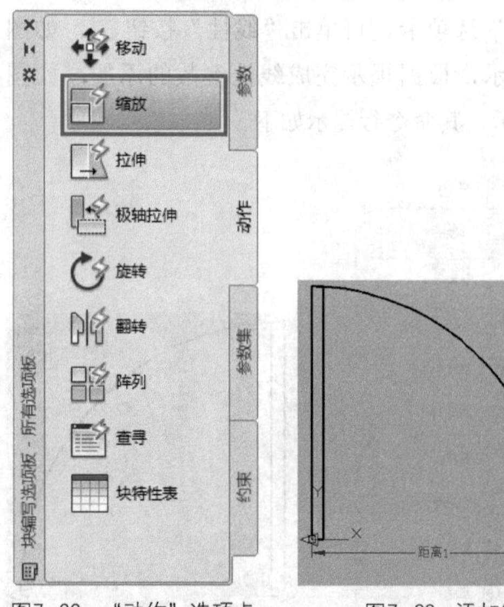

图7-22 “动作”选项卡　　图7-23 添加缩放动作

```
命令:_BActionTool缩放      //调用“缩放动作”命令
选择参数:                  //选择线性参数
指定动作的选择集
选择对象:指定对角点:找到8个
//选择单扇门对象，按Enter键结束
```

06 完成创建。在“块编辑器”选项卡中，单击“保存块”按钮，保存创建的动态块；单击“关闭块编辑器”按钮，关闭“块编辑器”选项卡，完成动态块的创建，返回绘图窗口。

7.2 属性块的应用

属性是将数据附着到块上的标签或标记。属性中可能包含的数据包括零件编号、价格、注释和物主的名称等。标记相当于数据库表中的列名。

7.2.1 定义块属性

属性是属于块的非图形信息，是块的组成部分。属性具有以下特点。

- 属性由属性标记名和属性值两部分组成。例如，可以把NAME定义为属性标记名，而具体的名称，如螺栓、螺母、轴承等则是属性值。
- 定义块前，应先定义该块的每个属性，即规定每个属性的标记名、属性提示、属性默认值、属性的显示格式（可见或不可见）、属性在图中的位置等。定义属性后，该属性以其标记名在图中显示出来，并保存有关的信息。
- 定义块前，用户可以修改属性定义。
- 插入块时，AutoCAD会通过提示要求用户输入属性值。插入块后，属性用块的值来表示。因此，同一个块在不同点插入时，可以有不同的属性值。如果属性值在定义属性时被规定为常量，那么AutoCAD不会询问它的属性值。
- 插入块后，用户可以改变块的可见性；对属性进行修改；把属性单独提取出来写入文件，以供统计、制表时使用；还可以与其他高级语言（如BASIC、FORTRAN、C语言）或数据库（如Dbase、FoxBASE、Foxpro等）进行数据通信。

在AutoCAD 2018中可以通过以下几种方法启动“属性块”命令。

- 菜单栏：执行“绘图”|“块”|“定义属性”命令。
- 命令行：在命令行中输入ATTDEF或ATT命令。
- 功能区1：在“插入”选项卡中，单击“块定义”面板中的“定义属性”按钮。

- 功能区2：在“默认”选项卡中，单击“块”面板中的“定义属性”按钮。

执行以上任一命令，均可以打开“属性定义”对话框，如图7-24所示。

图7-24　“属性定义”对话框

在“属性定义”对话框中，各选项的含义如下。

- “不可见”复选框：控制插入块后是否显示其属性值。
- “固定”复选框：控制属性是否为固定值，若为固定值，则插入后块属性值不再发生变化。
- “验证”复选框：用于验证所输入的属性值是否正确。
- “预设”复选框：控制是否将属性值直接设置成它的默认值。
- “锁定位置”复选框：用于固定插入块的坐标位置，一般勾选此项。
- “多行”复选框：使用多段文字来标注块的属性值。
- “标记”文本框：指定用来标识属性的名称。
- “提示”文本框：指定在插入包含该属性定义的块时显示的提示。
- “默认”文本框：指定默认属性值。
- “插入点”选项组：指定插入点的位置。
- “文字设置”选项组：设定属性文字的对正、样式、高度和旋转角度等。
- “在上一个属性定义下对齐”复选框：选中该复选框，可以将属性标记直接置于之前定义的属性的下面。

7.2.2　课堂实例——创建标高属性块

案例位置　素材>第7章>7.2.2 课堂实例——创建标高属性块.dwg

在线视频　视频>第7章>7.2.2 课堂实例——创建标高属性块.mp4

难易指数　★★★★★

学习目标　学习“矩形”“定义属性”等命令的使用

01 绘制矩形。新建文件，调用REC“矩形”命令，绘制矩形，如图7-25所示。

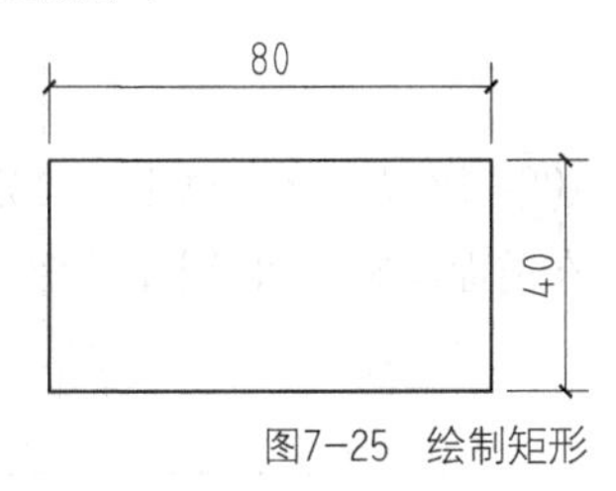

图7-25　绘制矩形

02 绘制直线。调用L“直线”命令，结合“端点捕捉”和“中点捕捉”功能，绘制直线，如图7-26所示。

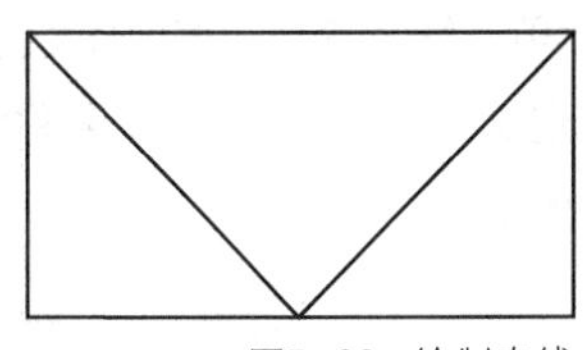
图7-26　绘制直线

03 修改图形。调用X“分解”命令，分解矩形；调用E“删除”命令，删除直线，如图7-27所示。

04 拉长图形。调用LEN“拉长”命令，修改“增量”为120，将最上方的水平直线的右端拉长，如图7-28所示。

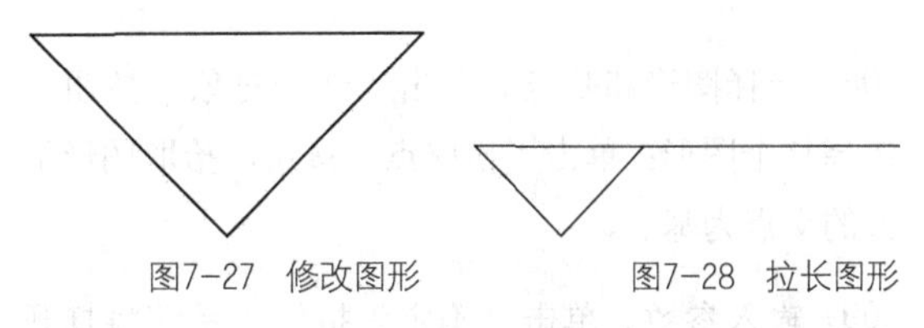
图7-27　修改图形　　图7-28　拉长图形

05 设置参数。单击“块定义”面板中的“定义属性”按钮，打开“属性定义”对话框，在“属性”选项组中设置“标记”为“0.000”，设置“提示”为“请输入标高值”，设置“默认”为0.000；在“文字设置”选项组中设置“文字高度”为“35”，如图7-29所示。

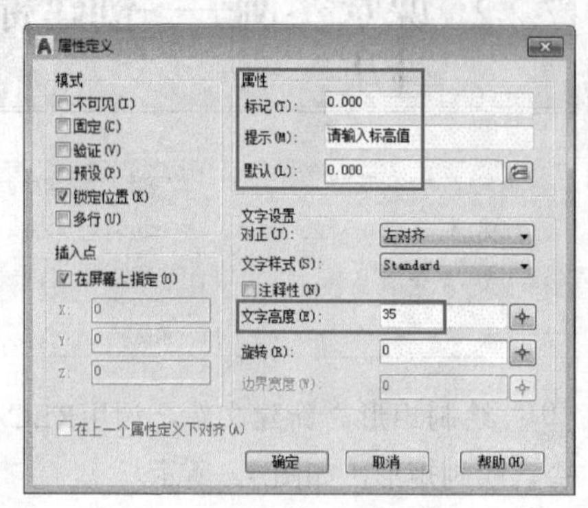

图7-29　“属性定义”对话框

06 放置文字。单击“确定”按钮，将文字放置在前面绘制的图形上，如图7-30所示。

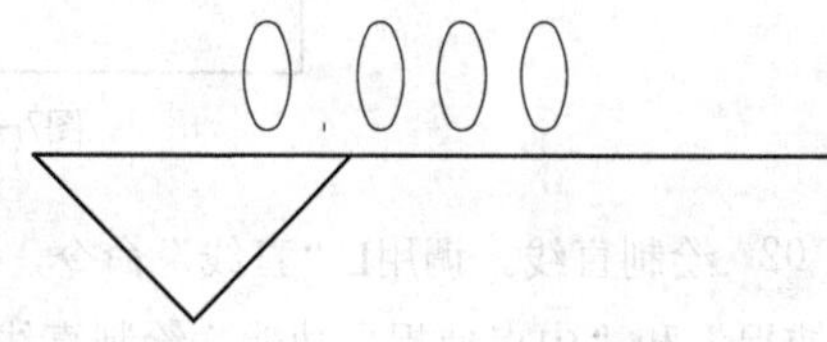

图7-30　放置文字

07 修改参数。调用B“创建块”命令，打开“块定义”对话框，修改名称为“标高”，如图7-31所示。

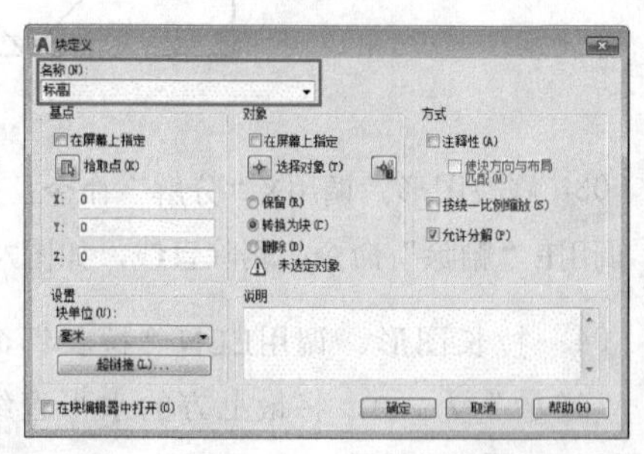

图7-31　“块定义”对话框

08 选择图形和基点。单击“选择对象”按钮，选择整个图形；单击“拾取点”按钮，拾取图形下方的交点为基点。

09 输入参数。单击“确定”按钮，系统将打开“编辑属性”对话框，输入数字“0.000”，如图7-32所示，单击“确定”按钮，返回绘图区域，完成属性块的创建。

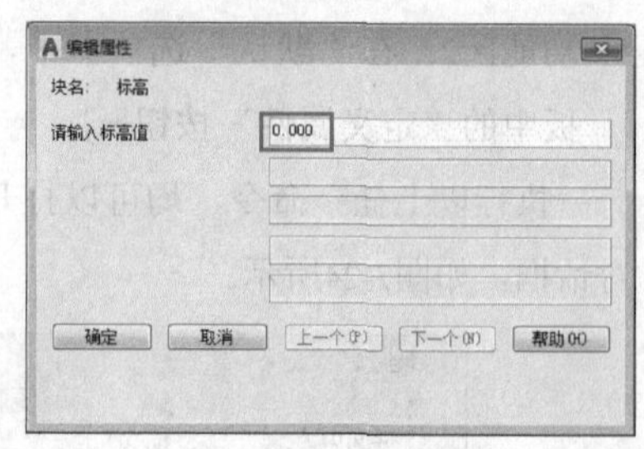

图7-32　“编辑属性”对话框

7.2.3 编辑块属性

使用“编辑块属性”命令，可以对属性块的值、文字选项以及特性等参数进行编辑。

在AutoCAD 2018中可以通过以下几种方法启动“编辑块属性”命令。

- 菜单栏：执行“修改”|“对象”|“属性”|“单个”命令。
- 命令行：在命令行中输入EATTEDIT命令。
- 功能区1：在“插入”选项卡中，单击“块”面板中的“单个”按钮。
- 功能区2：在“默认”选项卡中，单击“块”面板中的“单个”按钮。
- 鼠标法：双击需要编辑的块。

执行以上任一命令，均可以打开“增强属性编辑器”对话框，如图7-33所示，在该对话框中，可以对属性块进行编辑操作，其各选项的含义如下。

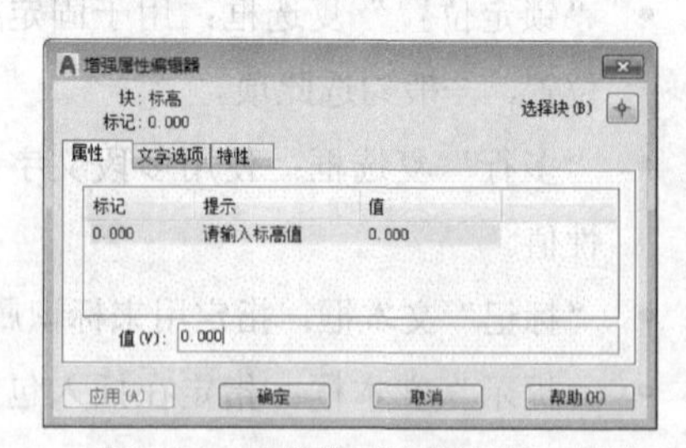

图7-33　“增强属性编辑器”对话框

- 块：需要编辑属性的块的名称。
- 标记：用来标识属性的标记。
- “选择块”按钮：单击此按钮，可在使用定点设备选择块时临时关闭对话框。
- “属性”选项卡：更新已更改属性的图形，并保持增强属性编辑器的打开状态。

- “文字选项”选项卡：设置属性文字的格式。
- “特性”选项卡：设置属性文字所在的图层、线型、颜色、线宽等属性。

7.2.4 课堂实例——插入并编辑标高属性块

案例位置	素材>第7章>7.2.4 课堂实例——插入并编辑标高属性块.dwg
在线视频	视频>第7章>7.2.4 课堂实例——插入并编辑标高属性块.mp4
难易指数	★★★★★
学习目标	学习“插入”命令、“增强属性编辑器”对话框的使用

01 打开文件。单击快速访问工具栏中的“打开”按钮，打开本书素材中的“第7章\7.2.4 课堂实例——插入并编辑标高属性块.dwg”素材文件，如图7-34所示。

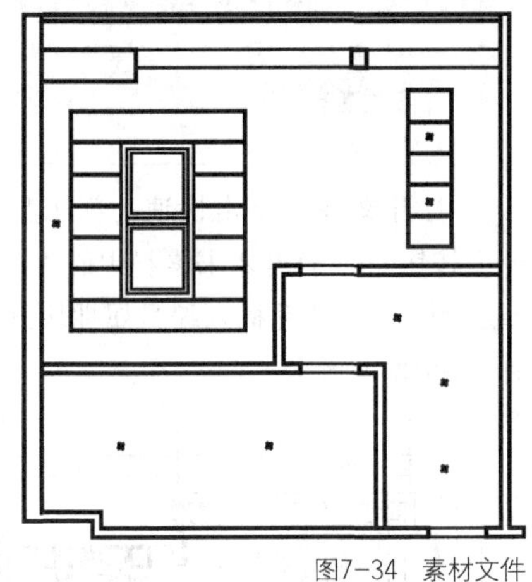

图7-34　素材文件

02 单击按钮。调用I“插入”命令，打开“插入”对话框，如图7-35所示。

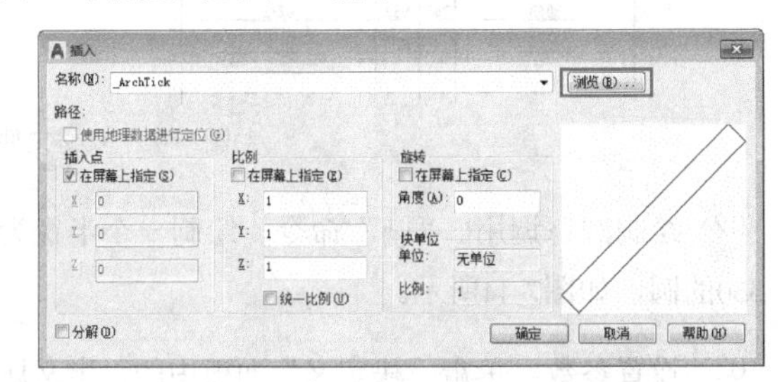

图7-35　“插入”对话框

03 选择块。单击“浏览”按钮，打开“选择图形文件”对话框，选择“标高”块，如图7-36所示。

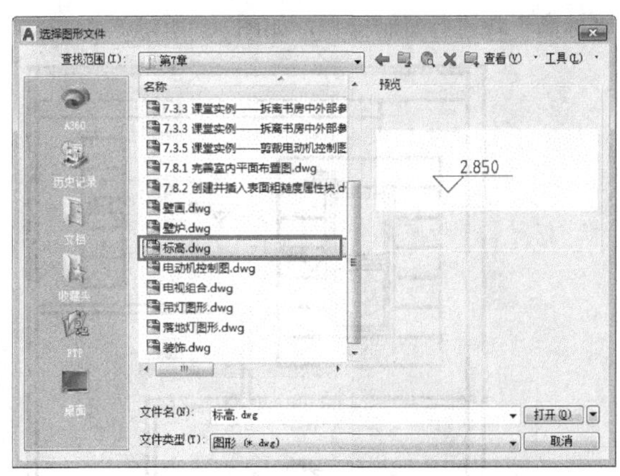

图7-36　“选择图形文件”对话框

04 输入参数。单击“打开”按钮，返回“插入”对话框，单击“确定”按钮，返回绘图区，指定插入位置，打开“编辑属性”对话框，输入“2.850”，如图7-37所示。

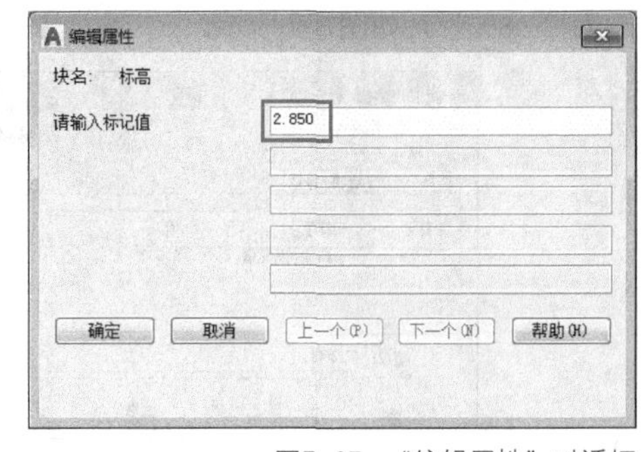

图7-37　“编辑属性”对话框

05 插入块。单击“确定”按钮，即可插入“标高”块，如图7-38所示。

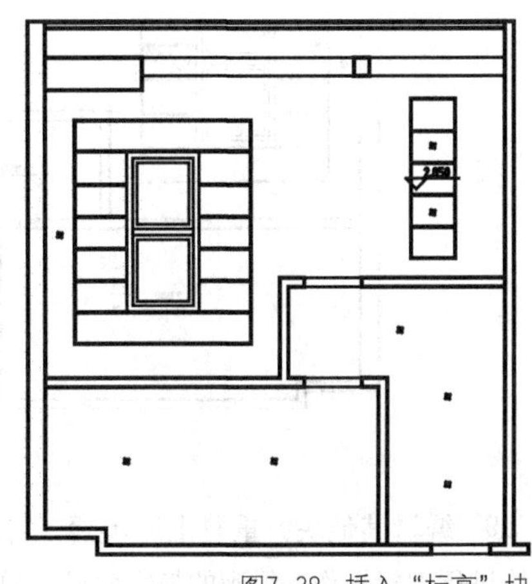

图7-38　插入“标高”块

06 复制块。调用CO“复制”命令，对插入后的

“标高”块进行复制操作，如图7-39所示。

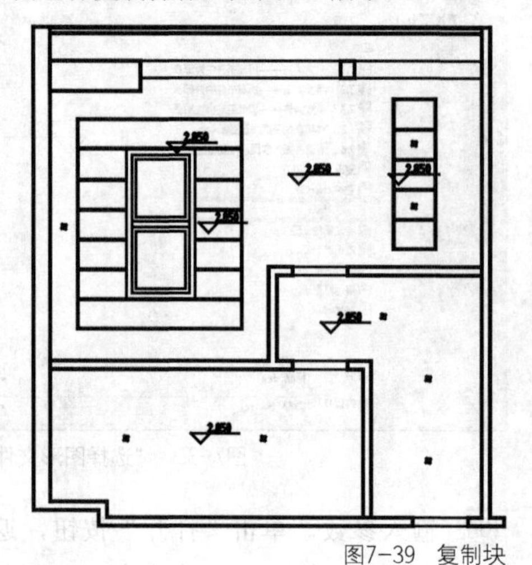

图7-39　复制块

07 修改参数。双击复制后的其中一个“标高”块，打开“增强属性编辑器”对话框，将“值”修改为“2.800”，如图7-40所示。

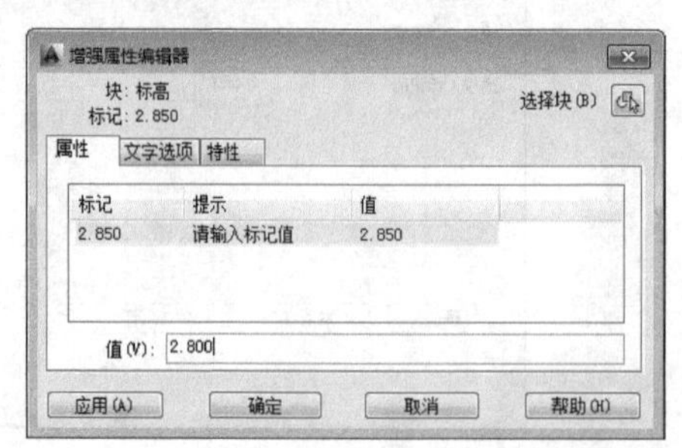

图7-40　修改值

08 修改块。单击“确定”按钮，完成属性块的修改，如图7-41所示。

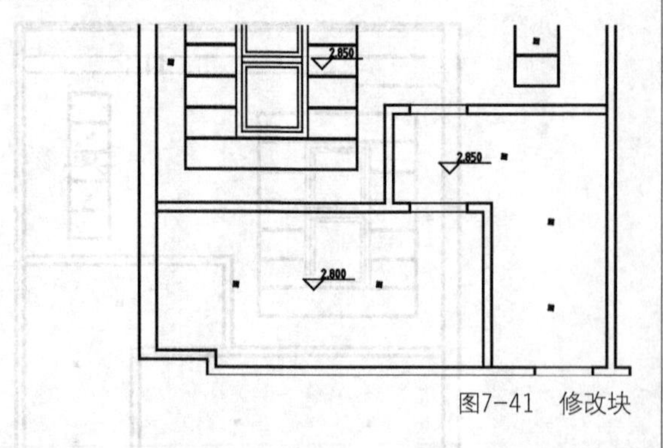

图7-41　修改块

09 编辑其他块。重复上述步骤，对其他的属性块进行编辑操作，得到的最终效果如图7-42所示。

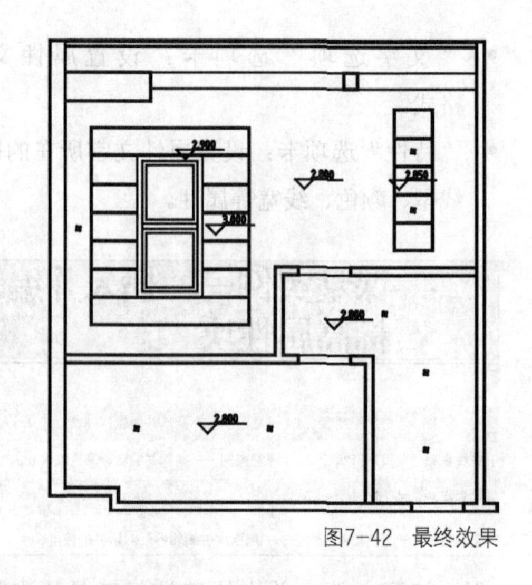

图7-42　最终效果

7.2.5 课堂实例——创建并插入编号属性块

案例位置　素材>第7章>7.2.5 课堂实例——创建并插入编号属性块.dwg

在线视频　视频>第7章>7.2.5 课堂实例——创建并插入编号属性块.mp4

难易指数　★★★★★

学习目标　学习“创建块”命令的使用

01 打开文件。单击快速访问工具栏中的“打开”按钮，打开本书素材中的“第7章\7.2.5 课堂实例——创建并插入编号属性块.dwg”素材文件，如图7-43所示。

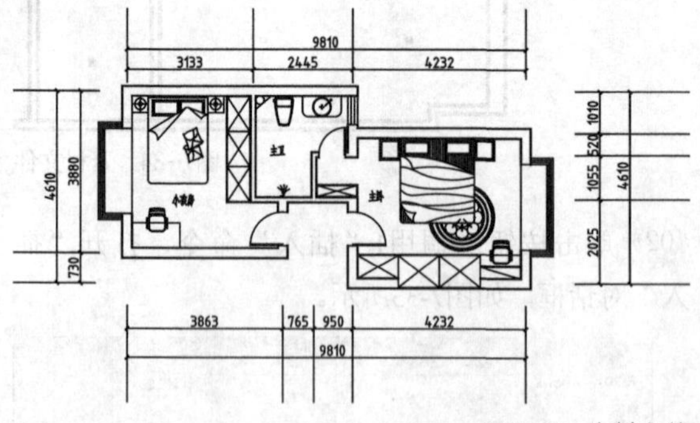

图7-43　素材文件

02 绘制圆。调用C“圆”命令，绘制一个半径为350的圆，如图7-44所示。

03 设置参数。单击“块定义”面板中的“定义属性”按钮，打开“属性定义”对话框，在“属性”选项组中设置“标记”为“1”，设置“提示”为“请输入编号值”；在“文字设置”选项组中设置“文字高度”为“300”，如图7-45所示。

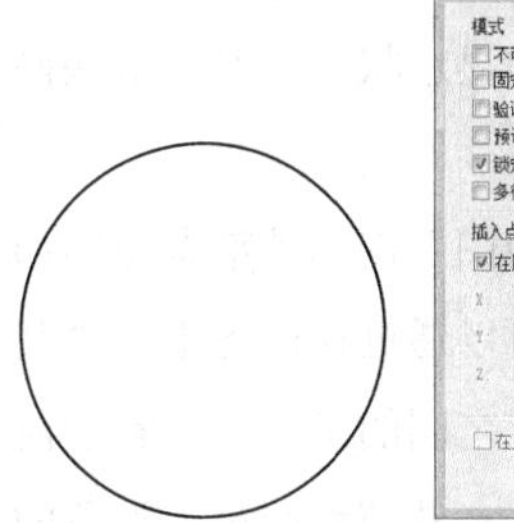

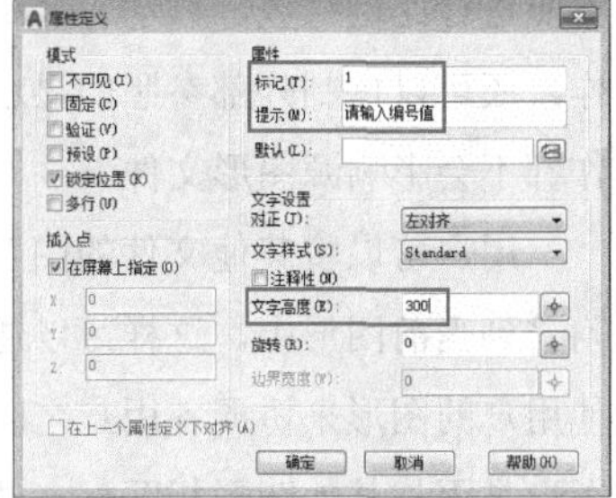

图7-44　绘制圆　　　图7-45　“属性定义”对话框

04 放置文字。单击“确定”按钮，将文字放置在新创建的圆内，即可完成属性块的创建，如图7-46所示。

05 修改名称。调用B“创建块”命令，打开“块定义”对话框，修改为“名称”为“编号”，如图7-47所示。

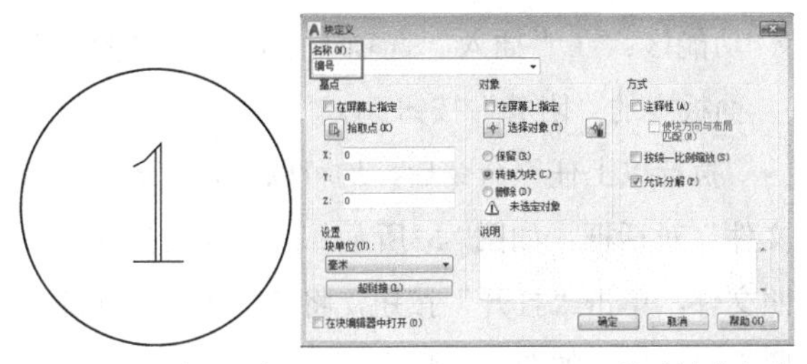

图7-46　放置文字　　　图7-47　修改块的名称

06 选择图形和基点。单击“选择对象”按钮，选择整个图形；单击“拾取点”按钮，拾取图形的圆心点为基点。

07 输入参数。单击“确定”按钮，系统打开“编辑属性”对话框，输入“1”，如图7-48所示，单击“确定”按钮，即可创建块。

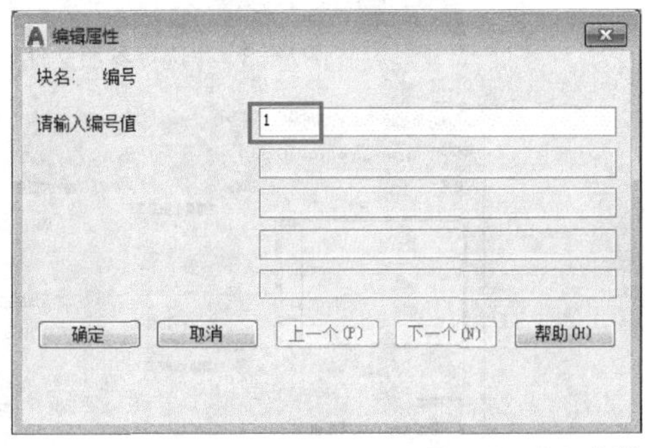

图7-48　输入参数

08 复制块。调用CO“复制”命令，对新创建的属性块进行复制操作，如图7-49所示。

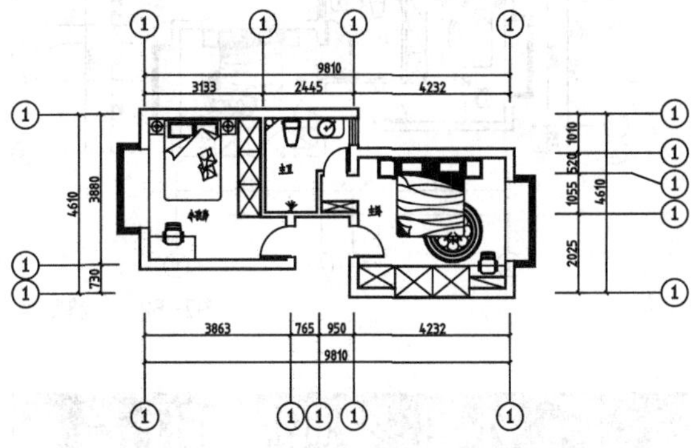

图7-49　复制块

09 修改参数。双击复制后的其中一个块，打开“增强属性编辑器”对话框，将“值”修改为“2”，如图7-50所示。

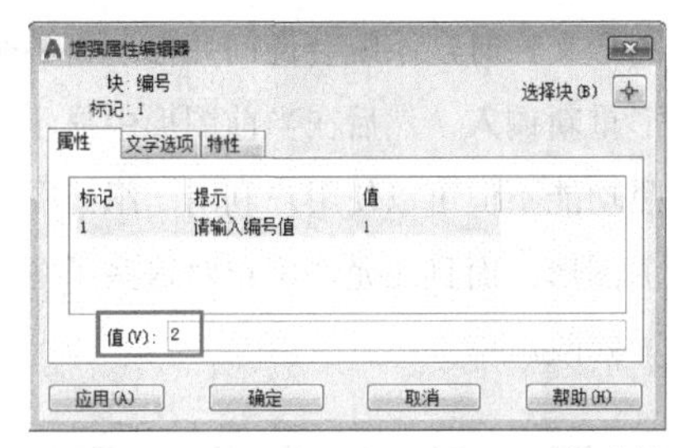

图7-50　修改值

10 修改块。单击“确定”按钮，完成属性块的修改，如图7-51所示。

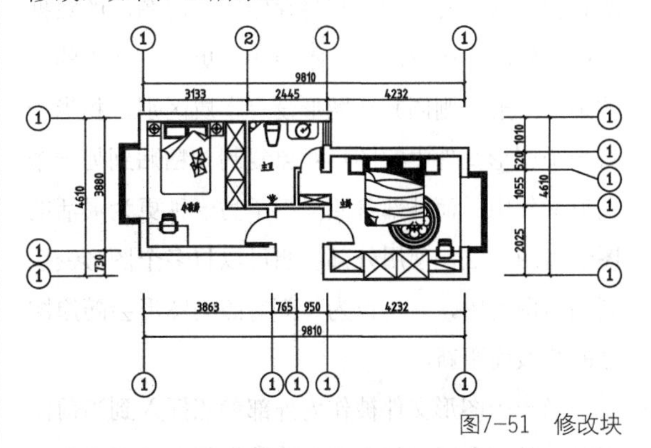

图7-51　修改块

11 编辑其他块。重复上述步骤，对其他的属性块进行编辑操作，得到的最终效果如图7-52所示。

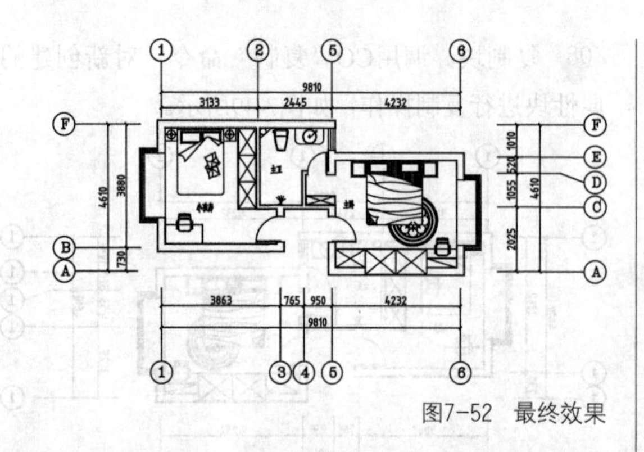

图7-52　最终效果

7.3　外部参照的附着和编辑

外部参照就是把已有的图形文件插入到当前图形中，但外部参照不同于块。当打开有外部参照的图形文件时，系统会询问并自动将各个外部参照图形重新调入，然后在当前图形中显示出来。外部参照功能不但可以使用户利用一组子图形构造复杂的主图形，而且还允许用户对这些子图形单独进行各种修改。

7.3.1　附着外部参照

如果把图形作为块插入另一个图形，块定义和所有相关联的几何图形都将存储在当前图形的数据库中。修改原图形后，块不会随之更新。插入的块如果被分解，则同其他图形没有本质区别，相当于将一个图形文件中的图形对象复制并粘贴到另一个图形文件中。而外部参照提供了另一种更为灵活的图形引用方法。使用外部参照可以将多个图形链接到当前图形中，并且作为外部参照的图形会随原图形的修改而更新。

当一个图形文件被作为外部参照插入到当前图形时，外部参照中每个图形的数据仍然被保存在各自的源图形文件中，当前图形中所保存的只是外部参照的名称和路径。因此，外部参照不会明显地增加当前图形文件的大小，从而可以节省磁盘空间，也有利于保持系统的性能。无论一个外部参照文件多么复杂，AutoCAD都会把它作为一个单一对象来处理，而不允许对其进行分解。用户可对外部参照进行比例缩放、移动、复制、镜像或旋转等操作，还可以控制外部参照的显示状态，并且这些操作都不会影响源图形文件。

用户可以将其他文件的图形作为外部参照图形附着到当前图形中，这样可以通过在图形中参照其他用户的图形来协调各用户之间的工作，查看当前图形是否与其他图形相匹配。外部参照可以附着的图形文件包括DWG文件、光栅图像文件、DWF文件、DGN文件和PDF文件5种。

1. 附着DWG文件

在AutoCAD 2018中可以通过以下几种方法启动“DWG参照”命令。

- 菜单栏：执行“插入”|“DWG参照”命令。
- 命令行：在命令行中输入XATTACH命令。
- 功能区：在“插入”选项卡中，单击“参照”面板中的“附着”按钮。

执行以上任一命令后，均可以打开“选择参照文件”对话框，如图7-53所示，选择需要打开的参照文件，单击“打开”按钮，将打开“附着外部参照”对话框，如图7-54所示。

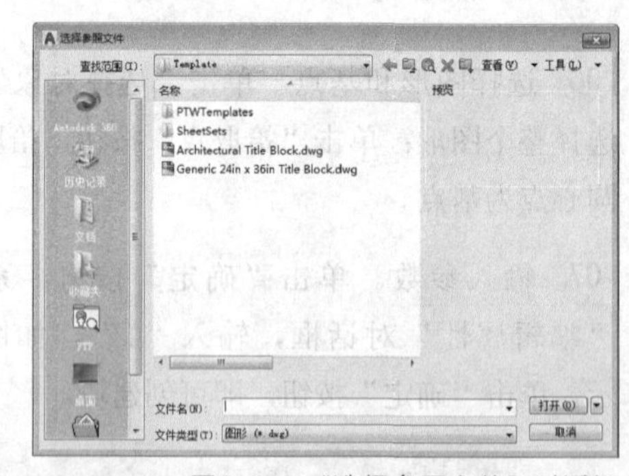

图7-53　“选择参照文件”对话框

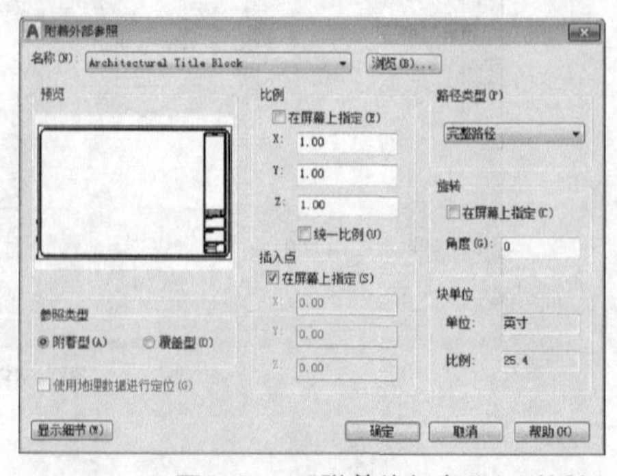

图7-54　“附着外部参照”对话框

在“附着外部参照”对话框中，各选项的含义如下。

- “名称”下拉列表框：标识已选定要进行附着的DWG文件名称。
- “浏览”按钮：单击该按钮，可以打开“选择参照文件”对话框，在该对话框中可以为当前图形选择新的外部参照。
- “预览”选项组：用于显示已选定要进行附着的DWG文件。
- “参照类型”选项组：用于指定外部参照的类型为附着型还是覆盖型。与附着型的外部参照不同，当覆盖型的外部参照图形作为外部参照附着到另一图形上时，将忽略该覆盖型外部参照。
- “在屏幕上指定”复选框：勾选该复选框，可以允许用户在命令提示下或通过定点设备输入。
- “X/Y/Z”文本框：用于设定X、Y、Z的比例因子。
- “统一比例”复选框：勾选该复选框，可以将Y和X的比例因子设定为与Z的比例因子一样。
- “插入点”选项组：用于设置插入点的位置。
- “路径类型”下拉列表框：可以选择完整（绝对）路径、外部参照文件的相对路径或无路径、外部参照的名称（外部参照文件必须与当前图形文件位于同一个文件夹中）。
- “旋转”选项组：用于指定附着的外部参照图形的旋转角度。
- “块单位”选项组：用于显示有关块的单位信息。
- “显示细节”按钮：单击该按钮，可以显示外部参照文件的路径。

2. 附着光栅图像文件

光栅图像由一些被称为像素的小方块或点的矩形栅格组成，附着后的图像会像图块一样被当作一个整体，用户可以对其进行多次重新附着。

在AutoCAD 2018中可以通过以下几种方法启动“光栅图像参照”命令。

- 菜单栏：执行“插入”|“光栅图像参照”命令。
- 命令行：在命令行中输入IMAGEATTACH命令。
- 功能区：在“插入”选项卡中，单击“参照”面板中的“附着”按钮。

3. 附着DWF文件

附着DWF文件与附着DWG文件的操作步骤类似。DWF格式是一种将DWG文件高度压缩后的文件格式。

在AutoCAD 2018中可以通过以下几种方法启动“DWF参照”命令。

- 菜单栏：执行“插入”|“DWF参考底图”命令。
- 命令行：在命令行中输入DWFATTACH命令。
- 功能区：在“插入”选项卡中，单击“参照”面板中的“附着”按钮。

4. 附着DGN文件

DGN文件是由MicroStation绘图软件生成的文件，该类文件对精度、层数以及文件和单元的大小都没有限制，另外，该类文件中的数据都经过了快速优化、检验以及压缩，从而有利于节省存储空间。

在AutoCAD 2018中可以通过以下几种方法启动“DGN参照”命令。

- 菜单栏：执行“插入”|“DGN参考底图”命令。
- 命令行：在命令行中输入DGNATTACH命令。
- 功能区：在“插入”选项卡中，单击“参照”面板中的“附着”按钮。

5. 附着PDF文件

PDF格式是Adobe公司设计的可移植的电子文件格式。其不管是在Windows、Unix还是Mac OS操作系统中都是通用的。这一性能使它成为在互联网上进行电子文档发行和数字化信息传播的首选格式。PDF文件具有许多其他格式的电子文档无法相比的优点。PDF文件可以将文字、字形、格式、颜色及独立于设备和分辨率的图形图像等封装在一个文件中，并支持特长文件，其集成度和安全可靠性都较高。

在AutoCAD 2018中可以通过以下几种方法启动“PDF参照”命令。

- 菜单栏：执行“插入”|“PDF参考底图”命令。

- 命令行：在命令行中输入PDFATTACH命令。
- 功能区：在“插入”选项卡中，单击“参照”面板中的“附着”按钮。

7.3.2 拆离外部参照

插入一个外部参照后，如果需要删除该外部参照，可以将其拆离。拆离外部参照需要在“外部参照”选项板中进行操作，因此，在拆离外部参照之前，需要了解打开“外部参照”选项板的操作方法。

在AutoCAD 2018中可以通过以下几种方法启动“外部参照”命令。

- 菜单栏：执行“插入”|“外部参照”命令。
- 命令行：在命令行中输入XREF命令。
- 功能区：在“插入”选项卡中，单击“参照”面板中的“外部参照”按钮。

执行以上任一命令，均可以打开“外部参照”选项板，如图7-55所示，在该选项板中，选择需要拆离的图形，单击鼠标右键，打开快捷菜单，选择“拆离”命令，如图7-56所示，即可拆离外部参照。

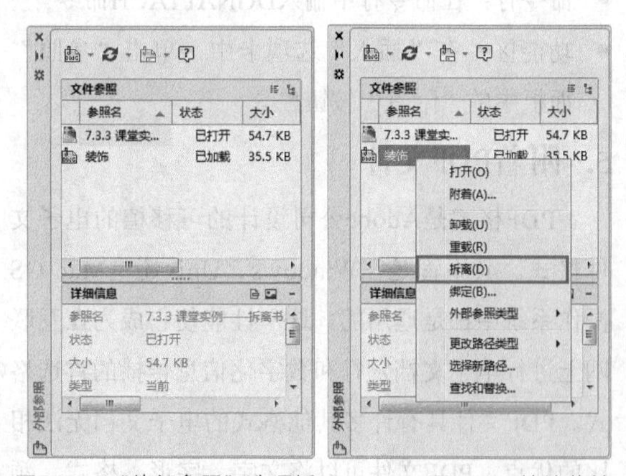

图7-55 “外部参照”选项板　　图7-56 快捷菜单

7.3.3 课堂实例——拆离书房中的外部参照

案例位置 素材>第7章>7.3.3 课堂实例——拆离书房中外部参照.dwg

在线视频 视频>第7章>7.3.3 课堂实例——拆离书房中外部参照.mp4

难易指数 ★★★★★

学习目标 学习“外部参照”命令、“拆离”命令的使用

01 打开文件。单击快速访问工具栏中的“打开”按钮，打开本书素材中的“第7章\7.3.3 课堂实例——拆离书房中外部参照.dwg”素材文件，如图7-57所示。

02 打开选项板。在“插入”选项卡中，单击“参照”面板中的“外部参照”按钮，打开“外部参照”选项板，如图7-58所示。

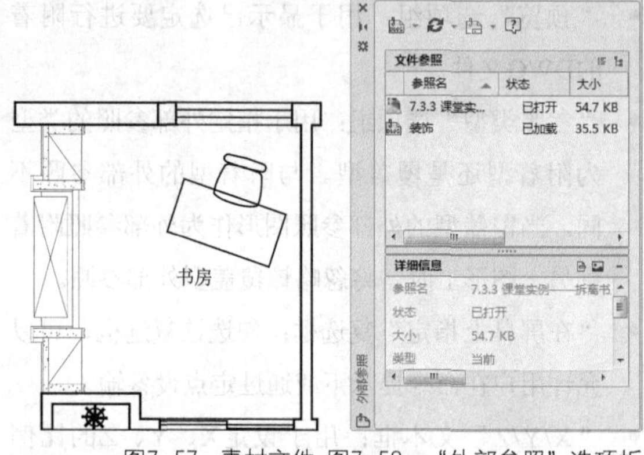

图7-57 素材文件 图7-58 “外部参照”选项板

03 拆离参照。右键单击“装饰”选项，打开快捷菜单，选择“拆离”命令，如图7-59所示，即可拆离外部参照，效果如图7-60所示。

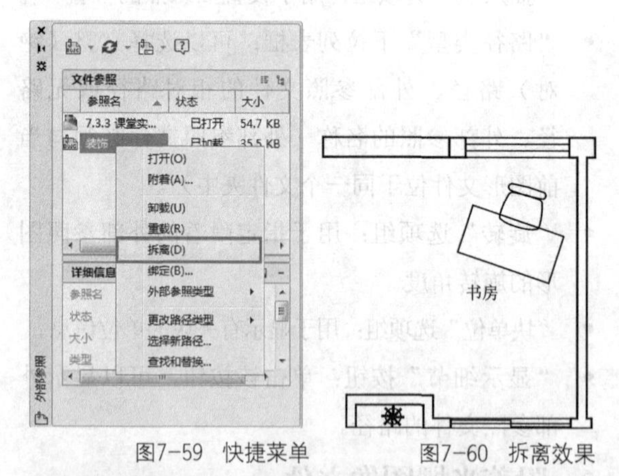

图7-59 快捷菜单　　图7-60 拆离效果

7.3.4 剪裁外部参照

使用“剪裁”命令可以定义剪裁边界。定义剪裁边界后，可只显示边界内的外部参照部分，但该命令不会对外部参照本身起作用。

在AutoCAD 2018中可以通过以下几种方法启动“剪裁”命令。

- 菜单栏：执行“修改”|“剪裁”|“外部参照”命令。
- 命令行：在命令行中输入CLIP命令。
- 功能区：在“插入”选项卡中，单击“参照”面板中的“剪裁”按钮。

在命令执行过程中，需要确定剪裁边界。

使用以上任意一种方法启动“剪裁”命令后，命令行提示如下。

```
命令:clip↙    //调用“剪裁”命令
选择要剪裁的对象:找到1个    //选择外部参照
输入剪裁选项
[开(ON)/关(OFF)/剪裁深度(C)/删除(D)/生成多段线(P)/
新建边界(N)]<新建边界>:
                    //选择“新建边界(N)”选项
外部模式-边界外的对象将被隐藏。
指定剪裁边界或选择反向选项:
[选择多段线(S)/多边形(P)/矩形(R)/反向剪裁(I)]<矩形
>:                  //选择“矩形(R)”选项
指定第一个角点:     //指定左上方端点
指定对角点:   //指定下方中点，按Enter键结束
```

在“剪裁”命令行中，各选项的含义如下。

- 开（ON）：显示当前图形中外部参照或块被剪裁的部分。
- 关（OFF）：显示当前图形中外部参照或块的完整几何图形，忽略剪裁边界。
- 剪裁深度（C）：在外部参照或块上设定前剪裁平面和后剪裁平面，系统将不会显示由边界和指定深度所定义的区域外的对象。
- 删除（D）：为选定的外部参照或块删除剪裁边界。
- 生成多段线（P）：自动绘制一条与剪裁边界重合的多段线。
- 新建边界（N）：定义一个矩形或多边形剪裁边界，或者用多段线生成一个多边形剪裁边界。
- 选择多段线（S）：使用选定的多段线来定义边界。此多段线可以是开放的，但是它必须由直线段组成并且这些直线段不能相交。
- 多边形（P）：使用指定的多边形顶点中的3个或点更多点来定义多边形剪裁边界。
- 矩形（R）：使用指定的对角点定义矩形边界。
- 反向剪裁（I）：反转剪裁边界。

7.3.5 课堂实例——剪裁电动机控制图参照

案例位置	素材＞第7章＞7.3.5 课堂实例——剪裁电动机控制图参照.dwg
在线视频	视频＞第7章＞7.3.5 课堂实例——剪裁电动机控制图参照.mp4
难易指数	★★★★★
学习目标	学习“剪裁”命令的使用

01 打开文件。单击快速访问工具栏中的“打开”按钮，打开本书素材中的“第7章\7.3.5 课堂实例——剪裁电动机控制图参照.dwg”素材文件，如图7-61所示。

02 剪裁图形。在命令行中输入CLIP命令并按Enter键，对外部参照图形进行剪裁操作，如图7-62所示，其命令行提示如下。

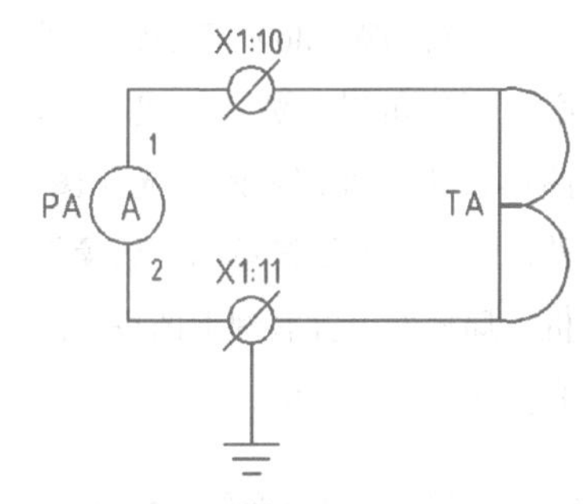

图7-61　素材文件

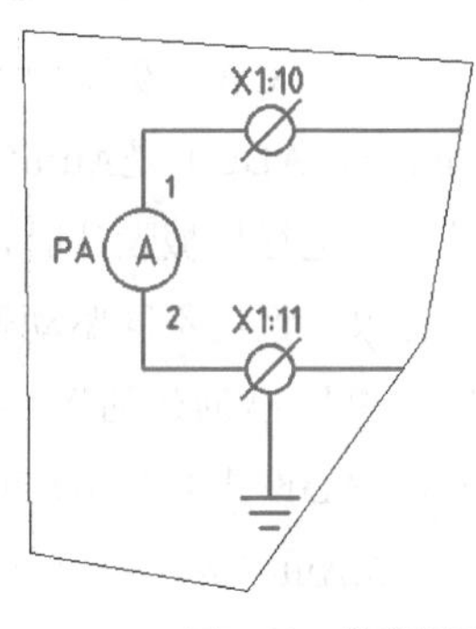

图7-62　剪裁效果

```
命令: clip↙        //调用“剪裁”命令
选择要剪裁的对象:找到1个          //选择外部参照
输入剪裁选项
[开(ON)/关(OFF)/剪裁深度(C)/删除(D)/生成多段线(P)/新建边界(N)]<新建边界>:N        //选择“新建边界（N）”选项
外部模式-边界外的对象将被隐藏。
指定剪裁边界或选择反向选项:
[选择多段线(S)/多边形(P)/矩形(R)/反向剪裁(I)]<矩形>:P↙          //选择“多边形（P）”选项
指定第一点:    //指定第一点
指定下一点或[放弃(U)]:    //指定第二点
指定下一点或[放弃(U)]:    //指定第三点
指定下一点或[放弃(U)]:    //指定第四点
指定下一点或[放弃(U)]:
        //指定第五点，按Enter键结束
```

7.4 AutoCAD设计中心的应用

AutoCAD设计中心提供了一个直观、高效的工具，它同Windows资源管理器相似。利用设计中心，不仅可以浏览、查找、预览和管理AutoCAD图形、块、外部参照及光栅图像等不同的资源文件，还可以通过简单的拖放操作，将位于本地计算机、局域网或互联网上的块、图层、外部参照等内容插入当前图形中。

7.4.1 启用设计中心

AutoCAD设计中心（AutoCAD Design Center，ADC）是AutoCAD中一个非常有用的工具。在进行机械设计时，特别是需要编辑多个图形对象，调用不同驱动器甚至不同计算机内的文件，引用已创建的图层、块、样式等时，使用AutoCAD设计中心将帮助用户提高绘图效率。

在AutoCAD 2018中可以通过以下几种方法启动“设计中心”命令。

- 菜单栏：执行“工具”|“选项板”|“设计中心”命令。
- 命令行：在命令行中输入ADC命令。
- 功能区：在“视图”选项卡中，单击“选项板”面板中的“设计中心”工具按钮。
- 快捷键：按Ctrl+2快捷键。

执行以上任一命令，均可以打开“设计中心”选项板，如图7-63所示，在该选项板中，各选项的含义如下。

- “文件夹”选项卡：是设计中心最重要也是使用频率最高的选项卡，用它来显示计算机或网络驱动器中文件和文件夹的层次结构。
- “打开的图形”选项卡：用于在设计中心中显示在当前AutoCAD环境中打开的所有图形。
- “历史记录”选项卡：用于显示用户最近浏览的AutoCAD图形。
- “加载”按钮：用于浏览磁盘中的图形文件。
- “上一页”按钮和“下一页”按钮：单击“上一页”按钮可以返回历史记录列表中最近的一次位置；单击“下一页”按钮可以返回历史记录列表中下一次的位置。
- “上一级”按钮：该按钮用于显示激活显示区中的上一级内容。
- “搜索”按钮：用于查找对象。单击该按钮，会弹出“搜索”对话框。
- “收藏夹”按钮：单击该按钮，可显示选项板。可以在“文件夹列表”中显示“Favorites\Autodesk”文件夹中的内容，用户可以通过收藏夹标记存放在本地硬盘、网络驱动器或互联网网页上常用的文件。
- “主页”按钮：用于快速定位到设计中心文件夹中，此文件夹位于“AutoCAD 2018\Sample”目录下。
- “树状图切换”按钮：用于显示或隐藏树状视图。
- “预览”按钮：用于打开或关闭预览窗口，

控制是否显示预览图像。可以通过拖动边框来改变预览窗口的大小。

- “说明”按钮：用于打开或关闭说明窗口，控制是否显示说明信息。可以通过拖动边框来改变说明窗口的大小。
- “视图”按钮：单击该按钮，会弹出一个快捷菜单，包含“大图标”“小图标”“列表”“详细信息”等命令，可以使窗口中的内容按上述命令显示。

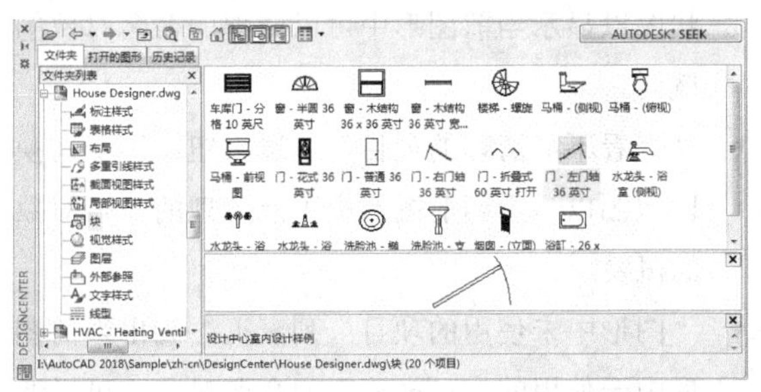

图7-63　“设计中心”选项板

7.4.2 使用图形资源

在打开的“设计中心”选项板的内容窗口中有图形、块或文字样式等图形资源，用户可以将这些图形资源插入当前图形中。例如，在“设计中心”选项板中，单击“文件夹”选项卡，在左侧的树状图目录中定位“第7章”素材文件所在的文件夹，鼠标右键单击内容窗口中的“壁画.dwg”图形文件，在弹出的快捷菜单中选择“在应用程序窗口中打开”命令，如图7-64所示，即可在AutoCAD中打开该图形文件，效果如图7-65所示。

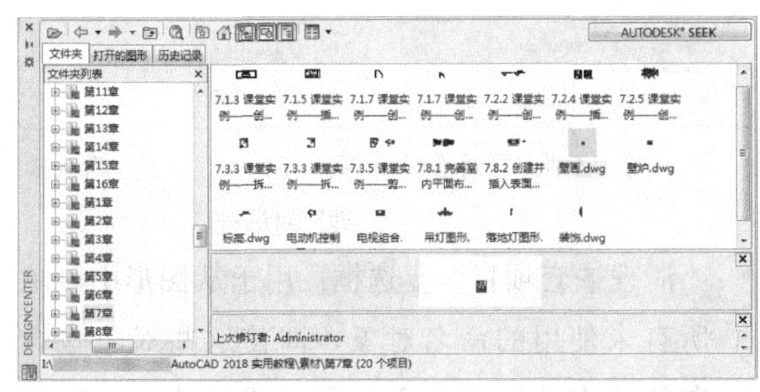

图7-64　在“设计中心”选项板中选择图形

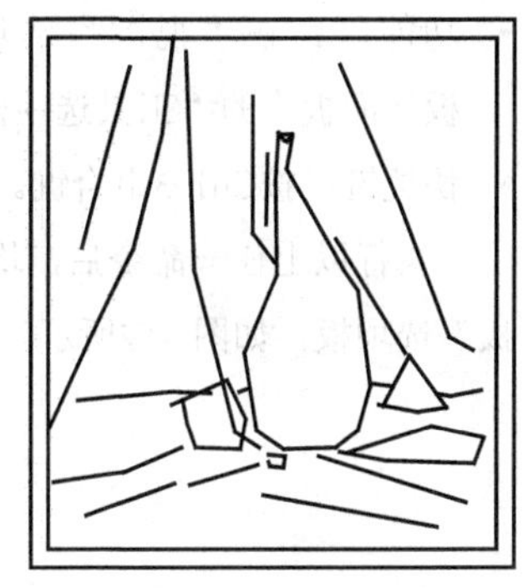

图7-65　打开图形文件

7.5 工具选项板的应用

工具选项板是一个比设计中心更加强大的工具，它不但提供了组织、共享和放置块及填充图案的有效方法，而且还包含由第三方开发人员提供的自定义工具。

7.5.1 打开工具选项板

“工具选项板”选项板包括“注释”“建筑”“机械”“电力”“图案填充”“土木工程”等选项卡。当需要向图形中添加块或填充图案时，可将其直接拖到当前图形中。

在AutoCAD 2018中可以通过以下几种方法启动“工具选项板”命令。

- 菜单栏：执行“工具”|“选项板”|“工具选项板”命令，如图7-66所示。

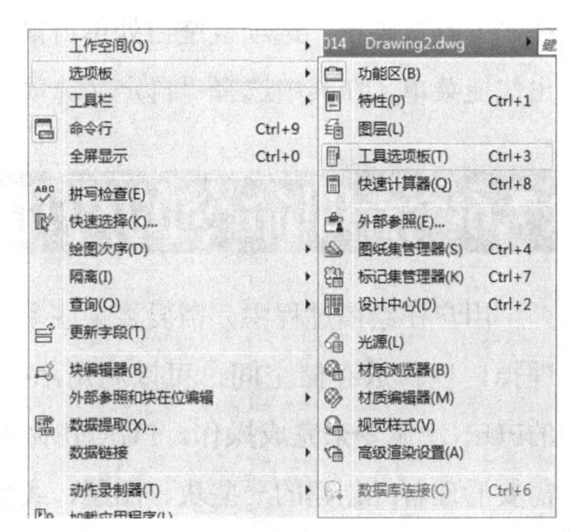

图7-66　菜单栏

- 命令行：在命令行中输入TOOLPALETTES或TP命令。

- 功能区：在“视图”选项卡中，单击“选项板”面板中的“工具选项板”按钮▦。
- 快捷键：按Ctrl+3组合键。

执行以上任一命令后，均可以打开“工具选项板”选项板，如图7-67所示。

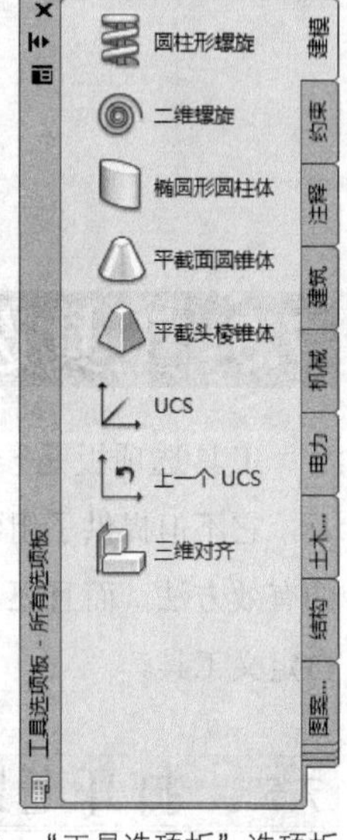

图7-67 “工具选项板”选项板

7.5.2 设置选项板组

在AutoCAD中，工具选项板具有强大的功能。通过在工具选项板上单击鼠标右键，可对其位置、大小、锚点位置、透明度、自动隐藏等属性进行设置。

可以通过快捷菜单来调用“自定义”对话框。在“工具选项板”选项板空白处单击鼠标右键，弹出快捷菜单，在其中选择“自定义选项板”命令。

7.6 清理命令的应用

用户在绘图过程中，需要将某些多余的项目清理掉，以释放存储空间，可以利用AutoCAD提供的PURGE命令来完成操作。PURGE命令可以根据需要清理曾经创建的一些块、图层、线型、标注样式、文字样式等内容。

在AutoCAD 2018中可以通过以下几种方法启动“清理”命令。

- 菜单栏：执行“文件”|“图形实用工具”|“清理”命令。
- 命令行：在命令行中输入PURGE或PU命令。

执行以上任一命令后，均可以打开“清理”对话框，如图7-68所示。在“清理”对话框中，各选项的含义如下。

- “查看能清理的项目”单选按钮：用于切换树状图以显示当前图形中可以清理的命名对象的概要。
- “查看不能清理的项目”单选按钮：用于切换树状图以显示当前图形中不能清理的命名对象的概要。
- “图形中未使用的项目”列表框：列出当前图形中未使用的、可被清理的命名对象。可以通过单击加号或双击对象类型列出任意对象类型所包含的项目。
- “确认要清理的每个项目”复选框：勾选该复选框，可以在清理项目时弹出“清理 - 确认清理”对话框，如图7-69所示。

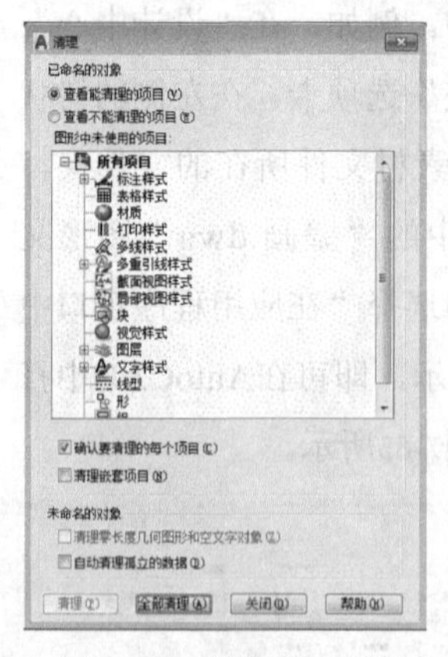

图7-68 “清理”对话框

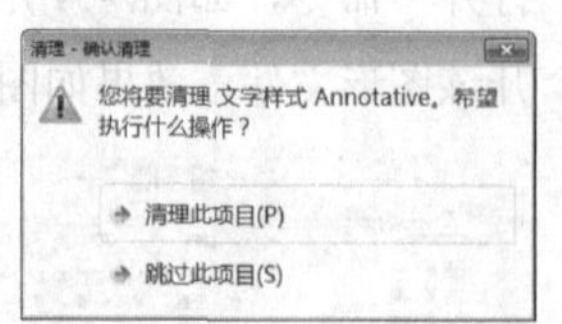

图7-69 “清理-确认清理”对话框

- “清理嵌套项目”复选框：用于从图形中删除所有未使用的命名对象，即使这些对象包含在其他未使用的命名对象中或被这些对象所参照。
- “清理零长度几何图形和空文字对象”复选框

框：用于删除非块对象中长度为零的几何图形（如直线、圆弧、多段线等）；同时还可以删除非块对象中仅包含空格（无文字）的多行文字和文字。

- “清理”按钮：单击该按钮，可以清理所选项目。
- “全部清理”按钮：单击该按钮，可以清理所有未使用项目。

7.7 本章小结

要想快速绘制图形，可以将一些图形创建为块并直接插入文件，这样可以节省绘图时间。因此本章详细讲解了块、属性块、动态块以及外部参照图形等的应用方法，以方便用户更加快捷地绘图。

7.8 课后习题

本节通过具体实例练习应用块、属性块、外部参照以及设计中心等命令。

7.8.1 完善室内平面布置图

案例位置	素材>第7章>7.8.1 完善室内平面布置图.dwg
在线视频	视频>第7章>7.8.1 完善室内平面布置图.mp4
难易指数	★★★★★
学习目标	学习“插入”“复制”“缩放”“移动”等命令的使用

室内平面布置图完善后的效果如图7-70所示。

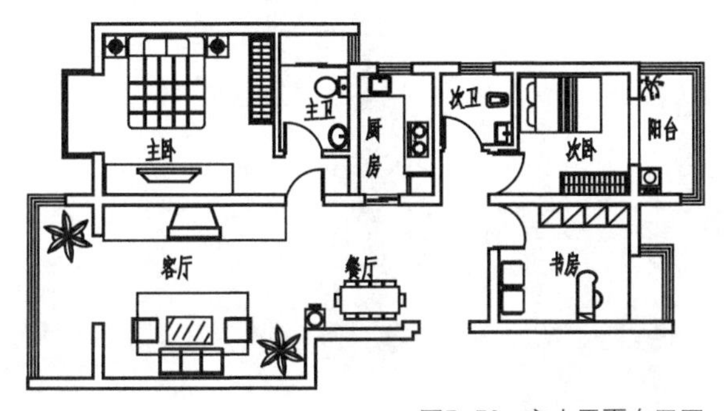

图7-70　室内平面布置图

室内平面布置图的绘制流程如图7-71~图7-74所示。

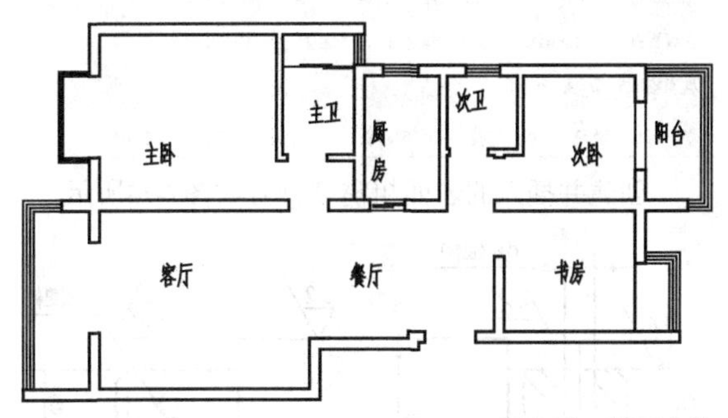

图7-71　打开文件

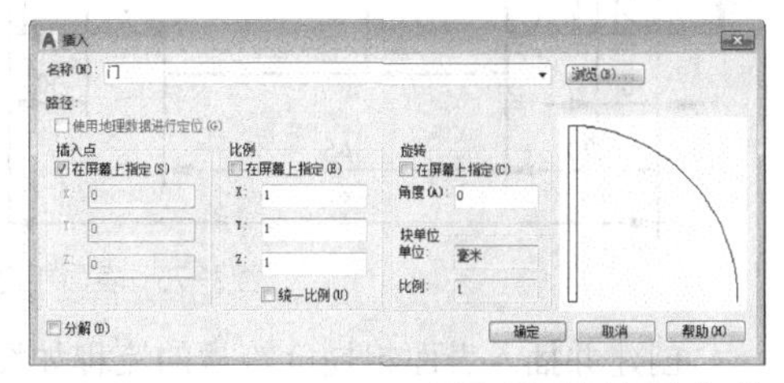

图7-72　选择“门”块

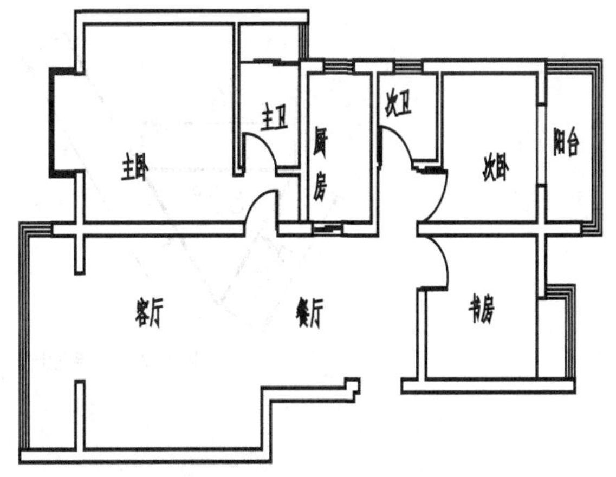

图7-73　复制、旋转、缩小并移动“门”块

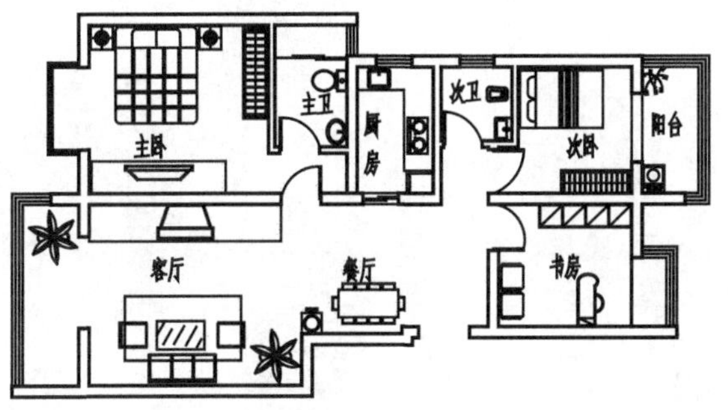

图7-74　插入“双人床”“洁具”“厨具”“儿童床”等块

7.8.2 创建并插入表面粗糙度符号

案例位置	素材>第7章>7.8.2 创建并插入表面粗糙度属性块.dwg
在线视频	视频>第7章>7.8.2 创建并插入表面粗糙度属性块.mp4
难易指数	★★★★★
学习目标	学习"直线""拉长""创建块""定义属性"等命令的使用

创建并插入的表面粗糙度符号如图7-75所示。

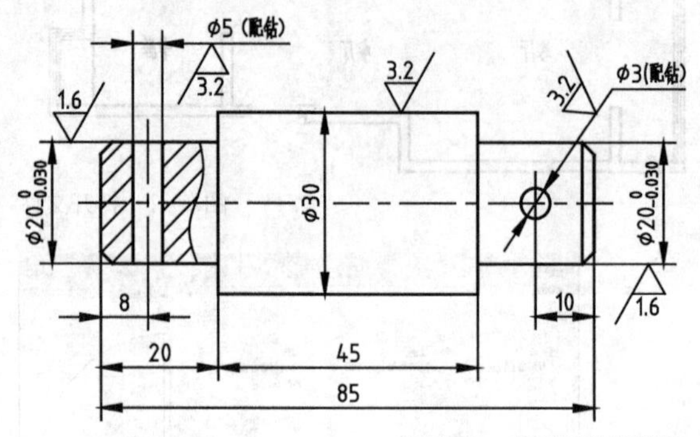

图7-75 表面粗糙度符号

创建并插入表面粗糙度符号的流程如图7-76~图7-79所示。

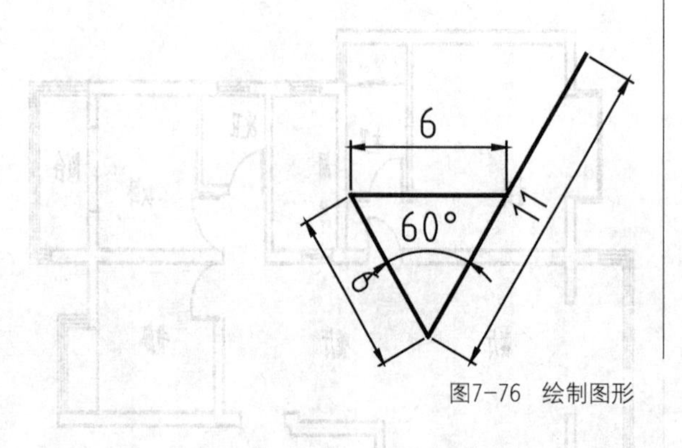

图7-76 绘制图形

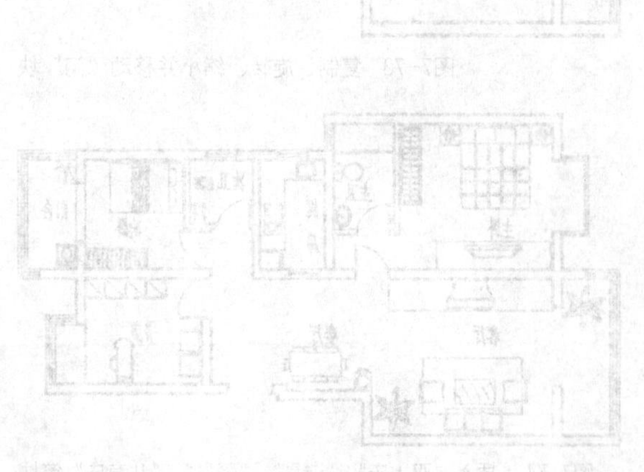

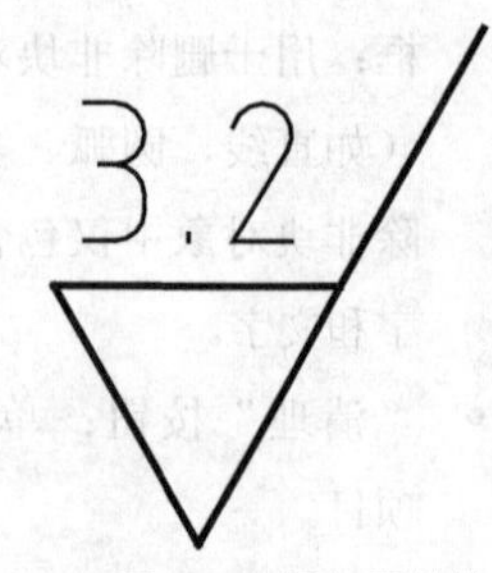

图7-77 添加属性块

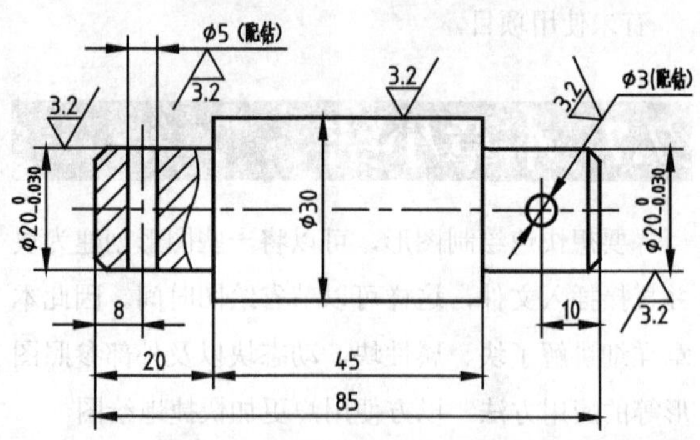

图7-78 复制属性块

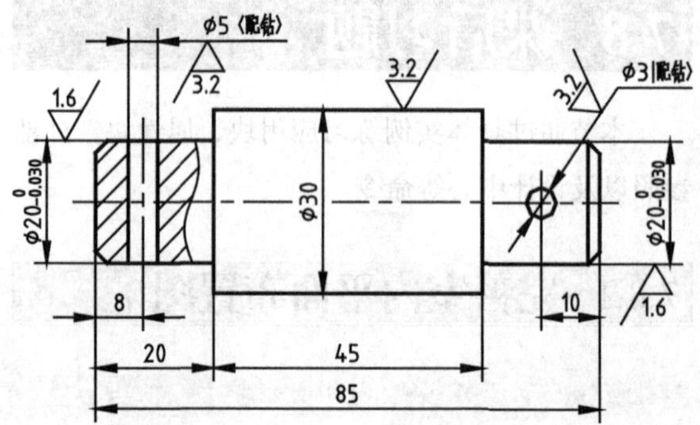

图7-79 修改属性块

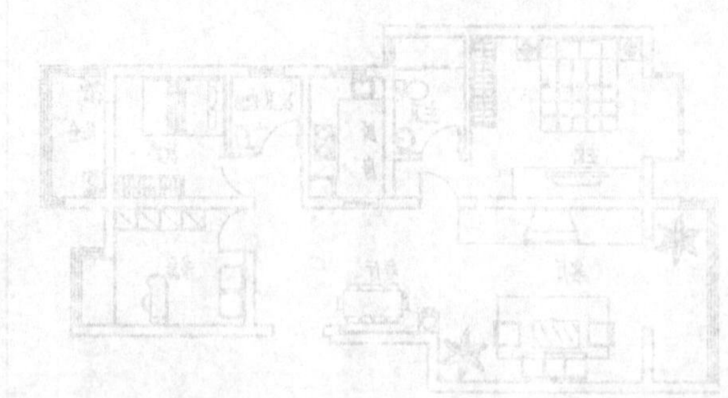

第8章

文字和表格的使用

内容摘要

文字和表格是AutoCAD图形中很重要的元素，是机械制图和工程制图不可缺少的组成部分。本章将介绍有关文字与表格的知识，包括文字和表格的创建与编辑方法。

课堂学习目标

- 掌握文字的创建与编辑方法
- 掌握表格的创建与编辑方法

8.1 文字的创建与编辑

在AutoCAD 2018中，用户可以创建单行文字和多行文字两种性质的文字。其中，单行文字常用于不需要使用多种字体的简短内容中；多行文字主要用于一些复杂的说明性文字中，用户可以为其中不同的文字设置不同的字体和大小，也可以方便地在文本中添加特殊符号。

8.1.1 文字样式

在AutoCAD中输入文字时，通常使用当前的文字样式，用户可以根据具体要求创建新的文字样式。文字样式包括字体、字形、高度、宽度因子、倾斜角度、方向等特征。

在AutoCAD 2018中可以通过以下几种方法启动“文字样式”命令。

- 菜单栏：执行“格式”|“文字样式”命令。
- 命令行：输入STYLE或ST命令。
- 功能区1：在“默认”选项卡中，单击“注释”面板中的“文字样式”按钮。
- 功能区2：在“注释”选项卡中，单击“文字”面板中的“文字样式”按钮。

执行以上任一命令，均可以打开“文字样式”对话框，如图8-1所示，在该对话框中可以对文字样式进行创建和设置操作。

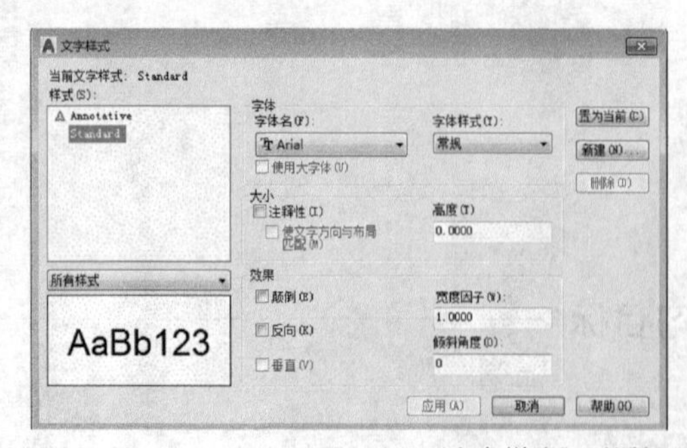

图8-1 “文字样式”对话框

在“文字样式”对话框中，各选项的含义如下。

- “样式”列表框：列出了当前可以使用的文字样式，默认文字样式为Standard。
- “字体”选项组：用于选择所需要的字体类型。
- “大小”选项组：用于设置文字的高度。如果输入的数值为0，则文字高度将默认为上次使用的文字高度，或存储在图形样板文件中的文字高度。
- “效果”选项组：用于设置文字的显示效果。
- “置为当前”按钮：单击该按钮，可以将选择的文字样式设置成当前的文字样式。
- “新建”按钮：单击该按钮，系统会弹出“新建文字样式”对话框，在“样式名”文本框中输入新建文字样式的名称，单击“确定”按钮，新建的文字样式将显示在“样式”列表框中。
- “删除”按钮：单击该按钮，可以删除所选的文字样式，但无法删除默认的Standard样式和正在使用的文字样式。图8-2所示为删除正在使用的文字样式时弹出的提示对话框。

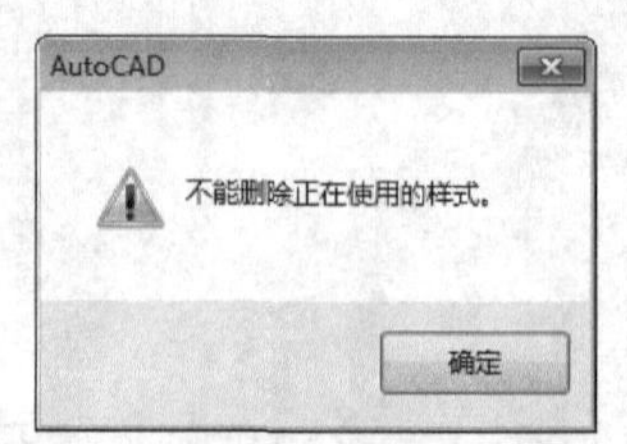

图8-2 提示对话框

8.1.2 课堂实例——创建文字样式

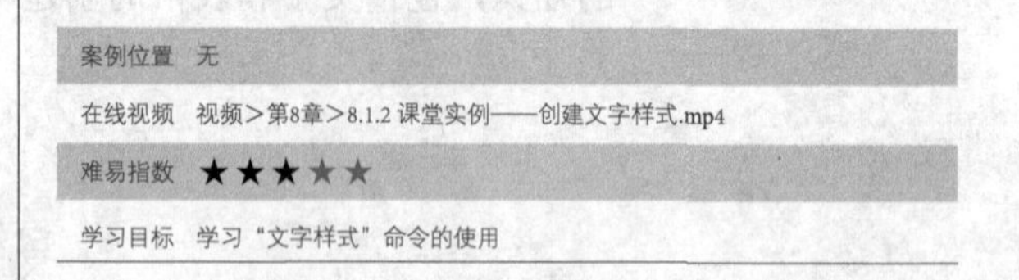

案例位置	无
在线视频	视频>第8章>8.1.2 课堂实例——创建文字样式.mp4
难易指数	★★★★★
学习目标	学习“文字样式”命令的使用

01 新建文件。单击快速访问工具栏中的“新建”按钮，新建空白文件。

02 单击按钮。在“默认”选项卡中，单击“注释”面板中的“文字样式”按钮，打开“文字样式”对话框，单击“新建”按钮，如图8-3所示。

03 输入文字。打开“新建文字样式”对话框，在“样式名”文本框中输入“文字说明”，如图8-4所示。

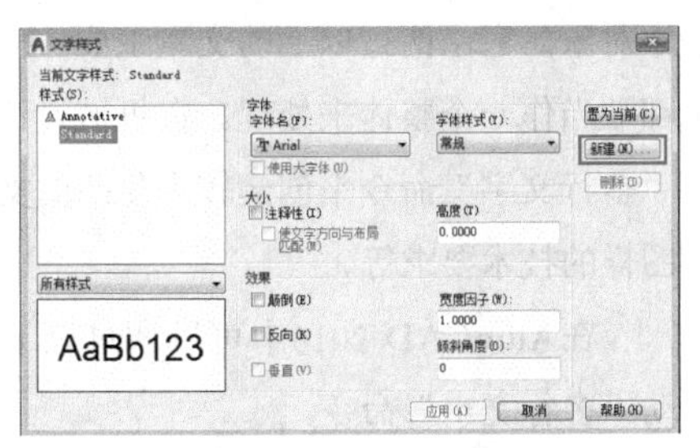

图8-3　“文字样式”对话框

图8-4　“新建文字样式”对话框

04 新增样式。单击“确定”按钮，在“样式”列表框中新增“文字说明”文字样式，如图8-5所示。

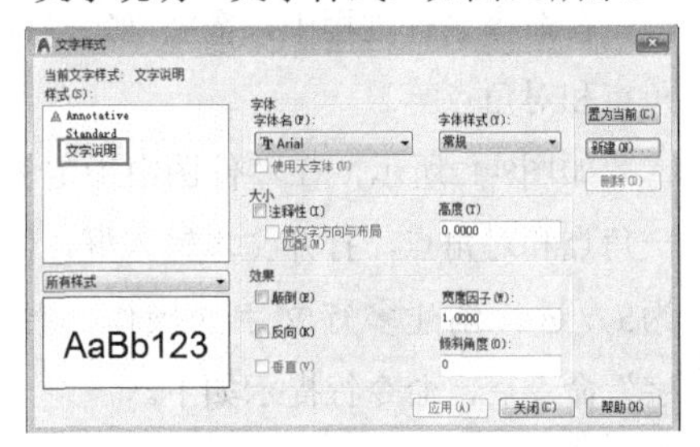

图8-5　新增文字样式

05 更改字体。在“字体”选项组中的“字体名”下拉列表框中选择“gbenor.shx”字体，勾选“使用大字体”复选框，在“大字体”下拉列表框中选择“gbcbig.shx”字体。其他选项保持默认设置，如图8-6所示。

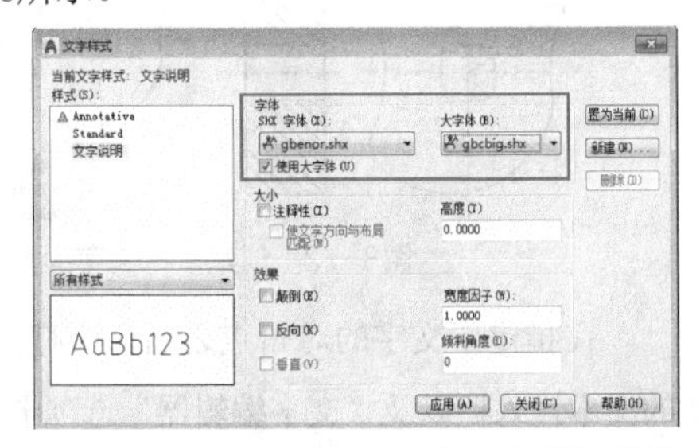

图8-6　更改字体

06 单击按钮。单击“新建”按钮，在弹出的提示对话框中单击“是”按钮，如图8-7所示。

07 输入名称。打开“新建文字样式”对话框，在“样式名”文本框中输入“标注”，如图8-8所示。

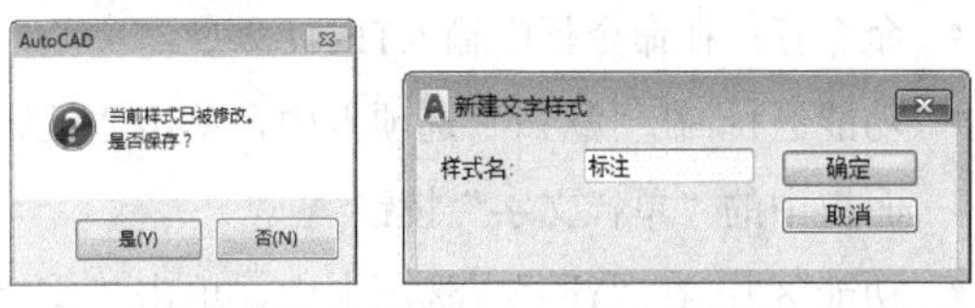

图8-7　提示对话框　图8-8　“新建文字样式”对话框

08 新增样式。单击“确定”按钮，在“样式”列表框中新增“标注”文字样式，如图8-9所示。

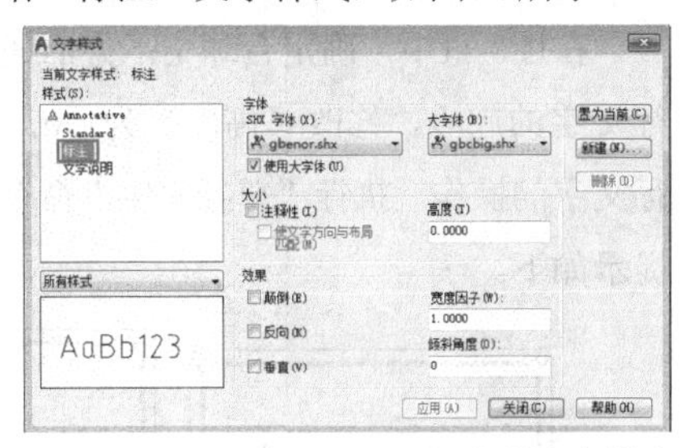

图8-9　新增文字样式

09 更改字体。在“字体”选项组中的“字体名”下拉列表框中选择“romanc.shx”字体，勾选“使用大字体”复选框，在“大字体”下拉列表框中选择“gbcbig.shx”字体。其他选项保持默认设置，如图8-10所示。

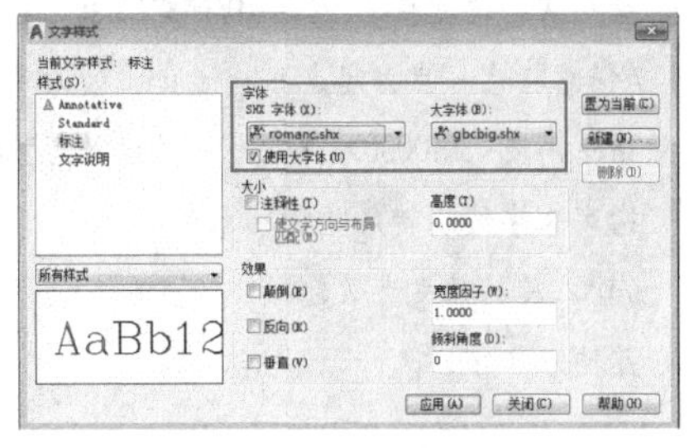

图8-10　更改字体

10 设置为当前。单击“应用”按钮，然后单击“置为当前”按钮，将“标注”文字样式设为当前样式。单击“关闭”按钮，完成文字样式的创建。

8.1.3 单行文字

使用“单行文字”命令，可以创建一行或多个单行的文字，每个文字对象都是独立的个体。

在AutoCAD 2018中可以通过以下几种方法启动“单行文字”命令。

- 菜单栏：执行“绘图”|“文字”|“单行文字”命令。

- 命令行：在命令行中输入TEXT命令。
- 功能区1：在“默认”选项卡中，单击“注释”面板中的“单行文字”按钮A。
- 功能区2：在“注释”选项卡中，单击“文字”面板中的“单行文字”按钮A。

在命令执行过程中，需要确定单行文字的起点、高度和旋转角度。

在图8-11中，确定台球桌下方的任意位置为单行文字的起点，修改“高度”为150，进行创建单行文字的操作。执行“单行文字”命令后，命令行提示如下。

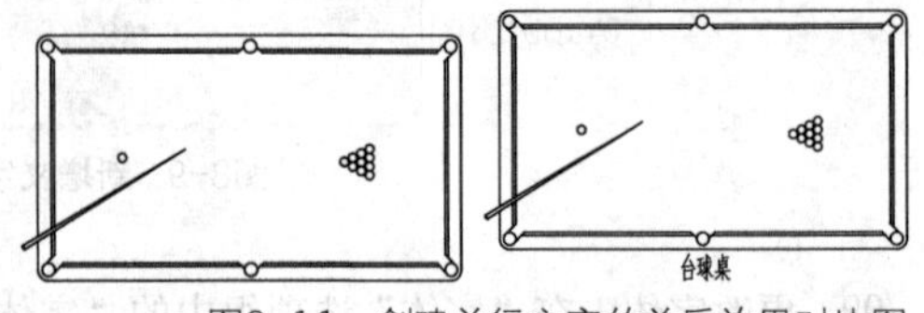

图8-11　创建单行文字的前后效果对比图

```
命令:text↙        //调用“单行文字”命令
当前文字样式:“Standard”    文字高度:30.00
注释性:否对    正:左
指定文字的起点或[对正(J)/样式(S)]:
//任意指定一点为起点
指定高度<30.0000>:150↙       //输入高度参数
指定文字的旋转角度<0>:
//输入旋转角度参数,
并输入文字
```

- 样式（S）：用于选择文字样式，一般默认为Standard。
- 对正（J）：用于确定文字的对齐方式。

8.1.4 多行文字

多行文字又称段落文本，是一种便于管理的文本对象，它由两行以上的文本组成，而且各行文本都被当作一个整体来处理。在机械设计中，常使用“多行文字”命令来创建较为复杂的文字说明，如图样的技术要求等。

在AutoCAD 2018中可以通过以下几种方法启动“多行文字”命令。

- 菜单栏：执行“绘图”|“文字”|“多行文字”命令。
- 命令行：在命令行中输入MTEXT或MT命令。
- 功能区1：在“默认”选项卡中，单击“注释”面板中的“多行文字”按钮A。
- 功能区2：在“注释”选项卡中，单击“文字”面板中的“多行文字”按钮A。

在命令执行过程中，需要确定多行文字的第一角点和对角点等。

如图8-12所示，在零件图中指定多行文字的第一角点和对角点，打开文本输入框，修改“高度”为5，进行创建多行文字的操作。执行“多行文字”命令后，命令行提示如下。

```
命令:mtext↙      //调用“多行文字”命令
当前文字样式:“工程字-35”   文字高度:3.5  注释性:否
指定第一角点:  //指定文字的第一角点
指定对角点或[高度(H)/对正(J)/行距(L)/旋转(R)/样式(S)/
宽度(W)/栏(C)]:  //指定文字的对角点
```

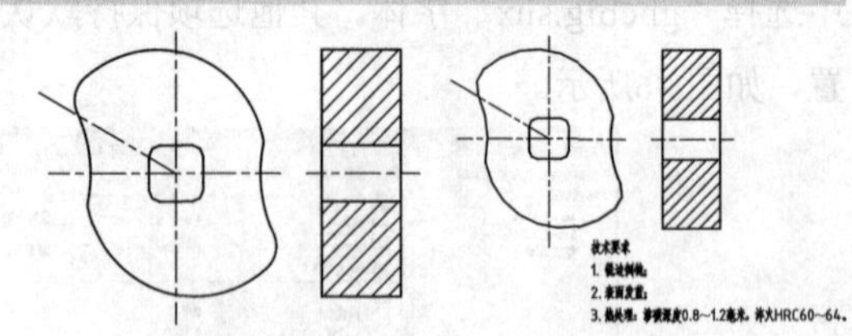
图8-12　创建多行文字的前后效果对比图

在指定了文字的对角点之后，会打开图8-13所示的文本输入框以及“文字编辑器”选项卡。

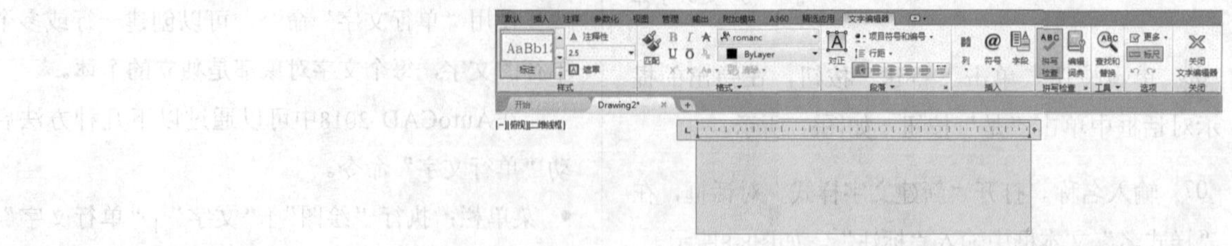
图8-13　文本输入框及“文字编辑器”选项卡

在“文字编辑器”选项卡中，各选项的含义如下。

- 样式：为多行文字对象应用文字样式。
- 注释性：为当前多行文字对象启用或禁用注释性。
- 文字高度：使用图形单位来设定新文字的字符高度或更改选定文字的字符高度。
- 粗体：为新文字或选定文字启用或禁用粗体格式。
- 斜体：为新文字或选定文字启用或禁用斜体格式。
- 下划线：为新文字或选定文字启用或禁用下划线。
- 上划线：为新建文字或选定文字启用或禁用上划线。
- 删除线：为新建文字或选定文字启用或禁用删除线。
- 字体：为新输入的文字指定字体或更改选定文字的字体。
- 颜色：指定新文字的颜色或更改选定文字的颜色。
- 对正：单击该按钮会打开“对正”菜单，如图8-14所示。在该菜单中有9个对齐选项。
- 行距：单击该按钮会显示建议的行距选项。选择“更多”选项，会弹出“段落”对话框，如图8-15所示。

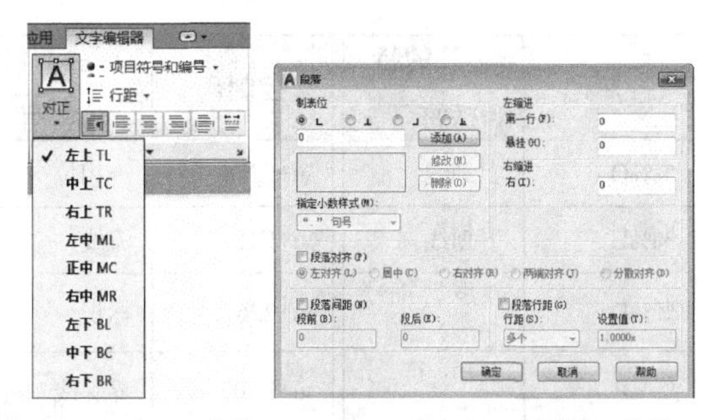

图8-14　“对正”菜单　　　图8-15　“段落”对话框

- 符号：在光标所在的位置插入符号或不间断空格。
- 插入字段：单击该按钮会弹出“字段”对话框，如图8-16所示，在该对话框中可以选择要插入文字的字段。

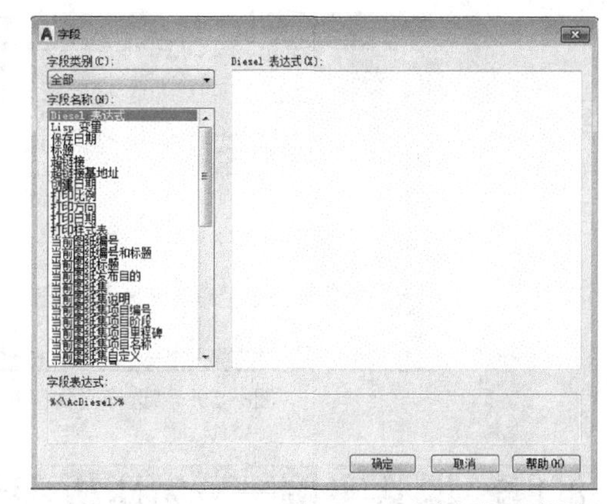

图8-16　“字段”对话框

- 拼写检查：控制键入时拼写检查处于打开还是关闭状态。
- 编辑词典：单击该按钮会弹出“词典”对话框，如图8-17所示，在该对话框中可添加或删除在拼写检查过程中使用的自定义词典。

图8-17　“词典”对话框

- 查找和替换：单击该按钮会弹出“查找和替换”对话框，如图8-18所示，在该对话框中可以查找和替换文字。

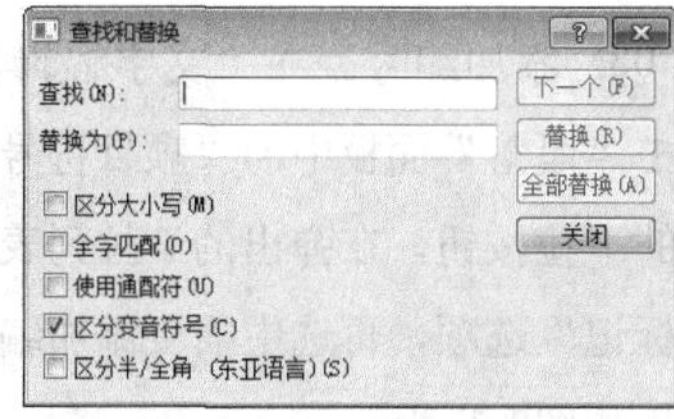

图8-18　“查找和替换”对话框

- 输入文字：单击该按钮会弹出“选择文件”对话框，如图8-19所示，可选择任意TXT格式的文件。

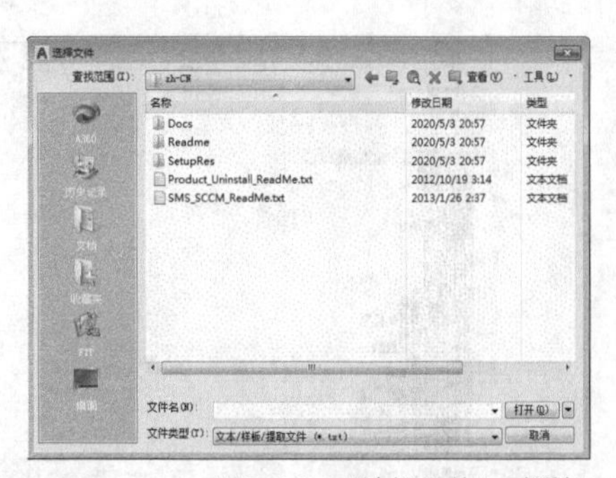

图8-19 “选择文件”对话框

8.1.5 课堂实例——为压板零件图添加技术要求

案例位置 素材>第8章>8.1.5 课堂实例——为压板零件图添加技术要求.dwg

在线视频 视频>第8章>8.1.5 课堂实例——为压板零件图添加技术要求.mp4

难易指数 ★★★★★

学习目标 学习“多行文字”命令的使用

01 打开文件。单击快速访问工具栏中的“打开”按钮，打开本书素材中的“第8章\8.1.5 课堂实例——为压板零件图添加技术要求.dwg”素材文件，如图8-20所示。

02 输入文字。调用MT“多行文字”命令，根据命令行提示指定对角点，打开文本输入框，输入文字，如图8-21所示。

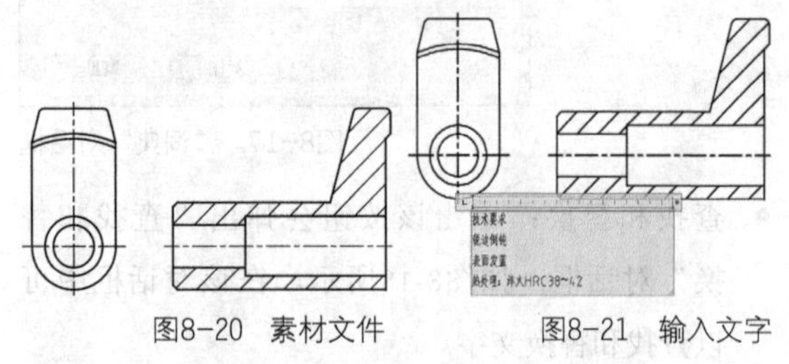
图8-20 素材文件　　图8-21 输入文字

03 添加编号。在“文字编辑器”选项卡中，单击“段落”面板中的“项目符号和编号”按钮右侧的下拉按钮，在弹出的下拉列表框中选择“以数字标记”选项，再选中需要添加编号的文字即可，效果如图8-22所示。

04 添加文字。选择所有文字，在“样式”面板的下拉列表框中，选择“工程字-7”，即可修改文字样式，再将“文字高度”修改为5。在绘图区空白位置单击，即可退出编辑状态。至此，完成技术要求文字的创建，最终效果如图8-23所示。

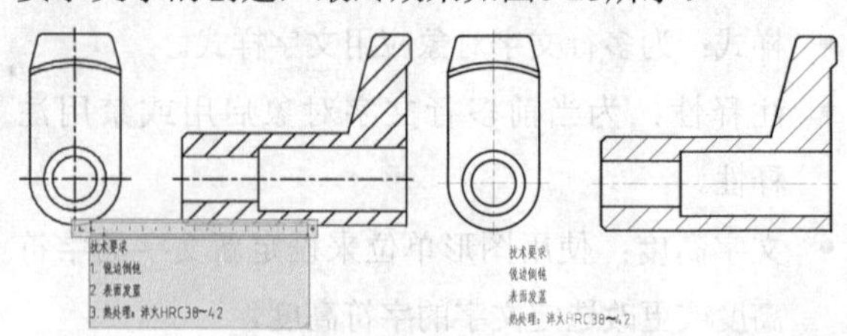

图8-22 添加编号　　图8-23 最终效果

8.1.6 插入特殊符号

在创建文本时，用户还可以在输入文字的过程中插入一些特殊符号。在实际绘图过程中，也经常需要标注一些特殊符号，如直径符号、百分号等。由于这些特殊符号不能直接通过键盘输入，因此，AutoCAD提供了相应的控制符，以插入特殊符号。

在AutoCAD 2018中可以通过以下几种方法插入特殊符号。

- 快捷菜单：单击鼠标右键打开快捷菜单，显示“符号”子菜单。
- 功能区：在“文字编辑器”选项卡中，单击“插入”面板中的“符号”按钮@。

AutoCAD 中的控制码由两个百分号（%%）及一个字符构成，常用的控制码及所对应的特殊符号如表8-1所示。

表8-1 AutoCAD中的常用控制码

控制码	标注的特殊符号	控制码	标注的特殊符号
%%O	上划线	\u+0278	电相位
%%U	下划线	\u+E101	流线
%%D	“度”符号（°）	\u+2261	标识
%%P	正负符号（±）	\u+E102	界牌线
%%C	直径符号（Φ）	\u+2260	不相等（≠）
%%%	百分号（%）	\u+2126	欧姆（Ω）
\u+2248	约等于（≈）	\u+03A9	欧米加（Ω）

（续表）

控制码	标注的特殊符号	控制码	标注的特殊符号
\u+2220	角度（∠）	\u+214A	地界线
\u+E100	边界线	\u+2082	下表2
\u+2104	中心线	\u+00B2	上标2
\u+0394	差值		

8.1.7 课堂实例——为轴零件添加特殊符号

案例位置　素材>第8章>8.1.7 课堂实例——为轴零件添加特殊符号.dwg

在线视频　视频>第8章>8.1.7 课堂实例——为轴零件添加特殊符号.mp4

难易指数　★★★★★

学习目标　学习“符号”按钮的使用

01 打开文件。单击快速访问工具栏中的“打开”按钮，打开本书素材中的“第8章\8.1.7 课堂实例——为轴零件添加特殊符号.dwg”素材文件，如图8-24所示。

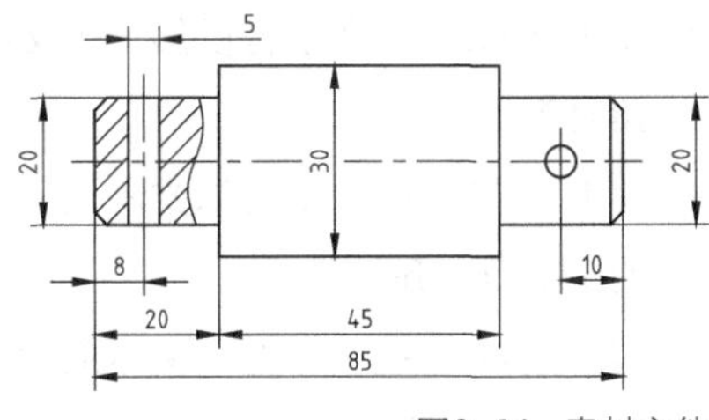

图8-24　素材文件

02 添加符号。双击绘图区中尺寸为30的垂直尺寸标注，打开文本输入框，在“文字编辑器”选项卡中，单击“插入”面板中的“符号”按钮@，在展开的下拉列表框中，选择“直径”选项，即可添加“直径”符号，如图8-25所示。

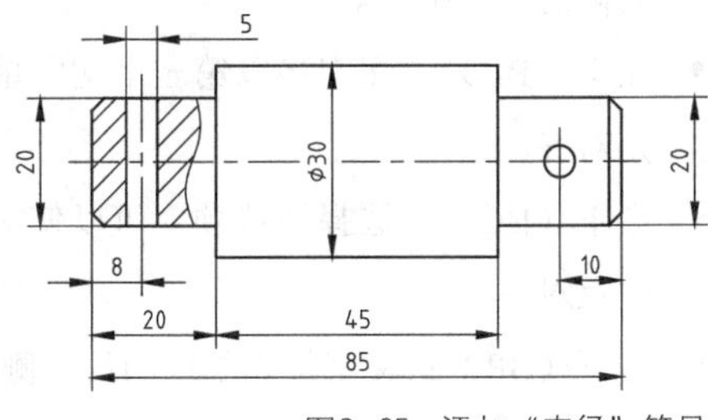

图8-25　添加“直径”符号

03 添加符号。双击绘图区中左侧尺寸为20的垂直尺寸标注，打开文本输入框，输入“%%C0^-0.003”文字，并选择输入文字中的“0^-0.003”，单击鼠标右键，打开快捷菜单，选择“堆叠”命令，即可堆叠文字并添加“直径”符号，如图8-26所示。

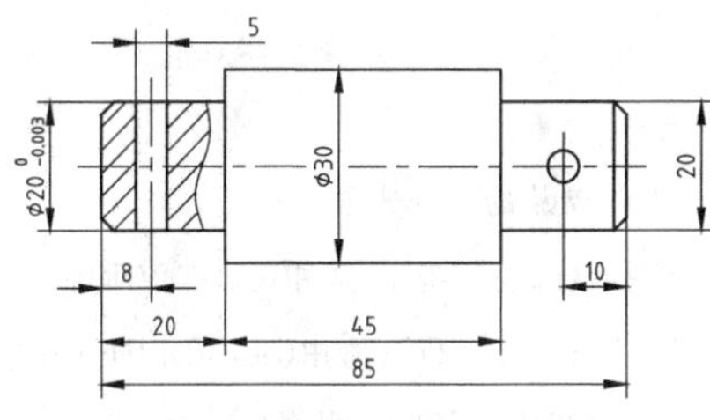

图8-26　堆叠文字并添加“直径”符号

04 重复上述步骤，为其他的尺寸为20的垂直标注对象添加堆叠文字和符号，得到的最终效果如图8-27所示。

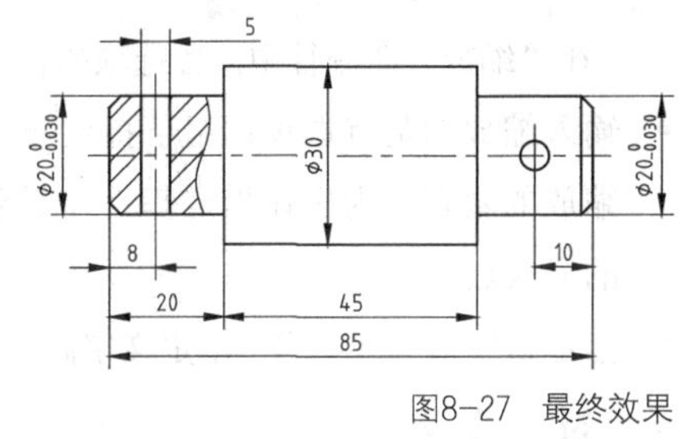

图8-27　最终效果

8.1.8 缩放和对正文字

在创建文字后，可以对文字进行适当的缩放和对正处理，以协调整体的统一性。

1. 缩放文字

在创建文字后，可以根据需要编辑文字的内容和大小。

在AutoCAD 2018中可以通过以下几种方法启动“缩放”命令。

- 菜单栏：执行“修改”|“对象”|“文字”|“比例”命令。
- 命令行：在命令行中输入SCALETEXT命令。
- 功能区：在“注释”选项卡中，单击“文字”面板中的“缩放”按钮。

在命令执行过程中，需要确定文字对象、缩放基点和高度。

执行“缩放”命令后，命令行提示如下。

```
命令:scaletext↙
              //调用“缩放”命令
选择对象:找到1个
              //选择文字对象
选择对象:
输入缩放的基点选项
[现有(E)/左对齐(L)/居中(C)/中间(M)/右对齐(R)/左上(TL)/
中上(TC)/右上(TR)/左中(ML)/正中(MC)/右中(MR)/左下(BL)/
中下(BC)/右下(BR)]<现有>:
              //选择缩放基点选项
指定新模型高度或[图纸高度(P)/匹配对象(M)/比例因子
(S)]<2.5>:    //指定新高度参数
1个对象已更改
```

在“缩放”命令行中，各选项的含义如下。

- 输入缩放的基点选项：用于指定一个位置作为缩放的基点。为操作指定基点并不会改变文字的插入点。
- 指定新模型高度：用于指定文字高度。

2. 对正文字

在编辑多行文字时，常常需要设置文字的对正方式。多行文字的对正方式同时控制文字的对齐方式和文字的走向。

在AutoCAD 2018中可以通过以下几种方法启动“对正”命令。

- 菜单栏：执行“修改”|“对象”|“文字”|“对正”命令。
- 命令行：在命令行中输入JUSTIFYTEXT命令。
- 功能区：在“注释”选项卡中，单击“文字”面板中的“对正”按钮。

在命令执行过程中，需要确定文字对象和对正方式。

执行“对正”命令后，命令行提示如下。

```
命令:justifytext↙         //调用“对正”命令
选择对象:找到1个           //选择文字对象
选择对象:
输入对正选项
[左对齐(L)/对齐(A)/布满(F)/居中(C)/中间(M)/右对齐(R)/
左上(TL)/中上(TC)/右上(TR)/左中(ML)/正中(MC)/右中
(MR)/左下(BL)/中下(BC)/右下(BR)]<左对齐>:
                          //选择对正选项
```

在“对正”命令行中，各选项的含义如下。

- 左对齐（L）：文字将向左对齐。
- 对齐（A）：选择该选项后，系统将提示用户确定文本的起点和终点。
- 布满（F）：确定文本的起点和终点后，在高度不变的情况下，系统将调整宽度系数以使文字布满两点之间的部分。
- 居中（C）：文字将居中对齐。
- 中间（M）：文字将在中间位置对齐。
- 右对齐（R）：文字将向右对齐。
- 左上（TL）：文字将以第一个文字单元的左上角对齐。
- 中上（TC）：文字将以文本最后一个文字单元的中上角对齐。
- 右上（TR）：文字将以文本最后一个文字单元的右上角对齐。
- 左中（ML）：文字将以第一个文字单元左侧的垂直中点对齐。
- 正中（MC）：文字将以文本的垂直中点和水平中点对齐。
- 右中（MR）：文字将以文本最后一个文字单元右侧的垂直中点对齐。
- 左下（BL）：文字将以第一个文字单元的左下角对齐。
- 中下（BC）：选择该选项，可以使文字以基线中点对齐。
- 右下（BR）：文字将以基线的最右侧对齐。

8.1.9 课堂实例——编辑圆压块技术要求

案例位置　素材>第8章>8.1.9 课堂实例——编辑圆压块技术要求.dwg

在线视频　视频>第8章>8.1.9 课堂实例——编辑圆压块技术要求.mp4

难易指数　★★★★★

学习目标　学习“缩放”命令、“对正”命令的使用

01 打开文件。单击快速访问工具栏中的“打开”按钮，打开本书素材中的“第8章\8.1.9 课堂实例——编辑圆压块技术要求.dwg”素材文件，如图8-28所示。

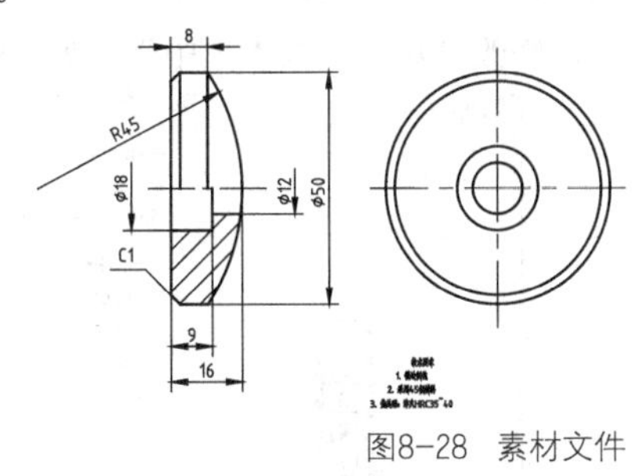

图8-28　素材文件

02 缩放文字。在命令行中输入SCALETEXT命令并按Enter键，缩放多行文字，如图8-29所示，其命令行提示如下。

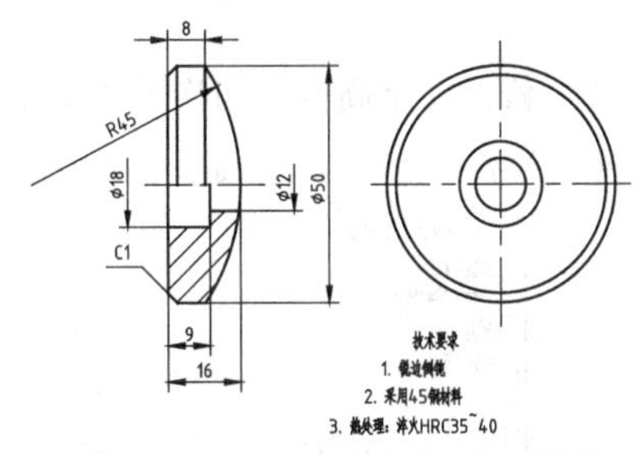

图8-29　缩放文字后的效果

```
命令:scaletext↙                //调用“缩放”命令
选择对象:找到1个               //选择文字对象
选择对象:
输入缩放的基点选项
[现有(E)/左对齐(L)/居中(C)/中间(M)/右对齐(R)/左上(TL)/中上(TC)/右上(TR)/左中(ML)/正中(MC)/右中(MR)/左下(BL)/中下(BC)/右下(BR)]<现有>:          //选择缩放基点选项
指定新模型高度或[图纸高度(P)/匹配对象(M)/比例因子(S)]<3.5>:s↙          //选择“比例因子（S）”选项
指定缩放比例或[参照(R)]<0.5>:2↙
                               //输入比例参数并按Enter键
1个对象已更改
```

03 对正文字。在命令行中输入JUSTIFYTEXT命令，对正多行文字，如图8-30所示，其命令行提示如下。

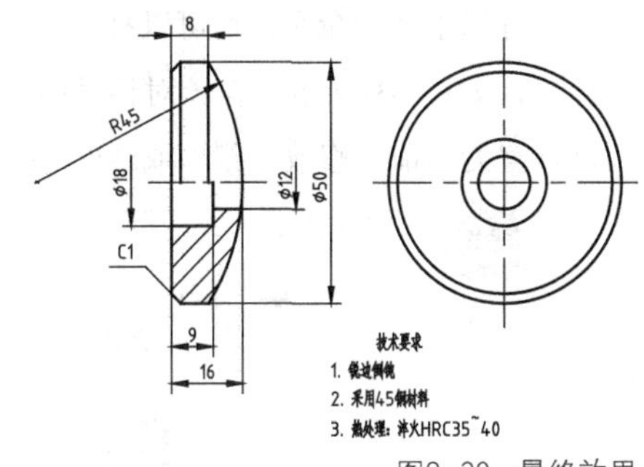

图8-30　最终效果

```
命令:justifytext↙              //调用“对正”命令
选择对象:找到1个               //选择文字对象
选择对象:
输入对正选项
[左对齐(L)/对齐(A)/布满(F)/居中(C)/中间(M)/右对齐(R)/左上(TL)/中上(TC)/右上(TR)/左中(ML)/正中(MC)/右中(MR)/左下(BL)/中下(BC)/右下(BR)]<左对齐>:
                               //选择对正选项
```

8.2 表格的创建和编辑

在AutoCAD 2018中创建表格有两种方法：使用“表格样式”和“表格”命令，创建数据表和标题栏；直接从Microsoft Excel中复制表格，并将其作为AutoCAD表格对象粘贴到图形中。

8.2.1 表格样式

表格样式决定表格外观，涉及标注字体、颜色、文本、高度和行距等属性。用户可以使用默认的表格样式，也可以根据需要自定义表格样式，并保存这些样式以供以后使用。

在AutoCAD 2018中可以通过以下几种方法启

动“表格样式”命令。

- 菜单栏：执行“格式”|“表格样式”命令。
- 命令行：在命令行中输入TABLESTYLE命令。
- 功能区1：在“默认”选项卡中，单击“注释”面板中的“表格样式”按钮。
- 功能区2：在“注释”选项卡中，单击“表格”面板中的“表格样式”按钮。

执行以上任一命令，均可以打开“表格样式”对话框，如图8-31所示，在该对话框中可对表格样式进行置为当前、修改、删除或新建等操作。

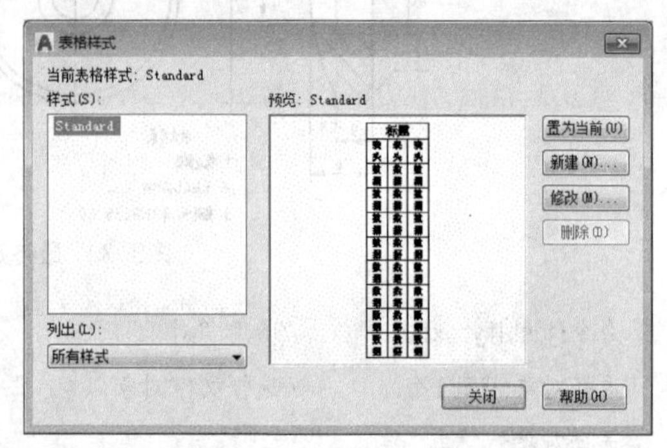

图8-31 “表格样式”对话框

8.2.2 课堂实例——创建表格样式

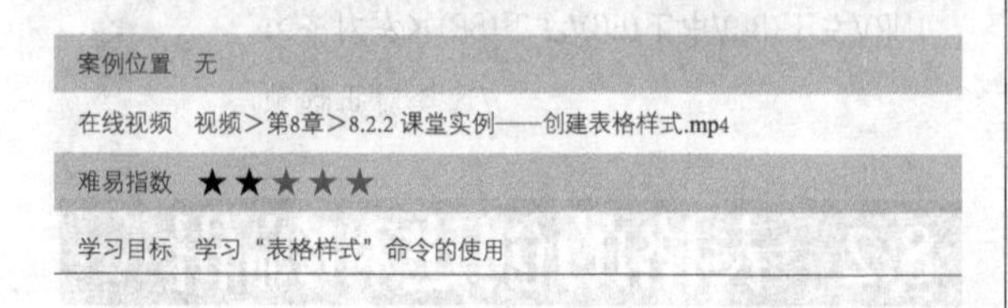

案例位置 无

在线视频 视频>第8章>8.2.2 课堂实例——创建表格样式.mp4

难易指数 ★★★★★

学习目标 学习“表格样式”命令的使用

01 单击按钮。新建文件，在命令行中输入TABLESTYLE命令并按Enter键，打开“表格样式”对话框，单击“新建”按钮，如图8-32所示。

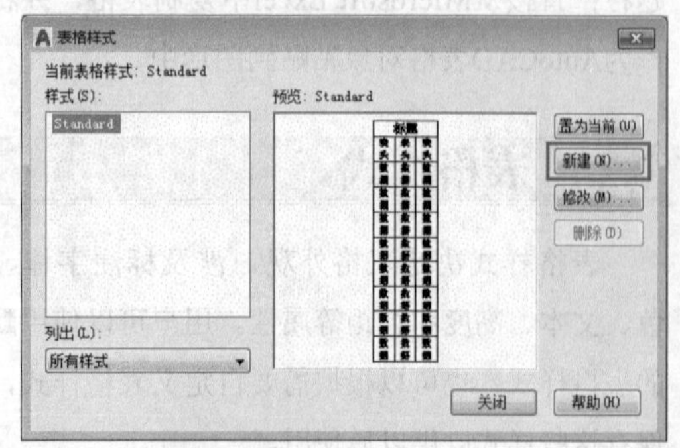

图8-32 “表格样式”对话框

02 修改名称。打开“创建新的表格样式”对话框，修改“新样式名”为“建筑表格”，如图8-33所示。

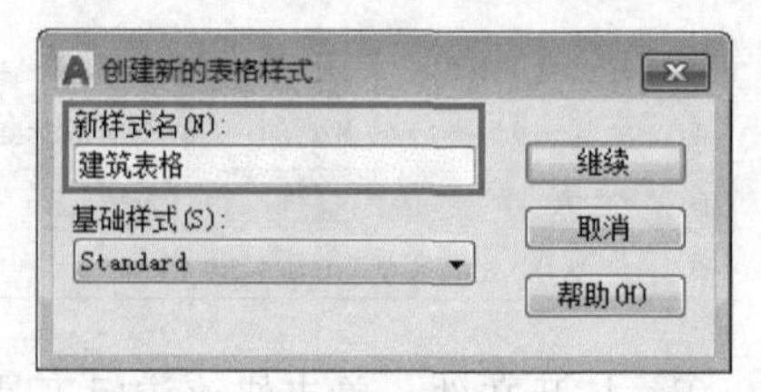

图8-33 “创建新的表格样式”对话框

03 修改参数。单击“继续”按钮，打开“新建表格样式：建筑表格”对话框，在“常规”选项卡中，修改“对齐”为“正中”，如图8-34所示。

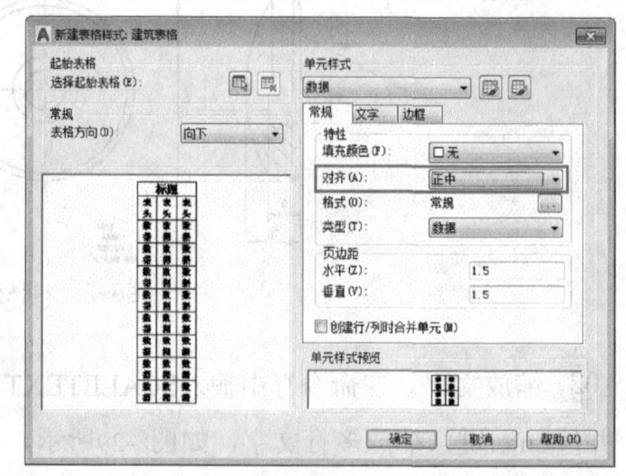

图8-34 “新建表格样式：建筑表格”对话框

04 修改文字高度。切换至“文字”选项卡，修改“文字高度”为10，如图8-35所示。

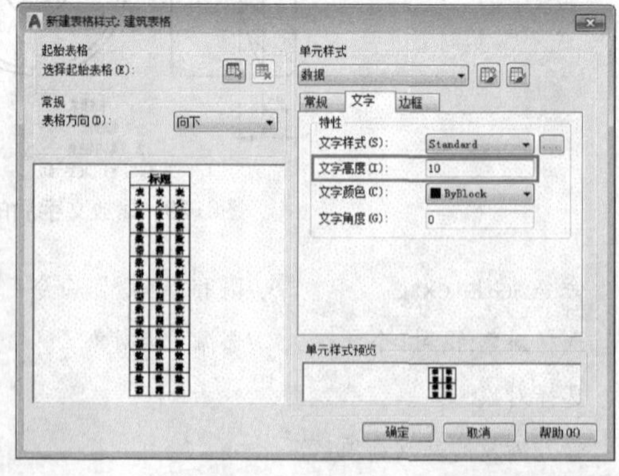

图8-35 修改文字高度

05 创建表格样式。单击“确定”按钮，返回“表格样式”对话框，单击“关闭”按钮，完成表格样式的创建。

在“新建表格样式”对话框中，各常用选项的含义如下。

- “起始表格”选项组：该选项组允许用户在图形中指定一个表格用作样例来设置此表格样式的格式。
- “常规”选项组：该选项组用于设置表格方向。
- “单元样式”选项组：该选项组用于定义新的单元样式或修改现有单元样式。
- “填充颜色”下拉列表框：指定单元格的背景颜色，默认值为“无”。
- “对齐”下拉列表框：设置单元格中文字的对齐方式。
- “水平”文本框：设置单元格中文字与左右单元边界之间的距离。
- “垂直”文本框：设置单元格中文字与上下单元边界之间的距离。
- “文字样式”下拉列表框：列出可用的文字样式，单击按钮，打开“文字样式”对话框，在其中可以创建新的文字样式。
- “文字高度”文本框：用于设置文字的高度参数。
- “文字颜色”下拉列表框：指定表格中文字的颜色。
- “文字角度”文本框：设置文字的倾斜角度。逆时针倾斜的角度为正值，顺时针倾斜的角度为负值。

8.2.3 创建表格

表格是行和列中包含数据对象，且由单元格构成的矩形阵列。用户在创建表格时，可以直接插入表格对象而不需要用单独的直线绘制表格。

在AutoCAD 2018中可以通过以下几种方法启动“表格”命令。

- 菜单栏：执行“绘图”|“表格”命令。
- 命令行：在命令行中输入TABLE命令。
- 功能区1：在“默认”选项卡中，单击“注释”面板中的“表格”按钮。
- 功能区2：在“注释”选项卡中，单击“表格”面板中的“表格”按钮。

执行以上任一命令，均可以打开“插入表格”对话框，如图8-36所示，在该对话框中可以修改行和列的相关参数，修改完成后，单击“确定”按钮，指定表格插入的位置，即可插入表格，效果如图8-37所示。

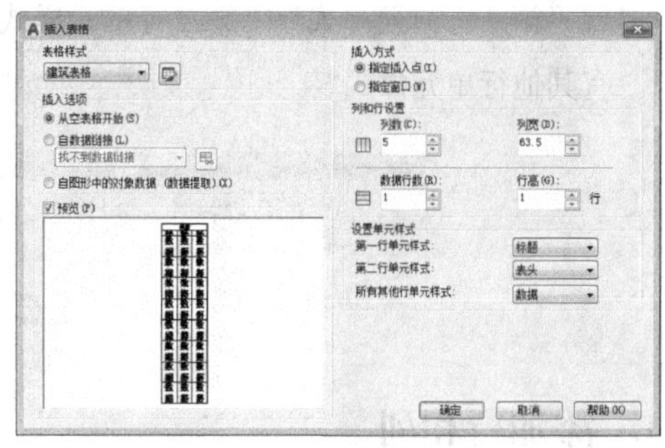

图8-36　“插入表格”对话框

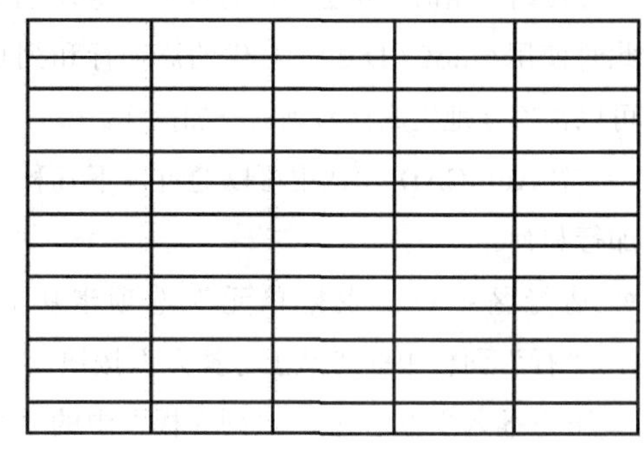

图8-37　表格效果

在“插入表格”对话框中，各选项的含义如下。

- “表格样式”下拉列表框：在该选项组中不仅可以从“表格样式”下拉列表框中选择表格样式，也可以单击按钮后创建新的表格样式。
- “插入选项”选项组：该选项组包含3个单选按钮，其中选中“从空表格开始”单选按钮可以创建一个空表格；选中“自数据链接”单选按钮可以从外部导入数据来创建表格；选中“自图形中的对象数据（数据提取）”单选按钮可以从图形中提取数据来创建表格。默认情况下，系统均以“从空表格开始”方式插入表格。
- “插入方式”选项组：该选项组包含两个单选按钮，其中选中“指定插入点”单选按钮可以在绘图窗口中的某点插入固定大小的表格；选中“指定窗口”单选按钮可以在绘图窗口中通过指定表格两对角点的方式来创建的表格。

- “列和行设置”选项组：在此选项组中，可以通过改变“列数”“列宽”“数据行数”“行高”文本框中的数值来调整表格的大小。
- “设置单元样式”选项组：在此选项组中可以设置“第一行单元样式”“第二行单元样式”“所有其他行单元样式”。

8.2.4 编辑表格

在AutoCAD 2018中，不可能一次就创建出完全符合要求的表格，因此需要对已创建的表格进行编辑。此外，由于情形的变化，也需要对表格进行适当的修改，使其满足需求。一般情况下，表格的编辑均在“表格单元”选项卡中进行，单击表格中的任意单元格即可打开该选项卡如图8-38所示。

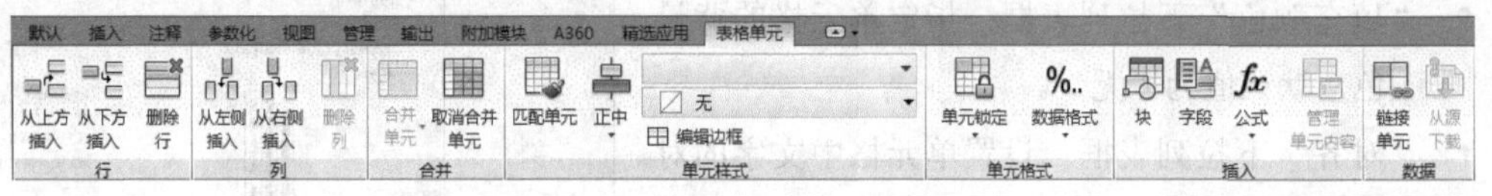

图8-38 “表格单元”选项卡

1. 添加行和列

使用表格时经常会出现行和列不够用的情况，此时使用AutoCAD 2018提供的添加行和列功能，可以很方便地完成行和列的添加操作。

在AutoCAD 2018中可以通过以下几种方法添加行和列。

- 功能区：在“表格单元”选项卡中，单击“行”面板中的“从上方插入”按钮、“从下方插入”按钮，“列面板”中的“从左侧插入”按钮、“从右侧插入”按钮。
- 快捷菜单：在单元格对象上单击鼠标右键，弹出快捷菜单，在“行”和“列”的子菜单中，选择“在上方插入”命令、“在下方插入”命令、“在左侧插入”命令或“在右侧插入”命令。

执行以上任一命令，均可以对行和列进行添加操作。

2. 删除行和列

当不再需要工作表中的某些数据及其位置时，可以将其删除。

在AutoCAD 2018中可以通过以下几种方法删除行和列。

- 功能区：在“表格单元”选项卡中，单击“行”或“列”面板中的“删除行”按钮或“删除列”按钮。
- 快捷菜单：在单元格对象上单击鼠标右键，弹出快捷菜单，在“行”和“列”的子菜单中，选择“删除行”命令和“删除列”命令。

执行以上任一命令，均可以在选中表格对象后，对其进行删除操作。

3. 合并单元

使用“合并单元”功能可以将多个连续的单元合并，合并的方式包括“合并全部”“按行合并”“按列合并”。

在AutoCAD 2018中可以通过以下几种方法合并单元。

- 功能区：在“表格单元”选项卡中，单击“合并”面板中的“合并单元”按钮。
- 快捷菜单：在单元对象上单击鼠标右键，弹出快捷菜单，在“合并”的子菜单中选择相应的命令。

执行以上任一命令，均可以在选中表格对象后，对其进行合并操作，图8-39所示为合并单元的前后效果对比图。

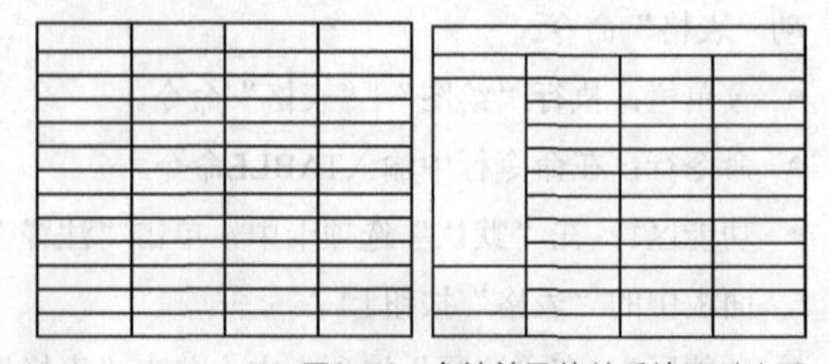

图8-39 合并单元的前后效果对比图

4. 调整行高和列宽

在绘制表格的过程中，AutoCAD 2018会自动调整表格的行高和列宽，用户也可以根据需要自定义表格的行高和列宽，以满足实际需求。

在AutoCAD 2018中可以通过以下几种方法调整行高和列宽。

- 鼠标法：移动光标至表格中，通过拖曳夹点来进行调整。
- 选项板：选中单元，单击鼠标右键，打开快捷菜单，选择“特性”命令，打开“特性”选项板，在其中可以修改“单元宽度”和“单元高度”的参数值。

执行以上任一命令，均可以调整表格的行高和列宽。

5. 修改单元格式

创建表格后，用户可以根据需要设置单元的对齐方式、颜色、线框以及底纹等。

在AutoCAD 2018中可以通过以下几种方法修改单元格式。

- 功能区：在“表格单元”选项卡中，单击“单元样式”面板中的各工具按钮。
- 选项板：选中单元，单击鼠标右键，打开快捷菜单，选择“特性”命令，打开“特性”选项板，修改“单元”和“内容”选项组中的参数。

执行以上任一命令，均可以修改单元格式。

8.2.5 添加表格文字

在AutoCAD 2018中，表格的主要作用就是能够清晰、完整、系统地表现图纸中的数据。表格中的数据都是通过表格单元进行添加的，表格单元不仅可以包含文本信息，还可以包含多个块。此外，还可以将AutoCAD中的表格数据与Microsoft Excel中的数据链接。

1. 添加数据

创建表格后，系统会自动亮显第一个表格单元，并打开“文字编辑器”选项卡，此时可以开始输入文字，在输入文字的过程中，单元的行高会随输入文字的高度或行数增加而增加。要移动到下一单元，可以按Tab键或按箭头键使光标向左、向右、向上或向下移动。通过在选中的单元中按F2键可以快速编辑单元格内的文字。

2. 插入块

选中表格单元后，在打开的“表格单元”选项卡中单击“插入”面板中的“块”按钮，将弹出“在表格单元中插入块”对话框，设置相关参数后可进行块的插入操作。在表格单元中插入块时，块可以自动适应单元的大小，也可以调整单元以适应块的大小，并且可以将多个块插入同一个表格单元中。

8.2.6 课堂实例——添加底座装配图明细栏

案例位置	素材>第8章>8.2.6 课堂实例——添加底座装配图明细栏.dwg
在线视频	视频>第8章>8.2.6 课堂实例——添加底座装配图明细栏.mp4
难易指数	★★★★★
学习目标	学习“矩形”命令、“表格”命令、“合并表格”命令等的使用

01 打开文件。单击快速访问工具栏中的“打开”按钮，打开本书素材中的“第8章\8.2.6 课堂实例——添加底座装配图明细栏.dwg”素材文件，如图8-40所示。

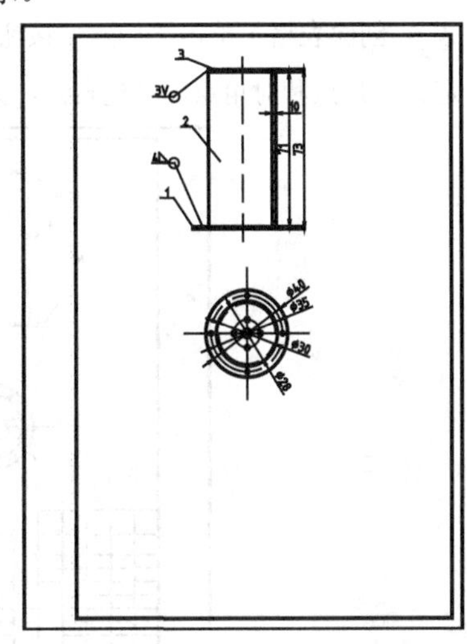

图8-40　素材文件

02 绘制矩形。调用REC“矩形”命令，绘制一个矩形对象，如图8-41所示。

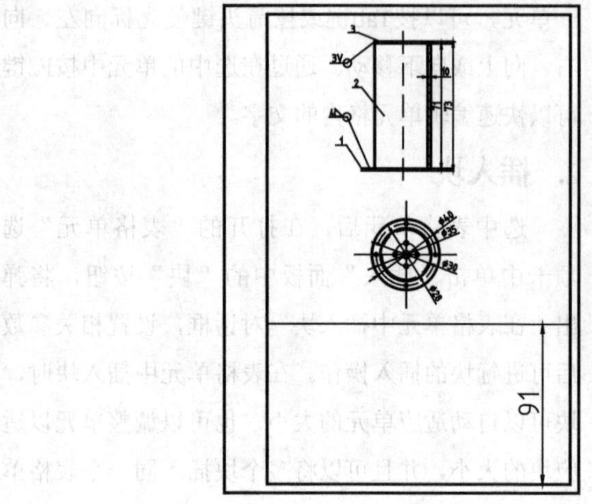

图8-41 绘制矩形

03 修改参数。在命令行中输入TABLE命令并按Enter键，打开“插入表格”对话框，依次修改各参数，如图8-42所示。

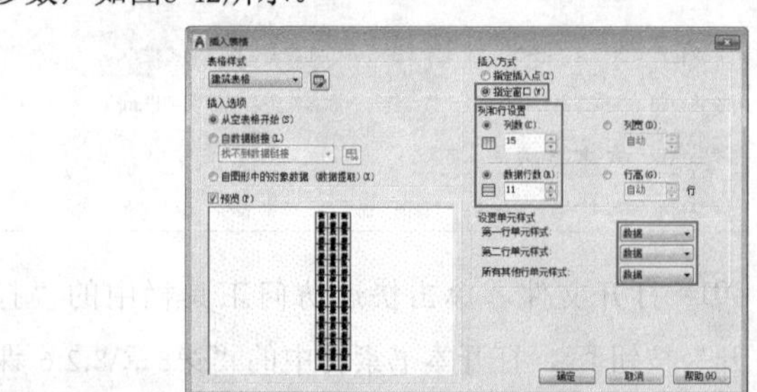

图8-42 “插入表格”对话框

04 创建表格。单击“确定”按钮，在绘图区中指定第一角点和对角点，创建表格，如图8-43所示。

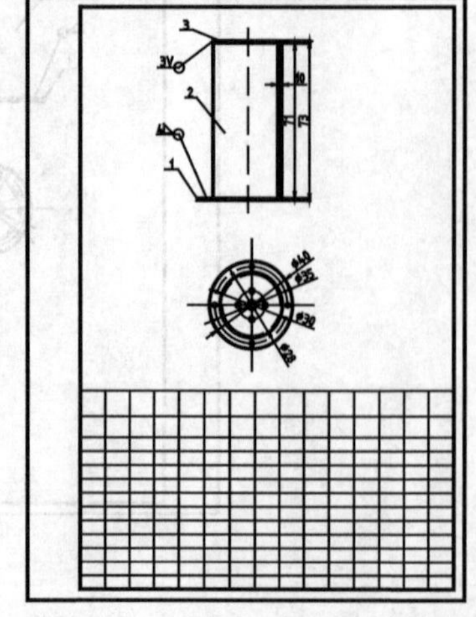

图8-43 创建表格

05 合并表格单元。在绘图区中依次选择需要合并的表格单元，对表格单元进行合并操作，如图8-44所示。

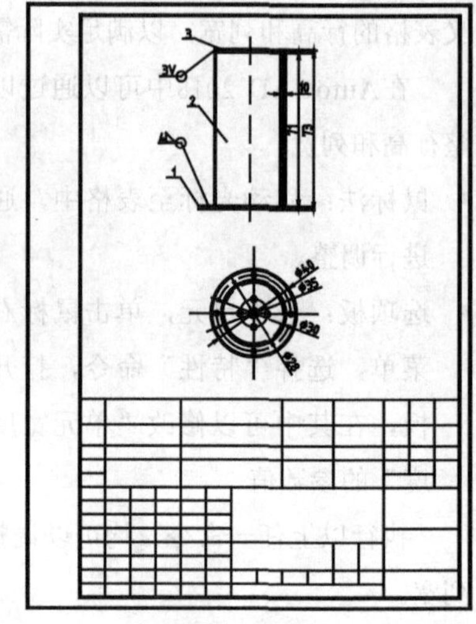

图8-44 合并表格单元

06 输入文字。双击任意表格单元，系统弹出“文字编辑器”选项卡和文本输入框，依次输入文字，如图8-45所示。

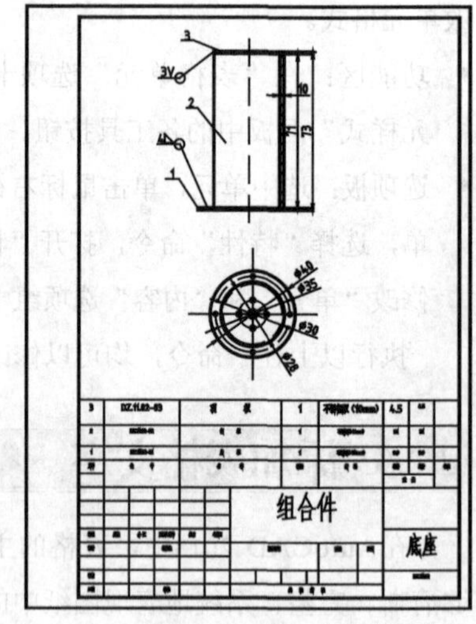

图8-45 输入文字

07 对齐文字。选择所有的表格单元，单击鼠标右键，打开快捷菜单，选择“对齐”|“正中”命令，即可设置文字的对齐方式，效果如图8-46所示。

08 创建表格。选中表格，拖动夹点以调整表格的列宽或行高，并调整文字的大小，得到的最终效果如图8-47所示。

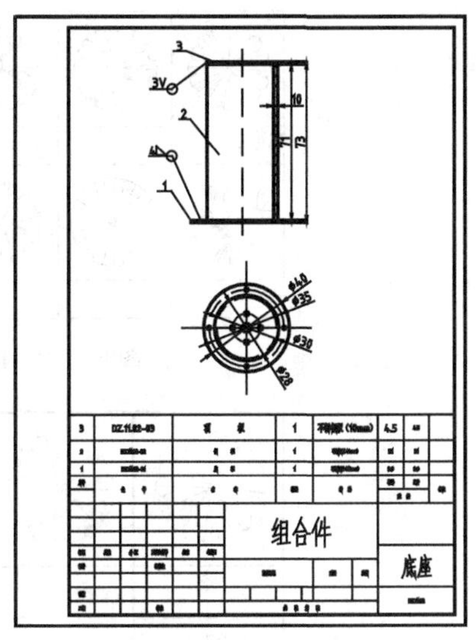

图8-46　对齐文字

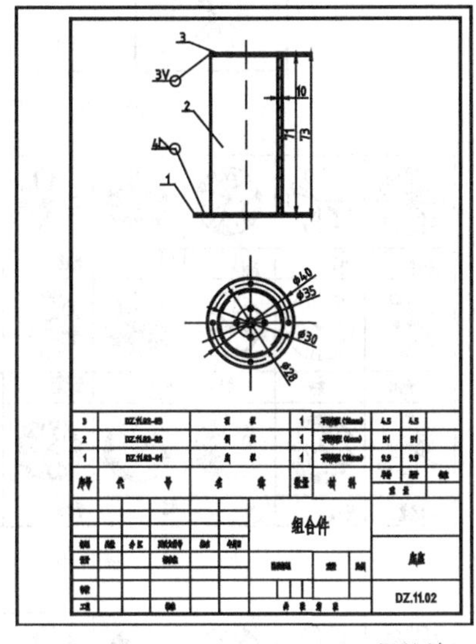

图8-47　最终效果

技巧与提示

在创建表格时，要注意调整行高，否则表格将会超出界面范围。

8.3　本章小结

任何复杂的二维图形都是由基本几何图形编辑修改得到的。在编辑图形时，首先应使用正确的方法选择相应的图形，然后根据目标图形的特点，选择相应的编辑修改命令。

8.4　课后习题

本节通过具体实例讲解了文字和表格的命令调用方法，方便以后进行绘图和设计。

8.4.1　绘制室内图纸标题栏

案例位置　素材>第8章>8.4.1绘制室内图纸标题栏.dwg

在线视频　视频>第8章>8.4.1绘制室内图纸标题栏.mp4

难易指数　★★★★★

学习目标　学习"矩形"命令、"表格"命令、"合并表格"命令等的使用

绘制的室内图纸标题栏如图8-48所示。

设计单位		工程名称			
负责				设计号	
审核				图别	
设计				图号	
制图				比例	

图8-48　室内图纸标题栏

室内图纸标题栏的绘制流程如图8-49~图8-54所示。

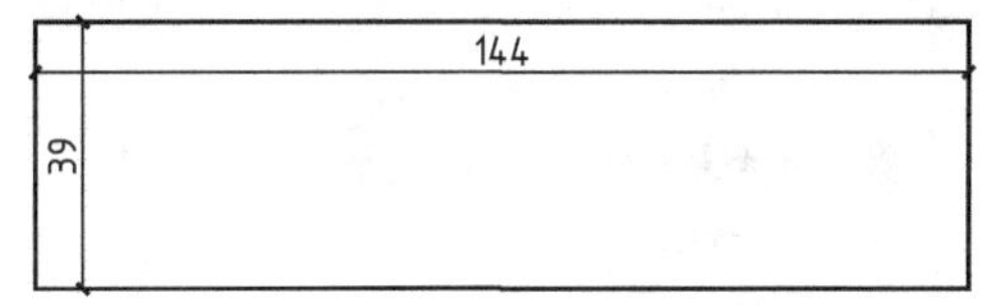

图8-49　创建矩形

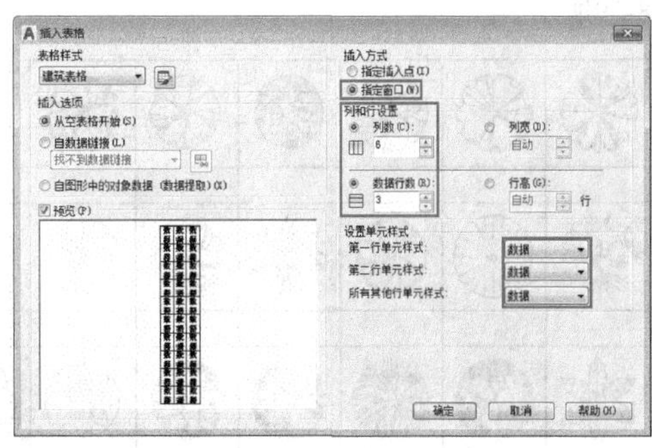

图8-50　修改各参数

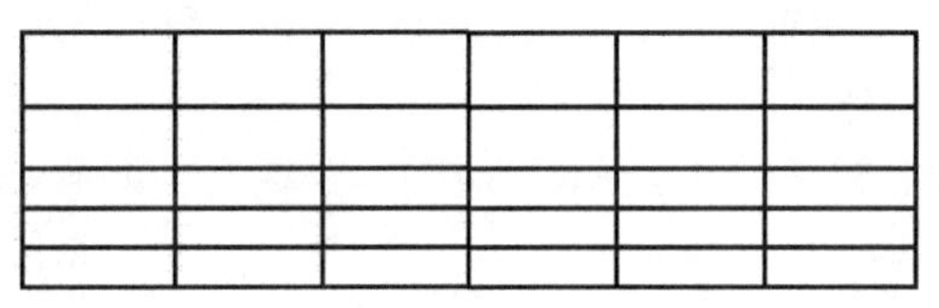

图8-51　创建表格

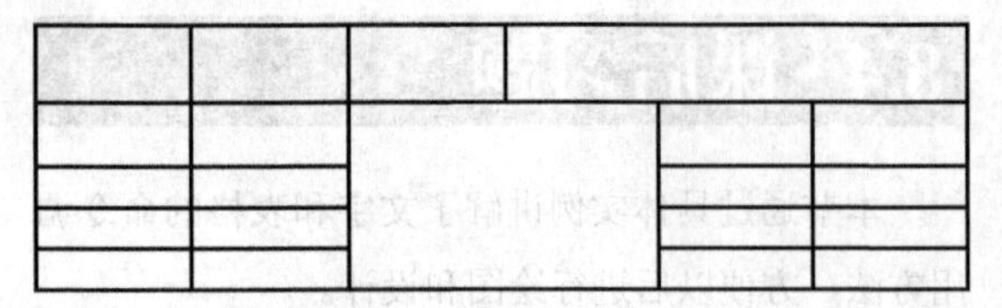

图8-52　合并表格单元

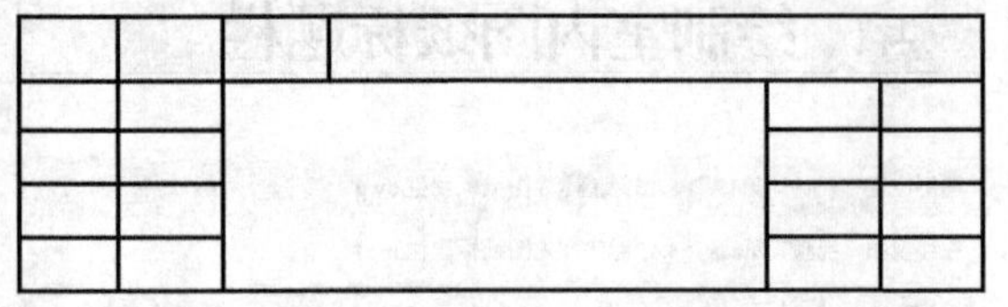

图8-53　调整表格

设计单位		工程名称		
负责			设计号	
审核			图别	
设计			图号	
制图			比例	

图8-54　输入数据

8.4.2 创建图形注释

案例位置　素材>第8章>8.4.2创建图形注释.dwg

在线视频　视频>第8章>8.4.2创建图形注释.mp4

难易指数　★★★★★

学习目标　学习"单行文字"命令、"移动"命令等的使用

为各植物添加注释，操作流程如图8-55~图8-59所示。

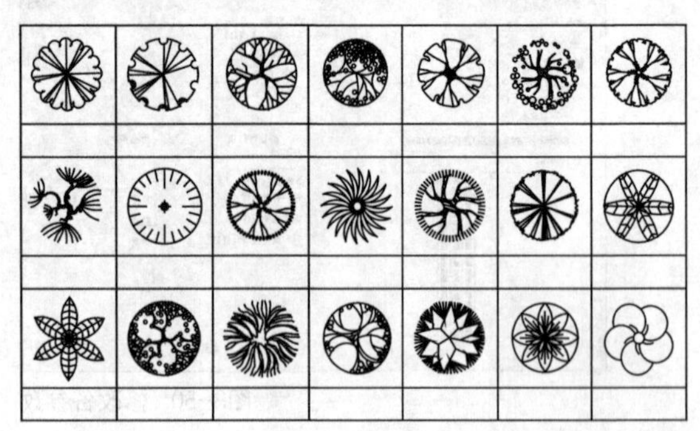

图8-55　素材文件

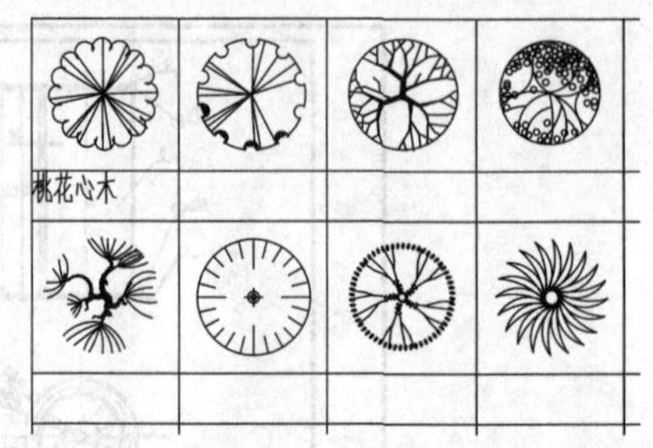

图8-56　创建第一个单行文字

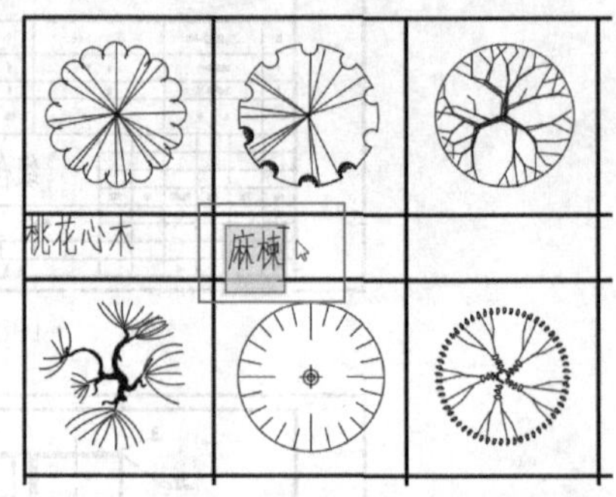

图8-57　创建第二个单行文字

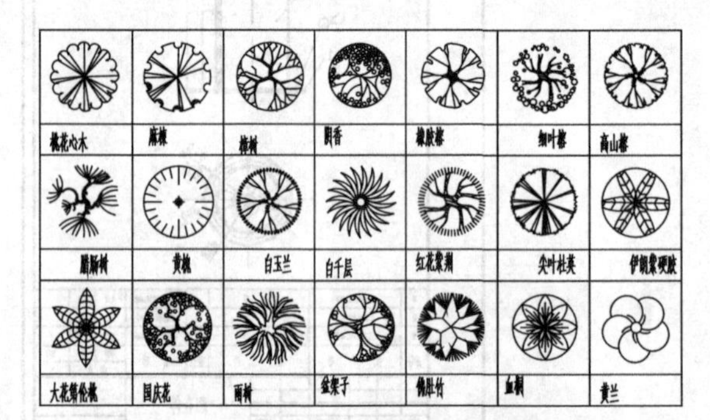

图8-58　创建其余单行文字

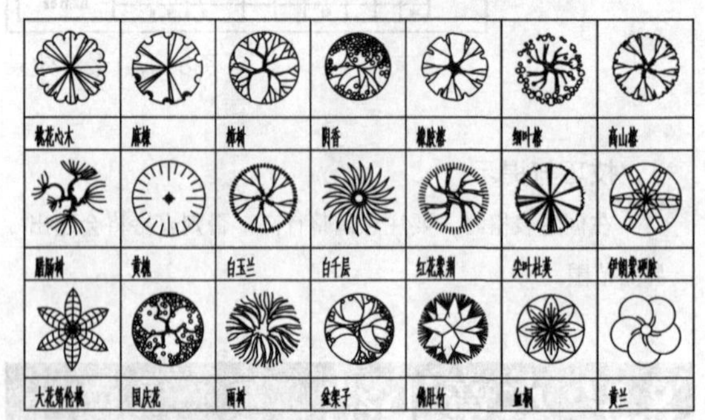

图8-59　使用"移动"命令使所有单行文字对齐

第9章

尺寸标注的应用

内容摘要

尺寸标注是图纸设计过程中的一个重要环节，图纸中各图形对象的大小和位置是通过尺寸标注来体现的，正确的尺寸标注可以使生产顺利完成，而不正确的尺寸标注则将导致次品甚至废品的产生，从而给企业带来严重的经济损失。因此，本章将着重讲解尺寸标注样式、基本尺寸标注、其他尺寸标注以及的应用方法以及尺寸标注的编辑方法。

课堂学习目标

- 了解尺寸标注的基本概念与组成
- 掌握尺寸标注样式的应用方法
- 掌握基本尺寸标注的应用方法
- 掌握其他尺寸标注的应用方法
- 掌握尺寸标注的编辑方法

9.1 尺寸标注的概述与组成

尺寸标注对于表达有关设计元素的尺寸、材料等信息来说有着非常重要的作用。在对图形进行尺寸标注之前，用户需要对标注的基础（如组成、规则、类型及步骤等知识）进行初步的了解与认识。

9.1.1 尺寸标注的概念

尺寸标注是绘图设计中的一项重要内容，有着严格的规范，一般分为线性标注、对齐标注、坐标标注、弧长标注、半径标注、折弯标注、直径标注、角度标注、引线标注、基线标注、连续标注等类型。其中，线性尺寸标注又分为水平标注、垂直标注和旋转标注3种类型。在AutoCAD 2018中，标注命令被集中放置在“注释”选项卡的“标注”面板中，如图9-1所示。

图9-1 “标注”面板

对绘制的图形进行尺寸标注时，应遵守以下规则。

- 图样上所标注的尺寸为工程图形的真实大小，与绘图比例和绘图的准确度无关。
- 图形中的尺寸以系统默认值“mm（毫米）”为单位时，不需要标注计量单位代号或名称。如果采用其他单位，则必须注明相应计量单位的代号或名称，如度“°”。
- 图样上所标注的尺寸应为工程图形完工后的实际尺寸，否则需另加说明。
- 工程图对象中的每个尺寸一般只标注一次，并标注在最能清晰表现该图形结构特征的视图上。
- 尺寸的配置要合理，功能尺寸应该直接标注；同一要素的尺寸应尽可能集中标注，如孔的直径和深度、槽的深度和宽度等；尽量避免在不可见的轮廓线上标注尺寸，数字之间不允许任何图线穿过，必要时可以将图线断开。

9.1.2 尺寸标注的组成

通常情况下，一个完整的尺寸标注是由尺寸界线、尺寸线、尺寸文字、尺寸箭头组成的，有时还会用到圆心标记和中心线，如图9-2所示。

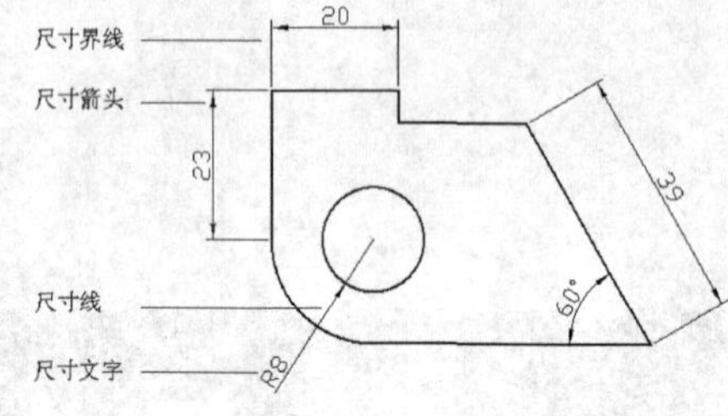

图9-2 尺寸标注

各组成部分的作用与含义分别如下。

- 尺寸界线：也称投影线，由图样中的轮廓线、轴线或对称中心线引出。标注时，尺寸界线从所标注的对象上自动延伸出来，其端点与所标注的对象接近但并未与之相连。
- 尺寸线：通常与所标注的对象平行，被放在两尺寸界线之间用于指示标注的方向和范围。尺寸线通常为直线，但在标注角度时，尺寸线则为一段圆弧。
- 尺寸文字：通常位于尺寸线上方或中断处，用于表示所标注对象的具体尺寸大小。在进行尺寸标注时，AutoCAD会自动生成所标注对象的尺寸，用户也可对尺寸文字进行修改、添加等编辑操作。
- 尺寸箭头：位于尺寸线两端，用于表明尺寸线的起始位置，用户可为尺寸箭头设置不同的尺寸大小和样式。
- 圆心标记：标记圆或圆弧的中心点。

技巧与提示

尺寸文字包括数字形式的尺寸文字（尺寸数字）和非数字形式的尺寸文字（如注释，需要手动输入）。

9.2 尺寸标注样式的应用

在AutoCAD中，使用标注样式可以控制标注的格式和外观。因此，在进行尺寸标注前，应先根据制图及尺寸标注的相关规定设置标注样式。可以创建一个新的标注样式并设置相应的参数，也可以修改已有的标注样式中的相应参数。

9.2.1 新建标注样式

使用标注样式可以控制标注的格式和外观，如箭头、文字位置和尺寸公差等。为了便于使用、遵守标注标准，可以将这些设置存储在标注样式中。建立和强制执行图表的绘图标准，有利于对标注的格式和用途进行修改，甚至可以更新以前应用该样式的所有标注以反映新设置。

在AutoCAD 2018中可以通过以下几种方法启动“标注样式”命令。

- 菜单栏：执行“格式”|“标注样式”命令。
- 命令行：在命令行中输入DIMSTYLE或D命令。
- 功能区1：在“默认”选项卡中，单击“注释”面板中的“标注样式”按钮。
- 功能区2：在“注释”选项卡中，单击“标注”面板中的“标注样式”按钮。

执行以上任一命令，均可以打开“标注样式管理器”对话框，如图9-3所示，在该对话框中可以对标注样式进行创建和设置操作，其各选项的含义如下。

- 当前标注样式：显示当前标注样式的名称。

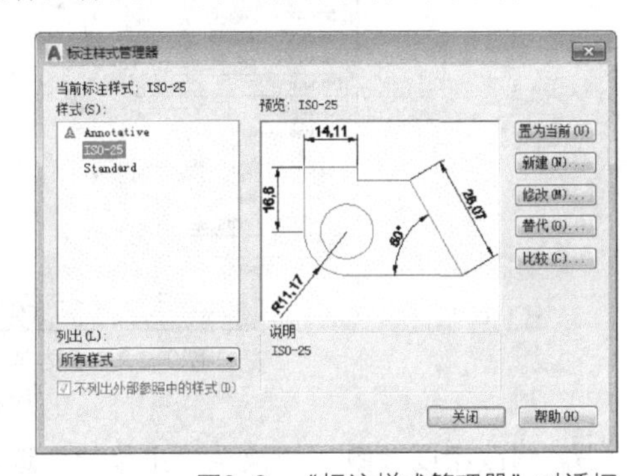

图9-3 “标注样式管理器”对话框

- “样式”列表框：在该列表框中，列出了图形中所包含的所有标注样式，当前样式被亮显。在列表框中选择某一个样式名并单击鼠标右键，弹出快捷菜单，在该菜单中可以设置当前标注样式、重命名样式和删除样式。
- “列出”下拉列表框：该下拉列表框主要用于列出标注样式的形式。一般包含两个选项，即“所有样式”和“正在使用的样式”。
- “预览”选项组：该区域用于显示“样式”列表框中所选择的标注样式。
- “说明”选项组：用于说明与当前样式相关的信息。
- “置为当前”按钮：单击该按钮，可以将在“样式”列表框中选定的标注样式设置为当前标注样式。
- “新建”按钮：单击该按钮，将弹出“创建新标注样式”对话框，在该对话框中可以创建新标注样式。
- “修改”按钮：单击该按钮，将弹出“修改标注样式：ISO-25”对话框，在该对话框中可以修改标注样式。
- “替代”按钮：单击该按钮，将弹出“替代当前样式：ISO-25”对话框，如图9-4所示，在该对话框中可以设置标注样式的临时替代值，对同一个对象可以标注两个以上的尺寸和公差。

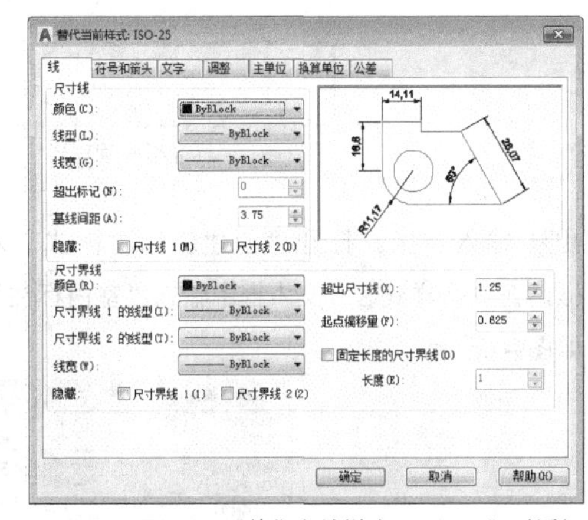

图9-4 “替代当前样式：ISO-25”对话框

- 比较：单击该按钮，会弹出“比较标注样式”对话框，如图9-5所示，在该对话框中可以比较两个标注样式或列出一个标注样式的所有特性。

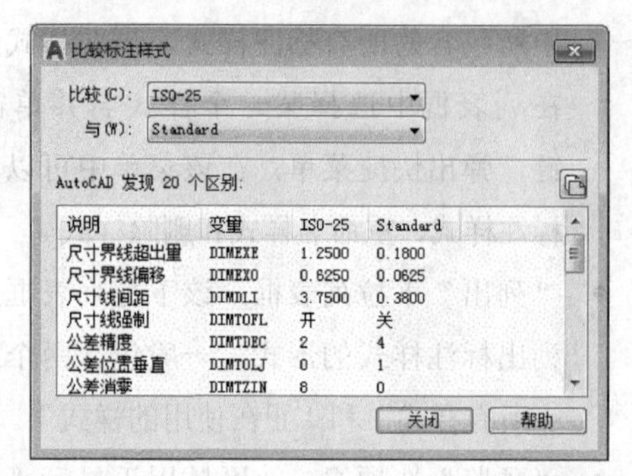

图9-5 “比较标注样式”对话框

9.2.2 课堂实例——新建“室内标注”样式

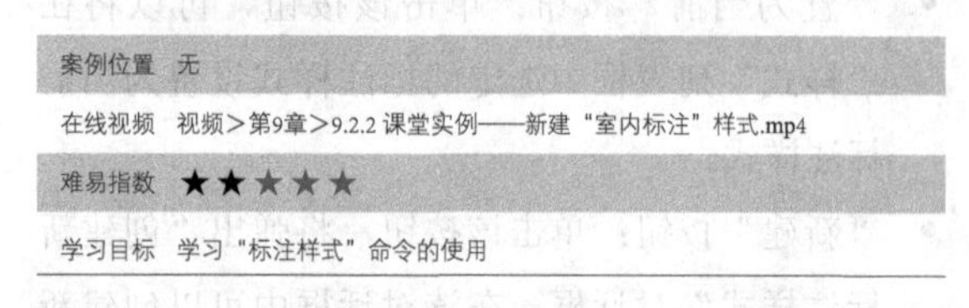
案例位置 无

在线视频 视频>第9章>9.2.2 课堂实例——新建“室内标注”样式.mp4

难易指数 ★★☆☆☆

学习目标 学习“标注样式”命令的使用

01 新建文件。单击快速访问工具栏中的“新建”按钮，新建空白文件。

02 单击按钮。在“默认”选项卡中，单击“注释”面板中的“标注样式”按钮，打开“标注样式管理器”对话框，单击“新建”按钮，如图9-6所示。

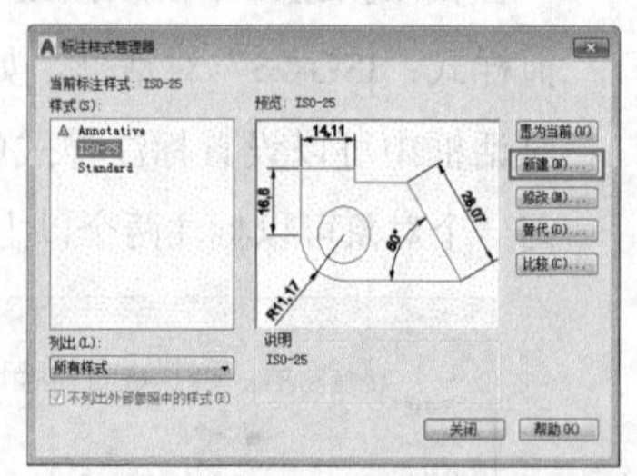

图9-6 “标注样式管理器”对话框

03 输入文字。打开“创建新标注样式”对话框，在“新样式名”文本框中输入“室内标注”，如图9-7所示。

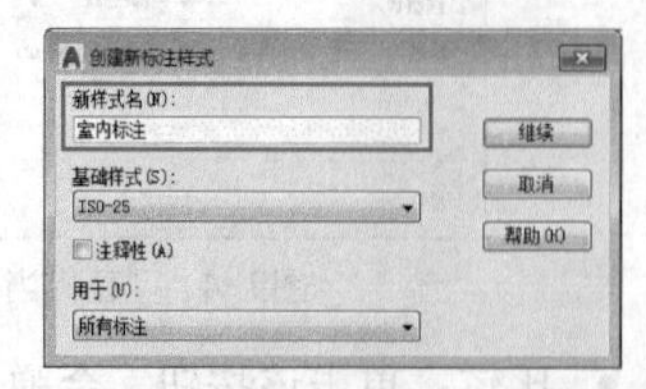

图9-7 “创建新标注样式”对话框

04 修改线参数。单击“继续”按钮，打开“新建标注样式：室内标注”对话框，在“线”选项卡中，修改“超出尺寸线”为50、“起点偏移量”为20，如图9-8所示。

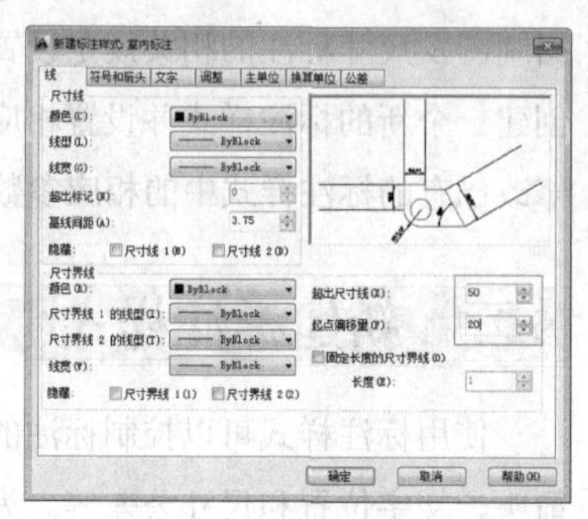

图9-8 “线”选项卡

05 修改箭头参数。切换至“符号和箭头”选项卡，修改“第一个”和“第二个”为“建筑标记”，再修改“箭头大小”为20，如图9-9所示。

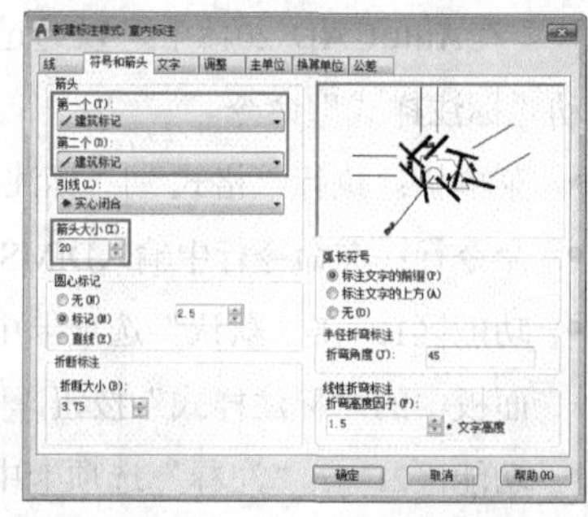

图9-9 “符号和箭头”选项卡

06 修改文字参数。切换至“文字”选项卡，修改“文字高度”为70、“从尺寸线偏移”为10，如图9-10所示。

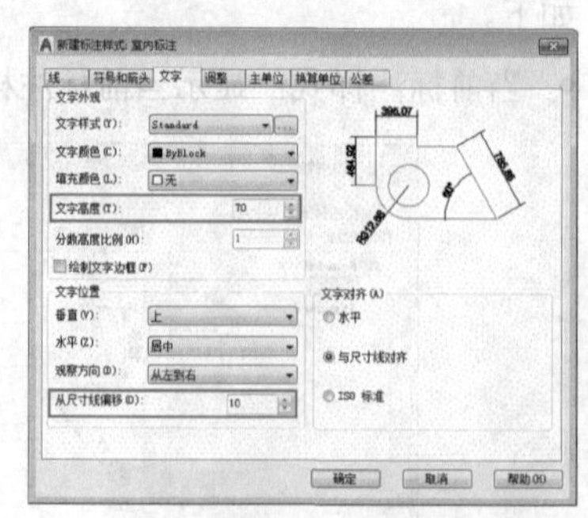

图9-10 “文字”选项卡

07 修改精度参数。切换至“主单位”选项卡，修改“精度”为0，如图9-11所示。

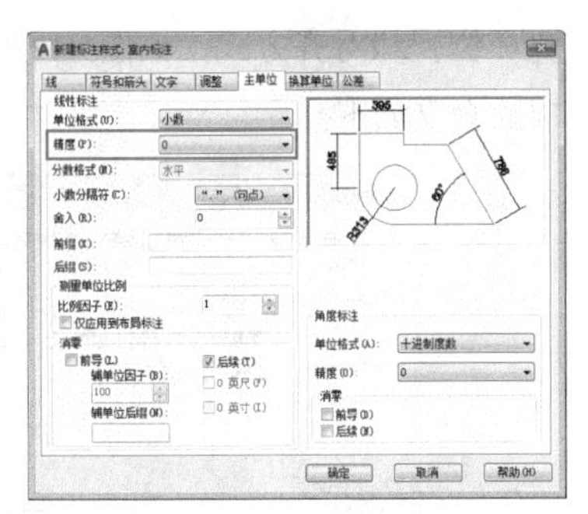

图9-11　“主单位”选项卡

08 设置为当前。单击“确定”按钮，关闭此对话框，返回“标注样式管理器”对话框，单击“置为当前”按钮，将“室内标注”样式设为当前样式，单击“关闭”按钮，完成标注样式的创建。

9.2.3　修改标注样式

在标注尺寸时，用户若觉得此标注样式不符合标注外观或者精度等方面的要求，那么可以通过修改标注样式来修改标注外观等，修改完成后，图样中所有使用此标注样式的标注都将应用修改后的标注样式。标注样式的修改通常在“修改标注样式”对话框中进行，该对话框包含“线”“符号和箭头”“文字”“调整”“主单位”“换算单位”“公差”7个选项卡。

1.　“线”选项卡

“线”选项卡主要用于设定尺寸线、尺寸界线等的格式和特性，如图9-12所示，其各选项的含义如下。

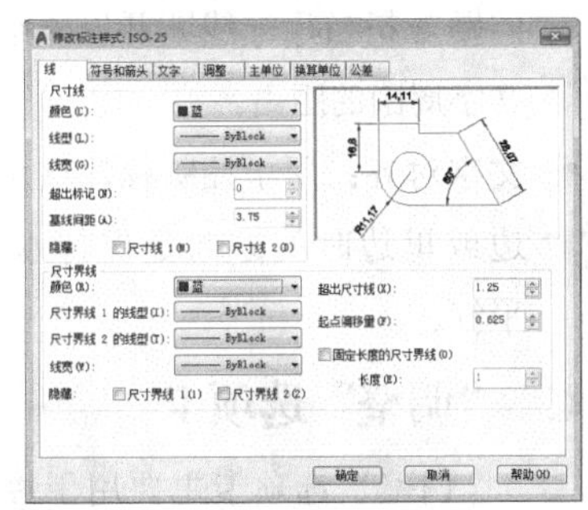

图9-12　“线”选项卡

- 颜色：用于设置尺寸线或尺寸界线的颜色。
- 线型：用于设置尺寸线、尺寸界线1或尺寸界线2的线型。
- 线宽：用于设置尺寸线或尺寸界线的宽度。
- 超出标记：用于指定当箭头作为倾斜、建筑标记、积分和无标记时，尺寸线超出尺寸界线的距离。图9-13所示为超出标记0或30的效果对比图。

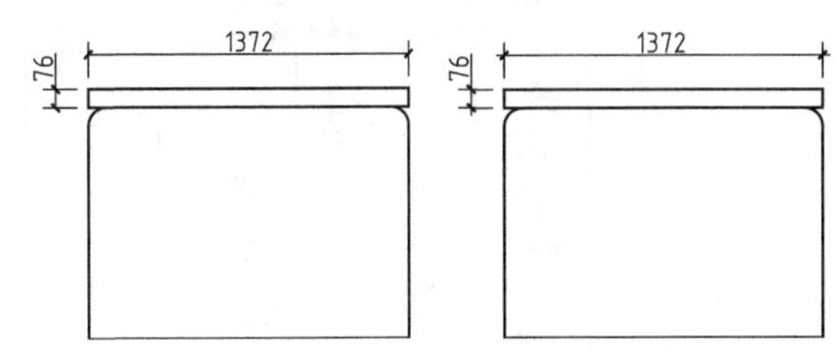

图9-13　超出标记0或30的效果对比图

- 基线间距：用于设定基线标注的尺寸线之间的距离。
- 隐藏：选中“尺寸线1”“尺寸线2”或“尺寸界线1”“尺寸界线2”复选框，可以将尺寸线或尺寸界线隐藏。图9-14所示为隐藏尺寸线和尺寸界线的效果对比图。

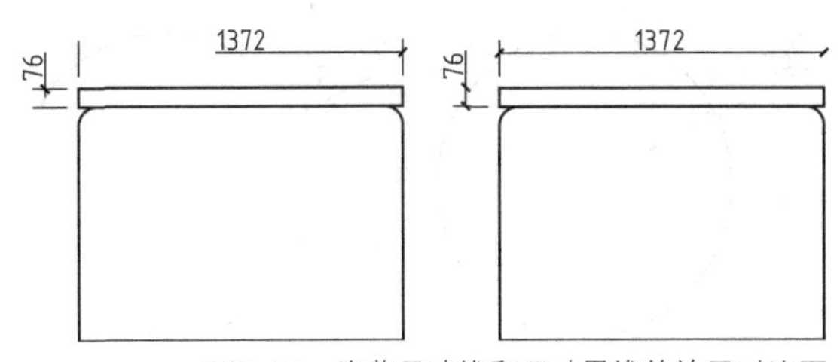

图9-14　隐藏尺寸线和尺寸界线的效果对比图

- 超出尺寸线：用于指定尺寸界线超出尺寸线的距离。图9-15所示为超出尺寸线0和20的效果对比图。

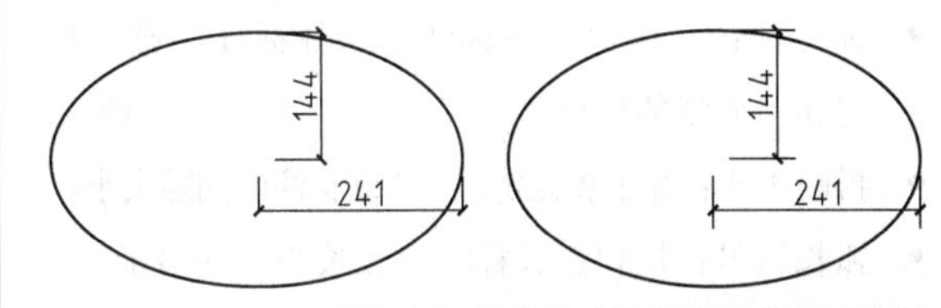

图9-15　超出尺寸线0和20的效果对比图

- 起点偏移量：用于设定自图形中定义标注的点到尺寸界线的偏移距离。
- 固定长度的尺寸界线：选中该复选框，可以启用固定长度的尺寸界线。
- 长度：用于设定尺寸界线的总长度，始于尺寸线，终于标注原点。

2. “符号和箭头”选项卡

“符号和箭头”选项卡主要用于设定箭头、圆心标记、弧长符号、半径折弯标注和线性折弯标注等的属性，如图9-16所示，其各常用选项的含义如下。

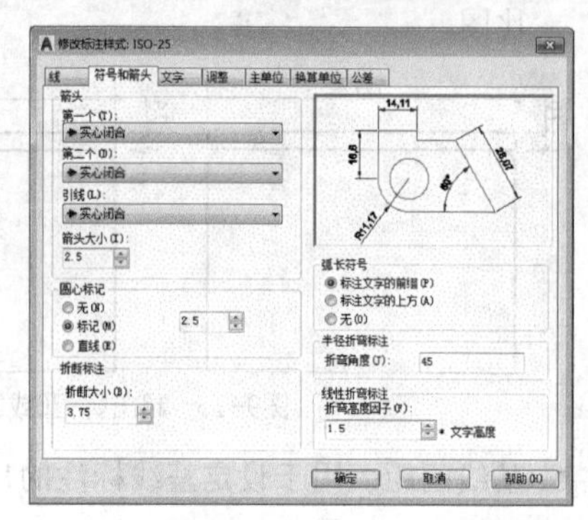

图9-16 “符号和箭头”选项卡

- 第一个：设定第一条尺寸线的箭头。当改变第一个箭头的类型时，第二个箭头将自动改变以同第一个箭头相匹配。图9-17所示为修改尺寸线箭头符号的效果对比图。

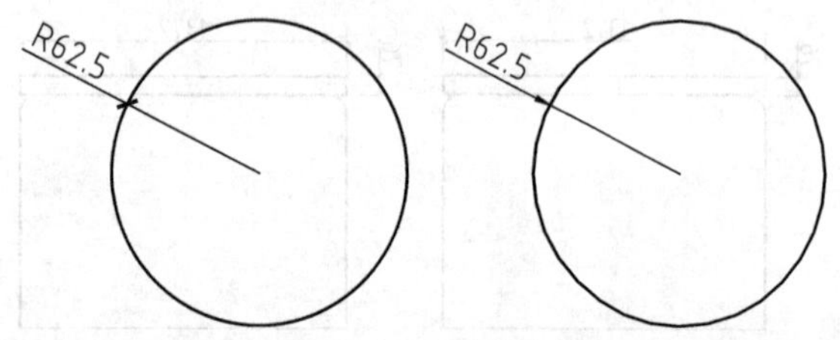

图9-17 修改尺寸线箭头符号的效果对比图

- 第二个：设定第二条尺寸线的箭头。
- 引线：设定引线箭头。
- 箭头大小：显示和设定箭头的大小。
- 圆心标记：设置直径标注和半径标注中圆心标记和中心线的外观。
- 折断大小：显示和设定用于折断标注的间隙大小。
- 弧长符号：控制弧长标注中弧长符号的显示。
- 折弯角度：确定在折弯半径标注中，尺寸线的横向线段的折弯角度。
- 折弯高度因子：通过形成折弯的角度的两个顶点之间的距离确定折弯高度。

3. “文字”选项卡

“文字”选项卡主要用于设定标注文字的外观、位置和对齐方式，如图9-18所示，其各常用选项的含义如下。

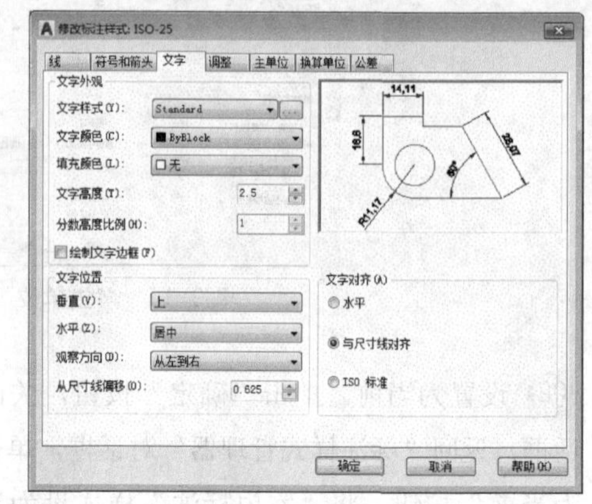

图9-18 “文字”选项卡

- 文字样式：列出可用的文本样式，单击其右侧的[...]按钮，可以打开“文字样式”对话框。
- 文字颜色：用于设定标注文字的颜色。
- 填充颜色：用于设定标注中文字背景的颜色。
- 文字高度：用于设定当前标注文字的高度。
- 分数高度比例：用于设定相对于标注文字的分数比例。
- 绘制文字边框：选中该复选框，可以显示标注文字周围的矩形边框。
- 垂直：用于控制标注文字相对于尺寸线的垂直位置。
- 水平：用于控制标注文字在尺寸线上相对于尺寸界线的水平位置。
- 观察方向：用于控制标注文字的观察方向。
- 从尺寸线偏移：用于设定当前文字间距。文字间距是指当尺寸线断开以容纳标注文字时标注文字周围的距离。
- 文字对齐：用于控制标注文字放在尺寸界线外边或里边时的方向是保持水平还是与尺寸线平行。

4. “调整”选项卡

“调整”选项卡主要用于控制标注文字、箭头的位置等，如图9-19所示，其各常用选项的含义如下。

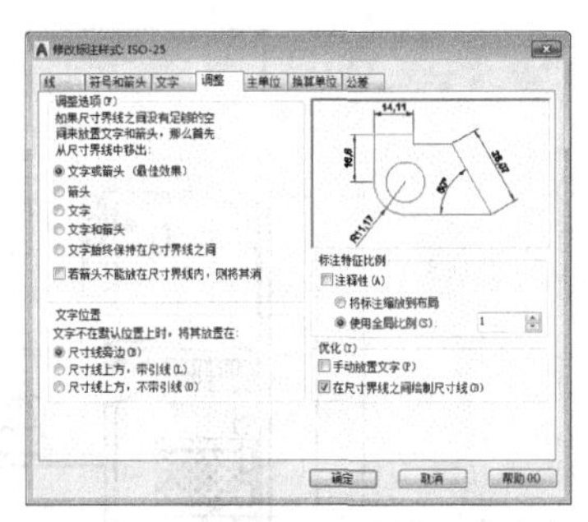
图9-19　“调整”选项卡

- 调整选项：控制基于尺寸界线之间的可用空间的文字和箭头的位置。
- 文字位置：设定标注文字不在默认位置（由标注样式定义的位置）时的位置。
- 注释性：勾选该复选框，可以指定标注为注释性。
- 将标注缩放到布局：根据当前模型空间视口和图纸空间之间的比例确定比例因子。
- 使用全局比例：为所有标注样式设置设定一个比例，这些比例指定了大小、距离或间距，包括文字和箭头大小。该缩放比例并不更改标注的测量值。
- 手动放置文字：忽略所有水平对正设置并把文字放在“尺寸线位置”提示下指定的位置。
- 在尺寸界线之间绘制尺寸线：即使箭头放在测量点之外，也在测量点之间绘制尺寸线。

5. “主单位”选项卡

“主单位”选项卡主要用于设定标注的单位格式和精度，以及标注文字的前缀和后缀，如图9-20所示，其各常用选项的含义如下。

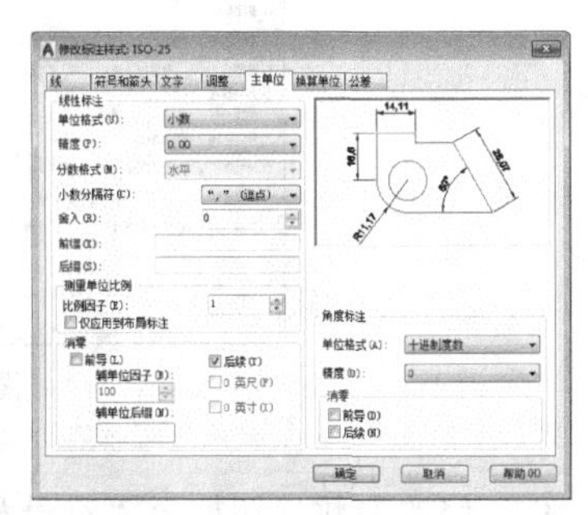
图9-20　“主单位”选项卡

- 单位格式：设定除角度之外的所有标注类型的当前单位格式。
- 精度：显示和设定标注文字中的小数位数。
- 分数格式：设定分数格式。
- 小数分隔符：设定用于十进制格式的分隔符。
- 舍入：为除角度之外的所有标注类型设置标注测量值的舍入规则。
- 前缀：指定标注文字包含的前缀。
- 后缀：指定标注文字包含的后缀。
- 比例因子：设置线性标注测量值的比例因子。建议不要更改默认值1.00。
- 仅应用到布局标注：仅将测量比例因子应用于在布局视口中创建的标注。
- 消零：控制是否输出前导零和后续零以及零英尺和零英寸部分。
- 角度标注：显示和设定角度标注的当前单位格式和精度。

6. “换算单位”选项卡

“换算单位”选项卡主要用于控制标注测量值中换算单位的显示以及设定其格式和精度，如图9-21所示，其各常用选项的含义如下。

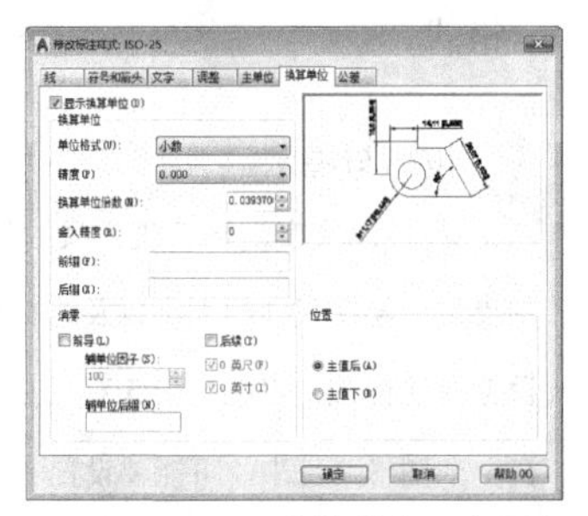
图9-21　“换算单位”选项卡

- 显示换算单位：勾选该复选框，可以向标注文字中添加换算测量单位。
- 换算单位：用于设定除角度之外的所有标注类型的当前换算单位的单位格式。
- 消零：用于控制是否输出前导零和后续零以及零英尺和零英寸部分。
- 位置：用于控制换算单位的位置。

7. “公差”选项卡

“公差”选项卡主要用于指定标注文字中公差的格式，如图9-22所示，其各常用选项的含义如下。

图9-22 “公差”选项卡

- 方式：用于设定计算公差的方法。
- 精度：用于设定小数位数。
- 上偏差：用于设定最大公差或上偏差。如果在“方式”中选择“对称”，则此值将用于公差。
- 下偏差：用于设定最小公差或下偏差。
- 高度比例：用于设定相对于标注文字的分数比例。
- 垂直位置：用于控制对称公差和极限公差的文字对正方式。
- 公差对齐：用于在堆叠文字时，控制上偏差值和下偏差值的对齐方式。
- 换算单位公差：用于设定换算单位公差的格式。

技巧与提示

与标注文字一样，进行尺寸标注时也要首先根据绘图界限、绘图尺寸的大小以及绘制不同类型图形的需要来设置标注样式，也就是要先对尺寸标注的外观进行设置。在一个图形文件中，可能要设置多种尺寸标注样式。

9.2.4 课堂实例——修改“工程标注”样式

案例位置 素材>第9章>9.2.4 课堂实例——修改“工程标注”样式.dwg

在线视频 视频>第9章>9.2.4 课堂实例——修改“工程标注”样式.mp4

难易指数 ★★★★★

学习目标 学习“标注样式”命令的使用

01 打开文件。单击快速访问工具栏中的“打开”按钮，打开本书素材中的“第9章\9.2.4 课堂实例——修改‘工程标注’样式.dwg”素材文件，如图9-23所示。

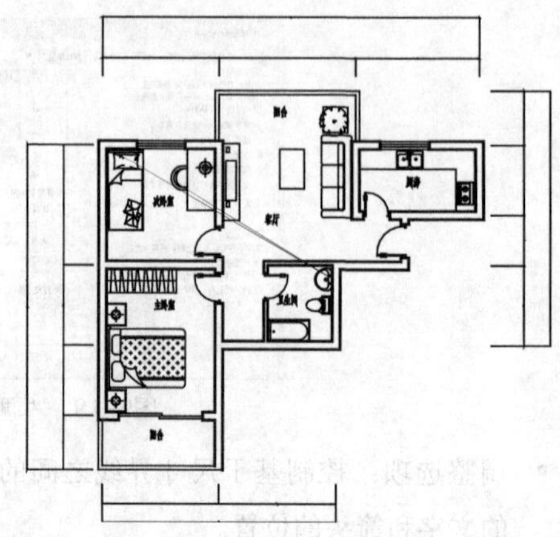
图9-23 素材文件

02 单击按钮。在命令行中输入D命令并按Enter键，打开“标注样式管理器”对话框，选择“工程标注”样式，单击“修改”按钮，如图9-24所示。

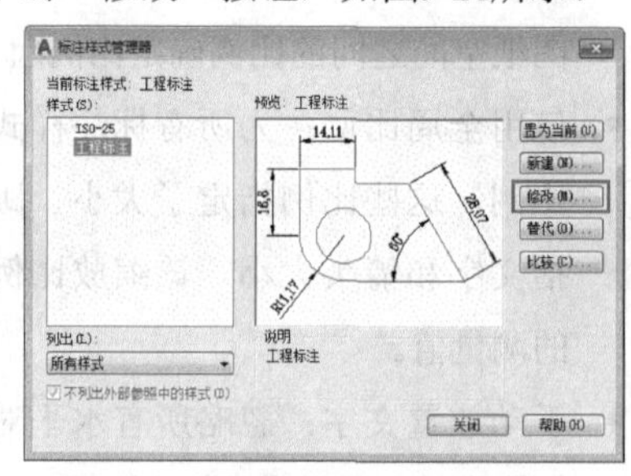
图9-24 “标注样式管理器”对话框

03 修改参数。打开“修改标注样式：工程标注”对话框，在“线”选项卡中，修改“超出尺寸线”和“起点偏移量”为250，如图9-25所示。

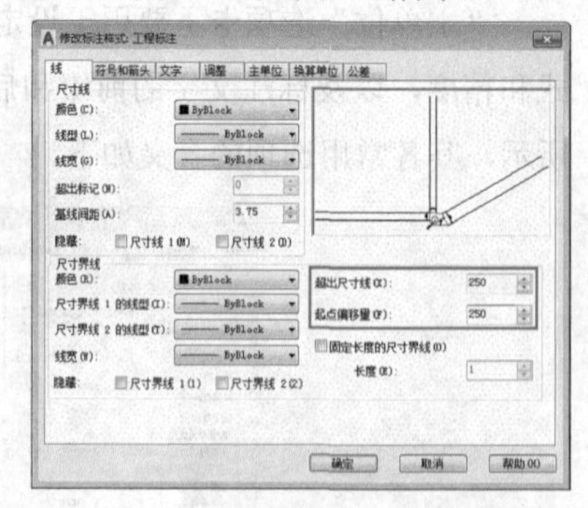
图9-25 “线”选项卡

04 修改参数。切换至“符号和箭头”选项卡，修改“第一个”和“第二个”为“建筑标记”，再修改“箭头大小”为200，如图9-26所示。

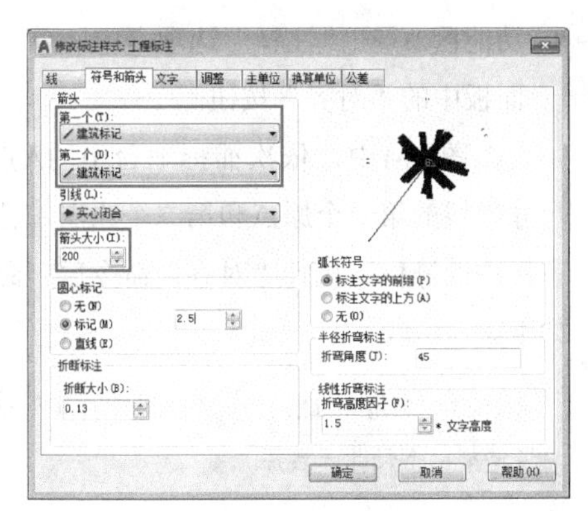

图9-26　“符号和箭头”选项卡

05 修改参数。切换至“文字”选项卡，依次修改“文字样式”为“STYLE1”、“文字高度”为500、“从尺寸线偏移”为150，如图9-27所示。

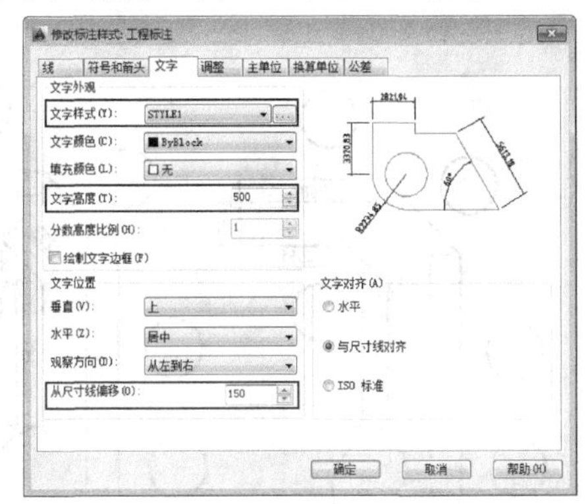

图9-27　“文字”选项卡

06 修改参数。切换至“主单位”选项卡，修改“精度”为0，如图9-28所示。

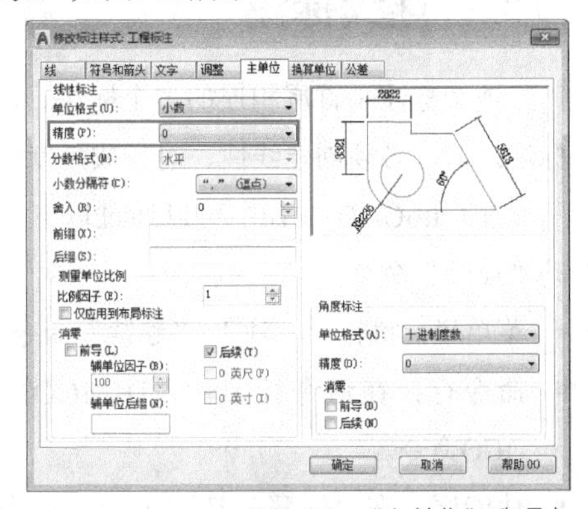

图9-28　“主单位”选项卡

07 完成修改。单击“确定”按钮，即可修改标注样式，得到的最终效果如图9-29所示。

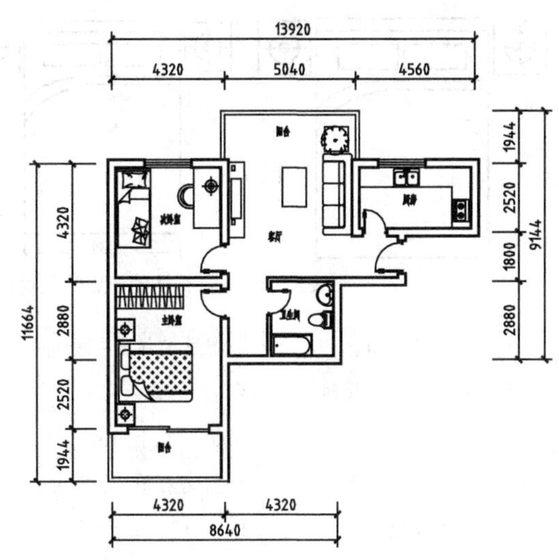

图9-29　最终效果

9.3 基本尺寸标注的应用

AutoCAD中的基本尺寸标注的类型很丰富，主要包括线性标注、对齐标注、连续标注、基线标注、直径和半径标注等。

9.3.1 线性标注

线性标注用于标注图形对象在水平方向、垂直方向或旋转方向上的尺寸。

在AutoCAD 2018中可以通过以下几种方法启动“线性”命令。

- 菜单栏：执行“标注”|“线性”命令。
- 命令行：在命令行中输入DIMLINEAR或DLI命令。
- 功能区1：在“默认”选项卡中，单击“注释”面板中的“线性”按钮。
- 功能区2：在“注释”选项卡中，单击“标注”面板中的“线性”按钮。

在命令执行过程中，需要确定第一个尺寸界线原点、第二个尺寸界线原点和尺寸线位置。

在图9-30中，依次捕捉双人床的左下角点和右下角点为尺寸界线的第一个原点和第二个原点，进行创建线性标注的操作。执行“线性”命令后，命令行提示如下。

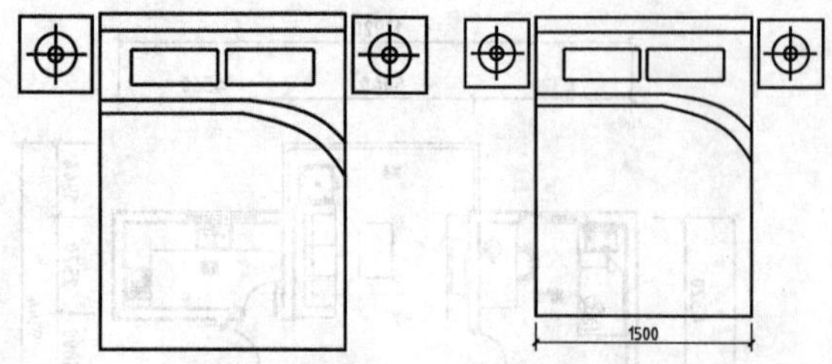

图9-30　线性标注的前后效果对比图

```
命令:_dimlinear↙                //调用“线性”命令
指定第一个尺寸界线原点或<选择对象>:
                                //指定左下角点
指定第二条尺寸界线原点：//指定右下角点
指定尺寸线位置或
[多行文字(M)/文字(T)/角度(A)/水平(H)/垂直(V)/旋转(R)]: //指定尺寸线位置，标注线性尺寸
标注文字=1500
```

在“线性标注”命令行中，各选项的含义如下。

- 多行文字（M）：选择该选项将进入多行文字编辑模式，可以使用“文字编辑器”选项卡输入并设置标注文字。其中，文字输入窗口中的尖括号“<>”表示系统测量值。
- 文字（T）：以单行文字形式输入标注文字。
- 角度（A）：设置标注文字的旋转角度。
- 水平（H）和垂直（V）：标注水平尺寸和垂直尺寸。
- 旋转（R）：旋转标注对象的尺寸线。

9.3.2 对齐标注

在对齐标注中，尺寸线平行于尺寸界线原点连成的直线。用户可以选定对象并指定对齐标注的位置，系统将自动生成尺寸界线。

在AutoCAD 2018中可以通过以下几种方法启动“对齐”命令。

- 菜单栏：执行“标注”|“对齐”命令。
- 命令行：在命令行中输入DIMALIGNED或DAL命令。
- 功能区1：在“默认”选项卡中，单击“注释”面板中的“对齐”按钮。
- 功能区2：在“注释”选项卡中，单击“标注”面板中的“对齐”按钮。

在图9-31中，依次捕捉吧台中的A点和B点为尺寸界线的第一个原点和第二个原点，进行创建对齐标注的操作。执行“对齐”命令后，命令行提示如下。

```
命令:_dimaligned↙          //调用“对齐”命令
指定第一个尺寸界线原点或<选择对象>:
        //指定绘图区中的A点
指定第二条尺寸界线原点：  //指定绘图区中的B点
指定尺寸线位置或
[多行文字(M)/文字(T)/角度(A)]:
        //指定尺寸线位置，标注对齐尺寸
标注文字=293
```

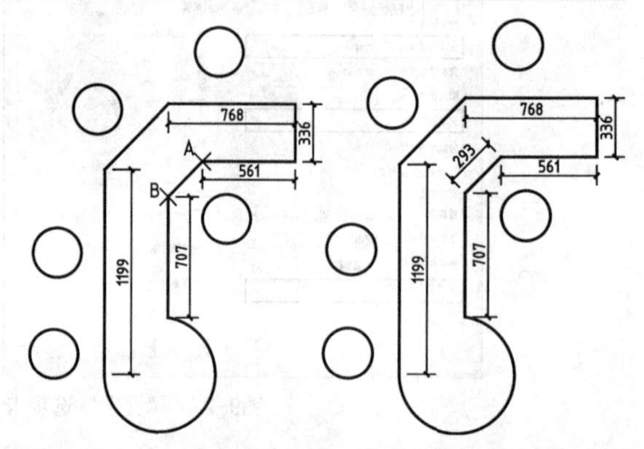

图9-31　对齐标注的前后效果对比图

9.3.3 连续标注

连续标注是首尾相连的多个标注。在创建连续标注之前，必须创建线性、对齐或角度标注。

在AutoCAD 2018中可以通过以下几种方法启动“连续”命令。

- 菜单栏：执行“标注”|“连续”命令。
- 命令行：在命令行中输入DIMCONTINUE或DCO命令。
- 功能区：在“注释”选项卡中，单击“标注”面板中的“连续”按钮。

在命令执行过程中，需要确定线性标注和尺寸界线原点。

在图9-32中，依次捕捉衣柜中从上往下数第二条水平直线的各个交点为尺寸界线原点，进行创建连续标注的操作。执行“连续”命令后，命令行提示如下。

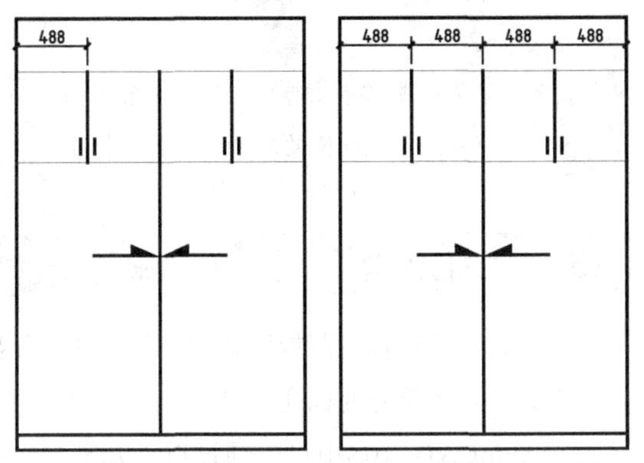

图9-32　连续标注的前后效果对比图

```
命令:_dimcontinue↙        //调用“连续”命令
指定第二条尺寸界线原点或[放弃(U)/选择(S)]<选择>:
        //选择线性标注，指定尺寸界线原点
标注文字=488
指定第二条尺寸界线原点或[放弃(U)/选择(S)]<选择>:
        //指定尺寸界线原点
标注文字=488
指定第二条尺寸界线原点或[放弃(U)/选择(S)]<选择>:
        //指定尺寸界线原点
标注文字=488
指定第二条尺寸界线原点或[放弃(U)/选择(S)]<选择>:
        //指定尺寸界线原点，创建连续标注
```

9.3.4 基线标注

基线标注是指当以同一个面（线）为工作基准，标注多个图形的位置尺寸时，使用“线性”或“角度”命令标注第一个尺寸后，便以此标注为基准，调用“基线”命令继续标注其他图形的位置尺寸。

在AutoCAD 2018中可以通过以下几种方法启动“基线”命令。

- 菜单栏：执行“标注”|“基线”命令。
- 命令行：在命令行中输入DIMBASELINE或DBA命令。
- 功能区：在“注释”选项卡中，单击“标注”面板中的“基线”按钮![基线]。

在命令执行过程中，需要确定线性标注和尺寸界线原点。

在图9-33中，依次捕捉轴零件中上方的相应端点为尺寸界线原点，进行创建基线标注的操作。执行“基线”命令后，命令行提示如下。

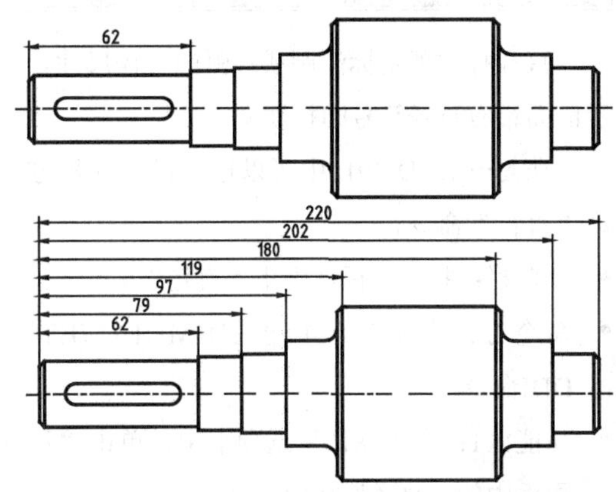

图9-33　基线标注的前后效果对比图

```
命令:_dimbaseline↙
        //调用“基线”命令
选择基准标注:
        //选择线性标注
指定第二条尺寸界线原点或[放弃(U)/选择(S)]<选择>:
        //指定尺寸界线原点
标注文字=79
指定第二条尺寸界线原点或[放弃(U)/选择(S)]<选择>:
        //指定尺寸界线原点
标注文字=97
指定第二条尺寸界线原点或[放弃(U)/选择(S)]<选择>:
        //指定尺寸界线原点
标注文字=119
指定第二条尺寸界线原点或[放弃(U)/选择(S)]<选择>:
        //指定尺寸界线原点
标注文字=180
指定第二条尺寸界线原点或[放弃(U)/选择(S)]<选择>:
        //指定尺寸界线原点
标注文字=202
```

```
指定第二条尺寸界线原点或[放弃(U)/选择(S)]<选择>:
        //指定尺寸界线原点
标注文字=220
指定第二条尺寸界线原点或[放弃(U)/选择(S)]<选择>:
        //按Enter键结束
```

9.3.5 直径标注

直径标注就是标注圆或圆弧的直径尺寸，并显示前面带有直径符号的标注文字。

在AutoCAD 2018中可以通过以下几种方法启动“直径”命令。

- 菜单栏：执行“标注” | “直径”命令。
- 命令行：在命令行中输入DIMDIAMETER或DDI命令。
- 功能区1：在“默认”选项卡中，单击“注释”面板中的“直径”按钮。
- 功能区2：在“注释”选项卡中，单击“标注”面板中的“直径”按钮。

在命令执行过程中，需要确定标注对象和尺寸线位置等。

在图9-34中，依次选择左右两侧的小圆对象，进行创建直径标注的操作。执行“直径”命令后，命令行提示如下。

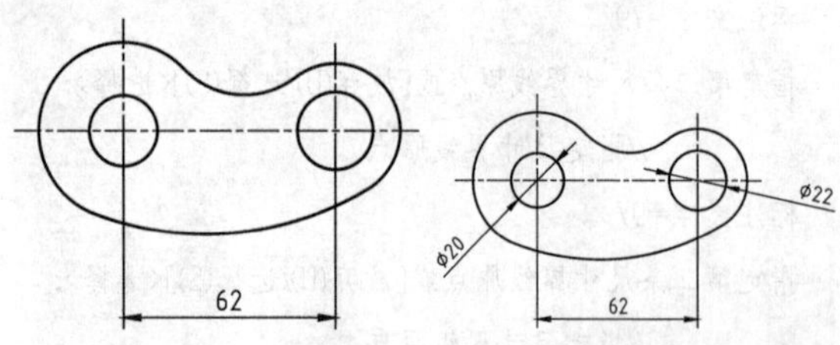

图9-34　直径标注的前后效果对比图

```
命令:dimdiameter↙
        //调用“直径”命令
选择圆弧或圆:
        //选择左侧的小圆对象
标注文字=20
指定尺寸线位置或[多行文字(M)/文字(T)/角度(A)]:
        //指定尺寸线位置，标注直径尺寸
```

```
命令:DIMDIAMETER↙
        //按Enter键重复调用“直径标注”命令
选择圆弧或圆:
        //选择右侧的小圆对象
标注文字=22
指定尺寸线位置或[多行文字(M)/文字(T)/角度(A)]:
        //指定尺寸线位置，标注直径尺寸
```

9.3.6 半径标注

半径标注可以标注圆或圆弧的半径尺寸，并显示前面带有半径符号的标注文字。

在AutoCAD 2018中可以通过以下几种方法启动“半径”命令。

- 菜单栏：执行“标注” | “半径”命令。
- 命令行：在命令行中输入DIMRADIUS或DRA命令。
- 功能区1：在“默认”选项卡中，单击“注释”面板中的“半径”按钮。
- 功能区2：在“注释”选项卡中，单击“标注”面板中的“半径”按钮。

在命令执行过程中，需要确定标注对象和尺寸线位置等。

在图9-35中，依次拾取各个圆弧对象，进行创建半径标注的操作。执行“半径”命令后，命令行提示如下。

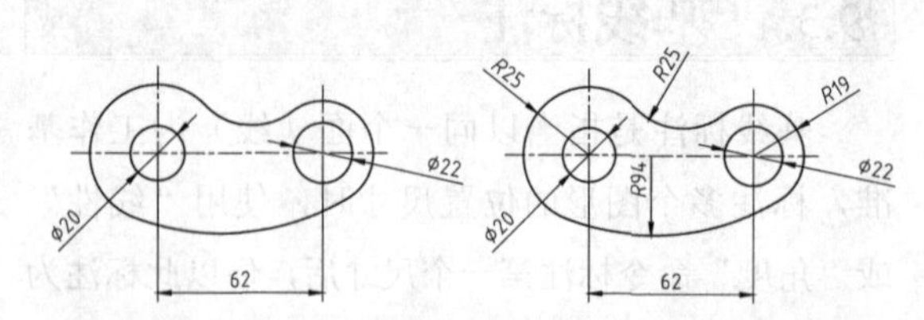

图9-35　半径标注的前后效果对比图

```
命令:_dimradius↙            //调用“半径”命令
选择圆弧或圆:               //选择左上方的圆弧对象
标注文字=25
指定尺寸线位置或[多行文字(M)/文字(T)/角度(A)]:
//指定尺寸线位置，标注半径尺寸
```

9.3.7 课堂实例——标注锁钩平面图

案例位置	素材>第9章>9.3.7 课堂实例——标注锁钩平面图.dwg
在线视频	视频>第9章>9.3.7 课堂实例——标注锁钩平面图.mp4
难易指数	★★★★★
学习目标	学习“线性”“半径”“直径”命令的使用

01 打开文件。单击快速访问工具栏中的“打开”按钮，打开本书素材中的“第9章\9.3.7 课堂实例——标注锁钩平面图.dwg”素材文件，如图9-36所示。

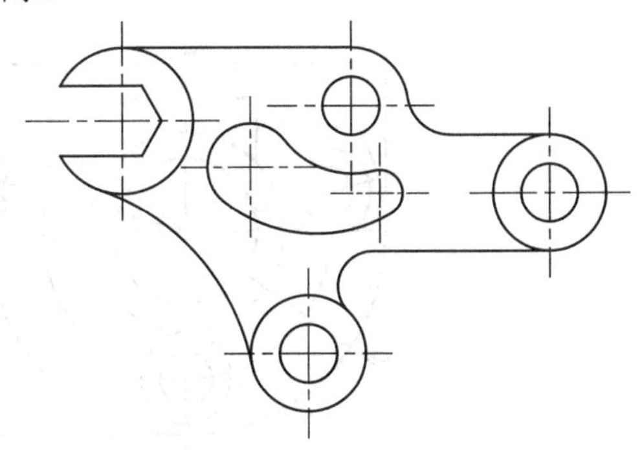

图9-36　素材文件

02 标注线性尺寸。调用DLI“线性标注”命令，依次在绘图区中的对应位置，添加线性尺寸标注，如图9-37所示。

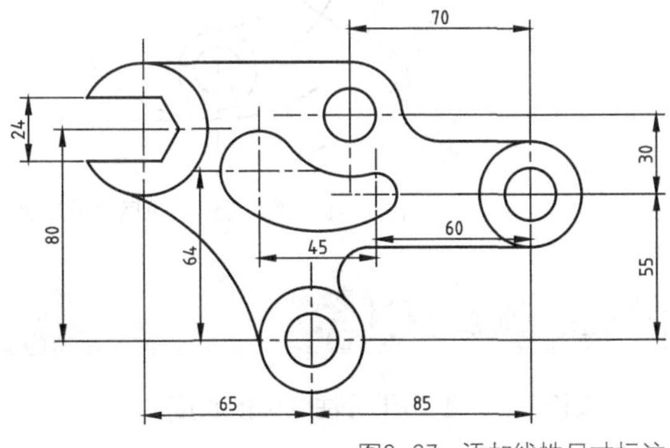

图9-37　添加线性尺寸标注

03 标注半径尺寸。调用DRA“半径标注”命令，依次在绘图区中的对应位置，添加半径尺寸标注，如图9-38所示。

04 标注直径尺寸。调用DDI“直径标注”命令，依次在绘图区中的对应位置，添加直径尺寸标注，如图9-39所示。

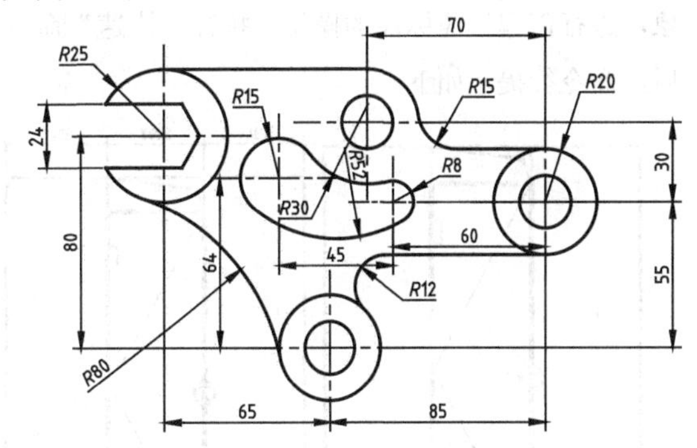

图9-38　添加半径尺寸标注

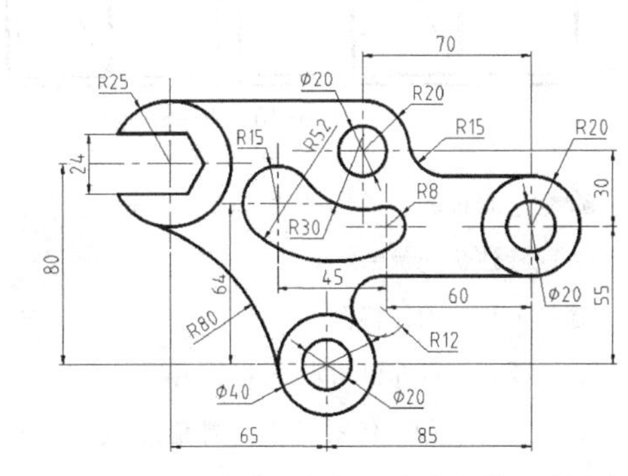

图9-39　添加直径尺寸标注

9.4 其他尺寸标注的应用

除了基本尺寸标注外，AutoCAD还提供了快速标注、角度标注、弧长标注、折弯标注以及多重引线标注等其他尺寸标注，本节将对这些尺寸标注的应用方法进行讲解。

9.4.1 快速标注

使用快速标注可以快速创建一组尺寸标注，并对尺寸标注进行注释和说明。

在AutoCAD 2018中可以通过以下几种方法启动“快速”命令。

- 菜单栏：执行“标注”|“快速标注”命令。
- 命令行：在命令行中输入QDIM命令。
- 功能区：在“注释”选项卡中，单击“标注”面板中的“快速”按钮。

在命令执行过程中，需要确定标注对象和尺寸线位置。

在图9-40中，选择立面图中最上方的直线对象，进行创建快速标注的操作。执行“快速”命令后，命令行提示如下。

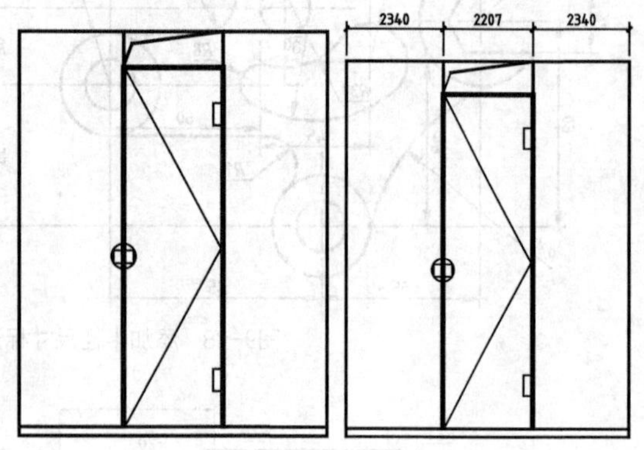

图9-40　快速标注的前后效果对比图

```
命令:_qdim↙        //调用“快速”命令
关联标注优先级=端点
选择要标注的几何图形:找到1个
选择要标注的几何图形:找到1个，总计2个
选择要标注的几何图形:指定对角点:找到1个，总计
3个             //选择最上方的直线
选择要标注的几何图形:
指定尺寸线位置或[连续(C)/并列(S)/基线(B)/坐标(O)/
半径(R)/直径(D)/基准点(P)/编辑(E)/设置(T)]<连续>:
              //指定尺寸线位置即可
```

9.4.2 角度标注

在工程制图中，常常需要标注两条直线或3个点之间的夹角，这时可以使用“角度”命令来标注角度尺寸。

在AutoCAD 2018中可以通过以下几种方法启动“角度”命令。

- 菜单栏：执行“标注”|“角度”命令。
- 命令行：在命令行中输入DIMANGULAR或DAN命令。
- 功能区1：在“默认”选项卡中，单击“注释”面板中的“角度”按钮。
- 功能区2：在“注释”选项卡中，单击“标注”面板中的“角度”按钮。

在命令执行过程中，需要确定两条以上的直线对象、标注弧线位置等。

在图9-41中，依次拾取左上方的倾斜中心线和垂直中心线，进行创建角度标注的操作。执行“角度”命令后，命令行提示如下。

```
命令:dimangular↙          //调用“角度”命令
选择圆弧、圆、直线或<指定顶点>:
                   //选择左上方的倾斜中心线
选择第二条直线:           //选择垂直中心线
指定标注弧线位置或[多行文字(M)/文字(T)/角度(A)/
象限点(Q)]:      //指定标注弧线位置
标注文字=105
```

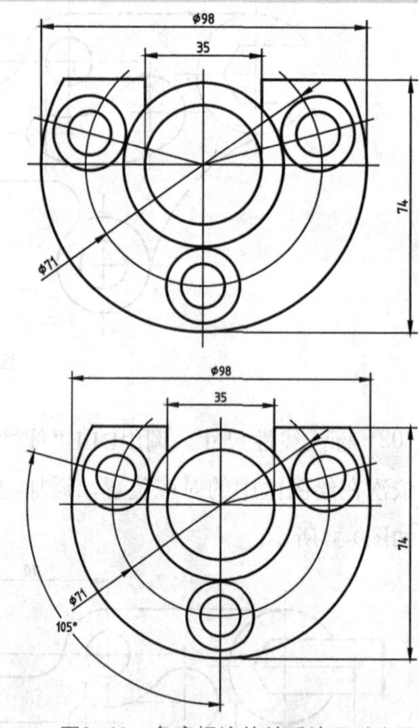

图9-41　角度标注的前后效果对比图

9.4.3 弧长标注

弧长标注主要用于标注圆弧的长度。

在AutoCAD 2018中可以通过以下几种方法启动“弧长”命令。

- 菜单栏：执行“标注”|“弧长”命令。
- 命令行：在命令行中输入DIMARC命令。
- 功能区1：在“默认”选项卡中，单击“注释”面板中的“弧长”按钮。

- 功能区2：在“注释”选项卡中，单击“标注”面板中的“弧长”按钮。

在命令执行过程中，需要确定标注的圆弧和尺寸线位置。

在图9-42中，拾取左上方的圆弧对象，进行创建弧长标注的操作。执行“弧长”命令后，命令行提示如下。

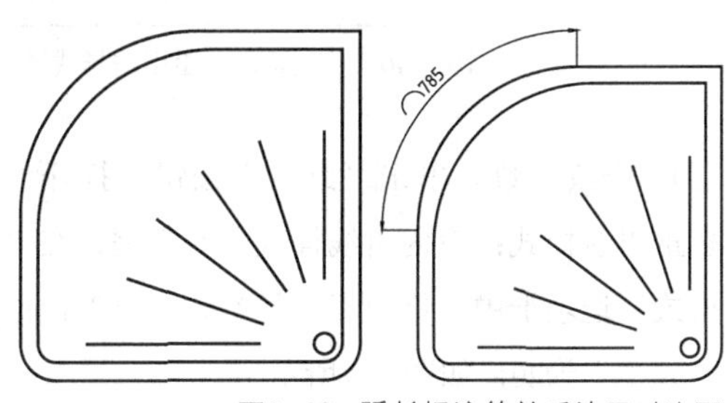

图9-42 弧长标注的前后效果对比图

```
命令:dimarc↙                    //调用“弧长”命令
选择弧线段或多段线圆弧段:  //选择左上方的圆弧
指定弧长标注位置或[多行文字(M)/文字(T)/角度(A)/
部分(P)/]:                      //指定尺寸线位置
标注文字=785
```

9.4.4 折弯标注

当圆弧或圆的中心位于圆形边界外，且无法显示其实际位置时，可以使用折弯标注。折弯标注也被称为缩略的半径标注。

在AutoCAD 2018中可以通过以下几种方法启动“折弯”命令。

- 菜单栏：执行“标注”|“折弯”命令。
- 命令行：在命令行中输入DIMJOGGED命令。
- 功能区1：在“默认”选项卡中，单击“注释”面板中的“折弯”按钮。
- 功能区2：在“注释”选项卡中，单击“标注”面板中的“折弯”按钮。

在命令执行过程中，需要确定标注对象、图示中心位置、尺寸线位置和折弯位置。

在图9-43中，拾取小圆对象，进行创建折弯标注的操作。执行“折弯”命令后，命令行提示如下。

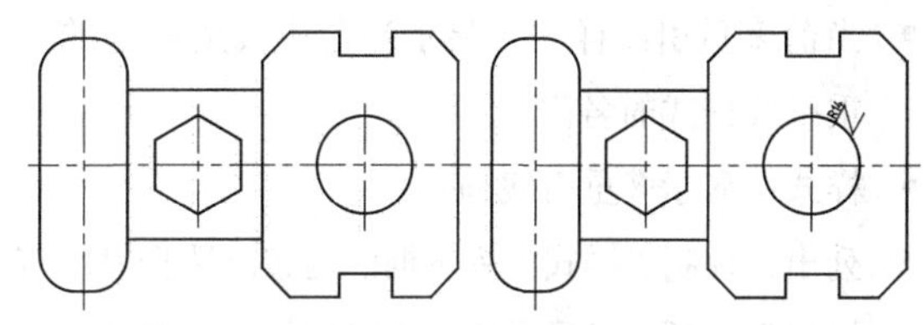
图9-43 折弯标注的前后效果对比图

```
命令:dimjogged↙              //调用“折弯”命令
选择圆弧或圆:  //拾取小圆对象
指定图示中心位置:            //指定合适的点位置
标注文字=14
指定尺寸线位置或[多行文字(M)/文字(T)/角度(A)]:
//指定尺寸线位置
指定折弯位置:                //指定折弯位置
```

9.4.5 多重引线样式

通过“多重引线样式管理器”可以设置多重引线的格式、结构、内容等。

在AutoCAD 2018中可以通过以下几种方法启动“多重引线样式”命令。

- 菜单栏：执行“格式”|“多重引线样式”命令。
- 命令行：在命令行中输入MLEADERSTYLE命令。
- 功能区1：在“默认”选项卡中，单击“注释”面板中的“多重引线样式”按钮。
- 功能区2：在“注释”选项卡中，单击“引线”面板中的“多重引线样式”按钮。

执行以上任一命令，均可以打开“多重引线样式管理器”对话框，如图9-44所示，在该对话框中可以创建或修改多重引线样式。

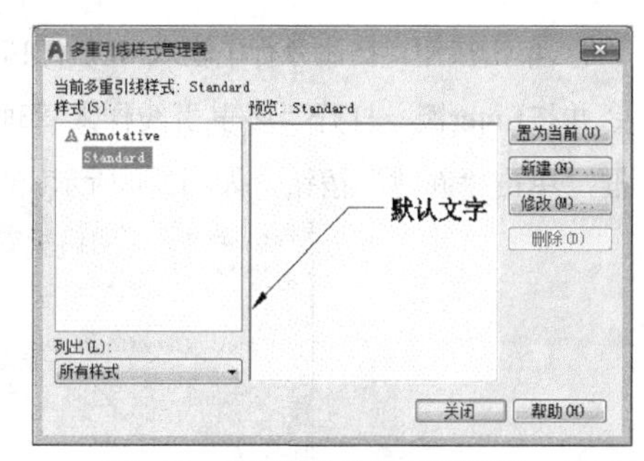

图9-44 “多重引线样式管理器”对话框

在“多重引线样式管理器”对话框中，各主要选项的含义如下。

- 当前多重引线样式：显示当前引线所应用的多重引线样式的名称。
- 样式：显示多重引线列表。
- 列出：控制“样式”列表框的内容。选择“所有样式”选项，可显示图形中可用的所有多重引线样式；选择“正在使用的样式”选项，仅显示被当前图形中的多重引线参照的多重引线样式。
- 预览：显示“样式”列表框中选定样式的预览图像。
- 置为当前。将“样式”列表框中选定的多重引线样式设定为当前样式，所有新的多重引线都将使用此多重引线样式。
- 新建：显示“创建新多重引线样式”对话框，从中可以创建新的多重引线样式。
- 修改：显示“修改多重引线样式”对话框，从中可以修改多重引线样式。
- 删除：删除“样式”列表框中选定的多重引线样式，但不能删除图形中正在使用的样式。

9.4.6 课堂实例——创建多重引线样式

案例位置	无
在线视频	视频>第9章>9.4.6 课堂实例——创建多重引线样式.mp4
难易指数	★★★★★
学习目标	学习“多重引线样式”命令的使用

01 新建文件。单击快速访问工具栏中的“新建”按钮，新建空白文件。

02 单击按钮。在命令行中输入MLEADERSTYLE命令并按Enter键，打开“多重引线样式管理器”对话框，单击“新建”按钮，如图9-45所示。

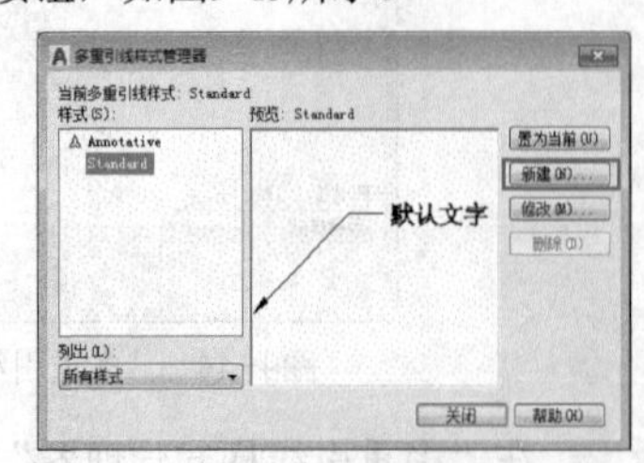

图9-45 “多重引线样式管理器”对话框

03 修改名称。打开“创建新多重引线样式”对话框，修改“新样式名”为“室内引线样式”，如图9-46所示。

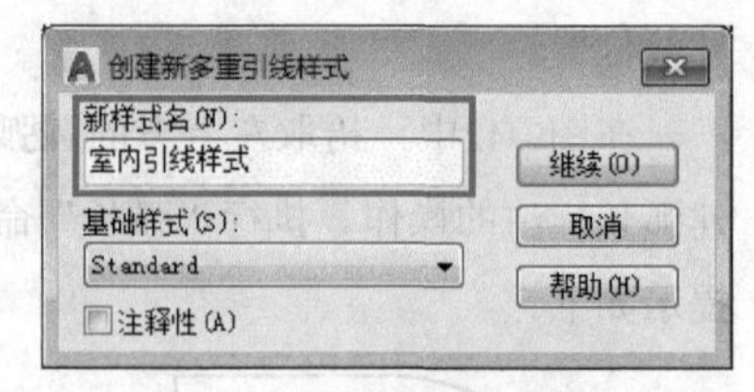

图9-46 “创建新多重引线样式”对话框

04 修改参数。单击“继续”按钮，打开“修改多重引线样式：室内引线样式”对话框，在“引线格式”选项卡中，修改“符号”为“点”，再修改“大小”为20，如图9-47所示。

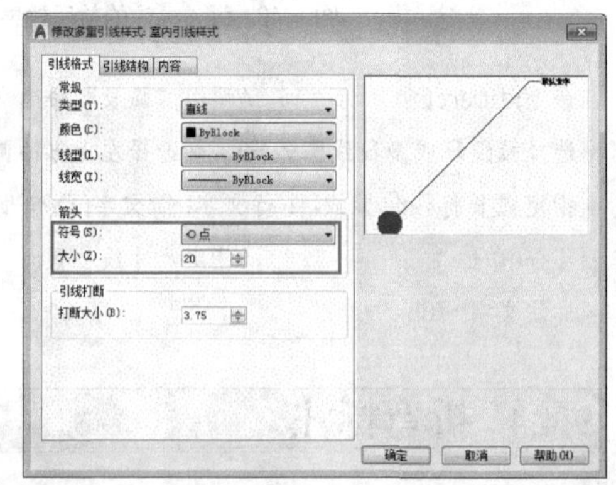

图9-47 “引线格式”选项卡

05 修改参数。切换至“引线结构”选项卡，修改“设置基线距离”为50，如图9-48所示。

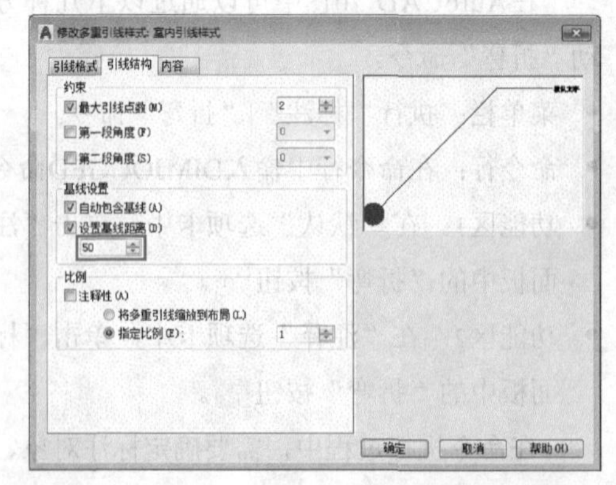

图9-48 “引线结构”选项卡

06 修改参数。切换至“内容”选项卡，修改“文字高度”为60，如图9-49所示。

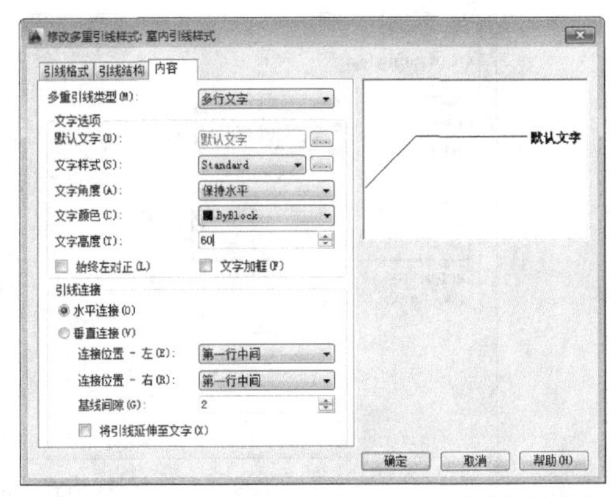

图9-49　“内容”选项卡

07 完成修改。单击“确定”按钮，返回“多重引线样式管理器”对话框，单击“置为当前”按钮，将新建的多重引线样式设为当前样式，如图9-50所示。单击“关闭”按钮，完成多重引线样式的创建。

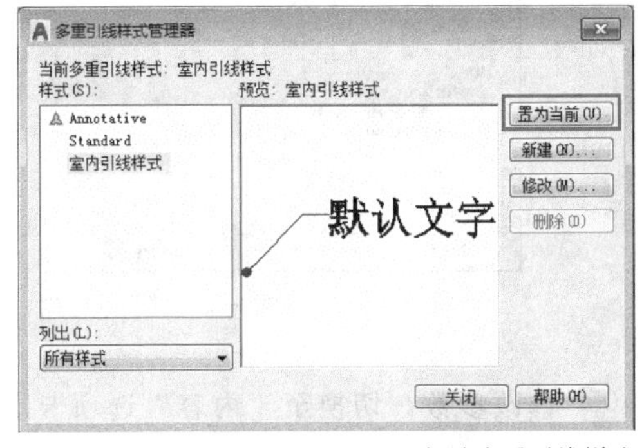

图9-50　新建多重引线样式

9.4.7 多重引线标注

使用“多重引线”命令添加和管理所需的引线，能够更清楚地标识制图的标准、说明等内容。此外，还可以通过修改多重引线的样式来对引线的格式、类型以及内容进行编辑。

在AutoCAD 2018中可以通过以下几种方法启动“多重引线”命令。

- 菜单栏：执行“标注”|“多重引线”命令。
- 命令行：在命令行中输入MLEADER或MLD命令。
- 功能区1：在“默认”选项卡中，单击“注释”面板中的“引线”按钮![引线]。
- 功能区2：在“注释”选项卡中，单击“引线”面板中的“多重引线”按钮![]。

在命令执行过程中，需要确定引线箭头的位置和引线基线的位置。

在图9-51中，分别指定引线箭头的位置和引线基线的位置，输入文字，进行创建多重引线标注的操作。执行“多重引线”命令后，命令行提示如下。

```
命令:MLEADER↙                //调用“多重引线”命令
指定引线箭头的位置或[引线基线优先(L)/内容优先(C)/
选项(O)]<选项>:              //指定引线箭头的位置
指定引线基线的位置:          //指定引线基线的位置
```

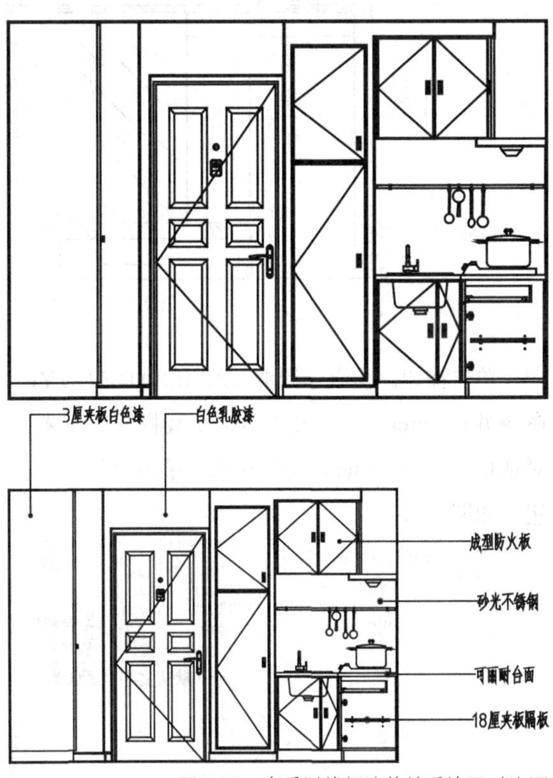

图9-51　多重引线标注的前后效果对比图

在“多重引线”命令行中，各选项的含义如下。

- 引线基线优先（L）：用于指定多重引线对象基线的位置。
- 内容优先（C）：用于指定与多重引线对象相关联的文字或块的位置。
- 选项（O）：用于指定用于放置多重引线对象的选项。

9.4.8 课堂实例——多重引线标注双人房立面图

案例位置 素材>第9章>9.4.8 课堂实例——多重引线标注双人房立面图.dwg

在线视频 视频>第9章>9.4.8 课堂实例——多重引线标注双人房立面图.mp4

难易指数 ★★★★★

学习目标 学习“多重引线样式”“多重引线”命令的使用

01 打开文件。单击快速访问工具栏中的“打开”按钮，打开本书素材中的“第9章\9.4.8 课堂实例——多重引线标注双人房立面图.dwg”素材文件，如图9-52所示。

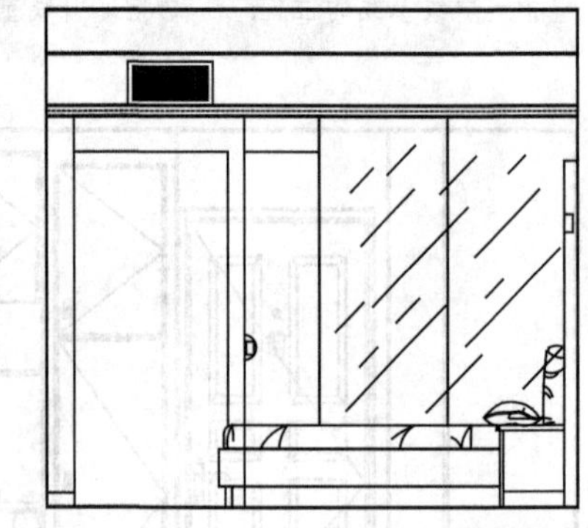

图9-52 素材文件

02 单击按钮。在命令行中输入MLEADERSTYLE命令并按Enter键，打开“多重引线样式管理器”对话框，选择“Standard”样式，单击“修改”按钮，如图9-53所示。

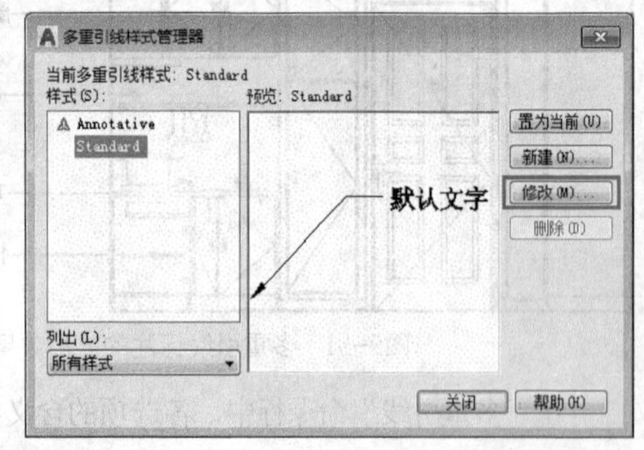

图9-53 “多重引线样式管理器”对话框

03 修改参数。打开“修改多重引线样式：Standard”对话框，在“引线格式”选项卡中，修改“符号”为“点”，再修改“大小”为20，如图9-54所示。

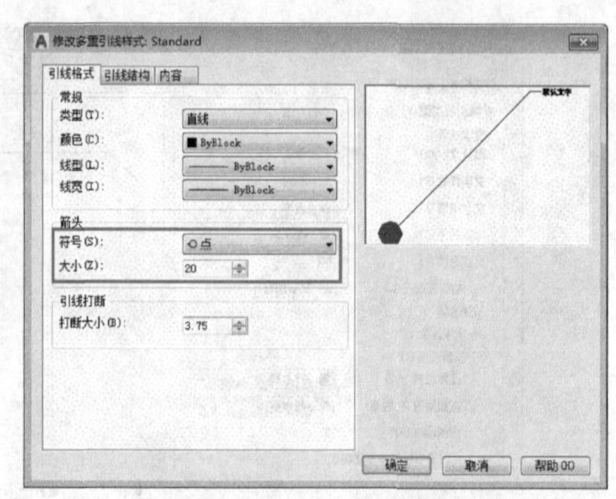

图9-54 “引线格式”选项卡

04 修改参数。切换至“引线结构”选项卡，修改“设置基线距离”为150，如图9-55所示。

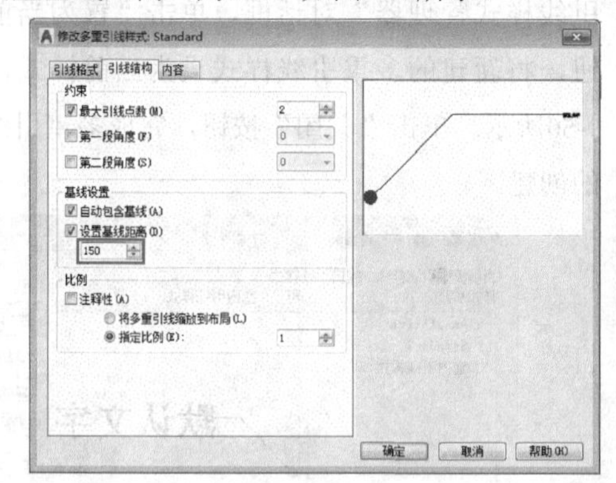

图9-55 “引线结构”选项卡

05 修改参数。切换至“内容”选项卡，修改“文字高度”为150、“基线间隙”为20，如图9-56所示，依次单击“确定”和“关闭”按钮，完成多重引线样式的修改。

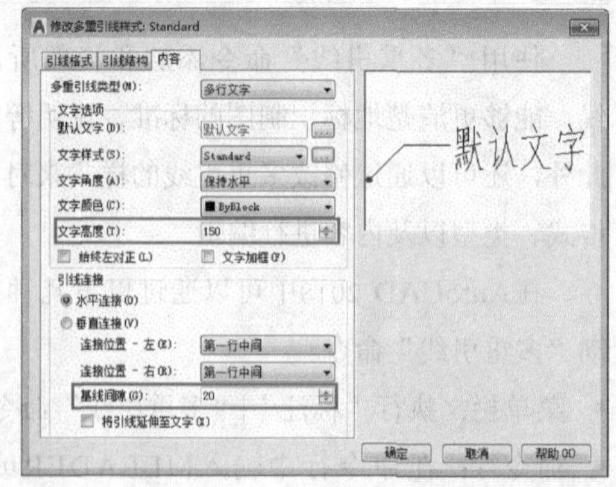

图9-56 “内容”选项卡

06 添加标注。调用MLD“多重引线”命令，在绘图区中的相应位置，添加多重引线标注，如图9-57所示。

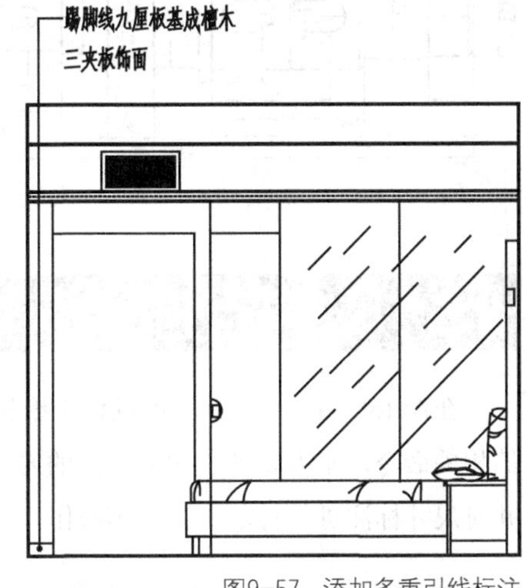

图9-57　添加多重引线标注

07 完善图形。重复调用MLD“多重引线”命令，在绘图区中的相应位置，添加多重引线标注，最终效果如图9-58所示。

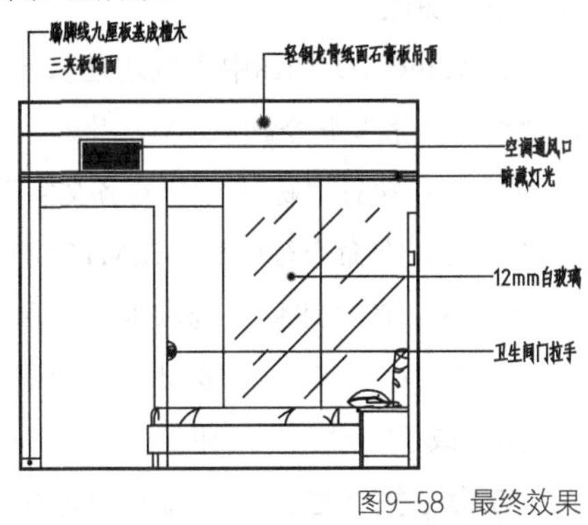

图9-58　最终效果

9.4.9 形位公差标注

对于一个零件，它的实际形状和位置相对于理想形状和位置会有一定的误差，该误差称为形位公差。

在AutoCAD 2018中可以通过以下几种方法启动“形位公差”命令。

- 菜单栏：执行“标注”|“公差”命令。
- 命令行：在命令行中输入TOLERANCE或TOL命令。
- 功能区：在“注释”选项卡中，单击“标注”面板中的“公差”按钮。

执行以上任一命令，均可以打开“形位公差”对话框，如图9-59所示，在该对话框中可以设置形位公差的参数。

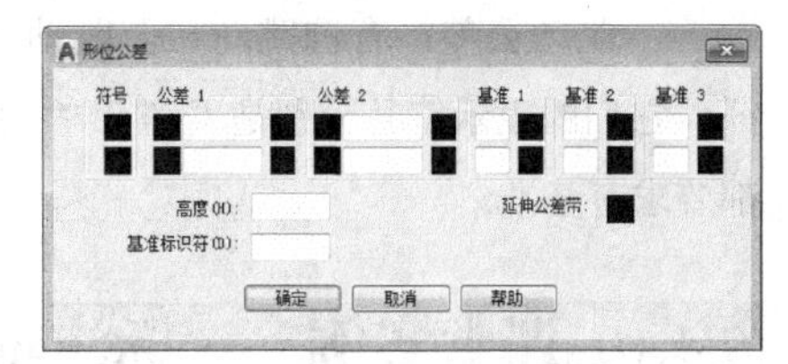

图9-59　“形位公差”对话框

在“形位公差”对话框中，各选项的含义如下。

- “符号”选项组：显示从“符号”对话框中选择的几何特征符号。
- “公差1”选项组：在特征控制框中创建第一个公差值。公差值指明了几何特征相对于精确形状的允许偏差量。可以在公差值前插入直径符号，在其后插入包容条件符号。
- “基准1”选项组：在特征控制框中创建第一级基准参照。基准参照由值和修饰符号组成。基准是理论上精确的几何参照，用于建立特征的公差带。
- “高度”文本框：在该文本框中，可以创建特征控制框中的投影公差零值。投影公差带控制固定垂直部分延伸区的高度变化，并以位置公差控制公差精度。

在“特征符号”对话框中提供了14种形位公差符号，各种公差符号的具体含义如下。

- 形状公差：直线度、平面度、圆度、圆柱度的表示符号分别为“——”“▱”“○”“⌭”，它们没有基准；线轮廓度、面轮廓度的表示符号分别是“⌒”“⌓”，它们或有或无基准。
- 位置公差：位置公差又分为定向公差、定位公差、跳动公差3类。

1. 定向公差：有平行度、垂直度和倾斜度3种项目特征，它们的表示符号分别是“//”“⊥”“∠”，而且都要求有基准。

2. 定位公差：有位置度、同轴度、对称度3种项目特征，它们的表示符号分别是“⌖”“◎”“⌯”，其中位置度或有或无基准，同轴度和对称度都要求有基准。

3. 跳动公差：有圆跳动、全跳动两种项目特征，它们的表示符号分别是“↗”“⌰”，且都要求有基准。

9.4.10 课堂实例——标注轴的形位公差

案例位置 素材>第9章>9.4.10课堂实例——标注轴的形位公差.dwg

在线视频 视频>第9章>9.4.10课堂实例——标注轴的形位公差.mp4

难易指数 ★★★★★

学习目标 学习“形位公差”命令的使用

01 打开文件。单击快速访问工具栏中的“打开”按钮，打开本书素材中的“第9章\9.4.10 课堂实例——标注轴的形位公差.dwg”素材文件，如图9-60所示。

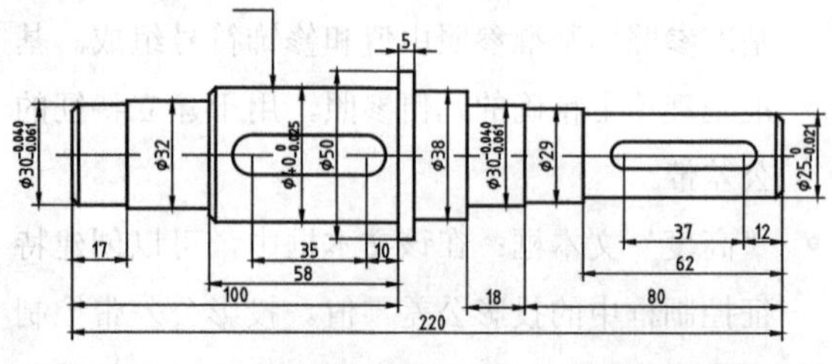

图9-60 素材文件

02 单击按钮。调用TOL“形位公差”命令，打开“形位公差”对话框，修改各参数，如图9-61所示。

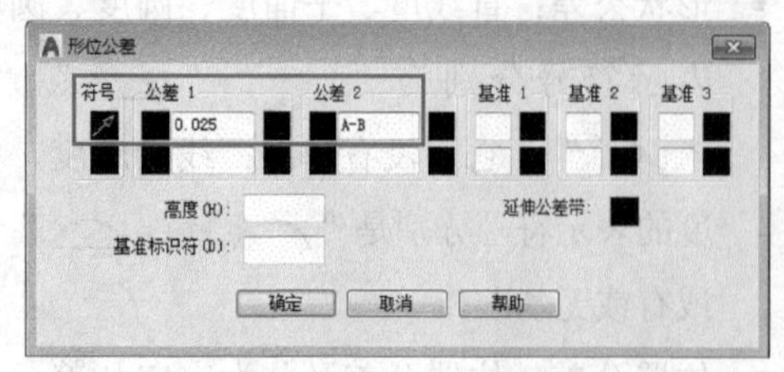

图9-61 “形位公差”对话框

03 单击按钮。单击“确定”按钮，指定标注位置，完成形位公差的标注，得到的最终效果如图9-62所示。

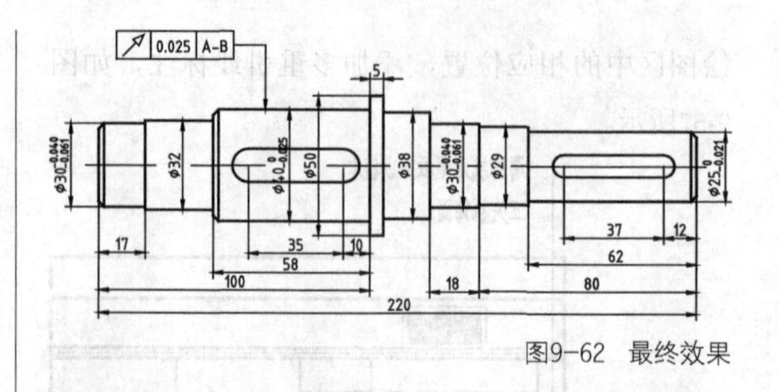

图9-62 最终效果

9.5 尺寸标注的编辑

在AutoCAD 2018中，可以使用编辑尺寸标注的相关命令，来编辑各类尺寸标注的内容与位置，并对尺寸标注进行打断、更新等操作。

9.5.1 编辑标注文字位置

创建尺寸标注后，如果对标注的文字位置不满意，可以通过“对齐文字”命令对相应的标注文字位置进行更改。

在AutoCAD 2018中可以通过以下几种方法启动“对齐文字”命令。

- 菜单栏：执行“标注”|“对齐文字”命令。
- 命令行：在命令行中输入DIMTEDIT命令。
- 功能区：在“注释”选项卡中，单击“标注”面板中的“左对正”按钮、“居中对正”按钮或“右对正”按钮。

在命令执行过程中，需要确定标注文字的新位置。

在图9-63中，选择最上方的尺寸标注，可以对标注文字的位置进行调整。执行“对齐文字”命令后，命令行提示如下。

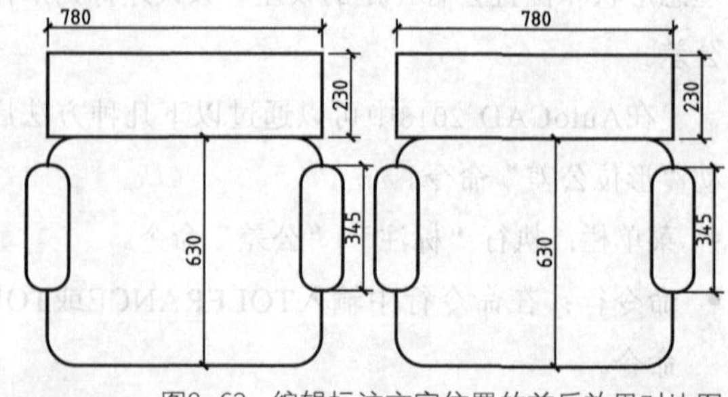

图9-63 编辑标注文字位置的前后效果对比图

```
命令:DIMTEDIT↙              //调用"对齐文字"命令
选择标注:                   //选择最上方的尺寸标注
为标注文字指定新位置或[左对齐(L)/右对齐(R)/居中
(C)/默认(H)/角度(A)]:c↙
              //选择"居中（C）"选项
```

在"对齐文字"命令行中，各选项的含义如下。

- 左对齐（L）：沿尺寸线左端对正标注文字，此选项只适用于线性、半径和直径标注。
- 右对齐（R）：沿尺寸线右端对正标注文字。
- 居中（C）：将标注文字放在尺寸线的中间。
- 默认（H）：将标注文字移回默认位置。
- 角度（A）：修改标注文字的角度。

9.5.2　编辑标注

用户可以通过编辑标注来修改一个或多个标注对象上的文字内容、方向、位置以及使尺寸界线倾斜。

在AutoCAD 2018中可以通过在命令行中输入DIMEDIT或DED命令来启动"编辑标注"命令。

执行"编辑标注"命令后，命令行提示如下。

```
命令:DIMEDIT↙              //调用"编辑标注"命令
输入标注编辑类型[默认(H)/新建(N)/旋转(R)/倾斜
(O)]<默认>:
选择对象:
```

在"编辑标注"命令行中，各选项的含义如下。

- 默认（H）：将标注文字移回默认位置。
- 新建（N）：使用文字编辑器更改标注文字。
- 旋转（R）：旋转标注文字。此选项与"对齐文字"命令行中的"角度（A）"选项类似。
- 倾斜（O）：当尺寸界线与图形的其他要素冲突时，"倾斜"选项将很有用。

9.5.3　使用"特性"选项板编辑标注

使用"特性"选项板可以非常方便地编辑标注，它与"修改标注样式"对话框一样，在其中可以对线、箭头、文字、主单位、换算单位和公差进行编辑。

在AutoCAD 2018中可以通过以下几种方法启动"特性"命令。

- 菜单栏：执行"工具"|"选项板"|"特性"命令。
- 命令行：在命令行中输入PROPERTIES或PR命令。
- 功能区：在"视图"选项卡中，单击"选项板"面板中的"特性"按钮。
- 快捷菜单：选择需要修改的图形对象后，单击鼠标右键，打开快捷菜单，选择"特性"命令。

执行以上任一命令，均可以打开"特性"选项板，如图9-64所示。

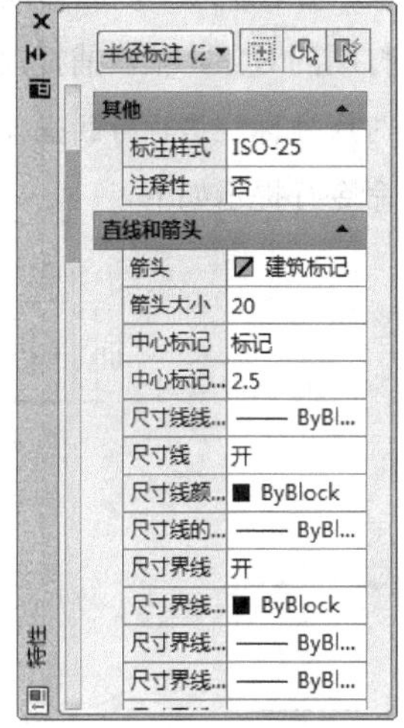

图9-64　"特性"选项板

在图9-65中，选择绘图区中的两个半径标注，单击鼠标右键，打开快捷菜单，选择"特性"命令，打开"特性"选项板，在"直线和箭头"选项组中，修改"箭头"为"实心闭合"，即可修改标注的箭头类型。

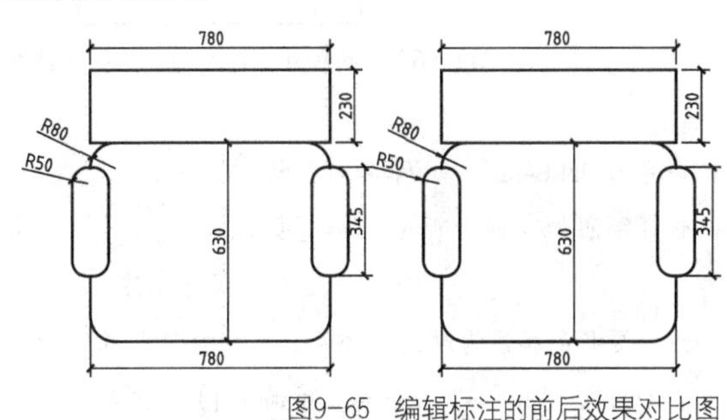

图9-65　编辑标注的前后效果对比图

9.5.4 打断尺寸标注

使用“打断”命令可以在尺寸线或尺寸界线与几何对象或其他尺寸标注相交的位置将尺寸标注打断。

在AutoCAD 2018中可以通过以下几种方法启动“打断”命令。

- 菜单栏：执行“标注”|“标注打断”命令。
- 命令行：在命令行中输入DIMBREAK命令。
- 功能区：在“注释”选项卡中，单击“标注”面板中的“打断”按钮。

在命令执行过程中，需要确定打断的尺寸标注和位置。

在图9-66中，选择最上方的尺寸标注作为需要打断的对象，依次捕捉尺寸标注的中点和左端点，对尺寸标注进行打断操作。执行“打断”命令后，命令行提示如下。

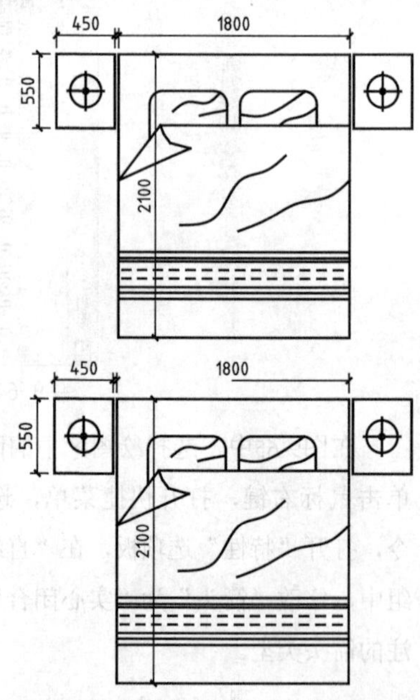

图9-66 打断尺寸标注的前后效果对比图

```
命令:DIMBREAK↙        //调用“打断”命令
选择要添加/删除折断的标注或[多个(M)]:
                      //选择最上方的尺寸标注
选择要折断标注的对象或[自动(A)/手动(M)/删除(R)]<
自动>:m↙              //选择“手动（M）”选项
指定第一个打断点: //指定中点为第一个打断点
指定第二个打断点: //指定左端点为第二个打断点
1个对象已修改
```

在“打断”命令行中，各选项的含义如下。

- 多个（M）：指定要向其中添加折断或要从中删除折断的多个标注。
- 自动（A）：自动将折断标注放置在与选定标注相交的对象的所有交点处。修改标注或相交对象时，会自动更新使用此选项创建的所有折断标注。
- 手动（M）：手动放置折断标注。为折断位置指定标注、延伸线或引线上的两点。
- 删除（R）：从选定的标注中删除所有折断标注。

9.5.5 标注间距

使用“调整间距”命令，可以自动调整图形中现有的平行线性标注和角度标注，以使其间距相等或在尺寸线处相互对齐。

在AutoCAD 2018中可以通过以下几种方法启动“调整间距”命令。

- 菜单栏：执行“标注”|“标注间距”命令。
- 命令行：在命令行中输入DIMSPACE命令。
- 功能区：在“注释”选项卡中，单击“标注”面板中的“调整间距”按钮。

在命令执行过程中，需要确定基准标注、产生间距的标注和间距参数值。

在图9-67中，选择中间的尺寸标注为基准标注，选择右侧的尺寸标注为产生间距的标注，修改间距参数值为0，对尺寸标注进行调整间距的操作。执行“调整间距”命令后，命令行提示如下。

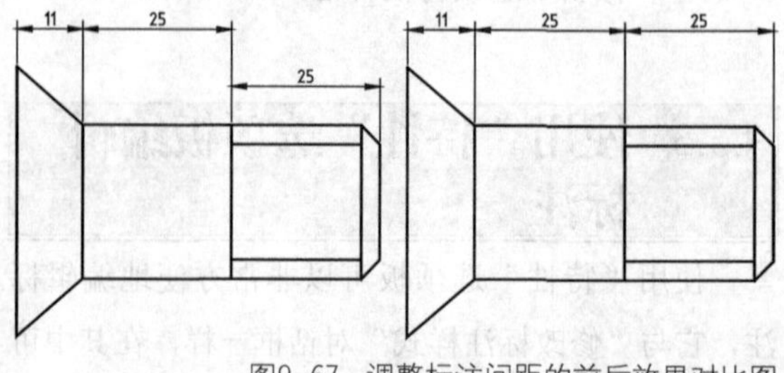

图9-67 调整标注间距的前后效果对比图

```
命令:DIMSPACE↙              //调用“调整间距”命令
选择基准标注:                //选择中间的尺寸标注
选择要产生间距的标注:找到1个
选择要产生间距的标注:        //选择右侧的尺寸标注
输入值或[自动(A)]<自动>:0↙
        //输入参数值，按Enter键
```

9.5.6 更新标注

作为改变标注样式的工具，利用“更新标注”命令，可以实现两个标注样式之间的互换。

在AutoCAD 2018中可以通过以下几种方法启动“更新”命令。

- 菜单栏：执行“标注”|“更新”命令。
- 命令行：在命令行中输入-DIMSTYLE命令。
- 功能区：在“注释”选项卡中，单击“标注”面板中的“更新”按钮。

在图9-68中，选择所有的尺寸标注，按Enter键结束选择，对尺寸标注进行更新操作。执行“更新”命令后，命令行提示如下。

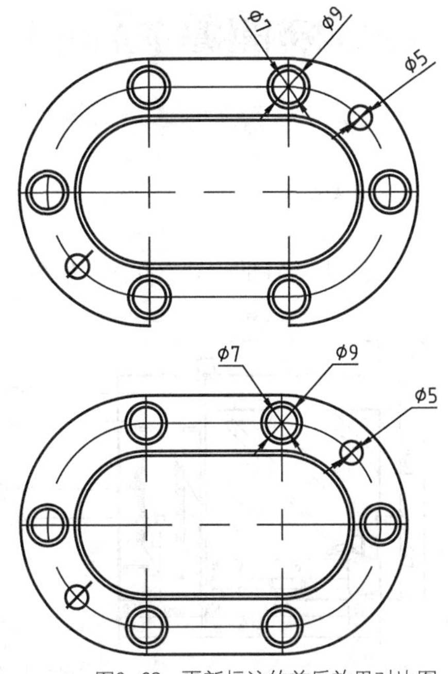

图9-68　更新标注的前后效果对比图

在“更新”命令行中，各选项的含义如下。

```
命令:-dimstyle↙                 //调用“更新”命令
当前标注样式:  注释性:否
输入标注样式选项
[注释性(AN)/保存(S)/恢复(R)/状态(ST)/变量(V)/应用
(A)/?]<恢复>:_apply
选择对象:指定对角点:找到1个
选择对象:指定对角点:找到1个，总计2个
选择对象:指定对角点:找到1个，总计3个
                //选择所有尺寸标注
选择对象:
```

- 注释性（AN）：创建注释性标注样式。
- 保存（S）：将标注系统变量的当前设置保存到标注样式中，新的标注样式将成为当前样式。
- 恢复（R）：将标注系统变量的设置恢复为选定标注样式的设置。
- 状态（ST）：显示图形中所有标注系统变量的当前值。
- 变量（V）：列出某个标注样式或选定标注的标注系统变量的设置，但不修改当前设置。
- 应用（A）：将当前标注系统变量的设置应用于选定的标注对象，以永久替代应用于这些对象的任何现有标注样式。

9.6 本章小结

在绘制好图形后，需要添加尺寸标注说明，才能使图形更加完善。因此，本章详细讲解了尺寸标注样式，线性、对齐、半径、直径、连续、基准、角度、弧长、多重引线和形位公差标注的应用方法，以帮助用户完善图形。

9.7 课后习题

本节通过具体的实例练习基本尺寸标注、其他尺寸标注以及编辑尺寸标注等命令的调用方法。

9.7.1 标注小轴零件图

案例位置 素材>第9章>9.7.1 标注小轴零件图.dwg

在线视频 视频>第9章>9.7.1 标注小轴零件图.mp4

难易指数 ★★★★★

学习目标 学习"线性""直径""形位公差"等命令的使用

已添加标注的小轴零件图如图9-69所示。

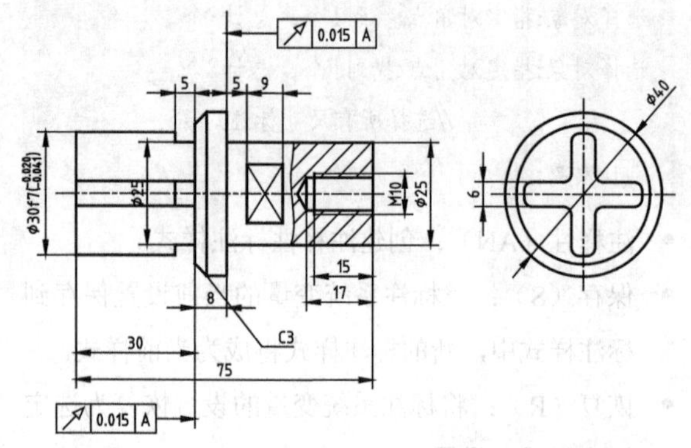

图9-69 小轴零件图

小轴零件图的标注流程如图9-70~图9-73所示。

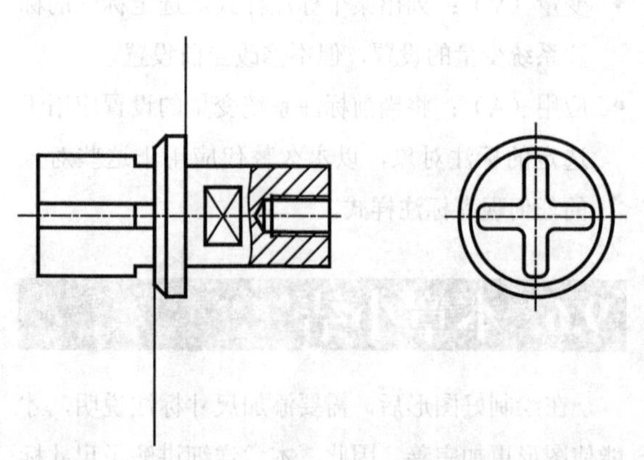

图9-70 素材文件

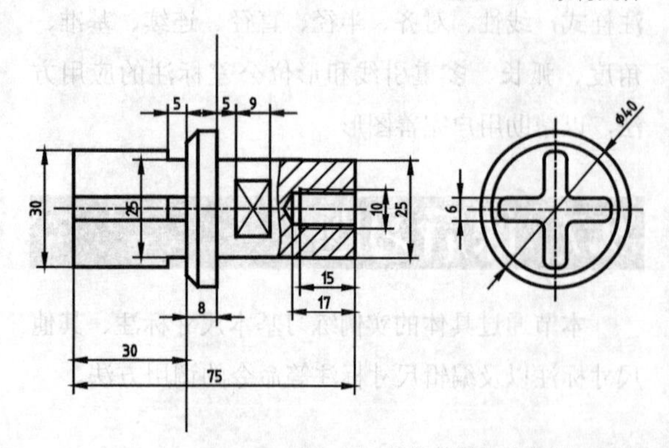

图9-71 添加线性和直径尺寸标注

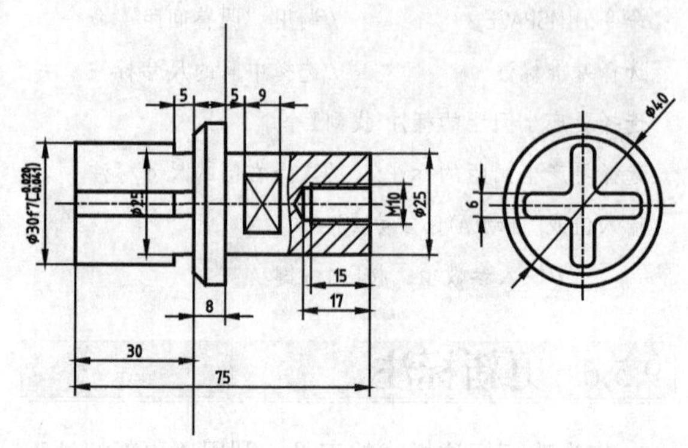

图9-72 插入特殊符号

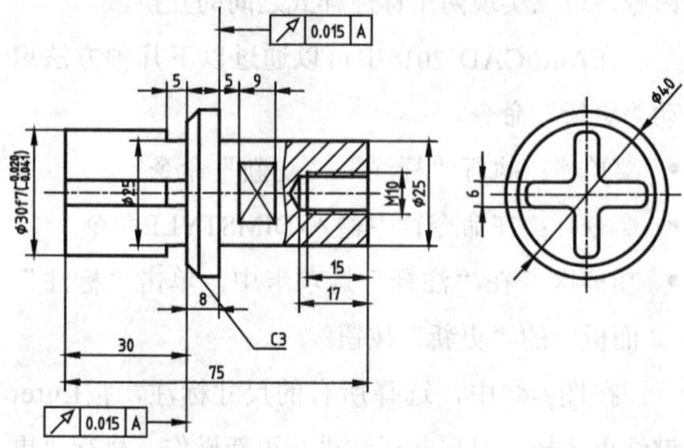

图9-73 添加多重引线和形位公差标注

9.7.2 标注休息室立面图

案例位置 素材>第9章>9.7.2 标注休息室立面图.dwg

在线视频 视频>第9章>9.7.2 标注休息室立面图.mp4

难易指数 ★★★★★

学习目标 学习"线性""连续""多重引线"等命令的使用

已添加标注的休息室立面图如图9-74所示。

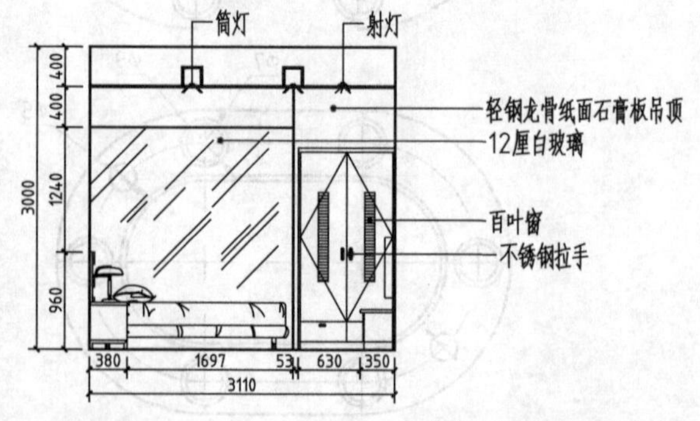

图9-74 休息室立面图

休息室立面图的标注流程如图9-75~图9-78所示。

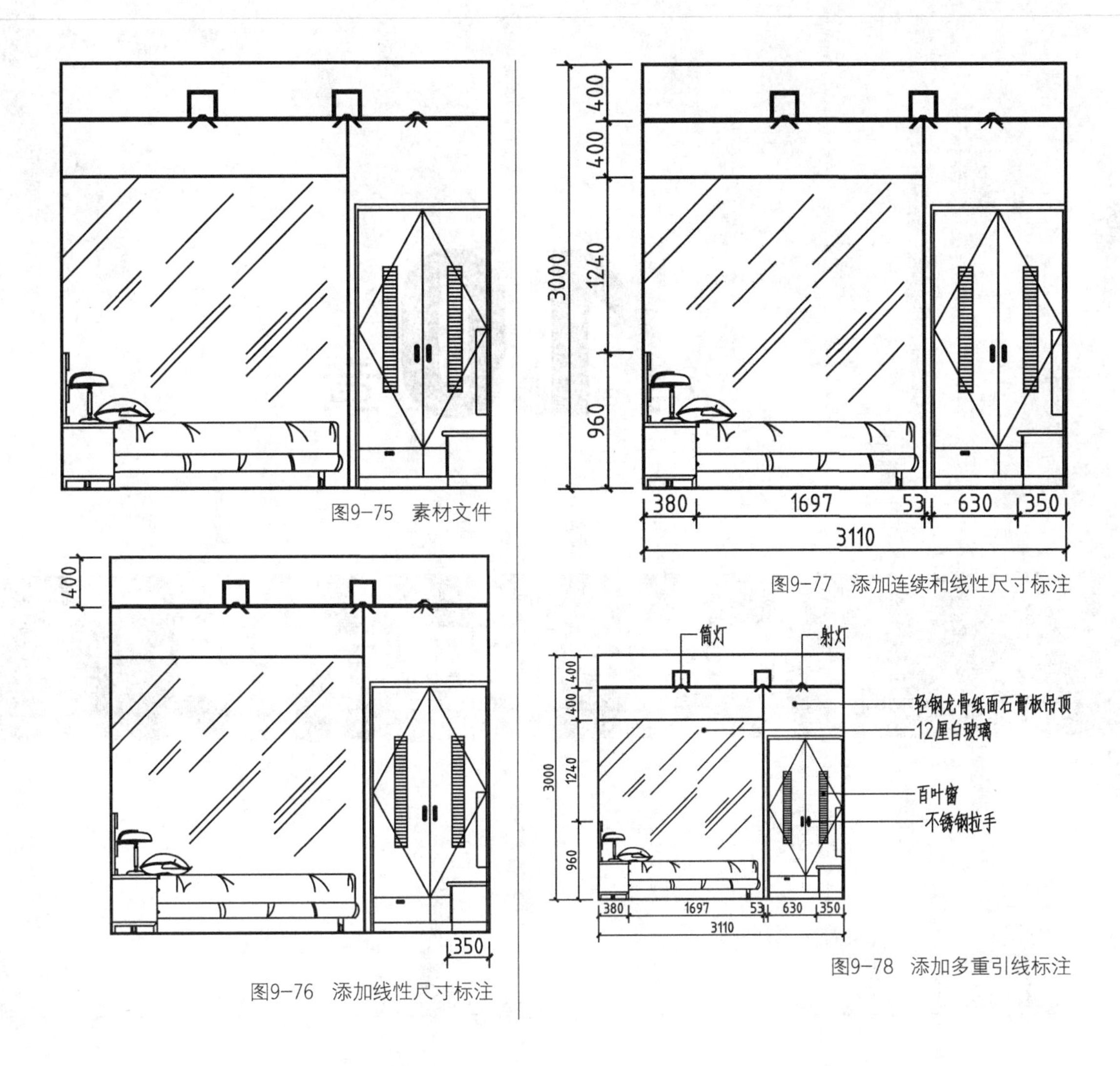

图9-75　素材文件

图9-76　添加线性尺寸标注

图9-77　添加连续和线性尺寸标注

图9-78　添加多重引线标注

第10章

图层的应用与管理

内容摘要

在使用AutoCAD进行建筑、室内和机械等图形绘制时，图形中主要包含轴线、墙体、门窗、轮廓线、虚线、剖面线、尺寸标注及文字说明等元素。使用图层对这些元素进行归类处理，不仅能使图形中的各种信息清晰、有序，便于观察，而且会给图形的编辑、修改和输出带来很大的便利。

课堂学习目标

- 掌握图层的创建及设置方法
- 掌握图层的使用方法
- 掌握图层的管理方法
- 掌握图层特性的设置方法
- 掌握线型比例的修改方法

10.1 图层的创建及设置

图层是用户用来组织和管理图形的强有力的工具，在AutoCAD 2018中，所有图形对象都有图层、颜色、线型和线宽这4个基本属性。用户可以使用不同的图层、颜色、线型和线宽绘制不同的对象和元素。这样，用户可以方便地控制对象的显示和编辑，从而提高绘制图形的效率和准确性。

在AutoCAD 2018中，图层可以用来管理和控制复杂的图形。在绘图时，可以把不同种类和不同用途的图形分别置于不同的图层中，从而实现对相同种类的图形的统一管理。在绘图过程中，图层是最有用的工具之一，其对图形文件中各类实体的分类管理和综合控制具有重要的意义。总的来说，图层具有以下3个方面的优点。

- 节省存储空间。
- 控制图形的颜色、线宽及线型等属性。
- 统一控制同类图形的显示、冻结等特性。

图层是AutoCAD 2018提供的用来管理图形对象的工具，用户可以通过图层来对图形对象、文字和标注等元素进行归类处理。

在AutoCAD 2018中可以通过以下几种方法启动“图层”命令。

- 菜单栏：执行“格式”|“图层”命令。
- 命令行：在命令行中输入LAYER或LA命令。
- 功能区：在“默认”选项卡中，单击“图层”面板中的“图层特性”按钮。

执行以上任一命令，均可以打开“图层特性管理器”选项板，如图10-1所示，在该选项板中可以创建和编辑图层。

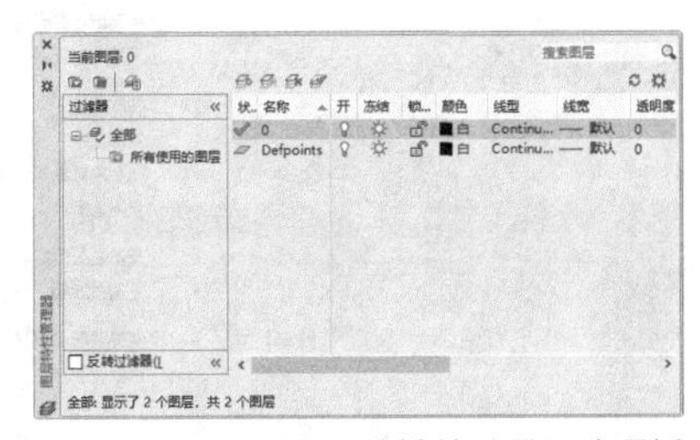

图10-1　“图层特性管理器”选项板

在“图层特性管理器”选项板中，各常用选项的含义如下。

- “新建特性过滤器”按钮：单击该按钮，可以打开“图层过滤器特性”对话框，如图10-2所示，在该对话框中可以根据图层的一个或多个特性创建图层过滤器。

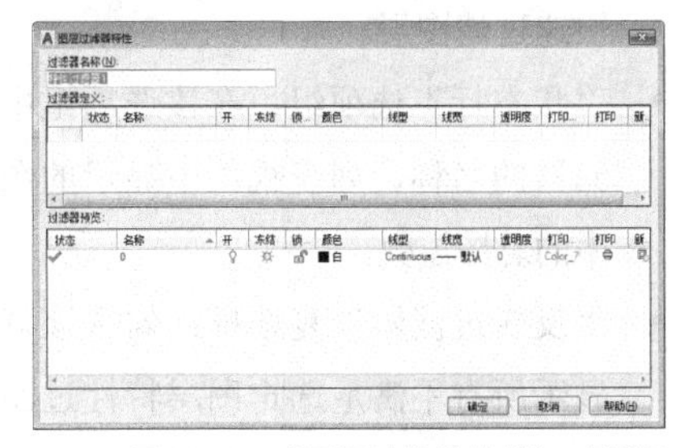

图10-2　“图层过滤器特性”对话框

- “新建组过滤器”按钮：单击该按钮，可以创建图层过滤器，其中包含选择并添加到该过滤器中的图层。
- “图层状态管理器”按钮：单击该按钮，可以打开“图层状态管理器”对话框，如图10-3所示，在该对话框中可以将图层的当前特性设置保存到一个命名图层状态中，以后可以再恢复这些设置。

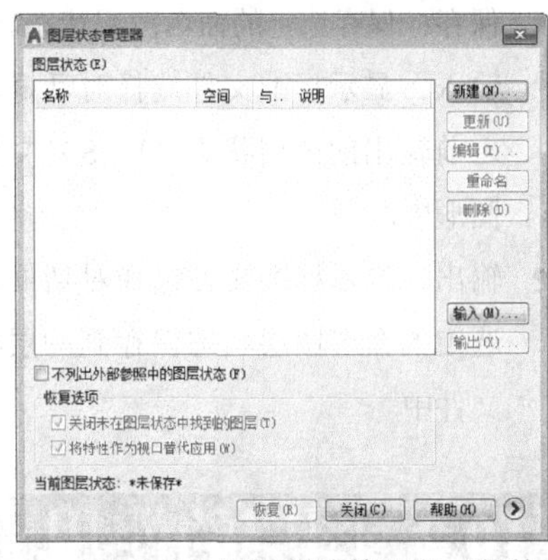

图10-3　“图层状态管理器”对话框

- “新建图层”按钮：单击该按钮，可以创建新图层，默认情况下，创建的图层会以“图层1”“图层2”等按顺序进行命名。
- “在所有的视口中都被冻结的新建图层视口”按钮：单击该按钮，可以创建新图层，然后在所有现有的布局视口中将其冻结。
- “删除图层”按钮：可以删除选定的图层，但只能删除未被参照的图层。

- “置为当前”按钮：单击该按钮，可以将选定图层设定为当前图层。
- “当前图层”选项组：在该选项组中显示当前图层的名称。
- “搜索图层”文本框：输入字符时，可按名称快速过滤图层。
- “状态行”选项组：在该选项组中显示当前过滤器的名称、列表视图中显示的图层数和图形中的总图层数。
- “反转过滤器”复选框：勾选该复选框，可以显示所有不满足选定图层特性过滤器中的条件的图层。

在“图层状态管理器”对话框中，各常用选项的含义如下。

- 图层状态：列出已保存在图形中的命名图层状态、保存它们的空间（模型空间、布局或外部参照）、图层列表是否与图形中的图层列表相同以及可选说明。
- 不列出外部参照中的图层状态：控制是否显示外部参照中的图层状态。
- 保存：保存选定的命名图层状态。
- 输入：显示标准文件选择对话框，从中可以将之前输出的图层状态（LAS）文件加载到当前图形中。
- 输出：显示标准文件选择对话框，从中可以将选定的命名图层状态保存到图层状态（LAS）文件中。

10.2 图层的使用

创建图层后，可以对图层进行切换，也可以对图形所在的图层进行切换，还可以控制图层状态。

10.2.1 切换当前图层

在绘制图形时，为了使图形信息更清晰、有序，以及能更加方便地修改、观察及打印图形，用户常需要在各个图层之间进行切换。

在AutoCAD 2018中可以通过以下几种方法切换当前图层。

- 功能区：在“默认”选项卡中，打开“图层”面板中的“图层”下拉列表框，在其中选择需要的图层即可，如图10-4所示。

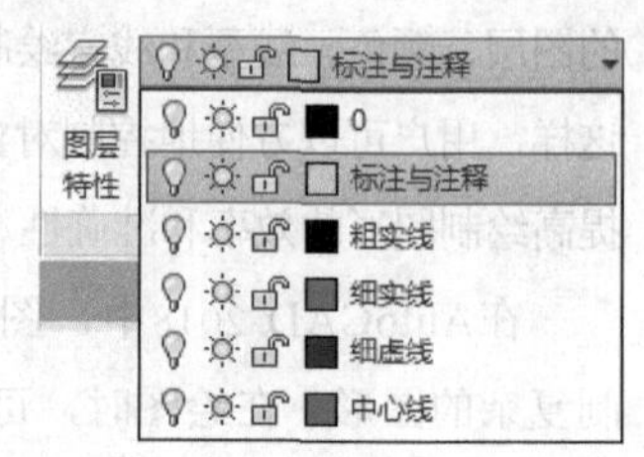

图10-4 “图层”下拉列表框

- 鼠标法：在“图层特性管理器”选项板中，双击某图层的“状态”属性项，使该图层显示为勾选状态，如图10-5所示。

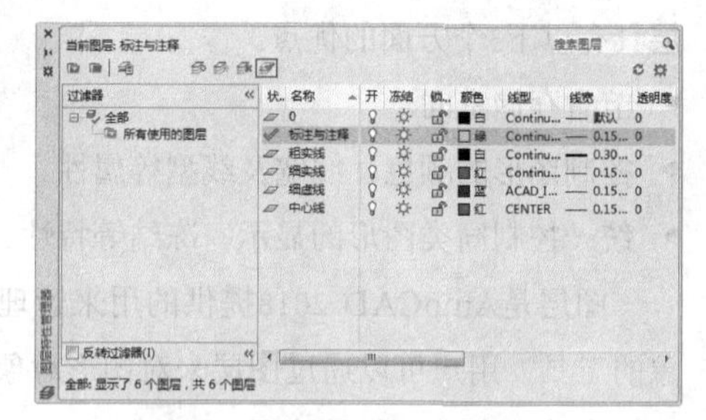

图10-5 “图层特性管理器”选项板

- 快捷菜单：在“图层特性管理器”选项板中，选择所需的图层，单击鼠标右键，打开快捷菜单，选择“置为当前”命令，如图10-6所示。

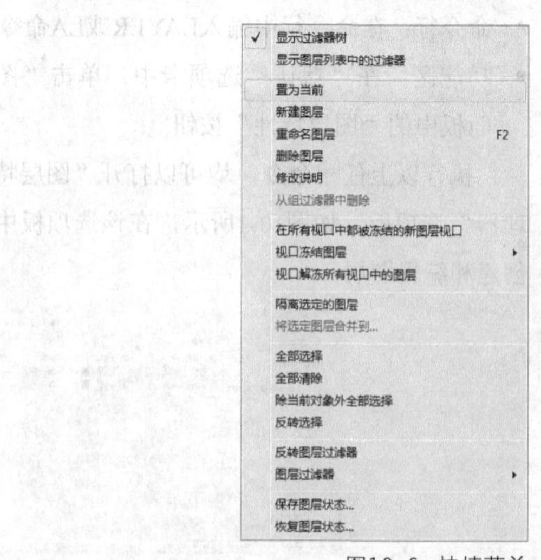

图10-6 快捷菜单

- 按钮法：在“图层特性管理器”选项板中，选择所需的图层，单击“置为当前”按钮即可。

执行以上任一命令，均可以将所选择的图层设为当前图层。

10.2.2　切换图形所在图层

绘制复杂的图形时，由于图形元素的性质不同，用户常需要将某个图层上的对象切换到其他图层上。在AutoCAD 2018中可以通过以下几种方法切换图形所在图层。

- 快捷面板：选择需要切换图层的图形，单击鼠标右键，在弹出的快捷菜单中选择“快捷特性”命令，在“图层”下拉列表框中选择所需的图层即可切换图形所在图层，如图10-7所示。
- 选项板：选择图形之后，在命令行中输入PR命令并按Enter键，系统会弹出“特性”选项板，在“图层”下拉列表框中选择所需的图层，如图10-8所示。

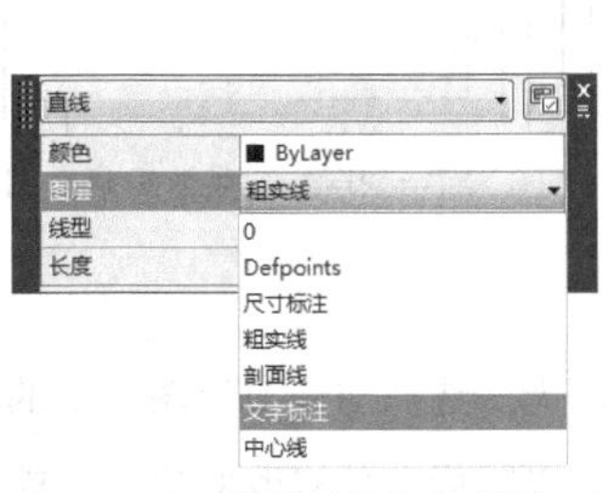

图10-7　“快捷特性”选项板

图10-8　“特性”选项板

- 功能区1：选择图形后，在“默认”选项卡中，打开“图层”面板中的“图层”下拉列表框，从中选择需要的图层即可。
- 功能区2：选择图形后，在“默认”选项卡中，单击“图层”面板中的“置为当前”按钮，如图10-9所示。
- 功能区3：选择图形后，在“默认”选项卡中，单击“图层”面板中的“更改为当前图层”按钮，如图10-10所示。

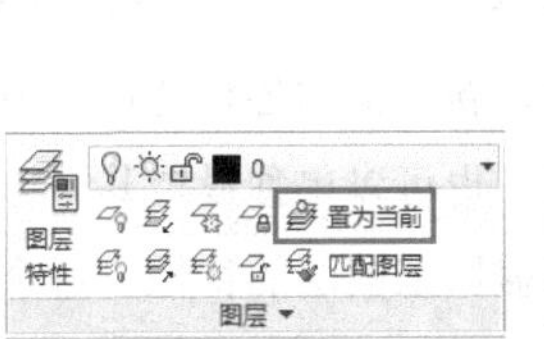

图10-9　“置为当前”按钮

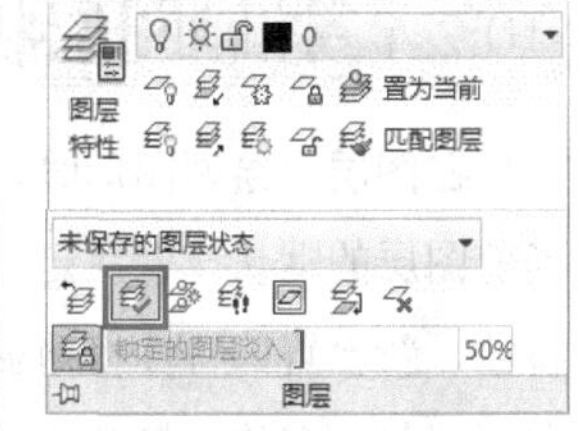

图10-10　“更改为当前图层”按钮

10.2.3　课堂实例——切换图形至中心线图层

案例位置	素材>第10章>10.2.3 课堂实例——切换图形至中心线图层.dwg
在线视频	视频>第10章>10.2.3 课堂实例——切换图形至中心线图层.mp4
难易指数	★★★★★
学习目标	学习“切换图层”功能的使用

01 打开文件。单击快速访问工具栏中的“打开”按钮，打开本书素材中的“第10章\10.2.3 课堂实例——切换图形至中心线图层.dwg”素材文件，如图10-11所示。

02 选择图形。在绘图区中，依次选择相应的中心线对象，如图10-12所示。

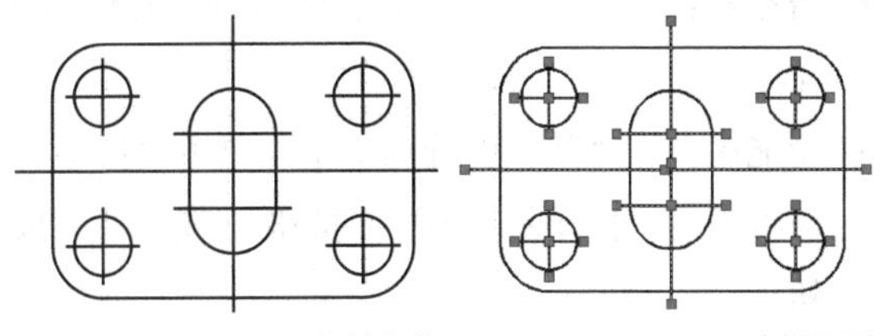

图10-11　素材文件　　图10-12　选择图形

03 选择图层。在“图层”面板中，单击“图层”下拉按钮，展开下拉列表框，选择“中心线”图层，如图10-13所示。得到的最终效果如图10-14所示。

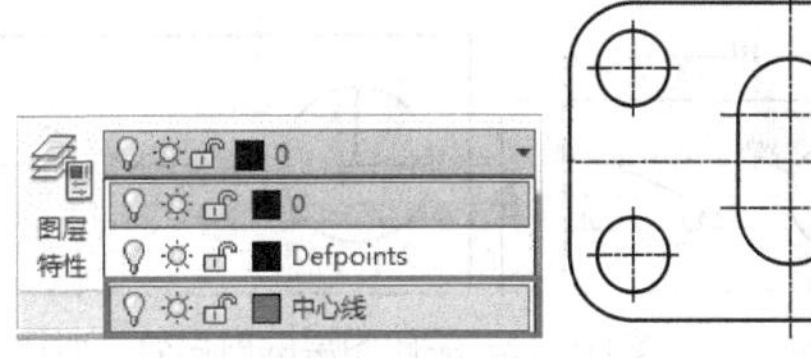

图10-13　“图层”下拉列表框　　图10-14　最终效果

10.2.4 控制图层状态

在图层上绘制图形时，新对象的各种特性将由当前图层的默认设置决定，也可以单独设置其对象特性，新设置的特性将覆盖原来图层的特性。每个图层都包含名称、打开与关闭、冻结与解冻、锁定与解锁、线型等特性，用户可以根据需要，通过控制特性来控制图层的整体状态。

1. 打开与关闭

默认情况下图层都处于打开状态，在该状态下，图层中的所有图形对象都将显示在绘图区中，用户可以对其进行编辑操作。当图层处于打开状态时，小灯泡颜色为黄色，图层上的图形将显示，并且可以打印输出；当图层处于关闭状态时，小灯泡颜色为灰色，图层上的图形将不能显示，也不能打印输出。

在AutoCAD 2018中可以通过以下几种方法打开或关闭图层。

- 菜单栏：执行“格式”|“图层工具”|“图层关闭”或“打开所有图层”命令。
- 命令行：在命令行中输入LAYOFF或LAYON命令。
- 功能区：在“默认”选项卡中，单击“图层”面板中的“打开所有图层”按钮或“关”按钮。
- 选项板：在“图层特性管理器”选项板中，单击“开”列相应的小灯泡图标，可以打开或关闭图层。

执行以上任一命令，均可以对选中的图层进行打开或关闭操作，图10-15所示为关闭图层的前后效果对比图。

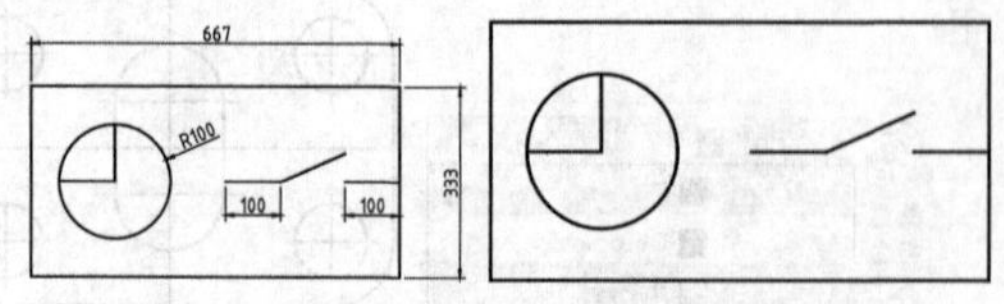

图10-15 关闭图层的前后效果对比图

2. 冻结与解冻

使用“冻结图层”命令，可以冻结长时间不需要显示的图层，以提高系统运行速度，减少图形刷新时间。冻结图层后将不显示选定图层上的对象的设置，不显示、不重生成或不打印冻结图层上的对象。冻结图层将缩短重生成的时间。

在AutoCAD 2018中可以通过以下几种方法冻结与解冻图层。

- 菜单栏：执行“格式”|“图层工具”|“图层冻结”或“解冻所有图层”命令。
- 命令行：在命令行中输入LAYFRZ或LAYTHW命令。
- 功能区：在“默认”选项卡中，单击“图层”面板中的“解冻所有图层”按钮或“冻结”按钮。
- 选项板：在“图层特性管理器”选项板中，单击“冻结”列相应的图标，可以冻结或解冻图层。

执行以上任一命令，均可以对选中的图层进行冻结或解冻操作，图10-16所示为冻结图层的前后效果对比图。

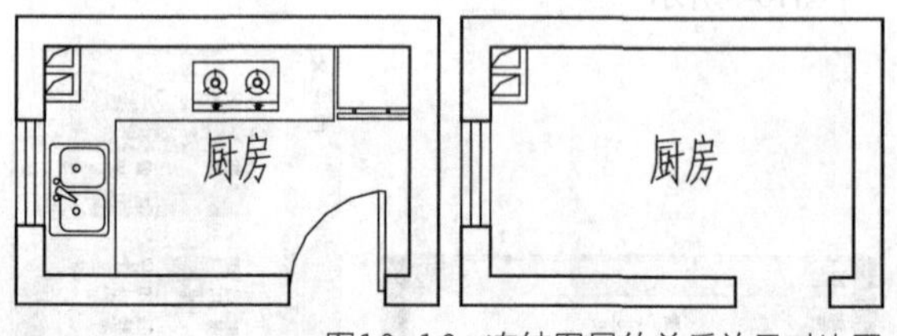

图10-16 冻结图层的前后效果对比图

3. 锁定与解锁

锁定某个图层后，无法选择与修改该图层上的所有对象，锁定图层可以降低意外修改对象的可能性。锁定图层后，用户仍然可以将对象捕捉应用于锁定图层上的对象，且可以执行不会修改这些对象的其他操作。

在AutoCAD 2018中可以通过以下几种方法解锁或锁定图层。

- 菜单栏：执行“格式”|“图层工具”|“图层锁定”或“图层解锁”命令。
- 命令行：在命令行中输入LAYLCK或LAYULK命令。
- 功能区：在“默认”选项卡中，单击“图层”

面板中的“解锁”按钮或“锁定”按钮。

- 选项板：在“图层特性管理器”选项板中，单击“锁定”列相应的图标，可以锁定或解锁图层。

执行以上任一命令，均可以对选中的图层进行锁定或解锁操作，图10-17所示为锁定图层的前后效果对比图。

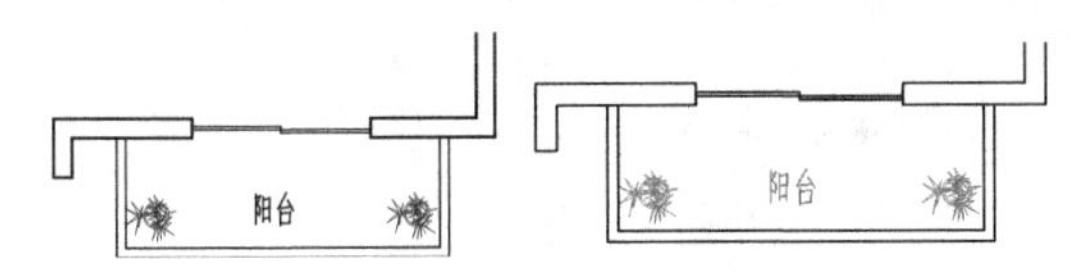

图10-17　锁定图层的前后效果对比图

10.2.5 课堂实例——修改图层状态

案例位置　素材>第10章>10.2.5 课堂实例——修改图层状态.dwg

在线视频　视频>第10章>10.2.5 课堂实例——修改图层状态.mp4

难易指数　★★★★★

学习目标　学习“冻结图层”“打开图层”等功能的使用

01 打开文件。单击快速访问工具栏中的“打开”按钮，打开本书素材中的“第10章\10.2.5 课堂实例——修改图层状态.dwg”素材文件，如图10-18所示。

02 冻结图层。在命令行中输入LAYFRZ命令并按Enter键，在绘图区中的双人床对象上单击，即可冻结双人床所在图层，效果如图10-19所示。

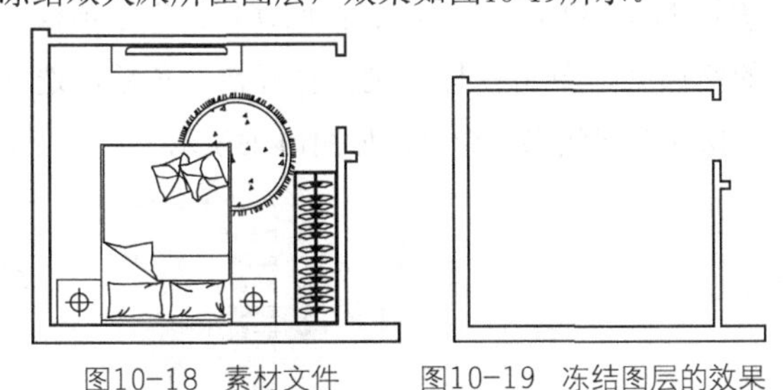
图10-18　素材文件　　图10-19　冻结图层的效果

03 单击按钮。在“默认”选项卡中，单击“图层”面板中的“打开所有图层”按钮，如图10-20所示。

04 打开图层。打开“门窗”图层，将“门窗”图层中的门对象显示出来，得到的最终效果如图10-21所示。

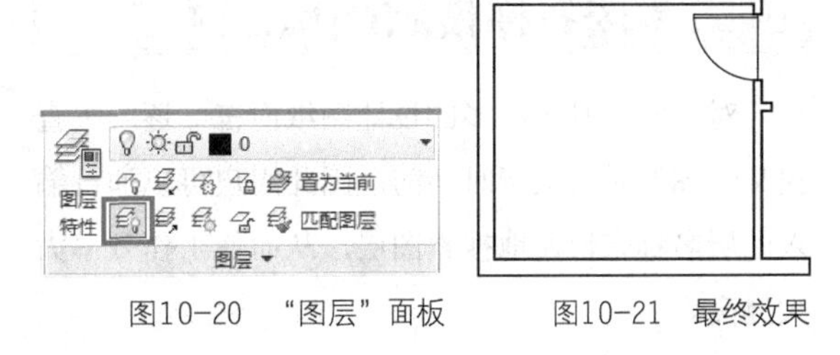

图10-20　“图层”面板　　图10-21　最终效果

10.3 图层的管理

除了我们之前介绍的图层的一些基本功能外，AutoCAD还提供了一系列图层管理的高级功能，包括图层排序、按名称搜索图层及保存、恢复图层设置等。

10.3.1 图层排序

在“图层特性管理器”选项板中可以对图层进行排序，以便寻找图层。

图层排序的具体方法是：在“图层特性管理器”选项板中，单击图层列表框上方的“名称”按钮，图层将以第一个字的拼音的顺序排列出来，图10-22所示为图层排序的前后效果对比图。

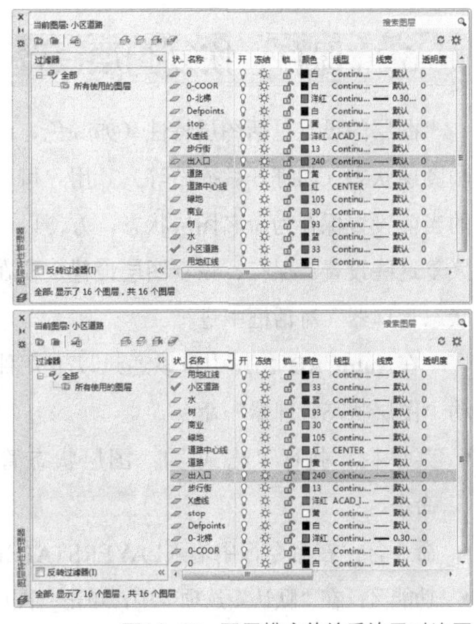
图10-22　图层排序的前后效果对比图

10.3.2 按名称搜索图层

对于复杂且图层多的设计图纸而言，逐一去查找某一图层是很浪费时间的。因此用户可以通过输入图层名称来快速地搜索图层，从而使工作效率大大提高。

搜索图层的具体方法是：打开“图层特性管理器”选项板，在“搜索图层”文本框中输入图层名称，即可搜索出图层，图10-23所示为搜索图层的前后效果对比图。

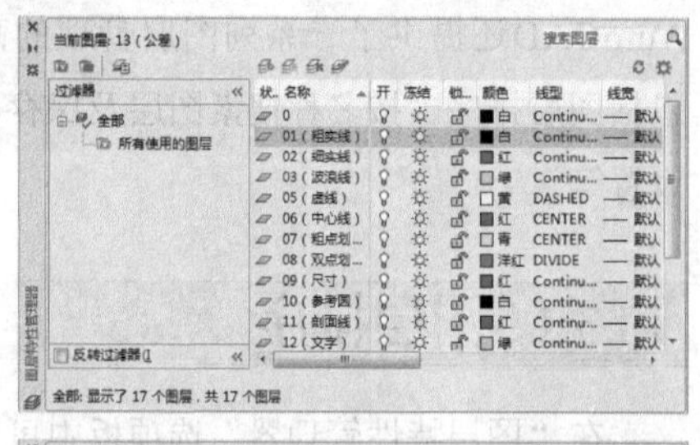

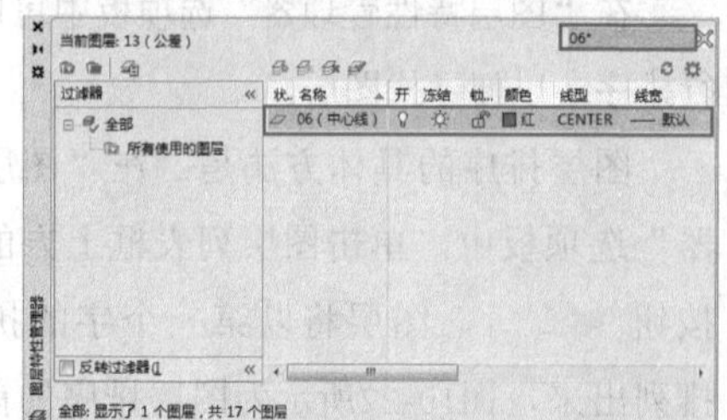

图10-23 搜索图层的前后效果对比图

10.3.3 保存、恢复图层设置

图层的设置包括图层特性（如颜色、线型等）和图层状态（如打开、冻结等）。用户可以将图层的当前设置保存为命名图层状态，方便以后调用或恢复这些设置。保存、恢复图层设置主要在“图层状态管理器”对话框中进行。

在AutoCAD 2018中可以通过以下几种方法启动“图层状态管理器”命令。

- 菜单栏：执行“格式”|“图层状态管理器”命令。
- 命令行：在命令行中输入LAYERSTATE命令。
- 功能区：在“默认”选项卡中，单击“图层”面板中的“管理图层状态”按钮 管理图层状态... 。

执行以上任一命令，均可以打开“图层状态管理器”对话框，在该对话框中可以对图层状态进行新建、保存和编辑操作。

10.3.4 课堂实例——保存和恢复图层设置

案例位置	素材>第10章>10.3.4 课堂实例——保存和恢复图层设置.dwg
在线视频	视频>第10章>10.3.4 课堂实例——保存和恢复图层设置.mp4
难易指数	★★★★★
学习目标	学习“保存图层状态”“恢复图层状态”功能的使用

01 新建文件。单击快速访问工具栏中的“新建”按钮，新建空白文件。

02 新建图层。调用LA“图层”命令，打开“图层特性管理器”选项板，依次创建“中心线”“细实线”“剖面线”“粗实线”图层，效果如图10-24所示。

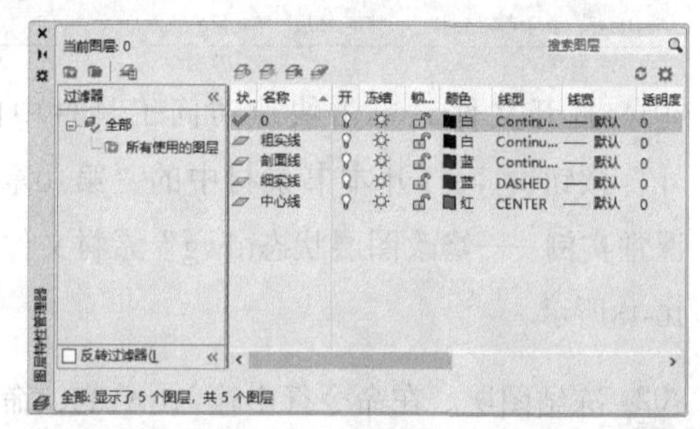

图10-24 “图层特性管理器”选项板

03 快捷菜单。在“图层特性管理器”选项板中的空白处，单击鼠标右键，打开快捷菜单，选择“保存图层状态”命令，如图10-25所示。

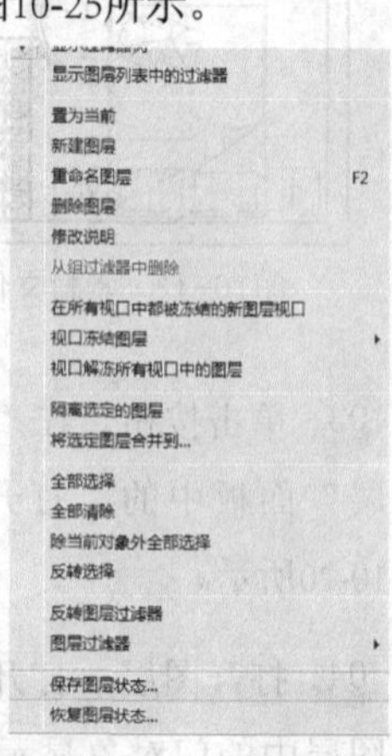

图10-25 快捷菜单

04 修改参数。打开“要保存的新图层状态”对话框，修改“新图层状态名”为“机械”，再在“说明”文本框中输入“用于机械制图的图层”，如图10-26所示。

05 保存图层状态。单击“确定”按钮，完成图层状态的保存。

06 快捷菜单。如果要恢复图层状态，则可在“图层特性管理器”选项板中的空白处，单击鼠标右键，打开快捷菜单，选择“恢复图层状态”命令，如图10-27所示。

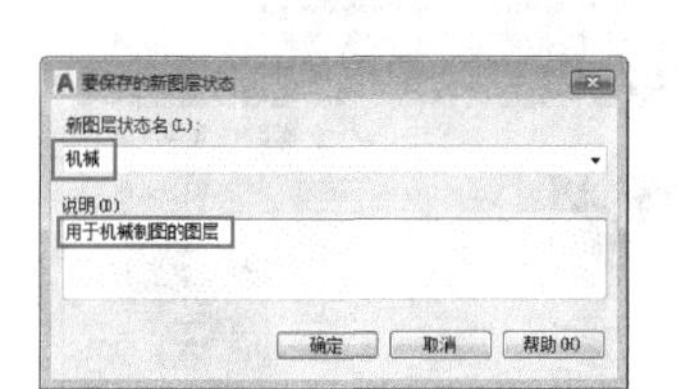

图10-26　“要保存的新图层状态”对话框

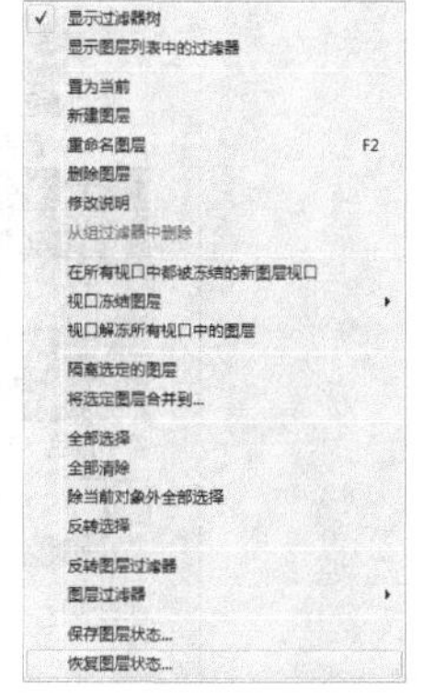

图10-27　快捷菜单

07 恢复图层。打开“图层状态管理器”对话框，如图10-28所示，单击“恢复”按钮，即可恢复图层状态。

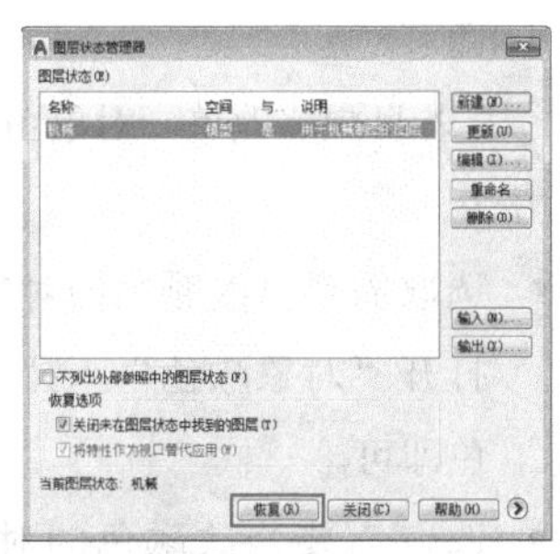

图10-28　“图层状态管理器”对话框

技巧与提示

如果在绘图的不同阶段或打印过程中需要恢复所有的图层特定设置，那么保存图形设置将会带来很大的便利。需要注意的是，若图形中有外部参照，外部参照的图形是独立存在的，不能输出。

10.3.5　删除图层

使用“删除图层”命令，可以删除图层上的所有对象并清理该图层。

在AutoCAD 2018中可以通过以下几种方法启动“删除图层”命令。

- 菜单栏：执行“格式”|“图层工具”|“图层删除”命令。
- 命令行：在命令行中输入LAYDEL命令。
- 功能区：在“默认”选项卡中，单击“图层”面板中的“删除”按钮。
- 选项板：在“图层特性管理器”选项板中，在需要删除的图层上单击鼠标右键，打开快捷菜单，选择“删除图层”命令。

执行以上任一命令，均可以删除图层。在删除当前层、图层0、定义点层（Defpoints）及包含图形对象的层时，系统将弹出提示对话框，如图10-29所示，提示用户无法对这类图层进行删除操作。

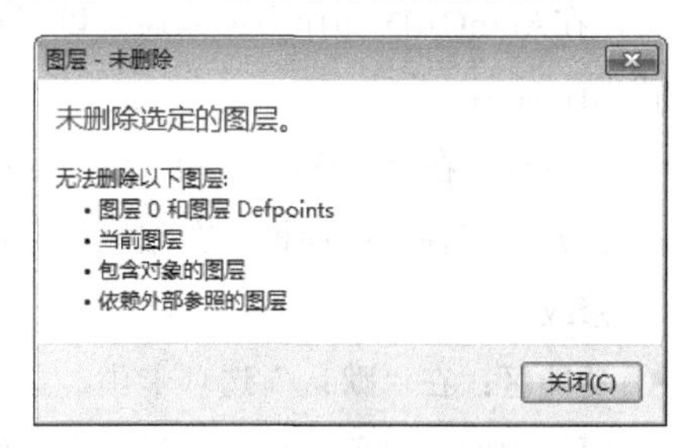

图10-29　提示对话框

10.3.6　重命名图层

重命名图层有助于用户对图层进行管理，以使用户操作起来更加方便。

在AutoCAD 2018中可以通过以下几种方法启动“重命名图层”命令。

- 快捷菜单：在“图层特性管理器”选项板中，右键单击需要删除的图层，打开快捷菜单，选择“重命名图层”命令。
- 鼠标法：在“图层特性管理器”选项板中，在需要重命名的图层上，双击其名称。

- 快捷键：在“图层特性管理器”选项板中，选中需要重命名的图层，按F2键。

执行以上任一命令，均可以对选中的图层进行重命名操作，但是在对图层0进行重命名操作时，系统将弹出提示对话框，如图10-30所示，提示用户不能对图层0进行重命名操作。

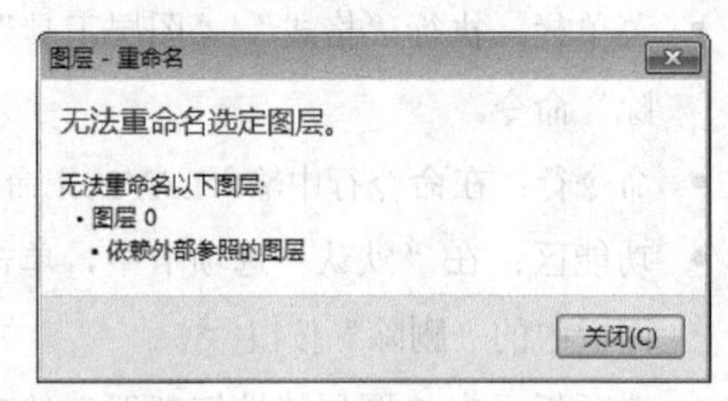

图10-30　提示对话框

10.3.7　设置为Bylayer

Bylayer设置也被称为随层设置，也就是说，所绘对象的属性与该层的属性完全一致。例如颜色、线型、线宽等都与当前层所设定的完全相同。

在AutoCAD 2018中可以通过以下几种方法设置为Bylayer。

- 命令行：在命令行中输入PR命令并按Enter键，打开“特性”选项板，在相应的特性栏中进行修改。
- 功能区：在“默认”选项卡中，单击“特性”面板中的“对象颜色”“线宽”“线型”按钮来进行相应属性的修改。
- 快捷菜单：选择对象后，单击鼠标右键，在弹出的快捷菜单中选择“特性”或“快捷特性”命令，然后在弹出的选项板中进行修改。

10.4　图层特性的设置

在讲解了图层的使用与管理方法后，还需要对图层特性的设置方法进行讲解。用户通过“特性”选项板或者“图层特性管理器”选项板可以方便地修改图形对象的颜色、线型、线宽等。

10.4.1　设置图层颜色

在绘图过程中，为了区分不同的对象，通常将图层设置为不同的颜色。AutoCAD 2018提供了多种颜色，如红色、黄色、绿色、青色、蓝色、洋红色和白色等，用户可根据需要选择相应的颜色。

在AutoCAD 2018中可以通过以下几种方法设置图层颜色。

- 选项板：在“图层特性管理器”选项板中，单击“颜色”列，打开“选择颜色”对话框，如图10-31所示，选择颜色即可。

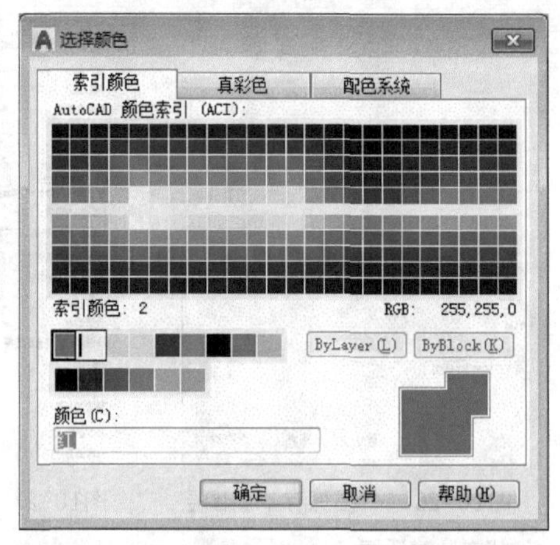

图10-31　“选择颜色”对话框

- 下拉列表框：在“默认”选项卡中，打开“图层”面板中的“图层”下拉列表框，单击“图层颜色”块，打开“选择颜色”对话框，选择颜色即可。

若只想修改单一对象图层的颜色，有以下两种方法。

- 选取需要修改颜色的对象，在“特性”面板中打开“对象颜色”下拉列表框，在其中更改颜色即可。
- 选取需要修改颜色的对象，在命令行中输入PR命令并按Enter键，或者双击对象，在弹出的“特性”选项板中的“常规”选项组中更改“颜色”即可。

执行以上任一命令，均可以对图层的颜色进行设置，图10-32所示为设置家具图层颜色的前后效果对比图。

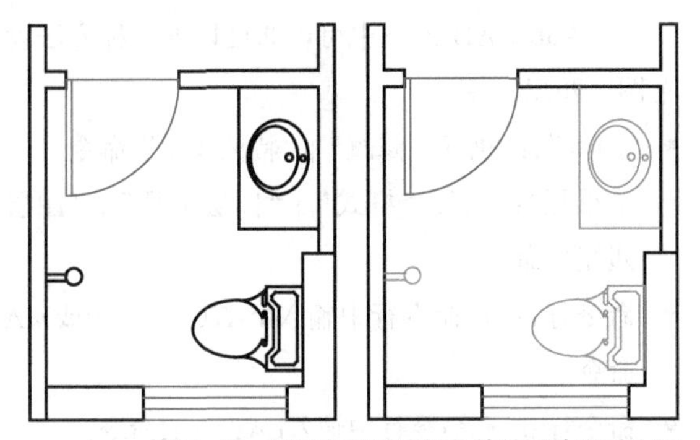

图10-32 设置家具图层颜色的前后效果对比图

10.4.2 设置图层线型

线型是由沿图形显示的线、点和间隔组成的图样。在图层中设置线型，可以更直观地区分图形，使图形易于查看。图层线型是指在图层中绘图时所使用的线型，每一个图层都有相应的线型。

在AutoCAD 2018中可以通过以下几种方法设置图层线型。

- 选项板：在“图层特性管理器”选项板中，单击“线型”列，打开“选择线型”对话框，如图10-33所示，选择线型即可。

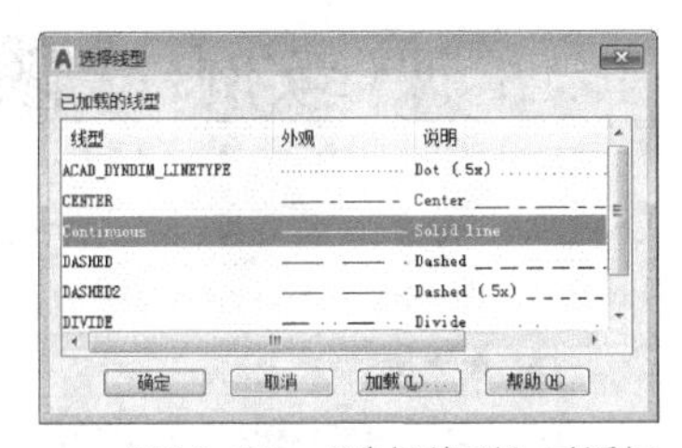

图10-33 “选择线型”对话框

若只想修改单一对象图层的线型，有以下两种方法。

- 选取需要修改线型的对象，在“特性”面板中打开“线型”下拉列表框，更改线型即可。
- 选取需要修改线型的对象，在命令行中输入PR命令并按Enter键，或者双击对象，在弹出的“特性”选项板中的“常规”选项组中更改“线型”即可。

执行以上任一命令，均可以对图层的线型进行设置。在设置线型时，若“选择线型”对话框中没有需要的线型，则可以单击“加载”按钮，打开“加载或重载线型”对话框，如图10-34所示，在对话框中选择合适的线型，再依次单击“确定”按钮即可。图10-35所示为设置细实线图层线型的前后效果对比图。

图10-34 “加载或重载线型”对话框

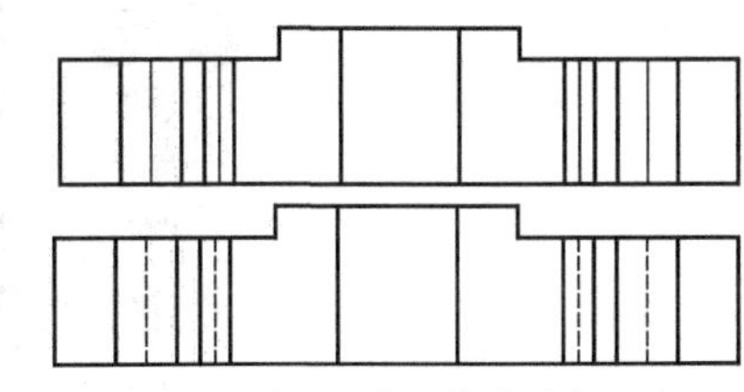

图10-35 设置细实线图层线型的前后效果对比图

10.4.3 设置图层线宽

通常在对图层的颜色和线型进行设置后，还需对图层的线宽进行设置，这样可以在打印时不再设置线宽。

在AutoCAD 2018中可以通过以下几种方法设置图层线宽。

- 选项板：在“图层特性管理器”选项板中，单击“线宽”列，打开“线宽”对话框，如图10-36所示，选择线宽即可。

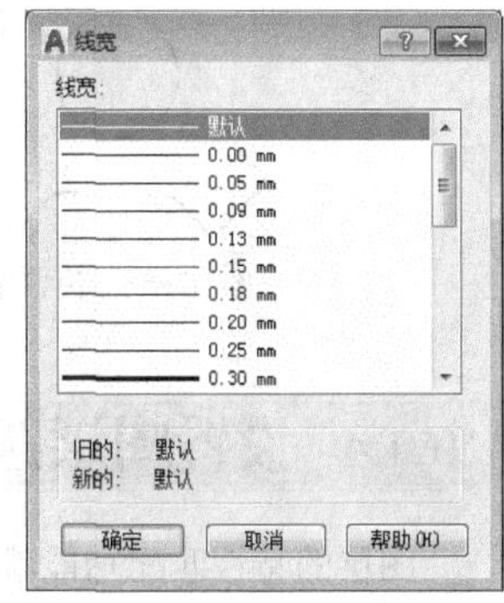

图10-36 “线宽”对话框

若只想修改单一对象图层的线宽，有以下两种方法。

- 选取需要修改线宽的对象，在“特性”面板中打开“线宽”下拉列表框，更改线宽即可。
- 选取需要修改线宽的对象，在命令行中输入PR命令并按Enter键，或者双击对象，在弹出的“特性”选项板中的“常规”选项组中更改“线型”即可，如图10-37所示。

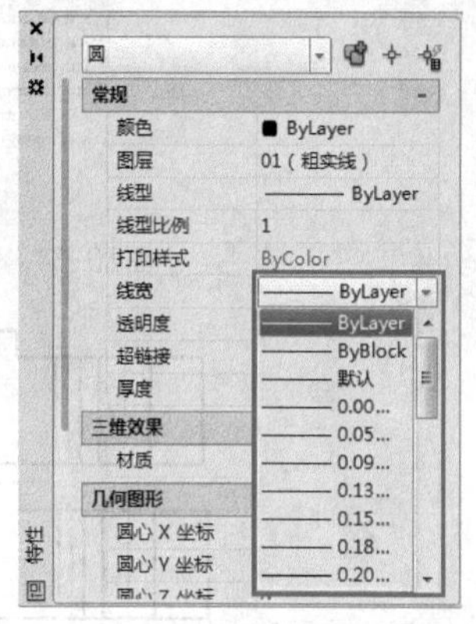

图10-37 “特性”选项板

在“线宽设置”对话框中，各选项的含义如下。

- 线宽：显示可用线宽值。
- 当前线宽：显示当前线宽。
- 单位：指定线宽值是以毫米为单位还是以英寸为单位。
- 显示线宽：控制线宽是否在图形中显示。

执行以上任一命令，均可以对图层的线宽进行设置，图10-38所示为设置图层0线宽的前后效果对比图。

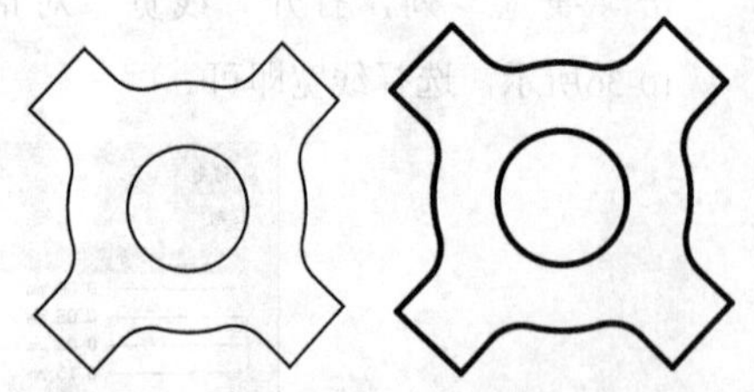

图10-38 设置图层0线宽的前后效果对比图

10.4.4 设置图层匹配

图层的特性匹配功能就是把一个图形对象（源对象）的特性完全“继承”给另外一个（或一组）图形对象（目标对象），使这些图形对象的部分或全部特性和源对象相同。

在AutoCAD 2018中可以通过以下几种方法设置图层匹配。

- 菜单栏1：执行“修改”|“特性匹配”命令。
- 菜单栏2：执行“格式”|“图层工具”|“图层匹配”命令。
- 命令行1：在命令行中输入MATCHPROP或MA命令。
- 命令行2：在命令行中输入LAYMCH命令。
- 功能区1：在“默认”选项卡中，单击“特性”面板中的“特性匹配”按钮。
- 功能区2：在“默认”选项卡中，单击“图层”面板中的“匹配图层”按钮。

执行以上任一命令，均可以对图层的相关特性进行匹配操作。图10-39所示为图层匹配的前后效果对比图。

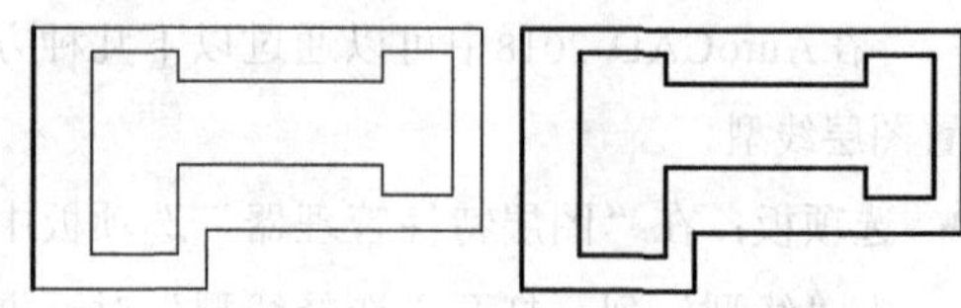

图10-39 图层匹配的前后效果对比图

10.4.5 课堂实例——修改图层特性

案例位置	素材>第10章>10.4.5 课堂实例——修改图层特性.dwg
在线视频	视频>第10章>10.4.5 课堂实例——修改图层特性.mp4
难易指数	★★★★★
学习目标	学习“设置图层颜色”“设置图层线型”“设置图层线宽”“匹配图形”等功能的使用

01 打开文件。单击快速访问工具栏中的“打开”按钮，打开本书素材中的“第10章\10.4.5课堂实例——修改图层特性.dwg”素材文件，如图10-40所示。

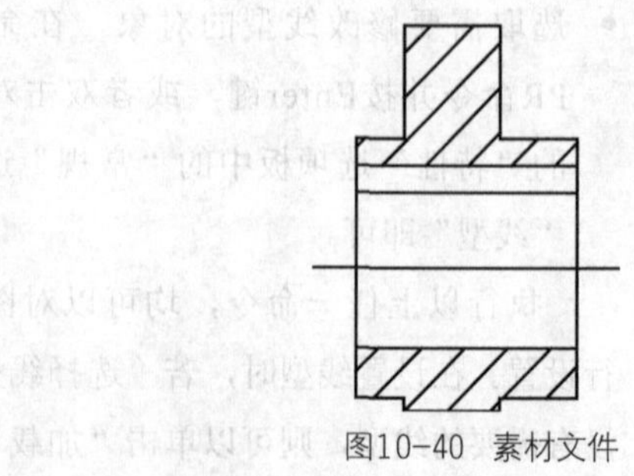

图10-40 素材文件

02 快捷菜单。调用LA“图层”命令，打开“图层特性管理器”选项板，新建“中心线”“剖面线”“粗实线”图层，如图10-41所示。

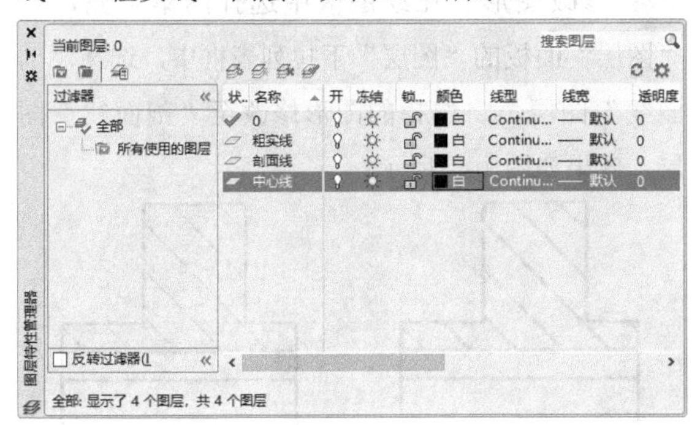

图10-41　“图层特性管理器”选项板

03 选择颜色。单击“中心线”图层中的“颜色”列，打开“选择颜色”对话框，选择“红”，如图10-42所示。

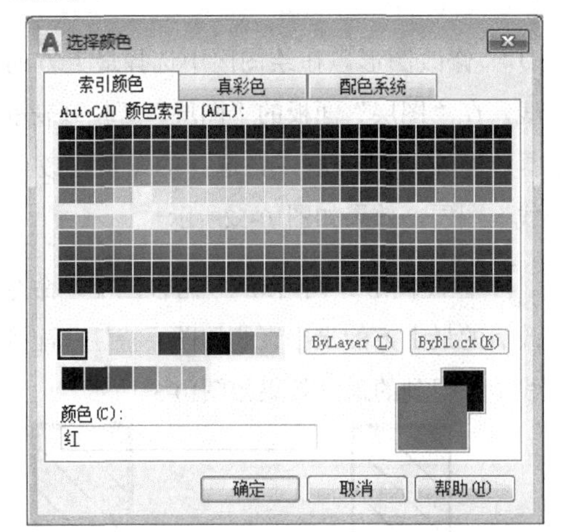

图10-42　“选择颜色”对话框

04 修改颜色。单击“确定”按钮，即可修改图层颜色，如图10-43所示。

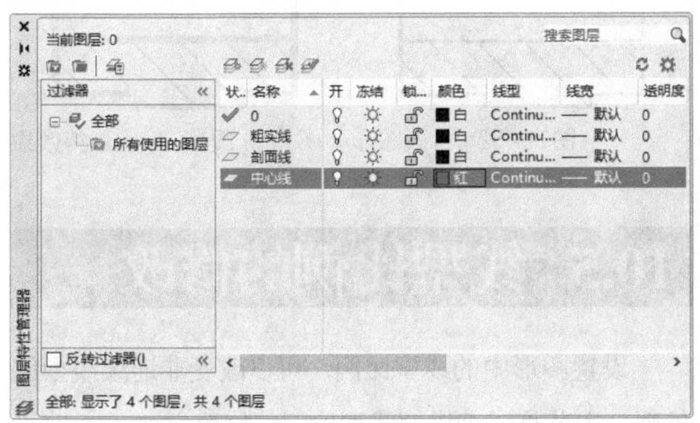

图10-43　修改图层颜色

05 修改颜色。用同样的方法，将“剖面线”图层的“颜色”修改为“蓝”，如图10-44所示。

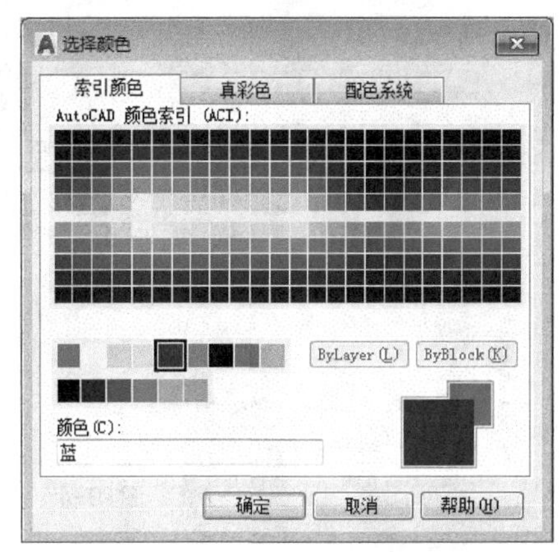

图10-44　修改其他图层的颜色

06 单击按钮。单击“中心线”图层中的“线型”列，打开“选择线型”对话框，单击“加载”按钮，如图10-45所示。

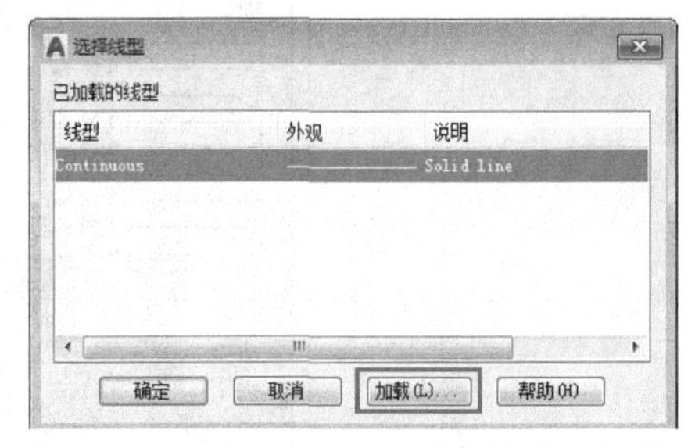

图10-45　“选择线型”对话框

07 选择线型。打开“加载或重载线型”对话框，选择“CENTER”线型，如图10-46所示。

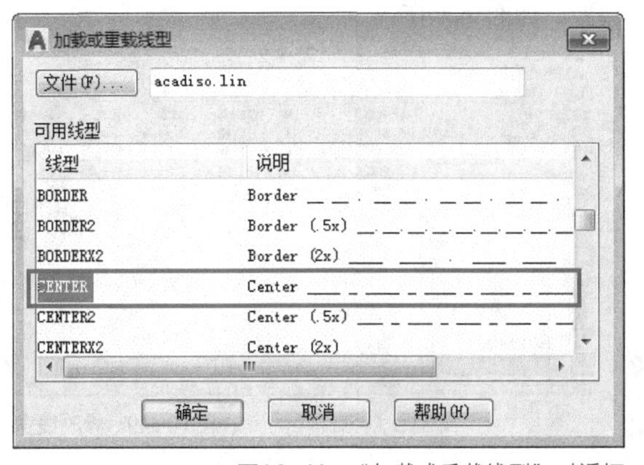

图10-46　“加载或重载线型”对话框

08 修改线型。单击“确定”按钮，返回“选择线型”对话框，选择“CENTER”线型，单击“确定”按钮，完成“中心线”图层的修改，如图10-47所示。

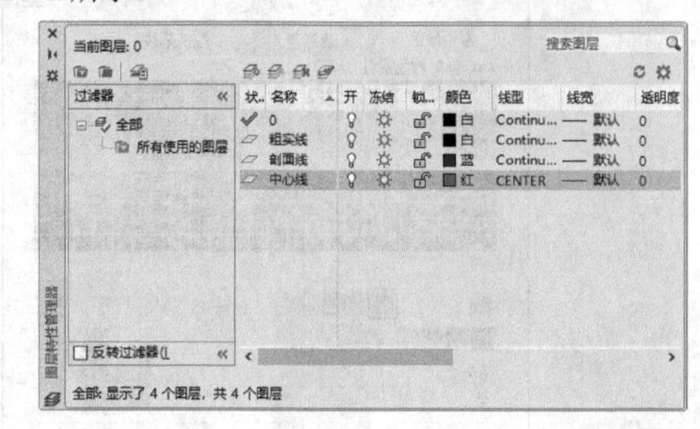

图10-47　完成线型修改

09 选择线宽。单击“粗实线”图层中的“线宽”列，打开“线宽”对话框，选择“0.30mm”，如图10-48所示。

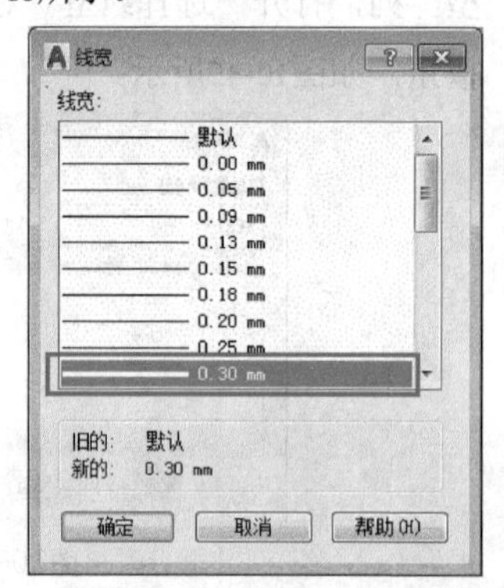

图10-48　“线宽”对话框

10 修改线宽。单击“确定”按钮，完成线宽的修改，如图10-49所示。

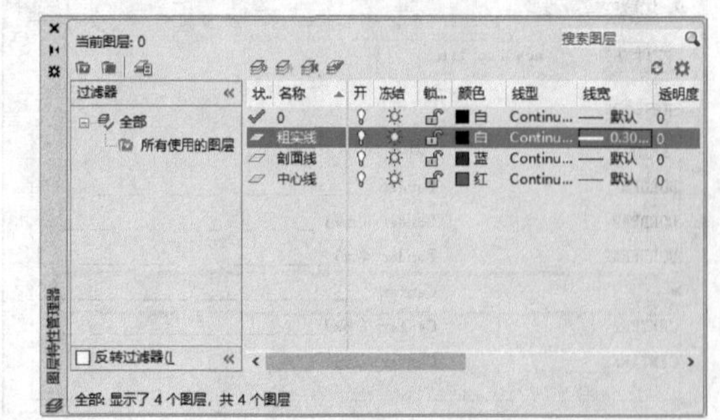

图10-49　修改线宽

11 修改图形。在绘图区中选择中间的水平直线，在“图层”面板的“图层”下拉列表框中，选择“中心线”图层，将选择的图形修改至“中心线”图层，效果如图10-50所示。

12 修改图形。在绘图区中选择图案填充，在“图层”面板的“图层”下拉列表框中，选择“剖面线”图层，将选择的图形修改至“剖面线”图层，效果如图10-51所示。

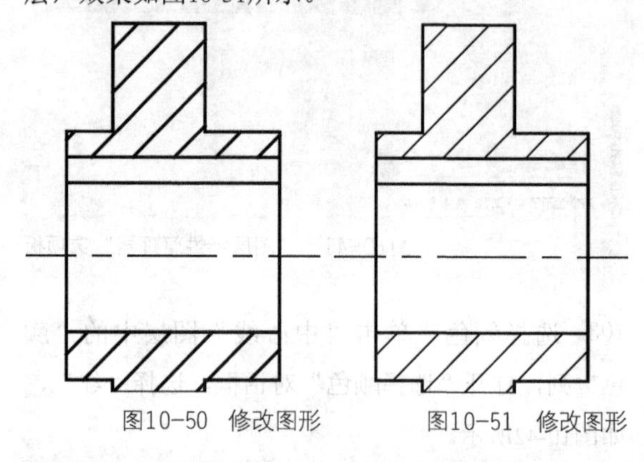

图10-50　修改图形　　图10-51　修改图形

13 修改图形。在绘图区中选择最上方的水平直线，在“图层”面板的“图层”下拉列表框中，选择“粗实线”图层，将选择的图形修改至“粗实线”图层，效果如图10-52所示。

14 匹配图形。调用MA“特性匹配”命令，将修改后的最上方的水平直线的图层特性匹配到其他直线中，得到的最终效果如图10-53所示。

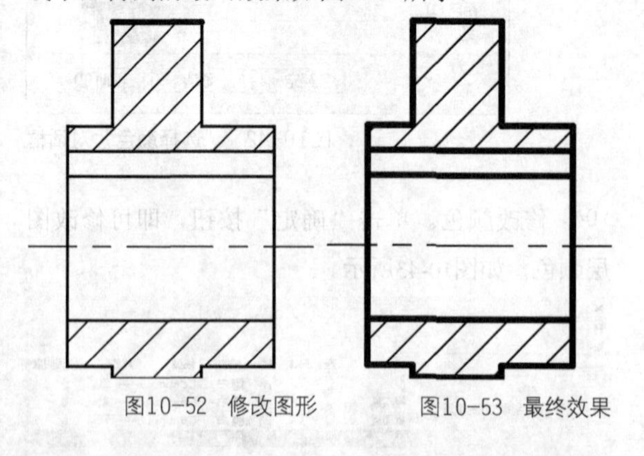

图10-52　修改图形　　图10-53　最终效果

10.5 线型比例的修改

设置图形中的线型比例，可以改变非连续线型的外观。本节将详细讲解线型比例的修改方法。

10.5.1 线型管理器

使用“线型比例”命令，可以通过打开“线型管理器”对话框来改变全局线型比例。

在AutoCAD 2018中可以通过以下几种方法启动“线型比例”命令。

- 菜单栏：执行“格式”|“线型”命令。
- 命令行：在命令行中输入LINETYPE命令。
- 功能区：在“默认”选项卡中，打开“特性”面板中的“线型”下拉列表框，在其中选择“其他”选项。

执行以上任一命令，均可以打开“线型管理器”对话框，如图10-54所示，在该对话框中可以修改线型的参数，其各选项的含义如下。

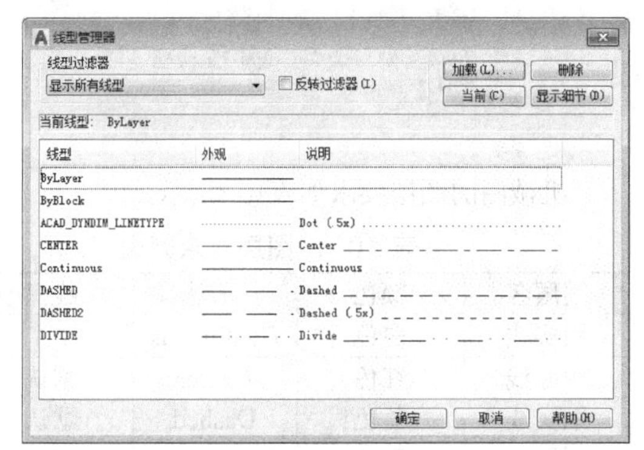

图10-54　“线型管理器”对话框

- 线型过滤器：确定在线型列表中显示哪些线型。
- 反转过滤器：根据与选定的过滤条件相反的条件显示线型。
- 加载：单击该按钮，可以显示“加载或重载线型”对话框。
- 删除：从图形中删除选定的线型，但只能删除未使用的线型，并且不能删除BYLAYER、BYBLOCK和CONTINUOUS线型。
- 当前：将选定线型设定为当前线型。
- 显示细节：控制是否显示线型管理器的“详细信息”部分。
- 当前线型：显示当前线型的名称。
- 线型列表：在“线型过滤器”中，根据指定的选项显示已加载的线型。
- 详细信息：提供访问特性和添加附加设置的其他途径。

10.5.2 课堂实例——改变全局线型比例

案例位置	素材>第10章>10.5.2 课堂实例——改变全局线型比例.dwg
在线视频	视频>第10章>10.5.2 课堂实例——改变全局线型比例.mp4
难易指数	★★★★★
学习目标	学习“线型管理器”功能的使用

01 打开文件。单击快速访问工具栏中的“打开”按钮，打开本书素材中的“第10章\10.5.2 课堂实例——改变全局线型比例.dwg”素材文件，如图10-55所示。

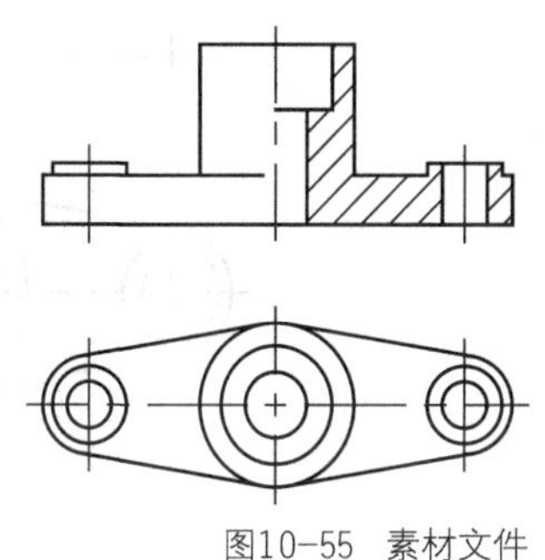

图10-55　素材文件

02 选择选项。在“默认”选项卡中，选择“特性”面板的“线型”下拉列表框中的“其他”选项，如图10-56所示。

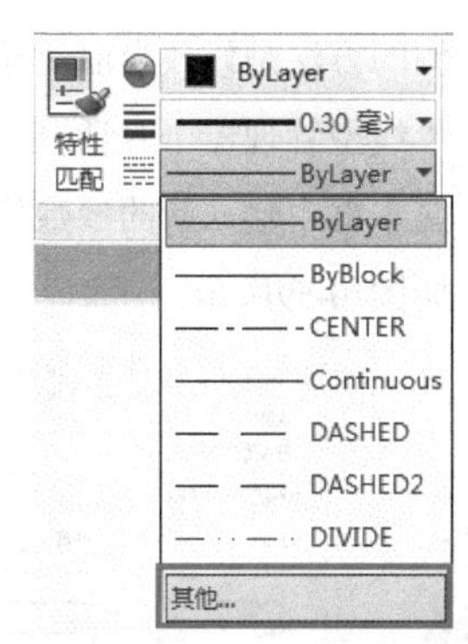

图10-56　“线型”下拉列表框

03 修改参数。打开“线型管理器”对话框，单击“显示细节”按钮，修改“全局比例因子”为0.3，如图10-57所示。

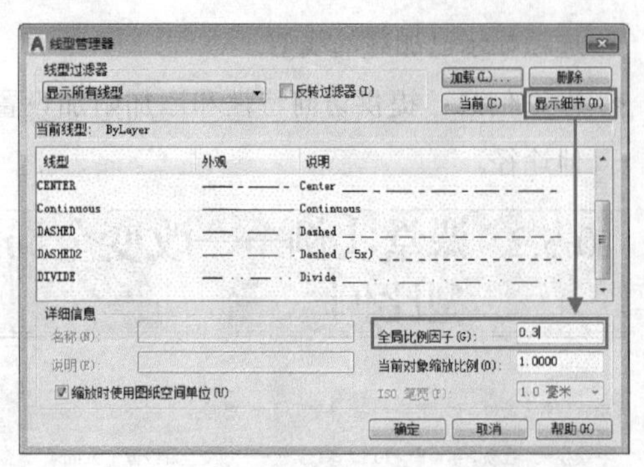

图10-57 “线型管理器”对话框

04 最终效果。单击“确定”按钮即可改变全局线型比例，效果如图10-58所示。

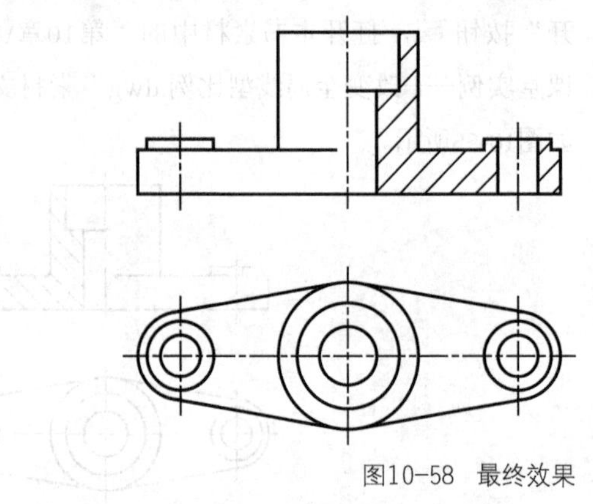

图10-58 最终效果

10.5.3 改变当前对象线型比例

设置当前对象线型比例的方法与设置全局比例因子的方法类似，不同的是改变当前对象线型比例的方法是修改当前对象缩放比例，修改方法是在“线型管理器”对话框中的“当前对象缩放比例”文本框中输入新的参数值，再单击“确定”按钮，如图10-59所示。

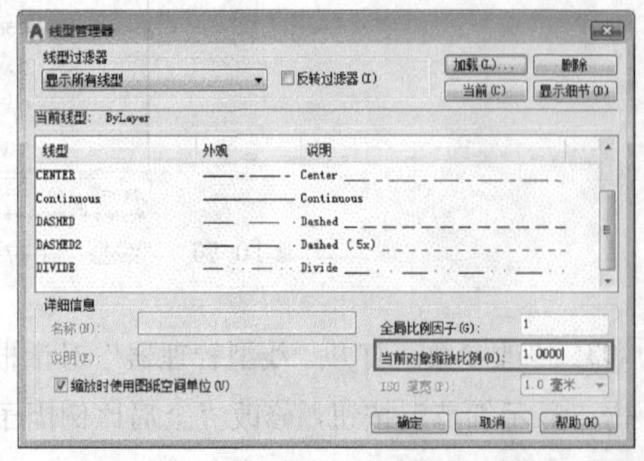

图10-59 “线型管理器”对话框

10.6 本章小结

图层的应用与管理至关重要，其主要作用是对绘制的图形进行管理，使得绘制出来的图形有条理。通过对本章的学习，读者可以更好地创建、设置和管理图层。

10.7 课后习题

本节通过具体的实例练习图层的创建、设置与管理方法。

10.7.1 设置机械图图层特性

案例位置 素材>第10章>10.7.1 设置机械图图层特性.dwg

在线视频 视频>第10章>10.7.1 设置机械图图层特性.mp4

难易指数 ★★★★★

学习目标 学习“图层”功能的使用

机械图的图层要求如表10-1所示。

表 10-1 图层要求列表

图层名	颜色	线型	线宽
粗实线	白色	Continuous	0.3
中心线	红色	Center	默认
细实线	蓝色	Dashed	默认
剖面线	蓝色	Continuous	默认
标注	蓝色	Continuous	默认

10.7.2 设置室内平面图图层模板

案例位置 素材>第10章>10.7.2 设置室内平面图图层模板.dwg

在线视频 视频>第10章>10.7.2 设置室内平面图图层模板.mp4

难易指数 ★★★★★

学习目标 学习“图层”功能的使用

室内平面图的图层要求如表10-2所示。

表 10-2 图层要求列表

图层名	颜色	线型	线宽
墙线	白色	Continuous	默认
轴线	红色	Center	默认
门窗	蓝色	Continuous	默认
阳台	蓝色	Continuous	默认
家具	绿色	Continuous	默认
标注	洋红色	Continuous	默认

第11章

AutoCAD图形的输出和打印

内容摘要

完成图形设计之后，就要通过打印机或绘图仪将图形输出。AutoCAD 2018提供了图形输入与输出接口，不仅可以将其他应用程序中处理好的数据传送给AutoCAD，以显示其图形，还可以将在AutoCAD中绘制好的图形打印出来，或者把信息传送给其他应用程序。

课堂学习目标

- 了解模型空间和图纸空间的基础知识
- 掌握布局的创建方法
- 掌握打印样式的应用方法
- 掌握布局图的应用方法
- 掌握页面设置的操作方法
- 掌握图纸的出图方法

11.1 模型空间和图纸空间

模型空间用于建模。在模型空间中，可以绘制全比例的二维图形和三维模型，还可以添加标注、注释等内容。模型空间是一个没有界限的三维空间，并且永远按照1：1的比例绘图。

图纸空间又称为布局空间，主要用于出图。模型建立后，需要将模型打印到纸面上形成图样。在图纸空间中，只能显示二维图形。图纸空间是一个有界限的二维空间，会受到所选输出图纸的大小限制。使用图纸空间可以方便地设置打印设备、纸张、比例尺、图样布局，并预览实际出图效果。

在AutoCAD 2018中，可以通过在状态栏中单击“模型或图纸空间”按钮模型来切换模型空间和图纸空间。图11-1和图11-2所示分别为模型空间和图纸空间。

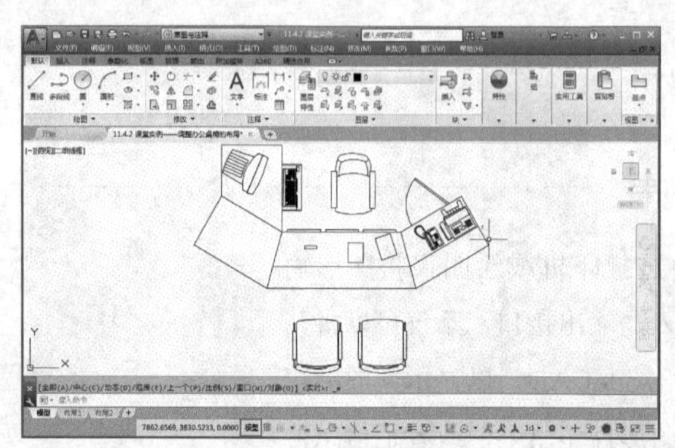

图11-1 模型空间

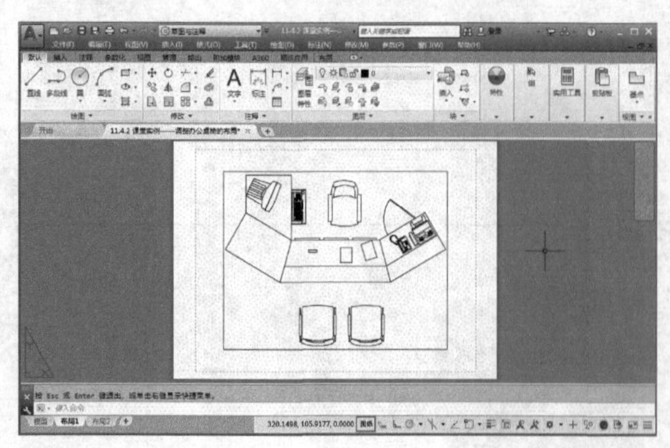

图11-2 图纸空间

11.2 布局的创建

在AutoCAD中，每一个布局都代表一张单独的打印输出图纸，在布局中可以创建浮动视口，并进行打印设置。

11.2.1 布局概述

布局是一种图纸空间环境，它模拟显示图纸页面、提供直观的打印设置。其主要用来控制图形的输出，布局中所显示的图形与图纸页面上打印出来的图形完全一样。

在AutoCAD 2018中可以通过以下几种方法创建布局。

- 菜单栏1：执行“工具”|“向导”|“创建布局”命令。
- 菜单栏2：执行“插入”|“布局”|“创建布局向导”命令。
- 命令行：在命令行中输入LAYOUTWIZARD命令。
- 快捷菜单：用鼠标右键单击绘图区下方的“模型”或“布局”选项卡，在弹出的快捷菜单中选择“新建布局”命令。

执行以上任一命令，均可以创建布局。

11.2.2 课堂实例——为零件图创建布局

案例位置	素材>第11章>11.2.2 课堂实例——为零件图创建布局.dwg
在线视频	视频>第11章>11.2.2 课堂实例——为零件图创建布局.mp4
难易指数	★★★★★
学习目标	学习“新建布局”命令的使用

01 打开文件。单击快速访问工具栏中的“打开”按钮，打开本书素材中的“第11章\11.2.2 课堂实例——为零件图创建布局.dwg”素材文件，如图11-3所示。

02 修改名称。在命令行中输入LAYOUTWIZARD命令并按Enter键，打开“创建布局-开始”对话框，输入新布局的名称为“零件图”，如图11-4所示。

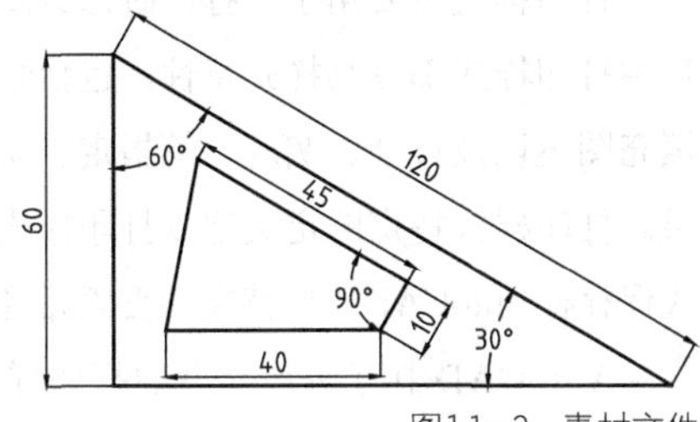

图11-3　素材文件

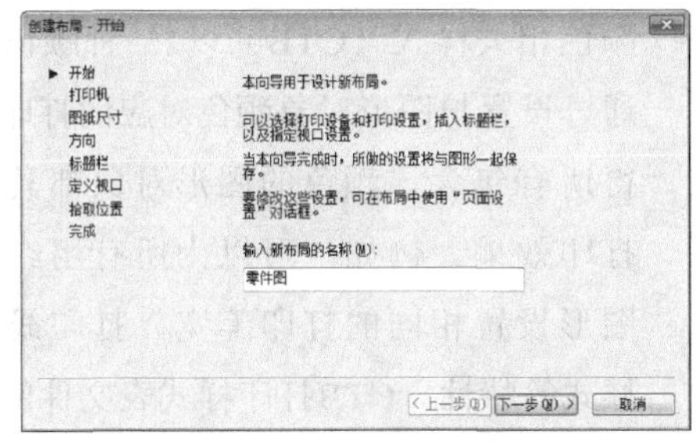

图11-4　“创建布局-开始”对话框

03 选择打印机。单击“下一步”按钮，打开“创建布局-打印机”对话框，选择合适的打印机，如图11-5所示。

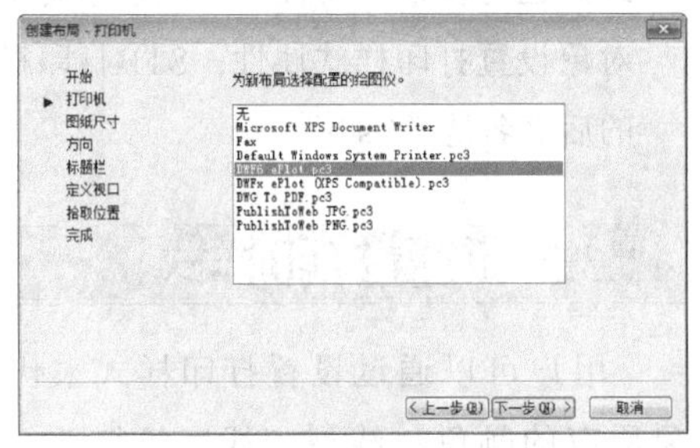

图11-5　“创建布局-打印机”对话框

04 选择图纸。单击“下一步”按钮，打开“创建布局-图纸尺寸”对话框，在“图纸尺寸”下拉列表框中选择合适的图纸尺寸，如图11-6所示。

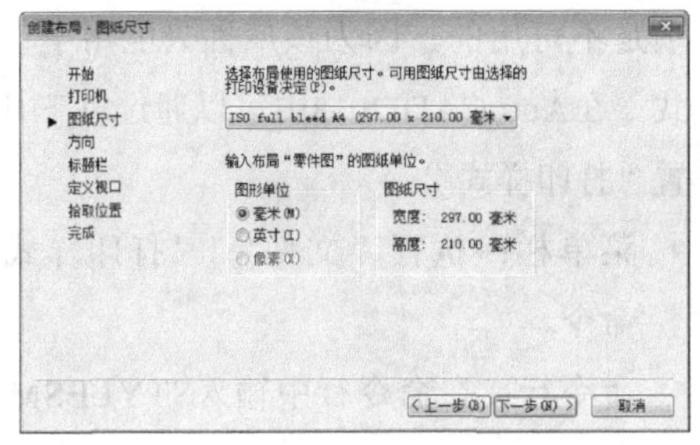

图11-6　“创建布局-图纸尺寸”对话框

05 设置方向。单击“下一步”按钮，打开“创建布局-方向”对话框，设置图纸的方向，如图11-7所示。

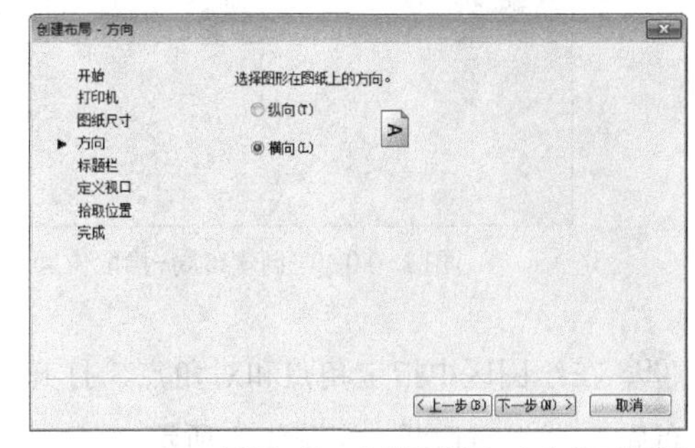

图11-7　“创建布局-方向”对话框

06 选择路径。单击“下一步”按钮，打开“创建布局-标题栏”对话框，在“路径”列表框中，选择“无”选项，如图11-8所示。

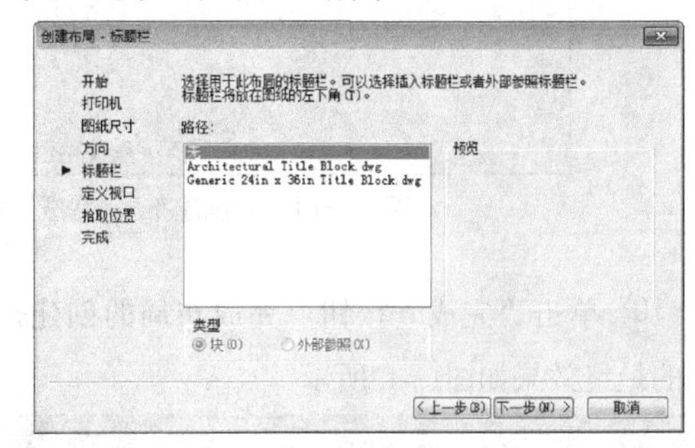

图11-8　“创建布局-标题栏”对话框

07 定义视口。单击“下一步”按钮，打开“创建布局-定义视口”对话框，选中“单个”单选按钮，如图11-9所示。

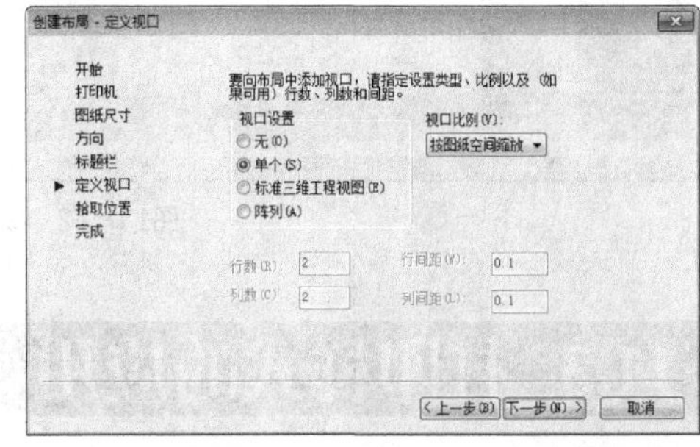

图11-9　“创建布局-定义视口”对话框

08 单击按钮。单击“下一步”按钮，打开“创建布局-拾取位置”对话框，单击“选择位置”按钮，如图11-10所示。

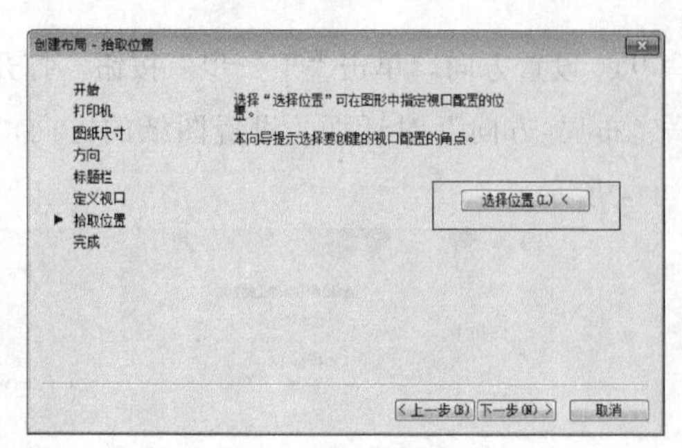

图11-10　“创建布局-拾取位置”对话框

09 在绘图区中指定角点和对角点，打开“创建布局-完成”对话框，如图11-11所示。

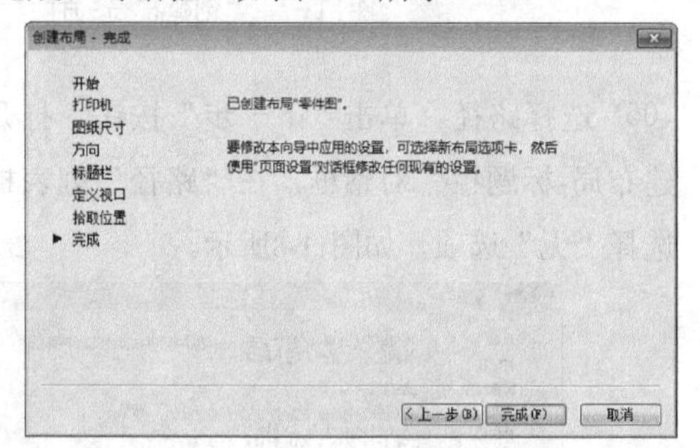

图11-11　“创建布局-完成”对话框

10 单击“完成”按钮，完成布局的创建，得到的最终效果如图11-12所示。

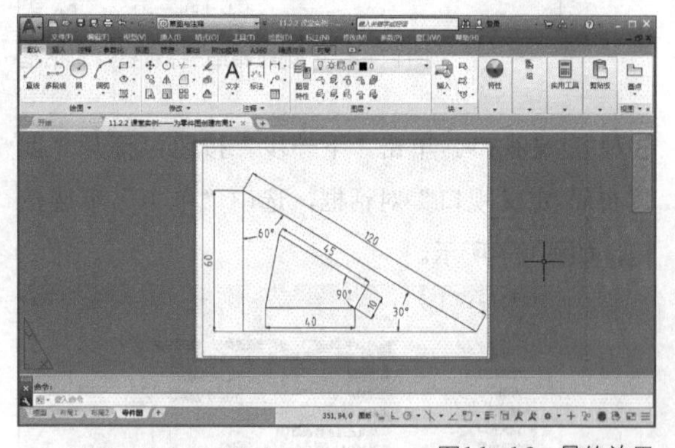

图11-12　最终效果

11.3　打印样式的应用

使用打印样式可以在多方面控制对象的打印方式，打印样式也是对象的一种特性，它用于修改打印图形的外观。本节将详细讲解打印样式的应用方法。

11.3.1　打印样式类型

打印样式主要用于在打印时修改图形的外观。每种打印样式都有其样式特性，包括泵点、连接、填充图案以及抖动、灰度、笔指定和淡显等打印效果。打印样式特定的定义都以打印样式表文件的形式保存在AutoCAD的支持文件搜索路径下。

AutoCAD中有两种类型的打印样式：“颜色相关样式（CTB）”和“命名样式（STB）”。

- 颜色相关样式（CTB）以255种颜色为基础，通过设置与图形对象颜色对应的打印样式，使得所有包含该颜色的图形对象都具有相同的打印效果。例如，可以为所有用红色绘制的图形设置相同的打印笔宽、打印线型和填充样式等特性。CTB打印样式表文件的后缀名为“*.ctb”。
- 命名样式（STB）和线型、颜色、线宽一样，是图形对象的一个普通属性。可以在“图层特性管理器”选项板中为某个图层指定打印样式，也可以在“特性”选项板中为单独的图形对象设置打印样式属性。STB打印样式表文件的后缀名是“*.stb”。

11.3.2　设置打印样式

用户可以通过设置打印样式来代替其他对象原有的颜色、线型和线宽等特性。在同一个AutoCAD图形文件中，不允许同时使用两种不同的打印样式类型，但允许使用同一类型的多个打印样式。例如，若当前文档使用命名打印样式，那么“图层特性管理器”选项板中的“打印样式”属性项是不可用的，因为该属性只能用于设置打印样式。在AutoCAD 2018中可以通过以下几种方法设置“打印样式”。

- 菜单栏：执行“文件”|“打印样式管理器”命令。
- 命令行：在命令行中输入STYLESMANAGER命令。

执行以上任一命令，均可以打开“打印样式管理器”文件夹，如图11-13所示，所有CTB和STB打印样式表文件都保存在这个对话框中。

图11-13　“打印样式管理器”文件夹

11.3.3 课堂实例——添加颜色打印样式

案例位置　素材>第11章>11.3.3 课堂实例——添加颜色打印样式.dwg

在线视频　视频>第11章>11.3.3 课堂实例——添加颜色打印样式.mp4

难易指数　★★★★★

学习目标　学习“添加打印样式表”命令的使用

01 新建文件。单击快速访问工具栏中的“新建”按钮，新建文件。

02 打开对话框。显示菜单栏，执行“工具”|“向导”|“添加打印样式表”命令，打开“添加打印样式表”对话框，如图11-14所示。

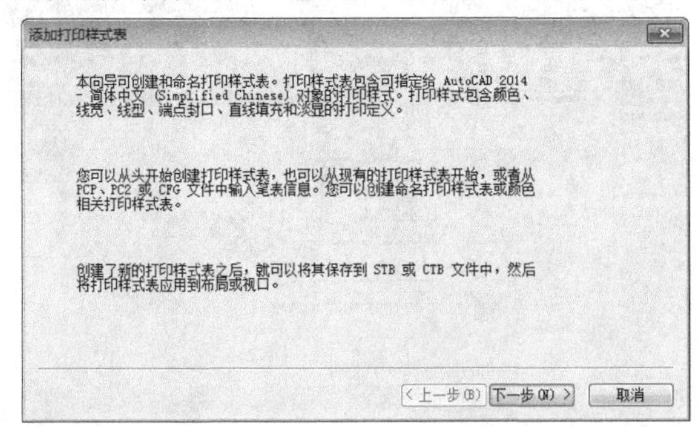

图11-14　“添加打印样式表”对话框

03 单击按钮。单击“下一步”按钮，打开“添加打印样式表-开始”对话框，选中“创建新打印样式表”单选按钮，如图11-15所示。

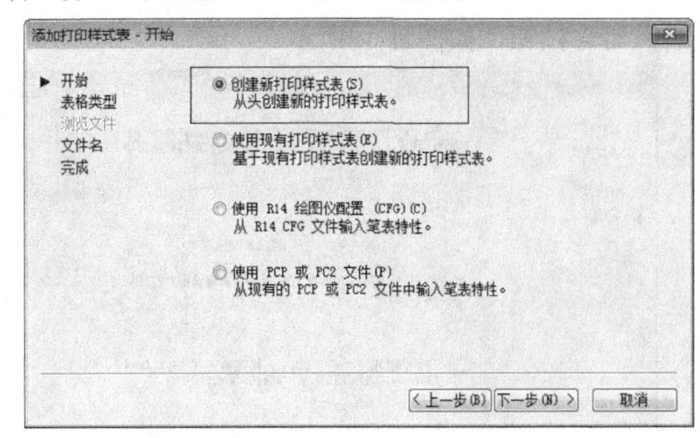

图11-15　“添加打印样式表-开始”对话框

04 单击按钮。单击“下一步”按钮，打开“添加打印样式表-选择打印样式表”对话框，选中“颜色相关打印样式表”单选按钮，如图11-16所示。

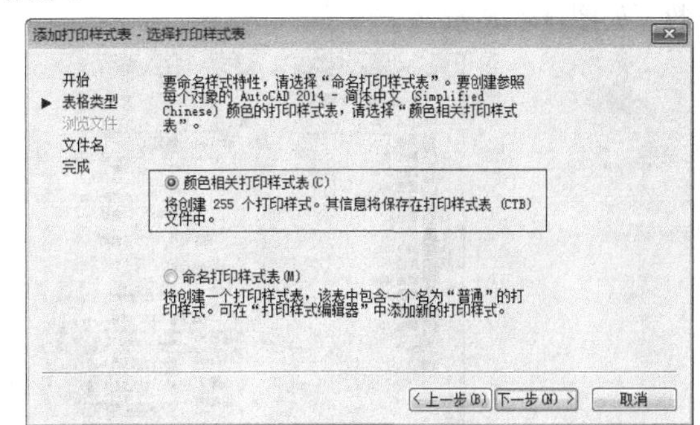

图11-16　“添加打印样式表-选择打印样式表”对话框

05 修改名称。单击“下一步”按钮，打开“添加打印样式表-文件名”对话框，修改“文件名”为“室内打印样式表”，如图11-17所示。

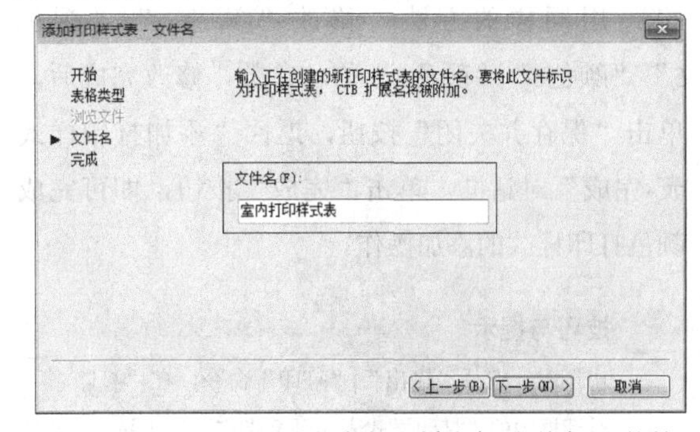

图11-17　“添加打印样式表-文件名”对话框

06 单击按钮。单击“下一步”按钮，打开“添加打印样式表-完成”对话框，单击“打印样式表编辑器”按钮，如图11-18所示。

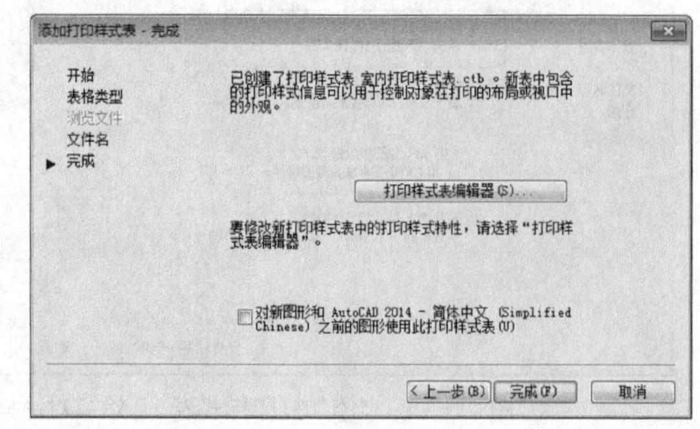

图11-18 “添加打印样式表-完成”对话框

07 修改参数。在弹出的“打印样式表编辑器-室内打印样式表”对话框中打开“表格视图”选项卡，修改“打印样式”列表框中“颜色1”的各参数，如图11-19所示。

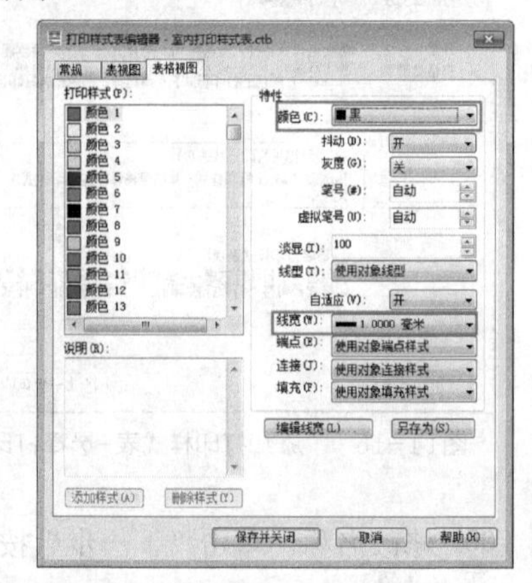

图11-19 “打印样式表编辑器-室内打印样式表”对话框

08 用同样的方法，修改“颜色3”“颜色5”“颜色6”“颜色7”的各参数，修改完成后，单击“保存并关闭”按钮，返回“添加打印样式表-完成”对话框，单击“完成”按钮，即可完成颜色打印样式的添加操作。

技巧与提示

出图时，选择“输出”|“打印”命令，在“打印-模型”对话框中的“打印样式表（画笔指定）”下拉列表框中选择“打印线宽.ctb”文件，这样，不同的颜色将被赋予不同的笔宽，并在图纸上体现出相应的粗细效果。

11.4 布局图的应用

在布局中可以创建并放置视口对象，还可以添加标题栏或者其他对象。用户可以在图纸上创建多个布局以显示不同的视图，每个布局可以包含不同的打印比例和图纸尺寸。

11.4.1 布局图操作

打开一个新的AutoCAD图形文件时，就已经存在两个布局——“布局1”和“布局2”。在布局标签上单击鼠标右键，弹出快捷菜单。通过该菜单，可以新建更多布局，也可以对已经创建的布局进行重命名、删除、复制等操作。

11.4.2 课堂实例——调整办公桌椅的布局

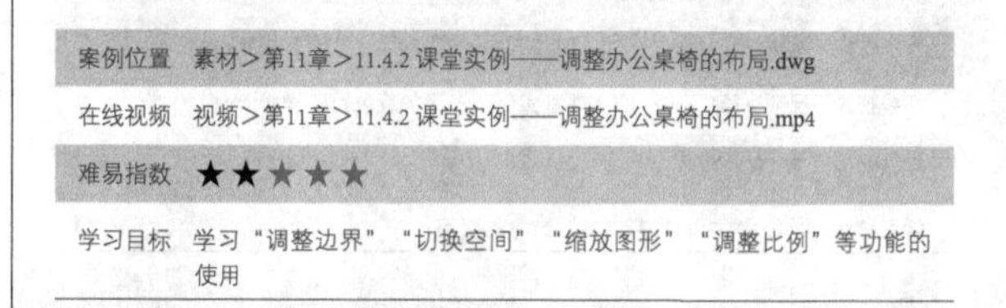

案例位置	素材>第11章>11.4.2 课堂实例——调整办公桌椅的布局.dwg
在线视频	视频>第11章>11.4.2 课堂实例——调整办公桌椅的布局.mp4
难易指数	★★★★★
学习目标	学习“调整边界”“切换空间”“缩放图形”“调整比例”等功能的使用

01 打开文件。单击快速访问工具栏中的“打开”按钮，打开本书素材中的“第11章\11.4.2 课堂实例——调整办公桌椅的布局.dwg”素材文件，如图11-20所示。

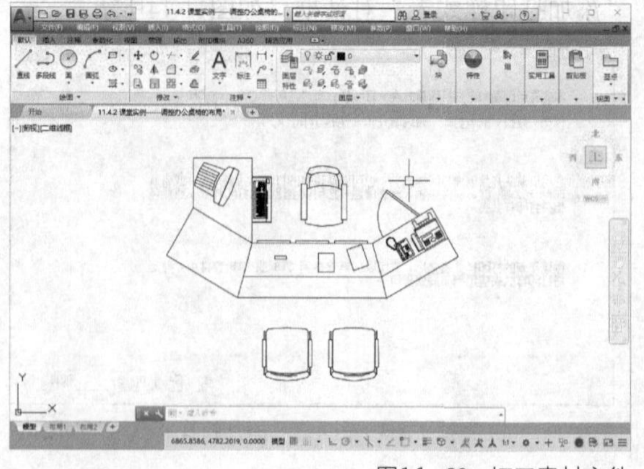

图11-20 打开素材文件

02 新建布局。在“布局1”标签上单击鼠标右键，在弹出的快捷菜单中选择“新建布局”命令，新建“布局3”，如图11-21所示。

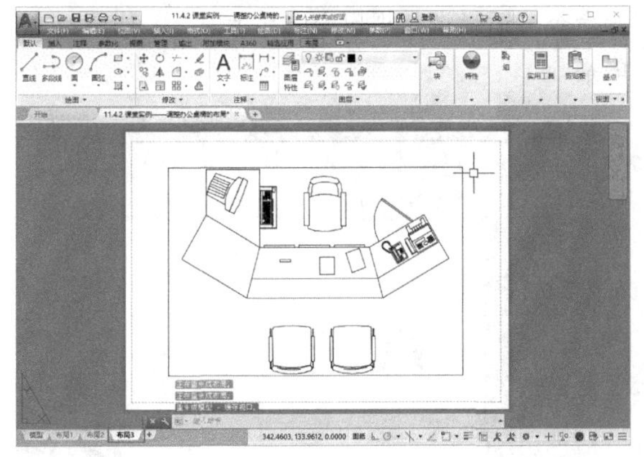

图11-21　新建布局

03 调整边界。单击图样空间中自动创建的一个矩形图形对象的视口边界，4个角点上将出现夹点，调整视口边界使其充满整个打印边界，如图11-22所示。

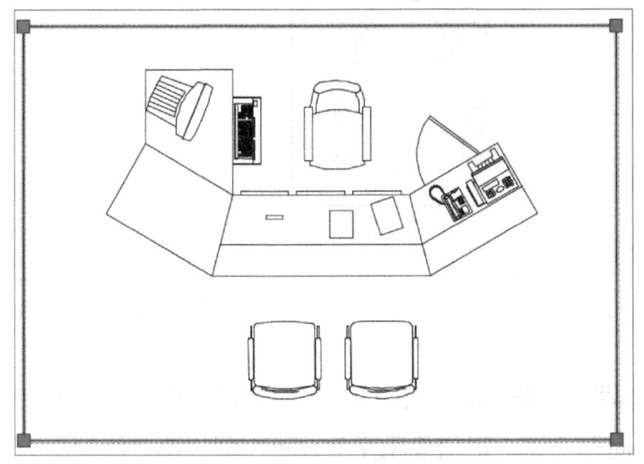

图11-22　调整视口边界

04 切换空间。单击工作区右下角的“模型或图纸空间”按钮将视口切换到模型空间状态。

05 缩放图形。在命令行中输入ZOOM命令并按Enter键，使所有的图形对象充满整个视口，并将图形调整到合适的位置，如图11-23所示。

06 调整比例。此时在视口比例中显示的就是当前图形的比例尺，但是该比例尺不是整数值，还需将该比例尺取整。在状态栏中单击“选定视口的比例”按钮，在展开的列表中，设置比例为“1∶16”即可，得到的最终效果如图11-24所示。

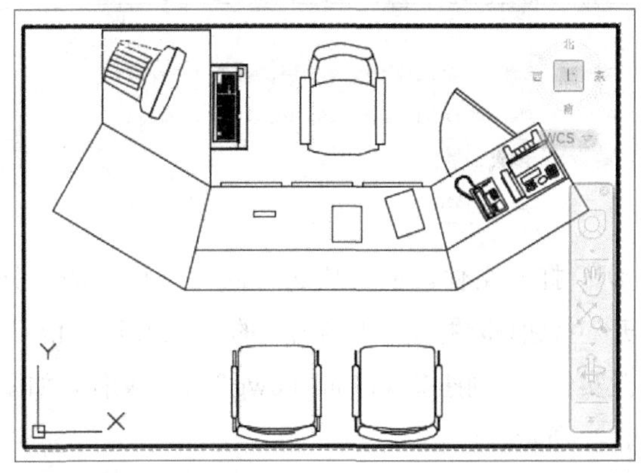

图11-23　缩放图形

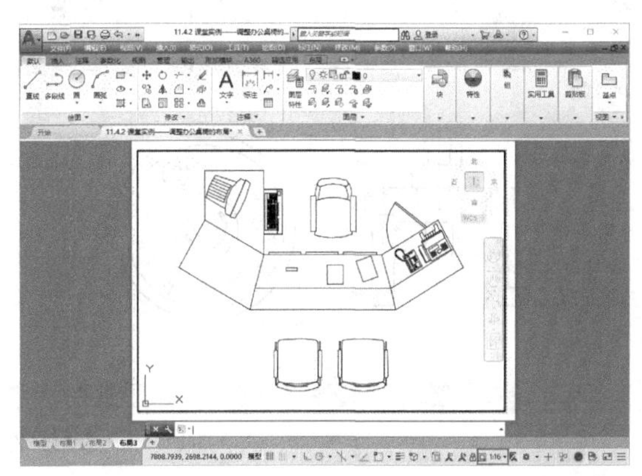

图11-24　最终效果

11.4.3　多视口布局

无论是在模型窗口中，还是在布局窗口中，都可以将当前的工作区由一个视口分成多个视口。在各个视口中，可以用不同的比例、角度和位置来显示同一个模型。

在AutoCAD 2018中可以通过以下几种方法启动“多视口布局”功能。

- 菜单栏：执行“视图”|“视口”命令。
- 命令行：在命令行中输入VPORTS命令。
- 功能区：在“布局”选项卡中，单击“布局视口”面板中的任意一个按钮。

执行以上任一命令，均可以开启“多视口布局”功能。

11.4.4 课堂实例——创建多视口布局

案例位置 素材>第11章>11.4.4 课堂实例——创建多视口布局.dwg

在线视频 视频>第11章>11.4.4 课堂实例——创建多视口布局.mp4

难易指数 ★★★★★

学习目标 学习"删除视口""绘制视口""显示内容"等功能的使用

01 打开文件。单击快速访问工具栏中的"打开"按钮，打开本书素材中的"第11章\11.4.4 课堂实例——创建多视口布局.dwg"素材文件，如图11-25所示。

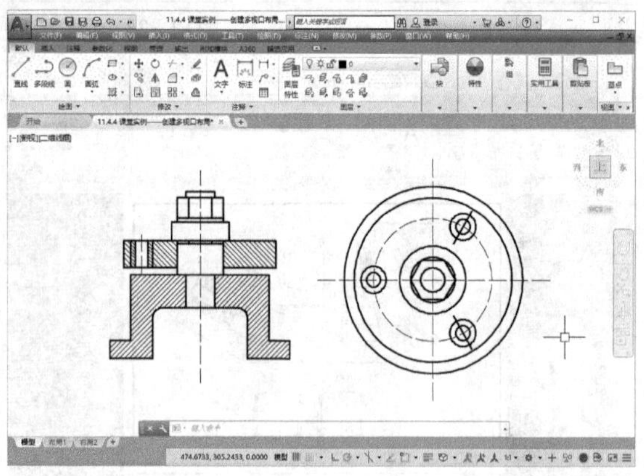

图11-25 素材文件

02 删除视口。切换至"布局1"窗口，删除所有视口，如图11-26所示。

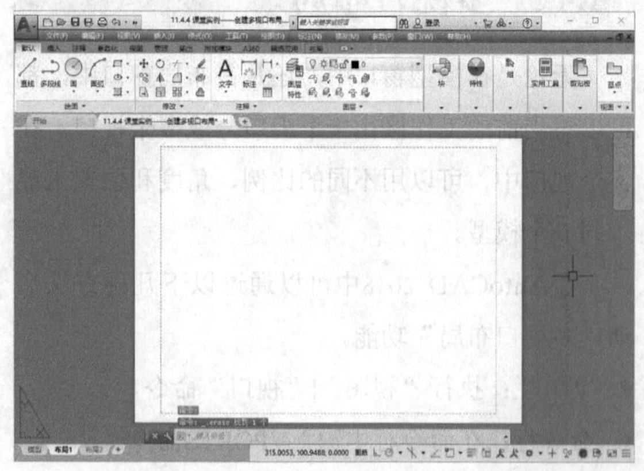

图11-26 删除视口

03 绘制视口。在命令行中输入VPORTS命令并按Enter键，根据命令行提示绘制矩形视口，如图11-27所示。

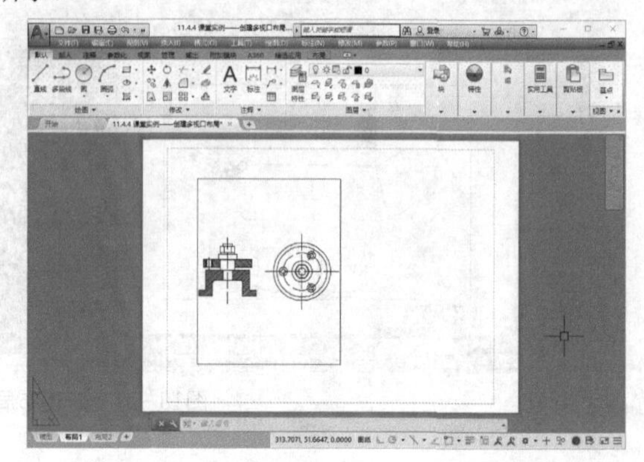

图11-27 绘制视口

04 显示内容。单击状态栏中的"模型或图纸空间"按钮，激活模型空间，调用"平移""缩放"等命令，适当调整视口中的显示内容，如图11-28所示。

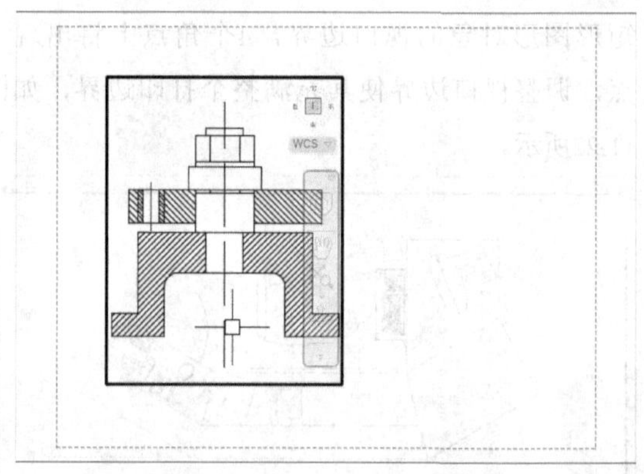

图11-28 显示内容

05 绘制视口。单击状态栏中的"模型或图纸空间"按钮，退出模型空间。再用同样的方法绘制另外一个视口，如图11-29所示。

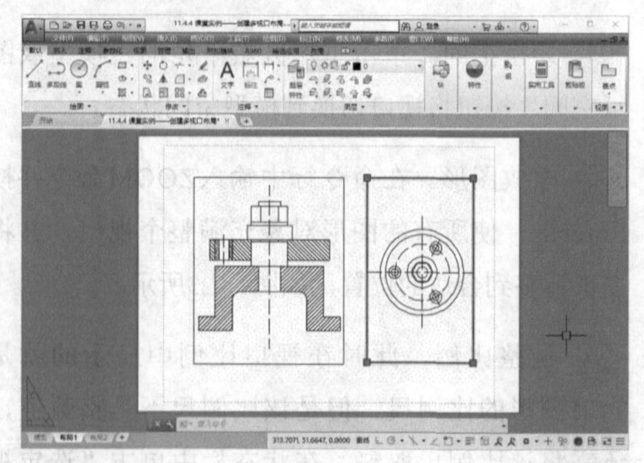

图11-29 绘制视口

06 显示内容。单击状态栏中的"模型或图纸空间”按钮，激活模型空间之后适当调整显示内容。

07 完成创建。单击状态栏中的“模型或图纸空间”按钮，退出模型空间。至此，新视口创建完成，最终效果如图11-30所示。

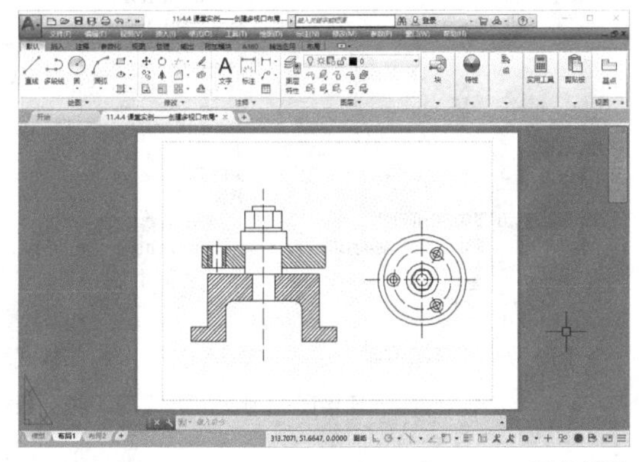

图11-30　最终效果

11.5 页面设置

在设置好布局视口后，就需要对图纸的页面进行设置，本节将详细讲解页面设置的操作方法。

11.5.1 页面设置

页面设置是出图准备过程中的最后一个步骤，在对打印的图形进行布局之前，先要对布局的页面进行设置，以确定出图的纸张大小等参数。页面设置包括对打印设备、纸张、打印区域、打印方向等参数进行设置。页面设置可以命名保存，可以将同一个命名页面设置应用到多个布局图中，也可以从其他图形中输入命名页面设置并将其应用到当前图形的布局中，这样就避免了在每次打印前反复进行页面设置的情况。

在AutoCAD 2018中可以通过以下几种方法启动“页面设置”命令。

- 菜单栏：执行“文件”|“页面设置管理器”命令。
- 命令行：在命令行中输入PAGESETUP命令。
- 功能区：在“输出”选项卡中，单击“打印”面板中的“页面设置管理器”按钮。

执行以上任一命令，均可以打开“页面设置管理器”对话框，在该对话框中，可以创建和编辑页面设置。

11.5.2 课堂实例——新建页面设置

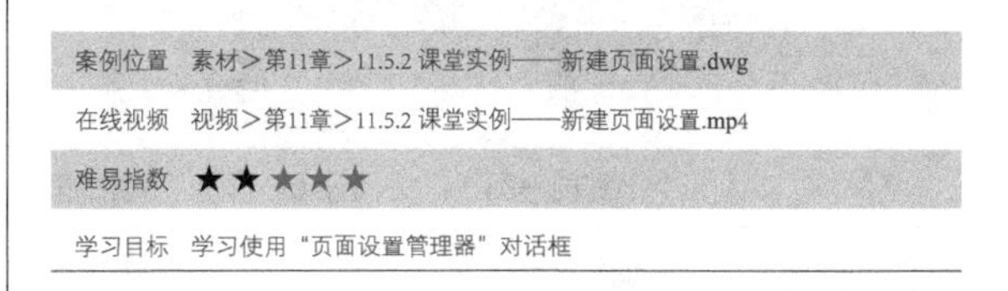

案例位置	素材>第11章>11.5.2 课堂实例——新建页面设置.dwg
在线视频	视频>第11章>11.5.2 课堂实例——新建页面设置.mp4
难易指数	★★★★★
学习目标	学习使用“页面设置管理器”对话框

01 打开对话框。在命令行中输入PAGESETUP命令并按Enter键，打开“页面设置管理器”对话框，如图11-31所示。

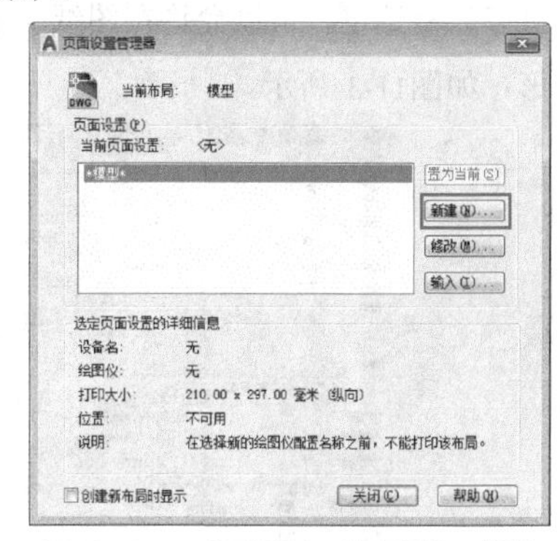

图11-31　“页面设置管理器”对话框

02 修改名称。单击“新建”按钮，打开“新建页面设置”对话框，修改“新页面设置名”为“室内页面”，如图11-32所示。

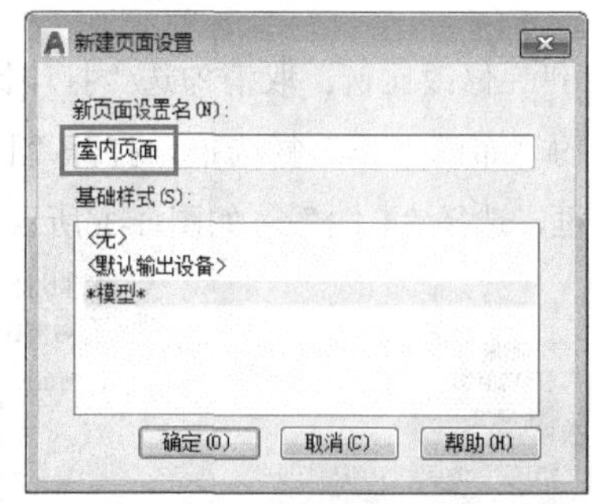

图11-32　“新建页面设置”对话框

03 选择打印设备。单击“确定”按钮，打开“页面设置-模型”对话框，在“打印机/绘图仪”选项组中选择名为“DWF6 eplot.pc3”的打印设备，如图11-33所示。

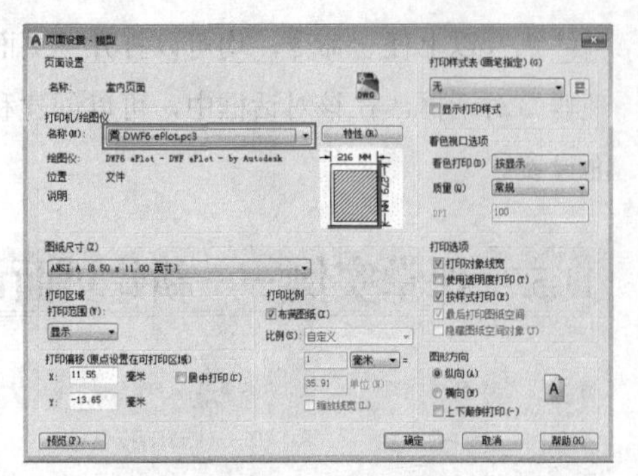

图11-33 “页面设置-模型”对话框

04 修改参数。在“图纸尺寸”下拉列表框中选择“ISO A4（297.00×210.00 毫米）”。在“图形方向”选项组中选择“横向”，并勾选“上下颠倒打印”复选框，可以允许在图纸上上下颠倒打印图形，如图11-34所示。

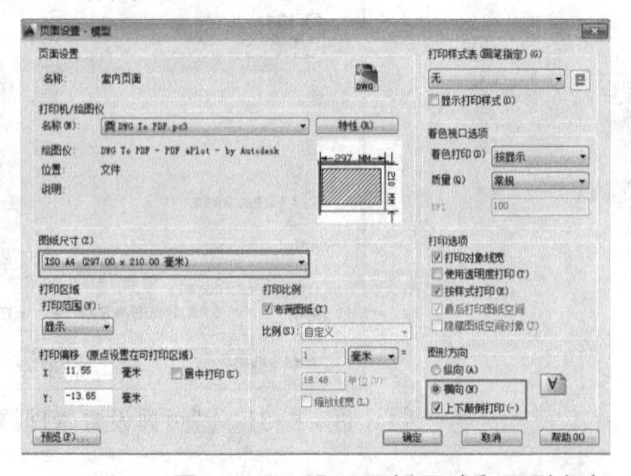

图11-34 设置图纸尺寸和图形方向

05 修改打印范围。在“打印范围”下拉列表框中选择“图形界限”，如图11-35所示。

06 修改比例。取消勾选“打印比例”选项组中的“布满图形”复选框，打开“比例”下拉列表框，选择“1∶1”，如图11-36所示。

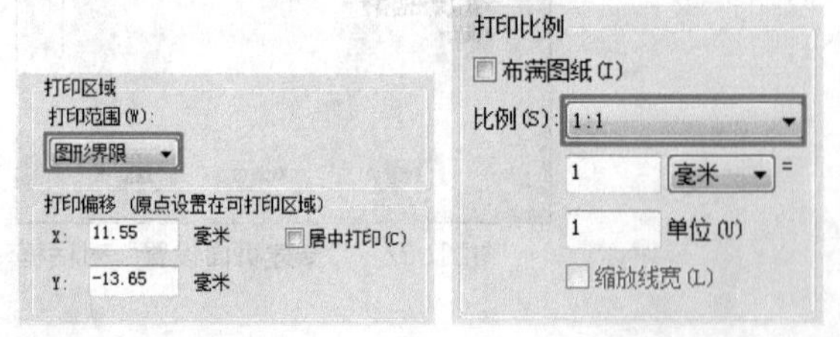

图11-35 “打印区域”选项组 图11-36 “打印比例”选项组

07 修改打印偏移。在“打印偏移”选项组中设置X和Y的偏移值均为0，如图11-37所示。

08 修改打印样式。打开“打印样式表（画笔指定）”下拉列表框，选择“acad.ctb”，如图11-38所示，单击“确定”按钮保存并退出。

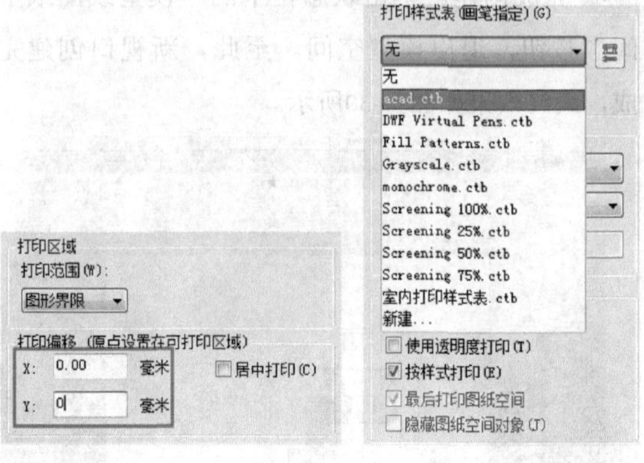

图11-37 “打印偏移”选项组 图11-38 “打印样式表（画笔指定）”下拉列表框

11.6 出图

在完成上述所有设置工作后，就可以开始打印出图了。

在AutoCAD 2018中可以通过以下几种方法启动“打印”命令。

- 菜单栏：执行“文件”|“打印”命令。
- 命令行：在命令行中输入PLOT命令。
- 功能区：在“输出”选项卡中，单击“打印”面板中的“打印”按钮。
- 快捷键：按Ctrl+P组合键。

执行以上任一命令，均可以打开“打印”对话框，如图11-39所示。该对话框与“页面设置”对话框相似，在其中可以进行出图前的最后设置。

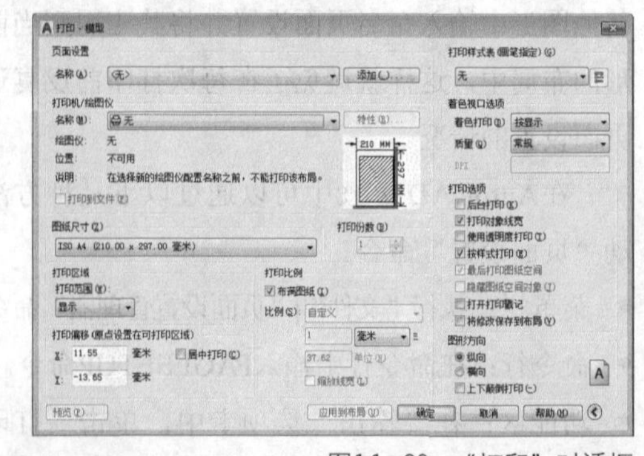

图11-39 “打印”对话框

11.7 本章小结

与图形的绘制、编辑一样，图形的打印同样有丰富的选项设定，如果要想得到一张理想的图纸，就需要对这些参数有准确地认识。因此本章详细介绍了AutoCAD中有关图形打印的知识，包括布局、打印样纸页面设置等内容，帮助用户更好地学习和了解AutoCAD。

11.8 课后习题——多比例打印图形

案例位置	素材>第11章>11.8 多比例打印图形.dwg
在线视频	视频>第11章>11.8 多比例打印图形.mp4
难易指数	★★★★★
学习目标	学习“删除视口”“插入图框”“图层”“创建视口”等功能的使用

本节通过具体的实例来练习多比例打印图形的操作方法。

多比例打印图形的操作流程如图11-40~图11-45所示。

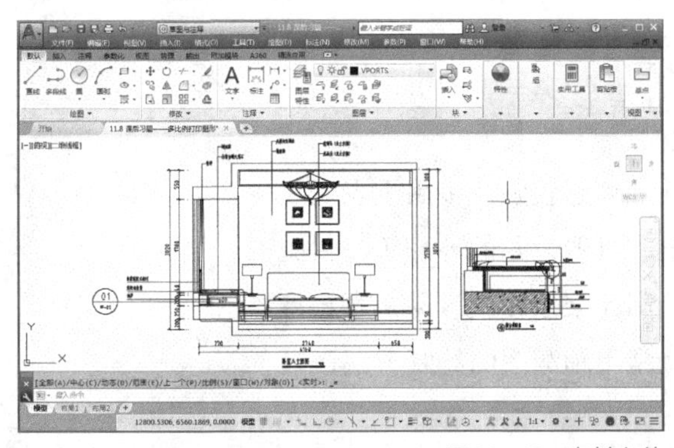

图11-40　素材文件

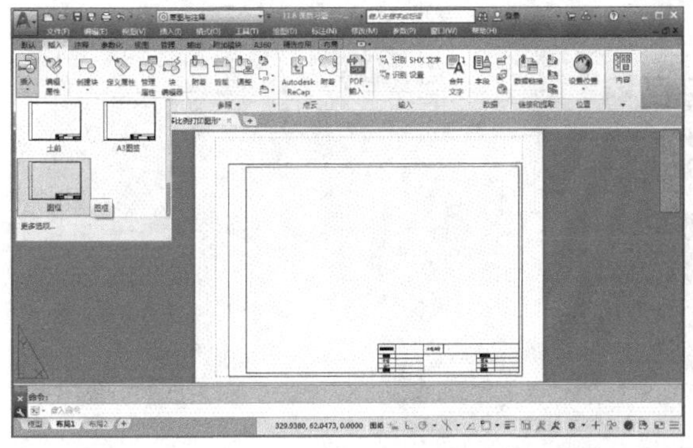

图11-41　删除视口并插入图框

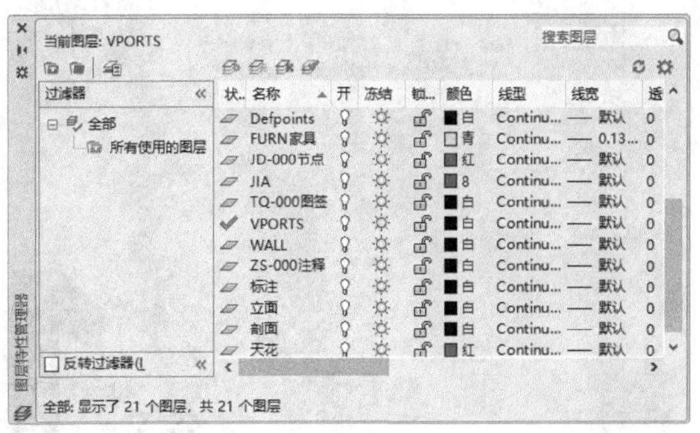

图11-42　新建图层并置为当前

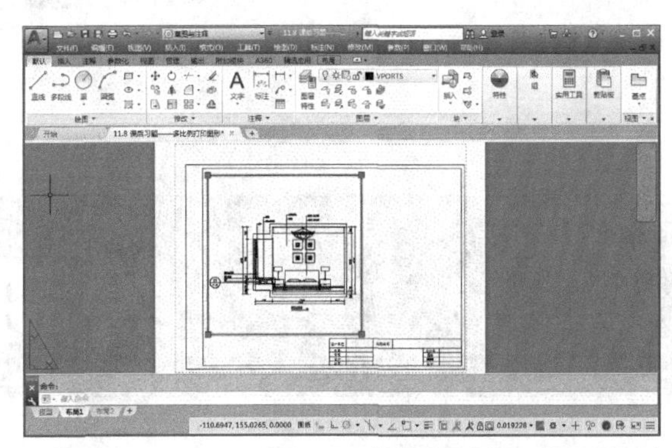

图11-43　创建第一个视口并显示图形

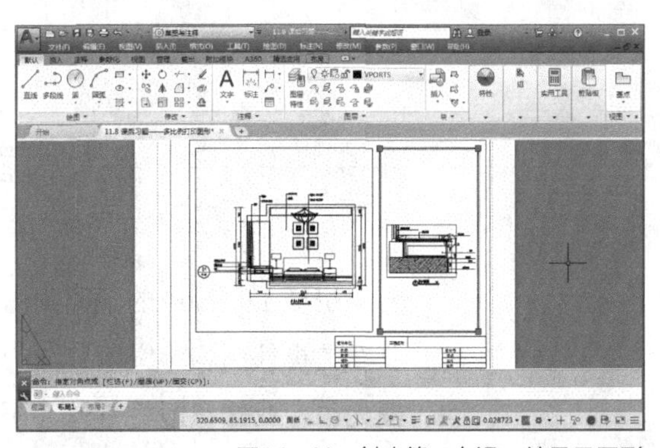

图11-44　创建第二个视口并显示图形

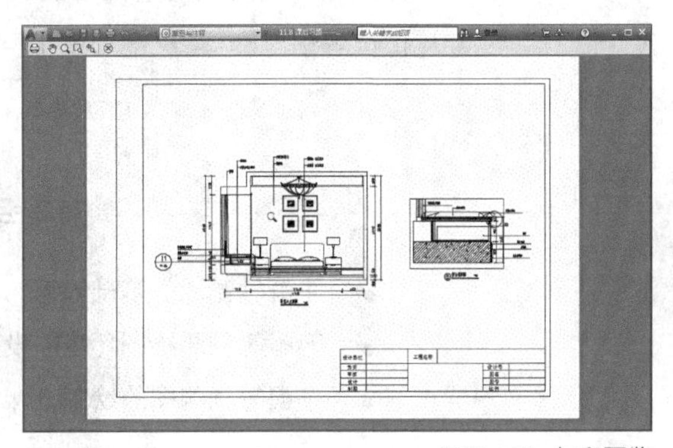

图11-45　打印预览

第12章

绘制轴测图

内容摘要

机械工程图中的轴测图由于其立体感较强，多用于表现较复杂的机件结构、空间管路的布置和机器设备的外形等。轴测图无须专业知识即可看懂，而且绘制起来也比较容易。本章将详细介绍轴测图的基础知识和一些常用轴测图的绘制方法，以供读者学习。

课堂学习目标

- 了解轴测图的基础知识
- 熟悉等轴测绘图环境的设置方法
- 掌握等轴测图的绘制方法

12.1 轴测图的概念

用平行投影法将物体连同确定该物体的直角坐标系一起，沿不平行于任一坐标平面的方向投射到一个投影面上，所得到的图形称作轴测图。

为使轴测图具有良好的直观性，投射方向最好不要与坐标轴和坐标面平行，否则坐标轴和坐标面的投影将会产生积聚性，这样就不能表现物体上的，平行于该坐标轴和坐标面的线段和平面的实际大小，进而削弱了物体在轴测图中所要表达的立体感。

轴测图具有基本特性和平行投影特性，下面将分别进行介绍。

1. 基本特性

轴测图的基本特性主要有以下两点。

- 相互平行的两直线，其投影仍保持平行。
- 空间平行于某坐标轴的线段，其投影长度等于该坐标轴的轴向伸缩系数与线段长度的乘积。

2. 平行投影特性

轴测图的平行投影特性主要有以下3点。

- 平行性：物体上互相平行的线段，在轴测图上仍互相平行。
- 定比性：物体上两平行线段或同一直线上的两线段的长度之比，在轴测图上保持不变。
- 实形性：物体上平行于轴测投影面的直线和平面，在轴测图上反映其实长和实形。

轴测图根据投射线方向和轴测投影面的位置不同可分为两大类——正轴测图和斜轴测图。

- 正轴测图：投射线方向垂直于轴测投影面。它分为正等轴测图（简称正轴测）、正二轴测图（简称正二测）和正三轴测图（简称正三测）。在正轴测图中，最常用的是正等轴测图，图12-1所示为绘制正等轴测图的参数。
- 斜轴测图：投射线方向倾斜于轴测投影面。它分为斜等轴测图（简称斜等测）、斜二轴测图（简称斜二测）和斜三轴测图（简称斜三测）。在斜轴测图中，最常用的就是斜二轴测图，图12-2所示为绘制斜二轴测图的参数。

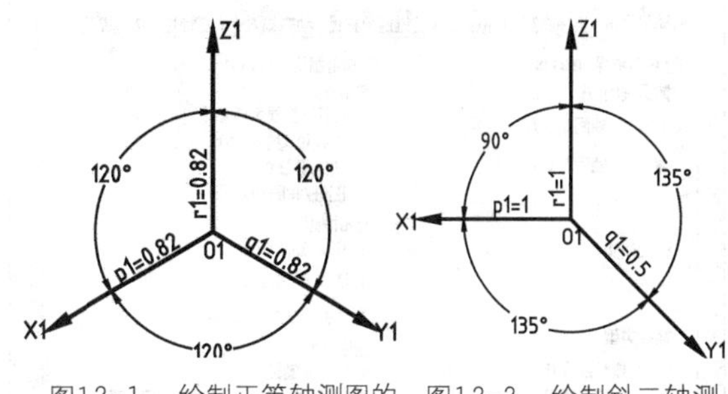

图12-1　绘制正等轴测图的参数

图12-2　绘制斜二轴测图的参数

12.2 等轴测绘图环境的设置

AutoCAD为绘制轴测图创造了一个特定的环境，即等轴测绘图环境。在这个环境中，用户可以更加方便地构建轴测图。使用DSETTINGS命令或SNAP命令可设置等轴测绘图环境。

在AutoCAD 2018中可以通过以下几种方法设置等轴测绘图环境。

- 菜单栏：执行“工具”|“绘图设置”命令。
- 命令行：在命令行中输入DSETTINGS或DS命令。
- 快捷菜单：单击状态栏中的“捕捉模式”按钮，然后在打开的快捷菜单中选择“捕捉设置”命令，如图12-3所示。

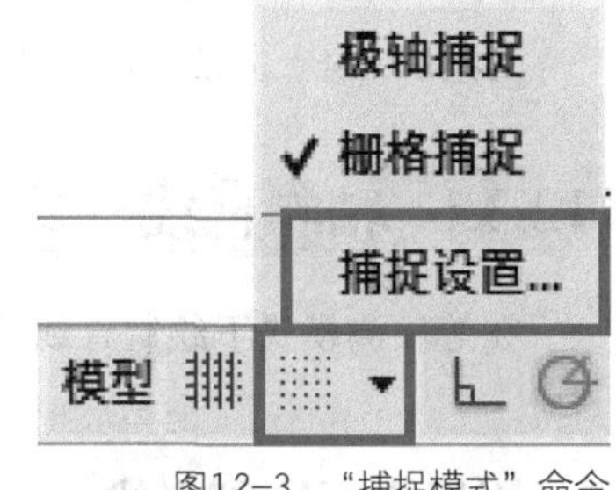

图12-3　“捕捉模式”命令

执行以上任一命令，均可以打开“草图设置”对话框，在其中的“捕捉与栅格”选项卡中选中“等轴测捕捉”单选按钮，如图12-4所示，再单击“确定”按钮，即可完成等轴测绘图环境的设置。

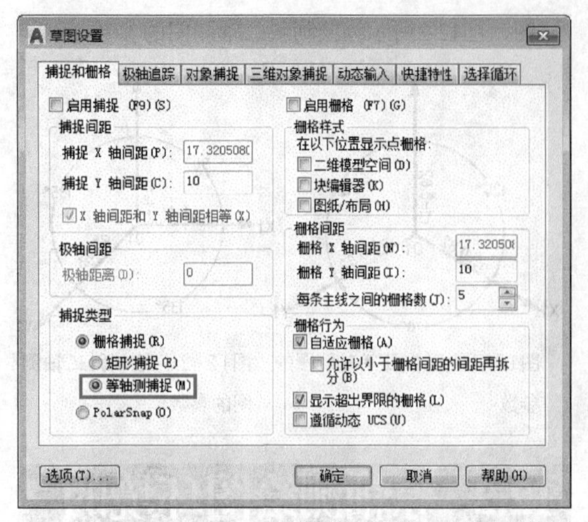

图12-4 “捕捉与栅格”选项卡

12.3 等轴测图的绘制

将绘图模式设置为等轴测模式后，用户可以方便地绘制出直线、圆、圆弧和文本的轴测图。这些基本的图形对象可以组成复杂形体（组合体）的轴测投影图。

在绘制等轴测图时，切换绘图平面的方法有以下3种。

- 功能键：按F5键。
- 快捷键：按Ctrl+E组合键。
- 命令行：在命令行中输入ISOPLANE命令，再输入字母L、T、R来转换到相应的绘图平面，也可以直接按Enter键。

运用以上任一方法，均可以切换绘图平面。

12.3.1 轴测直线

在等轴测模式下绘制直线的常用方法有以下3种。

1. 用极坐标绘制直线

当所绘制的直线与不同的坐标轴平行时，输入的极坐标角度将不同。

- 当所绘制的直线与x轴平行时，极坐标角度应输入30° 或-150° 。
- 当所绘制的直线与y轴平行时，极坐标角度应输入150° 或-30° 。
- 当所绘制的直线与z轴平行时，极坐标角度应输入90° 或-90° 。
- 当所绘制的直线与任何坐标轴都不平行时，必须找出两点，然后将其连成一条直线。

2. 用正交模式绘制直线

根据投影特性，对于与坐标轴平行的直线，切换至当前轴测面后，打开正交模式，可使它们与相应的轴测轴平行。对于与3条坐标轴均不平行的一般位置直线，则可关闭正交模式，沿轴向测量获得该直线两个端点的轴测投影，然后相连即得到一般位置直线的轴测图。对于组成立体图形的平面多边形，其轴测图是由各边的轴测投影连接而成的。其中，矩形的轴测图是平行四边形。

3. 用极轴追踪绘制直线

利用极轴追踪、自动跟踪功能绘制直线。打开极轴追踪、对象捕捉和自动追踪功能，并打开“草图设置”对话框中的“极轴追踪”选项卡，在其中设置极轴追踪角度。例如，设置极轴追踪的角度增量为30° ，这样就能很方便地绘制出30° 、90° 或150° 的直线。

12.3.2 课堂实例——绘制轴测直线

案例位置	素材>第12章>12.3.2 课堂实例——绘制轴测直线.dwg
在线视频	视频>第12章>12.3.2 课堂实例——绘制轴测直线.mp4
难易指数	★★★★★
学习目标	学习“草图设置”“直线”“复制”等命令的使用

01 新建文件。单击快速访问工具栏中的“新建”按钮，新建空白文件。

02 调用DS“草图设置”命令，打开“草图设置”对话框，切换至“捕捉和栅格”选项卡，在“捕捉类型”选项组中，选中“等轴测捕捉”单选按钮，如图12-5所示。

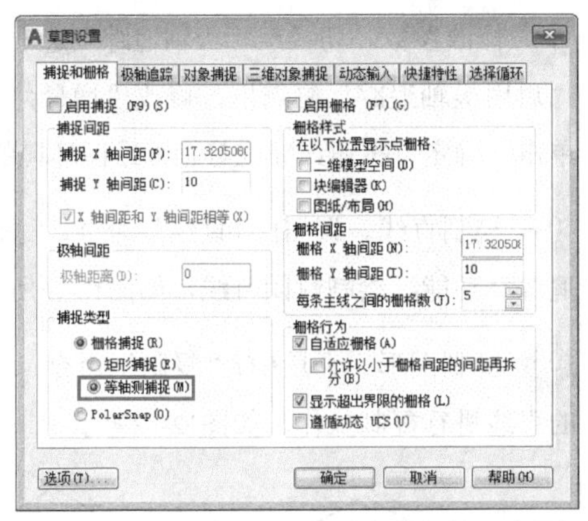

图12-5　“捕捉和栅格”选项卡

03 修改参数。切换至“极轴追踪”选项卡，勾选“启用极轴追踪”复选框，修改“增量角”为30，如图12-6所示，单击“确定”按钮，完成等轴测绘图环境的设置。

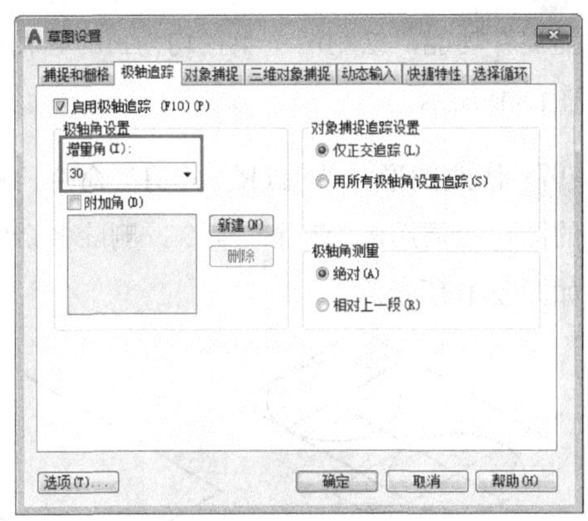

图12-6　“极轴追踪”选项卡

04 绘制直线。调用L“直线”命令，结合“极轴追踪”功能，绘制封闭直线，如图12-7所示。

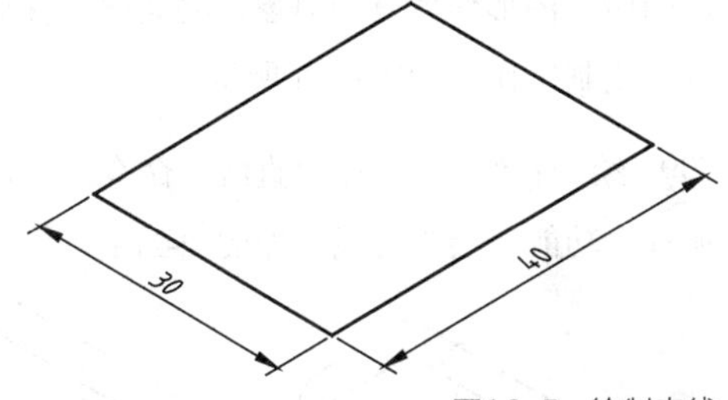

图12-7　绘制直线

05 绘制直线。调用L“直线”命令，结合“端点捕捉”和“90°极轴追踪”功能，绘制直线，如图12-8所示。

06 复制图形。调用CO“复制”命令，选择合适的直线进行复制操作，如图12-9所示。

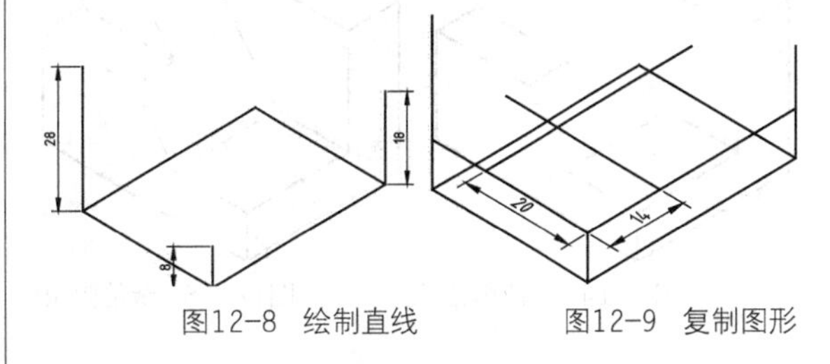

图12-8　绘制直线　　图12-9　复制图形

07 修改图形。调用TR“修剪”和E“删除”命令，修剪并删除图形，如图12-10所示。

08 复制图形。调用CO“复制”命令，选择合适的直线进行复制操作，如图12-11所示。

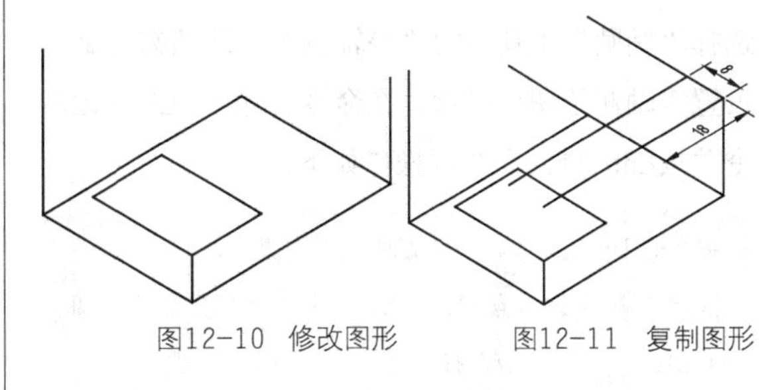

图12-10　修改图形　　图12-11　复制图形

09 修改图形。调用TR“修剪”和E“删除”命令，修剪并删除图形，如图12-12所示。

10 复制图形。调用CO“复制”命令，选择合适的直线进行复制操作，如图12-13所示。

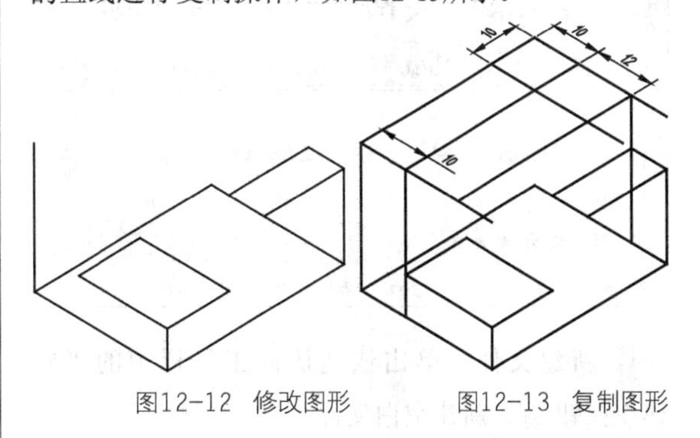

图12-12　修改图形　　图12-13　复制图形

11 修改图形。调用TR“修剪”和E“删除”命令，修剪并删除图形，如图12-14所示。

12 完善图形。调用L“直线”命令，结合“对象捕捉”功能，绘制直线，得到的最终效果如图12-15所示。

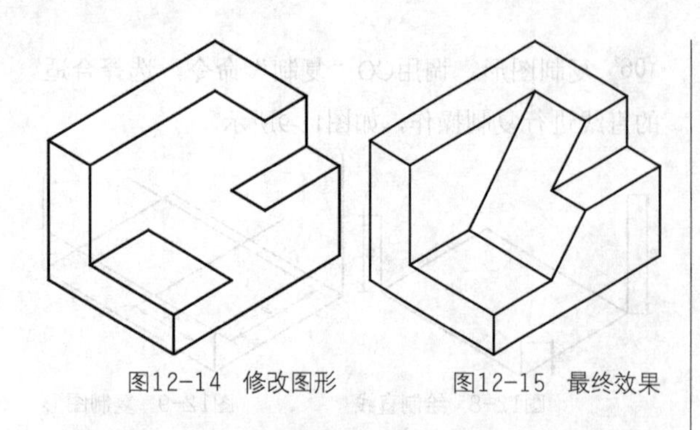

图12-14 修改图形　　　　图12-15 最终效果

12.3.3 轴测圆和圆弧

圆的轴测投影是椭圆，当圆位于不同的轴测面时，椭圆长、短轴的位置是不同的。手工绘制圆的轴测投影比较麻烦，在AutoCAD 2018中可以直接选择“椭圆”工具中的“等轴测圆”选项来绘制。设置等轴测绘图环境后，在命令行输入ELLIPSE命令并按Enter键，命令行操作如下。

```
命令:ellipse↙　　　　　　//调用“椭圆”命令
指定椭圆轴的端点或[圆弧(A)/中心点(C)/等轴测圆(I)]:I↙　　　　//选择“等轴测圆（I）”选项
指定等轴测圆的圆心：//在绘图区捕捉等轴测圆的圆心
指定等轴测圆的半径或[直径(D)]:4↙　　//输入等轴测圆的半径，按Enter键结束
```

12.3.4 课堂实例——绘制轴测圆和圆弧

案例位置　素材>第12章>12.3.4 课堂实例——绘制轴测圆和圆弧.dwg

在线视频　视频>第12章>12.3.4 课堂实例——绘制轴测圆和圆弧.mp4

难易指数　★★★★★

学习目标　学习“草图设置”“直线”“椭圆”“复制”等命令的使用

01 新建文件。单击快速访问工具栏中的“新建”按钮，新建空白文件。

02 调用DS“草图设置”命令，打开“草图设置”对话框，切换至“捕捉和栅格”选项卡，在“捕捉类型”选项组中，选中“等轴测捕捉”单选按钮。

03 修改参数。切换至“极轴追踪”选项卡，勾选“启用极轴追踪”复选框，修改“增量角”为30，单击“确定”按钮，完成等轴测绘图环境的设置。

04 绘制直线。调用L“直线”命令，结合“极轴追踪”功能，绘制封闭直线，如图12-16所示。

05 复制图形。调用CO“复制”命令，对新绘制的直线进行复制操作，如图12-17所示。

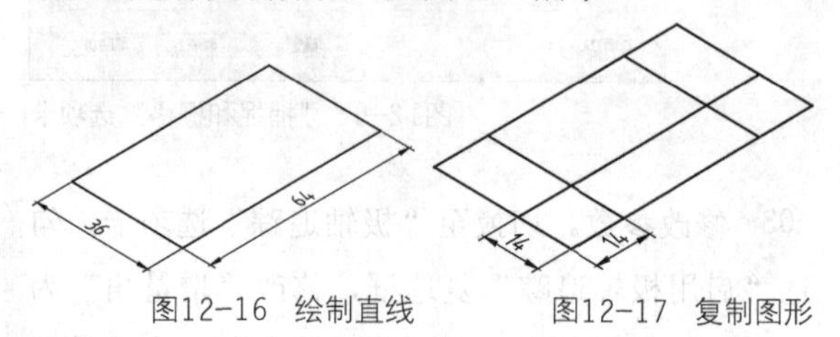

图12-16 绘制直线　　　　图12-17 复制图形

06 绘制圆。调用EL“椭圆”命令，结合“端点捕捉”功能，绘制两个半径均为14的等轴测圆，如图12-18所示。

07 修改图形。调用TR“修剪”命令，修剪多余的图形；调用E“删除”命令，删除多余的图形，如图12-19所示。

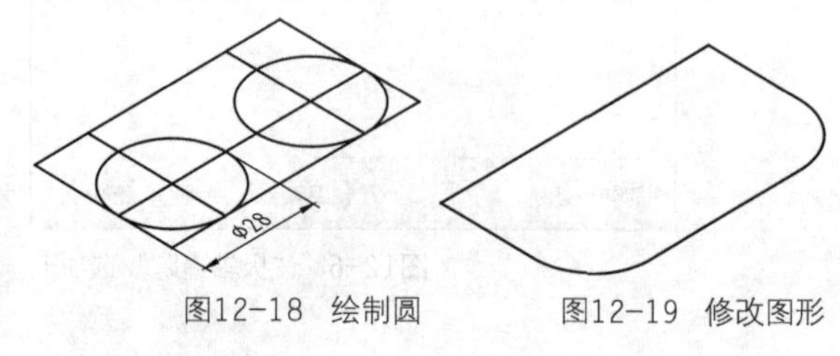

图12-18 绘制圆　　　　图12-19 修改图形

08 复制图形。调用CO“复制”命令，选择修改后的所有图形作为复制对象，将其向上移动并对其进行复制操作，如图12-20所示。

09 绘制直线。调用L“直线”命令，结合“端点捕捉”功能，绘制直线，如图12-21所示。

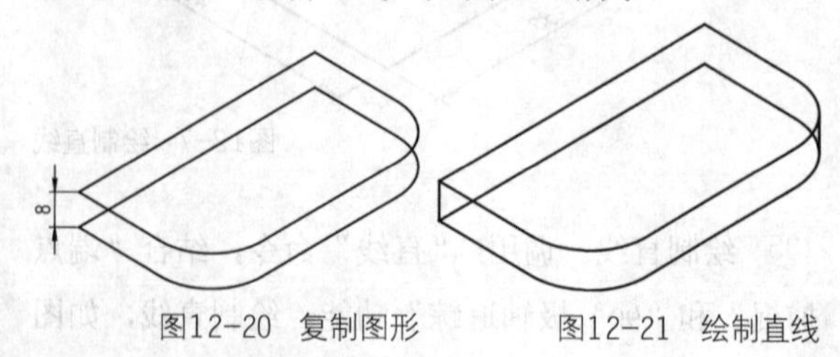

图12-20 复制图形　　　　图12-21 绘制直线

⑩ 修改图形。调用TR“修剪”命令，修剪多余的图形；调用E“删除”命令，删除多余的图形，如图12-22所示。

⑪ 复制图形。调用CO“复制”命令，选择合适的直线作为复制对象，分别对其进行复制操作，如图12-23所示。

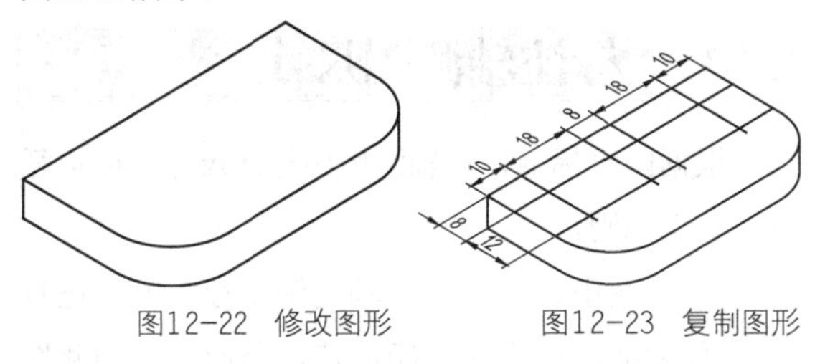

图12-22　修改图形　　图12-23　复制图形

⑫ 延伸图形。调用EX“延伸”命令，延伸相应的图形，如图12-24所示。

⑬ 绘制圆。调用EL“椭圆”命令，结合“端点捕捉”功能，绘制两个半径均为6的等轴测圆，如图12-25所示。

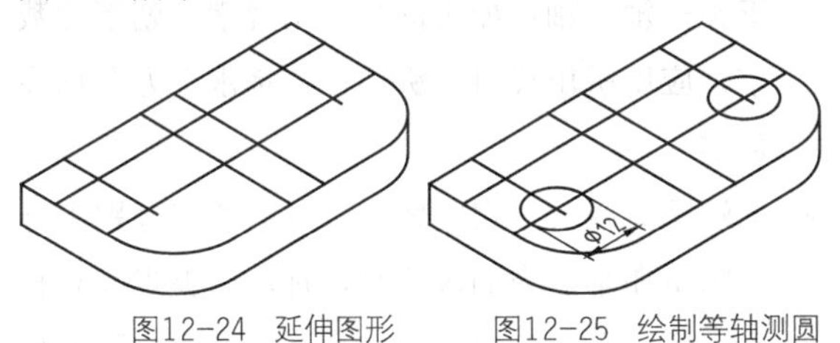

图12-24　延伸图形　　图12-25　绘制等轴测圆

⑭ 修改图形。调用TR“修剪”命令，修剪多余的图形；调用E“删除”命令，删除多余的图形，如图12-26所示。

⑮ 绘制直线。调用L“直线”命令，结合“中点捕捉”和“90°极轴追踪”功能，绘制直线，如图12-27所示。

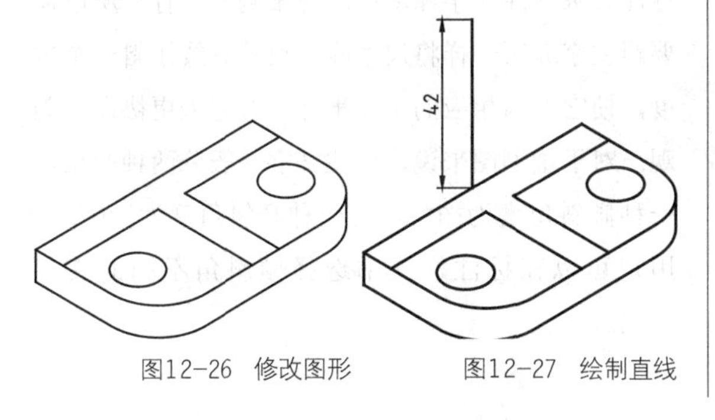

图12-26　修改图形　　图12-27　绘制直线

⑯ 复制图形。调用CO“复制”命令，选择合适的直线作为复制对象，对其进行复制操作，如图12-28所示。

⑰ 绘制圆。调用EL“椭圆”命令，结合“端点捕捉”功能，分别绘制两个半径10和18的等轴测圆，如图12-29所示。

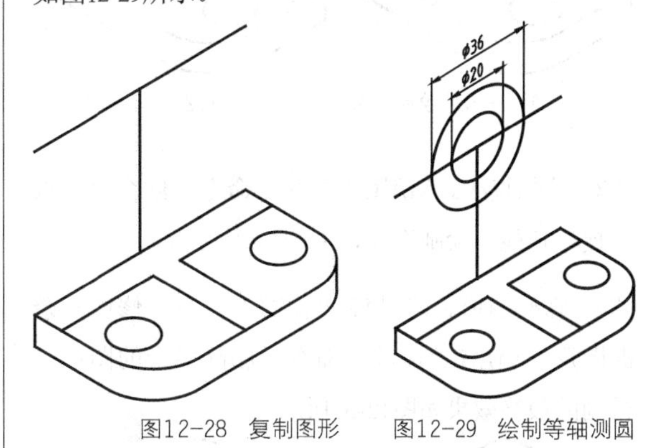

图12-28　复制图形　　图12-29　绘制等轴测圆

⑱ 复制图形。调用CO“复制”命令，选择新绘制的大等轴测圆作为复制对象，对其进行复制操作，如图12-30所示。

⑲ 移动图形。调用M“移动”命令，对新绘制的小等轴测圆进行移动操作，如图12-31所示。

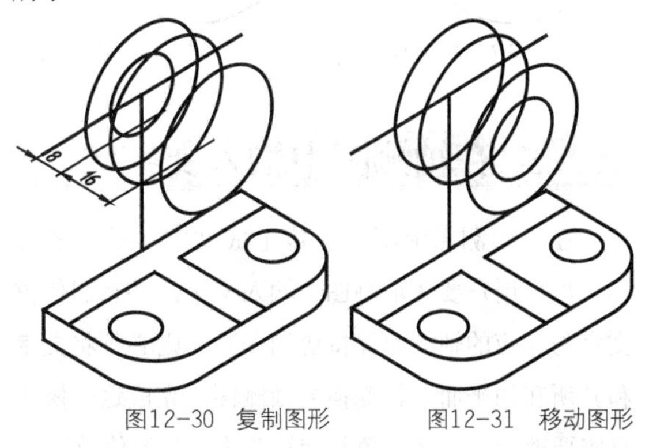

图12-30　复制图形　　图12-31　移动图形

⑳ 绘制直线。调用L“直线”命令，结合“端点捕捉”功能，绘制直线，如图12-32所示。

㉑ 修改图形。调用TR“修剪”命令，修剪多余的图形；调用E“删除”命令，删除多余的图形，如图12-33所示。

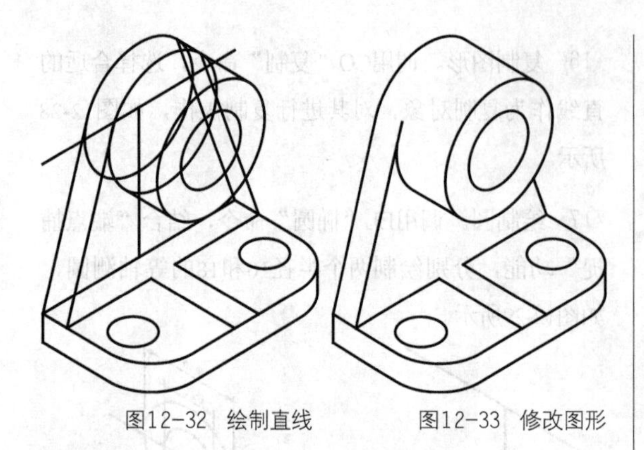

图12-32 绘制直线　　　　图12-33 修改图形

22 绘制直线。调用L“直线”命令，结合“端点捕捉”功能，绘制直线，如图12-34所示。

23 修改图形。调用TR“修剪”命令，修剪多余的图形；调用E“删除”命令，删除多余的图形，得到的最终效果如图12-35所示。

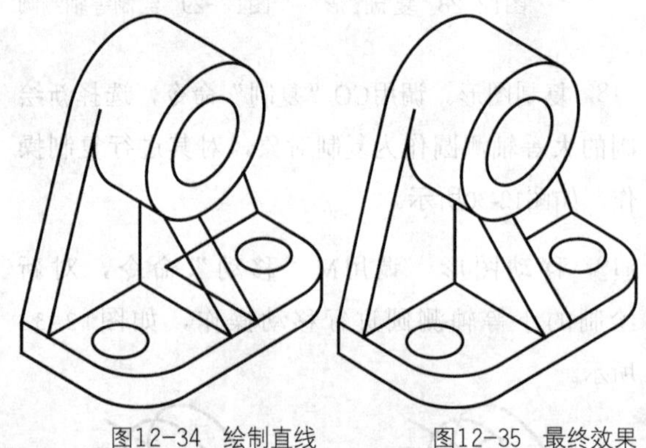

图12-34 绘制直线　　　　图12-35 最终效果

12.3.5 在轴测图中输入文字

在等轴测图中不能直接生成文字的等轴测投影。如果用户要在轴测图中输入文字，并且想使该文字与相应的轴测面保持协调一致，则必须将文字和其所在的平面一起变换为轴测图，完成这一操作只需要改变文字倾斜角与旋转角为30°的倍数。

一般在轴测面上输入文字要遵守如下几条规则。

- 在右轴测面上输入，文字需采用30°倾斜角，同时旋转角也为30°。
- 在左轴测面上输入，文字需采用-30°倾斜角，同时旋转角也为-30°。
- 在上轴测面输入文字且文字平行于x轴时，文字需采用-30°的倾斜角，同时旋转角为30°。
- 在上轴测面输入文字且文字平行于y轴时，文字需采用30°的倾斜角，同时旋转角为-30°。

12.3.6 标注轴测图尺寸

根据国家标准，在轴测图中标注尺寸，应遵循以下几点规则。

- 在轴测图中，只有在与轴测轴平行的方向进行测量才能得到真实的距离值，因而创建轴测图的尺寸标注时，应使用“对齐”标注样式。
- 轴测图的线性尺寸一般应沿轴测轴方向标注，尺寸数值为零件的基本尺寸；尺寸数字应按相应的轴测图形标注在尺寸线的上方，尺寸线必须和所标注的线段平行，尺寸界线一般应平行于某一轴测轴；如果图形中出现字头朝下的数字，应用引出线引出标注，并按水平方向标注数字。
- 标注圆直径时，尺寸线和尺寸界线应分别平行于圆所在平面内的轴测轴，标注圆弧半径和较小圆的直径时，尺寸线应从（或通过）圆心处引出标注，但注写尺寸数字的横线最好平行于轴测轴。
- 标注角度尺寸时，尺寸线应画成到该坐标平面的椭圆弧，角度数字一般写在尺寸线的中断处，且字头向上。

不同于平面图中的尺寸标注，轴测图中的尺寸标注要求标注文字和所在的等轴测面平行，所以需要跟文字编写一样将尺寸线、尺寸界线倾斜一个角度，使它们与相应的平面平行，看起来更协调、美观。对于轴测图来说，标注文字一般分两种类型，一种倾斜角度为30°，另一种倾斜角度为-30°，用户可以在标注样式中选择倾斜角不同的文字样式。

12.3.7 课堂实例——标注轴测图尺寸

案例位置　素材>第12章>12.3.7 课堂实例——标注轴测图尺寸.dwg

在线视频　视频>第12章>12.3.7 课堂实例——标注轴测图尺寸.mp4

难易指数　★★★★★

学习目标　学习"文字样式""标注样式""对齐""倾斜"命令的使用

01 打开文件。单击快速访问工具栏中的"打开"按钮，打开本书素材中的"第12章\12.3.7课堂实例——标注轴测图尺寸.dwg"素材文件，如图12-36所示。

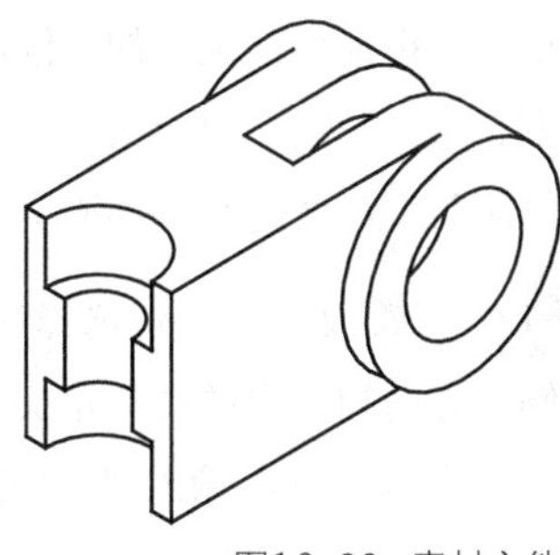

图12-36　素材文件

02 新建文字样式。调用ST"文字样式"命令，系统打开"文字样式"对话框，单击"新建"按钮，新建"30"文字样式，如图12-37所示。

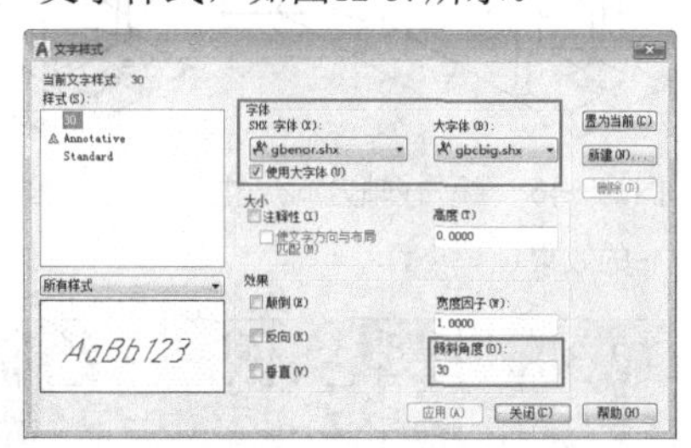

图12-37　"文字样式"对话框

03 新建文字样式。采用同样的方法，新建"-30"文字样式，如图12-38所示。

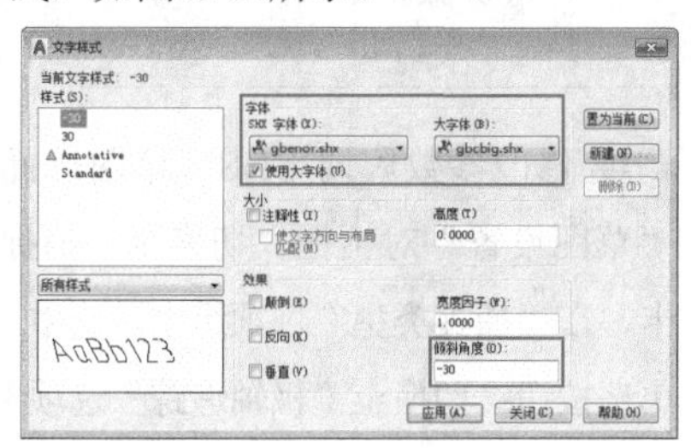

图12-38　新建文字样式

04 新建标注样式。调用D"标注样式"命令，打开"标注样式管理器"对话框，单击"新建"按钮，打开"创建新标注样式"对话框，修改"新样式名"为"30"，如图12-39所示。

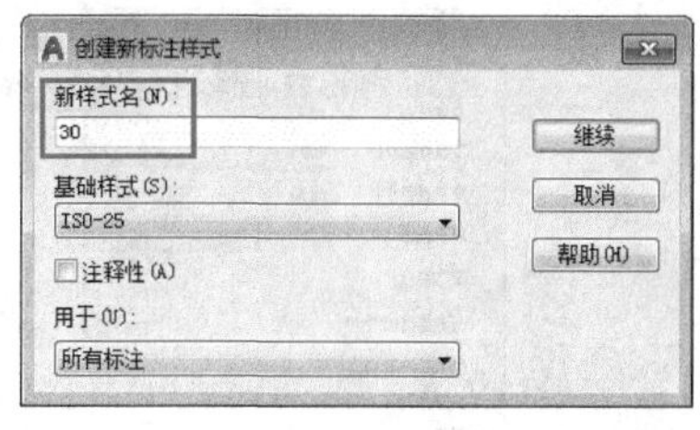

图12-39　"创建新标注样式"对话框

05 修改参数。单击"继续"按钮，打开"新建标注样式：30"对话框，切换至"文字"选项卡，修改"文字样式"为"30"，如图12-40所示。

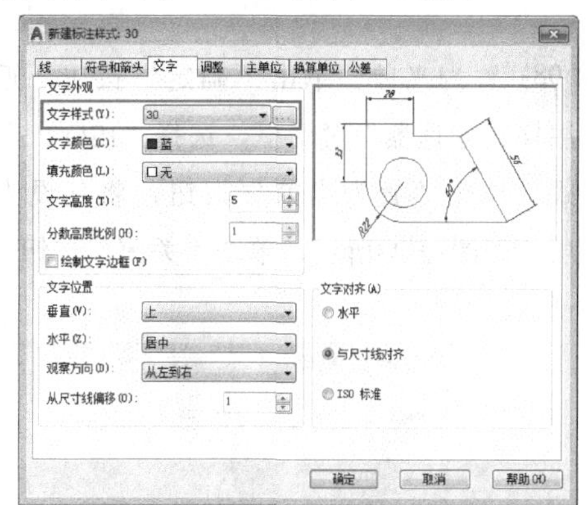

图12-40　"新建标注样式：30"对话框

06 单击按钮。单击"确定"按钮，返回"标注样式管理器"对话框，单击"新建"按钮，如图12-41所示。

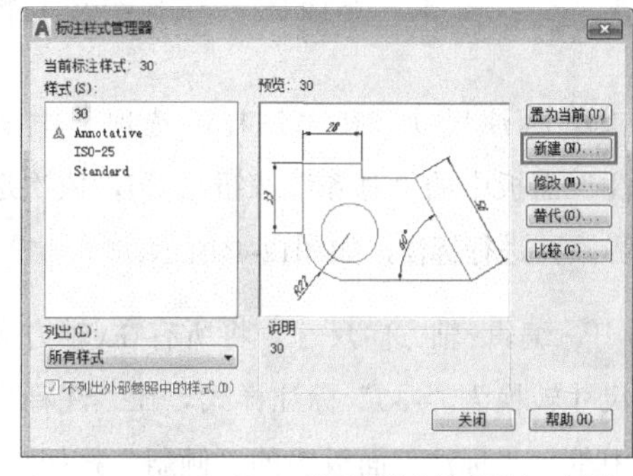

图12-41　"标注样式管理器"对话框

07 新建文字样式。打开"创建新标注样式"对话框，修改“新样式名”为“-30”，单击“继续”按钮，打开“新建标注样式：-30”对话框，切换至“文字”选项卡，修改“文字样式”为“-30”，如图12-42所示。

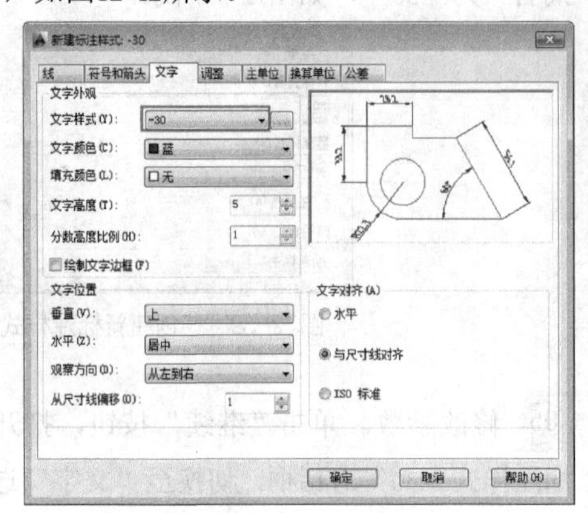

图12-42 “新建标注样式：-30”对话框

08 置为当前。单击“确定”按钮，返回“标注样式管理器”对话框，选择“ISO-25”标注样式，单击“置为当前”按钮，将其设为当前图层，如图12-43所示，单击“关闭”按钮，关闭对话框。

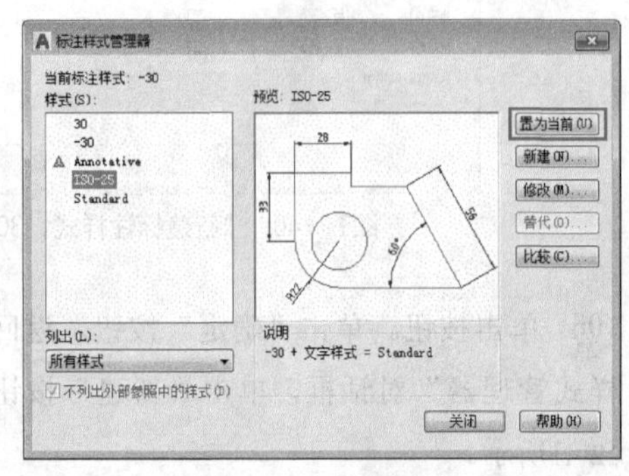

图12-43 “标注样式管理器”对话框

09 标注尺寸。在“注释”选项卡中单击“标注”面板中的“对齐”按钮，依次选取尺寸界限并进行标注，如图12-44所示。

10 编辑*x*轴方向尺寸。将所有在*x*轴方向标注的尺寸转换为“-30”标注样式。在“注释”选项卡中单击“标注”面板中的“倾斜”按钮，选取*x*轴方向尺寸，并根据命令行提示输入“150”，效果如图12-45所示。

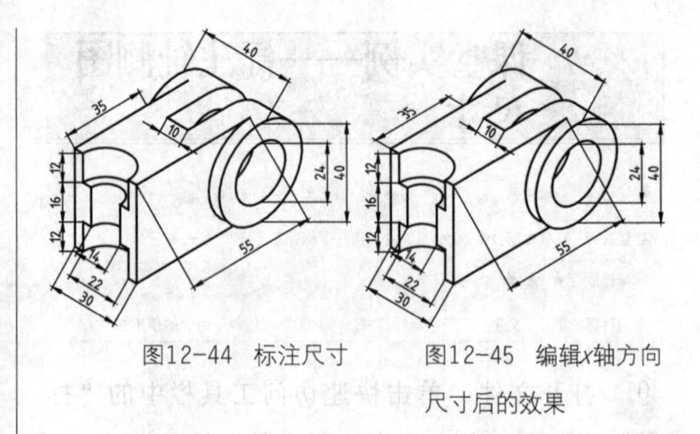

图12-44 标注尺寸　　图12-45 编辑*x*轴方向尺寸后的效果

11 编辑*y*轴方向尺寸。将所有在*y*轴方向标注的尺寸切换为“30”标注样式。在“注释”选项卡中单击“标注”面板中的“倾斜”按钮，选取*y*轴方向上要编辑的尺寸，并根据命令提示输入“30”，效果如图12-46所示。

12 完善尺寸。分别选择其他尺寸标注，修改其倾斜方向和标注样式，并双击相应的尺寸标注，打开文本输入框，输入“%%C”，得到的最终图形效果如图12-47所示。

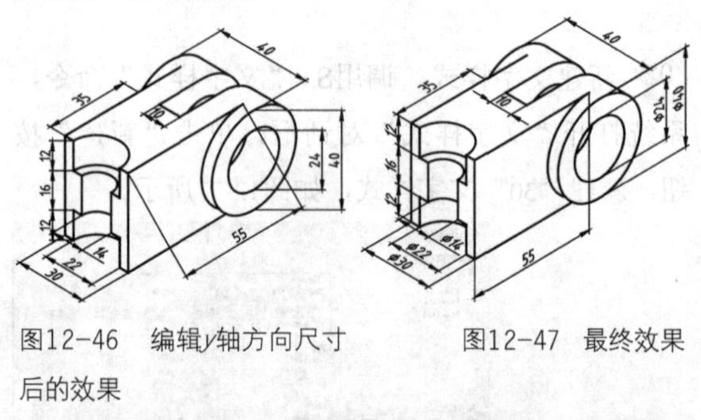

图12-46 编辑*y*轴方向尺寸后的效果　　图12-47 最终效果

12.3.8 课堂实例——绘制支架轴测图

案例位置	素材>第12章>12.3.8 课堂实例——绘制支架轴测图.dwg
在线视频	视频>第12章>12.3.8 课堂实例——绘制支架轴测图.mp4
难易指数	★★★★★
学习目标	学习“草图设置”“直线”“椭圆”“复制”“对齐”等命令的使用

01 修改参数。调用DS“草图设置”命令，打开“草图设置”对话框，切换至“捕捉和栅格”选项卡，在“捕捉类型”选项组中，选中“等轴测捕捉”单选按钮；切换至“极轴追踪”选项卡，勾选“启用极轴追踪”复选框，修改“增量角”为30，单击“确定”按钮，完成等轴测绘图环境的设置。

02 绘制直线。调用L“直线”命令，结合“极轴追踪”功能，绘制封闭直线，如图12-48所示。

03 圆角操作。调用F“圆角”命令，修改“圆角半径”为4，拾取相应的直线进行圆角操作，如图12-49所示。

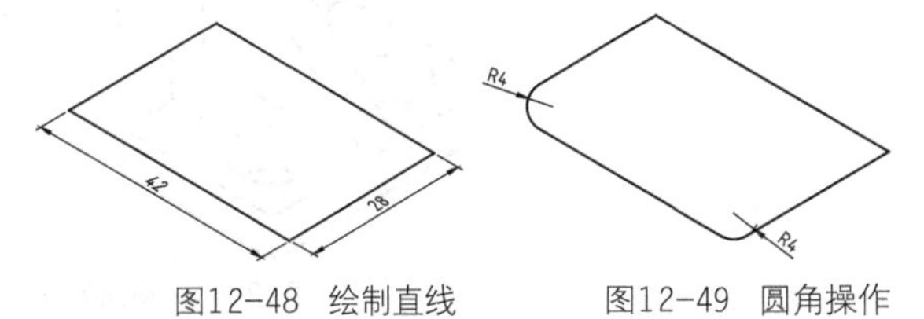

图12-48　绘制直线　　图12-49　圆角操作

04 复制图形。调用CO“复制”命令，依次拾取合适的直线，对其进行复制操作，如图12-50所示。

05 绘制圆。调用EL“椭圆”命令，结合“端点捕捉”功能，绘制两个半径均为6.5的等轴测圆，如图12-51所示。

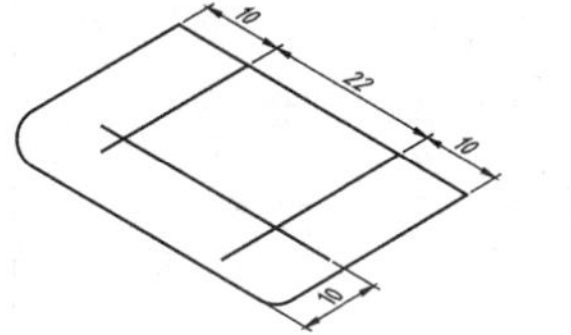

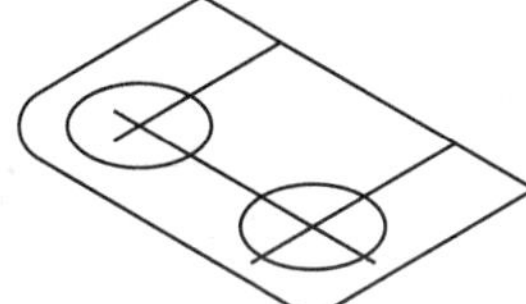

图12-50　复制图形　　图12-51　绘制等轴测圆

06 复制图形。调用CO“复制”命令，选择所有图形作为复制对象，将其向上移动并对其进行复制操作，如图12-52所示。

07 绘制直线。调用L“直线”命令，结合“对象捕捉”功能，绘制直线，如图12-53所示。

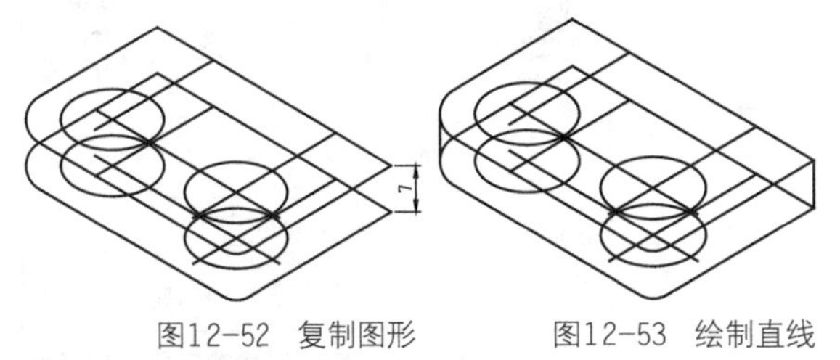

图12-52　复制图形　　图12-53　绘制直线

08 修改图形。调用TR“修剪”和E“删除”命令，修剪并删除多余的图形，如图12-54所示。

09 绘制直线。调用L“直线”命令，结合“对象捕捉”和“正交”功能，绘制直线，如图12-55所示。

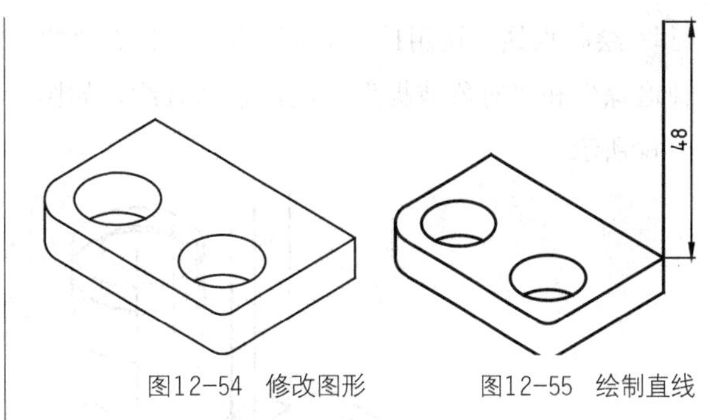

图12-54　修改图形　　图12-55　绘制直线

10 绘制圆。调用EL“椭圆”命令，结合“端点捕捉”功能，分别绘制半径为12和6.5的等轴测圆，如图12-56所示。

11 复制图形。调用CO“复制”命令，选择大等轴测圆作为复制对象，将其向下移动并对其进行复制操作，如图12-57所示。

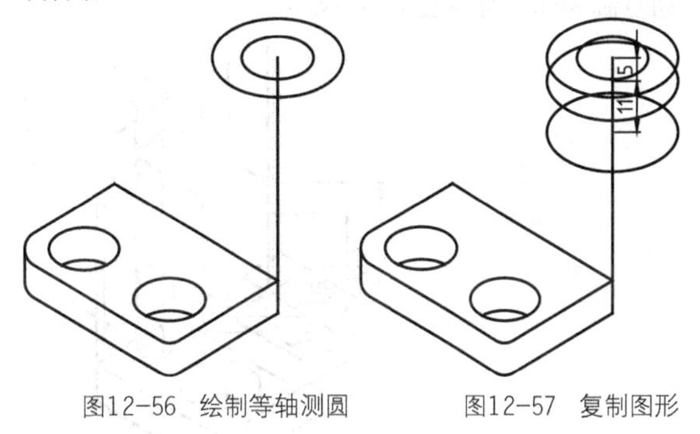

图12-56　绘制等轴测圆　　图12-57　复制图形

12 绘制直线。调用L“直线”命令，结合“象限点捕捉”功能，绘制直线，如图12-58所示。

13 复制图形。调用CO“复制”命令，依次选择合适的图形作为复制对象，对其进行复制操作，如图12-59所示。

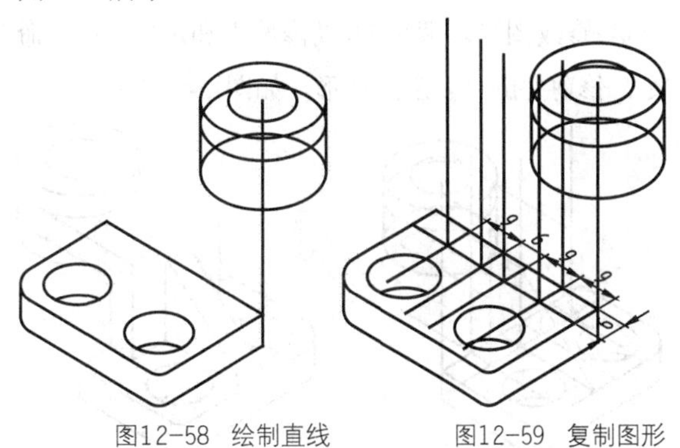

图12-58　绘制直线　　图12-59　复制图形

⑭ 绘制直线。调用L“直线”命令，结合“极轴追踪”和“对象捕捉”功能，绘制直线，如图12-60所示。

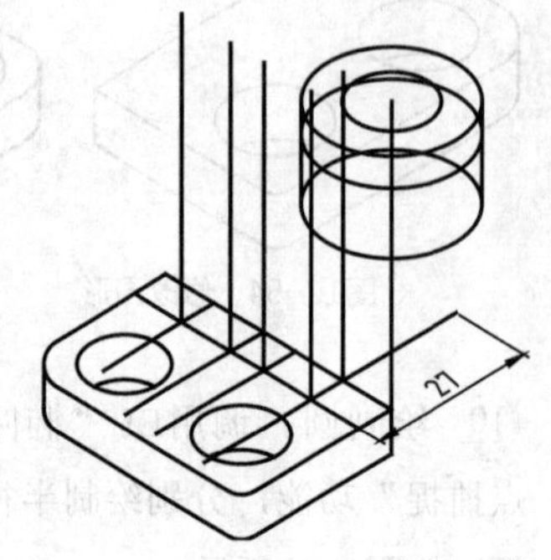

图12-60　绘制直线

⑮ 复制图形。调用CO“复制”和M“移动”命令，选择新绘制的直线作为复制对象，对其进行移动复制操作，如图12-61所示。

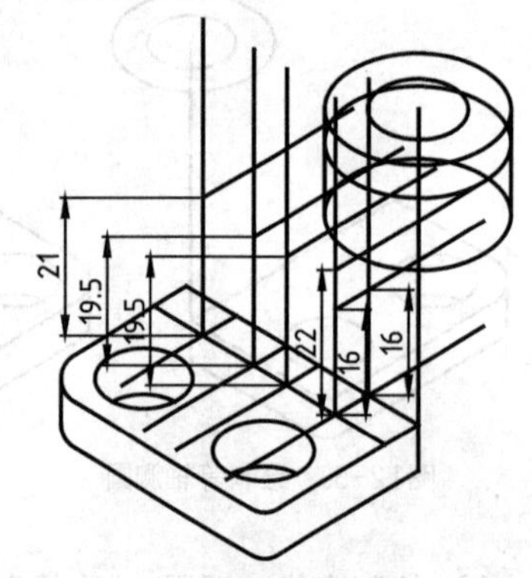

图12-61　复制图形

⑯ 绘制直线。调用L“直线”和EX“延伸”命令，结合“对象捕捉”功能，绘制直线，如图12-62所示。

⑰ 修改图形。调用TR“修剪”和E“删除”命令，修剪并删除多余的图形，如图12-63所示。

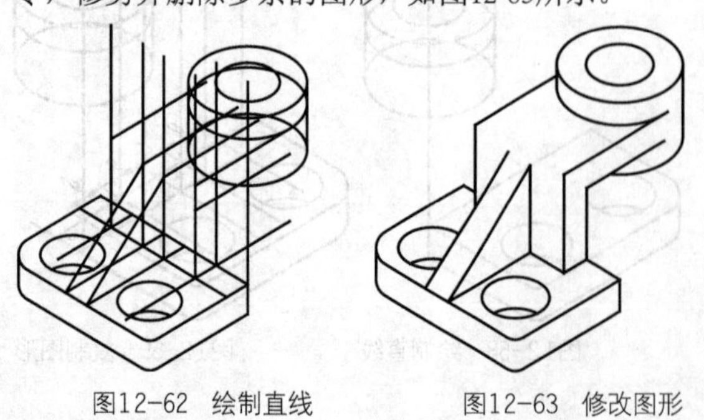

图12-62　绘制直线　　　　图12-63　修改图形

⑱ 圆角操作。调用F“圆角”命令，分别修改“圆角半径”为10和4，效果如图12-64所示。

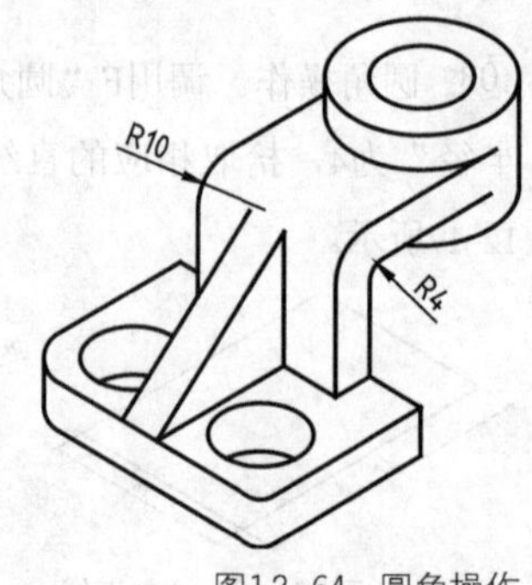

图12-64　圆角操作

⑲ 设置文字样式。调用ST“文字样式”命令，打开“文字样式”对话框，单击“新建”按钮，新建文字样式，并输入“倾斜角度”为“-30”，如图12-65所示。

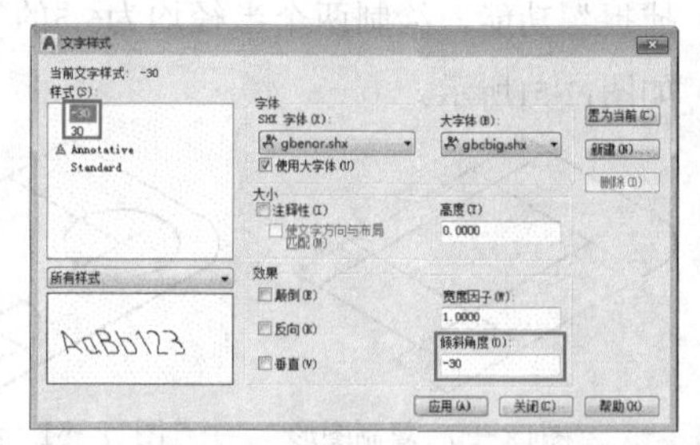

图12-65　“文字样式”对话框

⑳ 设置标注样式。调用D“标注样式”命令，打开“标注样式管理器”对话框，新建标注样式，如图12-66所示。

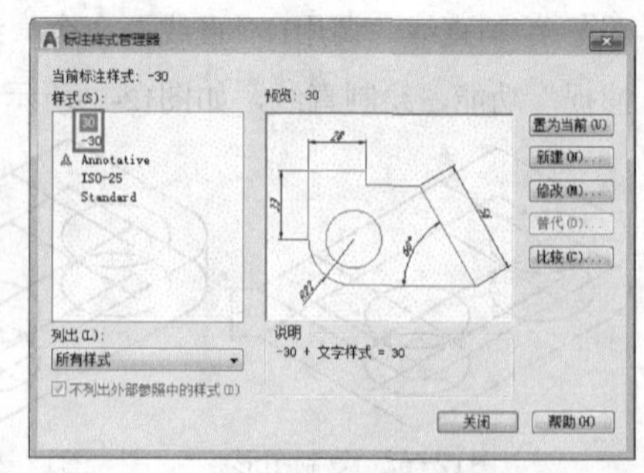

图12-66　“标注样式管理器”对话框

㉑ 标注尺寸。在“注释”选项卡中单击“标注”面板中的“对齐”标注按钮[对齐]，依次选取尺寸界限并进行标注，此时的标注为默认标注，如图12-67所示。

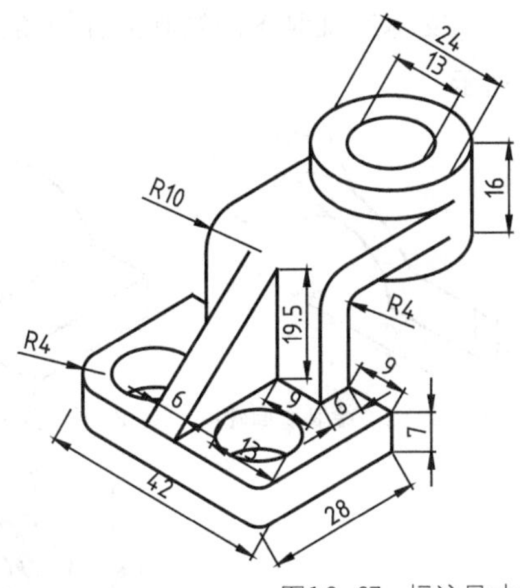

图12-67　标注尺寸

22 完善图形。分别选择尺寸标注对象，修改其倾斜角度和标注样式，并双击相应的尺寸标注，打开文本输入框，输入“%%C”，得到的最终效果如图12-68所示。

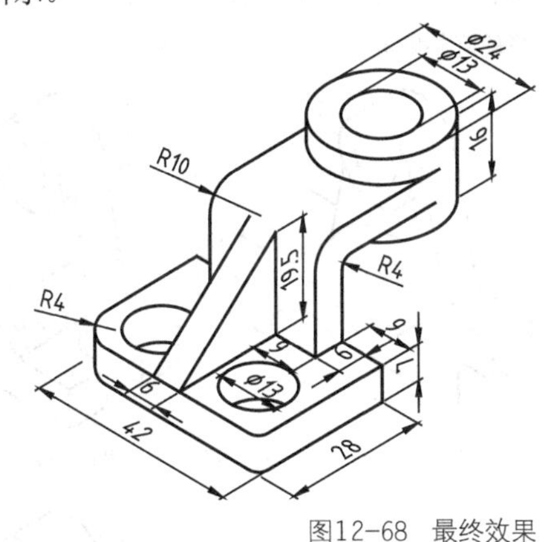

图12-68　最终效果

12.4 本章小结

轴测图是一种立体感很强的图形，在机械制图中经常用到。因此，本章详细讲解了设置等轴测绘图环境，绘制等轴测图中的直线、圆、圆弧，输入文字和添加尺寸标注的方法。通过对本章的学习，读者可以快速掌握轴测图的绘图要点。

12.5 课后习题

本节通过具体的实例来练习轴测图的绘制方法。

12.5.1 绘制椭圆压盖轴测图

案例位置	素材>第12章>12.5.1 绘制椭圆压盖轴测图.dwg
在线视频	视频>第12章>12.5.1 绘制椭圆压盖轴测图.mp4
难易指数	★★★★★
学习目标	学习“草图设置”“直线”“椭圆”“复制”“修剪”等命令的使用

椭圆压盖轴测图如图12-69所示。

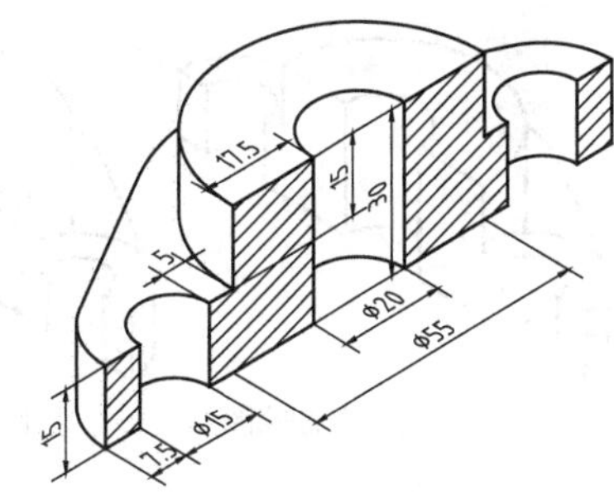

图12-69　椭圆压盖轴测图

椭圆压盖轴测图的绘制流程如图12-70~图12-79所示。

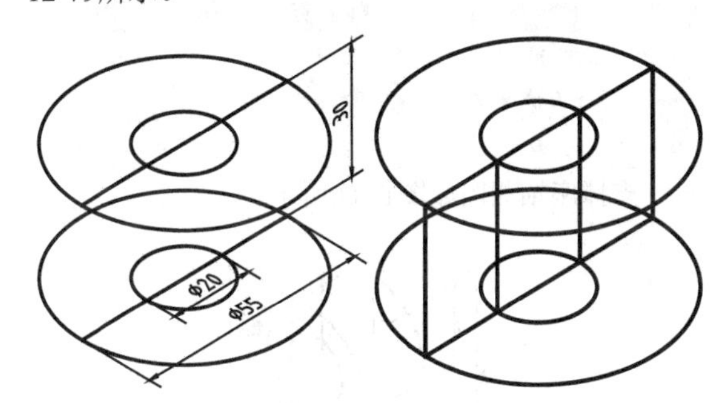

图12-70　绘制并复制等轴测圆和直线　　图12-71　绘制直线

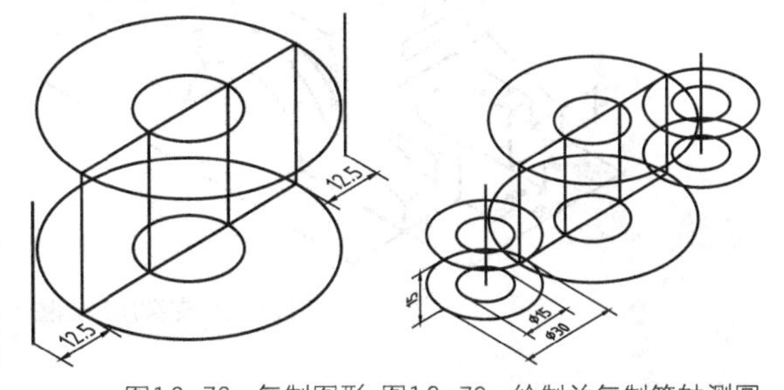

图12-72　复制图形　图12-73　绘制并复制等轴测圆

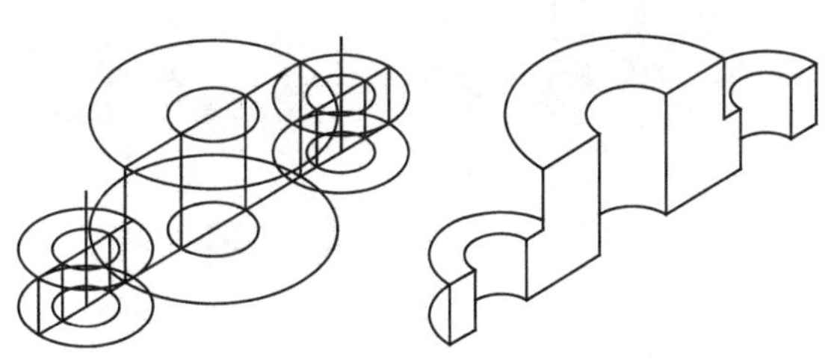
图12-74　绘制直线　图12-75　修剪并删除图形

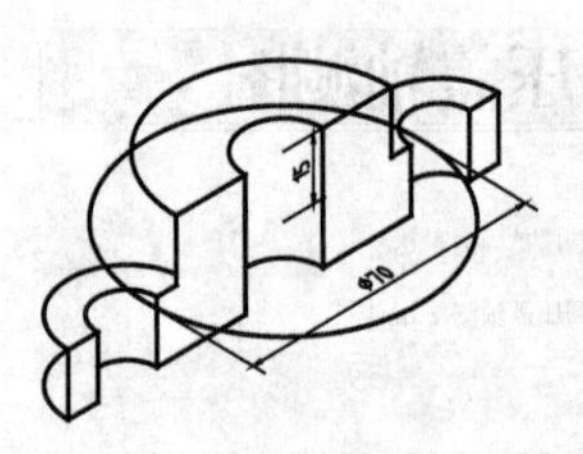

图12-76　绘制并移动等轴测圆

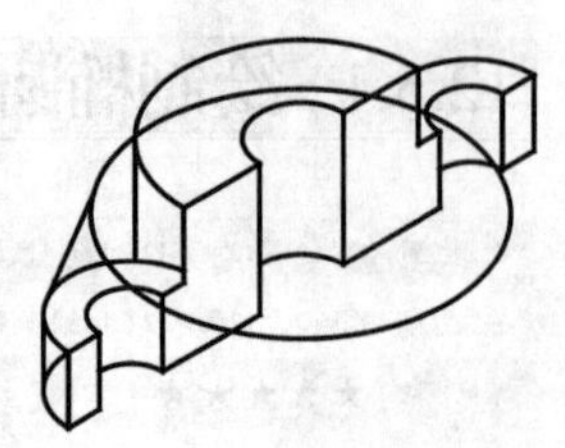

图12-77　绘制直线

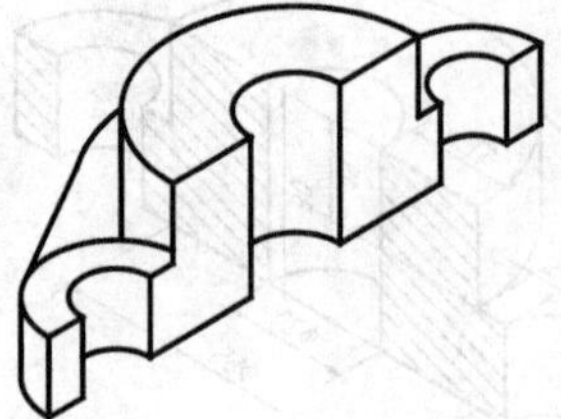

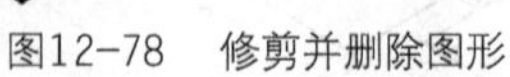

图12-78　修剪并删除图形

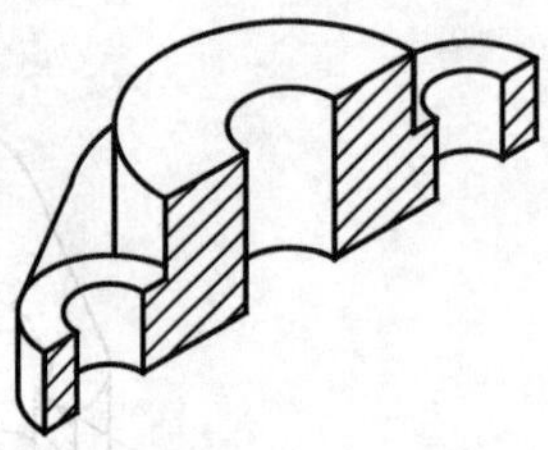

图12-79　填充图形

12.5.2 绘制支撑座轴测图

案例位置	素材>第12章>12.5.2 绘制支撑座轴测图.dwg
在线视频	视频>第12章>12.5.2 绘制支撑座轴测图.mp4
难易指数	★★★★★
学习目标	学习“草图设置”“直线”“椭圆”“复制”“修剪”等命令的使用

支撑座轴测图如图12-80所示。

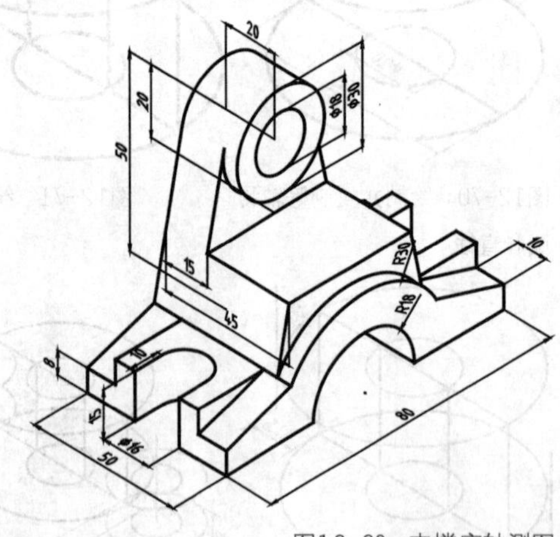

图12-80　支撑座轴测图

支撑座轴测图的绘制流程如图12-81~图12-88所示。

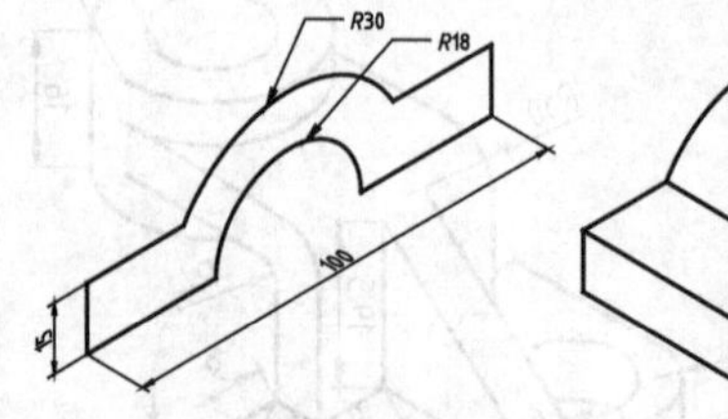

图12-81　绘制底面轮廓　图12-82　复制连接并修剪图形

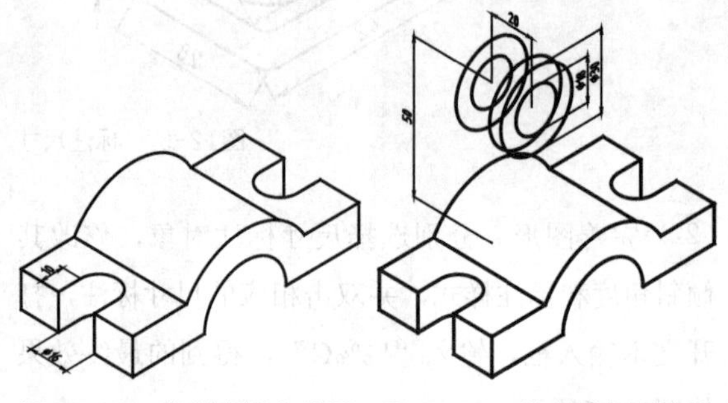

图12-83　绘制底面上的图形轮廓并修剪　图12-84　绘制并复制等轴测圆

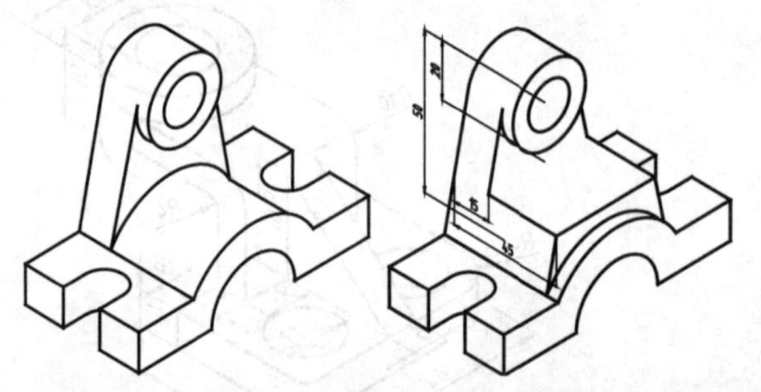

图12-85　连接并修剪图形　图12-86　绘制平面轮廓

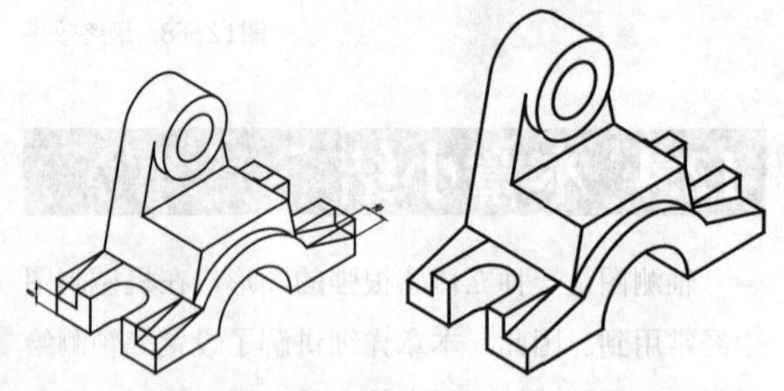

图12-87　绘制4个菱角倒槽　图12-88　修剪并删除图形

第13章

三维绘图的基础操作

内容摘要

AutoCAD不仅具有强大的二维绘图功能，而且还具备同样强大的三维绘图功能。使用三维绘图功能可以绘制三维的线、实体、平面以及曲面等。在进行三维绘图之前，需要了解三维坐标系的设置、视点设置、三维实体显示控制、三维曲面和三维网格的绘制等内容。

课堂学习目标

- 了解三维建模工作空间的基础知识
- 熟悉三维坐标系的设置方法
- 掌握视点的设置方法
- 熟悉三维实体的显示控制方法
- 掌握三维曲面的绘制方法
- 掌握三维网格的绘制方法

13.1 三维建模工作空间

AutoCAD三维建模空间是一个三维立体空间，其界面与草图与注释工作空间的界面相似，在此空间中，可以在任意位置构建三维模型，三维建模功能区的选项卡包括“常用”“插入”“注释”“视图”“管理”“输出”等，每个选项卡中都有与之对应的内容。由于此空间侧重实体建模，所以功能区中还提供了“建模”“视觉样式”“光源”“材质”“渲染”等面板，这些都为创建、观察三维模型，以及附着材质、创建动画、设置光源等操作，提供了非常便利的环境。

在AutoCAD 2018中，单击打开默认工作界面上的“工作空间”下拉列表框，在其中选择“三维建模”工作空间，如图13-1所示，即可将AutoCAD 2018默认工作空间切换为“三维基础”工作空间，如图13-2所示。

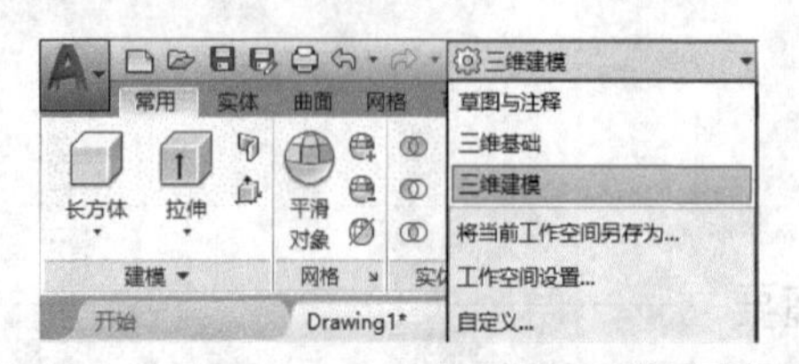

图13-1 下拉列表框

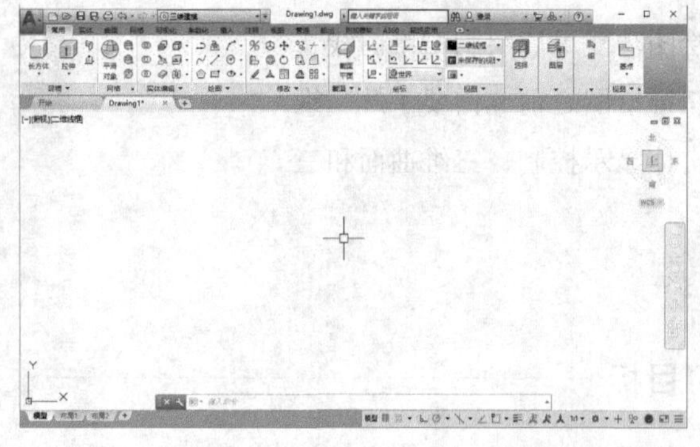

图13-2 “三维基础”工作空间

13.2 三维坐标系的设置

AutoCAD的三维坐标系由原点引出的相互垂直的3条坐标轴构成，这3条坐标轴分别称为*x*轴、*y*轴、*z*轴，它们的交点为坐标系的原点，也就是各个坐标轴的坐标零点。从原点出发，在坐标轴正方向上的点用正坐标值度量，在坐标轴负方向上的点用负坐标值度量。在三维空间中，任意一点的位置由它的三维坐标（X，Y，Z）唯一确定。

13.2.1 世界坐标系

“世界坐标系”是系统默认的初始坐标系，它的原点及各个坐标轴方向固定不变，对于二维图形的绘制，世界坐标系能够满足其要求。在“常用”选项卡中，单击“坐标”面板中的“UCS，世界”按钮，可以切换模型或视图的世界坐标系，图13-3所示为切换世界坐标系的前后效果对比图。

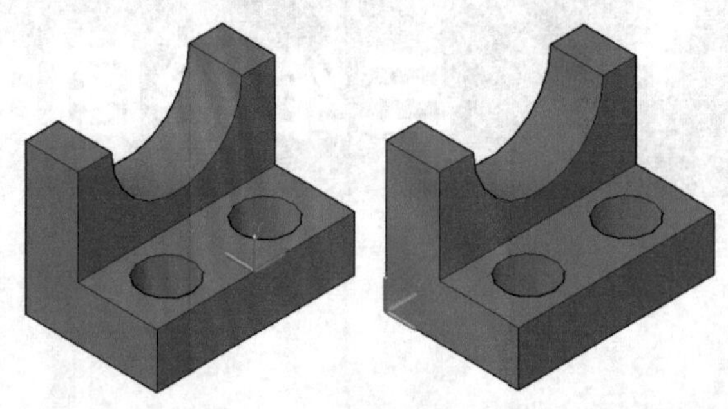

图13-3 切换世界坐标系的前后效果对比图

13.2.2 用户坐标系

在AutoCAD中，用户坐标系为坐标输入、操作平面和观察提供了一种可变动的坐标系。用户坐标系（User coordinate SYstem，UCS）是指当前可以实施绘图操作的默认的坐标系，在任何情况下都有且仅有一个当前用户坐标系。用户坐标系由用户来指定，定义一个用户坐标系，即改变原点（0，0，0）的位置以及*XY*平面和*z*轴的方向。它的建立使得三维建模绘图变得更加方便。

为了更好地辅助绘图，经常需要修改坐标系的原点位置和坐标方向，这就需要使用可变的用户坐标系。在默认情况下，用户坐标系和世界坐标系重合，用户可以在绘图过程中根据具体需要来自定义用户坐标系。

用户坐标系具有很强的灵活性和适应性。在创建过程中，某些特征的生成方向是固定的，并且特征之间的相对位置是不可更改的。例如，在创建螺纹时，螺纹实体总是沿z轴方向生成，这时候就需要灵活变换坐标系的位置和方向来满足设计要求，图13-4所示为灵活变换用户坐标系效果。

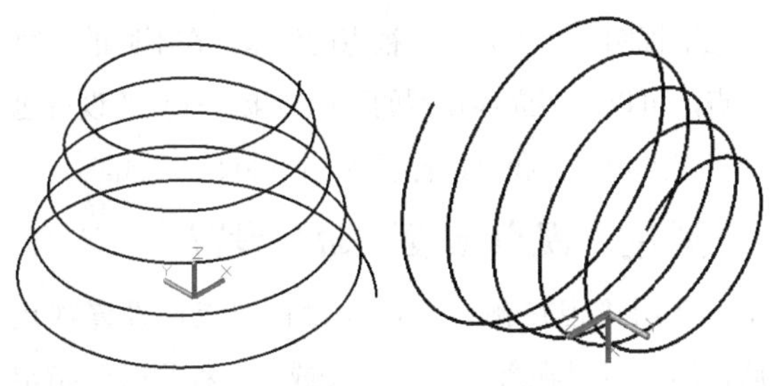

图13-4　灵活变换用户坐标系的效果

13.2.3　控制坐标系图标

使用“坐标系图标”功能可以控制坐标系图标的可见性。

在AutoCAD 2018中可以通过以下几种方法启动“坐标系图标”命令。

- 命令行：在命令行中输入UCSICON命令。
- 功能区：在“可视化”选项卡中，单击“坐标”面板中的“UCS图标，特性…”按钮。

执行以上任一方法，均可以启动“坐标系图标”命令。执行“坐标系图标”命令后，其命令行提示如下。

```
命令:ucsicon↙        //调用“坐标系图标”命令
输入选项[开(ON)/关(OFF)/全部(A)/非原点(N)/原点(OR)/
可选(S)/特性(P)]<开>:
```

在“坐标系图标”命令行中，各选项的含义如下。

- 开（ON）/关（OFF）：这两个选项可以控制UCS图标的显示与隐藏。
- 全部（A）：可以将对图标的修改应用到所有活动视口，否则UCSICON命令只影响当前视口。
- 非原点（N）：此时不管UCS原点位于何处，都始终在视口的左下角处显示UCS图标。
- 原点（OR）：UCS图标将在当前坐标系的原点处显示，如果原点不在屏幕上，UCS图标将显示在视口的左下角处。
- 特性（P）：在弹出的“UCS图标”对话框中，可以设置UCS图标的样式、大小和颜色等特性，如图13-5所示。

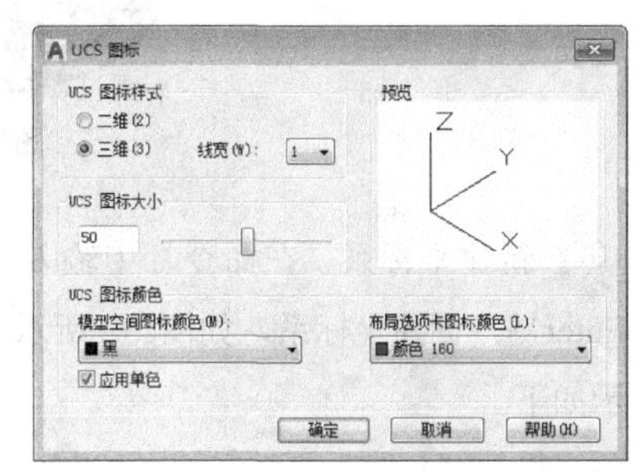

图13-5　“UCS图标”对话框

在“UCS图标”对话框中，各选项的含义如下。

- “UCS图标样式”选项组：用于指定二维或三维UCS图标的显示及其外观。
- “预览”选项组：用于显示UCS图标在模型空间中的预览。
- “UCS图标大小”选项组：按视口大小的百分比控制UCS图标的大小。默认值为50，有效范围为5~95。注意，UCS图标的大小与显示它的视口大小成比例。
- “UCS图标颜色”选项组：用于控制UCS图标在模型空间视口和布局选项卡中的颜色。

13.2.4　课堂实例——新建UCS坐标系

案例位置	素材>第13章>13.2.4 课堂实例——新建UCS坐标系.dwg
在线视频	视频>第13章>13.2.4 课堂实例——新建UCS坐标系.mp4
难易指数	★★★★★
学习目标	学习“坐标系”命令的使用

01 打开文件。单击快速访问工具栏中的“打开”按钮，打开本书素材中的“第13章\13.2.4 课堂实例——新建UCS坐标系.dwg”素材文件，如图13-6所示。

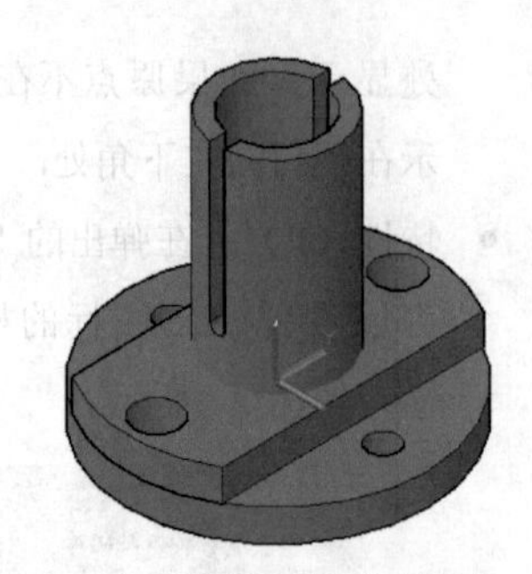

图13-6　素材文件

02 新建坐标系。在命令行中输入UCS命令并按Enter键，创建坐标系，如图13-7所示，其命令行提示如下。

03 最终效果。指定原点后，得到的最终效果如图13-8所示。

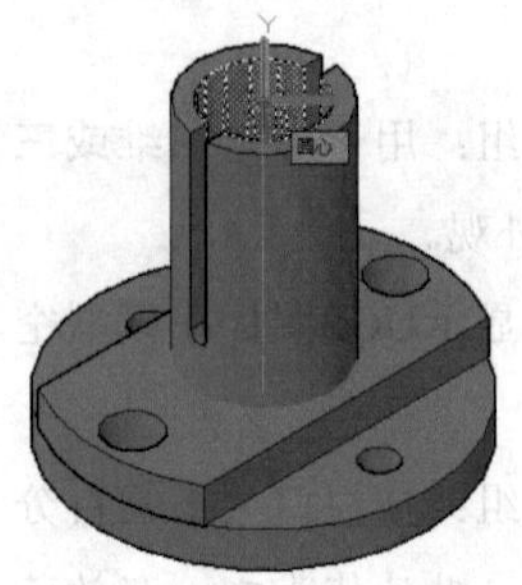

图13-7　指定原点

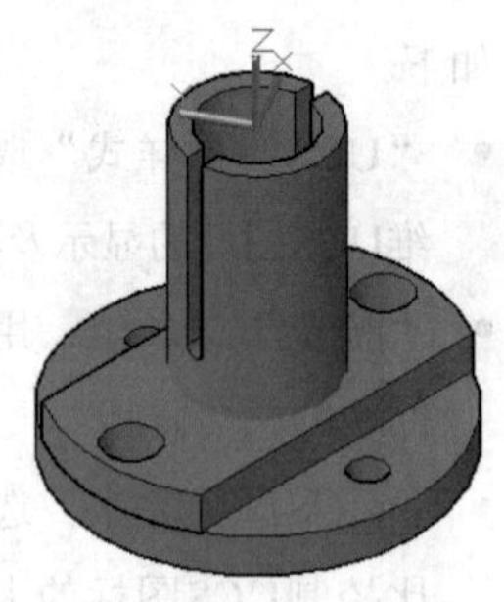

图13-8　最终效果

```
命令:UCS↙  //调用“坐标系”命令
当前UCS名称:*世界*
指定UCS的原点或[面(F)/命名(NA)/对象(OB)/上一个(P)/
视图(V)/世界(W)/X/Y/Z/Z轴(ZA)]<世界>:
//在绘图区中指定原点，如图13-8所示
指定X轴上的点或<接受>:90↙
            //输入X轴上的点参数
指定XY平面上的点或<接受>:
            //指定点，按Enter键结束
```

13.3 视点的设置

三维视图的设置主要包括视点、平面视图以及视觉样式3个方面的设置。变换平面视图和视觉样式主要有两个作用：一是为了将观察方向定位在模型的某一角度，以便创建下一个特征；二是为了修改实体模型的显示效果。在三维建模环境中，为了创建和编辑三维模型各部分的结构特征，需要不断地调整显示方式和视图位置，以方便绘图和编辑模型。

13.3.1 设置视点

视点用于在三维模型空间中观察模型的位置。建立三维视图时离不开观察视点的调整，在不同的观察视点，可以观察立体模型的不同效果。视点的设置包括“视点预设”和“设置视点”两种设置方式。

1. 通过“视点预设”命令设置

使用“视点预设”命令设置视点，设置视点后，用户可以在最终输入渲染或着色模型时，指定精确的查看方向。

在AutoCAD 2018中可以通过以下几种方法启动“视点预设”命令。

- 菜单栏：执行“视图”|“三维视图”|“视点预设”命令。
- 命令行：在命令行中输入DDVPOINT命令。

执行以上任一命令后，均可以打开“视点预设”对话框，如图13-9所示。在该对话框中可以对视点进行设置，图13-10所示为视点预设的前后效果对比图。

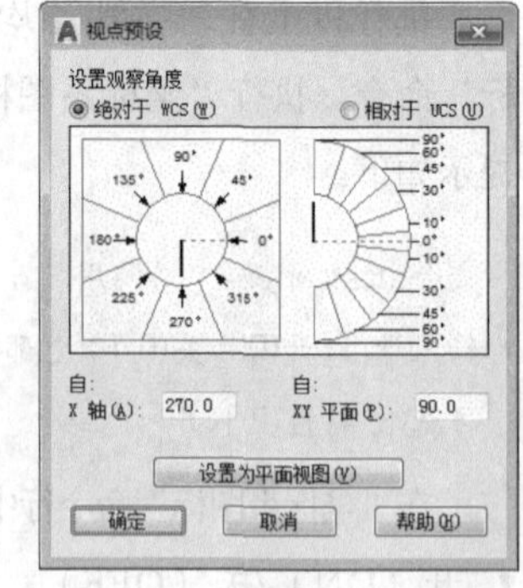

图13-9　“视点预设”对话框

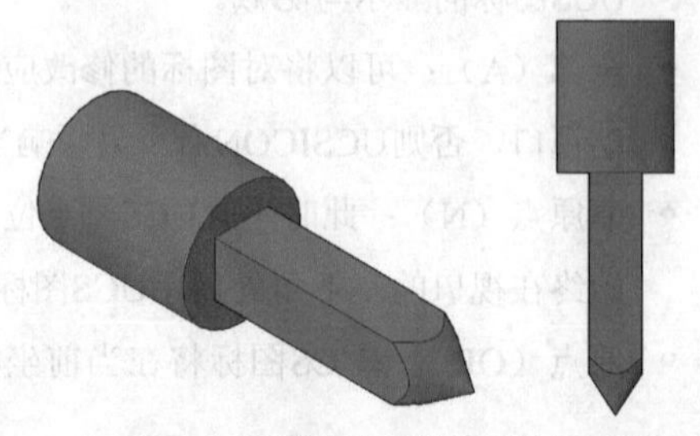

图13-10　视点预设的前后效果对比图

在“视点预设”对话框中，各选项的含义如下。

- 绝对于WCS：使用WCS设定观察方向。
- 相对于UCS：相对于当前UCS设定观察方向。
- *x*轴：指定与*x*轴的角度。
- *XY*平面：指定与*XY*平面的角度。
- 设置为平面视图：设定查看角度以相对于选定坐标系显示平面视图（*XY*平面）。

2. 通过“设置视点”命令设置

使用“设置视点”命令可以直接通过键盘输入视点空间矢量（此时视图被定义为观察者从空间向原点方向观察），也可以通过罗盘来动态设置视点。

在AutoCAD 2018中可以通过以下几种方法启动“设置视点”命令。

- 菜单栏：执行“视图”|“三维视图”|“视点”命令。
- 命令行：在命令行中输入-VPOINT命令。

在命令执行过程中，需要确定视图方向和视点位置。

在图13-11中，捕捉相应的位置为视点位置，对模型进行视点设置。执行“视点”命令后，命令行提示如下。

```
命令:-vpoint↙              //调用“视点”命令
当前视图方向:VIEWDIR=-1.0000,-1.0000,1.0000
指定视点或[旋转(R)]<显示指南针和三轴架>:
                                //指定视点位置
```

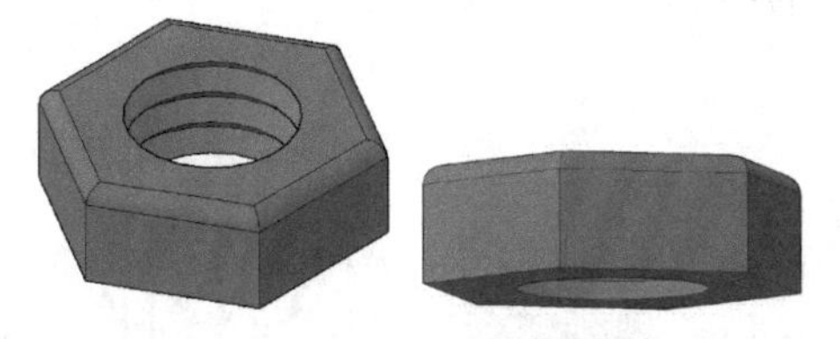

图13-11　设置视点的前后效果对比图

在“视点”命令行中，各选项的含义如下。

- 指定视点：直接指定*x*轴、*y*轴和*z*轴的坐标，AutoCAD将以从视点到坐标原点的方向进行观察，从而确定三维视图。
- 旋转：可以分别指定观察方向与坐标系*x*轴的夹角和*XY*平面的夹角。
- 显示指南针和三轴架：如果不输入任何坐标值而直接按Enter键，系统将出现坐标球和三轴架。坐标球是一个展开的球体，中心点是北极（0，0，1），内环是赤道（n，n，0），整个外环是南极（0，0，-1）。当光标位于内环时，相当于视点在球体的上半球体；当光标位于内环与外环之间时，表示视点在球体的下半球体，随着光标的移动，三轴架也随之变化，即视点位置在不断变化。用户可以根据需要在找到合适的观察方向后，单击确定。

13.3.2 设置平面视图

平面视图是从*z*轴正方向垂直向下观察模型的一种方式，此时观察方向垂直指向*XY*平面，*x*轴指向右，*y*轴指向上。创建平面视图时，选取的平面可以基于当前用户坐标系，也可以基于以前保存的用户坐标系或世界坐标系，并且平面视图仅能影响当前视口中的视图。

在AutoCAD 2018中可以通过以下几种方法启动“设置平面视图”命令。

- 菜单栏：执行“视图”|“三维视图”|“平面视图”命令。
- 命令行：在命令行中输入PLAN命令。

执行以上任一方法，均可以启动“设置平面视图”命令。执行“设置平面视图”命令后，其命令行提示如下。

```
命令:PLAN↙        //调用“设置平面视图”命令
输入选项[当前UCS(C)/UCS(U)/世界(W)]<当前UCS>:
```

在“设置平面视图”命令行中，各选项的含义如下。

- 当前UCS（C）：它是由*x*、*y*、*z*3个坐标轴组成的坐标系，平面视图默认为*XY*平面投影的视图，它是默认选项，可以生成基于当前UCS的平面视图，并自动进行范围缩放，以使所有图形都显示在当前视口中。

- UCS（U）：可以生成基于已命名的UCS的平面视图。
- 世界（W）：可以生成基于WCS的平面视图，并自动进行范围缩放，以使所有图形都显示在当前视口中。它不受当前UCS的影响。

技巧与提示

PLAN命令只影响当前视口中的视图，不影响当前的UCS，而且图纸空间中不能使用此命令。

13.3.3 快速设置特殊视点

AutoCAD 2018提供了三维视图命令，用于三维视图与二维视图之间的转换。在进行三维绘图时，经常要用到一些特殊的视点（俯视、左视等），如果使用“视点”命令输入相应的坐标值会比较麻烦。于是，AutoCAD将这些常用的特殊视点列出来，以方便用户对这些视点进行快速设置。

在AutoCAD 2018中可以通过以下几种方法快速设置特殊视点。

- 菜单栏：执行“视图”|“三维视图”命令，如图13-12所示。
- 视图快捷控件：在绘图区中，展开视图快捷控件，如图13-13所示。

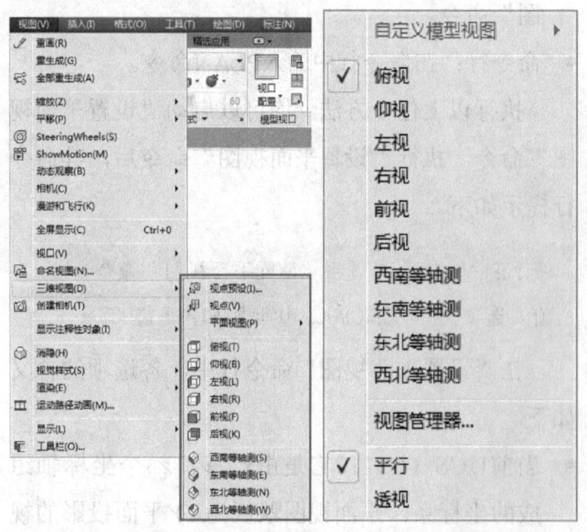

图13-12 “三维视图”菜单　图13-13 视图快捷控件

执行以上任一方法，均可以快速设置特殊视点。

各个视点及其含义如下。

- 俯视：从上往下观察视图的视点。
- 仰视：从下往上观察视图的视点。
- 左视：从左往右观察视图的视点。
- 右视：从右往左观察视图的视点。
- 前视：从前往后观察视图的视点。
- 后视：从后往前观察视图的视点。
- 西南等轴测：从西南方向以等轴测方式观察视图。
- 东南等轴测：从东南方向以等轴测方式观察视图。
- 东北等轴测：从东北方向以等轴测方式观察视图。
- 西北等轴测：从西北方向以等轴测方式观察视图。

13.3.4 ViewCube工具

使用ViewCube工具可以调整视图方向以及在标准视图与等距视图间进行切换，如图13-14所示。ViewCube工具是一种可单击、可拖动的常驻界面，用户可以用它在模型的标准视图和等轴测视图之间进行切换。ViewCube工具打开以后，以不活动状态和活动状态显示在窗口一角。单击ViewCube工具的预定义区域或拖动ViewCube工具，界面图形就会自动转换为相应的方向视图。单击ViewCube工具旁边的两个弯箭头按钮，可以绕视图中心将当前视图顺时针或逆时针旋转90°。

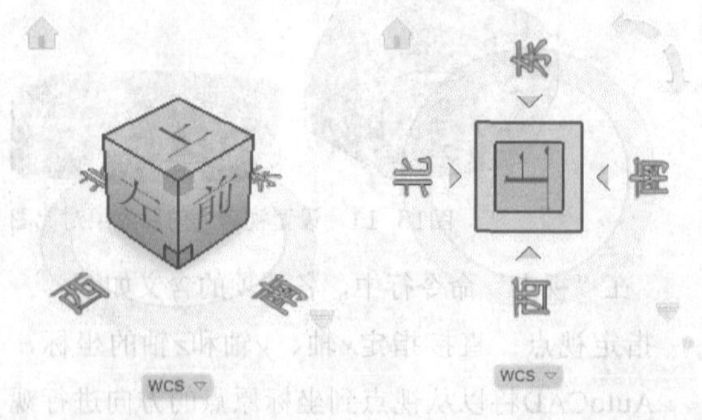

图13-14 ViewCube工具

13.3.5 课堂实例——利用ViewCube工具切换视图

案例位置	素材>第13章>13.3.5 课堂实例——利用ViewCube工具切换视图.dwg
在线视频	视频>第13章>13.3.5 课堂实例——利用ViewCube工具切换视图.mp4
难易指数	★★★★★
学习目标	学习使用"ViewCube"工具

01 打开文件。单击快速访问工具栏中的"打开"按钮，打开本书素材中的"第13章\13.3.5 课堂实例——利用ViewCube工具切换视图.dwg"素材文件，如图13-15所示。

02 单击平面。在ViewCube工具上，单击"上"平面，如图13-16所示。

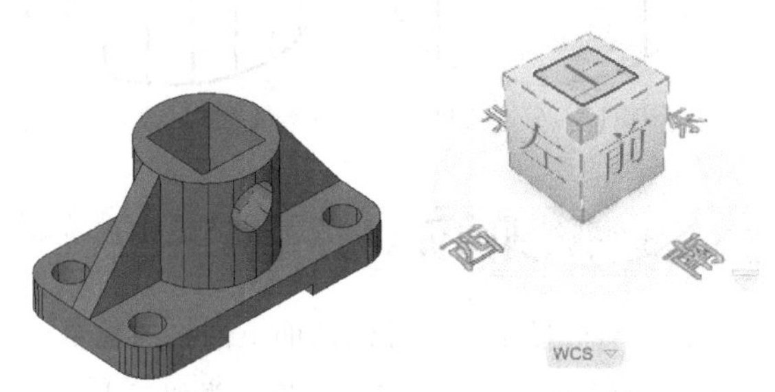

图13-15　素材文件　　图13-16　选择视图平面

03 调整视图。将模型的视图方向调整为俯视的方向，如图13-17所示。

04 单击角点。在ViewCube工具上，单击"上"平面的右下角点，如图13-18所示。

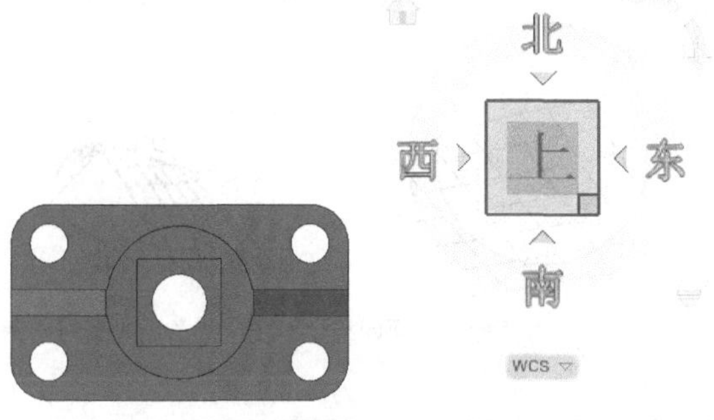

图13-17　俯视图效果　　图13-18　选择角点

05 调整视图。模型的视图方向调整为东南等轴测的方向，如图13-19所示。

06 单击边线。在ViewCube工具上，单击"前""右"两平面相交的边线，如图13-20所示。

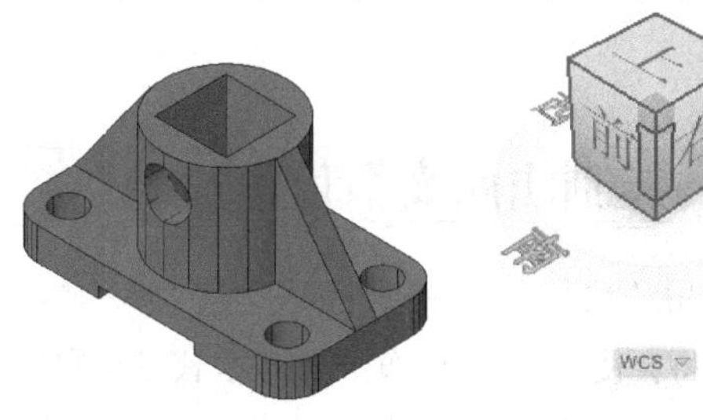

图13-19　东南等轴测图效果　　图13-20　选择相交边线

07 调整视图。将模型的视图方向调整为自定义视图的方向，如图13-21所示。

08 调整视图。在ViewCube工具上，单击"右"平面，将模型的视图方向调整为右视的方向，如图13-22所示。

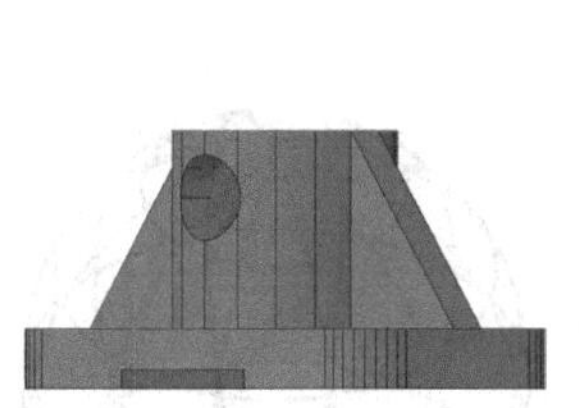

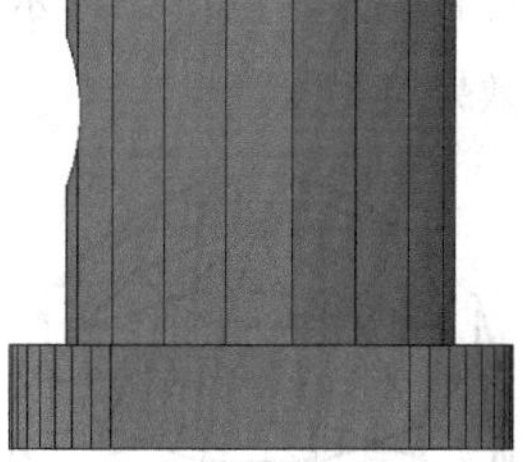

图13-21　自定义视图效果　　图13-22　右视图效果

09 调整视图。在ViewCube工具上，单击"右"平面右侧的三角形箭头，将模型的视图方向调整为后视的方向，如图13-23所示。

10 调整视图。在ViewCube工具上，单击"后"平面上的左下角点，将模型的视图方向调整为自定义视图的方向，如图13-24所示。

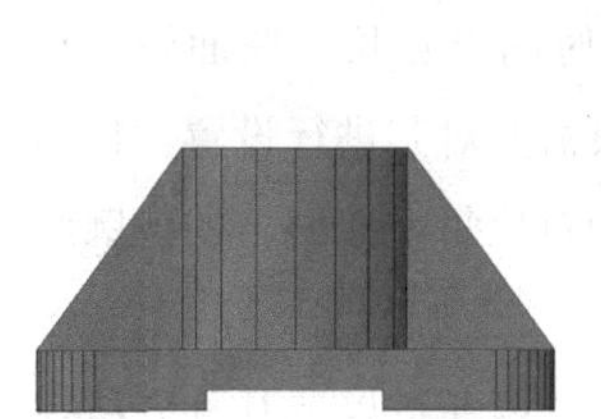

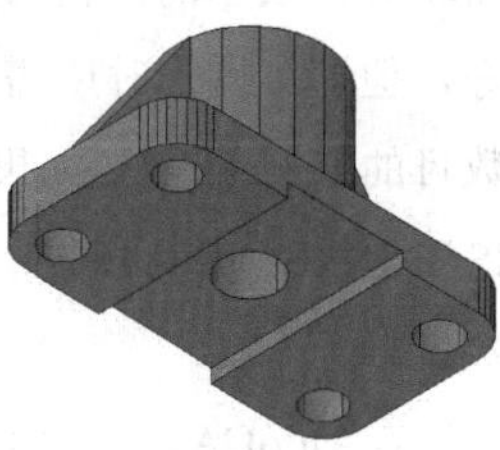

图13-23　后视图效果　　图13-24　自定义视图效果

13.4 三维实体的显示控制

使用三维网格编辑工具可以优化三维网格、调整网格平滑度、编辑网格面和控制实体显示模型质量等。

13.4.1 控制曲面光滑度

当使用“消隐”“视觉样式”等命令时，AutoCAD将会使用很多的小矩形面来替代三维实体的真实曲面。这时可以通过使用“渲染对象的平滑度”功能来控制三维实体的曲面光滑度，平滑度越高，显示的三维实体将越平滑，但是系统也需要更长的时间来实现重生成、平移或缩放对象的操作。

在AutoCAD 2018中，可以通过在“常用”选项卡中单击“网格”面板中的“提高平滑度”按钮或“降低平滑度”按钮来对曲面的光滑度进行调整。图13-25所示为调整曲面光滑度的前后效果对比图。

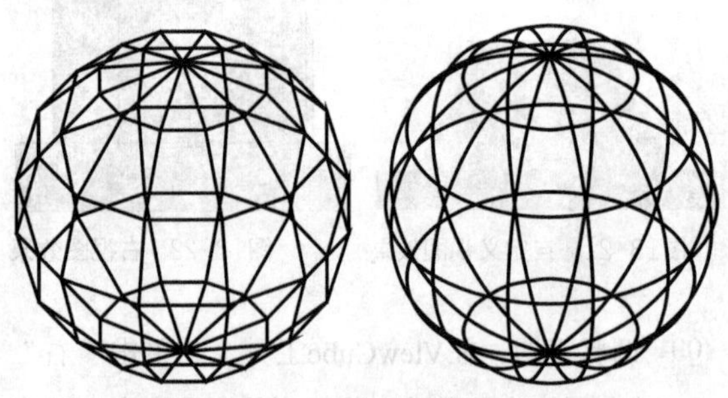

图13-25 调整曲面光滑度的前后效果对比图

13.4.2 控制曲面轮廓线数量

在AutoCAD中，每个实体的曲面都是由曲面轮廓线表示的，轮廓线越多，其显示效果就越好，但渲染图形时所需时间也越长。曲面轮廓线数目的默认值是4，如果需要对其进行设置，使用ISOLINES命令可以控制对象每个曲面上的轮廓线数量。

在AutoCAD 2018中可以通过以下几种方法控制曲面轮廓线数量。

- 命令行：在命令行中输入ISOLINES命令。

执行以上命令后，其命令行提示如下。图13-26所示为控制曲面轮廓线数量的前后效果对比图。

```
命令:ISOLINES↙    //调用“控制曲面轮廓线数量”命令
输入ISOLINES的新值<4>:20↙        //输入参数值
```

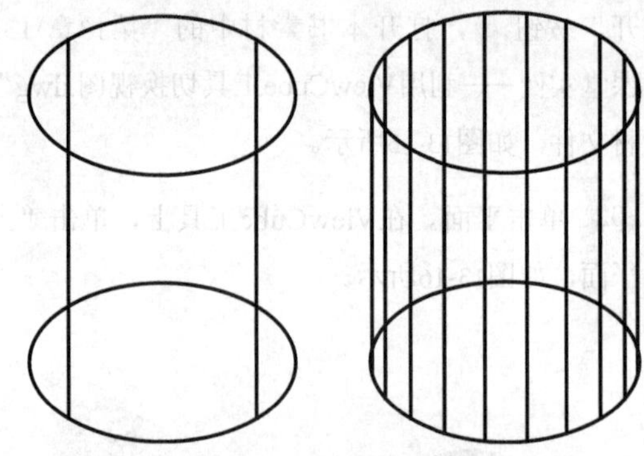

图13-26 控制曲面轮廓线数量的前后效果对比图

13.4.3 控制曲面网格显示密度

曲面网格显示密度控制曲面上网格的数量，包含M×N个顶点的矩阵决定，网格类似于由行和列组成的栅格。使用SURFTAB1命令可以为“直纹曲面”和“平移曲面”设置要生成的列表数目，同时为“旋转曲面”和“边界曲面”设置在M方向上的网格密度。使用SURFTAB2命令可以为“旋转曲面”和“边界曲面”设置在M方向上的网格密度。图13-27所示为控制曲面网格显示密度的前后效果对比图。

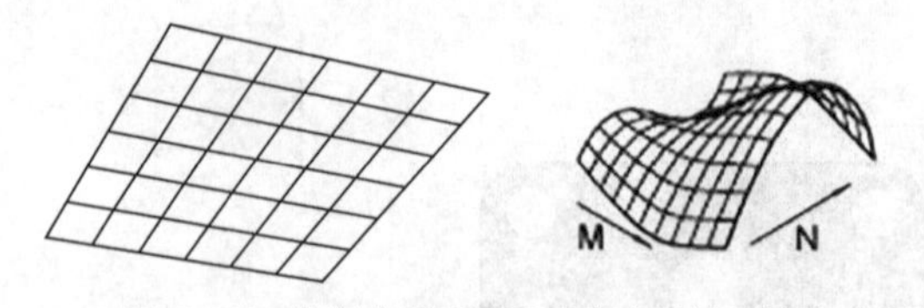

图13-27 控制曲面网格显示密度的前后效果对比图

13.4.4 控制实体模型显示质量

在二维线框模式下，三维实体的曲面用曲线来表示，并称这些曲面为网格。用户可以在“选项”

对话框中来控制三维实体的显示质量。在绘图区单击鼠标右键，在弹出的快捷菜单中，选择“选项”命令，打开“选项”对话框，切换至“显示”选项卡，在“显示精度”选项组中修改各参数，以改变实体模型的显示质量，如图13-28所示。

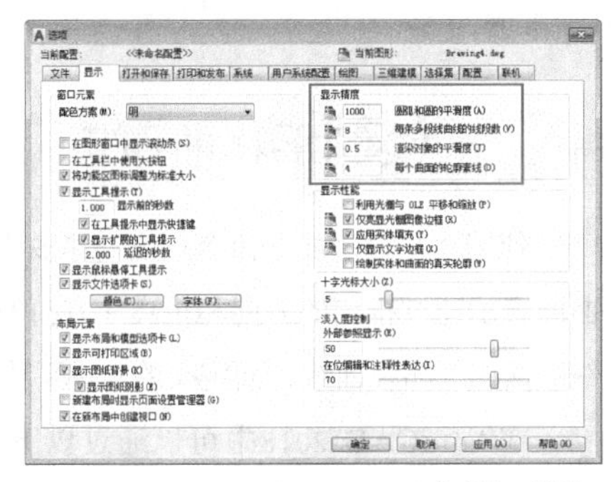

图13-28　“选项”对话框

13.4.5　绘制三维螺旋线

螺旋线是指一个固定点向外，沿底面所在平面的法线方向，以指定的半径、高度或圈数旋绕而成的规律曲线，常被用作螺栓、螺纹特征的扫描路径。

在AutoCAD 2018中可以通过以下几种方法启动“螺旋”命令。

- 菜单栏：执行“绘图”|“螺旋”命令。
- 命令行：在命令行中输入HELIX命令。
- 功能区：在“常用”选项卡中，单击“绘图”面板中的“螺旋”按钮。

在命令执行过程中，需要确定底面中心点、底面半径、顶面半径和螺旋高度等。

在图13-29中，捕捉相应的点作为底面圆心点，修改底面半径、顶面半径和螺旋高度等参数，进行螺旋线的绘制操作。执行“螺旋”命令后，命令行提示如下。

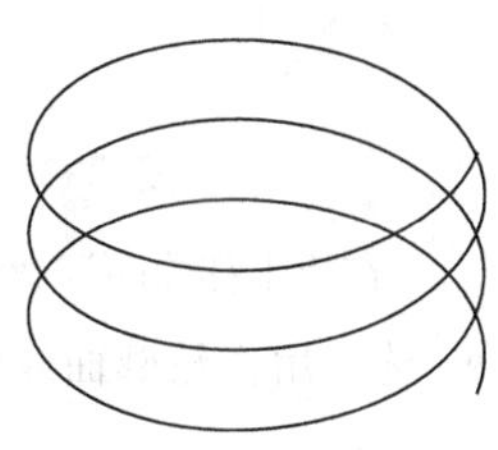

图13-29　螺旋线效果

```
命令:HELIX↙            //调用“螺旋”命令
圈数=3.00   扭曲=CCW
指定底面的中心点:   //任意指定一点
指定底面半径或[直径(D)]<1.0000>:400↙
            //输入底面半径参数
指定顶面半径或[直径(D)]<400.0000>:
            //输入顶面半径参数
指定螺旋高度或[轴端点(A)/圈数(T)/圈高(H)/扭曲(W)]<1.0000>:500↙
            //输入螺旋高度参数，按Enter键即可
```

其命令行中各选项的含义如下。

- 指定底面的中心点：指定螺旋基点的中心。
- 指定底面半径：指定螺旋底面的半径。
- 直径（D）：指定螺旋底面或顶面的直径。
- 指定顶面半径：指定螺旋顶面的半径。其默认值始终是底面半径的值。
- 指定螺旋高度：指定螺旋的高度。
- 轴端点（A）：指定螺旋轴的端点位置。轴端点可以位于三维空间中的任意位置。轴端点定义了螺旋的长度和方向。
- 圈数（T）：指定螺旋的圈（旋转）数，且螺旋的圈数不能超过500。
- 圈高（H）：指定螺旋内一个完整的圈的高度。
- 扭曲（W）：指定螺旋扭曲的方向。

13.5　三维曲面的绘制

在二维模型空间和三维模型空间中可以创建三维曲面图形，该曲面主要在三维空间中使用。使用平面镶嵌面来表示对象的曲面，不仅定义了三维对象的边界，而且还定义了对象的表面，曲面类似于行和列组成的栅格。常见的曲面模型有旋转曲面、平移曲面、直纹曲面和边界曲面。

13.5.1　绘制旋转曲面

使用“旋转曲面”命令，可以将曲线或图形（如直线、圆弧、椭圆、椭圆弧、多边形和闭合多段线等）绕指定的旋转轴旋转一定的角度，从而创建出旋转曲面。旋转轴可以是直线，也可以是开放的二维或三维多段线。

在AutoCAD 2018中可以通过以下几种方法启动“旋转曲面”命令。

- 菜单栏：执行“绘图”|“建模”|“网格”|“旋转网格”命令。
- 命令行：在命令行中输入REVSURF命令。
- 功能区：切换至“网格”选项卡，单击“图元”面板中的“建模，网格，旋转曲面”按钮。

在命令执行过程中，需要确定旋转对象、旋转轴、起点角度和包含角。

在图13-30中，选择多段线为旋转对象，拾取右上方的倾斜直线为旋转轴，修改“起点角度”和“包含角”分别为0和360，进行旋转曲面的绘制操作。执行“旋转曲面”命令后，命令行提示如下。

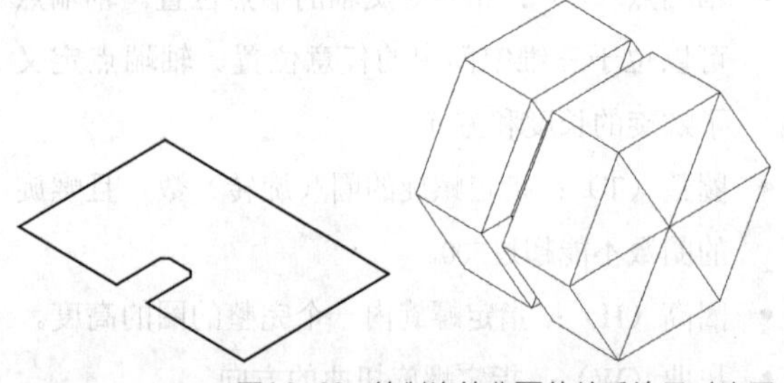

图13-30 绘制旋转曲面的前后效果对比图

```
命令:revsurf↙ //调用“旋转曲面”命令
当前线框密度:SURFTAB1=6  SURFTAB2=6
选择要旋转的对象:          //选择多段线对象
选择定义旋转轴的对象:      //选择右上方的倾斜直线
指定起点角度<0>:           //输入起点角度参数
指定包含角(+=逆时针，-=顺时针)<360>:
                           //输入包含角参数
```

在“旋转曲面”命令行中，各选项的含义如下。

- 选择要旋转的对象：选择直线、圆弧、圆或二维/三维多段线为旋转对象。
- 选择定义旋转轴的对象：选择直线或开放的二维或三维多段线来作为旋转轴，轴方向不能平行于原始对象的平面。
- 指定起点角度：如果起点角度为非零值，则将以路径曲线的某个偏移开始旋转。
- 指定包含角：用于指定网格绕旋转轴延伸的距离。

13.5.2 绘制平移曲面

使用“平移曲面”命令可以创建多边形曲面，该曲面表示通过指定的方向和距离（方向矢量）拉伸直线或曲面（路径曲线）而定义的常规平移曲面。

在AutoCAD 2018中可以通过以下几种方法启动“平移曲面”命令。

- 菜单栏：执行“绘图”|“建模”|“网格”|“平移网格”命令。
- 命令行：在命令行中输入TABSURF命令。
- 功能区：切换至“网格”选项卡，单击“图元”面板中的“平移曲面”按钮。

在命令执行过程中，需要确定轮廓曲线和方向矢量。

在图13-31中，选择曲线为轮廓曲线，拾取直线为方向矢量，进行平移曲面的绘制操作。执行“平移曲面”命令后，命令行提示如下。

```
命令:tabsurf↙ //调用“平移曲面”命令
当前线框密度:SURFTAB1=15
选择用作轮廓曲线的对象:          //选择曲线对象
选择用作方向矢量的对象:          //选择直线对象
```

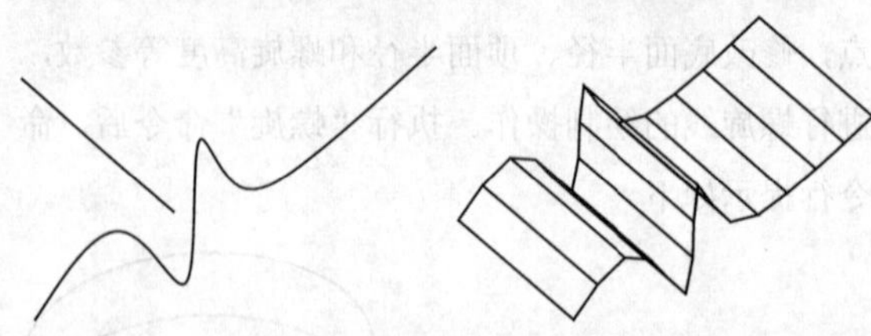

图13-31 绘制平移曲面的前后效果对比图

在“平移曲面”命令行中，各选项的含义如下。

- 选择用作轮廓曲线的对象：指定沿路径扫掠的对象。

- 选择用作方向矢量的对象：指定用于定义扫掠方向的直线或开放的多段线。

13.5.3 绘制直纹曲面

使用“直纹曲面”命令，可以在两条直线或曲线之间创建一个曲面的多边形网格。

在AutoCAD 2018中可以通过以下几种方法启动“直纹曲面”命令。

- 菜单栏：执行“绘图”|“建模”|“网格”|“直纹网格”命令。
- 命令行：在命令行中输入RULESURF命令。
- 功能区：切换至“网格”选项卡，单击“图元”面板中的“直纹曲面”按钮。

在命令执行过程中，需要确定两条或两条以上的定义曲线。

在图13-32中，依次拾取上下两个圆为定义曲线对象，进行直纹曲面的绘制操作。执行“直纹曲面”命令后，命令行提示如下。

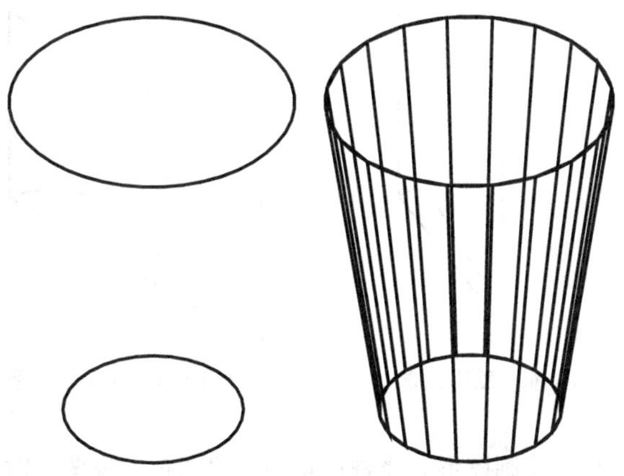

图13-32　绘制直纹曲面的前后效果对比图

```
命令:rulesurf↙            //调用“直纹曲面”命令
当前线框密度:SURFTAB1=20
选择第一条定义曲线:        //拾取上方圆对象
选择第二条定义曲线:        //拾取下方圆对象即可
```

在“直纹曲面”命令行中，各选项的含义如下。

- 选择第一条定义曲线：指定对象以及新网格对象的起点。
- 选择第二条定义曲线：指定对象以及新网格对象扫掠的起点。

13.5.4 绘制边界曲面

使用“边界曲面”命令可以把4条首尾相连的线创建成一个三维多边形曲面。创建边界曲面时，需要依次选择4条边界。边界可以是圆弧、直线、多段线、样条曲线和椭圆弧，并且必须形成闭合环和共享端点。

在AutoCAD 2018中可以通过以下几种方法启动“边界曲面”命令。

- 菜单栏：执行“绘图”|“建模”|“网格”|“边界网格”命令。
- 命令行：在命令行中输入EDGESURF命令。
- 功能区：切换至“网格”选项卡，单击“图元”面板中的“边界曲面”按钮。

在命令执行过程中，需要确定多条曲面边界对象。

在图13-33中，依次拾取各边界为定义曲线对象，进行边界曲面的绘制操作。执行“边界曲面”命令后，命令行提示如下。

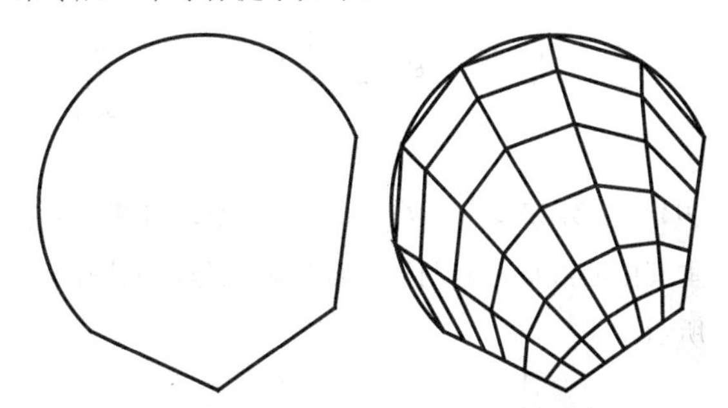

图13-33　绘制边界曲面的前后效果对比图

```
命令:edgesurf↙    //调用“边界曲面”命令
当前线框密度:SURFTAB1=6   SURFTAB2=6
选择用作曲面边界的对象1:  //拾取曲面边界对象
选择用作曲面边界的对象2:  //拾取曲面边界对象
选择用作曲面边界的对象3:  //拾取曲面边界对象
选择用作曲面边界的对象4:  //拾取曲面边界对象
```

13.5.5 课堂实例——绘制相机外壳模型

案例位置 素材>第13章>13.5.5 课堂实例——绘制相机外壳模型.dwg

在线视频 视频>第13章>13.5.5 课堂实例——绘制相机外壳模型.mp4

难易指数 ★★★★★

学习目标 学习使用"坐标系""网格曲面""拉伸曲面""修剪曲面"等命令

01 新建图层。调用LA"图层"命令，打开"图层特性管理器"选项板，新建"轮廓线"和"中心线"图层，如图13-34所示。

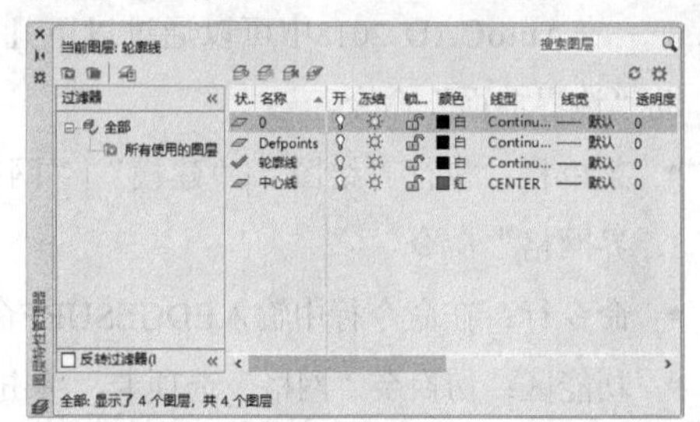

图13-34 "图层特性管理器"选项板

02 绘制图形。将"中心线"图层设为当前图层。调用L"直线"命令，绘制两条中心线，如图13-35所示。

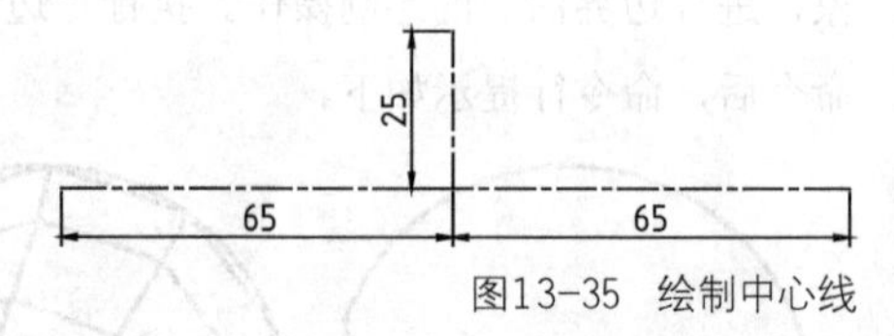

图13-35 绘制中心线

03 偏移图形。调用O"偏移"命令，对新绘制的垂直中心线向左右两侧进行偏移操作，如图13-36所示。

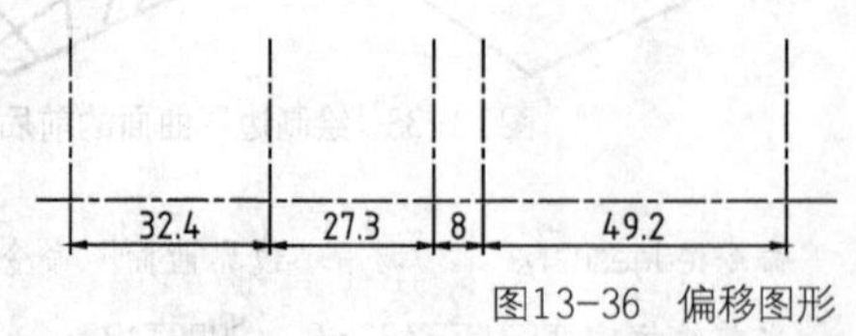

图13-36 偏移图形

04 偏移图形。调用O"偏移"命令，对新绘制的水平中心线向上进行偏移操作，如图13-37所示。

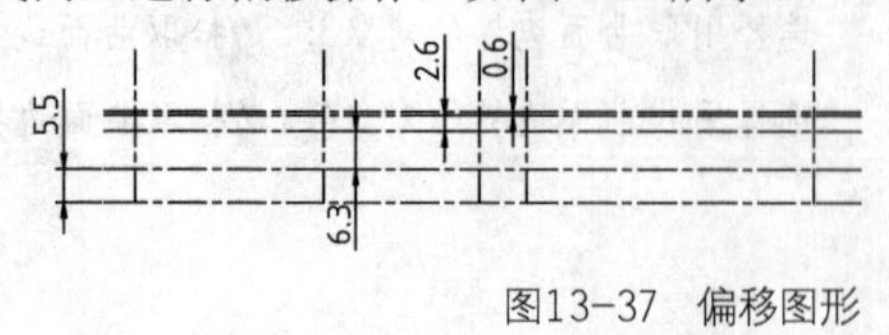

图13-37 偏移图形

05 绘制图形。将"轮廓线"图层设为当前图层。调用SPL"样条曲线"命令，结合"端点捕捉"功能，绘制样条曲线，如图13-38所示。

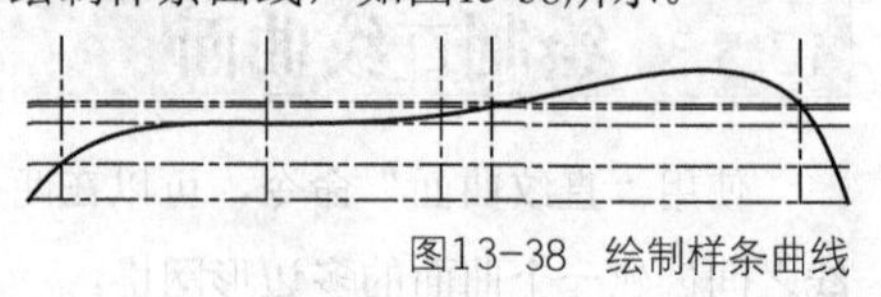

图13-38 绘制样条曲线

06 修改图形。调用E"删除"命令，删除多余的图形；调用L"直线"命令，结合"端点捕捉"功能，绘制直线，如图13-39所示。

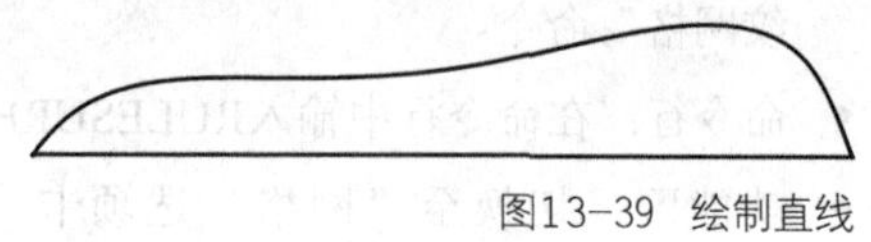

图13-39 绘制直线

07 绘制直线。将视图切换至"西南等轴测"视图，调用L"直线"命令，结合"对象捕捉"功能，绘制直线，如图13-40所示。

08 创建坐标系。调用UCS"坐标系"命令，创建新的坐标系，如图13-41所示。

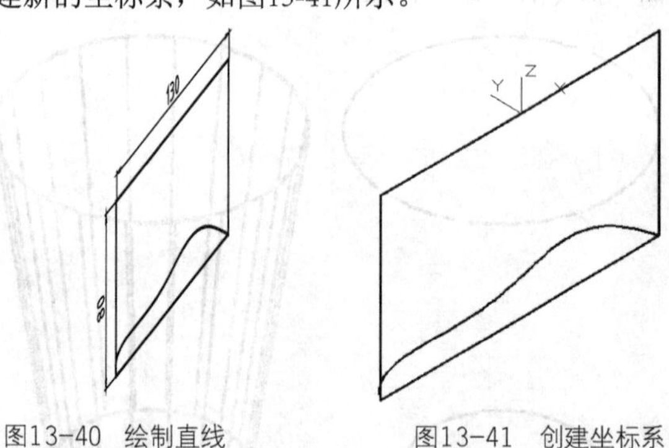

图13-40 绘制直线 图13-41 创建坐标系

09 绘制图形。将视图切换至"俯视"视图，对新绘制的轮廓曲线进行隐藏操作。将"中心线"图层设为当前图层，调用L"直线"和O"偏移"命令，绘制中心线对象，如图13-42所示。

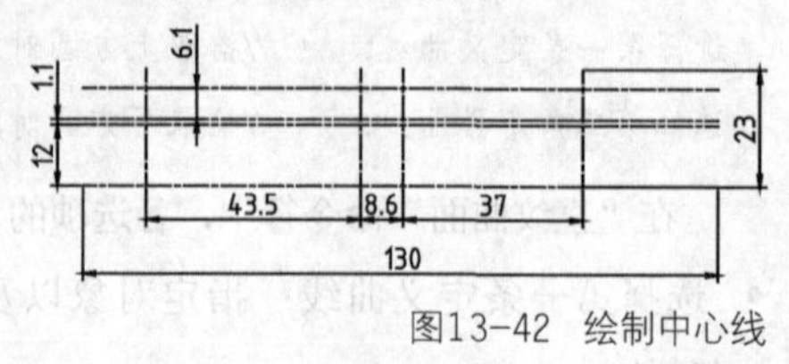

图13-42 绘制中心线

10 完善轮廓线。将"轮廓线"图层设为当前图层。调用SPL“样条曲线”、E“删除”和L“直线”命令，结合“对象捕捉”功能，完善轮廓线，如图13-43所示。

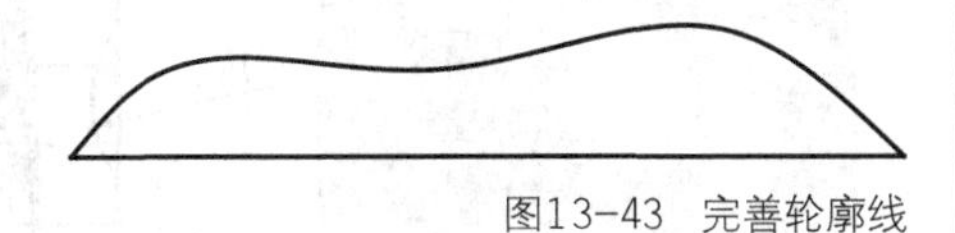
图13-43　完善轮廓线

11 旋转坐标系。将视图切换至“西南等轴测”视图，显示隐藏的对象。调用UCS“坐标系”命令，将坐标系绕x轴旋转90°，如图13-44所示。

12 绘制圆弧。将视图切换至“前视”视图，调用A“圆弧”命令，以“起点，端点，半径”的方式，绘制两条半径均为191.5的圆弧，如图13-45所示。

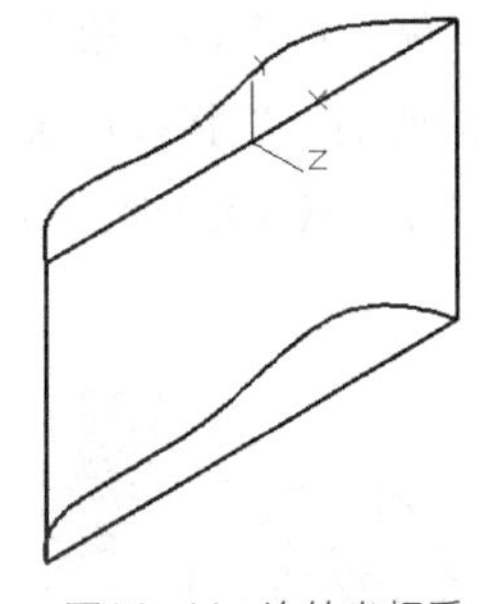
图13-44　旋转坐标系

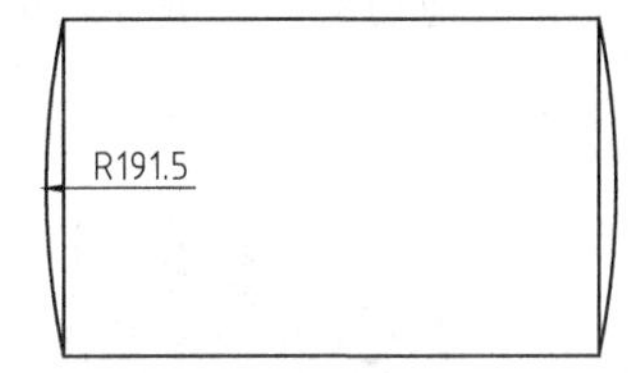

图13-45　绘制圆弧

13 创建网格曲面。将视图切换至“西南等轴测”视图，调用SURFNETWORK“网格”命令，在绘图区选择两个圆弧为第一个方向的曲线，选择两条样条曲线为第二个方向的曲线，创建网格曲面，如图13-46所示。

14 绘制平面。调用PLANESURF“平面”命令，选择“对象（O）”选项，选择网络曲面两端的封闭线，绘制平面，如图13-47所示。

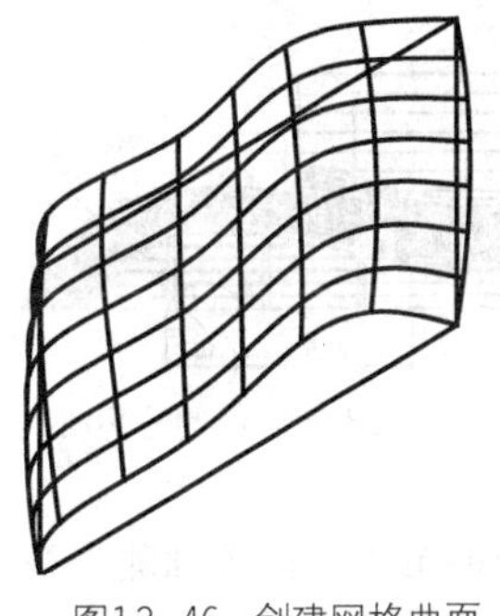
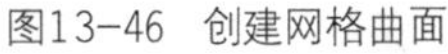
图13-46　创建网格曲面

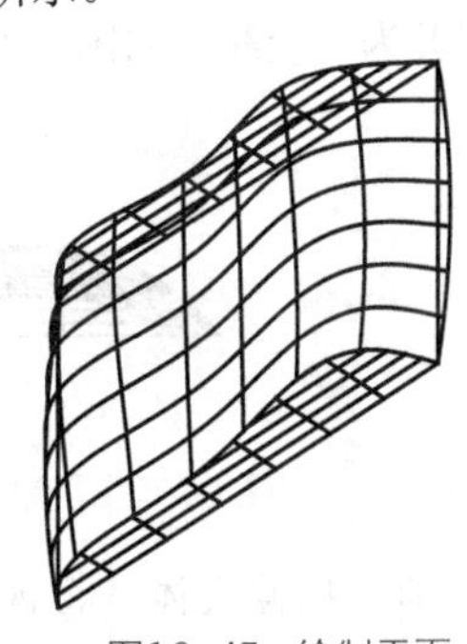
图13-47　绘制平面

15 圆角操作。调用UNI“并集”命令，合并所有曲面对象。调用F“圆角”命令，修改“圆角半径”为5。拾取轮廓曲线对象，进行圆角操作，隐藏相应的曲线对象，并以“概念”模式显示模型，如图13-48所示。

16 移动坐标系。调用UCS“坐标系”命令，将坐标系沿z轴向下移动-40，如图13-49所示。

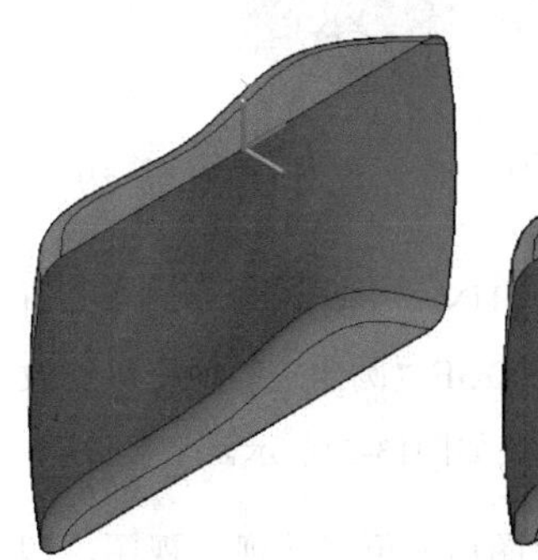
图13-48　圆角操作

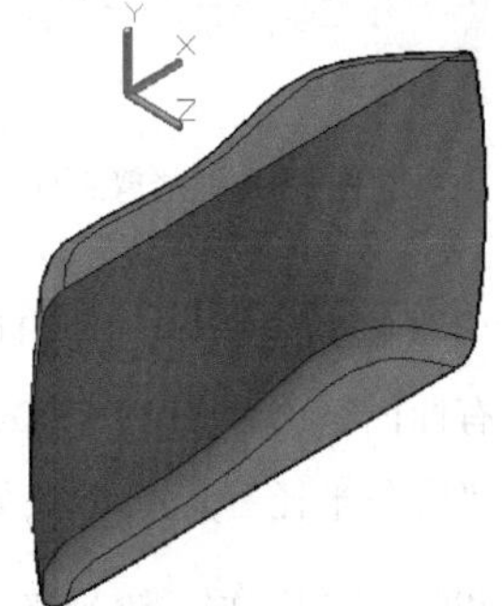
图13-49　移动坐标系

17 绘制圆。将视图切换至“前视”视图，调用C“圆”命令，绘制圆，效果如图13-50所示。

18 拉伸曲面。将视图切换至“西南等轴测”视图，调用EXT“拉伸”命令，即将新绘制的圆进行拉伸，拉伸高度为50，如图13-51所示。

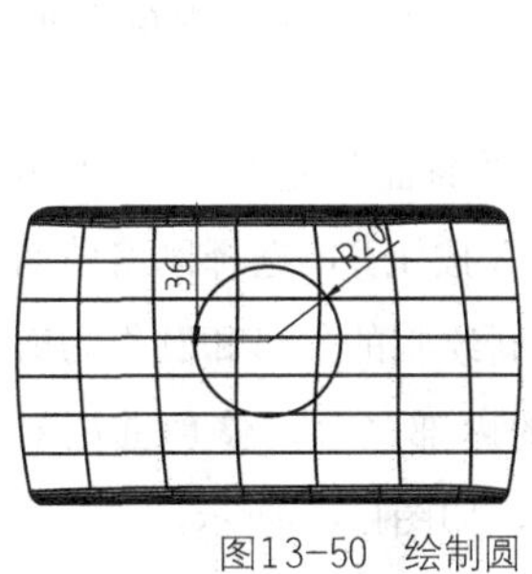

图13-50　绘制圆

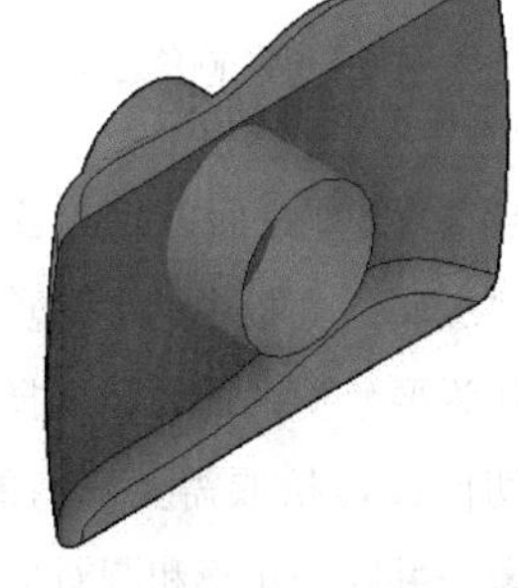
图13-51　拉伸曲面

19 修剪曲面。切换至“曲面”选项卡，单击“编辑”面板中的“修剪”按钮，选择网格曲面作为要修剪的曲面，选择拉伸曲面作为剪切曲面，拾取需要修剪的内部区域，修剪曲面对象，如图13-52所示。

20 修剪曲面。切换至“曲面”选项卡，单击

“编辑”面板中的“修剪”按钮，选择拉伸曲面作为要修剪的曲面，选择网格曲面作为剪切曲面，拾取需要修剪的拉伸曲面区域，修剪曲面对象，并隐藏圆对象，如图13-53所示。

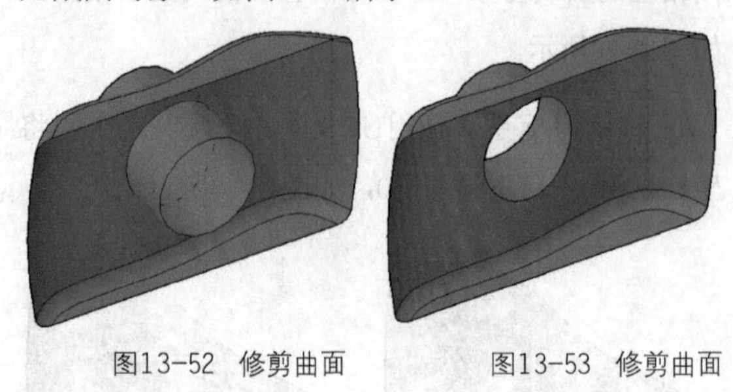

图13-52 修剪曲面　　图13-53 修剪曲面

21 圆角边操作。调用UNI“并集”命令，合并所有曲面。调用FILLETEDGE“圆角边”命令，修改“圆角半径”为5，效果如图13-54所示。

22 绘制图形。将视图切换至“前视”视图，调用REC“矩形”、C“圆”和M“移动”命令，绘制矩形和圆，如图13-55所示。

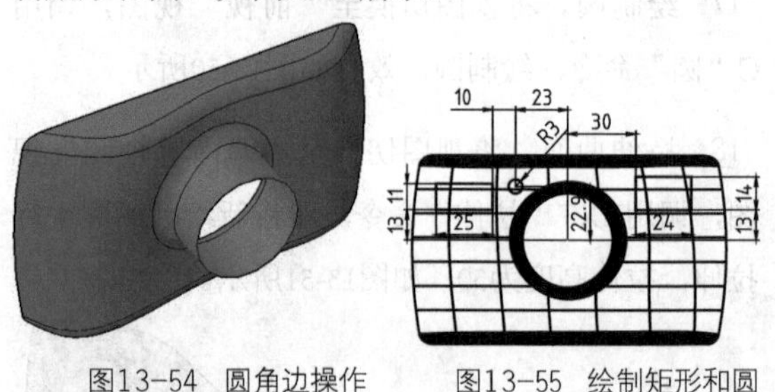

图13-54 圆角边操作　　图13-55 绘制矩形和圆

23 修剪曲面。切换至“曲面”选项卡，单击“编辑”面板中的“修剪”按钮，选择网格曲面作为要修剪的曲面，选择新绘制的矩形和圆作为剪切曲线，拾取需要修剪的内部区域，修剪曲面对象，并隐藏矩形和圆对象，如图13-56所示。

24 切换视图。调用UCS“坐标系”命令，将坐标系绕y轴旋转90°，将视图切换至“右视”视图。

25 绘制图形。调用L“直线”和A“圆弧”命令，绘制轮廓曲线，调用JOIN“合并”命令，将绘制的图形合并为多段线，如图13-57所示。

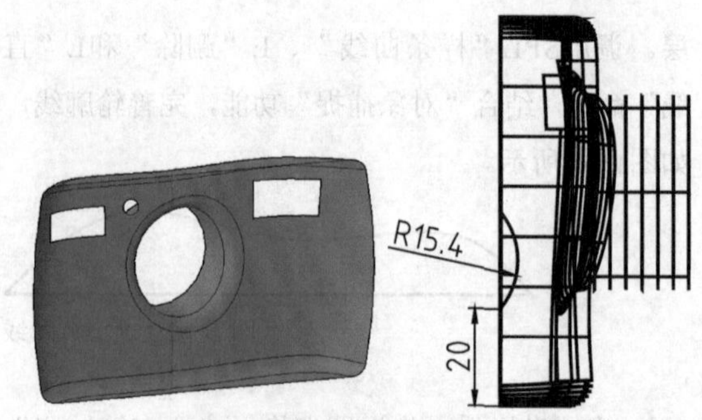

图13-56 修剪曲面　图13-57 绘制轮廓曲线

26 拉伸实体。将视图切换至“西南等轴测”视图，调用EXT“拉伸”命令，对新绘制的轮廓曲线进行参数值为-72的拉伸实体操作，如图13-58所示。

27 差集运算。调用SU“差集”命令，在绘图区选择网络曲面作为要减去的曲面，选择拉伸实体作为剪切实体，进行差集运算，效果如图13-59所示。

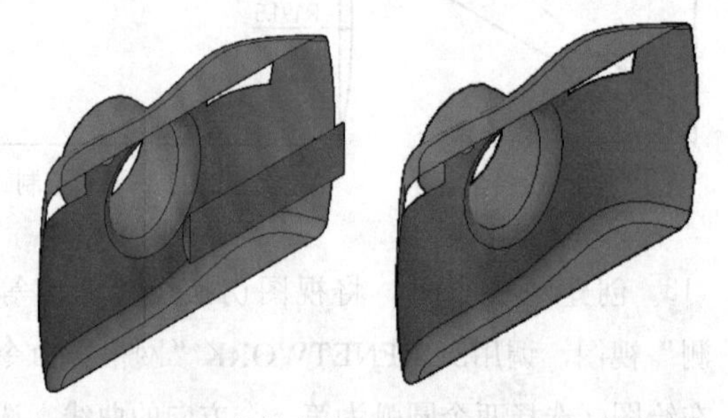

图13-58 拉伸实体　　图13-59 差集运算

28 绘制图形。调用UCS“坐标系”命令，将坐标系绕x轴旋转90°，将视图切换至“俯视”视图。调用L“直线”和A“圆弧”命令，绘制轮廓曲线，调用JOIN“合并”命令，将绘制的图形合并为多段线，如图13-60所示。

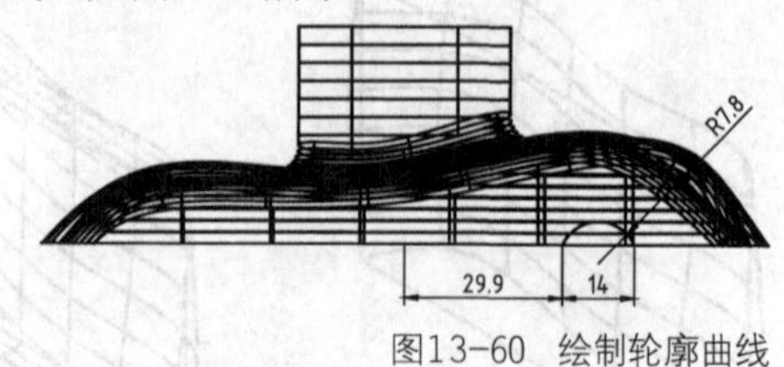

图13-60 绘制轮廓曲线

29 拉伸实体。将视图切换至“西南等轴测”视图，调用EXT“拉伸”命令，对新绘制的轮廓曲线进行参数值为-30的拉伸操作，效果如图13-61所示。

30 差集运算图形。调用SU“差集”命令，在绘图区选择网络曲面作为要减去的曲面，选择拉伸实体作为剪切实体，差集运算，效果如图13-62所示。

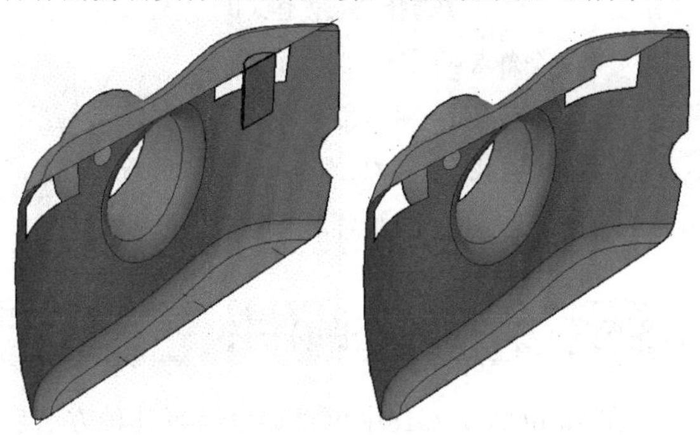

图13-61　拉伸实体　　图13-62　差集运算图形

31 加厚曲面。调用THICKEN“加厚”命令，在绘图区选择网络曲面作为要加厚的曲面，创建厚度为2的壳体，最终效果如图13-63所示。

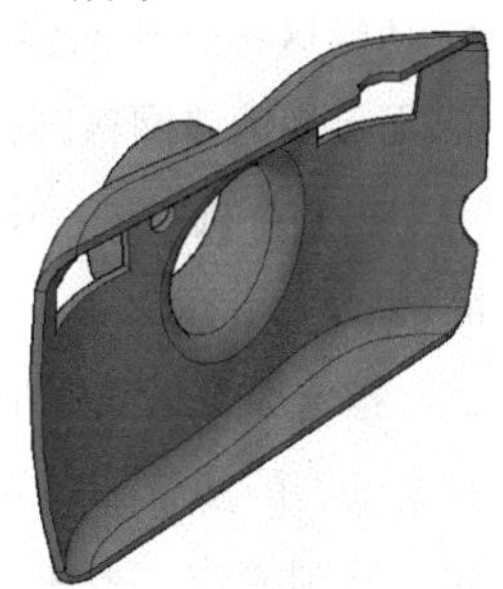

图13-63　加厚曲面

13.6 三维网格的绘制

三维模型除了规则的几何体之外，还有许多不规则的形体，如曲面等。使用“三维网格”命令可以绘制这些不规则的曲面，可以创建网格长方体、网格圆柱体、网络楔体、网格球体、网格棱锥体、网格圆锥体和网络圆环体等三维网络。

13.6.1 设置网格特性

在创建网格对象之前和之后可以设定各种控制网格特性的参数。在创建网格对象及其子对象之后，如果要修改其特性，可以在该对象上双击，在打开的“特性”面板中，修改选定的网格对象的平滑度，应用或删除锐化面和边，修改锐化保留级别。创建的网格图元对象平滑度的值默认为0，用户可以使用MESH命令的“设置”选项来更改此默认值。

在AutoCAD 2018中，可以在“网格”选项卡中，单击“图元”面板中的“网格图元选项”按钮↘，如图13-64所示，打开“网格图元选项”对话框，在其中可以对网格的各个参数进行修改，如图13-65所示。

图13-64　“图元”面板

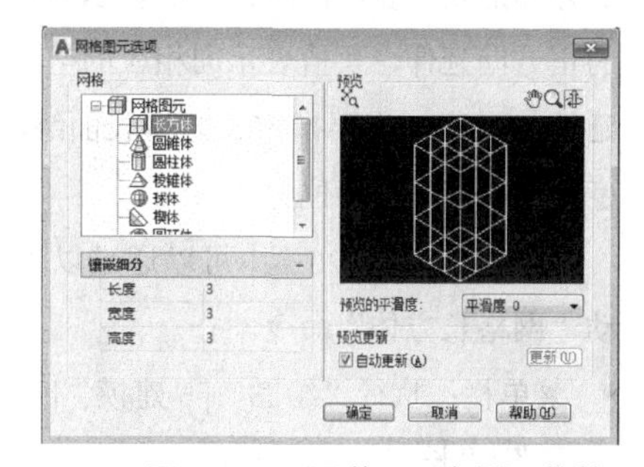

图13-65　“网格图元选项”对话框

在“网格图元选项”对话框中，各选项的含义如下。

- “网格”列表框：通过指定每侧的细分数为网格图元指定初始网格密度。
- “镶嵌细分”选项组：设置选定的网格图元类型每个侧面的默认细分数。
- “预览”窗口：显示在“镶嵌细分”选项组中设置的线框样例。
- “范围缩放”按钮：单击该按钮，可以设置预览显示以使图像布满整个“预览”窗口。
- “平移”按钮：单击该按钮，可以在“预览”窗口内水平和竖直移动图像，也可以通过在移动鼠标时按住鼠标滚轮来进行平移。
- “缩小”按钮：单击该按钮，可以更改预览图像的缩放比例。选中此按钮时，按住鼠标左键并向上拖动可进行放大，向下拖动可进行缩小。

- “动态观察”按钮：单击该按钮，可以在使用鼠标拖动图像时，在“预览”窗口内旋转预览图像。
- “预览的平滑度”下拉列表框：更改预览图像以反映指定的特定平滑度。
- “自动更新”复选框：勾选该复选框，可以设置预览图像是否根据指定的选项自动更新。

13.6.2 绘制网格长方体

绘制网格长方体时，其底面将被绘制成与当前UCS的*XY*平面平行，并且其初始位置的长、宽、高分别与当前UCS的*x*、*y*、*z*轴平行的面。在指定长方体的长、宽、高时，正值表示向相应的坐标轴的正方向延伸，负值表示向相应的坐标轴的负方向延伸。最后，需要指定长方体表面绕*z*轴的旋转角度，以确定其最终位置。

在AutoCAD 2018中可以通过以下几种方法启动“网格长方体”命令。

- 菜单栏：执行“绘图”|“建模”|“网格”|“图元”|“长方体”命令。
- 命令行：在命令行中输入MESH命令。
- 功能区：在“网格”选项卡中，单击“图元”面板中的“网格长方体”按钮。

在命令执行过程中，需要指定网格长方体的第一角点、其他角点和高度。

指定原点为第一个角点，指定（@100,200,100）为其他角点，对其进行网格长方体的绘制操作，效果如图13-66所示。执行“网格长方体”命令后，命令行提示如下。

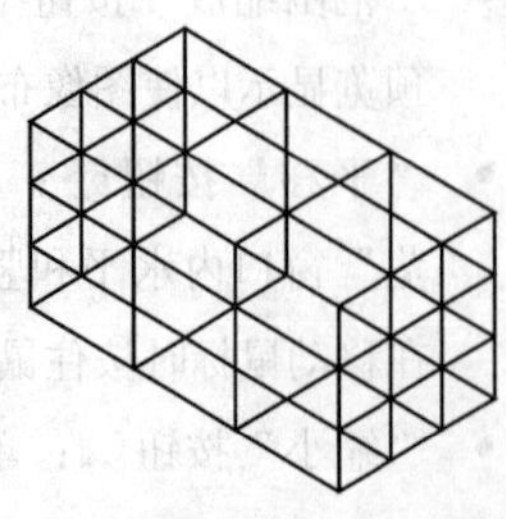

图13-66　网格长方体

```
命令:MESH↙
            //调用“图元网格”命令
当前平滑度设置为:0
输入选项[长方体(B)/圆锥体(C)/圆柱体(CY)/棱锥体(P)/
球体(S)/楔体(W)/圆环体(T)/设置(SE)]<长方体>:BOX↙
            //选择“长方体（B）”选项
指定第一个角点或[中心(C)]:0,0,0↙
            //输入第一角点坐标
指定其他角点或[立方体(C)/长度(L)]:@100,200,100↙
            //输入其他角点坐标，按Enter键结束
```

13.6.3 绘制网格圆柱体

在AutoCAD 2018中可以通过以下几种方法启动“网格圆柱体”命令。

- 菜单栏：执行“绘图”|“建模”|“网格”|“图元”|“圆柱体”命令。
- 命令行：在命令行中输入MESH命令。
- 功能区：在“网格”选项卡中，单击“图元”面板中的“网格圆柱体”按钮。

在命令执行过程中，需要指定底面中心点、底面半径和高度。

指定原点为底面中心点，修改“底面半径”和“高度”的参数分别为50和80，对其进行网格圆柱体的绘制操作，效果如图13-67所示。执行“网格圆柱体”命令后，命令行提示如下。

图13-67　网格圆柱体

```
命令:MESH↙      //调用“图元网格”命令
当前平滑度设置为:0
输入选项[长方体(B)/圆锥体(C)/圆柱体(CY)/棱锥体(P)/球
```

```
体(S)/楔体(W)/圆环体(T)/设置(SE)]<长方体
>:CYLINDER↙
            //选择“圆柱体（CY）”选项
指定底面的中心点或[三点(3P)/两点(2P)/切点、切
点、半径(T)/椭圆(E)]:0,0,0↙
            //指定圆心点坐标
指定底面半径或[直径(D)]:50↙
            //输入底面半径参数
指定高度或[两点(2P)/轴端点(A)]<100.0000>:80↙
            //输入高度参数，按Enter键结束
```

其命令行中各选项的含义如下。

- 三点（3P）：通过指定三点来设定网格圆柱体的位置、大小和平面，第三个点用来设定网格圆柱体底面的大小和平面旋转。
- 两点（2P）：通过指定两点来设定网格圆柱体底面的直径。
- 切点、切点、半径（T）：定义具有指定的半径、且与两个对象相切的网格圆柱体的底面。
- 椭圆（E）：指定网格圆柱体的椭圆底面。
- 直径（D）：指定网格圆柱体的底面直径。
- 轴端点（A）：指定网格圆柱体顶面所在的位置。轴端点可以在三维空间中的任意位置。

13.6.4 绘制网格楔体

在AutoCAD 2018中可以通过以下几种方法启动“网格楔体”命令。

- 菜单栏：执行“绘图”|“建模”|“网格”|“图元”|“楔体”命令。
- 命令行：在命令行中输入MESH命令。
- 功能区：在“网格”选项卡中，单击“图元”面板中的“网格楔体”按钮。

在命令执行过程中，需要指定第一角点、其他角度和高度。

指定原点为第一角点，输入（@80,-70,0）为其他角点，修改“高度”为70，对其进行网格楔体的绘制操作，效果如图13-68所示。执行“网格楔体”命令后，命令行提示如下。

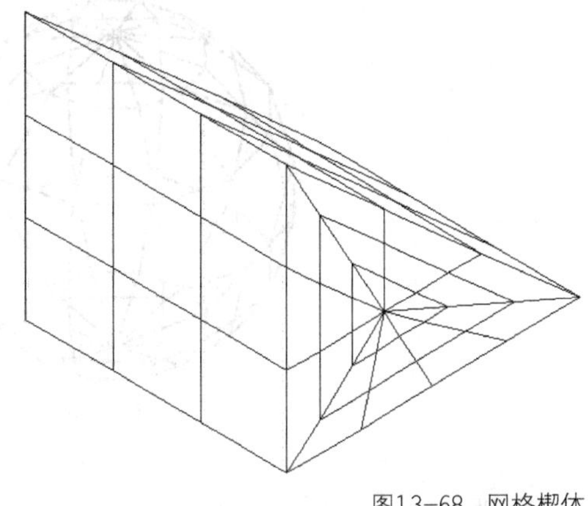

图13-68　网格楔体

```
命令:MESH↙
            //调用“图元网格”命令
当前平滑度设置为:0
输入选项[长方体(B)/圆锥体(C)/圆柱体(CY)/棱锥
体(P)/球体(S)/楔体(W)/圆环体(T)/设置(SE)]<楔体
>:WEDGE↙
            //选择“楔体（W）”选项
指定第一个角点或[中心(C)]:0,0,0↙
            //指定原点为第一角点
指定其他角点或[立方体(C)/长度(L)]:@80,-70,0↙
            //输入其他角点参数
指定高度或[两点(2P)]<84.4313>:70↙
            //输入高度参数，按Enter键结束
```

13.6.5 绘制网格球体

在AutoCAD 2018中可以通过以下几种方法启动“网格球体”命令。

- 菜单栏：执行“绘图”|“建模”|“网格”|“图元”|“球体”命令。
- 命令行：在命令行中输入MESH命令。
- 功能区：在“网格”选项卡中，单击“图元”面板中的“网格球体”按钮。

在命令执行过程中，需要指定中心点和半径参数。

指定原点为中心点，修改“半径”为70，对其进行网格球体的绘制操作，效果如图13-69所示。执行“网格球体”命令后，命令行提示如下。

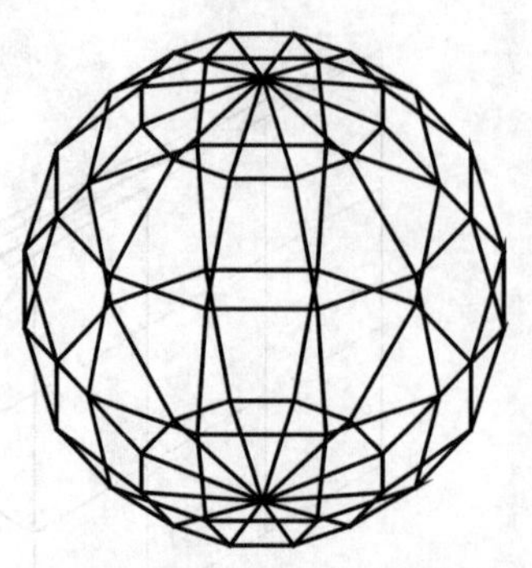

图13-69 网格球体

```
命令:MESH↙
            //调用“图元网格”命令
当前平滑度设置为:0
输入选项[长方体(B)/圆锥体(C)/圆柱体(CY)/棱锥体(P)/
球体(S)/楔体(W)/圆环体(T)/设置(SE)]<楔体>:SPHERE↙
            //选择“球体(S)”选项
指定中心点或[三点(3P)/两点(2P)/切点、切点、半径
(T)]:0,0,0↙
            //指定原点为中心点
指定半径或[直径(D)]<50.0000>:70↙
            //输入半径参数，按Enter键结束
```

13.6.6 绘制网格棱锥体

在AutoCAD 2018中可以通过以下几种方法启动“网格棱锥体”命令。

- 菜单栏：执行“绘图”|“建模”|“网格”|“图元”|“棱锥体”命令。
- 命令行：在命令行中输入MESH命令。
- 功能区：在“网格”选项卡中，单击“图元”面板中的“网格棱锥体”按钮。

在命令执行过程中，需要指定底面中心点、底面半径和高度。

指定原点为底面中心点，修改“底面半径”和“高度”分别为60和100，对其进行网格棱锥体的绘制操作，效果如图13-70所示。执行“网格棱锥体”命令后，命令行提示如下。

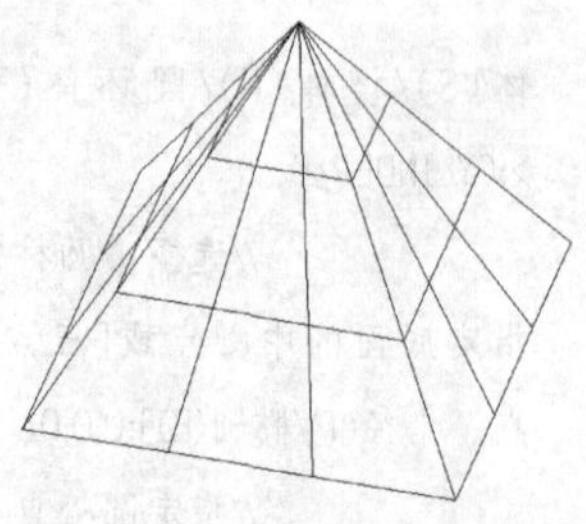

图13-70 网格棱锥体

```
命令:MESH↙
            //调用“图元网格”命令
当前平滑度设置为:0
输入选项[长方体(B)/圆锥体(C)/圆柱体(CY)/棱锥
体(P)/球体(S)/楔体(W)/圆环体(T)/设置(SE)]<球体
>:PYRAMID↙
            //选择“棱锥体(P)”选项
4个侧面外切
指定底面的中心点或[边(E)/侧面(S)]:0,0,0↙
            //指定原点为中心点
指定底面半径或[内接(I)]<50.0000>:60↙
            //输入底面半径参数
指定高度或[两点(2P)/轴端点(A)/顶面半径
(T)]<70.0000>:100↙
            //输入高度参数，按Enter键结束
```

13.6.7 绘制网格圆锥体

在AutoCAD 2018中可以通过以下几种方法启动“网格圆锥体”命令。

- 菜单栏：执行“绘图”|“建模”|“网格”|“图元”|“圆锥体”命令。
- 命令行：在命令行中输入MESH命令。
- 功能区：在“网格”选项卡中，单击“图元”面板中的“网格圆锥体”按钮。

在命令执行过程中，需要指定底面中心点、底面半径和高度。

指定原点为底面中心点，修改“底面半径”和“高度”分别为75和80，对其进行网格圆锥体的绘制操作，效果如图13-71所示。执行“网格圆锥体”命令后，命令行提示如下。

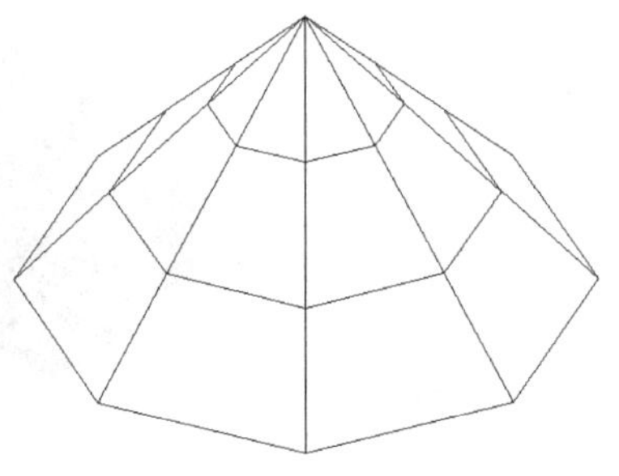

图13-71　网格圆锥体

```
命令:MESH↙
            //调用“图元网格”命令
当前平滑度设置为:0
输入选项[长方体(B)/圆锥体(C)/圆柱体(CY)/棱锥体(P)/球体(S)/楔体(W)/圆环体(T)/设置(SE)]<棱锥体>:CONE↙
            //选择“圆锥体（C）”选项
指定底面的中心点或[三点(3P)/两点(2P)/切点、切点、半径(T)/椭圆(E)]:0,0,0↙
            //指定原点为底面中心点
指定底面半径或[直径(D)]<50.0000>:75↙
            //输入底面半径参数
指定高度或[两点(2P)/轴端点(A)/顶面半径(T)]<70.0000>:80↙
            //输入高度参数，按Enter键结束
```

13.6.8 绘制网格圆环体

在AutoCAD 2018中可以通过以下几种方法启动“网格圆环体”命令。

- 菜单栏：执行“绘图”|“建模”|“网格”|“图元”|“圆环体”命令。
- 命令行：在命令行中输入MESH命令。
- 功能区：在“网格”选项卡中，单击“图元”面板中的“网格圆环体”按钮。

在命令执行过程中，需要指定中心点、半径和圆管半径。

指定原点为中心点，修改“半径”和“圆管半径”分别为50和5，对其进行网格圆环体的绘制操作，效果如图13-72所示。执行“网格圆环体”命令后，命令行提示如下。

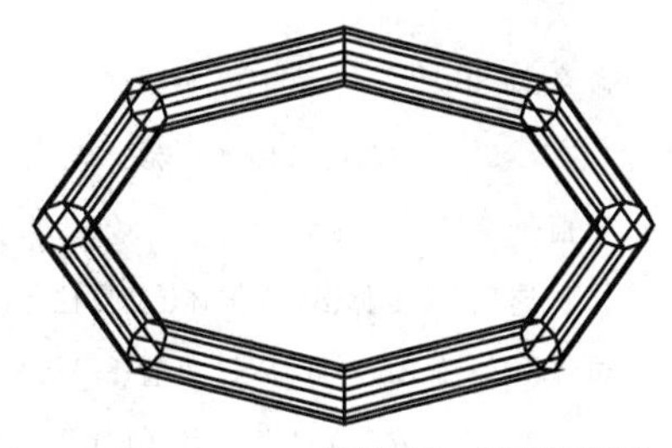

图13-72　网格圆环体

```
命令:MESH↙
            //调用“图元网格”命令
当前平滑度设置为:0
输入选项[长方体(B)/圆锥体(C)/圆柱体(CY)/棱锥体(P)/球体(S)/楔体(W)/圆环体(T)/设置(SE)]<圆锥体>:TORUS↙
//选择“圆环体（T）”选项
指定中心点或[三点(3P)/两点(2P)/切点、切点、半径(T)]:0,0,0↙
            //指定原点为中心点
指定半径或[直径(D)]<75.0000>:50↙
            //输入半径参数
指定圆管半径或[两点(2P)/直径(D)]:5↙
            //输入圆管半径参数，按Enter键结束
```

13.6.9 课堂实例——创建基本三维网格

案例位置	素材>第13章>13.6.9 课堂实例——创建基本三维网格.dwg
在线视频	视频>第13章>13.6.9 课堂实例——创建基本三维网格.mp4
难易指数	★★★★★
学习目标	学习“图元网格”命令的使用

01 绘制网格长方体。新建文件。调用MESH“图元网格”命令，选择“长方体”选项，绘制网格长方体，如图13-73所示，其命令行提示如下。

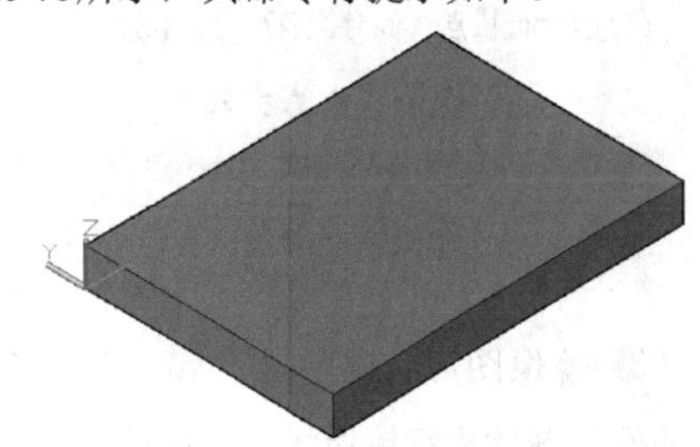

图13-73　绘制网格长方体

命令:MESH↙

//调用"图元网格"命令

当前平滑度设置为:0

输入选项[长方体(B)/圆锥体(C)/圆柱体(CY)/棱锥体(P)/球体(S)/楔体(W)/圆环体(T)/设置(SE)]<长方体>:BOX↙

//选择"长方体(B)"选项

指定第一个角点或[中心(C)]:0,0,0↙

//输入第一角点坐标

指定其他角点或[立方体(C)/长度(L)]:@100,-70,0↙

//输入其他角点坐标

指定高度或[两点(2P)]<80>:10↙

//输入高度参数,按Enter键结束

02 绘制网格球体。调用MESH"图元网格"命令,选择"球体"选项,绘制网格球体,如图13-74所示,命令行提示如下。

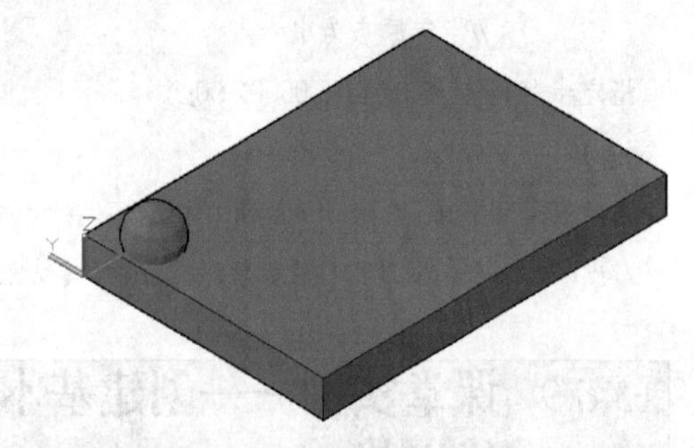

图13-74 绘制网格球体

命令:MESH↙

//调用"图元网格"命令

当前平滑度设置为:0

输入选项[长方体(B)/圆锥体(C)/圆柱体(CY)/棱锥体(P)/球体(S)/楔体(W)/圆环体(T)/设置(SE)]<球体>:SPHERE↙

//选择"球体(S)"选项

指定中心点或[三点(3P)/两点(2P)/切点、切点、半径(T)]:from基点:<偏移>:@7,-13,13↙

//输入中心点参数

指定半径或[直径(D)]<75>:7↙

//输入半径参数,按Enter键结束

03 镜像图形。调用MI"镜像"命令,对新绘制的网格球体进行镜像操作,如图13-75所示。

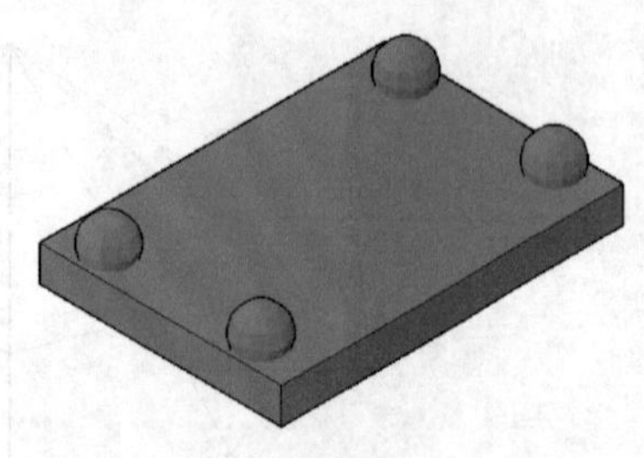

图13-75 镜像图形

04 绘制网格圆锥体。调用MESH"图元网格"命令,选择"圆锥体"选项,绘制网格圆锥体,如图13-76所示,命令行提示如下。

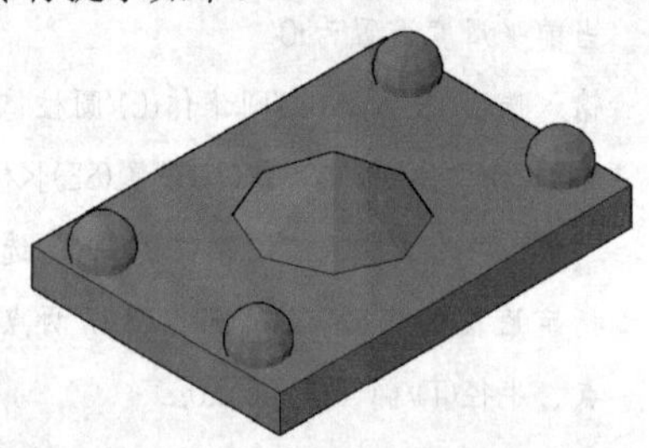

图13-76 最终效果

命令:MESH↙

//调用"图元网格"命令

当前平滑度设置为:0

输入选项[长方体(B)/圆锥体(C)/圆柱体(CY)/棱锥体(P)/球体(S)/楔体(W)/圆环体(T)/设置(SE)]<圆锥体>:CONE↙

//选择"圆锥体(C)"选项

指定底面的中心点或[三点(3P)/两点(2P)/切点、切点、半径(T)/椭圆(E)]:from↙

//调用"捕捉自"命令

基点:<偏移>:@50,35,10↙

//输入基点参数

指定底面半径或[直径(D)]<20>:20↙

//输入底面半径参数

指定高度或[两点(2P)/轴端点(A)/顶面半径(T)]<15>:15↙

//输入高度参数,按Enter键结束

13.7 本章小结

实体模型是三维建模中最重要的部分之一,也是最符合真实情况的模型之一。通过对本章的学习，读者可以快速掌握三维坐标系、视点和实体模型的控制和设置方法，也可以快速绘制出三维曲面和三维网格。

13.8 课后习题

本节通过具体的实例练习三维坐标系、视点的设置方法以及三维曲面和三维网格的绘制方法。

13.8.1 设置三维实体的显示

案例位置	素材>第13章>13.8.1 设置三维实体的显示.dwg
在线视频	视频>第13章>13.8.1 设置三维实体的显示.mp4
难易指数	★★★★★
学习目标	学习"显示精度"功能的使用

三维实体的显示的设置流程如图13-77~图13-79所示。

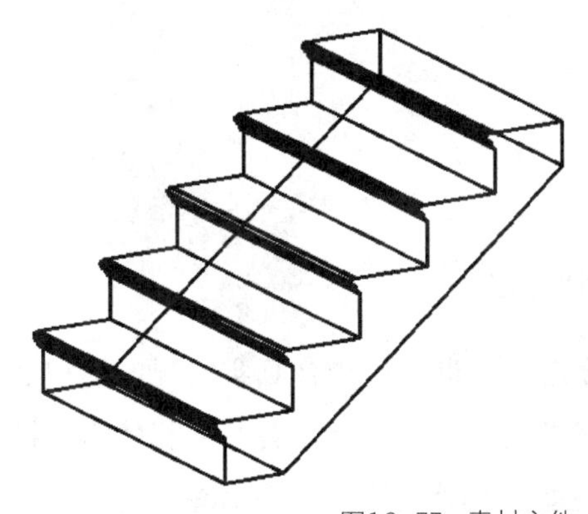

图13-77　素材文件

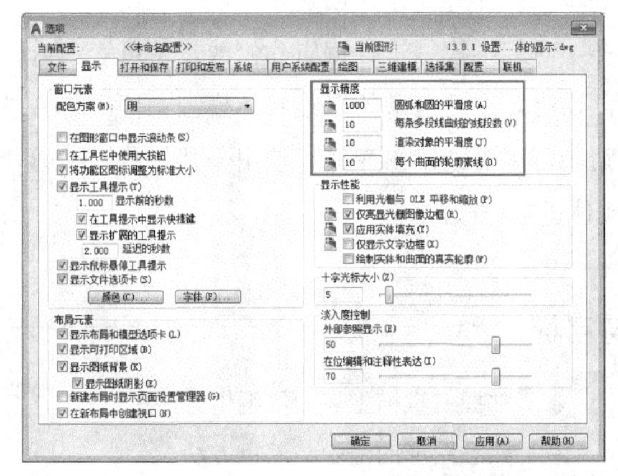

图13-78　设置显示精度

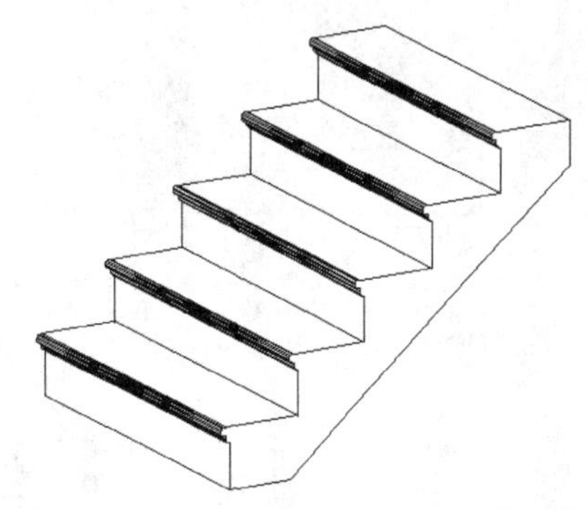

图13-79　消隐图形

13.8.2 切换视图

案例位置	素材>第13章>13.8.2 切换视图.dwg
在线视频	视频>第13章>13.8.2 切换视图.mp4
难易指数	★★★★★
学习目标	学习"切换视图"功能的使用

切换视图的流程如图13-80和图13-81所示。

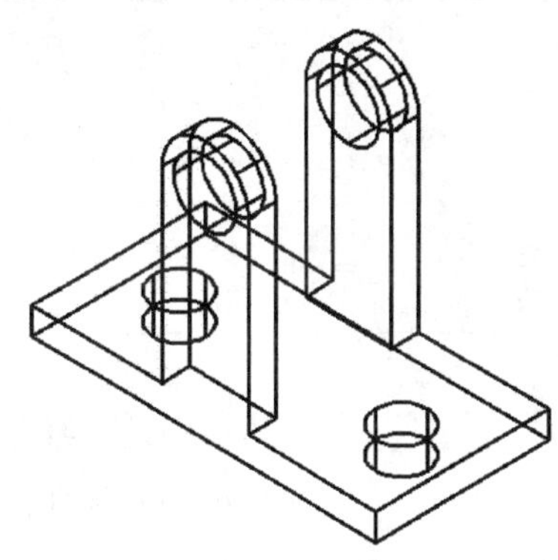

图13-80　素材文件

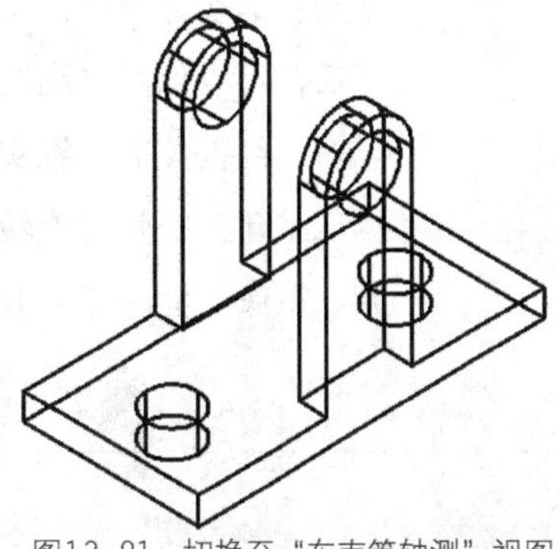

图13-81　切换至"东南等轴测"视图

第14章

三维模型的绘制

内容摘要

实体模型是三维建模中最重要的部分之一，也是最符合真实情况的模型之一。实体模型不像曲面模型那样只是一个“空壳”，而是具有厚度和体积的模型。AutoCAD 2018也提供了直接用来创建基本形状的实体模型命令。对于非基本形状的实体模型，可以通过曲面模型的旋转、拉伸等操作来创建。创建三维模型后，可以像对二维图形使用修改功能一样，对三维模型进行编辑和修改，也可以对已经创建的三维实体进行编辑和修改，以创建出更复杂的三维实体模型。根据三维建模中将二维转化为三维的基本思路，可以借助UCS变换，使用平移、复制、镜像、旋转等基本修改命令，对三维实体进行修改。

课堂学习目标

- 熟悉将二维图形转化为三维模型的操作方法
- 掌握三维实体的绘制方法
- 掌握布尔运算的应用方法
- 熟悉倒角边与圆角边的操作方法
- 掌握三维模型的操作方法
- 掌握三维模型表面的编辑方法
- 熟悉图形的消隐与着色方法
- 熟悉三维模型的渲染方法
- 了解三维动态观察器的操作方法

14.1 将二维图形转化为三维模型

用户可以采用拉伸二维对象或将二维对象绕指定轴线旋转的方法生成三维实体，被拉伸或旋转的二维对象可以是封闭的多段线、矩形、多边形、圆、圆弧、圆环、椭圆、封闭的样条曲线和面域等。

14.1.1 拉伸

"拉伸"工具可以按指定的高度和路径，将二维图形拉伸为三维实体。"拉伸"命令常用于创建楼梯栏杆、管道、异形装饰等物体，是在实际创建复杂三维实体的实际过程中，最常用的一种方法。

在AutoCAD 2018中可以通过以下几种方法启动"拉伸"命令。

- 菜单栏：执行"绘图"｜"建模"｜"拉伸"命令。
- 命令行：在命令行中输入EXTRUDE或EXT命令。
- 功能区：在"常用"选项卡中，单击"建模"面板中的"拉伸"按钮。

在命令执行过程中，需要确定拉伸对象和拉伸高度。

在图14-1中，选择多段线为拉伸对象，修改"拉伸高度"为7，对选择的对象进行拉伸操作。执行"拉伸"命令后，命令行提示如下。

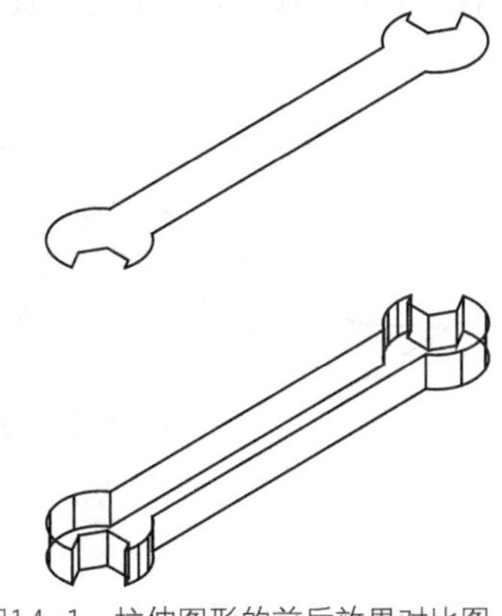

图14-1　拉伸图形的前后效果对比图

```
命令:extrude↙
                    //调用"拉伸"命令
当前线框密度:ISOLINES=4，闭合轮廓创建模式=实体
选择要拉伸的对象或[模式(MO)]:_MO闭合轮廓创建模式[实体(SO)/曲面(SU)]<实体>:_SO
选择要拉伸的对象或[模式(MO)]:找到1个
                    //选择拉伸对象
选择要拉伸的对象或[模式(MO)]:
指定拉伸的高度或[方向(D)/路径(P)/倾斜角(T)/表达式(E)]:7↙
                    //修改拉伸高度参数
```

在其命令行中，各选项的含义如下。

- 模式（MO）：用于指定拉伸对象是实体还是曲面。
- 拉伸的高度：按照指定的高度拉伸出三维实体。输入高度值后连续按两次Enter键即可得到拉伸后的三维实体。同时根据用户需要，还可设定倾斜角度，默认的倾斜角度值为0，如果输入非0的角度，拉伸后的实体截面会沿拉伸方向倾斜。
- 方向（D）：默认情况下，对象可以沿z轴方向拉伸，拉伸的高度可以为正值或负值，其正负表示拉伸的方向。
- 路径（P）：将现有的图形对象作为拉伸创建的三维实体的基础。
- 倾斜角（T）：按指定的角度拉伸对象，拉伸的角度可以为正值或负值，但其绝对值不大于90°。若倾斜角为正，将产生内锥度，创建的侧面会向里靠；若倾斜角度为负，将产生外锥度，创建的侧面会向外靠。
- 表达式（E）：输入公式或方程式以指定拉伸的高度。

14.1.2 扫掠

使用"扫掠"工具可以将扫掠对象沿着开放或闭合的二维或三维路径运动，以创建实体或曲面。

在AutoCAD 2018中可以通过以下几种方法启动“扫掠”命令。

- 菜单栏：执行“绘图”|“建模”|“扫掠”命令。
- 命令行：在命令行中输入SWEEP命令。
- 功能区：在“常用”选项卡中，单击“建模”面板中的“扫掠”按钮。

在命令执行过程中，需要确定扫掠对象和扫掠高度。

在图14-2中，选择圆为扫掠对象，选择倾斜直线为扫掠路径，对其进行扫掠操作。执行“扫掠”命令后，命令行提示如下。

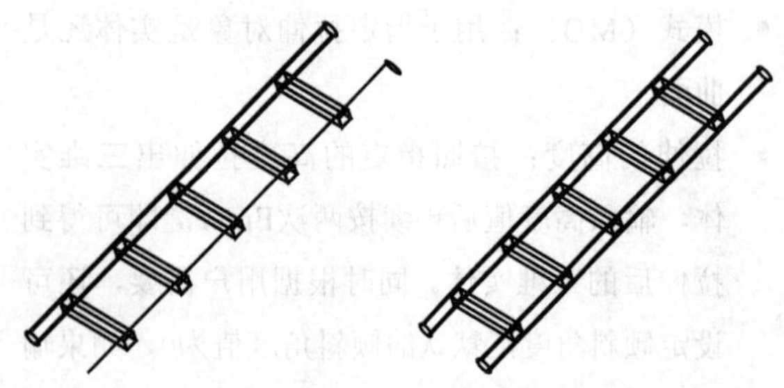

图14-2 扫掠图形的前后效果对比图

```
命令:sweep↙
        //调用“扫掠”命令
当前线框密度:ISOLINES=4，闭合轮廓创建模式=实体
选择要扫掠的对象或[模式(MO)]:_MO闭合轮廓创建模式[实体(SO)/曲面(SU)]<实体>:_SO
选择要扫掠的对象或[模式(MO)]:找到1个
        //选择圆对象
选择要扫掠的对象或[模式(MO)]:
选择扫掠路径或[对齐(A)/基点(B)/比例(S)/扭曲(T)]:
        //选择倾斜直线
```

在其命令行中，各选项的含义如下。

- 要扫掠的对象：指定要用作扫掠截面轮廓的对象。
- 扫掠路径：基于选择的对象指定扫掠的路径。
- 对齐（A）：指定是否对齐轮廓以使其作为扫掠路径切线的法线。
- 基点（B）：指定要扫掠的对象的基点。
- 比例（S）：指定比例因子以进行扫掠操作。从扫掠路径开始到结束，比例因子将统一应用到要扫掠的对象上。
- 扭曲（T）：设置被扫掠的对象的扭曲角度，扭曲角度指定沿扫掠路径全部长度的旋转量。

14.1.3 旋转

使用“旋转”命令可以通过绕轴旋转开放或闭合的对象来创建三维实体或曲面，以旋转对象定义三维实体或曲面轮廓。用于旋转的二维对象可以是封闭多段线、多边形、圆、椭圆、封闭样条曲线、圆环及封闭区域。三维对象、包含在块中的对象、有交叉或自干涉的多段线不能被旋转，而且每次只能旋转一个对象。

在AutoCAD 2018中可以通过以下几种方法启动“旋转”命令。

- 菜单栏：执行“绘图”|“建模”|“旋转”命令。
- 命令行：在命令行中输入REVOLVE命令。
- 功能区：在“常用”选项卡中，单击“建模”面板中的“旋转”按钮。

在命令执行过程中，需要确定旋转对象、轴起点、轴端点和旋转角度。

在图14-3中，选择多段线为旋转对象，捕捉图形右下方的倾斜直线的上下端点为轴起点和端点，修改“旋转角度”为360，对其进行旋转操作。执行“旋转”命令后，命令行提示如下。

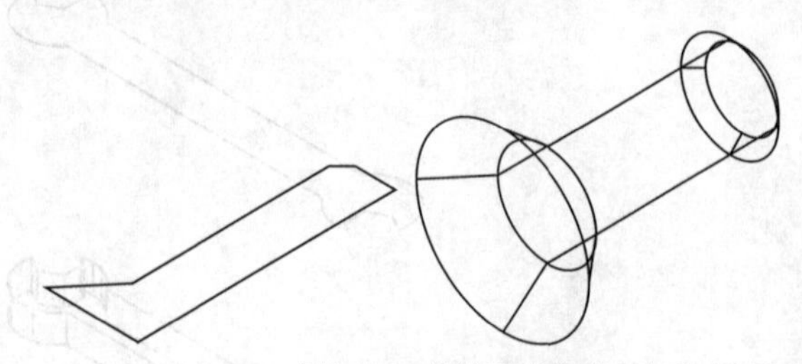

图14-3 旋转图形的前后效果对比图

```
命令:revolve↙
                    //调用“旋转”命令
当前线框密度:ISOLINES=4，闭合轮廓创建模式=实体
选择要旋转的对象或[模式(MO)]:_MO闭合轮廓创建模式[实体(SO)/曲面(SU)]<实体>:_SO
选择要旋转的对象或[模式(MO)]:找到1个
                    //选择多段线对象
选择要旋转的对象或[模式(MO)]:
指定轴起点或根据以下选项之一定义轴[对象(O)/X/Y/Z]<对象>:
                    //捕捉右下方倾斜直线的上端点
指定轴端点:
                    //捕捉右下方倾斜直线的下端点
指定旋转角度或[起点角度(ST)/反转(R)/表达式(EX)]<360>:
                    //输入旋转角度参数
```

在命令行中，各选项的含义如下。

- 选择要旋转的对象：指定要绕某个轴旋转的对象。
- 模式（MO）：控制旋转动作创建的是实体还是曲面。
- 轴起点：该选项用于指定旋转轴的第一个端点。
- 轴端点：该选项用于指定旋转轴的第二个端点。
- 起点角度（ST）：指定旋转对象从所在平面开始旋转时的偏移角度。
- 旋转角度：指定选定对象绕轴旋转的角度。
- 反转（R）：更改旋转方向；类似于输入负角度值。
- 表达式（EX）：输入公式或方程式以指定旋转角度。

14.1.4 放样

放样实体是指在数个横截面之间的空间中创建三维实体或曲面，包括圆或圆弧等。

在AutoCAD 2018中可以通过以下几种方法启动“放样”命令。

- 菜单栏：执行“绘图”|“建模”|“放样”命令。
- 命令行：在命令行中输入LOFT命令。
- 功能区：在“常用”选项卡中，单击“建模”面板中的“放样”按钮。

在命令执行过程中，需要确定横截面和路径等。

在图14-4中，依次拾取圆为横截面对象，拾取中间的垂直直线为路径，对其进行放样操作。执行“放样”命令后，命令行提示如下。

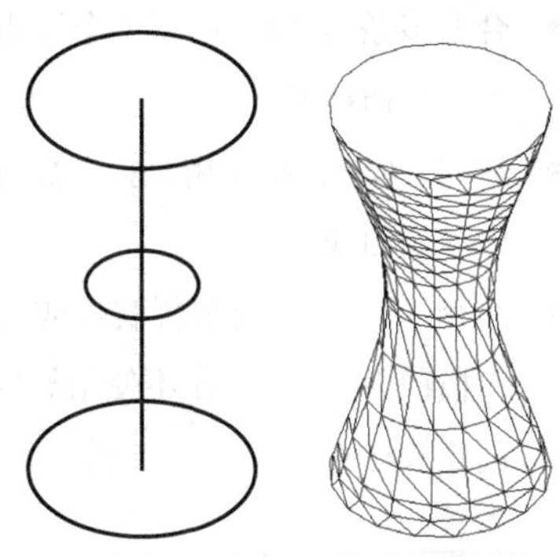

图14-4　放样图形的前后效果对比图

```
命令:loft↙
                    //调用“放样”命令
当前线框密度:ISOLINES=4，闭合轮廓创建模式=实体
按放样次序选择横截面或[点(PO)/合并多条边(J)/模式(MO)]:_MO闭合轮廓创建模式[实体(SO)/曲面(SU)]<实体>:_SO
按放样次序选择横截面或[点(PO)/合并多条边(J)/模式(MO)]:找到1个
                    //选择上方大圆
按放样次序选择横截面或[点(PO)/合并多条边(J)/模式(MO)]:找到1个，总计2个
                    //选择中间小圆
按放样次序选择横截面或[点(PO)/合并多条边(J)/模式(MO)]:找到1个，总计3个
                    //选择下方大圆
按放样次序选择横截面或[点(PO)/合并多条边(J)/模式(MO)]:
选中了3个横截面
```

```
输入选项[导向(G)/路径(P)/仅横截面(C)/设置(S)]<仅横
截面>:P↙          //选择"路径(P)"选项
选择路径轮廓:  //选择中间垂直直线
```

在其命令行中，各选项的含义如下。

- 按放样次序选择横截面：按曲面或实体将通过曲线的次序指定开放或闭合曲线。
- 点（PO）：如果选择"点"选项，则必须选择闭合曲线。
- 合并多条边（J）：将多个端点相交的曲线合并为一个横截面。
- 导向（G）：指定用来控制放样实体或曲面形状的导向曲线。
- 路径（P）：指定放样实体或曲面的单一路径。
- 仅横截面（C）：在不使用导向或路径的情况下创建放样对象。

14.1.5 按住并拖动

"按住并拖动"是AutoCAD中一个简单有用的操作，使用它可在有限、有边界区域或闭合区域中创建拉伸。

在AutoCAD 2018中可以通过以下几种方法启动"按住并拖动"命令。

- 命令行：在命令行中输入PRESSPULL命令。
- 功能区：在"常用"选项卡中，单击"建模"面板中的"按住并拖动"按钮。

在命令执行过程中，需要确定拉伸对象和拉伸高度。

在图14-5中，拾取圆对象，修改"拉伸高度"为50，对其进行按住并拖动操作。执行"按住并拖动"命令后，命令行提示如下。

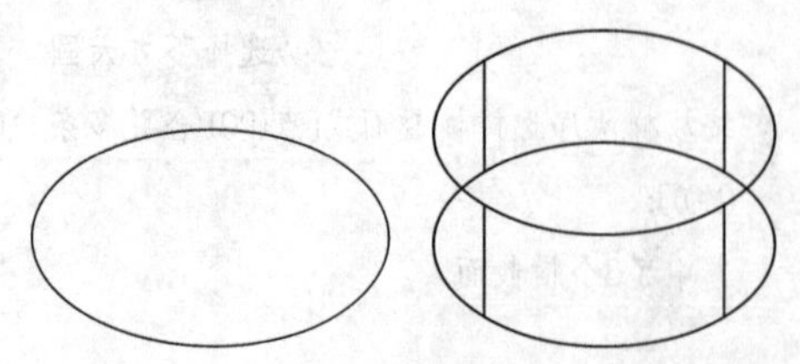

图14-5　按住并拖动图形的前后效果对比图

```
命令:presspull↙          //调用"按住并拖动"命令
选择对象或边界区域:    //选择圆对象
指定拉伸高度或[多个(M)]:
指定拉伸高度或[多个(M)]:50↙
//修改拉伸高度，按Enter键结束
已创建1个拉伸
选择对象或边界区域:
```

14.1.6 课堂实例——绘制台灯

案例位置	素材>第14章>14.1.6 课堂实例——绘制台灯.dwg
在线视频	视频>第14章>14.1.6 课堂实例——绘制台灯.mp4
难易指数	★★★★★
学习目标	学习"多段线""旋转""拉伸""扫掠"等命令的使用

01 绘制多段线。新建文件。将视图切换至"前视"视图，调用PL"多段线"命令，绘制一条封闭多段线，如图14-6所示。

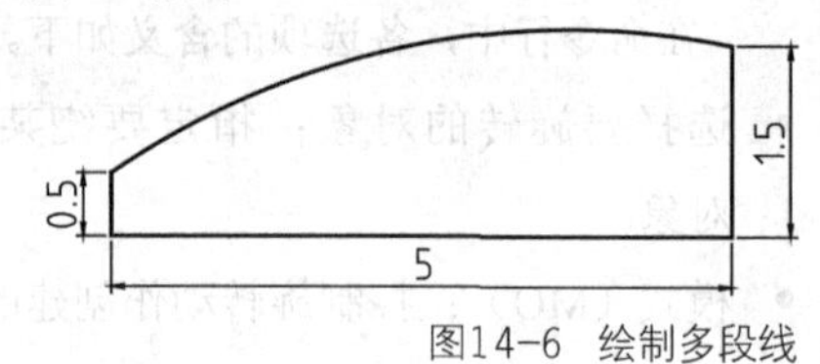

图14-6　绘制多段线

02 旋转实体。将视图切换至"西南等轴测"视图，调用REV"旋转"命令，对新绘制的多段线进行旋转操作，如图14-7所示。

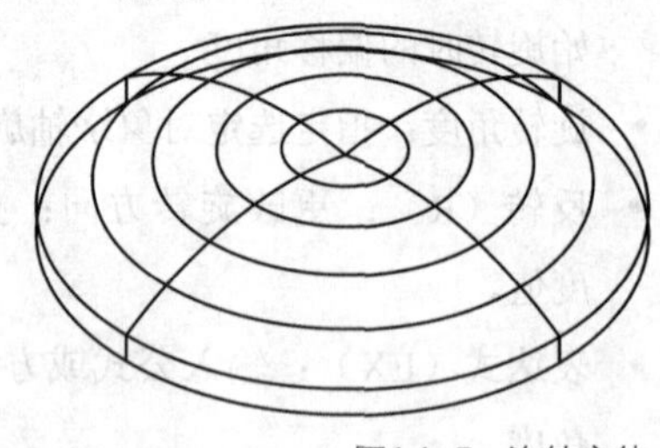

图14-7　旋转实体

03 圆角操作。调用F"圆角"命令，修改"圆角半径"为0.1，对底座的两条棱边进行圆角处理，"概念"显示效果如图14-8所示。

04 绘制圆。将坐标系恢复为世界坐标系，调用C"圆"命令，在合适的位置绘制一个半径为2的圆，如图14-9所示。

图14-8　圆角操作　　图14-9　绘制圆

05 拉伸图形。调用EXT“拉伸”命令，选择新绘制的圆为拉伸对象，修改“倾斜角度”为20、“拉伸高度”为1，拉伸实体图形，如图14-10所示。

06 绘制样条曲线。将视图切换至“前视”视图，调用SPL“样条曲线”命令，捕捉圆心为起点，依次输入点参数（@0,20）和（@10,0），绘制样条曲线，如图14-11所示。

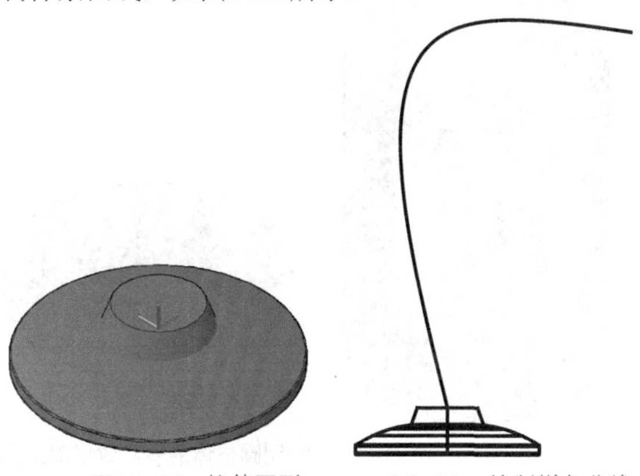

图14-10　拉伸图形　　14-11　绘制样条曲线

07 绘制圆。将视图切换至“西南等轴测”视图，将坐标系绕y轴旋转90°，调用C“圆”命令，在样条曲线的上方端点处绘制一个半径为0.4的圆，如图14-12所示。

08 扫掠实体。调用SWEEP“扫掠”命令，依次拾取新绘制的圆和样条曲线为扫掠对象和扫掠路径，进行扫掠操作，“概念”显示效果如图14-13所示。

09 圆角操作。调用UNI“并集”命令，对底座模型进行并集运算；调用F“圆角”命令，修改“圆角半径”为1，对底座的上端面进行圆角操作，如图14-14所示。

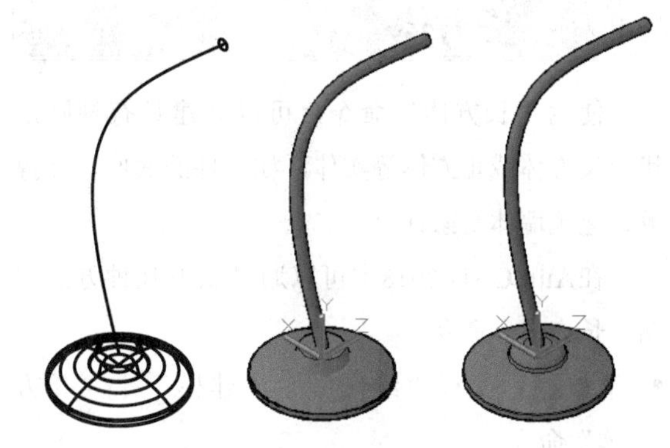

图14-12　绘制圆　图14-13　扫掠对象　图14-14　圆角操作

10 创建坐标系。调用UCS“坐标系”命令，新建坐标系原点，并将新创建的坐标系绕y轴旋转－90°，如图14-15所示。

11 绘制图形。将视图切换至“左视”视图，调用PL“多段线”、L“直线”、M“移动”和F“圆角”命令，绘制灯罩轮廓曲线，如图14-16所示。

12 调用REV“旋转”命令，对新绘制的图形进行旋转操作，隐藏多余的图形，得到的最终效果如图14-17所示。

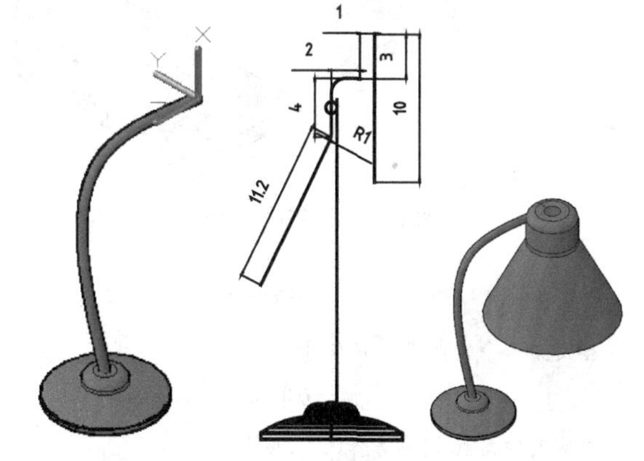

图14-15　创建坐标系　图14-16　绘制图形　图14-17　最终效果

14.2　三维实体的绘制

用户可以在“三维建模”工作空间中的“建模”面板中单击相应的按钮，以创建出基本三维实体，主要包括长方体、圆柱体、圆锥体、楔体、球体、圆环体等。

14.2.1 长方体

使用“长方体”命令，可以创建具有规则形状的长方体或正方体等实体，如零件的底座、支撑板、建筑墙体及家具等。

在AutoCAD 2018中可以通过以下几种方法启动“长方体”命令。

- 菜单栏：执行“绘图”|“建模”|“长方体”命令。
- 命令行：在命令行中输入BOX命令。
- 功能区：在“常用”选项卡中，单击“建模”面板中的“长方体”按钮。

在命令执行过程中，需要确定第一角点和其他角点。

在图14-18中，捕捉图形右下方合适的端点为第一角点，输入（@-1200,150,1900）为其他角点，进行长方体的绘制操作。执行“长方体”命令后，命令行提示如下。

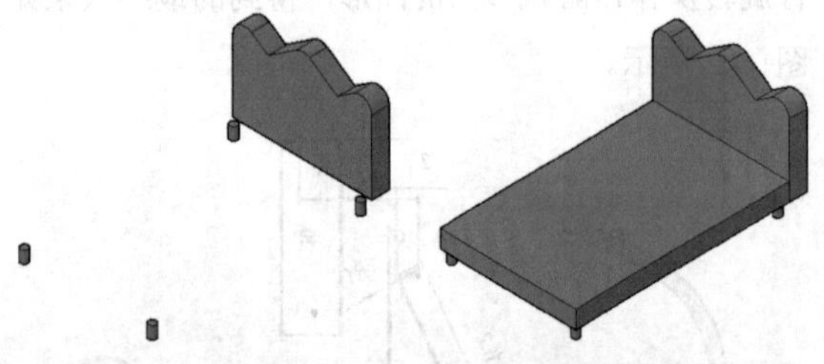

图14-18 绘制长方体的前后效果对比图

```
命令:box↙                        //调用“长方体”命令
指定第一个角点或[中心(C)]:
                                 //指定右下方合适的端点
指定其他角点或[立方体(C)/长度(L)]:
@-1200,150,1900↙      //输入参数，按Enter键结束
```

14.2.2 圆柱体

圆柱体是指一个平面绕着一条定直线旋转一周所围成的旋转面。“圆柱体”命令常用于创建房屋基柱、旗杆等柱状物体。

在AutoCAD 2018中可以通过以下几种方法启动“圆柱体”命令。

- 菜单栏：执行“绘图”|“建模”|“圆柱体”命令。
- 命令行：在命令行中输入CYLINDER或CYL命令。
- 功能区：在“常用”选项卡中，单击“建模”面板中的“圆柱体”按钮。

在命令执行过程中，需要确定底面中心点、底面半径和高度。

在图14-19中，捕捉顶面圆心点为底面中心线，修改“底面半径”和“高度”分别为40和8，进行圆柱体的绘制操作。执行“圆柱体”命令后，命令行提示如下。

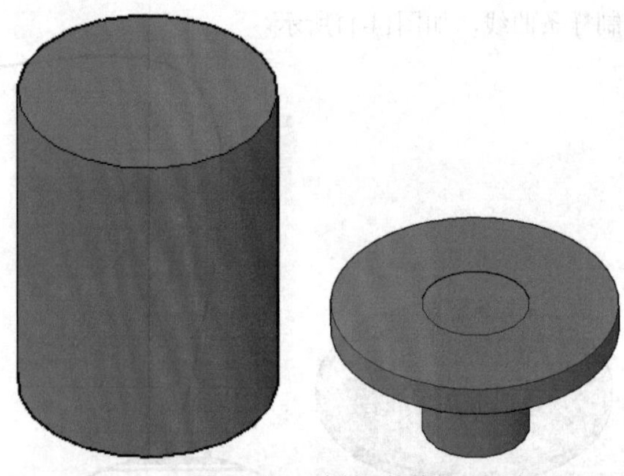

图14-19 绘制圆柱体的前后效果对比图

```
命令:cylinder↙              //调用“圆柱体”命令
指定底面的中心点或[三点(3P)/两点(2P)/切点、切点、半径(T)/椭圆(E)]:    //指定顶面圆心点
指定底面半径或[直径(D)]<20.0000>:40↙
                            //输入底面半径参数
指定高度或[两点(2P)/轴端点(A)]<1900.0000>:8↙
                  //输入高度参数，按Enter键结束
```

14.2.3 圆锥体

在创建圆锥体时，底面半径的默认值是先前输入的任意实体的底面半径值。用户可以通过在命令行中选择相应的选项来定义圆锥体的底面。

在AutoCAD 2018中可以通过以下几种方法启动“圆锥体”命令。

- 菜单栏：执行“绘图”|“建模”|“圆锥体”命令。
- 命令行：在命令行中输入CONE命令。
- 功能区：在“常用”选项卡中，单击“建模”面板中的“圆锥体”按钮。

在命令执行过程中，需要确定底面中心点、底面半径和高度。

在图14-20中，捕捉最上方圆柱体的上方圆心点为底面中心点，修改“底面半径”和“高度”分别为12和20，进行圆锥体的绘制操作。执行“圆锥体”命令后，命令行提示如下。

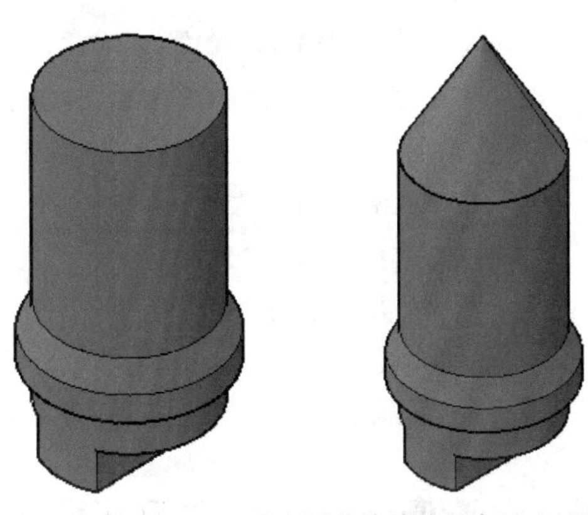

图14-20　绘制圆锥体的前后效果对比图

```
命令:cone↙                    //调用“圆锥体”命令
指定底面的中心点或[三点(3P)/两点(2P)/切点、切点、半径(T)/椭圆(E)]:      //捕捉最上方的圆心点
指定底面半径或[直径(D)]:12↙
                              //输入底面半径参数
指定高度或[两点(2P)/轴端点(A)/顶面半径(T)]:20↙
//输入高度参数，按Enter键结束
```

14.2.4 楔体

使用“楔体”命令时，可以使楔体的底面与当前UCS的*XY*平面平行，斜面正对第一个角点，楔体的高度与*z*轴平行。

在AutoCAD 2018中可以通过以下几种方法启动“楔体”命令。

- 菜单栏：执行“绘图”|“建模”|“楔体”命令。
- 命令行：在命令行中输入WEDGE命令。
- 功能区：在“常用”选项卡中，单击“建模”面板中的“楔体”按钮。

在命令执行过程中，需要确定第一角点和其他角点。

在图14-21中，捕捉模型相交线的中点为第一角点，输入（@-80,20,135）为其他角点，进行楔体的绘制操作。执行“楔体”命令后，命令行提示如下。

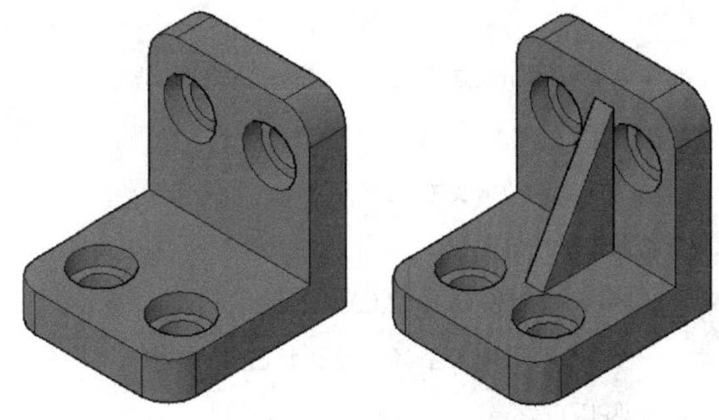

图14-21　绘制楔体的前后效果对比图

```
命令:wedge↙      //调用“楔体”命令
指定第一个角点或[中心(C)]:  //指定模型相交线的中点
指定其他角点或[立方体(C)/长度(L)]:@-80,20,135↙
                //输入参数，按Enter键结束
```

14.2.5 球体

球体是三维空间中，到一个点（即球心）的距离相等的所有点的集合所形成的实体。球体被广泛应用于机械、建筑等领域，如创建档位控制杆、建筑物的球形屋顶等。

在AutoCAD 2018中可以通过以下几种方法启动“球体”命令。

- 菜单栏：执行“绘图”|“建模”|“球体”命令。
- 命令行：在命令行中输入SPHERE命令。
- 功能区：在“常用”选项卡中，单击“建模”面板中的“球体”按钮。

在命令执行过程中，需要确定中心点和半径。

在图14-22中，分别捕捉圆环右侧的上下两个象限点为中心点，修改“半径”参数为25，进行球体的绘制操作。执行“球体”命令后，命令行提示如下。

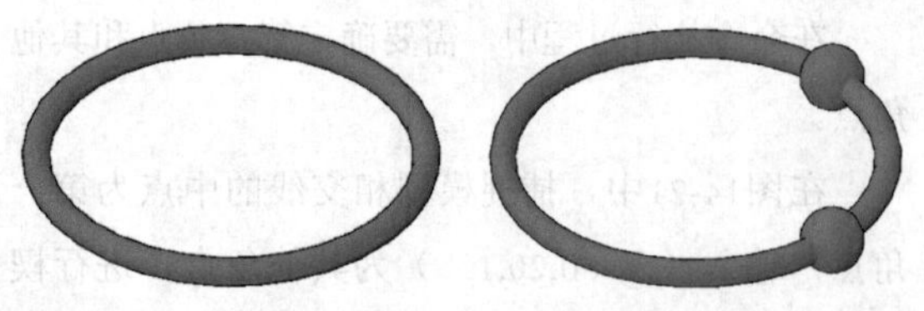

图14-22 绘制球体的前后效果对比图

```
命令:sphere↙
            //调用“球体”命令
指定中心点或[三点(3P)/两点(2P)/切点、切点、半径(T)]:
            //捕捉右上方象限点
正在检查9个交点...
指定半径或[直径(D)]<12.0000>:25↙
            //输入半径参数，按Enter键结束
命令:SPHERE↙
            //重复调用“球体”命令
指定中心点或[三点(3P)/两点(2P)/切点、切点、半径(T)]:   //捕捉右下方象限点
正在检查8个交点...
指定半径或[直径(D)]<25.0000>:25↙
            //输入半径参数，按Enter键结束
```

14.2.6 圆环体

使用“圆环体”命令，可以创建与轮胎相似的环形体。圆环体由两个半径值定义，一个是圆管的半径，另一个是从圆环体中心到圆管中心的距离。

在AutoCAD 2018中可以通过以下几种方法启动“圆环体”命令。

- 菜单栏：执行“绘图”|“建模”|“圆环体”命令。
- 命令行：在命令行中输入TORUS命令。
- 功能区：在“常用”选项卡中，单击“建模”面板中的“圆环体”按钮◎。

在命令执行过程中，需要确定中心点、半径和圆管半径。

在图14-23中，捕捉圆柱体的上方圆心点为中心点，修改“半径”和“圆管半径”参数分别为70和7，进行圆环体的绘制操作。执行“圆环体”命令后，命令行提示如下。

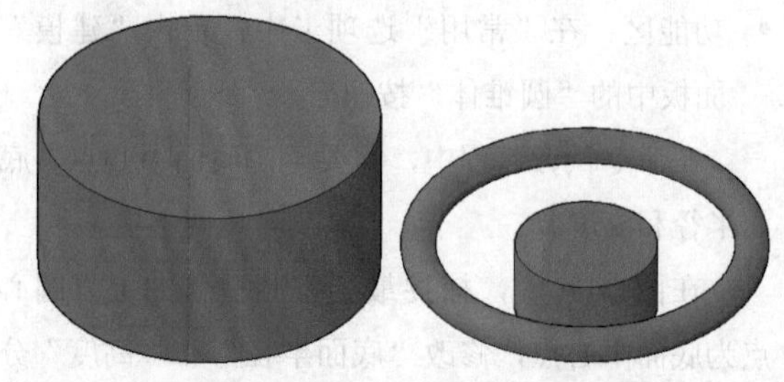

图14-23 绘制圆环体的前后效果对比图

```
命令:TORUS↙
            //调用“圆环体”命令
指定中心点或[三点(3P)/两点(2P)/切点、切点、半径(T)]:
            //捕捉上方圆心点
指定半径或[直径(D)]<25.0000>:70↙
            //输入半径参数
指定圆管半径或[两点(2P)/直径(D)]:7↙
            //输入圆管半径参数，按Enter键结束
```

14.2.7 课堂实例——绘制图钉

案例位置 素材>第14章>14.2.7 课堂实例——绘制图钉.dwg

在线视频 视频>第14章>14.2.7 课堂实例——绘制图钉.mp4

难易指数 ★★★★★

学习目标 学习“圆柱体”“拉伸”“球体”“并集”“圆锥体”等命令的使用

01 绘制圆柱体。新建文件。将视图切换至“西南等轴测”视图，调用CYL“圆柱体”命令，在原点位置处绘制一个半径为50、高度为10的圆柱体，如图14-24所示。

02 绘制圆。调用C“圆”命令，在原点处绘制一个半径为25的圆，如图14-25所示。

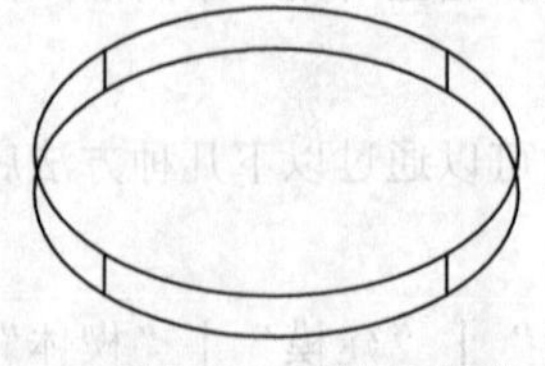

图14-24 绘制圆柱体

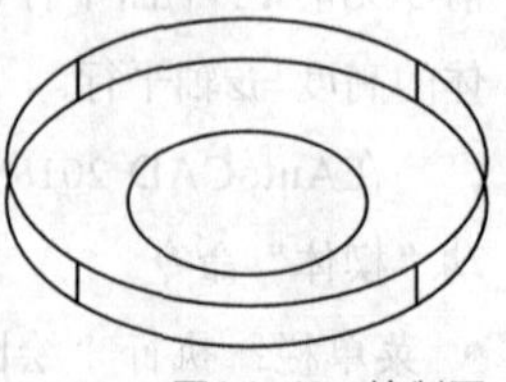

图14-25 绘制圆

03 拉伸实体。调用EXT“拉伸”命令，修改“倾斜角”为-3、“拉伸高度”为-120，对新绘制的圆进行拉伸操作，如图14-26所示。

04 绘制球体。调用SPHERE“球体”命令，在合适的位置绘制一个球体，如图14-27所示，其命令行提示如下。

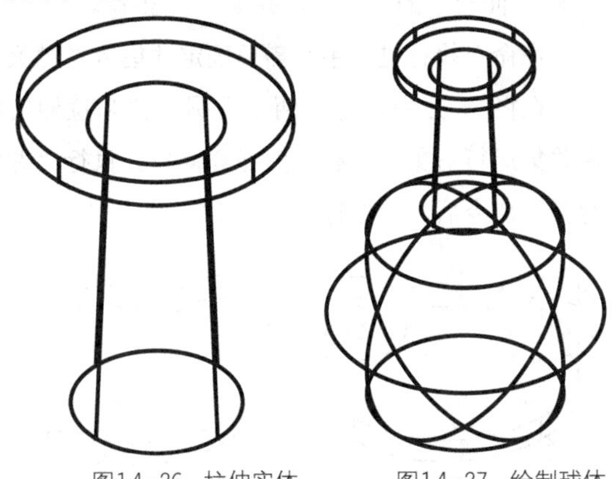

图14-26　拉伸实体　　图14-27　绘制球体

命令:sphere↙
//调用“球体”命令
指定中心点或[三点(3P)/两点(2P)/切点、切点、半径(T)]:0,0,-210↙
//输入中心点坐标值
指定半径或[直径(D)]<50.0000>:100↙
//输入半径参数，按Enter键结束

05 剖切实体。调用SL“剖切”命令，剖切新绘制的球体，如图14-28所示，其命令行提示如下。

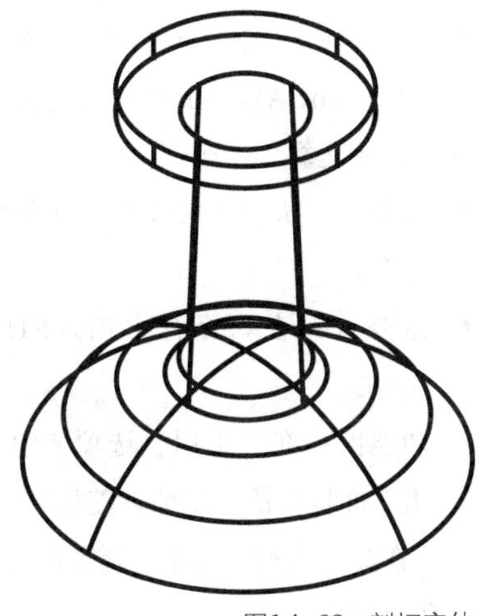

图14-28　剖切实体

命令:SL↙　　//调用“剖切”命令
SLICE
选择要剖切的对象:找到1个　　//选择球体
选择要剖切的对象:
指定切面的起点或[平面对象(O)/曲面(S)/Z轴(Z)/视图(V)/XY(XY)/YZ(YZ)/ZX(ZX)/三点(3)]<三点>:xy↙
//选择“XY（XY）”选项
指定XY平面上的点<0,0,0>:0,0,-160↙
//输入点参数
在所需的侧面上指定点或[保留两个侧面(B)]<保留两个侧面>:　　//指定下方端点

06 并集运算。调用UNI“并集”命令，对所有模型进行并集运算，如图14-29所示。

07 绘制圆柱体。调用CYL“圆柱体”命令，在合适的位置绘制一个圆柱体，如图14-30所示，其命令行提示如下。

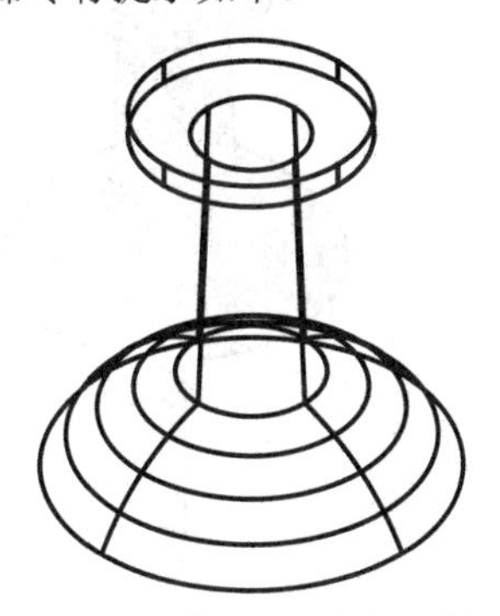

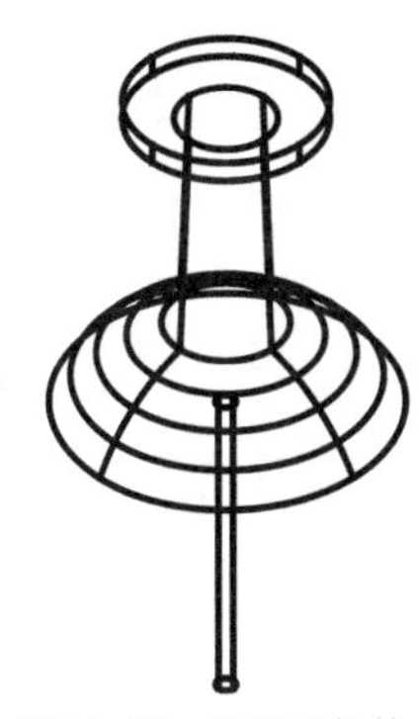

图14-29　并集运算　　图14-30　绘制圆柱体

命令:CYL↙
//调用“圆柱体”命令
CYLINDER
指定底面的中心点或[三点(3P)/两点(2P)/切点、切点、半径(T)/椭圆(E)]:0,0,-160↙
//输入底面中心点参数
指定底面半径或[直径(D)]<100.0000>:5↙
//输入半径参数
指定高度或[两点(2P)/轴端点(A)]<-120.0000>:-160↙
//输入高度参数

08 绘制圆锥体。调用CONE“圆锥体”命令，在合适的位置绘制一个圆锥体，其命令行提示如下。

```
命令:CONE↙
            //调用“圆锥体”命令
指定底面的中心点或[三点(3P)/两点(2P)/切点、切点、半径(T)/椭圆(E)]:0,0,-320↙
            //输入底面中心点参数
指定底面半径或[直径(D)]<5.0000>:5↙
            //输入底面半径参数
指定高度或[两点(2P)/轴端点(A)/顶面半径(T)]<-160.0000>:-40↙
            //输入高度参数
```

09 完善模型。调用UNI“并集”命令，对所有模型进行并集运算，“概念”显示效果如图14-31所示。

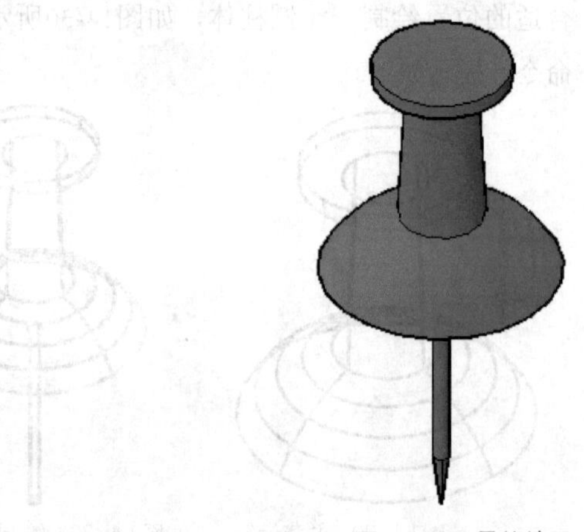

图14-31 最终效果

14.3 布尔运算的应用

很多图形并不是规则的图形，而且也不能简单地利用“拉伸”或者“旋转”命令来绘制。在此情况下，可以通过布尔运算来创建复合实体。

14.3.1 并集运算

并集运算是将若干个实体（或曲面）对象合并为一个新的组合对象。这些实体（或曲面）对象可以没有公共部分。

在AutoCAD 2018中可以通过以下几种方法启动“并集运算”命令。

- 菜单栏：执行“修改”|“实体编辑”|“并集”命令。
- 命令行：在命令行中输入UNION或UNI命令。
- 功能区：在“常用”选项卡中，单击“实体编辑”面板中的“实体，并集”按钮。

在命令执行过程中，需要确定并集运算对象。

在图14-32中，选择两个大圆柱体和拉伸实体为并集运算对象，进行并集运算操作。执行“并集运算”命令后，命令行提示如下。

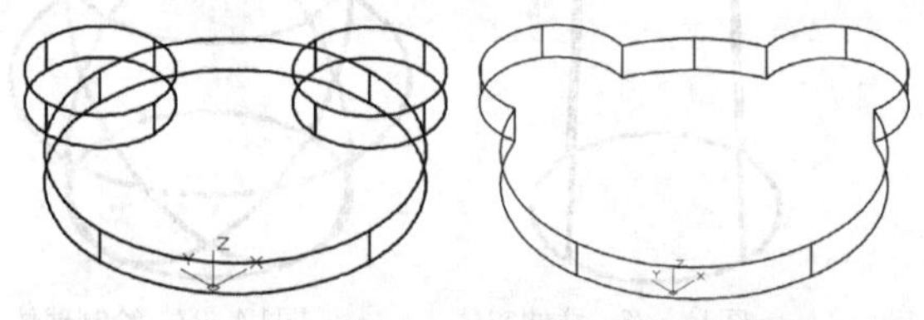

图14-32 并集运算的前后效果对比图

```
命令:union↙     //调用“并集运算”命令
选择对象:找到1个
选择对象:找到1个，总计2个
选择对象:找到1个，总计3个
        //选择所有圆柱体，按Enter键结束
选择对象:
```

14.3.2 差集运算

进行差集运算可以从具有公共部分的两个或两个以上的实体中减去一个或多个实体。

在AutoCAD 2018中可以通过以下几种方法启动“差集运算”命令。

- 菜单栏：执行“修改”|“实体编辑”|“差集”命令。
- 命令行：在命令行中输入SUBTRACT或SU命令。
- 功能区：在“常用”选项卡中，单击“实体编辑”面板中的“实体，差集”按钮。

在命令执行过程中，需要确定要从中减去的实体和要减去的实体。

在图14-33中，选择并集实体为要从中减去的实体，选择两个小圆柱体为要减去的实体，进行差集运算操作。执行“差集运算”命令后，命令行提示如下。

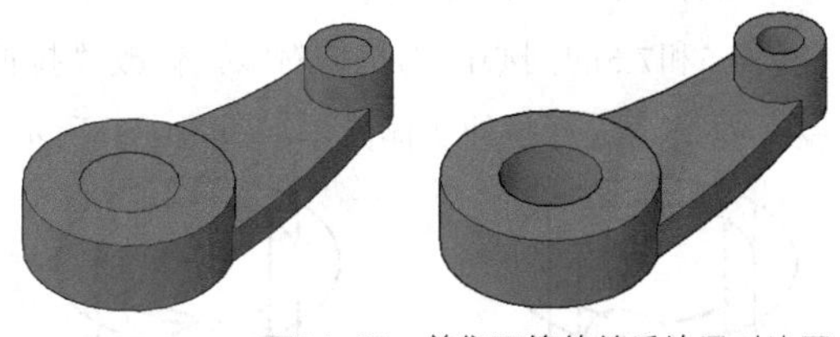

图14-33　差集运算的前后效果对比图

```
命令:SUBTRACT↙                //调用“差集运算”命令
选择要从中减去的实体、曲面和面域...
选择对象:找到1个↙          //选择并集实体
选择对象:选择要减去的实体、曲面和面域...
选择对象:找到2个↙          //选择小圆柱体，按Enter键结束
```

14.3.3 交集运算

交集运算是指利用各实体的公共部分来创建新的实体。

在AutoCAD 2018中可以通过以下几种方法启动“交集运算”命令。

- 菜单栏：执行“修改”|“实体编辑”|“交集”命令。
- 命令行：在命令行中输入INTERSECT或IN命令。
- 功能区：在“常用”选项卡中，单击“实体编辑”面板中的“实体，交集”按钮。

在命令执行过程中，需要确定交集运算的实体。

在图14-34中，选择所有的实体为交集运算对象，进行交集运算操作。执行“交集运算”命令后，命令行提示如下。

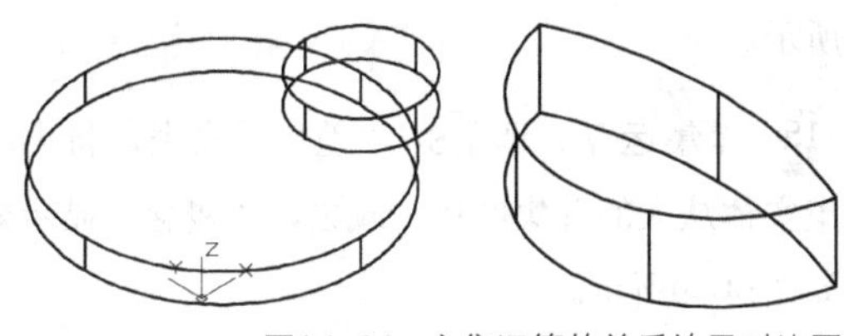

图14-34　交集运算的前后效果对比图

```
命令:INTERSECT↙              //调用“交集运算”命令
选择对象:指定对角点:找到2个  //选择两个圆柱体对象
选择对象:                    //按Enter键结束选择
```

14.3.4 课堂实例——创建阀体模型

案例位置	素材>第14章>14.3.4 课堂实例——创建阀体模型.dwg
在线视频	视频>第14章>14.3.4 课堂实例——创建阀体模型.mp4
难易指数	★★★★★
学习目标	学习“并集”“差集”等命令的使用

01 绘制圆。新建文件。调用C“圆”命令，在原点处绘制两个半径分别为15和21的圆，如图14-35所示。

02 绘制圆。调用C“圆”和M“移动”命令，结合“对象捕捉”功能，绘制圆，如图14-36所示。

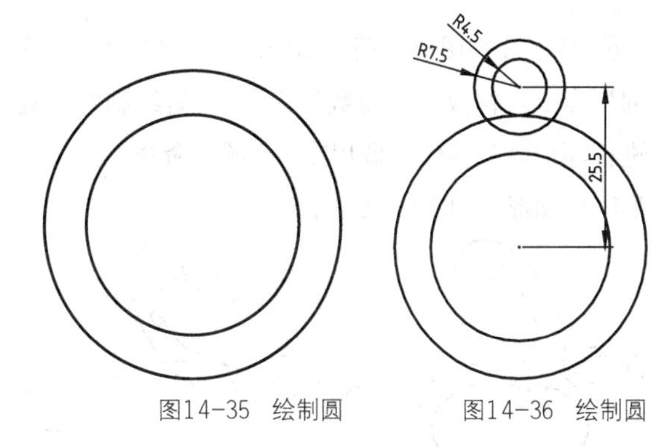

图14-35　绘制圆　　图14-36　绘制圆

03 环形阵列图形。调用ARRAYPOLAR“环形阵列”命令，修改“项目数”为3，对新绘制的小圆进行环形阵列操作；调用X“分解”命令，分解环形阵列图形，如图14-37所示。

04 旋转坐标系。将视图切换至“西南等轴测”视图，调用UCS“坐标系”命令，将坐标系绕x轴旋转90°，效果如图14-38所示。

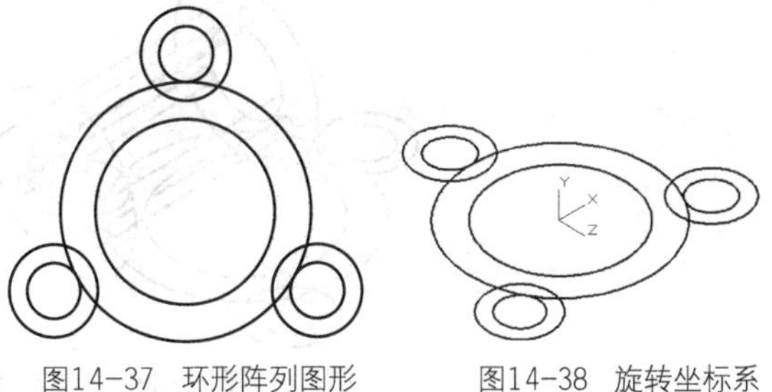

图14-37　环形阵列图形　　图14-38　旋转坐标系

05 移动坐标系。调用UCS“坐标系”命令，输入新坐标点（0,25），移动坐标系，如图14-39所示。

06 绘制圆。调用C“圆”命令，在原点处分别绘制半径为7.5和15的圆，效果如图14-40所示。

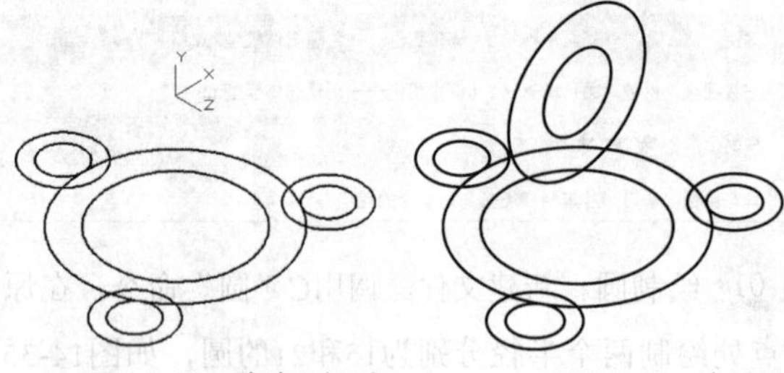

图14-39 移动坐标系　　图14-40 绘制圆

07 绘制圆。调用C“圆”命令，在（0,9.75）处绘制一个半径为1.5的圆，如图14-41所示。

08 环形阵列图形。调用ARRAYPOLAR“环形阵列”命令，修改“项目数”为3，对新绘制的小圆进行环形阵列操作；调用X“分解”命令，分解环形阵列图形，如图14-42所示。

图14-41 绘制圆　　图14-42 环形阵列图形

09 拉伸实体。调用EXT“拉伸”命令，拾取上方半径为1.5、7.5和15的圆为拉伸对象，修改“拉伸高度”为38，进行拉伸实体操作，如图14-43所示。

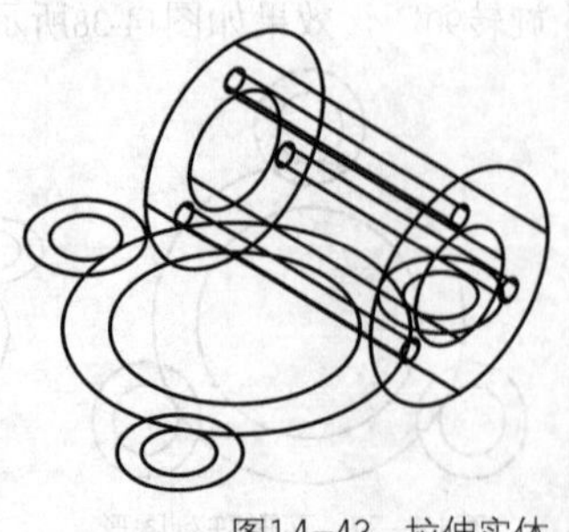

图14-43 拉伸实体

10 拉伸实体。调用EXT“拉伸”命令，拾取下方半径为15和21的圆为拉伸对象，修改“拉伸高度”为50，进行拉伸实体操作，如图14-44所示。

11 拉伸实体。调用EXT“拉伸”命令，拾取半径为4.5和7.5的同心圆为拉伸对象，修改“拉伸高度”为7.5，进行拉伸实体操作，如图14-45所示。

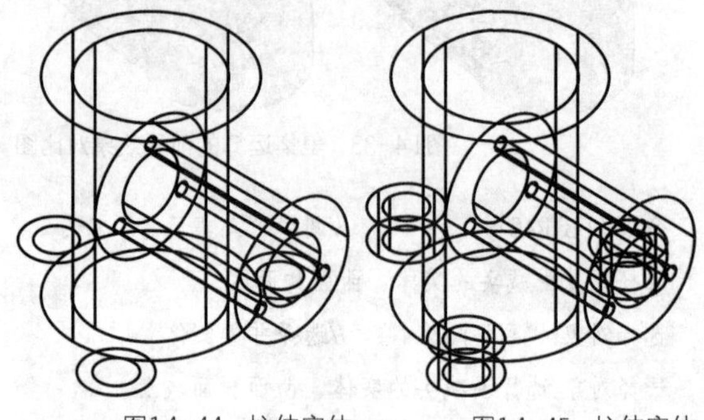

图14-44 拉伸实体　　图14-45 拉伸实体

12 复制图形。调用CO“复制”命令，选择“拉伸高度”为7.5的实体为复制对象，进行复制操作，如图14-46所示。

13 并集运算。调用UNI“并集”命令，选择外侧所有的大圆柱体，进行并集运算操作，如图14-47所示。

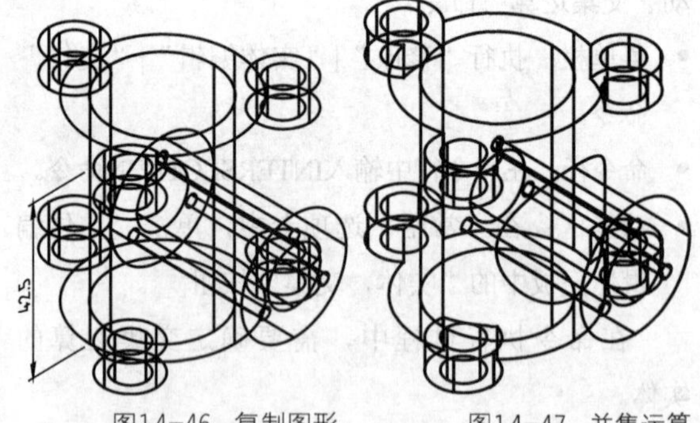

图14-46 复制图形　　图14-47 并集运算

14 并集运算。调用UNI“并集”命令，选择内侧所有的小圆柱体，进行并集运算操作，如图14-48所示。

15 差集运算。调用SU“差集”命令，将小的并集实体从大的并集实体中减去，“概念”显示效果如图14-49所示。

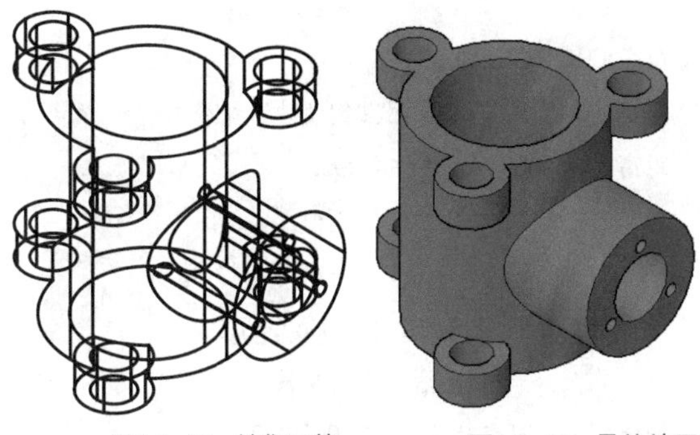

图14-48　并集运算　　　图14-49　最终效果

14.3.5 干涉检查

干涉检查主要通过对比两组对象或一对一地检查所有实体来检查实体模型中的干涉。系统将亮显模型相交的部分，即实体或曲面间的干涉。使用“干涉检查”命令将保留原来的实体模型，而将其公共部分创建为一个新模型。

在AutoCAD 2018中可以通过以下几种方法启动“干涉检查”命令。

- 菜单栏：执行“修改”|“三维操作”|“干涉检查”命令。
- 命令行：在命令行中输入INTERFERE命令。
- 功能区：在“常用”选项卡中，单击“实体编辑”面板中的“干涉检查”按钮。

通过以上任意一种方法启动该命令后，在绘图区选取执行干涉检查的实体模型，按Enter键完成选择，接着选取执行干涉检查的另一个模型，按Enter键即可查看干涉检查效果，如图14-50所示。

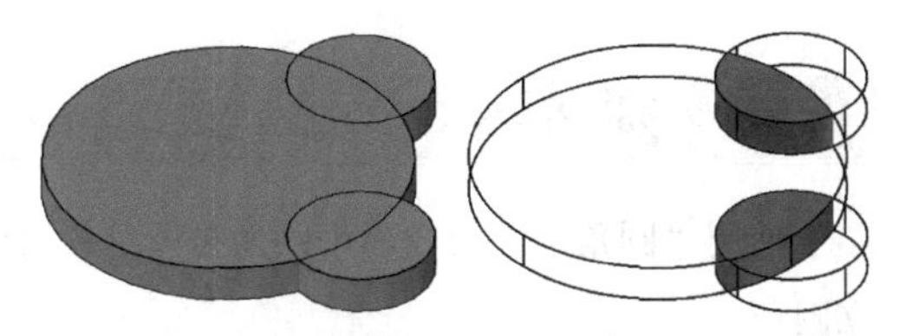

图14-50　干涉检查的前后效果对比图

执行“干涉检查”命令后，其命令行提示如下。

```
命令:interfere↙
            //调用“干涉检查”命令
选择第一组对象或[嵌套选择（N）/设置（S）]：↙
            //选择第一组对象
选择第一组对象或[嵌套选择（N）/设置（S）]：↙
            //按Enter键确定
选择第二组对象或[嵌套选择（N）/检查第一组（K）]：
            //选择第二组对象
选择第二组对象或[嵌套选择（N）/检查第二组（K）]：↙
            //按Enter键确定
```

在“干涉检查”命令行中，各选项的含义如下。

- 嵌套选择：可以选择嵌套在块和外部参照中的单个实体对象。
- 设置：选择该选项，系统打开“干涉设置”对话框，如图14-51所示，在其中可以设置干涉的相关参数。

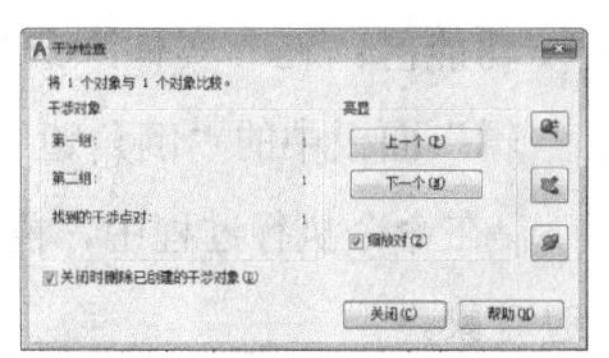

图14-51　“干涉检查”对话框

在“干涉检查”对话框中，各常用选项的含义如下。

- 第一组：显示第一组中选定的对象数目。
- 第二组：显示第二组中选定的对象数目。
- 找到的干涉点对：显示选定对象中找到的干涉数目。
- 关闭时删除已创建的干涉对象：关闭对话框时删除干涉对象。
- 亮显：使用“上一个”和“下一个”在对象中循环时，将亮显干涉对象。
- 缩放对：使用“上一个”和“下一个”时缩放干涉对象。

14.4 倒角边与圆角边的操作

在三维实体建模过程中，为了使产品更加美观或者达到预期设定的要求，需要对实体模型的边缘进行倒角或者圆角处理，“倒角边”和“圆角边”在三维实体中的命令及操作方法和在二维图形中基本相同。

14.4.1 倒角边

使用“倒角边”命令可以在三维实体中的棱建立斜角，但该命令不适用于表面模型，提示顺序也与二维图形中的“倒角”命令不同。

在AutoCAD 2018中可以通过以下几种方法启动“倒角边”命令。

- 菜单栏：执行“修改”|“实体编辑”|“倒角边”命令。
- 命令行：在命令行中输入CHAMFEREDGE命令。
- 功能区：在“实体”选项卡中，单击“实体编辑”面板中的“倒角边”按钮。

在命令执行过程中，需要确定距离参数和倒角边对象。

在图14-52中，修改“距离”均为2，依次拾取长方体中的4条边对象，进行倒角边操作。执行“倒角边”命令后，命令行提示如下。

图14-52　倒角边的前后效果对比图

```
命令:CHAMFEREDGE↙
                    //调用“倒角边”命令
距离1=4.0000，距离2=4.0000
选择一条边或[环(L)/距离(D)]:d↙
                    //选择“距离（D）”选项
指定距离1或[表达式(E)]<4.0000>:2↙
                    //输入距离参数
指定距离2或[表达式(E)]<4.0000>:2↙
                    //输入距离参数
选择一条边或[环(L)/距离(D)]:
                    //选择第一条边
选择同一个面上的其他边或[环(L)/距离(D)]:
                    //选择第二条边
选择同一个面上的其他边或[环(L)/距离(D)]:
                    //选择第三条边
选择同一个面上的其他边或[环(L)/距离(D)]:
                    //选择第四条边
按Enter键接受倒角或[距离(D)]:
                    //按Enter键结束
```

在“倒角边”命令行中，各选项的含义如下。

- 选择边：选择要建立倒角的一条实体边或曲面边。
- 距离1：用于设定第一条倒角边与选定边之间的距离。
- 距离2：用于设定第二条倒角边与选定边之间的距离。
- 环（L）：用于为一个面上的所有边建立倒角。

14.4.2 圆角边

使用“圆角边”命令，可以为实体对象的边建立圆角。

在AutoCAD 2018中可以通过以下几种方法启动“圆角边”命令。

- 菜单栏：执行“修改”|“实体编辑”|“圆角边”命令。
- 命令行：在命令行中输入FILLETEDGE命令。
- 功能区：在“实体”选项卡中，单击“实体编辑”面板中的“圆角边”按钮 。

在命令执行过程中，需要确定圆角半径和圆角边对象。

在图14-53中，修改“圆角半径”为5，拾取合适的边为圆角边对象，进行圆角边操作。执行“圆角边”命令后，命令行提示如下。

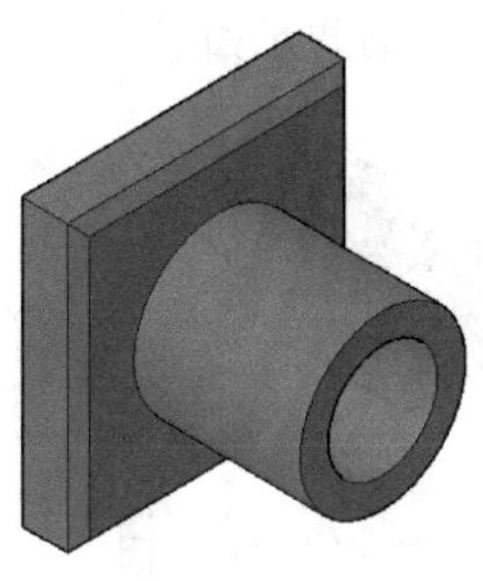
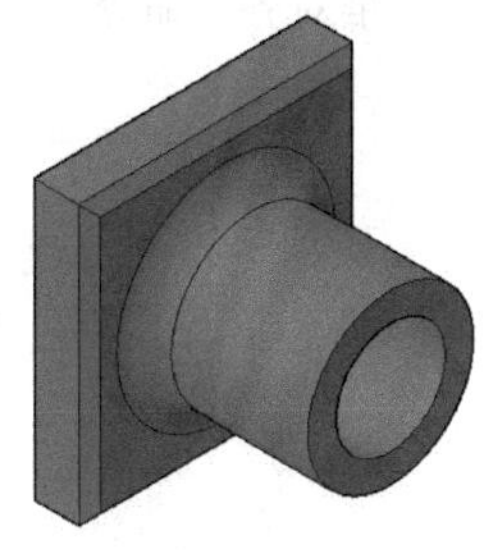

图14-53　圆角边的前后效果对比图

```
命令:FILLETEDGE↙
                //调用“圆角边”命令
半径=1.0000
选择边或[链(C)/环(L)/半径(R)]:r↙
                //选择“半径（R）”选项
输入圆角半径或[表达式(E)]<1.0000>:5↙
                //输入圆角半径参数
选择边或[链(C)/环(L)/半径(R)]:
                //选择合适的边对象
已选定1个边用于圆角。
按Enter键接受圆角或[半径(R)]:
                //按Enter键接受圆角边
```

其命令行中各选项的含义如下。

- 链（C）：指定多条相切的边。
- 环（L）：在实体某个面上的所有环。
- 半径（R）：指定半径值。

14.4.3 课堂实例——绘制轴模型

案例位置	素材>第14章>14.4.3 课堂实例——绘制轴模型.dwg
在线视频	视频>第14章>14.4.3 课堂实例——绘制轴模型.mp4
难易指数	★★★★★
学习目标	学习“倒角边”“圆角边”等命令的使用

01 绘制多段线。新建文件。调用PL“多段线”命令，绘制一条封闭的多段线，如图14-54所示。

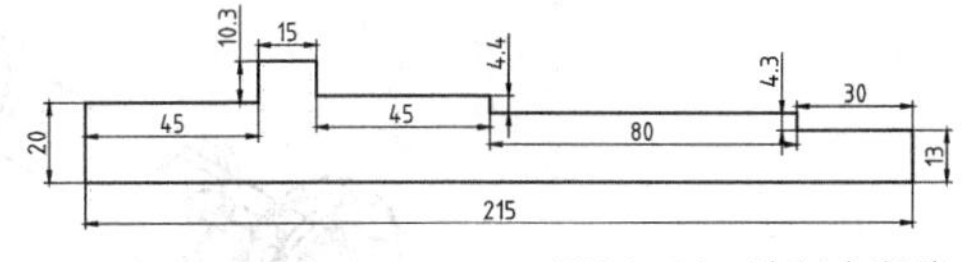

图14-54　绘制多段线

02 旋转实体。将视图切换至“西南等轴测”视图，调用REV“旋转”命令，对新绘制的多段线进行旋转操作，如图14-55所示。

03 倒角边操作。调用CHAMFEREDGE“倒角边”命令，修改“距离”均为2，拾取合适的边对象，进行倒角边操作，如图14-56所示。

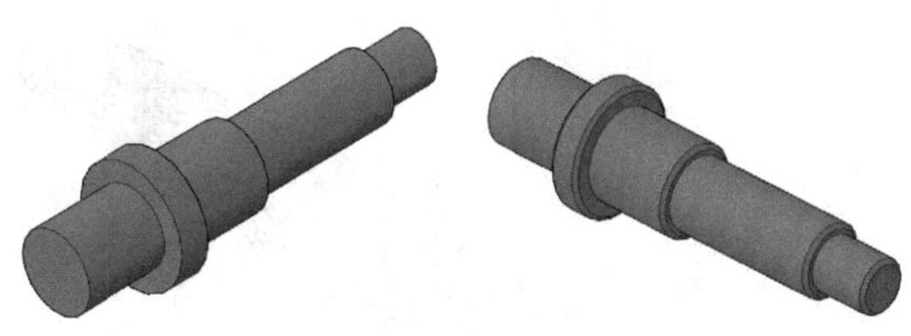

图14-55　旋转实体　　图14-56　倒角边操作

04 圆角边操作。调用FILLETEDGE“圆角边”命令，修改“圆角半径”为2，拾取合适的边对象，进行圆角操作，效果如图14-57所示。

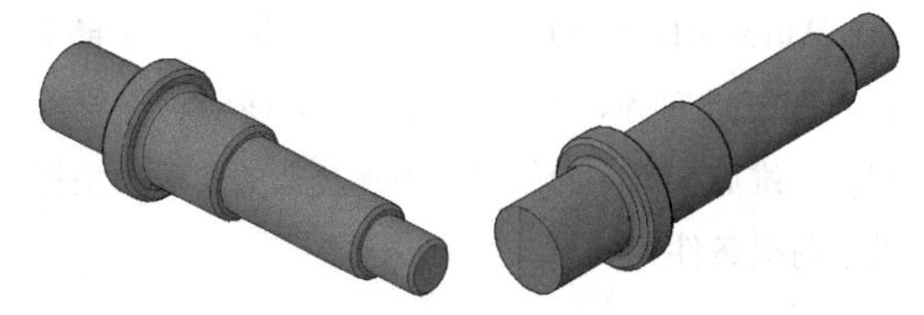

图14-57　圆角边操作

05 绘制图形。将视图切换至“俯视”视图，调用C“圆”、M“移动”、CO“复制”、L“直线”和TR“修剪”命令，绘制轮廓图形；调用JOIN“合并”命令，合并所有图形，“二维线框”显示效果如图14-58所示。

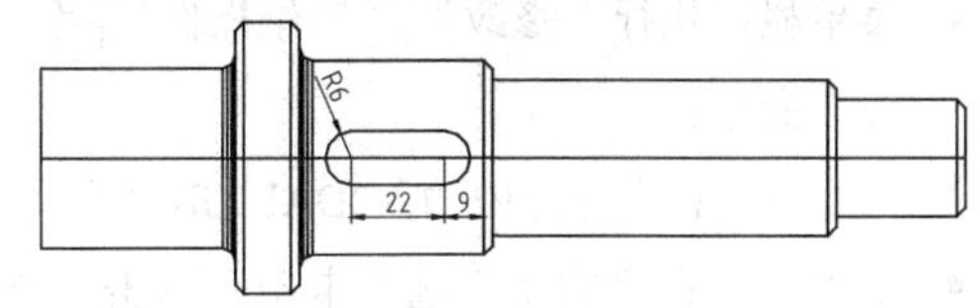

图14-58　绘制图形

06 拉伸实体。将视图切换至“西南等轴测”视图，调用EXT“拉伸”命令，修改“拉伸高度”为7，拉伸实体，如图14-59所示。

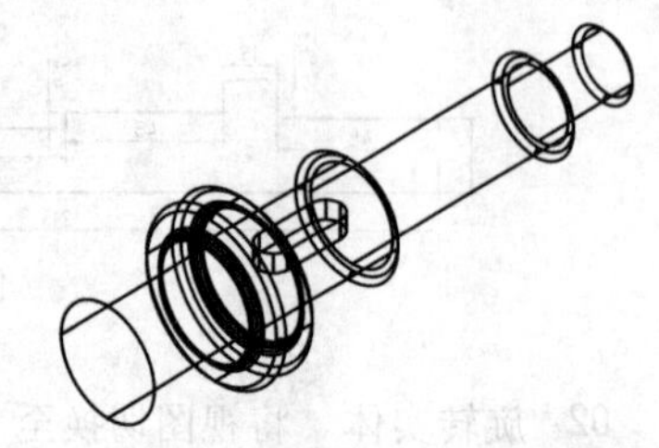

图14-59 拉伸实体

07 差集运算。调用M“移动”命令，在“前视”视图中调整拉伸实体的位置；调用SU“差集”命令，将拉伸实体从旋转实体中减去，得到的最终效果如图14-60所示。

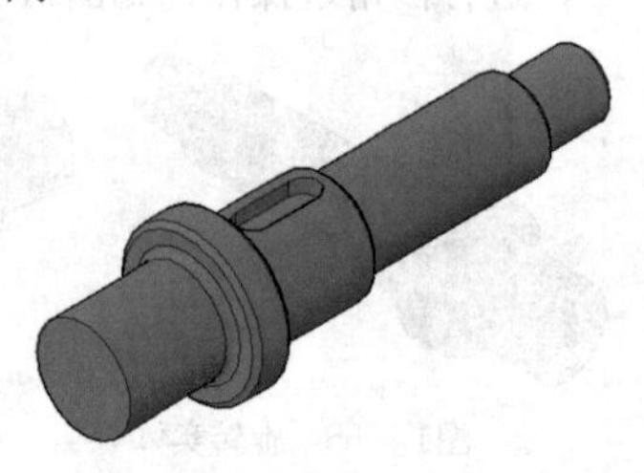

图14-60 最终效果

14.5 三维模型的操作

AutoCAD 2018提供了专业的三维对象编辑工具，如三维对齐、三维镜像、三维移动、三维阵列、三维旋转等，为创建出更加复杂的实体模型提供了前提条件。

14.5.1 三维对齐

使用“三维对齐”命令时，分别指定源对象与目标对象中的3个点，可以将源对象与目标对象对齐。

在AutoCAD 2018中可以通过以下几种方法启动“三维对齐”命令。

- 菜单栏：执行“修改”|“三维操作”|“三维对齐”命令。
- 命令行：在命令行中输入3DALIGN命令。
- 功能区：在“常用”选项卡中，单击“修改”面板中的“三维对齐”按钮。

在命令执行过程中，需要确定三维对象、源平面和方向、目标平面和方向。

在图14-61中，选择桌腿对象为三维对齐对象，捕捉对象左上方的圆心点为基点，捕捉桌子左上角合适的点为目标点，进行三维对齐操作。执行“三维对齐”命令后，命令行提示如下。

图14-61 三维对齐的前后效果对比图

```
命令:3dalign↙
                //调用“三维对齐”命令
选择对象:指定对角点:找到1个
选择对象:
                //选择桌腿对象
指定源平面和方向...
指定基点或[复制(C)]:
                //捕捉左上方的圆心点
INTERSECT所选对象太多
指定第二个点或[继续(C)]<C>:
                //按Enter键结束选择
指定目标平面和方向...
指定第一个目标点:
                //捕捉桌子左上角合适的点
指定第二个目标点或[退出(X)]<X>:
                //按Enter键结束选择，完成三
维对齐操作
```

14.5.2 三维镜像

使用“三维镜像”命令，可以通过镜像平面获取与三维对象完全相同的对象。

在AutoCAD 2018中可以通过以下几种方法启动“三维镜像”命令。

- 菜单栏：执行“修改”|“三维操作”|“三维镜像”命令。
- 命令行：在命令行中输入MIRROR3D命令。
- 功能区：在“常用”选项卡中，单击“修改”面板中的“三维镜像”按钮。

在命令执行过程中，需要确定三维模型、镜像平面或镜像点。

在图14-62中，选择梯子作为镜像对象，依次捕捉左侧矩形下方的上下两个端点，再任意捕捉一点，进行三维镜像操作。执行“三维镜像”命令后，命令行提示如下。

图14-62　三维镜像的前后效果对比图

```
命令:mirror3d↙
                    //调用“三维镜像”命令
选择对象:指定对角点:找到10个
选择对象:指定对角点:找到3个，总计13个
                    //选择梯子对象
选择对象:
指定镜像平面(三点)的第一个点或
[对象(O)/最近的(L)/Z轴(Z)/视图(V)/XY平面(XY)/YZ平面
(YZ)/ZX平面(ZX)/三点(3)]<三点>:
                    //指定第一点
在镜像平面上指定第二点:
                    //指定第二点
在镜像平面上指定第三点:
                    //指定第三点
是否删除源对象? [是(Y)/否(N)]<否>:
                    //按Enter键结束
```

在“三维镜像”命令行中，各选项的含义如下。

- 对象（O）：使用选定平面对象所在的平面作为镜像平面。
- *Z*轴（Z）：根据平面上的一个点和平面法线上的一个点定义镜像平面。
- 视图（V）：将镜像平面与当前视口中通过指定点的视图平面对齐。
- *XY*平面（XY）：将镜像平面与一个通过指定点的标准平面*XY*对齐。
- *YZ*平面（YZ）：将镜像平面与一个通过指定点的标准平面*YZ*对齐。
- *ZX*平面（ZX）：将镜像平面与一个通过指定点的标准平面*ZX*对齐。
- 三点（3）：通过3个点定义镜像平面。

14.5.3 三维移动

三维模型对象的移动是指在三维空间中调整模型对象的位置，操作方法与在二维空间中移动图形对象的方法类似。执行“三维移动”命令后，在三维视图中会显示三维移动小控件，以便将三维对象在指定的方向上移动指定的距离。

在AutoCAD 2018中可以通过以下几种方法启动“三维移动”命令。

- 菜单栏：执行“修改”|“三维操作”|“三维移动”命令。
- 命令行：在命令行中输入3DMOVE命令。
- 功能区：在“常用”选项卡中，单击“修改”面板中的“三维移动”按钮。

在命令执行过程中，需要确定三维模型、移动基点和移动点。

执行以上任一命令，均可以启动“三维移动”命令，命令行提示如下。

```
命令:3dmove↙              //调用“三维移动”命令
选择对象:指定对角点:找到0个
选择对象:找到1个          //选择三维实体
选择对象:
指定基点或[位移(D)]<位移>:        //指定基点
正在检查11个交点...
**MOVE**
指定移动点或[基点(B)/复制(C)/放弃(U)/退出(X)]:
                          //指定移动点
```

14.5.4 三维阵列

使用“三维阵列”命令可以在三维空间中按矩形阵列或环形阵列的方式，创建指定对象的多个副本。

在AutoCAD 2018中可以通过以下几种方法启动“三维阵列”命令。

- 菜单栏：执行“修改”|“三维操作”|“三维阵列”命令。
- 命令行：在命令行中输入3DARRAY或3A命令。

在命令执行过程中，需要确定阵列类型、项目数和阵列中心点等。

在图14-63中，选择石凳为三维阵列对象，选择“环形（P）”阵列类型，修改“项目数目”为6，依次捕捉上下圆心点为阵列中心点，进行三维阵列操作。执行“三维阵列”命令后，命令行提示如下。

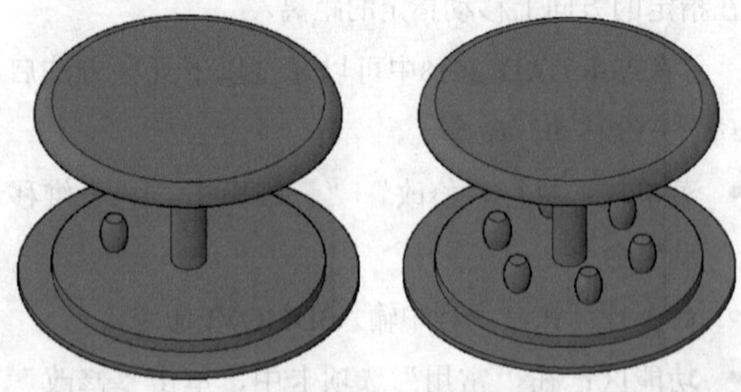

图14-63　三维阵列的前后效果对比图

```
命令:3A↙              //调用“三维阵列”命令
选择对象:找到1个      //选择石凳对象
选择对象:
输入阵列类型[矩形(R)/环形(P)]<矩形>:p↙
                      //选择“环形（P）”选项
输入阵列中的项目数目:6↙
                      //修改项目参数
指定要填充的角度(+=逆时针,-=顺时针)<360>:
                      //指定填充角度
旋转阵列对象？[是(Y)/否(N)]<Y>:↙
                      //按Enter键确认
指定阵列的中心点: //捕捉最上方圆心点
指定旋转轴上的第二点:
                      //捕捉下方圆心点即可
```

在“三维阵列”命令行中，各选项的含义如下。

- 矩形（R）：三维矩形阵列需要指定行数、列数、层数、行间距和层间距，其中，一个矩形阵列可设置多行、多列和多层。
- 环形（P）：三维环形阵列需要指定阵列的数目、阵列填充的角度、旋转轴的起点和终点及对象在阵列后是否绕着阵列中心旋转。三维环形阵列与二维环形阵列不同的是，在三维环形阵列中，对象将围绕着一条指定的轴进行环形阵列复制。

14.5.5 三维旋转

使用“三维旋转”命令可以根据两点、对象、*x*轴、*y*轴、*z*轴，或者当前视图的*Z*方向确定一根旋转轴，从而使指定的对象围绕这根轴线旋转一定的角度。三维旋转命令使对象的旋转范围从一个平面扩展到整个三维空间，与二维旋转命令相比，其更具自由度。

在AutoCAD 2018中可以通过以下几种方法启动“三维旋转”命令。

- 菜单栏：执行“修改”|“三维操作”|“三维旋转”命令。
- 命令行：在命令行中输入3DROTATE命令。
- 功能区：在“常用”选项卡中，单击“修改”面板中的“三维旋转”按钮。

在命令执行过程中，需要确定三维模型、旋转轴和旋转角度。

在图14-64中，选择三角板模型为三维旋转对象，拾取z轴为旋转轴，修改“旋转角度”为260，进行三维旋转操作。执行“三维旋转”命令后，命令行提示如下。

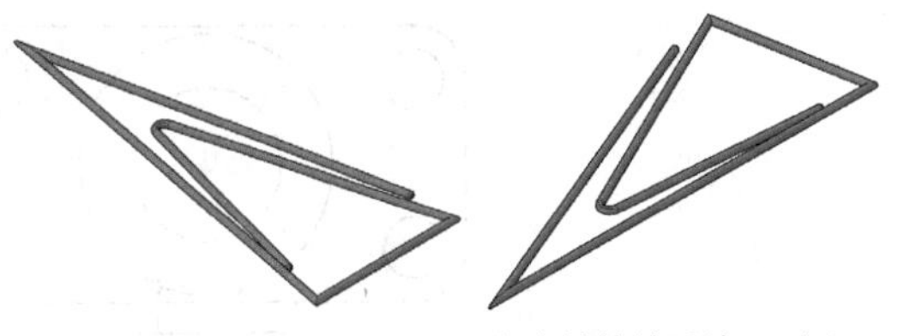

图14-64　三维旋转的前后效果对比图

```
命令:3drotate↙
        //调用“三维旋转”命令
UCS当前的正角方向:ANGDIR=逆时针   ANGBASE=0
选择对象:指定对角点:找到1个
        //选择三角板
选择对象:
指定基点:
        //拾取Z轴为旋转轴
**旋转**
指定旋转角度或[基点(B)/复制(C)/放弃(U)/参照(R)/退出(X)]:260↙
        //输入旋转角度参数，按Enter键结束
```

14.5.6 课堂实例——创建垫块模型

案例位置	素材>第14章>14.5.6 课堂实例——创建垫块模型.dwg
在线视频	视频>第14章>14.5.6 课堂实例——创建垫块模型.mp4
难易指数	★★★★★
学习目标	学习“三维阵列”“三维移动”“三维镜像”等命令的使用

01 绘制长方体。新建文件，将视图切换至“西南等轴测”视图；调用BOX“长方体”命令，以原点为第一角点，输入（@70,-36,10）为其他角点，绘制长方体，如图14-65所示。

02 圆角边操作。调用FILLETEDGE“圆角边”命令，修改“圆角半径”为7，拾取合适的边对象，进行圆角操作，效果如图14-66所示。

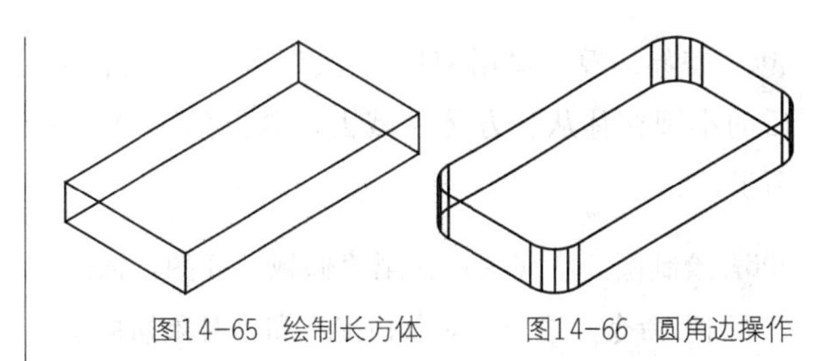

图14-65　绘制长方体　　　图14-66　圆角边操作

03 绘制圆柱体。调用CYL“圆柱体”命令，绘制一个“底面半径”为4，“高度”为 - 10的圆柱体，如图14-67所示。

04 三维阵列图形。调用3A“三维阵列”命令，选择新绘制的圆柱体为矩形阵列对象，对其进行三维阵列操作，如图14-68所示，其命令行提示如下。

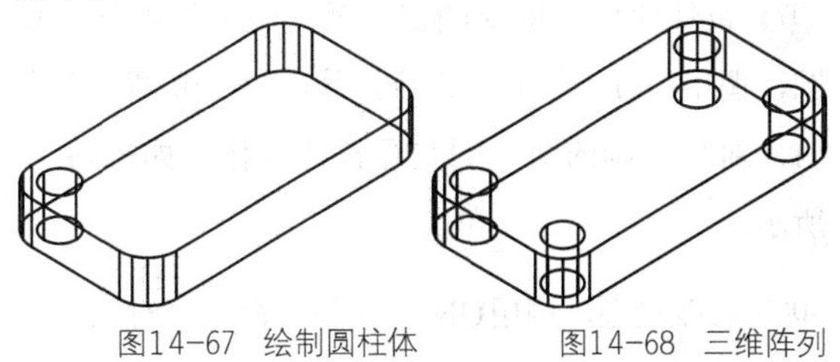

图14-67　绘制圆柱体　　　图14-68　三维阵列

```
命令:3A↙
        //调用“三维阵列”命令
选择对象:指定对角点:找到1个
        //选择新绘制圆柱体
选择对象:
输入阵列类型[矩形(R)/环形(P)]<矩形>:
        //按Enter键确认
输入行数(---)<1>:2↙
        //输入行参数
输入列数(|||)<1>:2↙
        //输入列参数
输入层数(...)<1>:
        //按Enter键确认
指定行间距(---):-22↙
        //输入行间距参数
指定列间距(|||):56↙
        //输入列间距参数，按Enter键结束
```

05 差集运算。调用SU“差集”命令，将阵列后的小圆柱体从长方体中减去，效果如图14-69所示。

06 绘制圆。将视图切换至“仰视”视图，调用C“圆”命令，结合“对象捕捉”和“对象捕捉追踪”功能，绘制两个半径分别为17和10的圆，如图14-70所示。

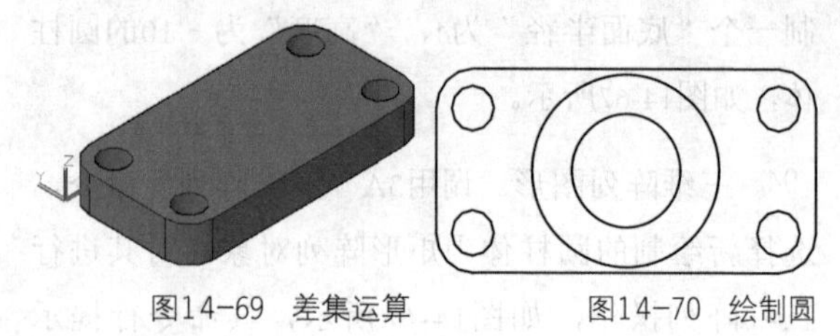

图14-69 差集运算　　图14-70 绘制圆

07 拉伸实体。将视图切换至“西南等轴测”视图，调用EXT“拉伸”命令，修改“拉伸高度”为44，对新绘制的两个圆进行拉伸操作，如图14-71所示。

08 修改模型。调用UNI“并集”命令，对长方体和大圆柱体进行并集运算操作；调用SU“差集”命令，将小圆柱体从并集实体中减去，如图14-72所示。

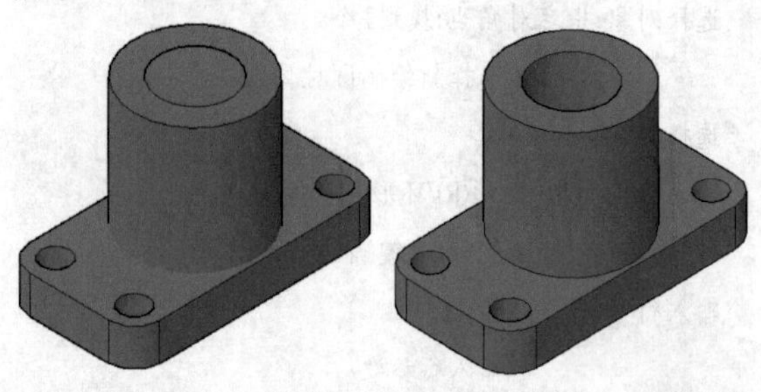

图14-71 拉伸实体　　图14-72 修改模型

09 绘制图形。将坐标系恢复为世界坐标系，将视图切换至“前视”视图，调用REC“矩形”、C“圆”和M“移动”命令，绘制图形，如图14-73所示。

10 移动图形。将视图切换至“俯视”视图，调用M“移动”命令，移动新绘制的图形，如图14-74所示。

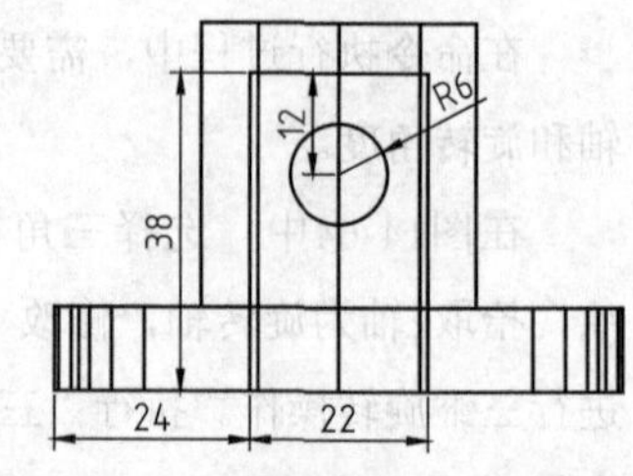

图14-73 绘制图形

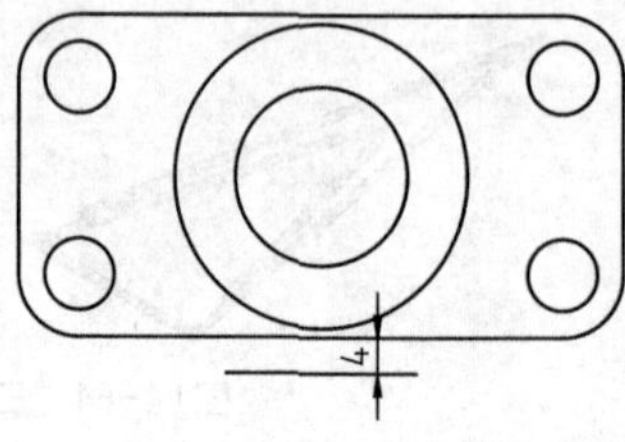

图14-74 移动图形

11 拉伸实体。将视图切换至“西南等轴测”视图，调用EXT“拉伸”命令，修改“拉伸高度”为-16，对新绘制的图形进行拉伸操作，如图14-75所示。

12 修改模型。调用UNI“并集”命令，对整个实体和拉伸的矩形实体进行并集运算操作；调用SU“差集”命令，将拉伸的圆实体从并集实体中减去，如图14-76所示。

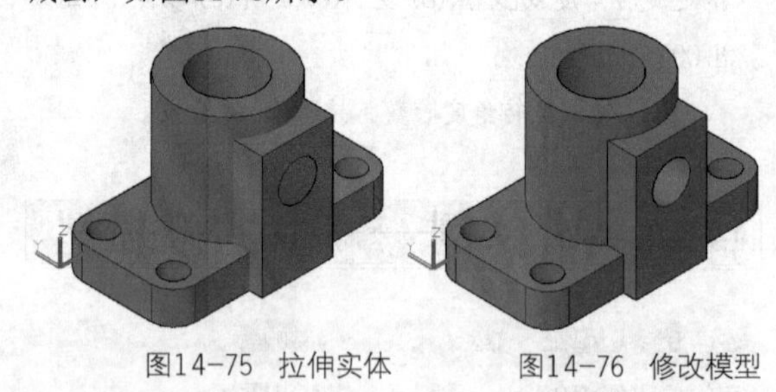

图14-75 拉伸实体　　图14-76 修改模型

13 绘制多段线。将视图切换至“前视”视图，调用PL“多段线”命令，结合“对象捕捉”功能，绘制多段线，如图14-77所示。

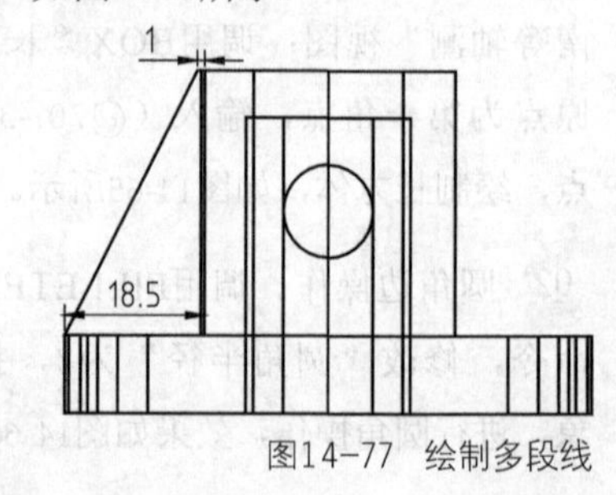

图14-77 绘制多段线

14 修改模型。将视图切换至“西南等轴测”视图，调用EXT“拉伸”命令，修改“拉伸高度”为7，对新绘制的多段线进行拉伸操作；调用M“移动”命令，调整拉伸后实体的位置，如图14-78所示。

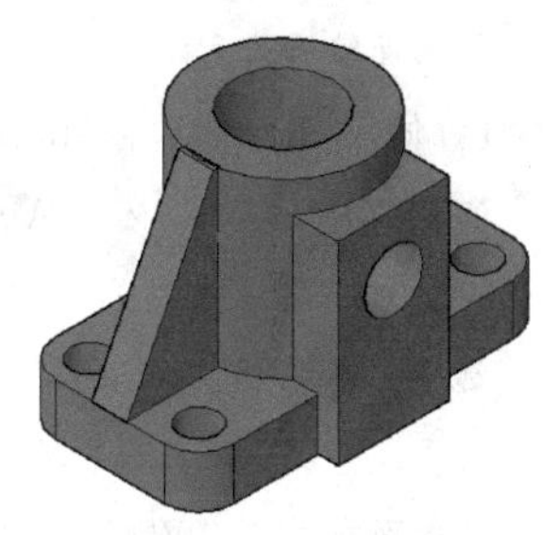

图14-78　修改模型

15 三维镜像。调用MIRROR3D“三维镜像”命令，选择拉伸后的实体为三维镜像对象，以*YZ*平面为镜像面，捕捉上方右侧的圆心点，进行三维镜像操作，如图14-79所示。

16 并集运算。调用UNI“并集”命令，对所有模型进行并集运算操作，得到的最终效果如图14-80所示。

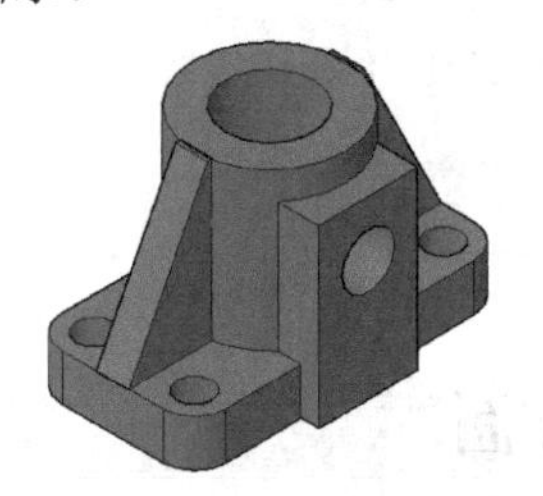

图14-79　三维镜像

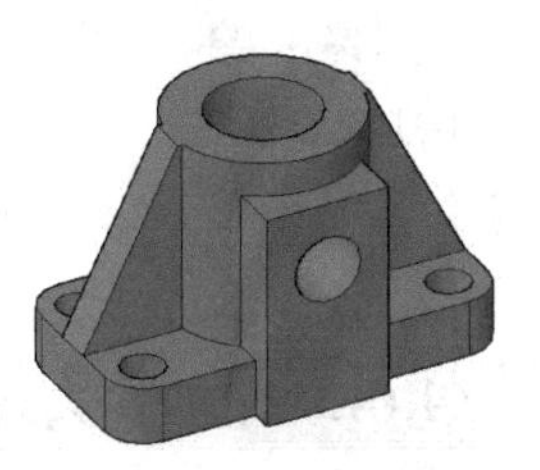

图14-80　最终效果

14.6 三维模型表面的编辑

在编辑三维实体时，可以对整个实体的任意表面进行编辑操作，即通过改变实体表面来达到改变实体的目的。

14.6.1 移动实体面

使用“移动面”命令，可以按照指定的高度或距离移动选定的三维实体对象的面。在使用“移动面”命令移动实体面时，当被移动的表面是实体的外表面时，表面移动实质上相当于表面拉伸。

在AutoCAD 2018中可以通过以下几种方法启动“移动面”命令。

- 菜单栏：执行“修改”|“实体编辑”|“移动面”命令。
- 命令行：在命令行中输入SOLIDEDIT命令。
- 功能区：在“常用”选项卡中，单击“实体编辑”面板中的“移动面”按钮。

在命令执行过程中，需要确定移动面、基点和位移点。

在图14-81中，选择圆柱面为需要移动的面，捕捉上方圆心点为基点，捕捉左下方的上圆心点为位移点，进行移动面操作。执行“移动面”命令后，命令行提示如下。

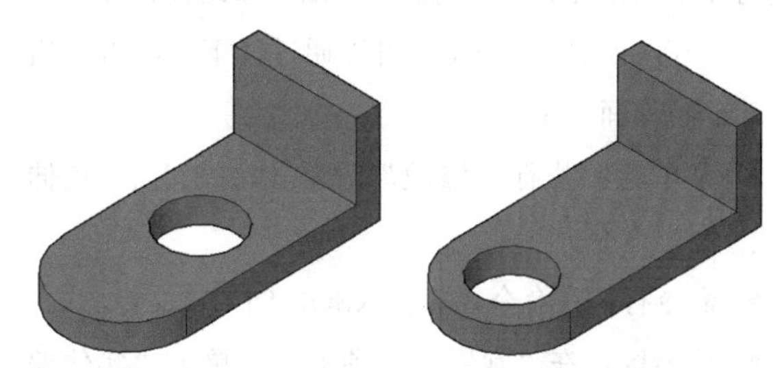

图14-81　移动实体面的前后效果对比图

```
命令:solidedit↙
            //调用“实体编辑”命令
实体编辑自动检查:SOLIDCHECK=1
输入实体编辑选项[面(F)/边(E)/体(B)/放弃(U)/退出(X)]<退出>:_face
输入面编辑选项
[拉伸(E)/移动(M)/旋转(R)/偏移(O)/倾斜(T)/删除(D)/复制(C)/颜色(L)/材质(A)/放弃(U)/退出(X)]<退出>:move↙
            //选择“移动（M）”选项
选择面或[放弃(U)/删除(R)]:找到一个面。
            //选择圆柱面
选择面或[放弃(U)/删除(R)/全部(ALL)]:
指定基点或位移:
            //捕捉上方圆心点
指定位移的第二点:
            //捕捉左下方的上圆心点
```

```
指定位移的第二点:
                    //捕捉左下方的上圆心点
已开始实体校验。
已完成实体校验。
输入面编辑选项
[拉伸(E)/移动(M)/旋转(R)/偏移(O)/倾斜(T)/删除(D)/复
制(C)/颜色(L)/材质(A)/放弃(U)/退出(X)]<退出>:
实体编辑自动检查:SOLIDCHECK=1
输入实体编辑选项[面(F)/边(E)/体(B)/放弃(U)/退出
(X)]<退出>:
                    //按两次Enter键退出
```

14.6.2 拉伸实体面

使用“拉伸面”命令，可以将选定的三维实体对象的面拉伸到指定的高度或沿一条路径拉伸。

在AutoCAD 2018中可以通过以下几种方法启动“拉伸面”命令。

- 菜单栏：执行“修改”|“实体编辑”|“拉伸面”命令。
- 命令行：在命令行中输入SOLIDEDIT命令。
- 功能区：在“常用”选项卡中，单击“实体编辑”面板中的“拉伸面”按钮。

在命令执行过程中，需要确定拉伸面、拉伸高度和倾斜角度。

在图14-82中，选择最上方的表面为拉伸面，修改“拉伸高度”为10，进行拉伸面操作。执行“拉伸面”命令后，命令行提示如下。

图14-82　拉伸实体面的前后效果对比图

```
命令:solidedit↙
                    //调用“实体编辑”命令
实体编辑自动检查:SOLIDCHECK=1
输入实体编辑选项[面(F)/边(E)/体(B)/放弃(U)/退出
(X)]<退出>:_face
输入面编辑选项
[拉伸(E)/移动(M)/旋转(R)/偏移(O)/倾斜(T)/删除(D)/
复制(C)/颜色(L)/材质(A)/放弃(U)/退出(X)]<退出
>:extrude↙             //选择“拉伸（E）”选项
选择面或[放弃(U)/删除(R)]:找到一个面。
                    //选择上表面
选择面或[放弃(U)/删除(R)/全部(ALL)]:
指定拉伸高度或[路径(P)]:10↙
                    //输入拉伸高度参数
指定拉伸的倾斜角度<357>:
已开始实体校验。
已完成实体校验。
输入面编辑选项
[拉伸(E)/移动(M)/旋转(R)/偏移(O)/倾斜(T)/删除(D)/复
制(C)/颜色(L)/材质(A)/放弃(U)/退出(X)]<退出>:
实体编辑自动检查:SOLIDCHECK=1
输入实体编辑选项[面(F)/边(E)/体(B)/放弃(U)/退出
(X)]<退出>:
                    //按两次Enter键退出
```

14.6.3 偏移实体面

使用“偏移面”命令可以在一个三维实体上按指定的距离均匀地偏移实体面。可根据设计需要将现有的面从原始位置向内或向外偏移指定的距离，从而获取新的实体面。

在AutoCAD 2018中可以通过以下几种方法启动“偏移面”命令。

- 菜单栏：执行“修改”|“实体编辑”|“偏移面”命令。
- 命令行：在命令行中输入SOLIDEDIT命令。
- 功能区：在“常用”选项卡中，单击“实体编辑”面板中的“偏移面”按钮。

在命令执行过程中，需要确定偏移面和偏移距离。

在图14-83中，选择右下方的面为偏移面，修改“偏移距离”为-30，进行偏移面操作。执行“偏移面”命令后，命令行提示如下。

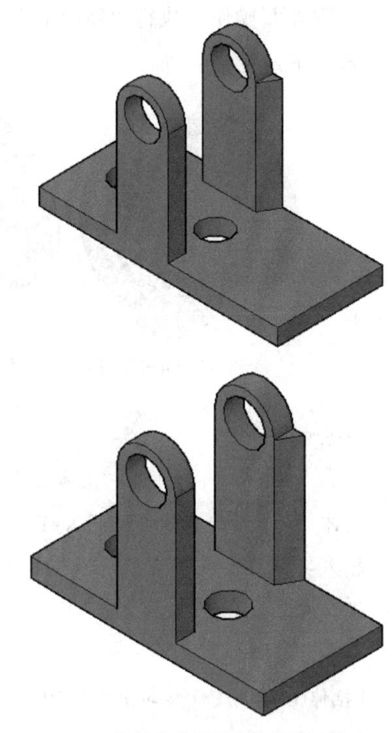

图14-83　偏移实体面的前后效果对比图

```
命令:solidedit↙
                //调用“实体编辑”命令
实体编辑自动检查:SOLIDCHECK=1
输入实体编辑选项[面(F)/边(E)/体(B)/放弃(U)/退出(X)]<退出>:_face
输入面编辑选项
[拉伸(E)/移动(M)/旋转(R)/偏移(O)/倾斜(T)/删除(D)/复制(C)/颜色(L)/材质(A)/放弃(U)/退出(X)]<退出>:offset↙
                //选择“偏移（O）”选项
选择面或[放弃(U)/删除(R)]:找到一个面。
选择面或[放弃(U)/删除(R)/全部(ALL)]:
指定偏移距离:-30↙
                //选择偏移距离参数
已开始实体校验。
已完成实体校验。
输入面编辑选项
[拉伸(E)/移动(M)/旋转(R)/偏移(O)/倾斜(T)/删除(D)/复制(C)/颜色(L)/材质(A)/放弃(U)/退出(X)]<退出>:
实体编辑自动检查:SOLIDCHECK=1
输入实体编辑选项[面(F)/边(E)/体(B)/放弃(U)/退出(X)]<退出>:
                //按两次Enter键退出
```

14.6.4　旋转实体面

使用“旋转面”命令，能够使单个或多个实体面绕指定的轴线旋转，或者使实体的某些部分形成新的实体。

在AutoCAD 2018中可以通过以下几种方法启动“旋转面”命令。

- 菜单栏：执行“修改”|“实体编辑”|“旋转面”命令。
- 命令行：在命令行中输入SOLIDEDIT命令。
- 功能区：在“常用”选项卡中，单击“实体编辑”面板中的“旋转面”按钮。

在命令执行过程中，需要确定旋转面、旋转轴点和旋转角度。

在图14-84中，选择最右侧的面为旋转面，依次捕捉所选择的实体面的左上角点和右下角点，修改“旋转角度”为-60，进行旋转面操作。执行“旋转面”命令后，命令行提示如下。

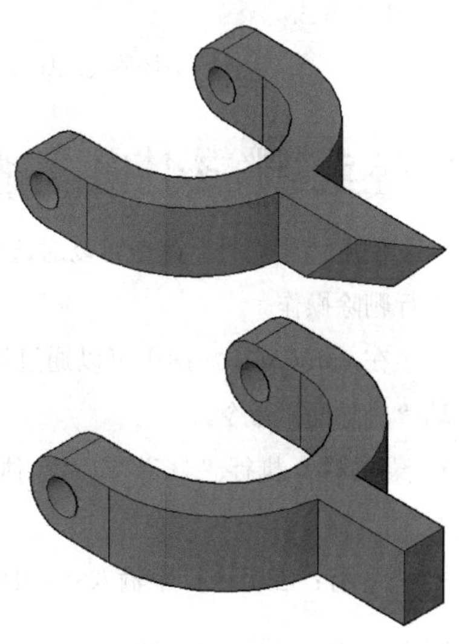

图14-84　旋转实体面的前后效果对比图

```
命令:solidedit↙
                    //调用“实体编辑”命令
实体编辑自动检查:SOLIDCHECK=1
输入实体编辑选项[面(F)/边(E)/体(B)/放弃(U)/退出(X)]<退出>:_face
输入面编辑选项
[拉伸(E)/移动(M)/旋转(R)/偏移(O)/倾斜(T)/删除(D)/复制(C)/颜色(L)/材质(A)/放弃(U)/退出(X)]<退出>:rotate
                    //选择“旋转(R)”选项
选择面或[放弃(U)/删除(R)]:找到一个面。
                    //选择最右侧的表面
选择面或[放弃(U)/删除(R)/全部(ALL)]:
指定轴点或[经过对象的轴(A)/视图(V)/X轴(X)/Y轴(Y)/Z轴(Z)]<两点>:
                    //捕捉左上方端点
在旋转轴上指定第二个点:
                    //捕捉右下方端点
指定旋转角度或[参照(R)]:-60
                    //输入旋转角度参数,
已开始实体校验。
已完成实体校验。
输入面编辑选项
[拉伸(E)/移动(M)/旋转(R)/偏移(O)/倾斜(T)/删除(D)/复制(C)/颜色(L)/材质(A)/放弃(U)/退出(X)]<退出>:
实体编辑自动检查:SOLIDCHECK=1
输入实体编辑选项[面(F)/边(E)/体(B)/放弃(U)/退出(X)]<退出>:
                    //按两次Enter键退出
```

14.6.5 删除实体面

使用“删除面”命令可以对选定的三维实体面进行删除操作。

在AutoCAD 2018中可以通过以下几种方法启动“删除面”命令。

- 菜单栏：执行“修改”|“实体编辑”|“删除面”命令。
- 命令行：在命令行中输入SOLIDEDIT命令。
- 功能区：在“常用”选项卡中，单击“实体编辑”面板中的“删除面”按钮。

在命令执行过程中，需要确定要删除的面。

在图14-85中，选择圆柱面为需要删除的面，进行删除面操作。执行“删除面”命令后，命令行提示如下。

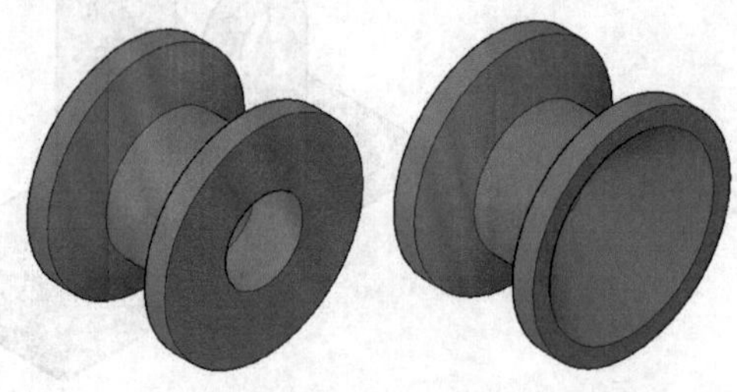

图14-85　删除实体面的前后效果对比图

```
命令:solidedit↙
                    //调用“实体编辑”命令
实体编辑自动检查:SOLIDCHECK=1
输入实体编辑选项[面(F)/边(E)/体(B)/放弃(U)/退出(X)]<退出>:_face
输入面编辑选项
[拉伸(E)/移动(M)/旋转(R)/偏移(O)/倾斜(T)/删除(D)/复制(C)/颜色(L)/材质(A)/放弃(U)/退出(X)]<退出>:delete↙
                    //选择“删除(D)”选项
选择面或[放弃(U)/删除(R)]:找到一个面。
                    //选择圆柱面
选择面或[放弃(U)/删除(R)/全部(ALL)]:
已开始实体校验。
已完成实体校验。
输入面编辑选项
[拉伸(E)/移动(M)/旋转(R)/偏移(O)/倾斜(T)/删除(D)/复制(C)/颜色(L)/材质(A)/放弃(U)/退出(X)]<退出>:
实体编辑自动检查:SOLIDCHECK=1
输入实体编辑选项[面(F)/边(E)/体(B)/放弃(U)/退出(X)]<退出>:        //按两次Enter键退出
```

14.6.6 倾斜实体面

斜三维面是通过将实体对象上的一个或多个面按指定的角度、方向倾斜而得到的三维面。

在AutoCAD 2018中可以通过以下几种方法启动“倾斜面”命令。

- 菜单栏：执行“修改”|“实体编辑”|“倾斜面”命令。
- 命令行：在命令行中输入SOLIDEDIT命令。
- 功能区：在“常用”选项卡中，单击“实体编辑”面板中的“倾斜面”按钮。

在命令执行过程中，需要确定倾斜面、基点和角度。

在图14-86中，选择合适的侧面为倾斜面，捕捉侧面的左下角点和右下角点为倾斜基点，修改“倾斜角度”为30，进行倾斜面操作。执行“倾斜面”命令后，命令行提示如下。

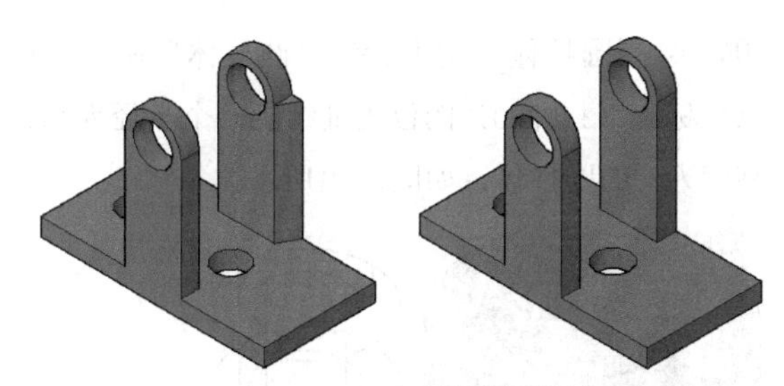

图14-86　倾斜实体面的前后效果对比图

```
命令:solidedit↙
        //调用“实体编辑”命令
实体编辑自动检查:SOLIDCHECK=1
输入实体编辑选项[面(F)/边(E)/体(B)/放弃(U)/退出(X)]<退出>:_face
输入面编辑选项
[拉伸(E)/移动(M)/旋转(R)/偏移(O)/倾斜(T)/删除(D)/复制(C)/颜色(L)/材质(A)/放弃(U)/退出(X)]<退出>:taper
        //选择“倾斜（T）”选项
选择面或[放弃(U)/删除(R)]:找到一个面。
        //选择上方合适的侧面
选择面或[放弃(U)/删除(R)/全部(ALL)]:
指定基点:
        //捕捉选择侧面的左下方端点为基点
指定沿倾斜轴的另一个点:
        //捕捉选择侧面的右下方端点为另一点
指定倾斜角度:30
        //输入倾斜角度参数
已开始实体校验。
已完成实体校验。
输入面编辑选项
[拉伸(E)/移动(M)/旋转(R)/偏移(O)/倾斜(T)/删除(D)/复制(C)/颜色(L)/材质(A)/放弃(U)/退出(X)]<退出>:
实体编辑自动检查:SOLIDCHECK=1
输入实体编辑选项[面(F)/边(E)/体(B)/放弃(U)/退出(X)]<退出>:        //按两次Enter键退出
```

14.6.7　复制实体面

使用“复制面”命令可以复制三维实体对象的各个面。执行“复制面”操作，可将现有实体模型上单个或多个面复制到其他位置，从而运用这些面创建出新的图形对象。

在AutoCAD 2018中可以通过以下几种方法启动“复制面”命令。

- 菜单栏：执行“修改”|“实体编辑”|“复制面”命令。
- 命令行：在命令行中输入SOLIDEDIT命令。
- 功能区：在“常用”选项卡中，单击“实体编辑”面板中的“复制面”按钮。

在命令执行过程中，需要确定复制面、基点和位移点。

在图14-87中，选择合适的面为复制面，捕捉面的圆心点为基点，修改“位移”为64，进行复制面操作。执行“复制面”命令后，命令行提示如下。

图14-87　复制实体面的前后效果对比图

```
命令:solidedit↙
          //调用“实体编辑”命令
实体编辑自动检查:SOLIDCHECK=1
输入实体编辑选项[面(F)/边(E)/体(B)/放弃(U)/退出(X)]<退出>:_face
输入面编辑选项
[拉伸(E)/移动(M)/旋转(R)/偏移(O)/倾斜(T)/删除(D)/复制(C)/颜色(L)/材质(A)/放弃(U)/退出(X)]<退出>:copy↙
          //选择“复制(C)”选项
选择面或[放弃(U)/删除(R)]:找到一个面。
          //选择合适的面
选择面或[放弃(U)/删除(R)/全部(ALL)]:
指定基点或位移:
          //捕捉圆心点
指定位移的第二点:64↙
          //输入位移参数
输入面编辑选项
[拉伸(E)/移动(M)/旋转(R)/偏移(O)/倾斜(T)/删除(D)/复制(C)/颜色(L)/材质(A)/放弃(U)/退出(X)]<退出>:
实体编辑自动检查:SOLIDCHECK=1
输入实体编辑选项[面(F)/边(E)/体(B)/放弃(U)/退出(X)]<退出>:
          //按两次Enter键退出
```

14.6.8 课堂实例——绘制拨叉模型

案例位置 素材>第14章>14.6.8 课堂实例——绘制拨叉模型.dwg

在线视频 视频>第14章>14.6.8 课堂实例——绘制拨叉模型.mp4

难易指数 ★★★★★

学习目标 学习“多段线”“旋转”“拉伸”“扫掠”等命令的使用

01 绘制圆柱体。新建文件，将视图切换至“东南等轴测”视图；调用CYL“圆柱体”命令，在原点处绘制一个半径为50、高度为50的圆柱体，如图14-88所示。

02 绘制圆柱体。调用CYL“圆柱体”命令，在原点处绘制一个半径为30、高度为50的圆柱体，如图14-89所示。

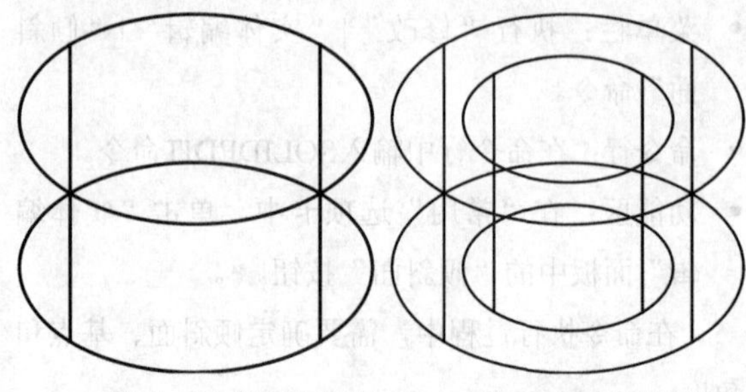

图14-88 绘制圆柱体　　图14-89 绘制圆柱体

03 差集运算。调用SU“差集”命令，将小圆柱体从大圆柱体中减去，“概念”显示效果如图14-90所示。

04 绘制圆柱体。调用CYL“圆柱体”命令，在点坐标为（180,0,0）的位置处绘制一个半径为30、高度为30的圆柱体，如图14-91所示。

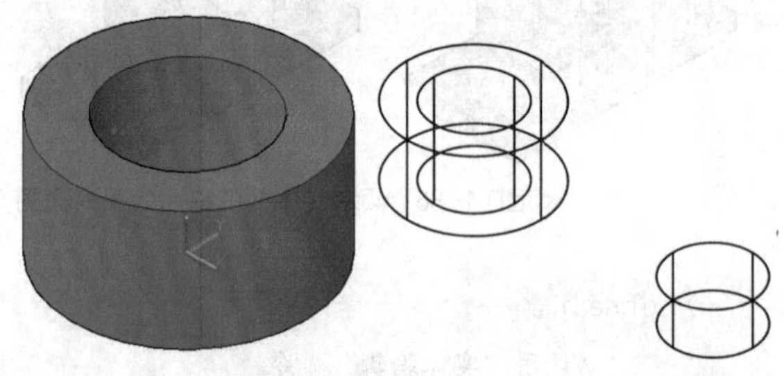

图14-90 差集运算　　图14-91 绘制圆柱体

05 绘制长方体。调用BOX“长方体”命令，捕捉新绘制的圆柱体上表面的右象限点，并输入（@40,-60,-30），绘制长方体，如图14-92所示。

06 并集运算。调用UNI“并集”命令，选择新绘制的圆柱体和长方体为并集对象，对其进行并集运算，如图14-93所示。

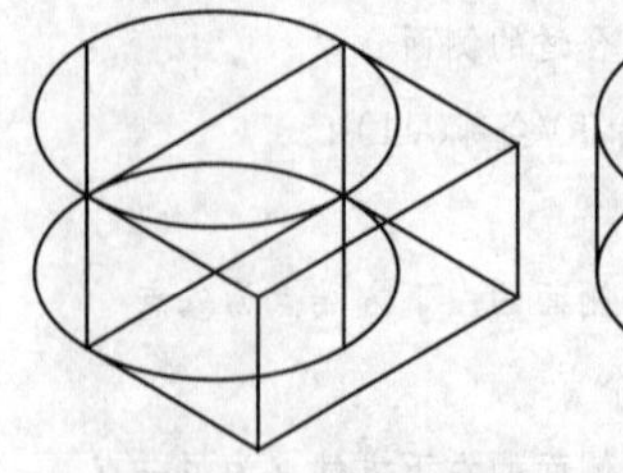

图14-92 绘制长方体

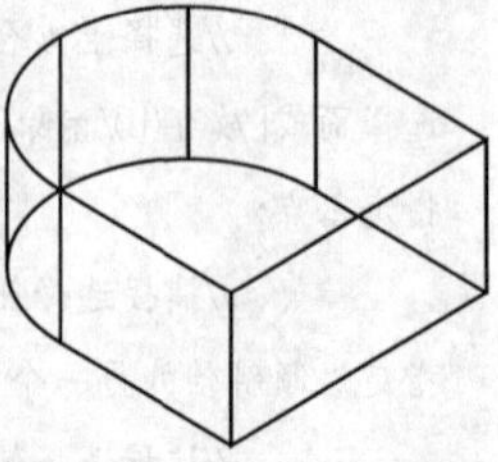

图14-93 并集运算

07 绘制长方体。单击“实体编辑”面板中的“复制边”按钮，选择并集后的实体的底面边线，捕捉最下方的端点为基点，在原位置进行复制边操作。调用JOIN“合并”命令，对复制后的边对象进行合并操作。

08 偏移图形。调用O“偏移”命令，将合并后的多段线向内偏移10，如图14-94所示。

09 拉伸实体。调用EXT“拉伸”命令，修改“拉伸高度”为30，拉伸偏移后的多段线，如图14-95所示。

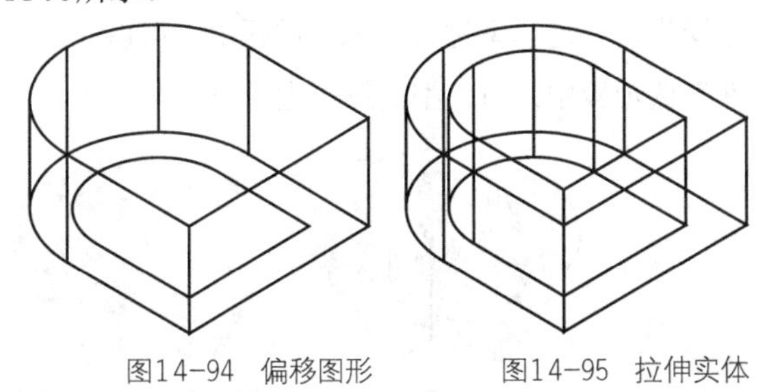

图14-94　偏移图形　　图14-95　拉伸实体

10 拉伸实体面。单击“实体编辑”面板中的“拉伸面”按钮，选择新拉伸后的实体对象的右侧面为拉伸面，修改“拉伸高度”为10，进行拉伸处理，如图14-96所示。

11 修改模型。调用SU“差集”命令，将拉伸后的实体从并集实体中减去；调用E“删除”命令，删除多余的边对象，如图14-97所示。

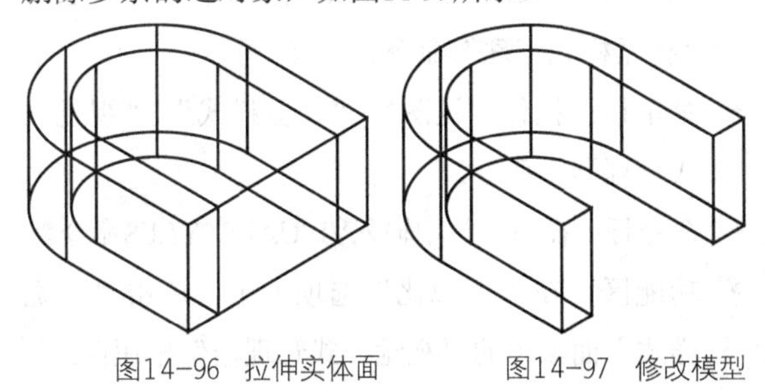

图14-96　拉伸实体面　　图14-97　修改模型

12 绘制多段线。将视图切换至“俯视”视图，调用PL“多段线”命令，结合“对象捕捉”功能，绘制多段线，如图14-98所示。

13 移动图形。将视图切换至“东南等轴测”视图，调用M“移动”命令，选择新绘制的多段线为移动对象，修改“移动距离”为7，向上进行移动操作，如图14-99所示。

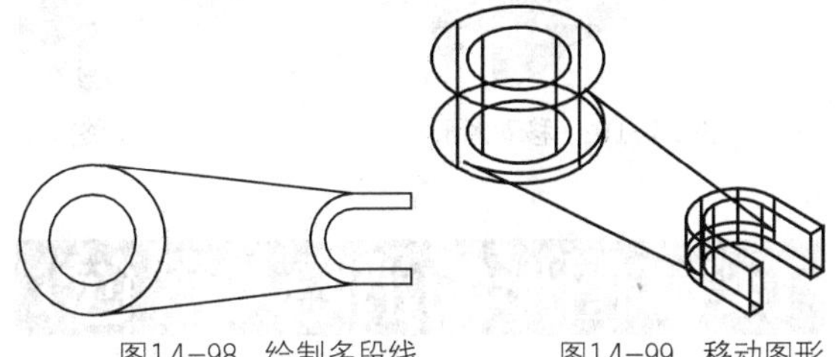

图14-98　绘制多段线　　图14-99　移动图形

14 拉伸实体。调用EXT“拉伸”命令，修改“拉伸高度”为10，拉伸新绘制的多段线，如图14-100所示。

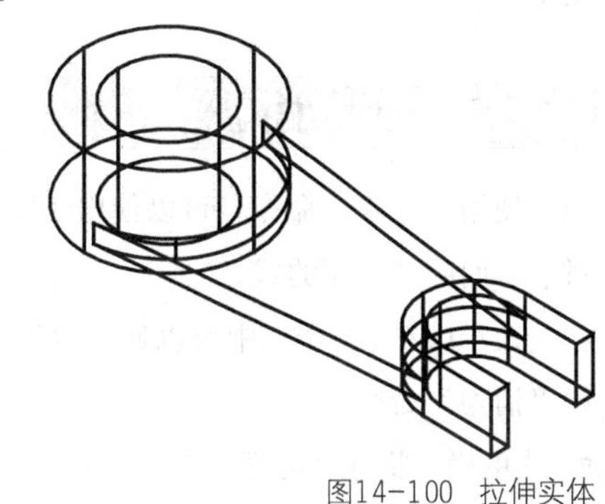

图14-100　拉伸实体

15 绘制多段线。将视图切换至“前视”视图，调用PL“多段线”命令，结合“对象捕捉”功能，绘制多段线，如图14-101所示。

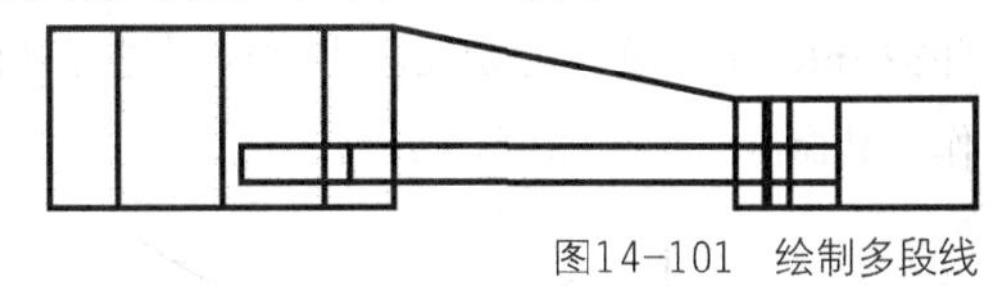

图14-101　绘制多段线

16 移动图形。将视图切换至“东南等轴测”视图，调用M“移动”命令，选择新绘制的多段线为移动对象，修改“移动距离”为5，向右进行移动操作，“概念”显示效果如图14-102所示。

17 完善模型。调用EXT“拉伸”命令，修改“拉伸高度”为10，拉伸新绘制的多段线；调用UNI“并集”命令，对所有实体进行并集运算，得到的最终效果如图14-103所示。

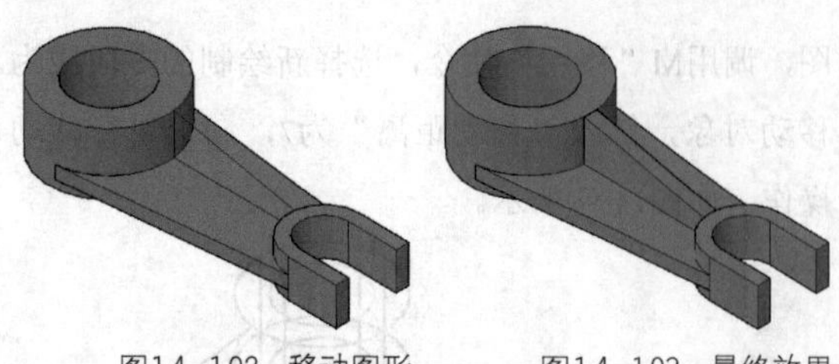

图14-102 移动图形　　图14-103 最终效果

14.7 图形的消隐与着色

在三维模型的创建过程中，适当地调整图形的视觉样式或者对图形进行消隐操作，有利于用户保持清醒的绘图思路，以帮助用户快速地创建出三维模型。

14.7.1 图形消隐

使用“消隐”命令，可以使用线框表示法显示对象，而隐藏背面的线。

在AutoCAD 2018中可以通过以下几种方法启动“消隐”命令。

- 菜单栏：执行“可视化”|“消隐”命令。
- 命令行：在命令行中输入HIDE命令。
- 功能区：在“可视化”选项卡中，单击“视觉样式”面板中的“隐藏”按钮。

在图14-104中，在命令行中输入HIDE命令并按Enter键，即可对绘图区中的模型进行消隐操作，其命令行提示如下。

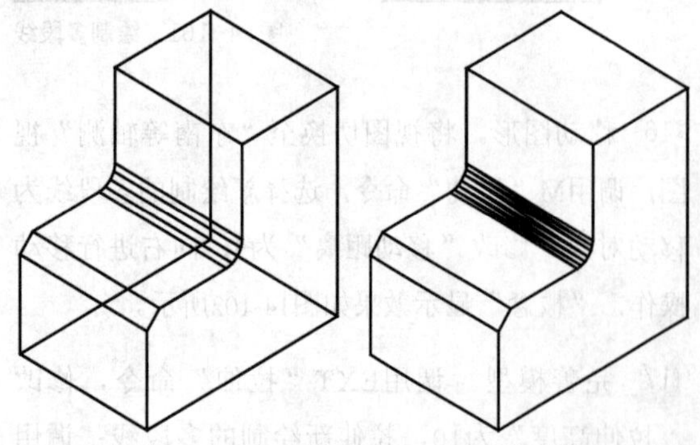

图14-104 消隐的前后效果对比图

```
命令:HIDE↙        //调用“消隐”命令
正在重生成模型。
```

14.7.2 图形着色

使用“着色”命令，可以产生平滑的着色模型。

在AutoCAD 2018中可以通过以下几种方法启动“着色”命令。

- 菜单栏：执行“视图”|“视觉样式”|“着色”命令。
- 功能区：在“可视化”选项卡中，单击“视觉样式”面板中的“着色”按钮。

在图14-105中，单击“视觉样式”面板中的“着色”按钮，即可对绘图区中的模型进行着色操作。在对模型进行着色的过程中，可以在“特性”选项板中，对模型的颜色进行修改。

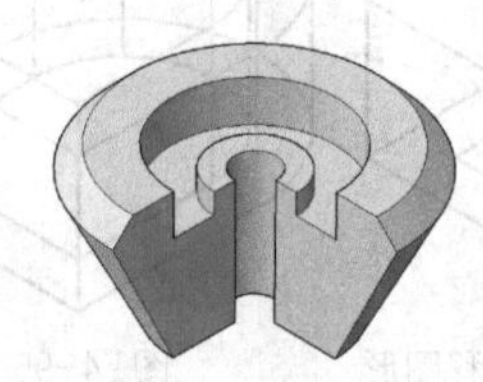

图14-105 着色的前后效果对比图

14.7.3 视觉样式管理

视觉样式是一组用来控制视口中边和着色的显示的命令。使用“视觉样式管理”命令来管理实体模型，不仅可以实现模型的各个视觉样式的变换，还可以对视觉样式中的参数进行修改。

在AutoCAD 2018中可以通过以下几种方法启动“视觉样式管理”命令。

- 菜单栏：执行“视图”|“视觉样式”|“视觉样式管理器”命令，
- 命令行：在命令行中输入VISUALSTYLES命令。
- 功能区：在“可视化”选项卡中，单击“视觉样式”面板中的“视觉样式管理器”按钮。

执行以上任一命令，均可以打开“视觉样式管理器”选项板，如图14-106所示。在该选项板的预览区域中，包含了图形中可用的所有视觉样式，选定的视觉样式用黄色边框表示；设置面板显示了用于设置样式的各种参数。不同的视觉样式在设置面板中显示的用来设置样式的参数也各不相同，图14-107所示为“概念”视觉样式下的设置面板。

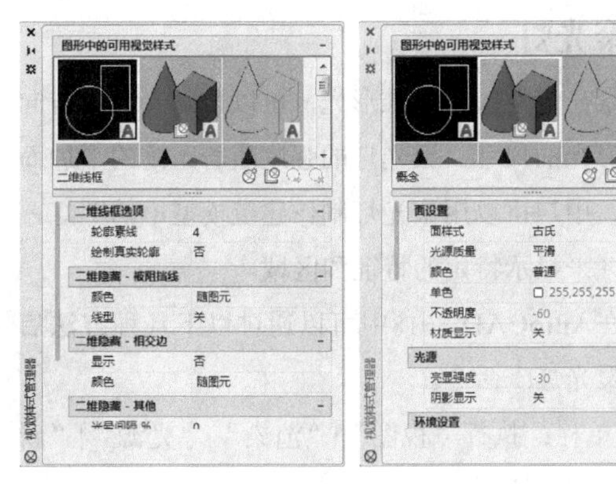

图14-106　“视觉样式管理器”选项板　　图14-107　设置面板

14.8　三维模型的渲染

渲染是指为三维模型对象上加上颜色、材质灯光、背景、场景等因素的操作，能够更真实地表现图形的外观和纹理。渲染是输出图形的关键步骤，在效果图的设计中尤其重要。

14.8.1　设置材质

为了给渲染提供更多的真实效果，可以在模型的表面应用材质，如地板和塑料等，也可以在渲染时将材质贴到对象上。

在AutoCAD 2018中可以通过以下几种方法启动“材质”命令。

- 菜单栏：执行“视图”|“渲染”|“材质浏览器”命令。
- 命令行：在命令行中输入RMAT命令。
- 功能区：在“可视化”选项卡中，单击“材质”面板中的“材质浏览器”按钮材质浏览器。

执行以上任一命令，均可以打开“材质浏览器”选项板，如图14-108所示，该选项板中包含了多种材质，用户可以直接调用。用户在选择模型对象后，在“材质浏览器”选项板中选择合适的材质，单击鼠标右键，在弹出的快捷菜单中，选择“指定给当前选择”命令，即可为选择的模型赋予指定的材质。

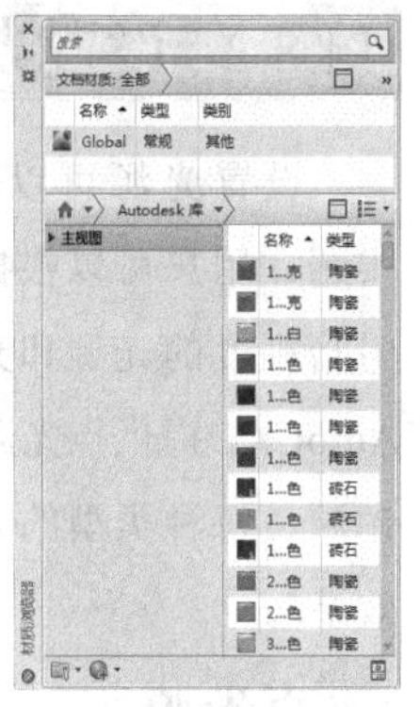

图14-108　“材质浏览器”选项板

在“材质浏览器”选项板中，各常用选项的含义如下。

- “搜索”文本框：在该文本框中输入相应的名称，可以在多个库中搜索材质。
- “文档材质：全部”面板：显示文档中应用的材质。
- “库”面板：列出当前可用的材质库中的材质类别。
- “更改您的视图”按钮：单击该按钮，可以看到用于过滤和显示材质列表的选项。
- “在文档中创建新材质”按钮：单击该按钮，可以创建新材质。
- “Autodesk库”列表框：由Autodesk提供的材质库，以供所有应用程序使用。
- “材质编辑器”按钮：单击该按钮，可以打开“材质编辑器”选项板，如图14-109所示，在打开的选项板中，可以对所选材质的细节进行编辑。

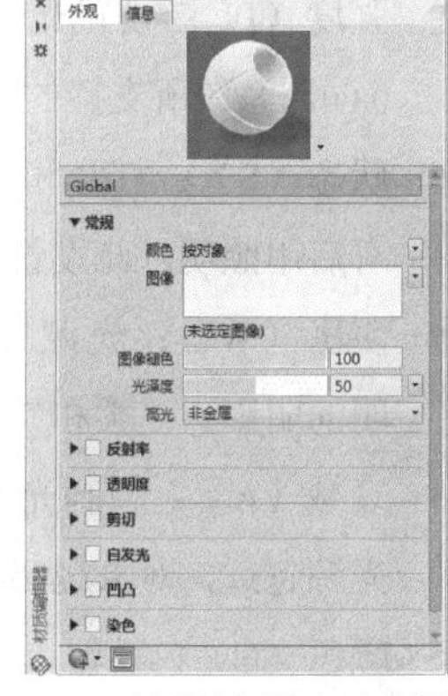

图14-109　“材质编辑器”选项板

14.8.2 设置光源

设置光源可以使渲染的实体模型更具有真实感。用户可以根据需要设置影响实体模型表面明暗程度的光源和光的强度，以产生阴影效果。AutoCAD提供点光源、聚光灯和平行光3种类型的光源，每种类型的光源都会在图形中产生不同的效果。

1. 点光源

点光源从其所在的位置向四周发射光线，它不以一个对象为照明目标，使用点光源可以达到基本的照明效果。

在AutoCAD 2018中可以通过以下几种方法启动“点光源”命令。

- 菜单栏：执行“视图”|“渲染”|“光源”|“新建点光源”命令。
- 命令行：在命令行中输入POINTLIGHT命令。
- 功能区：在“可视化”选项卡中，单击“光源”面板中的“点”按钮。

使用以上任意一种方法启动“点光源”命令后，命令行提示如下。

```
命令:pointlight↙            //调用“点光源”命令
指定源位置<0,0,0>:          //指定点光源位置
输入要更改的选项[名称(N)/强度(I)/状态(S)/阴影(W)/
衰减(A)/颜色(C)/退出(X)]<退出>:   //更改点光源参数
```

其命令行中各选项的含义如下。

- 名称（N）：定义点光源名称。
- 强度（I）：设置光源的强度和亮度，范围为从0.00到系统所支持的最大值。
- 状态（S）：打开和关闭点光源，如果图形中没有启用照明，此设置不会生效。
- 阴影（W）：光源投射阴影，“锐化”显示鲜明的阴影，“柔和”显示柔和的真实阴影。
- 衰减（A）：控制光线强度随着距离衰减，离点光源越远，对象越暗。
- 颜色（C）：设置点光源颜色。

2. 聚光灯

聚光灯发射定向锥形光，可以控制光源的方向和锥形光的尺寸。聚光灯的强度随着距离的增加而减弱。用户可以用聚光灯制作建筑模型中的壁灯、高射灯来显示特定的特征和区域。

在AutoCAD 2018中可以通过以下几种方法启动“聚光灯”命令。

- 菜单栏：执行“视图”|“渲染”|“光源”|“新建聚光灯”命令。
- 命令行：在命令行中输入SPOTLIGHT命令。
- 功能区：在“可视化”选项卡中，单击“光源”面板中的“聚光灯”按钮。

使用以上任意一种方法启动“聚光灯”命令后，命令行提示如下。

```
命令:spotlight↙            //调用“聚光灯”命令
指定源位置<0,0,0>:          //指定源位置
指定目标位置<0,0,-10>:      //指定目标位置
输入要更改的选项[名称(N)/强度(I)/状态(S)/聚光角
(H)/照射角(F)/阴影(W)/衰减(A)/颜色(C)/退出(X)]<退出>:
                           //更改聚光灯参数
```

3. 平行光

平行光可以在一个方向上发射平行的光线，就像太阳光照射在地球表面上一样。平行光主要用于模拟太阳光的照射效果。

在AutoCAD 2018中可以通过以下几种方法启动“平行光”命令。

- 菜单栏：执行“视图”|“渲染”|“光源”|“新建平行光”命令。
- 命令行：在命令行中输入DISTANTLIGHT命令。
- 功能区：在“可视化”选项卡中，单击“光源”面板中的“平行光”按钮。

使用以上任意一种方法启动“平行光”命令后，命令行提示如下。

```
命令:distantlight↙          //调用“平行光”命令
指定光源来向<0,0,0>或[矢量(V)]:
                            //指定光源来向的点位置
指定光源去向<1,1,1>:        //指定光源去向的点位置
输入要更改的选项[名称(N)/强度(I)/状态(S)/阴影(W)/
颜色(C)/退出(X)]<退出>:     //更改平行光参数
```

14.8.3 设置贴图

将贴图添加到材质中后，用户可以通过修改相关的贴图特性来优化材质，也可以通过使用贴图控件来调整贴图的特性。

在AutoCAD 2018中可以通过以下几种方法启动“贴图”命令。

- 菜单栏：执行“视图”|“渲染”|“贴图”命令。
- 命令行：在命令行中输入MATERIALMAP命令。
- 功能区：在“可视化”选项卡中，单击“材质”面板中的“材质贴图”按钮。

使用以上任意一种方法均可启动“贴图”命令。

在图14-110中，选择最上方的表面为需要设置贴图的面，对其进行贴图操作。执行“贴图”命令后，其命令行提示如下。

图14-110　贴图的前后效果对比图

```
命令:MATERIALMAP↙
            //调用“贴图”命令
选择选项[长方体(B)/平面(P)/球面(S)/柱面(C)/复制贴
图至(Y)/重置贴图(R)]<长方体>:
            //保持默认选项
选择面或对象:找到1个
            //选择最上方的表面
选择面或对象:
接受贴图或[移动(M)/旋转(R)/重置(T)/切换贴图模式
(W)]:
            //按Enter键结束
```

其命令行中，各常用选项的含义如下。

- 长方体：将图像映射到类似长方体的实体上，即长方形的贴图形状，该图像将在对象的每个面上重复使用。
- 平面：将图像映射到对象上，就像将其通过幻灯片投影器投影到二维曲面上一样，图像不会失真，但是会被缩放以适应对象。该贴图常用于面。
- 球面：在水平和垂直两个方向上同时使图像弯曲。纹理贴图的顶边在球体的“北极”会被压缩为一个点；同样，底边在“南极”也会被压缩为一个点。
- 柱面：将图像映射到圆柱体对象上，水平边将一起弯曲，但顶边和底边不会弯曲，图像的高度将沿圆柱体的轴进行缩放。
- 复制至贴图：将原始对象或面上的贴图应用于选定对象。
- 重置贴图：将UV坐标重置为贴图的默认坐标。

14.8.4 渲染效果图

使用“渲染”命令，可以增强模型的真实感。

在AutoCAD 2018中可以通过以下几种方法启动“渲染”命令。

- 菜单栏：执行“视图”|“渲染”|“渲染”命令。
- 命令行：在命令行中输入RENDER命令。
- 功能区：在“可视化”选项卡中，单击“渲

染”面板中的“渲染到尺寸”按钮。

执行以上任一命令，均可以对模型进行渲染。

14.8.5 课堂实例——渲染梳子模型

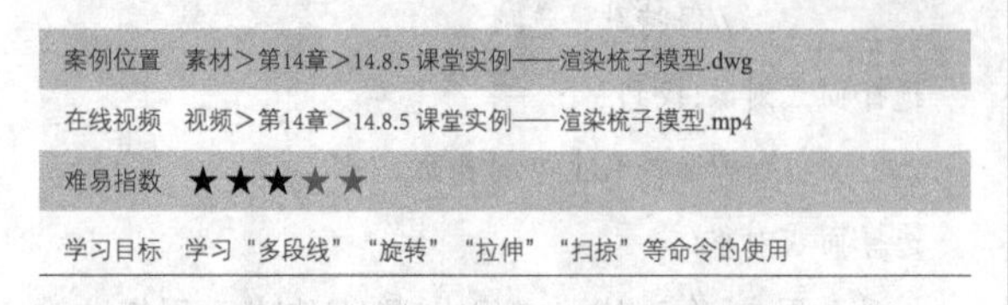

案例位置	素材>第14章>14.8.5 课堂实例——渲染梳子模型.dwg
在线视频	视频>第14章>14.8.5 课堂实例——渲染梳子模型.mp4
难易指数	★★★★★
学习目标	学习“多段线”“旋转”“拉伸”“扫掠”等命令的使用

01 打开文件。单击快速访问工具栏中的“打开”按钮，打开本书素材中的“第14章\14.8.5 课堂实例——渲染梳子模型.dwg”素材文件，如图14-111所示。

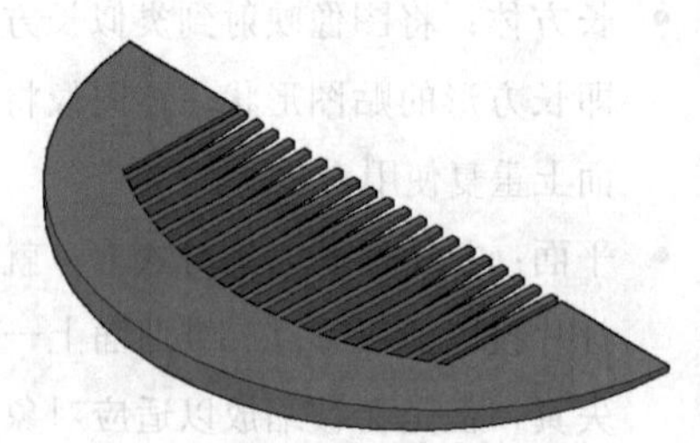

图14-111　素材文件

02 添加材质。调用RMAT“材质浏览器”命令，打开“材质浏览器”选项板，在“材质”下拉列表框中，选择“白蜡木-苦杏酒色”材质，将其添加至“文档材质：全部”下拉列表框，如图14-112所示。

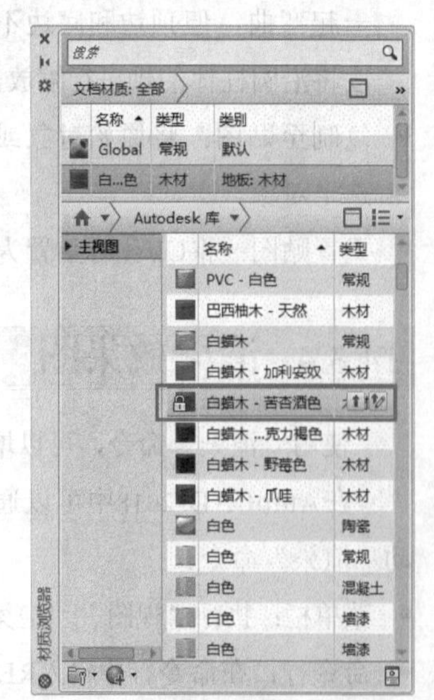

图14-112　“材质浏览器”选项板

03 选择选项。在绘图区中，选择梳子模型，在“材质浏览器”选项板中，在“白蜡木-苦杏酒色”材质上单击鼠标右键，打开快捷菜单，选择“指定给当前选择”命令，如图14-113所示。

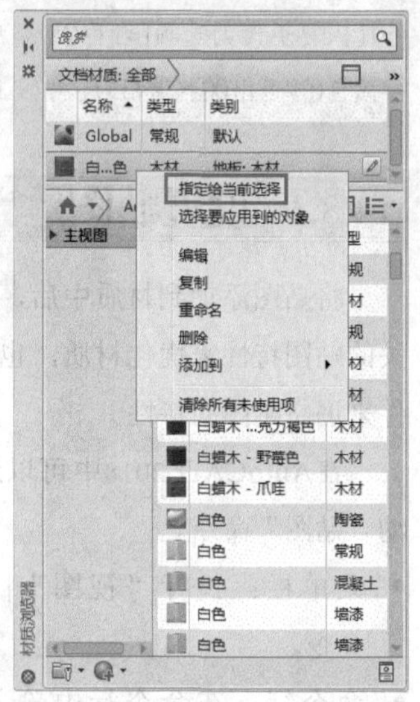

图14-113　快捷菜单

04 应用材质。选择后即可将选择的材质应用到材质中，并以“真实”视觉样式显示模型，如图14-114所示。

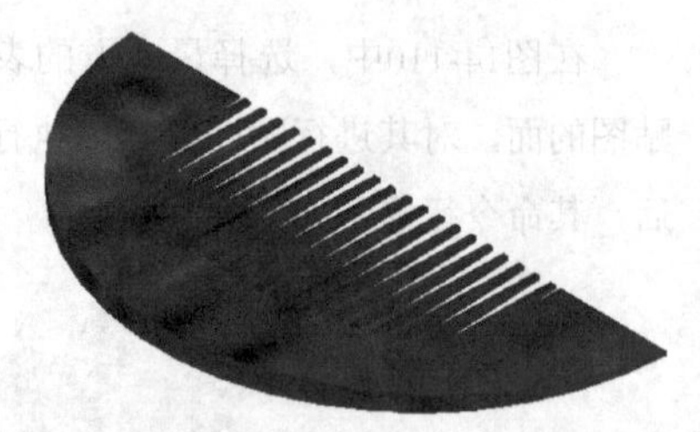

图14-114　应用材质

05 设置贴图。调用MATERIALMAP“贴图”命令，为梳子模型添加“球面”贴图，如图14-115所示。

图14-115　设置贴图后的效果

06 打开对话框。调用RENDER“渲染”命令，打开“未安装Autodesk材质库-中等质量图像库”对话框，如图14-116所示。

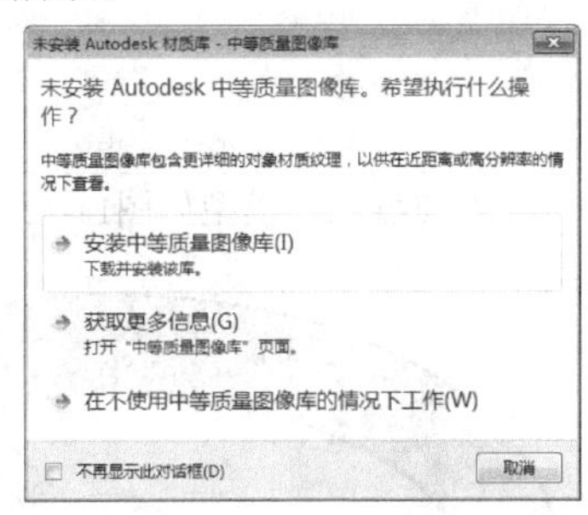

图14-116　“未安装Autodesk材质库-中等质量图像库”对话框

07 渲染模型。单击“在不使用中等质量图像库的情况下工作”按钮，打开“渲染”窗口，渲染模型，其渲染效果如图14-117所示。

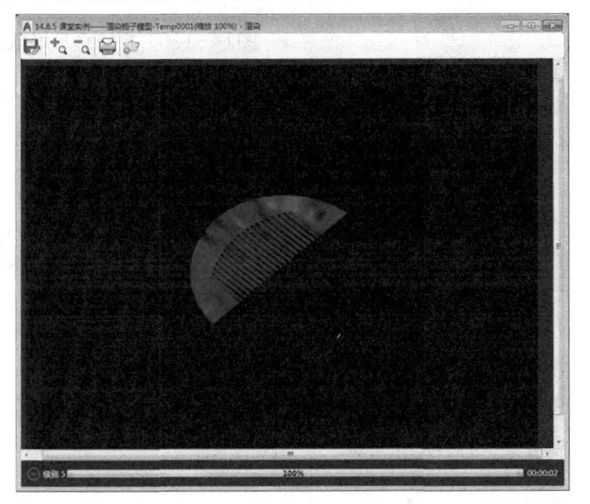

图14-117　渲染效果

14.9　三维动态观察器的使用

使用“动态观察”命令可以在当前视口中创建一个三维视图，用户可以使用鼠标实时控制和改变视图，以得到不同的观察效果。

在AutoCAD 2018中可以通过以下几种方法启动“动态观察”命令。

- 菜单栏：执行“视图”|“动态观察”命令。
- 命令行：在命令行中输入3DORBIT命令。
- 功能区：在“视图”选项卡中，单击“导航”面板中“动态观察”下拉列表。
- 导航栏：单击导航栏中的“动态观察”按钮。

在图14-118中，在命令行中输入3DORBIT命令并按Enter键，即可对绘图区中的模型进行动态观察，其命令行提示如下。

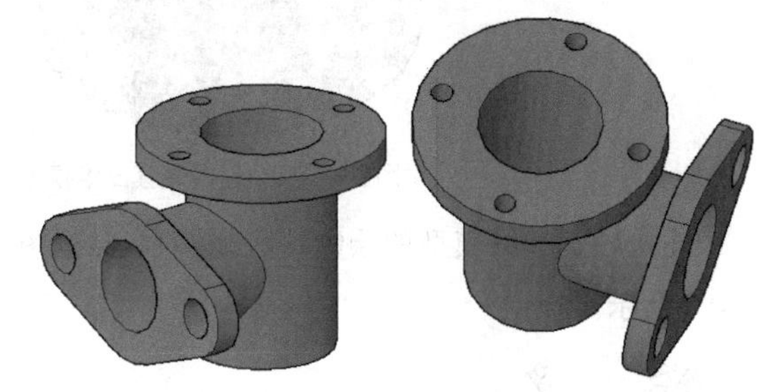

图14-118　动态观察的前后效果对比图

```
命令:HIDE↙        //调用“消隐”命令
正在重生成模型。
```

14.10　本章小结

在AutoCAD中可以用3种方式来创建三维模型，即曲面建模、网格建模和实体建模。在前面的章节中讲解了曲面建模和网格建模的操作方法，因此本章重点讲解了实体建模的操作方法。通过学习本章讲解的三维实体的编辑，布尔运算的应用，倒角边、圆角边与三维实体表面的编辑操作等内容，读者可以快速掌握三维模型的创建方法，从而创建出更多的机械和建筑模型。

14.11　课后习题

本节通过具体的实例练习三维模型的绘制与编辑方法。

14.11.1　创建连接套轴三维模型

案例位置	素材>第14章>14.11.1 创建连接套轴三维模型.dwg
在线视频	视频>第14章>14.11.1 创建连接套轴三维模型.mp4
难易指数	★★★★★
学习目标	学习“圆”“拉伸”“差集”“环形阵列”等命令的使用

连接轴套三维模型如图14-119所示。

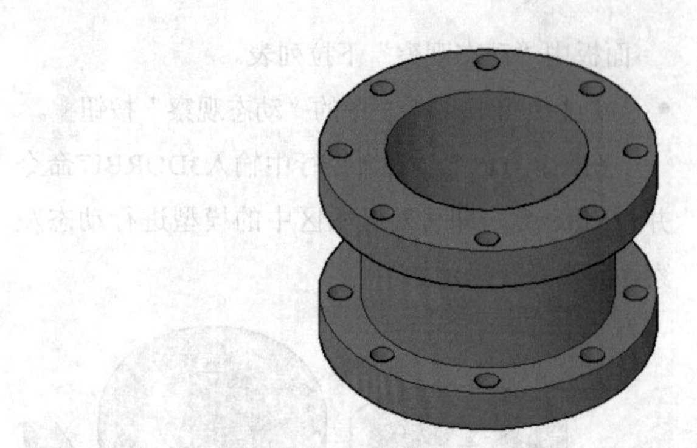

图14-119 连接轴套三维模型

连接轴套三维模型的绘制流程如图14-120~图14-125所示。

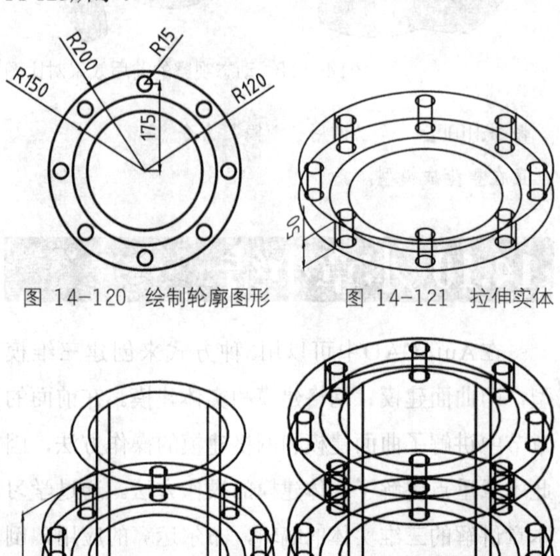

图 14-120 绘制轮廓图形　图 14-121 拉伸实体

图 14-122 拉伸实体　图 14-123 复制实体

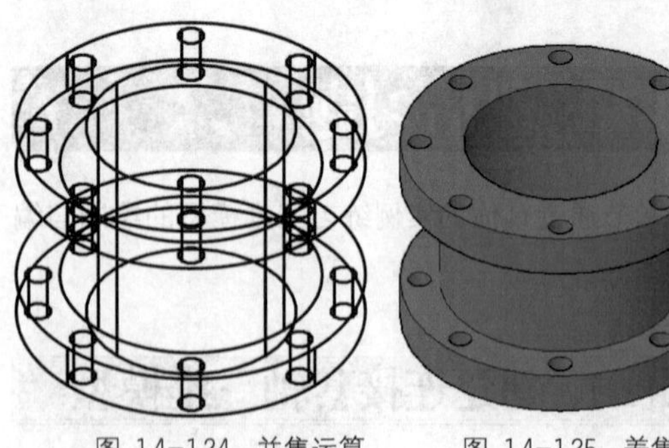

图 14-124 并集运算　图 14-125 差集运算

14.11.2 创建方向盘三维模型

案例位置	素材>第14章>14.11.2 创建方向盘三维模型.dwg
在线视频	视频>第14章>14.11.2 创建方向盘三维模型.mp4
难易指数	★★★★★
学习目标	学习“圆环体”“球体”“圆柱体”“环形阵列”等命令的使用

方向盘三维模型如图14-126所示。

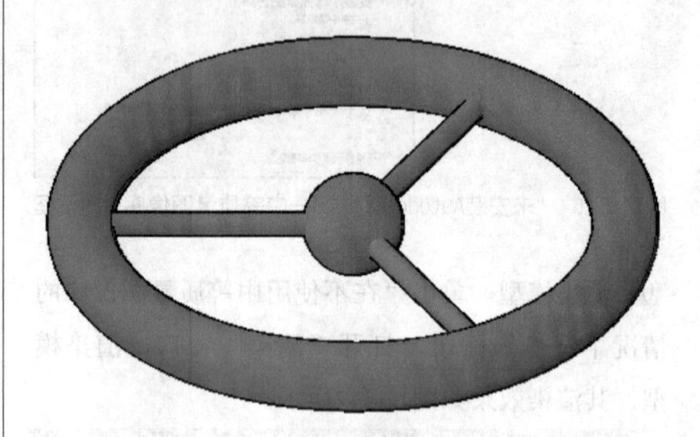

图14-126 方向盘三维模型

方向盘三维模型的绘制流程如图14-127~图14-130所示。

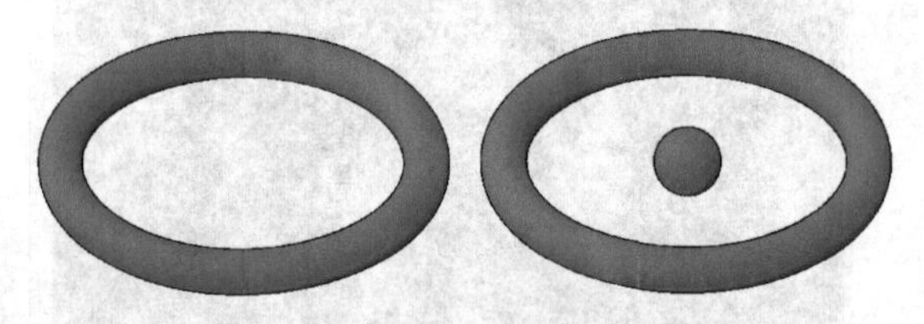

图 14-127 绘制半径为100、圆管半径为12的圆环体　图 14-128 绘制一个半径为18的球体

图14-129 绘制半径为4、高度为93的圆柱体　图 14-130 环形阵列图形

第15章

建筑设计及绘图

内容摘要

建筑是人类文明的一部分，与人的生活息息相关，而建筑设计是一项涉及了许多不同种类的学科知识的综合性工作。本章综合运用前面章节所学的知识，向读者介绍建筑图的绘制方法与技巧。

课堂学习目标

- 了解建筑设计的概念知识
- 掌握常用建筑设施图的绘制方法
- 掌握别墅设计图的绘制方法
- 掌握凉亭三维模型的创建方法

15.1 建筑设计的概念

建筑设计是指在建造建筑物之前，设计者按照建设任务，把施工和建造过程中可能存在或发生的问题，事先做好通盘的设想，拟定好解决这些问题的办法和方案，并用图纸和文件将其表达出来。它也是备料、施工组织工作和各工种在制作和建造过程中互相配合、相互协作的依据。

建筑工程图根据其内容和各工种不同可分为建筑施工图、结构施工图与设备施工图。其中，一套完整的建筑施工图又应当包含以下内容。

1. 建筑施工图首页

建筑施工图首页应包含工程名称、实际说明、图纸目录、经济技术指标、门窗统计表以及本套建施图所选用的标准图集的名称列表等内容。其中，图纸目录一般为整套图纸的目录，即建筑施工图目录、结构施工图目录、给水排水施工图目录、采暖通风施工图目录和建筑电气施工图目录。

2. 建筑总平面图

将新建工程四周一定范围内的新建、拟建、原有和拆除的建筑物、构筑物连同其周围的地形、地物状况用水平投影方法和相应的图例所画出的图样，即为总平面图。

建筑总平面图主要表示新建建筑的位置、朝向、与原有建筑物的关系，以及周围道路、绿化、给水、排水和供电条件等方面的情况，作为新建建筑施工定位、土方施工、设备管网平面布置，现场的材料、构件和配件堆放场地、构件预制的场地，以及运输道路的依据。图15-1所示为某小区建筑总平面图。

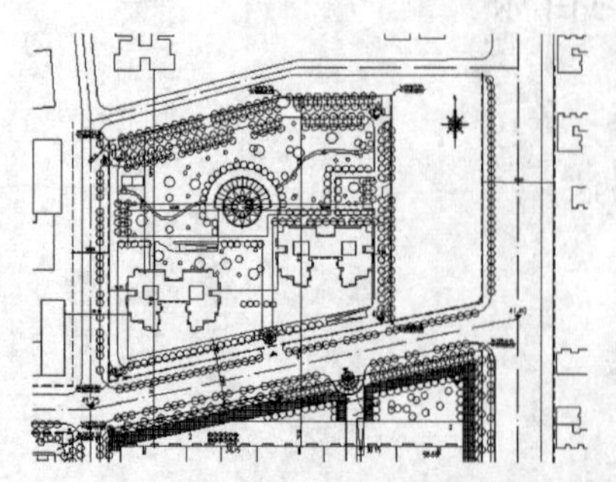

图15-1　某小区建筑总平面图

3. 建筑各层平面图

建筑平面图是假想用一水平剖切平面从建筑窗台上一点剖切建筑，移去上面的部分，向下所做的正投影图，简称平面图。

建筑平面图反映建筑物的平面形状和大小，内部布置，墙的位置、厚度和材料，门窗的位置和类型，以及交通等情况，可作为建筑施工定位、放线、砌墙、安装门窗、室内装修、编制预算的依据。

一般房屋有几层，就应有几个平面图。通常有底层平面图、标准层平面图、顶层平面图等，在平面图下方应注明相应的图名及采用的比例。

因平面图是剖面图，所以应按剖面图的图示方法绘制，即被剖切平面剖切到的墙、柱等轮廓线用粗实线表示，未被剖切到的部分，如室外台阶、散水、楼梯以及尺寸线等用细实线表示，门的开启线用中粗实线表示。图15-2所示为某商住楼标准层平面图。

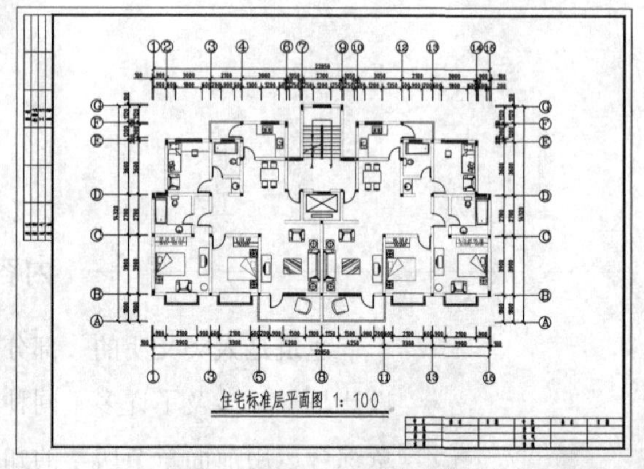

图15-2　某商住楼标准层平面图

4. 建筑立面图

在与建筑立面平行的垂直投影面上所做的正投影图称为建筑立面图，简称立面图。建筑立面图是反映建筑物的体型、门窗位置、墙面的装修材料和色调等的图样。图15-3所示为某住宅楼标准层立面图。

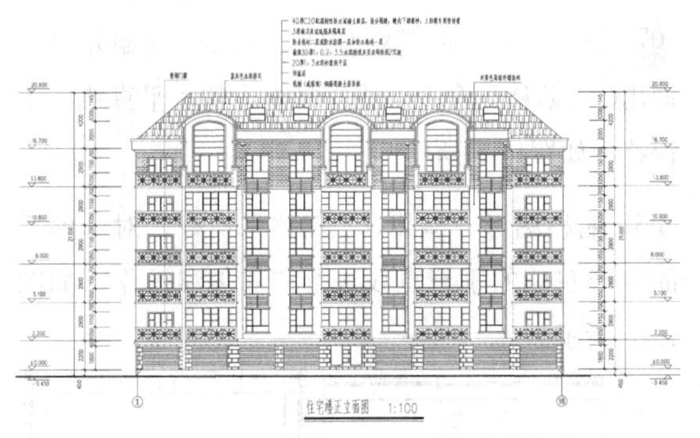

图15-3　某住宅楼标准层立面图

5. 建筑剖面图

建筑剖面图是假想用一个或一个以上垂直于外墙轴线的铅垂剖切平面剖切建筑而得到的图形，简称剖面图。图15-4所示为某别墅剖面图。

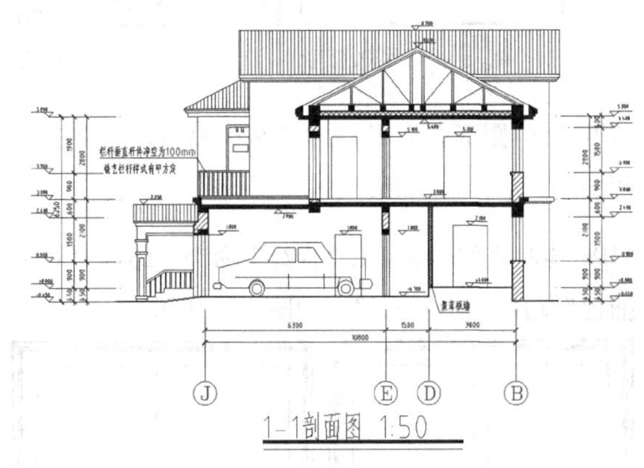

图15-4　某别墅剖面图

6. 建筑详图

建筑详图主要包括屋顶详图、楼梯详图、卫生间详图及一切非标准设计或构件的详略图。图15-5所示为楼梯踏步和栏杆详图。

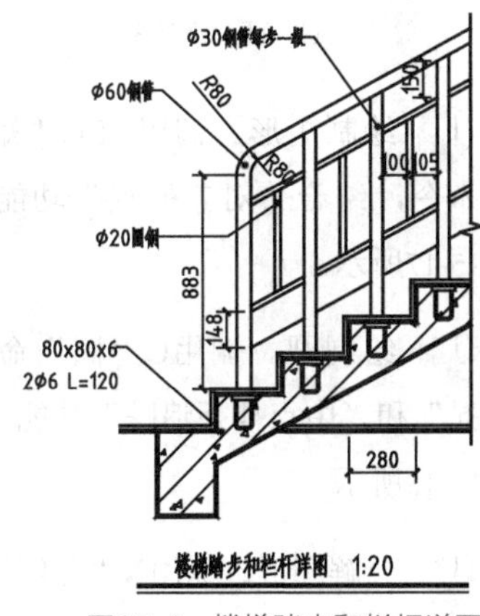

图15-5　楼梯踏步和栏杆详图

15.2　常用建筑设施图的绘制

建筑设施图在AutoCAD的建筑绘图中非常常见，如门窗、楼梯和栏杆等设施的图形。本节将详细介绍常用建筑设施图的绘制方法、技巧及相关的理论知识，包括平面图和立面图的绘制。

15.2.1　绘制双扇推拉门

推拉门在平面图中极其常见。在绘制门的立面图时，应根据实际情况绘制出门的形式，亦可添加门的开启方向线。本小节通过绘制图15-6所示的双扇推拉门，帮助读者了解双扇推拉门的绘制过程和技巧。

案例位置	素材>第15章>15.2.1 绘制双扇推拉门.dwg
在线视频	视频>第15章>15.2.1 绘制双扇推拉门.mp4
难易指数	★★★★★
学习目标	学习“矩形”“偏移”“复制”“修剪”“直线”“圆”“镜像”“填充”等命令的使用

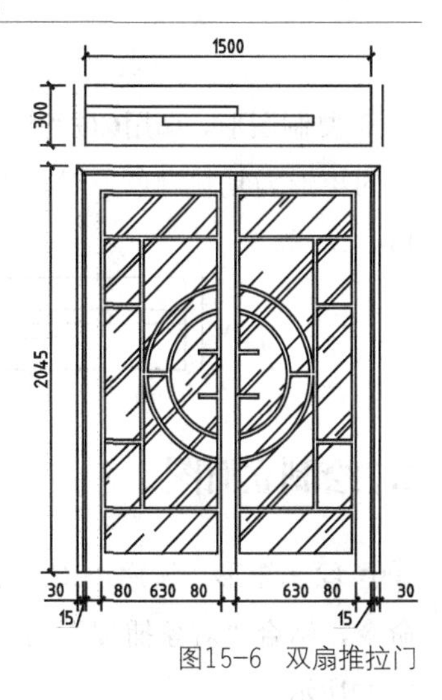

图15-6　双扇推拉门

1. 绘制平面图

01 绘制矩形。新建文件，调用REC“矩形”命令，绘制一个矩形对象，如图15-7所示。

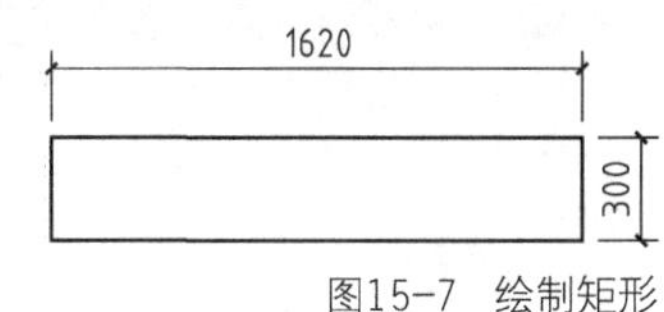

图15-7　绘制矩形

02 偏移图形。调用X“分解”命令，分解新绘制的矩形；调用O“偏移”命令，对分解后的矩形进行偏移操作，如图15-8所示。

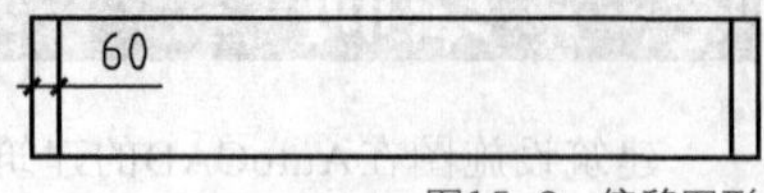

图15-8　偏移图形

03 修剪图形。调用TR“修剪”命令，修剪多余的图形，如图15-9所示。

图15-9　修剪图形

04 绘制矩形。调用REC“矩形”命令，结合“对象捕捉”功能，绘制矩形，如图15-10所示。

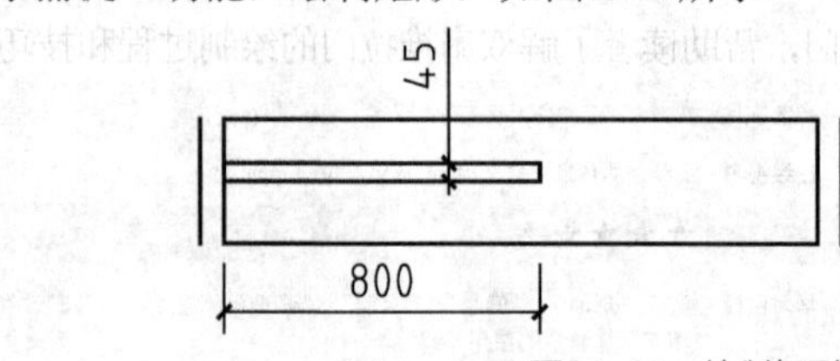

图15-10　绘制矩形

05 复制图形。调用CO“复制”命令，选择新绘制的矩形为复制对象，对其进行复制操作，如图15-11所示。

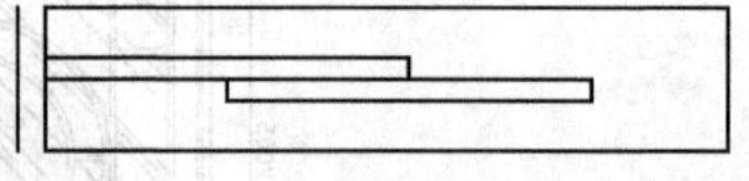

图15-11　复制图形

2. 绘制立面图

06 绘制矩形。调用REC“矩形”和M“移动”命令，结合“对象捕捉”功能，绘制矩形，如图15-12所示。

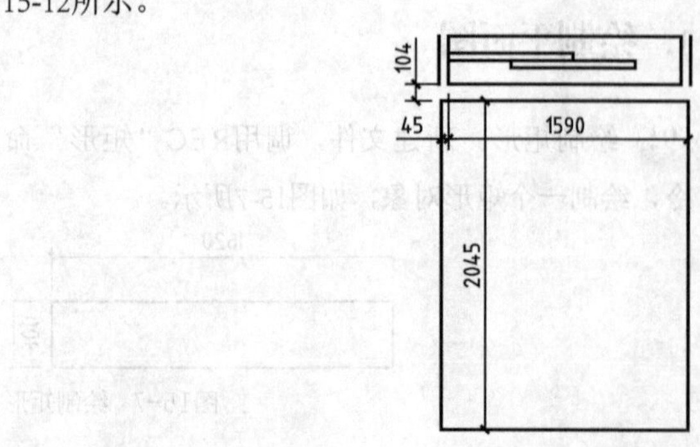

图15-12　绘制矩形

07 修改图形。调用X“分解”命令，分解矩形；调用O“偏移”命令，将矩形上方的水平直线向下偏移，如图15-13所示。

08 偏移图形。调用O“偏移”命令，对分解后的矩形左侧的垂直直线进行向右偏移操作，如图15-14所示。

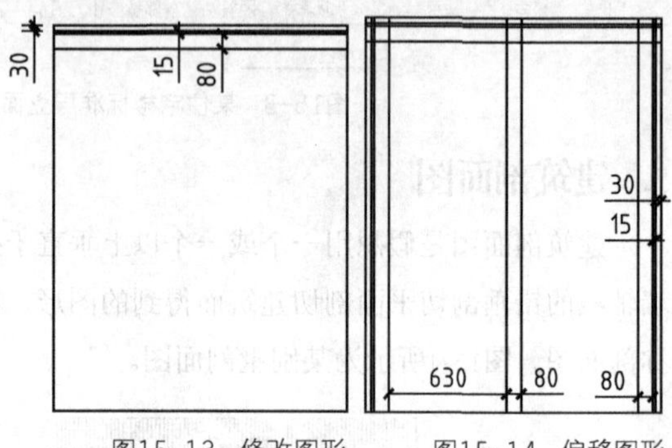

图15-13　修改图形　　图15-14　偏移图形

09 修剪图形。调用TR“修剪”命令，修剪多余的图形，如图15-15所示。

10 绘制直线。调用L“直线”命令，结合“对象捕捉”功能，绘制直线，如图15-16所示。

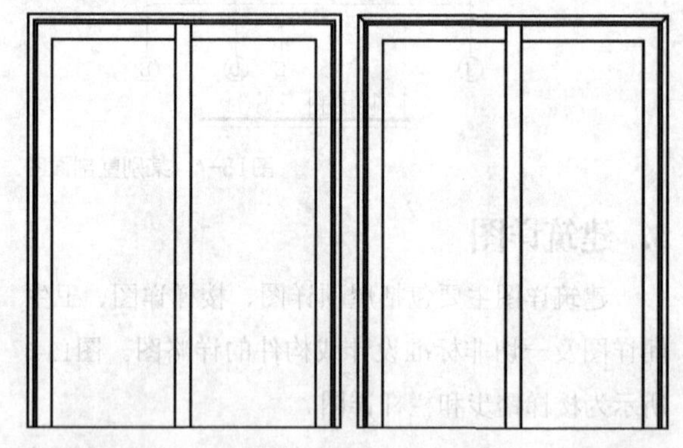

图15-15　修剪图形　　图15-16　绘制直线

11 绘制矩形。调用REC“矩形”和M“移动”命令，结合“对象捕捉”功能，绘制矩形，如图15-17所示。

12 绘制圆。调用C“圆”命令，结合“中点捕捉”和“中点捕捉追踪”功能，绘制多个圆，如图15-18所示。

13 分解图形。调用X“分解”命令，分解新绘制的矩形。

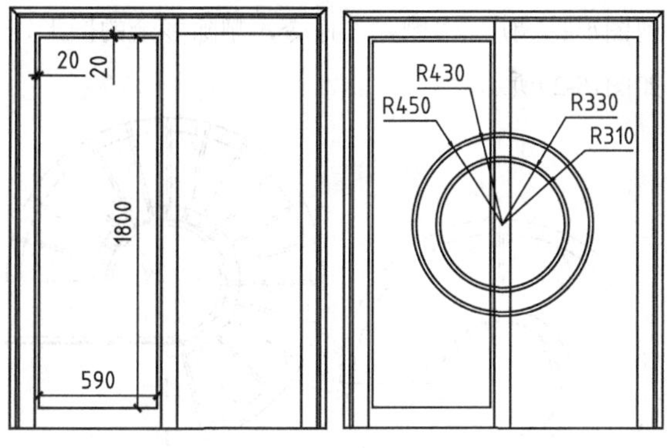

图15-17 绘制矩形　　　　图15-18 绘制圆

⑭ 偏移图形。调用O“偏移”命令，将分解后的矩形上方的水平直线向下偏移，如图15-19所示。

⑮ 偏移图形。调用O“偏移”命令，将分解后的矩形左侧的垂直直线向右偏移，如图15-20所示。

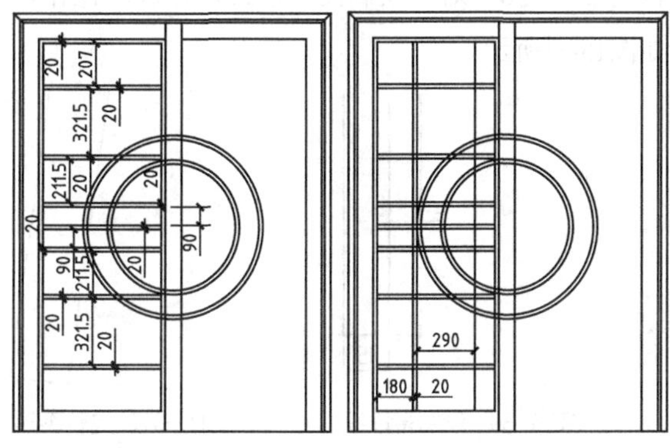

图15-19 偏移图形　　　　图15-20 偏移图形

⑯ 镜像图形。调用MI“镜像”命令，选择合适的图形，对其进行镜像操作，如图15-21所示。

图15-21 镜像图形

⑰ 修改图形。调用TR“修剪”和E“删除”命令，修剪并删除多余的图形，如图15-22所示。

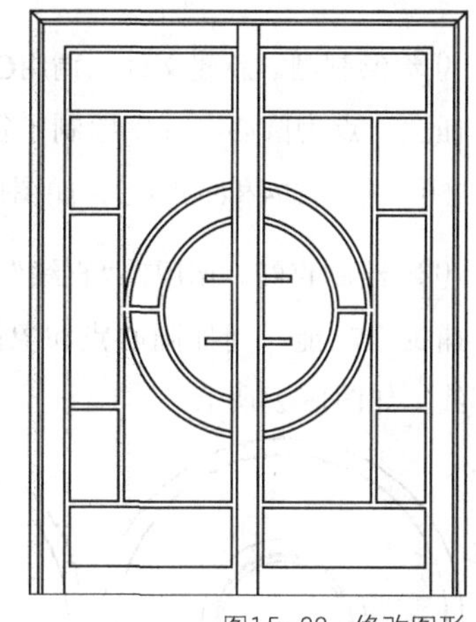

图15-22 修改图形

⑱ 填充图形。调用H“图案填充”命令，选择“AR-RROOF”图案，修改“填充图案比例”为10、“图案填充角度”为45，填充图形，得到的最终效果如图15-6所示。

15.2.2 绘制旋转楼梯

旋转楼梯通常被称为螺旋形或螺旋式楼梯，是围绕一根单柱布置的。其由于流线造型美观、典雅，节省空间而深受欢迎。本小节通过绘制图15-23所示的旋转楼梯，帮助读者了解旋转楼梯的绘制过程和技巧。

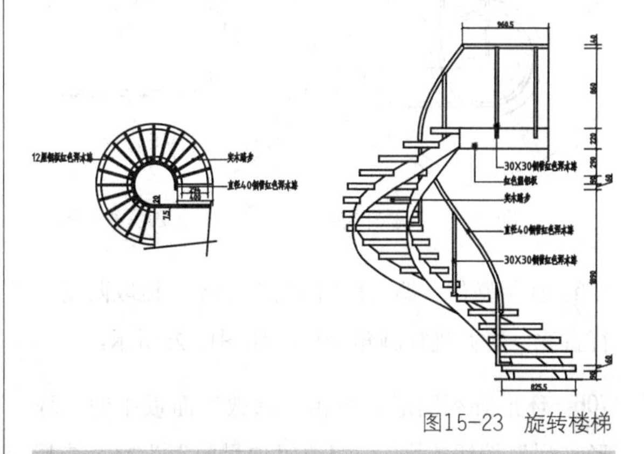

图15-23 旋转楼梯

案例位置	素材>第15章>15.2.2 绘制旋转楼梯.dwg
在线视频	视频>第15章>15.2.2 绘制旋转楼梯.mp4
难易指数	★★★★★
学习目标	学习“矩形”“偏移”“复制”“修剪”“直线”“圆”“镜像”“填充”等命令的使用

1．绘制平面图

01 绘制圆。新建文件，调用C“圆”命令，捕捉任意一点为圆心，分别绘制半径为222.5、242.5、250、300、594和650的圆，如图15-24所示。

02 绘制直线。调用L“直线”命令，结合“对象捕捉”功能，捕捉圆心点和象限点，绘制两条直线，如图15-25所示。

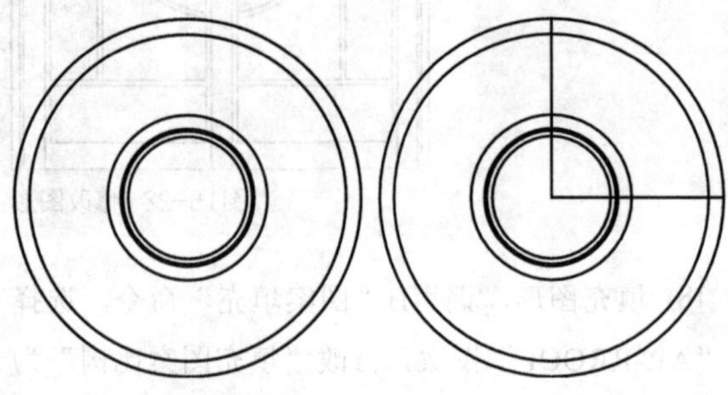

图15-24　绘制圆　　　　图15-25　绘制直线

03 偏移图形。调用O“偏移”命令，对新绘制的直线分别进行偏移操作，如图15-26所示。

04 修改图形。调用EX“延伸”命令，延伸相应的图形；调用TR“修剪”和E“删除”命令，修剪并删除多余的图形，如图15-27所示。

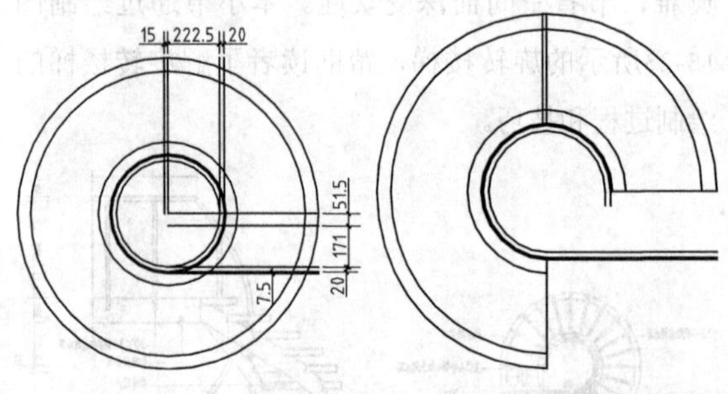

图15-26　偏移图形　　　　图15-27　修改图形

05 圆角操作。调用F“圆角”命令，拾取两条平行直线，对其进行圆角操作，如图15-28所示。

06 环形阵列图形。单击“修改”面板中的“环形阵列”按钮 阵列，修改“项目数”为24，选择合适的垂直直线为环形阵列对象，对其进行环形阵列操作。

07 修改图形。调用X“分解”命令，分解环形阵列图形；调用E“删除”命令，删除多余的图形，如图15-29所示。

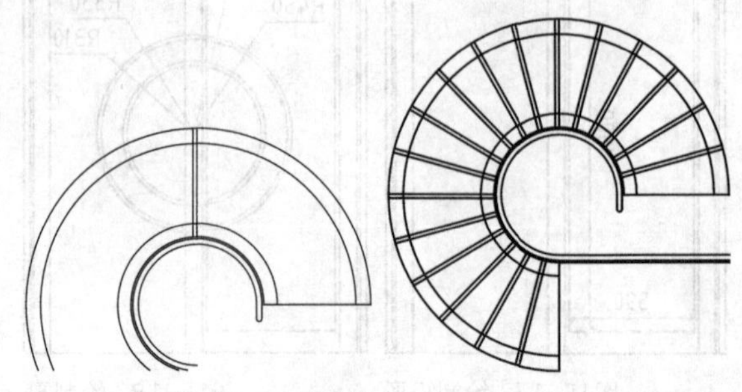

图15-28　圆角操作　　　　图15-29　环形阵列图形

08 绘制多段线。调用PL“多段线”命令，绘制一条多段线，如图15-30所示。

09 旋转图形。调用RO“旋转”命令，修改“旋转角度”为8，对新绘制的多段线进行旋转操作，如图15-31所示。

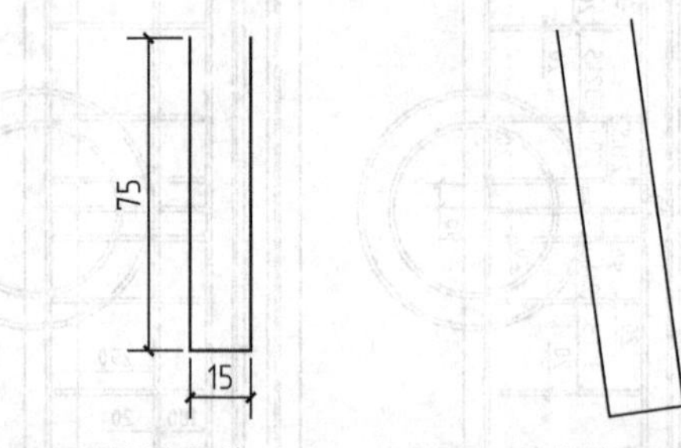

图15-30　绘制多段线　　　　图15-31　旋转图形

10 移动图形。调用M“移动”命令，结合“对象捕捉”功能，移动旋转复制后的图形，如图15-32所示。

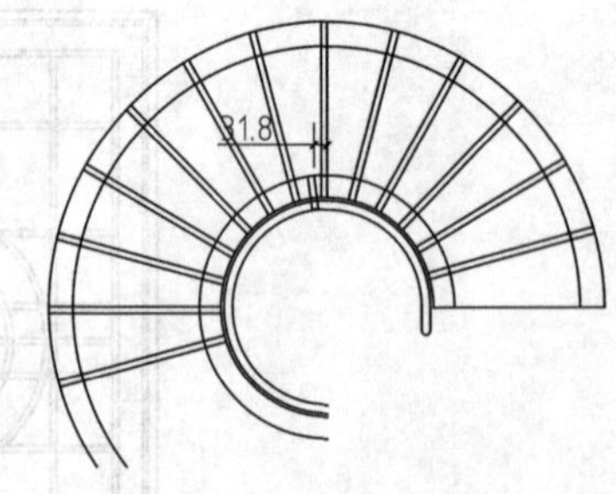

图15-32　移动图形

11 环形阵列图形。单击“修改”面板中的“环形阵列”按钮 阵列，修改“项目数”为6，选择移动后的多段线为环形阵列对象，对其进行环形阵列操作，如图15-33所示。

12 修改图形。调用X“分解”命令，分解环形阵列图形；调用E“删除”命令，删除多余的图形，如图15-34所示。

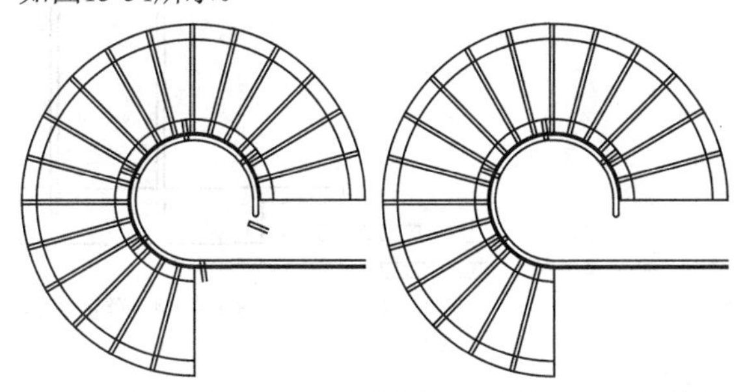

图15-33　环形阵列图形　　图15-34　修改图形

13 修改图形。调用RO“旋转”、M“移动”、CO“复制”和TR“修剪”命令，对多段线进行修改，如图15-35所示。

14 绘制直线。调用L“直线”、M“移动”和RO“旋转”命令，绘制直线。

15 修改图形。调用EX“延伸”命令，延伸多余的图形；调用TR“修剪”命令，修剪多余的图形，如图15-36所示。

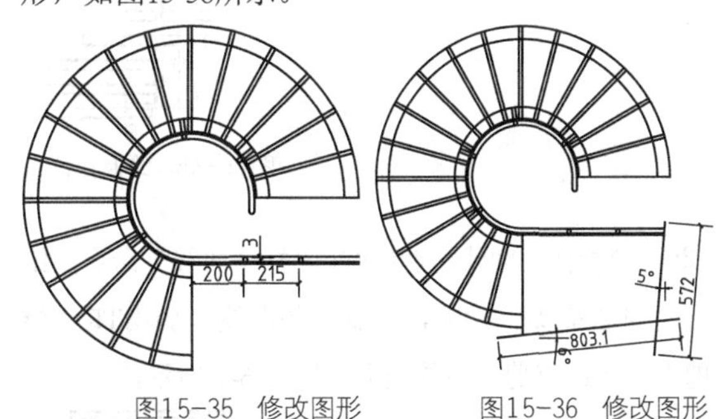

图15-35　修改图形　　图15-36　修改图形

2. 绘制立面图

立面图中包含了旋转楼梯的立面内容，即旋转楼梯的立面台阶、扶手和栏杆等图形。

16 绘制矩形。调用REC“矩形”命令，绘制一个矩形，如图15-37所示。

17 修改图形。调用X“分解”命令，分解新绘制的矩形；调用O“偏移”命令，对分解后的矩形上方的水平直线进行向下偏移操作；调用ARRAYRECT“矩形阵列”命令，修改“列数”为1、“行数”为17、“行间距”为-150，矩形阵列图形，如图15-38所示。

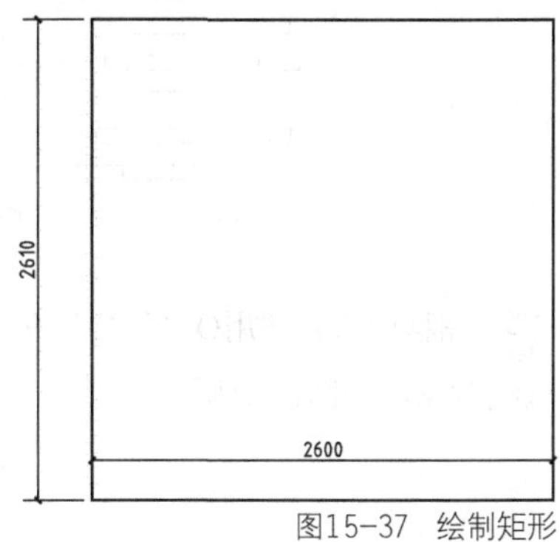

图15-37　绘制矩形

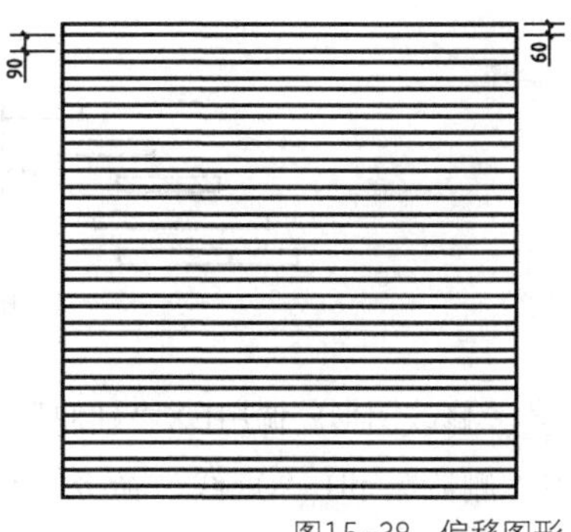

图15-38　偏移图形

18 修改图形。调用O“偏移”命令，对矩形左侧的垂直直线进行向右偏移操作；调用TR“修剪”命令，修剪多余的图形；调用E“删除”命令，删除多余的图形，其图形效果如图15-39所示。

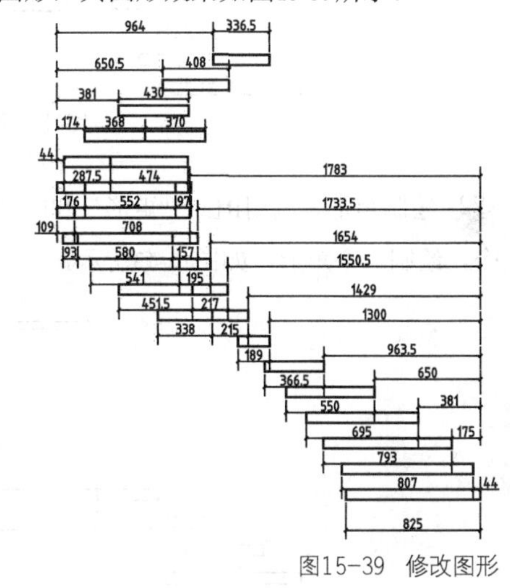

图15-39　修改图形

19 绘制直线。调用L“直线”命令，结合“对象捕捉”和“正交”功能，绘制直线，如图15-40所示。

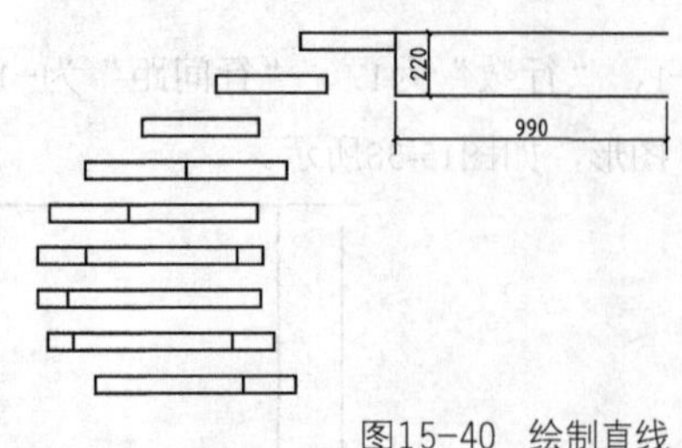

图15-40 绘制直线

20 偏移图形。调用O“偏移”命令，偏移相应的直线对象，如图15-41所示。

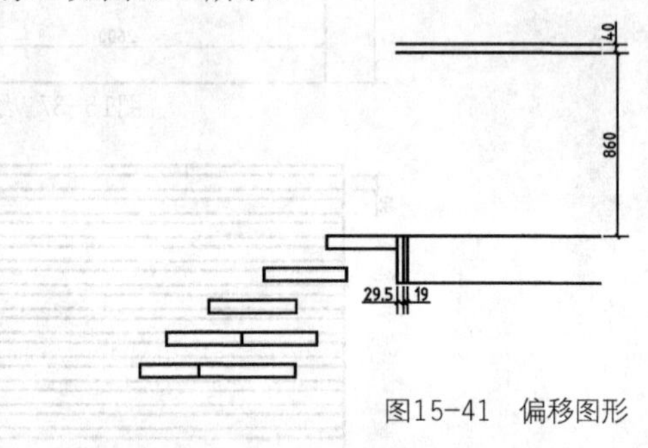

图15-41 偏移图形

21 修改图形。调用EX“延伸”、TR“修剪”、E“删除”和L“直线”命令，修改图形，如图15-42所示。

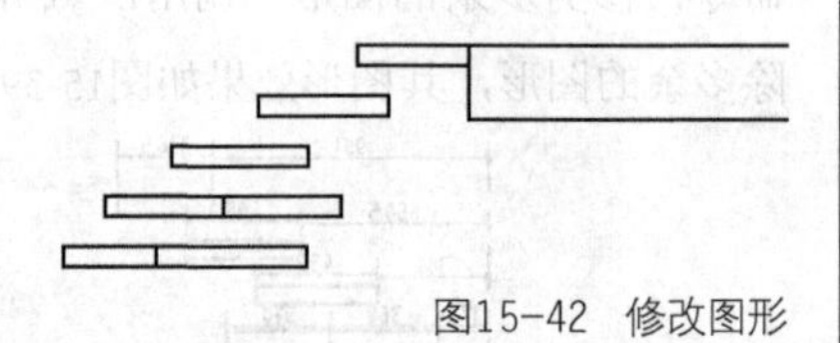

图15-42 修改图形

22 绘制矩形。调用REC“矩形”和M“移动”命令，绘制一个矩形，如图15-43所示。

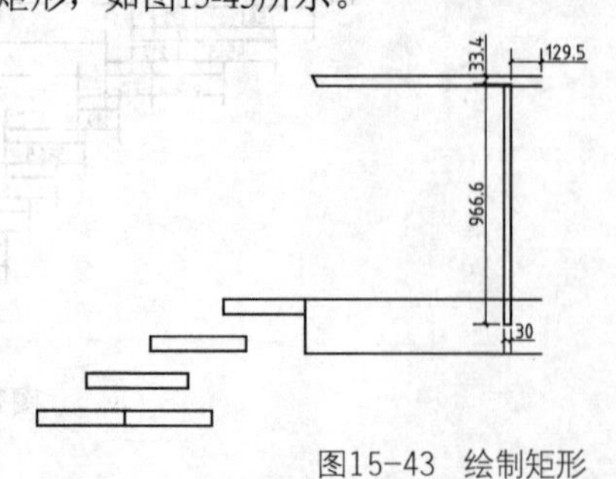

图15-43 绘制矩形

23 修改图形。调用CO“复制”命令，对新绘制的矩形进行复制操作；调用TR“修剪”命令，修剪多余的图形，如图15-44所示。

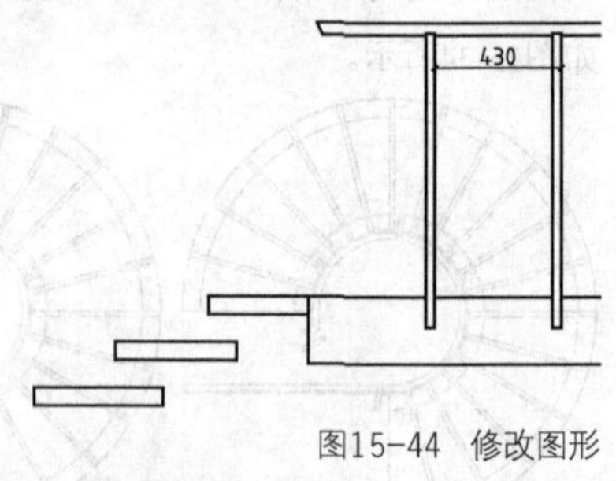

图15-44 修改图形

24 绘制多段线。调用PL“多段线”和M“移动”命令，绘制多条多段线，如图15-45所示。

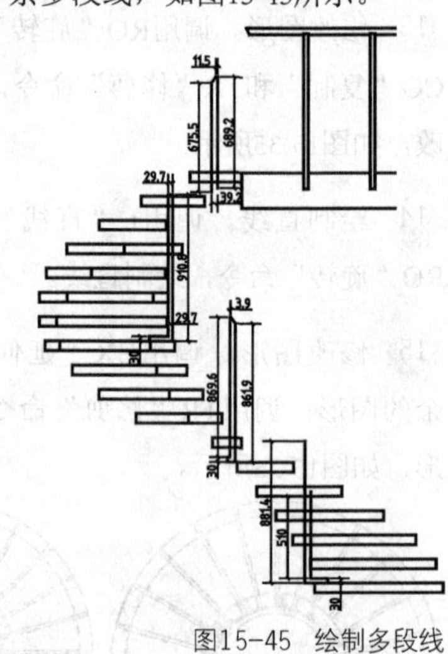

图15-45 绘制多段线

25 绘制样条曲线。调用SPL“样条曲线”命令，结合“对象捕捉”功能，绘制样条曲线；调用TR“修剪”命令，修剪多余的图形，如图15-46所示。

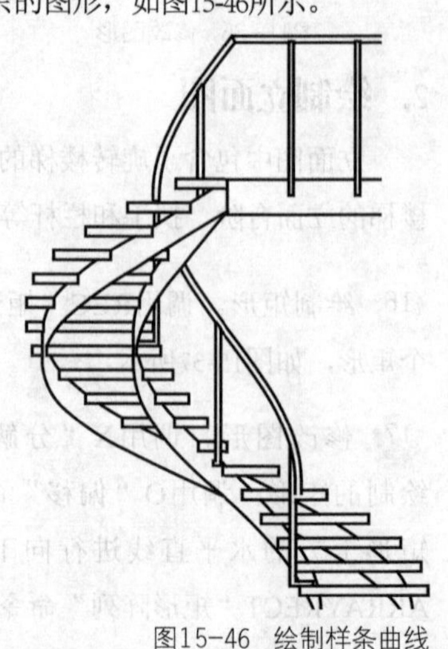

图15-46 绘制样条曲线

26 完善图形。调用L“直线”命令，绘制两条直线；调用C“圆”命令，以“两点”方式绘制圆，如图15-47所示。

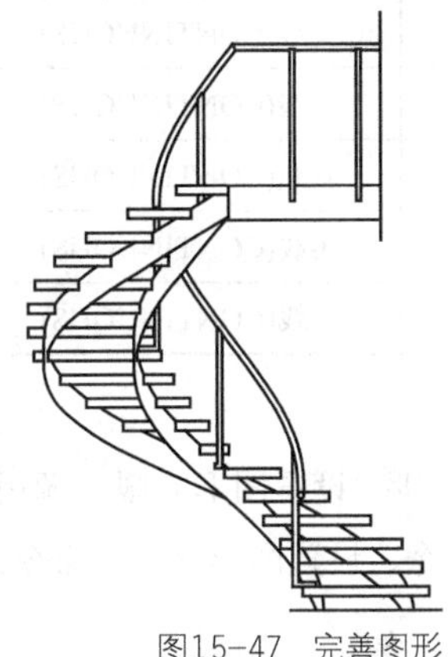

图15-47　完善图形

27 添加多重引线。调用MLD“多重引线”命令和DLI“线性标注”命令，为旋转楼梯图形添加多重引线和尺寸标注，得到的最终效果如图15-23所示。

15.3 别墅设计图的绘制

别墅设计图在外观设计上力求以全新的景观设计手法塑造出生态效益、环境效益和社会效益兼备的居住之地，使其散发出浓郁的地域文化和历史文化气息，在内部结构上也要体现出各种各样的装修风格。本节将详细介绍常见别墅设计图的绘制方法，包括平面、立面及剖面图的绘制。

15.3.1 绘制别墅首层平面图

别墅的首层平面图用于展示第一层房间的布置、建筑入口、门厅及楼梯、一层门窗及尺寸等。本小节通过绘制图15-48所示的别墅首层平面图，以帮助读者了解别墅首层平面图的绘制过程和技巧。

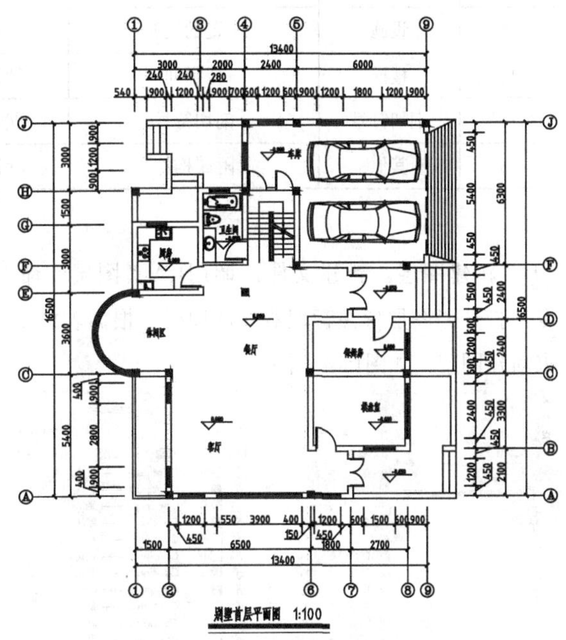

图15-48　别墅首层平面图

案例位置　素材>第15章>15.3.1 绘制别墅首层平面图.dwg

在线视频　视频>第15章>15.3.1 绘制别墅首层平面图.mp4

难易指数　★★★★★

学习目标　学习“直线”“偏移”“多线”“修剪”“删除”“圆弧”“插入”“文字”等命令的使用

1. 设置绘图环境

由图15-48可知，该住宅首层平面图主要由轴线、门窗、墙体、楼梯、设施、文本标注、尺寸标注等元素组成，因此在绘制平面图时，应建立表15-1所示。

表15-1　图层设置

序号	图层名	描述内容	线宽	线型	颜色	打印属性
1	轴线	定位轴线	默认	点划线(ACAD_ISOO4W100)	红色	不打印
2	墙体	墙体	0.30mm	实线(CONTINUOUS)	黑色	打印
3	柱子	墙柱	默认	实线(CONTINUOUS)	8色	打印
4	轴线编号	轴线圆	默认	实线(CONTINUOUS)	绿色	打印
5	散水	散水	默认	实线(CONTINUOUS)	洋红色	打印
6	门窗	门窗	默认	实线(CONTINUOUS)	绿色	打印

（续表）

序号	图层名	描述内容	线宽	线型	颜色	打印属性
7	尺寸标注	尺寸标注	默认	实线(CONTINUOUS)	蓝色	打印
8	文字标注	图内文字、图名、比例	默认	实线(CONTINUOUS)	蓝色	打印
9	标高	标高文字及符号	默认	实线(CONTINUOUS)	黑色	打印
10	设施	布置的设施	默认	实线(CONTINUOUS)	44色	打印
11	楼梯	楼梯间	默认	实线(CONTINUOUS)	134色	打印
12	剖切符号	剖切符号	默认	实线(CONTINUOUS)	青色	打印
13	其他	附属构件	默认	实线(CONTINUOUS)	黑色	打印

01 新建图层。新建文件，调用LA“图层”命令，打开“图层特性管理器”选项板，根据表15-1来新建图层，如图15-49所示。

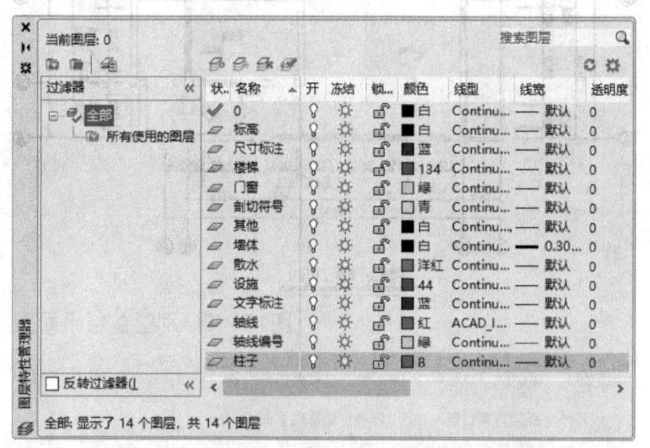

图15-49 “图层特性管理器”选项板

02 修改线型比例。调用LINETYPE“线型管理器”命令，打开“线型管理器”对话框，单击“显示细节”按钮，打开细节选项组，设置“全局比例因子”为100，如图15-50所示，然后单击“确定”按钮。

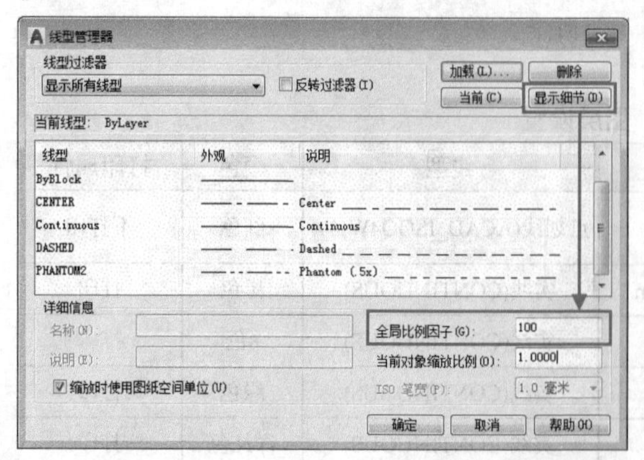

图15-50 “线型管理器”对话框

03 设置图形界限。调用LIMITS“图形界限”命令，设置图形界限。命令行提示如下。

```
命令: LIMITS↙                //调用“图形界限”命令
重新设置模型空间界限:
指定左下角点或 [开(ON)/关(OFF)] <0.0,0.0>:
                             //按Enter键确定
指定右上角点 <420.0,297.0>: 59400,42000↙
                             //指定界限，按Enter键确定
```

04 缩放图形。调用Z“缩放”命令，根据命令行提示，输入“A”，使输入的图形界限区域全部显示在图形窗口内。

05 修改参数。调用ST“文字样式”命令，打开“文字样式”对话框，单击“新建”按钮，新建“文字说明”样式，并修改各参数，如图15-51所示。

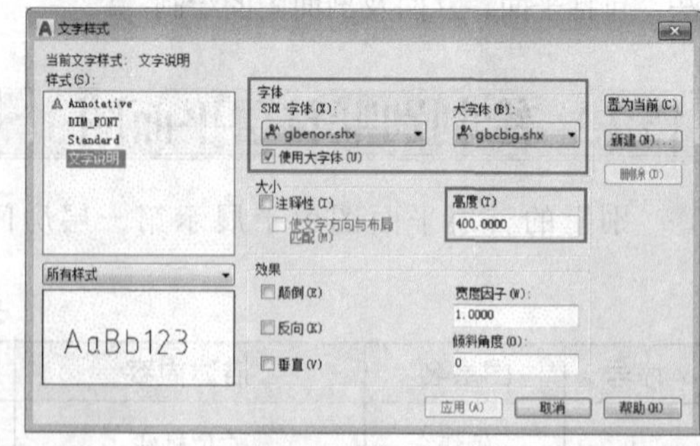

图15-51 “文字样式”对话框

06 创建文字样式。用同样的方法，新建“轴号”样式，并修改各参数，如图15-52所示，将“文字说明”样式设为当前样式，单击“关闭”按钮，关闭对话框。

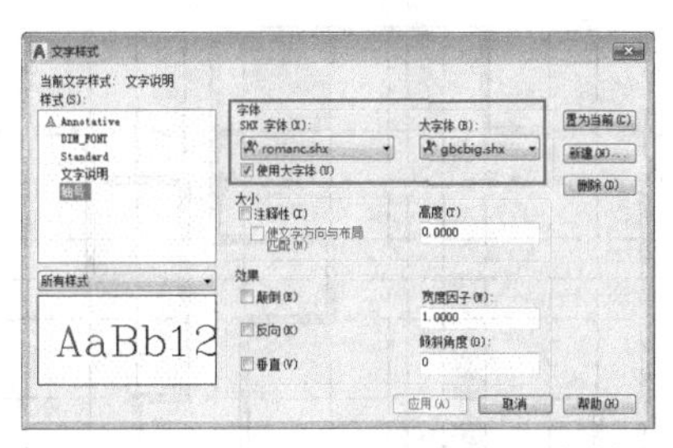

图15-52 创建文字样式

07 单击按钮。调用D“标注样式”命令，打开“标注样式管理器”对话框，单击“新建”按钮，如图15-53所示。

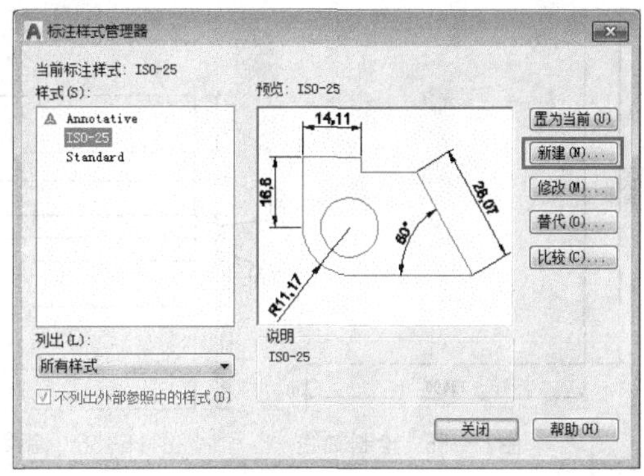

图15-53 “标注样式管理器”对话框

08 修改名称。打开“创建新标注样式”对话框，修改“新样式名”为“建筑标注”，如图15-54所示。

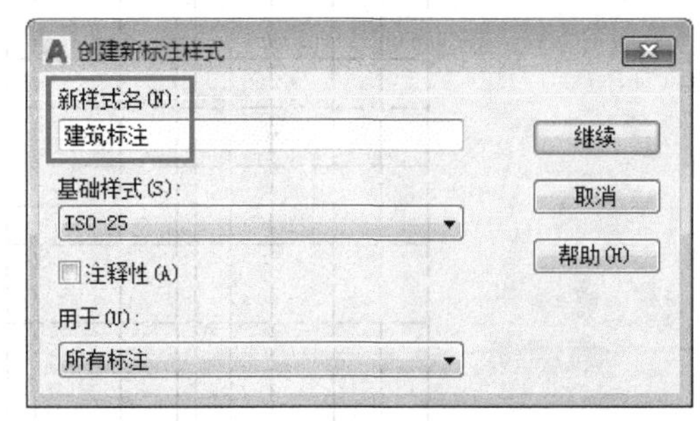

图15-54 “创建新标注样式”对话框

09 修改参数。单击“继续”按钮，打开“新建标注样式：建筑标注”对话框，依次在各个选项卡中修改对应的参数，如表15-2所示。

表15-2 “建筑标注”样式的参数设置

“线”选项卡	“符号和箭头”选项卡	“文字”选项卡	“调整”选项卡
尺寸线 颜色(C): ByBlock 线型(L): ByBlock 线宽(G): ByBlock 超出标记(N): 0 基线间距(A): 3.75 隐藏: 尺寸线1(M) 尺寸线2(D) 超出尺寸线(X): 2.5 起点偏移量(F): 2.5 固定长度的尺寸界线(O) 长度(E): 1	箭头 第一个(T): 建筑标记 第二个(D): 建筑标记 引线(L): 实心闭合 箭头大小(I): 2	文字外观 文字样式(Y): 文字说明 文字颜色(C): ByBlock 填充颜色(L): 无 文字高度(T): 3.5 分数高度比例(H): 1 绘制文字边框(F) 文字位置 垂直(V): 上 水平(Z): 居中 观察方向(D): 从左到右 从尺寸线偏移(O): 1 文字对齐(A) 水平 与尺寸线对齐 ISO 标准	标注特征比例 注释性(A) 将标注缩放到布局 使用全局比例(S): 100

10 保存模板。单击快速访问工具栏中的“保存”按钮，将其保存为“建筑绘图模板.dwt”文件。

2. 绘制定位轴线

11 绘制轴线。将“轴线”图层设为当前图层，调用L“直线”命令，结合“正交”功能，绘制轴线，如图15-55所示。

12 偏移图形。调用O“偏移”命令，对新绘制的水平直线进行向上偏移操作，如图15-56所示。

13 偏移图形。调用O“偏移”命令，对新绘制的垂直直线进行向右偏移操作，如图15-57所示。

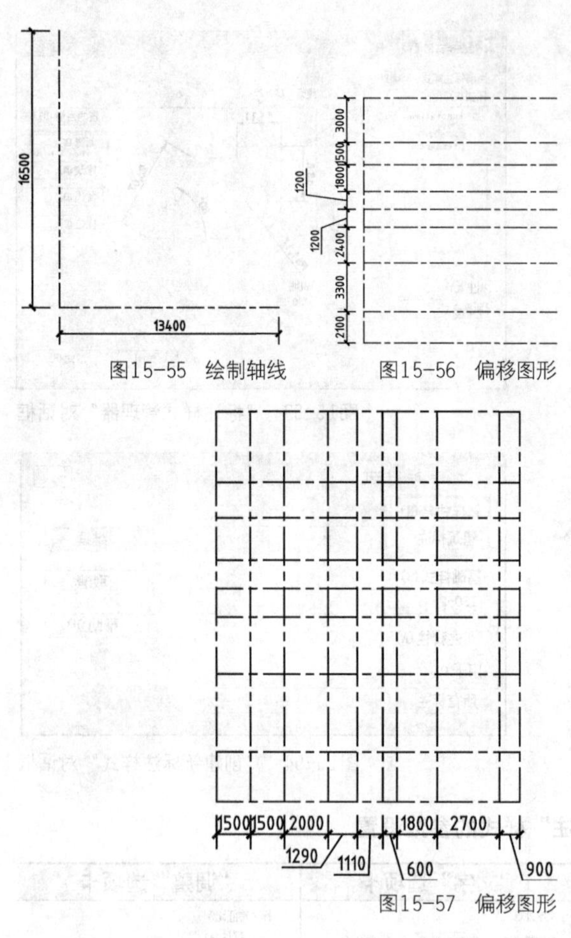

图15-55　绘制轴线　　图15-56　偏移图形

图15-57　偏移图形

3. 绘制墙体和柱子

14 绘制外部墙体。将“墙体”图层设为当前图层，调用ML“多线”命令，修改“比例”为240、“对正”为“无”，结合“对象捕捉”功能，绘制外部墙体，如图15-58所示。

15 绘制内部墙体。重复调用ML“多线”命令，修改“比例”为240、“对正”为“无”，结合“对象捕捉”功能，绘制内部墙体，如图15-59所示。

16 绘制隔墙。调用ML“多线”命令，修改“比例”为120、“对正”为“下”，结合“对象捕捉”功能，绘制隔墙，如图15-60所示。

17 分解图形。隐藏“轴线”图层，调用X“分解”命令，分解所有多线。

18 修改图形。调用L“直线”、TR“修剪”和E“删除”命令，修改图形，如图15-61所示。

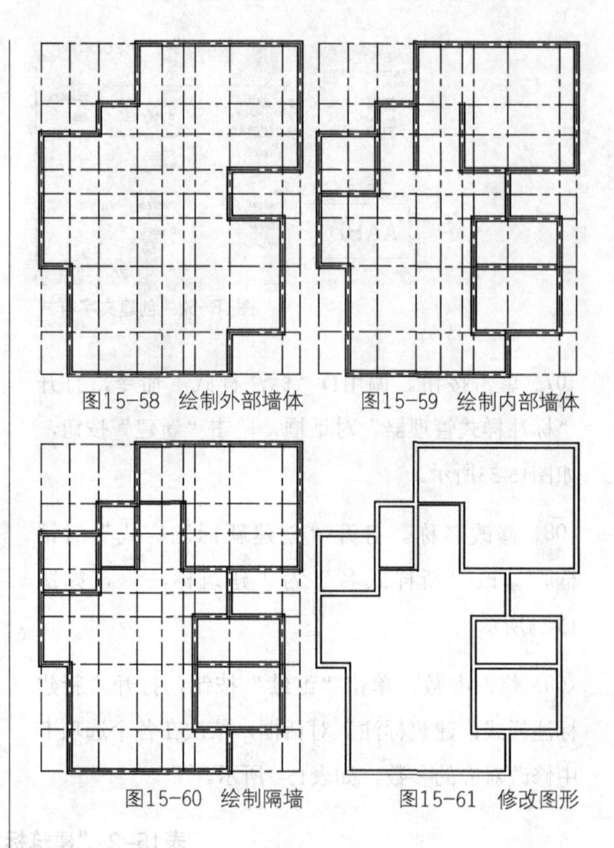

图15-58　绘制外部墙体　　图15-59　绘制内部墙体

图15-60　绘制隔墙　　图15-61　修改图形

19 绘制柱子。将“柱子”图层设为当前图层，调用REC“矩形”命令，在相应的位置绘制300×300的矩形，效果如图15-62所示。

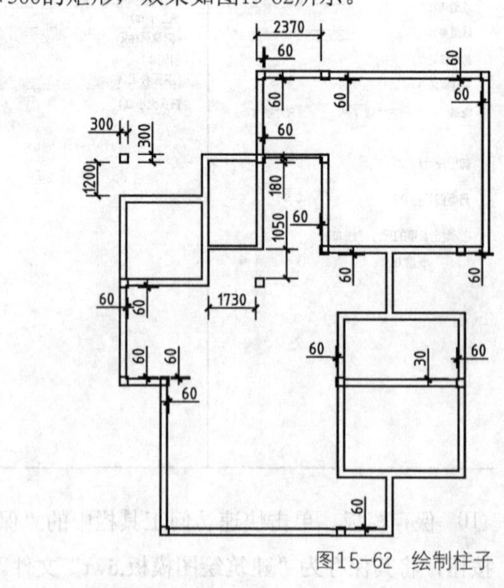

图15-62　绘制柱子

20 填充柱子。调用H“图案填充”命令，选择“SOLID”图案，拾取新绘制的矩形区域，填充图案，如图15-63所示。

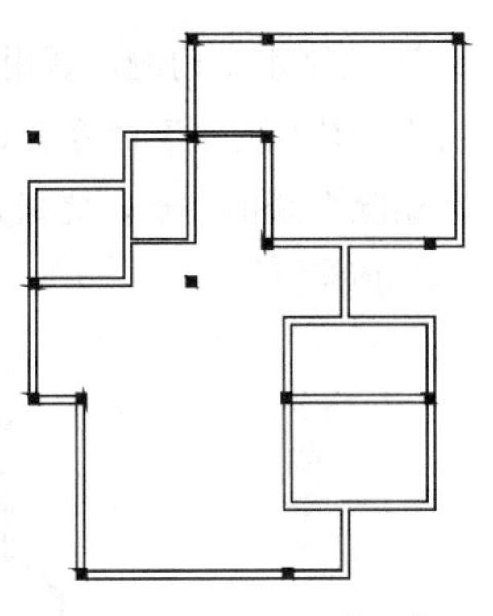

图15-63 填充柱子

4. 绘制门窗

21 偏移图形。调用O“偏移”命令，选择合适的垂直直线并对其进行偏移操作，如图15-64所示。

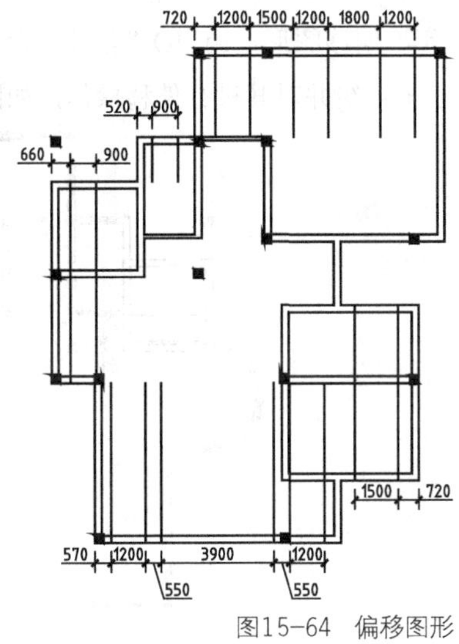

图15-64 偏移图形

22 绘制水平窗洞。调用TR“修剪”和E“删除”命令，修剪并删除多余的图形，完成水平窗洞的绘制，如图15-65所示。

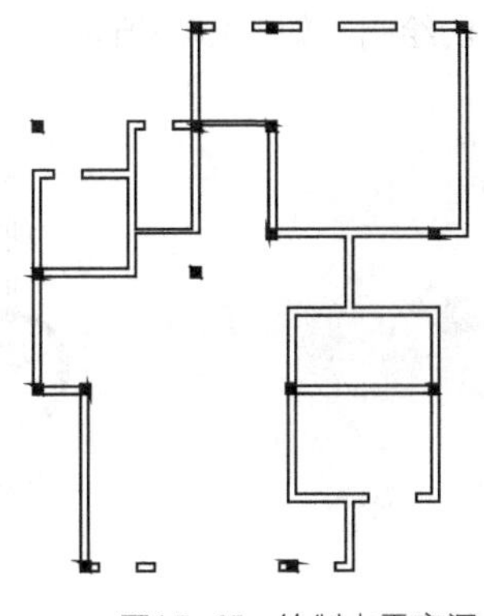

图15-65 绘制水平窗洞

23 偏移图形。调用O“偏移”命令，选择合适的水平直线并对其进行偏移操作，如图15-66所示。

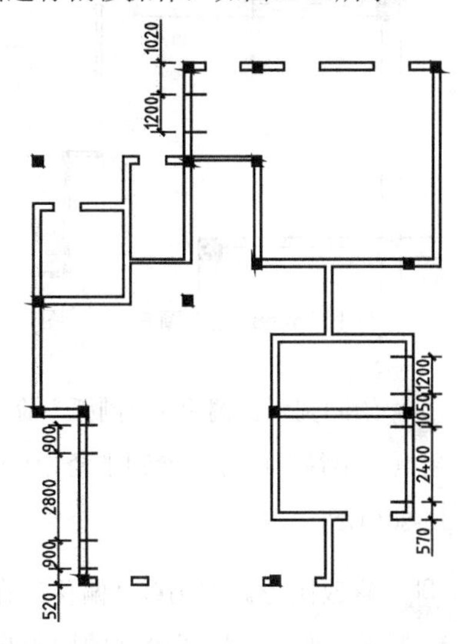

图15-66 偏移图形

24 绘制垂直窗洞。调用TR“修剪”、EX“延伸”和E“删除”命令，完成垂直窗洞的绘制，如图15-67所示。

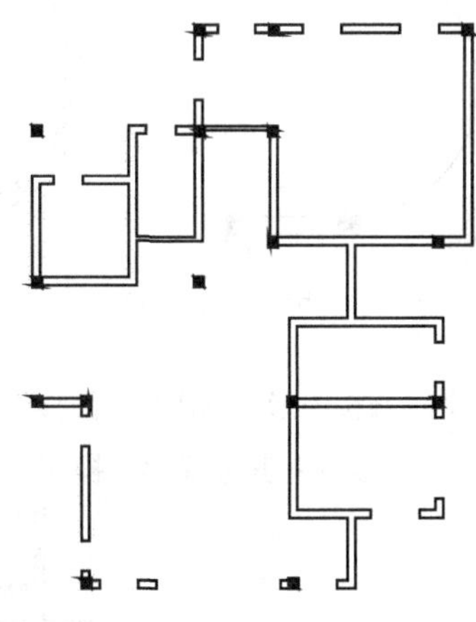

图15-67 绘制垂直窗洞

25 绘制窗户。将“门窗”图层设为当前图层。调用L“直线”命令，结合“端点捕捉”功能，绘制直线；调用O“偏移”命令，修改“偏移距离”为80，对新绘制的直线进行偏移操作，如图15-68所示。

26 绘制其他窗户。重新调用L“直线”和O“偏移”命令，绘制其他窗户图形，如图15-69所示。

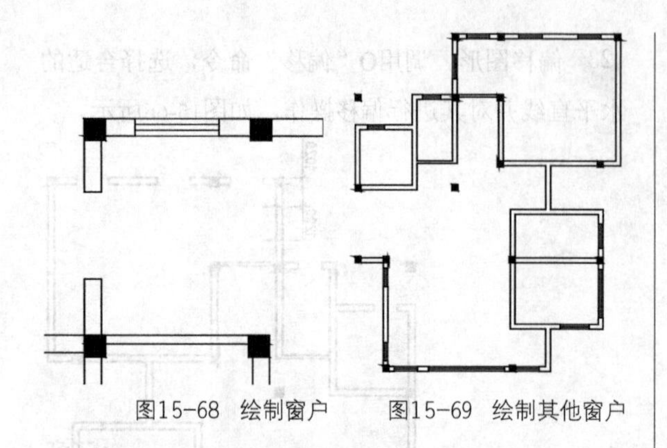

图15-68　绘制窗户　　图15-69　绘制其他窗户

27 绘制圆弧。调用A“圆弧”命令，以“起点，端点，半径”的方式绘制半径为1685的圆弧，如图15-70所示。

28 修改图形。调用O“偏移”命令，修改“偏移距离”为80，将新绘制的圆弧向外偏移；调用EX“延伸”命令，延伸偏移后的圆弧，如图15-71所示。

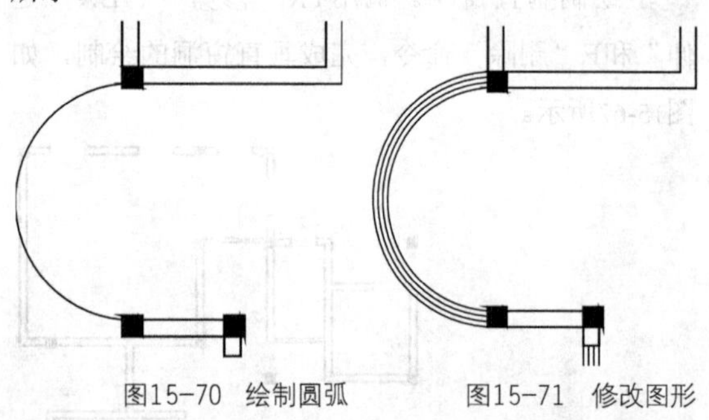

图15-70　绘制圆弧　　图15-71　修改图形

29 偏移图形。调用O“偏移”命令，选择合适的垂直直线并对其进行偏移操作，如图15-72所示。

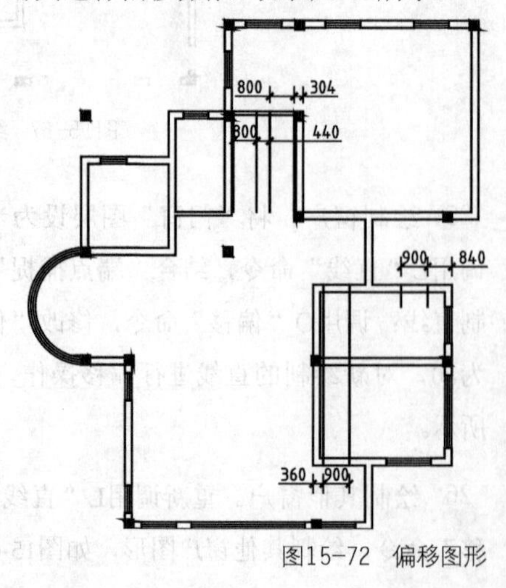

图15-72　偏移图形

30 绘制水平门洞。调用EX“延伸”、TR“修剪”和E“删除”命令，延伸相应的图形，修剪并删除多余的图形，完成水平门洞的绘制，如图15-73所示。

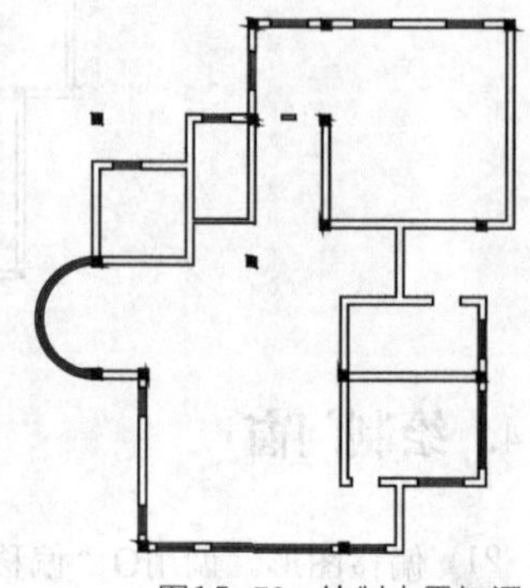

图15-73　绘制水平门洞

31 偏移图形。调用O“偏移”命令，选择合适的水平直线并对其进行偏移操作，如图15-74所示。

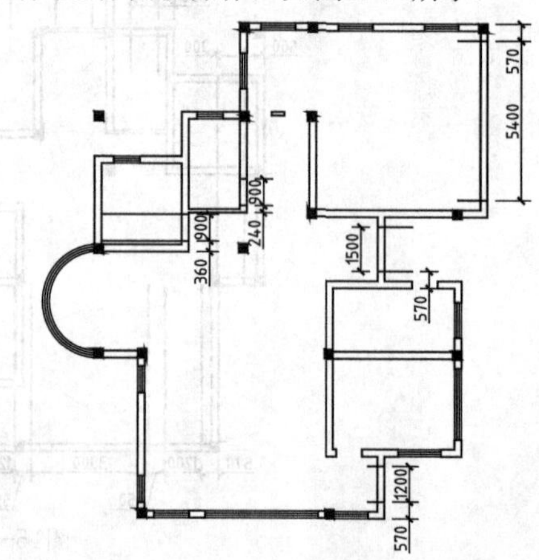

图15-74　偏移图形

32 绘制垂直门洞。调用TR“修剪”和E“删除”命令，修剪并删除多余的图形，完成垂直门洞的绘制，如图15-75所示。

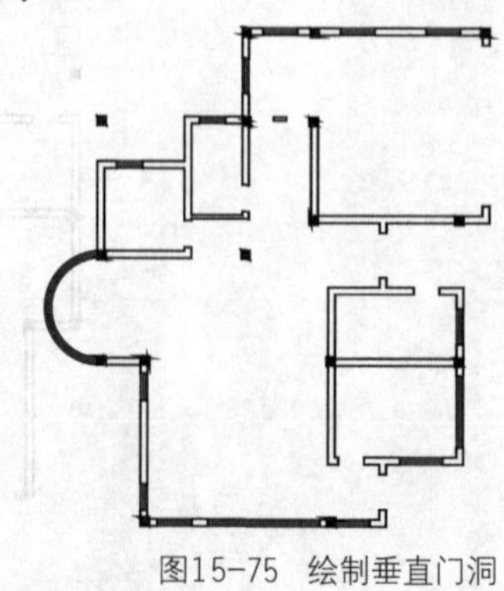

图15-75　绘制垂直门洞

33 绘制车库门。调用PL“多段线”命令，修改“宽度”为50，结合“对象捕捉”功能，绘制车库门，并修改其线型为“DASHED”，如图15-76所示。

34 布置“门”块。调用I“插入”命令，插入随书素材中的“门”块，并对其进行复制、缩放、旋转和镜像操作，如图15-77所示。

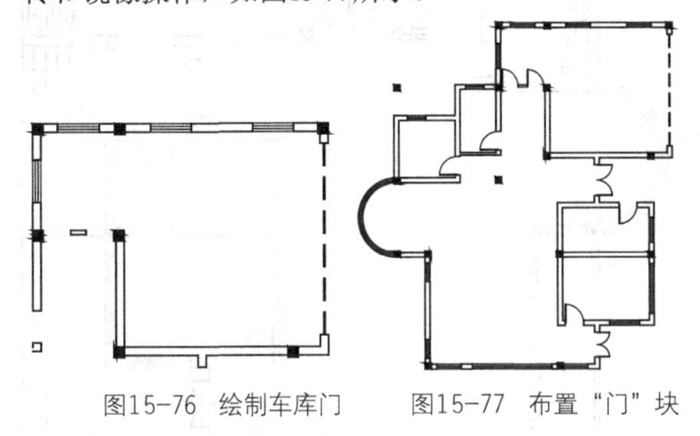

图15-76　绘制车库门　　图15-77　布置“门”块

5. 绘制楼梯

35 绘制矩形。将“楼梯”图层设为当前图层，调用REC“矩形”命令，结合“对象捕捉”功能，绘制矩形，如图15-78所示。

36 偏移图形。调用X“分解”命令，分解矩形；调用O“偏移”命令，选择最下方的水平直线进行偏移操作，如图15-79所示。

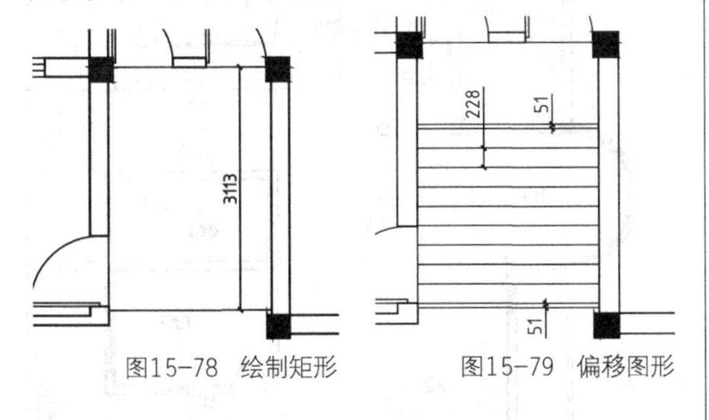

图15-78　绘制矩形　　图15-79　偏移图形

37 偏移图形。调用O“偏移”命令，将最左侧的垂直直线向右偏移，如图15-80所示。

38 绘制多段线。调用PL“多段线”、M“移动”命令，结合“对象捕捉”功能，绘制多段线，如图15-81所示。

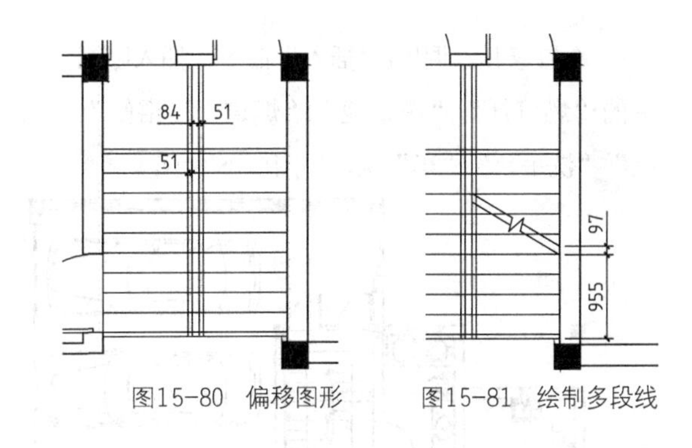

图15-80　偏移图形　　图15-81　绘制多段线

39 修改图形。调用TR“修剪”和E“删除”命令，修剪并删除多余的图形，如图15-82所示。

40 绘制多段线。调用PL“多段线”命令，修改“起始宽度”和“端点宽度”分别为0和80，结合“对象捕捉”功能，绘制多段线，如图15-83所示。

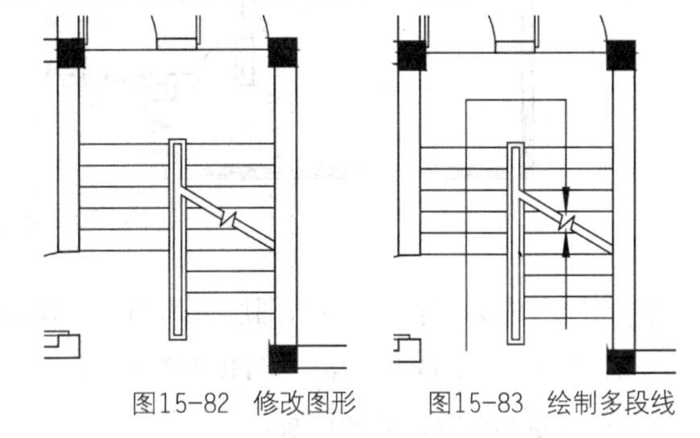

图15-82　修改图形　　图15-83　绘制多段线

6. 完善图形

图形的完善包括家具的布置、车库坡道填充、外围墙和台阶的绘制以及文字、标高、尺寸标注等的插入。

41 绘制多段线。将“其他”图层设为当前图层。调用PL“多段线”和M“移动”命令，结合“对象捕捉”功能，绘制多段线，如图15-84所示。

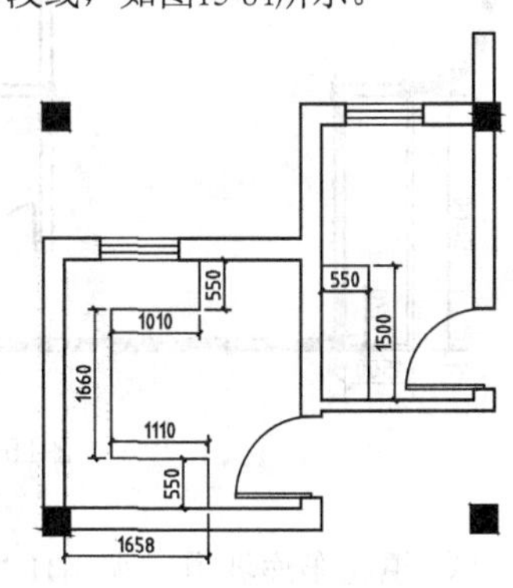

图15-84　绘制多段线

42 布置家具。调用I“插入”命令，插入随书素材中的“燃气灶”“洗菜池”“烟道”“浴缸”“马桶”“洗手台”“车”块，如图15-85所示。

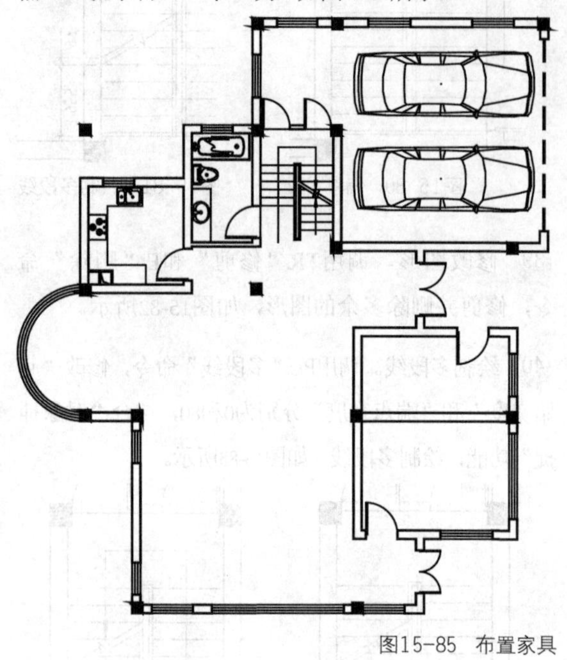

图15-85 布置家具

43 绘制图形。将“其他”图层设为当前图层，调用L“直线”、O“偏移”和TR“修剪”命令，绘制外围墙和台阶，如图15-86所示。

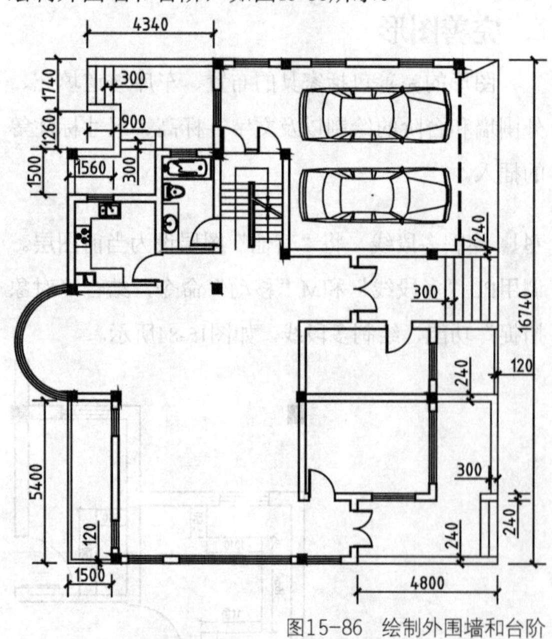

图15-86 绘制外围墙和台阶

44 填充车库坡道。调用H“图案填充”命令，选择“ANSI31”图案，修改“填充图案比例”为50、“图案填充角度”为45，填充图形，如图15-87所示。

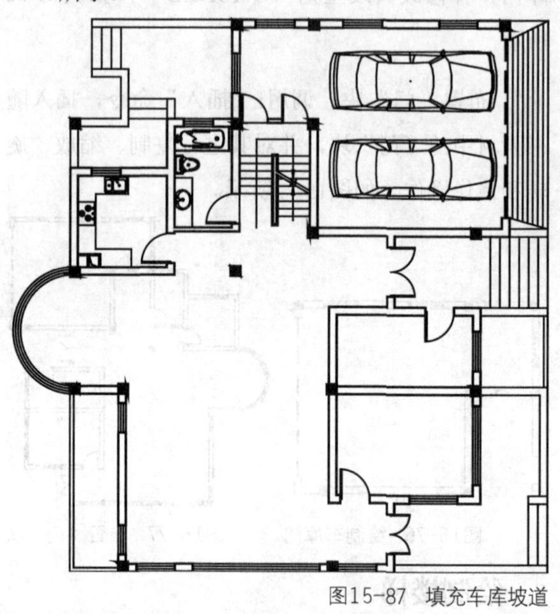

图15-87 填充车库坡道

45 添加文字。将“文字标注”图层设为当前图层，调用MT“多行文字”命令，添加多行文字对象，如图15-88所示。

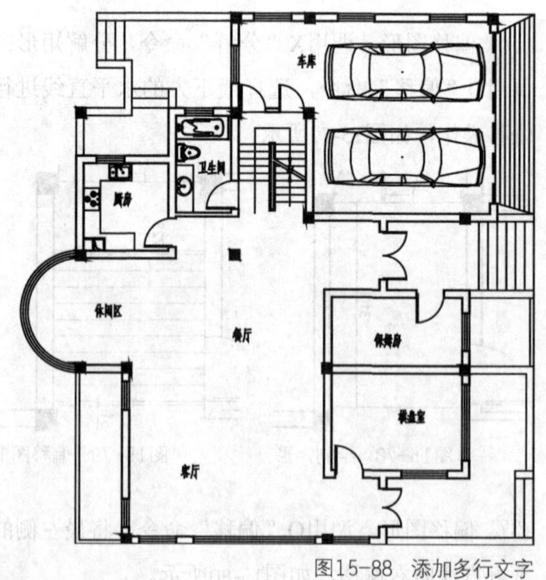

图15-88 添加多行文字

46 标注尺寸。将“尺寸标注”图层设为当前图层，显示“轴线”图层，调用DLI“线性标注”和DCO“连续标注”命令，结合“对象捕捉”功能，添加尺寸标注，并隐藏“轴线”图层，如图15-89所示。

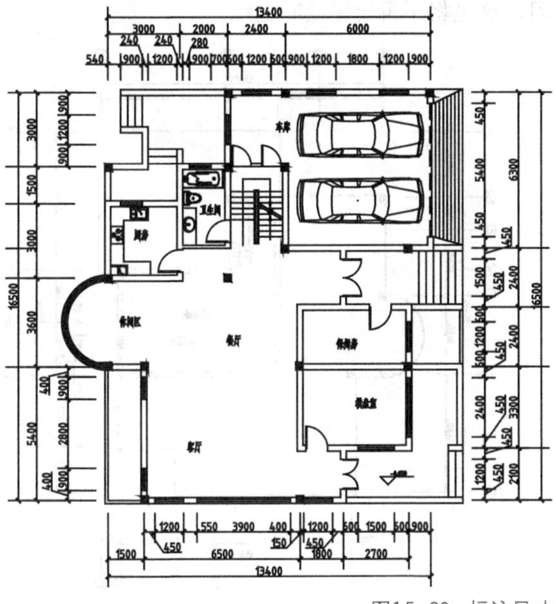

图15-89 标注尺寸

47 插入块。调用I“插入”命令，插入“标高”块，修改“比例”为3，在绘图区中餐厅区域的任意位置单击，打开“编辑属性”对话框，输入“0.000”，单击“确定”按钮即可，如图15-90所示。

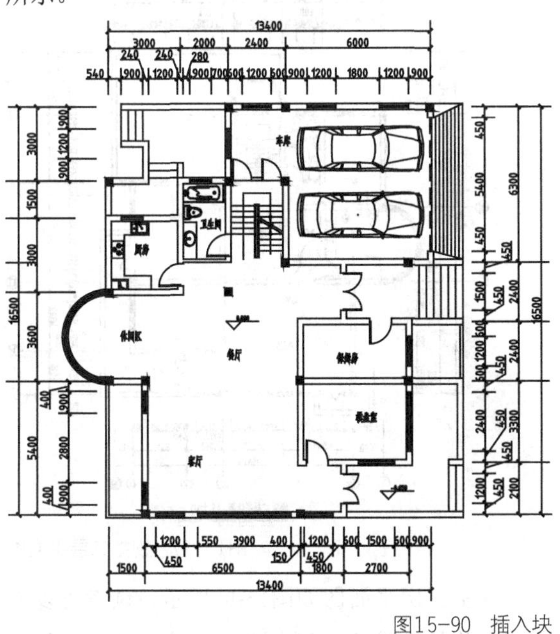

图15-90 插入块

48 修改块。调用CO“复制”命令，对“标高”块进行复制操作，双击相应的属性块，修改其属性，如图15-91所示。

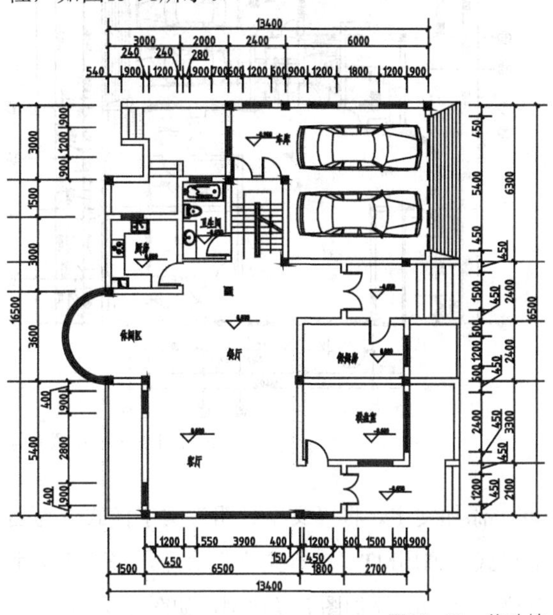

图15-91 修改块

49 绘制图形。调用C“圆”命令，绘制半径为300的圆；调用L“直线”命令，以圆上方的象限点为起点，绘制长为500的直线，如图15-92所示。

50 添加文字。将“轴号”文字设为当前图层，调用MT“多行文字”命令，修改“文字高度”为300，添加轴号，效果如图15-93所示。

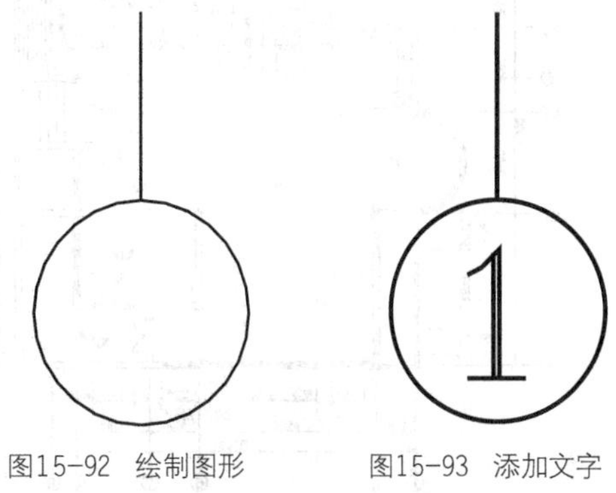

图15-92 绘制图形　　图15-93 添加文字

51 布置轴号。调用CO“复制”、RO“旋转”、L“直线”和M“移动”命令，将轴号插入平面图中，如图15-94所示。

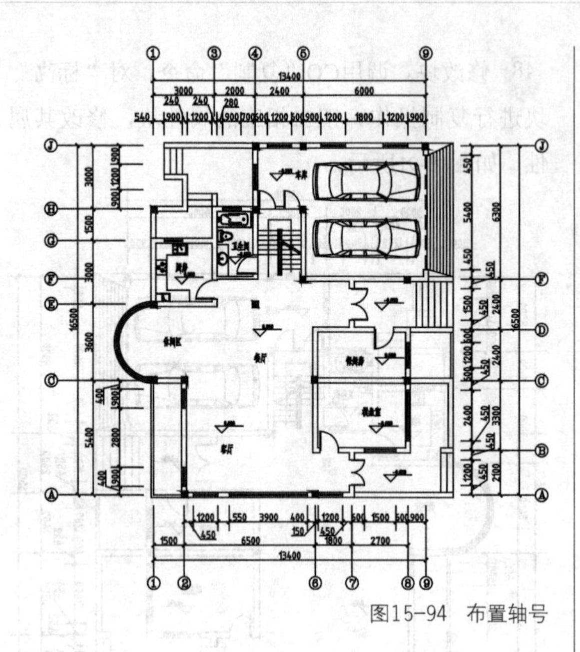

图15-94　布置轴号

52 添加文字。将“文字说明”文字样式设为当前样式，调用MT“多行文字”命令，修改“文字高度”为600，添加图名及比例，如图15-95所示。

53 完善图形。调用PL“多段线”和L“直线”命令，修改“宽度”为150，添加下划线，得到的最终效果如图15-48所示。

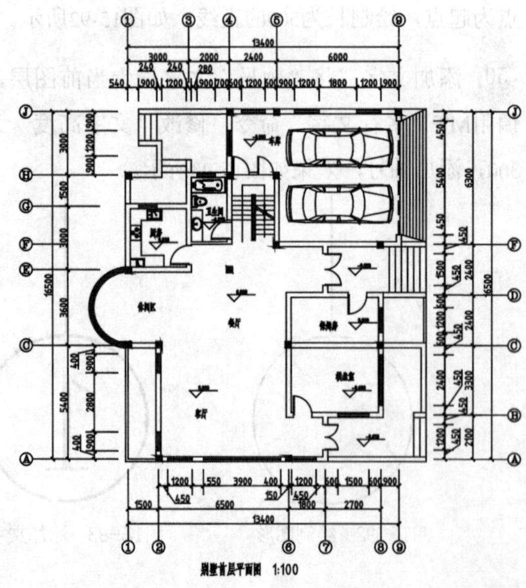

图15-95　添加文字

15.3.2 绘制别墅其他层平面图

别墅的平面图除了首层平面图外，还包含其他层平面图。别墅地下层平面图如图15-96所示，读者可以参照别墅首层平面图的绘制方法，自行练习，这里将不再讲述绘制过程。

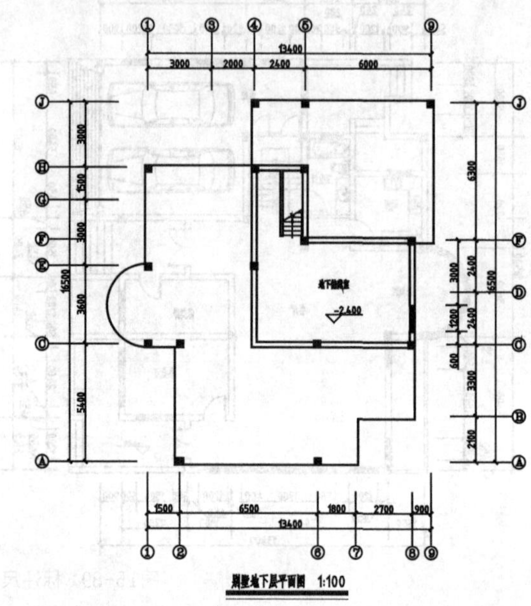

图15-96　别墅地下层平面图

别墅二层平面图如图15-97所示，读者可以参照别墅首层平面图的绘制方法，自行练习，这里将不再讲述绘制过程。

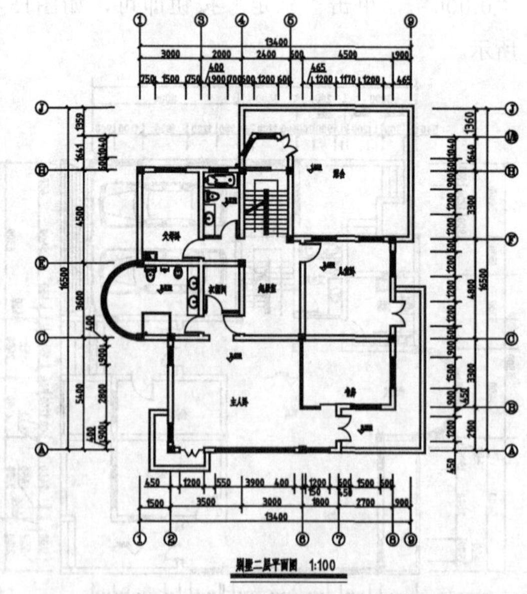

图15-97　别墅二层平面图

别墅三层平面图如图15-98所示，读者可以参照别墅首层平面图的绘制方法，自行练习，这里将不再讲述绘制过程。

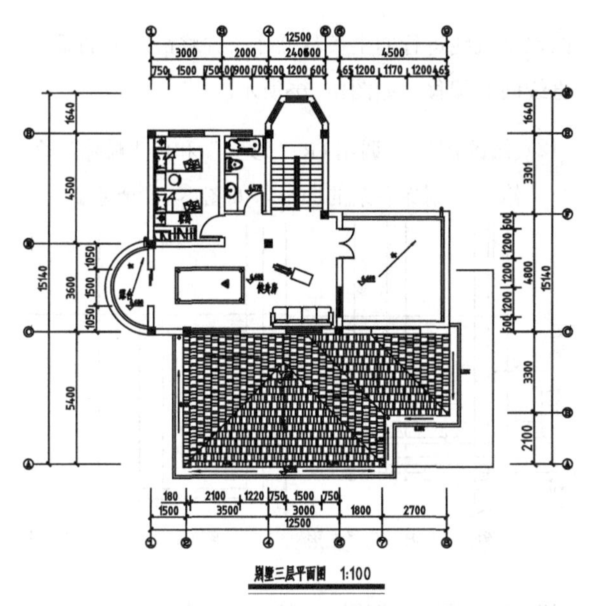

图15-98　别墅三层平面图

15.3.3　绘制别墅正立面图

别墅正立面图是将别墅的正表面投影到垂直投影面上而得到的正投影图，反映了别墅的外部墙体、栏杆、阳台、屋顶和门窗等的正面效果。本节所讲述的别墅正立面图即A-J立面图，该立面图中包含了屋顶、墙体、台阶和门窗等图形。本小节通过绘制图15-99所示的别墅正立面图，以帮助读者了解别墅正立面图的绘制过程和技巧。

图15-99　别墅正立面图

案例位置	素材>第15章>15.3.3 绘制别墅正立面图.dwg
在线视频	视频>第15章>15.3.3 绘制别墅正立面图.mp4
难易指数	★★★★★
学习目标	学习“构造线”“修剪”“偏移”“修剪”“删除”“圆弧”“插入”“文字”等命令的使用

1. 绘制外部轮廓

01 新建文件。单击快速访问工具栏中的“新建”按钮，新建文件。

02 复制文件。调用OPEN“打开”命令，打开绘制好的别墅首层平面图，并将其复制到新建的文件中。

03 整理图形。调用TR“修剪”、E“删除”和RO“旋转”命令，整理图形，如图15-100所示。

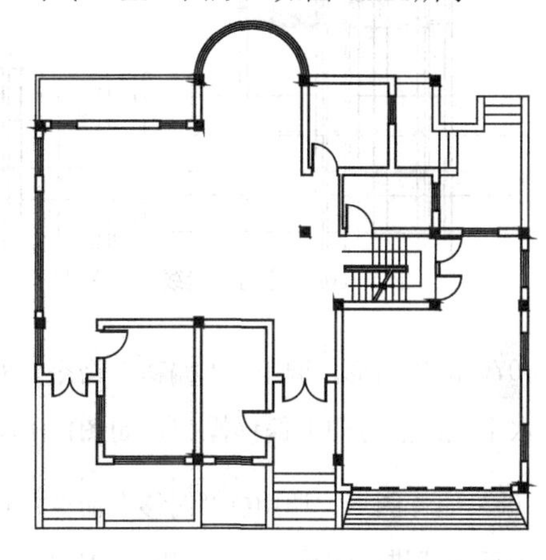

图15-100　整理图形

04 绘制构造线。将“墙体”图层设为当前图层，调用XL“构造线”命令，过墙体及门窗边缘绘制构造线，进行墙体和窗体的定位，如图15-101所示。

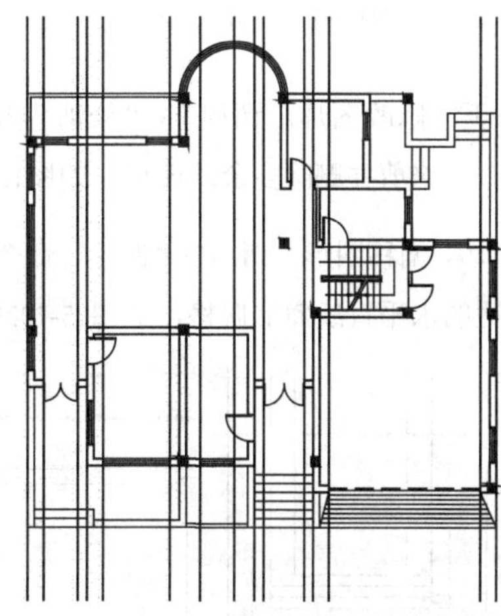

图15-101　绘制构造线

05 绘制构造线。调用XL“构造线”命令，绘制一条水平构造线；调用O“偏移”命令，将新绘制的水平构造线向上分别偏移2800、1800、2700、300和2700，如图15-102所示。

06 修改图形。调用TR“修剪”和E“删除”命令，修剪并删除多余的图形，如图15-103所示。

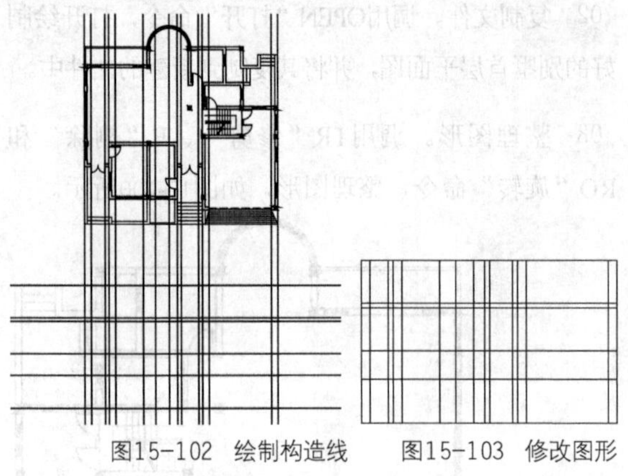

图15-102 绘制构造线　　图15-103 修改图形

07 偏移图形。调用O“偏移”命令，对最下方的水平直线进行向上偏移操作，如图15-104所示。

08 偏移图形。调用O“偏移”命令，选择合适的垂直直线进行偏移操作，如图15-105所示。

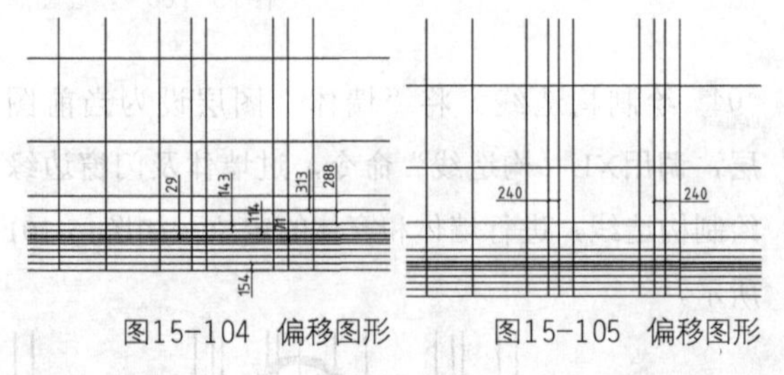

图15-104 偏移图形　　图15-105 偏移图形

09 修改图形。调用TR“修剪”和E“删除”命令，修剪并删除多余的图形，如图15-106所示。

10 偏移图形。调用O“偏移”命令，将右下方合适的水平直线向上偏移，如图15-107所示。

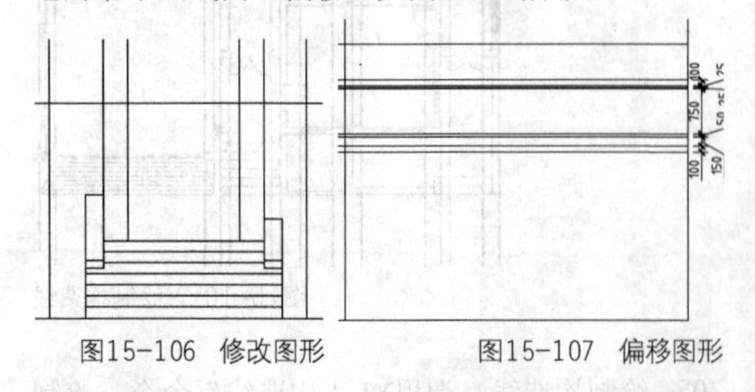

图15-106 修改图形　　图15-107 偏移图形

11 偏移图形。调用O“偏移”命令，选择最下方的水平直线进行向上偏移操作，并将最左侧的垂直直线向右偏移，如图15-108所示。

12 修改图形。调用TR“修剪”和E“删除”命令，修剪并删除多余的图形，如图15-109所示。

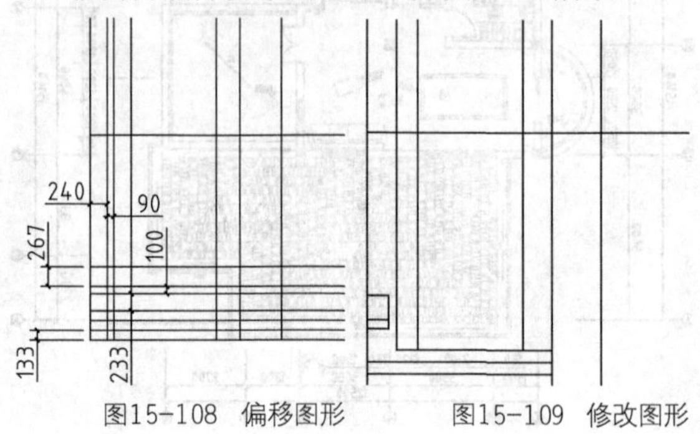

图15-108 偏移图形　　图15-109 修改图形

13 偏移图形。调用O“偏移”命令，选择最下方的水平直线进行向上偏移操作，如图15-110所示。

14 偏移图形。调用O“偏移”命令，选择从左往右数第六条垂直直线进行向右偏移操作，如图15-111所示。

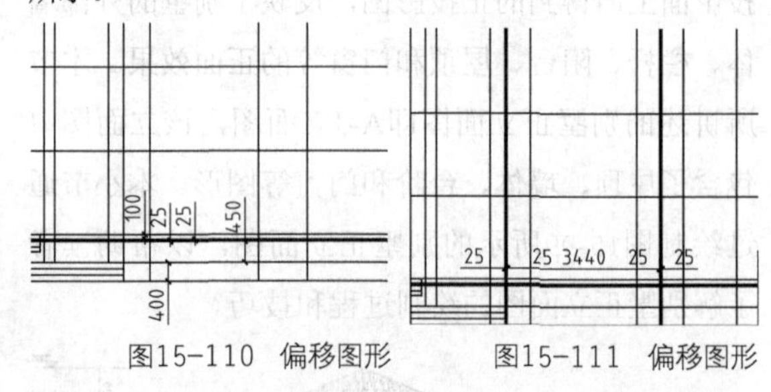

图15-110 偏移图形　　图15-111 偏移图形

15 修改图形。调用TR“修剪”和E“删除”命令，修剪并删除多余的图形，如图15-112所示。

16 偏移图形。调用O“偏移”命令，选择合适的水平直线分别进行向上和向下偏移操作，如图15-113所示。

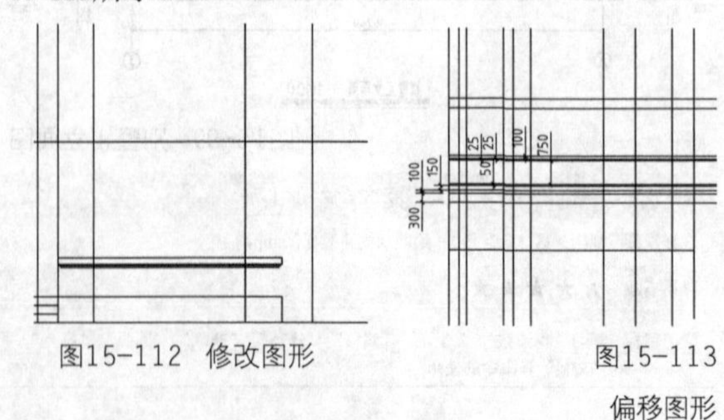

图15-112 修改图形　　图15-113 偏移图形

⑰ 偏移图形。调用O“偏移”命令，选择合适的垂直直线进行偏移操作，如图15-114所示。

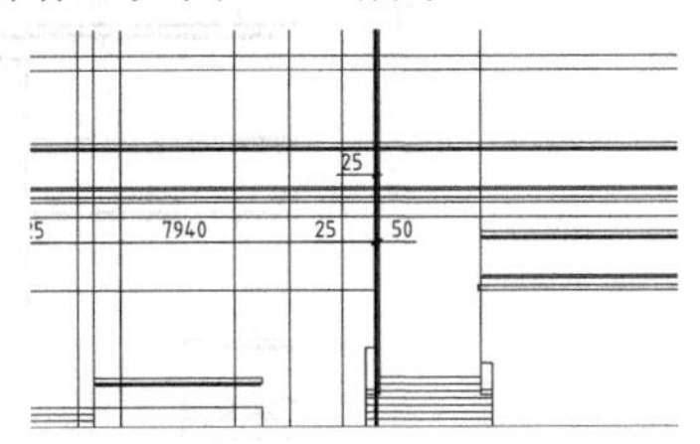

图15-114　偏移图形

⑱ 修改图形。调用EX“延伸”命令，延伸直线；调用TR“修剪”和E“删除”命令，修剪并删除图形，如图15-115所示。

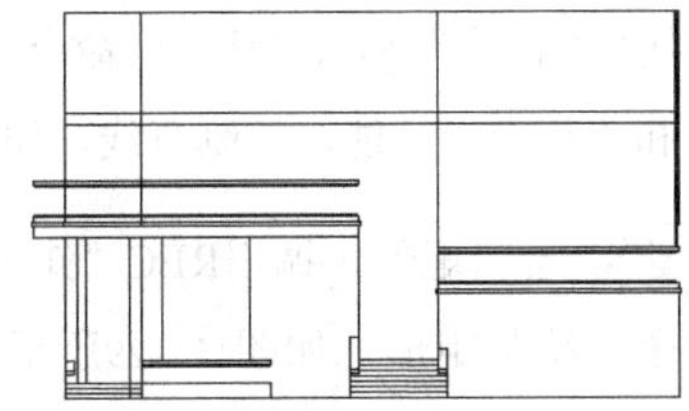

图15-115　修改图形

⑲ 偏移图形。调用O“偏移”命令，选择从上往下数的第三条水平直线进行偏移操作，如图15-116所示。

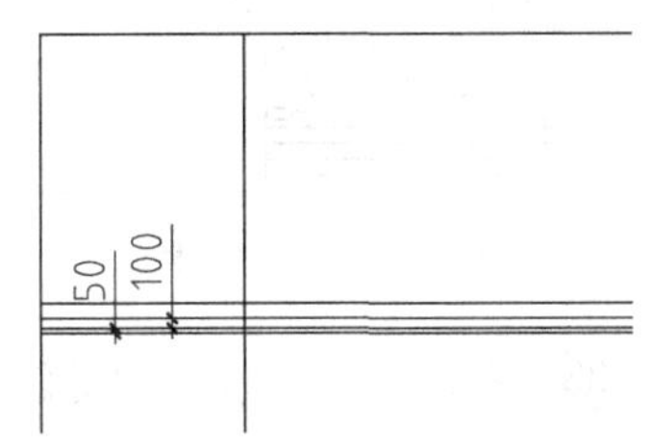

图15-116　偏移图形

⑳ 偏移图形。调用O“偏移”命令，选择最左侧的垂直直线进行偏移操作，如图15-117所示。

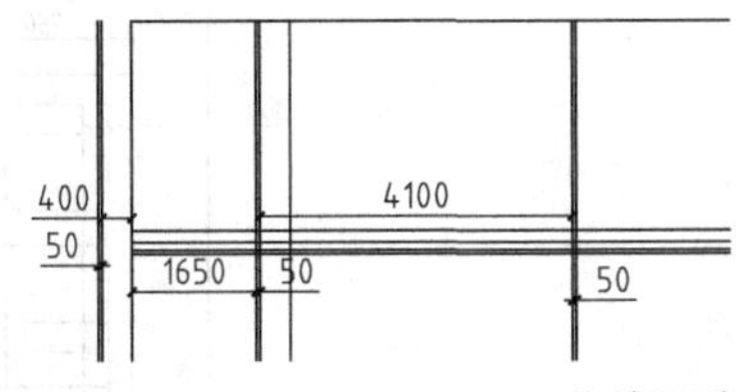

图15-117　偏移图形

㉑ 修改图形。调用EX“延伸”、TR“修剪”和E“删除”命令，延伸相应的图形，修剪并删除多余的图形，如图15-118所示。

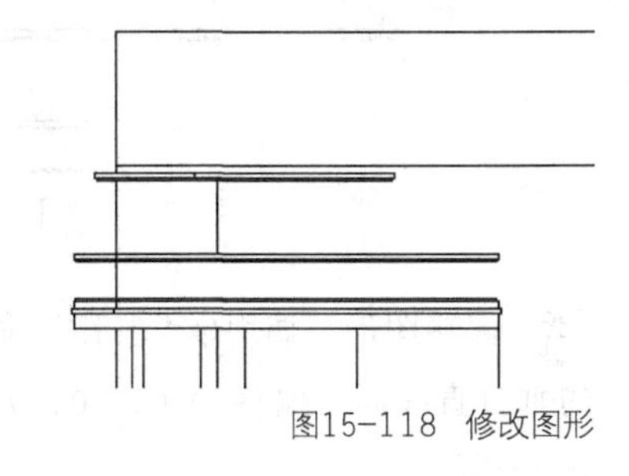

图15-118　修改图形

㉒ 偏移图形。调用O“偏移”命令，选择从上往下数的第二条水平直线进行偏移操作，如图15-119所示。

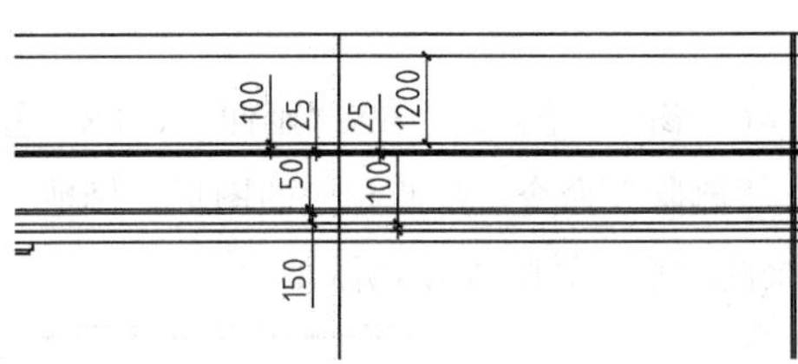

图15-119　偏移图形

㉓ 偏移图形。调用O“偏移”命令，选择最左侧的垂直直线进行偏移操作，如图15-120所示。

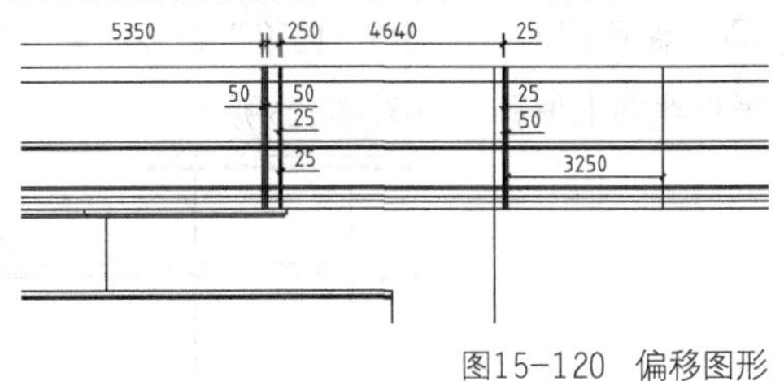

图15-120　偏移图形

㉔ 修改图形。调用EX“延伸”命令，延伸相应的图形；调用TR“修剪”和E“删除”命令，修剪并删除多余的图形，如图15-121所示。

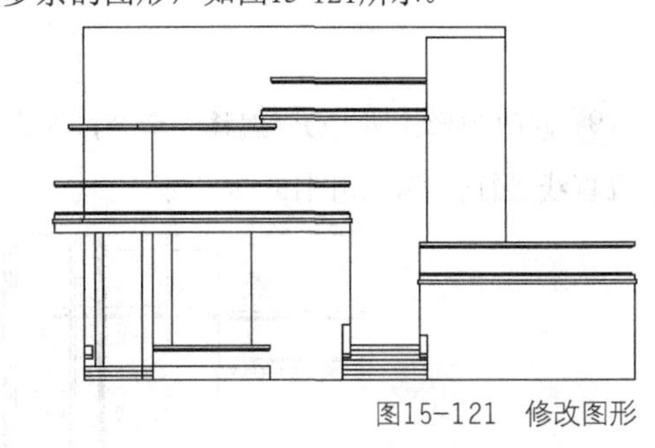

图15-121　修改图形

㉕ 偏移图形。调用O“偏移”命令，将最上方的水平直线向上偏移50和150，如图15-122所示。

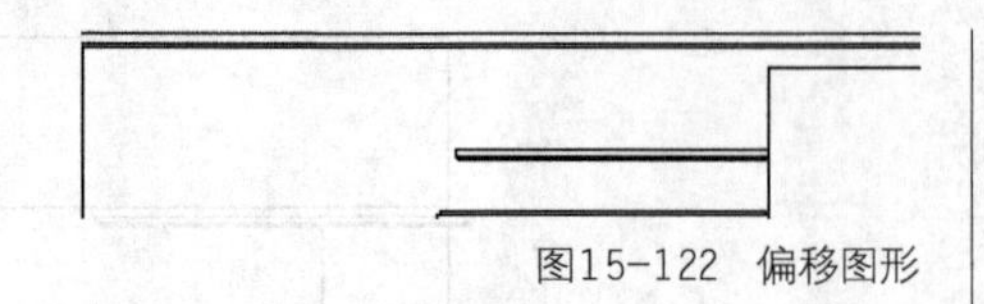

图15-122 偏移图形

26 偏移图形。调用O“偏移”命令，将最左侧的垂直直线向右偏移4950、50、9140和50，如图15-123所示。

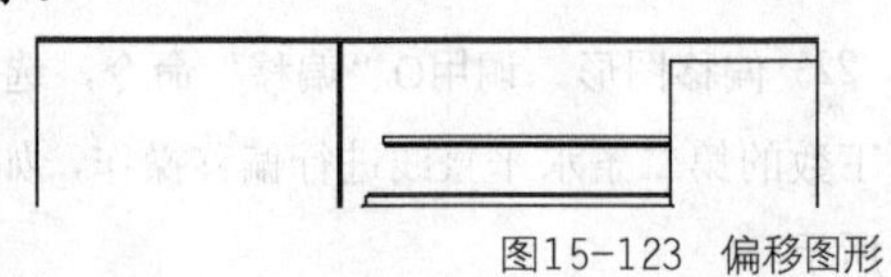

图15-123 偏移图形

27 修改图形。调用EX“延伸”、TR“修剪”和E“删除”命令，延伸相应的图形，修剪并删除多余的图形，如图15-124所示。

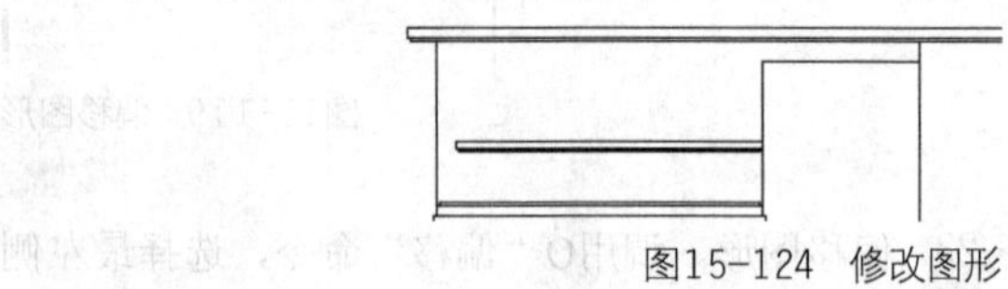

图15-124 修改图形

28 偏移图形。调用O“偏移”命令，将合适的水平直线向上偏移，如图15-125所示。

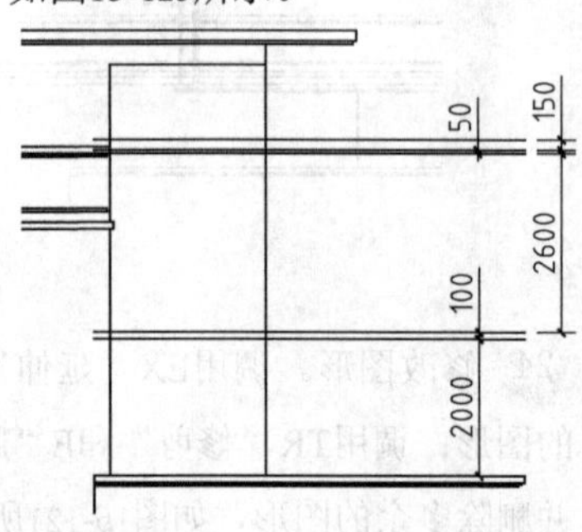

图15-125 偏移图形

29 修改图形。调用O“偏移”命令，对合适的垂直直线进行偏移，如图15-126所示。

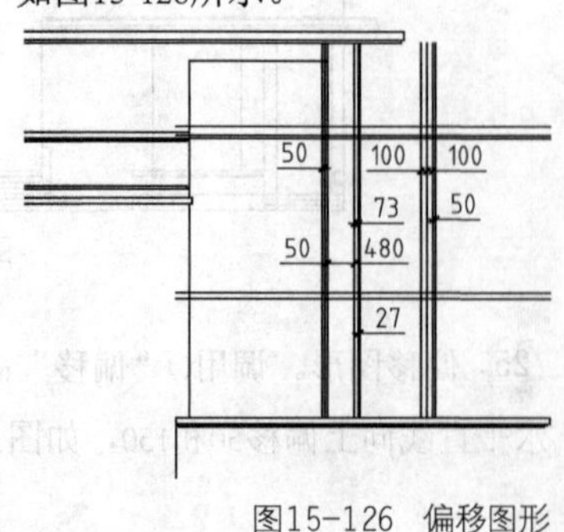

图15-126 偏移图形

30 修改图形。调用TR“修剪”和E“删除”命令，修剪并删除多余的图形，如图15-127所示。

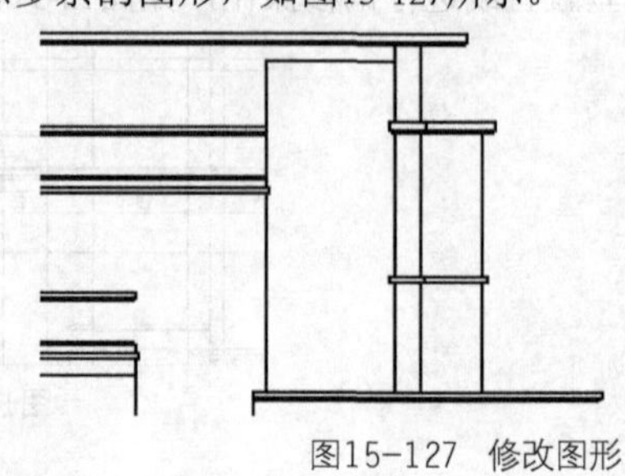

图15-127 修改图形

2. 绘制门窗图形

31 绘制直线。将“门窗”图层设为当前图层，调用L“直线”和M“移动”命令，结合“对象捕捉”和“正交”功能，绘制直线，如图15-128所示。

32 绘制矩形。调用REC“矩形”和M“移动”命令，绘制矩形，如图15-129所示。

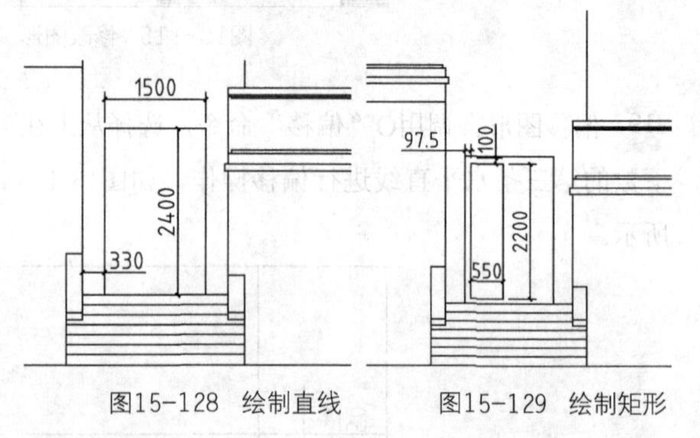

图15-128 绘制直线　图15-129 绘制矩形

33 分解图形。调用X“分解”命令，分解新绘制的矩形。

34 偏移图形。调用O“偏移”命令，选择合适的图形并对其进行偏移操作，如图15-130所示。

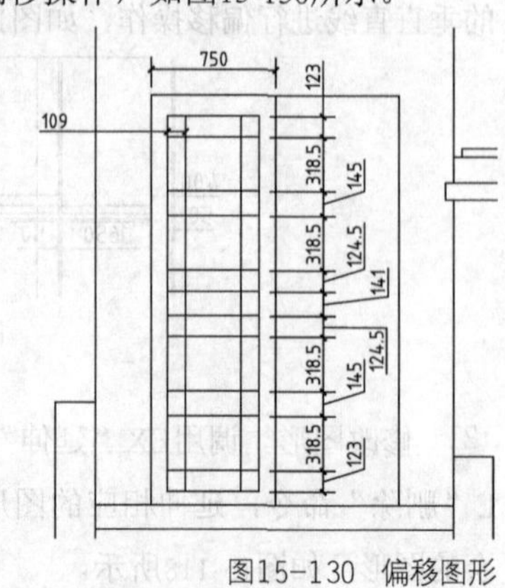

图15-130 偏移图形

35 修剪图形。调用TR“修剪”命令，修剪多余的图形，如图15-131所示。

36 镜像图形。调用MI“镜像”命令，对修剪后的图形进行镜像操作，如图15-132所示。

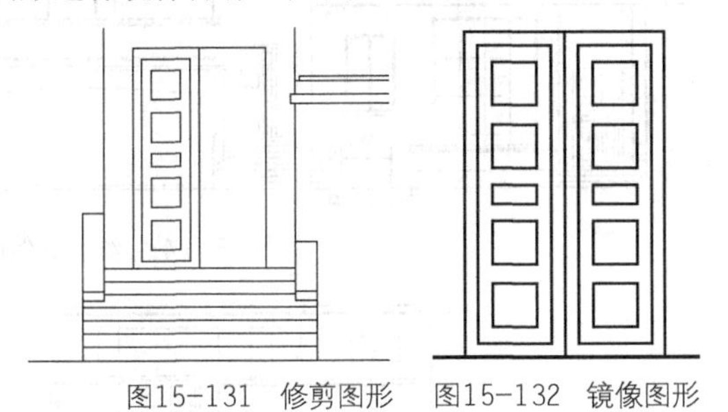

图15-131　修剪图形　图15-132　镜像图形

37 偏移图形。调用O“偏移”命令，选择合适的图形进行偏移操作，如图15-133所示。

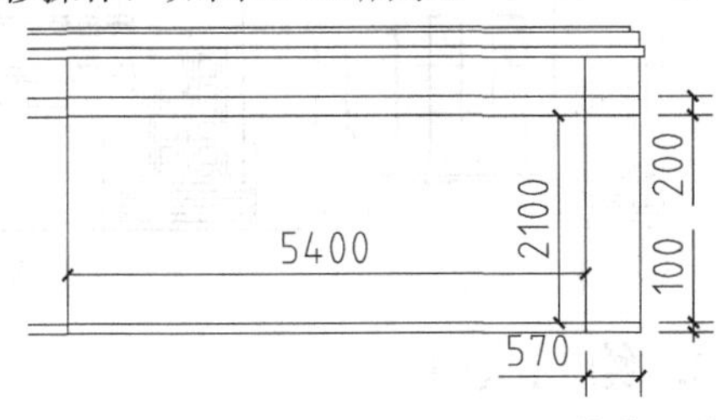

图15-133　偏移图形

38 修剪图形。调用TR“修剪”命令，修剪多余的图形，如图15-134所示。

图15-134　修剪图形

39 绘制图形。调用A“圆弧”命令，结合“对象捕捉”功能，以“三点”方式绘制圆弧；调用L“直线”命令，结合“对象捕捉”功能，绘制直线，如图15-135所示。

40 修改图形。调用TR“修剪”和E“删除”命令，修剪并删除多余的图形，并将修剪后的图形修改至“门窗”图层，如图15-136所示。

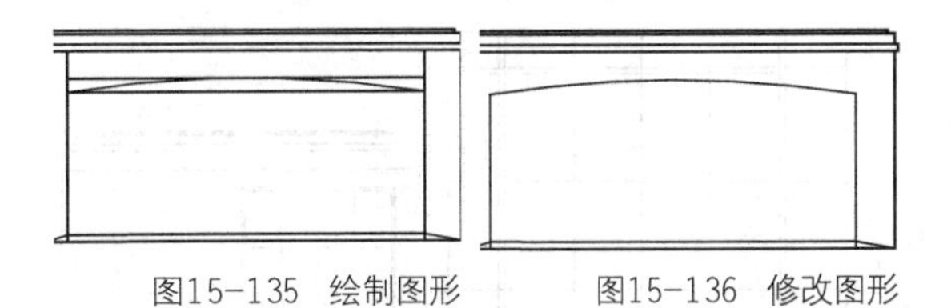

图15-135　绘制图形　图15-136　修改图形

41 布置块。调用I“插入”命令，插入随书素材中的“立面门1”和“立面门2”块，并调整其位置，效果如图15-137所示。

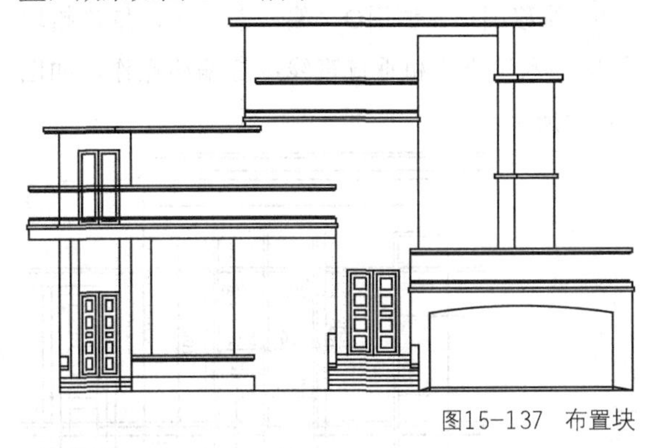

图15-137　布置块

42 修改图形。调用CO“复制”命令，复制插入的门图形；调用X“分解”命令，分解相应的门图形；调用TR“修剪”和E“删除”命令，修剪并删除多余的图形，效果如图15-138所示。

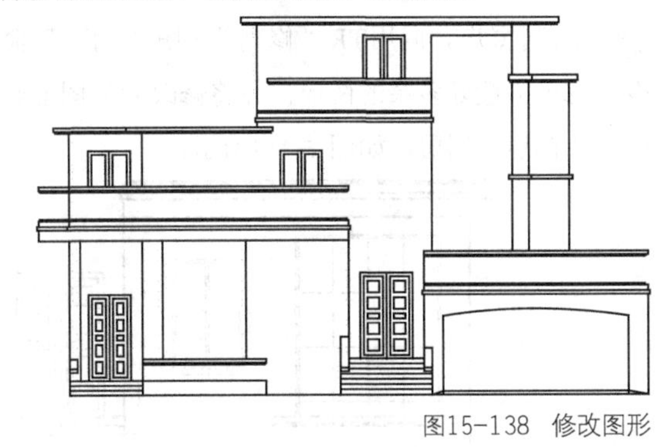

图15-138　修改图形

43 偏移图形。调用O“偏移”命令，依次拾取相应的水平直线和垂直直线进行偏移操作，如图15-139所示。

44 修改图形。调用TR“修剪”命令，修剪多余的图形，并将修剪后的图形修改至“门窗”图层，如图15-140所示。

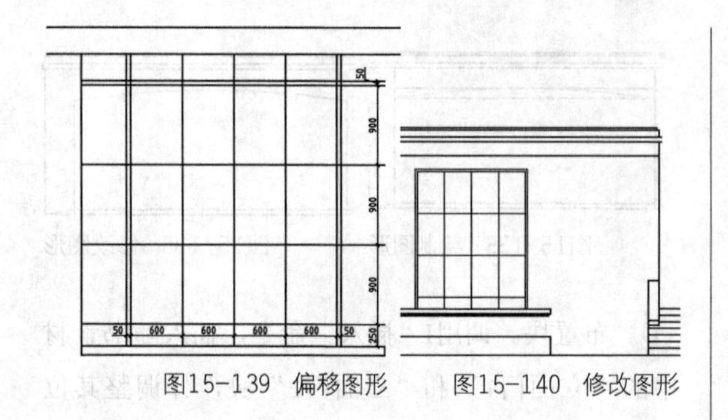

图15-139　偏移图形　　图15-140　修改图形

45 偏移图形。调用O“偏移”命令，依次拾取相应的水平直线和垂直直线进行偏移操作，如图15-141所示。

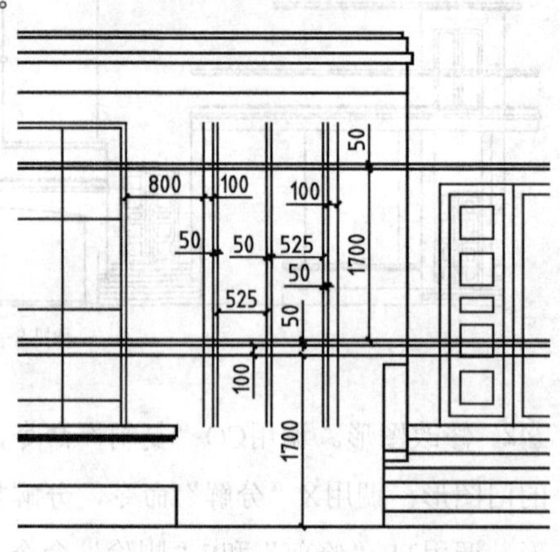

图15-141　偏移图形

46 绘制窗户。调用TR“修剪”和E“删除”命令，修剪并删除多余的图形，并将修改后的图形修改至“门窗”图层，如图15-142所示。

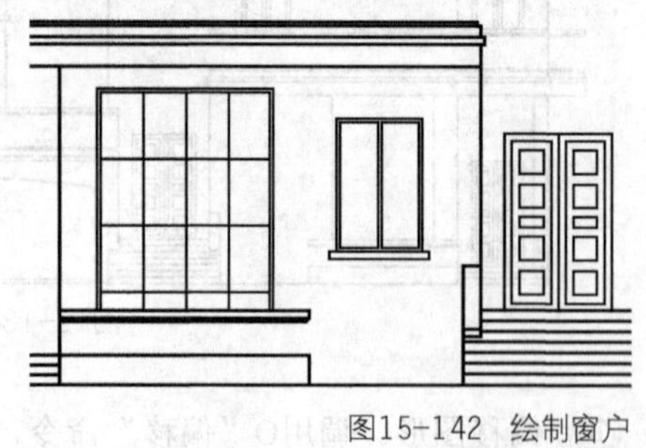

图15-142　绘制窗户

47 绘制其他窗户。用同样的方法，绘制其他窗户，如图15-143所示。

48 布置块。调用I“插入”命令，插入随书素材中的“窗户”块，并对其进行移动操作，效果如图15-144所示。

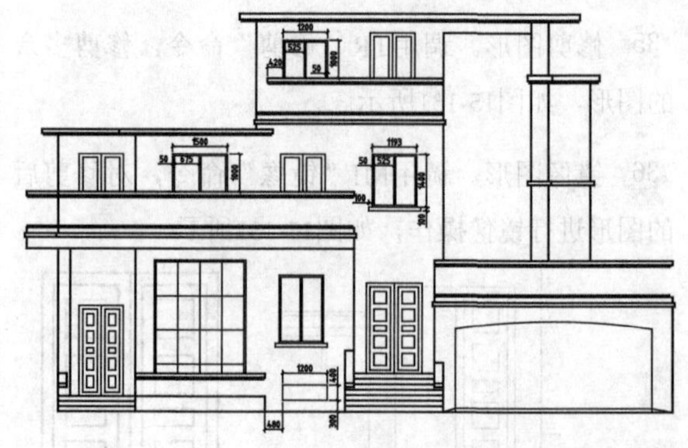

图15-143　绘制其他窗户

图15-144　布置块

3. 绘制屋顶

49 绘制多段线。将“墙体”图层设为当前图层，调用PL“多段线”和M“移动”命令，结合“对象捕捉”功能，绘制多段线，如图15-145所示。

图15-145　绘制多段线

50 填充图形。调用TR“修剪”命令，修剪多余的图形；新建“填充”图层并将其设为当前图层，调用H“图案填充”命令，选择“AR-RSHKE”图案，拾取屋顶区域，填充图形，如图15-146所示。

图15-146　填充图形

4. 完善图形

51 布置栏杆。调用I“插入”命令，插入随书素材中的“栏杆”块，对其进行移动、复制和修剪操作，如图15-147所示。

图15-147　布置栏杆

52 填充图形。调用H“图案填充”命令，选择“ANSI32”图案，修改“填充图案比例”为20、“图案填充角度”为135，拾取合适的区域，填充图形，如图15-148所示。

图15-148　填充图形

53 绘制地坪线。将“墙体”图层设为当前图层，调用PL“多段线”命令，修改“宽度”为20，绘制地坪线，效果如图15-149所示。

图15-149　绘制地坪线

54 添加尺寸标注。将“尺寸标注”图层设为当前图层，调用DLI“线性标注”和DCO“连续标注”命令，结合“对象捕捉”功能，依次添加尺寸标注，效果如图15-150所示。

图15-150　添加尺寸标注

55 绘制水平直线。调用L“直线”命令，结合“对象捕捉”功能，绘制多条水平直线，如图15-151所示。

图15-151　绘制水平直线

56 布置块。调用I“插入”、M“移动”和CO“复制”命令，布置“标高”块，如图15-152所示。

图15-152 布置块

57 添加轴号。调用C“圆”、L“直线”命令，绘制半径为300的圆和长500的直线，结合使用DT“单行文字”、CO“复制”命令，添加轴号，如图15-153所示。

图15-153 添加轴号

58 添加文字。调用MT“多行文字”命令，添加图名及比例，并将文字高度设置为600，如图15-154所示。

图15-154 添加文字

59 完善图形。调用PL“多段线”和L“直线”命令，修改“宽度”为150，添加下划线，最终效果如图15-99所示。

15.3.4 绘制别墅剖面图

别墅剖面图用于展示别墅内部的结构，垂直方向的分层情况，各层楼地面、屋顶的构造，以及相关尺寸、标高等。本小节绘制了图15-155所示的别墅剖面图。

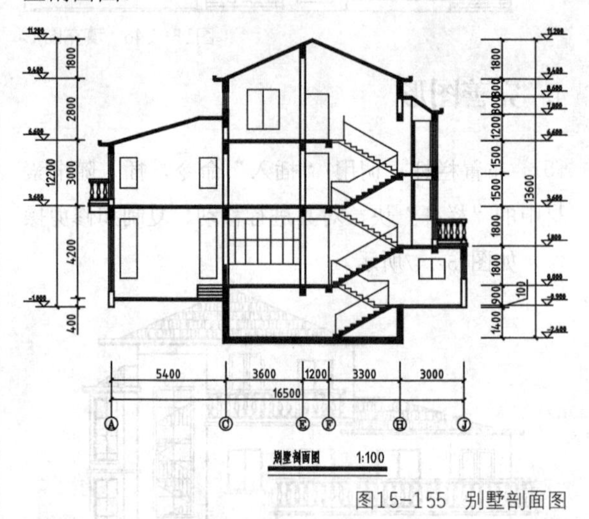

图15-155 别墅剖面图

案例位置 素材>第15章>15.3.4 绘制别墅剖面图.dwg

在线视频 视频>第15章>15.3.4绘制别墅剖面图.mp4

难易指数 ★★★★★

学习目标 学习“构造线”“修剪”“偏移”“修剪”“删除”“圆弧”“插入”“文字”等命令的使用

1. 绘制剖切符号

01 新建文件。单击快速访问工具栏中的“新建”按钮，新建文件。

02 复制文件。调用OPEN“打开”命令，打开绘制好的别墅首层平面图和别墅正立面图，并将其复制到新建的文件中。

03 整理图形。调用TR“修剪”、E“删除”和RO“旋转”命令，整理图形。

04 绘制剖切符号。调用PL“多段线”和MT“多行文字”命令，在平面图中添加剖切符号，表示剖切位置，如图15-156所示。

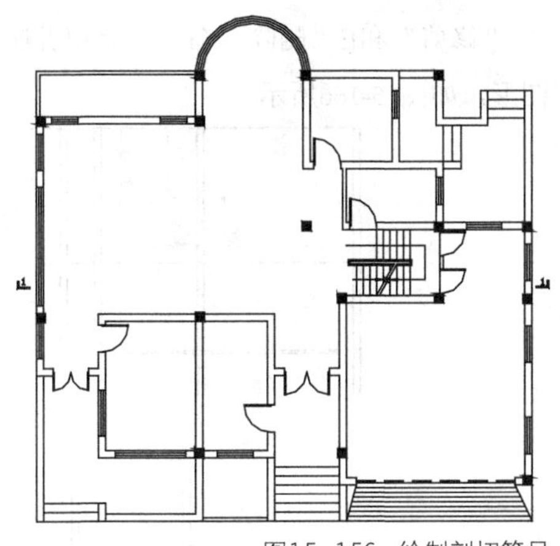

图15-156　绘制剖切符号

2．绘制外部轮廓

05 绘制垂直构造线。将“墙体”图层设为当前图层，调用XL“构造线”命令，过墙体及门窗边缘绘制垂直构造线，进行墙体和窗体的定位，如图15-157所示。

图15-157　绘制垂直构造线

06 绘制水平构造线。调用XL“构造线”命令，结合“对象捕捉”功能，绘制水平构造线，如图15-158所示。

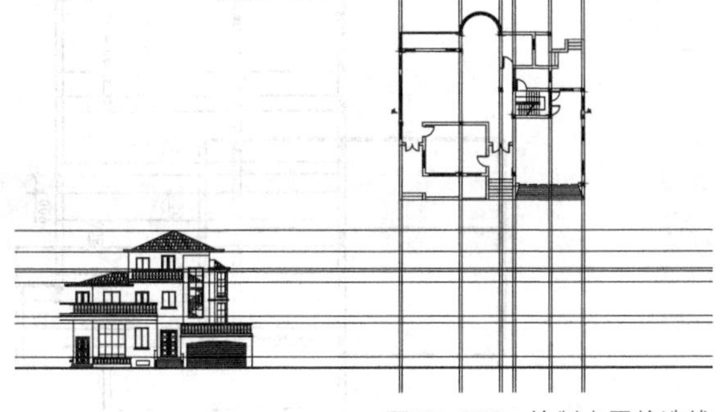

图15-158　绘制水平构造线

07 修改图形。调用TR“修剪”和E“删除”命令，修剪并删除多余的图形，如图15-159所示。

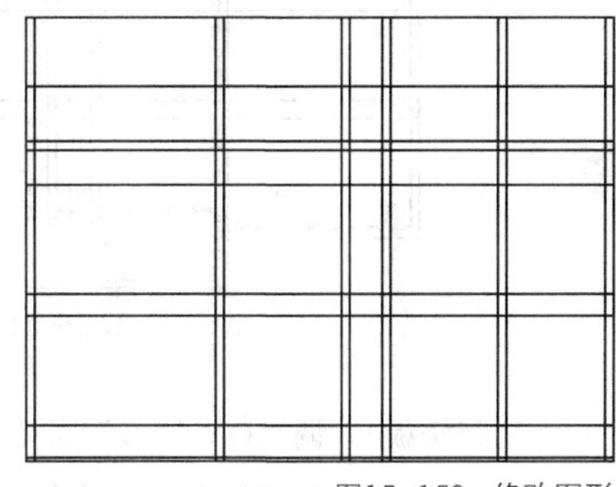

图15-159　修改图形

08 偏移图形。调用O“偏移”命令，对最下方的水平直线进行向下偏移操作，如图15-160所示。

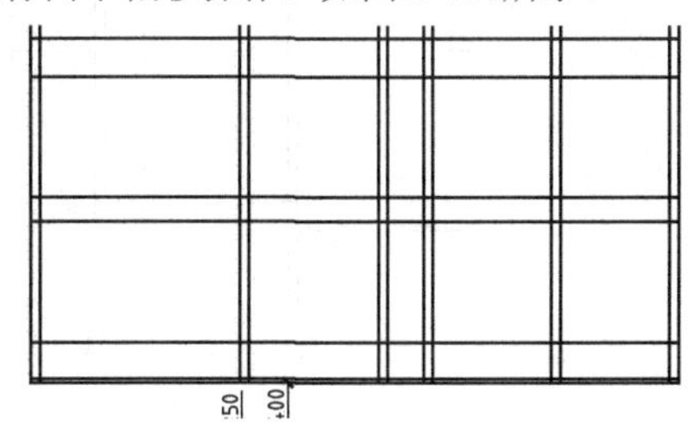

图15-160　偏移图形

09 修改图形。调用EX“延伸”命令，延伸相应的图形；调用TR“修剪”和E“删除”命令，修剪并删除多余的图形，如图15-161所示。

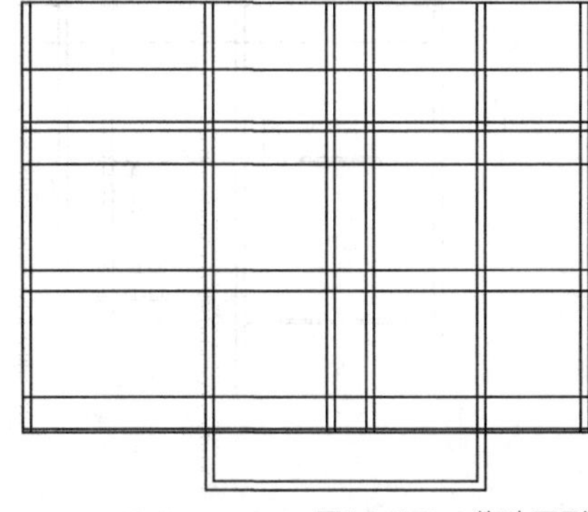

图15-161　修改图形

3．绘制楼板结构

10 绘制楼板1。调用O“偏移”命令，对从下上往上数第三条水平直线进行向上偏移操作；调用TR“修剪”和E“删除”命令，修剪并删除多余的图形，如图15-162所示。

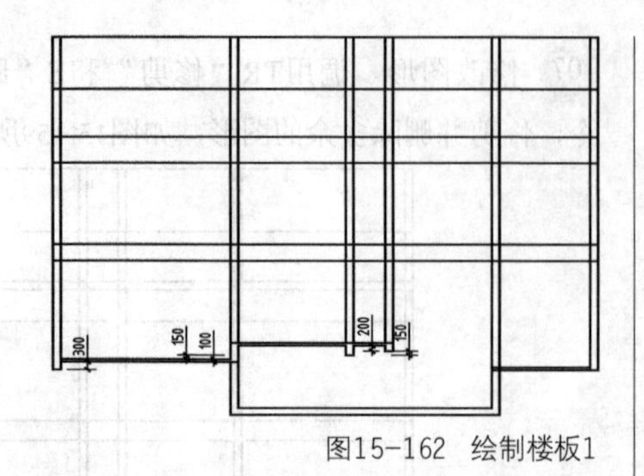

图15-162 绘制楼板1

11 绘制楼板2。调用O“偏移”命令，对从上往下数第七条水平直线和最右侧的垂直直线进行偏移操作；调用TR“修剪”和E“删除”命令，修剪并删除多余的图形，如图15-163所示。

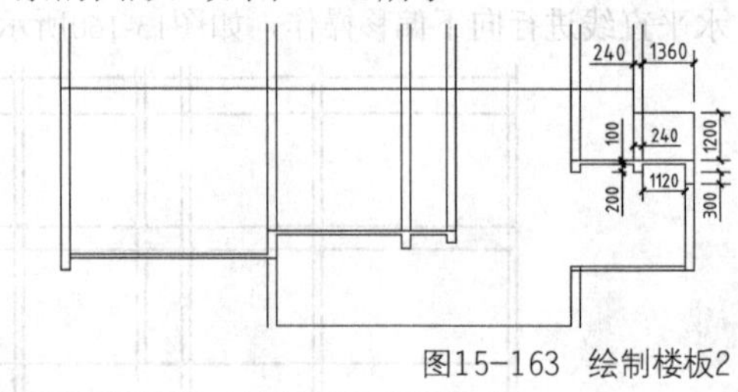

图15-163 绘制楼板2

12 绘制楼板3。调用O“偏移”命令，对从上往下数第六条水平直线进行向上偏移操作；调用TR“修剪”和E“删除”命令，修剪并删除多余的图形，如图15-164所示。

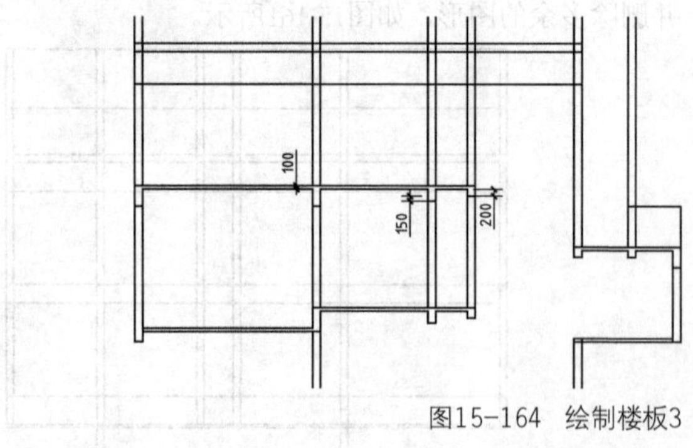

图15-164 绘制楼板3

13 绘制楼板4。调用O“偏移”命令，对最上方的水平直线进行向上偏移操作；调用TR“修剪”和E“删除”命令，修剪并删除多余的图形，如图15-165所示。

14 绘制楼板5。调用O“偏移”命令，将从上往下数的第二条长水平直线进行向下偏移操作；调用TR“修剪”和E“删除”命令，修剪并删除多余的图形，如图15-166所示。

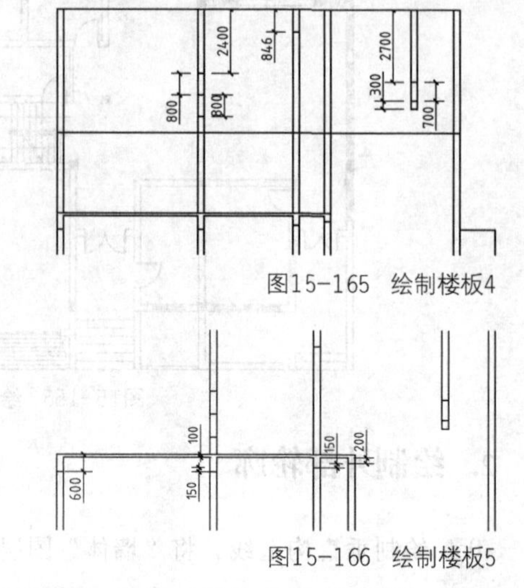

图15-165 绘制楼板4

图15-166 绘制楼板5

15 填充楼板。将“填充”图层设为当前图层，调用H“图案填充”命令，选择“SOLID”图案，填充图形，如图15-167所示。

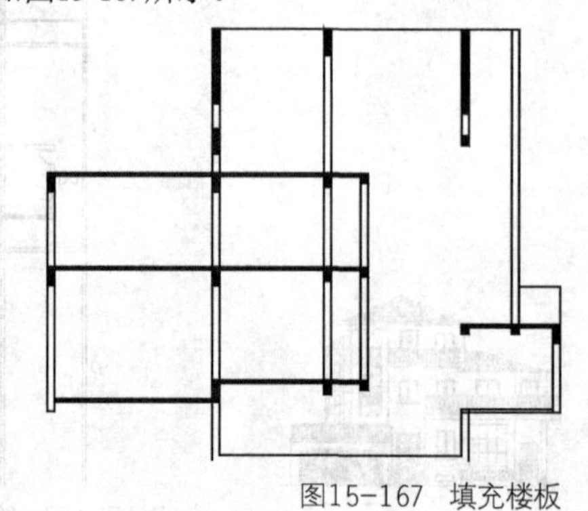

图15-167 填充楼板

4. 绘制门窗

16 偏移图形。调用O“偏移”命令，对最上方的水平直线进行向下偏移操作，如图15-168所示。

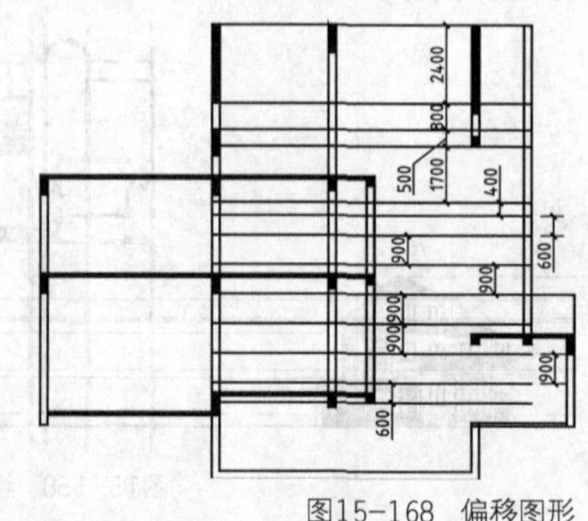

图15-168 偏移图形

17 修改图形。调用EX“延伸”命令，延伸偏移后的图形；调用TR“修剪”和E“删除”命令，修剪并删除多余的图形，如图15-169所示。

18 绘制窗户。将“门窗”图层设为当前图层，调用L“直线”和O“偏移”命令，结合“对象捕捉”功能，修改“偏移距离”为80，绘制窗户，如图15-170所示。

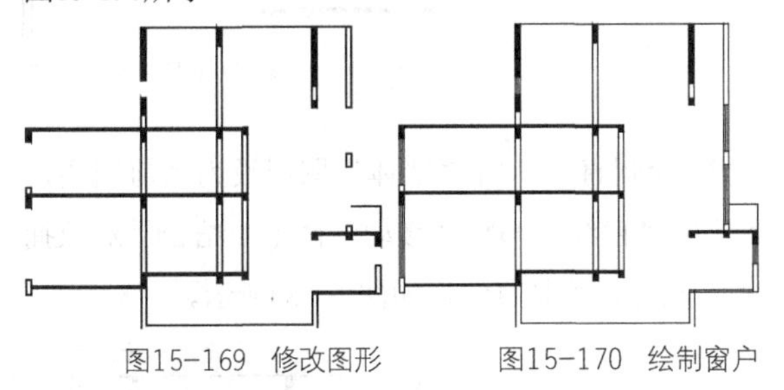
图15-169 修改图形　　图15-170 绘制窗户

19 绘制矩形。调用REC“矩形”和M“移动”命令，结合“对象捕捉”功能，绘制矩形，如图15-171所示。

20 绘制矩形。调用REC“矩形”和M“移动”命令，结合“对象捕捉”功能，绘制矩形，如图15-172所示。

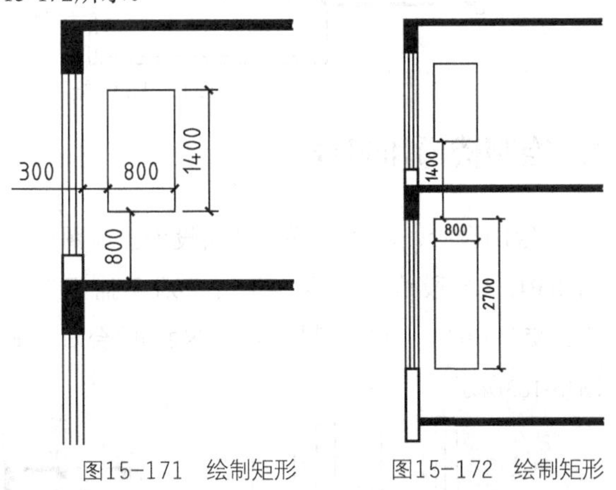

图15-171 绘制矩形　　图15-172 绘制矩形

21 复制图形。调用CO“复制”命令，对新绘制的两个矩形进行复制操作，如图15-173所示。

22 绘制图形。调用REC“矩形”和M“移动”命令，结合“对象捕捉”功能，绘制矩形；调用L“直线”命令，结合“中点捕捉”功能，绘制直线，如图15-174所示。

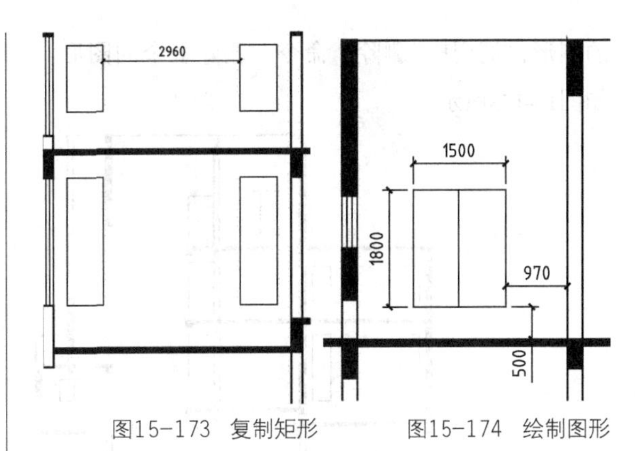

图15-173 复制矩形　　图15-174 绘制图形

23 绘制图形。调用REC“矩形”和M“移动”命令，结合“对象捕捉”功能，绘制矩形；调用L“直线”命令，结合“中点捕捉”功能，绘制直线，如图15-175所示。

24 绘制矩形。调用REC“矩形”命令，结合“对象捕捉”功能，绘制矩形，如图15-176所示。

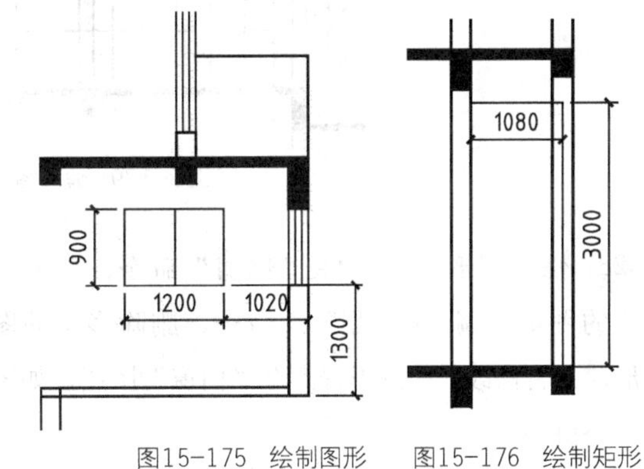

图15-175 绘制图形　　图15-176 绘制矩形

25 复制图形。调用CO“复制”命令，对新绘制的矩形进行复制操作，如图15-177所示。

图15-177 复制图形

26 修改图形。调用TR“修剪”命令，修剪多余的图形；调用E“删除”命令，删除多余的图形，如图15-178所示。

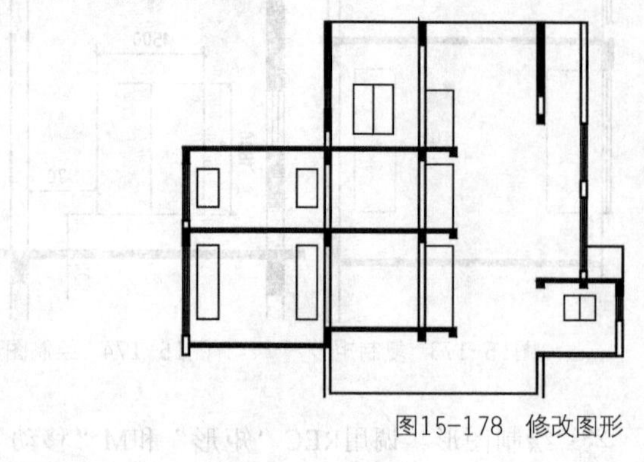

图15-178 修改图形

27 偏移图形。调用O“偏移”命令，拾取合适的直线分别进行偏移操作，如图15-179所示。

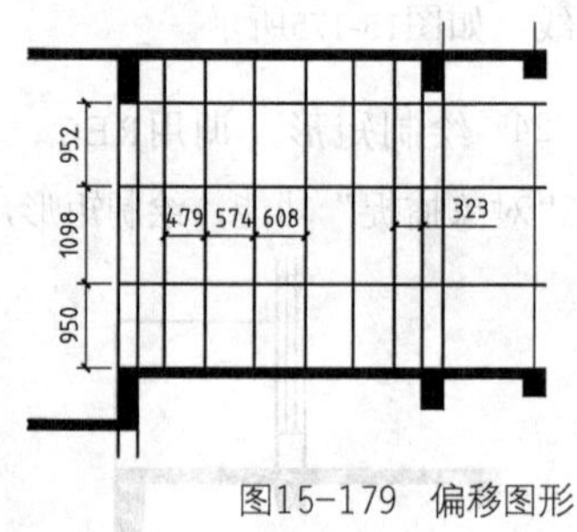

图15-179 偏移图形

28 修改图形。调用TR“修剪”命令，修剪多余的图形；调用E“删除”命令，删除多余的图形，并将修改后的图形修改至“门窗”图层，如图15-180所示。

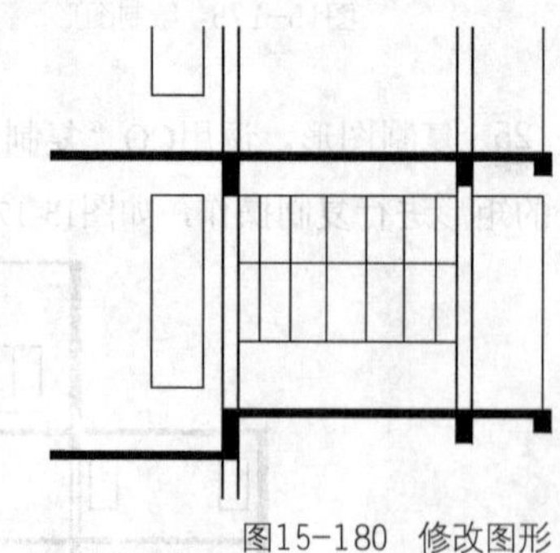

图15-180 修改图形

29 绘制窗户。调用O“偏移”命令，拾取合适的直线分别进行偏移操作；调用TR“修剪”命令，修剪多余的图形；调用E“删除”命令，删除多余的图形，并将修改后的图形修改至“门窗”图层，如图15-181所示。

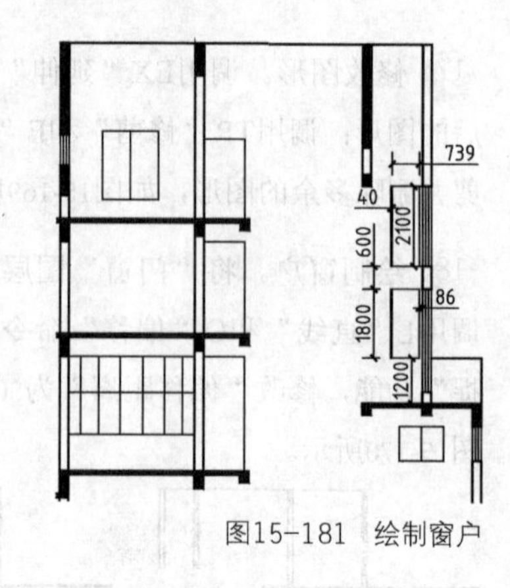

图15-181 绘制窗户

30 绘制直线。将“墙体”图层设为当前图层，调用L“直线”和M“移动”命令，结合“对象捕捉”功能，绘制直线，如图15-182所示。

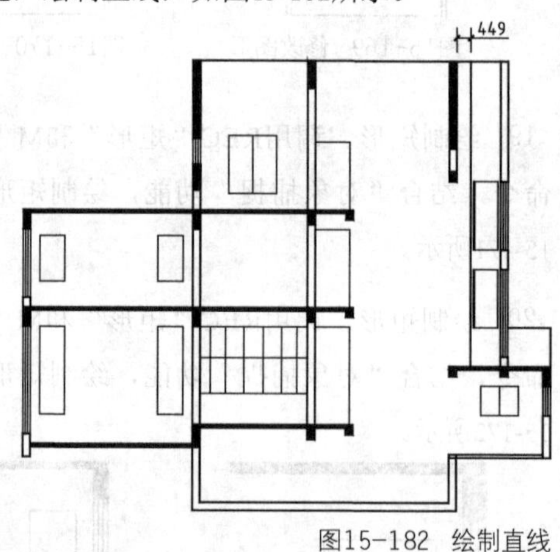

图15-182 绘制直线

5. 绘制楼梯和阳台

31 绘制台阶。将“楼梯”图层设为当前图层，调用PL“多段线”命令，结合“对象捕捉”和“正交”功能，向右绘制11级150×270的台阶，如图15-183所示。

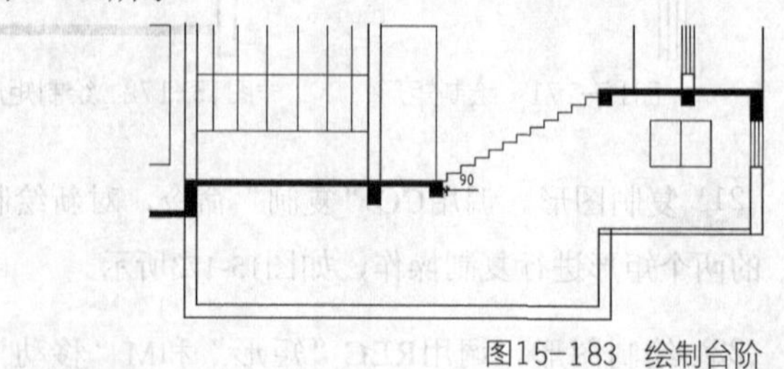

图15-183 绘制台阶

32 复制台阶。调用CO“复制”命令，对新绘制的台阶进行复制操作，如图15-184所示。

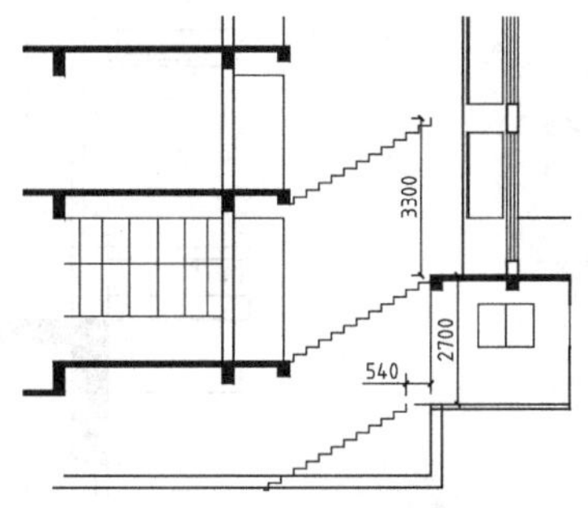

图15-184　复制台阶

33 修改图形。调用MI“镜像”命令，对新绘制的台阶图形进行镜像操作；调用M“移动”命令，调整镜像后的台阶图形，如图15-185所示。

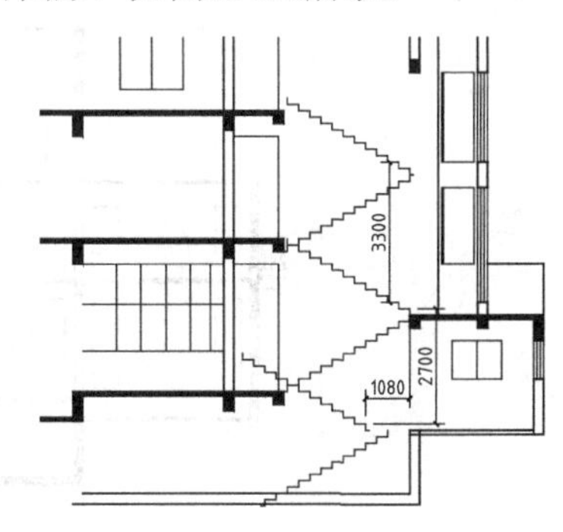

图15-185　修改图形

34 绘制图形。调用EX“延伸”命令，延伸相应的图形；调用L“直线”、M“移动”和RO“旋转”命令，结合“对象捕捉”功能，修改“旋转角度”为29，并绘制直线，如图15-186所示。

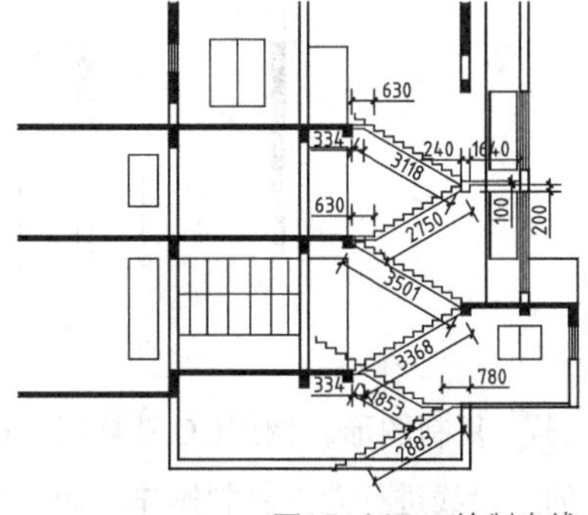

图15-186　绘制直线

35 修改图形。调用TR“修剪”命令，修剪多余的图形；调用E“删除”命令，删除多余的图形，并将修剪后的图形修改至“楼梯”图层，如图15-187所示。

36 填充图形。将“填充”图层设为当前图层，调用H“图案填充”命令，选择“SOLID”图案，填充图形，如图15-188所示。

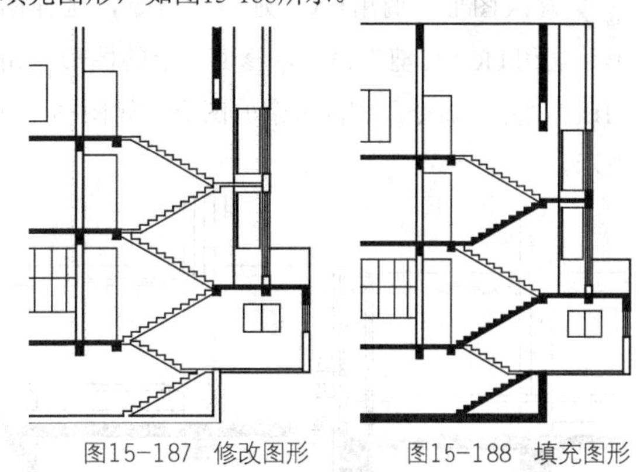

图15-187　修改图形　　图15-188　填充图形

37 绘制直线。将“楼梯”图层设为当前图层，调用L“直线”和M“移动”命令，结合“对象捕捉”功能，绘制直线，如图15-189所示。

38 完善图形。调用L“直线”、CO“复制”、EX“延伸”和TR“修剪”命令，完善楼梯栏杆图形，如图15-190所示。

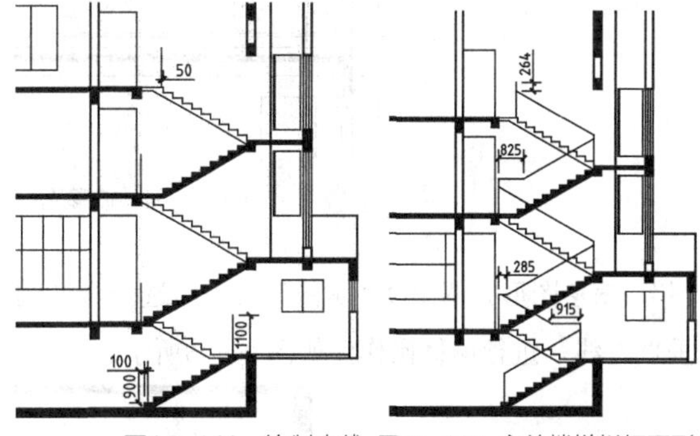

图15-189　绘制直线 图15-190　完善楼梯栏杆图形

39 偏移图形。调用O“偏移”命令，选择合适的水平直线进行向下偏移操作，如图15-191所示。

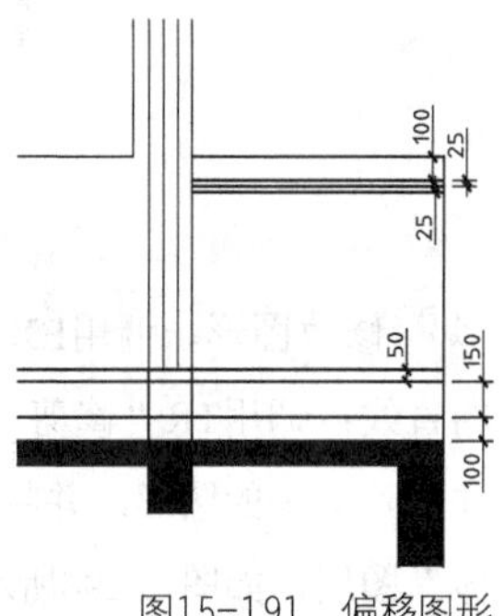

图15-191　偏移图形

40 偏移图形。调用O“偏移”命令，选择合适的垂直直线，进行偏移操作，如图15-192所示。

41 修改图形。调用EX“延伸”命令，延伸图形；调用TR“修剪”命令，修剪多余的图形；调用E“删除”命令，删除多余的图形，如图15-193所示。

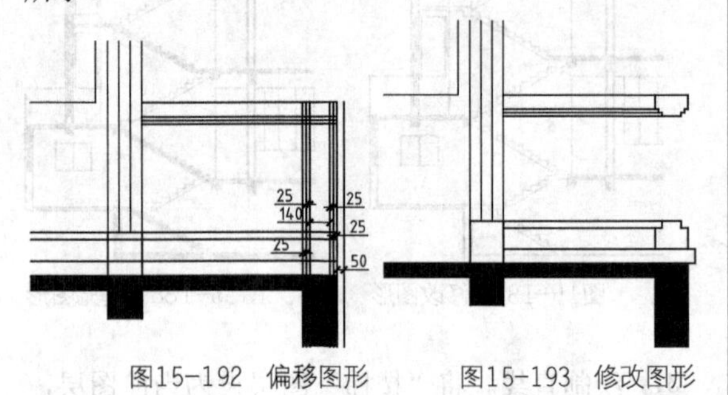

图15-192 偏移图形　　图15-193 修改图形

42 偏移图形。调用O“偏移”命令，选择合适的水平直线，进行偏移操作，如图15-194所示。

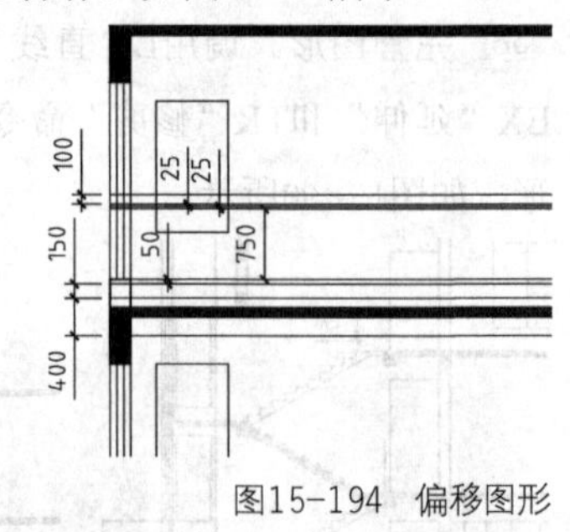

图15-194 偏移图形

43 偏移图形。调用O“偏移”命令，选择合适的垂直直线，进行偏移操作，如图15-195所示。

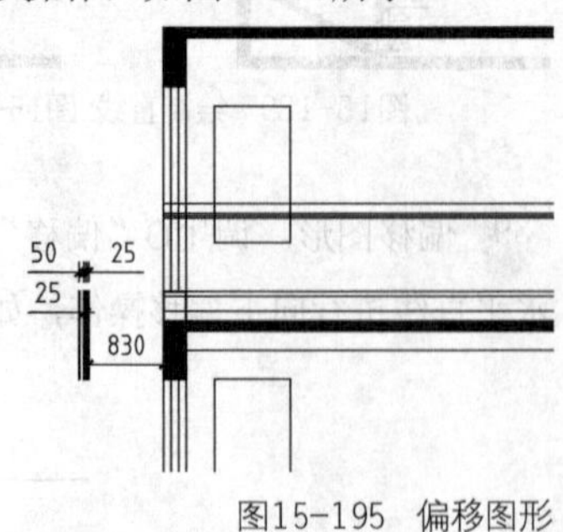

图15-195 偏移图形

44 修改图形。调用EX“延伸”命令，延伸相应的直线；调用TR“修剪”和E“删除”命令，修剪并删除多余的图形，并将修剪后的图形修改至“墙体”图层，如图15-196所示。

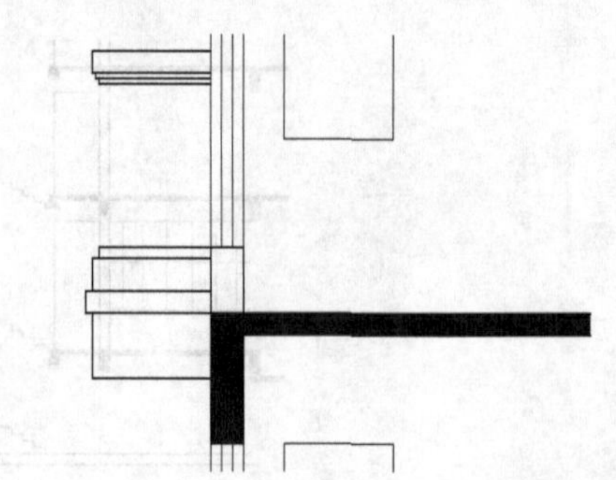

图15-196 修改图形

45 布置块。调用I“插入”按钮，插入随书素材中的“栏杆”块，并调整其位置和数量，效果如图15-197所示。

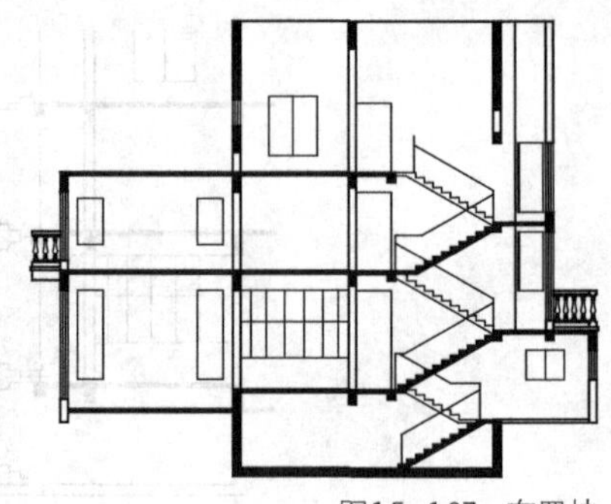

图15-197 布置块

6. 绘制屋顶和屋檐

46 绘制多段线。将“墙体”图层设为当前图层，调用PL“多段线”和“M”移动命令，结合“对象捕捉”功能，绘制多段线，如图15-198所示。

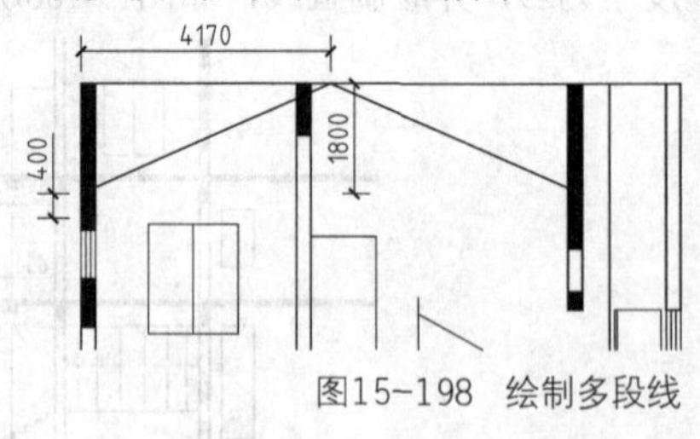

图15-198 绘制多段线

47 复制图形。调用CO“复制”命令，对新绘制的多段线进行向下复制操作，如图15-199所示。

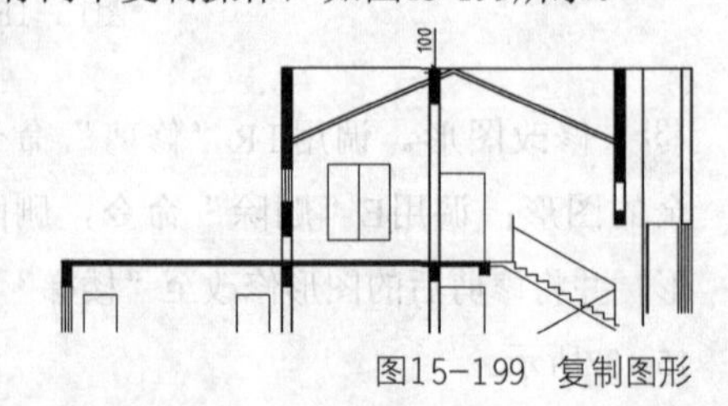

图15-199 复制图形

48 绘制多段线。调用PL“多段线”和“M”移动命令，结合“对象捕捉”功能，绘制多段线，如图15-200所示。

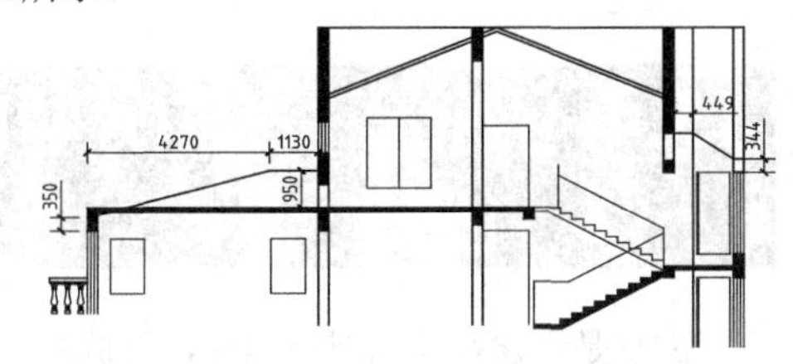

图15-200 绘制多段线

49 复制图形。调用CO“复制”命令，对新绘制的多段线进行向下和向上复制操作，如图15-201所示。

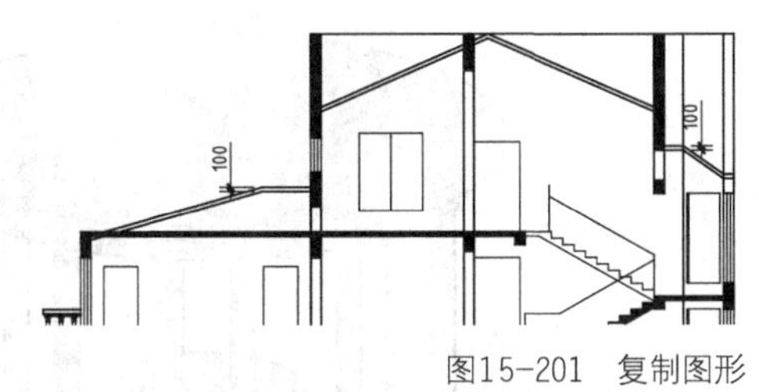

图15-201 复制图形

50 绘制多段线。调用PL“多段线”命令，结合“对象捕捉”功能，绘制多段线，如图15-202所示。

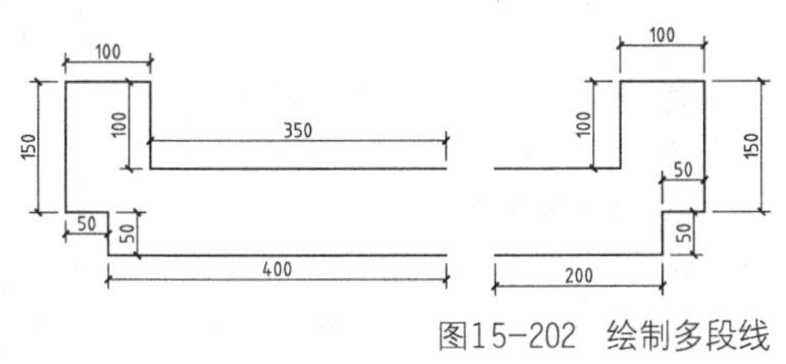

图15-202 绘制多段线

51 复制图形。调用CO“复制”、MI“镜像”和M“移动”命令，对新绘制的多段线进行复制操作，如图15-203所示。

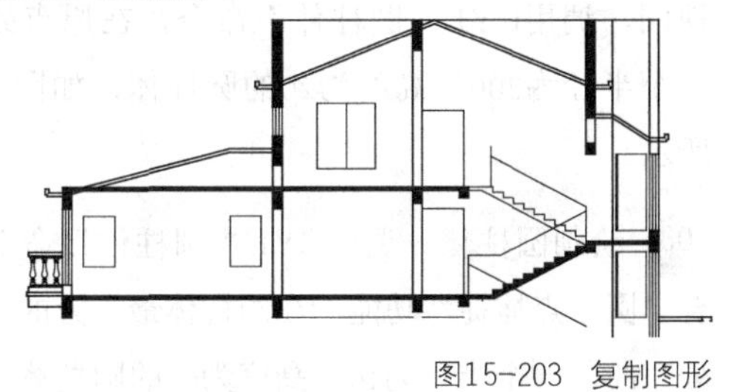
图15-203 复制图形

52 绘制封闭图形。调用L“直线”命令，结合“对象捕捉”功能，绘制封闭图形。

53 修改图形。调用TR“修剪”命令，修剪多余的图形；调用E“删除”命令，删除多余的图形，如图15-204所示。

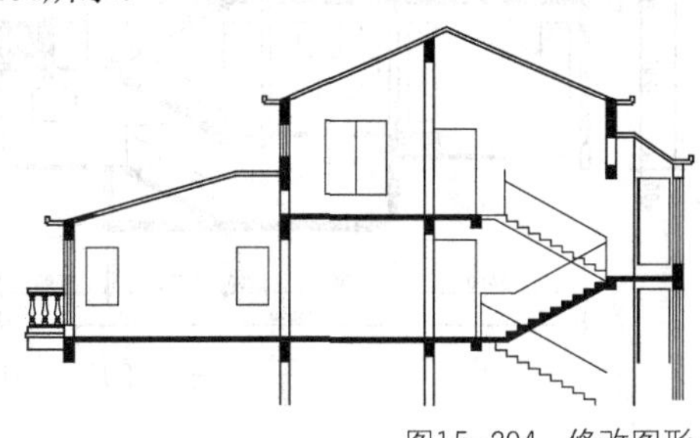
图15-204 修改图形

54 填充图形。将“填充”图层设为当前图层，调用H“图案填充”命令，选择“SOLID”图案，拾取合适的区域，填充图形，如图15-205所示。

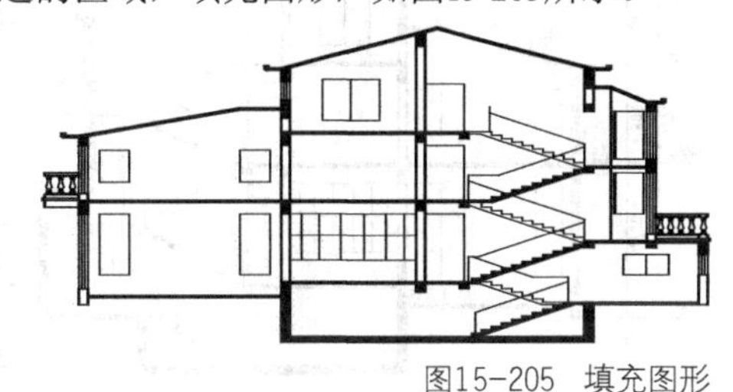
图15-205 填充图形

7. 完善图形

55 绘制台阶。调用L“直线”、O“偏移”和TR“修剪”命令，绘制台阶，并将绘制好的图形修改至“其他”图层，如图15-206所示。

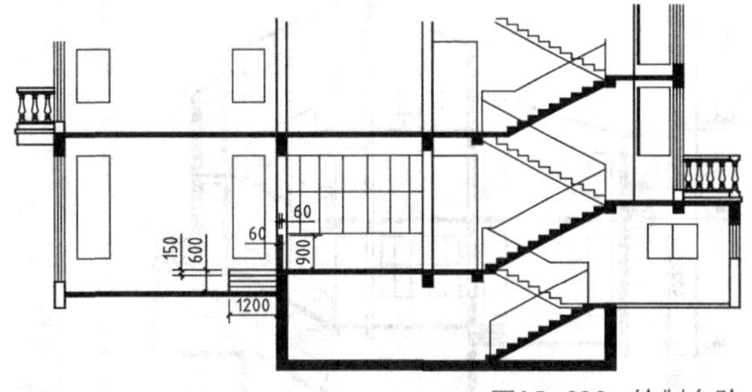

图15-206 绘制台阶

56 添加尺寸标注。将“尺寸标注”图层设为当前图层，调用DLI“线性标注”和DCO“连续标注”命令，结合“对象捕捉”功能，依次添加尺寸标注，效果如图15-207所示。

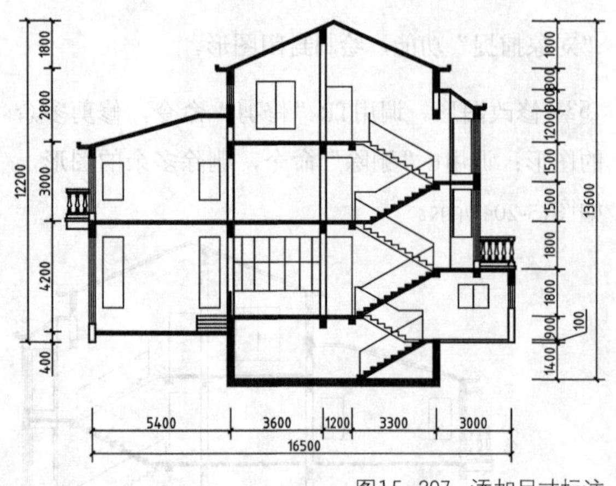

图15-207　添加尺寸标注

57 添加标高。将立面图中的标高图形复制到剖面图中，并修改标高参数，如图15-208所示。

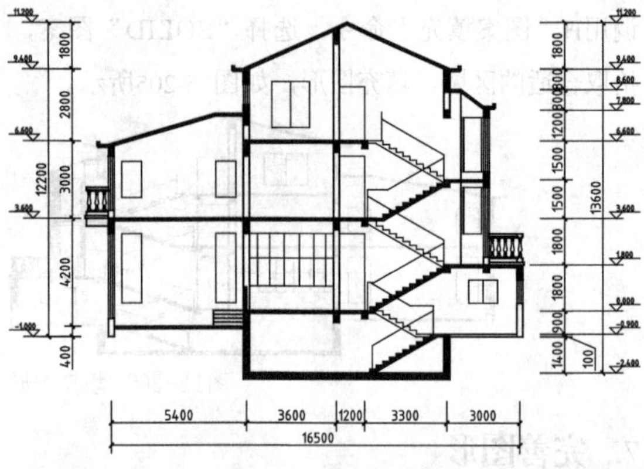

图15-208　添加标高

58 标注轴号。参照本章平面图轴号标注方法，标注轴号。效果如图15-209所示。

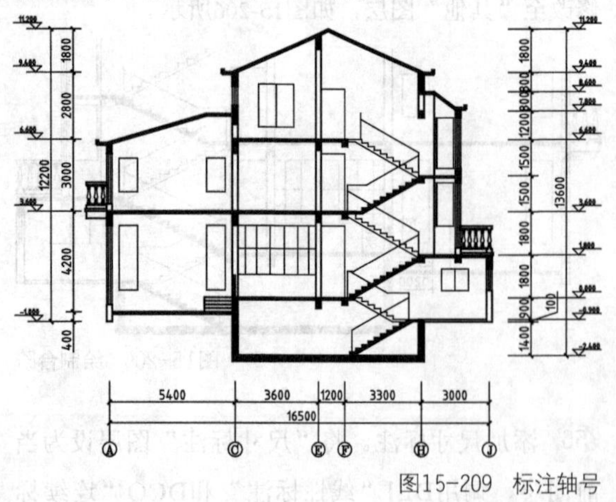

图15-209　标注轴号

59 完善图形。调用MT“多行文字”命令，添加图名及比例，设置文字高度为600，调用PL“多段线”和L“直线”命令，修改“宽度”为150，添加下划线，得到的最终效果如图15-155所示。

15.4　凉亭三维模型的创建

凉亭是常建在花园或公园中，开放的用来纳凉的亭榭或亭子，常由柱子支承屋顶。本小节通过绘制图15-210所示的凉亭三维模型，以帮助读者了解凉亭三维模型的绘制过程和技巧。

图15-210　凉亭三维模型

案例位置	素材>第15章>15.4 凉亭三维模型的创建.dwg
在线视频	视频>第15章>15.4 凉亭三维模型的创建.mp4
难易指数	★★★★★
学习目标	学习“圆柱体”“圆”“环形阵列”“拉伸”“并集”“旋转”等命令的使用

01 新建文件。单击快速访问工具栏中的“新建”按钮，新建空白文件。

02 绘制圆柱体。将视图切换至“西南等轴测”视图，调用CYL“圆柱体”命令，在原点处绘制一个半径为200、高度为20的圆柱体，如图15-211所示。

03 绘制圆柱体。调用CYL“圆柱体”命令，结合“圆心点捕捉”功能，在圆柱体最上方的圆心点处，绘制一个半径为10、高度为65的圆柱体，如图15-212所示。

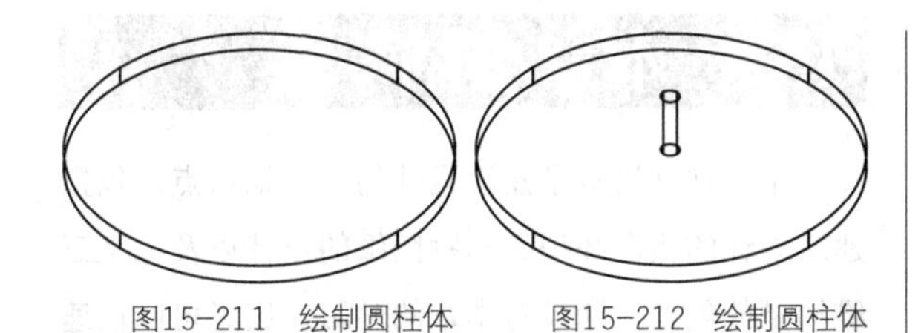

图15-211 绘制圆柱体　　图15-212 绘制圆柱体

04 绘制圆柱体。调用CYL“圆柱体”命令，结合“圆心点捕捉”功能，在新绘制的圆柱体最上方的圆心点处，绘制一个半径为60、高度为10的圆柱体，如图15-213所示。

05 绘制圆。将视图切换至“俯视”视图，调用C“圆”和M“移动”命令，在合适的位置处绘制一个半径为7.5的圆，如图15-214所示。

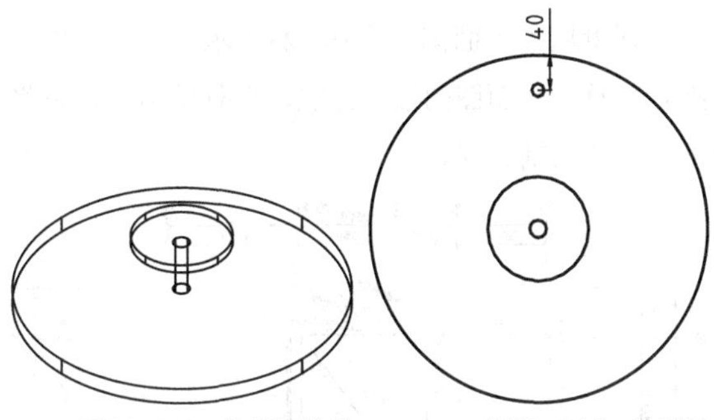

图15-213 绘制圆柱体　　图15-214 绘制圆

06 绘制圆。调用C“圆”和M“移动”命令，在合适的位置处绘制一个半径为5的圆，如图15-215所示。

07 环形阵列图形。单击“修改”面板中的“环形阵列”按钮，修改“项目数”为8，拾取新绘制的两个圆作为环形阵列对象，对其进行环形阵列操作，如图15-216所示，调用X“分解”命令，分解环形阵列图形。

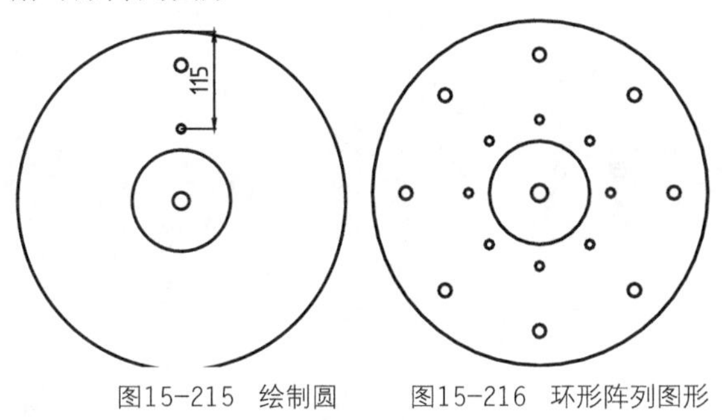

图15-215 绘制圆　　图15-216 环形阵列图形

08 拉伸实体。将视图切换至“西南等轴测”视图，调用EXT“拉伸”命令，修改“拉伸高度”为30，对半径为5的圆进行拉伸操作，如图15-217所示。

09 绘制圆柱体。将坐标系恢复为世界坐标系，调用CYL“圆柱体”命令，结合“圆心点捕捉”功能，绘制一个半径为18、高度为5的圆柱体，如图15-218所示。

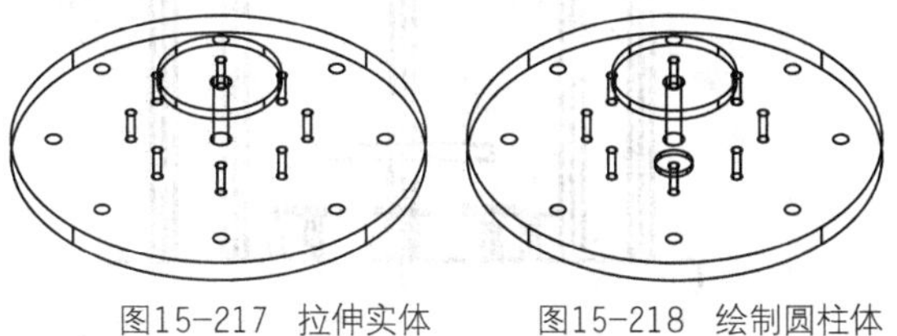

图15-217 拉伸实体　　图15-218 绘制圆柱体

10 复制模型。调用CO“复制”命令，对新绘制的圆柱体进行复制操作，如图15-219所示。

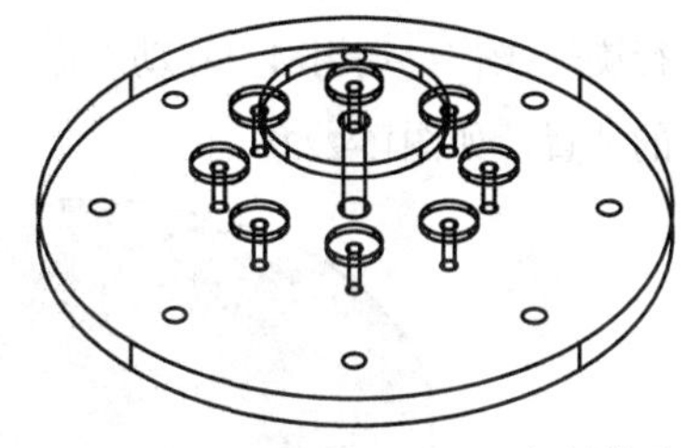

图15-219 复制模型

11 并集运算。调用UNI“并集”命令，选择合适的模型，进行并集运算操作。

12 拉伸实体。调用EXT“拉伸”命令，修改“拉伸高度”为220，对半径为7.5的圆进行拉伸操作，如图15-220所示。

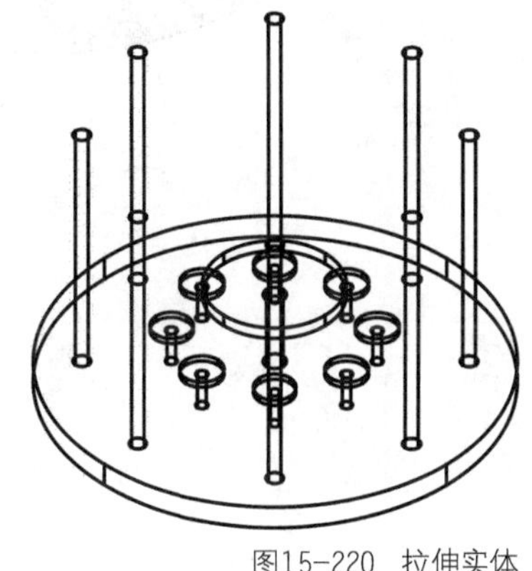

图15-220 拉伸实体

⑬ 绘制多段线。将视图切换至“前视”视图，调用PL“多段线”和L“直线”命令，绘制多段线，如图15-221所示。

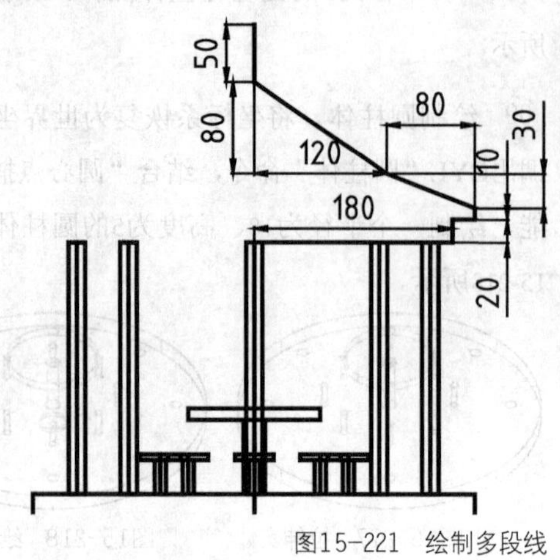

图15-221 绘制多段线

⑭ 旋转实体。将视图切换至“西南等轴测”视图，调用REV“旋转”命令，对新绘制的多段线进行旋转操作；调用M“移动”命令，调整旋转实体的位置，如图15-222所示。

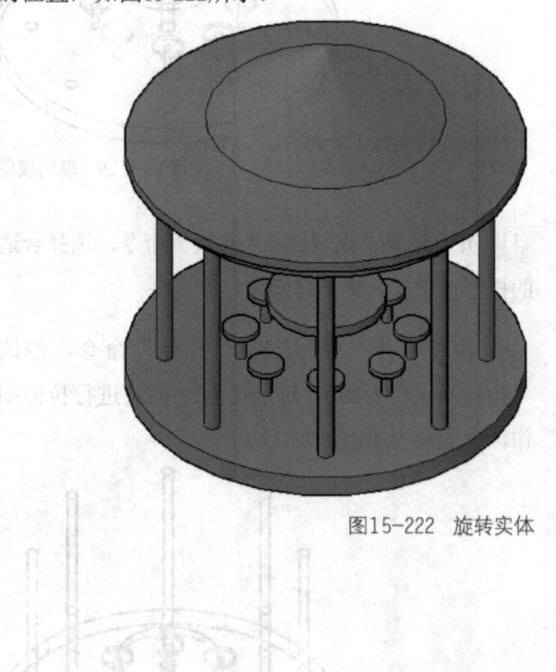

图15-222 旋转实体

15.5 本章小结

本章详细讲解了建筑设计的一些知识点，包括建筑设计的概念知识、别墅图纸的设计以及凉亭三维模型的创建。通过对本章的学习，读者可以快速掌握建筑设计的绘图手法，从而将其应用于其他建筑设计。

15.6 课后习题——绘制别墅屋顶平面图

本节通过具体的实例练习建筑设计的绘图方法。

别墅屋顶平面图如图15-223所示，读者可以参照别墅首层平面图的绘制方法，自行练习，这里将不再讲述绘制过程。

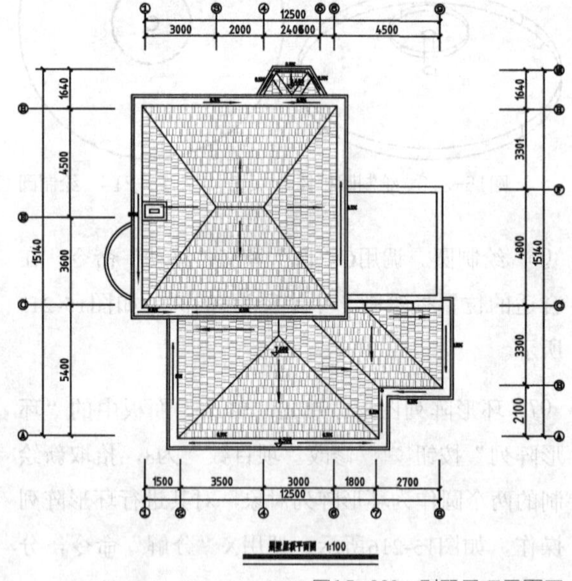

图15-223 别墅屋顶平面图

第16章

机械设计及绘图

内容摘要

机械制图是用图样确切表示机械的结构形状、尺寸大小、工作原理和技术要求的学科。图样由图形、符号、文字和数字组成，是表达设计意图、制造要求以及交流经验的技术文件，常被称为“工程界的语言”。而AutoCAD则是实现该目的的一种工具。使用AutoCAD可以更加方便、快捷和精确地绘制出机械图形。

课堂学习目标

- 清楚机械制图的内容
- 了解机械制图的绘制流程
- 熟悉机械零件图的绘制方法
- 熟悉机械装配图的绘制方法
- 掌握三维机械图的绘制方法

16.1 机械制图的内容

对于机械制造行业来说，机械制图在行业中起着举足轻重的作用。因此，每个工程技术人员都需要熟练地掌握机械制图的内容和绘制流程。机械制图的内容主要包括零件图和装配图，此外还有布置图、示意图和轴测图等。

一套完整的机械制图包含以下几部分内容。

- 图框和图纸幅面：图纸幅面就是图纸的大小，以其长，宽的尺寸来确定；图框在图纸幅面中用粗实线画出。
- 标题栏：标题栏用来说明机件名称、比例、图号、设计者、审核者以及机件种类、材料等，一般位于图样的右下角。
- 样图：样图是图形最主要的部分之一，缺少了它，图形也就毫无意义。零件图和装配图可以采用相同的方法进行绘制，也可以采用不同的方法进行绘制，两者之间存在一定的差别，可视具体情况而定。
- 标注：尺寸标注、粗糙度和基准面标注以及零件序号都是标注的形式，用户可以根据零件图和装配图的不同进行不同的标注。

16.2 机械制图的流程

在AutoCAD中，机械零件图的绘制流程主要包括以下几个步骤。

- 了解所绘制零件的名称、材料、用途以及各部分的结构形状和加工方法。
- 根据上述分析，确定所绘制物体的主视图，再根据其结构特征确定顶视图及剖视图等其他视图。
- 标注尺寸并添加文字说明，最后绘制标题栏并填写内容。
- 图形绘制完成后，可对其进行打印输出。

在AutoCAD中，机械装配图的绘制流程主要包括以下步骤。

- 了解所绘制部件的工作原理、零件之间的装配关系、用途、主要零件的基本结构和部件的安装情况等内容。
- 根据对所绘制部件的了解，合理运用各种表达方法，按照装配图的要求选择视图，确定视图表达方案。

16.3 机械零件图的绘制

零件图是制造和检验零件的主要依据，是设计部门提交给生产部门的重要技术文件，也是设计部门与生产部门进行技术交流的重要资料。零件图不仅需要把零件的内外结构、形状和大小表达清楚，还需要对零件的材料、加工、检验、测量提出必要的技术要求。

16.3.1 零件图的内容

为了满足生产部门制造零件的要求，一张零件图必须包括以下几方面内容。

1. 一组视图

用一组视图完整、清晰地表达零件各个部分的结构以及形状。这组视图包括零件在采用各种表达方法时的视图、剖视图、断面图、局部放大图和简化图。

2. 完整的尺寸

零件图中应正确、完整、清晰、合理地标注零件在制造和检验时的全部尺寸。

3. 技术要求

用规定的符号、代号、标记和简要的文字提出对零件制造和检验时所应达到的各项技术指标和要求。

4. 标题栏

在标题栏中一般应填写单位名称、图名（零件的名称）、材料、质量、比例、图号以及设计、审核、批准人员的签名和日期等。

16.3.2 零件图的类型

机械制图中的零件图按照各类零件的用途及外形大致可分为以下几大类。

1. 标准零件

常用标准零件主要包括平垫、销钉、槽轮、棘轮、拨叉、轴承等。这类零件的主要特征就是在型号、规格、大小等方面有国家标准，零件的通用性高。

2. 定位零件

常用的定位零件主要包括花键、楔键、开口销钉、止动垫片、回转器等。这类零件的主要特征就是在回转机构中起到重要的轴向定位作用。这类结构的零件大部分已经标准化，其机械制图有规定的画法。

3. 螺纹零件

常用的螺纹零件主要包括各类螺母、螺栓、螺杆、螺丝及螺钉等。这类零件在个别部件中起着相当重要的连接和紧固作用，并且此类零件大部分在型号、规格和画法上也是有规定的。

4. 工具零件

常用的工具零件主要包括扳手、拉环、起钉锤、手柄、手轮、曲柄、螺丝刀等，在我们的日常生活中经常用到。这类零件的主要特征是结构形状比较复杂，零件一般带有倾斜或弯曲的结构，一般的外形和规格是符合国家标准的，但也可以根据需要生产非国标的工具零件。

5. 盘类零件

常用的盘类零件主要包括齿轮、凸轮、轴承盖、阀盖、泵盖、V带轮、平带轮等。这类零件的主要特征是：大多数零件的主要部分一般是由自由回转体构成的，呈扁平的盘状，并且在零件的四周均匀分布着各种加强筋、孔和槽等结构。这类零件在加工的时候一般是水平放置的，通常加工的位置就是零件的中心位置及零件的轴线位置。

6. 箱体零件

常用的箱体零件主要包括箱体、壳体、泵体、阀体等。这类零件的特征就是能支撑和包容其他零件，所以此类零件的结构通常比较复杂，加工位置的变化也很大。一般根据具体的零件装配要求、具体的加工工艺对箱体零件进行具体的加工。

7. 轴套零件

轴套零件是一种常用的机械零件，如支墩轴套、传动轴套、传动轴以及阶梯轴等零件。其中，轴类零件主要用于支撑传动零部件，传递扭矩，承受载荷，以及保证在轴上零件的回转精度等。常见的轴类零件的基本形式是阶梯的回转体，其长度大于直径，主体由多段直径不同的回转体组成。轴上一般有轴颈、轴肩、键槽、螺纹、挡圈槽、销孔、内孔、螺纹子、中心孔、退刀槽、倒角、圆角等机械加工工艺结构。该类零件是指带有孔的零件，在机器中起支撑和导向作用，主要由端面、外圆、内孔等组成。套类零件的壁厚较薄，易变形，一般情况下，该类零件的直径大于其轴向尺寸。

16.3.3 绘制半联轴器零件图

半联轴器零件图由主视图和剖视图组成，其主要用来连接不同机构中的两根轴（主动轴和从动轴），使之共同旋转以传递扭矩的机械零件。本小节通过绘制图16-1所示的半联轴器零件图，帮助读者了解基本机械零件图的绘制过程和技巧。

案例位置	素材>第16章>16.3.3 绘制半联轴器零件图.dwg
在线视频	视频>第16章>16.3.3 绘制半联轴器零件图.mp4
难易指数	★★★★★
学习目标	学习“图层”“直线”“圆”“环形阵列”“偏移”“修剪”“圆角”“倒角”等命令的使用

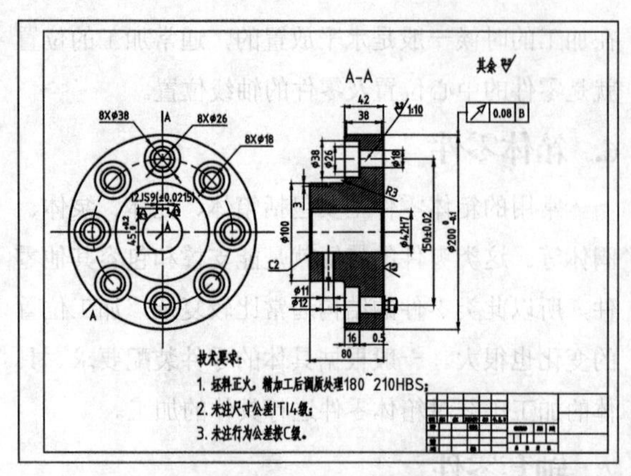

图16-1　半联轴器零件图

1. 绘制主视图

01 新建文件。单击快速访问工具栏中的“新建”按钮，新建空白文件。

02 新建图层。调用LA“图层”命令，打开“图层特性管理器”选项板，依次创建“中心线”“轮廓线”“剖面线”“尺寸标注”图层，如图16-2所示。

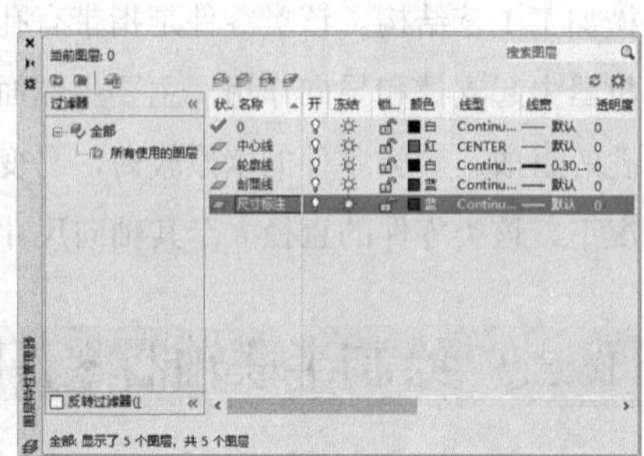

图16-2　“图层特性管理器”选项板

03 绘制直线。将“中心线”图层设为当前图层。调用L“直线”和M“移动”命令，绘制两条长度均为238且相互垂直的中心线，如图16-3所示。

图16-3　绘制直线

04 绘制圆。将“轮廓线”图层设为当前图层。调用C“圆”命令，结合“中点捕捉”功能，分别绘制圆，如图16-4所示。

05 修改图层。选择半径为75的圆，将其修改至“中心线”图层，如图16-5所示。

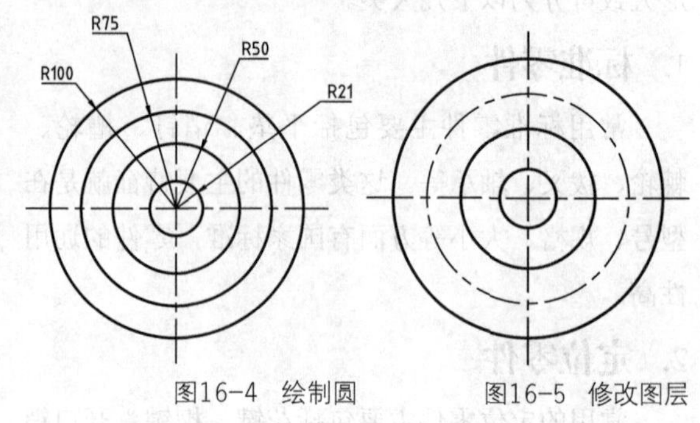

图16-4　绘制圆　　　图16-5　修改图层

06 绘制圆。调用C“圆”命令，结合“象限点捕捉”功能，分别绘制圆，如图16-6所示。

07 环形阵列图形。单击“修改”面板中的“环形阵列”按钮，修改“项目数”为8，对新绘制的小圆对象进行环形阵列操作，如图16-7所示。

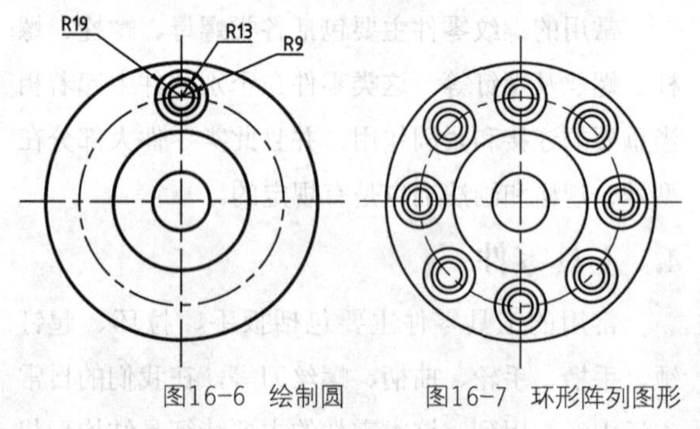

图16-6　绘制圆　　　图16-7　环形阵列图形

08 偏移图形。调用O“偏移”命令，拾取中心线，对其进行偏移操作，如图16-8所示。

09 修改图形。调用TR“修剪”和E“删除”命令，修剪并删除多余的图形，并将修改后的图形修改至“轮廓线”图层，如图16-9所示。

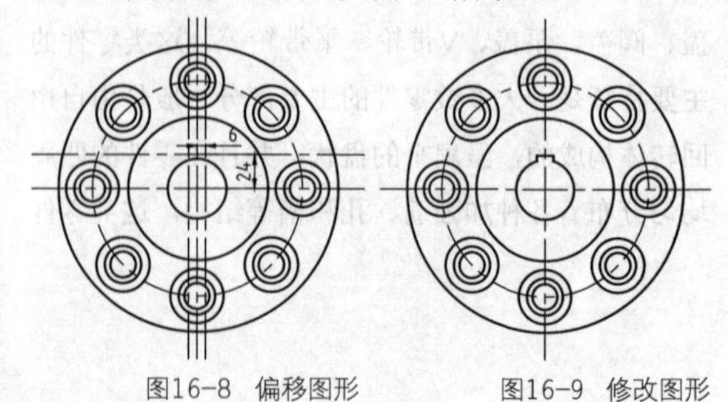

图16-8　偏移图形　　　图16-9　修改图形

2. 绘制剖视图

(10) 绘制剖切符号。将“尺寸标注”图层设为当前图层，调用PL“多段线”和MT“多行文字”命令，绘制剖切符号，如图16-10所示。

(11) 绘制直线。将“中心线”图层设为当前图层，调用L“直线”命令，在合适的位置绘制一条长度为110的水平中心线，如图16-11所示。

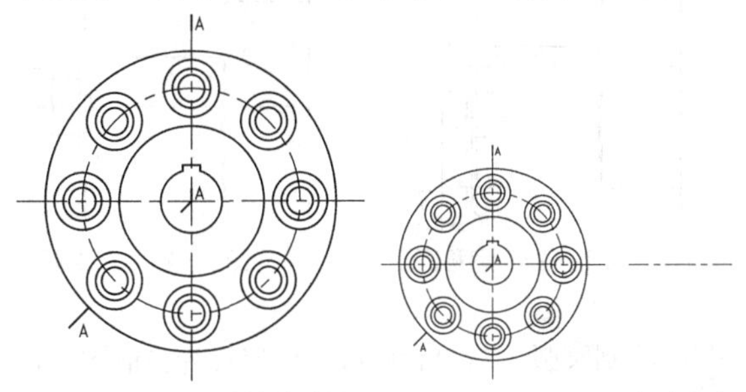

图16-10　绘制剖切符号　　图16-11　绘制直线

(12) 绘制矩形。将“轮廓线”图层设为当前图层。调用REC“矩形”和M“移动”命令，结合“对象捕捉”功能，绘制矩形，如图16-12所示。

(13) 修改图形。调用X“分解”命令，分解新绘制的矩形；调用O“偏移”命令，将矩形上方的水平直线向下偏移，如图16-13所示。

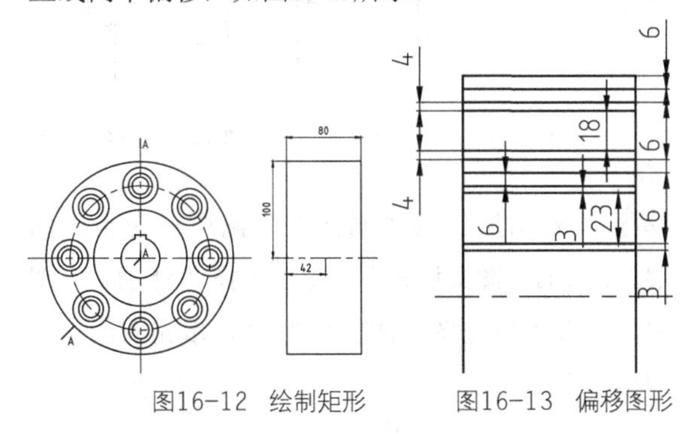

图16-12　绘制矩形　　图16-13　偏移图形

(14) 偏移图形。调用O“偏移”命令，将左侧的垂直直线向右偏移，如图16-14所示。

(15) 修改图形。调用TR“修剪”和E“删除”命令，修剪并删除多余的图形，如图16-15所示。

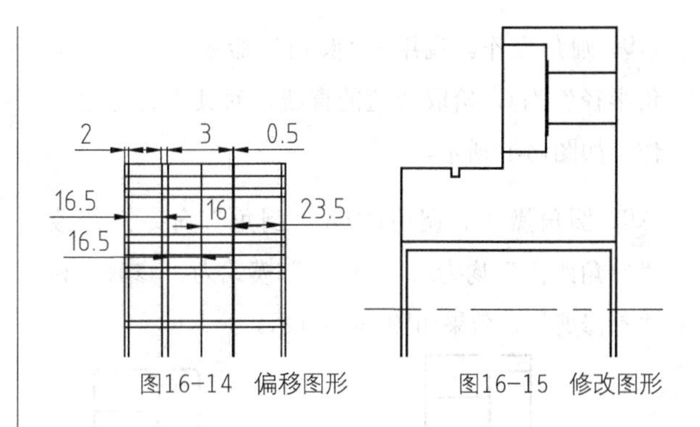

图16-14　偏移图形　　图16-15　修改图形

(16) 镜像图形。调用MI“镜像”命令，选择合适的图形，沿着水平中心线对其进行镜像操作，如图16-16所示。

(17) 修改图形。调用TR“修剪”命令，修剪多余的图形；调用E“删除”命令，删除多余的图形，如图16-17所示。

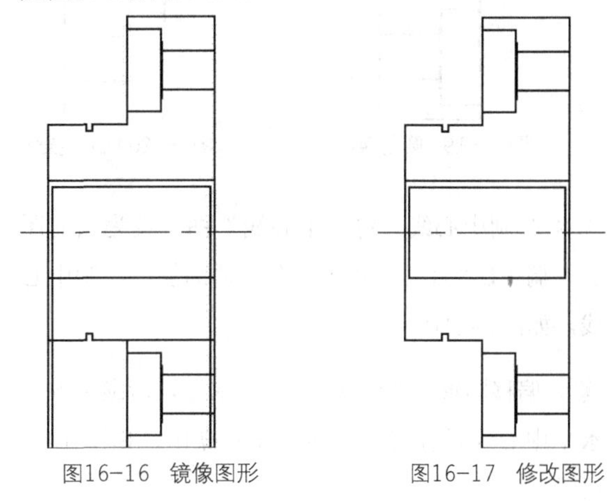

图16-16　镜像图形　　图16-17　修改图形

(18) 绘制圆孔。调用O“偏移”命令，将矩形左侧的垂直直线向右偏移；调用TR“修剪”和E“删除”命令，修剪并删除多余的图形，如图16-18所示。

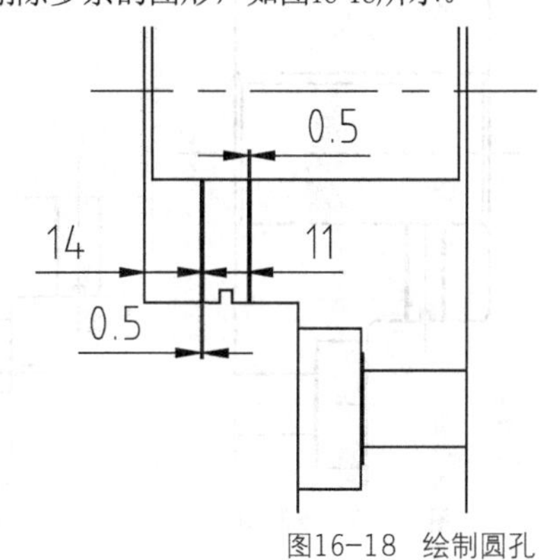

图16-18　绘制圆孔

⑲ 圆角操作。调用F“圆角”命令，修改“圆角半径”为3，拾取合适的直线，对其进行圆角操作，如图16-19所示。

⑳ 倒角操作。调用CHA“倒角”命令，修改“倒角距离”均为2、“修剪”模式为“修剪”和“不修剪”，效果如图16-20所示。

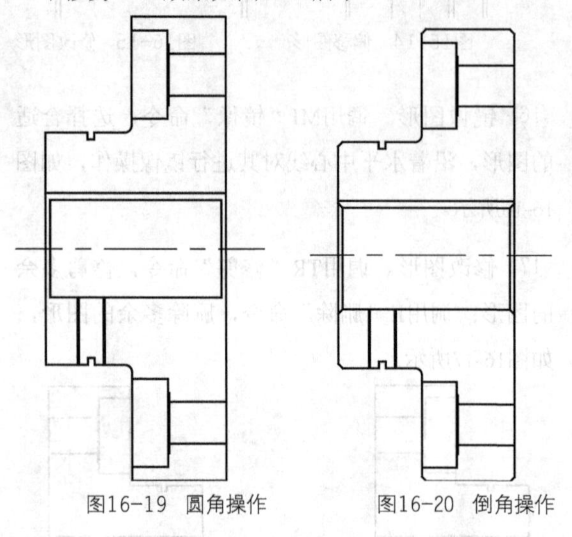

图16-19 圆角操作　　图16-20 倒角操作

㉑ 绘制中心线。将“中心线”图层设为当前图层，调用L“直线”命令，在合适的位置绘制中心线，如图16-21所示。

㉒ 偏移图形。调用O“偏移”命令，对最下方的水平中心线进行向上和向下偏移操作，如图16-22所示。

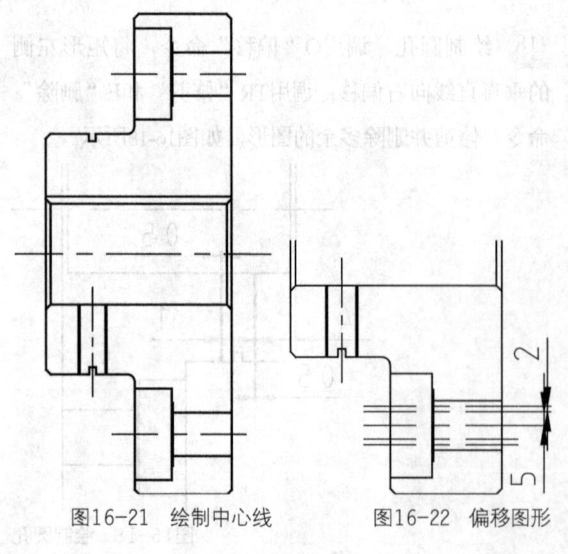

图16-21 绘制中心线　　图16-22 偏移图形

㉓ 偏移图形。调用O“偏移”命令，对矩形右侧的垂直直线进行向左和向右偏移操作，如图16-23所示。

㉔ 修改图形。调用EX“延伸”、TR“修剪”和E“删除”命令，延伸相应的图形，修剪并删除多余的图形，并将修改后的图形修改至“轮廓线”图层，如图16-24所示。

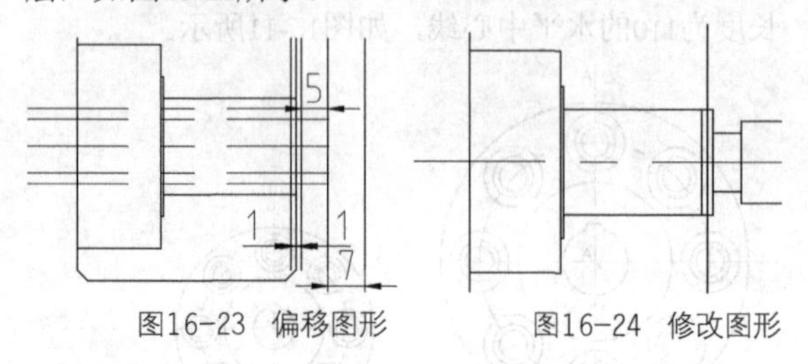

图16-23 偏移图形　　图16-24 修改图形

㉕ 绘制圆弧。将“轮廓线”图层设为当前图层，调用A“圆弧”命令，以“起点，端点，半径”的方式绘制半径为5.5的圆弧，如图16-25所示。

㉖ 镜像图形。调用MI“镜像”命令，对新绘制的圆弧进行镜像操作，并延长水平中心线，如图16-26所示。

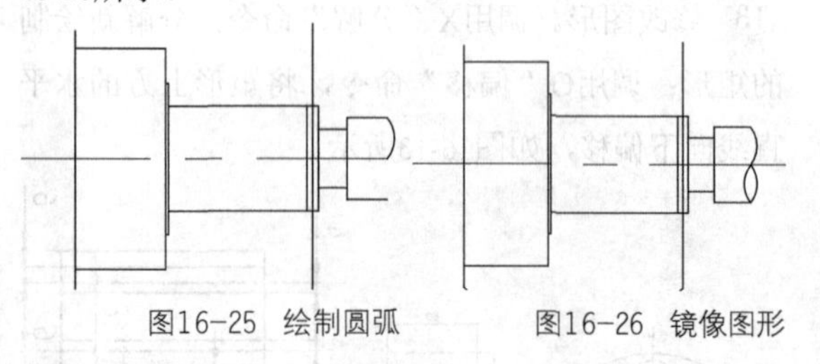

图16-25 绘制圆弧　　图16-26 镜像图形

㉗ 填充图形。将“剖面线”图层设为当前图层。调用H“图案填充”命令，选择“ANSI31”图案，修改“填充图案比例”为0.7，填充图形，如图16-27所示。

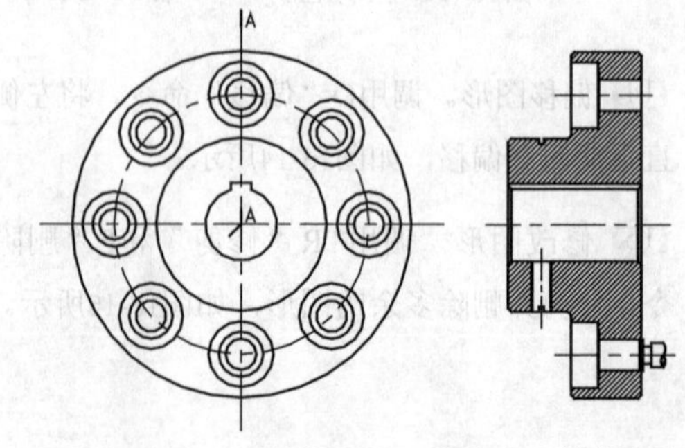

图16-27 填充图形

3．标注零件图

28 设置文字样式。调用ST“文字样式”命令，打开“文字样式”对话框，新建“文字”样式，并修改各参数，如图16-28所示。

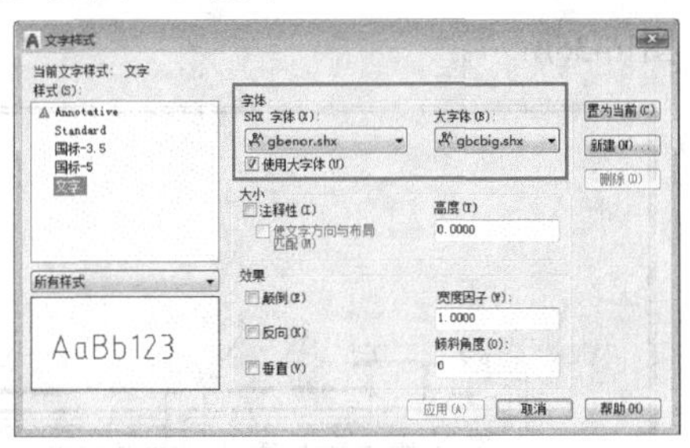

图16-28　“文字样式”对话框

29 设置标注样式。调用D“标注样式”命令，打开“修改标注样式：ISO-25”对话框，修改“ISO-25”标注样式的各参数，如图16-29所示。

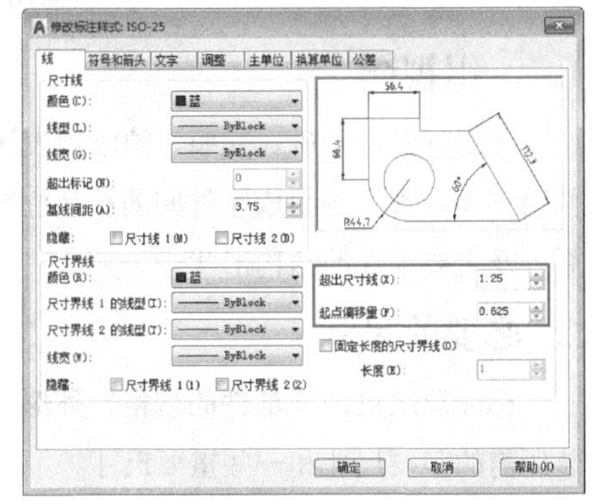

图16-29　“修改标注样式：ISO-25”对话框

30 添加尺寸标注。将“尺寸标注”图层设为当前图层，调用DLI“线性标注”、DRA“半径标注”和DDI“直径标注”命令，在绘图区中添加线性标注、半径标注和直径标注，如图16-30所示。

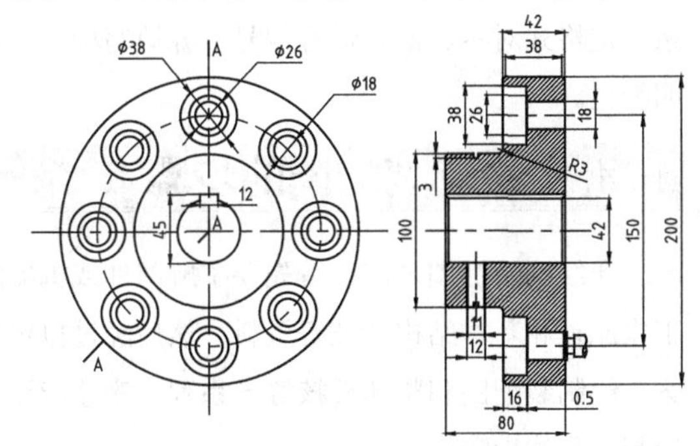

图16-30　添加尺寸标注

31 输入符号。双击相应的尺寸标注，打开文本输入框，输入相应的符号和公差，如图16-31所示。

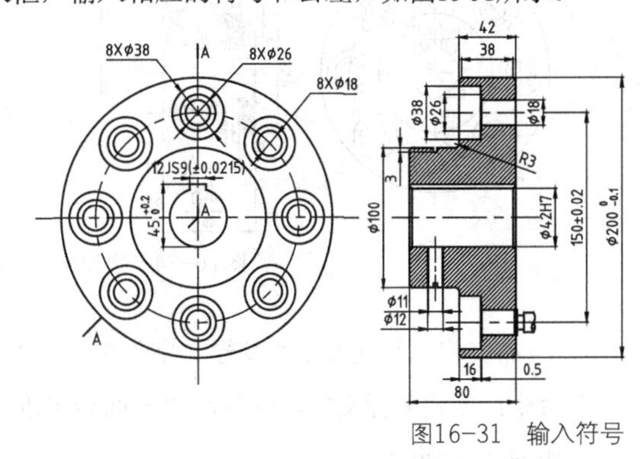

图16-31　输入符号

32 添加多重引线标注。调用MLD“多重引线”命令，在绘图区中添加多重引线标注，如图16-32所示。

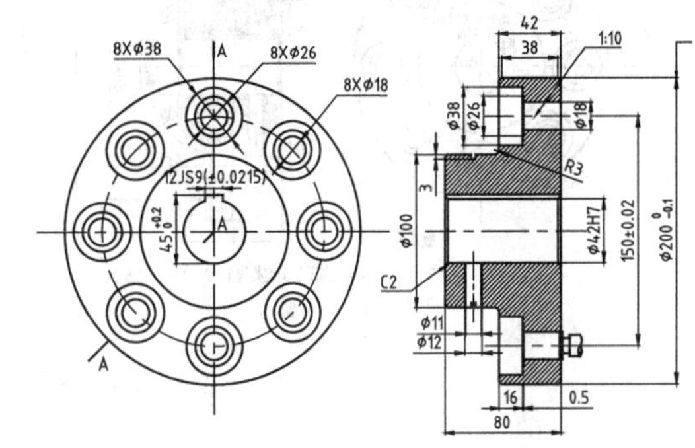

图16-32　添加多重引线标注

33 布置块。调用I“插入”命令，插入随书素材中的“表面粗糙度”块，并对其进行复制和修改操作，如图16-33所示。

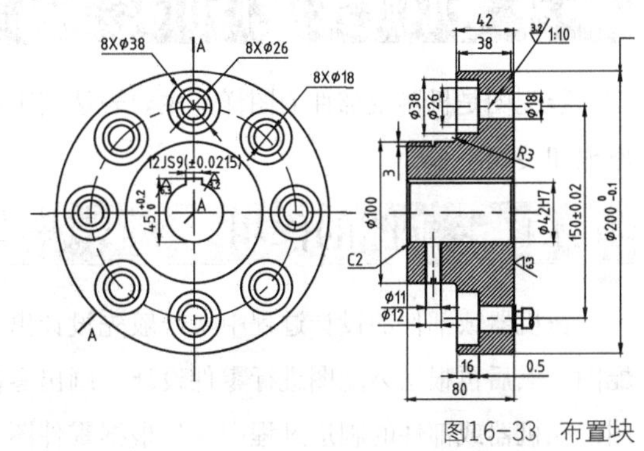

图16-33　布置块

34 添加形位公差。调用TOL“形位公差”命令，在绘图区中添加形位公差，如图16-34所示。

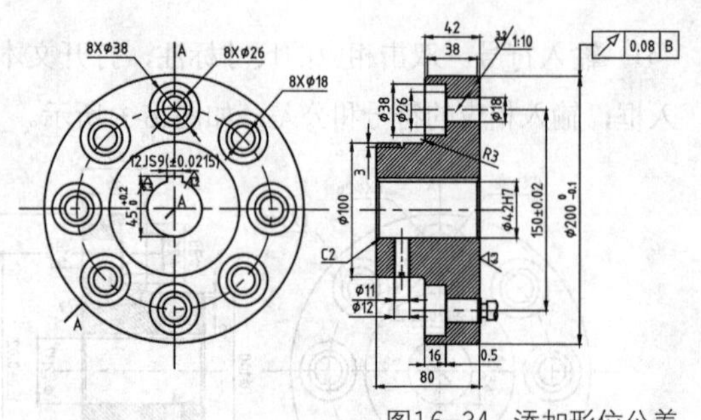

图16-34 添加形位公差

35 添加文字。调用MT“多行文字”和CO“复制”命令，创建多行文字，并复制“表面粗糙度”块，如图16-35所示。

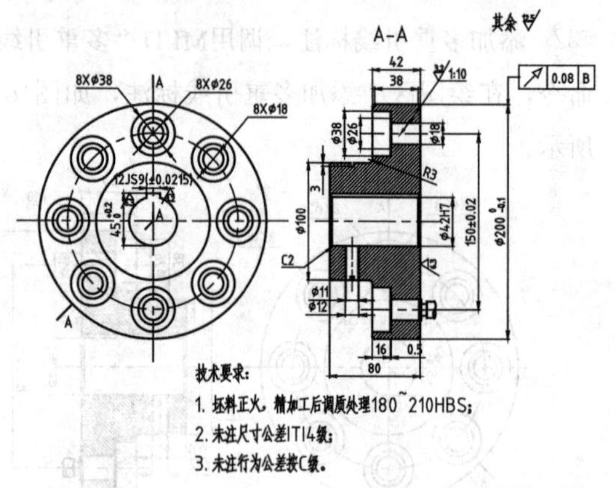

图16-35 添加文字

36 插入图框。调用I“插入”命令，插入随书素材中的图框，并调整其大小和位置，得到的最终效果如图16-1所示。

16.4 机械装配图的绘制

装配图是机器或部件的图样，主要表达其工作原理和装配关系。

16.4.1 装配图的作用

在机器或部件的设计过程中，一般先设计出装配图，然后再根据装配图进行零件设计，画出零件图；在机器或部件的制造过程中，先根据零件图进行零件加工和检验，再按照依据装配图所制定的装配工艺规程将零件装配成机器或部件；在机器或部件的使用、维护及维修过程中，也经常要通过装配图来了解机器或部件的工作原理及构造。

16.4.2 装配图的内容

一套完整的装配图主要包含以下4个内容，如图16-36所示。

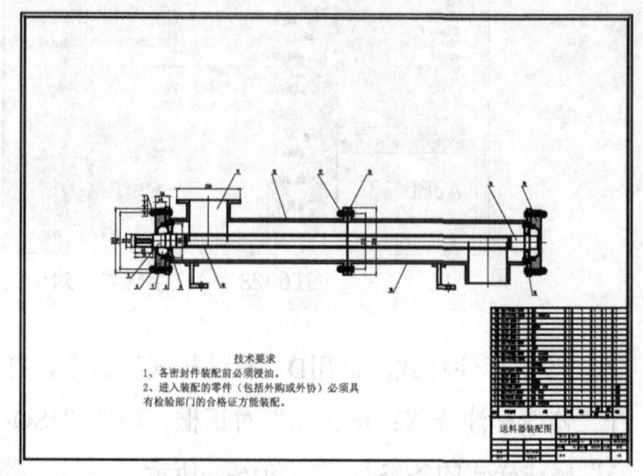

图16-36 装配图

1. 一组视图

一组视图能正确、完整、清晰地表达机器或部件的工作原理、各组成零件间的相互位置和装配关系以及主要零件的结构形状。

2. 必要的尺寸

标注反映机器或部件的规格、外形、装配、安装所需的必要尺寸和一些重要尺寸。

3. 技术要求

在装配图中用文字或国家标准规定的符号注写该机器或部件在装配、检验、使用等方面的要求。

4. 零、部件序号，标题栏和明细栏

按国家标准规定的格式绘制标题栏和明细栏，按一定格式对零、部件进行编号，并填写标题栏和明细栏。

16.4.3 绘制装配图的步骤

在绘制装配图之前，首先要了解部件或机器的工作原理和基本结构特征等资料，然后经过拟定方案、绘制装配图和整体校核等一系列工序才能进行绘制，具体步骤如下。

1. 了解部件

弄清部件的用途、工作原理、装配关系、传动路线及主要零件的基本结构。

2. 确定方案

选择主视图的方向，确定图幅以及绘图比例，合理运用各种表达方法来表达图形。

3. 画出底稿

先画图框、标题栏以及明细栏外框；再布置视图，画出基准线；然后画出主要零件；最后根据装配关系依次画出其余零件。

4. 完成全图

绘制剖面线、标注尺寸、编排序号，并填写标题栏、明细栏、号签以及技术要求，然后按标准加深图线。

5. 全面校核

仔细而全面地校核图中的所有内容，改正错处、补充漏处，并在标题栏内签名。

16.4.4 绘制装配图的方法

装配图的绘制相对于零件图的绘制而言比较复杂。要想更好地利用AutoCAD进行装配图的绘制，就需要学会块插入法、图形插入法和直接绘制法3种绘制装配图的方法。

1. 块插入法

块插入法是指将装配图中的各个零件的图形先制作成块，然后再按零件之间的相对位置将块逐个插入，拼成装配图。利用块插入法绘制装配图时，在绘图前应当进行必要的设置，统一图层线型、线宽、颜色，同时，各零件的比例应当一致，为了方便绘图，比例应统一修改为1∶1。

2. 图形插入法

图形可以在不同的装配图中直接插入，如果已经绘制了机器或部件的所有图形，当需要一张完整的装配图时，也可以考虑直接插入图形来拼成装配图。这样既可以避免重复操作，又可以提高绘图效率。

3. 直接绘制法

该方法主要运用二维绘图、编辑、设置和图层控制等功能，从而按照装配图的绘图步骤绘制出装配图。

16.4.5 绘制涡轮部件装配图

涡轮的主要作用是在汽车或飞机的引擎中的风扇，利用废气把燃料蒸后吹入引擎，以提高引擎的性能。本小节通过绘制图16-37所示的涡轮部件装配图，帮助读者了解装配图的绘制过程和技巧。

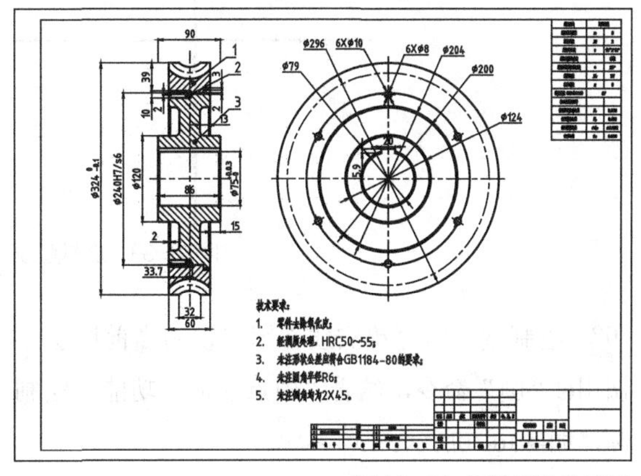

图16-37　涡轮部件装配图

案例位置	素材>第16章>16.4.5 绘制涡轮部件装配图.dwg
在线视频	视频>第16章>16.4.5 绘制涡轮部件装配图.mp4
难易指数	★★★★★
学习目标	学习"矩形""拉长""镜像""直线""偏移""移动""复制""表格"等命令的使用

1. 绘制主视图

01 新建图层。新建空白文件；调用LA"图层"命令，打开"图层特性管理器"选项板，依次创建"中心线""粗实线""剖面线""细实线""尺寸标注"图层，如图16-38所示。

02 绘制直线。将"中心线"图层设为当前图层。调用L"直线"和M"移动"命令，绘制两条长度均为340且相互垂直的中心线，如图16-39所示。

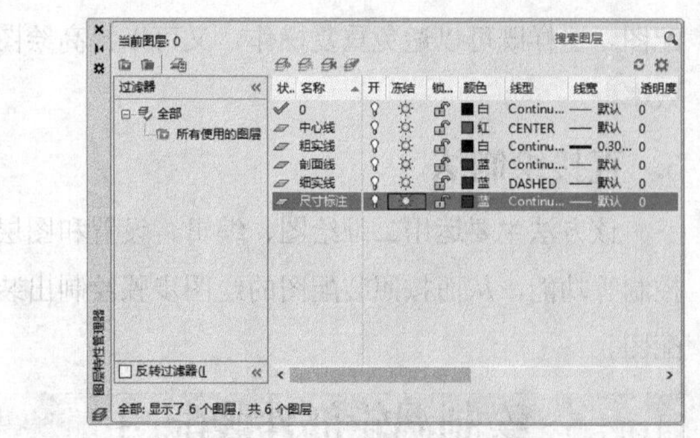

图16-38 “图层特性管理器”选项板

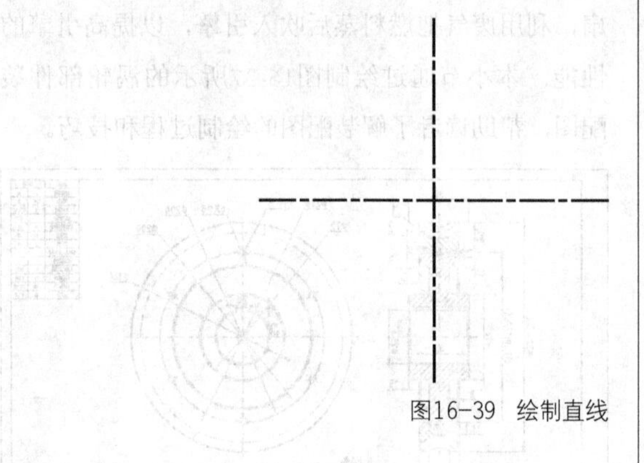
图16-39 绘制直线

03 绘制圆。将“粗实线”图层设为当前图层。调用C“圆”命令，结合“中点捕捉”功能，绘制圆，如图16-40所示。

04 修改图层。选择半径为148和118的圆，将其修改至“中心线”图层，如图16-41所示。

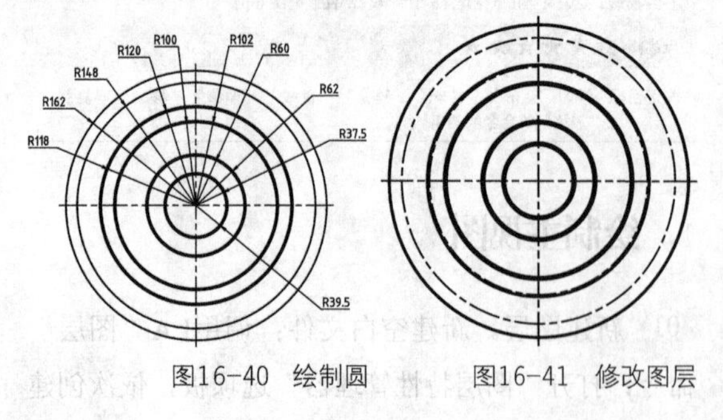

图16-40 绘制圆　图16-41 修改图层

05 绘制圆。调用C“圆”命令，结合“象限点捕捉”功能，分别绘制两个半径分别5和4的圆，并将新绘制的最小圆修改至“中心线”图层，如图16-42所示。

06 环形阵列图形。单击“修改”面板中的“环形阵列”按钮阵列，修改“项目数”为6，将新绘制的小圆对象和垂直中心线进行环形阵列操作，如图16-43所示。

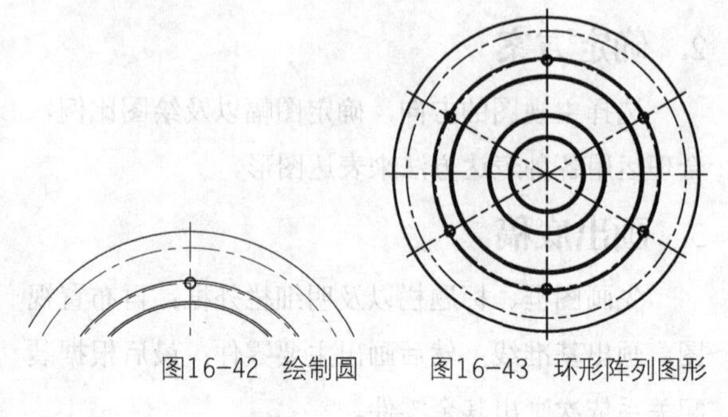
图16-42 绘制圆　图16-43 环形阵列图形

07 修改图形。调用X“分解”命令，分解环形阵列图形；调用TR“修剪”和E“删除”命令，修剪并删除多余的图形，如图16-44所示。

08 拉长图形。调用LEN“拉长”命令，修改“增量”为4，拉长各中心线对象，如图16-45所示。

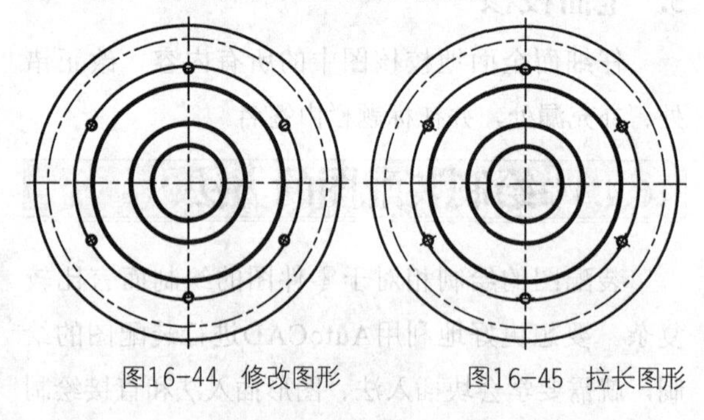
图16-44 修改图形　图16-45 拉长图形

09 偏移图形。调用O“偏移”命令，拾取合适的中心线，对其进行偏移操作，如图16-46所示。

10 修改图形。调用TR“修剪”和E“删除”命令，修剪并删除多余的图形，并将修改后的图形修改至“粗实线”图层，如图16-47所示。

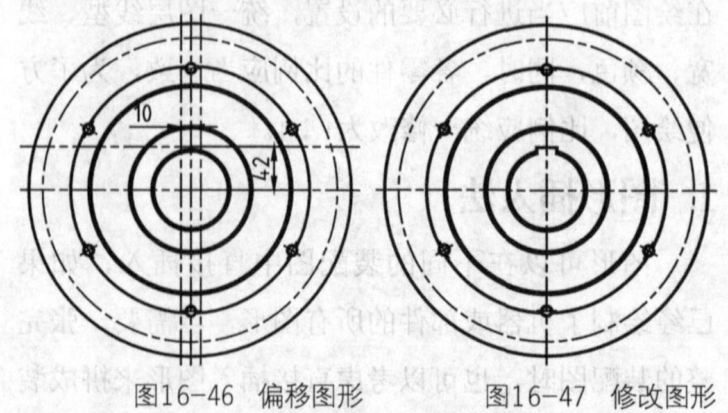

图16-46 偏移图形　图16-47 修改图形

2. 绘制螺钉

⑪ 绘制直线。将“中心线”图层设为当前图层。调用L“直线”命令，绘制一条长度为35的水平直线。

⑫ 绘制直线。将“粗实线”图层设为当前图层。调用L“直线”和M“移动”命令，结合“对象捕捉”功能，绘制直线，如图16-48所示。

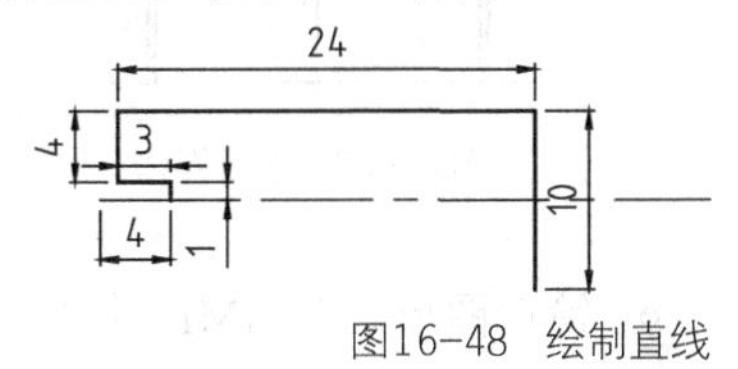

图16-48 绘制直线

⑬ 镜像图形。调用MI“镜像”命令，选择合适的图形，对其进行镜像操作，如图16-49所示。

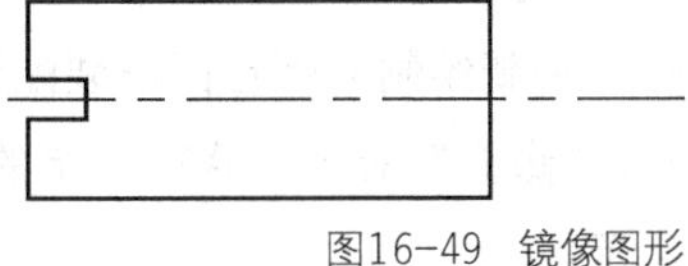
图16-49 镜像图形

⑭ 偏移图形。调用O“偏移”命令，分别拾取合适的直线，对其进行偏移操作，如图16-50所示。

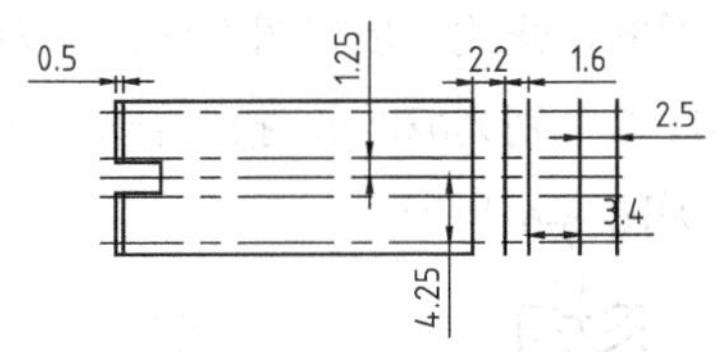

图16-50 偏移图形

⑮ 绘制直线。调用L“直线”命令，结合“对象捕捉”功能，绘制直线，如图16-51所示。

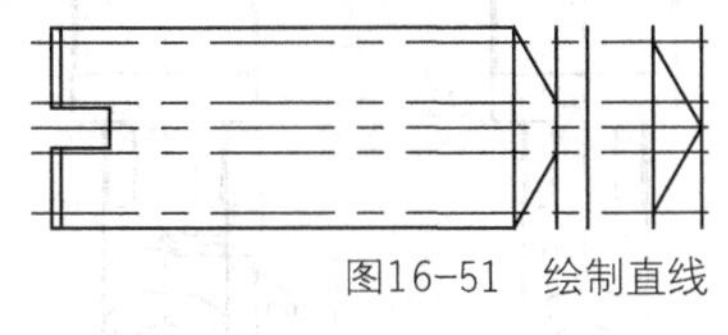
图16-51 绘制直线

⑯ 修改图形。调用TR“修剪”和E“删除”命令，修剪并删除多余的图形，并将修改后的图形修改至“粗实线”图层，如图16-52所示。

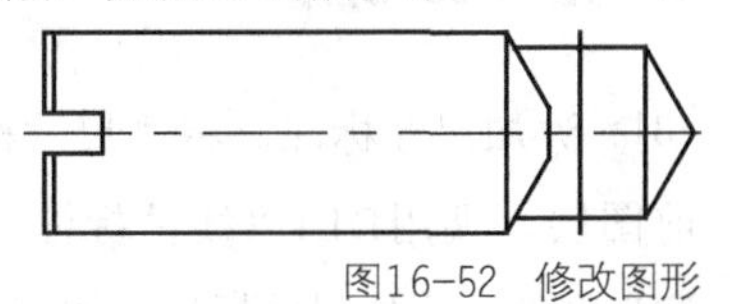
图16-52 修改图形

⑰ 绘制直线。将“细实线”图层设为当前图层，调用L“直线”命令，结合“对象捕捉”功能，绘制直线，如图16-53所示。

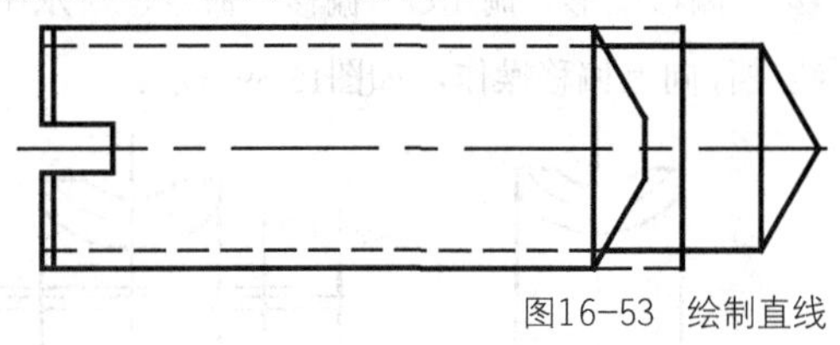
图16-53 绘制直线

⑱ 倒角操作。调用CHA“倒角”命令，修改“倒角距离”均为0.5，拾取合适的直线，对其进行倒角操作，如图16-54所示。

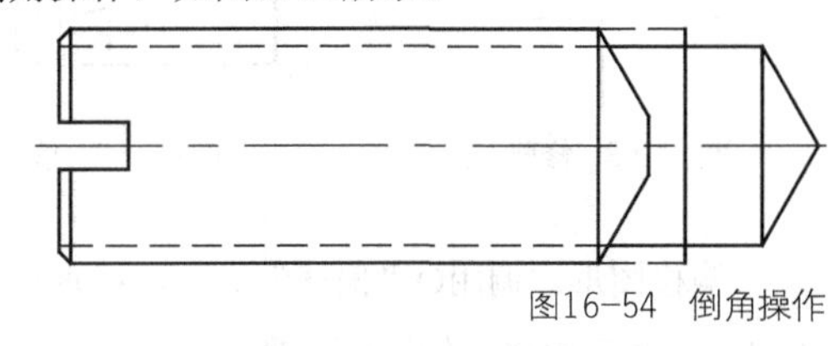
图16-54 倒角操作

3. 绘制左视图

⑲ 绘制直线。将“中心线”图层设为当前图层。调用L“直线”和M“移动”命令，绘制两条中心线，如图16-55所示。

⑳ 绘制直线。将“粗实线”图层设为当前图层。调用L“直线”和M“移动”命令，结合“对象捕捉”功能，绘制直线，如图16-56所示。

㉑ 绘制圆。调用C“圆”和M“移动”命令，结合“对象捕捉”功能，绘制圆，并将半径为32的圆修改至“中心线”图层，如图16-57所示。

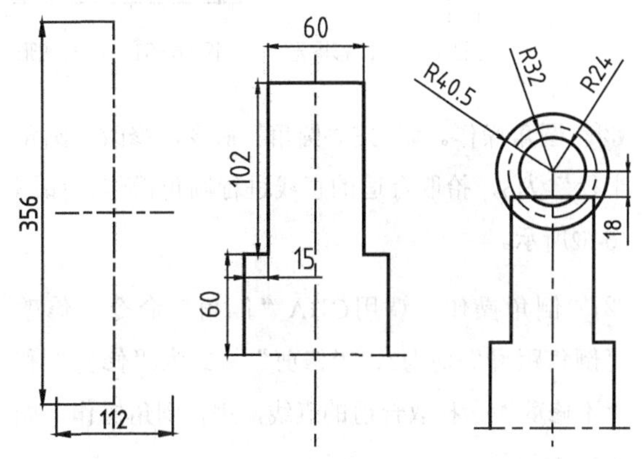

图16-55 绘制直线　图16-56 绘制直线　图16-57 绘制圆

22 修剪图形。调用TR“修剪”命令，修剪多余的图形，如图16-58所示。

23 偏移图形。调用O“偏移”命令，对水平中心线进行向上偏移操作，如图16-59所示。

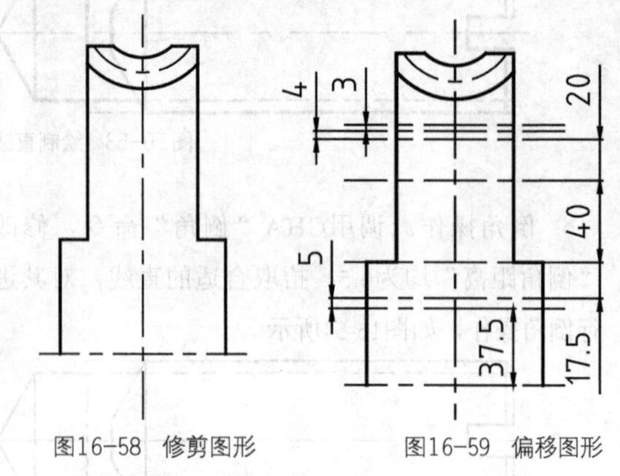

图16-58 修剪图形　　图16-59 偏移图形

24 偏移图形。调用O“偏移”命令，将垂直中心线向左右两侧偏移，如图16-60所示。

25 修改图形。调用TR“修剪”和E“删除”命令，修剪并删除多余的图形，并将修剪后的图形修改至“粗实线”图层，如图16-61所示。

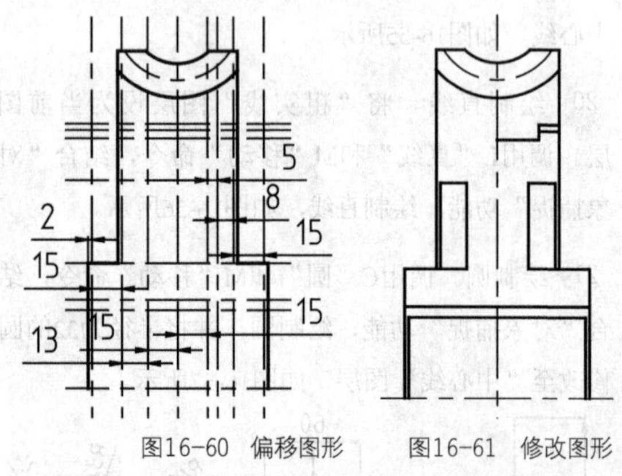

图16-60 偏移图形　　图16-61 修改图形

26 圆角操作。调用F“圆角”命令，修改“圆角半径”为6，拾取合适的直线进行圆角操作，如图16-62所示。

27 倒角操作。调用CHA“倒角”命令，修改“倒角距离”均为2、“修剪”模式为“修剪”和“不修剪”，拾取合适的直线，进行倒角操作，如图16-63所示。

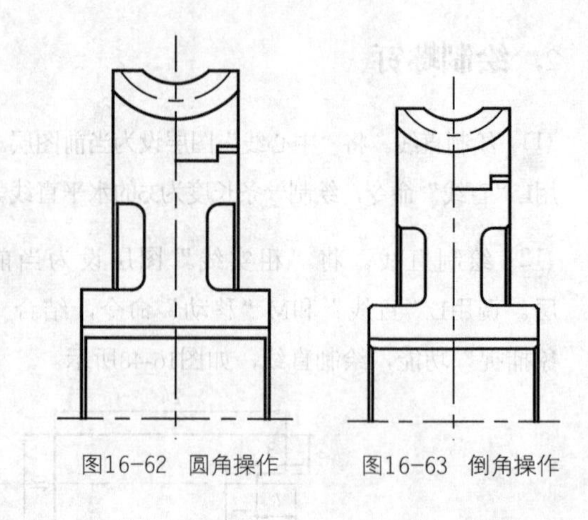
图16-62 圆角操作　　图16-63 倒角操作

28 镜像图形。调用MI“镜像”命令，选择合适的图形，对其进行镜像操作；调用E“删除”命令，删除多余的直线，如图16-64所示。

29 装配图形。调用M“移动”和“复制”命令，将新绘制的螺钉图形装配到左视图中；调用TR“修剪”命令，修剪多余的图形，如图16-65所示。

30 填充图形。将“剖面线”图层设为当前图层，调用H“图案填充”命令，选择“ANSI31”图案，修改“填充图案比例”为2、“图案填充角度”分别为0和90，拾取合适的区域，填充图形，如图16-66所示。

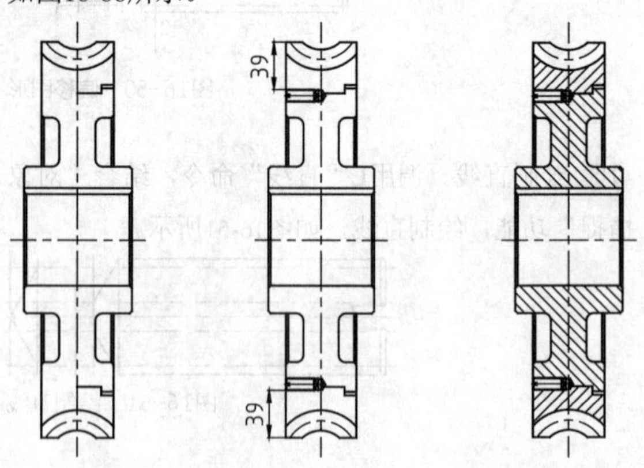

图16-64 镜像图形　　图16-65 装配图形　　图16-66 填充图形

4. 完善装配图

31 添加尺寸标注。将“尺寸标注”图层设为当前图层，调用DLI“线性标注”和DDI“直径标注”命令，添加尺寸标注，如图16-67所示。

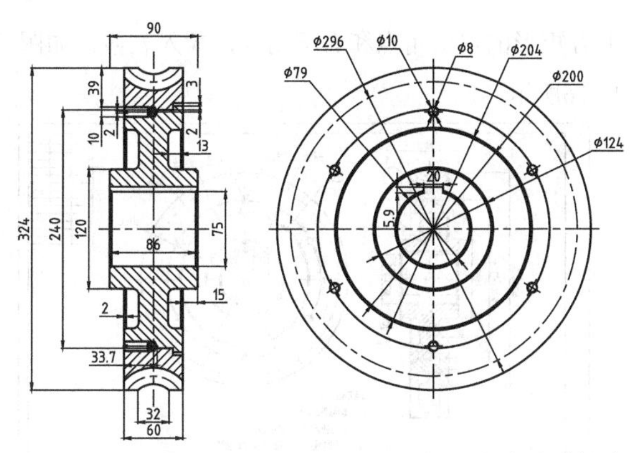

图16-67 添加尺寸标注

32 修改标注文字。双击相应的尺寸标注，修改其标注文字，如图16-68所示。

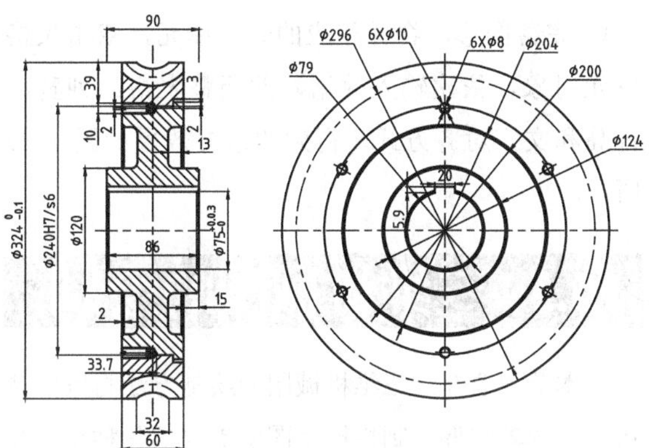

图16-68 修改标注文字

33 添加多重引线标注。调用MLD“多重引线”命令，为图形添加多重引线标注，如图16-69所示。

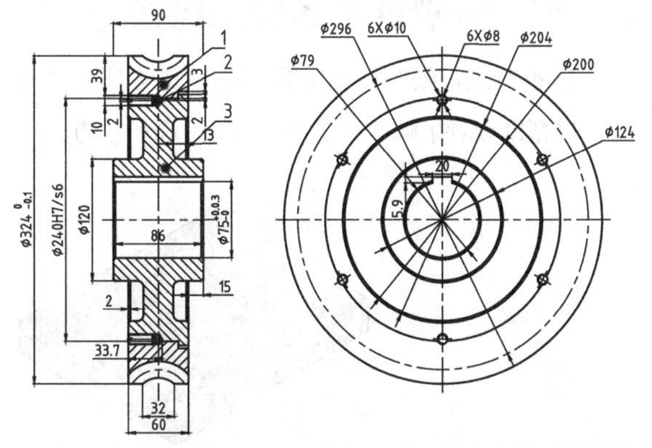

图16-69 添加多重引线标注

34 添加文字。调用MT“多行文字”命令，为图形添加多行文字，如图16-70所示。

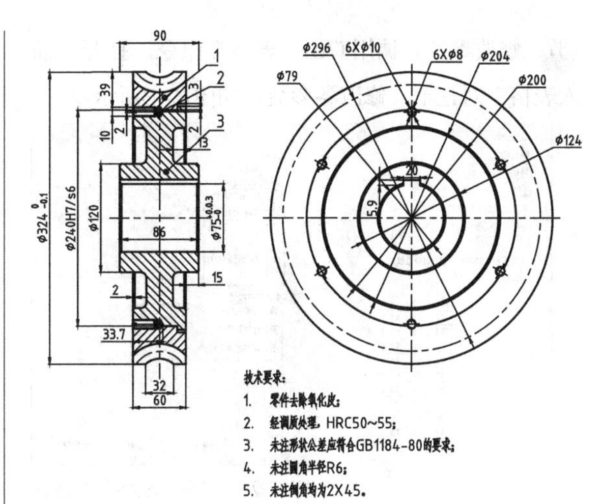

图16-70 添加文字

35 插入图框。调用I“插入”命令，插入图框对象，并调整其大小和位置，如图16-71所示。

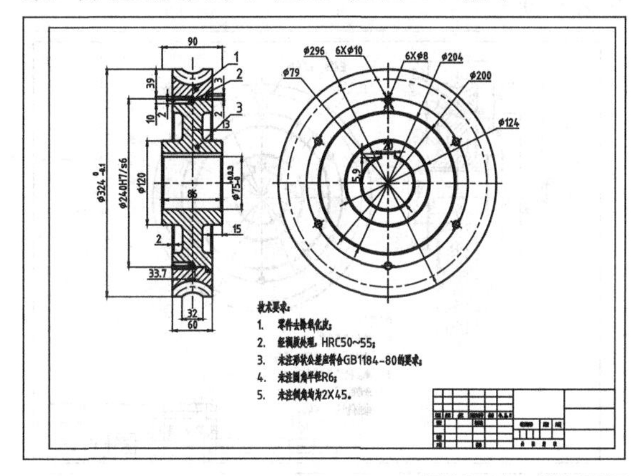

图16-71 插入图框

36 绘制矩形。调用REC“矩形”命令，结合“对象捕捉”功能，绘制矩形，如图16-72所示。

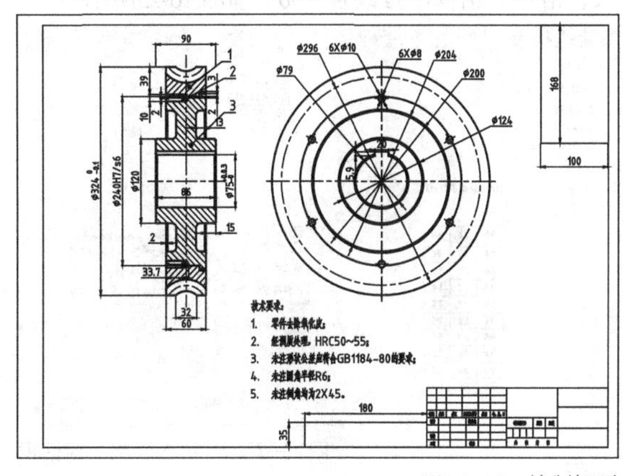

图16-72 绘制矩形

37 修改参数。调用TAB“表格”命令，打开“插入表格”对话框，修改各参数，如图16-73所示。

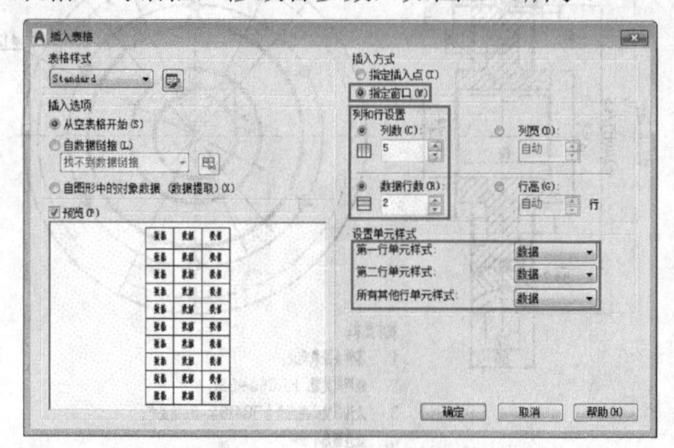

图16-73 “插入表格”对话框

38 插入表格。单击“确定”按钮，依次捕捉右下方矩形的左上角点和右下角点，插入表格，如图16-74所示。

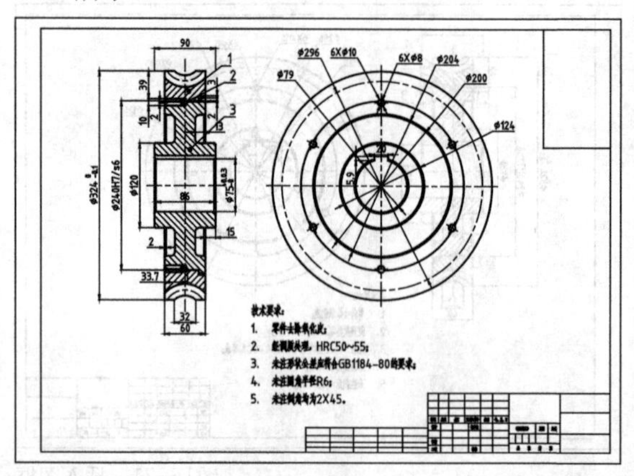

图16-74 插入表格

39 修改参数。调用TAB“表格”命令，打开“插入表格”对话框，修改各参数，如图16-75所示。

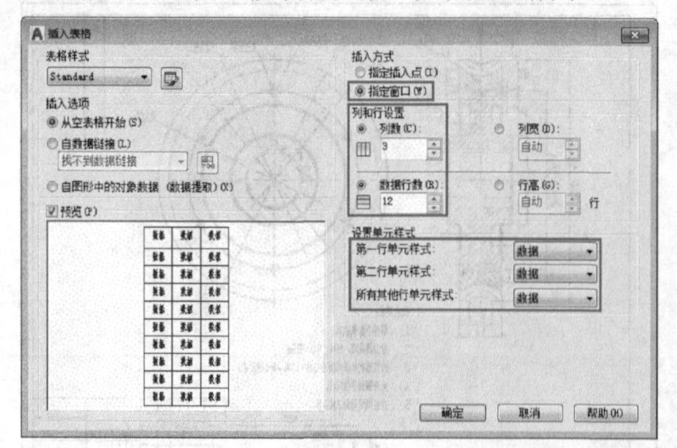

图16-75 “插入表格”对话框

40 插入表格。单击“确定”按钮，依次捕捉右上方矩形的左上角点和右下角点，插入表格，如图16-76所示。

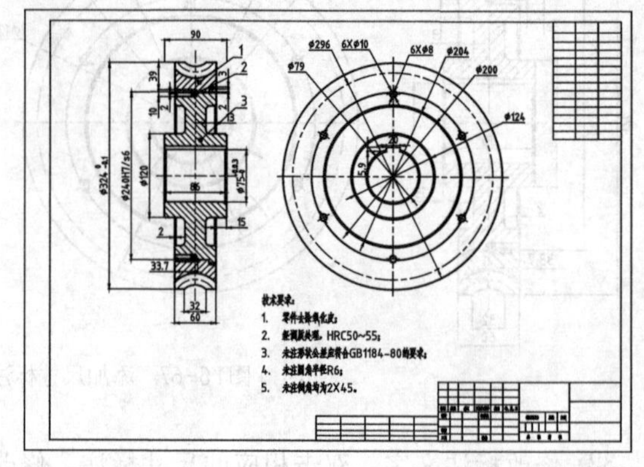

图16-76 插入表格

41 完善图形。合并相应的表格单元，双击表格单元对象，依次输入数据，并调整表格的列宽、行高和文字对齐方式，得到的最终效果如图16-37所示。

16.5 三维机械图的绘制

本节主要介绍三维机械图的绘制方法与操作技巧，让读者掌握绘制机械制图所需要的各种绘图和编辑命令，使读者在学习前面章节的基础上，进一步提升其能力和水平。

16.5.1 绘制机床支座三维模型

本小节通过绘制图16-77所示的机床支座三维模型，以帮助读者了解三维模型的绘制过程和技巧。

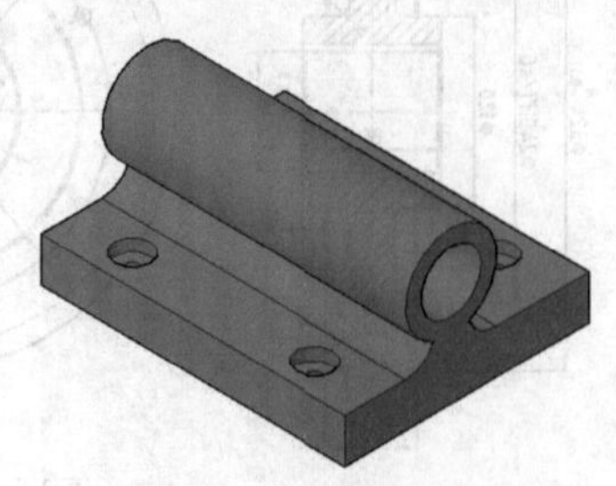

图16-77 机床支座三维模型

案例位置	素材>第16章>16.5.1 绘制机床支座三维模型.dwg
在线视频	视频>第16章>16.5.1 绘制机床支座三维模型.mp4
难易指数	★★★★★
学习目标	学习“矩形”“圆”“拉伸”“差集”“矩形阵列”“圆弧”等命令的使用

01 绘制矩形。新建文件，将视图切换至“前视”视图，调用REC“矩形”命令，在原点处绘制一个矩形，如图16-78所示。

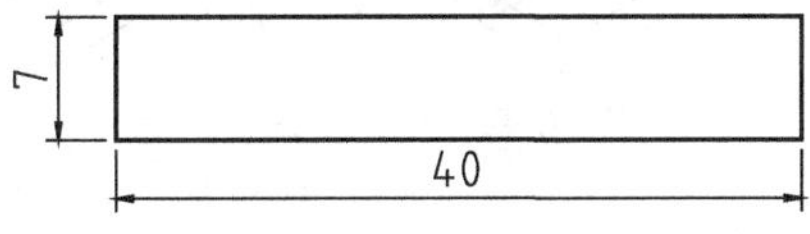

图16-78 绘制矩形

02 绘制圆。调用C“圆”和M“移动”命令，绘制两个圆，如图16-79所示。

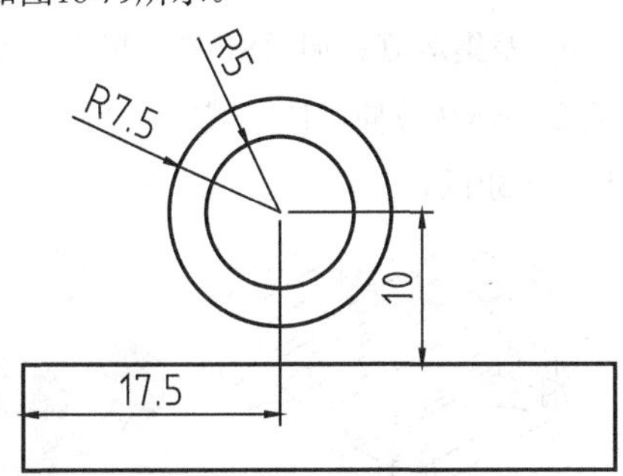

图16-79 绘制圆

03 绘制圆弧。调用A“圆弧”命令，捕捉原点为圆弧的第一点，输入其他两点坐标（@2.8,0.8）和（@1.8,2.2），绘制圆弧；调用M“移动”命令，调整新绘制的圆弧的位置，如图16-80所示。

04 修改图形。调用MI“镜像”命令，对新绘制的圆弧进行镜像操作；调用TR“修剪”命令，修剪多余的图形；调用JOIN“合并”命令，合并修剪后的图形，如图16-81所示。

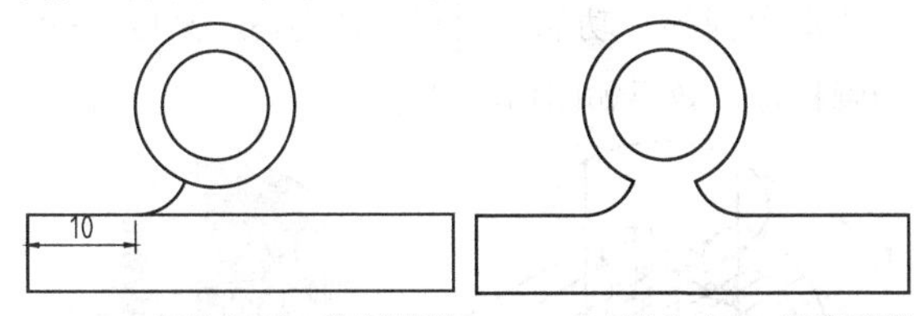

图16-80 绘制圆弧　　图16-81 修改图形

05 拉伸实体。将视图切换至“西南等轴测”视图；调用EXT“拉伸”命令，修改“拉伸高度”为50，对新绘制的多段线和圆进行拉伸操作，“概念”显示效果如图16-82所示。

06 差集运算。调用SU“差集”命令，将圆柱体从多段线实体中减去，如图16-83所示。

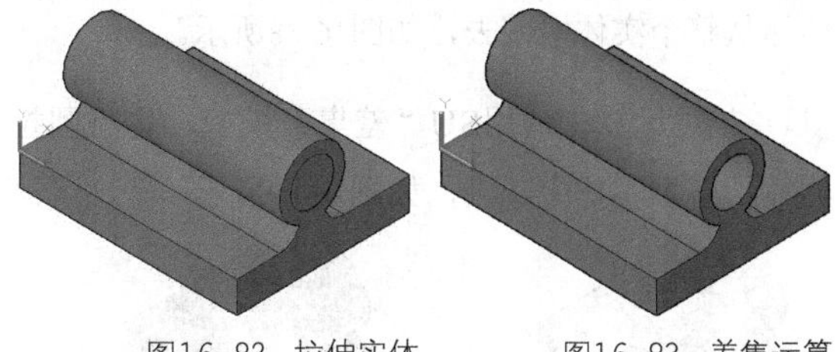

图16-82 拉伸实体　　图16-83 差集运算

07 绘制圆。将视图切换至“俯视”视图，调用C“圆”和M“移动”命令，绘制圆，如图16-84所示。

08 矩形阵列图形。单击“修改”面板中的“矩形阵列”按钮，对新绘制的圆进行矩形阵列操作；调用X“分解”命令，分解矩形阵列对象，如图16-85所示。

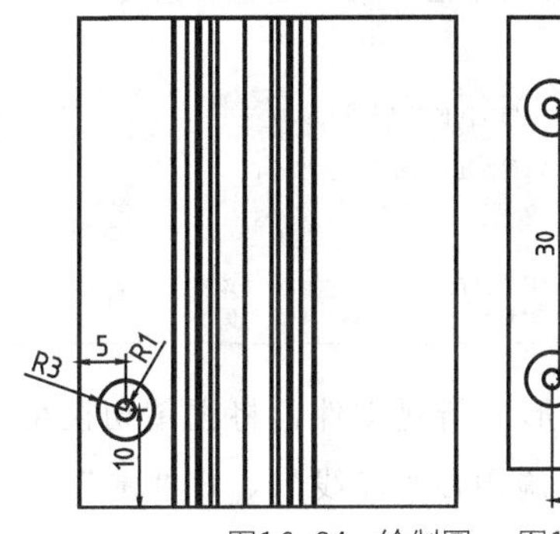

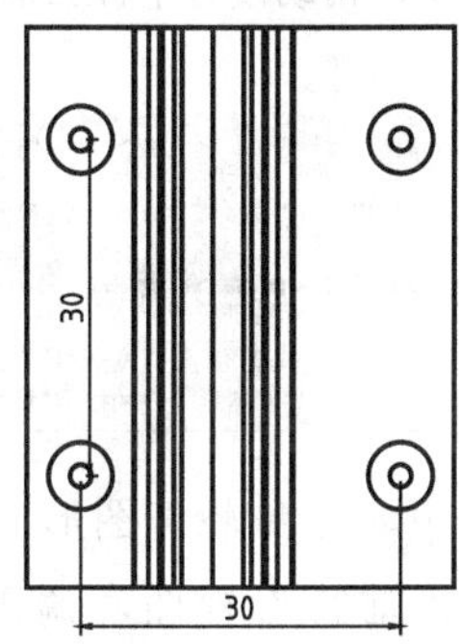

图16-84 绘制圆　图16-85 分解矩形阵列对象

拉伸实体。将视图切换至“西南等轴测”视图，调用EXT“拉伸”命令，修改“拉伸高度”为-7，对所有小圆对象进行拉伸操作，如图16-86所示。

09 拉伸实体。调用EXT“拉伸”命令，修改“拉伸高度”为-2，对所有大圆对象进行拉伸操作，如图16-87所示。

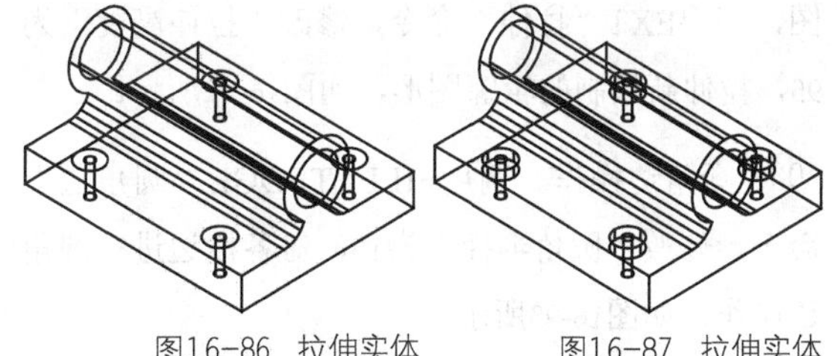

图16-86 拉伸实体　　图16-87 拉伸实体

10 差集运算。调用SU“差集”模型，将大圆拉伸体从整个实体中减去，如图16-88所示。

11 差集运算。调用SU“差集”模型，将小圆拉伸体从整个实体中减去，如图16-89所示。

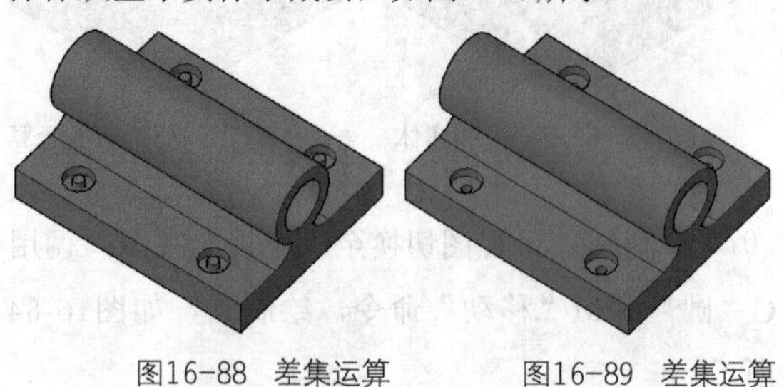

图16-88 差集运算　　图16-89 差集运算

16.5.2 绘制定位支座三维模型

本小节通过绘制图16-90所示的定位支座三维模型，帮助读者了解三维模型的绘制过程和技巧。

案例位置	素材>第16章>16.5.2 绘制定位支座三维模型.dwg
在线视频	视频>第16章>16.5.2 绘制定位支座三维模型.mp4
难易指数	★★★★★
学习目标	学习使用“拉伸”“圆角边”“圆柱体”“差集”“坐标系”“并集”“长方体”“楔体”等命令的使用

01 绘制轮廓图形。新建文件，将视图切换至“前视”视图，调用L“直线”、C“圆”、TR“修剪”和JOIN“合并”命令，绘制轮廓图形，如图16-91所示。

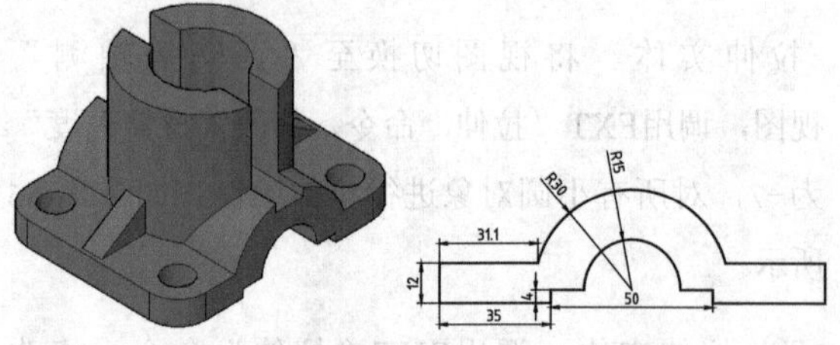

图16-90 定位支座三维模型　　图16-91 绘制轮廓图形

02 拉伸实体。将视图切换至“西南等轴测”视图，调用EXT“拉伸”命令，修改“拉伸高度”为95，拉伸新绘制的轮廓图形，如图16-92所示。

03 圆角边操作。调用FILLETEDGE“圆角边”命令，修改“圆角半径”为15，对各棱边进行圆角边操作，如图16-93所示。

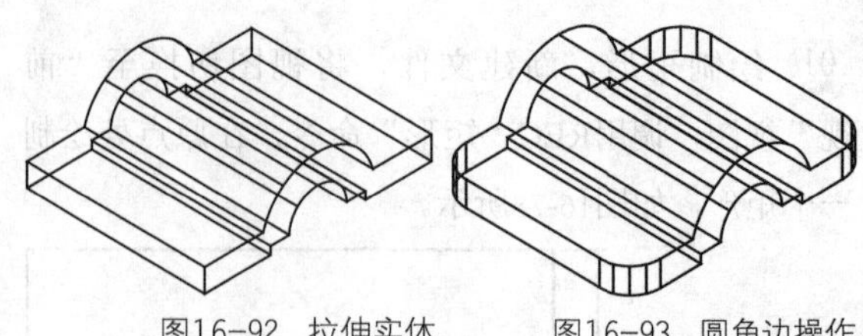

图16-92 拉伸实体　　图16-93 圆角边操作

04 绘制圆柱体。调用CYL“圆柱体”命令，结合“对象捕捉”功能，绘制4个直径为15、高度为-12的圆柱体，如图16-94所示。

05 差集运算。调用SU“差集”命令，将新绘制的圆柱体从拉伸实体中减去，“概念”显示效果如图16-95所示。

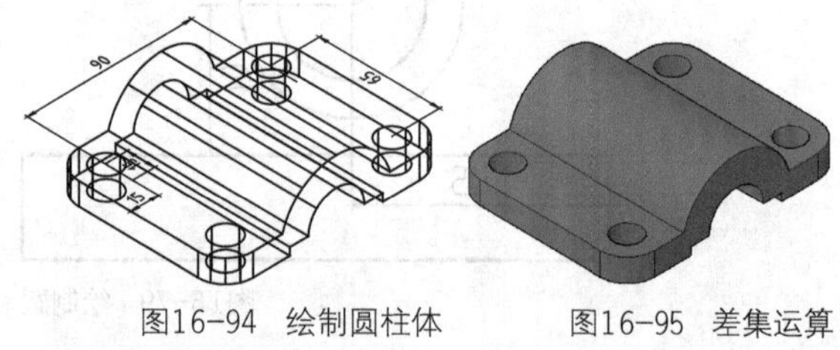

图16-94 绘制圆柱体　　图16-95 差集运算

06 绘制圆柱体。调用L“直线”命令，结合“中点捕捉”功能，绘制辅助线；调用CYL“圆柱体”命令，结合“对象捕捉”功能，绘制半径为35、高度为58的圆柱体，删除辅助线，如图16-96所示。

07 旋转坐标系。调用UCS“坐标系”命令，将坐标系绕x轴旋转90°。

08 绘制圆柱体。调用CYL“圆柱体”命令，结合“对象捕捉”功能，绘制半径为15、高度为-95的圆柱体，效果如图16-97所示。

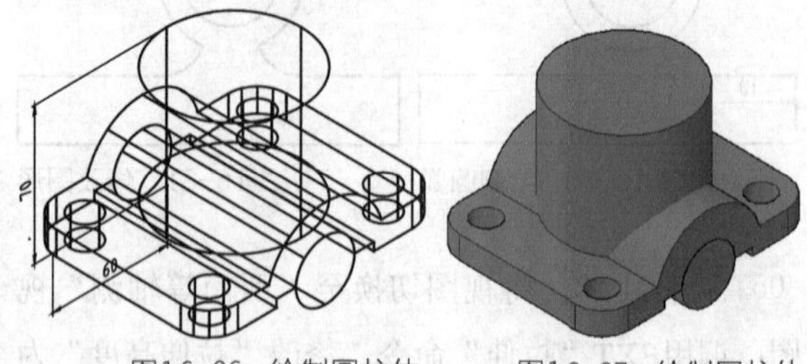

图16-96 绘制圆柱体　　图16-97 绘制圆柱体

09 差集运算。调用SU“差集”命令，将新绘制的圆柱体从相交的圆柱体中减去，如图16-98所示。

(10) 绘制圆柱体。将坐标系恢复为世界坐标系，调用CYL“圆柱体”命令，结合“对象捕捉”功能，绘制半径为20、高度为-70的圆柱体，效果如图16-99所示。

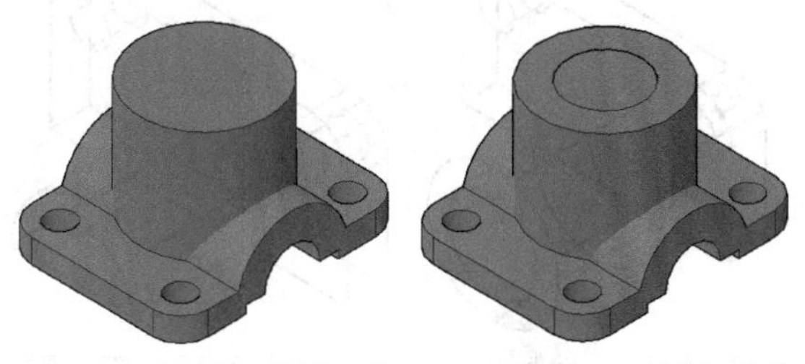

图16-98 差集运算　　图16-99 绘制圆柱体

(11) 布尔运算。调用UNI“并集”和SU“差集”命令，进行布尔运算，如图16-100所示。

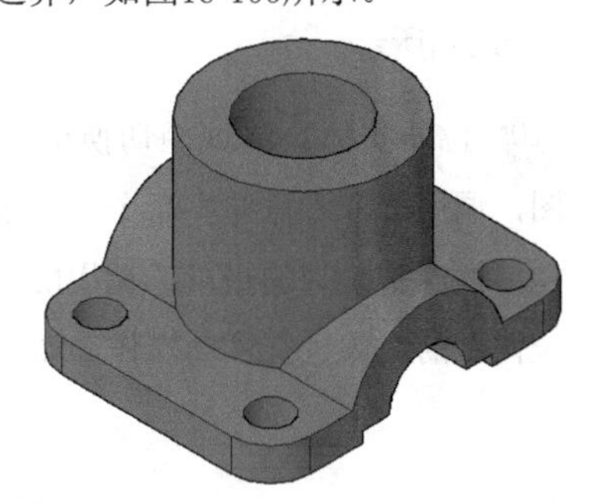

图16-100 布尔运算

(12) 绘制长方体。调用BOX“长方体”和M“移动”命令，创建长为95、宽为15、高为96的长方体，如图16-101所示。

(13) 差集运算。调用SU“差集”命令，将长方体从整个实体中减去，如图16-102所示。

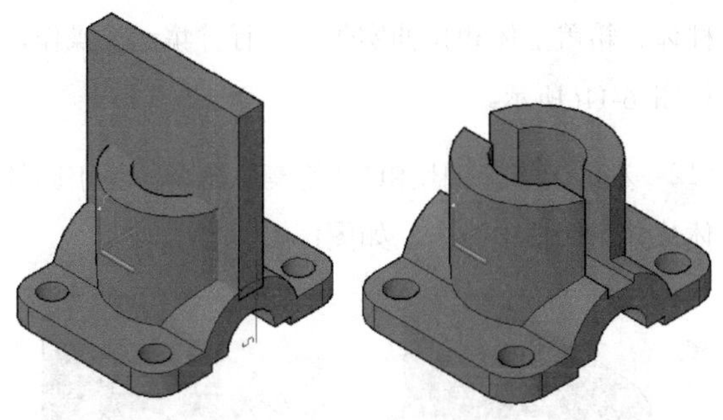

图16-101 绘制长方体　　图16-102 差集运算

(14) 绘制楔体。将坐标系恢复为世界坐标系，调用WEDGE“楔体”、M“移动”和RO“旋转”命令，绘制长为24、宽为10、厚为15的楔体，如图16-103所示。

(15) 镜像模型。单击“修改”面板中的“三维镜像”按钮，对新创建的楔体在*YZ*平面中进行镜像操作，如图16-104所示。

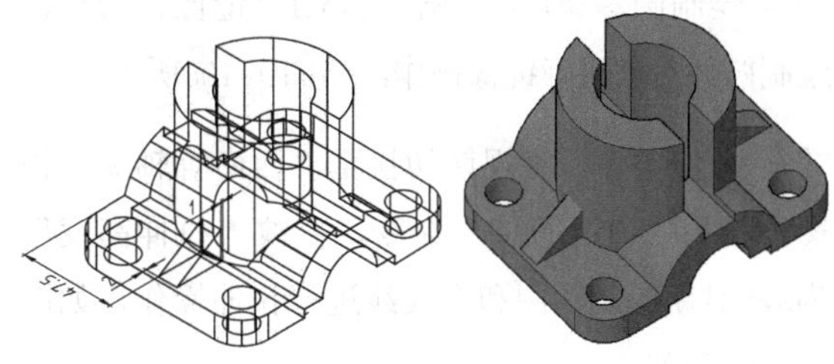

图16-103 绘制楔体　　图16-104 镜像模型

(16) 完善模型。调用UNI“并集”命令，选择所有实体，对其进行并集运算操作，最终效果如图16-90所示。

16.5.3 绘制箱盖三维模型

本小节通过绘制图16-105所示的箱盖三维模型，帮助读者了解三维模型的绘制过程和技巧。

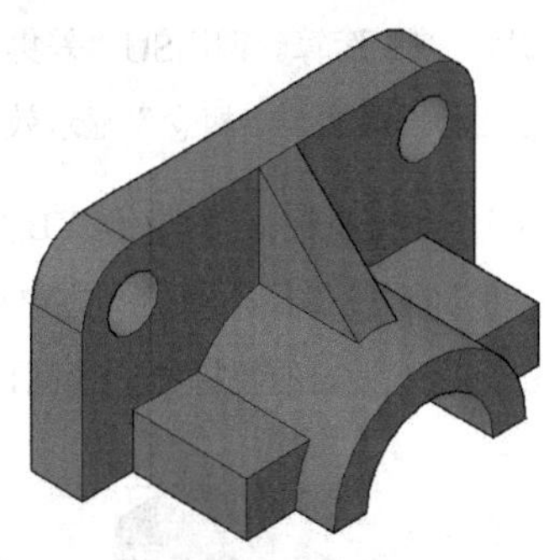

图16-105 箱盖三维模型

案例位置	素材＞第16章＞16.5.3 绘制箱盖三维模型.dwg
在线视频	视频＞第16章＞16.5.3 绘制箱盖三维模型.mp4
难易指数	★★★★★
学习目标	学习“矩形”“圆角”“拉伸”“差集”“圆柱体”“剖切”“并集”和“多段线”等命令的使用

(01) 绘制矩形。新建文件，将视图切换至“前视”视图，调用REC“矩形”命令，绘制一个矩形，如图16-106所示。

(02) 圆角操作。调用F“圆角”命令，修改“圆角半径”为8，拾取合适的直线，进行圆角操作，如图16-107所示。

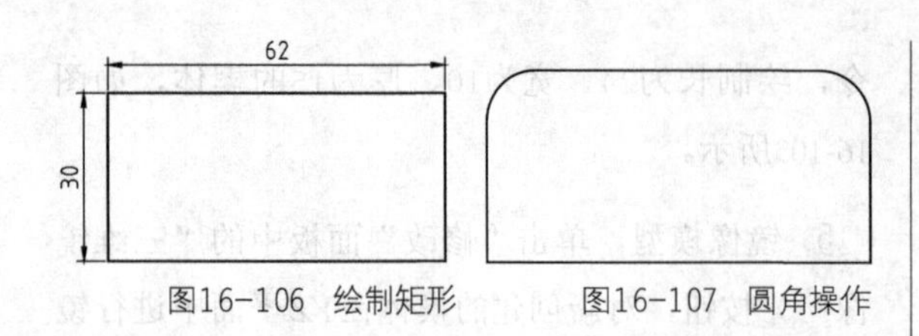

图16-106　绘制矩形　　图16-107　圆角操作

03 绘制圆。调用C“圆”和MI“镜像”命令，绘制圆并对其进行镜像操作，如图16-108所示。

04 拉伸实体。将视图切换至“西南等轴测”视图，调用EXT“拉伸”命令，修改“拉伸高度”为8，对新绘制的圆和多段线进行拉伸操作，如图16-109所示。

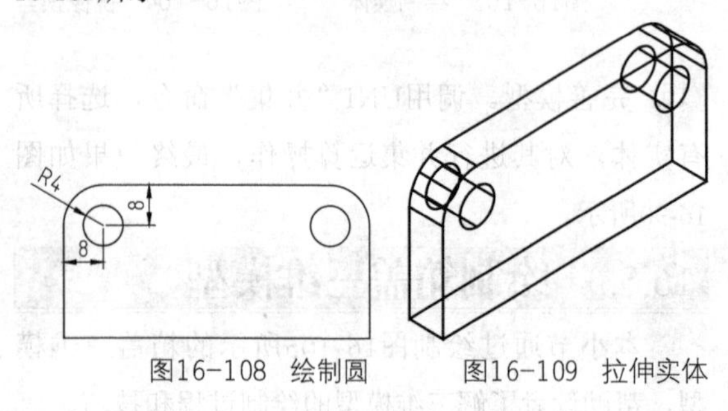

图16-108　绘制圆　　图16-109　拉伸实体

05 差集运算。调用SU“差集”命令，将圆柱体从多段体中减去，“概念”显示效果如图16-110所示。

06 绘制圆柱体。调用CYL“圆柱体”命令，捕捉拉伸多段体最外侧的下方中点，绘制一个半径为15、高度为24的圆柱体，如图16-111所示。

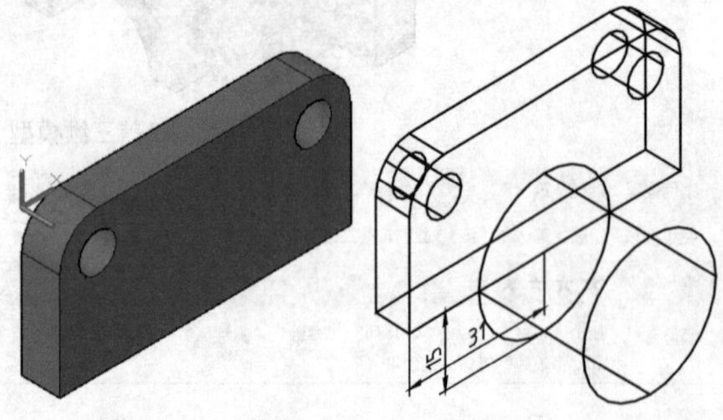

图16-110　差集运算　　图16-111　绘制圆柱体

07 绘制圆柱体。调用CYL“圆柱体”命令，捕捉新绘制的圆柱体最外侧的圆心点，绘制一个半径为10、高度为-32的圆柱体，如图16-112所示。

08 剖切模型。调用SL“剖切”命令，选择两个圆柱体对象，以*ZX*面为剖切平面，依次捕捉最外侧的圆心点和大圆柱体的上象限点，剖切模型，如图16-113所示。

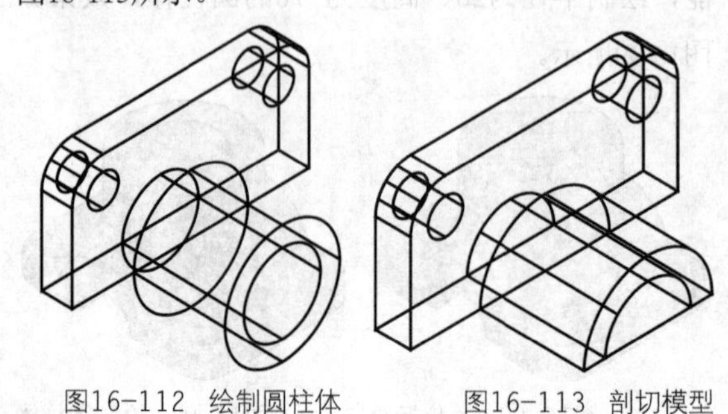

图16-112　绘制圆柱体　　图16-113　剖切模型

09 绘制矩形。将视图切换至“后视”视图，调用REC“矩形”和M“移动”命令，绘制矩形，如图16-114所示。

10 拉伸实体。将视图切换至“西南等轴测”视图，调用EXT“拉伸”命令，修改“拉伸高度”为18，拉伸新绘制的矩形；调用M“移动”命令，对拉伸后的实体进行移动操作，如图16-115所示。

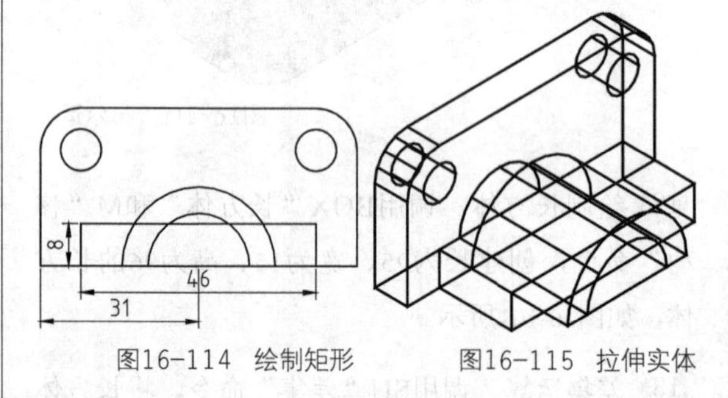

图16-114　绘制矩形　　图16-115　拉伸实体

11 并集运算。调用UNI“并集”命令，选择大圆柱体、箱盖主体和拉伸实体，进行并集运算操作，如图16-116所示。

12 差集运算。调用SU“差集”命令，将小圆柱体从并集实体中减去，如图16-117所示。

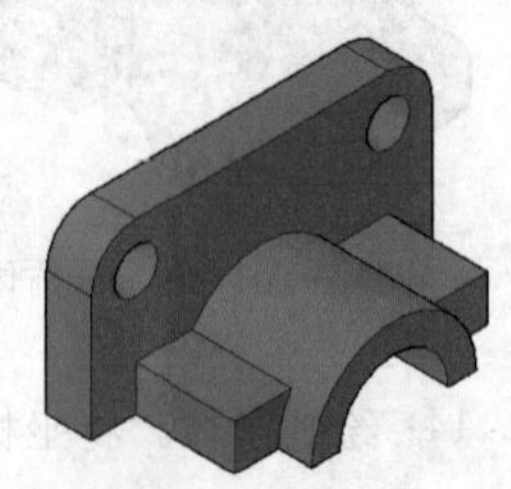

图16-116　并集运算　　图16-117　差集运算

⑬ 绘制多段线。将视图切换至“左视”视图，调用PL“多段线”命令，结合“对象捕捉”功能，绘制多段线，如图16-118所示。

⑭ 复制图形。将视图切换至“西南等轴测”视图，调用CO“复制”命令，将新绘制的多段线向左移动并对其进行复制操作，如图16-119所示。

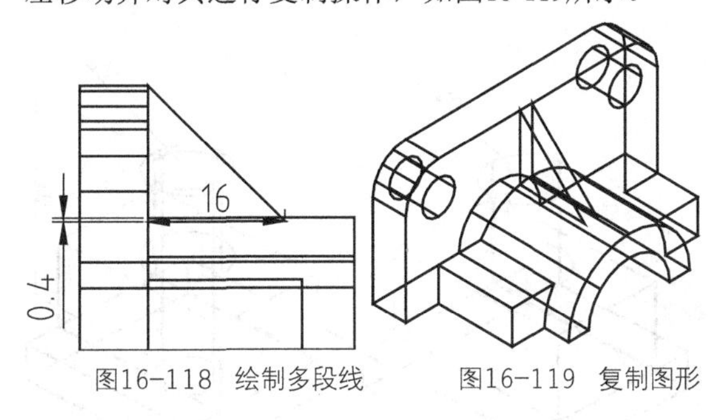

图16-118　绘制多段线　　图16-119　复制图形

⑮ 删除图形。调用E“删除”命令，删除多余的图形，如图16-120所示。

⑯ 拉伸实体。调用EXT“拉伸”命令，修改“拉伸高度”为-6，对复制后的图形进行拉伸处理，如图16-121所示。

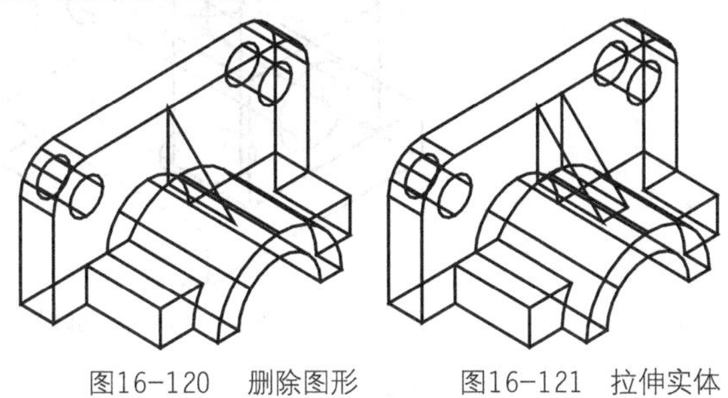

图16-120　删除图形　　图16-121　拉伸实体

⑰ 完善图形。调用UNI“并集”命令，拾取所有的模型进行并集运算操作，“概念”显示效果如图16-105所示。

16.6 本章小结

本章详细讲解了机械制图的一些知识点，包括机械制图的内容和绘制流程、零件图的绘制、装配图的绘制以及三维机械模型的创建。通过本章的学习，读者可以快速掌握机械制图的绘制方法和技巧，从而将其应用到其他机械设计图纸的绘制中。

16.7 课后习题

本节通过具体的实例练习机械制图的绘制方法。

16.7.1 创建压板零件图

案例位置	素材>第16章>16.7.1 创建压板零件图.dwg
在线视频	视频>第16章>16.7.1 创建压板零件图.mp4
难易指数	★★★★★
学习目标	学习“圆”“矩形”“偏移”“修剪”“倒角”“图案填充”等命令的使用

压板零件图如图16-122所示。

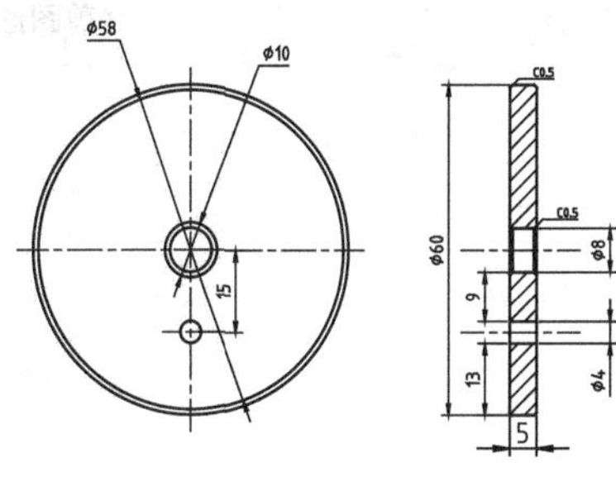

图16-122　压板零件图

压板零件图的绘制流程如图16-123~图16-127所示。

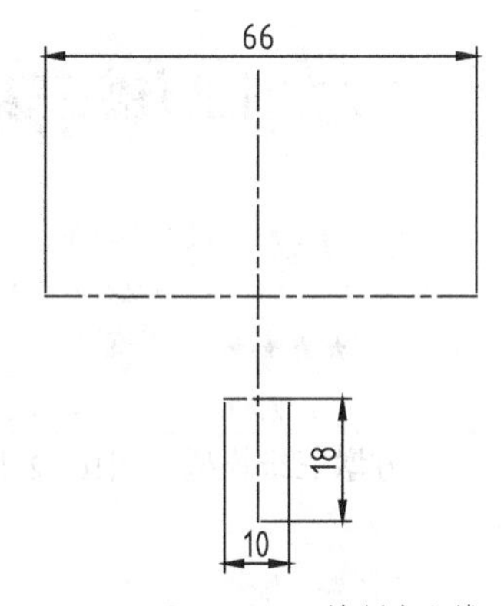

图16-123　绘制中心线

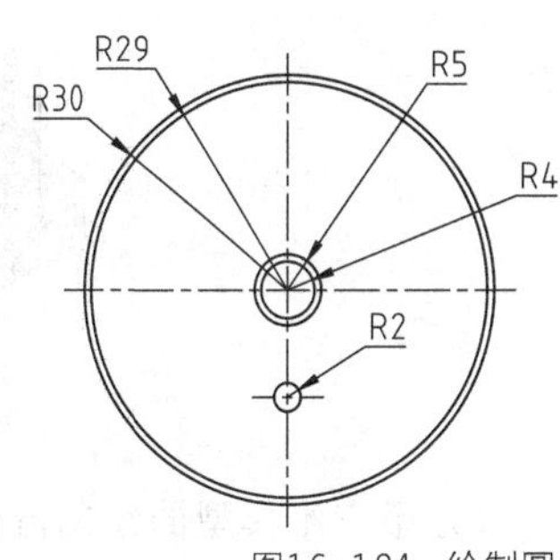

图16-124　绘制圆

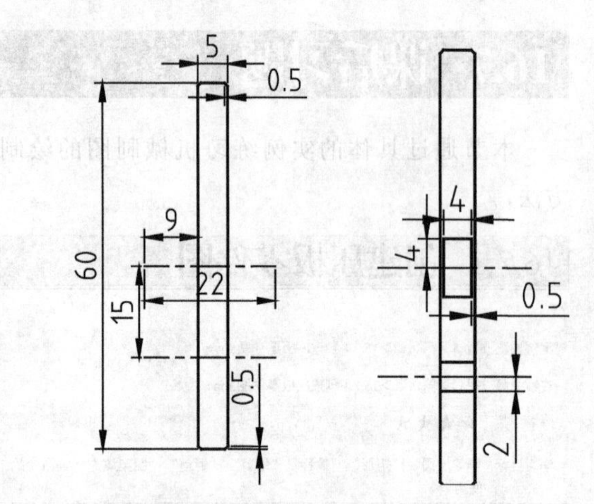

图16-125　绘制中心线和倒角矩形　图16-126　分解、偏移并修剪图形

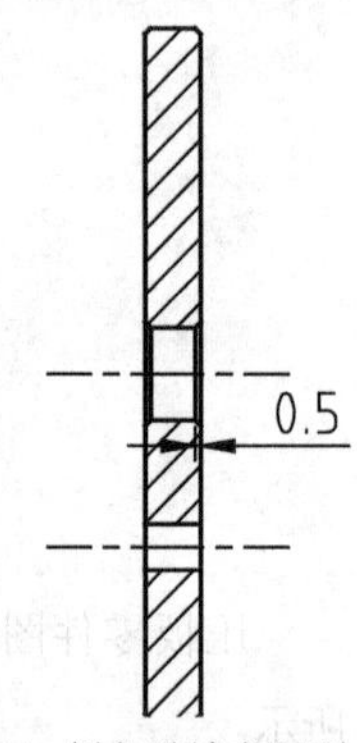

图16-127　倒角并填充图形

16.7.2　创建方墩三维模型

案例位置　素材＞第16章＞16.7.2 创建方墩三维模型.dwg

在线视频　视频＞第16章＞16.7.2 创建方墩三维模型.mp4

难易指数　★★★★★

学习目标　学习"长方体""移动""圆柱体""并集""差集"等命令的使用

方墩三维模型如图16-128所示。

图16-128　方墩三维模型

方墩三维模型的绘制流程如图16-129~图16-134所示。

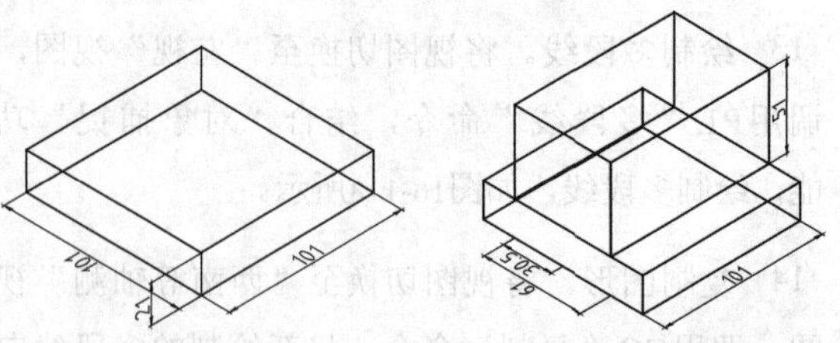

图16-129　绘制长方体　图16-130　绘制并移动长方体

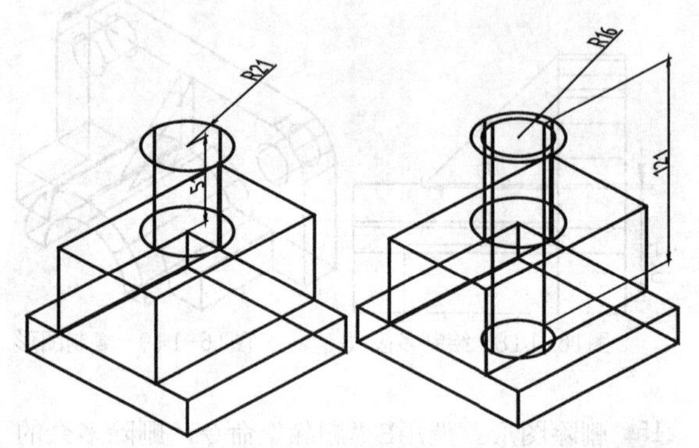

图16-131　绘制圆柱体　图16-132　绘制圆柱体

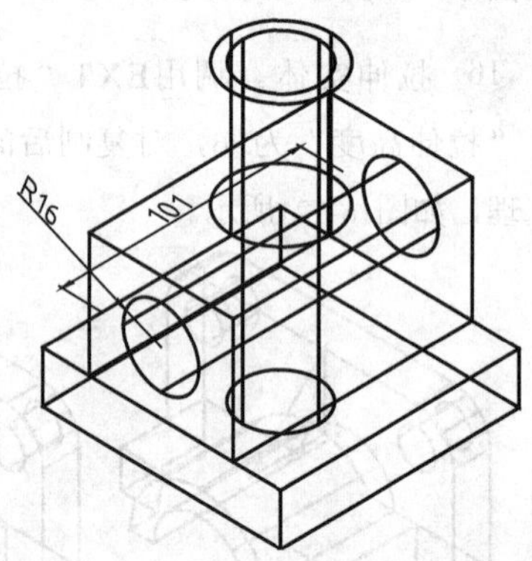

图16-133　绘制圆柱体

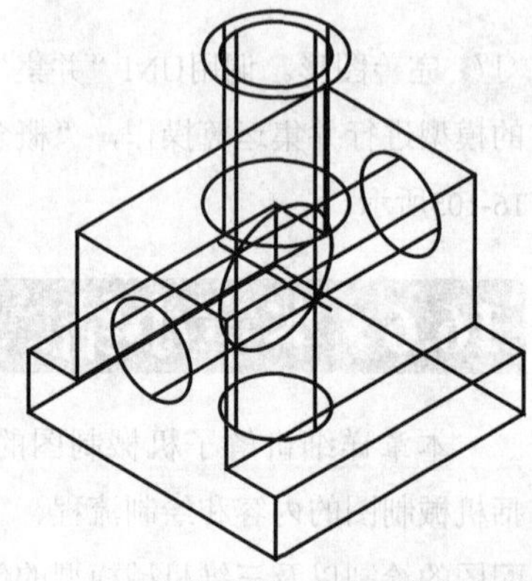

图16-134　并集与差集运算